信息技术和电气工程学科国际知名教材中译本系列

Microelectronics
Circuit Analysis and Design
(Third Edition)

电子电路分析与设计
——半导体器件及其基本应用
（第3版）

Donald A. Neamen 著
王宏宝 于红云 刘俊岭 译

清华大学出版社
北京

北京市版权局著作权合同登记号 图字：01-2007-2427

Donald A. Neamen

Microelectronics：Circuit Analysis and Design，3th edition

ISBN：0-07-125443-9

Simplified Chinese translation edition jointly published by McGraw-Hill Education（Asia）Co. and Tsinghua University Press.

图书在版编目（CIP）数据

电子电路分析与设计——半导体器件及其基本应用（第 3 版）/（美）纽曼（Neamen，D. A.）著；王宏宝，于红云，刘俊岭译. —北京：清华大学出版社，2009. 1（2020. 10重印）

（信息技术和电气工程学科国际知名教材中译本系列）

ISBN 978-7-302-17895-8

Ⅰ. 电…　Ⅱ. ①纽…　②王…　③于…　④刘…　Ⅲ. 半导体器件—教材　Ⅳ. TN303

中国版本图书馆 CIP 数据核字(2008)第 088875 号

责任编辑：王一玲　陈志辉

责任校对：白　蕾

责任印制：杨　艳

出版发行：清华大学出版社

http://www.tup.com.cn

地　址：北京清华大学学研大厦 A 座

邮　编：100084

社 总 机：010-62770175

邮　购：010-62786544

投稿与读者服务：010-62776969，c-service@tup.tsinghua.edu.cn

质量反馈：010-62772015，zhiliang@tup.tsinghua.edu.cn

印 装 者：北京九州迅驰传媒文化有限公司

经　销：全国新华书店

开　本：185mm×260mm　**印　张**：33.25　**字　数**：802 千字

版　次：2009 年 1 月第 1 版　**印　次**：2020 年 10 月第 10 次印刷

定　价：69.00 元

产品编号：024350-02

中译版序

清华大学出版社曾经于2000年引进 Donald A. Neamen 教授的《电子电路分析与设计》(Electronic Circuit Analysis and Design)(第2版),受到了国内广大高校师生的欢迎。2007年本书推出了第3版,并由从事电子技术教学近40年的清华大学王宏宝教授主持翻译出版,应清华大学出版社之邀,本人再次推荐本书。

Microelectronics: Circuit Analysis and Design (第3版)包括半导体器件及其基本应用、模拟电子技术和数字电子技术3个部分,共17章。第1部分包括第1~8章,主要阐述半导体材料和二极管、二极管电路、场效应管及其放大电路、双极型晶体管及其放大电路、频率响应、输出级和功率放大电路等。第2部分包括第9~15章,主要阐述理想运放及其基本应用、集成电路的偏置电路和有源负载、差分及多级放大电路、反馈及稳定性、运算放大电路、运算放大电路的非理想效应、集成电路的应用和设计等。第3部分包括第16章和第17章,主要阐述 NMOS、CMOS、BiCMOS、ECL 逻辑电路的组成,不同类型门电路的工作原理和电气特性,触发器、时序逻辑电路、存储器的构成和逻辑功能等。

一、本书基本特点

1. 内容丰富,视野开阔,知识面较宽,涵盖了我国高等院校模拟电子技术和数字电子技术课程大部分教学基本要求,因而可作为电子技术基础及同类课程的参考书或教材。

2. 本书虽然篇幅较多,但各章结构合理、层次清楚、思路清晰、叙述详细、文字流畅。各章一般在叙述一个重要问题之后,均有例题及其评述或讨论,有些还给出设计举例、自测题等。使读者像面对一个循循善诱的老师一样,在启发引导下,由浅入深,循序渐进,因而易于阅读和学习。

二、内容编排特点

1. 半导体器件及其基本应用、模拟电子技术和数字电子技术3个部分的序言具有高度的概括性,阐明了本部分有关的基本知识、基本概念和基本方法,对于"教"与"学"均具有指导意义。

2. 在第1部分中,将场效应管及其放大电路置于晶体三极管及其放大电路之前,适应了集成电路的发展和当前芯片应用的现状。而且,在全书中均有意识地对场效应管的应用加以关注。

3. 每章均具有"设计举例"一节,设计题目均为结合本章基本内容的实际问题。例如,利用二极管、MOSFET 管和 BJT 管设计电子温度计,利用二极管和稳压管设计直流电源，利用 FET 和 BJT 设计实用放大器，利用集成运放设计有源滤波器，利用 CMOS 和 ECL 电路的基本结构设计门电路，等等。特别注重理论联系实际，且叙述具有示范性，利于提高读者电子电路的设计能力。

4. 全书具有大量的例题、思考题、练习题、测试题、设计应用题和计算机仿真题，教学目的明确，层次分明，内容丰富。且大部分题目配有答案，利于自学。

综上所述，与国内出版的同类教材相比，本书具有明显的特色。它正好弥补国内同类教材因篇幅所限叙述不够详尽、内容较为浓缩、例题和习题较少、设计举例不多的缺憾。因此，无论对于教师还是对于学生，本书均具有很好的参考价值。

华成英

2008 年 7 月于清华园

原书序

目的和宗旨

《电子电路分析与设计》是电气工程与计算机科学专业的本科生电子学必修课程所用的教材。本书第3版的目的是为模拟电子电路及数字电子电路的分析和设计打下坚实的基础。

现在，多数电子电路的设计都使用集成电路(ICs)。集成电路将整个电路制造在单片半导体材料上，它包含数百万个半导体器件和其他元件，能执行很复杂的功能。微处理器就是这种电路的一个实例。这本教材的根本目的就是要熟悉组成集成电路的一些基本电子电路的工作原理、电路特性以及限制因素。

本书首先分析和设计分立晶体管电路，所研究的电路其复杂程度不断提高。而在本书的最后，将使读者能够分析和设计集成电路的部件单元，比如数字逻辑门电路。

本书是研究复杂电子电路的入门教材，因而没有介绍那些更先进的材料，比如砷化镓技术，砷化镓材料常应用在一些特殊的场合，在参考文献中介绍了它的几种特殊应用的实例。当然，本书也未涉及布线技术及集成电路制造技术，因为这些内容可以完全独立于本教材之外进行专门介绍。

计算机辅助分析和设计(PSpice)

计算机分析和计算机辅助设计(CAD)是电子工程中的重要环节。当前最为流行的一种电子电路仿真程序是由加州大学开发的侧重于集成电路的仿真程序(SPICE)，其专门用于个人计算机的版本称为PSpice。使用本教材的各位教师可结合课程的各个知识点介绍PSpice的应用。

本教材着重对电路进行手工分析和设计。然而，在有些地方应用PSpice的分析结果，它们与手工分析的结果相关联。

书中还有PSpice原理图以及计算机仿真结果。在大多数章的末尾有专门的计算机仿真题。然而，在教师的讲课过程中，可以随意要求将PSpice用于任何一道练习题和习题，以检验手工分析的结果。

在某些章节，特别是频率响应和反馈这两章，更是大量应用计算机分析。但是，即使在这样的情况下，也只是在充分了解了电路的基本特性以后才考虑使用计算机分析方法。计算机是电子电路辅助分析和辅助设计的工具，但不能代替对电路分析基本概念的准确理解。

设计的重要性

设计工作相当于工程的心脏。一个好的设计积累了电路分析的大量经验。在本教材中，当我们在进行电路分析的时候，将着重阐明电路的各种特性和性能，这些都为我们进行应用电路设计提供直觉知识。

本书有许多设计例题、设计练习题和章末尾的设计习题。许多设计例题和设计习题具有一组设计指标要求，由于此要求而可能产生唯一的解。尽管书中所介绍的设计类型可能并非是它最严密的形式，但就作者看来，这是学习电子电路设计的第一步。在每章习题的末尾，有单独的一小节是应用设计题，它包含答案不确定、不唯一的开放式(open-ended)设计题。

必备条件

本书的适用对象是电气工程与计算机科学专业本科低年级学生。学习本书的必要先修知识应该包括电子电路的直流分析和正弦稳态分析以及 *RC* 电路的瞬态分析。有关各种网络的概念，例如，戴维南定理和诺顿定理，它们广泛应用在电子电路的分析中。有关拉普拉斯变换的一些基础知识也是非常有用的。但是关于半导体物理的相关知识不要求在学习本课程之前必须具备。

本书的体系结构

全书分为 3 个部分。第 1 部分由前 8 章组成，包括半导体材料、基本二极管原理、二极管电路、基本晶体管原理以及晶体管电路等内容。第 2 部分介绍更高级一些的电子电路，比如运算放大器电路、集成电路偏置技术以及其他实用的模拟电路。第 3 部分则介绍数字电子电路，包括 CMOS 集成电路。在书末还有 6 个附录(中译版略去了附录)。

第 1 部分 第 1 章介绍半导体材料和 PN 结，由此发展到二极管电路以及第 2 章的二极管应用电路。第 3 章讲解场效应晶体管，重点介绍金属-氧化物-半导体 FET(MOSFET)。第 4 章则讲解基本 FET 线性放大器。第 5 章讨论双极型晶体管。第 6 章则讲解基本双极型线性放大器及其应用。

讲解 MOSFET 的第 3 章和第 4 章以及讲解双极型晶体管的第 5 章和第 6 章在书中是相互独立的两部分内容。因而教师可以如本教材中所示先讲 MOSFET 内容后讲双极型晶体管内容，也可以采用更加传统一点的方法，即先讲双极型晶体管内容，后讲 MOSFET 内容，如下表所示。

最初几章内容可能的讲解次序

本书次序		传统次序	
章	内　容	章	内　容
1	PN 结	1	PN 结
2	二极管电路	2	二极管电路
3	MOS 晶体管	5	双极型晶体管
4	MOSFET 电路	6	双极型电路
5	双极型晶体管	3	MOS 晶体管
6	双极型电路	4	MOSFET 电路

第7章用单独一章内容讨论晶体管和晶体管电路的频率特性。第3章～第6章的重点是电路的分析和设计技术，所以在这其中的某一章如果混合讲解两种不同的晶体管将会引起不必要的混乱。然而，从第7章开始则在同一章中既讨论MOSFET电路，也讨论双极型电路。最后的第8章介绍输出级电路和功率放大器电路，从而结束本书第1部分的内容。

第2部分 从第9章～第15章的内容是介绍更高级一点的模拟电路。这一部分的重点放在运算放大器和构成集成电路(ICs)的一些基本电路模块上。第9章介绍理想运算放大器和理想运放电路。第10章介绍恒流源偏置电路和有源负载电路，这两种电路广泛应用在ICs中。第11章讨论差分放大器，它是运算放大器的核心电路。第12章讨论反馈。第13章则对构成运算放大器的各种电路进行分析和设计。第14章分析模拟ICs的非理想效应。第15章讨论模拟ICs的应用，比如有源滤波器和振荡器电路等。

第3部分 这一部分内容包括第16章和第17章，它们分析数字电路。第16章讨论MOS数字电路的分析和设计。这一章的重点是CMOS电路，它是构成最流行的数字电路的基础。首先介绍基本的数字逻辑门电路，然后介绍移位寄存器、触发器和基本的A/D和D/A转换器电路。第17章介绍双极型数字电路，包括射极耦合逻辑电路和传统的晶体管-晶体管逻辑(TTL)电路。

如果有的教师希望在讲解模拟电路之前先讲解数字电路，则可以将第3部分编写成与第2部分没有关联。因而，这些教师可以从第1、2、3章跳到第16章进行讲解。这种跳跃对于学生们来说可能有些困难，但也不是不可行的。

附录 (略)

第3版的特点

(1) 每章的开始都有一个简短的内容介绍，对于前一章的内容和新一章的内容起承上启下的作用。每章内容的讲解目的，即读者将从本章内容的学习中获得些什么，这些都在每章正文开始之前的本章内容简介中用圆点标记列表的形式展示出来，以便读者阅读。

(2) 在每章中的每个主要小节，开始时都用一小段文字再次阐述本节所要讲解的内容。

(3) 本书通篇包含大量的实用例题以加强对书中所讲理论和概念的理解。这些例题在分析和设计电路时都很详细，所以读者不必担心会遗漏掉什么步骤。

(4) 紧跟每个例题的后面必有一道练习题。练习题和例题非常相似，所以读者可以立刻检查自己对于刚刚学过的内容的理解程度。每道练习题都给出答案，因而读者不用到书末去寻找答案。这些练习题可以帮助读者在学习新的一小节内容之前加强对刚学过的这一小节内容的理解和掌握。

(5) 在每章主要小节的末尾有理解测试题。这些测试题一般比例题后面的练习题更加综合。这些测试题也能使读者在学习新的一节内容之前加强对所学知识的理解和掌握。同样，理解测试题也给出了答案。

(6) 解题技巧贯穿在每章的内容当中，以帮助读者很好地分析电路。尽管求解一道题可能存在不止一种方法，但这些解题技巧足以帮助读者初步亲自动手分析电路。

(7) 每章的最后一小节都有一个设计题。这种特定的电路设计和刚刚学过的这章内容有关。经过本书整个课程的学习，将使同学们学会设计并构建电子温度计电路。尽管每一个应用设计并非都是电子温度计，但是每个设计都向学生形象地阐明了如何在现实社会中应用这些设计。

(8) 每章正文最后一小节是本章内容小结。它总结这一章所推导出的全部结论并且复习所讲解的基本概念。小结部分也是用圆点标记的列表形式列出,以便参考。

(9) 小结之后的内容是本章重点。这一小节阐述通过本章讲解已经实现的目标以及读者通过学习应该掌握的能力。它能帮助读者在学习下一章之前评估自己的进步。

(10) 每章结尾列出了复习题。这些复习题如同自测题一样能帮助读者检验对课文中提出的基本概念的掌握程度。

(11) 每章的最后罗列了大量的习题,以每一小节的标题为纲来进行编排。在第3版中收入了许多新的习题,还有一些设计题,而且分为不同的难易程度。带"D"字头的是设计类型的习题,带"*"号的设计题是难题。单独列出了计算机仿真题和答案不确定、不唯一的开放式(open-ended)设计题。

(12) 书末给出了部分习题的答案。知道了习题的答案,就可以帮助读者加强解题的能力。

(13) (略)

补充材料

本教材有多种、广泛的补充材料,不但有在线的,还有除教材正文以外的补充材料。本书网站所包含的资源,既适用于教师也适用于学生。针对学生网站内容有两个新的特点:算法问题和图片。算法题使学生能够实践循环算法的一步一步解题过程,从而联想创造出无限多个问题。图片通过展示各个不同的领域,从Fairchild半导体到Apple公司,工作的工程师们的访谈过程,给同学们提供一些有关现实电子工程领域的直观知识。许多有用的链接也会出现在此网站上。

网站上有适合教师的安全可靠、使用方便的内容,包括教材中所有的插图、所有的题解以及实验数据的PPT。此外,教师还可以获取McGraw-Hill专门为教师们准备的新工具COSMOS的演示版。

致谢

(略)

目 录

序言 2 电子电路设计

第 2 部分 模拟电子技术

序言 3 数字电子学导论

第 3 部分 数字电子技术

电子学导论

一谈到电子学这个词，大多数人都会想到电视机、膝上电脑或者 DVD 播放器。事实上，这些都是由包括放大器、信号源、直流电源和数字逻辑电路在内的子系统，即电子电路构成的电子系统。

电子学是研究电荷在空气、真空和半导体内运动的一门科学（注意此处不包括电荷在金属中的运动）。这一概念最早起源于 20 世纪早期，以便和电气工程（主要研究电动机、发电机和电缆传输）加以区别，当时的电子工程是一个崭新的领域，主要研究真空管中的电荷运动。如今，电子学研究的内容一般包括晶体管和晶体管电路。**微电子学**研究集成电路（IC）技术，它能够在一块半导体材料上制造包含数百万甚至更多个电路元件的电路系统。

一个称职的电气工程师应该具备多种技能，比如要会使用、设计或构建电子电路系统。所以在很多时候电气工程和电子工程之间的差别并不像当初定义的那么明显。

电子学发展简史

晶体管和集成电路的迅猛发展已经彰显了电子学的巨大威力。集成电路的应用已经渗透到我们日常生活中的方方面面，从即时通信的手机到汽车。集成电路应用的一个经典例子是体积很小的膝上电脑，它比几十年前装满整间房屋的大型计算机的性能还要好。

从 1947 年 12 月第一个晶体管诞生于贝尔实验室（由 Willian Shockley，John Bardeen 和 Walter Brattain 研制成功）开始，基础电子学获得了重大的突破。从那时起大约到 1959 年，晶体管还仅仅是作为分立的器件单个应用，所以制作电路时需要把晶体管的引脚和别的元件的引脚一个一个地焊接起来。

1958 年 9 月，美国得克萨斯仪器（Texas Instruments，TI）公司的 Jack Kilby 用锗半导体设计出了第一个集成电路。几乎在同一时期，美国仙童（Fairchild）半导体公司的 Robert Noyce 用硅半导体设计出了集成电路。整个 60 年代集成电路技术迅猛发展，不过那时主要使用的还是双极型晶体管技术。此后金属-氧化物-半导体场效应晶体管（MOSFET）和 MOS 集成电路技术占据了主要的市场，尤其在数字集成电路的设计、应用中。

随着集成电路技术的日益成熟和集成电路结构越来越复杂，电子设备的体积变得越来越小并且在一块芯片上电路所集成的器件数目也越来越多。如今在一块集成电路上可以含有运算电路单元、逻辑电路单元和存储功能单元，例如，微处理器集成电路芯片。

有源器件和无源器件

在无源电子器件中，无限长时间内传送到电子器件的平均功率总是大于或等于零。电阻、电容和电感都是**无源器件**。电感和电容可以储存能量，但是在无限长时间内不能产生大于零的平均功率。

有源器件，例如，直流供电电源、电池组和交流信号发生器等可以产生特定形式的功率。晶体管也可以认为是有源器件，因为它提供给负载的信号功率比接收到的信号大。这种现象称为放大作用。输出的额外功率是由该器件内部对直流能量和交流能量重新分配而获得的。

电子电路

在大多数电子电路中，都有两个输入(见图 PR1.1)。一个是来自供电电源的直流输入，用以给晶体管提供适当的直流电压和直流电流偏置。另一个是可以被电路放大的信号输入。尽管输出信号可以比输入信号大，但输出功率不会超过直流输入功率。所以直流供电的幅值限制了输出响应信号的大小。

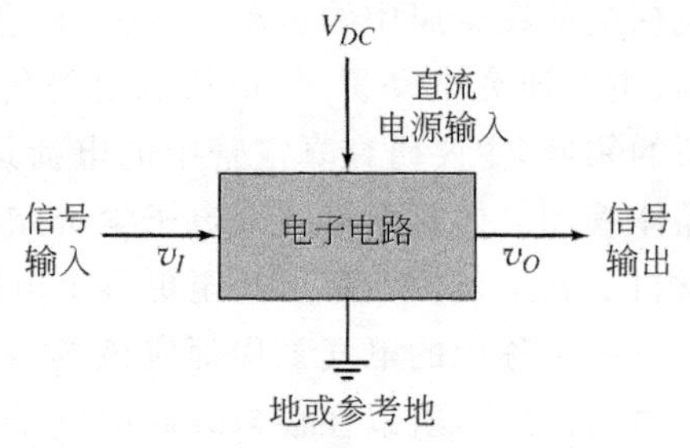

图 PR1.1 包含直流电源输入和信号输入的电子电路示意图

所以在分析电子电路时将分为两个步骤进行：一是分析直流输入和直流电路响应；二是分析信号输入和交流响应。用受控电压源和电流源来模型化有源器件并表示放大器和信号增益。总之，对电路的直流分析和交流分析将使用不同的等效电路模型。

分立电路和集成电路

本书将分析分立电子电路的原理。分立电路就是由分立元件组成的电子电路，分立元件有电阻、电容和晶体管等。下面将重点分析和研究各种类型的分立电路，它们是组成集成电路的基本部件。例如，可以用各种各样的电子电路组成运算放大器，运算放大器是模拟电子学中重要的集成电路。文中也将讨论数字集成电路中用到的各种逻辑电路。

模拟信号和数字信号

图 PR1.2(a)所示的电压信号是模拟信号。模拟信号的幅值可以是任意值，也就是说幅值随时间连续变化。产生或处理此类信号的电路称为**模拟电路**。

另外一种信号只有两种不同的电平，称为数字信号(图 PR1.2(b)所示)。因为数字信号有离散的电平值，所以也称为量化值。处理数字信号的电路称为**数字电路**。

现实生活中绝大多数信号是模拟信号，例如，语音通信和音乐。放大此类信号需要很多电子电路，其中最重要的是使信号失真很小或者不失真。所以在信号放大器中，输出信号应

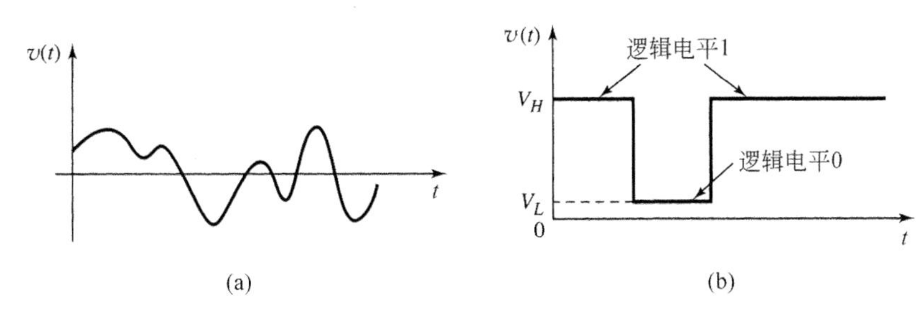

图 PR1.2 模拟信号和数字信号

(a) 模拟信号；(b) 数字信号

该是输入信号的线性函数。例如，功率放大器电路就是一个立体声系统，用以提供足够的功率驱动扬声器系统。再次强调必须使输入和输出之间保持线性关系，以使声音不失真地得到还原。

由于在电路设计和制造方面的突出优点，数字系统及其信号处理在目前电子学的应用中占有更重要的地位。数字处理器应用广泛，以至于可以实现模拟电路不能实现的功能。然而在很多场合必须由模拟信号转换为数字信号或者由数字信号转换为模拟信号。处理此类转换在电子学的应用中也占有重要的地位。

符号说明

表 PR1.1 所示的符号贯穿于本书的各章节。带有大写脚注的小写字母（如 i_B，v_{BE}）表示包含直流量的瞬时总量；带有大写字母脚注的大写字母（如 I_B，V_{BE}）表示直流量（静态电流、电压）；小写字母带有小写脚注（如 i_b，v_{be}）表示交流瞬时值；最后大写字母带有小写脚注（如 I_b，V_{be}）表示交流有效值（相量值）。

表 PR1.1 符号说明小结

变 量	含 义	变 量	含 义
i_B，v_{BE}	包含直流量的瞬时总量	i_b，v_{be}	交流瞬时值
I_B，V_{BE}	直流量（静态电流、电压）	I_b，V_{be}	交流有效值（相量值）

例如，图 PR1.3 所示是叠加在直流电压上的正弦波电压。用上述符号，可以表示为

$$v_{BE}=V_{BE}+v_{be}=V_{BE}+V_M\cos(\omega t+\phi_m)$$

图 PR1.3 叠加在直流电压上的正弦电压波形，阐明本书所用符号的含义

根据欧拉恒等式定义的相量的概念以及指数函数与三角函数的关系，正弦波电压也可以写作

$$v_{be} = V_M\cos(\omega t + \phi_m) = V_M \mathrm{Re}\{e^{j(\omega t + \phi_m)}\} = \mathrm{Re}\{V_M e^{j\phi_m} e^{j\omega t}\}$$

其中 Re 表示取实部的意思。$e^{j\omega t}$的系数是一个复数，它表示正弦电压的幅值和相位。于是，这个复数就是电压的相量值，即

$$V_{be} = V_M e^{j\phi_m}$$

本书中在某些情况下，输入信号和输出信号需要的是数值，对此我们既可以用包含直流量的瞬时总量符号，如 i_B，v_{BE}，也可以用直流量符号 I_B 和 V_{BE}。

总结

半导体器件是电子电路中的基本元件。其电气特性使得它们在信号处理中充当控制开关的作用。例如，大多数电气工程师只是电子元器件的使用者，而不是它们的制造者或设计者。然而，在了解总体系统特性和使用限制之前，必须掌握电子元器件的基本知识和进行基础的训练。在电子学中，学习运算放大电路、比例电路和集成电路之前应当充分掌握分立电路的知识及其分析、设计方法。

第1部分

半导体器件及其基本应用

本书第 1 部分将介绍主要的半导体器件的物理特性和工作原理以及用这些器件组成的各种基本电路，从而说明这些特性是如何应用在开关电路、数字电路以及放大电路等电子电路中的。

这部分第 1 章简要讨论半导体材料的特性，然后介绍半导体二极管。第 2 章分析各种二极管电路，并介绍二极管的非线性特性如何应用到开关电路和整形电路中。第 3 章介绍金属-氧化物-半导体场效应晶体管（MOSFET），进行 MOS 晶体管电路的直流分析，并讨论它们的基本应用。第 4 章将分析和设计基本的 MOS 晶体管电路，包括放大器电路。第 5 章介绍双极型晶体管及其电路，包括放大器电路，但是有关放大器电路的分析和设计将在第 6 章进行介绍。第 7 章讨论 MOS 晶体管和双极型晶体管电路的频率响应。第 8 章讨论这些电子电路的设计及应用，包括带不同输出级的功率放大器电路。

第1章

半导体材料和二极管

本章将要分析和设计由二极管和晶体管等电子器件组成的电子电路。这些电子器件是由半导体材料制作而成的，所以从第1章开始将简要地讨论半导体的结构特征和特性，讨论的目的是熟悉有关半导体材料的基本知识和专业术语。

PN结二极管是最基本的电子器件。二极管是二端口元件，但它的伏安特性是非线性的。既然二极管是非线性元件，所以对包含二极管的电路分析就不能像分析简单的线性电阻电路一样直截了当。学习本章的目的之一就是熟悉对二极管电路的分析。

本章内容

- 对几种半导体材料的性质，包括半导体中的两种类型的载流子以及半导体中产生电流的两种机制有一个基本的了解。
- 分析PN结特性以及PN结二极管的理想伏安特性。
- 用不同的模型对二极管电路进行直流分析，以描述二极管的非线性特性。
- 为二极管设计一种适用于时变小信号输入的等效电路。
- 了解几种特殊二极管的特征和特性。
- 利用二极管的温度特性设计一个简单的电子温度计。

1.1 半导体材料及其特性

本节内容：对几种半导体材料的特性，包括半导体中运载电荷的两种类型的载流子以及半导体中产生电流的两种机理有一个基本的了解。

大多数电子器件都是由半导体材料掺加导体材料和绝缘体材料制作而成的。为了更好地理解电子电路中电子器件的性质，必须首先了解半导体材料的几种特性。硅是目前在半导体器件和集成电路中用得最多的半导体材料，其他的半导体材料常被应用在特殊的场合，例如，砷化镓及有关化合物通常用来制作非常高速的器件和光学器件。

1.1.1　本征半导体

原子是由原子核和核外电子构成的，原子核又包含带正电荷的质子和中性的中子，带负电荷的电子通常被认为在核外按电子云的形式分布。与原子核不同距离的电子分布在不同的“层”，处于不同层中的电子的能量随着层半径的增加而增加，处于最外层的电子称为**价电子**，一种材料的化学活性主要取决于价电子的数量。

元素周期表中的元素可以根据价电子的数目进行分类。表1.1所示为元素周期表中的一部分，在此部分发现了比较常用的半导体。硅(Si)和锗(Ge)在第Ⅳ族，属于**基本半导体**，与之对应的砷化镓属于第Ⅲ族、第Ⅴ族，是**复合半导体**。人们发现第Ⅲ族和第Ⅴ族中的元素在半导体中也是很重要的。

表1.1　元素周期表的一部分

Ⅲ	Ⅳ	Ⅴ
B	C	
Al	Si	P
Ga	Ge	As

图1.1(a)所示为五个互不影响的硅原子，从每个原子发射出的四条线表示四个价电子。随着硅原子之间的相互接近，价电子相互作用从而形成晶体。最终形成的晶体是一个四面体结构，其中每个硅原子有四个最近的相邻原子，如图1.1(b)所示。价电子在原子间共用，形成所谓的**共价键**。锗、砷化镓和其他很多种半导体材料都具有与此相同的四面体结构。

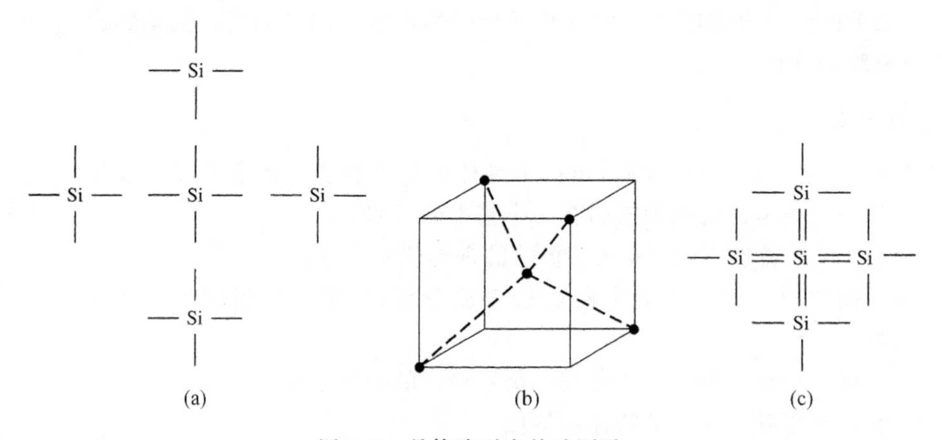

图1.1　晶体阵列中的硅原子

(a) 五个互不影响的硅原子每个带四个价电子；(b) 四面体结构；(c) 共价键的二维表示

图1.1(c)是由图1.1(a)所示的五个硅原子构成的晶格的二维表示。这种晶格的一个重要性质：价电子总是能够达到硅晶体的外部边缘，使其他的硅原子吸附到上面从而形成大的单晶体结构。

图1.2所示为$T=0\text{K}$时(T为温度)单晶硅的二维结构示意图。原子间的每一条线象征一个价电子。当$T=0\text{K}$时，每个电子处于它的最低能态上，这时每个共价键的位置是固定的。如果施加一个小的电场到这种材料上，电子将不会移动，因为它们仍将被束缚在所属的原子上。所以，在$T=0\text{K}$时硅是**绝缘体**，即没有电荷流过。

当硅原子聚集成硅晶体时，电子占据在特定的能带上。当$T=0\text{K}$时，所有的价电子占据在价带。如果温度增加，价电子将会获得热能，所有的电子都可以获得足够的热能而去破坏共价键,并脱离它们的初始位置。具体情况如图 1.3 所示。价电子要破坏共价键所必需的最小能量 E_g 称为**带隙能量**。获得此最小能量的电子处于导带,称为自由电子。在导带中的自由电子能在晶体中自由移动,电子在导带中的定向移动形成了电流。

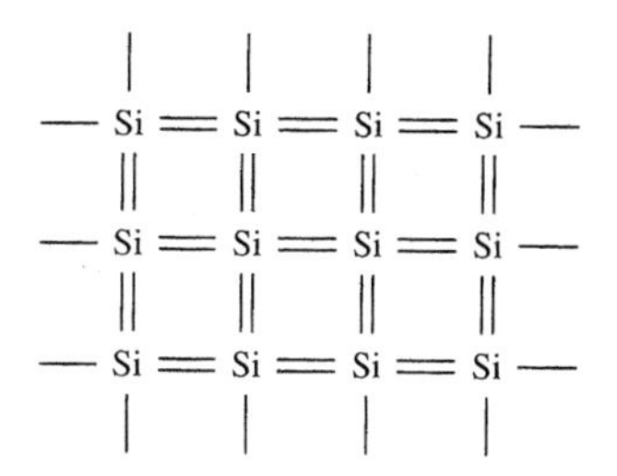

图 1.2　当 $T=0$K 时单晶硅的二维表示

所有的价电子被共价键束缚在硅原子周围

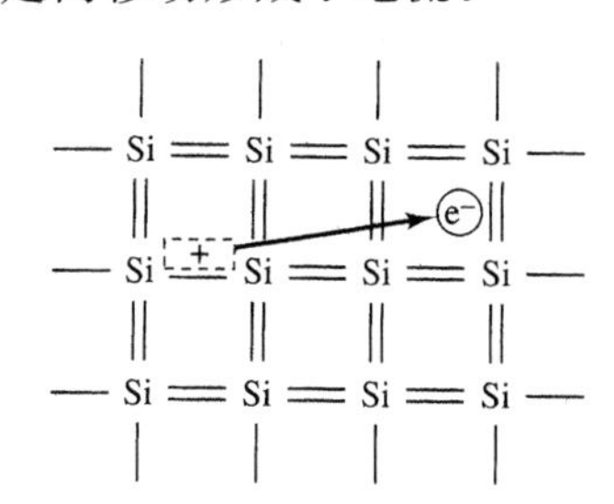

图 1.3　当 $T>0$K 时,一个共价键被破坏

在导带中产生了一个电子,同时产生了一个带正电荷的空位置

图 1.4(a)所示为能带图。能量 E_v 是价带的最大能量值,能量 E_c 是导带的最小能量值,带隙能量 E_g 是 E_c 和 E_v 的差值,这两个能带之间的区域称为**禁带隙**,电子不能位于禁带隙中。图 1.4(b)定性地显示了一个电子从价带获得足够能量后运动到导带的情况,这个过程称为**激发**。

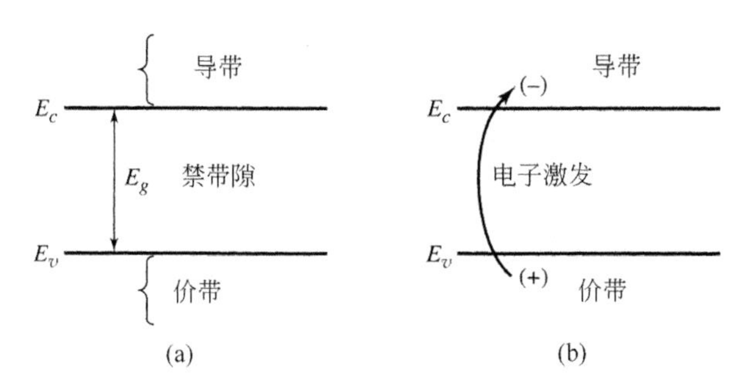

图　1.4

(a) 能带示意图。垂直刻度是电子能量,水平刻度是半导体内部的距离,虽然这些刻度通常不能精确地表示实际的距离;(b) 能带图显示了导带中产生电子及价带中产生带正电荷“空位置”的过程

如果某种材料的带隙能量在 3～6 电子伏特[①](eV)范围,室温下这种材料是绝缘体,因为在它的导带基本没有自由电子存在。相反,如果某种材料在室温下就拥有很多自由电子,这种材料就是导体。在半导体中,带隙能量的值大约在 1eV。

因为材料上的净电荷整体为零,如果一个带负电荷的电子破坏了它的共价键并脱离了它的初始位置,那么在这个位置便产生一个带正电荷的“空位置”(如图 1.3 所示)。随着温度的升高,越来越多的共价键被破坏,产生越来越多的自由电子和带正电荷的空位置。

当一个具有一定热能的价电子靠近一个空位置时便会移动到空位置中,就像图 1.5 所示的那样,看起来就像是一个正电荷在半导体中移动。这种带正电荷的粒子称为“**空穴**”。于是,在半导体中就有两种类型的电荷粒子能产生电流:带负电荷的自由电子和带正电荷的空穴。(当然,对空穴的这种描述显得过于简单,也仅仅表达了移动的正电荷的概念)

① 一个电子伏特是指电子通过 1 伏特电位差加速得到的能量。$1\text{eV}=1.6\times10^{-19}\text{J}$。

电子和空穴的浓度(#/cm^3)对半导体材料的特性来说是一个重要的参数,因为它们直接影响着电流的大小。**本征半导体**是一种单晶体半导体材料,在这种晶体内不含其他类型的原子。在本征半导体中,电子和空穴的浓度是一样的,因为热激发是产生电子和空穴这两种粒子的唯一来源。因此,用符号 n_i 作为**本征载流子浓度**来表示自由电子的浓度和空穴的浓度。表示 n_i 的公式为

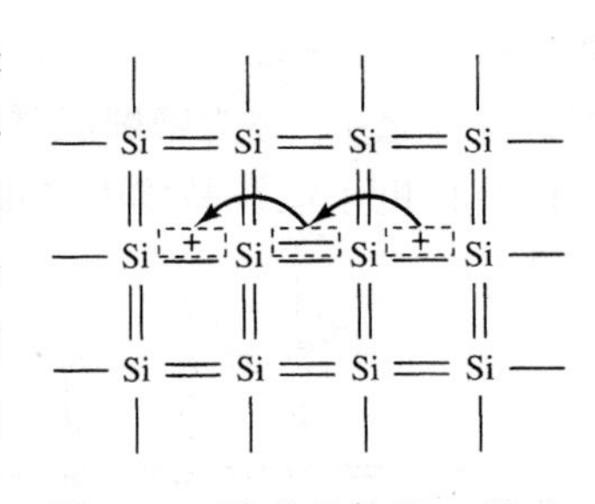

图 1.5 用硅晶体的二维表示来描述带正电荷的"空位置"的移动

$$n_i = BT^{3/2}e^{\left(\frac{-E_g}{2kT}\right)} \tag{1.1}$$

式中,B 是一个与特定的半导体材料有关的常量,E_g 是带隙能量的值(eV),T 是热力学温度(K),k 是玻耳兹曼常数(86×10^{-6}eV/K),e 在本文中代表指数函数。表 1.2 给出了几种半导体材料的 B 和 E_g 的值。带隙能量 E_g 和系数 B 受温度变化的影响不大。本征载流子浓度 n_i 是一个重要的参数,经常出现在半导体器件的伏安特性关系式中。

表 1.2 半导体的常数

材 料	E_g(eV)	$B(cm^{-3}K^{-2/3})$
硅(Si)	1.1	5.23×10^{15}
砷化镓(GaAs)	1.4	2.10×10^{14}
锗(Ge)	0.66	1.66×10^{15}

【例题 1.1】

目的:计算 T=300K 时,硅晶体中本征载流子的浓度。

解:T=300K 时,对硅晶体根据式(1.1)可以得到

$$n_i = BT^{3/2}e^{\left(\frac{-E_g}{2kT}\right)} = (5.23\times10^{15})(300)^{3/2}e^{\left(\frac{-1.1}{2(86\times10^{-6})(300)}\right)}$$

即

$$n_i = 1.5\times10^{10}\,cm^{-3}$$

点评:本征电子浓度为 $1.5\times10^{10}\,cm^{-3}$,这似乎大了些,但与硅原子浓度 $5\times10^{22}\,cm^{-3}$ 相比还是很小的。

练习题

【练习题 1.1】 在 T=300K 时,试分别计算在砷化镓和锗中的本征载流子浓度。(答案:GaAs,$n_i=1.80\times10^6\,cm^{-3}$;Ge,$n_i=2.40\times10^{13}\,cm^{-3}$)

1.1.2 掺杂半导体

因为在本征半导体中电子和空穴的浓度相对较小,只能产生非常微弱的电流。然而,通过定量地掺入某种杂质元素,将会使这些载流子浓度大幅度升高。符合需要的杂质是能够进入晶体的晶格并能取代(替换)半导体原子的杂质,即使这种杂质不具有和本征半导体相同的价电子结构。对于硅元素来说,适合替换的杂质元素为第Ⅲ族或第Ⅴ族元素(见表 1.1)。

最常用的Ⅴ族元素是磷元素和砷元素。例如,当一个磷原子取代一个硅原子,如图 1.6(a)所示,它的四个价电子用来形成共价键,第五个价电子受磷原子的束缚力很小,在室温下这

种电子就有足够的热能去破坏共价键，在晶体中自由移动，进而在半导体中产生电子电流。磷的第五个价电子移动至导带后，磷原子将成为一个带正电荷的磷离子，如图 1.6(b)所示。

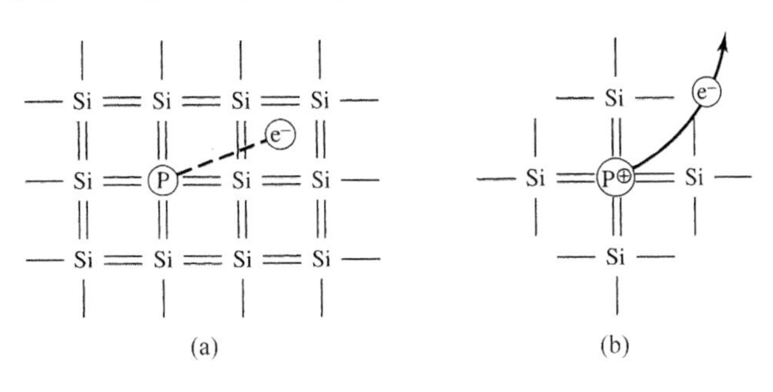

图　1.6

(a) 一个硅晶格掺杂磷原子的二维表示，同时显示了磷的第五个价电子；(b) 磷的第五个价电子运动到导带，产生一个带正电荷的磷离子

磷原子称为**施主杂质**，因为它提供了一个自由移动的电子。尽管剩下的磷原子带有一个净的正电荷，但它不能在晶体中移动，从而不能产生电流。所以当一个施主杂质掺入半导体时只产生了自由电子，而没有产生空穴。这个过程称为**掺杂**，它使人们能够控制半导体中的自由电子浓度。

包含有施主杂质原子的半导体称为 **N 型半导体**(因为产生的电子带负电)，其中电子的浓度远大于空穴的浓度。

在硅掺杂中最常用的Ⅲ族元素是硼。当一个硼原子取代硅原子时，它的三个价电子用来和四个邻近硅原子中的三个形成共价键(如图 1.7(a)所示)，这就空出了一个共价键位置。在室温下，临近的硅价电子具有足够的热能移动到这个空位置中，于是就产生了一个空穴。这种作用如图 1.7(b)所示。硼原子获得一个负的净电荷，但它是不能移动的，而产生的空穴能运动并且生成空穴电流。

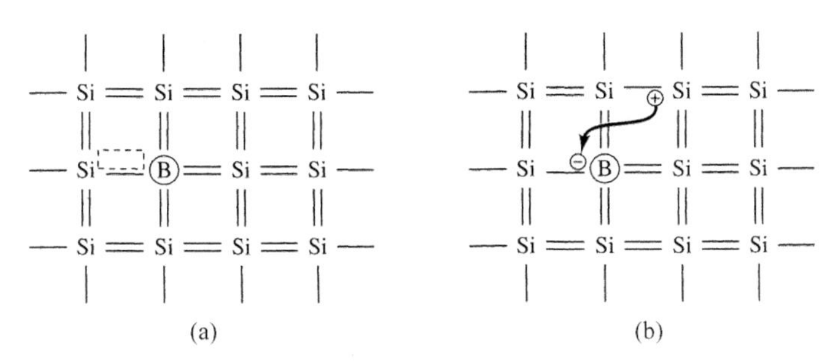

图　1.7

(a) 一个硅晶格掺杂硼原子的二维表示，同时显示了空的共价键位置；(b) 硼原子从共价键接受一个电子成为带负电荷的硼离子，产生一个带正电荷的空穴

因为硼原子接受了一个价电子，所以硼原子称为**受主杂质**。受主杂质产生了空穴而没有产生自由电子，这个过程也叫掺杂，可以用来控制半导体中的空穴浓度。

包含有受主杂质的半导体称为 **P 型半导体**(因为产生的空穴带正电荷)，其中空穴的浓度远大于自由电子的浓度。

包含有杂质原子的材料称为**杂质半导体或掺杂半导体**。掺杂过程使人们可以控制自由电子和空穴的浓度，进而控制材料的导电性能及电流大小。

在热平衡状态下，半导体中电子浓度和空穴浓度的基本关系为

$$n_o p_o = n_i^2 \tag{1.2}$$

式中，n_o 是自由电子的热平衡浓度，p_o 是空穴的热平衡浓度，n_i 是本征载流子浓度。

在室温（$T=300\text{K}$）下，每个施主原子在半导体中产生一个自由电子。如果施主浓度 N_d 远大于本征浓度，可以近似认为

$$n_o \approx N_d \tag{1.3}$$

于是，由式(1.2)可以得出空穴浓度为

$$p_o = \frac{n_i^2}{N_d} \tag{1.4}$$

同理，在室温下每个受主原子在半导体中接受一个自由电子，产生一个空穴。如果受主浓度 N_a 远大于本征浓度，可以近似认为

$$p_o \approx N_a \tag{1.5}$$

那么，由式(1.2)可以得出电子浓度为

$$n_o = \frac{n_i^2}{N_a} \tag{1.6}$$

【例题 1.2】

目的：计算热平衡状态下电子和空穴的浓度。

(a)已知 $T=300\text{K}$ 时，硅掺杂磷的浓度为 $N_d=10^{16}\text{cm}^{-3}$，回顾例题 1.1 可知 $n_i=1.5\times 10^{10}\text{cm}^{-3}$。

解：因为 $N_d \gg n_i$，所以电子浓度为

$$n_o \approx N_d = 10^{16}\text{cm}^{-3}$$

空穴浓度为

$$p_o = \frac{n_i^2}{N_d} = \frac{(1.5\times 10^{10})^2}{10^{16}} = 2.25\times 10^4\text{cm}^{-3}$$

(b)已知 $T=300\text{K}$ 时，硅掺杂硼的浓度为 $N_a=5\times 10^{16}\text{cm}^{-3}$。

解：因为 $N_a \gg n_i$，所以空穴浓度为

$$p_o \approx N_a = 5\times 10^{16}\text{cm}^{-3}$$

电子浓度为

$$n_o = \frac{n_i^2}{N_a} = \frac{(1.5\times 10^{10})^2}{5\times 10^{16}} = 4.5\times 10^3\text{cm}^{-3}$$

点评：半导体中掺杂了施主杂质后，电子的浓度远远大于空穴的浓度。相反，半导体中掺杂了受主杂质后，空穴的浓度远远大于电子的浓度。在某些特定的半导体中电子和空穴的浓度差别好几个数量级。

练习题

【练习题 1.2】 试计算 $T=300\text{K}$ 时，硅材料中多子和少子的浓度。(a) $N_a=10^{17}\text{cm}^{-3}$；(b) $N_d=5\times 10^{15}\text{cm}^{-3}$。（答案：(a) $p_o=10^{17}\text{cm}^{-3}$，$n_o=2.25\times 10^3\text{cm}^{-3}$；(b) $n_o=5\times 10^{15}\text{cm}^{-3}$，$p_o=4.5\times 10^4\text{cm}^{-3}$）

在 N 型半导体中，因为电子的数量远大于空穴的数量，所以电子称为**多子**，空穴称为**少子**。例题 1.2 所得的结果证明了这种定义。相反，在 P 型半导体中，空穴为多子，电子为少子。

1.1.3　漂移电流和扩散电流

前面已经阐述了半导体中带负电荷的电子和带正电荷的空穴产生的过程。这些带电粒子的移动就产生了电流。这些带有电荷的电子和空穴定义为**载流子**。

电子和空穴在半导体中运动的两种基本方式是：(a)漂移运动，这是由电场作用引起的载流子运动；(b) 扩散运动，这是由浓度的差别，也就是浓度梯度引起的载流子运动。这种浓度梯度可以由不均匀的掺杂分布产生，或者用本章将要讨论的方法，在某个区域中注入一定数量的电子或空穴来产生。

漂移电流密度

为了理解漂移，假定对半导体施加一个电场，电场对自由电子和空穴产生作用力，自由电子和空穴会产生定向的漂移速度和定向的运动。观察图 1.8(a)所示的具有大量自由电子的 N 型半导体，如果在一个方向上施加电场 E，则电子因为带负电荷，受到与电场方向相反的作用力。电子获得的漂移速度 v_{dn}(cm/s)可以表示为

$$v_{dn}=-\mu_n E \tag{1.7}$$

式中，μ_n 是一个常数，称为**电子迁移率**，单位为 $cm^2/(V\cdot s)$。对低掺杂的硅材料而言，μ_n 的典型值为 $1350cm^2/(V\cdot s)$。迁移率可以认为是一个用来表明电子在半导体中迁移情况的参数，式(1.7)中的负号说明，电子的迁移速度和图 1.8(a)中施加电场的方向相反。电子漂移产生的漂移电流的密度 J_n(A/cm^2)表示为

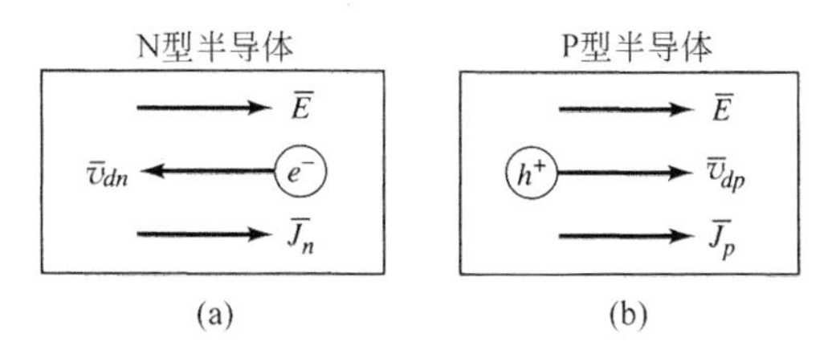

(a)　(b)

图 1.8　在施加电场的方向、电场作用下的载流子漂移速度及漂移电流密度
(a) N 型半导体；(b) P 型半导体

$$J_n=-env_{dn}=-en(-\mu_n E)=+en\mu_n E \tag{1.8}$$

式中，n 是电子浓度(#/cm^3)，e 在这里代表电子的电量。漂移电流是在负电荷流动的反方向上，即在 N 型半导体中，漂移电流的方向和施加的电场方向相同。

下面观察图 1.8(b)所示的具有大量空穴的 P 型半导体。在一个方向上施加电场 E，因为空穴带正电荷，所以受到与电场同方向的作用力。空穴获得的漂移速度 v_{dp}(cm/s)可以表示为

$$v_{dp}=+\mu_p E \tag{1.9}$$

式中，μ_p 是一个常数，称为**空穴迁移率**，单位为 $cm^2/(V\cdot s)$。对低掺杂的硅材料而言，μ_p 的典型值为 $480cm^2/(V\cdot s)$，比电子迁移率的一半还小。式(1.9)中的正号表明，空穴的迁移速度和图 1.8(b)中施加电场的方向相同。空穴漂移产生的漂移电流的密度 J_p(A/cm^2)表示为

$$J_p=+epv_{dp}=+ep(+\mu_p E)=+ep\mu_p E \tag{1.10}$$

式中，p 是空穴浓度(#/cm^3)，e 表示电子的电量。漂移电流与电荷流动的方向相同，即在 P 型半导体中漂移电流的方向和施加电场的方向也是相同的。

因为半导体包含电子和空穴，所以总的漂移电流密度是电子和空穴产生的电流密度之和。则总的电流密度为

$$J = en\mu_n E + ep\mu_p E = \sigma E = \frac{1}{\rho}E \tag{1.11(a)}$$

式中

$$\sigma = en\mu_n + ep\mu_p \tag{1.11(b)}$$

σ 为半导体的**电导率**，以$(\Omega \cdot \mathrm{cm})^{-1}$为单位；$\rho=1/\sigma$ 为半导体的**电阻率**，以 $\Omega \cdot \mathrm{cm}$ 为单位。电导率与电子和空穴的浓度有关。如果电场是由电压作用在半导体上产生的，那么式(1.11(a))将变成电流和电压之间的线性关系，也是欧姆定律的一种表示形式。

从式(1.11(b))看出电导率是可以改变的，从掺施主杂质的强 N 型($n \gg p$)半导体到掺受主杂质的强 P 型($p \gg n$ 时)半导体。**通过选择掺杂方法来控制半导体的电导率，可以制造出各种各样实用的电子器件。**

【例题 1.3】

目的：计算已知半导体材料的漂移电流密度。

已知 $T=300\mathrm{K}$ 时，硅材料中掺杂的砷原子浓度 $N_d=8\times10^{15}\,\mathrm{cm}^{-3}$。假定迁移率的值 $\mu_n=1350\mathrm{cm}^2/(\mathrm{V\cdot s})$，$\mu_p=480\mathrm{cm}^2/(\mathrm{V\cdot s})$，并且假定施加电场值为 $100\mathrm{V/cm}$。

解：电子和空穴浓度为

$$n \approx N_d = 8\times10^{15}\,\mathrm{cm}^{-3}$$

$$p = \frac{n_i^2}{N_d} = \frac{(1.5\times10^{10})^2}{8\times10^{15}} = 2.81\times10^4\,\mathrm{cm}^{-3}$$

因为两种浓度之间的数量差别，电导率可以表示为

$$\sigma = e\mu_n n + e\mu_p p \approx e\mu_n n$$

即

$$\sigma = (1.6\times10^{-19})(1350)(8\times10^{15}) = 1.73\,(\Omega\cdot\mathrm{cm})^{-1}$$

则漂移电流密度为

$$J = \sigma E = (1.73)(100) = 173\mathrm{A/cm^2}$$

点评：因为 $n \gg p$，这里的电导率实质上只是电子浓度和迁移率的函数。从这一例题可以看出半导体中可以产生每平方厘米几百安培的电流密度。

练习题

【练习题 1.3】 已知 $T=300\mathrm{K}$ 时，N 型砷化镓的掺杂浓度为 $N_d=10^{16}\,\mathrm{cm}^{-3}$。假定迁移率的值 $\mu_n=7000\mathrm{cm}^2/(\mathrm{V\cdot s})$，且 $\mu_p=300\mathrm{cm}^2/(\mathrm{V\cdot s})$。当产生的漂移电流密度为 $200\mathrm{A/cm^2}$ 时，试求施加的电场强度。(答案：$E=17.9\mathrm{V/cm}$)

扩散电流密度

扩散，就是微粒从高浓度区域流向低浓度区域，这是一个与分子运动论有关的统计学现象。电子和空穴在半导体中持续不断地匀速运动，其运动的速度是由温度决定的。因为粒子与原子晶格不断地相互作用，所以运动方向是随机的。为了阐明这个问题，可以用统计的方法，假定在一个特定的时刻，高浓度区域中的大约半数的粒子正在向低浓度区域运动。当然也可以假定，同一时刻低浓度区域中的大约半数的粒子也正向高浓度区域运动。然而，准确地说在低浓度区域中的粒子数目要少于在高浓度区域中的粒子数目。所以总的结果是产

生一个从高浓度区域向低浓度区域流动的粒子流。这是最基本的扩散过程。

例如，图 1.9(a)所示认为电子浓度的变化是距离 x 的函数。电子从高浓度区域向低浓度区域扩散，在负 x 方向产生电子流。因为电子带负电荷，所以电流的方向为正 x 方向。

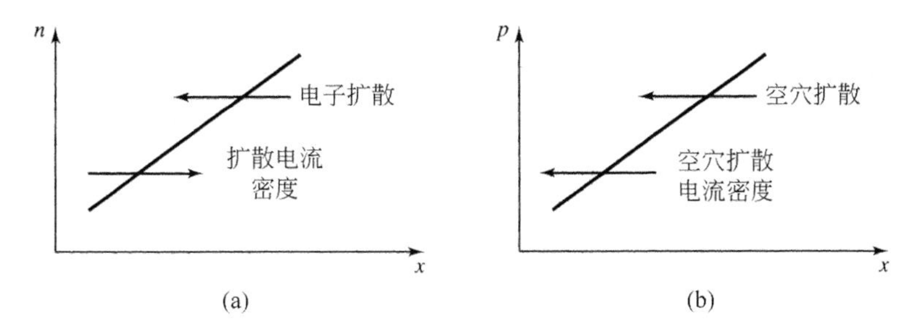

图　1.9

(a) 假设半导体中电子浓度沿距离变化的关系，及产生的电子扩散以及扩散电流密度；(b) 假设半导体中空穴浓度沿距离变化的关系，及产生的空穴扩散以及扩散电流密度

由电子的扩散引起的扩散电流密度可以表示(一维表示)为关系式

$$J_n = eD_n \frac{\mathrm{d}n}{\mathrm{d}x} \tag{1.12}$$

式中，e 为电子的电量，$\mathrm{d}n/\mathrm{d}x$ 为电子浓度梯度，D_n 为**电子扩散系数**。

在图 1.9(b)中，空穴浓度是距离 x 的函数。空穴从高浓度区域向低浓度区域扩散，在负 x 方向产生空穴流。

由空穴的扩散引起的扩散电流密度可以表示(一维表示)为关系式

$$J_p = -eD_p \frac{\mathrm{d}p}{\mathrm{d}x} \tag{1.13}$$

式中，e 为电子的电量，$\mathrm{d}p/\mathrm{d}x$ 为空穴浓度梯度，D_p 为**空穴扩散系数**。注意这两个扩散电流方程的符号变化，这种符号的变化是由带负电荷的电子和带正电荷的空穴所带电荷的差别造成的。

【例题 1.4】

目的：对已知的半导体计算其扩散电流密度。

在 $T=300\mathrm{K}$ 时，假设硅的电子浓度呈线性变化，从 $n=10^{12}\,\mathrm{cm}^{-3}$ 到 $n=10^{16}\,\mathrm{cm}^{-3}$。距离 x 从 $x=0$ 到 $x=3\mu\mathrm{m}$，且假定 $D_n=35\mathrm{cm}^2/\mathrm{s}$。

解：根据以上条件可以得到

$$J_n = eD_n \frac{\mathrm{d}n}{\mathrm{d}x} = eD_n \frac{\Delta n}{\Delta x} = (1.6\times10^{-19})(35)\left(\frac{10^{12}-10^{16}}{0-3\times10^{-4}}\right)$$

即

$$J_n = 187\mathrm{A/cm}^2$$

点评：扩散电流同样可以在半导体中产生每平方厘米几百安培的电流密度。

练习题

【练习题 1.4】　在 $T=300\mathrm{K}$ 时，假设空穴浓度为给定值 $p=10^{16}\,\mathrm{e}^{-x/L_p}\,(\mathrm{cm}^{-3})$，式中 $L_p=10^{-3}\,\mathrm{cm}^{-3}$，并假设 $D_p=10\mathrm{cm}^2/\mathrm{s}$。试分别计算当(a)$x=0$ 时和(b)$x=10^{-3}\,\mathrm{cm}$ 时，空穴扩散电流的密度。(答案：(a)$16\mathrm{A/cm}^2$；(b)$5.89\mathrm{A/cm}^2$)

迁移率的值在漂移电流方程式中以及扩散系数值在扩散电流方程式中都不是独立的量，它们与**爱因斯坦关系式**有关，即在室温下

$$\frac{D_n}{\mu_n}=\frac{D_p}{\mu_p}=\frac{kT}{e}\approx 0.026\text{V} \tag{1.14}$$

总的电流密度为漂移电流和扩散电流两种成分之和。在绝大多数情况下，在一个特定的半导体区域中，只有其中一种成分决定着总电流的大小。

设计指南

在前面的两个例子中已经产生了 200A/cm^2 量级的电流密度。这表明，如果要求在一个半导体器件中流过 1mA 的电流，那么器件的尺寸应该非常小。总的电流用式 $I=JA$ 表示，式中，A 为器件的横截面面积。因为 $I=1\text{mA}=1\times10^{-3}\text{A}$，且 $J=200\text{A/cm}^2$，则横截面面积 $A=5\times10^{-6}\text{cm}^2$。这个简单的计算再次表明了为什么器件的尺寸可以制作得很小。

1.1.4 过剩载流子

直到本节之前，都假设半导体处在热平衡状态，在讨论漂移和扩散电流时，默认了这种平衡没有被明显地破坏。然而，当一个电压施加在半导体器件上或半导体器件中存在电流时，此半导体实际上处于不平衡状态。本节内容将讨论电子和空穴浓度在非平衡状态时的情况。

如果价电子与半导体所携带的高能光子相互作用，价电子将会获得足够的能量来破坏共价键而成为自由电子。一旦这种情况发生就会产生一个电子和一个空穴，即产生了一个电子-空穴对。这种额外增加的电子和空穴分别称为**过剩电子**和**过剩空穴**。

这些过剩电子和过剩空穴的产生可能会使自由电子和空穴的浓度增加，超过它们的热平衡状态值。这种情况可以描述为

$$n=n_o+\delta n \tag{1.15(a)}$$

$$p=p_o+\delta p \tag{1.15(b)}$$

式中 n_o 和 p_o 分别为电子和空穴在热平衡状态时的浓度值，δn 和 δp 则分别是过剩电子和过剩空穴的浓度值。

如果半导体处在稳定的条件下，过剩的电子和空穴不会使载流子浓度无限制地增加，因为自由电子和空穴可能会重组，即完成一个被称为**电子-空穴复合**的过程。复合后电子和空穴同时消失，使过剩的载流子浓度达到一个稳定值。电子和空穴从产生到复合前的这段时间称为**过剩载流子寿命**。

过剩载流子概念被应用在如光电池和光电二极管形成电流的机理中。这些器件将在 1.5 节的内容中加以讨论。

理解测试题

【测试题 1.1】 根据所给条件分别求解 Si、Ge 和 GaAs 的本征浓度。(a) $T=400\text{K}$；(b) $T=250\text{K}$。(答案：(a) Si：$n_i=4.76\times10^{12}\text{cm}^{-3}$，Ge：$n_i=9.06\times10^{14}\text{cm}^{-3}$，GaAs：$n_i=$

$2.44\times10^{9}\text{cm}^{-3}$；(b)Si：$n_i=1.61\times10^{8}\text{cm}^{-3}$，Ge：$n_i=1.42\times10^{12}\text{cm}^{-3}$，GaAs：$n_i=6.02\times10^{3}\text{cm}^{-3}$)

【测试题1.2】 在$T=300\text{K}$时，假设$\mu_n=1350\text{cm}^2/(\text{V}\cdot\text{s})$，$\mu_p=480\text{cm}^2/(\text{V}\cdot\text{s})$，试求满足下列条件的电导率：(a)$N_d=5\times10^{16}\text{cm}^{-3}$；(b)$N_a=5\times10^{16}\text{cm}^{-3}$。(答案：(a)$10.8(\Omega\cdot\text{cm})^{-1}$；(b)$3.84(\Omega\cdot\text{cm})^{-1}$)

【测试题1.3】 已知硅的电导率$\sigma=10(\Omega\cdot\text{cm})^{-1}$，所加电场$E=15\text{V/cm}$，试求漂移电流密度。(答案：$J=150\text{A/cm}^2$)

【测试题1.4】 在硅材料中，已知电子和空穴的扩散系数分别为$D_n=35\text{cm}^2/\text{s}$，$D_p=12.5\text{cm}^2/\text{s}$，试分别计算满足下列条件的电子和空穴扩散电流密度：(a)电子浓度在$x=0$到$x=2.5\mu\text{m}$，从$n=10^{15}\text{cm}^{-3}$线性变化到$n=10^{16}\text{cm}^{-3}$；(b)空穴浓度在$x=0$到$x=4.0\mu\text{m}$，从$p=10^{14}\text{cm}^{-3}$线性变化到$p=5\times10^{15}\text{cm}^{-3}$。(答案：(a)$J_n=202\text{A/cm}^2$；(b)$J_p=-24.5\text{A/cm}^2$)

【测试题1.5】 在$T=300\text{K}$时，硅样本掺杂浓度$N_d=8\times10^{15}\text{cm}^{-3}$。(a)试计算$n_o$和$p_o$；(b)如果产生了附加空穴和电子，且它们的浓度分别为$\delta n=\delta p=10^{14}\text{cm}^{-3}$，试计算电子和空穴的总的浓度。(答案：(a)$n_o=8\times10^{15}\text{cm}^{-3}$，$p_o=2.81\times10^{4}\text{cm}^{-3}$；(b)$n=8.1\times10^{15}\text{cm}^{-3}$，$p\approx10^{14}\text{cm}^{-3}$)

1.2　PN结

本节内容：讨论PN结的特性以及PN结二极管的理想伏安特性。

在上一节，讲述了半导体材料的特性。如果将一个N区域和一个P区域直接结合在一起就形成了**PN结**，半导体电子学强大的实用功能就是因为诞生了这样的PN结。大多数集成电路所需要的全部半导体材料，都是将一个P型掺杂区域和一个N型掺杂区域相连接的单晶体，这是需要牢记的一个很重要的概念。

1.2.1　对称PN结

图1.10(a)所示为简化的PN结方框图。图1.10(b)所示为P区和N区各自的掺杂浓度和各区域中的少子浓度示意图，假设每个区域的掺杂都是均匀的并处在热平衡状态。图1.10(c)所示为PN结的三维结构示意图，图中展示了器件的横截面。

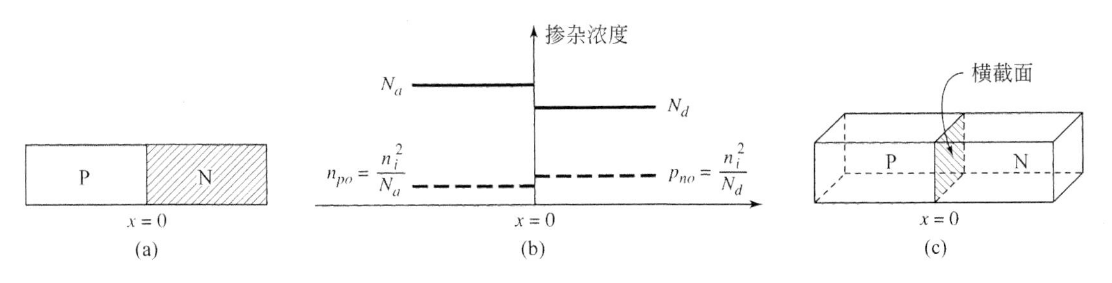

图1.10　PN结

(a) 简化的平面几何图；(b) 理想的且均匀掺杂的PN结掺杂剖面图；(c) PN结三维结构图，所示为横截面

在 $x=0$ 处的分界面称为PN结的**冶金学界面(简称界面)**。在这个界面两侧,电子和空穴的浓度产生了一个很大的密度梯度。最初,空穴从P区向N区扩散,电子从N区向P区扩散(如图1.11所示)。从P区来的空穴流复合了带负电荷的受主离子;从N区来的电子流复合了带正电荷的施主离子,结果产生了一个电荷区间,建立了一个从正电荷到负电荷方向的电场(如图1.12(a)所示)。

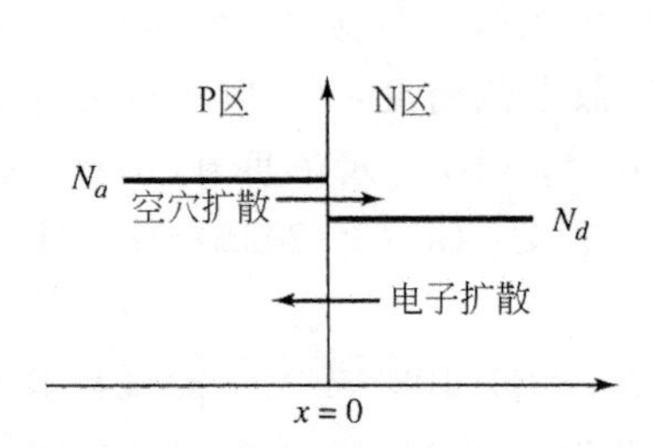

图1.11　P区域和N区域被连接在一起的时刻,电子和空穴穿过冶金学界面的原始扩散

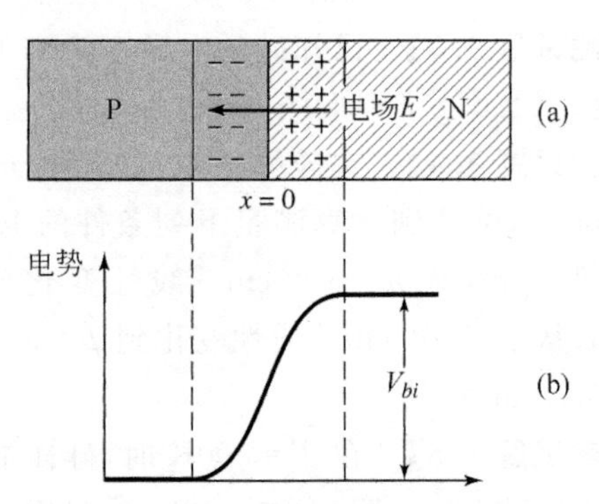

图1.12　热平衡状态的PN结
(a)空间电荷区,其中P区为带负电荷的受主离子,N区为带正电荷的施主离子,产生的电场方向从N区指向P区;(b)结电势和结内建势垒电势 V_{bi} 值

如果不在PN结上外加电压,电子和空穴的扩散最终会停止。因为内建电场的方向与多子扩散电流方向相反,将产生作用力阻止P区空穴、N区电子的扩散运动。在电场产生的力与密度梯度产生的力严格平衡的时候,PN结处于热平衡状态。

正电荷区域和负电荷区域构成PN结的**空间电荷区**,在空间电荷区内实际上不存在运动的电子和空穴,所以也称其为**耗尽区**。因为电场在空间电荷区存在一个电势差(如图1.12(b)所示),这种电势差称为**内建势垒电势**,或叫内建电压,此电压为

$$V_{bi}=\frac{kT}{e}\ln\left(\frac{N_aN_d}{n_i^2}\right)=V_T\ln\left(\frac{N_aN_d}{n_i^2}\right) \tag{1.16}$$

式中 $V_T\overset{\text{def}}{=}kT/e$,$k$ 为玻耳兹曼常数,T 为绝对温度,e 为电子的电量,N_a 和 N_d 分别为P区和N区中净的受主原子和施主原子浓度。参数 V_T 称为**热电压**即温度 T 的电压当量,室温($T=300\text{K}$)下其近似值为 $V_T=0.026\text{V}$。

【例题1.5】

目的:计算PN结的内建势垒电势。

已知 $T=300\text{K}$ 时,硅PN结掺杂浓度分别为:P区 $N_a=10^{16}\text{cm}^{-3}$,N区 $N_d=10^{17}\text{cm}^{-3}$。

解:根据例题1.1的结论可知,硅在室温下的 $n_i=1.5\times10^{10}\text{cm}^{-3}$,代入式(1.16)可以求得

$$V_{bi}=V_T\ln\left(\frac{N_aN_d}{n_i^2}\right)=(0.026)\ln\left[\frac{(10^{16})(10^{17})}{(1.5\times10^{10})^2}\right]=0.757\text{V}$$

点评:由于是对数函数,V_{bi} 的大小不是掺杂浓度的强依赖函数,所以对于硅PN结来说,V_{bi} 的计算值通常在0.1~0.2V之间。

练习题

【练习题 1.5】 试计算砷化镓(GaAs)PN 结在 $T=300\text{K}$ 时的 V_{bi}。其中 $N_a=10^{16}\text{cm}^{-3}$，$N_d=10^{17}\text{cm}^{-3}$。(答案：$V_{bi}=1.23\text{V}$)

空间电荷区两侧的电势差，或内建势垒电势，不能用电压表来测量，因为在电压表和半导体的探针之间会产生新的势垒电势，它将抵消 V_{bi} 的作用效果。实际上，V_{bi} 保持平衡，将不会由它产生电流。然而，在对空间电荷区外加一个正向偏置电压时，V_{bi} 的大小将变得很重要。这些内容将在本章稍后进行讨论。

1.2.2 反向偏置的 PN 结

如图 1.13 所示，假设一个电压 V_R 的正端加到 PN 结的 N 区域，则外加电压 V_R 在半导体中将感应一个外加电场 E_A，感应电场的方向与空间电荷区的电场方向相同，于是空间电荷区的电场值增加，超越热平衡值。增加的电场抑制了 P 区空穴和 N 区电子的扩散，所以，没有电流流过 PN 结。这种外加电压极性称为**反向偏置**。

空间电荷区的电场增加，正电荷和负电荷的数量也同样增加。如果掺杂浓度不变的话，只有空间电荷区宽度 W 增加时才会使电荷的数量增加。因此，当反向偏置电压 V_R 增加时，空间电荷区的宽度 W 也同时增加，其作用效果如图 1.14 所示。

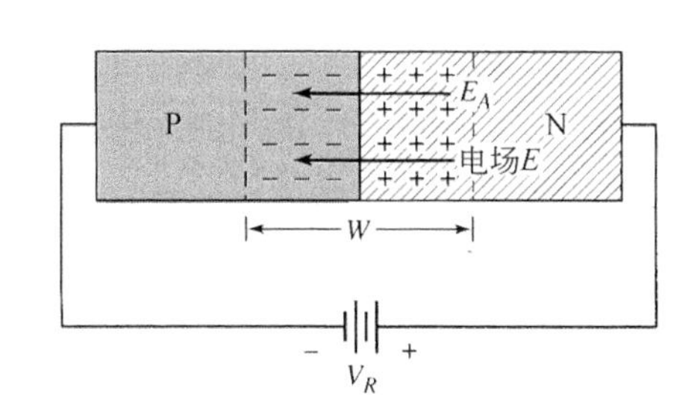

图 1.13 一个施加了反向偏置电压的 PN 结

所示为 V_R 感应电场的方向及自身的空间电荷区电场方向。两电场方向相同，由此产生 P 区与 N 区间较大的净电场和势垒电势

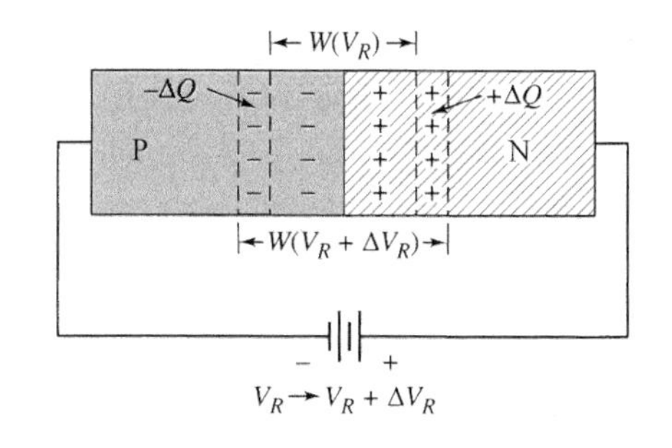

图 1.14

随着反向偏置电压从 V_R 增加到 $V_R+\Delta V_R$，空间电荷区宽度也增加。产生的附加电荷 $+\Delta Q$ 和 $-\Delta Q$ 产生了结电容

外加反向偏置电压时，因为反向偏置电压的增加，空间电荷区两侧分别感应附加的正负电荷，在 PN 结两侧会产生结电容的变化，这种**结电容**或称耗尽层电容的变化可以表示为

$$C_j=C_{jo}\left(1+\frac{V_R}{V_{bi}}\right)^{-1/2} \tag{1.17}$$

式中，C_{jo} 为外加电压为零时的结电容。

在后续章节中将会看到，结电容的存在将影响 PN 结的开关特性。电容两侧的电压不能在瞬间进行转换，所以含有 PN 结电路的电压不会在瞬间发生变化。

PN 结的电容-电压特性，使 PN 结可用于可调谐振电路，用于此目的的 PN 结器件称为**变容二极管**。变容二极管可以应用在可调振荡器中，比如将在 15 章中讨论的哈特莱振荡器，也可以用在调谐放大器中，这部分知识将在第 8 章讲述。

【例题 1.6】

目的：计算PN结的结电容。

已知硅PN结在 $T=300\text{K}$ 时，掺杂浓度 $N_a=10^{16}\text{cm}^{-3}$，$N_p=10^{15}\text{cm}^{-3}$。假设 $n_i=1.5\times10^{10}\text{cm}^{-3}$，$C_{jo}=0.5\text{pF}$。当 $V_R=1\text{V}$ 和 $V_R=5\text{V}$ 时，试计算其结电容。

解：内建电势为

$$V_{bi}=V_T\ln\left(\frac{N_aN_d}{n_i^2}\right)=(0.026)\ln\left[\frac{(10^{16})(10^{15})}{(1.5\times10^{10})^2}\right]=0.637\text{V}$$

当 $V_R=1\text{V}$ 时，结电容为

$$C_j=C_{jo}\left(1+\frac{V_R}{V_{bi}}\right)^{-1/2}=(0.5)\left(1+\frac{1}{0.637}\right)^{-1/2}=0.312\text{pF}$$

当 $V_R=5\text{V}$ 时，结电容为

$$C_j=(0.5)\left(1+\frac{5}{0.637}\right)^{-1/2}=0.168\text{pF}$$

点评：结电容的量级常常为pF或pF以下范围，并随着反向偏置电压的增加而减小。

练习题

【练习题 1.6】 已知硅PN结在 $T=300\text{K}$ 时，掺杂浓度 $N_d=10^{16}\text{cm}^{-3}$，$N_a=10^{17}\text{cm}^{-3}$。当施加反向偏置电压为 $V_R=5\text{V}$ 时，结电容为 $C_j=0.8\text{pF}$。试求零偏置结电容 C_{jo}。（答案：$C_{jo}=2.21\text{pF}$）

如前所述，随着反向偏置电压的增加，空间电荷区的电场强度将增加，电场的最大值发生在结的界面处。然而，不管是空间电荷区电场还是外加反向偏置电压，都不能无限制地增加，因为在某一点将会发生击穿现象，同时产生很大的反向偏置电流。这些概念将在本章稍后内容中详述。

1.2.3 正向偏置的PN结

简单地说，N区域具有的自由电子比P区域多；同样，P区域具有比N区域更多的空穴。当外加偏置电压为零时，内建势垒电势阻止这些多子向空间电荷区另一侧扩散。所以，势垒电势维持了PN结两侧载流子的平衡。

如果在P区域施加正电压 v_D，则势垒电势将减小(如图1.15所示)。因为空间电荷区的电场强度远大于空间电荷区外P区域和N区域中的电场强度，所以所有的外加电压基本上都降在PN结上。由外加电压感应的外加电场 E_A 的方向与热平衡时的空间电荷区电场方向相反。然而，净电场的方向总是从N区指向P区，结果使空间电荷区的电场强度低于热平衡值，破坏了扩散和空间电荷区电场力之间脆弱的平衡。于是，多子电子从N区扩散到P区；多子空穴从P区扩散到N区。只要外加电压 v_D 存在，这个过程将源源不断地进行，从而在PN结内形成电流。这个过程可以形象地比喻为一个在低处的坝墙，

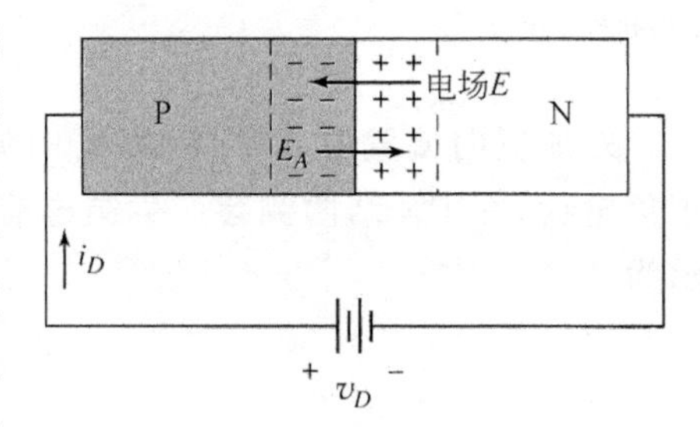

图1.15 正向偏置的PN结

图示为 v_D 感应电场方向和自身的空间电荷区电场方向。两个电场方向相反，由此P区和N区产生一个较小的净电场和一个较小的势垒区。净电场的方向总是从N区指向P区

只要坝墙的海拔高度降低一点点就会导致大量的水(电流)从墙上(势垒区)流过。

这种外加电压(即偏置电压)的极性称为**正向偏置**。正向偏置电压 v_D 必须小于内建势垒电势 V_{bi}。

随着多子扩散到对方区域,它们在这些区域中成为少子①,致使少子浓度升高。图 1.16 表明这样的结果将在空间电荷区的边缘产生了过剩的少子浓度。这些过剩的少子扩散到电中性的 N 区和 P 区,并与这里的多子复合,于是建立起一个稳定的状态,如图 1.16 所示。

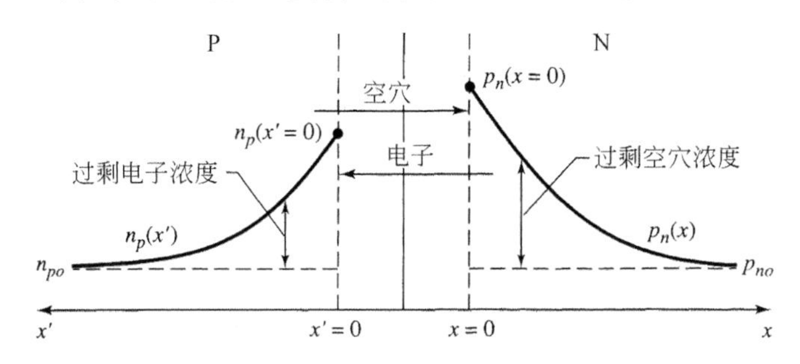

图 1.16 正向偏置时,PN 结中稳态的少子浓度

少子浓度梯度在器件中产生了扩散电流

1.2.4 理想的电流-电压关系

如图 1.16 所示的那样,外加电压导致少子浓度梯度,浓度梯度又产生扩散电流。PN 结中电流-电压之间的这种理论关系可以表示为

$$i_D = I_S\left[e^{\left(\frac{v_D}{nV_T}\right)} - 1\right] \tag{1.18}$$

式中参数 I_S 为反向饱和电流,对硅 PN 结来说,I_S 的典型值在 10^{-15}A 和 10^{-13}A 之间,其实际值取决于掺杂浓度和 PN 结横截面积。参数 V_T 为式(1.16)所定义的热电压,室温下其近似值为 $V_T=0.026$V。参数 n 常称为发射系数或理想因数,取值范围为 $1\leqslant n\leqslant 2$。

发射系数 n 的大小将取决于空间电荷区内电子和空穴的复合程度。电流处于低水平时,复合将成为一个重要的因素,此时 n 的值接近于 2。电流处于高水平时,复合的影响很小,n 的取值为 1。除非另作说明,一般都假设发射系数 $n=1$。

具有非线性整流特性的 PN 结称为 PN 结二极管。

【例题 1.7】

目的:计算 PN 结二极管中的电流。

已知一个 PN 结在 $T=300$K 时,$I_S=10^{-14}$A,$n=1$。当 $v_D=+0.70$V 和 $v_D=-0.70$V 时分别计算二极管的电流。

解:$v_D=+0.70$V 时,PN 结为正向偏置,则

$$i_D = I_S\left[e^{\left(\frac{v_D}{nV_T}\right)} - 1\right] = (10^{-14})\left[e^{\left(\frac{+0.70}{0.026}\right)} - 1\right] \approx 4.93\text{mA}$$

当 $v_D=-0.70$V 时,PN 结为反向偏置,则

$$i_D = I_S\left[e^{\left(\frac{v_D}{nV_T}\right)} - 1\right] = (10^{-14})\left[e^{\left(\frac{-0.70}{0.026}\right)} - 1\right] \approx -10^{-14}\text{A}$$

---

① 应该是对方区域的非平衡少子。—译者注。

点评：尽管 I_S 非常小，即使施加一个相对较小的正向偏置电压也能产生一个中等大小的结电流。而在施加反向偏置电压时，结电流值为零。

练习题

【练习题 1.7】 硅 PN 结二极管，在 $T=300\text{K}$ 时其反向饱和电流 $I_S=10^{-13}\text{A}$。当二极管正向偏置时，产生的电流为 1mA，试求 v_D。（答案：$v_D=0.599\text{V}$）

1.2.5 PN 结二极管

图 1.17 所示为 PN 结的电流-电压特性曲线。正向偏置时，电流是电压的指数函数。图 1.18 描绘的是在对数坐标轴上的正向偏置电流。正向偏置电压发生很小的变化时，相应的正向偏置电流会变化好几个数量级。在正向偏置电压 $v_D>+0.1\text{V}$ 时，式(1.18)中减 1(−1)项可以忽略。在反向偏置电压方向，电流几乎为零。

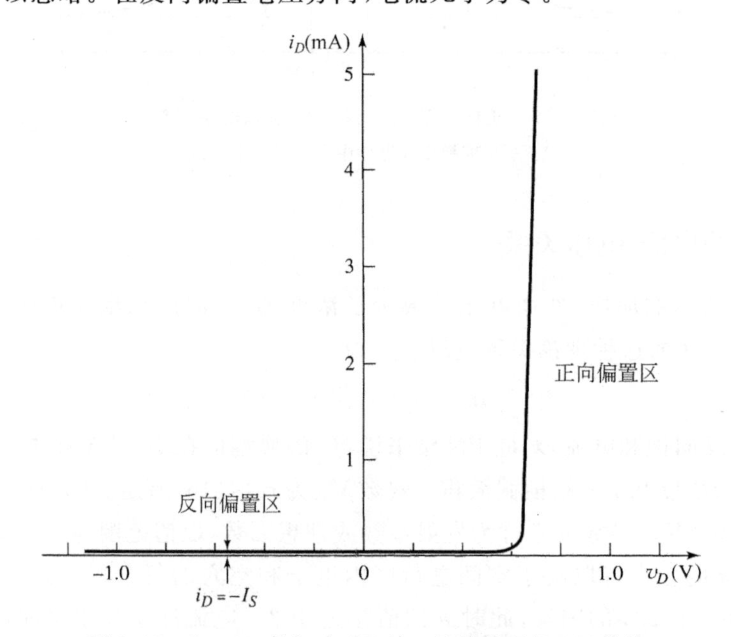

图 1.17 $I_S=10^{-14}\text{A}$ 时，PN 结二极管的理想 I-V 特性

正向偏置时，二极管电流为电压的指数函数；反向偏置时，二极管电流接近于零。PN 结二极管是一个非线性器件

图 1.19 所示为二极管的电路符号、规定的电流方向和电压极性。二极管可以被认为并当作电压控制的开关：反向偏置时为关，正向偏置时为开。处于正向偏置或“开”状态时，一个相当小的外加电压就会产生一个相应的大电流；处于反向偏置或“关”状态时，只产生一个非常小的反向电流。

当二极管的反向偏置电压小于或等于 0.1V 时，二极管电流为 $i_D=-I_S$，此反向电流为恒定值，因此被称为反向饱和电流。然而，实际二极管显示的反向偏置电流远比 I_S 大。这种过剩的电流称为激发电流，其产生原因是空间电荷区内产生了电子和空穴。但是，如果 I_S 的典型值为 10^{-14}A，则反向电流的典型值可能为 10^{-9}A 即 1nA。即使此电流比 I_S 大很多，但也是很小的，在很多情况下可以忽略不计。

温度影响

既然 I_S 和 V_T 都是温度的函数，那么二极管的特性也随温度而改变。图 1.20 所示为正

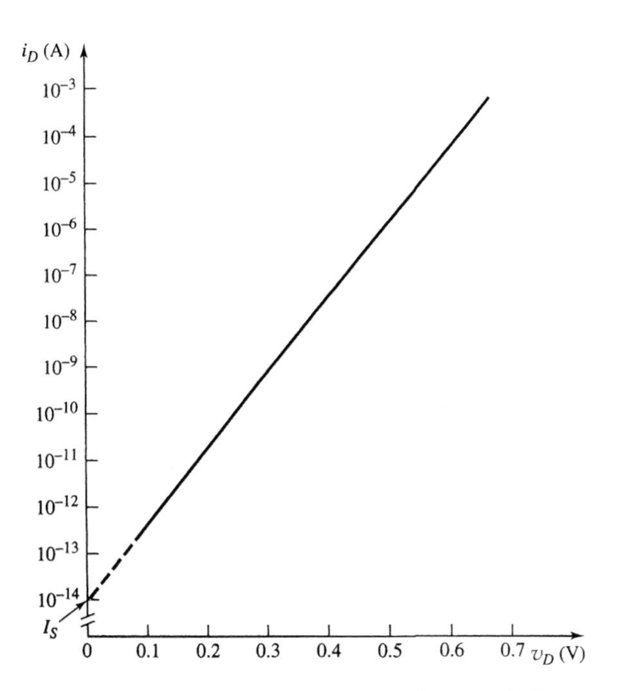

图 1.18 PN 结二极管的理想正向偏置 *I-V* 特性

图示为 $I_S=10^{-14}$ A 和 $n=1$ 时电流在对数坐标系中的变化。二极管电压每增加 60mV，二极管电流大约增加一个数量级

向偏置时二极管特性与温度变化的关系。对于一个给定的电流，所需的正向偏置电压随温度的增加而减小，对硅二极管来说变化率大约为-2mV/℃。

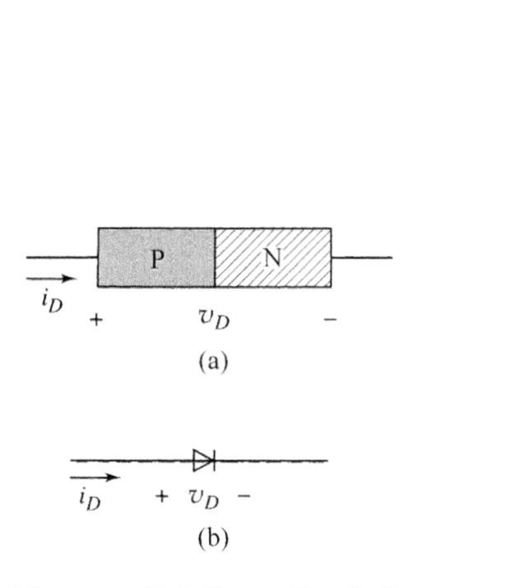

图 1.19 基本的 PN 结二极管

(a) 简单的几何结构；(b) 电路符号、规定的电流方向和电压极性

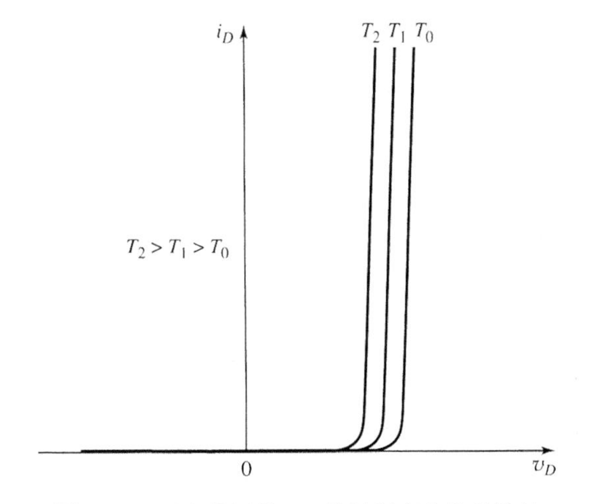

图 1.20 正向偏置的 PN 结随温度变化的特性

对于一个给定的电流，二极管所需的电压随温度增加而减小

参数 I_S 也是本征载流子浓度 n_i 的函数，而 n_i 强烈依赖于温度。因而温度每增加 5℃ 时，I_S 的值大约增加一倍。按通常的规则，实际的二极管反向电流在温度每增加 10℃时加倍。现举例说明这种影响效果的严重性：例如，锗材料，其相应的 n_i 值非常大，因而锗二极管具有很大的反向饱和电流，并且反向饱和电流随温度的增加而增加，这就使得锗二极管在

多数电路中不能应用。

击穿电压

在PN结上施加反向偏置电压时，空间电荷区的电场强度会增加，当电场强度增加到足够大时致使共价键被破坏，产生电子-空穴对。在电场的作用下，电子涌向N区域，空穴涌向P区域，形成很大的反向电流，这种现象称为**击穿**。由击穿机理产生的反向电流仅仅受外部电路的限制，如果此电流不加限制，将会在PN结上消耗很大的功率，可能破坏甚至烧毁器件。击穿状态下的二极管的伏安特性曲线如图1.21所示。

最常见的击穿机理称为**雪崩击穿**。载流子穿过空间电荷区时，会从较大的电场中获得充分的动能，并与共价键中的价电子相碰撞，从而破坏共价键发生雪崩击穿。产生的电子-空穴对会自动加入碰撞过程，从而产生更多的电子-空穴对，这就是雪崩过程。击穿电压是PN结的P区域和N区域中掺杂浓度的函数。掺杂浓度越高，击穿电压越小。

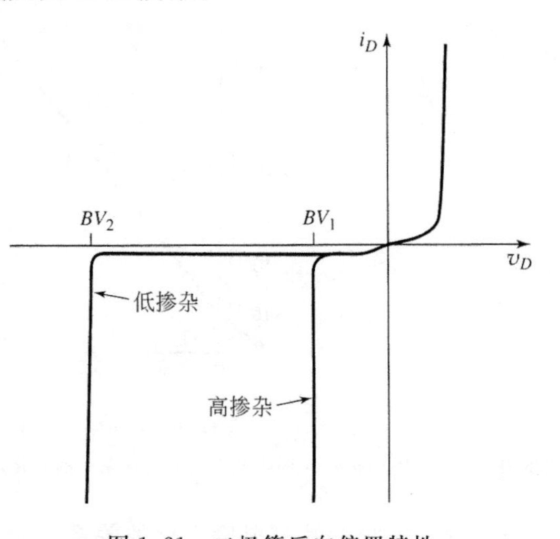

图1.21　二极管反向偏置特性

图示为低掺杂的PN结和高掺杂的PN结两种条件下的击穿情况。当击穿发生后，反向电流迅速增大

第二种击穿机理称为**齐纳击穿**。当载流子像穿过隧道一样穿过较窄的PN结时，发生的击穿称为齐纳击穿。在高掺杂浓度下，这种作用的效果非常显著，并致使相应的击穿电压低于5V。

发生击穿时的电压大小取决于PN结的结构参数，分立器件通常在50V～200V范围内。然而，击穿电压在此范围以外，比如超过1000V也是可能的。PN结击穿电压通常用**峰值反向电压(PIV)**来度量，为了保证电路正常工作而不发生击穿，二极管承受的反向电压值必须始终不超过它的PIV值。

有的二极管在制作时设计了明确的击穿电压值，并设计为在击穿区内工作，这类二极管称为齐纳二极管。有关齐纳二极管的知识，将在本章的后面部分及第2章的内容中进行讨论。

开关过程

因为PN结二极管可被用作电子开关，所以一个很重要的参数是它的瞬态响应，也就是当它从一种状态转换到另一种状态时所表现出来的速度和特性。例如，假设二极管从正向偏置时的“开”状态转换到反向偏置时的“关”状态，即如图1.22所示的简单电路在$t=0$时刻切换外加电压。在$t<0$时，正向偏置电流i_D为

$$i_D = I_F = \frac{V_F - v_D}{R_F} \tag{1.19}$$

在正向偏置电压和反向偏置电压两种情况下的少子浓度变化如图1.23所示，图中忽略了空间电荷区的宽度。当施加正向偏置电压时，过剩的少子同时存储在P区和N区。过剩电荷是正向偏置电压和图示反向偏置电压时少子浓度的差值。当二极管从正向偏置转换到反向偏置时这些电荷必须消除掉。

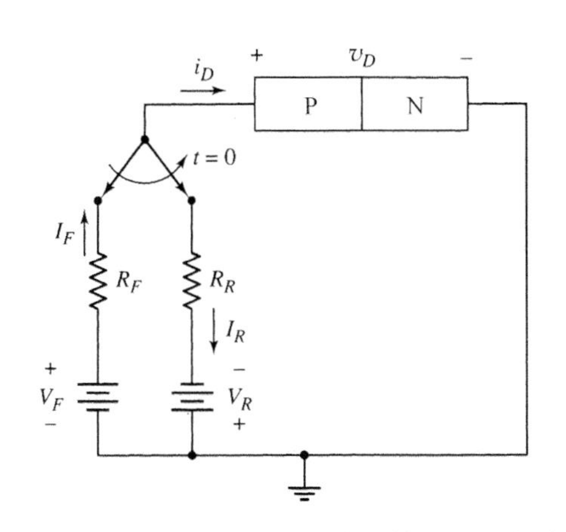

图 1.22 使二极管从正向偏置转换到反向偏置的简单电路

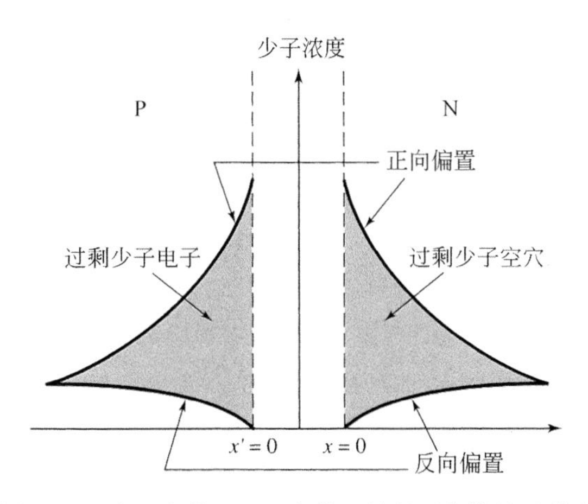

图 1.23 在正向偏置和反向偏置情况下存储的过剩少子电荷

当二极管从正向偏置转换到反向偏置时这些电荷定将发生移动

随着正向偏置电压的消除，相应地会产生很大的扩散电流，扩散电流的方向为反向偏置方向。这种情况的发生是因为，过剩少数载流子电子穿过 PN 结流回 N 区，同时过剩少数载流子空穴穿过 PN 结流回 P 区。

大的反向偏置电流开始时受电阻 R_R 的限制，其近似值为

$$i_D = -I_R \approx \frac{-V_R}{R_R} \tag{1.20}$$

结电容阻止结电压瞬间变化。当 $0^+ < t < t_s$ 时，反向电流 I_R 近似为常量。其中 t_s 为**存储时间**，指空间电荷区边缘的少子浓度达到热平衡值所需的时间。在这个时间之后，PN 结两侧的电压开始发生变化，特别的，定义下降时间 t_f 为电流下降到其初始值的 10%所需要的时间。总的**关断时间**为存储时间和下降时间之和。图 1.24 所示为整个开关过程发生时二极管的电流特性。

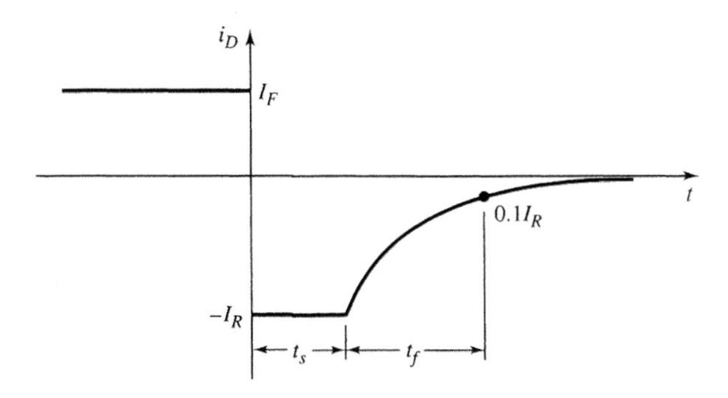

图 1.24 二极管开关过程中随时间变化的电流特性

为了使二极管迅速地开通和关断，过剩少数载流子的寿命必须要短，同时必须能产生一个大的反向脉冲电流。所以，在二极管电路的设计中，必须为瞬时的反向脉冲电流提供一个通路。这种瞬态作用效果也同样影响到晶体管的开关过程。例如，数字电路中的晶体管开关速度将影响计算机的运算速度。

瞬间的开启发生在二极管从“关”状态转换到“开”状态，可以认为是从施加一个正向偏

置脉冲电流开始的。瞬间的**开启时间**是建立正向偏置情况下少数载流子的分布状态所需要的时间，在这段时间内，PN结两侧电压逐渐增大，趋向于它的稳定状态。尽管PN结二极管的开启时间不为零，但它通常要小于瞬间关断时间。

理解测试题

【测试题1.6】 当$T=300\text{K}$时，对于(a)$N_a=10^{15}\text{cm}^{-3}$，$N_d=10^{17}\text{cm}^{-3}$；(b)$N_a=N_d=10^{17}\text{cm}^{-3}$。试求硅PN结的$V_{bi}$。(答案：(a)$V_{bi}=0.697\text{V}$；(b)$V_{bi}=0.817\text{V}$)

【测试题1.7】 当$T=300\text{K}$时，硅PN结反向饱和电流的值为$I_S=10^{-14}\text{A}$。(a)当(i)$v_D=0.5\text{V}$，(ii)$v_D=0.6\text{V}$，(iii)$v_D=0.7\text{V}$时，试计算二极管的正向偏置电流。(b)当(i)$v_D=-0.5\text{V}$，(ii)$v_D=-2\text{V}$时，试求二极管的反向偏置电流。(答案：(a)(i)$2.25\mu\text{A}$，(ii)$105\mu\text{A}$，(iii)4.93mA；(b)(i)10^{-14}A，(ii)10^{-14}A)

【测试题1.8】 通过复习知道，对于给定电流的硅二极管，受温度影响其正向偏置电压下降约2mV/℃。如果温度为25℃，$I_D=1\text{mA}$时，$V_D=0.650\text{V}$。试求$T=125$℃，$I_D=1\text{mA}$时的二极管电压。(答案：$V_D=0.450\text{V}$)

1.3 二极管电路：直流分析及模型

本节内容：用不同的二极管模型对二极管电路进行直流分析。

本节讨论不同类型的二极管电路。如前所述，二极管是一个二端口器件，并具有非线性的i-v特性，这与二端口的电阻特性不同，因为电阻的电流和电压之间呈线性关系。虽然分析非线性电子电路不像分析线性电子电路那样直接，但是有些电子电路的功能只能通过非线性电路来实现，例如，由正弦电压产生直流电压、执行逻辑功能等。

用数学关系或**模型**来描述电子元件的电流和电压关系，将使得分析和设计电路时不必用这些元件组装电路并在实验室测试它们。欧姆定律就是一个例子，它描述了电阻的特性。本节将讨论二极管电路的直流分析和建模方法。

分析PN结二极管的电流-电压特性，是为了构造各种各样的电路模型。大信号模型是最早提出的模型，在大信号模型中，用相对较大的电流和电压的变化来描述器件的性质。这些模型使二极管电路的分析简单化，使相关的复杂电路变得非常简单。在下一节将讨论二极管的小信号模型，小信号模型中用电压和电流的微小变化来描述PN结的特性。理解大信号模型和小信号模型之间的差别以及它们的应用条件是很重要的。

为了了解二极管电路，先来看一个简单的二极管应用的实例。在图1.17中曾给出了PN结二极管的电流-电压特性，而一个**理想二极管**(指具有理想I-V特性的二极管)所具有的特性则如图1.25(a)所示。当施加反向偏置电压时，通过二极管的电流为零(如图1.25(b)所示)。当通过二极管的电流大于零时，二极管两端的电压为零(如图1.25(c)所示)。与二极管连接的外部电路必须设计成能够控制流过二极管的正向电流的大小。

图1.26(a)所示的二极管电路是**整流器**电路。假设输入电压v_i为一个如图1.26(b)所示的正弦信号，并且二极管为理想二极管(如图1.25(a)所示)。在正弦输入信号的正半周，二极管中存在一个正向电流，并且二极管两端的电压为零。此条件下的等效电路如图1.26(c)所示，其中输出电压v_O与输入电压相等。在正弦输入信号的负半周，二极管反向偏置，此条件下的等效电路如图1.26(d)所示。在信号周期的这一段中二极管表现为开路，电流为零，输出电压也为零。电路的输出电压如图1.26(e)所示。

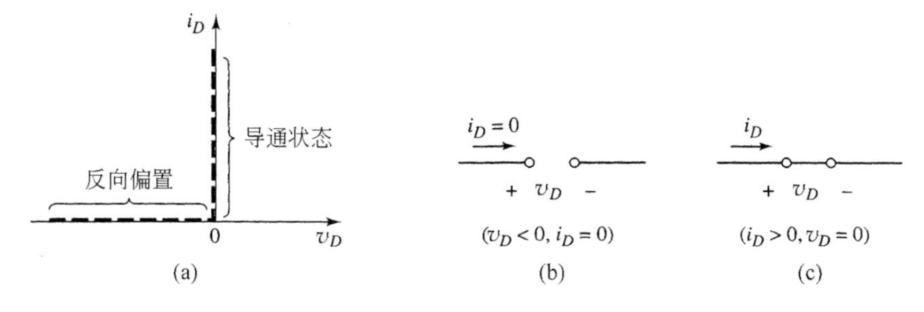

图 1.25　理想二极管

(a) 理想二极管的 I-V 特性；(b) 反向偏置状态下的等效电路(电路开路)；(c) 导通状态下的等效电路(电路短路)

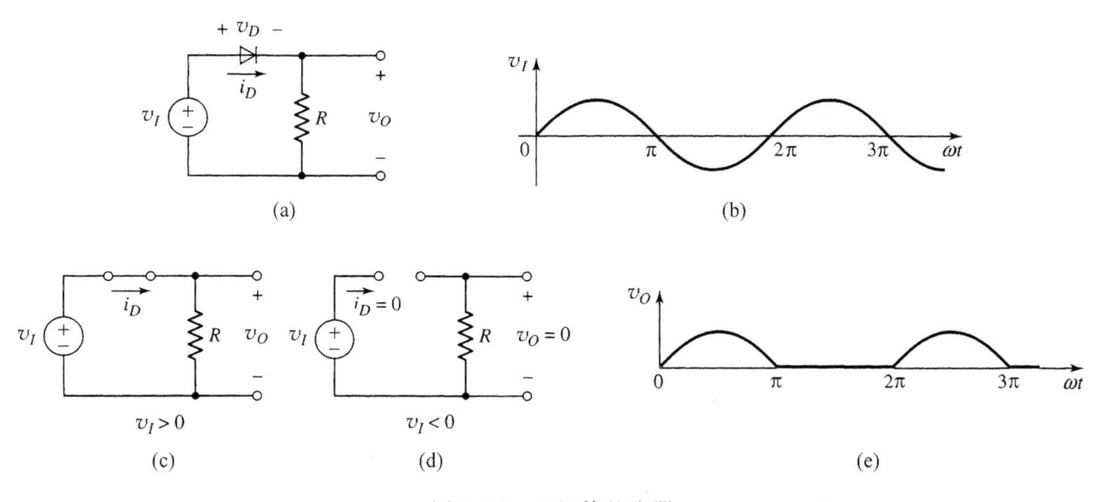

图 1.26　二极管整流器

(a) 电路；(b) 正弦输入信号；(c) $v_I>0$ 时的等效电路；(d) $v_I<0$ 时的等效电路；(e) 整流后的输出信号

在整个周期中输入信号为正弦信号，其平均值为零；但是，输出信号只包含正值，因而有一个正的平均值。因此，这种电路被认为对输入信号进行了**整流**。整流是从正弦电压(AC)产生直流电压(DC)的第一步。在所有的电子电路中一般都要求有直流电压。

像前面提到的那样，分析非线性电路不像分析线性电路那样直接。本节将采用四种方法来进行二极管电路的直流分析：(a)迭代法；(b) 图解法；(c)折线化(分段线性)模型法；(d)计算机分析法。其中(a)和(b)两种方法联系比较密切，所以将它们一起介绍。

1.3.1　迭代法和图解法

迭代法是运用试验—偏差—再试验来解决问题的试凑方法；图解分析法则描绘出两个联立方程的曲线，并定位它们的交点，此交点即为两个方程的解。在求解电路方程包括二极管方程时，将用到这两种方法。如果用手工来求解这些方程是非常困难的，因为方程中同时包含了线性项和指数项。

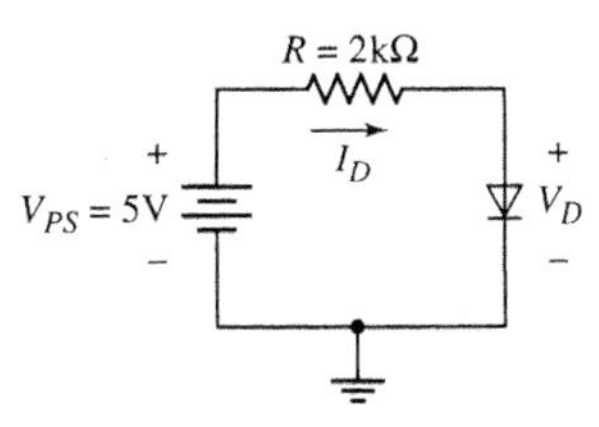

图 1.27　简单的二极管电路

例如，已知图 1.27 所示电路中的直流电压 V_{PS} 施加在电阻和二极管两端。因为**基尔霍夫电压定律**在线性和非线性电路中都适用，据此可得

$$V_{PS}=I_DR+V_D \tag{1.21(a)}$$

也可以写为

$$I_D=\frac{V_{PS}}{R}-\frac{V_D}{R} \tag{1.21(b)}$$

（注：在本节剩下的部分主要强调直流分析，而直流变量则是用大写字母和大写的下标表示。）

二极管的电压 V_D 和电流 I_D 在理想二极管的电流方程中表示为

$$I_D=I_S[\mathrm{e}^{\left(\frac{V_D}{V_T}\right)}-1] \tag{1.22}$$

式中，假设 I_S 对特定的二极管来说是已知的。

联解式(1.21(a))和式(1.22)可得

$$V_{PS}=I_SR[\mathrm{e}^{\left(\frac{V_D}{V_T}\right)}-1]+V_D \tag{1.23}$$

式(1.23)中只包含一个未知数 V_D。但它是一个超越方程，不能直接求解。在下面的例子中将利用迭代法来求解此类方程。

【例题 1.8】

目的：求解图 1.27 所示电路中二极管的电压和电流。

解：由式(1.23)得

$$5=(10^{-13})(2\times10^3)[\mathrm{e}^{\left(\frac{V_D}{0.026}\right)}-1]+V_D \tag{1.24}$$

如果先用 $V_D=0.6\text{V}$ 来试验，则等式(1.24)的右边等于 2.7V，所以等式不平衡，必须再试。假如再用 $V_D=0.65\text{V}$ 来试，则等式(1.24)的右边等于 15.1V，等式同样不平衡，但是可以看出 V_D 的解应该在 0.6V 和 0.65V 之间。如果继续更精细地猜试下去，将会发现当 $V_D=0.619\text{V}$ 时，等式(1.24)的右边等于 4.99V，基本等于等式左边的值 5 V，这时就可以结束猜试过程，从而得到二极管电压的解就是 $V_D=0.619\text{V}$。

求解电路中的电流则可以用电阻两端的电压除以电阻值来确定，即

$$I_D=\frac{V_{PS}-V_D}{R}=\frac{5-0.619}{2}=2.19\text{mA}$$

点评：一旦知道了二极管的电压，就可以利用理想二极管的电流方程来确定二极管的电流。但是，用电阻两端的电压除以电阻值通常更简单些，并且这种方法被广泛地应用在二极管和晶体管电路中。

练习题

【练习题 1.8】 图 1.27 所示的电路，令 $V_{PS}=4\text{V}$，$R=4\text{k}\Omega$ 和 $I_S=10^{-12}\text{A}$。利用理想二极管电流方程和迭代法求解 V_D 和 I_D。（答案：$V_D=0.535\text{V}$，$I_D=0.864\text{mA}$）

为了能够使用图解法来分析电路，返回到式(1.21(a))所描述的基尔霍夫定律，即 $V_{PS}=I_DR+V_D$，解出电流 I_D，可得

$$I_D=\frac{V_{PS}}{R}-\frac{V_D}{R}$$

此等式也即是式(1.21(b))。对于给定的电源电压 V_{PS} 和电阻 R，等式给出了二极管电流和二极管电压的线性关系。这个等式称为电路的**负载线**，它常被绘制在一个用 I_D 作垂直轴，V_D 作水平轴的坐标图中。

从式(1.21(b))可以看出，如果 $I_D=0$，则 $V_D=V_{PS}$，此值为水平轴上的截距。同样，如果 $V_D=0$，则 $I_D=V_{PS}/R$，它是垂直轴上的截距。连接这两个点之间的线段即为负载线。式(1.21(b))中的 $-\frac{V_D}{R}$ 是负载线的负斜率。

利用例题1.8得出的结果，可以画出图1.28中所示的直线。图中的第二条曲线代表式(1.22)，是描述二极管电流和电压关系的理想二极管方程的曲线。负载线和二极管特性曲线的交点表明流过二极管的直流电流 $I_D\approx 2.2\text{mA}$，二极管两端的直流电压 $V_D\approx 0.62\text{V}$。此交点称为**静态工作点即 Q 点**。

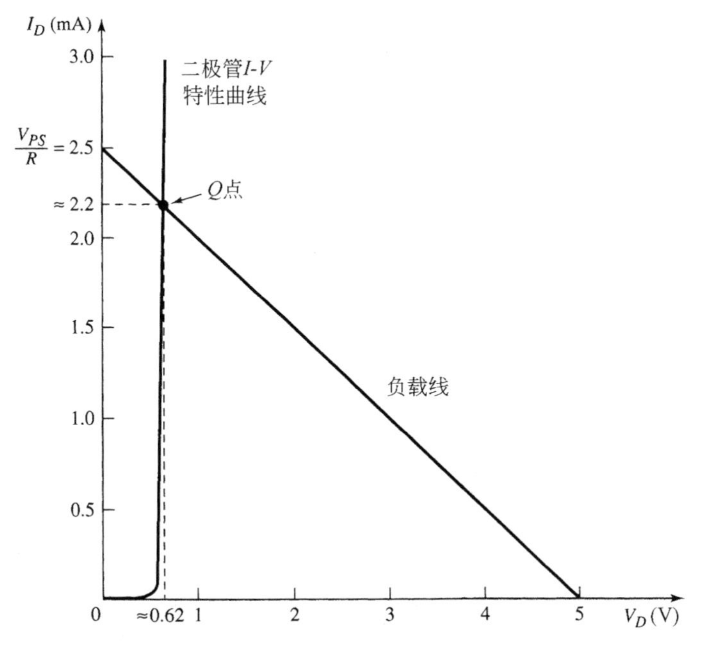

图1.28　图1.27所示电路的二极管特性和负载线

利用图解分析法虽然可以求得精确的结果，但是用起来有些麻烦。然而负载线和图解法的概念对"形象"地分析电路响应是很有用的，并且负载线被广泛应用于电子电路性能的评估中。

1.3.2　折线化模型

分析二极管电路的另一种简单的方法是用折线化近似即用分段的直线来近似描绘二极管电路的电流-电压特性。例如，图1.29所示曲线即为理想的电流-电压特性曲线以及两段线性近似的折线化模型。

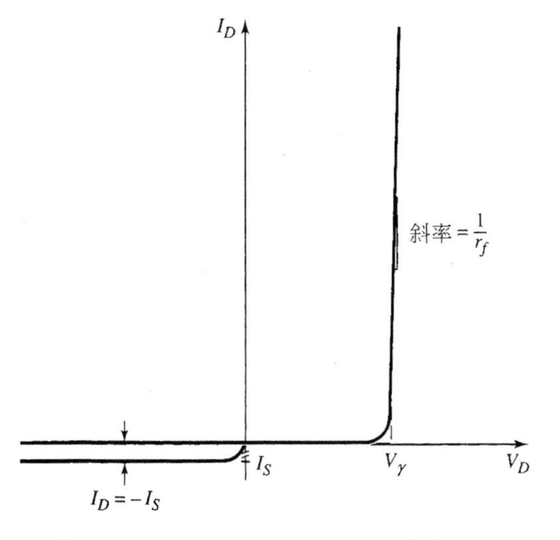

图1.29　二极管 I-V 特性及两段线性近似
这两段线性近似线构成了二极管的折线化模型

对于 $V_D\geqslant V_\gamma$，采用一条斜率为 $1/r_f$ 的直线近似，这里 V_γ 为二极管的**开启电压**，或称**接**

通电压，r_f 为**二极管正向电阻**。这种线性近似的等效电路为一个恒定的电压源串联一个电阻（如图 1.30(a)所示）[①]。对于 $V_D < V_\gamma$，则采用一条与 V_D 轴平行、电流为零的直线来近似，这种情况下的等效电路为开路（如图 1.30(b)所示）。

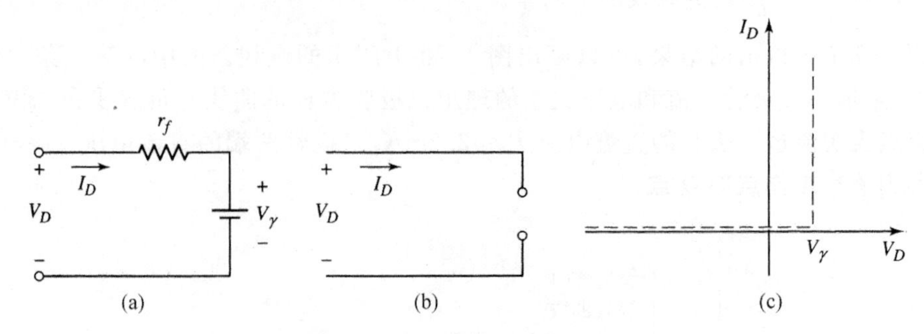

图 1.30　二极管折线等效电路

(a) 当 $V_D \geq V_\gamma$ 时，处于"开通"状态；(b) 当 $V_D < V_\gamma$ 时，处于"关断"状态；(c) $r_f = 0$ 的折线近似。当 $r_f = 0$ 时，二极管两端电压为一恒定值 $V_D = V_\gamma$，此时二极管导通

这种方法用分段的直线来模拟二极管特性，所以命名为**折线化模型**。如果取 $r_f = 0$，则二极管特性的折线化模型如图 1.30(c)所示。

【例题 1.9】

目的：用折线化模型求解图 1.27 所示电路中的二极管电压和电流。并求消耗在二极管上的功率。

假设折线化模型中二极管参数取值为 $V_\gamma = 0.6\text{V}, r_f = 10\Omega$。

解：由图中所给输入电压的极性可知，二极管处于正向偏置或导通状态，所以 $I_D > 0$。等效电路如图 1.30(a)所示。可以求得二极管的电流为

$$I_D = \frac{V_{PS} - V_\gamma}{R + r_f} = \frac{5 - 0.6}{2 \times 10^3 + 10} = 2.19\text{mA}$$

二极管的电压为

$$V_D = V_\gamma + I_D r_f = 0.6 + (2.19 \times 10^{-3})(10) = 0.622\text{V}$$

消耗在二极管上的功率为

$$P_D = I_D V_D$$

代入参数可得

$$P_D = (2.19)(0.622) = 1.36\text{mW}$$

点评：用折线化模型求得的解和例题 1.8 中利用理想二极管方程求得的解非常接近。但是，本例中用折线化模型分析起来远比例题 1.8 中用理想二极管的 *I-V* 特性分析要简单得多。通常，人们为了使分析简单而乐意接受所产生的微小误差。

练习题

【练习题 1.9】　(a)在图 1.27 所示电路中，令 $V_{PS} = 5\text{V}, R = 4\text{k}\Omega, V_\gamma = 0.7\text{V}$。假设 $r_f = 0$，试求 I_D。(b)如果 V_{PS} 增加到 8V，而 I_D 的值和(a)中保持相同，试求满足条件的 R 值。

---

① 重要的一点是要切记图 1.30(a)中的电压源提供的电压降只能是 $V_D \geq V_\gamma$，当 $V_D < V_\gamma$ 时电源 V_γ 并不产生负的二极管电流。对于 $V_D < V_\gamma$，必须要用图 1.30(b)所示的等效电路。

(c)画出(a)和(b)中的二极管特性曲线和负载线。(答案：(a) $I_D=1.08\text{mA}$；(b) $R=6.79\text{k}\Omega$；(c)略)

因为例题1.9中的二极管正向电阻 r_f 远小于电路中的电阻 R，所以二极管电流基本上不受 r_f 值的影响。另外，如果开启电压用0.7V取代0.6V，则计算出的二极管电流将是2.15mA，与前面的值相比并没有非常明显的差别。所以计算出的二极管电流不是开启电压的强依赖函数。因而，通常取硅PN结的开启电压值为0.7V。

负载线和折线化模型的概念在二极管电路的分析中可以进行组合。由基尔霍夫电压定律可知，图1.27所示电路中的负载线及二极管折线化模型中的负载线可以写为

$$V_{PS}=I_DR+V_\gamma$$

这里 V_γ 为二极管的开启电压，可以取 $V_\gamma=0.7\text{V}$。代入下列电路条件可以确定和画出各种不同的负载线

$$\text{A}: V_{PS}=5\text{V},\quad R=2\text{k}\Omega$$
$$\text{B}: V_{PS}=5\text{V},\quad R=4\text{k}\Omega$$
$$\text{C}: V_{PS}=2.5\text{V},\quad R=2\text{k}\Omega$$
$$\text{D}: V_{PS}=2.5\text{V},\quad R=4\text{k}\Omega$$

满足条件A的负载线画在图1.31(a)中，图中也画出了二极管的折线化特性。这两条曲线的交点就是Q点。在此情况下，二极管的静态电流为 $I_{DQ}\approx2.15\text{mA}$。

图1.31(b)同样显示了二极管的折线化特性。另外，符合上述A、B、C和D条件的四条负载线全部画在了图中。可以看出静态工作点是负载线的一个函数，每条负载线的Q点都不相同。

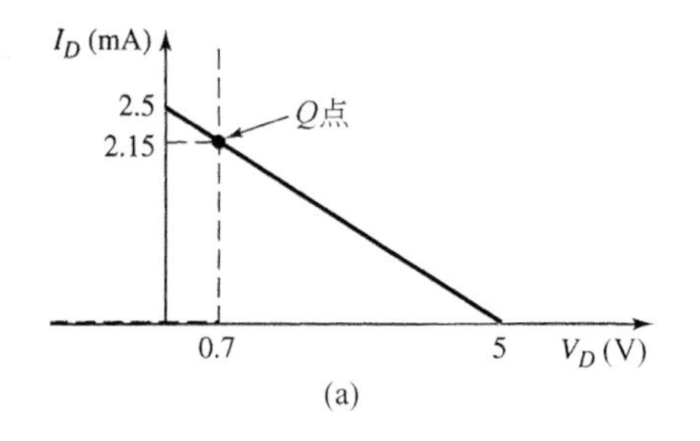

(a)

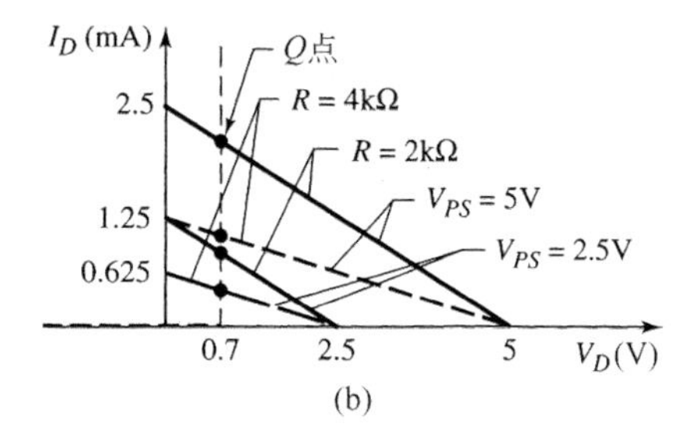

(b)

图　1.31

二极管折线近似曲线，添加(a)满足 $V_{PS}=5\text{V}, R=2\text{k}\Omega$ 的负载线；(b)几条负载线。负载线变化时二极管的Q点也发生变化

负载线的概念在二极管反向偏置时也很重要。图1.32(a)所示电路中的二极管和图1.27(a)中的相同，但是方向相反。图中的二极管电流 I_D 和电压 V_D 为通常的正向偏置参量。根据基尔霍夫电压定律，可以写出

$$V_{PS}=I_{PS}R-V_D=-I_DR-V_D \tag{1.25(a)}$$

即

$$I_D=-\frac{V_{PS}}{R}-\frac{V_D}{R} \tag{1.25(b)}$$

这里 $I_D=-I_{PS}$。式(1.25(b))为负载线方程。分别令 $I_D=0$ 和 $V_D=0$ 可以得到负载线两个端点。当 $I_D=0$ 时得出 $I_D=-I_{PS}=-5\text{V}$，当 $V_D=0$ 时得出 $I_D=-V_{PS}/R=-5/2=$

−2.5mA。二极管特性及负载线画在图 1.32(b)中,从图上可以看出第三个方程中的负载线与二极管特性曲线相交在 $V_D=-5V$ 和 $I_D=0$ 的点,从而证明了二极管是反向偏置的。

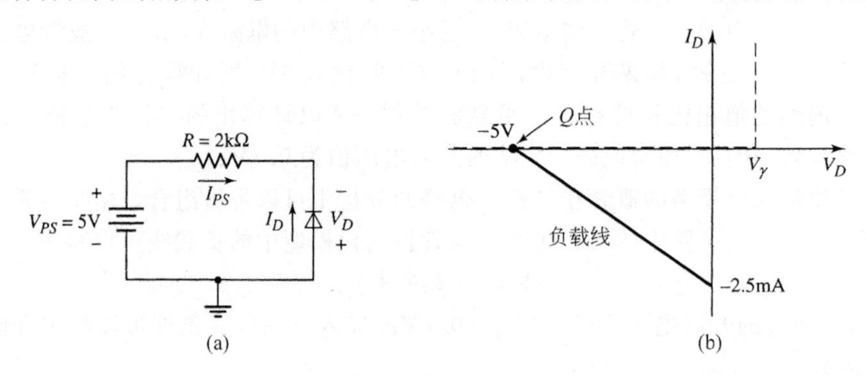

图 1.32 反向偏置的二极管

(a) 电路; (b) 折线化特性和负载线

虽然用折线化模型得出的结果没有用理想二极管方程得出的结果精确,但是,相比之下这种方法非常简单。

1.3.3 计算机仿真和分析

今天的计算机能够对各种各样的电路形式建立详细的仿真模型,能够快速和轻而易举地对各种复杂电路进行分析。这种模型可以包含很多变化的条件,比如各种不同参数的温度依赖性。一个出现最早的,并且在当前应用最广的电路分析程序为侧重于集成电路的仿真程序-SPICE(simulation program with integrated circuit emphasis)。这个程序是由美国加州大学伯克利分校开发的,于 1973 年初次发布,随后不断地进行改进完善。由 SPICE 发展出来的 PSpice,是为适应在微机上应用而设计的。

【例题 1.10】

目的:利用 PSpice 分析程序,确定图 1.27 所示电路中二极管的电流和电压特性。

解:图 1.33(a)所示为 PSpice 电路的示意图。仿真分析用到了 PSpice 库中一个标准的 1N4002 二极管。输入电压 V_1 是从 0~5V 变化的(直流范围)。图 1.33(b)和(c)显示了二极管电压和二极管电流相对于输入电压变化的特性。

讨论:从分析的结果可以得出以下几个结论:输入电压小于约 400mV 时,二极管电压几乎线性增加,同时几乎不存在明显的电流;输入电压大于约 500mV 时,二极管电压缓慢增加,最后达到约 610mV,此时输入电压为最大值,电流也增加到一个最大值 2.2mA。在最大输入电压时,折线化模型得到了非常准确的结果。然而,这些结果表明在二极管的电流和电压之间存在着一个明确的非线性关系。必须牢记的是,折线化模型是在很多应用中非常好用的一种近似方法。

练习题

【练习题 1.10】 在图 1.27 所示电路中的反向偏置电阻变为 $R=20k\Omega$。采用 PSpice 分析,画出二极管电流 I_D 和电压 V_D 相对于电源电压 V_{PS} 在 $0\leqslant V_{PS}\leqslant 10V$ 范围的关系曲线。

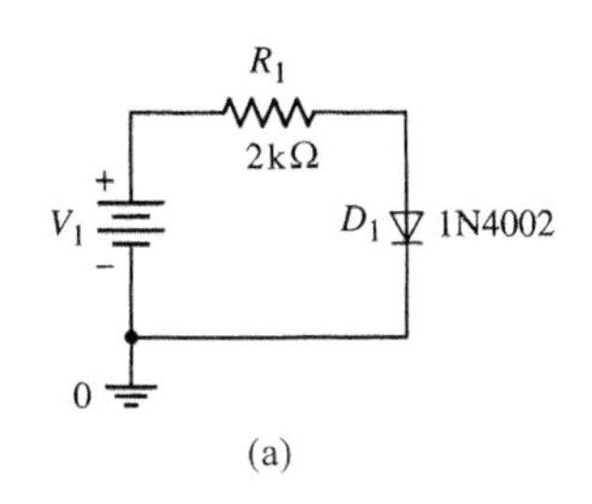

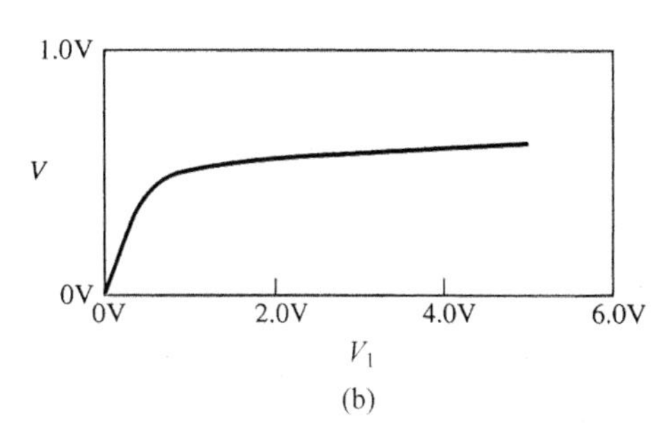

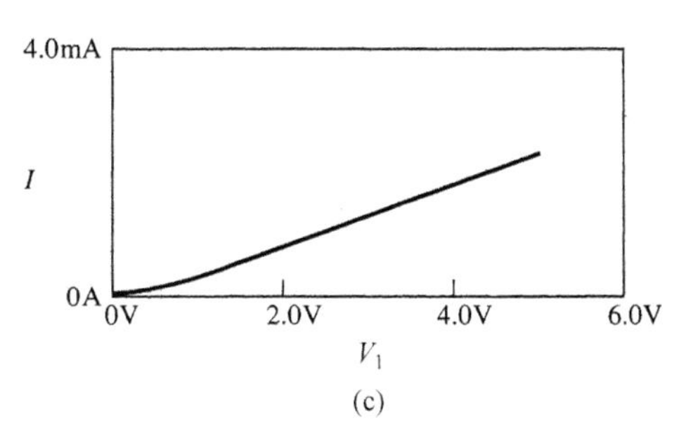

图　1.33

(a) PSpice电路示意图；(b) 例题1.10的二极管电压；(c) 例题1.10的二极管电流

1.3.4　二极管模型小结

手工分析二极管电路时用到的两种二极管直流模型为：理想二极管方程和折线化近似。对理想二极管方程来说，反向饱和电流必须是给定的；对折线化模型来说，开启电压 V_γ 和二极管正向电阻 r_f 必须是给定的。大多数情况下，如果不特别指明，均假设 r_f 的值为零。

在某些特殊应用的场合，或者对计算精度和计算难度进行折衷考虑时，可能用到一些特殊的模型。往往根据经验来决定使用某种模型。比如，通常在设计工作之初，为了容易起见常常使用一种简单的模型；而在最终设计时，为了得到比较精确的结果又常常希望使用计算机仿真。然而，在计算机仿真中用到的二极管模型和二极管参数必须符合电路中实际应用二极管的参数，以确保得出的结果有意义，理解这一点非常重要。

理解测试题

【测试题1.9】　已知练习题1.8中的二极管和电路，试用图解法确定 V_D 和 I_D。(答案：$V_D\approx0.54$V，$I_D\approx0.87$mA)

【测试题1.10】　在图1.27所示的电路中，如果输入电源电压 $V_{PS}=10$V，二极管的开启电压 $V_\gamma=0.7$V(假设 $r_f=0$)。要使消耗在二极管上的功率不大于1.05mW。试求符合此功率要求的二极管最大电流和 R 的最小值。(答案：$I_D=1.5$mA，$R=6.2$kΩ)

1.4　二极管电路：交流等效电路

本节内容：为二极管设计输入时变小信号的等效电路。

到目前为止，只考虑了PN结二极管的直流特性。当带有PN结的半导体器件用在线性放大器电路中时，PN 结的时变(或交流)特性将变得很重要，因为正弦信号可能叠加在直流电流和电压上。下面的章节将分析这些交流特性。

1.4.1 正弦分析

在图 1.34(a)所示的电路中，假设输入电压 v_i 为正弦信号或是一个时变信号，那么总的输入电压 v_I 就是由一个直流成分 V_{PS} 和一个叠加在直流值上的交流成分构成的组合信号。为了研究这种电路，将考虑两种分析方法：对直流电压和电流采取直流分析法；对交流电压和电流则采取交流分析法。

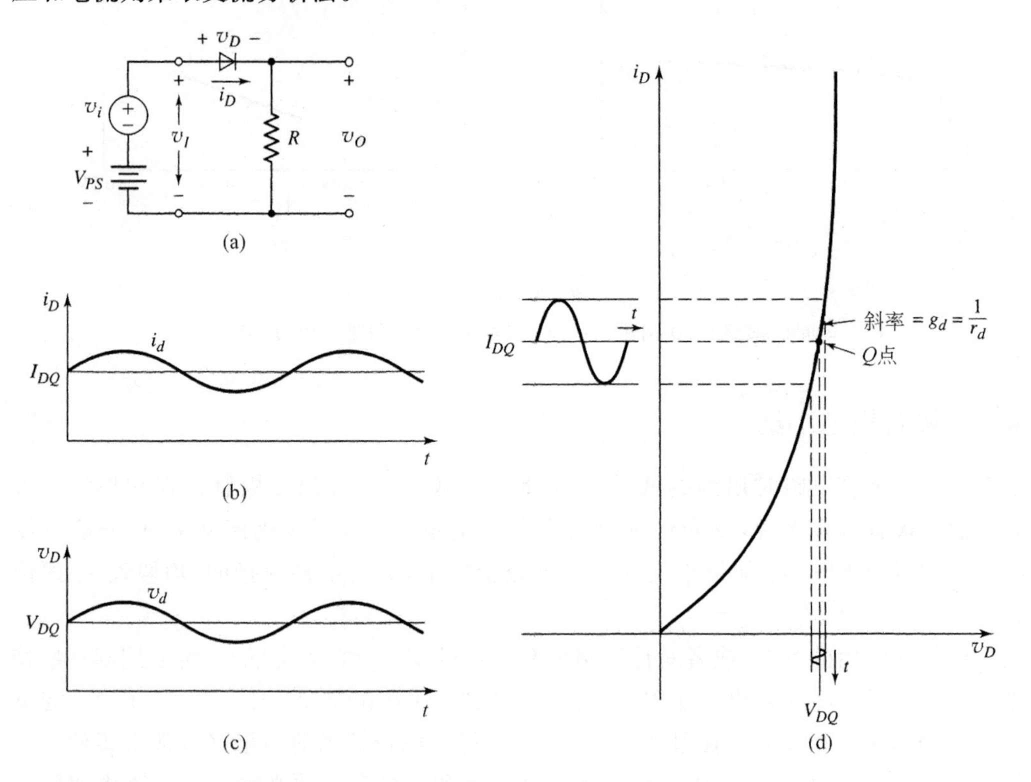

图 1.34 交流电路分析

(a)输入电压为直流信号和正弦信号组合的电路；(b) 二极管正弦电流叠加在静态值上；(c)二极管正弦电压叠加在静态值上；(d)静态值上叠加了正弦电流和电压时正向偏置二极管的 I-V 特性

电流-电压关系

既然输入电压为一个直流成分叠加一个交流信号，那么，二极管电流也是一个直流成分叠加一个交流信号，如图 1.34(b)所示。图中 I_{DQ} 为二极管的静态直流电流。另外，二极管电压也是包含一个直流值叠加一个交流信号，如图 1.34(c)所示。对此电路进行分析时假设交流信号与直流信号相比非常小，所以可以从非线性的二极管得出一个线性的交流模型。

二极管电流和电压的关系可以写为

$$i_D \approx I_S \mathrm{e}^{\left(\frac{v_D}{V_T}\right)} = I_S \mathrm{e}^{\left(\frac{V_{DQ}+v_d}{V_T}\right)} \tag{1.26}$$

式中，V_{DQ} 为静态直流电压，v_d 为交流成分。在式(1.22)给出的二极管方程中已经忽略了(−1)项。式(1.26)可以写为

$$i_D = I_S e^{\left(\frac{V_{DQ}}{V_T}\right)} \cdot e^{\left(\frac{v_d}{V_T}\right)} \tag{1.27}$$

如果交流信号很小，则 $v_d \ll V_T$，因而可以将指数函数展开为一个线性级数，此式为

$$e^{\left(\frac{v_d}{V_T}\right)} \approx 1 + \frac{v_d}{V_T} \tag{1.28}$$

也可以将二极管静态电流写成为

$$I_{DQ} = I_S e^{\left(\frac{V_{DQ}}{V_T}\right)} \tag{1.29}$$

于是，式(1.27)所给出的二极管电流-电压关系就可以写为

$$i_D = I_{DQ}\left(1 + \frac{v_d}{V_T}\right) = I_{DQ} + \frac{I_{DQ}}{V_T} \cdot v_d = I_{DQ} + i_d \tag{1.30}$$

式中，i_d 为二极管电流的交流成分，二极管中交流电压和电流的关系为

$$i_d = \frac{I_{DQ}}{V_T} \cdot v_d = g_d \cdot v_d \tag{1.31(a)}$$

即

$$v_d = \frac{V_T}{I_{DQ}} \cdot i_d = r_d \cdot i_d \tag{1.31(b)}$$

参数 g_d 和 r_d 分别称为二极管的**小信号增量电导和电阻**，也称为**扩散电导**和**扩散电阻**。从这两个等式可以看出

$$r_d = \frac{1}{g_d} = \frac{V_T}{I_{DQ}} \tag{1.32}$$

这个等式说明增量电阻是直流偏置电流 I_{DQ} 的函数，并且与 I-V 特性曲线的斜率成反比，如图 1.34(d)所示。

电路分析

为了完整地分析图 1.34(a)所示的电路，首先要进行直流分析，然后再进行交流分析。这两种类型的分析将用到两种等效电路。图 1.35(a)所示为前面见到的直流等效电路。如果二极管是正向偏置，则二极管两端的电压为折线化模型的开启电压。

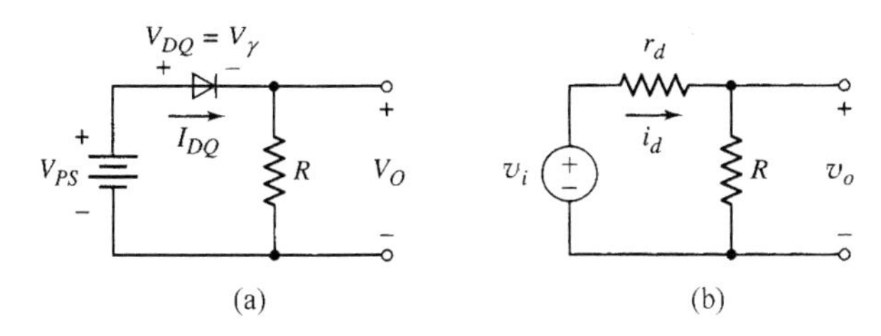

图 1.35　等效电路

(a) 直流；(b) 交流

图 1.35(b)所示为交流等效电路。二极管已经用它的等效电阻 r_d 代替，电路中所有的参数都是小信号时变参数。

【例题 1.11】

目的：分析图 1.34(a)所示的电路。

假设电路和二极管的参数为 $V_{PS}=5\text{V}, R=5\text{k}\Omega, V_\gamma=0.6\text{V}$ 及 $v_i=0.1\sin\omega t(\text{V})$。

解：将分析过程分为两步：直流分析和交流分析。

对于直流分析，令 $v_i=0$，则由图 1.35(a)可得直流静态电流为

$$I_{DQ}=\frac{V_{PS}-V_{\gamma}}{R}=\frac{5-0.6}{5}=0.88\text{mA}$$

输出电压的直流值为

$$V_O=I_{DQ}R=(0.88)(5)=4.4\text{V}$$

对于交流分析，只考虑图 1.35(b)中所示的交流信号和参数。换句话说，假设 $V_{PS}=0$。根据交流基尔霍夫电压定律(KVL)，方程变为

$$v_i=i_d r_d+i_d R=i_d(r_d+R)$$

式中，r_d 依然是二极管的小信号扩散电阻。由式(1.32)得

$$r_d=\frac{V_T}{I_{DQ}}=\frac{0.026}{0.88}=0.0295\text{k}\Omega$$

则二极管的交流电流为

$$i_d=\frac{v_i}{r_d+R}=\frac{0.1\sin\omega t}{0.0295+5}\Rightarrow 19.9\sin\omega t(\mu\text{A})$$

输出电压的交流成分为

$$v_o=i_d R=0.0995\sin\omega t(\text{V})$$

点评：由本节内容可知，电路分析可以分为交流分析和直流分析，各自采用独立的等效电路模型来进行这两种分析。

练习题

【练习题 1.11】 假设图 1.34(a)所示电路的参数及二极管参数为 $V_{PS}=10\text{V}$，$R=20\text{k}\Omega$，$V_{\gamma}=0.7\text{V}$ 及 $v_I=0.2\sin\omega t\text{V}$。试求二极管的静态电流和时变小信号电流。(答案：$I_{DQ}=0.465\text{mA}$，$i_d=9.97\sin\omega t\,\mu\text{A}$)

频率响应

在前面的分析中，默认了交流信号的频率足够小，以致电路中电容的影响可以忽略不计。但若交流输入信号的频率增加，则和正向偏置 PN 结相关的**扩散电容**将变得非常重要。扩散电容的来源如图 1.36 所示。

观察图中右边区域少数载流子空穴的浓度，在二极管静态电压 V_{DQ} 处，少数载流子空穴浓度为图中 $p_n|_{V_{DQ}}$ 所指的实线所示。

如果电路处于叠加在静态值上的正弦信号的正半周期，二极管总的电压增加 ΔV，则空穴浓度将升高为如图 $p_n|_{V_{DQ}+\Delta V}$ 所指的虚线所示。如果电路处于叠加在静态值上的正弦信号的负半周期，二极管总的电压减少 ΔV，则空穴浓度将降低为如图 $p_n|_{V_{DQ}-\Delta V}$ 所指的虚线所示。随着结两边电压的变化，$+\Delta Q$ 电荷将通过 PN 结交替地充电和放电。

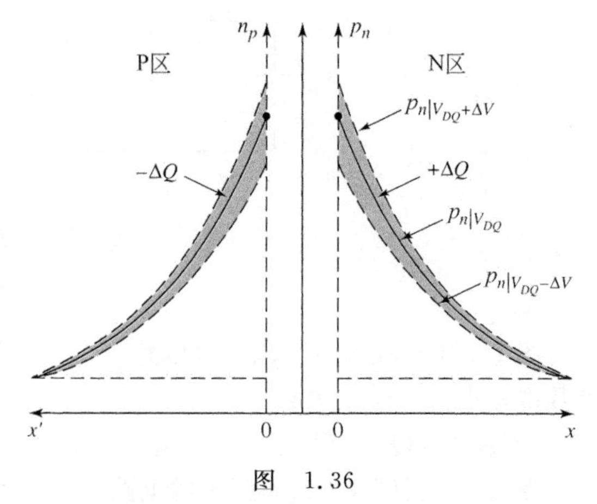

图 1.36
少数载流子存储电荷随着叠加在二极管静态直流电压上的时变电压变化而发生的变化。存储电荷的变化产生二极管扩散电容

在 P 区域中，少数载流子电子也会发生

同样的过程。

电压的变化导致了存储的少数载流子电荷发生变化，就产生了扩散电容，即

$$C_d = \frac{dQ}{dV_D} \tag{1.33}$$

因为所包含的电荷量的原因，所以扩散电容 C_d 通常比结电容 C_j 大很多。

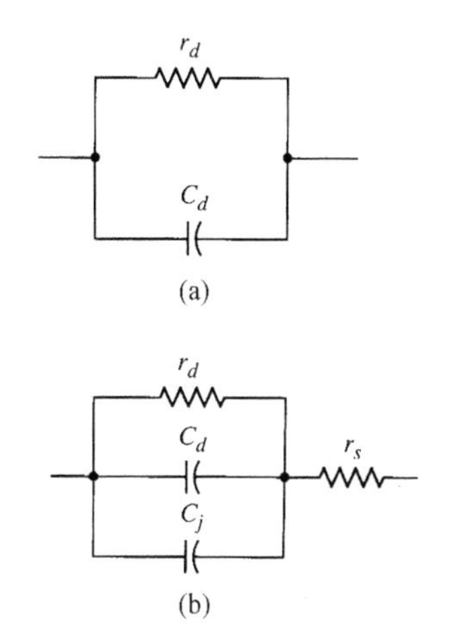

图 1.37　二极管的小信号等效电路
(a) 简化电路；(b) 完整电路

1.4.2　小信号等效电路

正向偏置 PN 结的小信号等效电路如图 1.37 所示，其中一部分是根据**导纳**方程来画的。导纳方程为

$$Y = g_d + j\omega C_d \tag{1.34}$$

式中 g_d，C_d 分别为扩散电导和扩散电容。图中必须加上和扩散电阻及扩散电容并联的结电容。因为中性的 P 区和 N 区电阻有限，所以还需要加上一个串联电阻。

在静态工作点上叠加了交流信号时，PN 结的小信号等效电路常用来求解二极管电路的交流响应。PN 结的小信号等效电路也常用于构建晶体管的小信号模型，而这些晶体管模型常用来分析和设计晶体管放大电路。

理解测试题

【测试题 1.11】　当 T=300K 时，偏置电流为 0.8mA，试求 PN 结二极管的扩散电导。(答案：g_d=30.8mS)

【测试题 1.12】　当 T=300K 时，PN 结二极管的扩散电阻 r_d=50Ω。试求二极管的静态电流。(答案：I_{DQ}=0.52mA)

1.5　其他类型的二极管

本节内容：介绍几种专用二极管的特征和特性。

有很多其他类型的二极管具有专门的特性，这些二极管对于某些特殊应用是很有用的。这里简单介绍几种类型的专用二极管，它们是太阳能电池、光电二极管、发光二极管、肖特基二极管和齐纳二极管。

1.5.1　太阳能电池

太阳能电池是一个 PN 结器件，在这个器件中没有电压直接加在结上。图 1.38 所示的 PN 结将太阳能转换成电能并与负载相连接。当太阳光照在空间电荷区上时，就会产生电子和空穴，它们快速地分离并被电场推出空间电荷区，于是就产生了**光电流**。产生的光电流在负载两端产生电压，这意味着太阳能电池提供了能量。

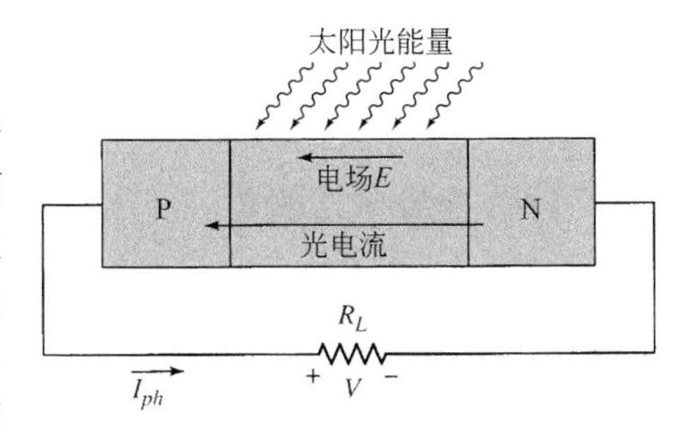

图 1.38　与负载连接的 PN 结光电池

太阳能电池通常由硅材料制作，但是也可能用砷化镓(GaAs)或其他的Ⅲ～Ⅴ族化合物半导体进行制造。

太阳能电池长期以来用于为人造卫星及空间运输工具提供电能，也常用作某些计算机的电源。在“阳光”汽车大赛中也常利用太阳能电池为赛车提供动力，这种赛车由美国的大学队设计、制造和驾驶，典型的设计为一辆拥有 $8m^2$ 太阳能电池阵列的赛车，在一个阳光充足的下午可以产生 800W 的功率。太阳能电池阵列产生的能量还可以用来驱动电机或者给电池组充电。

1.5.2 光电二极管

光电探测器是将光信号转化为电信号的器件，它的典型应用就是**光电二极管**。除了 PN 结外加反向偏置电压以外，光电二极管与太阳能电池相似。入射的光子或光波在空间电荷区产生过剩的电子和空穴，这些过剩载流子快速地分离并被电场推出空间电荷区，于是产生了“光电流”。这样产生的光电流与入射的光子流量成比例。

1.5.3 发光二极管

发光二极管(LED)将电流转化为光。如前所述，当 PN 结上施加正向偏置电压时，电子和空穴流过空间电荷区并成为过剩少数载流子。这些过剩的少数载流子扩散到中性的半导体区域时，它们与多数载流子产生复合。如果这种半导体是一种**直接带隙材料**，比如砷化镓(GaAs)材料，则电子和空穴的复合不会使动量发生变化，并且会发出光子或光波。相反，如果在一种**间接带隙材料**中，比如在硅材料中，电子和空穴发生复合时，它们的能量和动量都必定是守恒的，因而不可能发射出光子。所以发光二极管(LED)是用砷化镓(GaAs)或别的化合物半导体材料制造而成的。在 LED 中，二极管电流正比于它的复合率，这意味着输出光的强度也与二极管电流成正比。

LED 阵列是为显示数字或文字而制造的，比如数字电压表的读数。

把 LED 整合到一个光学的空腔中，可以使光子束以一个很窄的带宽连贯地输出。这种结构称为激光二极管，激光二极管应用在光信息技术中。

LED 与光电二极管连接可以产生如图 1.39 所示的光学系统。由于高质量的光纤具有较低的光吸收率，所以产生的光信号可以在光纤中传播相当长的距离。

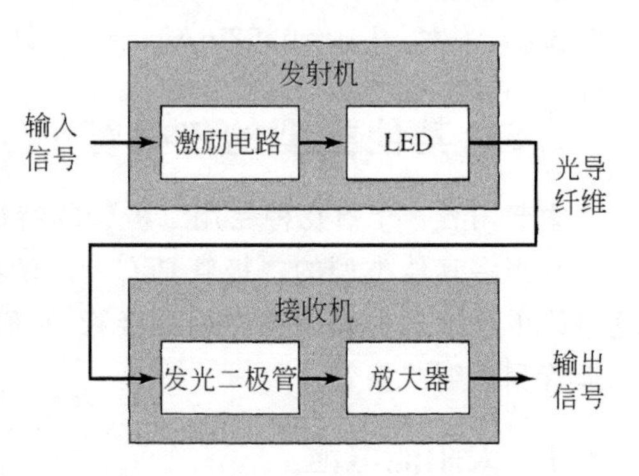

图 1.39 光传输系统的基本单元

1.5.4 肖特基势垒二极管

肖特基势垒二极管，或简称为肖特基二极管，是由一种金属，比如铝，与一个适当掺杂的 N 型半导体连接而形成的一个整流结，图 1.40(a)所示则为这种金属-半导体结合体。图 1.40(b)所示为其电路符号，图中标出了电流方向和电压极性。

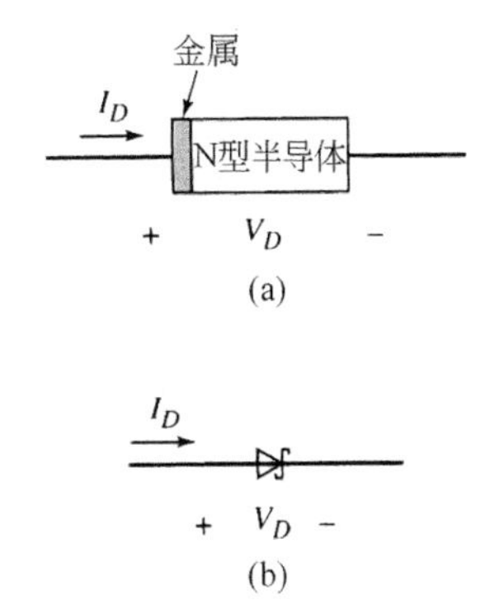

图 1.40　肖特基势垒二极管
(a) 简化的几何结构；(b) 电路符号

肖特基二极管的电流-电压特性和 PN 结二极管的电流-电压特性非常相似。理想二极管的方程可以同样适用于这两种器件。然而，这两种器件中还是存在两个很重要的差别，这些差别将直接影响肖特基二极管的响应。

首先，两种器件产生电流的机理不同。PN 结二极管中的电流受少子的扩散率控制；肖特基二极管电流则是由跃过冶金学界面处势垒层的多子流引起的。这意味着在肖特基二极管中没有少子的存储，所以从正向偏置到反向偏置的开关时间与 PN 结二极管开关时间相比非常短。肖特基二极管的存储时间 t_s 基本为 0。

其次，对于相同的器件截面积，肖特基二极管的反向饱和电流 I_S 比 PN 结二极管的反向饱和电流要大。这个性质意味着要产生相同的电流，肖特基二极管与 PN 结二极管相比只需要较低的正向偏置电压。在第 17 章中将会看到这一性质的实际应用。

图 1.41 所示为对这两种器件特性进行的比较。应用折线化模型可以看出，与 PN 结二极管相比，肖特基二极管具有较小的开启电压。在下面的各章中，将会看到这种较低的开启电压和较短的开关时间如何使得肖特基二极管在集成电路中得到广泛的应用。

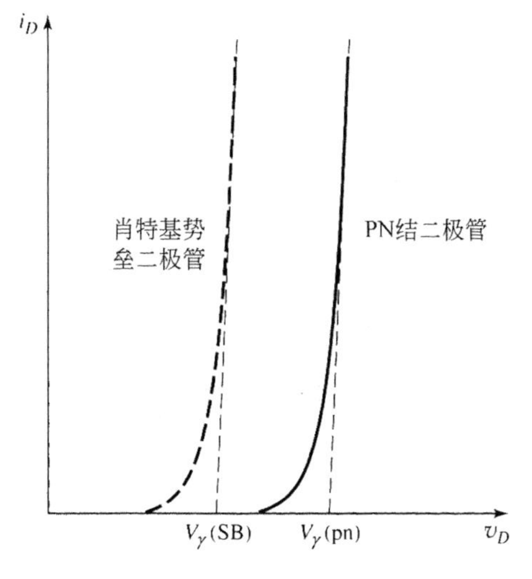

图 1.41　对 PN 结二极管和肖特基二极管的正向偏置 I-V 特性进行的比较

【例题 1.12】

目的：求解二极管电压。

已知 PN 结二极管和肖特基二极管的反向饱和电流分别为 $I_S=10^{-12}$ A 和 $I_S=10^{-8}$ A。需要在每个二极管中产生 1mA 的电流时，求解各自的正向偏置电压。

解：二极管电流-电压关系为

$$I_D = I_S e^{V_D/V_T}$$

据此得出二极管电压为

$$V_D = V_T \ln\left(\frac{I_D}{I_S}\right)$$

对 PN 结二极管可得

$$V_D = (0.026)\ln\left(\frac{1\times 10^{-3}}{10^{-12}}\right) = 0.539\text{V}$$

对肖特基二极管可得

$$V_D = (0.026)\ln\left(\frac{1\times 10^{-3}}{10^{-8}}\right) = 0.299\text{V}$$

点评：因为肖特基二极管的反向饱和电流相对较大，产生一定的电流时，加在肖特基二极管两端的电压比加在 PN 结二极管两端的电压要小。

练习题

【练习题 1.12】 PN 结二极管和肖特基二极管都具有 1.2mA 的正向偏置电流。PN 结二极管的反向饱和电流为 $I_S=4\times10^{-15}$A，正向偏置电压之间的差值为 0.265V。试求肖特基二极管的反向饱和电流。（答案：$I_S=1.07\times10^{-10}$A）

另外一种类型的金属-半导体结也是有可能被制作出来的，即将一种金属应用于高掺杂的半导体。多数情况下它们将形成一个欧姆接触，在欧姆接触中两个方向传导的电流相等，并且接触点上的电压降很小。欧姆接触点常用来将一个半导体器件与集成电路(IC)上的另一个半导体器件相连接，或将 IC 和它的外部终端相连接。

1.5.5 齐纳二极管

如本章前面所提到的那样，外加反向偏置电压不能无限制地增加，否则在某一时刻将发生击穿，使反向电流迅速增加。发生击穿时的电压称为击穿电压。图 1.42 所示为包含了击穿现象的二极管 *I-V* 特性。

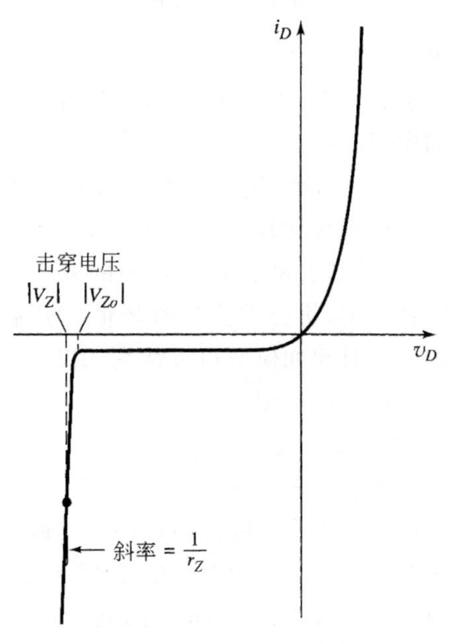

图 1.42 显示了击穿效应的二极管 *I-V* 特性

被称为齐纳二极管的二极管，就是为了能够提供特定的击穿电压 V_{Zo} 而设计和制造的。（尽管击穿电压是在负的电压轴上（反向偏置），但它的值是用正值给出的。）发生击穿时可能产生很大的电流，并有较大的功率消耗在二极管上，导致二极管的发热效应甚至烧毁二极管。然而，通过把电流限制在二极管可正常工作的范围内，就可以使二极管工作在击穿区。这样的二极管在电路中可以作为一个稳压基准。在电流和温度变化的一个很大范围内稳压二极管的击穿电压基本上保持恒定。击穿区的 *I-V* 特性曲线的斜率相当大，所以增量电阻 r_Z 非常小。通常，r_Z 的值在几欧姆或几十欧姆的范围内。

I_Z

\+ V_Z −

图 1.43 齐纳二极管的电路符号

齐纳二极管的电路符号如图 1.43 所示。（注意这个符号和肖特基二极管符号的细微差别。）电压 V_Z 是齐纳击穿电压，电流 I_Z 为二极管工作在击穿区时的反向偏置电流。有关齐纳二极管的应用将在下一章介绍。

【设计例题 1.13】

目的：设计简单的恒压基准电路，并计算电路中限流电阻的阻值。

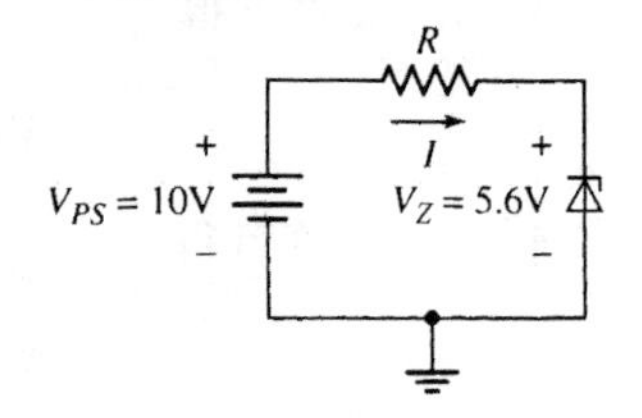

图 1.44 含有齐纳二极管的简单电路
图中齐纳二极管工作在击穿区

已知如图 1.44 所示的电路，假设齐纳二极管的击穿电压为 $V_Z=5.6$V，齐纳电阻 $r_Z=0$。齐纳二极管中的电流限制在 3mA。

解：如前所述，可以用 R 两端电压之差除以电阻值求得电流。即

$$I = \frac{V_{PS} - V_Z}{R}$$

则限流电阻的阻值为

$$R = \frac{V_{PS} - V_Z}{I} = \frac{10 - 5.6}{3} = 1.47\text{k}\Omega$$

消耗在齐纳二极管上的功率为

$$P_Z = I_Z V_Z = (3)(5.6) = 16.8\text{mW}$$

齐纳二极管在不致损坏的前提下，必须能够耗散16.8mW的功率。

点评：当齐纳二极管工作在击穿区时，二极管外的电阻限制了电路中电流的增长。在图示电路中，即使电源电压和电阻可能在一个受限的范围内变化，也能够使输出电压保持在恒定值5.6V。因此，这种电路提供了一个稳定的输出电压。有关齐纳二极管更多的应用将在下一章作介绍。

练习题

【练习题1.13】 观察图1.44所示的电路，要求齐纳二极管上的消耗功率限制在10mW，试求电阻R的阻值。(答案：R=2.46kΩ)

理解测试题

【测试题1.13】 观察图1.45所示的电路。假设PN结二极管和肖特基二极管的开启电压分别为V_γ=0.7V和V_γ=0.3V。令两个二极管的r_f=0。试计算每个二极管的电流。(答案：PN结二极管：0.825mA；肖特基二极管：0.925mA)

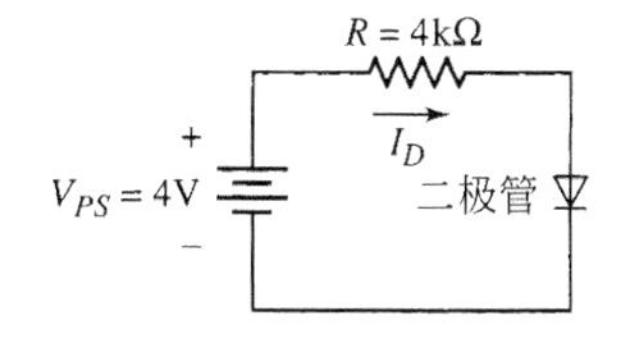

图1.45　测试题1.13的电路
图中的二极管可以是PN结二极管或肖特基二极管

【测试题1.14】 某齐纳二极管有一个等效的串联电阻为20Ω。如果I_Z=1mA时，齐纳二极管两端的电压为5.20V。试求I_Z=10mA时二极管两端的电压。(答案：V_Z=5.38V)

1.6　设计举例：二极管温度计

设计目的：利用二极管的温度特性设计简单的电子温度计。

设计指标：温度范围为0～100℉。

设计方法：利用图1.20所示的正向偏置二极管的温度特性。如果电流为恒定值，则二极管电压的变化将是温度的函数。

器件选择：假设硅PN结二极管在T=300K时的反向饱和电流$I_S = 10^{-13}$A。

解：在二极管的I-V关系中忽略(−1)的项，可得

$$I_D = I_S e^{(V_D/V_T)} \propto n_i^2 e^{(V_D/V_T)} \propto e^{(-E_g/kT)} \cdot e^{(V_D/V_T)}$$

反向饱和电流I_S与n_i^2成比例，而n_i^2又与包含带隙能E_g和温度的指数函数成比例。

取两种温度值下的二极管电流之比，并利用热电压定义得[①]

---

① 注意e，如果在$e^{(-E_g/kT)}$中则代表指数函数，其中e为自然对数的底。又如在eV_{D1}/kT_1中e指电子的电量，在本书中用到e的地方要把其含义搞清楚。

$$\frac{I_{D1}}{I_{D2}}=\frac{\mathrm{e}^{(-E_g/kT_1)}\cdot \mathrm{e}^{(eV_{D1}/kT_1)}}{\mathrm{e}^{(-E_g/kT_2)}\cdot \mathrm{e}^{(eV_{D2}/kT_2)}} \tag{1.35}$$

式中，V_{D1} 和 V_{D2} 分别是在温度 T_1 和 T_2 时的二极管电压。如果二极管电流在不同的温度下为恒定值，则式(1.35)可以写为

$$\mathrm{e}^{(eV_{D2}/kT_2)}=\mathrm{e}^{(-E_g/kT_1)}\mathrm{e}^{(+E_g/kT_2)}\mathrm{e}^{(eV_{D1}/kT_1)} \tag{1.36}$$

两边取自然对数，可得

$$\frac{eV_{D2}}{kT_2}=\frac{-E_g}{kT_1}+\frac{E_g}{kT_2}+\frac{eV_{D1}}{kT_1} \tag{1.37}$$

即

$$V_{D2}=\frac{-E_g}{e}\frac{T_2}{T_1}+\frac{E_g}{e}+V_{D1}\frac{T_2}{T_1} \tag{1.38}$$

对于硅，带隙能为 $E_g/e=1.12\mathrm{V}$。并假设在所设温度范围内带隙能不发生变化，可得

$$V_{D2}=1.12\left(1-\frac{T_2}{T_1}\right)+V_{D1}\frac{T_2}{T_1} \tag{1.39}$$

观察图1.46所示的电路。假设温度 $T=300\mathrm{K}$ 时二极管反向饱和电流 $I_S=10^{-13}\mathrm{A}$。由电路可得

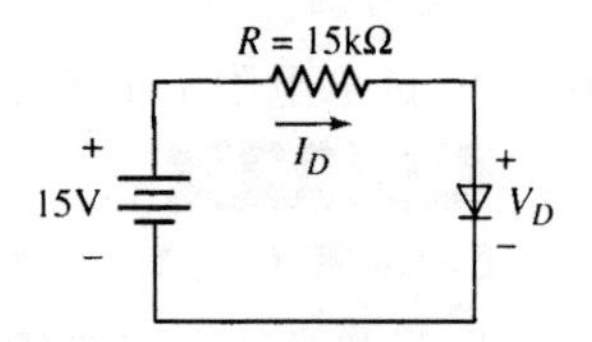

图1.46　二极管温度计电路

$$I_D=\frac{15-V_D}{R}=I_S\mathrm{e}^{(V_D/V_T)}$$

即

$$\frac{15-V_D}{15\times 10^3}=10^{-13}\mathrm{e}^{(V_D/0.026)}$$

通过累试和误差分析，求得

$$V_D=0.5976\mathrm{V}$$

$$I_D=\frac{15-0.5976}{15\times 10^3}\approx 0.960\mathrm{mA}$$

在式(1.39)中可以设 $T_1=300\mathrm{K}$，并且令 $T_2=T$ 为温度变量。可得

$$V_D=1.12-0.522\left(\frac{T}{300}\right) \tag{1.40}$$

所以二极管电压是温度的线性函数。例如，如果温度变化范围定为0～100℉，在绝对温度上的相应的变化是从255.5～310.8K，则二极管电压相对于温度的变化如图1.47所示。

图1.46所示为一个简单的实用电路。用了一个15V的电源电压，二极管电压在所测温度范围内的变化大约为0.1V，使二极管电流产生大约0.67%的变化，所以上述的分析方法是正确的。

点评：这个设计实例说明，将一个二极管连接在一个简单的电路中就可以用作电子温度计的传感元件。这里假设温度 $T=300\mathrm{K}$(80℉)时，二极管的反向饱和电流 $I_S=10^{-13}\mathrm{A}$。对于一个特定的二极管，其实际的反向饱和电流可能不是这么大，这种差别说明图1.47所示二极管电压随温度相对变化的曲线将向上或向下移动，以便和室温下的实际二极管电压相一致。

设计指南：为了完善本次设计，必须在图1.46所示的电路中添加两个附加的部分或电子系统。首先，必须添加一个电路用来测量二极管电压。添加的这个电路一定不能改变二

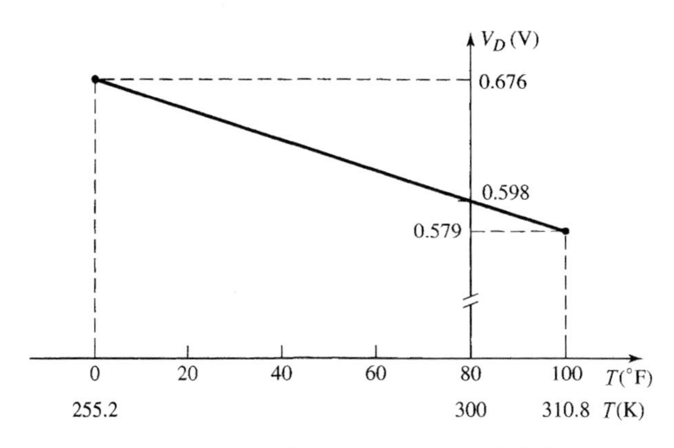

图 1.47　二极管电压相对于温度的变化

极管特性，也不能对电路产生负载作用。将在第 9 章讲述的运算放大器电路可以满足此要求。所需添加的第二个电子系统能用来将二极管电压转变成温度计的读数，将在第 16 章讲述的模数转换器可以用来提供数字化的温度读数。

1.7　本章小结

- 本章最先讲解了半导体材料的一些性质和特性，讨论了半导体中两种独立的电荷载流子电子(带负电荷)和空穴(带正电荷)的概念。纯净半导体晶体经过特殊的杂质原子掺杂，可以产生电子占优势的 N 型材料和空穴占优势的 P 型材料。N 型和 P 型材料的概念应用于整个课程。
- PN 结二极管是由一个 N 型掺杂区域和一个 P 型掺杂区域直接连接在一起构成的。二极管的电流-电压特性是非线性的：正向偏置时电流是电压的指数函数，反向偏置时电流基本为零。
- 因为二极管的 i-v 关系是非线性的，所以对含有二极管电路的分析就不能像只包含线性电阻的线性电路分析那样直接。研究二极管的折线化模型，可以用它很容易地获得近似的手工计算结果。二极管的 i-v 特性曲线被分成一些线性的段，这些线性段在各自特定的工作区域上是正确的。二极管开启电压的概念已经作为折线化模型的一部分介绍。
- 时变信号或交流信号可能叠加在二极管直流电流和电压上。研究小信号线性等效电路，能用来确定交流电流和电压之间的关系。等到以后介绍晶体管的频率响应时将会很广泛地用到这种等效电路。
- 讨论了几种专用的 PN 结器件。特别要指出的是，PN 结太阳能电池用来把太阳能转化成电能；肖特基势垒二极管是金属-半导体整流结，一般而言它具有比 PN 结二极管更小的开启电压和更快的开关速度；齐纳二极管工作在反向击穿区，常用在稳压电路中。此外，还简单介绍了光电二极管和发光二极管。

本章要求

通过本章的学习，读者应该能够做到：

1. 理解本征载流子浓度概念，N 型和 P 型材料之间的区别，以及漂移电流和扩散电流的概念。

2. 运用理想二极管电流-电压特性和叠加分析法分析简单的二极管电路。

3. 运用二极管的折线化近似模型分析二极管电路。

4. 利用小信号等效电路确定二极管的小信号特性。

5. 了解太阳能电池、发光二极管、肖特基势垒二极管和齐纳二极管的常规特性。

复习题

1. 描述本征半导体材料。本征载流子浓度有什么意义？

2. 阐述电子和空穴在半导体材料中作为电荷载流子的概念。

3. 描述杂质半导体材料。电子浓度如何用施主杂质浓度来表示？空穴浓度如何用受主杂质浓度来表示？

4. 阐述在半导体材料中漂移和扩散电流的概念。

5. PN结是怎么形成的？内建势垒电势是怎么形成的，它有什么意义？

6. 反向偏置的PN结二极管中结电容是怎么产生的。

7. 写出理想二极管的电流-电压关系，描述 I_S 和 V_T 的含义。

8. 阐述叠加分析方法，在什么时候必须用它分析二极管电路？

9. 描述二极管的折线化模型，为什么这种方法是有用的？什么是二极管的开启电压？

10. 在一个简单的二极管电路中定义一条负载线。

11. 在什么条件下应用二极管小信号模型分析二极管电路？

12. 描述一个简单的太阳能电池电路的工作情况。

13. 肖特基势垒二极管的 i-v 特性是如何不同于PN结二极管的？

14. 在设计齐纳二极管电路时应用了齐纳二极管什么特性？

15. 描述光电二极管和光电二极管电路的特性。

习题

（注：除非特别指明，在下列题目中都假设 $T=300\text{K}$，发射系数 $n=1$。）

1.1节 半导体材料及其性质

1.1 (a)计算(ⅰ)$T=250\text{K}$，(ⅱ)$T=350\text{K}$ 时硅中的本征载流子浓度。(b)对砷化镓重复(a)部分的计算。

1.2 (a)硅中的本征载流子浓度小于 $n_i=10^{12}\text{cm}^{-3}$，试求允许的最高温度。(b)$n_i=10^9\text{cm}^{-3}$，重复(a)部分。

1.3 试计算(a)$T=100\text{K}$，(b)$T=300\text{K}$，(c)$T=500\text{K}$ 时硅和锗中的本征载流子浓度。

1.4 (a)在一个硅样本中杂质原子的浓度为 $5\times10^{15}\text{cm}^{-3}$，试求硅中电子和空穴的浓度，试问此半导体是N型还是P型？(b)对砷化镓重复(a)部分。

1.5 用砷原子对硅材料掺杂，掺杂浓度为 $5\times10^{16}\text{cm}^{-3}$。(a)试问该材料为N型还是P型？(b)当 $T=300\text{K}$ 时，试计算电子和空穴的浓度。(c)$T=350\text{K}$，重复(b)部分。

1.6 (a)在一个硅样本中受主原子的浓度为 10^{16}cm^{-3}，试求硅中电子和空穴的浓度，试问半导体是N型还是P型？(b)对锗重复(a)部分。

1.7 硅掺杂的杂质原子浓度为 $5\times10^{16}\text{cm}^{-3}$。(a)试问该材料是N型还是P型?(b)$T=300\text{K}$ 时,试计算电子和空穴浓度。(c)$T=250\text{K}$ 时,重复(b)部分。

1.8 当 $T=300\text{K}$ 时硅中的电子浓度为 $n_o=5\times10^{15}\text{cm}^{-3}$。(a)试计算空穴浓度。(b)试问该材料为N型还是P型?(c)试求掺杂杂质的浓度。

1.9 (a)设计硅半导体材料的多子电子浓度为 $n_o=7\times10^{15}\text{cm}^{-3}$。要达到这种电子浓度,需要在本征硅材料中加入施主还是受主杂质原子?需要掺入的杂质原子浓度为多少?(b)在这种硅材料中少子空穴的浓度不能大于 $p_o=10^{6}\text{cm}^{-3}$。试求可允许的最高温度。

1.10 在P型硅材料上施加的电场为 $E=15\text{V/cm}$。半导体的电导率 $\sigma=2.2(\Omega\cdot\text{cm})^{-1}$,横截面积 $A=10^{-4}\text{cm}^2$。试求半导体中的漂移电流。

1.11 N型硅材料中漂移电流密度确定为 85A/cm^2,外加电场 $E=12\text{V/cm}$,试求半导体的电导率。

1.12 一种P型硅材料的电阻率为 $\rho=0.8\Omega\cdot\text{cm}$。试求受主杂质浓度。

1.13 要求硅材料的电导率必须为 $\sigma=0.5(\Omega\cdot\text{cm})^{-1}$。则半导体中施主杂质的浓度必须为多大?

1.14 在砷化镓(GaAs)材料中的迁移率为 $\mu_n=8500\text{cm}^2/(\text{V}\cdot\text{s})$ 和 $\mu_p=400\text{cm}^2/(\text{V}\cdot\text{s})$。(a)当杂质浓度范围为 $10^{15}\text{cm}^{-3}\leqslant N_d\leqslant10^{19}\text{cm}^{-3}$ 时,试确定电导率的范围。(b)如果外加电场为 $E=0.10\text{V/cm}$,采用(a)的结果求解漂移电流密度的范围。

1.15 在砷化镓的某一部分电子浓度在距离 $0.5\mu\text{m}$ 上从 10^{15}cm^{-3} 线性变化到 10^{2}cm^{-3}。电子扩散系数为 $D_n=180\text{cm}^2/\text{s}$。试求电子扩散电流密度。

1.16 在硅材料中空穴浓度的表达式为

$$p(x)=10^4+10^{15}\exp(-x/L_P)\quad x\geqslant0$$

式中 L_P 的值为 $10\mu\text{m}$,空穴扩散系数 $D_p=15\text{cm}^2/\text{s}$。当(a)$x=0$,(b)$x=10\mu\text{m}$,(c)$x=30\mu\text{m}$ 时,试求空穴扩散电流密度。

1.17 砷化镓(GaAs)掺杂 $N_a=10^{17}\text{cm}^{-3}$。(a)试计算 n_o 和 p_o。(b)产生过剩电子和空穴的 $\delta n=\delta p=10^{15}\text{cm}^{-3}$。试求电子和空穴总的浓度。

1.2节 PN结

1.18 当硅PN结满足下列条件时试求其内建势垒电势。(a)$N_d=N_a=10^{16}\text{cm}^{-3}$;(b)$N_d=10^{18}\text{cm}^{-3}$,$N_a=10^{16}\text{cm}^{-3}$;(c)$N_d=N_a=10^{18}\text{cm}^{-3}$。

1.19 对于砷化镓重做1.18题。

1.20 硅PN结的N区域的掺杂浓度为 $N_d=10^{16}\text{cm}^{-3}$。试在 $10^{15}\text{cm}^{-3}\leqslant N_a\leqslant10^{18}\text{cm}^{-3}$ 范围上画出 V_{bi} 相对于 N_a 的变化曲线。其中 N_a 为P区域中的受主浓度。

1.21 考虑均匀掺杂的砷化镓PN结,掺杂浓度为 $N_a=5\times10^{18}\text{cm}^{-3}$ 和 $N_d=5\times10^{16}\text{cm}^{-3}$。在 $200\text{K}\leqslant T\leqslant500\text{K}$ 范围上画出内建势垒电势 V_{bi} 相对于温度的变化曲线。

1.22 硅PN结零偏置时结电容为 $C_{jo}=0.4\text{pF}$。掺杂浓度为 $N_a=1.5\times10^{16}\text{cm}^{-3}$ 和 $N_d=4\times10^{15}\text{cm}^{-3}$。试求当(a)$V_R=1\text{V}$,(b)$V_R=3\text{V}$,(c)$V_R=5\text{V}$ 时的结电容。

*1.23 硅PN结二极管的零偏置电容为 $C_{jo}=0.02\text{pF}$,内建电势为 $V_{bi}=0.80\text{V}$。二极管通过一个 $47\text{k}\Omega$ 的电阻和一个电压源反向偏置。(a)对 $t<0$,外加电压为5V;$t=0$ 时,外加电压降到0V,估算二极管电压从5V变到1.5V所用的时间(因为是求近似值,可用两个电压值之间的平均二极管电容)。(b)当输入信号从0V变化到5V,二极管从0V变化到3.5V时,重复(a)部分(用两个电压值之间的平均二极管电容)。

1.24 硅PN结掺杂浓度为 $N_a=10^{18}\text{cm}^{-3}$ 和 $N_d=10^{15}\text{cm}^{-3}$。零偏置时结电容为 $C_{jo}=0.25\text{pF}$。一个2.2mH的电感线圈与PN结并联连接。当反向偏置电压为:(a)$V_R=1\text{V}$,(b)$V_R=10\text{V}$ 时,试分别计算电路的谐振频率 f_o。

1.25 (a)在硅PN结二极管中需要多大的偏置电压才能使反向偏置电流达到其饱和值的90%?(b)施加0.2V的正向偏置电压和施加0.2V的反向偏置电压时产生的电流之比为多少?

1.26 (a)如果硅PN结二极管的反向饱和电流为 $I_S=10^{-11}\text{A}$,当正向偏置电压为0.5V、0.6V和0.7V时求解二极管中的电流。(b)若 $I_S=10^{-13}\text{A}$,重复(a)部分。

1.27 对 PN 结二极管，如果(a)$I_S=10^{-11}$ A 和(b)$I_S=10^{-13}$ A，试问产生 150μA 的电流必须要多大的正向偏置电压？

1.28 硅 PN 结二极管的发射系数 $n=1$，当 $V_D=0.7$V 时二极管电流为 $I_D=1$mA。(a)试求反向饱和电流。(b)当发射系数为(i)$n=1$ 和(ii)$n=2$ 时，试在同一个图上画出 $\lg I_D$ 相对于 V_D 在 $0.1\text{V}\leqslant V_D\leqslant 0.7\text{V}$ 范围内的关系曲线。

1.29 当(a)$I_S=10^{-12}$ A 和(b)$I_S=10^{-14}$ A 时，试画出 $\lg I_D$ 相对于 V_D 在 $0.1\text{V}\leqslant V_D\leqslant 0.7\text{V}$ 范围内的关系曲线。

1.30 (a)对于工作在正向偏置区域的硅 PN 结二极管。试求使电流增加 10 倍的电压增量。(b)电流增加 100 倍时重复(a)部分。

1.31 PN 结二极管的 $I_S=10^{-15}$ A，(a)如果(i)$I_D=150\mu$A 和(ii)$I_D=25\mu$A，试求二极管电压。(b)如果(i)$V_D=0.2$V，(ii)$V_D=0$，(iii)$V_D=-0.5$V 和(iv)$V_D=-3$V，试求二极管电流。

1.32 一组二极管的反向饱和电流在 $5\times10^{-14}\text{A}\leqslant I_S\leqslant 5\times10^{-12}$ A 之间变化。这些二极管的偏置电流都将为 $I_D=2$mA，试问必须施加的正向偏置电压范围是多少？

1.33 (a)砷化镓 PN 结的偏置电压为 $V_D=1.10$V 时，二极管电流为 $I_D=12$mA。试问反向饱和电流是多少？(b)当二极管偏置在 $V_D=1.0$V 时利用(a)部分的结果试求二极管的电流。

1.34 砷化镓 PN 结二极管的反向饱和电流为 $I_S=1\times10^{-23}$ A。当(a)$V_D=1.0$V，(b)$V_D=1.1$V，(c)$V_D=1.2$V 时试求二极管的电流。

*1.35 硅 PN 结二极管在 $T=300$K 时的反向饱和电流为 $I_S=10^{-12}$ A，试求 I_S 从 0.5×10^{-12} A 变化到 50×10^{-12} A 相应的温度范围。

*1.36 硅 PN 结二极管施加的正向偏置电压为 0.6V。试求在 100℃和 −55℃时的电流之比。

1.3 节 二极管电路：直流分析及模型

1.37 PN 结二极管串联 100kΩ 的电阻和 3.5V 的电源。二极管的反向饱和电流为 $I_S=5$nA。(a)如果二极管正向偏置，试求二极管的电流和电压。(b)如果二极管反向偏置，重复(a)部分。

1.38 观察图 P1.38 所示的电路，二极管的反向饱和电流为 $I_S=10^{-12}$ A，试求二极管电流 I_D 和二极管电压 V_D。

1.39 (a)图 P1.39 所示电路中的二极管反向偏置电流为 $I_S=5\times10^{-13}$ A。试求二极管的电压和电流。(b)试用计算机进行仿真分析。

1.40 图 P1.40 所示电路中每个二极管的反向饱和电流为 $I_S=2\times10^{-13}$ A。试求需要产生 $V_O=0.6$V 的输出电压时的输入电压 V_I。

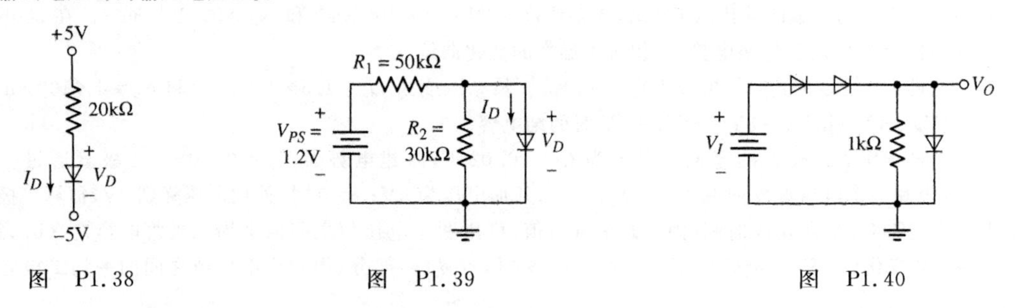

图 P1.38　　图 P1.39　　图 P1.40

1.41 (a)分析图 P1.39 所示的电路，电阻 R_1 的值减少到 $R_1=10\text{k}\Omega$，并且二极管开启电压为 $V_\gamma=0.7$V。试求 I_D 和 V_D。(b)如果 $R_1=50\text{k}\Omega$，重复(a)部分。(c)用计算机对(a)和(b)部分进行仿真分析。

1.42 分析图 P1.42 所示的电路，当(a)$V_\gamma=0.6$V 和(b)$V_\gamma=0.7$V 时，试求二极管电流 I_D 和二极管电压 V_D。(c)用 PSpice 对电路进行仿真。

*1.43 图 P1.43 所示电路的二极管开启电压为 $V_\gamma=0.7$V。在电源电压 $5\text{V}\leqslant V_{PS}\leqslant 10\text{V}$ 时二极管保持导通。二极管最小的电流为 $I_D(\min)=2$mA。消耗在二极管上的最大功率不能大于 10mW。试求 R_1 和 R_2 的合适值。

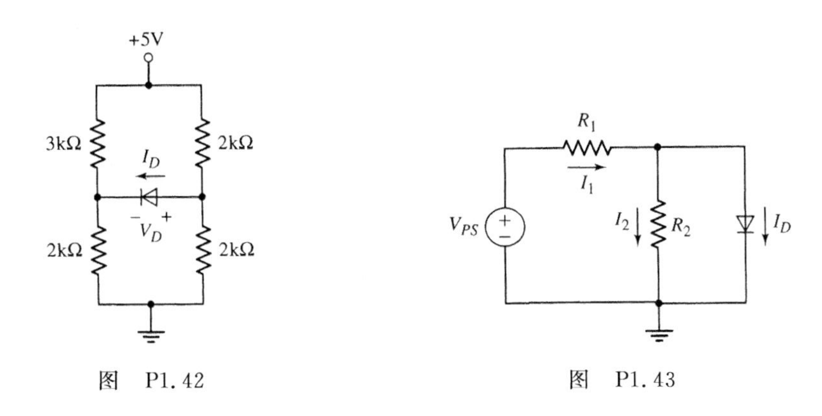

图　P1.42　　　　图　P1.43

1.44　在图 P1.44 所示的四个电路中二极管的开启电压为 $V_\gamma=0.7\text{V}$。试求每个电路的 I 和 V_O。

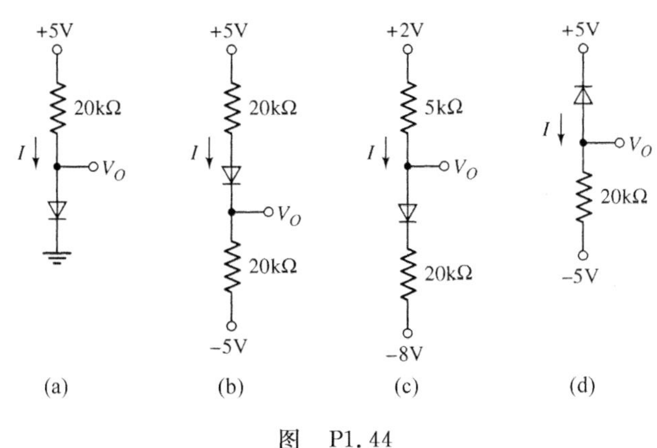

图　P1.44

*1.45　如果电路中每个二极管的反向饱和电流为 $I_S=2\times10^{-12}\text{A}$，重做 1.44 题。

1.46　(a)图 P1.46 所示的电路中，电流 $I_D=0.4\text{A}$，试求二极管电压 V_D 和电源电压 V。假设二极管开启电压为 $V_\gamma=0.7\text{V}$。(b)利用(a)部分的结果求解消耗在二极管上的功率。

1.47　假设在图 P1.47 所示电路中每个二极管的开启电压为 $V_\gamma=0.65\text{V}$。(a)输入电压 $V_I=5\text{V}$，试求使 I_{D1} 的值为 I_{D2} 的一半所需要的 R_1 值。I_{D1} 和 I_{D2} 的值是多少？(b)如果 $V_I=8\text{V}$ 和 $R_1=2\text{k}\Omega$，试求 I_{D1} 和 I_{D2}。

1.4 节　二极管的小信号分析

1.48　(a)PN 结二极管直流偏置在 $I_{DQ}=1\text{mA}$。一个正弦电压叠加在 V_{DQ} 上使峰-峰正弦电流为 $0.05I_{DQ}$。试求外加峰-峰正弦电压值。(b)如果 $I_{DQ}=0.1\text{mA}$ 重复(a)部分。

*1.49　图 P1.49 所示电路中的二极管由恒流源 I 偏置。正弦信号 v_S 通过 R_S 和 C 连接到二极管上。假设 C 很大，对信号相当于短路。

(a)证明二极管电压的正弦成分为

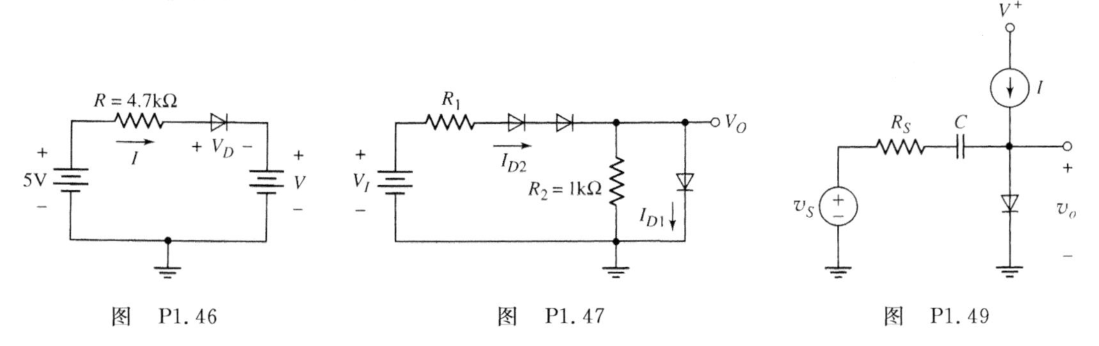

图　P1.46　　　　图　P1.47　　　　图　P1.49

$$v_O = v_S \frac{V_T}{V_T + IR_S}$$

(b)如果 $R_S=260\Omega$，对于 $I=1\text{mA}$、$I=0.1\text{mA}$ 和 $I=0.01\text{mA}$，试求 v_O/v_S。

1.5 节 其他类型的二极管

1.50 PN 结二极管和肖特基二极管的反向饱和电流分别为 $I_S=10^{-14}\text{A}$ 和 $I_S=10^{-9}\text{A}$。要在每个二极管中产生 100μA 的电流，试求每个二极管所需要的正向偏置电压。

1.51 PN 结二极管和肖特基二极管具有相等的截面积和正向偏置电流 0.5mA。肖特基二极管的反向饱和电流为 $I_S=5\times10^{-7}\text{A}$。两个二极管的正向偏置电压之差为 0.30V。试求 PN 结二极管的反向偏置电流。

1.52 肖特基二极管和 PN 结二极管的反向饱和电流分别为 $I_S=5\times10^{-8}\text{A}$ 和 $I_S=10^{-12}\text{A}$。(a)两二极管并联连接，并联部分由一个 0.5mA 的恒定电流驱动。(ⅰ)试求每个二极管中的电流，(ⅱ)试求每个二极管两端的电压。(b)若二极管串联，串联部分两端连接 0.90V 的电压。重复(a)部分。

*1.53 观察图 P1.53 所示的齐纳二极管电路。在 $I_Z=0.1\text{mA}$ 时，齐纳击穿电压为 $V_Z=5.6\text{V}$，并且齐纳增量电阻为 $r_Z=10\Omega$。(a)试求无负载时($R_L=\infty$)的 V_O。(b)如果 V_{PS} 的变化为±1V，试求输出电压的变化。(c)如果 $V_{PS}=10\text{V}$，$R_L=2\text{k}\Omega$，试求 V_O。

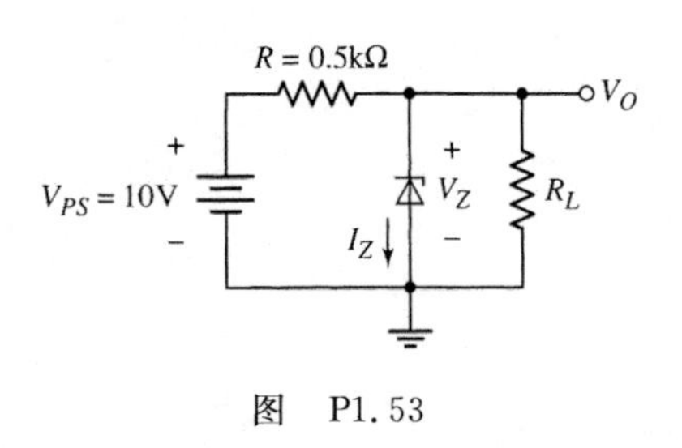

图 P1.53

1.54 电压稳压器由一个 6.8V 的齐纳二极管串联一个 200Ω 的电阻和一个 9V 的电源组成。(a)忽略 r_Z，试计算二极管电流和消耗的功率。(b)如果电源增加到 12V，试计算二极管电流和消耗的功率增加的百分比。

*1.55 观察图 P1.53 所示的齐纳二极管电路，在 $I_Z=0.1\text{mA}$ 时，齐纳击穿电压为 $V_Z=6.8\text{V}$，并且齐纳增量电阻为 $r_Z=20\Omega$。(a)试求无负载时($R_L=\infty$)的 V_O。(b)当连接一个负载电阻 $R_L=1\text{k}\Omega$ 时，试求输出电压的变化。

1.56 当 PN 结二极管用作太阳能电池时其输出电流为

$$I_D = 0.2 - 5\times10^{-14}\left[\exp\left(\frac{V_D}{V_T}\right)-1\right](\text{A})$$

当 $V_D=0$ 时的短路电流定义为 $I_{SC}=I_D$；当 $I_D=0$ 时的开路电压定义为 $V_{OC}=V_D$。试求 I_{SC} 和 V_{OC} 的值。

计算机仿真题

1.57 当参数 I_S 的值为(a)10^{-14}A 和(b)10^{-10}A，其他的参数都采用默认值时，用计算机仿真产生二极管从 5V 的反向偏置电压到 10mA 正向偏置电流的理想电流-电压特性。

1.58 在温度为(a)$T=0℃$，(b)$T=25℃$，(c)$T=75℃$ 和(d)$T=125℃$ 时，参数 I_S 的值为 $I_S=10^{-12}\text{A}$。用计算机仿真产生二极管 I-V 特性。并画出从 5V 的反向偏置电压到 10mA 正向偏置电流之间的特性曲线。

1.59 在图 1.34(a)所示电路中，$V_{PS}=5\text{V}$。令 $I_S=10^{-14}\text{A}$，并假设 v_i 是一个峰值为 0.25V 的正弦电压源。选择 R 的值，使得产生的二极管静态电流近似为 0.1mA、1.0mA 和 10mA。用计算机仿真分析，确定每个直流二极管电流对应的正弦二极管电流和正弦二极管电压的峰值。把二极管的交流电流和电压的关系与式(1.31(b))进行比较，其中 r_d 由式(1.32)给出。计算机仿真结果是不是很好地验证了理论预测？

1.60 用实际的 C 相对于 V_R 的特性曲线重做习题 1.23。

设计题

(注：每个设计都应该采用计算机仿真进行验证。)

*D1.61 设计一个电路用来产生如图 P1.61 所示的特性，其中 i_D 为二极管电流，v_I 为输入电压。假设二极管的折线化近似参量为 $V_\gamma=0.7\text{V}$，$r_f=0$。

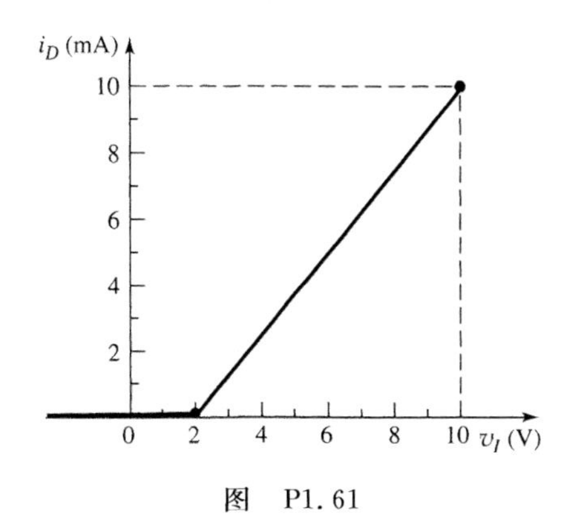

图　P1.61

*D1.62　设计一个电路用来产生如图 P1.62 所示的特性，其中 v_I 为输入电压，i_I 是 v_I 供给的电流。假设电路中所有二极管的折线化近似参量都为 $V_\gamma=0.7\text{V}$，$r_f=0$。

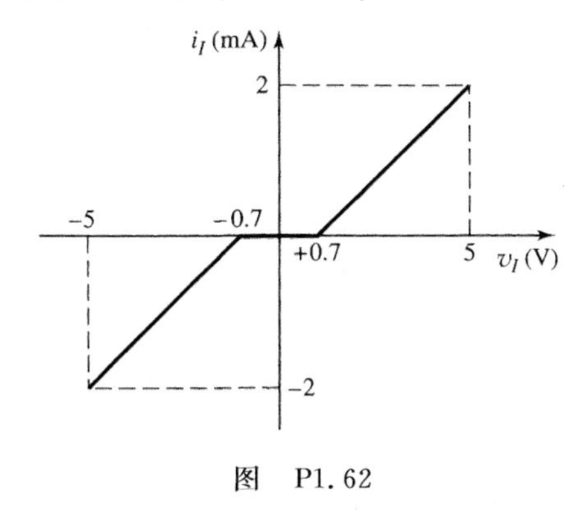

图　P1.62

*D1.63　设计一个电路用来产生如图 P1.63 所示的特性，其中 v_O 为输出电压，v_I 为输入电压。

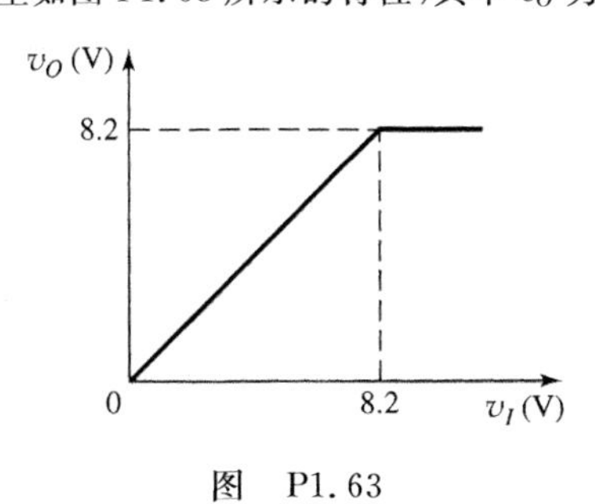

图　P1.63

第2章

二极管电路

第 1 章讨论了半导体材料的一些性质，并介绍了二极管，阐述了它理想的电流-电压关系，讨论了简化二极管电路直流分析的二极管折线化模型。本章内容将采用第 1 章学习的概念和方法来分析和设计包含有二极管的电子电路，主要目的是提高利用折线化模型和近似方法来进行手工分析和设计各种二极管电路的能力。

每个电子电路都可以看作为从一组输入端口接受一个输入信号，并从一组输出端口产生一个输出信号，这个过程称为**信号处理**。输入信号经过电子电路处理后产生的输出信号较之输入信号有不同的形式或不同的功能。通过本章学习将会看到二极管是怎样实现各种各样的信号处理功能的。

虽然二极管是很有用的电子器件，但经过本章分析将会看到它的局限性。电子电路还期盼着某些具有“放大”功能的器件。

本章内容

- 分析二极管整流电路的工作原理和特性。二极管整流电路是电源电路中将交流信号转化为直流信号的第一级电路。
- 将齐纳二极管特性应用到齐纳二极管稳压电路中。
- 运用二极管的非线性特性设计限幅和钳位等整形电路。
- 研究用于分析包含多个二极管电路的方法。
- 了解特殊的光电二极管和发光二极管电路的工作原理和特性。

2.1 整流电路

本节内容：分析二极管整流电路的工作原理和特性。二极管整流电路是电源电路中将交流信号转化为直流信号的第一级电路。

二极管的一个非常重要的用途是用来设计整流电路，而二极管整流电路是组成如图 2.1 所示的直流电源的第一级电路。在本节中将会看到，所有的电子电路都要用到直流电源来提供偏置电压。直流电源的输出电压[①] v_O 通常在 3～24V 范围，具体多少取决于特定电路的需要。在本章的第 1 部分将分析和设计直流电源的各级电路。

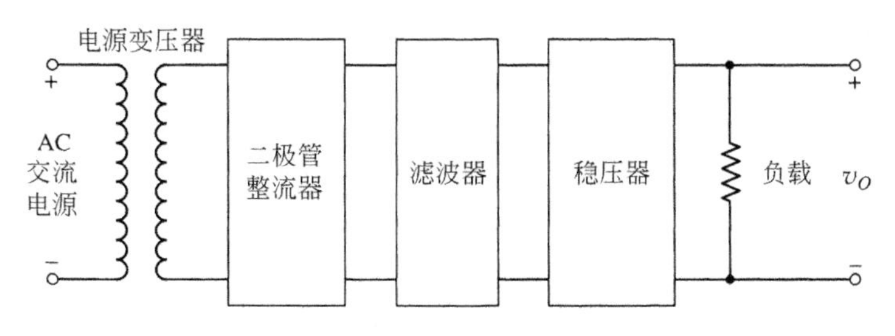

图 2.1 电子电源框图

本章将分析各个模块框图所包含的电路

整流是将交流电压转化为单极性电压的过程，因为二极管具有非线性特性，所以它可以实现这个功能。所谓整流就是在电压的一个极性时，二极管中有电流通过，而在相反的极性时，二极管中的电流基本为零。整流分为**半波整流**和**全波整流**，半波整流比较简单，全波整流的效率相对较高。

2.1.1 半波整流

图 2.2(a)所示为半波整流电路，其中有一个电源变压器，变压器的次级连接一个二极管和一个电阻。下面将采用折线近似的方法来分析这个电路，假设二极管导通时的正向电阻 $r_f=0$。

输入信号 v_I 通常为 120V(有效值)，60Hz[②] 的交流信号。回顾以前所学的知识可知，一个理想变压器的次级电压 v_S 和初级电压 v_I 的关系为

$$\frac{v_I}{v_S}=\frac{N_1}{N_2} \tag{2.1}$$

式中，N_1 和 N_2 分别是初级和次级线圈的匝数，比值 N_1/N_2 称为**变压器匝数比**。通过设计变压器匝数比来提供特定的次级电压 v_S，v_S 将产生一个特定的输出电压 v_O。

解题技巧：二极管电路

应用二极管折线化模型时，首要的目标是确定二极管工作的线性区域(导电或不导电)。为了做到这些，可以

1. 确定使二极管导电(导通)的输入电压条件，然后找到这种情况下的输出信号。
2. 确定使二极管不导电(截止)的输入电压条件，然后找到这种情况下的输出信号。

(注：如果需要的话，第二条可以放在第一条之前进行。)

图 2.2(b)所示为电路中的 v_O 相对于 v_S 的电压传输特性曲线。当 $v_S<0$ 时，二极管为反向偏置，这意味着电流为零，输出电压也为零。当 $v_S<V_\gamma$ 时，二极管不导通，所以输出电压将保持为零不变。当 $v_S>V_\gamma$ 时，二极管变为正向偏置，电路中将产生电流。在此情况下，

① 理想情况下，整流电路的输出电压为直流电压。但是正如实际所看到的那样，可能会存在一个交流纹波电压叠加于直流值上。因为这个原因这里用符号 v_O 来表示输出电压的瞬时值。

② 这是北美标准。我国标准是 220V(有效值)，50Hz，译者注。

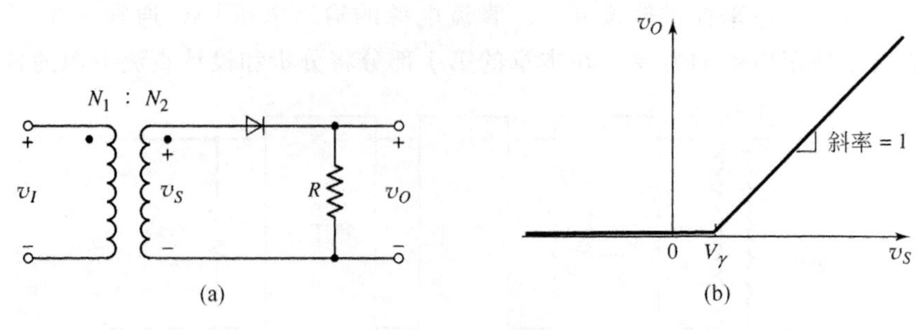

图 2.2　半波整流

(a) 电路；(b) 电压传输特性曲线

可以得到

$$i_D = \frac{v_S - V_\gamma}{R} \tag{2.2(a)}$$

和

$$v_O = i_D R = v_S - V_\gamma \tag{2.2(b)}$$

对于 $v_S > V_\gamma$，电压传输特性曲线的斜率为 1。

如果 v_S 为如图 2.3(a)所示的正弦波，则输出电压可以由如图 2.2(b)所示的电压传输特性求得：对于 $v_S \leqslant V_\gamma$ 的区域，输出电压为零；对于 $v_S > V_\gamma$ 的区域，输出电压由式(2.2(b))给出为

$$v_O = v_S - V_\gamma$$

即如图 2.3(b)所示。从图中可以看到，虽然输入信号 v_S 的极性交替变化，但它随时间变化的平均值为零；而输出电压 v_O 为单极性，所以它的平均值不为零。因此说输入信号被整流了。又因为输出电压只出现在输入信号的正半周期，所以称此电路为**半波整流电路**。

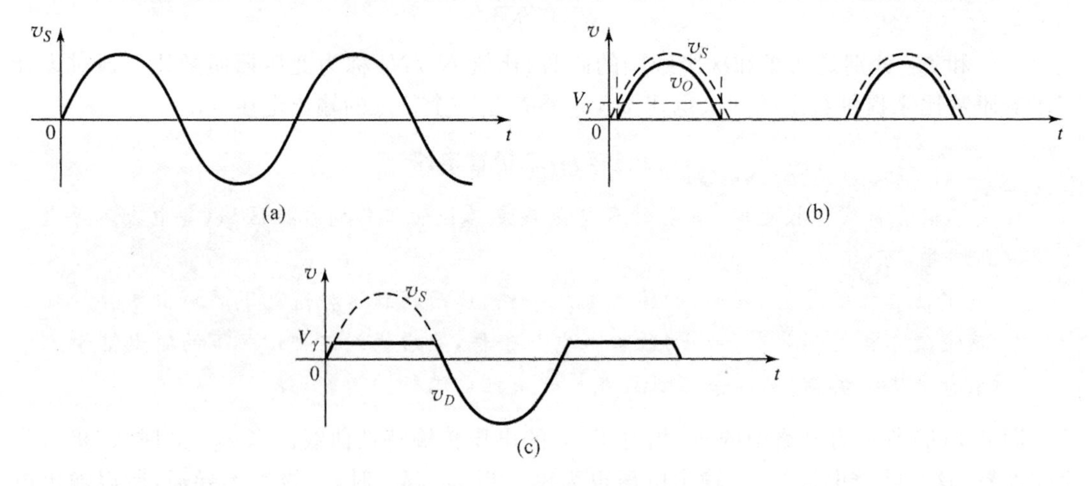

图 2.3　半波整流电路的信号

(a) 正弦输入电压；(b) 经过整流的输出电压；(c) 二极管电压

当二极管截止时，电阻 R 上没有电压降，出现在二极管两端完整的输入电压如图 2.3(c)所示。因此，二极管必须能够承受正向的峰值电流，并能在最大的峰值反向电压(PIV)下正

常工作而不被击穿。图 2.2(a)所示电路中的 PIV 和 v_S 的峰值相等。

负载线的概念也有助于形象化地分析半波整流器电路的工作过程。对如图 2.2(a)所示电路的次级回路电压求和,得

$$v_S = v_D + i_D R \tag{2.3}$$

这个等式代表负载线。而如图 2.4 所示为二极管的折线化 i_D-v_D 特性曲线。现在来添加负载线。

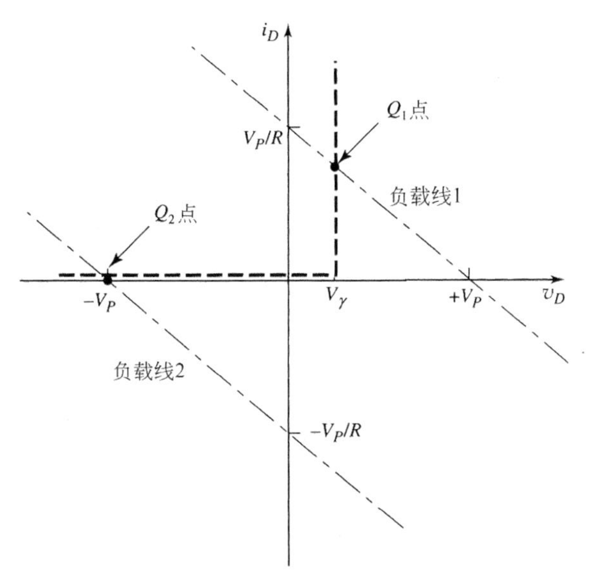

图 2.4 半波整流电路的工作

二极管折线化特性曲线及负载线 $v_S=+V_P$(负载线 1)和 $v_S=-V_P$(负载线 2)

首先假设输入电压为 $v_S=+V_P$,这里 V_P 是一个正值,并有 $V_P>V_\gamma$。由式(2.3)可知,如果 $i_D=0$,则 $v_D=+V_P$;如果 $v_D=0$,则 $i_D=V_P/R$。这两点标在了图 2.4 中,通过这两点画出了负载线 1。这条负载线与二极管特性曲线的交点为 Q 点,标为 Q_1。这种情况下二极管处于导通状态。

其次假设输入电压为 $v_S=-V_P$,这里 V_P 仍是一个正值。再次考虑式(2.3),如果 $i_D=0$,则 $v_D=-V_P$;如果 $v_D=0$,则 $i_D=-V_P/R$。这两点也标在了图 2.4 中,通过这两点画出了负载线 2。这条负载线与二极管特性曲线的交点为 Q 点,标为 Q_2。这种情况下二极管处于截止状态。

图 2.5 所示为正弦波输入时半波整流电路的工作情况。图 2.5(a)所示为输入的正弦波,图 2.5(b)所示则为二极管折线化特性曲线及不同时刻的电路负载线。因为电阻 R 为一恒定值,负载线的斜率也为恒定值。可是,由于电源电压的大小随着时间而变化,负载线也随着时间而改变。因为负载线穿过二极管 I-V 特性曲线,所以作为时间函数的输出电压、二极管电压和二极管电流可以被确定。

图 2.6(a)说明可以用一个半波整流电路为电池充电。只要瞬时的交流源电压大于电池电压与二极管开启电压之和,电路中就存在充电电流,如图 2.6(b)所示。电路中的 R 为限流电阻。当交流源电压小于 V_B 时,电流为零。所以只有在给电池充电的方向才存在电

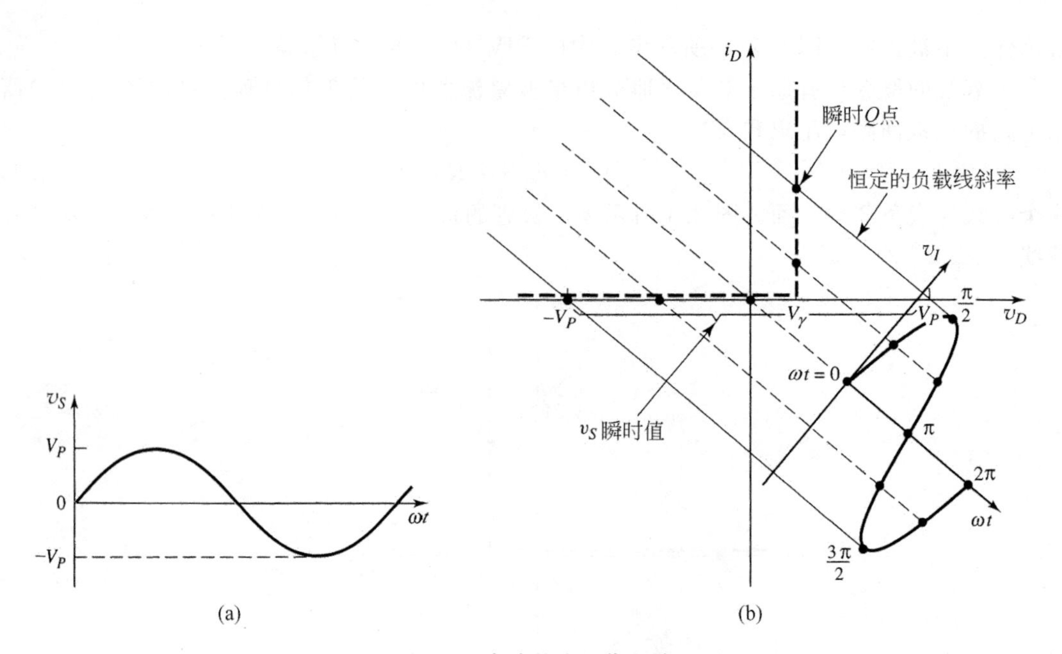

图 2.5 半波整流工作电路

(a) 正弦输入电压；(b) 二极管折线化特性曲线及不同时刻的电路负载线

流。半波整流电路的缺点是“浪费”了负半周期。在负半周期中电流为零，所以不存在能量消耗，但是，也就不能把一切可用能量利用起来。

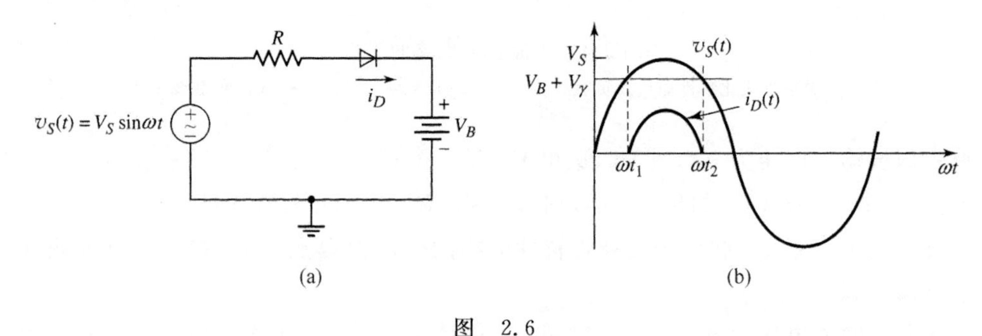

图 2.6

(a) 半波整流电路用来为电池充电；(b) 输入电压和二极管电流波形

【例题 2.1】

目的：求解半波整流电路中的电流和电压。

已知如图 2.6 所示的电路。假设 $V_B=12\text{V}$，$R=100\Omega$ 和 $V_\gamma=0.6\text{V}$，同时假设 $v_S(t)=24\sin\omega t$。求解二极管峰值电流、二极管反向偏置电压的最大值以及二极管导通的时间分数。

解：二极管峰值电流为

$$i_D(\text{peak})=\frac{V_S-V_B-V_\gamma}{R}=\frac{24-12-0.6}{0.10}=114\text{mA}$$

二极管反向偏置电压的最大值为

$$v_R(\max)=V_S+V_B=24+12=36\text{V}$$

二极管导通周期为

$$v_I = 24\sin\omega t_1 = 12.6$$

即

$$\omega t_1 = \arcsin\left(\frac{12.6}{24}\right) \Rightarrow 31.7°$$

根据对称性可得

$$\omega t_2 = 180° - 31.7° = 148.3°$$

则

$$导通时间百分比 = \frac{148.3° - 31.7°}{360°} \times 100\% = 32.4\%$$

点评：这个例题的结果显示了二极管的导通时间仅占整个周期时间的1/3，这意味着电池充电器的效率非常低。

练习题

【练习题2.1】 如果在例题2.1中，正弦波电压的峰值 $V_S=30V$，电阻 $R=200\Omega$，其他条件不变，重做例题2.1。（答案：36.2%）

2.1.2 全波整流

全波整流电路也能转换正弦波的负半周部分，使输入正弦波电压的两半周期都能产生单极性的输出信号。图2.7(a)所示为全波整流电路的一个实例。整流器的输入部分包含了一个电源变压器，变压器输入通常为120V(有效值)，60Hz的交流信号，两个输出端口组成一个中心抽头的次级绕组，提供相等的电压 v_S，v_S 的极性如图所示。当输入电源电压为正时，两个输出电压 v_S 也都为正。

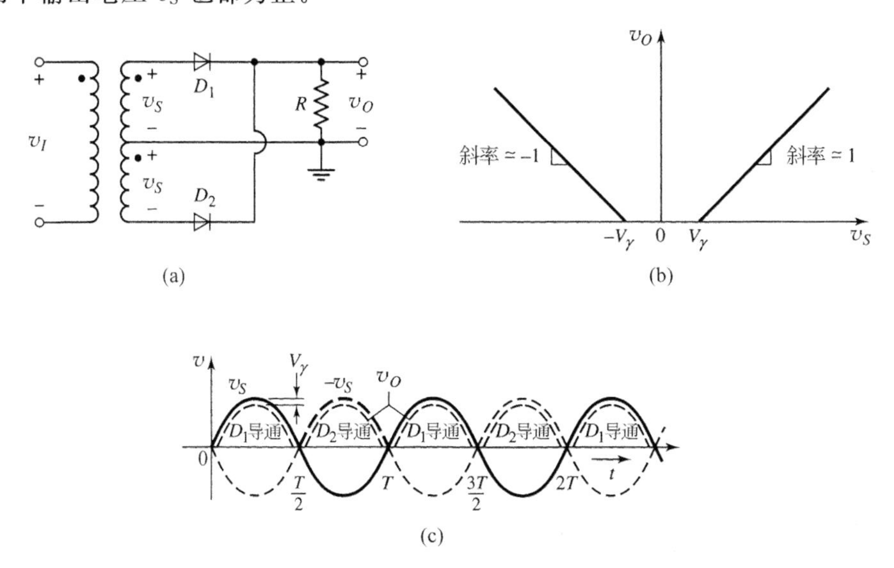

图2.7　全波整流器

(a) 带中心抽头变压器的电路；(b) 电压转换特性；(c) 输入和输出波形

初级绕组连接一个120V的交流电源，匝数为 N_1，次级绕组匝数的一半为 N_2。输出电压 v_S 的值为 $120(N_2/N_1)$V(有效值)。变压器的**匝数比**通常指 N_1/N_2，通过对匝数比的设计可以使输入电源电压“逐步下降”到某一个值，这个值可以使整流电路产生特定的输出电压。

电源输入变压器也能在交流电源和用整流电路作偏置的电子电路之间提供电气隔离，这种隔离可以降低电网冲击带来的风险。

在输入电压的正半周期，变压器输出电压两个 v_S 的值都为正，所以二极管 D_1 为正向偏置，处于导通状态；二极管 D_2 为反向偏置，处于截止状态。电流流经 D_1 和输出端负载电阻而产生一个正向的输出电压。在输入电压的负半周期，D_1 为反向偏置，D_2 为正向偏置，呈导通状态，同样有电流流经输出端负载电阻产生一个正向的输出电压。如果假设每个二极管的正向偏置电阻 r_f 很小并且可以忽略，可得输出电压 v_O 相对于 v_S 的传输特性，如图 2.7(b)所示。

对于正弦输入电压，可以通过图 2.7(b)中的电压传输特性来确定输出电压与时间的关系曲线。当 $v_S > V_\gamma$ 时，D_1 导通，输出电压为 $v_O = v_S - V_\gamma$；当 v_S 为负时，则对于 $v_S < -V_\gamma$ 或 $-v_S > V_\gamma$，D_2 导通，输出电压 $v_O = -v_S - V_\gamma$。相应的输入和输出电压信号如图 2.7(c)所示。因为输出电压是对输入信号的正、负周期都进行整流而得到的，所以这种电路称为**全波整流电路**。

图 2.8 所示为全波整流电路的另一个例子。此电路是一个**桥式整流电路**，它也在输入交流电源和整流输出之间提供了电气隔离，不同在于它不需要变压器有中心抽头的次级绕组。但是，在此电路中用了 4 个二极管，而在前述电路中只用了两个。

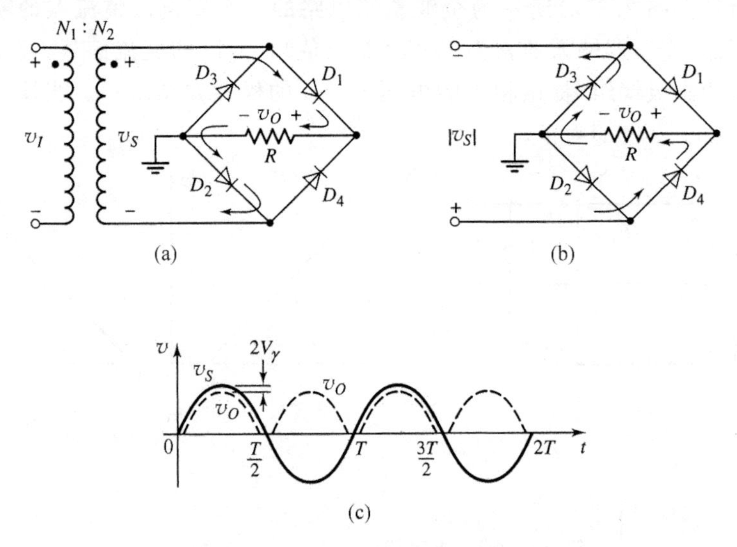

图 2.8 全波桥式整流电路

(a) 输入信号正半周期的电流方向；(b) 输入信号负半周期的电流方向；(c) 输入和输出电压波形

在输入电压的正半周期，v_S 为正，D_1 和 D_2 为正向偏置，D_3 和 D_4 为反向偏置，电流的方向如图 2.8(a)所示。在输入电压的负半周期，v_S 为负，D_3 和 D_4 为正向偏置，D_1 和 D_2 为反向偏置，电流的方向如图 2.8(b)所示，产生的输出电压极性和前面相同。

正弦电压 v_S 和整流输出电压 v_O 的波形如图 2.8(c)所示。因为有两个二极管串联在电流导通的路径上，所以电压 v_O 的值比电压 v_S 的值少了两个二极管的压降。

在图 2.8(a)所示的桥式全波整流电路和图 2.7(a)所示的全波整流电路之间，需要注意的一个区别是接地端。图 2.7(a)所示整流电路次级绕组的中心抽头为地电位，而图 2.8(a)所示桥式整流电路的次级绕组不直接接地，而是将电阻 R 的一端接地，但变压器的次级没有接地。

【例题 2.2】

目的：比较两个全波整流电路中的电压大小和匝数比。

已知如图 2.7(a)和图 2.8(a)所示的整流器电路。假设输入电压来自于一个 120V(有效值)，60Hz 的交流信号源。要求的峰值输出电压 v_O 为 9V，并且假定二极管的开启电压 $V_\gamma=0.7\text{V}$。

解：对于图 2.7(a)所示的变压器中心抽头式整流电路，v_O 的峰值电压为 $v_O(\max)=9\text{V}$，意味着 v_S 的峰值为

$$v_S(\max)=v_O(\max)+V_\gamma=9+0.7=9.7\text{V}$$

对正弦信号，产生的有效值为

$$v_{S,\text{rms}}=\frac{9.7}{\sqrt{2}}=6.86\text{V}$$

则，变压器初级和次级绕组的匝数比为

$$\frac{N_1}{N_2}=\frac{120}{6.86}\approx 17.5$$

对于图 2.8(a)所示的桥式整流电路，v_O 的峰值电压为 $v_O(\max)=9\text{V}$，意味着 v_S 的峰值为

$$v_S(\max)=v_O(\max)+2V_\gamma=9+2\times 0.7=10.4\text{V}$$

对正弦信号，产生的有效值为

$$v_{S,\text{rms}}=\frac{10.4}{\sqrt{2}}=7.35\text{V}$$

则匝数比应为

$$\frac{N_1}{N_2}=\frac{120}{7.35}\approx 16.3$$

对于变压器中心抽头式整流电路，二极管的峰值反向电压(PIV)为

$$\text{PIV}=v_R(\max)=2v_S(\max)-V_\gamma=2\times 9.7-0.7=18.7\text{V}$$

对于桥式整流电路，二极管的峰值反向电压为

$$\text{PIV}=v_R(\max)=2v_S(\max)-V_\gamma=10.4-0.7=9.7\text{V}$$

点评：这些计算证明了桥式全波整流电路和变压器中心抽头式全波整流电路相比所具有的优势。首先，在桥式整流电路中次级绕组只需要相同匝数绕组的一半。其实变压器中心抽头式整流电路在同一时刻只利用了它的次级绕组匝数的一半。其次，对于桥式整流电路，保证二极管正常工作不被击穿的峰值反向电压只需变压器中心抽头式整流电路的一半。

练习题

【练习题 2.2】 观察图 2.8(a)所示的桥式整流电路，输入电压 $v_S=V_M\sin\omega t$。假定二极管开启电压 $V_\gamma=0.7\text{V}$。求满足下面条件时二极管导通的时间部分(百分数)。当正弦电压峰值为(a)$V_M=12\text{V}$，(b)$V_M=4\text{V}$。(答案：(a)46.3%；(b)38.6%)

由于例题 2.2 所证明的优势，使得桥式整流电路比变压器中心抽头式整流电路得到更

广泛的应用。

前面所讨论的图 2.7 和图 2.8 所示的两种全波整流电路都产生正的输出电压。在下一章讨论晶体管电路时将会看到，某些时候也会用到负的直流电压。如果将前述任一电路中的二极管反过来连接，就可以进行负方向的整流。图 2.9(a)所示电路即为相对于图 2.8 将二极管反向连接的桥式整流电路。图中所示的电流方向为电压 v_S 处于正半周期时的电流方向。输出电压与地电位相比为负值。在 v_S 的负半周期，互补的二极管导通，通过负载的电流方向不变，也产生一个负的输出电压。输入和输出电压的波形如图 2.9(b)所示。

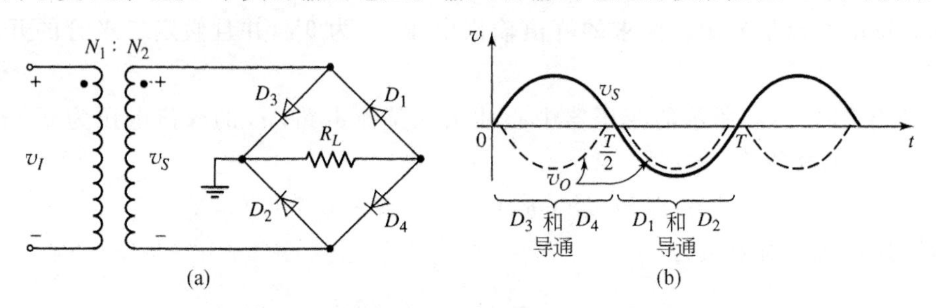

图 2.9　二极管反向连接全波桥式整流器

(a) 全波桥式整流电路用来产生负的输出电压；(b) 输入和输出电压波形

2.1.3　滤波器、纹波电压和二极管中的电流

如果在半波整流电路的负载电阻上并联一个电容，来形成一个简单的滤波器电路(图 2.10(a))，就可以将正弦半波输出电压转变为直流电压。图 2.10(b)所示为输出正弦电压的正半周部分以及电容两端电压的开始部分(假设电容最初不带电荷)。如果假设二极管正向电阻 $r_f=0$，即意味着时间常数 r_fC 为零，那么电容两端的电压就随着信号开始部分的电压变化而变化。当信号电压到达峰值并开始下降时电容电压也开始下降，也就是说电容开始放电。放电时的电流必定流过电阻。如果 RC 时间常数很大，电容电压将按时间的指数函数放电(图 2.10(c)所示)。这段时间内二极管截止。

当输入电压接近它的峰值时，对电路响应做更详细的分析将表明实际电路和定性描述的电路之间存在着一些细微的差别。如果假定输入电压从它的峰值开始下降时二极管立即截止，那么如前所述，输出电压将按时间的指数函数下降。图 2.10(d)给出了这两个电压的放大的波形草图。输出电压下降的速率比输入电压要快，这意味着在 t_1 时刻电压 v_I 和 v_O 之差即是二极管两端的电压，并大于 V_γ。然而，这种情况是不成立的，所以二极管不会立刻截止。如果 RC 时间常数很大，那么输入电压的峰值时刻和二极管截止时刻只相差一段很短的时间。对这种情况，采用计算机分析能提供比人工近似分析更为精确的结果。

在输入电压的下一个正半周期，当某一点的输入电压大于电容电压时二极管重新导通，在输入电压达到其峰值并且电容完成重新充电之前二极管保持导通。

因为电容滤掉了正弦信号的一大部分，所以此电容称为**滤波电容器**。RC 滤波器的稳态输出电压如图 2.10(e)所示。

在图 2.11 所示的输出电压波形上可以看到全波整流滤波电路输出电压的纹波效果。当输入信号达到其峰值时，电容也充电到它的最高电压。随着输出电压下降，二极管变成反

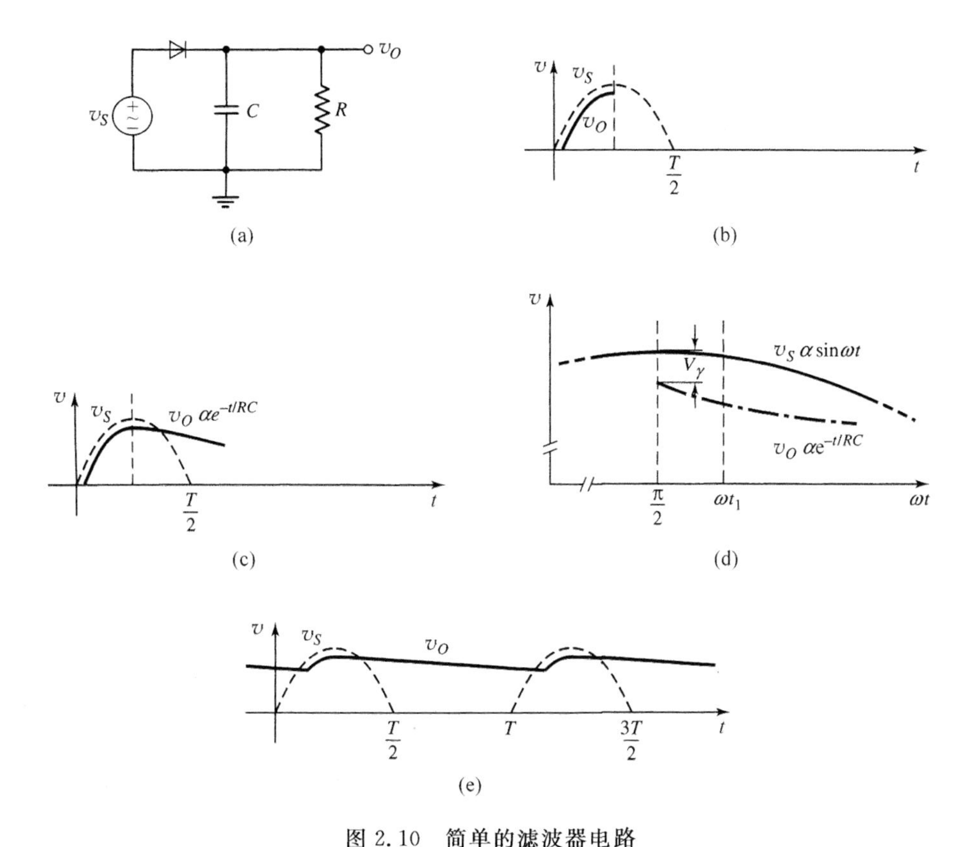

图 2.10 简单的滤波器电路

(a) 带 RC 滤波器的半波整流电路；(b) 正的输入电压和输出电压的开始部分；(c) 电容放电引起的输出电压；(d) 放大的输出和输入电压视图，假设电容在 $\omega t=\pi/2$ 时刻开始放电；(e) 稳态的输入和输出电压

向偏置，并且电容通过输出端电阻 R 放电。确定纹波电压的大小对设计一个容许一定纹波存在的滤波电路是很必要的。为了得到更接近实际的值，输出电压，也即电容或 RC 电路两端的电压可以写为

$$v_O(t)=V_M e^{-t'/\tau}=V_M e^{-t'/RC} \tag{2.4}$$

式中 t' 是输出电压达到其峰值后又经过的时间，RC 为电路的时间常数。

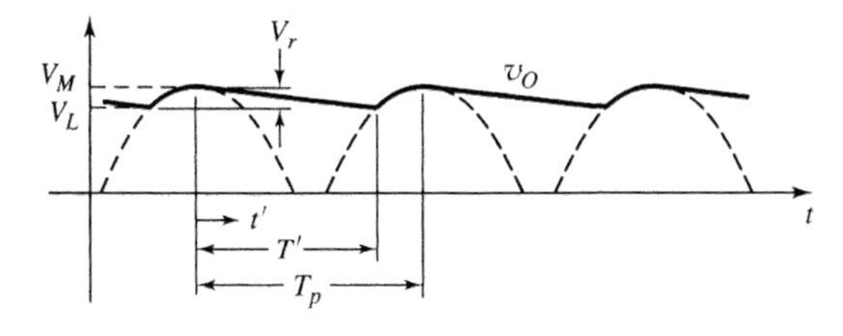

图 2.11 带 RC 滤波器的全波整流电路输出电压(显示有纹波电压)

输出电压的最小值为

$$V_L=V_M e^{-T'/RC} \tag{2.5}$$

式中 T' 为图中所描述的放电时间。

纹波 V_r 定义为 V_M 和 V_L 的差，即

$$V_r = V_M - V_L = V_M(1 - e^{-T'/RC}) \tag{2.6}$$

通常，人们希望放电时间比时间常数小，或者 $T' \ll RC$。把指数函数展开为一个级数并只取它的线性项，可得近似等式①为

$$e^{-T'/RC} \approx 1 - \frac{T'}{RC} \tag{2.7}$$

纹波电压可以写为

$$V_r \approx V_M\left(\frac{T'}{RC}\right) \tag{2.8}$$

由于放电时间 T' 依赖于时间常数 RC，式(2.8)很难求解。可是如果纹波作用很小，就可以近似地令 $T' = T_P$。这样可得

$$V_r \approx V_M\left(\frac{T_P}{RC}\right) \tag{2.9}$$

式中 T_P 为输出电压相邻峰值之间的时间。对于全波整流电路，T_P 是整个信号周期的一半，所以可以把 T_P 和信号频率联系在一起，即

$$f = \frac{1}{2T_P}$$

则纹波电压为

$$V_r = \frac{V_M}{2fRC} \tag{2.10}$$

对半波整流电路，T_P 相当于一个完整的信号周期（不是半个周期），所以在式(2.10)中不存在系数2。系数2表明全波整流电路的纹波周期是半波整流电路的一半。

式(2.10)可以用来求解产生特定的纹波电压所需要的电容值。

【例题 2.3】

目的：求解产生特定的纹波电压所需要的电容值。

已知全波整流电路，输入信号为60Hz，峰值输出电压为 $V_M = 10\text{V}$。假设输出端负载电阻 $R = 10\text{k}\Omega$，并且纹波电压限制在 $V_r = 0.2\text{V}$。

解：由式(2.10)可以得到

$$C = \frac{V_M}{2fRV_r} = \frac{10}{2(60)(10 \times 10^3)(0.2)} \approx 41.7\mu\text{F}$$

点评：如果纹波电压被限制在一个很小的值，就必须用一个大的滤波电容。要注意的是纹波的大小和滤波电容的大小都和负载电阻 R 有关。

练习题

【练习题 2.3】 假设全波整流电路的输入信号峰值电压 $V_M = 24\text{V}$，频率为60Hz，假设输出端负载电阻 $R = 1\text{k}\Omega$，并且纹波电压限制在 $V_r = 0.4\text{V}$。试求产生这样要求的纹波所需要的电容值。（答案：$C = 500\mu\text{F}$）

整流滤波电路中的二极管在输入信号的峰值处一个短暂的时间间隔 Δt 内导通，在这期间二极管电流补充电容在放电期间失去的电荷。图2.12所示为带 RC 滤波器的全

① 当 $RC = 10T'$ 时，可以证明指数函数和式(2.7)的线性近似的差值小于0.5%。在此应用下要求 RC 的值相应较大。

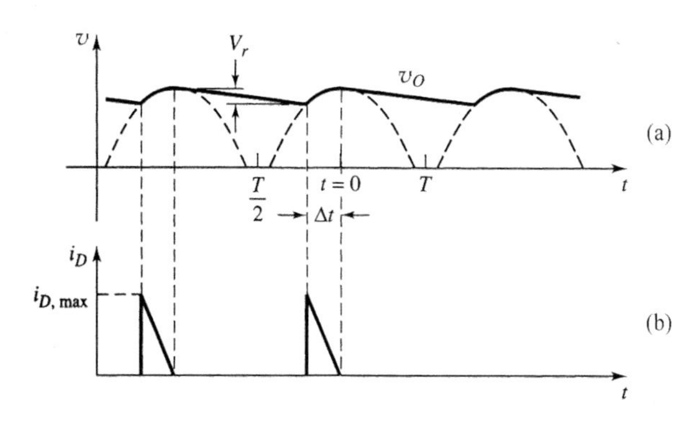

图 2.12　带 RC 滤波器的全波整流电路输出
(a) 二极管导通时间；(b) 二极管电流

波整流电路的输出电压和二极管电流波形，假设在整流电路中的二极管为理想二极管($V_r=0$)。下面将用这个近似模型去估算二极管导通期间流过二极管的电流。图 2.13 所示给出了电容处于充电周期时全波整流电路的等效电路。可以看出

$$i_D=i_C+i_R=C\frac{\mathrm{d}v_O}{\mathrm{d}t}+\frac{v_O}{R} \tag{2.11}$$

二极管在 $t=0$ 附近的导通期间(如图 2.12 所示)可以写出

$$v_O=V_M\cos\omega t \tag{2.12}$$

对于较小的纹波电压，二极管导通时间 t 非常小，所以输出电压可以近似为

$$v_O=V_M\cos\omega t\approx V_M\left[1-\frac{1}{2}(\omega t)^2\right] \tag{2.13}$$

图 2.13　电容处于充电周期时的全波整流等效电路

通过电容的充电电流为

$$i_C=C\frac{\mathrm{d}v_O}{\mathrm{d}t}=CV_M\left[-\frac{1}{2}(2)(\omega t)(\omega)\right]=-\omega CV_M\omega t \tag{2.14}$$

由图 2.12 可知，二极管导通发生在时间 $-\Delta t<t<0$ 内，因而电容电流是正的，并且是时间的线性函数。注意到在 $t=0$ 时电容电流为 $i_C=0$。而在 $t=-\Delta t$ 时，电容的充电电流处于其峰值，即

$$i_{C,\text{peak}}=-\omega CV_M[\omega(-\Delta t)]=+\omega CV_M\omega\Delta t \tag{2.15}$$

电容充电期间的二极管电流近似为三角形，如图 2.12(b)所示。

根据式(2.12)，可以求得 V_L 为

$$V_L=V_M\cos[\omega(-\Delta t)]\approx V_M\left[1-\frac{1}{2}(\omega\Delta t)^2\right] \tag{2.16}$$

解得 $\omega\Delta t$ 为

$$\omega\Delta t=\sqrt{\frac{2V_r}{V_M}} \tag{2.17}$$

式中，$V_r=V_M-V_L$。

由式(2.10)可得

$$fC = \frac{V_M}{2RV_r} \tag{2.18(a)}$$

即

$$2\pi fC = \omega C = \frac{\pi V_M}{RV_r} \tag{2.18(b)}$$

将式(2.18(b))和式(2.17)代入式(2.15),得

$$i_{C.\,\text{peak}} = \left(\frac{\pi V_M}{RV_\gamma}\right)V_M\left(\sqrt{\frac{2V_\gamma}{V_M}}\right) \tag{2.19(a)}$$

即

$$i_{C.\,\text{peak}} = \pi \frac{V_M}{R}\sqrt{\frac{2V_M}{V_r}} \tag{2.19(b)}$$

因为通过电容的充电电流是三角形的,可得二极管向电容充电期间电容电流的平均值为

$$i_{C.\,\text{avg}} = \frac{\pi}{2}\frac{V_M}{R}\sqrt{\frac{2V_M}{V_r}} \tag{2.20}$$

电容充电期间,仍有一个电流流过负载,这个电流也是由二极管提供的。忽略纹波电压,负载电流近似为

$$i_L \approx \frac{V_M}{R} \tag{2.21}$$

所以,对于全波整流电路,二极管导通期间的二极管峰值电流近似为

$$i_{D.\,\text{peak}} \approx \frac{V_M}{R}\left(1 + \pi\sqrt{\frac{2V_M}{V_r}}\right) \tag{2.22}$$

二极管导通期间的二极管平均电流为

$$i_{D.\,\text{avg}} \approx \frac{V_M}{R}\left(1 + \frac{\pi}{2}\sqrt{\frac{2V_M}{V_\gamma}}\right) \tag{2.23}$$

整个输入信号期间的二极管平均电流为

$$i_D(\text{avg}) = \frac{V_M}{R}\left(1 + \frac{\pi}{2}\sqrt{\frac{2V_M}{V_\gamma}}\right)\frac{\Delta t}{T} \tag{2.24}$$

对于全波整流电路,有 $1/(2T)=f$,所以

$$\Delta t = \frac{1}{\omega}\sqrt{\frac{2V_r}{V_M}} = \frac{1}{2\pi f}\sqrt{\frac{2V_r}{V_M}} \tag{2.25(a)}$$

则

$$\frac{\Delta t}{T} = \frac{1}{2\pi f}\sqrt{\frac{2V_r}{V_M}}\,2f = \frac{1}{\pi}\sqrt{\frac{2V_r}{V_M}} \tag{2.25(b)}$$

因而全波整流电路在整个输入信号周期的二极管平均电流为

$$i_D(\text{avg}) = \frac{1}{\pi}\sqrt{\frac{2V_\gamma}{V_M}}\,\frac{V_M}{R}\left(1 + \frac{\pi}{2}\sqrt{\frac{2V_M}{V_\gamma}}\right) \tag{2.26}$$

【设计例题 2.4】

设计目的:设计满足特定指标要求的全波整流器电路。

设计全波整流器电路用来产生 12V 峰值输出电压,同时产生 120mA 的负载电流。并且输出的纹波电压要低于 5%。可利用 120V(有效值),60Hz 的电源电压。

解：鉴于前面讨论的桥式全波整流电路的优点，此例将采用桥式全波整流电路。有效的负载电阻为

$$R=\frac{V_O}{I_L}=\frac{12}{0.12}=100\Omega$$

假设二极管开启电压为0.7V，v_S 的峰值为

$$v_S(\max)=v_O(\max)+2V_\gamma=12+2(0.7)=13.4\text{V}$$

对于正弦信号，产生的电压有效值为

$$v_{S,\text{rms}}=\frac{13.4}{\sqrt{2}}=9.48\text{V}$$

变压器匝数比为

$$\frac{N_1}{N_2}=\frac{120}{9.48}=12.7$$

对于5%的纹波电压，则为

$$V_r=(0.05)V_M=(0.05)(12)=0.6\text{V}$$

所需的滤波电容为

$$C=\frac{V_M}{2fRV_r}=\frac{12}{2(60)(100)(0.6)}\approx 1667\mu\text{F}$$

由式(2.22)得二极管峰值电流为

$$i_{D,\text{peak}}=\frac{12}{100}\left[1+\pi\sqrt{\frac{2(12)}{0.6}}\right]=2.5\text{A}$$

由式(2.26)求得在整个信号周期的二极管平均电流为

$$i_D(\text{avg})=\frac{1}{\pi}\sqrt{\frac{2(0.6)}{12}}\left(\frac{12}{100}\right)\left[1+\frac{\pi}{2}\sqrt{\frac{2(12)}{0.6}}\right]\approx 132\text{mA}$$

最后，每个二极管必须保持的峰值反向电压为

$$\text{PIV}=v_R(\max)=v_S(\max)-V_\gamma=13.4-0.7=12.7\text{V}$$

点评：在这个全波整流器电路中二极管的最低规格为：峰值电流2.5A，平均电流132mA，峰值反向电压12.7V。因为有效的负载电阻很小，所以为了满足纹波电压指标，要求滤波电容必须很大。

设计指南：

(1)为变压器确定了一个特殊的匝数比。但是，这种特殊设计的变压器或许不是商业上通用的。这意味着将需要设计一个昂贵的定制变压器，或者用标准变压器且增加设计辅助电路以满足输出电压的指标需要。

(2)假设可以利用120V(有效值)的恒定电压。可是实际上这种电压会发生波动，所以输出电压也将会发生波动。

下面将看到怎样利用更完善的设计才能很好地解决这两个问题。

计算机验证：因为假设了二极管的开启电压值，并在利用纹波电压方程时取了一个近似值，所以可以用PSpice求得更精确的值。PSpice电路示意图以及稳态输出电压如图2.14所示。可以看出峰值输出电压为11.6V，离要求的12V很接近。产生这个微小差别的一个原因是，对于输入电压的最大值，二极管电压降略大于0.8V，而不是假设的0.7V。纹波电压大约为0.5V，在规定的0.6V范围内。

讨论：在PSpice仿真中用到了一个标准的二极管1N4002。为了让计算机仿真得到正确的结果，仿真时用的二极管和实际电路中用的二极管必须匹配。在这个例子中，为了减小二极管电压和增大峰值输出电压，应该使用具有较大横截面积的二极管。

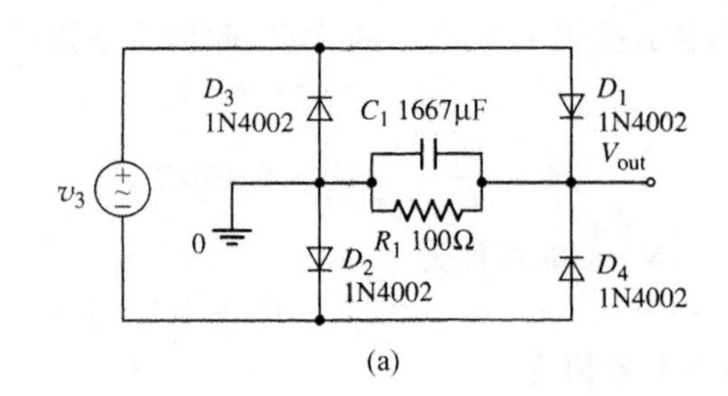

(a)

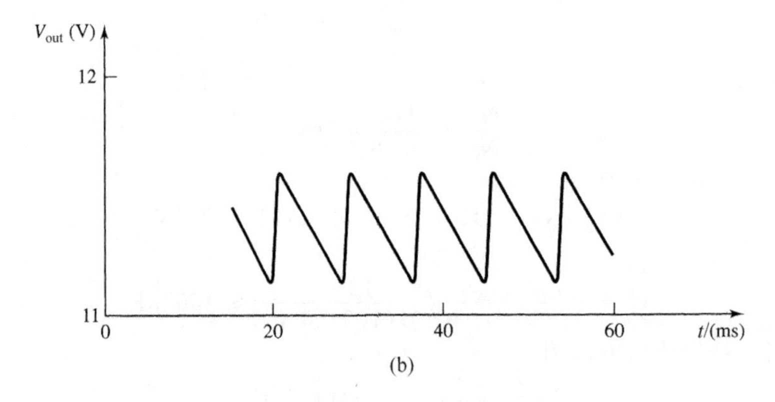

(b)

图 2.14 带 *RC* 滤波的桥式整流

(a) 带 *RC* 滤波器的二极管桥式整流电路的 PSpice 电路示意图；(b) 当二极管桥式整流电路输入 60Hz，峰值 13.4V 的正弦波时，用 PSpice 分析得出的稳态输出电压

练习题

【练习题 2.4】 图 2.10(a)所示半波整流电路的输入电压 $v_S=75\sin[2\pi(60)t]$V。假设二极管开启电压为 $V_\gamma=0$，纹波电压不能高于 $V_r=4$V。如果滤波电容为 50μF，试求能连接到输出端的最小的负载电阻值。(答案：$R=6.25\text{k}\Omega$)

2.1.4 检波器

半导体二极管的首要应用之一是作为幅度调制(AM)广播信号的检波器。幅度调制信号包含高频载波信号，高频载波信号的振幅随着音频的变化如图 2.15(a)所示。图 2.15(b)所示为二极管检波电路，检波电路是一个输出端带 *RC* 滤波器的半波整流电路。对于这种

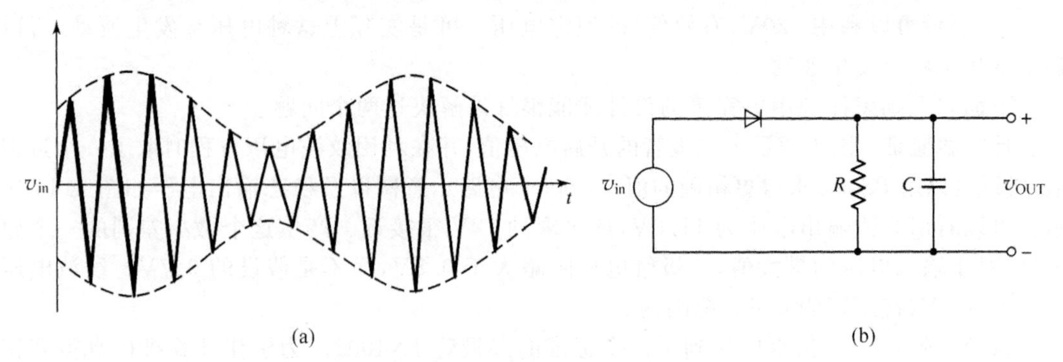

(a) (b)

图 2.15 幅度调制信号的解调电路和信号

(a) 幅度调制输入信号；(b) 检波器电路；(c) 解调输出的信号

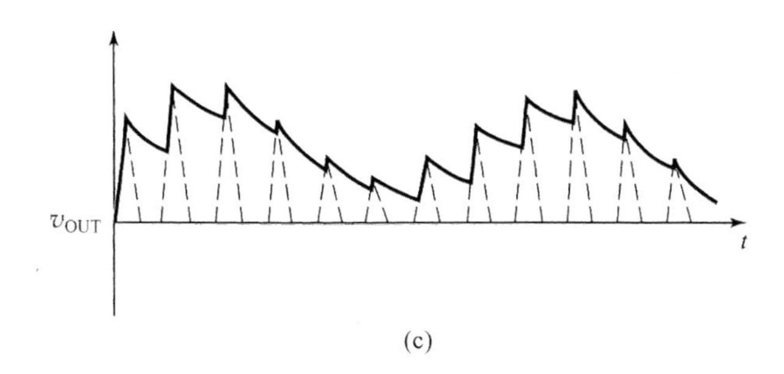

(c)

图 2.15　(续)

应用，RC 时间常数应该约等于载波信号周期，这样使输出电压可以跟得上载波信号的每一个峰值。如果时间常数非常大，输出信号将不能变化得足够快，使电路输出不能实现音频输出。检波器的输出电压如图 2.15(c)所示。

检波器电路的输出通过一个电容连接到放大器，电容隔离掉信号的直流成分。放大器将音频输出信号提供给扬声器。

2.1.5　倍压整流电路

在全波整流电路中用两个电容代替原有的两个二极管就变成了**倍压整流电路**，它能产生变压器输出电压峰值约两倍的电压(如图 2.16 所示)。

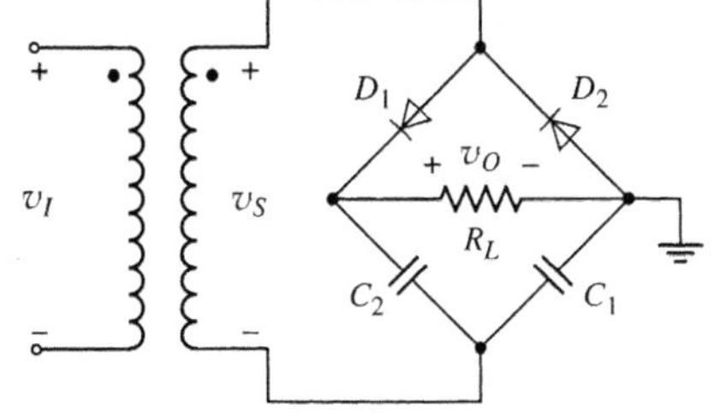

图 2.16　倍压整流电路

图 2.17(a)所示给出了当变压器顶端电压极性为负时的等效电路；图 2.17(b)则给出了相反极性的等效电路。在图 2.17(a)所示电路中，二极管 D_2 的正向电阻很小，所以电容 C_1 充电电压差不多能达到 v_S 的峰值。C_1 的接线端②相对于端①是正的。随着 v_S 的值从峰值下降，C_1 通过 R_L 和 C_2 放电。这里假设时间常数 R_LC_2 和输入信号的周期相比很大。

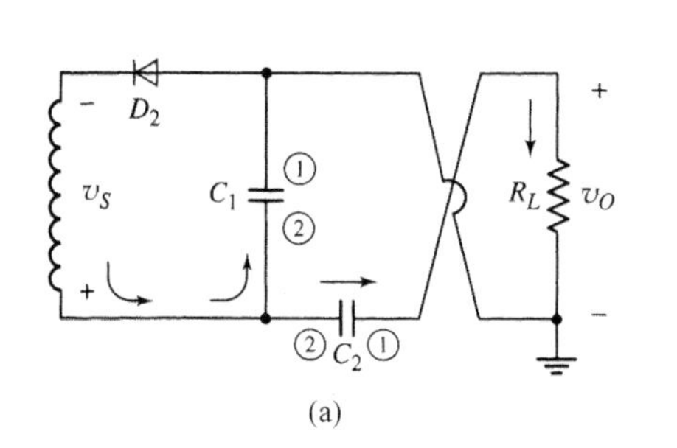

(a)

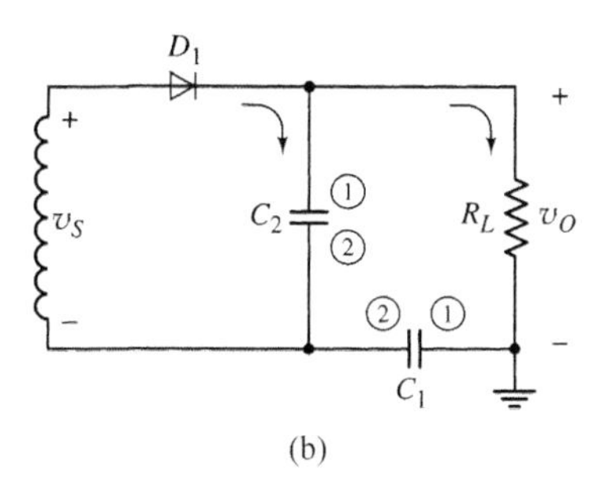

(b)

图 2.17　倍压整流电路的等效电路

(a) 输入负半周期；(b) 输入正半周期

随着 v_S 变化到如图 2.17(b)所示的极性，C_1 两端的电压基本保持为 V_M，端子②仍然是正极性。因为 v_S 达到它的最大值，则 C_2 上的电压将变成 V_M。由基尔霍夫电压定律可知，R_L 两端的峰值电压基本等于 $2V_M$，或者等于变压器输出电压峰值的两倍。像整流电路一样，这里的输出电压也会产生纹波作用，但是如果 C_1 和 C_2 相当大，则纹波电压 V_r 将会很小。

此外还有三倍电压整流器电路和四倍电压整流器电路。这些电路提供了一种方法，利用这种方法可以用一个单一的交流信号源和电源变压器产生各种各样的直流电压。

理解测试题

【测试题 2.1】 用图 2.7(a)所示电路来整流峰值电压 120V，频率 60Hz 的正弦输入信号。滤波电容与 R 并联连接。要求输出电压不能低于 100V，试求所需电容 C 的值。变压器的匝数比 $N_1 : N_2 = 1 : 1$，其中 N_2 为次级绕组的匝数。假定二极管的开启电压为 0.7V，二极管的输出电阻为 2.5kΩ。(答案：$C=20.6\mu F$)

【测试题 2.2】 图 2.8(a)所示整流电路的变压器次级电压 $v_S = 50\sin[2\pi(60)t]$V。每个二极管的开启电压 $V_\gamma = 0.7$V，负载电阻 $R = 10$kΩ。欲使纹波电压不大于 $V_r = 2$V，试求必须与 R 并联的滤波电容的值。(答案：$C=20.3\mu F$)

【测试题 2.3】 在(a)习题 2.4，(b)测试题 2.1 和(c)测试题 2.2 中，试求每个二极管导通的时间百分比。(答案：(a)5.2%；(b)18.1%；(c)9.14%)

2.2 齐纳二极管电路

本节内容：将齐纳二极管的特性应用到齐纳二极管稳压电路中。

根据第 1 章的分析可知，齐纳二极管的击穿电压在一个很宽的反向偏置电流范围内几乎是恒定的，这一特点使得齐纳二极管可以应用在**稳压器**或恒压基准电路中。本章将讨论理想的基准电压电路以及含有非理想**齐纳电阻**电路的功能。

通过本节内容的分析将完成对图 2.1 所示电子电源的设计。需要指出的是，在实际的直流电源设计中，稳压器将是一个非常精密复杂的集成电路，而不是在这里所分析的简单的齐纳二极管稳压电路，原因之一是具有特殊要求的击穿电压的所谓标准齐纳二极管是不可能得到的。不管怎么说，本节将讲述稳压器的基本概念。

2.2.1 理想的基准电压电路

图 2.18 给出了一个齐纳二极管稳压电路，对于这个电路，即使输出端负载电阻在一个很大的范围内变化或输入电压在一个特定的范围内变化，输出电压都将保持恒定。在此电路中，V_{PS} 的变化有可能是整流电路所产生的纹波。

首先确定合适的输入端电阻 R_i，电阻 R_i 将限制通过齐纳二极管的电流并分担 V_{PS} 和 V_Z 之间的多余电压，故亦称其为**限流电阻**。根据电路可以写出

$$R_i = \frac{V_{PS} - V_Z}{I_I} = \frac{V_{PS} - V_Z}{I_Z + I_L} \tag{2.27}$$

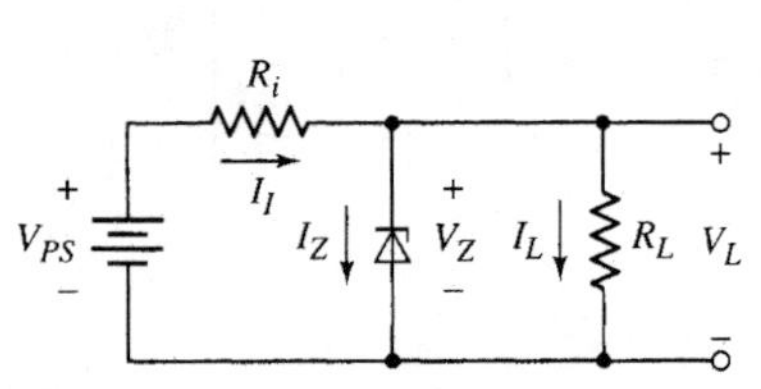

这里假定理想二极管的齐纳电阻为零。在这个等式中解出二极管的电流得

$$I_Z = \frac{V_{PS} - V_Z}{R_i} - I_L \tag{2.28}$$

式中 $I_L = V_Z / R_L$，变量则为输入电压源 V_{PS} 和负载电流 I_L。

图 2.18 齐纳二极管稳压电路

要使电路正常工作，齐纳二极管必须工作在击穿区，并且消耗在齐纳二极管上的功率不能超过它的额定值。换句话说

1. 当负载电流为最大值 $I_L(\max)$时，齐纳二极管电流为最小值 $I_Z(\min)$，电源电压也为最小值 $V_{PS}(\min)$。

2. 当负载电流为最小值 $I_L(\min)$时，齐纳二极管电流为最大值 $I_Z(\max)$，电源电压也为最大值 $V_{PS}(\max)$。

把这两条规则带入式(2.27)中，可得

$$R_i = \frac{V_{PS}(\min) - V_Z}{I_Z(\min) + I_L(\max)} \tag{2.29(a)}$$

和

$$R_i = \frac{V_{PS}(\max) - V_Z}{I_Z(\max) + I_L(\min)} \tag{2.29(b)}$$

使两个表达式相等，可得

$$[V_{PS}(\min) - V_Z] \cdot [I_Z(\max) + I_L(\min)] = [V_{PS}(\max) - V_Z] \cdot [I_Z(\min) + I_L(\max)] \tag{2.30}$$

不妨假设输入电压的范围、输出电流的范围以及齐纳二极管的电压都是已知的。那么式(2.30)就包含两个未知量 $I_Z(\min)$和 $I_Z(\max)$。此外，作为要求的最小值，这里可以假设齐纳电流最小值为最大值的 1/10，即 $I_Z(\min)=0.1I_Z(\max)$。(很多严格的设计条件可能要求齐纳电流最小值为最大值的 20%～30%。)那么，可以用式(2.30)求解出 $I_Z(\max)$为

$$I_Z(\max) = \frac{I_L(\max) \cdot [V_{PS}(\max) - V_Z] - I_L(\min) \cdot [V_{PS}(\min) - V_Z]}{V_{PS}(\min) - 0.9V_Z - 0.1V_{PS}(\max)} \tag{2.31}$$

根据由式(2.31)求得的最大电流值，可以确定齐纳二极管所需的最大额定功率。于是联解式(2.31)与式(2.29(a))或式(2.29(b))，就可以确定所需要的限流电阻 R_i 的值。

【设计例题 2.5】

目的：采用图 2.18 所示的电路设计一个稳压器。

要设计的稳压器将用来为汽车收音机提供 $V_L=9\text{V}$ 的电压，它的电压源是电压范围在 11～13.6V 之间变化的小汽车电池。要求收音机中的电流范围为 0(关断)～100mA(满音量)。

等效电路如图 2.19 所示。

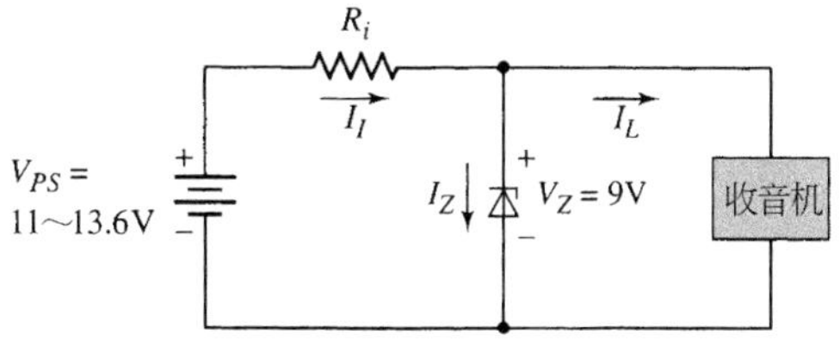

图 2.19 设计例题 2.5 的电路

解：由式(2.31)可得齐纳二极管的最大电流为

$$I_Z(\max) = \frac{(100)(13.6-9)-0}{11-(0.9)(9)-(0.1)(13.6)} \approx 300\text{mA}$$

则齐纳二极管上消耗的最大功率为

$$P_Z(\max) = I_Z(\max) \cdot V_Z = (300)(9) \Rightarrow 2.7\text{W}$$

由式(2.29(b))得限流电阻 R_i 的值为

$$R_i = \frac{13.6-9}{0.3+0} = 15.3\Omega$$

消耗在限流电阻 R_i 上的最大功率为

$$P_{Ri}(\max) = \frac{(V_{PS}(\max) - V_Z)^2}{R_i} = \frac{(13.6 - 9)^2}{15.3} \approx 1.4\text{W}$$

于是可得

$$I_Z(\min) = \frac{11 - 9}{15.3} - 0.10 \Rightarrow 30.7\text{mA}$$

点评：从本例设计结果可以看出齐纳二极管和输入限流电阻的最小额定功率分别为 2.7W 和 1.4W。齐纳二极管的最小电流发生在 $V_{PS}(\min)$和 $I_L(\max)$出现时。结果求得 $I_Z(\min)=30.7\text{mA}$，正如设计要求指定的约为 $I_Z(\max)$的 10%。

设计指南：

(1) 本例题中电池电压的变化导致了稳压电路输入的变化。然而，参考以前的设计例题 2.4 可知，这种变化的输入也可以是一个函数，这个函数采用一个给定匝数比的标准变压器，这个标准变压器和用户定制的具有特殊匝数比的变压器不同，并(或)有一个 120V(有效值)并不严格恒定的输入电压。

(2) 这里的 9V 输出是因为用了一个 9V 的齐纳二极管。然而，一个齐纳二极管的击穿电压精确到 9V 也是不可能的。下面将看到怎样用更完善的设计才能解决这个问题。

练习题

【练习题 2.5】 图 2.18 所示齐纳二极管稳压电路，其输入电压在 4～10V 之间变化，负载电阻 R_L 在 20～100Ω 之间变化。假设用了一个 5.6V 的齐纳二极管，并假设电流 $I_Z(\min)=0.1I_Z(\max)$。试求所需的 R_i 和二极管的最小额定功率。(答案：$P_Z=3.31\text{W}$，$R_i\approx 13\Omega$)

可以使用负载线形象化地表示如图 2.19 所示齐纳二极管稳压电路的工作。对齐纳二极管处的电流求和，可得

$$\frac{v_{PS} - V_L}{R_i} = I_Z + \frac{V_Z}{R_L} \tag{2.32}$$

求解 V_Z，可得

$$V_Z = v_{PS}\left(\frac{R_L}{R_i + R_L}\right) - I_Z\left(\frac{R_i R_L}{R_i + R_L}\right) \tag{2.33}$$

这就是负载线方程。用设计例题 2.5 给出的参数，负载电阻从 $R_L=\infty(I_L=0)$变化到 $R_L=9/0.1=90\Omega(I_L=100\text{mA})$。限流电阻 $R_i=15\Omega$，输入电压的变化范围为 $11\text{V}\leqslant v_{PS}\leqslant 13.6\text{V}$。

可以根据这些不同的电路条件，写出负载线方程：

A：$v_{PS}=11\text{V}$，　$R_L=\infty$，　$V_Z=11-I_Z(15)$

B：$v_{PS}=11\text{V}$，　$R_L=90\Omega$，　$V_Z=9.43-I_Z(12.9)$

C：$v_{PS}=13.6\text{V}$，　$R_L=\infty$，　$V_Z=13.6-I_Z(15)$

D：$v_{PS}=13.6\text{V}$，　$R_L=90\Omega$，　$V_Z=11.7-I_Z(12.9)$

图 2.20 给出了齐纳二极管的 I-V 特性。添加在图中的 A，B，C 和 D 四条负载线，每条负载线都与二极管的特性曲线相交于击穿区，这是二极管正常工作的必要条件。由输入电压和负载电阻的变化联合引起的齐纳二极管的电流变化量 ΔI_Z 如图所示。

如果选择输入限流电阻 $R_i=25\Omega$，并令 $v_{PS}=11\text{V}$ 和 $R_L=90\Omega$，负载线方程(式(2.33))变为

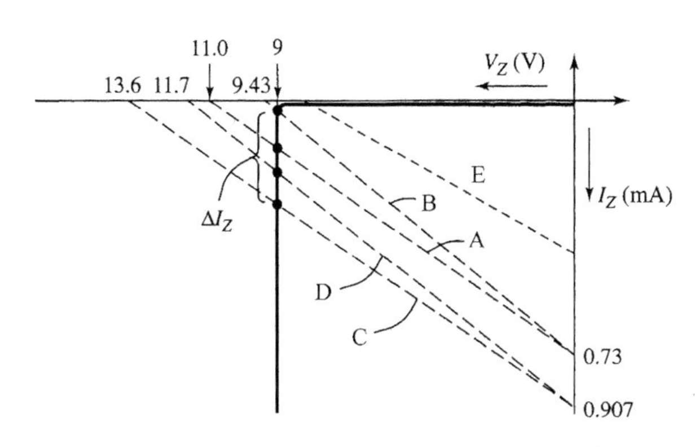

图 2.20　添加了不同负载线的齐纳二极管 I-V 特性曲线

$$V_Z = 8.61 - I_Z(19.6) \tag{2.34}$$

这条负载线为图 2.20 中标为 E 的曲线。可以看到这条负载线并不交于二极管特性曲线的击穿区。在此条件下的输出电压将不等于击穿电压 $V_Z=9\text{V}$，电路将不能正常工作。

2.2.2　齐纳电阻和调整率

在理想的齐纳二极管中齐纳电阻为零。然而，实际的齐纳二极管并非如此，结果使输出电压随着输入电压的波动而发生轻微的波动，并且随着输出负载电阻的变化也发生波动。

图 2.21 所示为包含齐纳电阻的稳压器的等效电路。由于齐纳电阻的存在，输出电压将随着齐纳二极管电流的变化而变化。

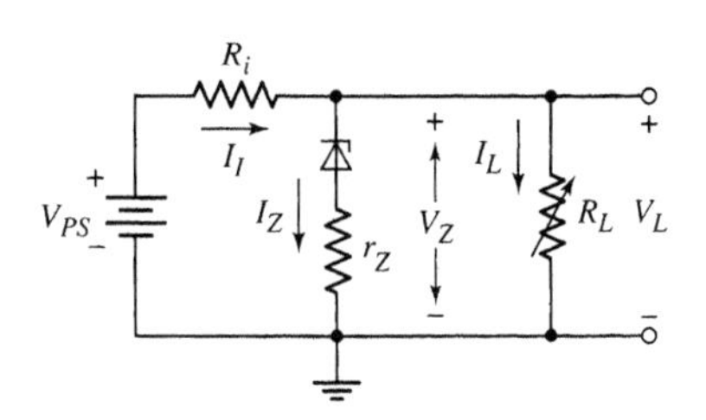

图 2.21　齐纳电阻非零的齐纳二极管稳压电路

可以为稳压电路定义两个品质因数。第一个是**源调整率**，它是输出电压随着输入源电压的变化而变化的一个量度标准。第二个是**负载调整率**，它是输出电压随着负载电流的变化而变化的一个量度标准。

源调整率定义为

$$\text{源调整率} = \frac{\Delta v_L}{\Delta v_{PS}} \times 100\% \tag{2.35}$$

式中，Δv_L 为输出电压随着输入源电压的变化 Δv_{PS} 而发生的变化。

负载调整率定义为

$$\text{负载调整率} = \frac{v_{L,\text{无负载}} - v_{L,\text{满负载}}}{v_{L,\text{满负载}}} \times 100\% \tag{2.36}$$

式中，$v_{L,\text{无负载}}$ 为负载电流为零时的输出电压，$v_{L,\text{满负载}}$ 为输出电流为最大额定值时的输出电压。

当源和负载的调整率系数趋近于零时，电路趋近于理想稳压器。

【例题 2.6】

目的：求解稳压器电路的源调整率和负载调整率。

已知例题 2.5 所描述的电路，并假设齐纳电阻 $r_Z=2\Omega$。

解：考虑无负载即 $R_L=\infty$ 条件下输入电压变化的影响，对于 $v_{PS}=13.6\text{V}$，可得

$$I_Z = \frac{13.6-9}{15.3+2} = 0.2659\text{A}$$

则

$$v_{L,\max} = 9 + (2)(0.2659) = 9.532\text{V}$$

对于 $v_{PS}=11\text{V}$,可得

$$I_Z = \frac{11-9}{15.3+2} = 0.1156\text{A}$$

于是

$$v_{L,\min} = 9 + (2)(0.1156) = 9.231\text{V}$$

得

$$\text{源调整率} = \frac{\Delta v_L}{\Delta v_{PS}} \times 100\% = \frac{9.532-9.231}{13.6-11} \times 100\% = 11.6\%$$

然后考虑对于 $v_{PS}=13.6\text{V}$ 时的负载电流变化的影响。对于 $I_L=0$,可得

$$I_Z = \frac{13.6-9}{15.3+2} = 0.2659\text{A}$$

则

$$v_{L,\text{无负载}} = 9 + (2)(0.2659) = 9.532\text{V}$$

对于负载电流 $I_L=100\text{mA}$,可得

$$I_Z = \frac{13.6-[9+I_Z(2)]}{15.3} - 0.10$$

求得

$$I_Z = 0.1775\text{A}$$

则

$$v_{L,\text{满负载}} = 9 + (2)(0.1775) = 9.355\text{V}$$

现在可得

$$\text{负载调整率} = \frac{v_{L,\text{无负载}} - v_{L,\text{满负载}}}{v_{L,\text{满负载}}} \times 100\%$$

$$= \frac{9.532-9.355}{9.355} \times 100\% = 1.89\%$$

点评:输入端的纹波电压 2.6V 大约被缩小了 10 倍。输出负载的变化使输出电压产生一个小的百分比变化。

练习题

【练习题 2.6】 对于 $r_z=4\Omega$ 重做例题 2.6。假设所有的参数和例题中所列出的相同。(答案:源调整率=20.7%,负载调整率=3.29%)

理解测试题

【测试题 2.4】 假设例题 2.5 中的限流电阻被 $R_i=20\Omega$ 取代。试求齐纳二极管的最小电流和最大电流。试问电路能否正常工作?

【测试题 2.5】 假设在图 2.19 所示电路中的电源电压下降为 $v_{PS}=10\text{V}$。令 $R_i=15.3\Omega$。如果要使齐纳二极管的最小电流维持在 $I_Z(\min)=30\text{mA}$,试问收音机中的负载电流最大值是多少?

2.3 限幅电路和钳位电路

本节内容：运用二极管的非线性特性设计限幅和钳位等整形电路。

本节将继续讨论二极管的非线性电路应用。二极管可以用在整形电路中，限制或“修剪”信号的一部分，或者移动直流电压的电平。这些电路分别称为**限幅器和钳位器**。

2.3.1 限幅器

限幅电路，也称为**限制电路**，用来限制高于或低于特定电平的信号部分。例如，半波整流器就是一个限幅电路，因为零以下的电压部分都被限制了。限幅器的一个简单应用是用来限制电子电路的输入电压以防止电路中的晶体管被击穿。如果振幅不是信号所关注的重点，这种电路可以用来测量信号的频率。

图 2.22 所示为限幅电路通常的电压传输特性。如果输入信号在 $V_O^-/A_v \leqslant v_I \leqslant V_O^+/A_v$ 范围内，那么限幅器就是一个线性电路，式中 A_v 为传输特性曲线的斜率。如果 $A_v \leqslant 1$，此电路为**无源限幅器**，就像在二极管电路中一样。如果 $v_I \geqslant V_O^+/A_v$，输出被限制在一个最大值 V_O^+。同样，如果 $v_I \leqslant V_O^-/A_v$，输出被限制在一个最小值 V_O^-。图 2.22 所示为一般的双向限幅器的传输特性曲线，输入信号正向和负向的峰值都被限制了。

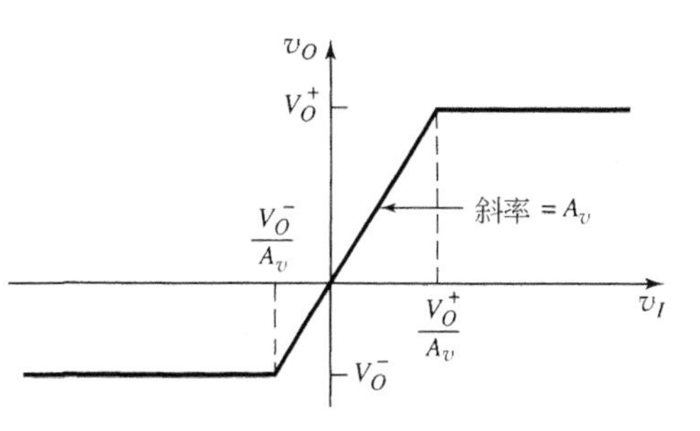

图 2.22 一般的限幅器电路的传输特性曲线

V_O^+ 和 V_O^- 可以有很多不同的组合：两个参数可能都为正，也可能都为负，或者如图中所示的一个为正，另一个为负。如果 V_O^- 趋向于负无穷大，或者 V_O^+ 趋向于正无穷大，那么电路变回到单向限幅器电路。

图 2.23(a)所示为单个二极管限幅电路。只要 $v_I < V_B + V_\gamma$，二极管 D_1 就截止。当 D_1 截止时电流约为 0，R 两端的电压降基本为 0，并且输出电压跟随输入电压的变化。当 $v_I > V_B + V_\gamma$ 时，二极管导通，输出电压被限制，且 $v_O = V_B + V_\gamma$。输出信号如图 2.23(b)所示。在此电路中输出电压被限制在 $V_B + V_\gamma$。

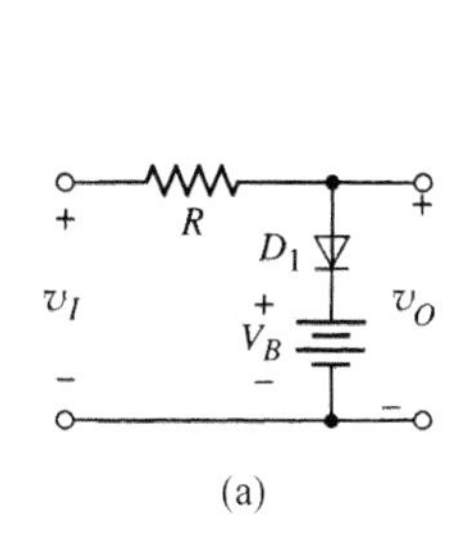

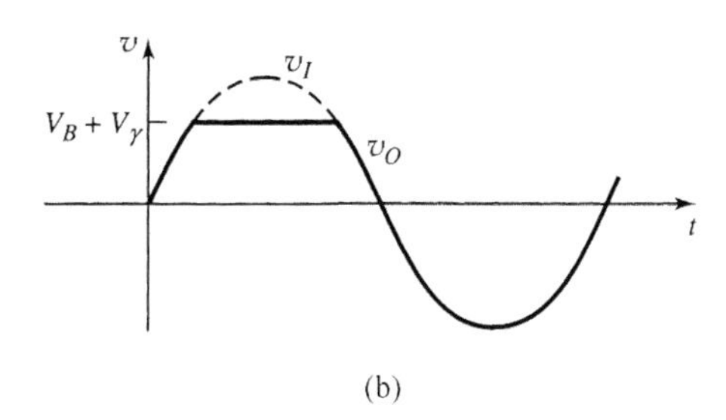

图 2.23 单二极管限幅器

(a) 电路；(b) 输出响应

图 2.23 中的电阻 R 要选得足够大，以使二极管正向电流限制在一个合理的值(通常为毫安级)，但也要选得足够小，以使二极管反向电流产生的电压降可忽略不计。通常，电阻的

值在一个较宽范围内选择将会给选定的电路带来较好的性能。

通过把二极管或电压源的极性反向，或者两者同时反向，可以构造其他的限幅电路。图 2.24(a)、(b)和(c)就给出了这些电路，并且也给出了相应的输入和输出信号。

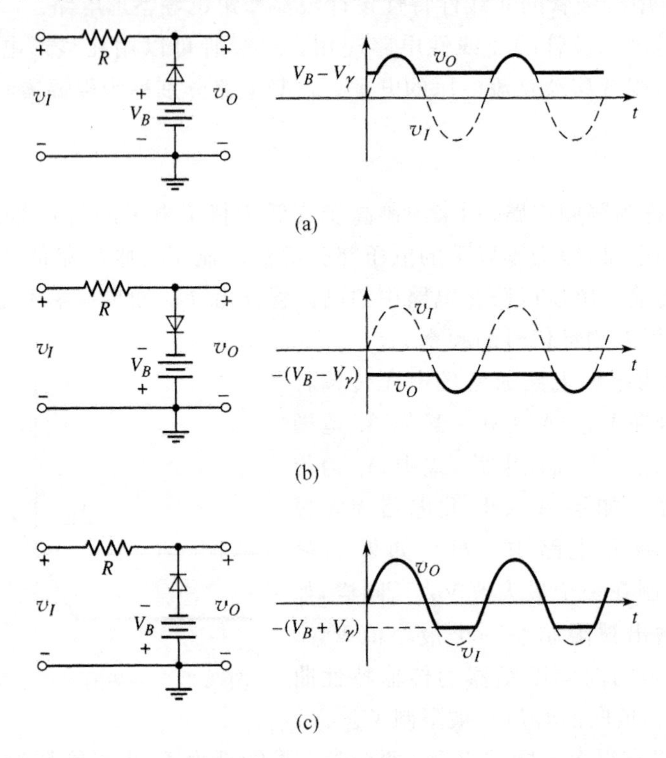

图 2.24 其他类型的二极管限幅电路和它们相应的输出响应

正、负限幅可以通过一个双向限幅器或一个如图 2.25 所示的**并联结构限幅器**同时进行。图中也给出了输入和输出信号。并联结构限幅器是用两个二极管和两个电压源反向连接构成的。

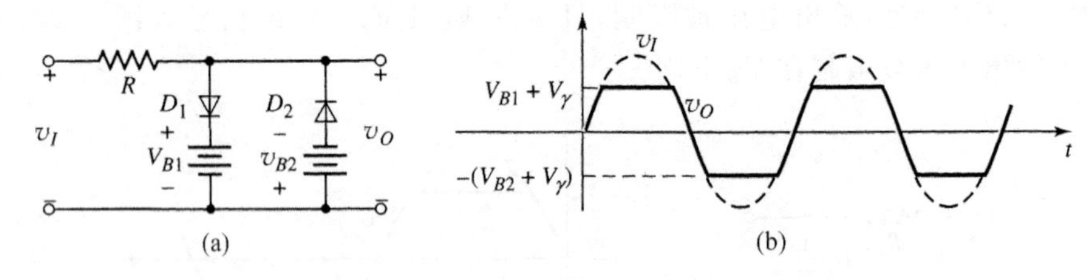

图 2.25 并联结构限幅电路和它的输出响应

【例题 2.7】

目的：求解图 2.26(a)所示并联结构限幅电路的输出。

为简单起见，假设两个二极管的 $V_\gamma=0$ 和 $r_f=0$。

解：对于 $t=0$，可以看出 $v_I=0$，D_1 和 D_2 都反向偏置。对于 $0<v_I\leqslant 2\text{V}$，D_1 和 D_2 都保持截止，所以 $v_O=v_I$。对于 $v_I>2\text{V}$，D_1 导通并有

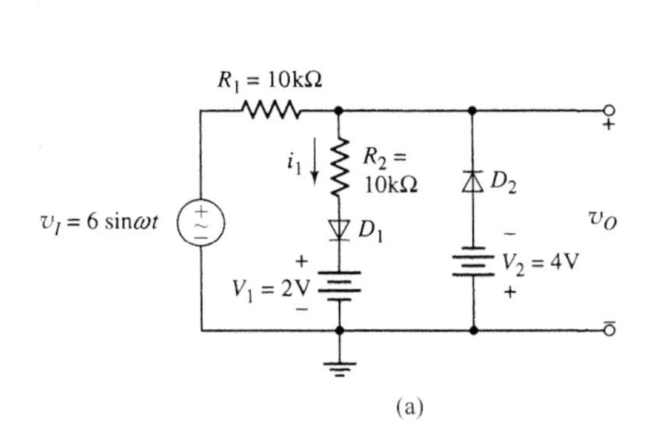

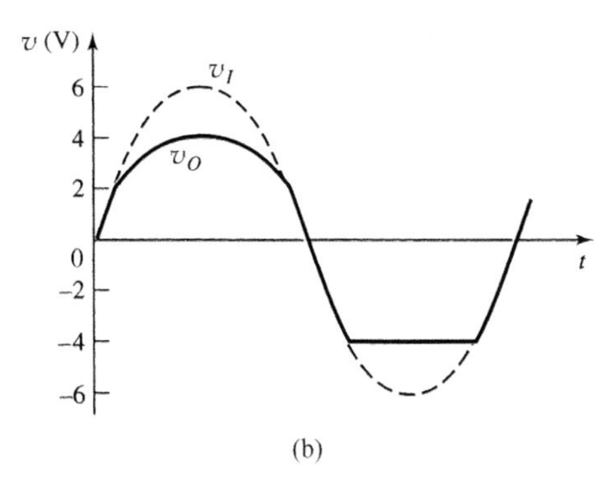

图 2.26　例题 2.7 的图

$$i_I = \frac{v_I - 2}{10 + 10}$$

也可得

$$v_O = i_I R_2 + 2 = \frac{1}{2}(v_I - 2) + 2 = \frac{1}{2}v_I + 1$$

如果 $v_I = 6\text{V}$,则 $v_O = 4\text{V}$。

对于 $-4\text{V} < v_I < 0\text{V}$,$D_1$ 和 D_2 都截止,并有 $v_O = v_I$。对于 $v_I \leqslant -4\text{V}$,D_2 导通并且输出保持 $v_O = -4\text{V}$。电路的输入和输出波形如图 2.26(b)所示。

点评:如果假设 $V_\gamma \neq 0$,输出将和在这里计算的结果很相似。唯一的不同是二极管开始导通的时刻。

练习题

【练习题 2.7】　设计并联结构的限幅器电路,满足如图 2.27 所示的电压传输特性要求。假设二极管开启电压为 $V_\gamma = 0.7\text{V}$。(答案:对于图 2.26(a),$V_2 = 4.3\text{V}$,$V_1 = 1.8\text{V}$,$R_1 = 2R_2$)

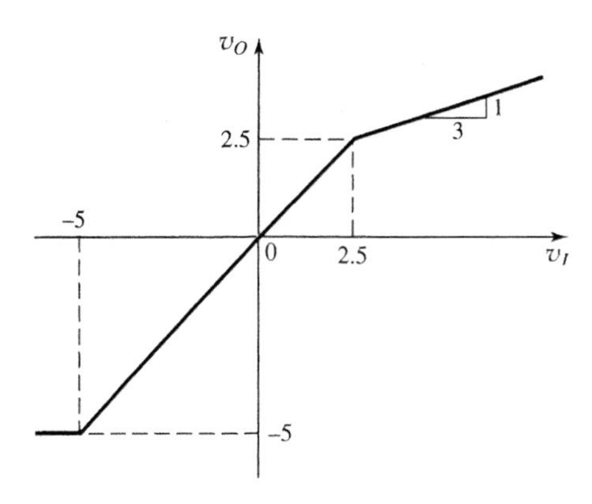

图 2.27　练习题 2.7 的图

二极管限幅电路也可以设计成直流电源和输入信号串联的形式。如图 2.28 所示给出了基于这种设计方法的各种限幅电路。和输入信号串联的电池使输入信号叠加在直流电压 V_B 上。在这种条件作用下的输入信号和相应的输出信号也表示在图 2.28 中。

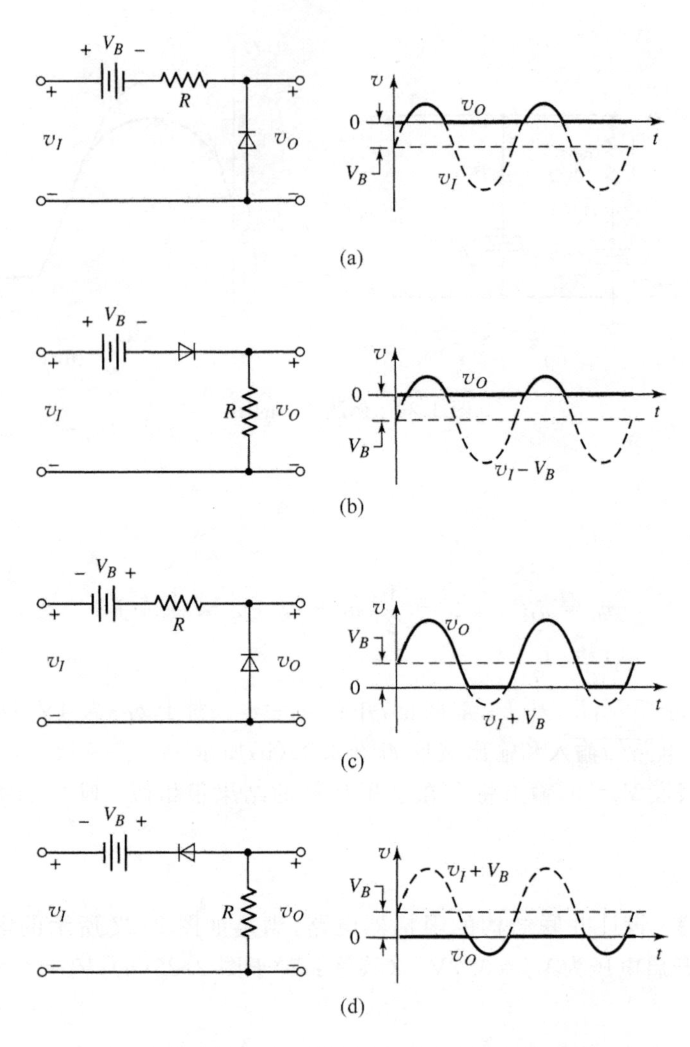

图 2.28 串联结构的二极管限幅电路和它们相应的输出响应

在分析过的所有限幅电路中，都是主要使用电池对输出电压设置限制。可是电池需要定期更换，所以这种电路是不现实的。考虑到工作在反向击穿区的齐纳二极管能够提供一个稳定的电压，所以可以利用齐纳二极管来取代电池组成限幅电路。

图 2.29(a)给出了利用齐纳二极管的并联结构限幅电路，其电压传输特性如图 2.29(b)所示。图 2.29(a)所示电路的工作过程与图 2.25 所示的电路基本相同。

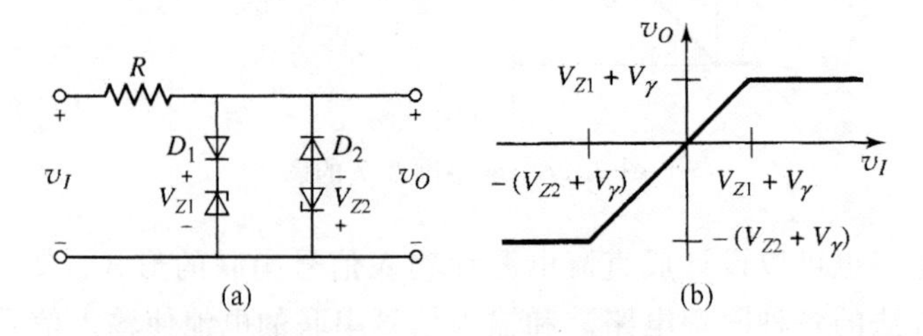

图 2.29 并联结构限幅电路

(a) 应用齐纳二极管的并联结构限幅电路；(b) 电压传输特性曲线

2.3.2 钳位器

钳位电路使整个信号电压平移一个直流电平。在稳定状态下，输出波形是输入波形的精确复制，只不过被平移了一个由电路需求所决定的直流值。钳位器电路有别于其他电路的特点是它调整直流电平时不需要知道确切的波形。

图 2.30 所示为钳位电路的一个实例。输入的正弦电压信号如图 2.30(b)所示。假设电容起始不带电。在输入波形的第一个 1/4 周期，电容两端的电压跟随输入信号，有 $v_C=v_I$（假设 $r_f=0$ 和 $V_\gamma=0$）。等到 v_I 和 v_C 达到它们的峰值后，v_I 开始下降且二极管开始反向偏置。在理想情况下电容不能放电，所以电容两端电压保持为 $v_C=V_M$。由基尔霍夫电压定律得

$$v_O=-v_C+v_I=-V_M+V_M\sin\omega t \tag{2.37(a)}$$

即

$$v_O=V_M(\sin\omega t-1) \tag{2.37(b)}$$

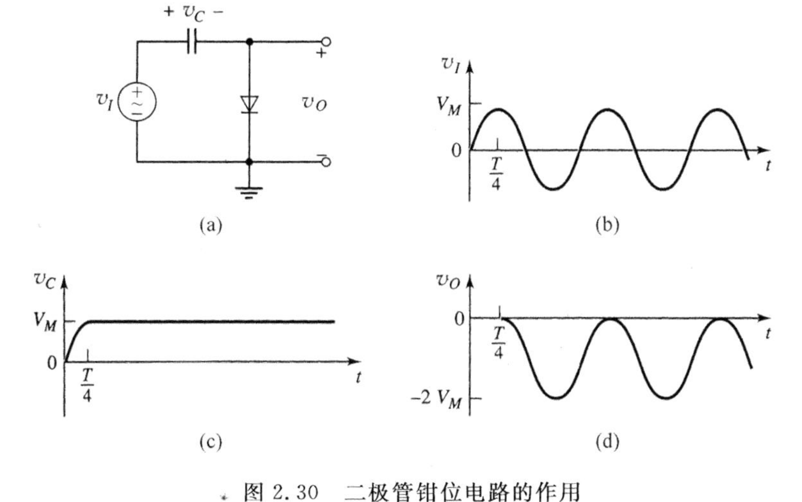

图 2.30　二极管钳位电路的作用

(a) 典型的二极管钳位电路；(b) 正弦输入信号；(c) 电容电压；(d) 输出电压

电容电压和输出电压分别如图 2.30(c)和(d)所示。输出电压被"钳位"在 0V，也就是 $v_O\leqslant 0$。在稳态情况下，输入信号波形和输出信号波形相同，并且输出信号相对于输入信号平移了一个特定的直流电平。

图 2.31(a)所示为包含独立电压源 V_B 的钳位电路。在这个电路中假设时间常数 R_LC 很大，这里 R_L 是与输出端相连的负载电阻。为简单起见，如果假设 $r_f=0$ 和 $V_\gamma=0$，则输出电压被钳位在 V_B。图 2.31(b)所示给出了一个正弦输入信号和由此产生的输出电压的例子。当 V_B 的极性如图所示时，输出向负电压方向平移。同样，图 2.31(c)所示给出了一个方波输入信号和由此产生的输出电压信号。对于方波信号，这里忽略了二极管电容的影响并假设电压能瞬间发生变化。

电信号在传输过程中往往造成它们直流电平的丢失。例如，一个电视(TV)信号的直流电平可能在传输过程中丢失，所以在电视(TV)接收机端必须重建直流电平。下面的例子就说明了这种作用。

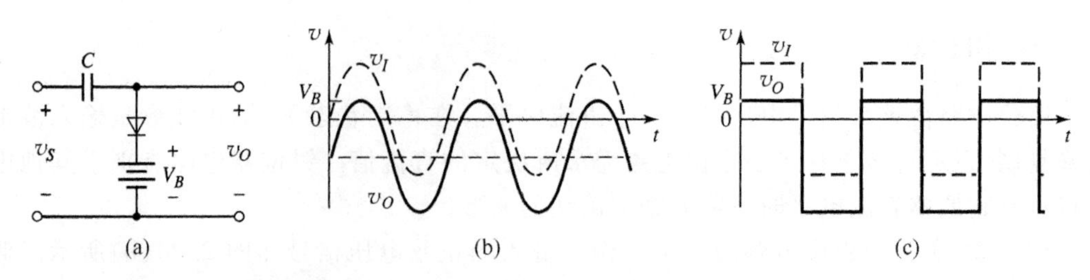

图 2.31　包含电压源的二极管钳位电路的作用，假设为理想二极管($V_\gamma=0$)

(a) 电路；(b) 稳态正弦输入和输出信号；(c) 稳态方波输入和输出信号

【例题 2.8】

目的：求解如图 2.32(a)所示二极管钳位电路的稳态输出。

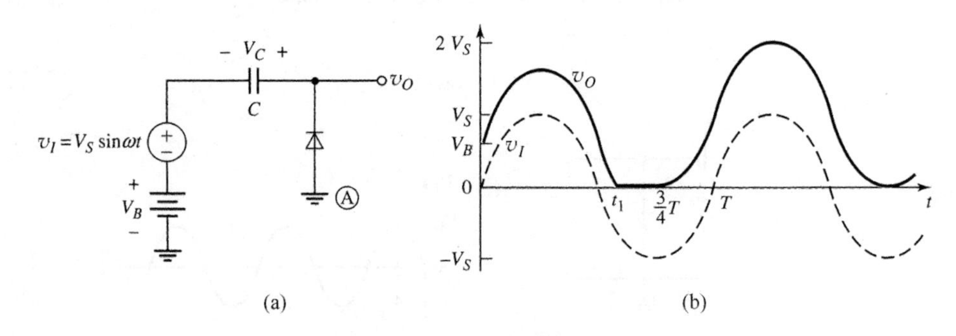

图 2.32　二极管钳位电路

(a) 例题 2.8 的电路；(b) 输入和输出电压波形

假设输入电压为正弦信号，并且其直流电平在传输过程中被平移了相对于接收机地端值为 V_B 的一个电平。假设二极管的 $r_f=0$ 和 $V_\gamma=0$。

解：如图 2.32(b)所示给出了正弦输入信号。如果电容起始不带电，那么在 $t=0$ 时的输出电压为 $v_O=V_B$(二极管反向偏置)。对于 $0\leqslant t\leqslant t_1$ 期间，有效的时间常数 RC 为无穷大，电容两端的电压保持不变，并有 $v_O=v_I+V_B$。

在 $t=t_1$ 时刻，二极管开始正向偏置，输出不能变为负值，所以电容两端的电压发生变化(r_fC 时间常数为 0)。

在 $t=\left(\frac{3}{4}\right)T$ 时刻，输入信号开始增加，二极管开始反向偏置，所以电容两端电压保持在 $V_C=V_S-V_B$，如极性图所示。则输出电压为

$$v_O=(V_S-V_B)+v_I+V_B=(V_S-V_B)+V_S\sin\omega t+V_B$$

即

$$v_O=V_S(1+\sin\omega t)$$

点评：在 $t>\left(\frac{3}{4}\right)T$ 时，已经达到稳定状态。输出信号波形是输入信号波形的精确复制并相对于终端 A 的参考地来进行测量。

练习题

【练习题 2.8】　试画出如图 2.33 所示电路的输入信号的稳态输出电压。假设 $r_f=V_\gamma=$

0。(答案：$-2\text{V}\sim-10\text{V}$ 之间的方波)

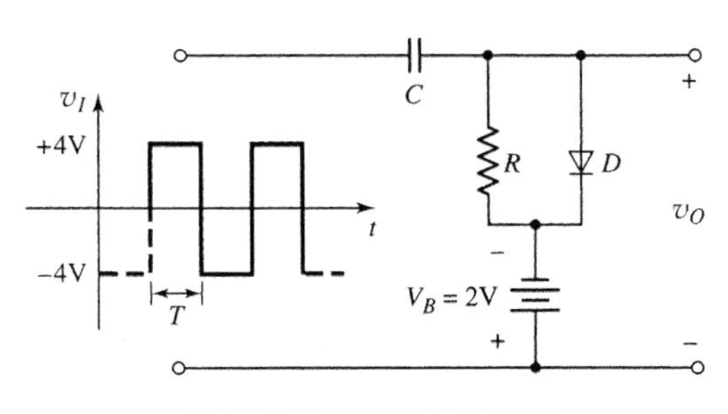

图 2.33　练习题 2.8 的图

理解测试题

【测试题 2.6】　试画出如图 2.26(a)所示电路的电压传输特性曲线(v_O 相对于 v_I)。假设每个二极管的开启电压为 $V_\gamma=0.7\text{V}$。(答案：对于 $-4.7\text{V}\leqslant v_I\leqslant 2.7\text{V}$，$v_O=v_I$；对于 $v_I>2.7\text{V}$，$v_O=\left(\dfrac{1}{2}\right)v_I+13.5$；对于 $v_I<-4.7\text{V}$，$v_O=-4.7\text{V}$)

【测试题 2.7】　试求如图 2.34(a)所示电路的稳态输出电压 v_O，如果输入电压如图 2.34(b)所示。假设二极管的开启电压为 $V_\gamma=0$。(答案：输出为 $+5\text{V}\sim+30\text{V}$ 之间的方波)

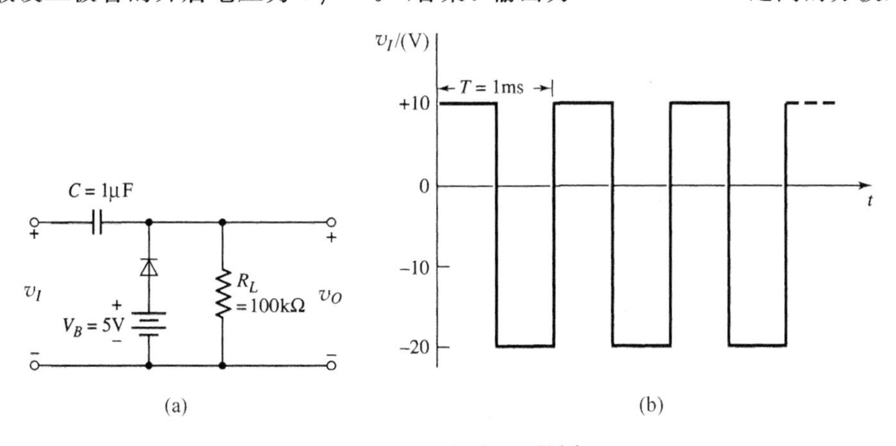

图 2.34　测试题 2.7 的图

(a) 电路；(b) 输入信号

2.4　多二极管电路

本节内容：研究适用于分析多二极管电路的方法。

因为二极管是非线性器件，所以对二极管电路的分析就要区分二极管是导通还是截止。如果一个电路中包含的二极管多于一个，各种可能的“导通”和“截止”组合就使分析变得非常复杂。

本节内容将着眼于分析几种多二极管电路。比如如何用二极管电路来实现逻辑功能，但本节只是对数字逻辑电路作简单介绍，在第 16 章和第 17 章将对其进行更为详细的分析。

2.4.1 二极管电路实例

为简单起见，先考虑两个单二极管电路。图 2.35(a)所示为一个二极管与一个电阻串联的电路，图 2.35(b)所示则为该电路 v_O 相对于 v_I 的折线化电压传输特性曲线。从图上可以看到，直到 $v_I=V_\gamma$ 时二极管才开始导通。因此，对于 $v_I \leqslant V_\gamma$，输出电压为零；对于 $v_I > V_\gamma$，输出电压为 $v_O=v_I-V_\gamma$。

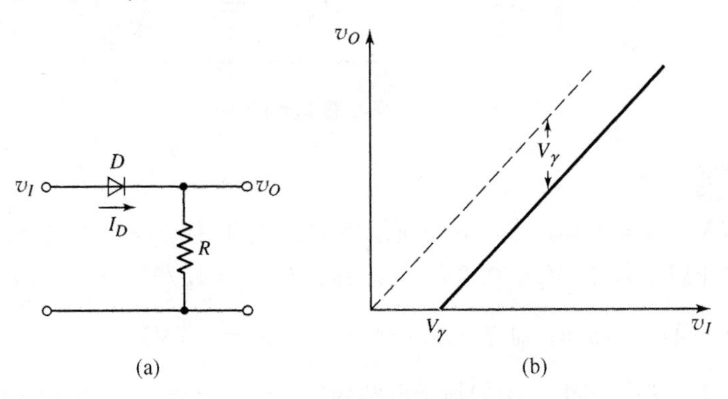

图 2.35 二极管和电阻串联

(a) 电路；(b) 电压传输特性曲线

图 2.36(a)所示给出了一个类似的二极管电路，但是明显地包含了输入电压源，说明存在二极管电流的通路。电压传输特性曲线如图 2.36(b)所示。在这个电路中，当 $v_I<V_S-V_\gamma$ 时，二极管保持导通，输出电压为 $v_O=v_I+V_\gamma$。当 $v_I>V_S-V_\gamma$ 时，二极管截止，通过电阻的电流为 0，此时输出电压保持为常量 V_S。

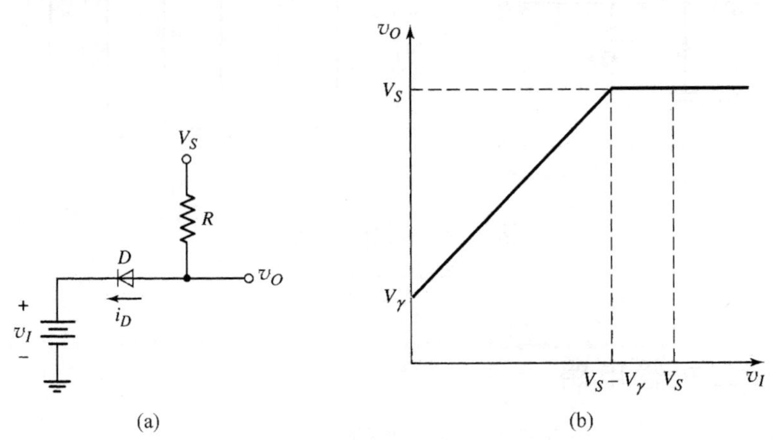

图 2.36 二极管和输入电压源

(a) 电路；(b) 电压传输特性曲线

这两个例子证明了二极管和二极管电路的折线化性质。它们也证明了存在二极管“导通”即导电的区域和二极管“截止”即不导电的区域。

在多二极管电路中，每个二极管可能导通也可能截止。观察如图 2.37 所示的两个二极管电路。因为每个二极管可能导通或截止，所以电路有四种可能的状态。然而，由于二极管方向和电压极性使某些状态有可能不出现。

如果假设 $V^+>V^-$ 且 $V^+-V^->V_\gamma$，那么至少有一种可能使 D_2 导通。首先，v' 不能小于 V^-。其次，对于 $v_I=V^-$，二极管 D_1 必须截止。这种情况下 D_2 为导通，$i_{R1}=i_{D2}=i_{R2}$，且

$$v_O=V^+-i_{R1}R_1 \tag{2.38}$$

式中

$$i_{R1}=\frac{V^+-V_\gamma-V^-}{R_1+R_2} \tag{2.39}$$

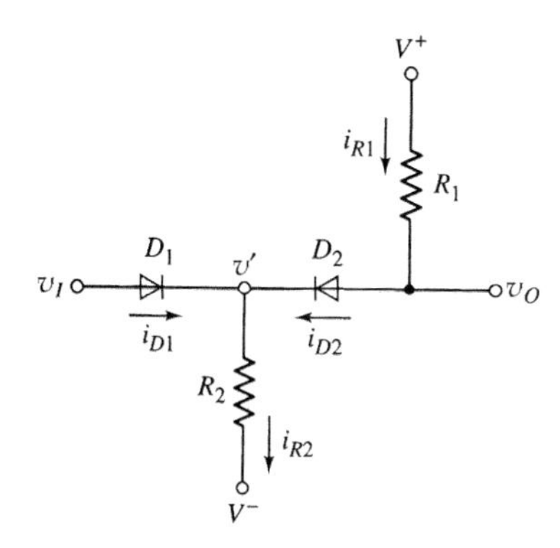

图 2.37　双二极管电路

电压 v' 比 v_O 小一个二极管的压降，只要 v_I 小于输出电压，二极管 D_1 就保持截止。假设 v_I 增加到和 v_O 相等，则 D_1 和 D_2 都导通。只要 $v_I<V^+$，这种情况或状态就是正确的。当 $v_I=V^+$，$i_{R1}=i_{D2}=0$，此时 D_2 截止，v_O 不能进一步增加。

图 2.38 所示为 v_O 相对于 v_I 的关系曲线。三个不同的区域 $v_O^{(1)}$、$v_O^{(2)}$ 和 $v_O^{(3)}$ 对应于 D_1 和 D_2 的各种导通状态。对应于 D_1 和 D_2 同时截止的第四种可能状态在这个电路中是不可能出现的。

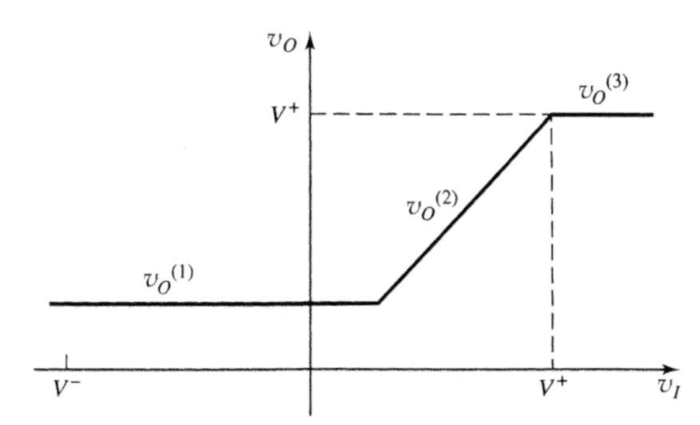

图 2.38　图 2.37 所示双二极管电路的电压传输特性曲线

【例题 2.9】

目的：求解图 2.37 所示电路在两种输入电压时的输出电压和二极管电流。

假设电路参量为 $R_1=5\text{k}\Omega$，$R_2=10\text{k}\Omega$，$V_\gamma=0.7\text{V}$，$V^+=5\text{V}$ 及 $V^-=-5\text{V}$。对于 $v_I=0$ 和 $v_I=4\text{V}$，求 v_O、i_{D1} 和 i_{D2}。

解：对于 $v_I=0$，假设开始 D_1 截止，那么电流为

$$i_{R1}=i_{D2}=i_{R2}=\frac{V^+-V_\gamma-V^-}{R_1+R_2}=\frac{5-0.7-(-5)}{5+10}=0.62\text{mA}$$

输出电压为

$$v_O=V^+-i_{R1}R_1=5-(0.62)(5)=1.9\text{V}$$

v' 为

$$v'=v_O-V_\gamma=1.9-0.7=1.2\text{V}$$

从这些结果可以看出二极管 D_1 确实是截止了，即 $i_{D1}=0$，所以上述的分析是正确的。

对于 $v_I=4\text{V}$，从图 2.38 可以看出 $v_O=v_I$，于是 $v_O=v_I=4\text{V}$。在这个区域 D_1 和 D_2 都是导通的，并有

$$i_{R1}=i_{D2}=\frac{V^{+}-v_O}{R_1}=\frac{5-4}{5}=0.2\text{mA}$$

注意到这里 $v'=v_O-V_\gamma=4-0.7=3.3\text{V}$。所以

$$i_{R2}=\frac{v'-V^{-}}{R_2}=\frac{3.3-(-5)}{10}=0.83\text{mA}$$

由 $i_{D1}+i_{D2}=i_{R2}$ 可以得到通过 D_1 的电流，即

$$i_{D1}=i_{R2}-i_{D2}=0.83-0.2=0.63\text{mA}$$

点评：对于 $v_I=0$，可以求得 $v_O=1.9\text{V}$ 和 $v'=1.2\text{V}$。这意味着正如前面所假设的 D_1 反向偏置即为截止。对于 $v_I=4\text{V}$，求得 $i_{D1}>0$ 和 $i_{D2}>0$，表明正如开始所假设的 D_1 和 D_2 都是正向偏置。

计算机仿真：对于多二极管电路来说，PSpice 分析对确定各个二极管导通或截止的条件将会很有用处。因为这就避免了人工分析中对二极管导通状态的猜测。图 2.39 所示则是图 2.37 所示电路的 PSpice 电路分析示意图。图 2.39 同时给出了当输入电压在 -1V 和 $+7\text{V}$ 之间变化时的输出电压和两个二极管电流。由这些曲线就可以确定二极管何时导通和截止。

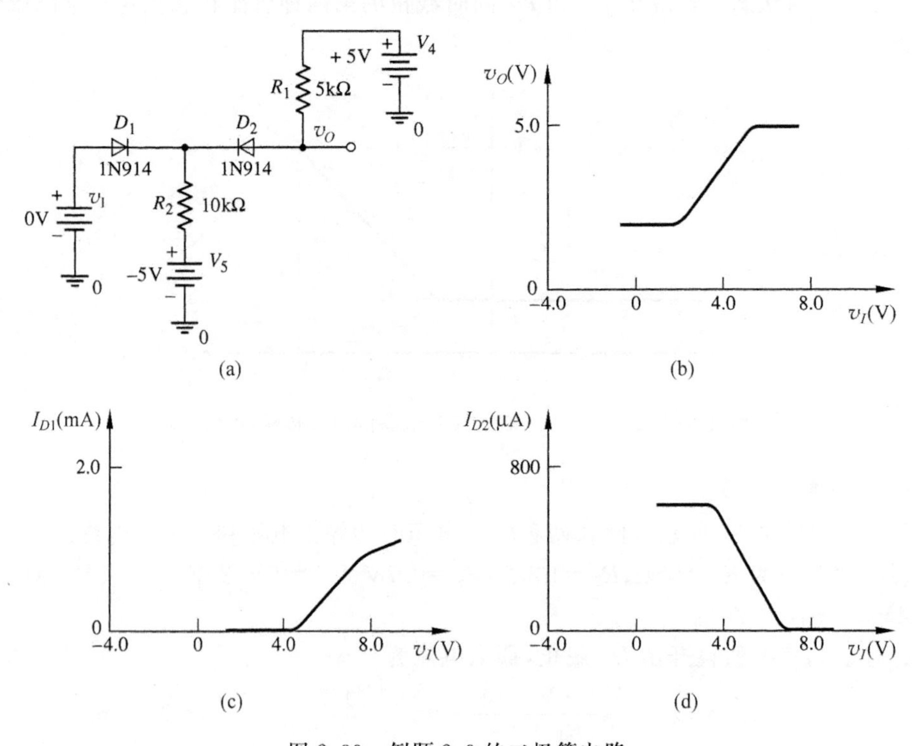

图 2.39 例题 2.9 的二极管电路

(a) PSpice 电路示意图；(b) 输出电压；(c) 二极管 D_1 中的电流；(d) 二极管 D_2 中的电流

点评：建立在二极管的折线化模型之上的人工分析结果，与计算机仿真结果非常一致。这给了人们应用折线化模型进行快速人工计算的信心。

练习题

【练习题 2.9】 观察如图 2.40 所示的电路，其中二极管的开启电压 $V_\gamma=0.6\text{V}$。画出

v_O 相对于 v_I 在 $0 \leqslant v_I \leqslant 10\text{V}$ 上的关系曲线。(答案：对于 $0 \leqslant v_I \leqslant 3.5\text{V}, v_O = 4.4\text{V}$；对于 $v_I \geqslant 3.5\text{V}$，$D_2$ 截止；对于 $v_I \geqslant 9.4\text{V}, v_O = 10\text{V}$)

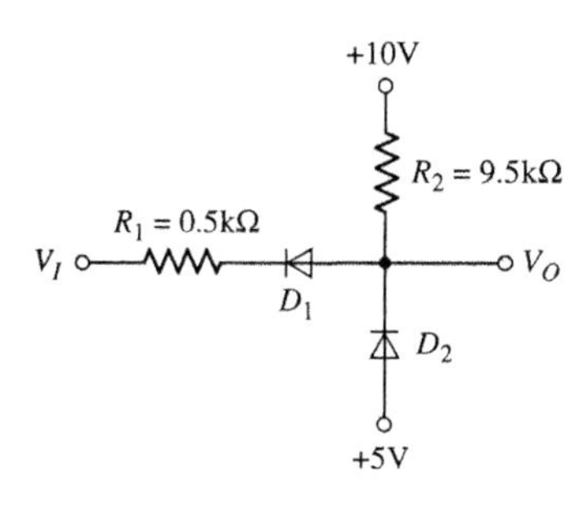

图 2.40　练习题 2.9 的电路

解题技巧：多二极管电路

分析多二极管电路时需要确定每个器件是导通还是截止。很多情况下，不是简单判断就可以的，这就需要首先猜测每个器件的状态，然后分析电路检验得出的解和最初的猜想是否一致。为了做到这些，可以：

1. 假设一个二极管的状态。如果假设一个二极管导通，则二极管两端的电压就为 V_γ；如果假设一个二极管截止，则二极管两端的电压就为零。

2. 用假设的状态分析"线性"电路。

3. 估计每个二极管的结果状态。如果开始假设二极管为截止，并且分析显示 $I_D = 0$ 和 $V_D \leqslant V_\gamma$，那么假设就是正确的。可是，如果分析的结果显示 $I_D > 0$ 和(或)$V_D > V_\gamma$，那么最初的假设就不成立。同样，如果开始假设二极管为导通，并且分析显示 $I_D \geqslant 0$ 和 $V_D = V_\gamma$，那么假设就是正确的。可是，如果分析的结果显示 $I_D < 0$ 和(或)$V_D < V_\gamma$，那么最初的假设就不成立。

4. 如果任何一个最初的假设被证明是不成立的，那么必须再做一个新的假设，然后分析新的"线性"电路。必须重复第 3 步。

【例题 2.10】

目的：举例说明得出的解和不成立的假设是怎么不一致的。

对于如图 2.37 所示的电路，假设其参数和例题 2.9 中给出的参数相同，对于 $v_I = 0$，求 v_O, i_{D1}, i_{D2} 及 i_{R2}。

解：首先假设二极管 D_1 和 D_2 都导电(也就是导通)。则 $v' = -0.7\text{V}$，并且 $v_O = 0$。两个电流为

$$i_{R1} = i_{D2} = \frac{V^+ - v_O}{R_1} = \frac{5 - 0}{5} = 1.0\text{mA}$$

和

$$i_{R2} = \frac{v' - V^-}{R_2} = \frac{-0.7 - (-5)}{10} = 0.43\text{mA}$$

对 v' 点处的电流求和，可得

$$i_{D1} = i_{R2} - i_{D2} = 0.43 - 1.0 = -0.57\text{mA}$$

因为分析显示 D_1 的电流为负，是一个不可能的或者说是矛盾的解，最初的假设肯定是

不成立的。如果回到例题 2.9，就会发现 $v_I=0$ 时正确的解应该是 D_1 截止和 D_2 导通。

点评：可以用折线化模型对二极管电路进行线性分析。然而必须首先确定电路中的二极管是工作在导通的线性区还是在截止的线性区。

练习题

【练习题 2.10】 试求图 2.41 所示电路的 V_O、I_{D1}、I_{D2} 和 I。假设对于每个二极管有 $V_\gamma=0.6\text{V}$。（答案：$V_O=-0.6\text{V}$，$I_{D1}=0$，$I_{D2}=I=4.27\text{mA}$）

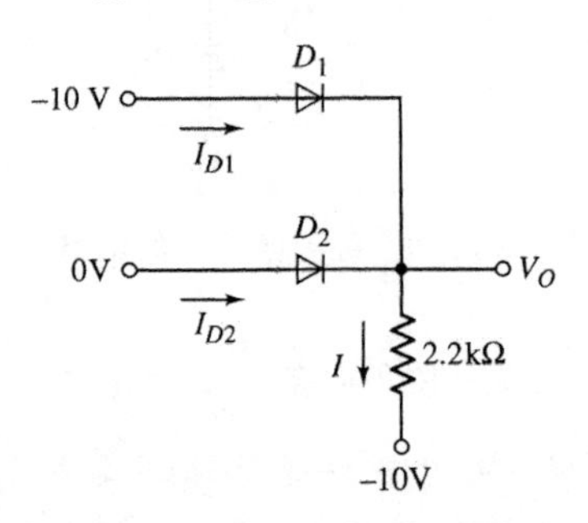

图 2.41 练习题 2.10 的图

【例题 2.11】

目的：求解图 2.42 所示的多二极管电路中的电流 I_{D2} 和电压 V_O，假设每个二极管的 $V_\gamma=0.6\text{V}$。

解：首先假设二极管 D_1 和 D_2 都处于导通状态，可得

$$\frac{15-V_A}{10}=I_{D2}+\frac{V_A}{5} \tag{2.40}$$

和

$$\frac{15-(V_B+0.7)}{5}+I_{D2}=\frac{V_B}{10} \tag{2.41}$$

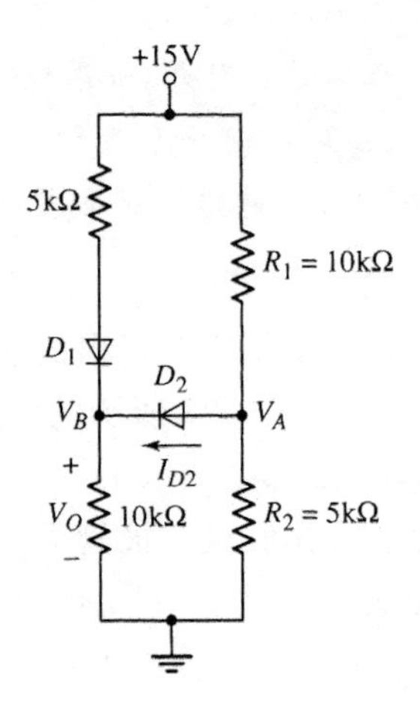

图 2.42 例题 2.11 的二极管电路

注意到 $V_B=V_A-0.7$。联立这两个方程并消去 I_{D2}，可得

$$V_A=7.62\text{V} \quad 和 \quad V_B=6.92\text{V}$$

由式(2.40)可得

$$\frac{15-7.62}{10}=I_{D2}+\frac{7.62}{5}\Rightarrow I_{D2}=-0.786\text{mA}$$

以上曾假设 D_2 导通，所以负的二极管电流和最初的假设不一致。

现在假设二极管 D_2 截止和 D_1 导通。为了求得节点电压，可以简单地应用分压器公式来计算，结果为

$$V_A=\left(\frac{5}{5+10}\right)(15)=5\text{V}$$

和

$$V_B=V_O=\left(\frac{10}{10+5}\right)(15-0.7)=9.53\text{V}$$

这些电压显示二极管 D_2 确实反向偏置，所以 $I_{D2}=0$。

点评：为了着手对多二极管电路的分析，必须首先对每个二极管假设一个导电状态，导通或截止。然后分析和校验最初的假设是否正确。如果最初的假设不正确，则需要再做一个新的假设并进行相同的分析。这个过程持续到假设被验证是正确的为止。

练习题

【练习题 2.11】 重做例题 2.11。当 $R_1=5k\Omega$ 和 $R_2=15k\Omega$，其他的条件都和例题中所给的相同。(答案：$I_{D1}=0.858mA$，$I_{D2}=0.144mA$)

【例题 2.12】

目的：对于如图 2.43 所示的多二极管电路，求解每个二极管的电流和电压 V_A 和 V_B。令每个二极管的 $V_\gamma=0.7V$。

解：首先假设每个二极管都处于导通状态。从 D_3 开始分析电压，可以看出

$$V_B=-0.7V \quad 和 \quad V_A=0$$

将节点 V_A 处的电流求和。可得

$$\frac{5-V_A}{5}=I_{D2}+\frac{(V_A-0.7)-(-10)}{5}$$

因为 $V_A=0$，可得

$$\frac{5}{5}=I_{D2}+\frac{9.3}{5}\Rightarrow I_{D2}=-0.86mA$$

这和最初假设所有二极管都处于导通状态不一致(导通状态的二极管将有一个正的电流)。

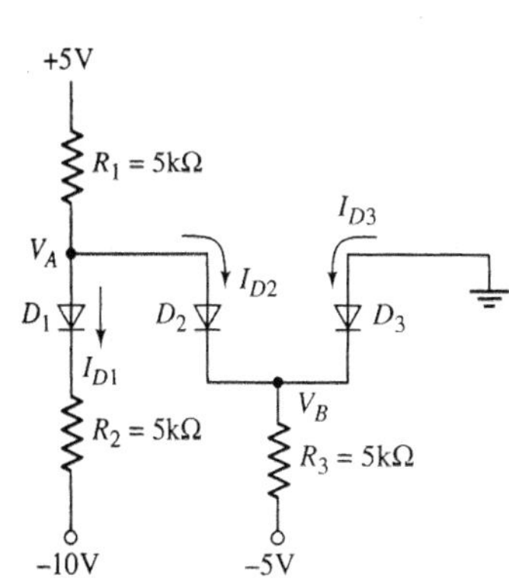

图 2.43 例题 2.12 的二极管电路

现在假设 D_1 和 D_3 导通，D_2 截止。可得

$$I_{D1}=\frac{5-0.7-(-10)}{5+5}=1.43mA$$

和

$$I_{D3}=\frac{(0-0.7)-(-5)}{5}=0.86mA$$

可以看出电压为

$$V_B=-0.7V$$

和

$$V_A=5-(1.43)(5)=-2.15V$$

从 V_A 和 V_B 的值可以看出二极管 D_2 确实反向偏置并截止，所以 $I_{D2}=0$。

点评：在多二极管电路中，二极管导通或截止情况的组合数目增加，将增加在得到正确的结果值之前对电路的分析次数。在多二极管状态下采用计算机仿真或许会节省时间。

练习题

【练习题 2.12】 重做例题 2.12。若 $R_2=10k\Omega$，其他的参数都和例题所给的相同。(答案：$I_{D1}=0.93mA$，$I_{D2}=0.07mA$，$I_{D3}=0.79mA$)

2.4.2 二极管逻辑电路

二极管与其他电路元件连接可以实现确定的**逻辑功能**，例如，与和或。图 2.44 所示电路是一个二极管逻辑电路的例子。由输入电压的各种组合决定电路的四种工作情况为：

$V_1=V_2=0$：对电路没有激励；所以 $V_O=0$，两个二极管都截止。

$V_1=5\text{V}, V_2=0$：二极管 D_1 开始正向偏置，D_2 反向偏置。假设二极管的开启电压 $V_\gamma=0.7\text{V}$，输出电压为 $V_O=4.3\text{V}$。电流为 $I_{D2}=0$ 和 $I_{D1}=I=V_O/R$。

$V_1=0, V_2=5\text{V}$：二极管 D_2 导通，D_1 截止。输出电压为 $V_O=4.3\text{V}$。电流为 $I_{D1}=0$ 和 $I_{D2}=I=V_O/R$。

$V_1=V_2=5\text{V}$：两个二极管都正向偏置，所以输出电压也是 $V_O=4.3\text{V}$。电阻中的电流为 $I=V_O/R$。因为两个二极管都导通，假设二极管电流 I 在两个二极管之间平分，所以 $I_{D1}=I_{D2}=I/2$。

这些结果列出在表 2.1 中。经过定义，在正逻辑系统中，接近于 0 的电压对应于逻辑 0，接近于电源电压 5V 的电压对应于逻辑 1。表 2.1 中列出的结果表明这个电路实现或逻辑功能。那么图 2.44 所示的电路就是两个输入端二极管**或**逻辑电路。

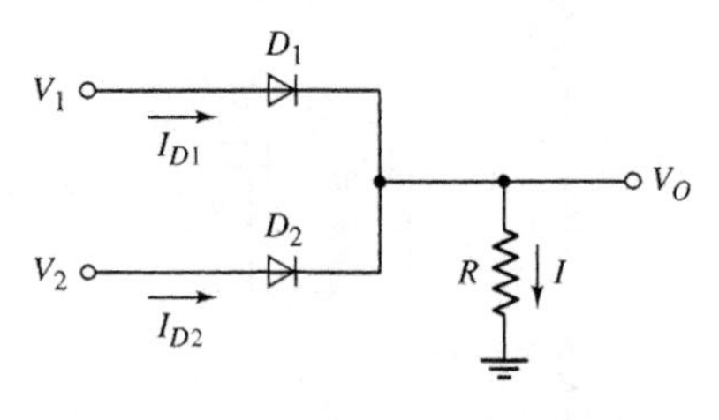

图 2.44 两个输入端的二极管或逻辑电路

表 2.1 两个输入端二极管或逻辑电路的响应

V_1(V)	V_2(V)	V_3(V)
0	0	0
5	0	4.3
0	5	4.3
5	5	4.3

下面考虑图 2.45 所示的电路。假设二极管的开启电压 $V_\gamma=0.7\text{V}$。由输入电压的各种组合决定的电路的四种可能工作情况如下：

$V_1=V_2=0$：两个二极管都正向偏置，所以输出电压 $V_O=0.7\text{V}$。电阻中的电流为 $I=(5-0.7)/R$。假设二极管电流 I 在两个二极管之间平分。所以 $I_{D1}=I_{D2}=I/2$。

$V_1=5\text{V}, V_2=0$：二极管 D_1 截止，D_2 导通。输出电压为 $V_O=0.7\text{V}$。电流为 $I_{D1}=0$ 和 $I_{D2}=I=(5-0.7)/R$。

$V_1=0, V_2=5\text{V}$：这种情况下，二极管 D_1 导通，D_2 截止。输出电压为 $V_O=0.7\text{V}$。电流 $I_{D1}=I=(5-0.7)/R$ 和 $I_{D2}=0$。

$V_1=V_2=5\text{V}$：因为在电源电压和输入电压之间不存在电位差，所有的电流为零并且两个二极管都截止，又因为在电阻 R 两端不存在电压降，所以输出电压 $V_O=5\text{V}$。

这些结果列出在表 2.2 中，从表中可以看出此电路实现了"与"逻辑功能。所以图 2.45 所示电路为两个输入端的二极管**与**逻辑电路。

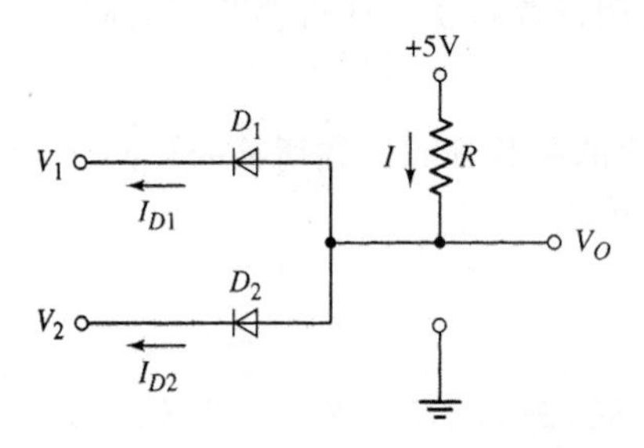

图 2.45 两个输入端的二极管与逻辑电路

表 2.2 两个输入端的二极管与逻辑电路的响应

V_1(V)	V_2(V)	V_3(V)
0	0	0.7
5	0	0.7
0	5	0.7
5	5	5

观察表 2.1 和表 2.2 可以看出，输入的“低电平”和“高电平”电压可能和输出的“低电平”和“高电平”电压不同。对于“与”电路(表 2.2)这个例子来说，输入的“低电平”为 0V，但是输出的“低电平”为 0.7V。由于一个逻辑门的输出常常是另一个逻辑门的输入，这就产生了一个问题。而当二极管逻辑电路级联时又会产生另一个问题，即当一个“或”门的输出与次级“或”门的输入相连时，两个“或”门的逻辑 1 电平不相同(见习题 2.49、2.50)。随着级联的逻辑门增多，逻辑 1 电平将降低或减小。然而，随着放大器件(晶体管)在逻辑系统中的应用这个问题可以得到解决。

理解测试题

【测试题 2.8】 观察图 2.44 所示的“或”逻辑电路。假设二极管的开启电压 $V_\gamma=0.6\text{V}$。(a)如果 $V_2=0$，画出 $0\leqslant V_I\leqslant 5\text{V}$ 范围内 V_O 相对 V_I 的关系曲线。(b)如果 $V_2=3\text{V}$，重复(a)部分。(答案：(a)当 $V_I\leqslant 0.6\text{V}, V_O=0$，当 $0.6\text{V}\leqslant V_I\leqslant 5\text{V}, V_O=V_I-0.6\text{V}$；(b)当 $0\leqslant V_I\leqslant 3\text{V}, V_O=2.4\text{V}$，当 $3\text{V}\leqslant V_I\leqslant 5\text{V}, V_O=V_I-0.6\text{V}$)

【测试题 2.9】 观察图 2.45 所示的“与”逻辑电路。假设二极管的开启电压 $V_\gamma=0.6\text{V}$。(a)如果 $V_2=0$，画出 $0\leqslant V_I\leqslant 5\text{V}$ 范围内 V_O 相对 V_I 的关系曲线。(b)如果 $V_2=3\text{V}$，重复(a)部分。(答案：(a)对全部 $V_I, V_O=0.6\text{V}$；(b)当 $0\leqslant V_I\leqslant 3\text{V}, V_O=V_I+0.6\text{V}$，当 $V_I\geqslant 3\text{V}, V_O=3.6\text{V}$)

2.5　光电二极管和发光二极管电路

本节内容：了解专用光电二极管和发光二极管电路的工作原理和特性。

光电二极管把光信号转化为电流，而发光二极管(LED)则把电流转化为光信号。

2.5.1　光电二极管电路

图 2.46 所示为典型的光电二极管电路，其中在光电二极管上施加了一个反向偏置电压。如果光强度为零，二极管中只有很微弱的反向饱和电流通过。光强度不为零时，光子撞击二极管并在二极管的空间电荷区产生过剩电子和空穴，电场迅速地分开这些过剩载流子并把它们推出空间电荷区，所以就在反向偏置方向产生了**光电流**。光电流的大小为

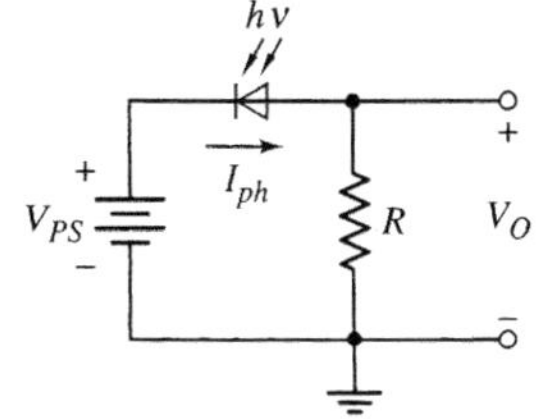

图 2.46　光电二极管电路，其中二极管反向偏置

$$I_{ph}=\eta e\Phi A \tag{2.42}$$

式中，η 为量子效率，e 为电子电荷，Φ 为光子流密度(#/(cm^2·s))，A 为结面积。光电流和光子流之间的这种线性关系成立的前提是假设二极管两端的反向偏置电压是恒定的。这又意味着 R 两端由光电流引起的电压降很小，或者因为电阻 R 也很小。

【例题 2.13】

目的：计算光电二极管产生的光电流。

对于如图 2.46 所示的光电二极管电路，假设量子效率为 1，结面积为 10^{-2}cm^2，入射的光子流为 $5\times10^{17}\text{cm}^{-2}\cdot\text{s}^{-1}$。

解：由式(2.42)得光电流为

$$I_{ph}=\eta e\Phi A=(1)(1.6\times10^{-19})(5\times10^{17})(10^{-2})=0.8\text{mA}$$

点评：入射的光子流通常用光强度的形式给出，以流明、呎-烛光或 W/cm^2 为单位。光强度包括了光子能量和光子流量。

练习题

【练习题 2.13】 (a)光子能量为 $h\nu=2\text{eV}$ 的光子入射在如图 2.46 所示电路的光电二极管上。结面积 $A=0.5\text{cm}^2$，量子效率 $\eta=0.8$。光强度为 $6.4\times10^{-2}\text{W/cm}^2$。试求光电流 I_{ph}。(b)如果 $R=1\text{k}\Omega$，试求保证二极管反向偏置的最小电源电压 V_{PS}。(答案：(a) $I_{ph}=12.8\text{mA}$；(b) $V_{PS}(\min)=12.8\text{V}$)

2.5.2 LED 电路

发光二极管和光电二极管相反，它是把电流转变为光信号。如果二极管正向偏置，电子和空穴会穿过空间电荷区成为过剩少数载流子。这些少数载流子扩散到中性的 N 区和 P 区，并和那里的多数载流子产生复合。复合发生时会导致光子的发射。

LED 是用半导体化合物材料制作而成的，比如砷化镓，磷砷化镓。这些材料为直接带隙半导体。因为这些材料具有比硅高的带隙能，所以正向偏置的结电压比硅做的二极管结电压要大。

通常习惯采用七段 LED 来做数字仪表的读数器，例如，数字伏特表。七段显示器的简图如图 2.47 所示。每一段都是一个 LED，通常由 IC 逻辑门控制。

图 2.48 所示为一种可能的电路连接，即所谓的共阳显示器。该电路中所有 LED 的阳极都连到 5V 的电源上，并且输入端由逻辑门控制。例如，如果 $V_{I,1}$ 为高电平，D_1 截止不会发光。当 $V_{I,1}$ 变为低电平时，D_1 正向偏置而发光。

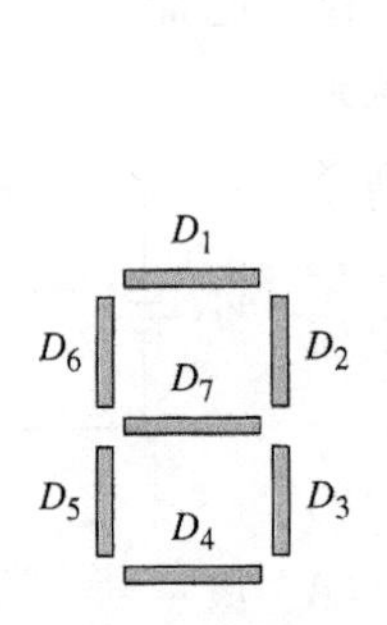

图 2.47 七段 LED 显示器

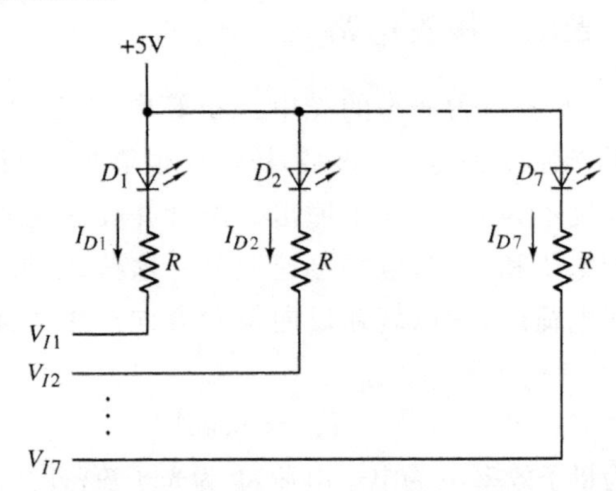

图 2.48 七段 LED 显示器的控制电路

【例题 2.14】

目的：对于如图 2.48 所示的电路，当输入为低电平时，求解限制电路电流所需要的电阻 R 的值。

假设 10mA 的二极管电流能产生所需要的输出光强，并且相应的正向偏置电压降为 1.7V。

解：如果 $V_I=0.2\text{V}$ 即为低电平，那么二极管电流为

$$I=\frac{5-V_\gamma-V_I}{R}$$

则电阻 R 由下式确定为

$$R=\frac{5-V_\gamma-V_I}{I}=\frac{5-1.7-0.2}{10}\approx 310\Omega$$

点评：典型的 LED 限流电阻值在 300～350Ω 范围之内。

练习题

【练习题 2.14】 对于如图 2.48 所示的电路，当 $I=15\text{mA}$ 时，试求限制电路电流所需要的电阻 R 的值。假设 $V_\gamma=0.7\text{V}$，$r_f=15\Omega$，$V_I=0.2\text{V}$ 即为低电平。（答案：$R=192\Omega$）

LED 和光电二极管的一个应用是用在**光隔离器**中，该电路将输入信号和输出端进行电去耦(图 2.49 所示)。施加一个输入信号后由 LED 发出光，随后光电二极管检测到光，并把光转变回电信号。此电路的输出和输入部分之间不存在电的反馈或相互影响。

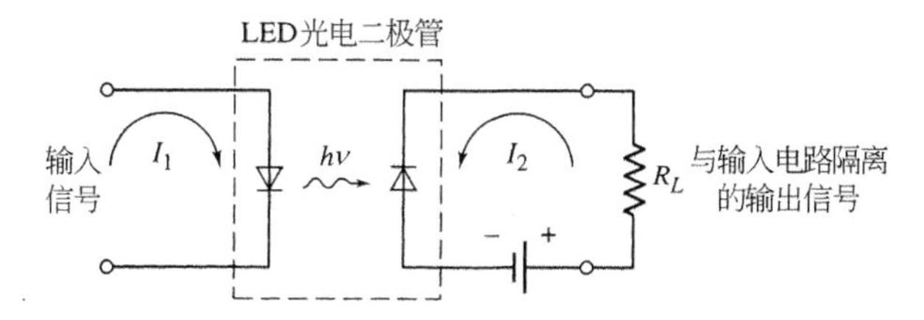

图 2.49　应用 LED 和光电二极管的光隔离器

2.6　设计举例：直流电源

设计目的：设计符合所需指标要求的直流电源。

设计指标：当输出电压保持在 $12\text{V}\leqslant v_O\leqslant 12.2\text{V}$ 范围时，输出负载电流在 25～50mA 之间变化。

设计方案：要设计的电路结构如图 2.50 所示。采用二极管桥式整流电路、RC 滤波器以及和输出负载并联的齐纳二极管。

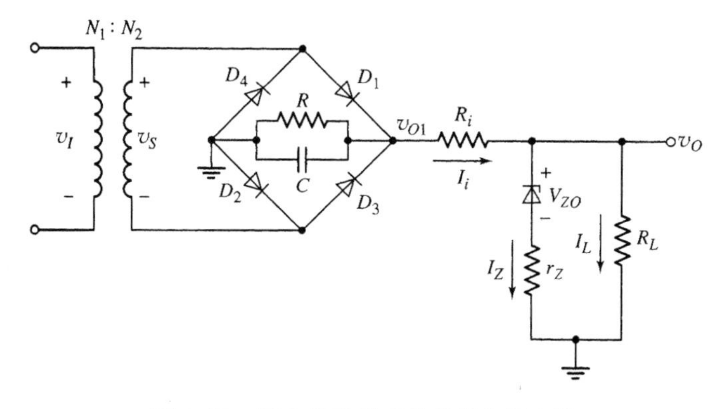

图 2.50　符合设计要求的直流电源电路

方案选择：可以利用有效值在 $110\text{V}\leqslant v_I\leqslant 120\text{V}$ 范围、频率为 60Hz 的交流输入电压。可以选用齐纳电压为 $V_{ZO}=12\text{V}$，齐纳电阻为 2Ω 并可以在 $10\text{mA}\leqslant I_Z\leqslant 100\text{mA}$ 电流范围内

工作的齐纳二极管。还可以使用一个匝数比为 8∶1 的变压器。

解：使用一个匝数比为 8∶1 的变压器，v_S 的峰值在 $19.4\text{V} \leqslant v_S \leqslant 21.2\text{V}$ 范围。假设二极管的开启电压 $V_\gamma = 0.7\text{V}$，v_{O1} 的峰值范围为 $18.0\text{V} \leqslant v_{O1} \leqslant 19.8\text{V}$。

对于 $v_{O1}(\max)$ 和最小负载电流，令 $I_Z = 90\text{mA}$。则

$$v_O = V_{ZO} + I_Z r_Z = 12 + (0.090)(2) = 12.18\text{V}$$

输入电流为

$$I_i = I_Z + I_L = 90 + 25 = 115\text{mA}$$

那么，输入限流电阻 R_i 必定为

$$R_i = \frac{v_{O1} - v_O}{I_i} = \frac{19.8 - 12.18}{0.115} = 66.3\Omega$$

齐纳电流最小值出现在 $I_L(\max)$ 和 $v_{O1}(\min)$ 时，电压 $v_{O1}(\min)$ 出现在 $v_S(\min)$ 时，并且必须考虑纹波电压这一因素。令 $I_Z(\min) = 20\text{mA}$，则输出电压为

$$v_O = V_{ZO} + I_Z r_Z = 12 + (0.020)(2) = 12.04\text{V}$$

此输出电压在指定的输出电压范围内。

现在可以求得

$$I_i = I_Z + I_L = 20 + 50 = 70\text{mA}$$

和

$$v_{O1}(\min) = I_i R_i + v_O = (0.070)(66.3) + 12.04$$

即

$$v_{O1}(\min) = 16.68\text{V}$$

滤波器的最小纹波电压为

$$V_r = v_S(\min) - 1.4 - v_{O1}(\min) = 19.4 - 1.4 - 16.68$$

即

$$V_r = 1.32\text{V}$$

现在令 $R_1 = 500\Omega$。v_{O1} 端对地的有效电阻是 $R_1 \parallel R_{i,\text{eff}}$，这里 $R_{i,\text{eff}}$ 是通过 R_i 和其他电路元件对地的有效电阻。可以近似得

$$R_{i,\text{eff}} \approx \frac{v_S(\text{avg}) - 1.4}{I_i(\max)} = \frac{20.3 - 1.4}{0.115} = 164\Omega$$

则 $R_1 \parallel R_{i,\text{eff}} = 500 \parallel 164 = 123.5\Omega$。可得符合要求的滤波电容为

$$C = \frac{V_M}{2fRV_r} = \frac{19.8}{2(60)(123.5)(1.32)} \approx 1012\mu\text{F}$$

点评：在本例设计中为了能得到合适的输出电压，必须选用一个适当的齐纳二极管。在第 9 章将会看到如何结合运算放大器进行更加灵活的设计。

2.7 本章小结

- 本章分析了几种类型的二极管电路，这些二极管电路可以用来产生各种所需的输出信号。这些电路的相应特性都依赖于二极管的非线性 i-v 关系。在人工分析中继续采用折线化模型和近似技巧。当实际的二极管特性已知时，采用计算机仿真可以得到更为精确的结果。

- 半波和全波整流电路把正弦信号(也就是交流信号)转变成近似的直流信号。利用这些电子电路构成的直流电源可以用来对电子电路和系统设定偏置。*RC* 滤波器可以与整流电路的输出端相连接,用来减小纹波效应。输出信号上纹波电压的大小是 *RC* 滤波器和其他电路参数的函数。
- 齐纳二极管工作在反向击穿区。因为击穿电压在一个很宽的电流范围上为恒定值,所以这些器件可以用在基准电压电路和稳压电路中。调整率是描述电路指标的一个数值,它是输入电压范围、输出负载电阻值及单个器件参数的函数。
- 讨论了用于分析多二极管电路的方法,这些方法也常应用于各种信号处理电路中。这些方法需要假设二极管处于导电(导通)还是不导电(截止)状态。用这些假设分析完电路后,必须回头检验假设是否正确。这些分析技巧显然不像对线性电路的分析那么直接。
- 二极管电路可以用来设计基本的数字逻辑函数。本章分析了表达“或”逻辑函数和“与”逻辑函数的电路。然而,需要指出的是,由于代表输入和输出逻辑的电压值之间的一些矛盾将限制二极管逻辑门的应用。
- 发光二极管(LED)把电流转化成光,广泛地应用在数字显示器中,例如七段。相反,光电二极管探测入射的光信号并将其转化为电流。文中分析了有关这些类型的电路的实例。

本章要求

通过本章的学习,读者应该能做到:

1. 一般而言,能应用二极管折线化模型分析二极管电路。
2. 分析二极管整流电路,包括计算纹波电压。
3. 分析齐纳二极管电路,包括齐纳电阻的作用。
4. 对于二极管限幅和钳位电路,对给定的输入信号求解对应的输出信号。
5. 利用首先做一个假设,然后验证假设的方法来分析多二极管电路。

复习题

1. 在二极管信号处理电路中应用了二极管的什么特性?
2. 阐述简单的二极管半波整流电路并画出输出电压相对于时间变化的曲线。
3. 阐述简单的二极管全波整流电路并画出输出电压相对于时间变化的曲线。
4. 把 *RC* 滤波器连接在整流电路的输出端有什么优点?
5. 定义纹波电压,怎样减小纹波电压的值?
6. 阐述简单的齐纳二极管基准电压电路。
7. 在基准电压电路中齐纳电阻有什么作用?
8. 二极管限幅电路的常规特性是什么?
9. 阐述简单的二极管限幅电路把正弦输入电压的负区域限制到一指定的值的方法。
10. 二极管钳位电路的常规特性是什么?
11. 除了二极管以外还有什么电子元件出现在所有的二极管钳位电路中?

12. 阐述用来分析双二极管电路的顺序。需要多少种有关电路二极管状态的初始假设？

13. 阐述二极管“或”逻辑电路。将输出端和输入端逻辑 1 的值进行比较，它们是相同的值吗？

14. 阐述二极管“与”逻辑电路。将输出端和输入端逻辑 0 的值进行比较，它们是相同的值吗？

15. 阐述可以通过输入高电压或低电压来使 LED 开或关的简单电路。

习题

（注：除非特别指明，在下列题目中都假定 $r_f=0$。）

2.1 节　整流电路

2.1　假设如图 P2.1 所示电路的输入电压为 20V 的峰-峰值，平均值为 0V 的三角波。令 $R=1\text{k}\Omega$，并假设折线化模型的二极管参数为 $V_\gamma=0.6\text{V}$ 和 $r_f=20\Omega$。试画出一个周期内输出电压随时间变化的曲线，并在图上标出所有相应的电压值。

2.2　对于如图 P2.1 所示的电路，试证明对于 $v_I \geqslant 0$，输出电压近似值为

$$v_O = v_I - V_T \ln\left(\frac{v_O}{I_S R}\right)$$

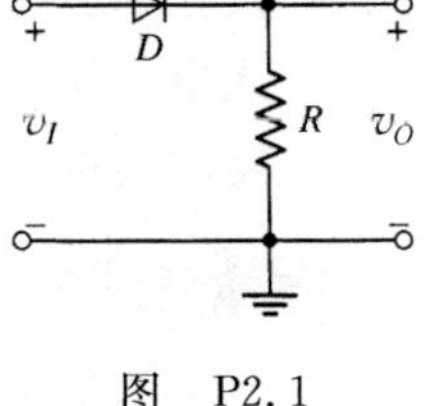

图　P2.1

2.3　观察图 2.2(a)所示的半波整流电路，输入电压为 $v_I=80\sin[2\pi(60)t]$ V，变压器匝数比为 $N_1/N_2=6$。如果 $V_\gamma=0$ 和 $r_f=0$，试求(a)二极管的峰值电流；(b)PIV 的值；(c)输出电压的平均值；(d)$v_O>0$ 的时间占周期时间的百分比例。

2.4　若图 2.8(a)所示全波整流电路的输入信号电压为 $v_I=160\sin[2\pi(60)t]$V。假设每个二极管的 $V_\gamma=0.7\text{V}$。试求产生峰值电压为(a)25V，(b)100V 时所需的变压器匝数比，(c)每个二极管必需的额定 PIV 为多少？(d)用计算机仿真分析检验所得结果。

2.5　若图 2.8(a)所示全波整流电路的输出端负载电阻 $R=150\Omega$，滤波电容和 R 并联。假设 $V_\gamma=0.7\text{V}$，输出电压的峰值为 12V，并且纹波电压不能高于 0.3V，输入频率为 60Hz。(a)试求所需 v_S 电压的有效值。(b)试求所需的滤波电容值。(c)试求通过每个二极管的峰值电流值。

2.6　对于图 2.2(a)所示的半波整流电路重做 2.5 题。

2.7　图 P2.7 所示全波整流电路的输入信号频率为 60Hz，有效值 $v_S=8.5\text{V}$。假设每个二极管的开启电压为 $V_\gamma=0.7\text{V}$。(a)试求 V_O 的最大值。(b)如果 $R=10\Omega$，试求使纹波电压不大于 0.25V 的电容 C 的值。(c)每个二极管必需的额定 PIV 为多少伏？

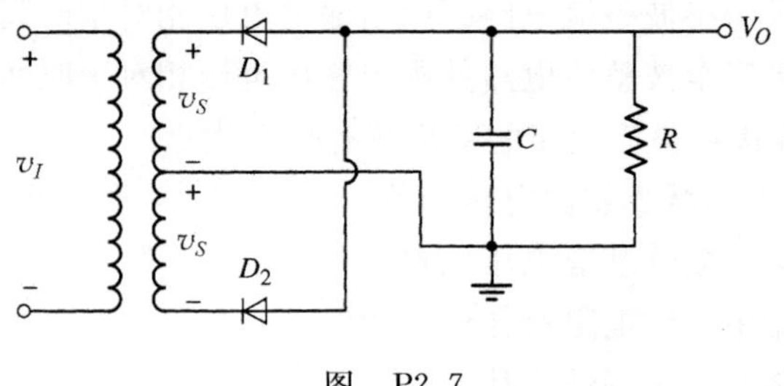

图　P2.7

2.8　观察如图 2.9 所示全波整流电路，输出端负载电阻 $R_L=125\Omega$，每个二极管的开启电压 $V_\gamma=0.7\text{V}$，输入信号频率为 60Hz，滤波电容和 R_L 并联。输出电压的峰值为 15V，并且纹波电压不高于 0.35V。

(a)试求所需电压 v_S 的有效值。(b)试求所需的滤波电容值。

2.9 图 P2.9 所示电路为一个互补输出的整流器。如果 $v_S=26\sin[2\pi(60)t]$,试画出输出波形 v_O^+ 和 v_O^- 相对于时间的关系曲线。假设每个二极管的开启电压 $V_\gamma=0.6\text{V}$。

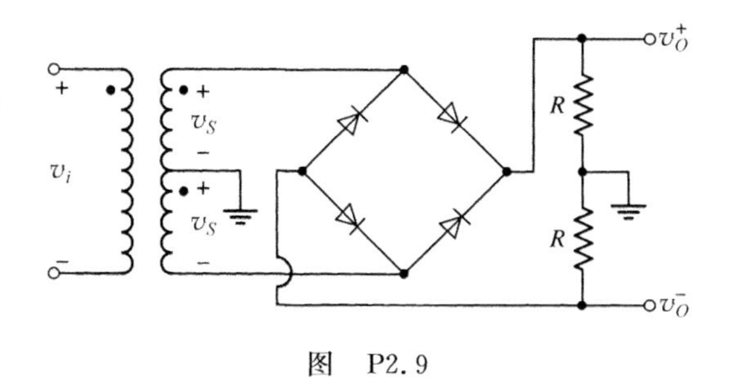

图 P2.9

2.10 观察图 2.6(a)所示的电池充电器电路,令 $V_B=12\text{V}$,$V_\gamma=0.7\text{V}$,$v_S=24\text{V}$ 和 $\omega=2\pi(60)$。充电电流的平均值 $i_D=2\text{A}$。试求所需的 R 值和二极管导电的时间部分。电阻 R 必需的额定功率为多大?

2.11 图 2.7(a)所示的全波整流器电路在负载电阻上产生 0.1A 的电流和 15V 的电压(峰值)。纹波电压峰-峰值不高于 0.4V。输入信号为 120V(有效值)60Hz。假设二极管的开启电压 $V_\gamma=0.7\text{V}$。(a)试求需要的变压器匝数比;(b)滤波电容值;(c)二极管的额定 PIV;(d)用计算机仿真分析校验设计。

*2.12 对于如图 P2.12 所示电路的输入信号,画出 v_O 相对于时间的关系曲线。假设 $V_\gamma=0$。

*2.13 (a)对于如图 P2.13 所示的电路,画出 v_O 相对于时间的关系曲线。其中输入为正弦波 $v_i=10\sin\omega t\,\text{V}$。假设 $V_\gamma=0$。(b)试求输出电压的有效值。

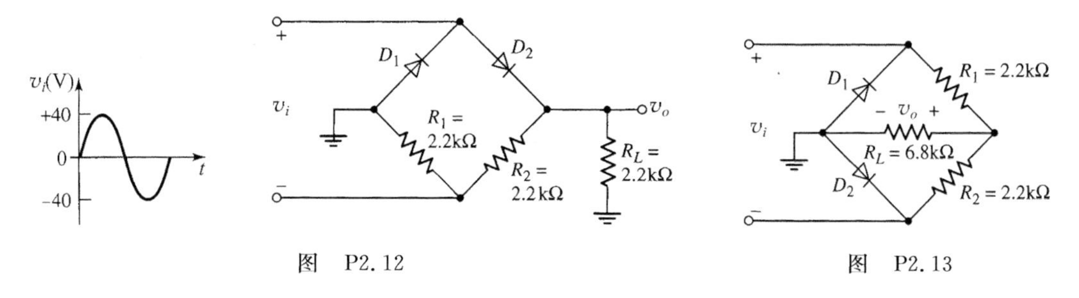

图 P2.12　　　　图 P2.13

2.2 节 齐纳二极管电路

2.14 图 P2.14 所示的齐纳二极管电压 $V_Z=3.9\text{V}$,假设 $r_Z=0$,求解 I_Z 和 I_L。试问消耗在齐纳二极管上的功率是多大?

2.15 观察如图 P2.15 所示的齐纳二极管电路。假设 $V_Z=12\text{V}$ 和 $r_Z=0$。(a)计算对于 $R_L=\infty$ 的齐纳二极管电流和消耗在齐纳二极管上的功率。(b)计算使齐纳二极管电流值为电源电压 40V 时齐纳二极管电流的 1/10 时的 R_L 值。(c)试求在(b)的条件下齐纳二极管上消耗的功率。

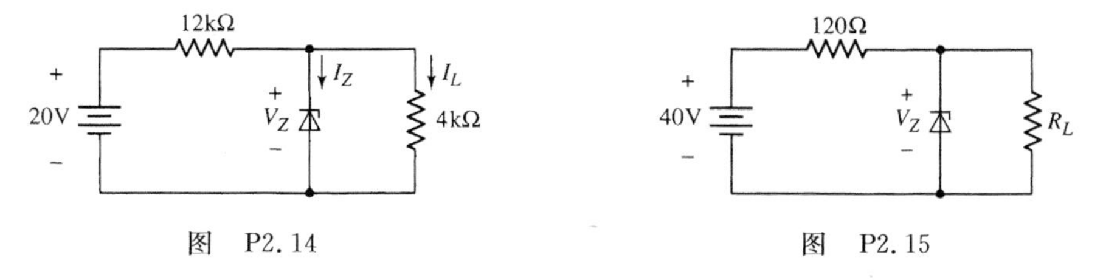

图 P2.14　　　　图 P2.15

2.16 在图 P2.16 所示的稳压电路中。令 $V_I=6.3\text{V}$,$R_i=12\Omega$ 和 $V_Z=4.8\text{V}$。齐纳二极管电流被限制在 $5\text{mA}\leqslant I_Z\leqslant 100\text{mA}$ 范围内。(a)试求可能的负载电流和负载电阻的范围。(b)试求齐纳二极管和负载电阻需要的额定功率。

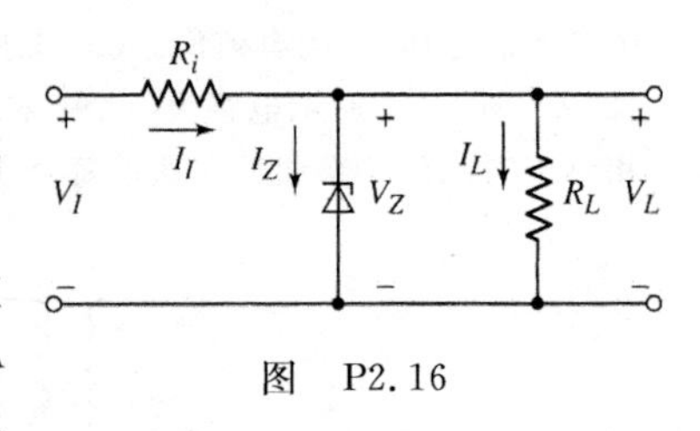

图 P2.16

*2.17 在如图 P2.16 所示的稳压电路中，$V_I=20V$，$V_Z=10V$，$R_i=222\Omega$ 和 $P_Z(\max)=400mW$。(a)如果 $R_L=380\Omega$，试求 I_Z、I_L 和 I_I。(b)试求使二极管消耗功率为 $P_Z(\max)$ 时的 R_L 值。(c)如果 $R_L=175\Omega$，重复(b)部分。

2.18 若图 P2.16 所示稳压电路连接齐纳二极管，齐纳电压 $V_Z=10V$，假设齐纳电阻为 $r_Z=0$。(a)如果输入电流从 $I_L=50mA$ 变化到 500mA，输入电压从 $V_I=15V$ 变化到 20V，试求使齐纳二极管保持工作在击穿区的限流电阻 R_i 的值，假设 $I_Z(\min)=0.1I_Z(\max)$。(b)试求齐纳二极管和负载电阻的额定功率。

2.19 重新考察习题 2.18。(a)如果齐纳电阻为 $r_Z=2\Omega$，试求输出电压的最大变化值。(b)试求电路的调整率。

2.20 若图 2.18 所示的齐纳二极管稳压器的调整率为 5%。齐纳电压为 $V_{ZO}=6V$，齐纳电阻为 $r_Z=3\Omega$。负载电阻在 500～1000Ω 之间变化，输入电阻为 $R_i=280\Omega$，电源电压的最小值为 $V_{PS}(\min)=15V$。试求允许的电源电压的最大值。

*2.21 稳压器的额定输出电压值为 10V，指定的齐纳二极管额定功率为 1W，$I_Z=25mA$ 时的电压降为 10V，齐纳电阻为 $r_Z=5\Omega$。输入电源的额定值为 $V_{PS}=20V$，可变范围 ±25%。输出负载电流在 $I_L=0$～20mA 之间变化。(a)如果要求最小的齐纳电流为 $I_Z=5mA$，试求满足要求的 R_i 值。(b)试求输出电压的最大变化。(c)试求调整率。

*2.22 观察图 P2.22 所示电路。令 $V_\gamma=0$。次级电压为 $v_S=V_S\sin\omega t$，式中，$V_S=24V$。齐纳二极管参数为，当 $I_Z=40mA$ 和 $r_Z=2\Omega$ 时，$V_Z=16V$。试求使负载电流在 $40mA\leqslant I_L\leqslant 400mA$ 内变化，并且使 $I_{Z,(\min)}=40mA$ 的 R_i 值，并求使纹波电压不大于 1V 的 C 值。

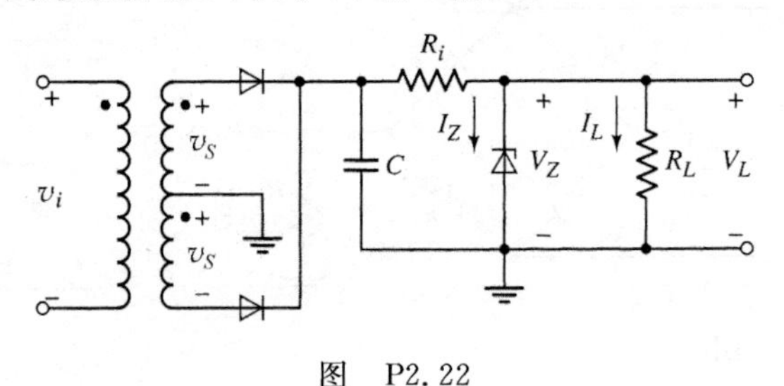

图 P2.22

*2.23 图 P2.22 所示电路中的次级电压为 $v_S=12\sin\omega t$ V。齐纳二极管参数为：$I_Z=100mA$ 和 $r_Z=0.5\Omega$ 时 $V_Z=8V$。令 $V_\gamma=0$ 和 $R_i=3\Omega$。试求负载电流在 $I_L=0.2$～1A 之间时的调整率。并求使纹波电压不大于 0.8V 的 C 值。

2.3 节 限幅电路和钳位电路

2.24 在如图 P2.24 所示电路中，令 $V_\gamma=0$。(a)画出 v_O 相对于 v_I 在 $-10V\leqslant v_I\leqslant 10V$ 范围内的关系曲线。(b)画出和(a)部分相同范围内的 i_I。

2.25 对于图 P2.25 所示的电路，(a)画出 $0\leqslant v_I\leqslant 15V$ 时，v_O 相对于 v_I 的关系曲线，并标出所有的不连续点，假设 $V_\gamma=0.7V$。(b)画出相同输入电压范围内的 i_D。(c)用计算机仿真比较(a)和(b)的结果。

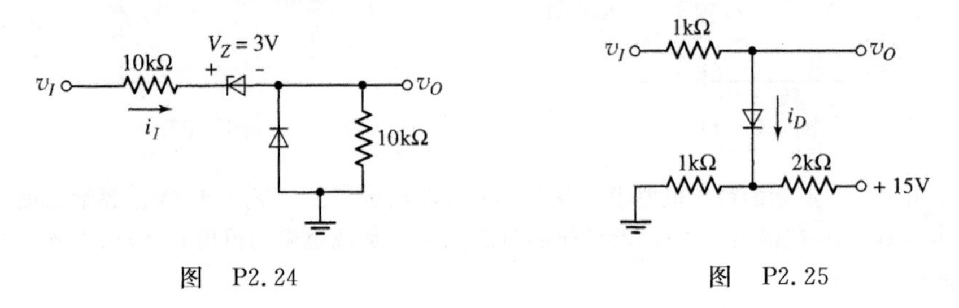

图 P2.24　　图 P2.25

2.26　对于如图 P2.26 所示的电路，令 $V_\gamma=0.7\text{V}$，假设输入电压在 $-10\text{V}\leqslant v_I\leqslant+10\text{V}$ 范围内变化。画出(a) v_O 相对于 v_I 和(b) i_D 相对于 v_I 在指定输入电压范围内的变化。

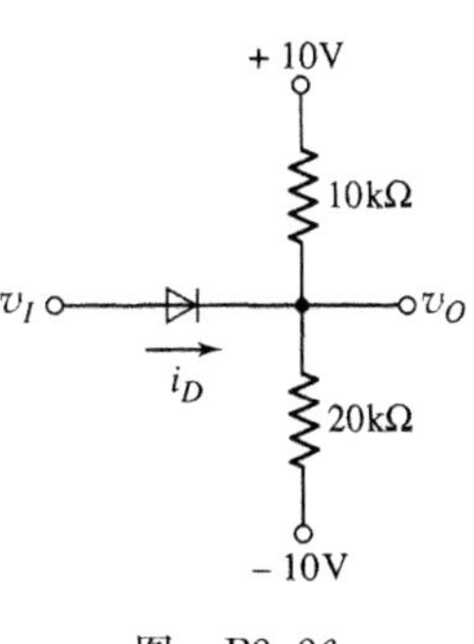

图　P2.26

*2.27　图 P2.27(a)所示电路中二极管的折线化参数为 $V_\gamma=0.7\text{V}$ 和 $r_f=10\Omega$。(a)画出 v_O 相对于 v_I 在 $-30\text{V}\leqslant v_I\leqslant 30\text{V}$ 范围内的关系曲线。(b)如果施加如图 P2.27(b)所示的三角波，试画出输出相对于时间的关系曲线。

2.28　观察图 P2.28 所示的电路，如果 $v_I=15\sin\omega t\,\text{V}$，并假设 $V_\gamma=0.7\text{V}$，试画出 v_O 相对于时间的关系曲线。

2.29　对于如图 P2.29 所示的每个电路，试画出 v_O 相对于所示输入的关系曲线。假设(a) $V_\gamma=0$，(b) $V_\gamma=0.6\text{V}$。

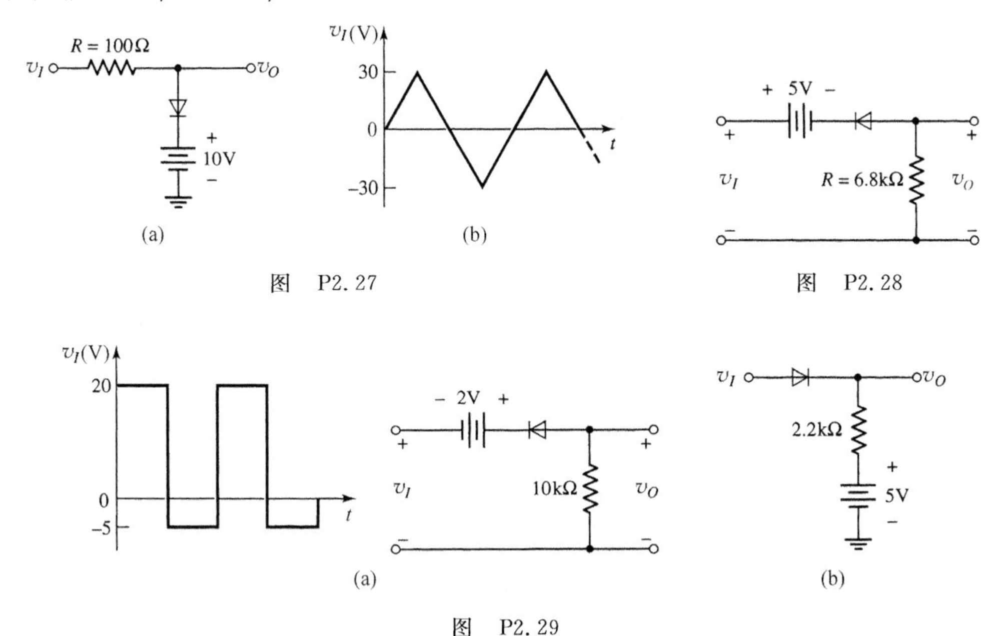

图　P2.27

图　P2.28

图　P2.29

2.30　观察如图 2.29 所示并联限幅电路。假设 $V_{Z1}=6\text{V}$ 和 $V_{Z2}=4\text{V}$，而每个二极管的 $V_\gamma=0.7\text{V}$。对于 $v_I=10\sin\omega t$，试画出 v_O 相对于时间在两个输入信号周期内的关系曲线。

*2.31　汽车收音机受来自点火系统尖峰电压的影响。可能存在 $\pm250\text{V}$，持续 $120\mu\text{s}$ 的电压脉冲。用电阻、二极管和齐纳二极管设计一个限幅电路把输入电压限制在 $+14\text{V}$ 和 -0.7V 之间。并确定电路元件的额定功率。

2.32　对于如图 P2.32 所示的每个电路和输入电压，试画出稳态输出电压 v_O 相对于时间的关系曲线。假设 $V_\gamma=0$，并假设时间常数 RC 很大。

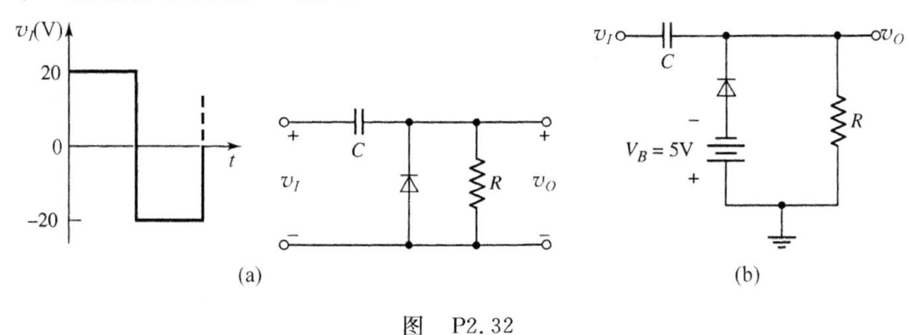

图　P2.32

2.33 设计二极管钳位电路，使图 P2.33 所示的输入电压 v_I 产生如图所示的稳态输出电压 v_O。假设(a)$V_\gamma=0$，(b)$V_\gamma=0.7$V。

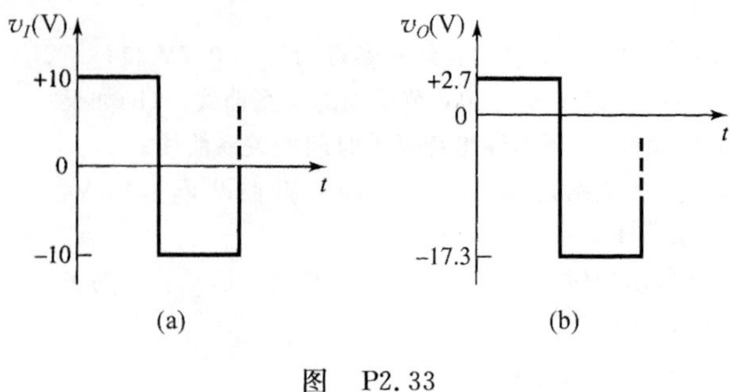

图 P2.33

2.34 设计二极管钳位电路，使图 P2.34 所示的输入电压 v_I 产生如图所示的稳态输出电压 v_O。如果 $V_\gamma=0$。

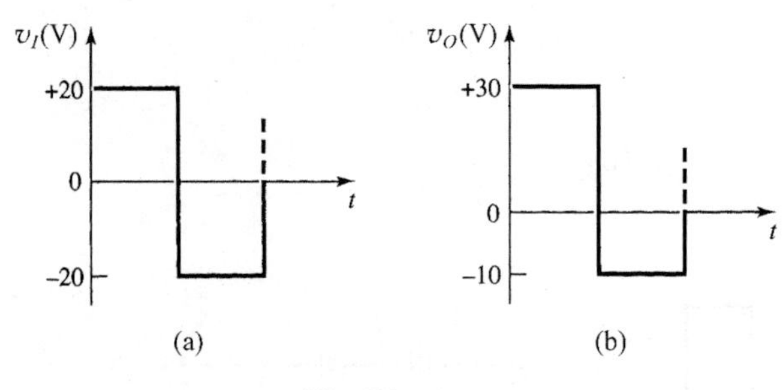

图 P2.34

2.35 对于图 2.32(a)所示的电路，令 $V_\gamma=0$ 和 $v_I=10\sin\omega t$。对于(a)$V_B=+3$V 和(b)$V_B=-3$V，试画出 v_O 相对于时间在 3 个输入电压周期内的变化。

2.36 在图 2.32(a)所示电路中二极管反向连接的状态下，重做 2.35 题。

2.4 节 多二极管电路

2.37 图 P2.37 所示电路中二极管的折线化模型参数为 $V_\gamma=0.6$V 和 $r_f=0$。对于下面的输入条件，试求输出电压 V_O 和电流 I_{D1}、I_{D2}。(a)$V_1=10$V，$V_2=0$；(b)$V_1=5$V，$V_2=0$；(c)$V_1=10$V，$V_2=5$；(d)$V_1=V_2=10$V。(e)对(a)～(d)的结果和计算机仿真分析的结果进行比较。

2.38 图 P2.38 所示电路中二极管的折线化模型具有和 2.37 题中相同的参数。对于下面的输入条件，试求输出电压 V_O 以及电流 I_{D1}、I_{D2} 和 I 值。(a)$V_1=V_2=10$V；(b)$V_1=10$V，$V_2=0$；(c)$V_1=10$V，$V_2=5$V；(d)$V_1=V_2=0$V。

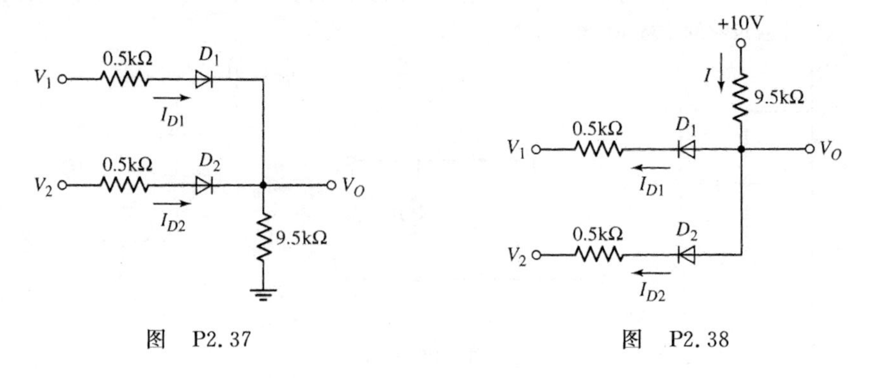

图 P2.37　　　　图 P2.38

2.39　图 P2.39 所示电路中二极管的折线化模型具有和 2.37 题中相同的参数。对于下面的输入条件，试求输出电压 V_O 以及电流 I_{D1}、I_{D2}、I_{D3} 和 I 值。(a)$V_1=V_2=0$；(b)$V_1=V_2=5$V；(c)$V_1=5$V，$V_2=0$；(d)$V_1=5$V，$V_2=2$V。

2.40　图 P2.40 所示的电路中每个二极管的开启电压 $V_\gamma=0.6$V。(a)对于 $R_1=2$kΩ，$R_2=6$kΩ 和 $R_3=2$kΩ，试求 V_1、V_2 以及每个二极管的电流。(b)对于 $R_1=6$kΩ，$R_2=R_3=5$kΩ，重复(a)部分。(c)试求使每个二极管电流为 0.5A 的 R_1，R_2 和 R_3 值。

2.41　(a)对于图 P2.41 所示的电路，每个二极管的 $V_\gamma=0.6$V，试画出 v_O 相对于 v_I 在 $0\leqslant v_I\leqslant 10$V 范围内的关系曲线。(b)对(a)的结果和计算机仿真分析的结果进行比较。

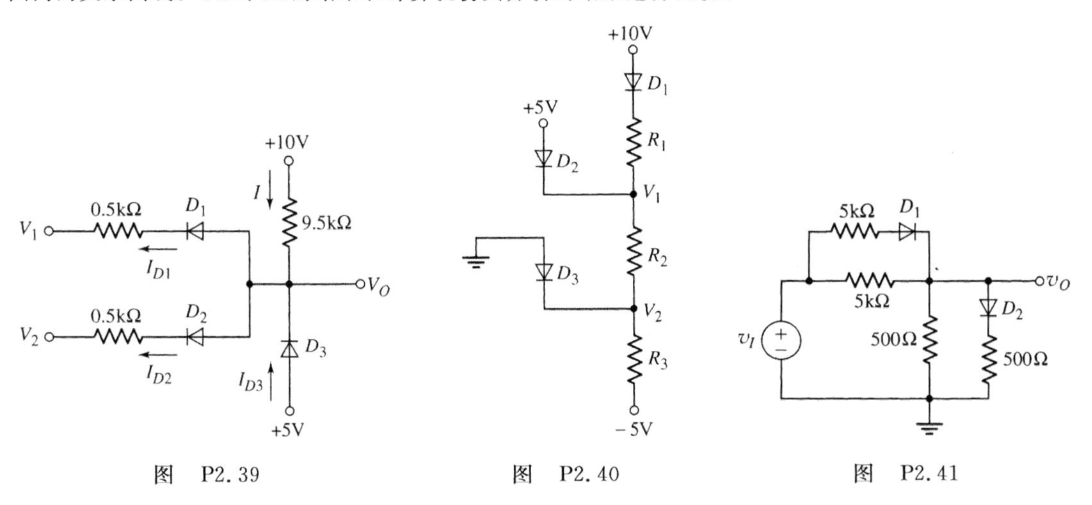

图　P2.39　　　图　P2.40　　　图　P2.41

*2.42　假设对于图 P2.42 所示的电路，每个二极管的 $V_\gamma=0.7$V，试画出 v_O 相对于 v_I 在 $-10\text{V}\leqslant v_I\leqslant 10$V 范围内的关系曲线。

2.43　对于图 P2.43 所示的电路，令每个二极管的 $V_\gamma=0.7$V。(a)对于 $R_1=5$kΩ 和 $R_2=10$kΩ，试求 I_{D1} 和 V_O。(b)对于 $R_1=10$kΩ 和 $R_2=5$kΩ，重复(a)部分。

2.44　对于图 P2.44 所示的电路，令每个二极管的 $V_\gamma=0.7$V。对于(a)$R_1=10$kΩ，$R_2=5$kΩ；(b)$R_1=5$kΩ，$R_2=10$kΩ，试求 I_{D1} 和 V_O。

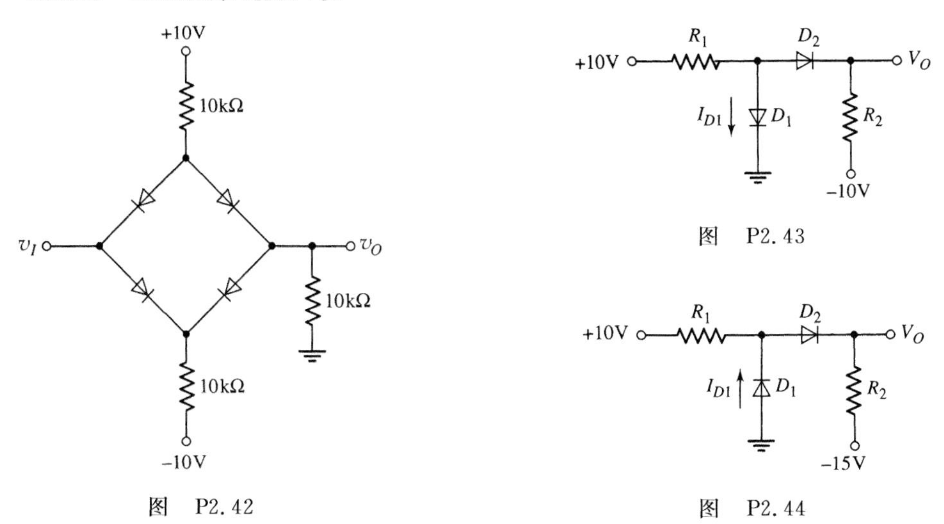

图　P2.42

图　P2.43

图　P2.44

2.45　对于图 P2.45 所示的电路，假设每个二极管的 $V_\gamma=0.7$V。对于(a)$R_1=10$kΩ，$R_2=5$kΩ；(b)$R_1=5$kΩ，$R_2=10$kΩ，试求 I_{D1} 和 V_O。

2.46 对于图 P2.46 所示的电路,如果二极管的 $V_\gamma=0.7\text{V}$,试求 I_D 和 V_O。

2.47 令图 P2.47 所示电路中的二极管 $V_\gamma=0.6\text{V}$。对于(a)$V_1=15\text{V}$,$V_2=10\text{V}$;(b)$V_1=10\text{V}$,$V_2=15\text{V}$,试求 I_D 和 V_D。

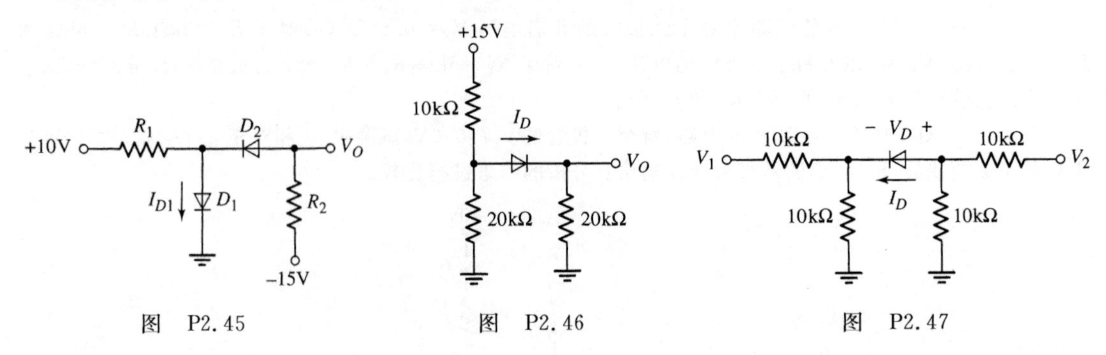

图 P2.45　　图 P2.46　　图 P2.47

2.48 (a) 图 P2.48 所示电路中每个二极管的折线化模型参数都为 $V_\gamma=0$ 和 $r_f=0$。试画出 v_O 相对于 v_I 在 $0\leqslant v_I\leqslant 30\text{V}$ 范围内的关系曲线。标出分割点并指出不同区域中每个二极管的状态。(b)对(a)部分的结果和计算机仿真分析的结果进行比较。

2.49 观察图 P2.49 所示的电路,一个二极管或逻辑门的输出和下一个或逻辑门的输入相连接。假设每个二极管的 $V_\gamma=0.6\text{V}$。当(a)$V_1=V_2=0$;(b)$V_1=5\text{V}$,$V_2=0$;(c)$V_1=V_2=5\text{V}$ 时,试求输出 V_{O1} 和 V_{O2}。V_{O1} 和 V_{O2} 的高电平状态对应的值是多少?

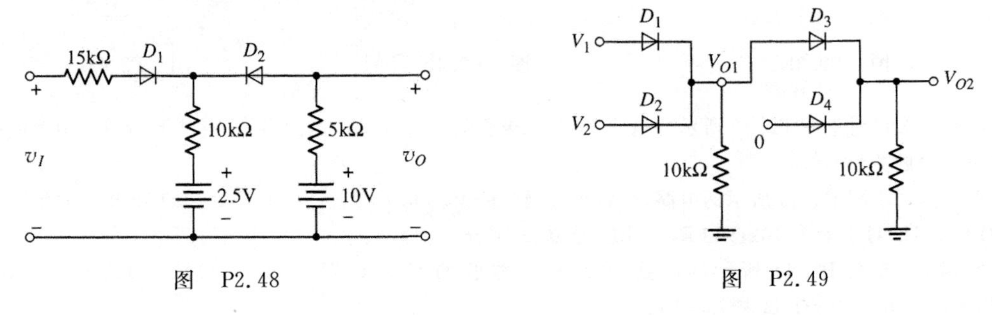

图 P2.48　　图 P2.49

2.50 观察图 P2.50 所示的电路,一个二极管与逻辑门的输出和下一个与逻辑门的输入相连接。假设每个二极管的 $V_\gamma=0.6\text{V}$。当(a)$V_1=V_2=5\text{V}$;(b)$V_1=0$,$V_2=5\text{V}$;(c)$V_1=V_2=0$ 时,试求输出 V_{O1} 和 V_{O2}。V_{O1} 和 V_{O2} 的低电平状态对应的值是多少?

2.51 根据图 P2.51 所示电路的四个输入电压,试求 V_O 的布尔表达式。(提示:可以利用真值表)

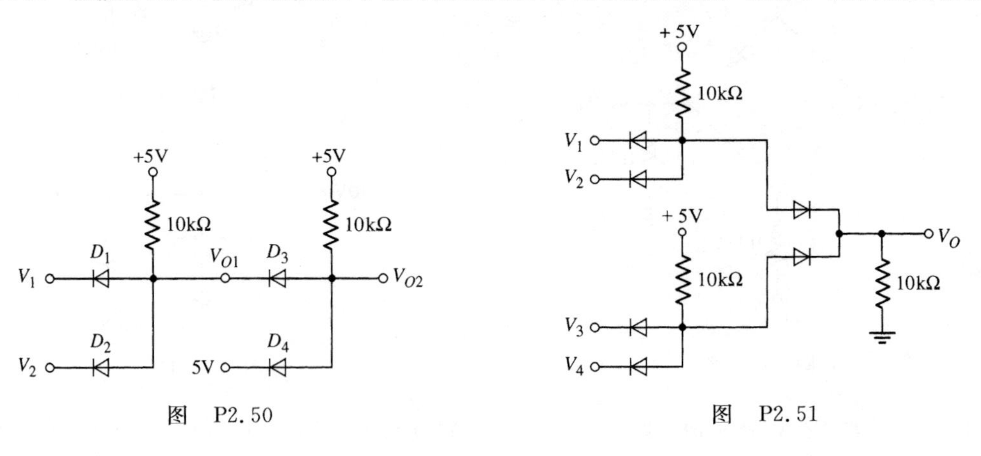

图 P2.50　　图 P2.51

2.5节　光电二极管和发光二极管电路

2.52　观察图P2.52所示的电路。二极管的正向偏置开启电压为1.5V。正向偏置电阻为$r_f=10\Omega$。当$V_1=0.2V$时要把电流限制为$I=12mA$,试求所需的R值。

2.53　图P2.52所示电路中的发光二极管参数为$V_\gamma=1.7V$和$r_f=0$。当电流为$I=8mA$时光线才能被检测到。如果$R=750\Omega$,确定使光线刚刚被检测到的V_1值。

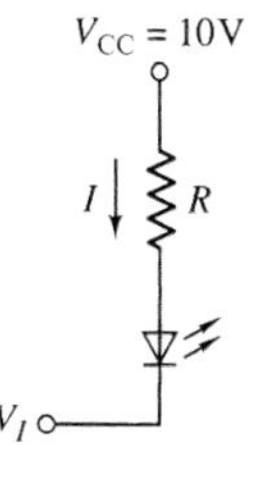

图　P2.52

2.54　如果在例题2.13中的电阻$R=2k\Omega$,二极管反向偏置电压至少为1V,试求所需电源电压的最小值。

2.55　观察图2.46所示的光电二极管电路。假设量子效率为1。要求入射的光子流$\Phi=10^{17}cm^{-2}\cdot s^{-1}$产生0.6mA的光电流。试求所需的二极管结面面积。

计算机仿真题

2.56　利用计算机仿真修正例题2.1的结果。

2.57　观察图2.17所示的倍压整流电路。假设输入信号为60Hz的正弦信号,变压器匝数比为1∶1。令$R=5k\Omega$和$C_1=C_2=100\mu F$。试画出两个输入周期内的稳态输出电压。

2.58　结合设计例题2.5的设计结果进行计算机仿真。

2.59　对测试题2.7进行计算机仿真分析。在每个半周期内电压的变化量是多少?

设计题

(注:每个设计都应和计算机仿真联系起来。)

*D2.60　设计全波整流电路使其输出电压的峰值为9V,输送到负载上的电流为150mA,并且伴随输出的纹波不大于输出的5%。采用120V(有效值),60Hz的电源电压。可用的电压匝数比只能为$N_1/N_2=$10、15和20。

*D2.61　设计全波整流器电路,在电流为4A时用来提供28V的直流电压。纹波不高于3%,可用120V(有效值),60Hz的电源电压。

*D2.62　设计全波整流稳压电源,采用5∶1的中心抽头变压器和一个7.5V,1W的齐纳二极管。对一个在120～450Ω之间变化的负载,电源必须能提供稳定的7.5V电压。输入电源电压为120V(有效值),60Hz。

第3章

场效应晶体管

本章将介绍一种重要的晶体管，即金属-氧化物-半导体场效应晶体管(MOSFET)。MOSFET导致了20世纪70年代和80年代的电子学革命，在这场革命中，微处理器的发展使得开发功能强大的台式计算机、膝上型电脑以及精密复杂的手持计算器成为可能。MOSFET可以做得非常小，利用它可以开发出高密度的超大规模集成电路(VLSI)和高密度的存储器。

MOSFET有两种互补的器件，即N沟道MOSFET(NMOS)和P沟道MOSFET(PMOS)。两种器件同等重要，并且在电子电路设计中具有高度的灵活性。

场效应晶体管还有另外一种类型，即结型场效应晶体管(结型FET)。它通常又分为两种类型，即PN结型场效应晶体管(JFET)和用肖特基势垒结制作而成的金属-半导体场效应晶体管(MESFET)。虽然JFET比MOSFET出现得早，但是MOSFET的应用范围和具体使用已经远远超过了JFET。尽管如此，本章还将分析几种JFET电路。

本章内容

- 学习和掌握各种类型MOSFET的工作原理和特性。
- 了解并熟悉MOSFET电路的直流分析和设计方法。
- 分析MOSFET电路的三种应用。
- 研究MOSFET的电流源偏置电路，比如它们在集成电路中的应用。
- 分析多级或多晶体管电路的直流偏置。
- 了解结型场效应晶体管的工作原理和特性，并分析JFET电路的直流响应。
- 将MOS晶体管加入到应用设计中，用以改进第1章所讨论的使用二极管的简单电子温度计的设计。

3.1 MOS场效应晶体管

本节内容：学习和掌握各种类型的金属-氧化物-半导体场效应晶体管(MOSFET)的工作原理和特性。

金属-氧化物-半导体场效应晶体管(MOSFET)从 20 世纪 70 年代开始成为一种实际可用的器件。MOSFET 与 BJT 相比可以制作得非常小(即在一个 IC 芯片上占据很小的面积)。因为数字电路可以只使用 MOSFET 来设计,并且基本上不使用电阻和二极管,所以包括微处理器和存储器在内的高密度 VLSI 电路才能制造出来。MOSFET 使得开发手持计算器、功能强大的个人计算机以及膝上型电脑成为可能。在下一章将会看到 MOSFET 也可以用在模拟电路中。

在 MOSFET 中,电流由施加在半导体表面和电流方向正交的电场控制。这种通过在半导体表面施加正交电场来调整半导体的导电性,即控制半导体中的电流的现象称为**场效应**。MOS 晶体管的基本工作原理就是利用二端口之间的电压来控制流过第三端口的电流。

随后的两节将讨论各种类型的 MOSFET。逐渐阐明其 i-v 特性,然后考虑各种 MOSFET 电路结构的直流偏置。通过这些章节的学习,读者应该能够熟悉并适应 MOSFET 和 MOSFET 电路。

3.1.1　二端口 MOS 结构

MOSFET 的核心是图 3.1 所示的金属-氧化物-半导体电容器。其中,金属可以是铝或其他的金属。很多情况下,金属可以用沉积在氧化物上的高导电性的多晶硅层取代。尽管如此,通常在讲到 MOSFET 时仍使用金属这个词。图中参数 t_{ox} 为氧化物的厚度,ε_{ox} 为氧化物的介电常数。

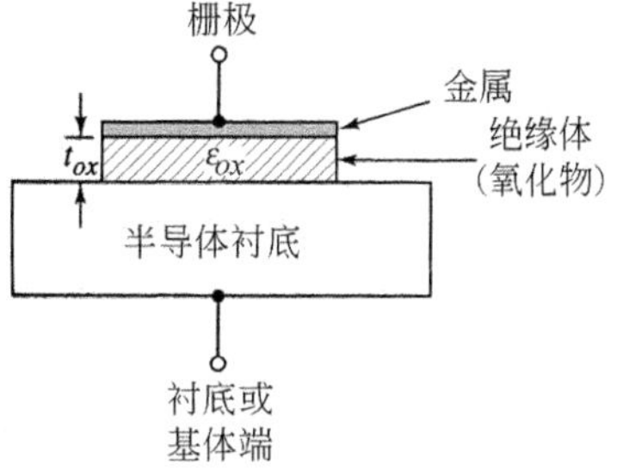

图 3.1　MOS 电容的基本结构

MOS 结构的物理特性可以借助一个简单的平行板电容器[①]来解释。图 3.2(a)所示为一个平行板电容器,此电容器顶板和底板分别施加了电压的负极和正极。由一种绝缘材料把两板隔离开。在这种施加电压的条件下,顶板和底板上分别存在负电荷和正电荷,如图所示。于是在两个平行板之间就产生了感应电场。

图 3.2(b)所示为 P 型半导体作衬底的 MOS 电容器,其顶端金属电极也称为**栅极**,在栅极相对于半导体衬底之间施加了负电压。从平行板电容器的例子可以看出在顶端的金属板上存在负电荷,并将产生图示方向的感应电场。如果电场穿过半导体,则 P 型半导体中的空穴将受到一个指向氧化物-半导体交界面的作用力。在这种特定的电压状态下,MOS 电容器中电荷的平衡分布状态如图 3.2(c)所示。带正电荷的空穴在氧化物-半导体交界面形成一个聚集层,对应于 MOS 电容器底板所带的正电荷。

在和上述电路相同的 MOS 电容器上施加相反极性的电压,如图 3.3(a)所示。这时金属顶板中产生正电荷,形成一个反方向的感应电场。在此情况下,如果电场穿过半导体,则 P 型半导体中的空穴将受到一个使之远离氧化物-半导体交界面的作用力。由于受主杂质原子是不能移动的,随着空穴在电场力作用下远离氧化物-半导体交界面,于是在交界面附近就产生了一个负的空间电荷区即耗尽层。感应产生的耗尽层所带的负电荷对应于 MOS 电容器底板上的负电荷,图 3.3(b)表示了这种外加电压状态下 MOS 电容器中电荷的平衡

---

① 忽略边缘场时,平行板电容器的电容量为 $C=\varepsilon A/d$,其中 A 为平板面积,d 为两平板间的距离,ε 为两板间存储介质的介电常数。

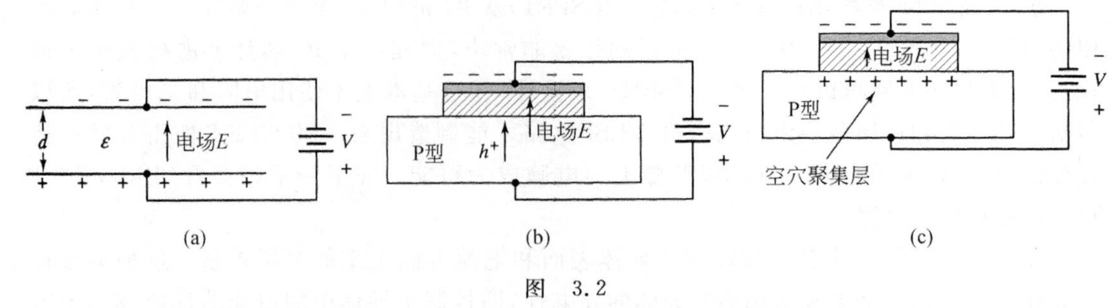

图 3.2

(a) 平行板电容器,图示为电场和导体电荷; (b) 对应栅极负偏压的 MOS 电容器,所示为电场和电荷流; (c) 带空穴聚集层的 MOS 电容器

分布状态。

当在栅极施加较大的正向偏置电压时,感应电场的场强增加,于是少数载流子电子被吸引到氧化物-半导体交界面,如图 3.3(c)所示。这种少子电荷区称为**电子反型层**。反型层中的负电荷量是栅极偏压的函数。

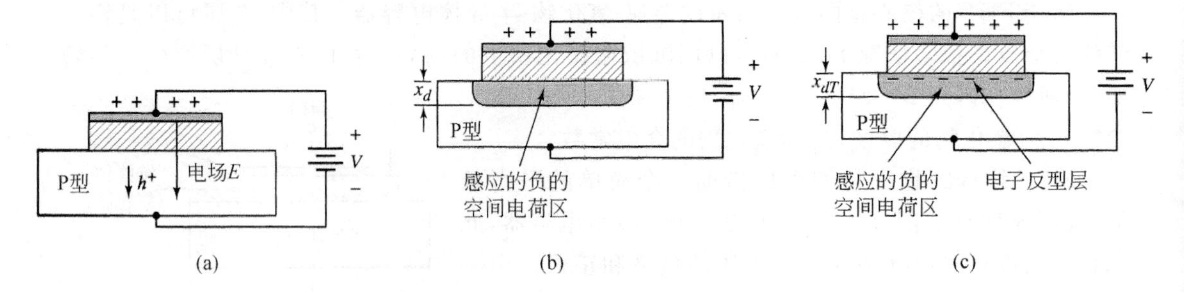

图 3.3 P 型衬底的 MOS 电容器

(a) 栅极正向偏置效应,图示为电场和电荷流; (b) 适当的栅极正向偏置产生空间电荷区的 MOS 电容器; (c) 较大的栅极正向偏置感应产生的空间电荷区和电子反型层的 MOS 电容器

在 N 型半导体衬底的 MOS 电容器中也可以得到同样的基本电荷分布。图 3.4(a)给出了这种 MOS 电容器的结构,其中顶端栅极施加了正电压,在顶端栅极上产生了正电荷,并形成了图示方向的电场。在此情况下就在 N 型半导体中感应了一个电子聚集层。

图 3.4(b)所示为栅极施加负偏压的情况,感应电场在 N 型衬底上感应了一个正的空间电荷区。当在栅极施加较大的负偏压时,如图 3.4(c)所示,在氧化物-半导体交界面产生了一个正的电荷区。这个包含少数载流子空穴的区域称为**空穴反型层**。反型层中的正电荷量是栅极偏压的函数。

增强型这个词意味着必须在栅极施加一个电压,用来产生反型层。对于 P 型衬底的 MOS 电容器,必须施加一个正的栅极电压来产生电子反型层;对于 N 型衬底的 MOS 电容器必须施加负的栅极电压来产生空穴反型层。

3.1.2 N 沟道增强型 MOSFET

下面将利用 MOS 电容器中反型层电荷的概念来引出 MOS 晶体管的工作原理。

MOS 晶体管结构

图 3.5(a)所示为一个简单的 MOS 场效应晶体管的横剖面图,其中栅极、氧化物以及 P

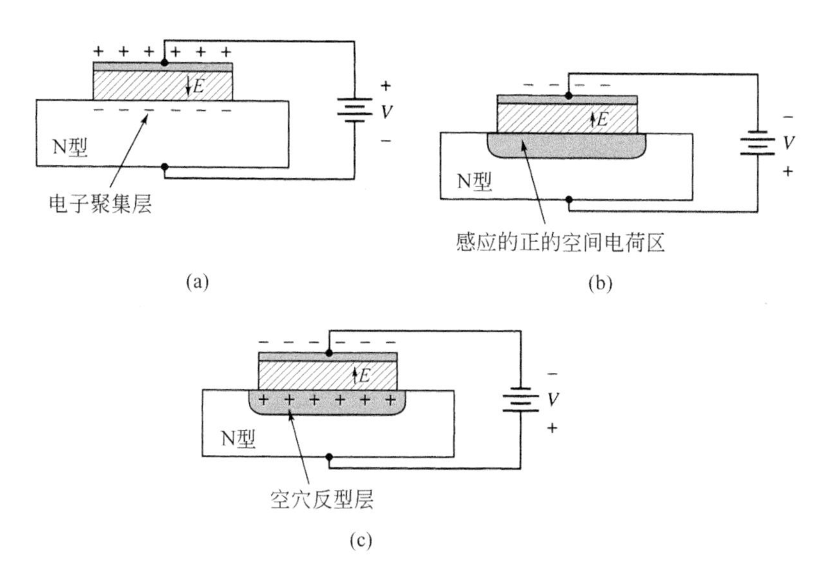

图 3.4 N型衬底的 MOS 电容器

(a) 栅极正向偏置效应和电子聚集层的形成；(b) 适当的栅极负偏压产生空间电荷区的 MOS 电容器；(c) 带感应的空间电荷区和较大栅极负偏压产生空穴反型层的 MOS 电容器

型衬底都和前述 MOS 电容器中的相同。但是这里有两个 N 区域，分别称为**源极**和**漏极**。MOSFET 中的电流是由反型层中电荷的流动引起的。紧贴氧化物-半导体交界面的反型层也称为**沟道区**。

图 3.5(a)中定义了沟道长度 L 和沟道宽度 W。典型的集成电路 MOSFET 的沟道长度小于 $1\mu m(10^{-6}m)$，这意味着 MOSFET 是很小的器件。氧化物厚度 t_{ox} 的典型值在 $400Å(10^{-10}m)$左右，或者更小。

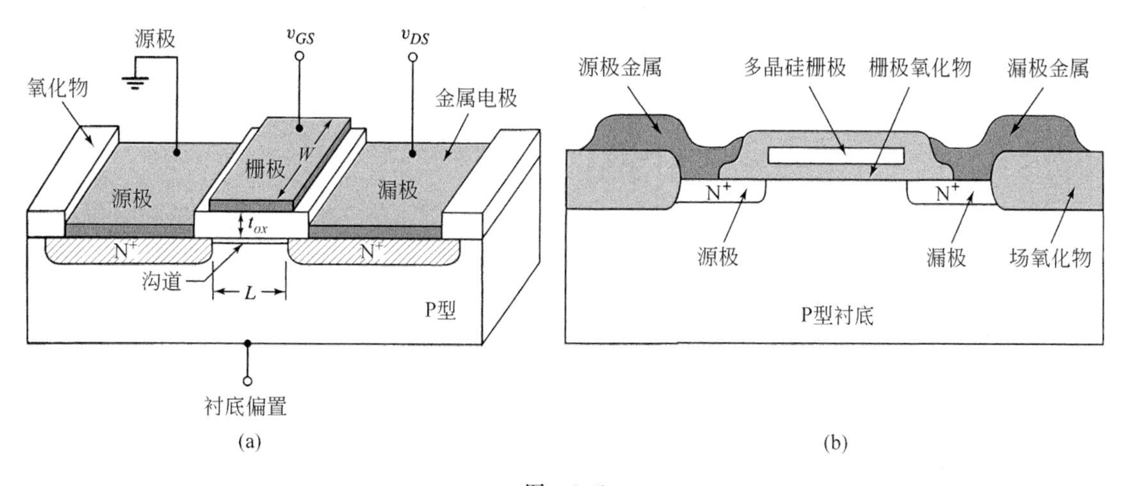

图 3.5

(a) N 沟道增强型 MOSFET 原理图；(b) N 沟道增强型 MOSFET，所示为场氧化物和多晶硅栅极

图 3.5(a)是对 MOS 晶体管基本结构的简单描述，图 3.5(b)则给出了更为详细的 MOSFET 横剖面图，这是用来制作集成电路的 MOSFET 结构。称为**场氧化物**的厚厚的氧化层沉积在形成金属互联线的区域外部。栅极通常采用高掺杂的多晶硅。即使 MOSFET

的实际结构相当复杂，也可以用这种简单的示意图来研究 MOS 晶体管的基本特性。

MOS 晶体管的基本工作原理

当栅极偏压为零时，源极和漏极被 P 型区隔开，相当于两个背靠背的二极管，如图 3.6(a)、(b)所示。这种情况下的电流基本为零。如果在栅极施加一个足够大的正向电压，则在氧化物-半导体交界面就会产生电子反型层，如图 3.6(c)所示。反型层把 N 型的源极和 N 型的漏极连接起来，就会在源极和漏极之间产生电流。因为栅极必须施加电压才能产生反型层电荷，所以这种 MOS 晶体管称为**增强型 MOSFET**；同时，因为反型层中的载流子为电子，所以这种器件也称为 **N 沟道 MOSFET(NMOS)**。

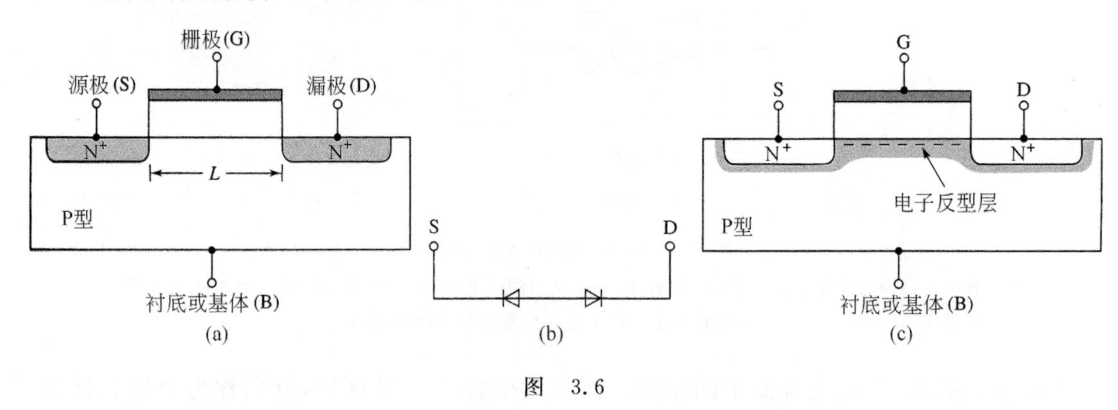

图 3.6

(a) 生成电子反型层之前的 N 沟道 MOSFET 管横截面图；(b) MOS 晶体管截止时源极和漏极之间等价的背靠背二极管；(c) 生成电子反型层之后的 N 沟道 MOSFET 管横截面图

源极提供流过沟道的载流子，漏极允许载流子从沟道中流过。对于 N 沟道 MOSFET，当施加一个漏-源电压时，电子从源极流向漏极。这通常意味着电流从漏极流进并从源极流出。电流的大小是反型层中电荷量的函数，也是外加栅极电压的函数。由于栅极和沟道之间被氧化物或绝缘体隔开，所以不存在栅极电流。同样，由于沟道和衬底之间被空间电荷区隔开，所以基本没有电流流过衬底。

3.1.3 MOSFET 理想的电流-电压特性——NMOS 器件

在 N 沟道 MOSFET 中，用 V_{TN} 表示其阈值电压，它定义[①]为当产生的反型层电荷密度和半导体衬底中多子浓度相等时的外加电压。为简单起见，可以认为阈值电压是令 MOS 晶体管开启的栅极电压。

因为 N 沟道增强型 MOSFET 管需要一个正的栅极电压来产生反型电荷，所以它的阈值电压为正。如果栅极电压比阈值电压小，则器件中的电流基本为零；如果栅极电压比阈值电压大，则当施加漏极-源极电压时将会产生从漏极到源极的电流。栅极和漏极的电压大小是相对于源极来说的。

图 3.7(a)所示为源极和衬底接地的 N 沟道增强型 MOSFET。当栅-源电压小于阈值电压，并且漏-源电压也较小时，这种偏置状态下没有电子反型层产生，漏极和衬底之间的

① 阈值电压的符号通常为 V_T，可是前面已经定义了热电压为 $V_T=kT/q$，所以这里用 V_{TN} 表示 N 沟道器件的阈值电压。

PN 结反向偏置并且漏极电流为零(忽略了 PN 结泄漏电流)。

如图 3.7(b)所示,对同样的 MOSFET 管施加大于阈值电压的栅极电压。在此情况下产生了一个电子反型层,并且当施加一个较小的漏极电压时,反型层中的电子从源极流向正的漏极,则电流从漏极流进并从源极流出。需要注意的是,正的漏极电压使漏极和衬底之间的 PN 结反向偏置,所以电流从沟道流过,而不流过 PN 结。

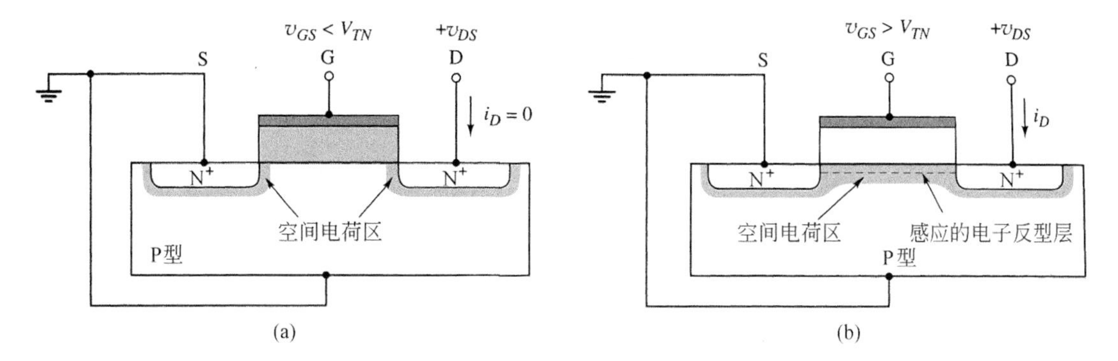

图 3.7 N 沟道增强型 MOSFET 管

(a) 施加栅极电压 $v_{GS}<V_{TN}$时的情况;(b) 施加栅极电压 $v_{GS}>V_{TN}$时的情况

v_{DS}较小时,i_D 相对于 v_{DS}的特性曲线[①]如图 3.8 所示。当 $v_{GS}<V_{TN}$ 时,漏极电流为零。当 $v_{GS}>V_{TN}$时,形成沟道反型电荷,漏极电流随着 v_{DS}的增加而增加。当栅极电压非常大时,反型层电荷密度也很大,于是给定一个 v_{DS}的值就对应了一个较大的漏极电流。

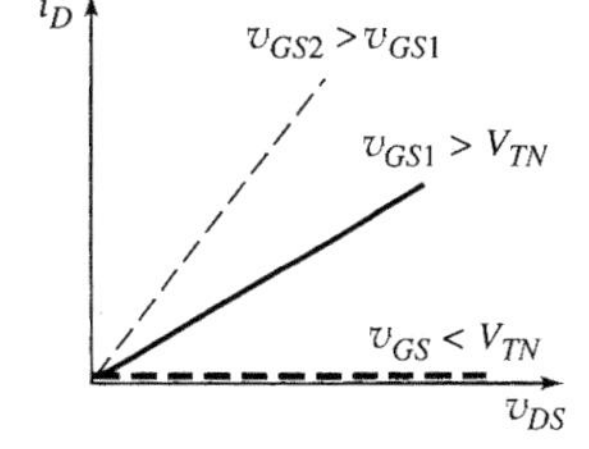

图 3.8 v_{DS} 较小时三个不同的 v_{GS}值时 i_D 相对于 v_{DS} 的变化曲线

图 3.9(a)所示为 $v_{GS}>V_{TN}$ 并且 v_{DS} 较小时的 MOS 基本结构。图中反型层沟道厚度本质上反映了相对的电荷密度。在此情况下,整个沟道中电荷密度是不变的常数。相应的 i_D 随 v_{DS}变化的曲线也如图所示。

图 3.9(b)所示为 v_{DS}增加时 MOS 的基本结构。随着漏极电压的增加,靠近漏极的氧化物上的电压降减小,这意味着漏极附近感应的反型层电荷减少。靠近漏极的沟道增量电导减小,导致 i_D 相对于 v_{DS}变化曲线的斜率减小。这种效果显示在图所示的 i_D 相对于 v_{DS}变化的曲线上。

随着 v_{DS}的增加,当靠近漏极的氧化物上的电势差 $v_{GS}-v_{DS}=V_{TN}$时,在漏极感应的反型电荷密度为零。这种作用如图 3.9(c)所示。在此情况下靠近漏极的沟道增量电导为零,这即意味着 i_D 相对于 v_{DS}变化的曲线的斜率为零。可以写为

$$v_{GS}-v_{DS}(\text{sat})=V_{TN} \tag{3.1(a)}$$

即

$$v_{DS}(\text{sat})=v_{GS}-V_{TN} \tag{3.1(b)}$$

式中,$v_{DS}(\text{sat})$为在漏极产生的反型电荷密度为零时的漏-源电压。

---

① 带双字母下标的电压符号 v_{DS}和 v_{GS}分别表示漏-源电压和栅-源电压。符号中隐含了下标的第一个字母相应的电极为电压的正极。

当 v_{DS} 大于 v_{DS}(sat)时，沟道中反型电荷密度刚好为零的点向源极移动。在此情况下，从源极进入沟道的电子穿过沟道向漏极移动，在电荷趋近于零的点注入到空间电荷区，在这里它们被电场猛推到漏极。在理想的 MOSFET 中，漏极电流在 $v_{DS}>v_{DS}$(sat)时是恒定的。i_D 相对于 v_{DS} 的关系曲线上这段区域称为**饱和区**，如图 3.9(d)所示。

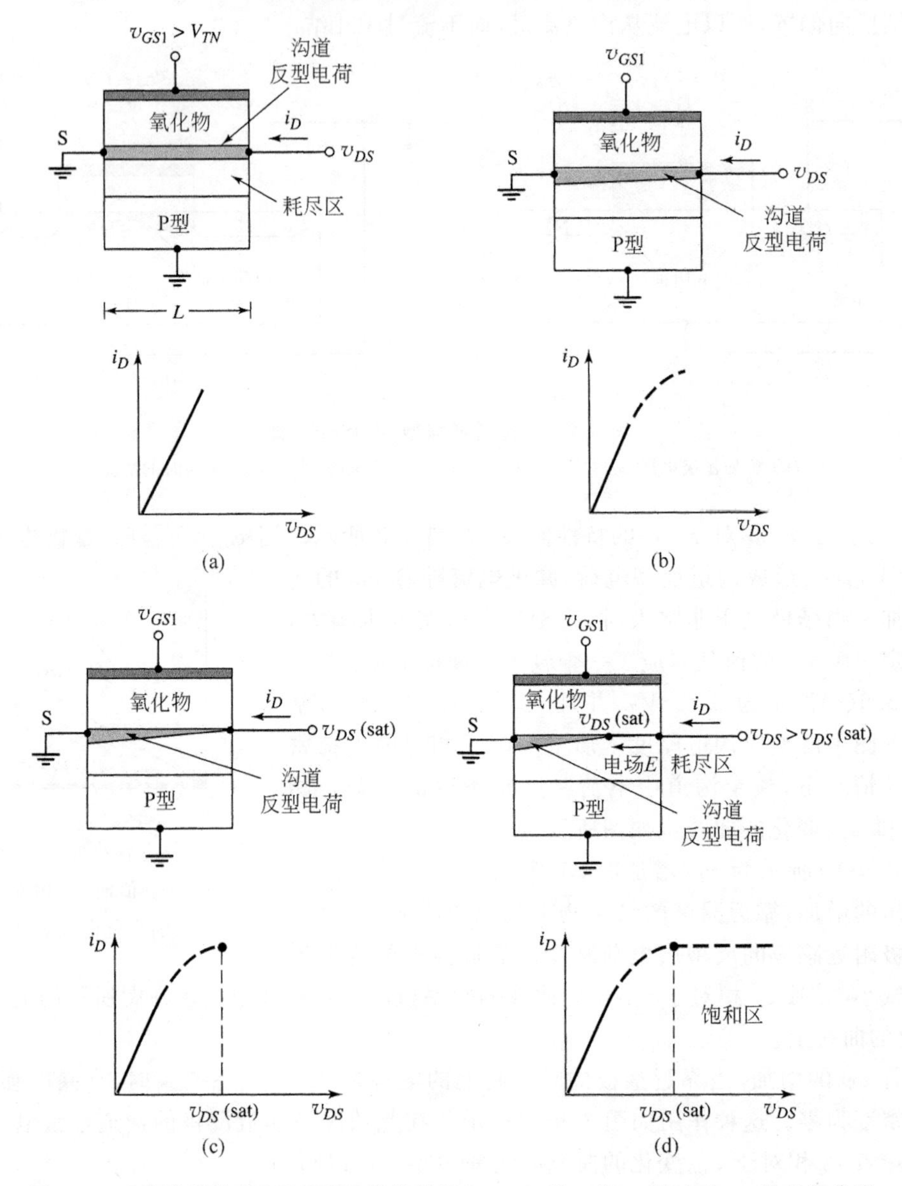

图 3.9 N 沟道增强型 MOSFET 管横截面和 $v_{GS}>V_{TN}$ 时 i_D 相对于 v_{DS} 的变化曲线

(a) 较小 v_{DS} 值的情况；(b) 较大的 v_{DS} 且 $v_{DS}<v_{DS}$(sat)的情况；(c) $v_{DS}=v_{DS}$(sat)的情况；(d) $v_{DS}>v_{DS}$(sat)的情况

当栅-源电压变化时，i_D 相对于 v_{DS} 的关系曲线也发生变化。从图 3.8 中可以看出，最初，i_D 相对于 v_{DS} 变化的关系曲线的斜率随着 v_{GS} 的增加而增加。同时，式(3.1(b))表明了 v_{DS}(sat)是 v_{GS} 的函数。这样，就可以得出图 3.10 所示的 N 沟道增强型 MOSFET 的特性曲线簇。

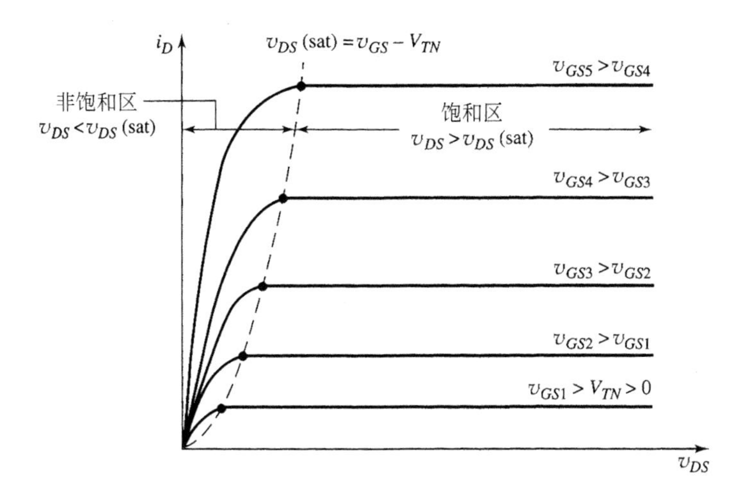

图 3.10 N 沟道增强型 MOSFET 管的 i_D 相对于 v_{DS} 的特性曲线簇

注意电压 $v_{DS}(\text{sat})$ 在每条曲线上为单个的点，这些点表示 MOS 晶体管处于饱和区和非饱和区之间的分界点

尽管 MOSFET 电流-电压特性的推导过程超出了本书的范围，但可以定义这些关系。$v_{DS} < v_{DS}(\text{sat})$ 时的区域称为**非饱和区**或**三极管区**。此区域理想的电流-电压特性可以描述为

$$i_D = K_n[2(v_{GS} - V_{TN})v_{DS} - v_{DS}^2] \tag{3.2(a)}$$

在 $v_{DS} > v_{DS}(\text{sat})$ 的饱和区理想的电流-电压特性描述为

$$i_D = K_n(v_{GS} - V_{TN})^2 \tag{3.2(b)}$$

在饱和区，由于理想的漏极电流不取决于漏-源电压，增量电阻或小信号电阻为无穷大，可以看出

$$r_0 = \Delta v_{DS}/\Delta i_D \big|_{v_{GS}=\text{const.}} = \infty$$

参数 K_n 有时被称为 N 沟道器件的跨导参数，但是不要把它和下一章将要介绍的小信号跨导参数混淆。为简单起见，可以把这个参数称为**传导参数**。N 沟道器件的**传导参数**可以表示为

$$K_n = \frac{W\mu_n C_{ox}}{2L} \tag{3.3(a)}$$

式中，C_{ox} 为氧化物单位面积的电容量，表示为

$$C_{ox} = \varepsilon_{ox}/t_{ox}$$

式中 t_{ox} 为氧化物厚度，ε_{ox} 为氧化物介电常数。对硅材料器件来说，$\varepsilon_{ox} = (3.9)(8.85 \times 10^{-14})\text{F/cm}$。参数 μ_n 为反型层中电子的迁移率。沟道宽度 W 和沟道长度 L 如图 3.5(a) 所示。

式(3.3(a))表明传导参数同时是电气参数和几何参数的函数。对于给定的制造工艺来说，氧化物电容和载流子迁移率是基本恒定的。然而，在 MOSFET 的设计中，几何结构即宽与长的比 W/L 是个变量，常用于在 MOSFET 电路中产生特定的电流-电压特性。

也可以用下面的形式写出传导参数为

$$K_n = \frac{k_n'}{2} \cdot \frac{W}{L} \tag{3.3(b)}$$

式中 $k_n'=\mu_n C_{ox}$，称为**工艺传导参数**。通常，对于特定的制造工艺可以认为 k_n' 为一常数。所以式(3.3(b))表明了宽与长的比 W/L 是 MOS 晶体管设计的可变参数。

【例题 3.1】

目的：计算 N 沟道 MOSFET 中的电流。

已知具有如下参数的 N 沟道增强型 MOSFET 管：$V_{TN}=0.75\text{V}$，$W=40\mu\text{m}$，$L=4\mu\text{m}$，$\mu_n=650\text{cm}^2/(\text{V}\cdot\text{s})$。$t_{ox}=450\text{Å}$，$\varepsilon_{ox}=(3.9)(8.85\times10^{-14})\text{F/cm}$。当 $V_{GS}=2V_{TN}$ 时，MOS 晶体管工作在饱和区，试求其电流。

解：传导参数可由式(3.3(a))定义求得，首先，考虑式中各项的单位有

$$K_n:\ \frac{W(\text{cm})\cdot\mu_n\left(\dfrac{\text{cm}^2}{\text{V}\cdot\text{s}}\right)\varepsilon_{ox}\left(\dfrac{\text{F}}{\text{cm}}\right)}{2L(\text{cm})\cdot t_{ox}(\text{cm})}=\frac{\text{F}}{\text{V}\cdot\text{s}}=\frac{(\text{C/V})}{\text{V}\cdot\text{s}}=\frac{\text{A}}{\text{V}^2}$$

于是，传导参数的值为

$$K_n=\frac{W\mu_n\varepsilon_{ox}}{2Lt_{ox}}=\frac{(40\times10^{-4})(650)(3.9)(8.85\times10^{-14})}{2(4\times10^{-4})(450\times10^{-8})}$$

即

$$K_n=0.249\text{mA/V}^2$$

对于 $V_{GS}=2V_{TN}$，由式(3.2(b))可得

$$i_D=K_n(v_{GS}-V_{TN})^2=(0.249)(1.5-0.75)^2=0.140\text{mA}$$

点评：可以通过增加 MOS 晶体管的传导参数来增加 MOS 晶体管的电流大小。对于特定的制造工艺，可以通过改变 MOS 晶体管宽度来调整 K_n 的值。

练习题

【练习题 3.1】 对于 $V_{TN}=1\text{V}$ 的 NMOS 晶体管，当 $v_{GS}=3\text{V}$ 和 $v_{DS}=4.5\text{V}$ 时，漏极电流 $i_D=0.8\text{mA}$。试计算满足下列条件的漏极电流：(a) $v_{GS}=2\text{V}$，$v_{DS}=4.5\text{V}$；(b) $v_{GS}=3\text{V}$，$v_{DS}=1\text{V}$。(答案：(a)0.2mA(b)；0.6mA)

3.1.4 P 沟道增强型 MOSFET 管

P 沟道增强型 MOSFET 管是和 N 沟道增强型 MOSFET 管互补的器件。

MOS 晶体管结构

图 3.11 所示为 P 沟道增强型 MOS 晶体管的横截面简化图。这里的衬底为 N 型半导体，源极和漏极区为 P 型半导体。沟道长度、沟道宽度和氧化物厚度的定义与图 3.5(a)中对 NMOS 器件的定义相同。

MOS 晶体管的基本工作原理

除了载流子为空穴而不是电子外，P 沟道器件的工作原理和 N 沟道器件的相同。需要在栅极施加一个负电压使氧化物下面的沟道区产生空穴反型层。P 沟道器件的阈值电压表

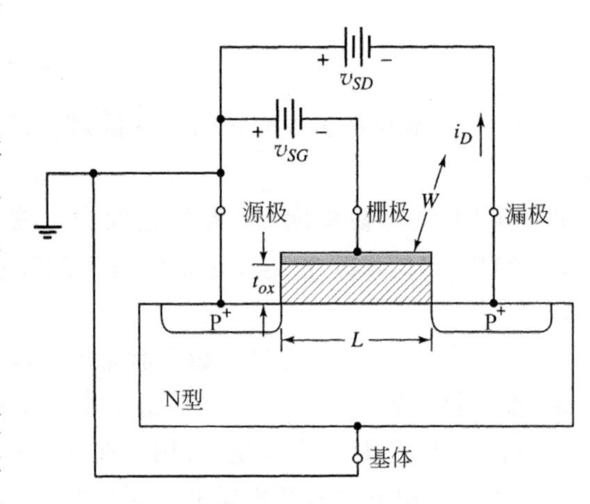

图 3.11 P 沟道增强型 MOSFET 管横截面
当 $v_{SG}=0$ 时器件截止。W 的尺寸为垂直页面的方向

示为 V_{TP}[①]。因为阈值电压定义为产生反型层所需要的栅极电压，所以对于 P 沟道增强型器件有 $V_{TP}<0$。

一旦产生反型层，P 型源极区域是载流子的源头，于是空穴就从源极流向漏极。因而需要一个负的漏极电压在沟道中产生电场，使空穴在电场力的作用下从源极移向漏极。所以 PMOS 晶体管的电流方向通常为从源极流进并从漏极流出。PMOS 器件规定的电流方向和电压极性都和 NMOS 器件的相反。

注意图 3.11 中电压的脚注字母反转了。对于 $v_{SG}>0$，则栅极电压相对于源极电压为负。同样，对于 $v_{SD}>0$，漏极电压相对于源极电压为负。

3.1.5　理想 MOSFET 管的电流-电压特性——PMOS 器件

P 沟道增强型器件的电流-电压特性和图 3.10 所示的基本相同。注意漏极电流是从漏极流出的电流，电压 v_{DS} 变为 v_{SD}。饱和点用 $v_{SD}(\text{sat})=v_{SG}+V_{TP}$ 表明。

当 P 沟道器件偏置在非饱和区时，器件电流表示为

$$i_D = K_P[2(v_{SG}+V_{TP})v_{SD}-v_{SD}^2] \tag{3.4(a)}$$

饱和区电流为

$$i_D = K_P\,(v_{SG}+V_{TP})^2 \tag{3.4(b)}$$

它也是从漏极流出的漏极电流。参数 K_P 为 P 沟道器件的传导参数，且

$$K_P = \frac{W\mu_P C_{ox}}{2L} \tag{3.5(a)}$$

式中 W、L 和 C_{ox} 如前面所定义，分别为沟道宽度、沟道长度和氧化物单位面积上的电容量。μ_P 为空穴反型层中空穴的迁移率。通常，空穴反型层迁移率要小于电子反型层迁移率。

也可以把式(3.5(a))写成下面的形式，即

$$K_P = \frac{k'_P}{2}\cdot\frac{W}{L} \tag{3.5(b)}$$

式中，$k'_P=\mu_P C_{ox}$。

当 P 沟道 MOSFET 偏置在饱和区时，可得

$$v_{SD} > v_{SD}(\text{sat}) = v_{SG}+V_{TP} \tag{3.6}$$

【例题 3.2】

目的：求解使 P 沟道增强型 MOSFET 管偏置在饱和区的源极-漏极电压。

已知参数为 $K_P=0.2\text{mA/V}^2$，$V_{TP}=-0.5\text{V}$ 和 $i_D=0.5\text{mA}$ 的 P 沟道增强型 MOSFET 管。

解：在饱和区，漏极电流为

$$i_D = K_P\,(v_{SG}+V_{TP})^2$$

即

$$0.50 = 0.2(v_{SG}-0.50)^2$$

可以得出

$$v_{SG} = 2.08\text{V}$$

---

① 对 PMOS 器件用一个和 NMOS 器件不同的阈值电压参数只是为了使概念更清晰。

所以，为了使此 P 沟道 MOSFET 管偏置在饱和区，必须使下式成立，即

$$v_{SD} > v_{SD}(\text{sat}) = v_{SG} + V_{TP} = 2.08 - 0.5 = 1.58\text{V}$$

点评：MOS 晶体管是偏置在饱和区还是非饱和区，取决于栅-源电压和漏-源电压。

练习题

【练习题 3.2】 (a)对于 PMOS 器件，阈值电压 $V_{TP}=-2\text{V}$，施加的源-栅电压 $v_{SG}=3\text{V}$。当(ⅰ)$v_{SD}=0.5\text{V}$，(ⅱ)$v_{SD}=2\text{V}$ 和(ⅲ)$v_{SD}=5\text{V}$ 时，试求器件的工作区。(b)对于耗尽型 PMOS 器件，$V_{TP}=+0.5\text{V}$，重复(a)部分。(答案：(a)(ⅰ)非饱和区，(ⅱ)饱和区，(ⅲ)饱和区。(b)(ⅰ)非饱和区，(ⅱ)非饱和区，(ⅲ)饱和区)

3.1.6 电路符号和规范

N 沟道增强型 MOSFET 管的规定电路符号如图 3.12(a)所示。垂直的实线表示栅电极，垂直的虚线表示沟道(虚线表明器件为增强型)，栅极线和沟道线分开表明氧化物使栅极和沟道绝缘。衬底和沟道之间的 PN 结的极性用基体或衬底电极的箭头标明，箭头的方向表明了 MOS 晶体管的类型。可见如图所示则为一个 N 沟道器件。这种符号表示了 MOSFET 器件的四端子结构。

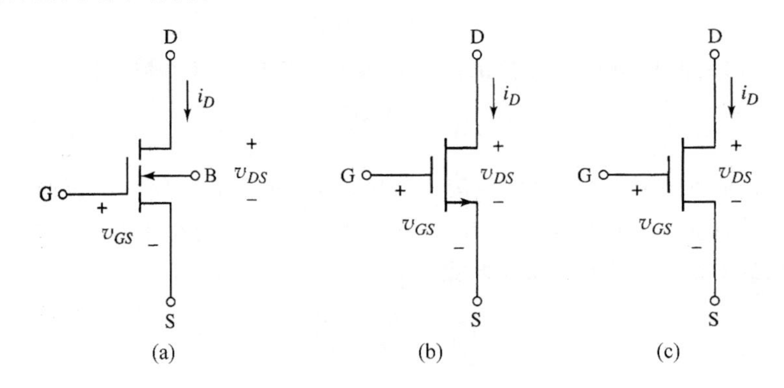

图 3.12 N 沟道增强型 MOSFET 管

(a) 常规电路符号；(b) 将在本书中使用的电路符号；(c) 以前的教材中使用的电路符号

在本书大多数的应用实例中，都简单地假设源极和衬底电极是连接在一起的。在电路中明确地标出每个 MOS 晶体管的衬底电极则是多余的，并且还会使电路看起来更加复杂。所以，本书将采用如图 3.12(b)所示的电路符号。该符号中箭头处于源极并指出了电流的方向，对于 N 沟道器件来说电流是从源极流出的。通过在电路符号中标出箭头，就不再需要明确指出器件的源极和漏极。除了一些特殊的应用，本书中贯穿整个课程都将采用这种电路符号。

在一些较早的教材和期刊论文中，N 沟道 MOSFET 管通常采用如图 3.12(c)所示的电路符号。其中栅极是明显的，通常简单地理解为顶端电极为漏极，底端电极为源极。在此情况下顶端的漏极电压通常要比底端电极电压大。为了清晰起见，在这种导论性的课程中，将采用如图 3.12(b)所示的电路符号。

P 沟道增强型 MOSFET 管通常的电路符号如图 3.13(a)所示。注意衬底上的箭头方向和 N 沟道增强型 MOSFET 管符号上的箭头方向相反。这种符号也表示了 MOSFET 器

件的四端子结构。

本书中将要采用的P沟道增强型MOSFET管的电路符号如图3.13(b)所示。该符号中箭头处于源极并指出了电流的方向,对于P沟道器件来说电流是从源极流入的。

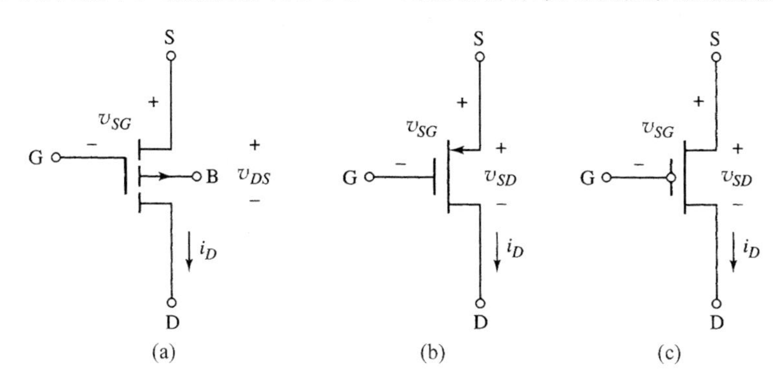

图3.13 P沟道增强型MOSFET管

(a) 常规电路符号;(b) 将在本书中使用的电路符号;(c) 以前的教材中使用的电路符号

在一些较早的教材和期刊论文中,P沟道MOSFET管通常采用如图3.13(c)所示的电路符号。同样,栅极是明显的,但是用了一个小圆圈来表明它是一个PMOS器件。通常简单地理解顶端电极为源极,底端电极为漏极。在此情况下顶端的源极电压通常要比底端漏极电压大。同样,为了清晰起见,在这种导论性的课程中将采用如图3.13(b)所示的电路符号。

3.1.7 其他的MOSFET结构和电路符号

在分析MOSFET电路之前,将先介绍除N沟道增强型MOSFET器件和P沟道增强型MOSFET器件之外的其他两种MOSFET结构。

N沟道耗尽型MOSFET管

图3.14(a)所示为N沟道**耗尽型**MOSFET管的横截面。当栅极电压为0时,氧化物下面存在一个N沟道区域即反型层,这是由于在器件制作过程中掺入了某种杂质。因为N型的源极和N型的漏极被一个N区域连接起来,所以即使电压为零也会在沟道中产生漏-源电流。**耗尽型**这个词意味着即使栅极电压为零沟道也会存在。要使N沟道耗尽型

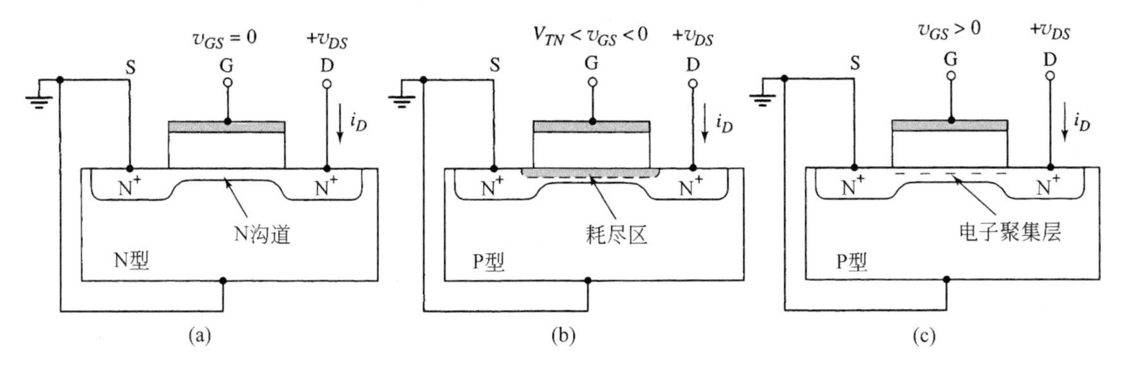

图3.14 N沟道耗尽型MOSFET管横截面

(a) $v_{GS}=0$;(b) $V_{TN}<v_{GS}<0$;(c) $v_{GS}>0$

MOSFET 管截止，必须在其栅极施加负电压使其导电沟道耗尽。

图 3.14(b)所示为施加负的栅-源电压时的 N 沟道耗尽型 MOSFET 管。负的栅极电压在氧化物下面产生空间电荷区，从而使 N 沟道区域的厚度减小，沟道厚度的减小使沟道导电性降低，于是就减小了漏极电流。当栅极电压和阈值电压相等时（对于此器件阈值电压为负），感应的空间电荷区扩展到了整个 N 沟道区，同时电流变为零，即沟道被耗尽了。而正的栅极电压会产生电子聚集层，如图 3.14(c)所示，这就使漏极电流增大。通常，N 沟道耗尽型 MOSFET 管的 i_D 相对于 v_{DS} 变化的关系曲线簇如图 3.15 所示。

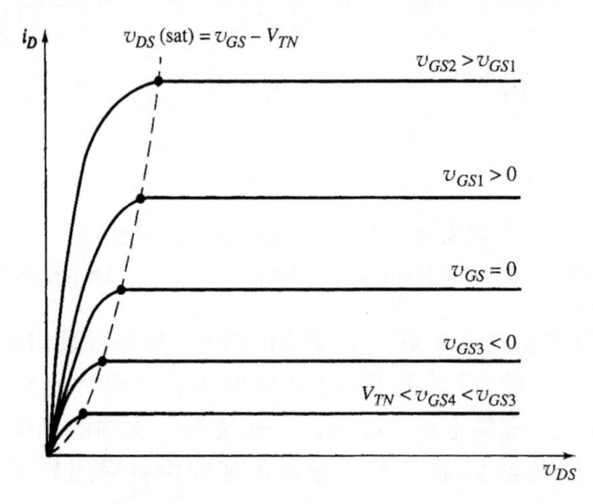

图 3.15 N 沟道耗尽型 MOSFET 管的 i_D 相对于 v_{DS} 变化的关系曲线簇

再次注意，电压 $v_{DS}(\text{sat})$ 在每条曲线上为单个的点

由式(3.2(a))和式(3.2(b))定义的电流-电压特性对增强型和耗尽型 N 沟道器件都适用。唯一的不同是，增强型 MOSFET 管的阈值电压 V_{TN} 为正，而耗尽型 MOSFET 管的阈值电压为负。虽然采用相同的等式来描述增强型和耗尽型 N 沟道器件的电流-电压特性，但是为了表达清晰还是要对它们采用不同的电路符号。

N 沟道耗尽型 MOSFET 管通常的电路符号如图 3.16(a)所示。表示沟道的垂直实线表明器件为耗尽型。比较图 3.12(a)和图 3.16(a)可以看出，增强型和耗尽型符号的唯一差别是分别用虚线和实线来表示沟道。

图 3.16(b)所示为简化的 N 沟道耗尽型 MOSFET 管电路符号，箭头仍然标在源极，指明了电流的方向，而对于 N 沟道器件来说电流从源极流出。较粗的实线代表耗尽型沟道区。同样，为了在电路图中表达清晰还是对耗尽型器件采用和增强型器件不同的电路符号。

P 沟道耗尽型 MOSFET 管

图 3.17 所示为 P 沟道耗尽型 MOSFET 管的横截面、偏置状态和电流方向。对于这种耗尽型器件，即使栅极电压为零，在氧化物下面也存在一个空穴导电沟道区。要使该器件截止，必须在其栅极施加正向电压。所以 P 沟道耗尽型 MOSFET 管的阈值电压为正值($V_{TP}>0$)。

P 沟道耗尽型 MOSFET 常规和简化的电路符号如图 3.18 所示。简化的电路符号中代表沟道区的粗实线表明器件为耗尽型。指示电流方向的箭头仍然标在源极。

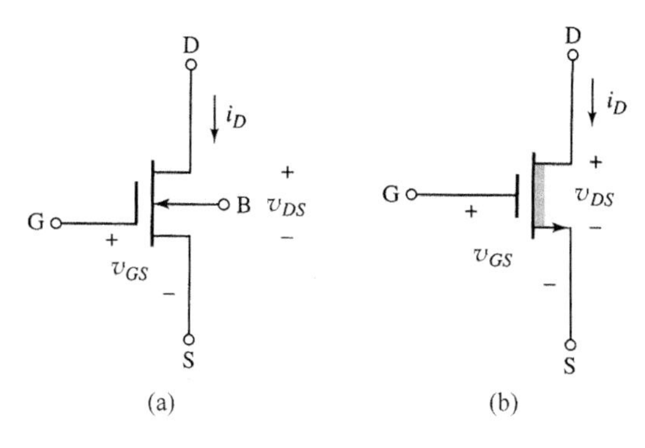

图 3.16 N 沟道耗尽型 MOSFET
(a) 常规的电路符号；(b) 简化的电路符号

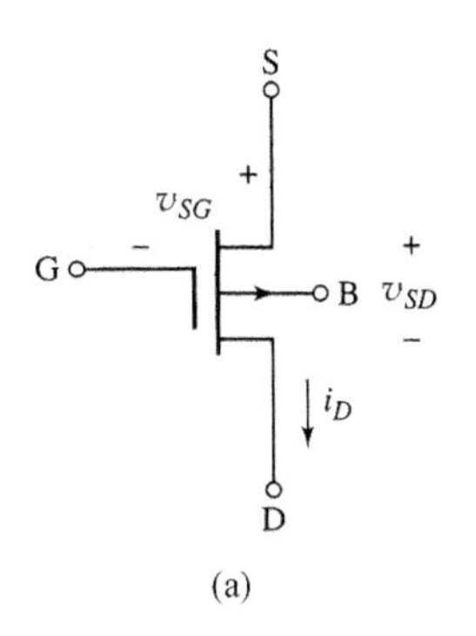

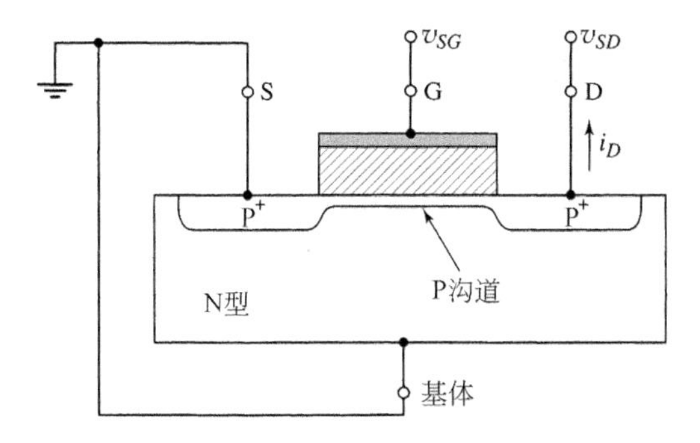

图 3.17 P 沟道耗尽型 MOSFET 管的横截面
图示为栅极电压为零时氧化物下面的 P 沟道

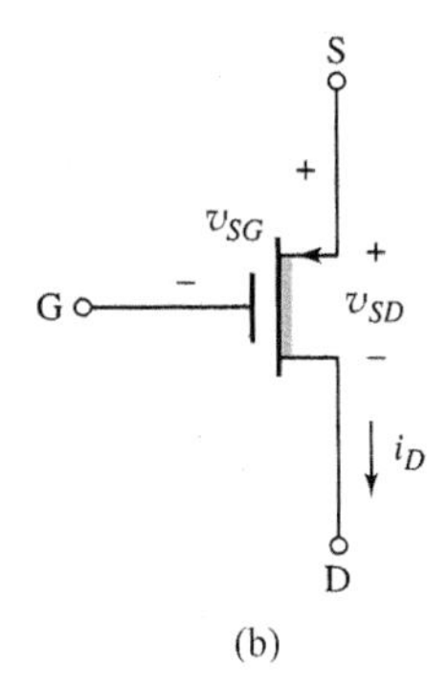

图 3.18 P 沟道耗尽型 MOSFET 管
(a) 常规的电路符号；(b) 简化的电路符号

互补 MOSFET

互补 MOSFET(CMOS)工艺在同一个电路中同时使用 N 沟道和 P 沟道器件。图 3.19 所示为制作在同一芯片上的 N 沟道和 P 沟道器件的横截面区域。通常制作 CMOS 电路要比制作单纯的 NMOS 或 PMOS 电路复杂得多。然而，在随后的章节中将会看到 CMOS 电路与单纯的 NMOS 或 PMOS 电路相比具有很多优势。

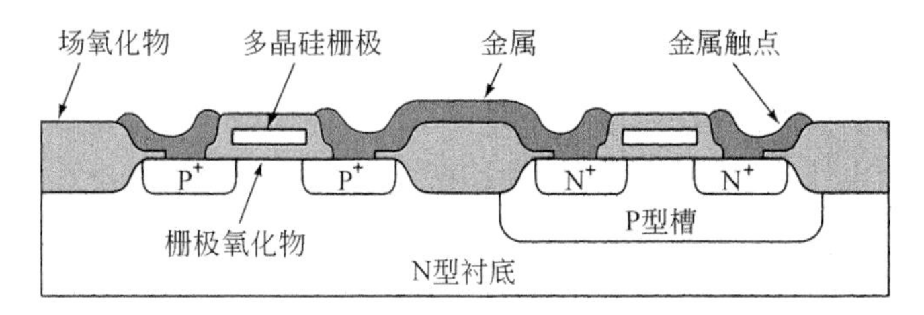

图 3.19 采用 P 型槽 CMOS 工艺制造的 N 沟道和 P 沟道 MOS 晶体管的横截面

为了制作电参数相同的 N 沟道和 P 沟道器件，必须使 N 沟道和 P 沟道器件的阈值电压和传导参数都相等。由于通常情况下 μ_n 和 μ_p 是不相等的，所以在设计这样的匹配的 MOS 晶体管时就要调整 MOS 晶体管的宽、长之比。

3.1.8 MOS 晶体管工作原理小结

前面介绍了 MOS 晶体管简单模型的工作原理。对于 N 沟道增强型 MOSFET，必须施加一个大于阈值电压 V_{TN} 的正的栅-源电压来产生电子反型层，当 $v_{GS}>V_{TN}$ 时器件导通。对于N沟道耗尽型器件，即使 $v_{GS}=0$，源极和漏极之间的导电沟道也会存在。其阈值电压为负值，所以需要施加一个负的 v_{GS} 电压才能使器件截止。

P沟道器件所有的电压极性和电流方向都和NMOS器件的相反。P沟道增强型MOS晶体管的 $V_{TP}<0$，而耗尽型PMOS晶体管的 $V_{TP}>0$。

表3.1列出了描述MOS器件简单模型的 i-v 关系等式。需要指出的是 K_n 和 K_p 为正值，并且对于NMOS晶体管来说漏极电流 i_D 进入漏极的方向为电流的正方向，而对于PMOS器件来说流出漏极的方向为电流的正方向。

表3.1 MOSFET电流-电压特性小结

NMOS	PMOS
非饱和区($v_{DS}<v_{DS}(\text{sat})$)	非饱和区($v_{DS}<v_{DS}(\text{sat})$)
$i_D=K_n[2(v_{GS}-V_{TN})v_{DS}-v_{DS}^2]$	$i_D=K_P[2(v_{SG}+V_{TP})v_{SD}-v_{SD}^2]$
饱和区($v_{DS}>v_{DS}(\text{sat})$)	饱和区($v_{DS}>v_{DS}(\text{sat})$)
$i_D=K_n(v_{GS}-V_{TN})^2$	$i_D=K_P(v_{SG}+V_{TP})^2$
临界点	临界点
$v_{DS}(\text{sat})=v_{GS}-V_{TN}$	$v_{SD}(\text{sat})=v_{SG}+V_{TP}$
增强型	增强型
$V_{TN}>0$	$V_{TP}<0$
耗尽型	耗尽型
$V_{TN}<0$	$V_{TP}>0$

3.1.9 短沟道效应

由式(3.2(a))和式(3.2(b))给出的N沟道器件的电流-电压关系，以及由式(3.4(a))和式(3.4(b))给出的P沟道器件的电流-电压关系，都是针对长沟道器件的理想关系。而长沟道器件的沟道长度通常大于2μm。在这种器件沟道中，由漏极电压感应的水平方向的电场和由栅极电压感应的垂直方向的电场可以分别对待。然而，目前所用的MOS器件沟道长度大约在0.2μm量级或者更短。

在短沟道器件中存在几种会影响或改变长沟道器件电流-电压特性的效应。其一是阈值电压的变化，阈值电压的值是沟道长度的函数。在MOS器件的设计和生产过程中必须考虑这种变化。随着漏极电压的增大，有效阈值电压下降，这种效应也会影响器件的电流-电压特性。

工艺传导参数 k_n' 和 k_p' 直接和载流子迁移率相关。前面曾假设过载流子迁移率和工艺传导参数是恒定的。然而载流子迁移率的值是反型层中垂直电场的函数，随着栅极电压和垂直电场的增加，载流子迁移率会下降。这种结果也直接影响着器件的电流-电压特性。

发生在短沟道器件中的另一个效应是迅速饱和。随着水平电场的增加，载流子到达稳定值的速度将不再随着漏极电压的增加而增加。迅速饱和将使得饱和电压 $V_{DS}(\text{sat})$ 的值下降。漏极电流将在 V_{DS} 电压较小时就达到饱和值。在饱和区漏极电流将变成栅极电压的近似线性函数，而不是长沟道特性中描述的栅极电压的二次函数。

虽然对当今流行的MOSFET电路分析必须考虑这些短沟道特性，但是本书在介绍过程中还将采用长沟道电流-电压关系。要对这些器件的工作原理和特性有一个基本的了解，还要较好地了解使用理想的长沟道电流-电压关系的MOSFET电路的工作原理和特性。

3.1.10　其他的非理想电流-电压关系

MOS晶体管的电流-电压关系具有的五种非理想效应为：饱和区限定的输出电阻，衬底效应，亚阈值传导系数，击穿效应和温度效应。本节将依次对这些效应进行分析。

饱和区限定的输出电阻

在理想状态下，当MOSFET偏置在饱和区，漏极电流 i_D 不取决于漏-源电压 v_{DS}。然而在实际的MOSFET中，i_D 相对于 v_{DS} 的关系特性曲线在饱和点外并不存在零斜率曲线。对于 $v_{DS}>v_{DS}(\mathrm{sat})$，实际的反型电荷趋于零的点从漏极移向源极，如图3.9(d)所示。于是有效的沟道长度减小，产生的这种现象称为**沟道长度调制**。

放大的电流-电压特性如图3.20所示。这些曲线可以反向延长与电压轴交于一点 $v_{DS}=-V_A$。通常定义电压 V_A 为一个正的量。饱和区曲线的斜率可以通过下面的形式表示的 i_D 相对 v_{DS} 的关系式来描述。对于N沟道器件，有

$$i_D = K_n[(v_{GS}-V_{TN})^2(1+\lambda v_{DS})] \tag{3.7}$$

式中 λ 为一个正的量，称为沟道长度调制参数。

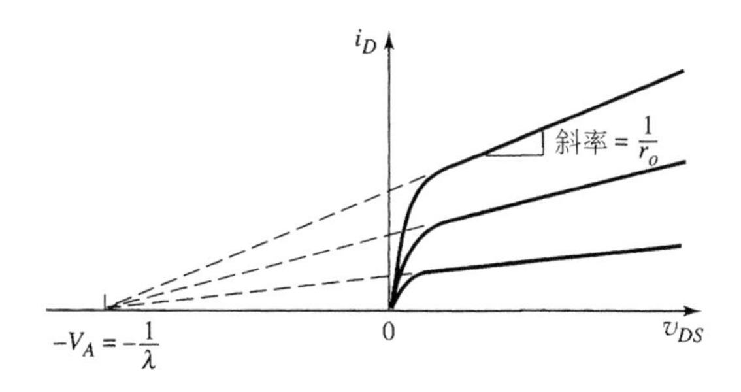

图3.20　i_D 相对于 v_{DS} 的关系特性曲线簇

图示为沟道长度调制效应产生有限的输出电阻

参数 λ 和 V_A 是相关的。从式(3.7)可得，在延长线上 $i_D=0$ 有 $(1+\lambda v_{DS})=0$，在这一点 $v_{DS}=-V_A$，则意味着 $V_A=1/\lambda$。

由沟道长度调制引起的输出电阻定义为

$$r_o = \left(\frac{\partial i_D}{\partial v_{DS}}\right)^{-1}\Bigg|_{v_{GS}\text{恒定}} \tag{3.8}$$

根据式(3.7)得 Q 点的输出电阻为

$$r_o = [\lambda K_n(V_{GSQ}-V_{TN})^2]^{-1} \tag{3.9(a)}$$

即

$$r_o \approx (\lambda I_{DQ})^{-1} = \frac{1}{\lambda I_{DQ}} = \frac{V_A}{I_{DQ}} \tag{3.9(b)}$$

输出电阻 r_o 也是MOSFET小信号等效电路的一个要素，有关内容将在下一章中讨论。

基体效应

迄今为止都是假设衬底即基体与源极连接在一起，这种偏置状态下的阈值电压是一个常数。

然而在集成电路中所有N沟道MOSFET管的衬底通常是共通的，并且连接在电路中电位最低的电极上。例如图3.21所示的两个N沟道MOSFET管相串联的情形，两个MOS晶体管共用一个P型衬底，M_1 的漏极和 M_2 的源极共用。当两个MOS晶体管导通时，在 M_1 上存在非零的漏-源电压，这意味着 M_2 的源极和衬底处于不同的电位。这种偏置情况意味着在源极和衬底之间的PN结两端存在零偏置或反向偏置电压，并且源极和衬底之间结电压的变化将改变阈值电压。这种现象称为衬底的**基体效应**。在P沟道器件中也存在相同的情况。

例如，观察图3.22所示的N沟道MOS器件，为了保持零偏置或反向偏置的源极-衬底PN结，必须使 $v_{SB}>0$，在此情况下的阈值电压为

$$V_{TN}=V_{TNO}+\gamma(\sqrt{2\phi_f+v_{SB}}-\sqrt{2\phi_f}) \tag{3.10}$$

式中 V_{TNO} 为 $v_{SB}=0$ 时的阈值电压；γ 称为体效应阈值或**基体效应参数**，它和器件性质有关，其典型值约为 $0.5\text{V}^{1/2}$；ϕ_f 为半导体参数，典型值约为0.35V，是掺杂半导体的函数。由式(3.10)可以看出这种衬底的基体效应导致N沟道器件的阈值电压上升。

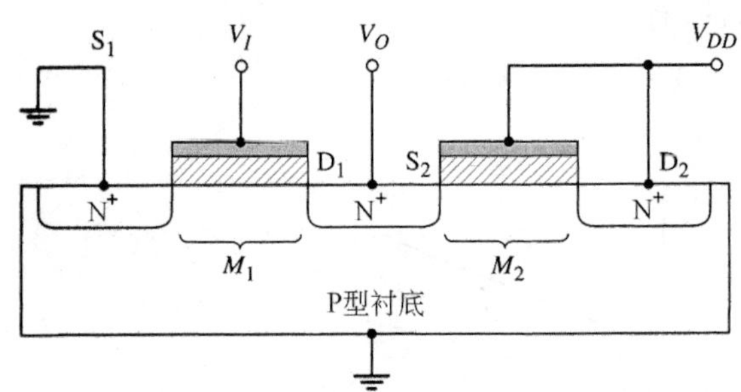

图3.21 在同一个衬底上制造两个串联的N沟道MOSFET MOS晶体管 M_2 的源极 S_2 必定不处于地电位

D
G
B
S
+
−
v_{GS}
v_{SB}

图3.22 N沟道增强型MOSFET管和衬底电压

由于阈值电压发生变化，衬底的基体效应也会导致电路性能的下降。然而，为了简单起见，在电路分析中通常忽略衬底基体效应的影响。

亚阈值传导

如果考虑偏置在饱和区的N沟道MOSFET的电流-电压关系，由式(3.2(b))可得

$$i_D=K_n(v_{GS}-V_{TN})^2$$

将等式两边开方得

$$\sqrt{i_D}=\sqrt{K_n}(v_{GS}-V_{TN}) \tag{3.11}$$

从式(3.11)可以看出 $\sqrt{i_D}$ 是 v_{GS} 的线性函数。图3.23给出了这种理想关系的曲线。

图中也画出了试验得到的结果曲线，曲线显示当 v_{GS} 稍小于 V_{TN} 时，如前面所假设的，漏极电流并不为零，这种电流称为**亚阈值电流**。这种效应对单个器件来说是不重要的，但是如果集成电路上成千上万的器件的偏置电压都稍低于阈值电压，那么电源电流将不为零，将导致集成电

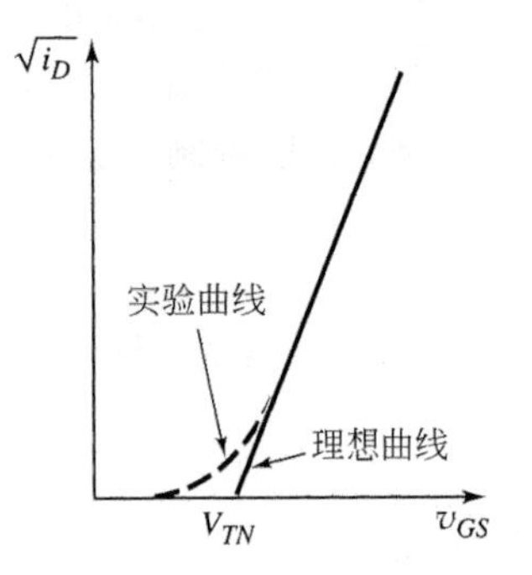

图3.23 偏置在饱和状态时MOSFET的 $\sqrt{i_D}$ 相对于 v_{GS} 的变化曲线

图示为亚阈值传导。试验显示，甚至对于 $v_{GS}<V_{TN}$ 也存在亚阈值电流

路中很大的功率损耗。将要在第16章讨论的动态随机存取存储器(DRAM)就是这种作用的一个例子。

本书中为了简单起见将不单独考虑亚阈值电流。可是当电路中的MOSFET需要截止时,正确的电路设计是把器件偏置在阈值电压以下零点几伏特,以达到真正的截止。

击穿效应

在MOSFET中会发生几种可能的击穿效应。如果施加的漏极电压过高或雪崩式倍增发生,将会导致漏极到衬底的PN结发生击穿。这种击穿和第1章的1.2.5节所分析的反向偏置PN结的击穿相同。

随着器件的尺寸越来越小,另一种击穿机理,即MOS晶体管穿透现象,将变得很重要。当漏极电压足够大使漏极周围的耗尽区贯穿沟道完全扩展到源极时会发生**MOS晶体管穿透**现象。这种效应也将导致随着漏极电压的稍微增加就引起漏极电流迅速上升。

第三种击穿机理称为**近雪崩击穿**或**快恢复击穿**。这种击穿过程是由MOSFET的二阶效应引起的。源极-衬底-漏极结构等效于一个双极型MOS晶体管。随着器件的尺寸缩小,将会发现随着漏极电压的增加会有一个寄生的双极型MOS晶体管作用。这种寄生作用会加重击穿效应。

如果氧化物中的电场变得足够大,氧化物中也会发生击穿,这将导致灾难性的破坏。在二氧化硅中击穿发生时的电场约为6×10^6V/cm,其一阶近似值由式$E_{ox}=V_G/t_{ox}$给出。大约30V的栅极电压将导致氧化物的击穿厚度为$t_{ox}=500\text{Å}$。然而通常取安全系数为3,这就意味着对于$t_{ox}=500\text{Å}$的最大栅极安全电压将是10V。因为氧化物中可能存在低于击穿电场的瑕疵,所以设定安全系数很有必要。同时必须意识到栅极的输入阻抗非常高,以致很少量的静电荷聚集在栅极就能超过击穿电压。为了限制MOSFET管栅极电容静电电荷的聚集量,通常在MOS集成电路的输入端接上一个栅极保护器件,譬如反向偏置的二极管。

温度效应

阈值电压V_{TN}和传导参数K_n都是温度的函数。阈值电压的值随着温度的下降而下降,这意味着对于给定的V_{GS},漏极电流将随着温度的升高而增加。然而,传导参数是反型载流子迁移率的直接函数,并随着温度的增加而降低。因为迁移率受温度影响要大于阈值电压受温度的影响,所以温度增加时,对于给定的V_{GS},净的效果是漏极电流要减小。这种特殊作用的结果是给功率MOSFET提供了一种负反馈的条件,下降的K_n值自然地限制了沟道电流并保证功率MOSFET的稳定性。

理解测试题

【测试题3.1】 (a)N沟道增强型MOSFET的阈值电压$V_{TN}=1.2$V,施加的栅-源电压$v_{GS}=2$V。当(ⅰ)$v_{DS}=0.4$V,(ⅱ)$v_{DS}=1$V,(ⅲ)$v_{DS}=5$V时,试求器件的工作区;(b)对阈值电压$V_{TN}=-1.2$V的N沟道耗尽型MOSFET重复(a)。(答案:(a)(ⅰ)非饱和区,(ⅱ)饱和区,(ⅲ)饱和区;(b)(ⅰ)非饱和区,(ⅱ)非饱和区,(ⅲ)饱和区)

【测试题3.2】 在测试题3.1中所描述的NMOS器件参数为$W=100\mu$m,$L=7\mu$m,$t_{ox}=450\text{Å}$,$\mu_n=500\text{cm}^2/(\text{V}\cdot\text{s})$和$\lambda=0$。(a)试计算每个器件的传导参数$K_n$。(b)试计算每个偏置条件下的漏极电流。(答案:(a)$K_n=0.274\text{mA/V}^2$;(b)$i_D=0.132$、0.175和0.175mA,$i_D=0.658$、1.48和2.81mA)

【测试题3.3】 (a)P沟道增强型MOSFET的阈值电压$V_{TP}=-1.2$V,施加的栅-源电

压 $v_{GS}=2V$。当(i)$v_{DS}=0.4V$,(ii)$v_{DS}=1V$,(iii)$v_{DS}=5V$ 时,试求器件的工作区;(b)对一个阈值电压为 $V_{TP}=+1.2V$ 的 P 沟道耗尽型 MOSFET 重复(a)。(答案:(a)(i)非饱和区,(ii)饱和区,(iii)饱和区;(b)(i)非饱和区,(ii)非饱和区,(iii)饱和区)

【测试题 3.4】 在测试题 3.3 中所描述的 PMOS 器件参数为 $W=40\mu m, L=2\mu m, t_{ox}=350Å, \mu_p=300cm^2/(V \cdot s), \lambda=0$。(a)试计算每个器件的传导参数 K_p。(b)试计算测试题 3.3 中所描述的每个偏置条件下的漏极电流。(答案:(a)$K_p=0.296mA/V^2$ (b.a)(i)0.142mA,(ii)0.189mA 和(iii)0.189mA;(b.b)(i)0.710mA,(ii)1.60mA 和(iii)3.03mA)

【测试题 3.5】 增强型 NMOS 器件的参数为 $V_{TN}=0.8V, K_n=0.1mA/V^2$,器件偏置在 $v_{GS}=2.5V$。当 $v_{DS}=2V$ 和 $v_{DS}=10V$ 时,(a)$\lambda=0$,(b)$\lambda=0.02V^{-1}$,试计算漏极电流。(c)对(a)和(b)部分试计算输出电阻 r_o。(答案:(a)对 2V 和 10V,$i_D=0.289mA$;(b)$i_D=0.30mA(2V), i_D=0.347mA(10V)$;(c)(a)$r_o=\infty$,(b)$r_o=173k\Omega$)

【测试题 3.6】 NMOS 晶体管参数为 $V_{TNO}=1V, \gamma=0.35V^{1/2}$ 和 $\phi_f=0.35V$,当(a)$v_{SB}=0$,(b)$v_{SB}=1V$,(c)$v_{SB}=4V$ 时,试求其阈值电压。(答案:(a)1V;(b)1.16V;(c)1.47V)

3.2 MOSFET 电路的直流分析

本节内容:了解进而熟悉 MOSFET 电路的直流分析和设计方法。

在上一节中,讨论了 MOSFET 的基本性质和特性。本节将开始分析和设计 MOS 管的直流偏置电路。本章余下部分的主要内容也是继续熟悉并掌握 MOS 晶体管和 MOSFET 电路。MOSFET 的直流偏置是本章的核心内容,也是放大器设计中一个很重要的部分。MOSFET 放大器设计是下一章的核心内容。

在本章将要介绍的大多数电路中都采用电阻和 MOS 晶体管连接。然而在实际的 MOSFET 集成电路中电阻一般是用其他的 MOSFET 代替,所以集成电路全部由 MOS 器件组成。一般而言,MOSFET 器件占用的面积比一个电阻占用的面积要小。通过本章的学习将会明白这些是如何实现的,并且在本章结束时,将实际地分析和设计只含有 MOSFET 的电路。

在 MOSFET 电路的直流分析中,可以利用 3.1 节表 3.1 所列的理想电流-电压方程。

3.2.1 共源电路

MOSFET 电路有几种基本的结构形式,其中之一称为**共源电路**。图 3.24 所示即为此类电路的例子。该电路采用了 N 沟道增强型 MOSFET,其源极为地电位,并且同时作为电路的输入部分和输出部分。耦合电容 C_C 对直流信号相当于开路,但它允许交流信号电压耦合到 MOSFET 的栅极。

共源电路的直流等效电路如图 3.25(a)所示。在下面的直流分析中将仍然使用直流电流和电压的符号。因为进入 MOS 晶体管的栅极电流为零,所以栅极电压可以根据图中所示的电压分压器求得,即

$$V_G=V_{GS}=\left(\frac{R_2}{R_1+R_2}\right)V_{DD} \tag{3.12}$$

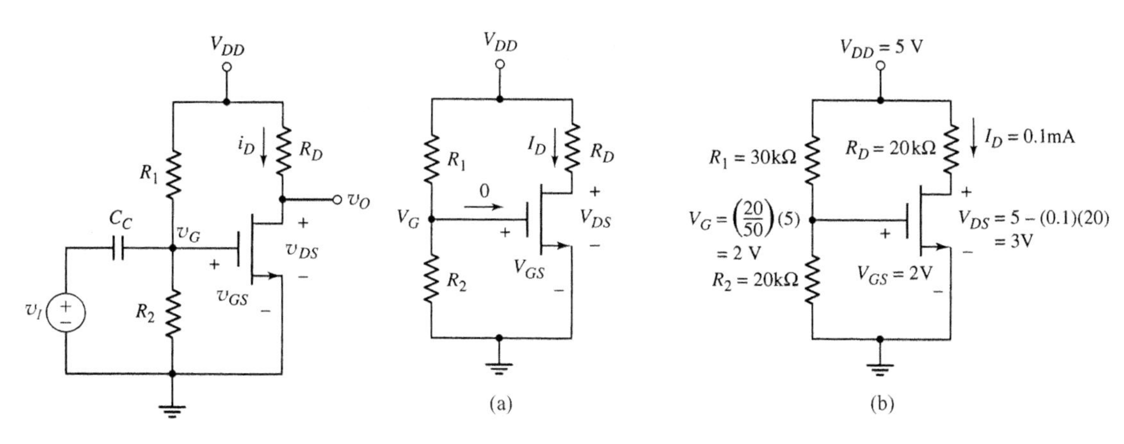

图 3.24　NMOS 共源电路

图　3.25

(a) NMOS 共源电路的直流等效电路；(b) 例题 3.3 的 NMOS 电路及电流和电压值

假设由式(3.12)求得的栅-源电压大于 V_{TN}，并且 MOS 晶体管偏置在饱和区，则漏极电流为

$$I_D = K_n (V_{GS} - V_{TN})^2 \tag{3.13}$$

漏-源电压为

$$V_{DS} = V_{DD} - I_D R_D \tag{3.14}$$

如果 $V_{DS} > V_{DS}(\text{sat}) = V_{GS} - V_{TN}$，则如前面所假设的，MOS 晶体管偏置在饱和区，所以上述的分析是正确的。如果 $V_{DS} < V_{DS}(\text{sat})$，则 MOS 晶体管偏置在非饱和区，并且漏极电流由更加复杂的特征方程(3.2(a))给出。

因为不存在栅极电流，所以消耗在 MOS 晶体管上的功率可以简单地写为

$$P_T = I_D V_{DS} \tag{3.15}$$

【例题 3.3】

目的：计算 N 沟道增强型 MOSFET 共源电路的漏极电流和漏-源电压。并求消耗在 MOS 晶体管上的功率。

已知如图 3.25(a)所示的电路，假设 $R_1 = 30\text{k}\Omega$，$R_2 = 20\text{k}\Omega$，$R_D = 20\text{k}\Omega$，$V_{DD} = 5\text{V}$，$V_{TN} = 1\text{V}$ 及 $K_n = 0.1\text{mA/V}^2$。

解：由图 3.25(b)所示的电路和式(3.12)可得

$$V_G = V_{GS} = \left(\frac{R_2}{R_1 + R_2}\right) V_{DD} = \left(\frac{20}{20+30}\right)(5) = 2\text{V}$$

假设 MOS 晶体管偏置在饱和区，则漏极电流为

$$I_D = K_n (V_{GS} - V_{TN})^2 = (0.1)(2-1)^2 = 0.1\text{mA}$$

漏-源电压为

$$V_{DS} = V_{DD} - I_D R_D = 5 - (0.1)(20) = 3\text{V}$$

消耗在 MOS 晶体管上的功率为

$$P_T = I_D V_{DS} = (0.1)(3) = 0.3\text{mW}$$

点评：由于 $V_{DS} = 3\text{V} > V_{DS}(\text{sat}) = V_{GS} - V_{TN} = 2 - 1 = 1\text{V}$，MOS 晶体管确实偏置在饱和区，所以上述分析是正确的。

练习题

【练习题 3.3】 图 3.25(a)所示 MOS 晶体管的参数为 $V_{TN}=+2\text{V}$，$K_n=0.25\text{mA/V}^2$。电路参数为 $V_{DD}=5\text{V}$，$R_1=280\text{k}\Omega$，$R_2=160\text{k}\Omega$ 和 $R_D=10\text{k}\Omega$。试求 I_D、V_{DS} 以及消耗在 MOS 晶体管上的功率。(答案：$I_D=0.669\text{mA}$，$V_{DS}=3.31\text{V}$，$P=2.21\text{mW}$)

图 3.26(a)所示为 P 沟道增强型 MOSFET 共源电路。其源极和 $+V_{DD}$ 相连接，$+V_{DD}$ 在交流等效电路中变为信号地端。因而称此电路为共源电路。

这种电路的直流分析和 N 沟道 MOSFET 电路基本相同。栅极电压为

$$V_G=\left(\frac{R_2}{R_1+R_2}\right)V_{DD} \tag{3.16}$$

源-栅电压为

$$V_{SG}=V_{DD}-V_G \tag{3.17}$$

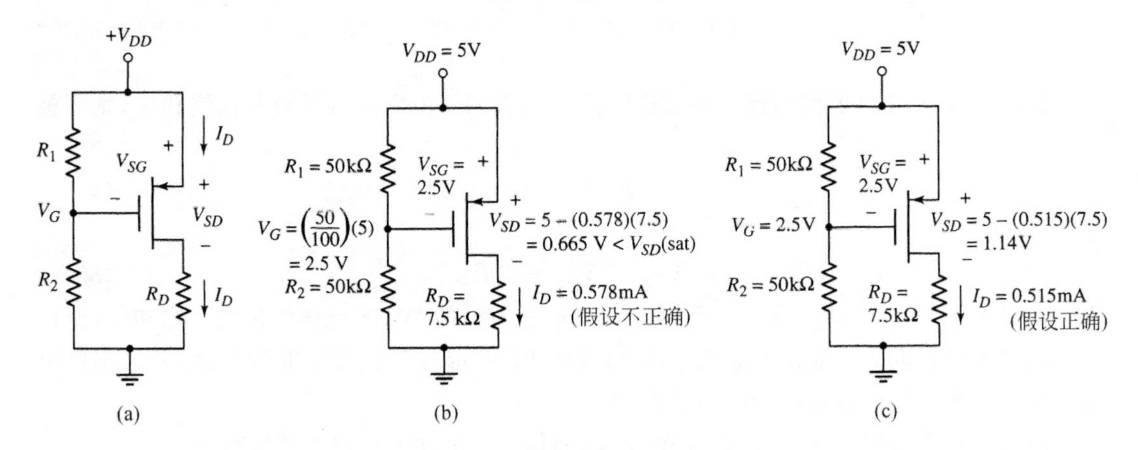

图 3.26

(a) PMOS 共源电路；(b) 例题 3.4 的 PMOS 共源电路及偏置在饱和区的假设不正确时的电流和电压值；(c) 例题 3.4 的电路及偏置在非饱和区的假设正确时的电流和电压值

假设 $V_{GS}<V_{TP}$ 或 $V_{SG}>|V_{TP}|$，而且器件偏置在饱和区，则漏极电流为

$$I_D=K_p\,(V_{SG}+V_{TP})^2 \tag{3.18}$$

源-漏电压为

$$V_{SD}=V_{DD}-I_DR_D \tag{3.19}$$

如果 $V_{SD}>V_{SD}(\text{sat})=V_{SG}+V_{TP}$，则如前面所假设的，MOS 晶体管确实偏置在饱和区。反之，如果 $V_{SD}<V_{SD}(\text{sat})$，则 MOS 晶体管偏置在非饱和区。

【例题 3.4】

目的：计算 P 沟道增强型 MOSFET 共源电路的漏极电流和源-漏电压。

已知如图 3.26(a)所示的电路，假设 $R_1=R_2=50\text{k}\Omega$，$V_{DD}=5\text{V}$，$R_D=7.5\text{k}\Omega$，$V_{TP}=-0.8\text{V}$ 及 $K_p=0.2\text{mA/V}^2$。

解：由图 3.26(b)所示的电路和式(3.16)可得

$$V_G=\left(\frac{R_2}{R_1+R_2}\right)V_{DD}=\left(\frac{50}{50+50}\right)(5)=2.5\text{V}$$

源-栅电压为

$$V_{SG} = V_{DD} - V_G = 5 - 2.5 = 2.5\text{V}$$

假设 MOS 晶体管偏置在饱和区，则漏极电流为

$$I_D = K_p(V_{SG} + V_{TP})^2 = (0.2)(2.5 - 0.8)^2 = 0.578\text{mA}$$

源-漏电压为

$$V_{SD} = V_{DD} - I_D R_D = 5 - (0.578)(7.5) = 0.665\text{V}$$

因为 $V_{SD} = 0.665\text{V}$ 比 $V_{SD}(\text{sat}) = V_{SG} + V_{TP} = 2.5 - 0.8 = 1.7\text{V}$ 小，所以 P 沟道 MOSFET 并非偏置在饱和区，即初始的假设不成立。

在非饱和区的漏极电流应该为

$$I_D = K_p[2(V_{SG} + V_{TP})V_{SD} - V_{SD}^2]$$

源-漏电压为

$$V_{SD} = V_{DD} - I_D R_D$$

求解以上两个联立方程得

$$I_D = K_p[2(V_{SG} + V_{TP})(V_{DD} - I_D R_D) - (V_{DD} - I_D R_D)]^2$$

即

$$I_D = (0.2)\{2(2.5 - 0.8)[5 - I_D(7.5)] - [5 - I_D(7.5)]\}^2$$

对此二次方程求解 I_D，得

$$I_D = 0.515\text{mA}$$

同时也可求得

$$V_{SD} = 1.14\text{V}$$

所以 $V_{SD} < V_{SD}(\text{sat})$，验证了 MOS 晶体管确实偏置在非饱和区。

点评：在解二次方程求解 I_D 时得出了另一个解 $V_{SD} = 2.93\text{V}$，可是这个 V_{SD} 值大于 $V_{SD}(\text{sat})$，因为开始已经假设了 MOS 晶体管偏置在非饱和区，所以 $V_{SD} = 2.93\text{V}$ 不是方程的有效解。

练习题

【练习题 3.4】 图 3.26(a)所示 MOS 晶体管的参数为 $V_{TP} = -1.2\text{V}$，$K_p = 0.4\text{mA/V}^2$。电路偏置在 $V_{DD} = 5\text{V}$。假设 $R_1 /\!/ R_2 = 200\text{k}\Omega$。试设计电路使 $I_{DQ} = 1.2\text{mA}$ 和 $V_{SDQ} = 4\text{V}$。(答案：$R_1 = 283\text{k}\Omega$，$R_2 = 682\text{k}\Omega$，$R_D = 5\text{k}\Omega$)

计算机分析题

【PS3.1】 试用计算机仿真分析验证例题 3.4 的结果。

正如例题 3.4 所阐述的，开始可能不知道 MOS 晶体管偏置在饱和区还是非饱和区。求解方法是首先根据经验作一假设，然后再验证假设。如果假设被证明不成立，则必须改变假设并重新分析电路。

在线性放大器中所用的 MOSFET 管一般偏置在饱和区。

【设计例题 3.5】

设计目的：设计 MOSFET 电路，使其同时在正、负电压偏置下满足一组指标要求。

设计指标：将要设计的电路结构如图 3.27 所示。要求设计的电路应能满足 $I_{DQ} = 0.5\text{mA}$ 和 $V_{SDQ} = 4\text{V}$ 的指标要求。

器件选型：在最终的设计中将使用标准电阻。可以使用参数为 $k_n' = 80\mu\text{A/V}^2$，$(W/L) =$

6.5 和 $V_{TN}=1.2\text{V}$ 的 MOS 晶体管。参数 k'_n 和 V_{TN} 的值可以变化±5%。

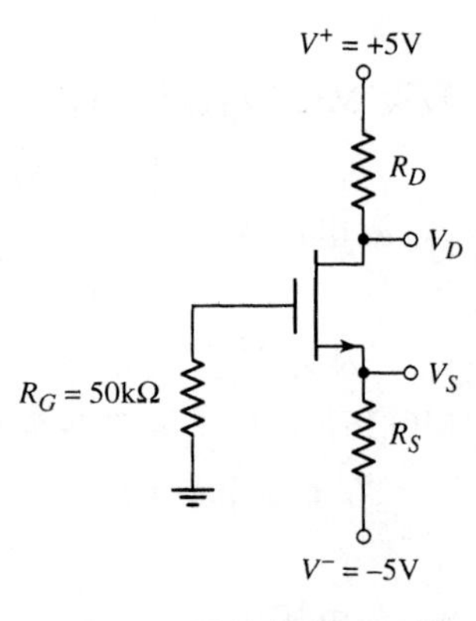

图 3.27 设计例题 3.5 的电路结构

解：假设 MOS 晶体管偏置在饱和区，可得 $I_{DQ}=K_n(V_{GS}-V_{TN})^2$。传导参数为

$$K_n=\frac{k'_n}{2}\cdot\frac{W}{L}=\frac{0.080}{2}\cdot 6.25=0.25\text{mA/V}^2$$

求解栅-源电压时，发现产生规定的漏极电流所需要的栅-源电压为

$$V_{GS}=\sqrt{\frac{I_{DQ}}{K_n}}+V_{TN}=\sqrt{\frac{0.5}{0.25}}+1.2$$

即

$$V_{GS}=2.614\text{V}$$

因为栅极电流为零，所以栅极处于地电位。则源极电压 $V_S=-V_{GS}=-2.614\text{V}$。源极电阻的值由下式求得，即

$$R_S=\frac{V_S-V^-}{I_{DQ}}=\frac{-2.614-(-5)}{0.5}$$

则

$$R_S=4.77\text{k}\Omega$$

漏极电压确定为

$$V_D=V_S+V_{DS}=-2.614+4=1.386\text{V}$$

漏极电阻的值为

$$R_D=\frac{V^+-V_D}{I_{DQ}}=\frac{5-1.386}{0.5}$$

即

$$R_D=7.23\text{k}\Omega$$

注意到

$$V_{DS}=4\text{V}>V_{DS}(\text{sat})=V_{GS}-V_{TN}=2.614-1.2=1.414\text{V}$$

这意味着 MOS 晶体管确实偏置在饱和区。

综合考虑：最接近的标准电阻值为 $R_S=4.7\text{k}\Omega$，$R_D=7.5\text{k}\Omega$。可以由下式求得栅-源电压为

$$V_{GS}+I_DR_S-5=0$$

式中

$$I_D=K_n(V_{GS}-V_{TN})^2$$

利用标准电阻值可以求出 $V_{GS}=2.622\text{V}$，$I_{DQ}=0.506\text{mA}$ 和 $V_{SDQ}=3.83\text{V}$。理想的负载线和应用了标准电阻的负载线以及 Q 点的值如图 3.28 所示。

考虑到±5%的变化范围，K_n 和 V_{TN} 的极限值为：

$$K_n(\max)=0.2625\text{mA/V}^2\quad K_n(\min)=0.2375\text{mA/V}^2$$

$$V_{TN}(\max)=1.26\text{V}\quad V_{TN}(\min)=1.14\text{V}$$

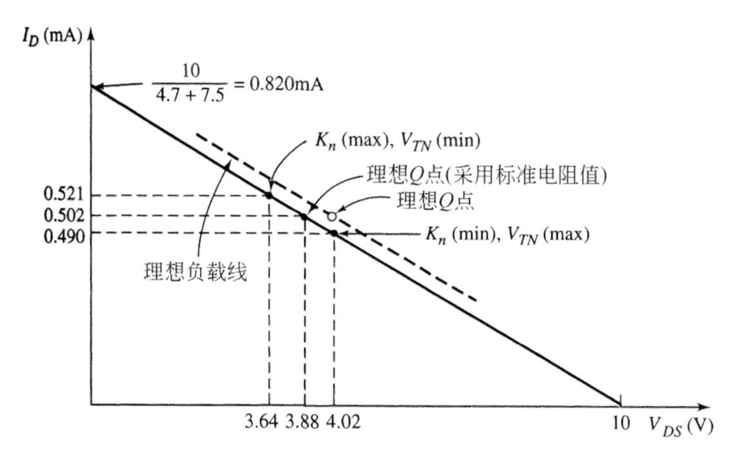

图 3.28 设计例题 3.5 电路中负载线和 Q 点值的范围

对于 K_n 和 V_{TN} 极限值的 Q 点值由下表给出。Q 点值的范围也被标在了图 3.28 中。

V_{TN}	K_n	
	0.2625mA/V^2	0.2375mA/V^2
1.26V	$V_{GS}=2.642$V	$V_{GS}=2.697$V
	$I_{DQ}=0.5016$mA	$I_{DQ}=0.4901$mA
	$V_{DSQ}=3.88$V	$V_{DSQ}=4.021$V
1.14V	$V_{GS}=2.549$V	$V_{GS}=2.605$V
	$I_{DQ}=0.5214$mA	$I_{DQ}=0.5096$mA
	$V_{DSQ}=3.639$V	$V_{DSQ}=3.783$V

点评：意识到进入栅极的电流为零非常重要，在此状态下电阻 R_G 上的电压降也为零。

设计指南：在用分立元件进行实际电路设计时，需要选择和设计值最接近的标准电阻值。此外，还需要考虑到分立电阻的容许误差。在最终的设计中，实际的漏极电流、漏-源电压和规定值之间稍微有点偏差。不过这种和规定值的微小的差别在很多应用中都不成问题。

练习题

【练习题 3.5】 (a)在图 3.29 所示电路中，MOS 晶体管的参数为 $V_{TN}=1$V 和 $K_n=0.5$mA/V^2。试求 V_{GS}、I_D 和 V_{DS}。(b)若 k_n'和 V_{TN} 的值可以变化±5%，试求 Q 值的变化范围。(答案：(a) $V_{GS}=2.65$V，$I_D=1.35$mA，$V_{DS}=5.94$V；(b) $1.297\text{mA}\leqslant I_{DQ}\leqslant 1.411\text{mA}$，$5.768\text{V}\leqslant V_{DSQ}\leqslant 6.108\text{V}$)

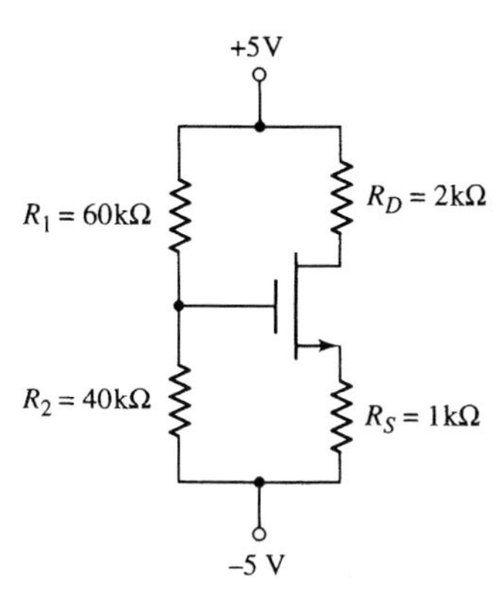

图 3.29 练习题 3.5 的电路

下面考虑 P 沟道器件偏置在正电压和负电压状态下的例子。

【设计例题 3.6】

设计目的：设计 P 沟道 MOSFET 电路，使其同时在正的和负的电压偏置下满足一组指标要求。

设计指标：将要设计的电路结构如图 3.30 所示。设计电路应能满足 $I_{DQ}=100\mu A$、$V_{SDQ}=3V$ 和 $V_{RS}=0.8V$ 的要求，较大的偏置电阻 R_1 或 R_2 为 200kΩ。

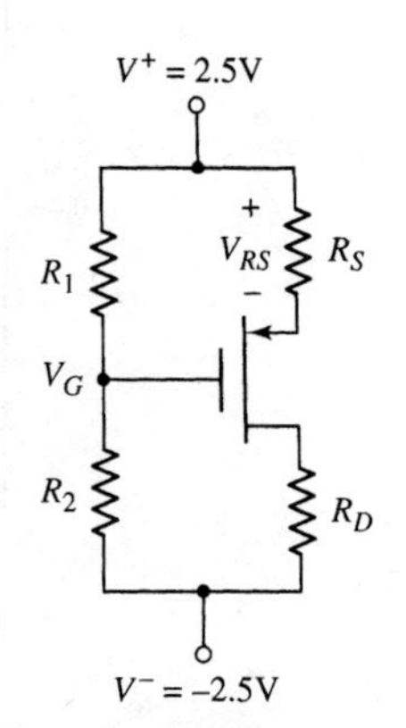

图 3.30 设计例题 3.6 的电路结构

器件选型：可以选用参数为 $K_p=100\mu A/V^2$ 和 $V_{TP}=-0.4V$ 的 MOS 晶体管。在最终的设计中将采用标准电阻值。

解：假设 MOS 晶体管偏置在饱和区，可得 $I_{DQ}=K_p(V_{SG}+V_{TP})^2$。求解源-栅电压，可以得到所需要的源-栅电压值为

$$V_{SG}=\sqrt{\frac{I_{DQ}}{K_p}}-V_{TP}=\sqrt{\frac{100}{100}}-(-0.4)$$

即

$$V_{SG}=1.4V$$

栅极电压对应于地电位，可得

$$V_G=V^+-V_{RS}-V_{SG}=2.5-0.8-1.4=0.3V$$

因为 $V_G>0$，根据电路可知电阻 R_2 将是两个偏置电阻中的较大者，所以假设 $R_2=200k\Omega$。那么通过 R_2 的电流为

$$I_{\text{Bias}}=\frac{V_G-V^-}{R_2}=\frac{0.3-(-2.5)}{200}=0.014mA$$

因为通过 R_1 的电流与此相同，所以可以求得 R_1 的值为

$$R_1=\frac{V^+-V_G}{I_{\text{Bias}}}=\frac{2.5-0.3}{0.014}$$

可得

$$R_1=157k\Omega$$

源极电阻的值为

$$R_S=\frac{V_{RS}}{I_{DQ}}=\frac{0.8}{0.1}$$

即

$$R_S=8k\Omega$$

漏极电压为

$$V_D=V^+-V_{RS}-V_{SD}=2.5-0.8-3=-1.3V$$

漏极电阻的值为

$$R_D=\frac{V_D-V^-}{I_{DQ}}=\frac{-1.3-(-2.5)}{0.1}$$

即

$$R_D=12k\Omega$$

综合考虑：采用标准电阻，可得 $R_D=12k\Omega$（设计值），$R_S=8.2k\Omega$（由 8kΩ 得），$R_1=160k\Omega$（由 157kΩ 得），$R_2=200k\Omega$（设计值）。使用这些标准电阻经计算可得

$$V_G = \left(\frac{R_2}{R_1 + R_2}\right)(5) - 2.5 = \left(\frac{200}{200 + 160}\right)(5) - 2.5$$

即

$$V_G = 0.278\text{V}$$

然后可得

$$2.5 = I_D R_S + V_{SG} + 0.278$$

式中

$$I_D = K_p (V_{SG} - V_{TP})^2$$

最后可得 $V_{SG}=1.40\text{V}$，$I_{DQ}=0.10\text{mA}$，$V_{SDQ}=2.98\text{V}$。理想的负载线和应用了标准电阻值的负载线以及 Q 点的值如图 3.31 所示。

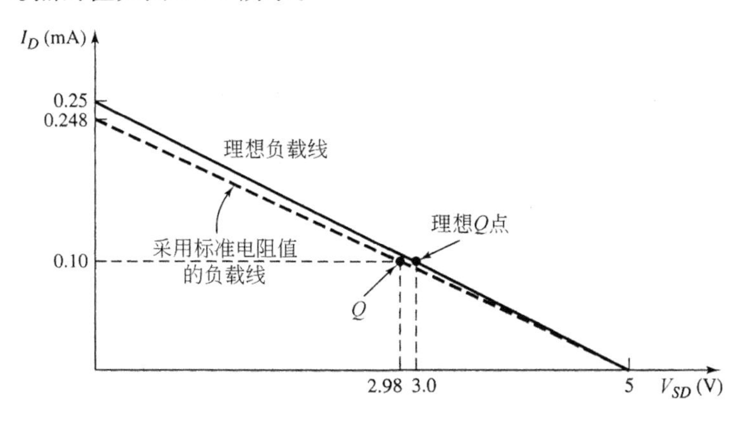

图 3.31 设计例题 3.6 电路中负载线和 Q 点值的范围

点评：最终的结果可以证明本次设计中的 MOS 晶体管确实偏置在饱和区。

练习题

【练习题 3.6】 观察图 3.32 所示的电路，MOS 晶体管参数为 $V_{TP}=-1\text{V}$ 和 $K_p=0.25\text{mA/V}^2$。试求 V_{SG}、I_D 和 V_{SD}。（答案：$V_{SG}=3.04\text{V}$，$I_D=1.04\text{mA}$，$V_{SD}=4.59\text{V}$）

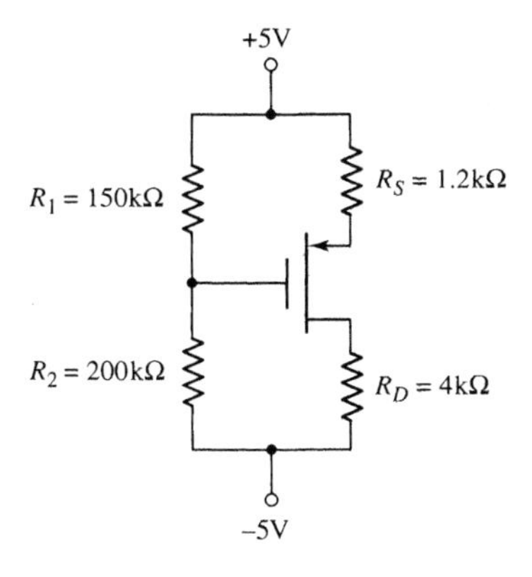

图 3.32 练习题 3.6 的电路

计算机分析题

【PS3.2】 用 PSpice 仿真验证设计例题 3.6 中的电路设计。当电阻值在±5%的范围内变化时，研究 Q 点值的变化范围。

3.2.2 负载线和工作方式

根据负载线有利于判断 MOSFET 偏置在哪个工作区。再次观察图 3.25(b)所示的共源电路。写出漏-源回路的基尔霍夫电压方程为式(3.14),也即是负载线方程,表示了漏极电流和漏-源电压之间的线性关系。

图 3.33 所示为例题 3.3 所描述的 MOS 晶体管的 $v_{DS}(\mathrm{sat})$特性。图中所标的负载线由下式给出,即

$$V_{DS} = V_{DD} - I_D R_D = 5 - I_D(20) \tag{3.20(a)}$$

即

$$I_D = \frac{5}{20} - \frac{V_{DS}}{20}(\mathrm{mA}) \tag{3.20(b)}$$

负载线的两个端点由通常的方法确定。即如果 $I_D=0$,则 $V_{DS}=5\mathrm{V}$;如果 $V_{DS}=0$,则 $I_D=5/2=0.25\mathrm{mA}$。由直流漏极电流和漏-源电压可以得出如图 3.33 所示 MOS 晶体管的 Q 点,Q 点总是在负载线上。此外图中还画出了几条 MOS 晶体管的特性曲线。

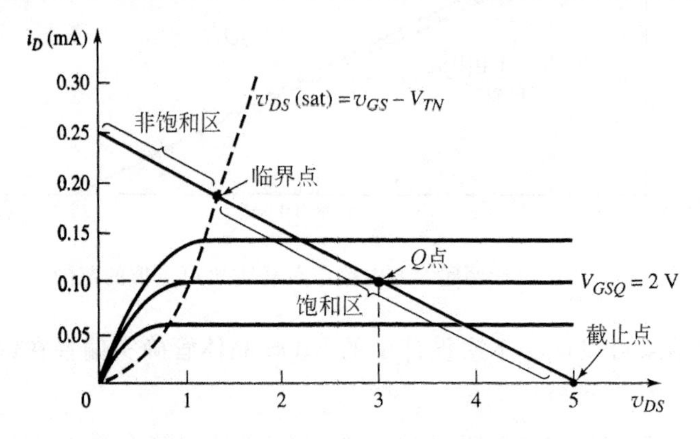

图 3.33 图 3.25(b)所示 NMOS 共源电路的 MOS 晶体管特性、$v_{DS}(\mathrm{sat})$曲线、负载线和 Q 点

如果栅-源电压小于 V_{TN},则漏极电流为零且 MOS 晶体管截止。当栅-源电压刚刚大于 V_{TN}时,MOS 晶体管导通并且偏置在饱和区。随着 V_{GS}增加,Q 点沿着负载线上升。**临界点**是饱和区和非饱和区的分界点,并且定义为电压 $V_{DS}=V_{DS}(\mathrm{sat})=V_{GS}-V_{TN}$的点。随着 V_{GS}增加到临界点以上,MOS 晶体管开始偏置在非饱和区。

【例题 3.7】

目的:对共源 MOS 电路求解临界点的参数。

已知如图 3.25(b)所示的电路,假设 MOS 晶体管的参数为 $V_{TN}=1\mathrm{V}$ 和 $K_n=0.1\mathrm{mA/V^2}$。

解:在临界点有

$$V_{DS} = V_{DS}(\mathrm{sat}) = V_{GS} - V_{TN} = V_{DD} - I_D R_D$$

漏极电流仍为

$$I_D = K_n\,(V_{GS} - V_{TN})^2$$

联立以上方程可得

$$V_{GS} - V_{TN} = V_{DD} - K_n R_D\,(V_{GS} - V_{TN})^2$$

重新整理这个等式得

$$K_n R_D (V_{GS} - V_{TN})^2 + (V_{GS} - V_{TN}) - V_{DD} = 0$$

即

$$(0.1)(20)(V_{GS} - V_{TN})^2 + (V_{GS} - V_{TN}) - 5 = 0$$

求解此二次方程得

$$V_{GS} - V_{TN} = 1.35\text{V} = V_{DS}$$

所以

$$V_{GS} = 2.35\text{V}$$

且

$$I_D = (0.1)(2.35 - 1)^2 = 0.182\text{mA}$$

点评：对于 $V_{GS} < 2.35\text{V}$，MOS 晶体管偏置在饱和区；对于 $V_{GS} > 2.35\text{V}$，MOS 晶体管偏置在非饱和区。

练习题

【练习题 3.7】 观察练习题 3.6 所描述的电路。画出负载线并求解临界点的参数。(答案：$V_{SG}=3.42\text{V}$，$I_D=1.46\text{mA}$，$V_{SD}=2.42\text{V}$)

解题技巧：MOSFET 直流分析

分析 MOSFET 电路的直流响应需要知道 MOS 晶体管的偏置情况(饱和区还是非饱和区)。有些情况下 MOS 晶体管的偏置状况是不明确的，这意味着得先猜测偏置状态，然后分析电路验证求得的解和开始的猜测是否一致。可以通过下列的方法做到这些：

1. 假设 MOS 晶体管偏置在饱和区，这时有 $V_{GS} > V_{TN}$，$I_D > 0$，并且 $V_{DS} > V_{DS}(\text{sat})$。
2. 用饱和区的电流-电压关系分析电路。
3. 评估所得结果中 MOS 晶体管的偏置状态。如果在第 1 步中假设的参数值是有效的，则说明一开始的假设就是正确的；如果 $V_{GS} < V_{TN}$，则 MOS 晶体管很可能截止；再如果 $V_{DS} < V_{DS}(\text{sat})$，则 MOS 晶体管很有可能偏置在非饱和区。
4. 如果开始的假设被证明是不正确的，那么必须重新做一假设并分析电路，然后重复第 3 步。

3.2.3 常见的 MOSFET 形式：直流分析

除了基本的共源电路之外，还有其他各种 MOSFET 电路形式，本节将讨论其中的几个例子。为了提高分析此类电路的熟练程度且更加精通这些电路，本节将继续进行 MOSFET 电路的直流分析和设计。

【设计例题 3.8】

目的：设计 MOSFET 电路的直流偏置使之满足一组指标要求。

设计指标：将要设计的电路结构如图 3.34 所示。要求静态 Q 点的值为 $I_{DQ}=0.25\text{mA}$ 和 $V_{DSQ}=4\text{V}$。电阻 R_S 上的电压应为 $V_{RS}\approx 1\text{V}$。偏置电阻上的电流应大约为 $20\mu\text{A}$。

器件选型：在最终的设计中要用到标准电阻。可以利用参数为 $k_n'=80\mu\text{A/V}^2$，$W/L=4$ 和 $V_{TN}=1.2\text{V}$ 的 MOS 晶体管。电阻 R_D 和 R_S 的容许误差为±10%。

解：源极电阻为

$$R_S = \frac{V_{RS}}{I_{DQ}} = \frac{1}{0.25} = 4\text{k}\Omega$$

可以从漏-源回路的基尔霍夫电压方程求出漏极电阻，有

$$5 = I_{DQ}R_D + V_{DS} + I_{DQ}R_S - 5$$

即

$$5 = (0.25)R_D + 4 + (0.25)(4) - 5$$

可得

$$R_D = 20\text{k}\Omega$$

因为通过偏置电阻的电流为 $20\mu\text{A}$，所以

$$R_1 + R_2 = \frac{5+5}{0.020} = 500\text{k}\Omega$$

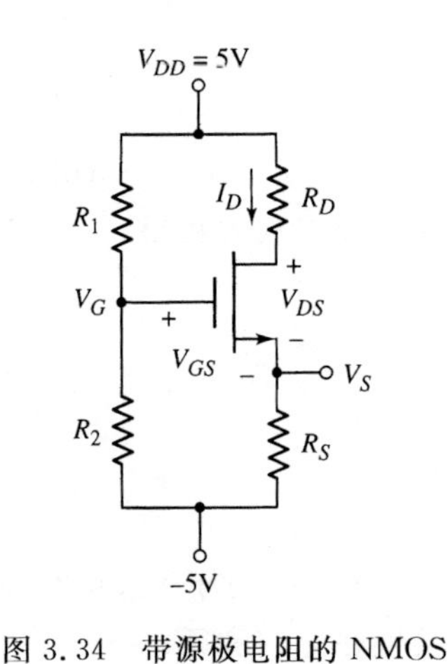

图 3.34 带源极电阻的 NMOS 共源电路

可以从下式中求出栅-源电压为

$$I_D = \frac{k_n'}{2} \cdot \frac{W}{L}(V_{GS} - V_{TN})^2$$

即

$$0.25 = \frac{0.080}{2} \cdot 4\,(V_{GS} - 1.2)^2$$

可得

$$V_{GS} = 2.45\text{V}$$

可以得出

$$V_{GS} = V_G - V_S = \left[\left(\frac{R_2}{R_1 + R_2}\right)(10) - 5\right] - (I_D R_S - 5)$$

即

$$2.45 = \left[\left(\frac{R_2}{500}\right)(10) - 5\right] - [(0.25)(4) - 5]$$

可得

$$R_2 = 172.5\text{k}\Omega$$

则有

$$R_1 = 327.5\text{k}\Omega$$

综合考虑：最接近的标准电阻为 $R_S = 3.9\text{k}\Omega$，$R_D = 20\text{k}\Omega$，$R_1 = 330\text{k}\Omega$ 和 $R_2 = 180\text{k}\Omega$。用这些标准电阻可以求得 Q 点的值为

$$V_G = \left(\frac{R_2}{R_1 + R_2}\right)(10) - 5 = \left(\frac{180}{180 + 330}\right)(10) - 5$$

即

$$V_G = -1.47\text{V}$$

也可以得出

$$V_G = V_{GS} + I_D R_S - 5 = V_{GS} + K_n R_S\,(V_{GS} - V_{TN})^2 - 5$$

式中

$$K_n = \frac{k_n'}{2} \cdot \frac{W}{L} = \frac{0.080}{2}(4) = 0.16\text{mA/V}^2$$

则可得

$$-1.47 = V_{GS} + (0.16)(3.9)\,(V_{GS} - V_{TN})^2 - 5$$

即

$$V_{GS} = 2.49\text{V}$$

漏极电流为

$$I_{DQ} = K_n (V_{GS} - V_{TN})^2 = (0.16)(2.49 - 1.2)^2 = 0.266\text{mA}$$

漏-源电压为

$$V_{DS} = 10 - I_D(R_D + R_S) = 10 - (0.266)(20 + 3.9) = 3.64\text{V}$$

图 3.35(a)所示为按理想参数设计的负载线和应用标准电阻设计的负载线以及 Q 点的值。

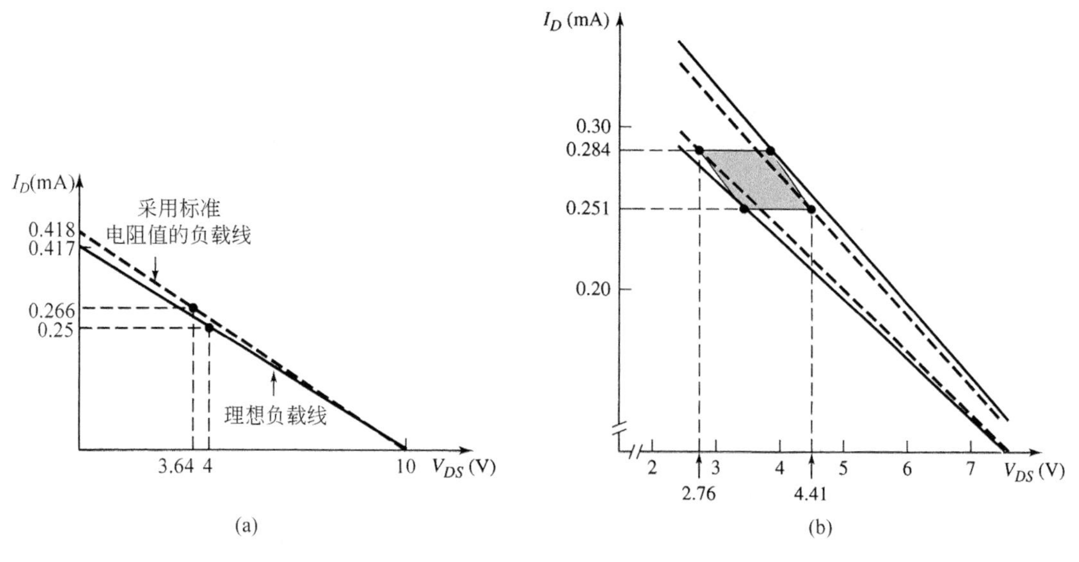

图　3.35

(a) 设计例题 3.8 所示电路的理想负载线和 Q 点值；(b) 由变化的电阻值产生的负载线和 Q 点值

考虑电阻 R_D 和 R_S 的容许误差为±10%，所以这些电阻的极限值为

$$R_S(\max) = 4.29\text{k}\Omega,\quad R_S(\min) = 3.51\text{k}\Omega$$

$$R_D(\max) = 22\text{k}\Omega,\quad R_D(\min) = 18\text{k}\Omega$$

R_D 和 R_S 取极限值时 Q 点的值如下表所示：

R_D	R_S	
	4.29kΩ	3.51kΩ
22kΩ	V_{GS}=2.45V	V_{GS}=2.53V
	I_{DQ}=0.251mA	I_{DQ}=0.284mA
	V_{DSQ}=3.40V	V_{DSQ}=2.76V
18kΩ	V_{GS}=2.45V	V_{GS}=2.53V
	I_{DQ}=0.251mA	I_{DQ}=0.284mA
	V_{DSQ}=4.41V	V_{DSQ}=3.89V

图 3.35(b)所示给出了负载线和 R_D 和 R_S 取极限值时 Q 点的值。图中阴影区表示在电阻值的变化范围内 Q 点的位置。

点评：以上内容分析了由两个电阻的容许误差所引起的 Q 值的变化情况，但必须牢记的是不但偏置电阻值会存在容许误差，而且在 MOS 晶体管参数中也会存在这样的误差。

练习题

【练习题 3.8】 在图 3.34 所示电路中使用标准电阻值为 $R_1=270\text{k}\Omega$，$R_2=240\text{k}\Omega$，$R_S=3.9\text{k}\Omega$ 和 $R_D=10\text{k}\Omega$，试求电路中实际的电流和电压。假设 MOS 晶体管参数和例题 3.8 中所给的相同。（答案：偏置电阻电流为 19.6μA；$I_D=0.463\text{mA}$；$V_{DS}=3.57\text{V}$）

针对 MOS 晶体管参数的变化，通过增加一个源极电阻则可以使 MOSFET 电路的 Q 点趋于稳定。由于各个 MOS 晶体管的沟道长度、沟道宽度、氧化物厚度或者载流子迁移率存在制造公差，所以每个器件的传导参数可能和别的器件不同，而且不同器件的阈值电压之间也可能存在差别。在设定的电路中，这些器件参数的变化将导致 Q 点发生变化。不过，通过增加源极电阻就可以使这种变化减小。此外，在当今很多 MOSFET 集成电路中，源极电阻都被恒流源取代了。恒流源是通过独立于 MOS 晶体管参数的恒定电流来给 MOS 晶体管提供偏置，从而能够稳定 Q 点。

【设计例题 3.9】

设计目的：设计恒流源偏置的 MOSFET 电路使之满足一组指标要求。

设计指标：将要设计的电路结构如图 3.36(a)所示。设计电路使静态值为 $I_{DQ}=250\mu\text{A}$ 和 $V_D=2.5\text{V}$。

器件选型：可以利用标称值为 $V_{TN}=0.8\text{V}$，$k_n'=80\mu\text{A/V}^2$ 和 $W/L=3$ 的 MOS 晶体管。

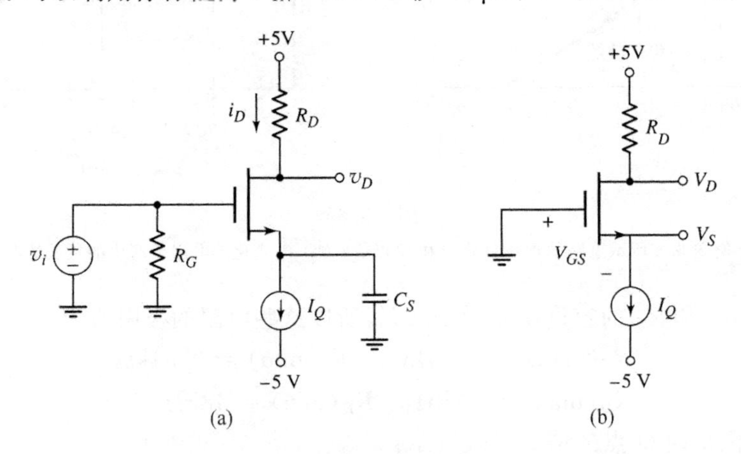

图 3.36

(a) 恒流源偏置的 NMOS 共源电路；(b) 直流等效电路

解：图 3.36(b)所示给出了直流等效电路。因为 $v_i=0$，所以栅极处于地电位，没有栅极电流通过电阻 R_G。

假设 MOS 晶体管偏置在饱和状态，则有

$$I_D=\frac{k_n'}{2}\cdot\frac{W}{L}(V_{GS}-V_{TN})^2$$

即

$$250=\left(\frac{80}{2}\right)\cdot(3)(V_{GS}-0.8)^2$$

可得

$$V_{GS}=2.24\text{V}$$

源极电压为

$$V_S = -V_{GS} = -2.24\text{V}$$

漏极电流也可以写为

$$I_D = \frac{5 - V_D}{R_D}$$

对于 $V_D = 2.5\text{V}$，可得

$$R_D = \frac{5 - 2.5}{0.25} = 10\text{k}\Omega$$

漏-源电压为

$$V_{DS} = V_D - V_S = 2.5 - (-2.24) = 4.74\text{V}$$

因为 $V_{DS} = 4.74\text{V} > V_{DS}(\text{sat}) = V_{GS} - V_{TN} = 2.24 - 0.8 = 1.44\text{V}$，MOS 晶体管偏置在饱和区，和前面的假设一致。

点评：MOSFET 可以用恒流源来偏置，下面将会看到，恒流源又是用别的 MOS 晶体管设计的。恒流源偏置可以在 MOS 晶体管参数或电路参数发生变化时使电路保持稳定。

练习题

【练习题 3.9】 (a)观察图 3.37 所示的电路。MOS 晶体管参数为 $V_{TP} = -0.8\text{V}$，$K_p = 0.050\text{mA/V}^2$，要求设计电路使 $I_D = 120\mu\text{A}$；$V_{SD} = 8\text{V}$。(b)如果 K_p 和 V_{TP} 的值可以变化 $\pm 5\%$，试求 Q 点值的变化范围。(答案：(a)$R_D = 36.25\text{k}\Omega$，$R_S = 63.75\text{k}\Omega$；(b)$0.119\text{mA} \leqslant I_D \leqslant 0.121\text{mA}$，$7.89\text{V} \leqslant V_{SD} \leqslant 8.11\text{V}$)

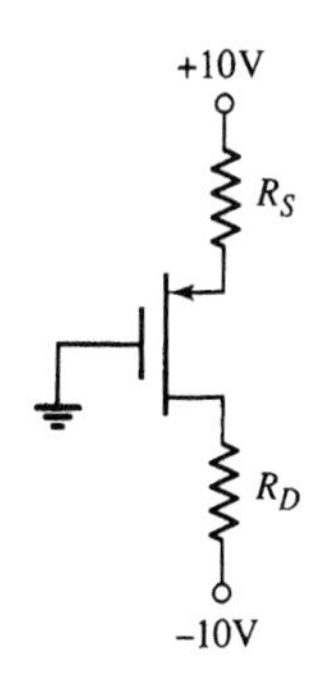

图 3.37　练习题 3.9 的电路

如图 3.38 所示连接形式的增强型 MOSFET 可以用作一个非线性电阻。这种连接方式的 MOS 晶体管称为增强型负载器件。因为 MOS 晶体管是增强型器件，所以 $V_{TN} > 0$。同样，对于此电路有 $v_{DS} = v_{GS} > v_{DS}(\text{sat}) = v_{GS} - V_{TN}$，这意味着 MOS 晶体管总是偏置在饱和区。通常 i_D 相对于 v_{DS} 的变化特性可以写为

$$i_D = K_n(v_{GS} - V_{TN})^2 = K_n(v_{DS} - V_{TN})^2 \quad (3.21)$$

图 3.39 所示为式(3.21)在 $K_n = 1\text{mA/V}^2$，$V_{TN} = 1\text{V}$ 时的曲线。

在下一章将会看到此类 MOS 晶体管是如何代替电阻用在放大器电路中的。在第 16 章将讲解这类 MOS 晶体管如何用在数字逻辑电路中。

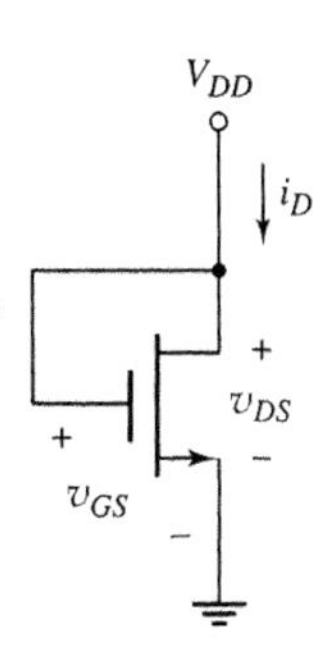

图 3.38　栅极和漏极相连的增强型 NMOS 器件

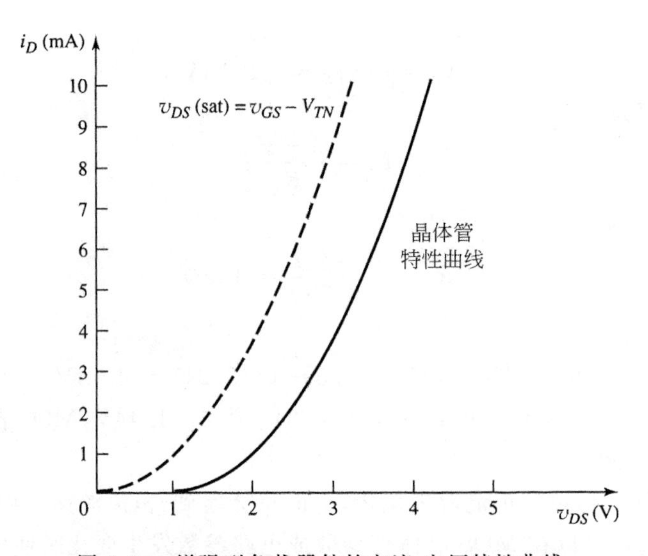

图 3.39　增强型负载器件的电流-电压特性曲线

【例题 3.10】

目的：求解包含增强型负载器件的电路特性。

已知如图 3.40 所示的电路，MOS 晶体管的参数为 $V_{TN}=0.8\text{V}$ 和 $K_n=0.05\text{mA/V}^2$。

解：由于 MOS 晶体管偏置在饱和区，则漏极直流电流为

$$I_D = K_n(v_{GS}-V_{TN})^2$$

于是直流漏-源电压为

$$V_{DS}=V_{GS}=5-I_DR_S$$

求解以上两个联立方程可得

$$V_{GS}=5-K_nR_S(v_{GS}-V_{TN})^2$$

代入参数值可得

$$V_{GS}=5-(0.05)(10)(v_{GS}-0.8)^2$$

经整理得

$$0.5V_{GS}^2+0.2V_{GS}-4.68=0$$

图3.40　包含增强型负载器件的电路

得出两个可能的解为

$$V_{GS}=-3.27\text{V}\quad 和 \quad V_{GS}=+2.87\text{V}$$

既然假设了 MOS 晶体管是导通的，则栅-源电压必须大于阈值电压，所以取下面的解：

$$V_{GS}=V_{DS}=2.87\text{V}\quad 和 \quad I_D=0.213\text{mA}$$

点评：具有这种特点的电路明显不是放大器电路。可是，MOS 晶体管以这种连接方式作为有效负载电阻是非常有用的。

练习题

【练习题 3.10】　图 3.40 所示电路的参数变为 $V_{DD}=10\text{V}$，$R_S=10\text{k}\Omega$。MOS 晶体管参数为 $V_{TN}=2\text{V}$，$K_n=0.20\text{mA/V}^2$。试计算 I_D 和 V_{DS} 以及消耗在 MOS 晶体管上的功率。(答案：$V_{GS}=V_{DS}=3.77\text{V}$，$I_D=0.623\text{mA}$，$P=2.35\text{mW}$)

在图 3.41 所示的电路中，增强型负载器件和另一个图示结构的 MOSFET 相连接，则

此种电路可以在数字逻辑电路中用作放大器或反相器。负载器件 MOS 晶体管 M_L 总是偏置在饱和区。而 MOS 晶体管 M_D，也称为**驱动 MOS 晶体管**则可能偏置在饱和区或非饱和区，具体在哪个区域则取决于输入电压的值。下面的例子将针对该电路中 M_D 管的栅极直流输入电压进行直流分析。

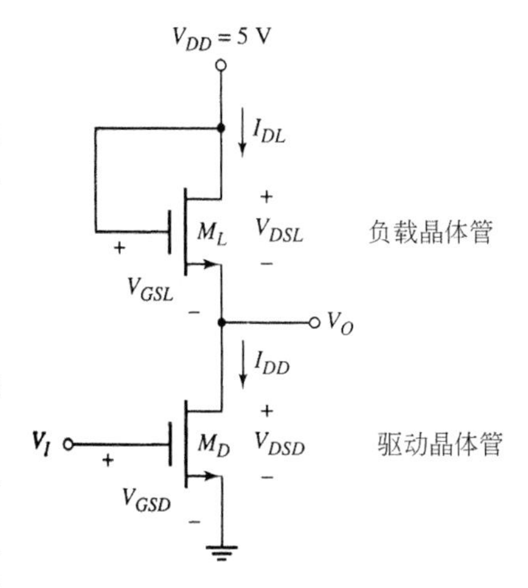

图 3.41 带增强型负载器件和 NMOS 驱动器的电路

【例题 3.11】

目的：对包含增强型负载器件的电路求解 MOS 晶体管的直流电流和电压。

已知如图 3.41 所示的电路，MOS 晶体管的参数为 $V_{TND}=V_{TNL}=1\text{V}$，$K_{nD}=50\mu\text{A/V}^2$，$K_{nL}=10\mu\text{A/V}^2$。假设 $\lambda_{nD}=\lambda_{nL}=0$（下角标志 D 指 MOS 驱动晶体管，下角标志 L 指 MOS 负载晶体管），对于 $V_I=5\text{V}$ 和 $V_I=1.5\text{V}$，试求 V_O。

解：($V_I=5\text{V}$)对于带电阻负载的反相器电路，当输入电压很大时输出电压将下降到一个很小的值。因而假设 MOS 驱动晶体管偏置在非饱和区，这样漏-源电压将会很小。负载器件中的漏极电流和 MOS 驱动晶体管中的漏极电流相等。这些电流的一般的表示形式为

$$I_{DD}=I_{DL}$$

即

$$K_{nD}[2(V_{GSD}-V_{TND})V_{DSD}-V_{DSD}^2]=K_{nL}(V_{GSL}-V_{TNL})^2$$

因为 $V_{GSD}=V_I$，$V_{DSD}=V_O$ 以及 $V_{GSL}=V_{DSL}=V_{DD}-V_O$，则

$$K_{nD}[2(V_I-V_{TND})V_O-V_O^2]=K_{nL}(V_{DD}-V_O-V_{TNL})^2$$

经整理后得

$$3V_O^2-24V_O+8=0$$

求解二次方程式得到两个可能的解为

$$V_O=7.65\text{V} \quad 和 \quad V_O=0.349\text{V}$$

因为输出电压不能大于电源电压 $V_{DD}=5\text{V}$，所以正确的值应为 $V_O=0.349\text{V}$。

又因为 $V_{DSD}=V_O=0.349\text{V}<V_{GSD}-V_{TND}=5-1=4\text{V}$，所以如前面所假设的，驱动管 M_D 确实偏置在非饱和区。

电流为

$$I_D=K_{nL}(V_{GSL}-V_{TNL})^2=K_{nL}(V_{DD}-V_O-V_{TNL})^2$$

即

$$I_D=(10)(5-0.349-1)^2=133\mu\text{A}$$

解：($V_I=1.5\text{V}$)因为 MOS 驱动晶体管的阈值电压 $V_{TN}=1\text{V}$，输入电压为 1.5V，这意味着 MOS 晶体管电流将相应地减小，所以输出电压相应地增大。由于这个原因，将假设 MOS 驱动晶体管 M_D 偏置在饱和区。令两个 MOS 晶体管中的电流相等，写出电流方程的一般形式，得

$$I_{DD}=I_{DL}$$

即

$$K_{nD}(V_{GSD}-V_{TND})^2 = K_{nL}(V_{GSL}-V_{TNL})^2$$

又因为 $V_{GSD}=V_I$ 和 $V_{GSL}=V_{DSL}=V_{DD}-V_O$，则

$$K_{nD}(V_I-V_{TND})^2 = K_{nL}(V_{DD}-V_O-V_{TNL})^2$$

代入数值并将两边开方，可得

$$\sqrt{50}(1.5-1) = \sqrt{10}(5-V_O-1)$$

于是得到 $$V_O=2.88\text{V}$$

因为 $V_{DSD}=V_O=2.88\text{V}>V_{GSD}-V_{TND}=1.5-1=0.5\text{V}$，所以如前面所假设的，MOS 晶体管 M_D 确实偏置在饱和区。

电流为

$$I_D = K_{nD}(V_{GSD}-V_{TND})^2 = (50)(1.5-1)^2 = 12.5\mu\text{A}$$

点评：在这个例子中，开始对 MOS 驱动晶体管偏置在饱和区还是非饱和区做了一个假设。在下面的这个例子中将介绍另外一种分析方法。

计算机仿真：对于图 3.41 所示的带增强型负载的 NMOS 反相器电路，通过 PSpice 分析所得到的电压传输特性如图 3.42 所示。对于小于 1V 的输入电压，驱动管截止，并且输出电压为 $V_O=V_{DD}-V_{TNL}=5-1=4\text{V}$。随着输入电压的下降，输出电压上升，给 MOS 晶体管中的电容充电和放电。当 $V_I=1\text{V}$ 和 $V_O=4\text{V}$ 时电流变为零，电容停止充电和放电，所以输出电压不能达到满 $V_{DD}=5\text{V}$ 的值。

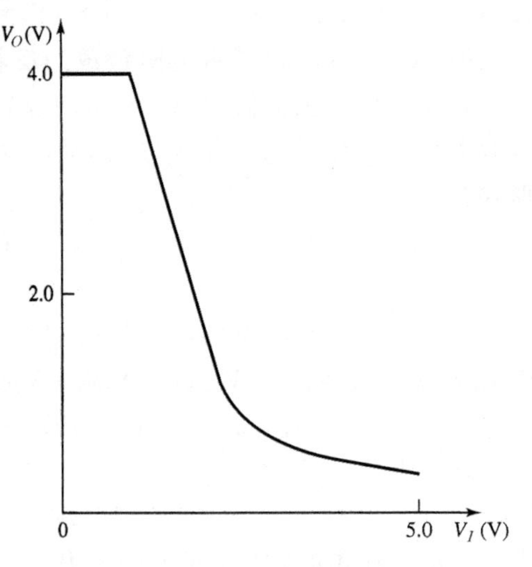

图 3.42 带增强型负载器件的 NMOS 反相器电压传输特性

当输入电压刚好大于 1V 时，如前面对于 $V_I=1.5\text{V}$ 所进行的分析，两个 MOS 晶体管都偏置在饱和区。此时的输出电压是输入电压的线性函数。

当输入电压大于约 2.25V 时，MOS 驱动晶体管偏置在非饱和区，输出电压是输入电压的非线性函数。

练习题

【练习题 3.11】 观察图 3.41 所示的 NMOS 反相器电路，MOS 晶体管的参数和例题 3.11 中所描述的相同。对于输入电压为：(a)$V_I=4\text{V}$ 和(b)$V_I=2\text{V}$，试求输出电压 V_O。(答案：(a)0.454V；(b)1.76V)

计算机分析题

【PS3.3】 观察图 3.41 所示的 NMOS 电路，用 PSpice 仿真画出电压传输特性曲线。所用 MOS 晶体管的参数和例题 3.11 中描述的相同。对于 $V_I=1.5\text{V}$ 和 $V_I=5\text{V}$，试求输出电压 V_O。

在图 3.41 所示的电路中，可以求解 MOS 驱动晶体管的临界点，临界点把饱和区和非

饱和区隔开。具体可由下式求得，即

$$V_{DSD}(\text{sat}) = V_{GSD} - V_{TND} \tag{3.22}$$

同样，两个 MOS 晶体管中的漏极电流相等。对驱动晶体管应用饱和漏极电流的关系，有

$$I_{DD} = I_{DL} \tag{3.23(a)}$$

即

$$K_{nD}(V_{GSD} - V_{TND})^2 = K_{nL}(V_{GSL} - V_{TNL})^2 \tag{3.23(b)}$$

同样，注意到 $V_{GSD}=V_I$ 和 $V_{GSL}=V_{DSL}=V_{DD}-V_O$，并且将等式两边开方得

$$\sqrt{\frac{K_{nD}}{K_{nL}}}(V_I - V_{TND}) = V_{DD} - V_O - V_{TNL} \tag{3.24}$$

可以定义在临界点的输入电压为 $V_I=V_{It}$，并且输出电压为 $V_{Ot}=V_{DSD}(\text{sat})=V_{It}-V_{TND}$。则由式(3.24)可得临界点的输入电压为

$$V_{It} = \frac{V_{DD} - V_{TNL} + V_{TND}(1+\sqrt{K_{nD}/K_{nL}})}{1+\sqrt{K_{nD}/K_{nL}}} \tag{3.25}$$

如果将式(3.25)应用到前面的例题中，则可以看出开始的假设是正确的。

到此为止仅仅考虑了将 N 沟道增强型 MOSFET 用作负载器件，而 N 沟道耗尽型 MOSFET 也照样可以用作负载器件。图 3.43(a)所示为栅极和源极相连的耗尽型 MOSFET。其电流-电压特性如图 3.43(b)所示。MOS 晶体管可能偏置在饱和区或者非饱和区。图中也标出了临界点。N 沟道耗尽型 MOSFET 的阈值电压为负值，所以 $v_{DS}(\text{sat})$ 为正值。

观察图 3.44 所示的电路，图中 MOS 晶体管用作**耗尽型负载器件**。可能偏置在饱和区或非饱和区，具体在哪个区域将取决于 MOS 晶体管的参数以及 V_{DD}、R_S 的值。

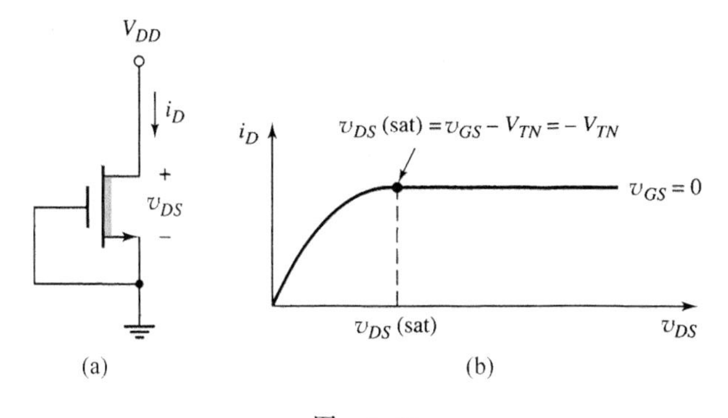

图　3.43

(a) 栅极和源极相连的耗尽型 NMOS 器件；(b) 电流-电压特性曲线

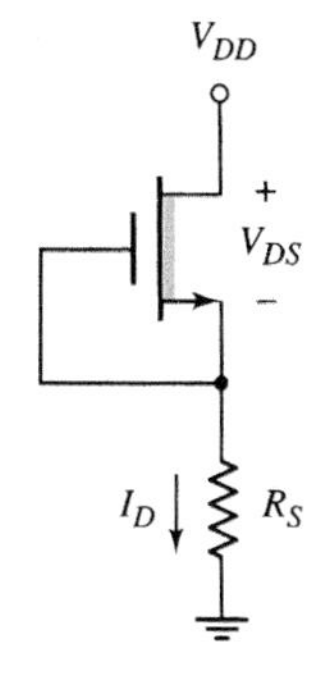

图 3.44　包含耗尽型负载器件的电路

【例题 3.12】

目的：求解包含耗尽型负载的电路特性。

已知如图 3.44 所示的电路，MOS 晶体管的参数为 $V_{TN}=-2\text{V}$，$K_n=0.1\text{mA/V}^2$。假设 $V_{DD}=5\text{V}$ 和 $R_S=5\text{k}\Omega$。

解：如果假设 MOS 晶体管偏置在饱和区，则漏极电流为

$$I_D = K_n(V_{GS} - V_{TN})^2 = K_n(-V_{TN})^2 = (0.1)(-(-2))^2 = 0.4\text{mA}$$

这种情况下 MOS 晶体管表现为一个恒流源。漏-源直流电压为

$$V_{DS} = V_{DD} - I_D R_S = 5 - (0.4)(5) = 3\text{V}$$

因为

$$V_{DS} = 3\text{V} > V_{DS}(\text{sat}) = V_{GS} - V_{TN} = 0 - (-2) = 2\text{V}$$

所以 MOS 晶体管确实偏置在饱和区。

点评：虽然这种电路也不是放大器，但是这种 MOS 晶体管结构用作有效的负载电阻，在模拟和数字电路中都很有用。

练习题

【练习题 3.12】 图 3.44 所示的电路参数为 $V_{DD}=10\text{V}$ 和 $R_S=4\text{k}\Omega$，MOS 晶体管的参数为 $V_{TN}=-2.5\text{V}$，$K_n=0.25\text{mA/V}^2$。试计算 I_D、V_{DS} 以及消耗在 MOS 晶体管上的功率。试问 MOS 晶体管偏置在饱和区还是非饱和区？（答案：$I_D=1.56\text{mA}$，$V_{DS}=3.75\text{V}$，$P=5.85\text{mW}$；饱和区）

在图 3.45 所示的电路中，耗尽型负载器件可以和另一个如图所示结构的 MOSFET 相连接，这种电路在数字逻辑电路中可以用作放大器或反相器。负载器件 M_L 和驱动 MOS 晶体管 M_D 都可能偏置在饱和区或非饱和区，具体在哪个区域则取决于输入电压的数值。下面的例子将针对该电路中驱动 MOS 晶体管栅极输入特定直流电压时进行电路的直流分析。

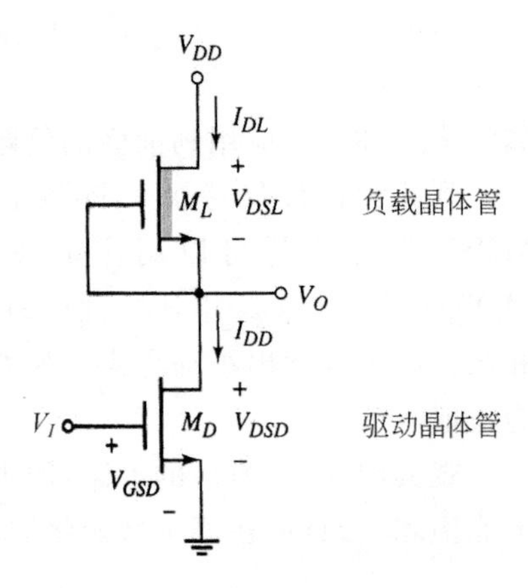

图 3.45 带耗尽型负载器件和 NMOS 驱动器的电路

【例题 3.13】

目的：对包含耗尽型负载器件的电路求解 MOS 晶体管的直流电流和电压。

已知如图 3.45 所示的电路，MOS 晶体管的参数为 $V_{TND}=1\text{V}$，$V_{TNL}=-2\text{V}$，$K_{nD}=50\mu\text{A/V}^2$ 和 $K_{nL}=10\mu\text{A/V}^2$，对于 $V_I=5\text{V}$，试求 V_O。

解：假设驱动 MOS 晶体管 M_D 偏置在非饱和区，负载 MOS 晶体管 M_L 偏置在饱和区。两个 MOS 晶体管中的漏极电流相等。这些电流的一般表示形式为

$$I_{DD} = I_{DL}$$

即

$$K_{nD}[2(V_{GSD} - V_{TND})V_{DSD} - V_{DSD}^2] = K_{nL}(V_{GSL} - V_{TNL})^2$$

因为 $V_{GSD}=V_I$，$V_{DSD}=V_O$ 以及 $V_{GSL}=0$，则

$$K_{nD}[2(V_I - V_{TND})V_O - V_O^2] = K_{nL}(-V_{TNL})^2$$

代入数据得

$$(50)[2(5-1)V_O - V_O^2] = (10)[-(-2)]^2$$

经整理后得

$$5V_O^2 - 40V_O + 4 = 0$$

求解二次方程得到两个可能的解为

$$V_O = 7.90\text{V} \quad \text{和} \quad V_O = 0.10\text{V}$$

因为输出电压不能大于电源电压 $V_{DD}=5\text{V}$，所以正确的解应为 $V_O=0.10\text{V}$。

电流为

$$I_D = K_{nL}(-V_{TNL})^2 = (10)[-(-2)]^2 = 40\mu A$$

点评：因为 $V_{DSD}=V_O=0.10V<V_{GSD}-V_{TND}=5-1=4V$，正如所假设的那样，驱动器 M_D 偏置在非饱和区。同样，因为 $V_{DSL}=V_{DD}-V_O=4.9V>V_{GSL}-V_{TNL}=0-(-2)=2V$，如前面所假设的 M_L 偏置在饱和区。

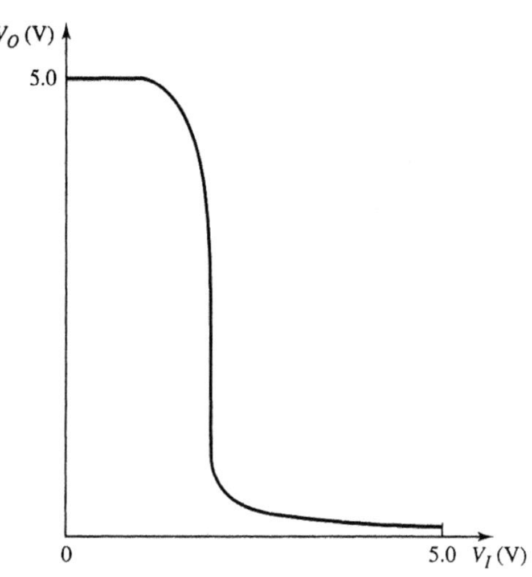

图 3.46 带耗尽型负载器件的 NMOS 反相器的电压传输特性

计算机仿真：通过 PSpice 分析得到图 3.45 所示带增强型负载的 NMOS 反相器电路的电压传输特性如图 3.46 所示。对于小于 1V 的输入电压，驱动器截止，并且输出电压 $V_O=V_{DD}=5V$。

当输入电压刚好大于 1V，驱动 MOS 晶体管偏置在饱和区，负载器件偏置在非饱和区。当输入电压约为 1.9V 时，两个 MOS 晶体管都偏置在饱和区。在这个例子中如果假设沟道长度调制参数 λ 为 0，那么在这个过渡区中输入电压将保持不变。当输入电压变为大于 1.9V 时，驱动晶体管将偏置在非饱和区，而负载晶体管则偏置在饱和区。

练习题

【练习题 3.13】 观察图 3.45 所示的电路，MOS 晶体管的参数为 $V_{TND}=1V$，$V_{TNL}=-2V$，(a)当 $V_I=5V$ 时要求输出电压 $V_O=0.25V$，试设计 K_{nD}/K_{nL} 比值的大小。(b)如果 $V_I=5V$ 时的电流为 0.2mA，试求 K_{nD} 和 K_{nL}。（答案：(a) $K_{nD}/K_{nL}=2.06$；(b) $K_{nL}=50\mu A/V^2$，$K_{nD}=103\mu A/V^2$）

计算机分析题

【PS3.4】 观察图 3.45 所示的 NMOS 电路，用 PSpice 仿真画出电压传输特性。使用和例题 3.13 相同的 MOS 晶体管参数。对于 $V_I=1.5V$ 和 $V_I=5V$ 试求电压 V_O 的值。

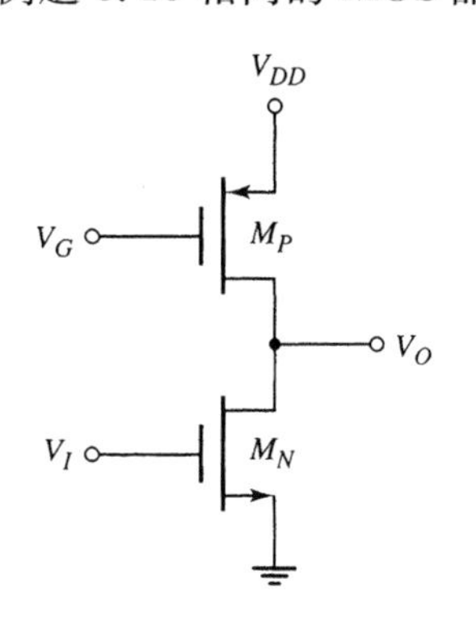

图 3.47 CMOS 反相器的例子

P 沟道增强型 MOS 晶体管也可以用作负载器件来构成**互补 MOS(CMOS)**反相器。互补这个词指在同一个电路中同时使用 N 沟道和 P 沟道 MOS 晶体管器件。CMOS 技术广泛应用在模拟和数字电子电路中。

图 3.47 所示为 CMOS 反相器的一个例子，NMOS 晶体管用作放大器件或驱动器，PMOS 器件则为负载，这里指有源负载。这种结构被典型地应用在数字电子电路中。在另外一种结构中两个 MOS 晶体管的栅极连接在一起作为输入端，这种结构将在第 16 章中进行讨论。

和前面讨论过的两个 NMOS 晶体管组成的反相器一样，图 3.47 所示电路中的两个 MOS 晶体管也可能偏置在饱和区或非饱和区，具体在哪个区域则取决于输入电压的值。用 PSpice 仿真很容易得出电压传输特性曲线。

【例题 3.14】

目的：用 PSpice 分析求解 CMOS 反相器的电压传输特性曲线。

对于图 3.47 所示的电路，假设 MOS 晶体管参数为 $V_{TN}=1\text{V}$，$V_{TP}=-1\text{V}$ 和 $K_n=K_p$，也假设 $V_{DD}=5\text{V}$ 和 $V_G=3.25\text{V}$。

解：电压传输特性如图 3.48 所示。在这种情况下，和带耗尽型负载的 NMOS 反相器一样，存在着两个 MOS 晶体管都偏置在饱和区的过渡区，如果假设沟道长度调制参数 λ 为零，则输入电压在这个过渡区内保持不变。

点评：在这个例子中，PMOS 器件的源-栅电压仅为 $V_{SG}=0.75\text{V}$。那么从漏极看进去的 PMOS 器件的有效电阻就相对较大。在下一章将会看到这正是放大器所需要的特性。

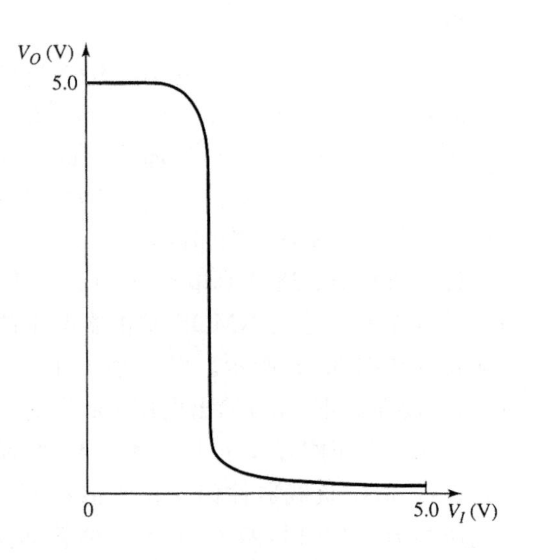

图 3.48 图 3.47 所示 CMOS 反相器的电压传输特性

练习题

【练习题 3.14】 观察图 3.47 所示的电路。假设 MOS 晶体管参数和电路参数与例题 3.14 中所给的相同。试求 MOS 晶体管 M_N 和 M_P 的临界点参数。（答案：M_P：$V_{Ot}=4.25\text{V}$，$V_{It}=1.75\text{V}$；M_N：$V_{Ot}=0.75\text{V}$，$V_{It}=1.75\text{V}$）

理解测试题

【测试题 3.7】 在图 3.25(a)所示的电路中，MOS 晶体管的参数为 $V_{TN}=0.8\text{V}$，$K_n=0.25\text{mA/V}^2$，电路用 $V_{DD}=5\text{V}$ 偏置。令 $R_1+R_2=250\text{k}\Omega$，重新设计电路使 $I_D=0.40\text{mA}$ 和 $V_{DS}=4\text{V}$。（答案：$R_2=68.8\text{k}\Omega$，$R_1=181.2\text{k}\Omega$，$R_D=8.75\text{k}\Omega$）

【测试题 3.8】 在图 3.36(b)所示的电路中，MOS 晶体管的参数为 $V_{TN}=1.2\text{V}$，$K_n=0.080\text{mA/V}^2$，用源极电阻代替电流源，重新设计电路使 $I_D=100\mu\text{A}$ 和 $V_{DS}=4.5\text{V}$。（答案：$R_S=26.8\text{k}\Omega$，$R_D=28.2\text{k}\Omega$）

【测试题 3.9】 图 3.40 所示电路的参数为 $V_{DD}=5\text{V}$ 和 $R_S=5\text{k}\Omega$。MOS 晶体管的阈值电压 $V_{TN}=1\text{V}$，如果 $k_n'=40\mu\text{A/V}^2$，试求使 $V_{DS}=2.2\text{V}$ 的 MOS 晶体管宽、长之比。（答案：$W/L=19.4$）

【测试题 3.10】 对于图 3.41 所示的电路，采用例题 3.11 所给的 MOS 晶体管参数。(a)试求驱动 MOS 晶体管在临界点处的 V_I 和 V_O。(b)试计算临界点的 MOS 晶体管电流。（答案：(a)$V_{Ot}=2.236\text{V}$，$V_{It}=1.236\text{V}$；(b)$I_D=76.4\mu\text{A}$）

【测试题 3.11】 已知图 3.41 所示的电路，MOS 晶体管的参数为 $V_{TND}=V_{TNL}=1\text{V}$，(a)设计 K_{nD}/K_{nL} 比值使得在 $V_I=5\text{V}$ 处产生临界点。(b)利用(a)的结果，当 $V_I=5\text{V}$ 时，试求 V_O。（答案：(a)$K_{nD}/K_{nL}=2.78$；(b)$V_O=0.57\text{V}$）

【测试题 3.12】 图 3.44 所示电路的参数为 $V_{DD}=5\text{V}$ 和 $R_S=8\text{k}\Omega$。MOS 晶体管阈值电压 $V_{TN}=-1.8\text{V}$。如果 $k_n'=35\mu\text{A/V}^2$，设计使 $V_{DS}=1.2\text{V}$ 的 MOS 晶体管宽、长之比。试问 MOS 晶体管偏置在饱和区还是非饱和区？（答案：$W/L=9.43$，非饱和区）

【测试题 3.13】 对于图 3.45 所示的电路，采用例题 3.13 所给的 MOS 晶体管参数。(a)试求 MOS 负载晶体管在临界点处的 V_I 和 V_O。(b)试求 MOS 驱动晶体管在临界点处的 V_I 和 V_O。(答案：(a)$V_{It}=1.89\text{V}$，$V_{Ot}=3\text{V}$；(b) $V_{It}=1.89\text{V}$，$V_{Ot}=0.89\text{V}$)

3.3 MOSFET 的基本应用：开关、数字逻辑门以及放大器

本节内容：分析 MOSFET 电路的三种基本应用：开关电路、数字逻辑电路和放大器电路。

MOSFET 可以用来开关电流、电压和功率；实现数字逻辑功能；放大时变小信号。在本节将验证 NMOS 晶体管的开关特性，分析简单的 NMOS 晶体管数字逻辑电路，并讨论如何用 MOSFET 来放大小信号。

3.3.1 NMOS 反相器

MOSFET 在许多应用电子电路中可以当作开关使用，晶体管开关在速度和可靠性方面都要胜过机械开关。本节所要讨论的晶体管开关也称为反相器。而另外两种结构的开关 NMOS 传输门和 CMOS 传输门，将在第 16 章作介绍。

图 3.49 所示为 N 沟道增强型 MOSFET 反相器电路。如果 $v_I<V_{TN}$，则 MOS 晶体管截止且 $i_D=0$。电阻 R_D 两端没有电压降，因而输出电压 $v_O=V_{DD}$。同样，因为 $i_D=0$，所以在 MOS 晶体管上没有功率消耗。

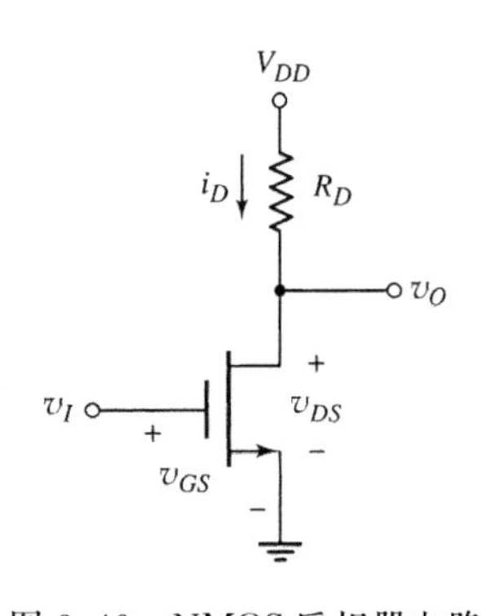

图 3.49 NMOS 反相器电路

如果 $v_I>V_{TN}$，则 MOS 晶体管导通，开始时偏置在饱和区，因为 $v_{DS}>v_{GS}-V_{TN}$。随着输入电压的增加，漏-源电压下降，MOS 晶体管最终偏置在非饱和区。当 $v_I=V_{DD}$ 时，MOS 晶体管偏置在非饱和区，v_O 达到最小值且漏极电流达到最大值。这里的电流和电压由下式给出，即

$$i_D = K_n[2(v_I - V_{TN})v_O - v_O^2] \tag{3.26}$$

和

$$v_O = v_{DD} - i_D R_D \tag{3.27}$$

式中 $v_O=v_{DS}$，$v_I=v_{GS}$。

【设计例题 3.15】

设计目的：设计功率 MOSFET 的尺寸使之满足特定开关的指标要求。

已知如图 3.49 所示反相器电路的负载是一个电磁线圈，要求导通时的电流为 0.5A，有效负载电阻在 8Ω 和 10Ω 之间变化，具体数值将取决于温度和别的变量。可以使用一个 10V 的直流电源。晶体管的参数为 $k_n'=80\mu\text{A/V}^2$，$V_{TN}=1\text{V}$。

解：一种方案是将 MOS 晶体管偏置在饱和区，这样电流将不取决于负载电阻而是一个恒定的值。

这样就需要 $V_{DS}>V_{DS}(\text{sat})=V_{GS}-V_{TN}$，而 V_{DS} 的最小值为 5V，如果用 $V_{GS}=5\text{V}$ 来偏置 MOS 晶体管，则 MOS 晶体管将总能满足上述条件即总是偏置在饱和区。于是可以写出

$$I_D = \frac{k_n'}{2} \cdot \frac{W}{L}(V_{GS} - V_{TN})^2$$

即

$$0.5=\frac{80\times10^{-6}}{2}\left(\frac{W}{L}\right)\cdot(5-1)^2$$

可得 $W/L=781$。

而消耗在 MOS 晶体管上的最大功率为

$$P(\max)=V_{DS}(\max)\cdot I_D=(6)\cdot(0.5)=3\text{W}$$

点评：从此例可以看出，不用向 MOS 晶体管输入电流就可以开关相对较大的漏极电流。当然这要求晶体管的尺寸相当大，也就意味着需要一个功率 MOS 晶体管。如果使用的 MOS 晶体管的宽、长之比和计算值稍微不同，则可以通过改变 V_{GS} 的值来满足设计指标的要求。

练习题

【练习题 3.15】 对于图 3.49 所示的 MOS 反相器电路，假设电路参数值为 $V_{DD}=5\text{V}$ 和 $R_D=10\Omega$。MOS 晶体管的阈值电压 $V_{TN}=1\text{V}$。试求使 $v_I=5\text{V}$ 时 $v_O=1\text{V}$ 的传导参数 K_n 的值。试问 MOS 晶体管的功率损耗是多少？（答案：$K_n=0.057\text{mA/V}^2$，$P=0.4\text{mW}$）

3.3.2 数字逻辑门

对于图 3.49 所示的 MOS 晶体管反相器电路，当输入低电平并近似为 0V 时，MOS 晶体管截止，此时输出为高电平且等于 V_{DD}。当输入高电平且等于 V_{DD} 时，MOS 晶体管偏置在非饱和区，且输出为低电平。因为输入电压要么为高电平要么为低电平，所以可以应用直流参数来分析此电路。

在图 3.50 所示的电路中，考虑并联一个 MOS 晶体管的情况。如果两个输入都为 0V，则 M_1 和 M_2 都截止，输出 $V_O=5\text{V}$。当 $V_1=5\text{V}$，$V_2=0\text{V}$ 时，MOS 晶体管 M_1 导通，M_2 仍然截止。MOS 晶体管 M_1 偏置在非饱和区，且 V_O 为低电平。如果将输入电压颠倒一下，即 $V_1=0\text{V}$ 和 $V_2=5\text{V}$，则 M_1 截止，M_2 偏置在非饱和区，同样 V_O 也为低电平。如果两个输入端都为高电平，即 $V_1=V_2=5\text{V}$，则两个晶体管都偏置在非饱和区且 V_O 为低电平。

图 3.50 所示电路的各种状态如表 3.2 所示。在正逻辑系统中，这些结果说明此电路实现的是或非逻辑功能，因而称为 2 输入端或非逻辑电路。在实际的 NMOS 逻辑电路中，电阻 R_D 用另外一个 NMOS 晶体管代替。

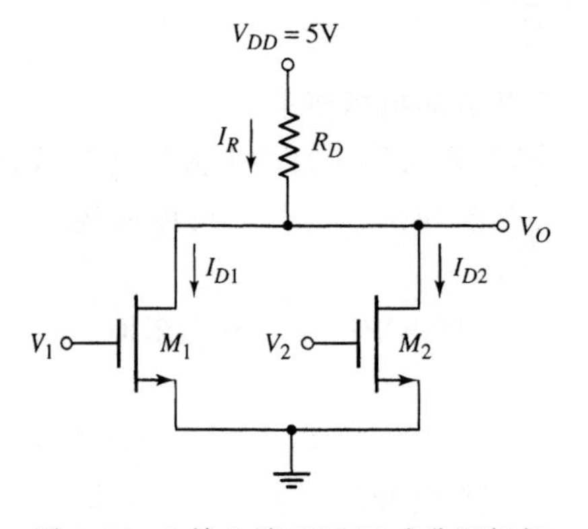

图 3.50 2 输入端 NMOS 或非逻辑门

表 3.2 NMOS 或非逻辑电路响应

V_1(V)	V_2(V)	V_O(V)
0	0	高
5	0	低
0	5	低
5	5	低

【例题 3.16】

目的：针对各种不同的输入情况，求解数字逻辑门的电流和电压。

已知如图 3.50 所示的电路，电路参数和 MOS 晶体管的参数为 $R_D=20\text{k}\Omega$，$K_n=0.1\text{mA/V}^2$，$V_{TN}=0.8\text{V}$ 和 $\lambda=0$。

解：对于 $V_1=V_2=0\text{V}$，M_1 和 M_2 都截止，输出 $V_O=V_{DD}=5\text{V}$。对于 $V_1=5\text{V}$，$V_2=0\text{V}$，MOS 晶体管 M_1 偏置在非饱和区，可得

$$I_R=I_{D1}=\frac{5-V_O}{R_D}=K_n[2(V_1-V_{TN})V_O-V_O^2]$$

求解输出电压 V_O，得 $V_O=0.29\text{V}$。

电流为

$$I_R=I_{D1}=\frac{5-0.29}{20}=0.236\text{mA}$$

对于 $V_1=0\text{V}$ 和 $V_2=5\text{V}$，有 $V_O=0.29\text{V}$ 和 $I_R=I_{D1}=0.236\text{mA}$，当两个输入端都增高到 $V_1=V_2=5\text{V}$ 时，有 $I_R=I_{D1}+I_{D2}$，即

$$\frac{5-V_O}{R_D}=K_n[2(V_1-V_{TN})V_O-V_O^2]+K_n[2(V_2-V_{TN})V_O-V_O^2]$$

可以解出 $V_O=0.147\text{V}$。

电流为

$$I_R=\frac{5-0.147}{20}=0.243\text{mA}$$

和

$$I_{D1}=I_{D2}=\frac{I_R}{2}=0.121\text{mA}$$

点评：当任何一个 MOS 晶体管偏置在导通状态时，因为 $V_{DS}<V_{DS}(\text{sat})$，所以该 MOS 晶体管就偏置在非饱和区，输出电压为低电平。

练习题

【练习题 3.16】 对于图 3.50 所示的电路，假设电路参数和 MOS 晶体管的参数为 $R_D=30\text{k}\Omega$，$V_{TN}=1\text{V}$ 和 $K_n=50\mu\text{A/V}^2$。对于(a)$V_1=5\text{V}$，$V_2=0$；(b)$V_1=V_2=5\text{V}$，试求 V_O、I_R、I_{D1} 和 I_{D2}。(答案：(a)$V_O=0.40\text{V}$，$I_R=I_{D1}=0.153\text{mA}$，$I_{D2}=0$；(b)$V_O=0.205\text{V}$，$I_R=0.16\text{mA}$，$I_{D1}=I_{D2}=0.080\text{mA}$)

对以上例子的讨论说明了 MOS 晶体管可以组成电路实现逻辑功能。有关 MOSFET 逻辑门和逻辑电路更为详尽的分析和设计将在第 16 章进行。在第 16 章将会看到，绝大多数逻辑门电路都是由 CMOS 构成，这意味着用 N 沟道和 P 沟道晶体管设计电路并不包含电阻。

3.3.3 MOSFET 小信号放大器

MOSFET 和其他的电路元件相连接可以放大时变小信号。图 3.51(a)所示为 MOSFET 小信号放大器，该电路为共源连接，其中时变信号通过一个耦合电容耦合到栅极。图 3.51(b)所示为 MOS 晶体管的特性和负载线，其中负载线是 $v_i=0$ 时的情况。

通过设计偏置电阻 R_1 和 R_2 的比值，就可以在负载线上确定一个特定的 Q 点。如果假

设 $v_i=V_i\sin\omega t$，则栅-源电压将是在直流静态值上叠加一个正弦信号。因为栅-源电压随时间而变化，Q 点将像图中所描述的那样沿着负载线上下移动。

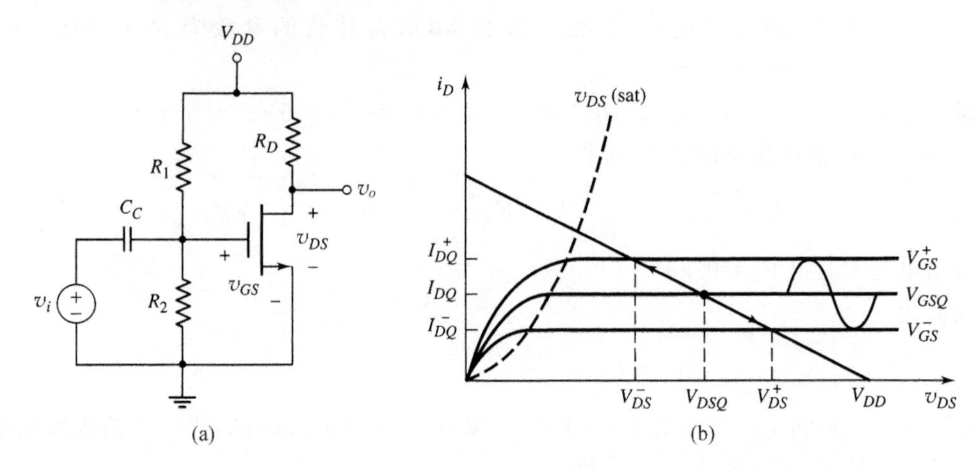

图 3.51

(a) 带有耦合到栅极时变小信号的 NMOS 共源电路；(b) 晶体管特性曲线、负载线以及叠加的正弦信号

Q 点沿负载线的上下移动形成了漏极电流和漏-源电压的正弦变化。输出电压的正弦变化会比输入电压的正弦变化大，这就意味着输入信号被放大了。实际上电路的增益取决于晶体管参数和电路元件的数值。

下一章将研究 MOS 晶体管用来放大时变小信号时的等效电路以及电路的其他特性。

理解测试题

【测试题 3.14】 图 3.49 所示电路的偏置电压 $V_{DD}=10\text{V}$，MOS 晶体管的参数为 $V_{TN}=0.70\text{V}$ 和 $K_n=0.050\text{mA/V}^2$。试设计 R_D 的值，使 $v_I=10\text{V}$ 时的输出电压为 $v_O=0.35\text{V}$。(答案：$R_D=30.3\text{k}\Omega$)

【测试题 3.15】 图 3.52 所示电路 MOS 晶体管的参数为 $K_n=4\text{mA/V}^2$ 和 $V_{TN}=0.8\text{V}$，用来开关 LED 导通和截止。LED 的开启电压 $V_\gamma=1.5\text{V}$。当输入电压 $v_I=5\text{V}$ 时 LED 导通。(a)要使二极管电流为 12mA，试求电阻 R 的值。(b)根据(a)的结果试求 v_{DS} 的值。(答案：(a)$R=261\Omega$；(b)$v_{DS}=0.374\text{V}$)。

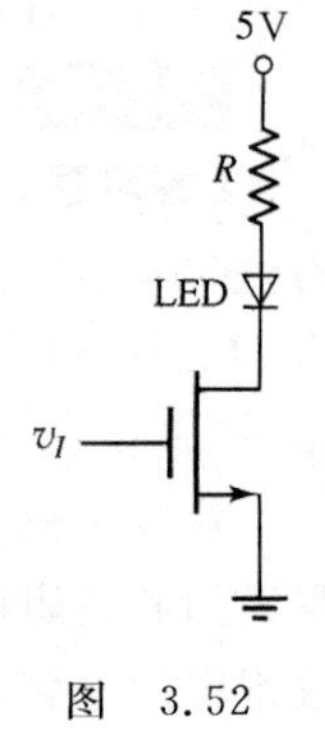

图 3.52

【测试题 3.16】 在图 3.50 所示的电路中，令 $R_D=25\text{k}\Omega$ 和 $V_{TN}=1\text{V}$。(a)要求当 $V_1=0$，$V_2=5\text{V}$ 时 $V_O=0.10\text{V}$，试求传导参数 K_n 的值。(b)利用(a)的结果试求当 $V_1=V_2=5\text{V}$ 时的 V_O 值。(答案：(a)$K_n=0.248\text{mA/V}^2$；(b)$V_O=0.0502\text{V}$)

3.4 恒流源偏置

本节内容：研究 MOSFET 器件的电流源偏置。

正如图 3.36 所示的电路那样，MOSFET 可以用一个恒流源 I_Q 来偏置。电路中 MOS 晶体管的栅-源电压进行自我调节以符合恒流源 I_Q 的要求。

可以用 MOSFET 器件来组成恒流源电路。图 3.53(a)和(b)所示电路就是这种设计的

第一步。图 3.53(a)中的 MOS 晶体管 M_2 和 M_3 形成一个**镜像电流源**，用来偏置 NMOS 晶体管 M_1。同样，图 3.53(b)中的晶体管 M_B 和 M_C 也形成一个镜像电流源，用来偏置 PMOS 晶体管 M_A。

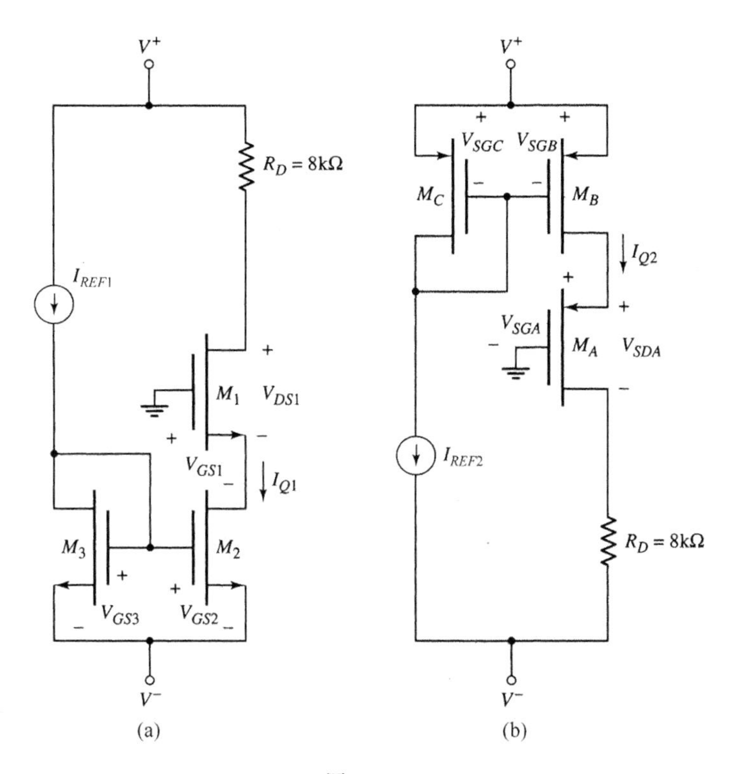

图 3.53

(a) NMOS 镜像电流源；(b) PMOS 镜像电流源

下面将通过两个例子来阐述这些电路的工作原理和特性。

【例题 3.17】

目的：分析图 3.53(a)所示的电路。求解偏置电流源 I_{Q1}、晶体管栅-源电压以及 M_1 的漏-源电压。

假设电路参数为 $I_{REF1}=200\mu A$，$V^+=2.5V$，$V^-=-2.5V$。且假设 MOS 晶体管的参数为 $V_{TN}=0.4V$(所有 MOS 晶体管)，$\lambda=0$(所有 MOS 晶体管)，$K_{n1}=0.25mA/V^2$，$K_{n2}=K_{n3}=0.15mA/V^2$。

解：M_3 的漏极电流为 $I_{D3}=I_{REF1}=200\mu A$ 并由关系式 $I_{D3}=K_{n3}(V_{GS3}-V_{TN})^2$ 给出(晶体管偏置在饱和区)。求解栅-源电压，可得

$$V_{GS3}=\sqrt{\frac{I_{D3}}{K_{n3}}}+V_{TN}=\sqrt{\frac{0.2}{0.15}}+0.4$$

即

$$V_{GS3}=1.555V$$

注意到 $V_{GS3}=V_{GS2}=1.555V$，可以写出

$$I_{D2}=I_{Q1}=K_{n2}(V_{GS2}-V_{TN})^2=0.15(1.555-0.4)^2$$

即

$$I_{Q1}=200\mu A$$

栅-源电压 V_{GS1} 可以写为(假设 M_1 偏置在饱和区)

$$V_{GS1}=\sqrt{\frac{I_{D1}}{K_{n1}}}+V_{TN}=\sqrt{\frac{0.2}{0.25}}+0.4$$

即

$$V_{GS1}=1.29V$$

漏-源电压为

$$V_{DS1}=V^{+}-I_{Q1}R_D-(-V_{GS1})$$
$$=2.5-(0.2)(8)-(-1.29)$$

即

$$V_{DS1}=2.19V$$

从以上的分析结果可以看出 M_1 确实偏置在饱和区。

点评：因为镜像电流源中 M_2 和 M_3 相匹配(参数相同)，又因为这两个 MOS 晶体管中的栅-源电压相同，所以偏置电流 I_{Q1} 和参考电流 I_{REF1} 相等(即为镜像)。

练习题

【练习题 3.17】 对于图 3.53(a)所示的电路，假设电路参数为 $I_{REF1}=0.4mA, V^{+}=5V, V^{-}=-5V$；并假设晶体管参数为 $V_{TN}=1V, \lambda=0, K_{n1}=0.6mA/V^2, K_{n2}=K_{n3}=0.3mA/V^2$。试求 I_{Q1} 和所有 MOS 晶体管的栅-源电压。(答案：$I_{Q1}=0.4mA, V_{GS1}=1.82V, V_{GS2}=V_{GS3}=2.15V$)

现在分析在镜像电流源中偏置电流和参考电流不相等的情况。

【例题 3.18】

目的：设计图 3.53(b)所示的电路，使之提供偏置电流 $I_{Q2}=150\mu A$。

假设电路参数为 $I_{REF2}=200\mu A, V^{+}=3V$ 和 $V^{-}=-3V$。并假设晶体管参数为 $V_{TP}=-0.6V$(所有 MOS 晶体管)，$\lambda=0$(所有 MOS 晶体管)，$k'_p=40\mu A/V^2$(所有 MOS 晶体管)，$W/L_C=15$ 和 $W/L_A=25$。

解：因为偏置电流 I_{Q2} 和参考电流 I_{REF2} 不相等，所以镜像电流源 MOS 晶体管 M_C 和 M_B 的 W/L 比值也不相同。

对于 M_C，因为 MOS 晶体管偏置在饱和区，所以有

$$I_{DC}=I_{REF2}=\frac{k'_p}{2}\cdot\left(\frac{W}{L}\right)_C(V_{SGC}+V_{TP})^2$$

即

$$250=\frac{40}{2}(15)[V_{SGC}+(-0.6)]^2=300(V_{SGC}-0.6)^2$$

则

$$V_{SGC}=\sqrt{\frac{250}{300}}+0.6$$

即

$$V_{SGC}=1.513V$$

因为 $V_{SGC}=V_{SGB}=1.513V$，所以可以得到

$$I_B = I_{Q2} = \frac{k'_p}{2} \cdot \left(\frac{W}{L}\right)_B (V_{SGB} + V_{TP})^2$$

即

$$150 = \frac{40}{2}\left(\frac{W}{L}\right)_B [1.513 + (-0.6)]^2$$

可得

$$\left(\frac{W}{L}\right)_B = 9$$

对于 M_A，有

$$I_{DA} = I_{Q2} = \frac{k'_p}{2} \cdot \left(\frac{W}{L}\right)_A (V_{SGA} + V_{TP})^2$$

即

$$150 = \frac{40}{2}(25)[V_{SGA} + (-0.6)]^2 = 500\,(V_{SGA} - 0.6)^2$$

则

$$V_{SGA} = \sqrt{\frac{150}{500}} + 0.6$$

即

$$V_{SGA} = 1.148\text{V}$$

M_A 的源-漏电压为

$$V_{SDA} = V_{SGA} - I_{Q2}R_D - V^- = 1.148 - (0.15)(8) - (-3)$$

即

$$V_{SDA} = 2.95\text{V}$$

则 MOS 晶体管 M_A 确实偏置在饱和区。

点评：通过设计镜像电流源 MOS 晶体管的 W/L 比值，就可以得到不同的参考电流和偏置电流的值。

练习题

【练习题 3.18】 观察图 3.53(b)所示的电路。假设电路参数为 $I_{REF2}=0.1\text{mA}$，$V^+=5\text{V}$，$V^-=-5\text{V}$。MOS 晶体管的参数和例题 3.18 所给的相同。试设计电路使 $I_{Q2}=0.2\text{mA}$，同时求解所有 MOS 晶体管的源-栅电压。(答案：$V_{SGC}=V_{SGB}=1.18\text{V}$，$(W/L)_B=30$，$V_{SGA}=1.23\text{V}$)

在图 3.54 所示的电路中，恒流源可以用 MOSFET 来实现，其中 MOS 晶体管 M_2、M_3 和 M_4 构成电流源。晶体管 M_3 和 M_4 各自连接成一个二极管类型的结构，并由此确定一个参考电流。在上一节曾指出，这种二极管类型的连接意味着 MOS 晶体管总是偏置在饱和区，因而晶体管 M_3 和 M_4 偏置在饱和区。这里假设 M_2 也偏置在饱和区。M_3 的栅-源电压同时也作用在 M_2 上，

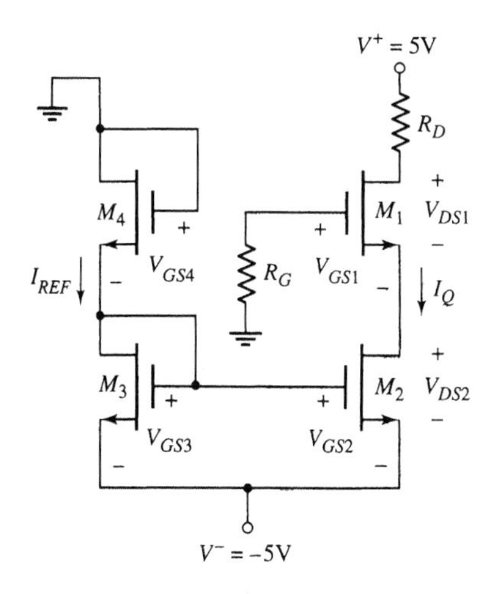

图 3.54　MOSFET 恒流源的实现

这也就确定了偏置电流 I_Q。

因为 MOS 晶体管 M_3 和 M_4 中的参考电流相同，则可以得到

$$K_{n3}(V_{GS3}-V_{TN3})^2=K_{n4}(V_{GS4}-V_{TN4})^2 \tag{3.28}$$

根据电路可知

$$V_{GS4}+V_{GS3}=(-V^-) \tag{3.29}$$

对于式(3.29)求解 V_{GS4}，并把结果代入式(3.28)中，得到

$$V_{GS3}=\frac{\sqrt{\frac{K_{n4}}{K_{n3}}}[(-V^-)-V_{TN4}]+V_{TN3}}{1+\sqrt{\frac{K_{n4}}{K_{n3}}}} \tag{3.30}$$

因为 $V_{GS3}=V_{GS2}$，则偏置电流为

$$I_Q=K_{n2}(V_{GS3}-V_{TN2})^2 \tag{3.31}$$

【例题 3.19】

目的：求解 MOSFET 恒流源中的电流和电压。

对于图 3.54 所示的电路，晶体管参数为 $K_{n1}=0.2\text{mA/V}^2$，$K_{n2}=K_{n3}=K_{n4}=0.1\text{mA/V}^2$，并且 $V_{TN1}=V_{TN2}=V_{TN3}=V_{TN4}=1\text{V}$。

解：由式(3.30)可以求出 V_{GS3} 为

$$V_{GS3}=\frac{\sqrt{\frac{0.1}{0.1}}(5-1)+1}{1+\sqrt{\frac{0.1}{0.1}}}=2.5\text{V}$$

因为 M_3 和 M_4 是相同的 MOS 晶体管，所以 V_{GS3} 应该是偏置电压的一半。则偏置电流 I_Q 为

$$I_Q=(0.1)\cdot(2.5-1)^2=0.225\text{mA}$$

M_1 的栅-源电压可以由下式表示为

$$I_Q=K_{n1}(V_{GS1}-V_{TN1})^2$$

即

$$0.225=(0.2)\cdot(V_{GS1}-1)^2$$

可以求得

$$V_{GS1}=2.06\text{V}$$

M_2 的漏-源电压为

$$V_{DS2}=(-V^-)-V_{GS1}=5-2.06=2.94\text{V}$$

因为 $V_{DS2}=2.94\text{V}>V_{DS}(\text{sat})=V_{GS2}-V_{TN2}=2.5-1=1.5\text{V}$，所以 M_2 偏置在饱和区。

设计分析：在这个例子中，因为 M_3 和 M_4 是相同的 MOS 晶体管，所以参考电流 I_{REF} 和偏置电流 I_Q 相等。通过重新设计 M_2、M_3 和 M_4 的宽、长比值，可以得到特定的偏置电流 I_Q。如果 M_2 和 M_3 不相同，那么 I_{REF} 和 I_Q 也是不相同的。所以，对于这样的电路结构可以有各种不同的设计选择。

练习题

【练习题 3.19】 观察图 3.54 所示的恒流源电路。假设每个 MOS 晶体管的阈值电压

均为 $V_{TN}=1\text{V}$。(a)试设计使 $V_{GS3}=2\text{V}$ 时的 K_{n4}/K_{n3} 比值。(b)试求使 $I_Q=100\mu\text{A}$ 的 K_{n2} 值。(c)试求使 $I_{REF}=200\mu\text{A}$ 的 K_{n3} 和 K_{n4} 值。(答案：(a)$K_{n4}/K_{n3}=1/4$；(b)$K_{n2}=0.1\text{mA/V}^2$；(c)$K_{n3}=0.2\text{mA/V}^2$，$K_{n4}=0.05\text{mA/V}^2$)

3.5　多级 MOSFET 电路

本节内容：分析多级或多 MOS 晶体管电路的直流偏置。

在大多数的应用电路中，单级 MOS 晶体管放大器不能满足给定的放大倍数、输入电阻以及输出电阻等综合性能指标的要求。譬如，需要的电压增益可能超出单级 MOS 晶体管电路的放大能力。

MOS 晶体管放大器可以像图 3.55 所示的那样进行串联，即**级联**。当需要增加放大小信号时的总电压增益，或者需要提供大于 1 的总电压增益同时要求输出电阻非常小时，可以把 MOS 晶体管放大器进行级联。总的电压增益可能不是单级放大倍数的简单乘积，因为通常还需要考虑到负载效应。

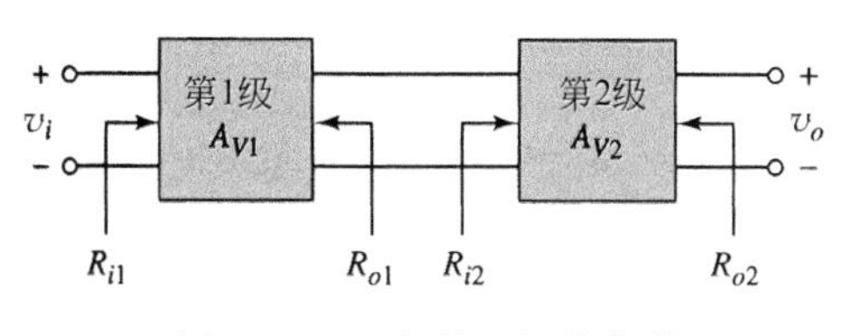

图 3.55　一般的两级放大器

多级 MOS 晶体管放大电路的结构形式有很多种，为了理解这类电路的分析方法，在这里将研究其中的几种结构。

3.5.1　多 MOS 晶体管电路：级联结构

图 3.56 所示电路为共源放大器级联一个源极跟随放大器。在下一章将会证明共源放大器提供小信号电压增益，源极跟随器具有较低的输出阻抗。

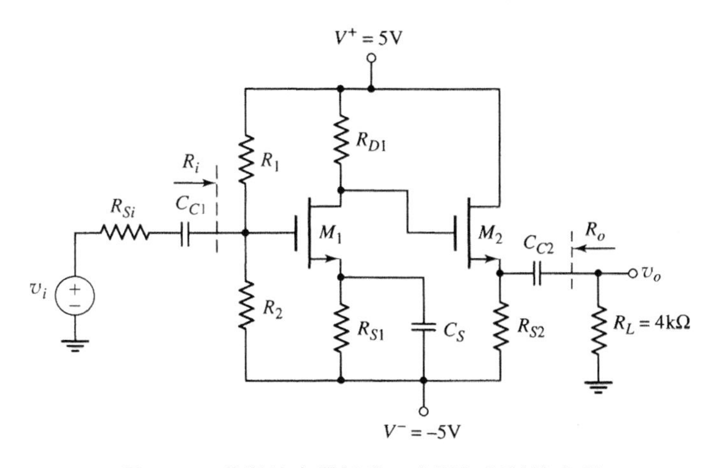

图 3.56　共源放大器级联一个源极跟随放大器

【设计例题 3.20】

设计目的：设计满足特定要求的多级 MOSFET 电路的偏置。

已知如图 3.56 所示的电路，MOS 晶体管参数为 $K_{n1}=500\mu\text{A/V}^2$，$K_{n2}=200\mu\text{A/V}^2$，$V_{TN1}=V_{TN2}=1.2\text{V}$ 和 $\lambda_1=\lambda_2=0$。试设计电路使 $I_{DQ1}=0.2\text{mA}$，$I_{DQ2}=0.5\text{mA}$，$V_{DSQ1}=$

$V_{DSQ2}=6\text{V}$ 和 $R_i=100\text{k}\Omega$。令 $R_{Si}=4\text{k}\Omega$。

解：对输出级 MOS 晶体管 M_2 有

$$V_{DSQ2}=5-(-5)-I_{DQ2}R_{S2}$$

即

$$6=10-(0.5)R_{S2}$$

可得 $R_{S2}=8\text{k}\Omega$。假设 MOS 晶体管偏置在饱和区，则

$$I_{DQ2}=K_{n2}(V_{GS2}-V_{TN2})^2$$

即

$$0.5=0.2(V_{GS2}-1.2)^2$$

可得

$$V_{GS2}=2.78\text{V}$$

因为 $V_{DSQ2}=6\text{V}$，M_2 的源极电压 $V_{S2}=-1\text{V}$。又因为 $V_{GS2}=2.78\text{V}$，所以 M_2 的栅极电压必定为

$$V_{G2}=-1+2.78=1.78\text{V}$$

电阻 R_{D1} 为

$$R_{D1}=\frac{5-1.78}{0.2}=16.1\text{k}\Omega$$

对于 $V_{DSQ1}=6\text{V}$，M_1 的源极电压为

$$V_{S1}=1.78-6=-4.22\text{V}$$

则电阻 R_{S1} 为

$$R_{S1}=\frac{-4.22-(-5)}{0.2}=3.9\text{k}\Omega$$

对晶体管 M_1，有

$$I_{DQ1}=K_{n1}(V_{GS1}-V_{TN1})^2$$

即

$$0.2=0.5(V_{GS1}-1.2)^2$$

可得

$$V_{GS1}=1.83\text{V}$$

为了求解 R_1 和 R_2，可将栅-源电压写为

$$V_{GS1}=\left(\frac{R_2}{R_1+R_2}\right)(10)-I_{DQ1}R_{S1}$$

因为

$$\frac{R_2}{R_1+R_2}=\frac{1}{R_1}\cdot\left(\frac{R_1R_2}{R_1+R_2}\right)=\frac{1}{R_1}\cdot R_i$$

并且输入电阻指明为 $100\text{k}\Omega$，于是可得

$$1.83=\frac{1}{R_1}(100)(10)-(0.2)(3.9)$$

得 $R_1=383\text{k}\Omega$。从 $R_i=100\text{k}\Omega$，可得 $R_2=135\text{k}\Omega$。

点评：正如开始所假设的那样，两个 MOS 晶体管都偏置在饱和区。在下一章将会看到，这正是线性放大器所需要的条件。

练习题

【练习题 3.20】 图 3.56 所示电路的晶体管参数和例题 3.20 中所描述的相同。试设计电路使 $I_{DQ1}=0.1\text{mA}$，$I_{DQ2}=0.3\text{mA}$，$V_{DSQ1}=V_{DSQ2}=5\text{V}$ 和 $R_i=200\text{k}\Omega$。（答案：$R_{S2}=16.7\text{k}\Omega$，$R_{D1}=25.8\text{k}\Omega$，$R_{S1}=24.3\text{k}\Omega$，$R_1=491\text{k}\Omega$ 和 $R_2=337\text{k}\Omega$）

3.5.2 多 MOS 晶体管电路：共源-共栅结构

图 3.57 所示电路为一个由 N 沟道 MOSFET 组成的共源-共栅放大器。MOS 晶体管 M_1 为共源结构，M_2 为共栅结构。这种电路的一个突出优点是具有较高的频率响应，具体的分析将在下一章中进行。

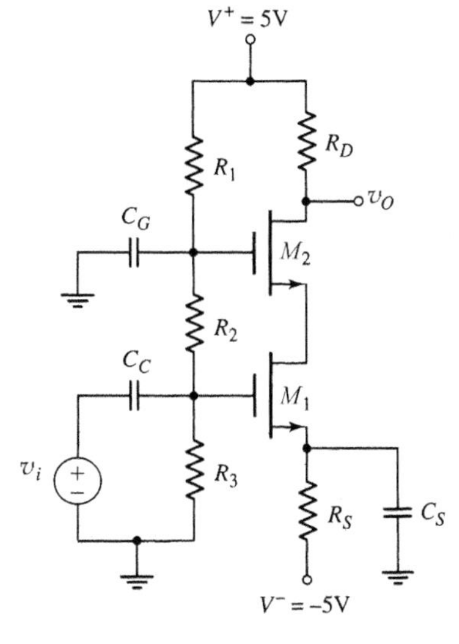

图 3.57　NMOS 共源-共栅放大电路

【设计例题 3.21】

设计目的： 设计满足特定要求的共源-共栅放大电路的偏置。

已知如图 3.57 所示的电路，MOS 晶体管参数为 $V_{TN1}=V_{TN2}=1.2\text{V}$，$K_{n1}=K_{n2}=0.8\text{mA/V}^2$ 和 $\lambda_1=\lambda_2=0$。令 $R_1+R_2+R_3=300\text{k}\Omega$ 和 $R_S=10\text{k}\Omega$，设计电路使 $I_{DQ}=0.4\text{mA}$，$V_{DSQ1}=V_{DSQ2}=2.5\text{V}$。

解： M_1 源极的直流电压为

$$V_{S1}=I_{DQ}R_S-5=(0.4)(10)-5=-1\text{V}$$

由于 M_1 和 M_2 是同样的 MOS 晶体管，所以两个晶体管中电流相等，两个器件的栅-源电压也相等。可得

$$I_D=K_n(V_{GS}-V_{TN})^2$$

即

$$0.4=0.8(V_{GS}-1.2)^2$$

于是可得

$$V_{GS}=1.907\text{V}$$

则

$$V_{G1}=\left(\frac{R_3}{R_1+R_2+R_3}\right)(5)=V_{GS}+V_{S1}$$

即

$$\left(\frac{R_3}{300}\right)(5)=1.907-1=0.907$$

可得

$$R_3=54.4\text{k}\Omega$$

M_2 的源极电压为

$$V_{S2}=V_{DSQ1}+V_{S1}=2.5-1=1.5\text{V}$$

则

$$V_{G2}=\left(\frac{R_2+R_3}{R_1+R_2+R_3}\right)(5)=V_{GS}+V_{S2}$$

即

$$\left(\frac{R_2+R_3}{300}\right)(5)=1.907+1.5=3.407\text{V}$$

可得

$$R_2+R_3=204.4\text{k}\Omega$$

和

$$R_2=150\text{k}\Omega$$

因而

$$R_1=95.6\text{k}\Omega$$

M_2 的漏极电压为

$$V_{D2}=V_{DSQ2}+V_{S2}=2.5+1.5=4\text{V}$$

因而漏极电阻为

$$R_D=\frac{5-V_{D2}}{I_{DQ}}=\frac{5-4}{0.4}=2.5\text{k}\Omega$$

点评：因为 $V_{DS}=2.5\text{V}>V_{GS}-V_{TN}=1.91-1.2=0.71\text{V}$，所以每个 MOS 晶体管都偏置在饱和区。

练习题

【练习题 3.21】 图 3.57 所示电路的晶体管参数为 $V_{TN1}=V_{TN2}=0.8\text{V}$，$K_{n1}=K_{n2}=0.5\text{mA/V}^2$ 和 $\lambda_1=\lambda_2=0$。令 $R_1+R_2+R_3=500\text{k}\Omega$ 和 $R_S=16\text{k}\Omega$。试设计电路使 $I_{DQ}=0.25\text{mA}$，$V_{DSQ1}=V_{DSQ2}=2.5\text{V}$。（答案：$R_3=50.7\text{k}\Omega$，$R_2=250\text{k}\Omega$，$R_1=199.3\text{k}\Omega$，$R_D=4\text{k}\Omega$）

在后面的各章节中将会遇到很多的多 MOS 晶体管或多级放大器的例子。特别在第 11 章将要分析差分放大器，而在第 13 章将要分析运算放大器。

3.6 结型场效应晶体管

本节内容：了解 PN 结 FET(JFET)和肖特基势垒结 FET(MESFET)的工作原理和特性，了解 JFET 和 MESFET 的直流分析方法。

结型场效应晶体管常用的两种类型是 PN 结 FET(PN JFET)和**金属-半导体场效应晶体管(MESFET)**，后者是由肖特基势垒结制作而成的。

JFET 中的电流流过称为沟道的半导体区域，沟道两端各有一个欧姆接触。这种场效应晶体管的基本原理是通过垂直于沟道的电场来调制导电沟道的导电性。因为调制的电场产生于反向偏置的 PN 结或肖特基势垒结的空间电荷区，所以电场是栅极电压的函数。沟道导电性的调制是通过栅极电压调制沟道电流来实现的。

JFET 虽然比 MOSFET 出现得早，但是 MOSFET 的应用和使用却远远超过了 JFET。其中一个原因是施加在 MOSFET 栅极和漏极的电压具有相同的极性(同为正或同为负)，而施加在 JFET 栅极和漏极的电压必须具有相反的极性。因为 JFET 只是在特定的场合中应用，所以本文只对其进行简单的介绍。

3.6.1 PN JFET 和 MESFET 的工作原理

PN JFET

图 3.58 所示为对称 PN JFET 的横截面图。在两个 P 区域之间的 N 区域沟道中,多子电子由源极流向漏极,因而 JFET 称为多子器件。图 3.58 中的两个栅极相连形成单个栅极。

在 P 沟道 JFET 中的 P 区域和 N 区域与 N 沟道中的情况相反,并且沟道中的空穴从源极流向漏极。P 沟道 JFET 中的电流方向和电压极性也都和 N 沟道器件中的情况相反。此外,P 沟道 JFET 的频率通常要低于 N 沟道器件,这是因为空穴的迁移率低于电子的迁移率。

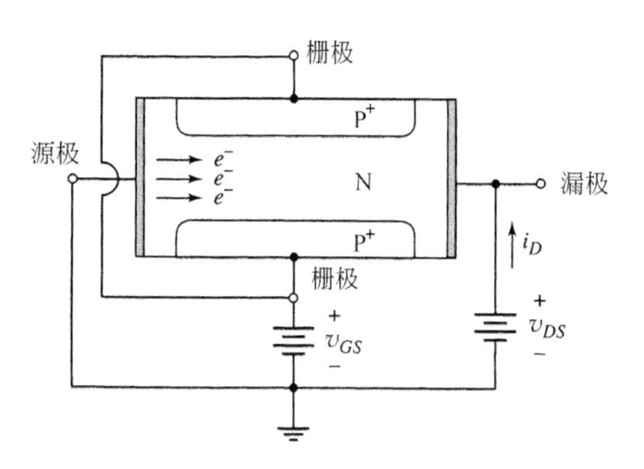

图 3.58 对称的 N 沟道 PN 结型场效应晶体管的横截面图

图 3.59(a)所示为栅极零偏置的 N 沟道 JFET。如果源极为地电位,并在漏极施加一个较小的电压,则会在源极和漏极之间产生漏极电流 i_D。由于 N 沟道基本表现为一个电阻,所以对于较小的 v_{DS} 值,i_D 相对于 v_{DS} 变化的特性近似为线性,如图中的曲线所示。

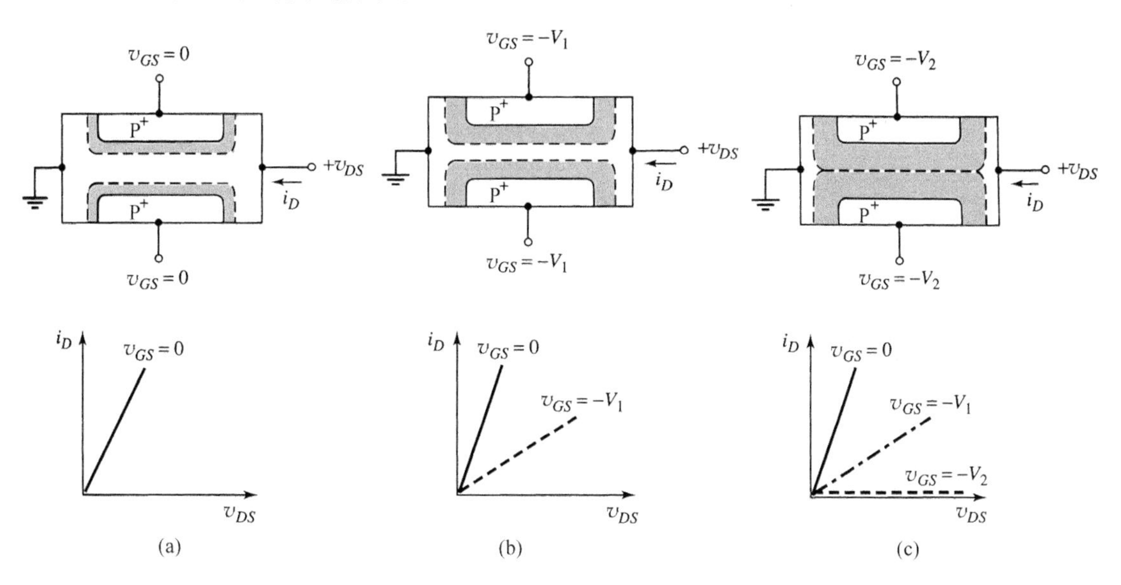

图 3.59 栅极和沟道间的空间电荷区以及漏-源电压较小时的电流-电压特性

(a) 栅极电压为零的情况;(b) 栅极电压较小时的情况;(c) 栅极电压使沟道夹断时的情况

如果在 PN JFET 的栅极施加电压,那么沟道的导电性将发生变化。如果施加负电压到 N 沟道 PN JFET(图 3.59 所示)的栅极,则栅极和沟道之间的 PN 结变为反向偏置。此时空间电荷区加宽,沟道区变窄,N 沟道的沟道电阻增大,并且对于较小的 v_{DS} 值,i_D 相对于 v_{DS} 的关系曲线的斜率下降。这些效应显示在图 3.59(b)所示的曲线中。如果施加的栅极负电压较大,结果将如图 3.59(c)所示的那样,反向偏置的栅极和沟道之间的空间电荷区将填满沟道区。此种情况称为**夹断**。因为耗尽区将源极和漏极隔开，夹断时的漏极电流几乎为零，i_D 相对于 v_{DS} 的关系曲线如图 3.59(c)所示。沟道中的电流受栅极电压的控制，电流所受到的控制作用一方面来自于器件上施加的电压，另一方面则来自于结型场效应晶体管的基本效应。称 PN JFET 为"通常情况下是导通的"或耗尽型器件，也就是说必须在栅极施加与漏极电压极性相反的足够大的电压时才能使耗尽型场效应晶体管截止。

观察图 3.60(a)中所示栅极电压为零，即 $v_{GS}=0$，漏极电压变化时的情况。随着漏极电压的增加(正电压)，栅极和沟道之间的 PN 结在漏极附近变为反向偏置，并且空间电荷区加宽，i_D 相对于 v_{DS} 关系曲线的斜率下降，如图 3.60(b)所示。沟道的有效电阻沿着沟道长度变化，因为沟道电流必须保持恒定，所以沟道上的电压随位置而变化。

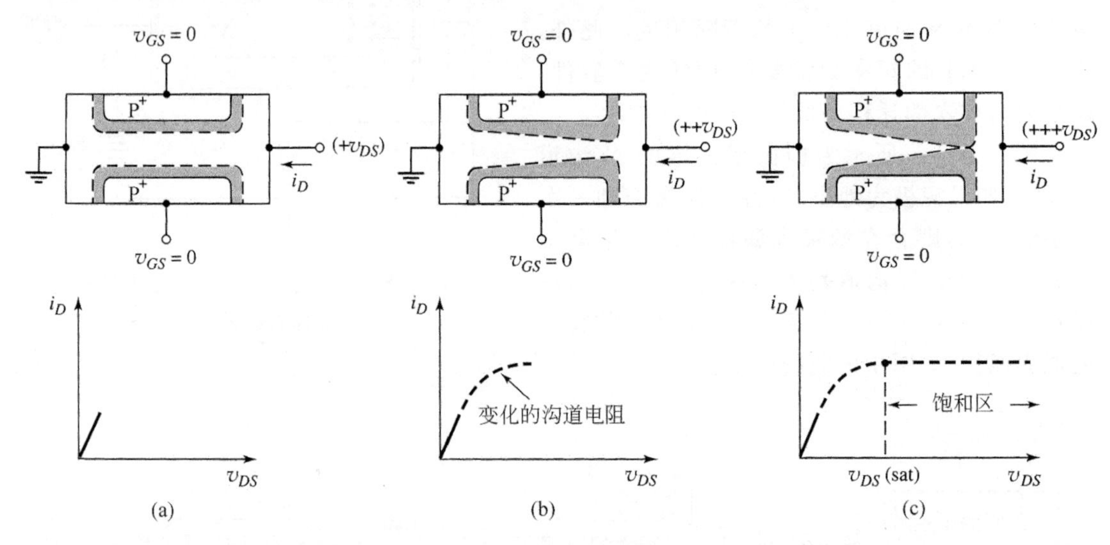

图 3.60 栅极和沟道间的空间电荷区以及栅极电压为零时的电流-电压特性
(a) 漏极电压较小的情况；(b) 漏极电压较大时的情况；(c) 漏极夹断时的漏极电压情况

如果漏极电压继续增大，将发生如图 3.60(c)所示的情况，沟道将在漏极处夹断，这时无论漏极电压怎么增加，漏极电流将不再上升。这种情况下的 i_D 相对于 v_{DS} 的关系曲线如图所示。夹断点的漏极电压为 v_{DS}(sat)。因而，对于 $v_{DS}>v_{DS}$(sat)，结型场效应晶体管将偏置在饱和区，在此理想状态下的漏极电流不依赖于 v_{DS}。

MESFET

在 MESFET 的栅极用肖特基势垒结取代了 PN 结。尽管 MESFET 可以用硅材料来制作，但通常是采用砷化镓或其他的化合物半导体作材料。

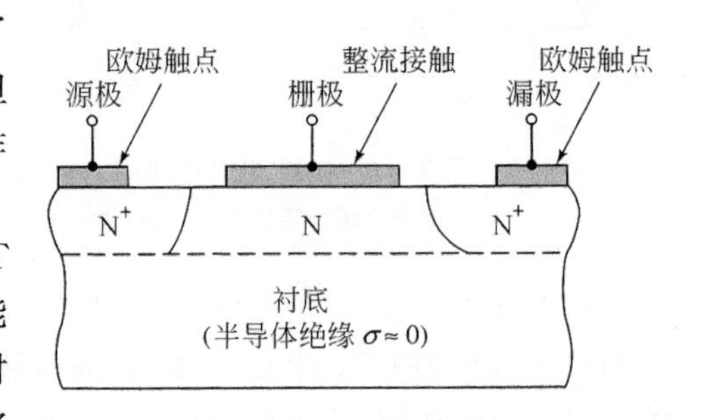

图 3.61 带半绝缘衬底的 N 沟道 MESFET 横截面图

图 3.61 所示为一个简单的 GaAs MESFET 的横截面图。一层薄薄的 GaAs 外延层用作功能区；衬底为高阻抗的 GaAs 材料，称为半绝缘衬底。这些器件的优点在于：GaAs 中的电子迁移率较高，因此具有较短的切换时间和更快的响应速度；半绝缘的 GaAs 衬底具有较小的寄生电容，

而且器件的制作过程比较简单。

在图 3.61 所示的 MESFET 中，反向偏置的栅-源电压在金属栅极下面感应了一个空间电荷区，像 PN JFET 中的情况一样，它用来调制沟道的导电性。如果施加在栅极的负电压足够大，则空间电荷区将最终到达衬底，发生沟道夹断。同样，图中所示的器件为耗尽型器件，必须施加栅极电压来使沟道夹断，也就是使器件截止。

在另一种类型的 MESFET 中，在 $v_{GS}=0$ 时沟道是夹断的，如图 3.62(a)所示。这种 MESFET 的沟道厚度小于零偏置时的空间电荷区宽度。为了使沟道开启，必须减小耗尽层，也就是说必须在栅极半导体结上施加一个正向偏置电压。当施加的正向偏置电压较小时，耗尽区趋向于图 3.62(b)所示的沟道宽度。阈值电压为产生夹断状态所需要的栅-源电压。与 N 沟道耗尽型器件负的阈值电压相比，这种 N 沟道 MESFET 的阈值电压为正值。如果在栅极施加一个较大的正向偏置电压，如图 3.62(c)所示，则沟道区域被打开。为了防止栅极发生击穿，施加在栅极的正向偏置电压应限制在几十伏以内。

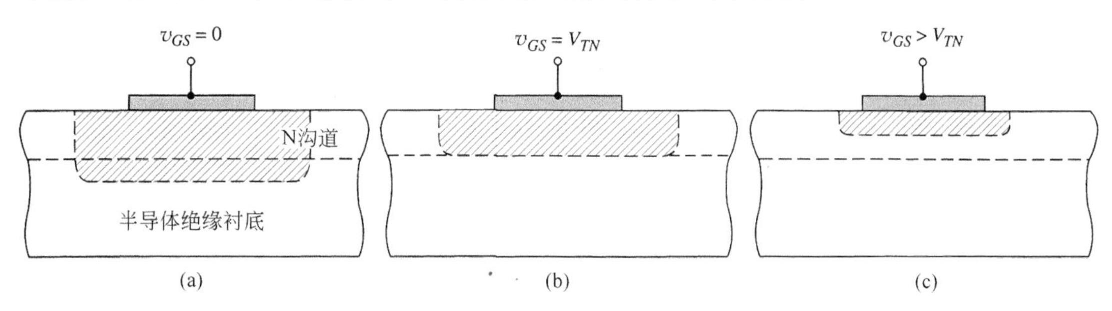

图 3.62 增强型 MESFET 的沟道空间电荷区

(a) $v_{GS}=0$；(b) $v_{GS}=V_{TN}$；(c) $v_{GS}>V_{TN}$

这种器件称为 **N 沟道增强型 MESFET**，此外还有 P 沟道增强型 MESFET 和增强型 PN JFET。增强型 MESFET 的优点是，用这些器件进行电路设计时，器件栅极和源极的电压可以具有相同的极性。然而，这些器件的输出电压幅度非常小。

3.6.2 电流-电压特性

图 3.63 所示为 N 沟道 JFET 和 P 沟道 JFET 的电路符号以及栅-源电压和电流方向。当结型场效应晶体管偏置在饱和区时，理想的电流-电压特性为

$$i_D = I_{DSS}\left(1-\frac{v_{GS}}{V_P}\right)^2 \tag{3.32}$$

式中 I_{DSS} 为 $v_{GS}=0$ 时的饱和电流，V_P 为夹断电压。

N 沟道和 P 沟道 JFET 的电流-电压特性分别如图 3.64(a)和(b)所示。注意 N 沟道 JFET 的夹断电压 V_P 为负值，栅-源电压 v_{GS} 通常也为负值，因而比值 v_{GS}/V_P 为正。同样，P 沟道 JFET 的夹断电压 V_P 为正，且其栅-源电压 v_{GS} 必须为正，因而比值 v_{GS}/V_P 也为正。

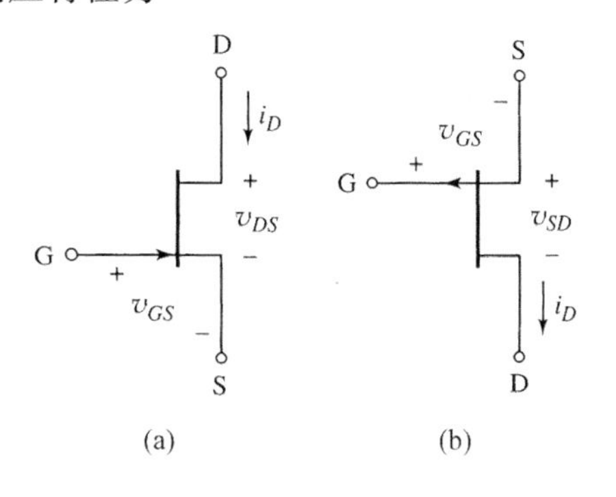

图 3.63 电路符号

(a) N 沟道 JFET；(b) P 沟道 JFET

对于 N 沟道器件，当 $v_{DS} \geqslant v_{DS}(\text{sat})$ 时为饱和区，

这里

$$v_{DS}(\mathrm{sat}) = v_{GS} - V_P \tag{3.33}$$

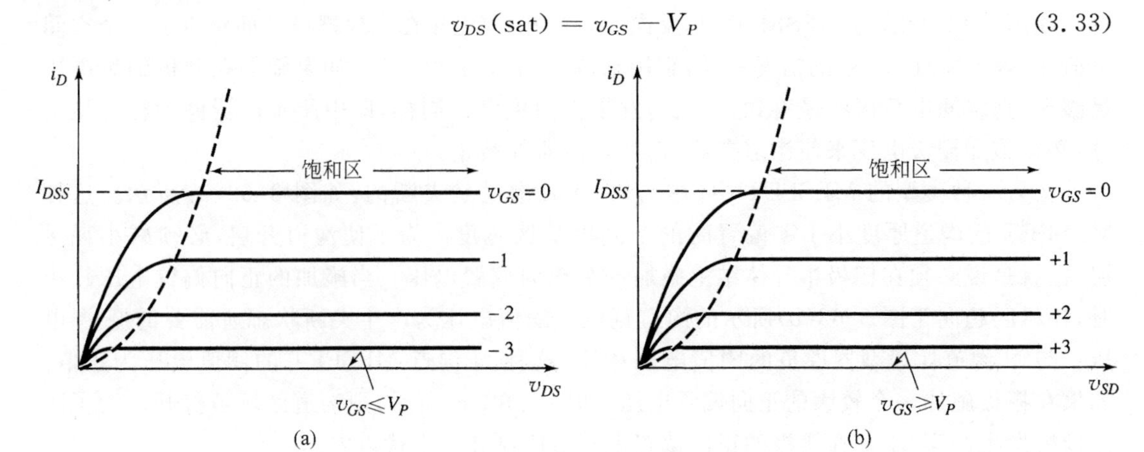

图 3.64 电流-电压特性

(a) N 沟道 JFET；(b) P 沟道 JFET

对于 P 沟道器件，$v_{SD} \geqslant v_{SD}(\mathrm{sat})$时为饱和区。这里

$$v_{SD}(\mathrm{sat}) = V_P - v_{GS} \tag{3.34}$$

当结型场效应晶体管偏置在饱和区时，对于 N 沟道和 P 沟道 JFET，i_D 相对于 v_{GS} 的电压转移特性如图 3.65 所示。

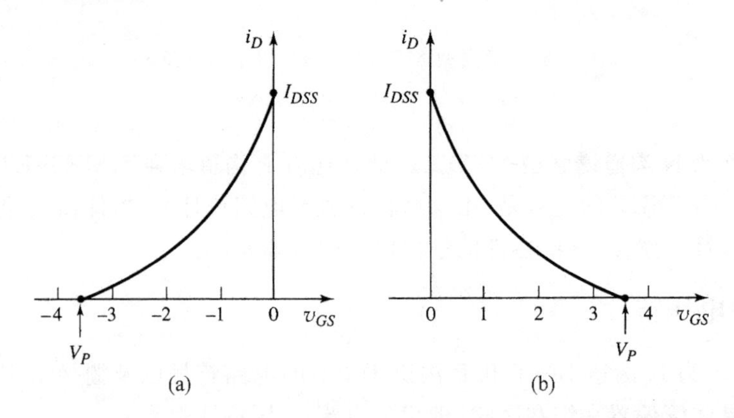

图 3.65 当结型场效应晶体管偏置在饱和区时，JFET 的 i_D 相对于 v_{GS} 的转移特性曲线

(a) N 沟道 JFET；(b) P 沟道 JFET

【例题 3.22】

目的：计算 N 沟道 PN JFET 中的 i_D 和 $v_{DS}(\mathrm{sat})$。

假设饱和漏极电流 $I_{DSS}=2\mathrm{mA}$。夹断电压 $V_P=-3.5\mathrm{V}$。试分别计算 $v_{GS}=0$、$V_P/4$ 和 $V_P/2$ 时的 i_D 和 $v_{DS}(\mathrm{sat})$。

解：由式(3.32)可得

$$i_D = I_{DSS}\left(1-\frac{v_{GS}}{V_P}\right)^2 = 2\left(1-\frac{v_{GS}}{(-3.5)}\right)^2$$

所以，对于 $v_{GS}=0$、$V_P/4$ 和 $V_P/2$，可得

$$i_D = 2\text{mA}、1.13\text{mA} 和 0.5\text{mA}$$

由式(3.33),可得

$$v_{DS}(\text{sat}) = v_{GS} - V_P = v_{GS} - (-3.5)$$

所以,对于 $v_{GS}=0$、$V_P/4$ 和 $V_P/2$,有

$$v_{DS}(\text{sat}) = 3.5\text{V}、2.63\text{V} 和 1.75\text{V}$$

点评:可以通过增加 I_{DSS} 来增大 JFET 的电流,I_{DSS} 是结型场效应晶体管沟道宽度的函数。

练习题

【练习题 3.22】 N 沟道 JFET 的参数为 $I_{DSS}=12\text{mA}$,夹断电压为 $V_P=-4.5\text{V}$ 和 $\lambda=0$。当 $V_{DS}>V_{DS}(\text{sat})$ 时,试计算 I_D。(答案:$V_{DS}(\text{sat})=3.3\text{V}$,$I_D=6.45\text{mA}$)

像在 MOSFET 中的情况一样,JFET 的 i_D 相对于 v_{DS} 变化的曲线在饱和点以上具有非零斜率。这种非零斜率可以通过下面的等式给出,即

$$i_D = I_{DSS}\left(1-\frac{v_{GS}}{V_P}\right)^2(1+\lambda v_{DS}) \tag{3.35}$$

输出电阻 r_o 定义为

$$r_o = \left(\frac{\partial i_D}{\partial v_{DS}}\right)^{-1}\Bigg|_{v_{GS}=\text{恒值}} \tag{3.36}$$

利用式(3.35),可得

$$r_o = \left[\lambda I_{DSS}\left(1-\frac{V_{GSO}}{V_P}\right)^2\right]^{-1} \tag{3.37(a)}$$

即

$$r_o \approx (\lambda I_{DQ})^{-1} = \frac{1}{\lambda I_{DQ}} \tag{3.37(b)}$$

在下一章中讨论 JFET 的小信号等效电路时将会再次讨论输出电阻问题。

增强型 GaAs MESFET 的电流-电压特性可以制作得和增强型 MOSFET 的很相似。因而,对于偏置在饱和区的理想增强型 MESFET,可以写为

$$i_D = K_n(v_{GS}-V_{TN})^2 \tag{3.38(a)}$$

对于偏置在非饱和区的理想增强型 MESFET,则有

$$i_D = K_n[2(v_{GS}-V_{TN})v_{DS}-v_{DS}^2] \tag{3.38(b)}$$

式中 K_n 为传导参数,V_{TN} 为阈值电压,在这里等效于夹断电压。对于 N 沟道增强型 MESFET,阈值电压为正。

3.6.3 常见 JFET 电路的直流分析

JFET 有一些常见的电路结构,这里就其中的几种类型,举例说明这些电路的直流分析和设计方法。

【设计例题 3.23】

设计目的:为 N 沟道耗尽型 JFET 组成的 JFET 电路设计直流偏置。

对于图 3.66(a)所示的电路,结型场效应晶体管的参数为 $I_{DSS}=5\text{mA}$,夹断电压 $V_P=-4\text{V}$ 和 $\lambda=0$。设计电路使 $I_D=2\text{mA}$ 和 $V_{DS}=6\text{V}$。

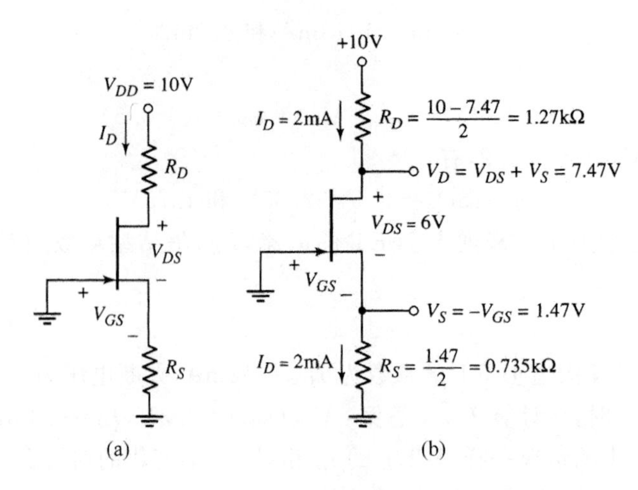

图 3.66

(a) 带自给偏压源极电阻的 N 沟道 JFET 电路；(b) 设计例题 3.23 的电路

解：假设结型场效应晶体管偏置在饱和区，漏极直流电流由下式表示为

$$I_D = I_{DSS}\left(1-\frac{V_{GS}}{V_P}\right)^2$$

即

$$2 = 5\left(1-\frac{V_{GS}}{-4}\right)^2$$

可得

$$V_{GS} = -1.47\text{V}$$

由图 3.66(b)可以看出通过源极电阻的电流可以写为

$$I_D = \frac{-V_{GS}}{R_S}$$

于是

$$R_S = \frac{-V_{GS}}{I_D} = \frac{-(-1.47)}{2} = 0.735\text{k}\Omega$$

漏-源电压为

$$V_{DS} = V_{DD} - I_D R_D - I_D R_S$$

可得

$$R_D = \frac{V_{DD}-V_{DS}-I_D R_S}{I_D} = \frac{10-6-(2)(0.735)}{2} = 1.27\text{k}\Omega$$

也可以看出

$$V_{DS} = 6\text{V} > V_{GS} - V_P = -1.47-(-4) = 2.53\text{V}$$

这说明正如前面所假设的，JFET 确实偏置在饱和区。

点评：因为要使结型场效应晶体管开启，与栅极电压相比源极电压必须为正。源极电阻为 JFET 提供自给偏压，栅极和 R_S 的下端都为地电位。

练习题

【练习题 3.23】 对于图 3.67 所示的电路，结型场效应晶体管的参数为 $V_P=-3.5\text{V}$，$I_{DSS}=18\text{mA}$ 和 $\lambda=0$。试计算 V_{GS} 和 V_{DS}。请问结型场效应晶体管是偏置在饱和区还是非饱和区？（答案：$V_{GS}=-1.17\text{V}$，$V_{DS}=7.43\text{V}$，饱和区）

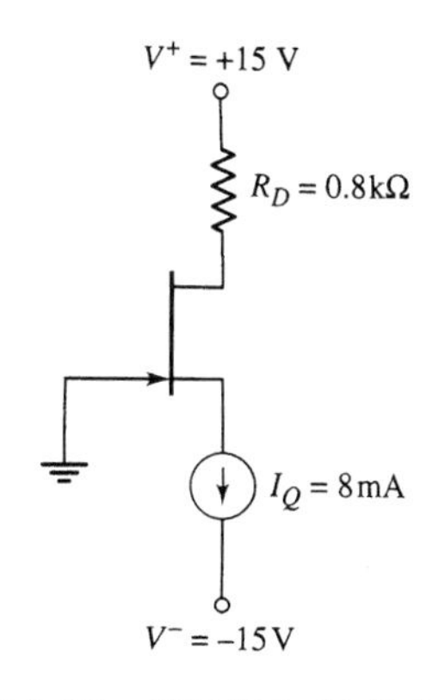

图 3.67 练习题 3.23 的电路

【设计例题 3.24】

设计目的：设计用电压分压器偏置的 JFET 电路。

已知如图 3.68(a) 所示的电路，结型场效应晶体管的参数为 $I_{DSS}=12\text{mA}$，$V_P=-3.5\text{V}$ 和 $\lambda=0$。令 $R_1+R_2=100\text{k}\Omega$，设计电路使漏极直流电流 $I_D=5\text{mA}$，漏-源直流电压 $V_{DS}=5\text{V}$。

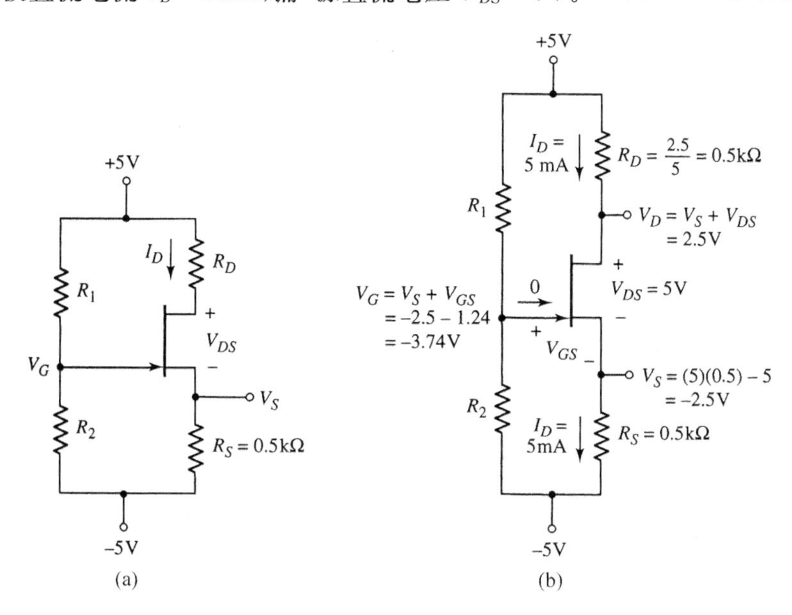

图 3.68

(a) 用分压器偏置的 N 沟道 JFET 电路；(b) 设计例题 3.24 的 N 沟道 JFET 电路

解：假设结型场效应晶体管偏置在饱和区，则漏极直流电流由下式表示为

$$I_D=I_{DSS}\left(1-\frac{V_{GS}}{V_P}\right)^2$$

即

$$5=12\left(1-\frac{V_{GS}}{-3.5}\right)^2$$

可得

$$V_{GS}=-1.24\text{V}$$

由图 3.68(b)，得源极电压为

$$V_S=I_DR_S-5=(5)(0.5)-5=-2.5\text{V}$$

这意味着栅极电压为

$$V_G=V_{GS}+V_S=-1.24-2.5=-3.74\text{V}$$

还可以把栅极电压写为

$$V_G=\left(\frac{R_2}{R_1+R_2}\right)(10)-5$$

即

$$-3.74=\frac{R_2}{100}(10)-5$$

得

$$R_2=12.6\text{k}\Omega$$
$$R_1=87.4\text{k}\Omega$$

漏-源电压为

$$V_{DS}=5-I_DR_D-I_DR_S-(-5)$$

于是

$$R_D=\frac{10-V_{DS}-I_DR_S}{I_D}=\frac{10-5-(5)(0.5)}{5}=0.5\text{k}\Omega$$

也可以看出

$$V_{DS}=5\text{V}>V_{GS}-V_P=-1.24-(-3.5)=2.26\text{V}$$

结果说明正如前面所假设的，JFET 确实偏置在饱和区。

点评：由于假设了栅极电流为零，所以 JFET 电路和 MOSFET 电路的直流分析基本相同。

练习题

【练习题 3.24】 图 3.69 所示电路的结型场效应晶体管的参数为 $I_{DSS}=6\text{mA}$，$V_P=-4\text{V}$ 和 $\lambda=0$，试设计电路使 $I_{DQ}=2.5\text{mA}$ 和 $V_{DS}=6\text{V}$，并使消耗在 R_1 和 R_2 上的总功率为 2mW。（答案：$R_D=1.35\text{k}\Omega$，$R_1=158\text{k}\Omega$，$R_2=42\text{k}\Omega$）

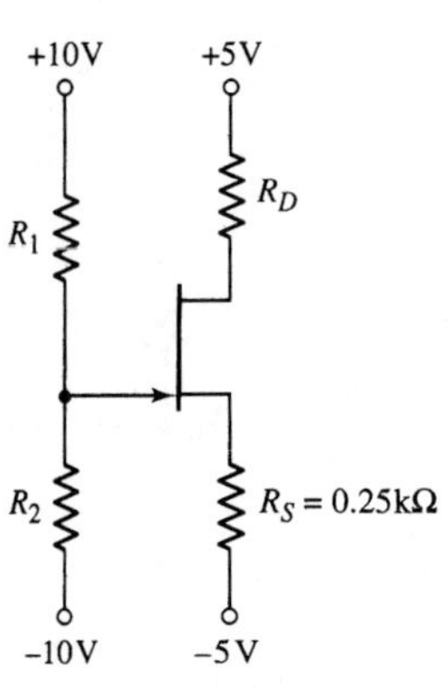

图 3.69 练习题 3.24 的电路

【例题 3.25】

目的：计算 P 沟道 JFET 电路中的静态电流和电压值。

图 3.70 所示电路中结型场效应晶体管的参数为 $I_{DSS}=2.5\text{mA}$，$V_P=+2.5\text{V}$ 和 $\lambda=0$。该晶体管用恒流源来偏置。

解：由图 3.70 可以写出漏极直流电流为

$$I_D=I_Q=0.8\text{mA}=\frac{V_D-(-9)}{R_D}$$

可得

$$V_D=(0.8)(4)-9=-5.8\text{V}$$

现在假设该晶体管偏置在饱和区，则有

$$I_D=I_{DSS}\left(1-\frac{V_{GS}}{V_P}\right)^2$$

即

$$0.8=2.5\left(1-\frac{V_{GS}}{2.5}\right)^2$$

得

图 3.70 恒流源偏置的 P 沟道 JFET 电路

$$V_{GS} = -1.086\text{V}$$

于是

$$V_S = 1 - V_{GS} = 1 - 1.086 = -0.086\text{V}$$

而且

$$V_{SD} = V_S - V_D = -0.086 - (-5.8) = 5.71\text{V}$$

同样可以看出

$$V_{SD} = 5.71\text{V} > V_P - V_{GS} = 2.5 - 1.086 = 1.41\text{V}$$

结果验证了正如前面所假设的，JFET 确实偏置在饱和区。

点评：和双极型晶体管或 MOS 晶体管相同，结型场效应晶体管也可以用恒流源来偏置。

练习题

【练习题 3.25】 对于图 3.71 所示电路中的 P 沟道结型场效应晶体管，其参数为 $I_{DSS}=6\text{mA}$，$V_P=4\text{V}$ 和 $\lambda=0$，试求静态值 I_D、V_{GS} 和 V_{SD}。试问该晶体管是偏置在饱和区还是非饱和区？（答案：$V_{GS}=1.81\text{V}$，$I_D=1.81\text{mA}$，$V_{SD}=2.47\text{V}$，饱和区）

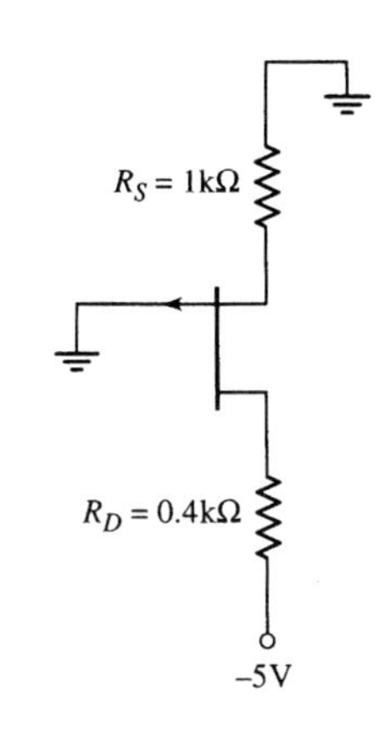

图 3.71　练习题 3.25 的电路

【设计例题 3.26】

设计目的：用增强型 MESFET 设计电路。

已知如图 3.72(a)所示的电路，晶体管的参数为 $V_{TN}=0.24\text{V}$，$K_n=1.1\text{mA/V}^2$ 和 $\lambda=0$。令 $R_1+R_2=50\text{k}\Omega$。设计电路使 $V_{GS}=0.50\text{V}$ 和 $V_{DS}=2.5\text{V}$。

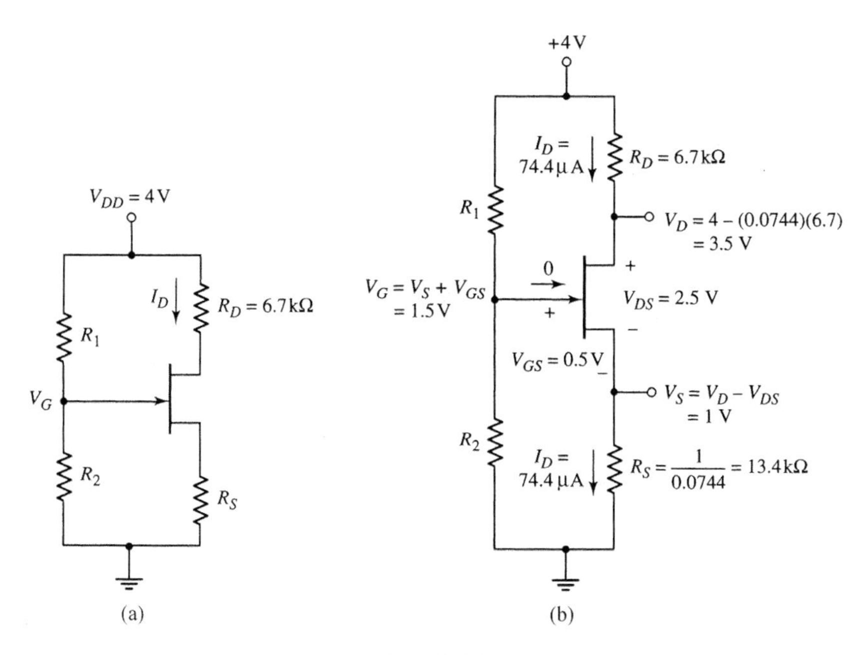

图　3.72

(a) N 沟道增强型 MESFET 电路；(b) 设计例题 3.26 的 N 沟道 MESFET 电路

解：由式(3.38(a))可得漏极电流为

$$I_D = K_n (V_{GS} - V_{TN})^2 = (1.1)(0.5 - 0.24)^2 = 74.4\mu A$$

由图3.72(b)得漏极电压为

$$V_D = V_{DD} - I_D R_D = 4 - (0.0744)(6.7) = 3.5V$$

因而，源极电压为

$$V_S = V_D - V_{DS} = 3.5 - 2.5 = 1V$$

则源极电阻为

$$R_S = \frac{V_S}{I_D} = \frac{1}{0.0744} = 13.4k\Omega$$

栅极电压为

$$V_G = V_{GS} + V_S = 0.5 + 1 = 1.5V$$

因为栅极电流为零，所以栅极的电压也可由如下的分压器方程给出，即

$$V_G = \left(\frac{R_2}{R_1 + R_2}\right) V_{DD}$$

即

$$1.5 = \left(\frac{R_2}{50}\right) 4$$

可得

$$R_2 = 18.75k\Omega$$

和

$$R_1 = 31.25k\Omega$$

同样可以看出

$$V_{DS} = 2.5V > V_{GS} - V_{TN} = 0.5 - 0.24 = 0.26V$$

结果验证了如前面所假设的，此 MESFET 确实偏置在饱和区。

点评：除了 MESFET 的栅-源电压必须限制在几十伏以下，增强型 MESFET 电路的直流分析与设计和 MOSFET 电路的相同。

练习题

【练习题 3.26】 观察图3.73所示的电路，结型场效应晶体管的参数为 $I_{DSS} = 8mA$，$V_P = 4V$ 和 $\lambda = 0$，试设计电路使 $R_{in} = 100k\Omega$，$I_{DQ} = 5mA$ 和 $V_{SDQ} = 12V$。（答案：$R_D = 0.4k\Omega$，$R_1 = 387k\Omega$，$R_2 = 135k\Omega$）

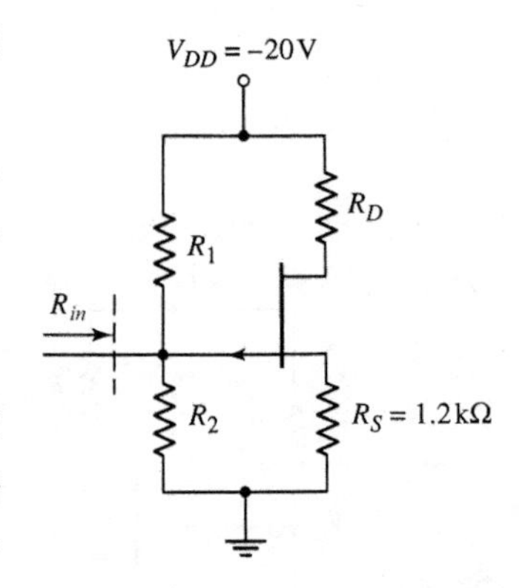

图3.73 练习题3.26的电路

理解测试题

【测试题 3.17】 图3.74所示电路中的N沟道增强型 MESFET 的参数为 $K_n = 50\mu A/V^2$，$V_{TN} = 0.15V$。试求使 $I_{DQ} = 5\mu A$ 的 V_{GG} 值。V_{GS} 和 V_{DS} 的值各为多少？（答案：$V_{GG} = 0.516V$，$V_{GS} = 0.466V$，$V_{DS} = 4.45V$）

【测试题 3.18】 对于图3.75所示的反向偏置电路，N沟道增强型 MESFET 的参数为 $K_n = 100\mu A/V^2$，$V_{TN} = 0.2V$。要求当 $V_I = 0.7V$ 时 $V_O = 0.10V$，试求所需的 R_D 值。（答

案：$R_D=267\text{k}\Omega$)

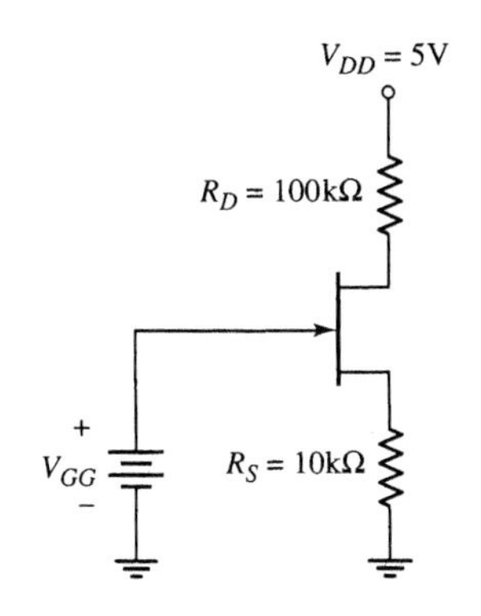

图 3.74　测试题 3.17 的电路

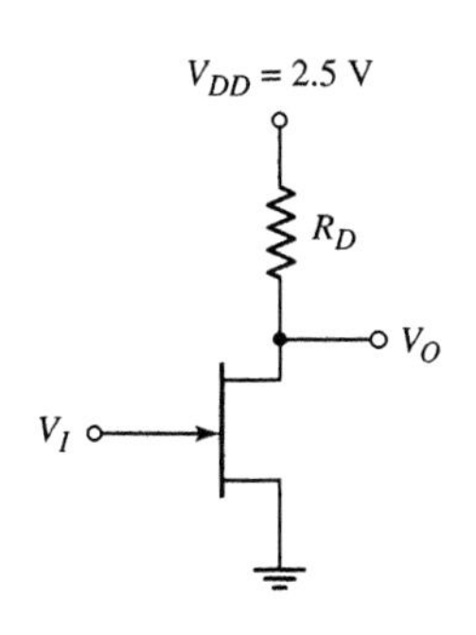

图 3.75　测试题 3.18 的电路

3.7　设计举例：用 MOS 晶体管设计二极管温度计

设计目的：用 MOS 晶体管进行应用设计，用以改善在第 1 章讨论过的简单二极管温度计的设计。

设计指标：电子温度计的测温范围为 0 到 100℉。

设计方案：将图 1.44 所示的二极管温度计的二极管输出电压施加在 NMOS 晶体管的栅极和源极之间来放大所设测温范围内的电压。而 NMOS 晶体管则被控制在恒定的温度。

器件选择：假设可以选用一个参数为 $k_n'=80\mu\text{A/V}^2$，$W/L=10$ 和 $V_{TN}=-1\text{V}$ 的 N 沟道耗尽型 MOSFET。

解：由第 1 章中的设计可知，二极管电压由下式给出，即

$$V_D=1.12-0.522\left(\frac{T}{300}\right)$$

式中 T 为开尔文温度。

观察图 3.76 所示的电路。假设二极管处于变化的温度环境中，而其余的电路则控制在室温下。

由图示电路可以看出 $V_{GS}=V_D$，这里 V_D 为二极管电压而不是漏极电压。要使 MOSFET 偏置在饱和区，则

$$I_D=K_n(V_{GS}-V_{TN})^2=\frac{k_n'}{2}\cdot\frac{W}{L}(V_D-V_{TN})^2$$

可以求出输出电压为

$$V_O=15-I_DR_D=15-\frac{k_n'}{2}\cdot\frac{W}{L}\cdot R_D(V_D-V_{TN})^2$$

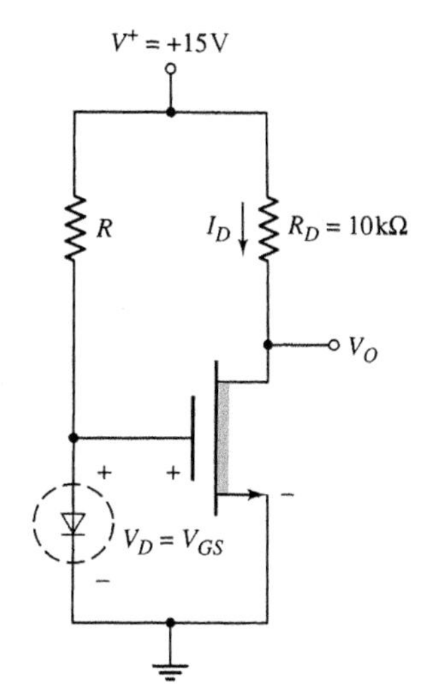

图 3.76　用来测量随温度变化的二极管输出电压的设计应用电路

二极管电流和输出电压可以写为

$$I_D=\frac{0.080}{2}\cdot\frac{10}{1}(V_D+1)^2=0.4(V_D+1)^2=0.4(V_D+1)^2(\text{mA})$$

和

$$V_O=15-[0.4(V_D+1)^2](10)=15-4(V_D+1)^2(\text{V})$$

由第1章的设计可以得到下面的关系

T(℉)	V_D(V)	T(℉)	V_D(V)
0	0.6760	80	0.5976
40	0.6372	100	0.5790

因而可以求得电路的响应为

T(℉)	I_D(mA)	V_D(V)	T(℉)	I_D(mA)	V_D(V)
0	1.124	3.764	80	1.021	4.791
40	1.072	4.278	100	0.9973	5.027

点评：图3.77(a)所示给出了二极管电压随温度变化的曲线，图3.77(b)则给出了MOSFET电路的输出电压随温度变化的曲线。可以看出MOS晶体管电路提供了电压增益，这种电压增益正是所需要的MOS晶体管电路特性。

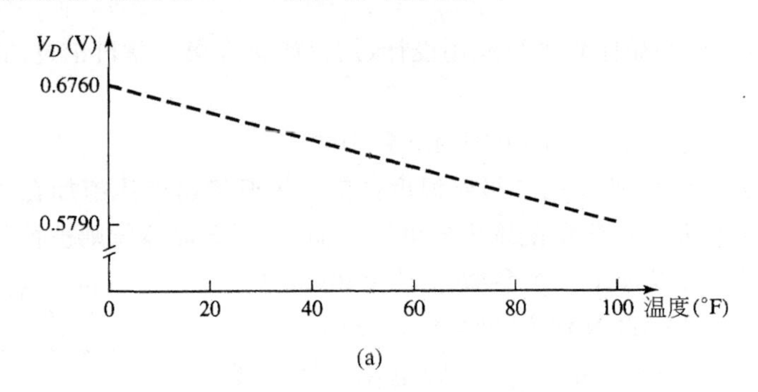

(a)

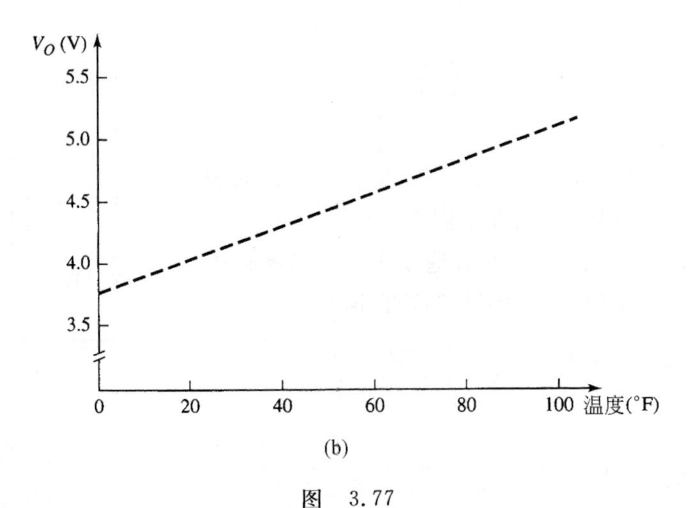

(b)

图 3.77

(a) 二极管电压相对于温度的变化；(b) 电路输出电压相对于温度的变化

讨论：从方程式可以看出二极管电流和输出电压不是二极管电压的线性函数。这也就意味着MOS晶体管输出电压也不是温度的线性函数。在第9章将会看到利用运算放大器进行的电路设计将使电子温度计的设计更加完善。

由以上的设计结果可知，每种状态下都有 $V_O = V_{DS} > V_{DS}(\mathrm{sat})$，所以正如设计所希望的，MOS 晶体管偏置在饱和区。

3.8　本章小结

- 本章着重讲解了金属-氧化物-半导体场效应晶体管（MOSFET）的结构原理和直流特性。由于这种器件的尺寸较小，就有可能用它来制造微处理器和其他的高密度 VLSI 电路，所以这种器件对集成电路技术来说非常重要。
- MOSFET 中的电流受垂直于半导体表面的电场控制，该电场是栅极电压的函数。器件工作在非饱和区时，漏极电流是漏极电压的函数；而器件工作在饱和区时，漏极电流基本上独立于漏极电压。漏极电流直接和晶体管的宽、长比值成比例，所以这个参数在 MOSFET 电路设计中是一个主要的参数。
- 本章还强调了 MOSFET 电路直流偏置的分析和设计。并应用理想的电流-电压关系分析和设计了几种电路结构。研究了用增强型和耗尽型两种 MOSFET 代替电阻的应用，这种应用实现了电路设计的全 MOSFET 化。
- 讨论了 MOSFET 的基本应用。这些应用包括开关电流和电压、实现数字逻辑电路的功能以及放大时变信号。有关 MOS 晶体管的放大特性和重要的数字电路应用将分别在下一章和第 16 章中进行讨论。
- 介绍了提供恒流源用以偏置其他 MOSFET 电路的 MOSFET 电路的分析与设计。
- 讨论 MOSFET 多级电路的直流分析和设计。
- 介绍了 JFET 和 MESFET 器件的结构原理和直流特性，并讨论了 JFET 和 MESFET 电路的分析和设计。
- 最后进行了 MOSFET 简单的应用设计，将它和二极管连接在一起用作电子温度计的设计。

本章要求

通过本章的学习，读者应该能够做到：

1. 了解和阐述 N 沟道和 P 沟道增强型和耗尽型 MOSFET 的一般工作原理。
2. 了解各种晶体管参数的含义，这些参数包括阈值电压、宽长比、传导参数以及漏-源饱和电压。
3. 把理想电流-电压关系应用到四种 MOSFET 基本类型中的任何一种 MOSFET 的各种电路分析和设计中。
4. 掌握用 MOSFET 代替电阻负载器件进行全 MOSFET 电路设计的方法。
5. 定性地理解如何用 MOSFET 开关电流和电压、实现数字逻辑功能以及放大时变信号。
6. 熟悉多级 MOSFET 电路的直流分析和设计。
7. 熟悉结型 FET 的一般工作原理和特性。

复习题

1. 概述 MOSFET 的基本工作原理。解释增强型和耗尽型的含义。

2. 阐述增强型和耗尽型 MOSFET 一般的电流-电压特性。

3. 概述阈值电压、宽长之比以及漏-源饱和电压的含义。

4. 定义饱和与非饱和偏置区。

5. 阐述沟道长度调制效应并定义参数 λ。描述衬底的基体效应并定义参数 γ。

6. 阐述带 N 沟道增强型器件的简单共源 MOSFET 电路，并讨论漏-源电压和栅-源电压的关系。

7. MOSFET 电路直流分析的步骤是什么？

8. 怎么证明 MOSFET 是偏置在饱和区？

9. 在一些 MOSFET 电路的直流分析中用到了栅-源电压的二次方程，怎么决定哪一个解是正确的？

10. 考虑晶体管参数的变化，怎么使 Q 点稳定？

11. 阐述栅极和漏极相连的 N 沟道增强型 MOSFET 的电流-电压关系。

12. 阐述栅极和漏极相连的 N 沟道耗尽型 MOSFET 的电流-电压关系。

13. 分立的晶体管电路和集成电路中的偏置技术之间的主要区别是什么？

14. 阐述怎么用一个 N 沟道增强型 MOSFET 来开关一个电机。

15. 阐述晶体管或非逻辑电路。

16. 阐述如何使用 MOSFET 放大时变信号。

17. 阐述结型 FET 的基本工作原理。

18. MESFET 和 PN 结 JFET 之间的区别是什么？

习题

（注：除非另作说明，在下列习题中都假定晶体管的 $\lambda=0$。）

3.1 节 MOS 场效应晶体管

3.1 NMOS 晶体管的参数为 $V_{TN}=0.8\text{V}$，$k_n'=80\mu\text{A/V}^2$，$W=10\mu\text{m}$，$L=12\mu\text{m}$。当施加电压为 $V_{DS}=0.1\text{V}$ 和(a)$V_{GS}=0$，(b)$V_{GS}=1\text{V}$，(c)$V_{GS}=2\text{V}$，(d)$V_{GS}=3\text{V}$ 时，试求漏极电流。

3.2 如果漏-源电压增加为 $V_{DS}=4\text{V}$，重复习题 3.1。

3.3 NMOS 晶体管 i_D 相对于 v_{DS} 的特性曲线如图 P3.3 所示。(a)试问器件属于增强型还是耗尽型？(b)试求 K_n 和 V_{TN} 的值。(c)试求 $v_{GS}=3.5\text{V}$ 和 $v_{GS}=4.5\text{V}$ 时的 $i_D(\text{sat})$ 值。

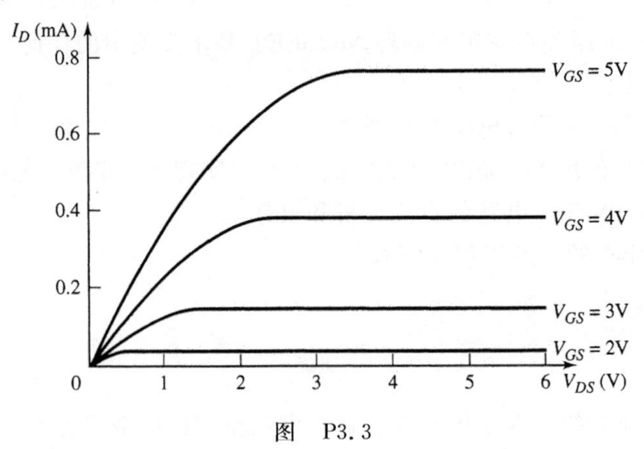

图 P3.3

3.4　N沟道耗尽型MOSFET的参数为$V_{TN}=-2.5V$，$K_n=1.1mA/V^2$。(a)对于$V_{GS}=0$和(ⅰ)$V_{DS}=0.5V$，(ⅱ)$V_{DS}=2.5V$，(ⅲ)$V_{DS}=5V$，试求I_D值。(b)对于$V_{GS}=2V$，重复(a)。

3.5　N沟道耗尽型MOSFET的参数为$V_{TN}=-2V$，$k_n'=80\mu A/V^2$。当$V_{GS}=0$和$V_{DS}=3V$时，漏极电流$I_D=1.5mA$。试求W/L比值。

3.6　当NMOS晶体管的$\mu_n=600cm^2/(V\cdot s)$，氧化物厚度t_{ox}分别为(a)500Å，(b) 250Å，(c)100Å，(d)50Å和(e)25Å时，试求工艺传导参数k_n'的值。

3.7　N沟道增强型MOSFET的参数为$V_{TN}=0.8V$，$W=64\mu m$，$L=4\mu m$，$t_{ox}=450Å$，$\mu_n=650cm^2/(V\cdot s)$。(a)试计算传导参数K_n。(b)当$V_{GS}=V_{DS}=3V$时，试求漏极电流。

3.8　NMOS器件的参数为$V_{TN}=1.2V$，$L=25\mu m$，$k_n'=80\mu A/V^2$，当晶体管偏置在饱和区且$V_{GS}=2.5V$时$I_D=1.25mA$，试求沟道宽度W的值。

3.9　特定的NMOS器件参数为$V_{TN}=1V$，$L=2.5\mu m$，$t_{ox}=400Å$和$\mu_n=600cm^2/(V\cdot s)$，当晶体管偏置在饱和区$V_{GS}=5V$时需要漏极电流$I_D=1.2mA$，试求必需的器件沟道宽度。

3.10　P沟道增强型MOSFET的$k_p'=40\mu A/V^2$。当$V_{SG}=V_{SD}=3V$时，漏极电流$I_D=0.225mA$，而当$V_{SG}=V_{SD}=4V$时，$I_D=1.40mA$。试求W/L比值和V_{TP}值。

3.11　P沟道增强型MOSFET的参数为$K_p=2mA/V^2$，$V_{TP}=-0.5V$。栅极为地电位，源极和衬底电极为+5V。当漏极电压为(a)$V_D=0V$，(b)$V_D=2V$，(c)$V_D=4V$，(d)$V_D=5V$时，试求I_D值。

3.12　PMOS晶体管i_D相对于v_{SD}的特性曲线如图P3.12所示。(a)试问器件属于增强型还是耗尽型？(b)试求K_p和V_{TP}的值。(c)试求$v_{SG}=3.5V$和$v_{SG}=4.5V$时的$i_D(sat)$值。

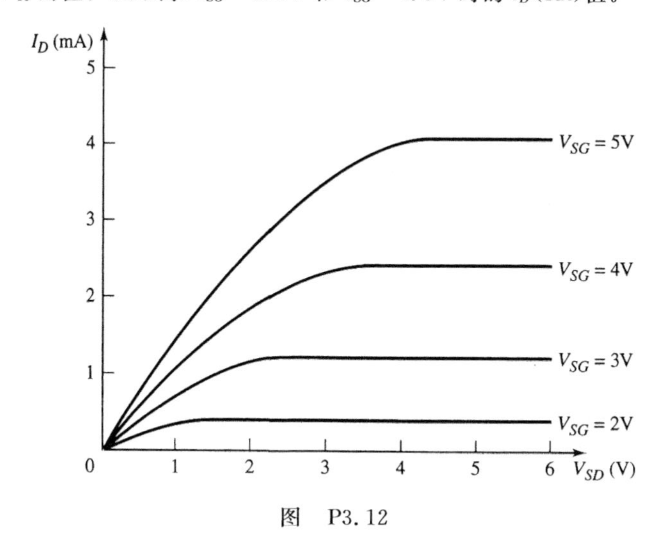

图　P3.12

3.13　P沟道耗尽型MOSFET的参数为$V_{TP}=+2V$，$k_p'=40\mu A/V^2$和$W/L=6$。对于(a)$V_{SG}=-1V$，(b)$V_{SG}=0V$，(c)$V_{SG}=+1V$，试求$V_{SD}(sat)$值。如果晶体管偏置在饱和区，试计算每个V_{SG}所对应的漏极电流值。

3.14　PMOS晶体管的参数为$V_{TP}=-0.8V$，$k_p'=40\mu A/V^2$，$W=15\mu m$，$L=12\mu m$。施加电压$V_{SG}=0V$，且(a)$V_{SD}=0.2V$，(b)$V_{SD}=1.2V$，(c)$V_{SD}=2.2V$，(d)$V_{SD}=3.2V$，(e)$V_{SD}=4.2V$时，试求漏极电流I_D值。

3.15　当PMOS晶体管的$\mu_p=250cm^2/(V\cdot s)$，氧化物厚度t_{ox}分别为(a)500Å，(b)250Å，(c)100Å，(d)50Å和(e)25Å时，试求工艺传导参数k_p'值。

3.16　增强型NMOS和PMOS器件共同的参数为$L=4\mu m$和$t_{ox}=500Å$。对于NMOS器件，$V_{TN}=+0.6V$，$\mu_n=675cm^2/(V\cdot s)$，沟道宽度为W_n；对于PMOS器件，$V_{TP}=-0.6V$，$\mu_p=375cm^2/(V\cdot s)$，沟道宽度为W_p。试设计两个晶体管的宽度使它们电气等价，且当PMOS偏置在饱和区，$V_{SG}=5V$时其漏极电流$I_D=0.8mA$。试求K_n、K_p、W_n和W_p的值。

3.17 增强型 NMOS 的参数为 $V_{TN}=1.2\text{V}$，$K_n=0.20\text{mA/V}^2$，$\lambda=0.01\text{V}^{-1}$。对于 $V_{GS}=2.0\text{V}$ 和 $V_{GS}=4.0\text{V}$，试计算输出电阻 r_o。试问 V_A 的值是多少？

3.18 N 沟道增强型 MOSFET 的参数为 $V_{TN}=0.8\text{V}$，$k_n'=80\mu\text{A/V}^2$，$W/L=4$。若 $V_{GS}=3\text{V}$，$r_o\geq 200\text{k}\Omega$，试问 λ 的最大值和 V_A 的最小值是多少？

3.19 增强型 NMOS 晶体管的参数为 $V_{TNO}=0.8\text{V}$，$\gamma=0.8\text{V}^{1/2}$，且 $\phi_f=0.35\text{V}$。试问 V_{SB} 为何值时，衬底的基体效应将导致阈值电压变化 2V？

3.20 NMOS 晶体管的参数为 $V_{TO}=0.75\text{V}$，$k_n'=80\mu\text{A/V}^2$，$W/L=15$，$\phi_f=0.37\text{V}$，和 $\gamma=0.6\text{V}^{1/2}$。(a)晶体管偏置在 $V_{GS}=2.5\text{V}$，$V_{SB}=3\text{V}$ 和 $V_{DS}=3\text{V}$，试求漏极电流 I_D。(b)对于 $V_{DS}=0.25\text{V}$，重复(a)。

3.21 MOS 晶体管的二氧化硅栅极绝缘层厚度为 $t_{ox}=275\text{Å}$。(a)试计算理想的氧化物击穿电压。如果要求安全系数为 3，试求施加到栅极的安全电压最大值。

3.22 在一个功率 MOS 晶体管中，施加到栅极的最大电压为 24V，如果指定安全系数为 3，试求必需的二氧化硅栅极绝缘层的最小厚度。

3.2 节 MOSFET 晶体管的直流分析

3.23 图 P3.23 所示电路中的晶体管参数为 $V_{TN}=0.8\text{V}$，$K_n=0.5\text{mA/V}^2$。试求 V_{GS}、I_D 和 V_{DS} 值。

3.24 图 P3.24 所示电路中的晶体管参数为 $V_{TN}=0.8\text{V}$ 和 $K_n=0.25\text{mA/V}^2$。对于(a)$V_{DD}=4\text{V}$，$R_D=1\text{k}\Omega$ 和(b)$V_{DD}=5\text{V}$，$R_D=3\text{k}\Omega$，试画出负载线并标出 Q 点。试问每种状态下的偏置工作区是什么？

3.25 图 P3.25 所示电路中的晶体管参数为 $V_{TP}=-0.8\text{V}$，$K_p=0.20\text{mA/V}^2$，对于(a)$V_{DD}=3.5\text{V}$，$R_D=1.2\text{k}\Omega$ 和(b)$V_{DD}=5\text{V}$，$R_D=4\text{k}\Omega$，试画出负载线并标出 Q 点。试问每种状态下的偏置工作区是什么。

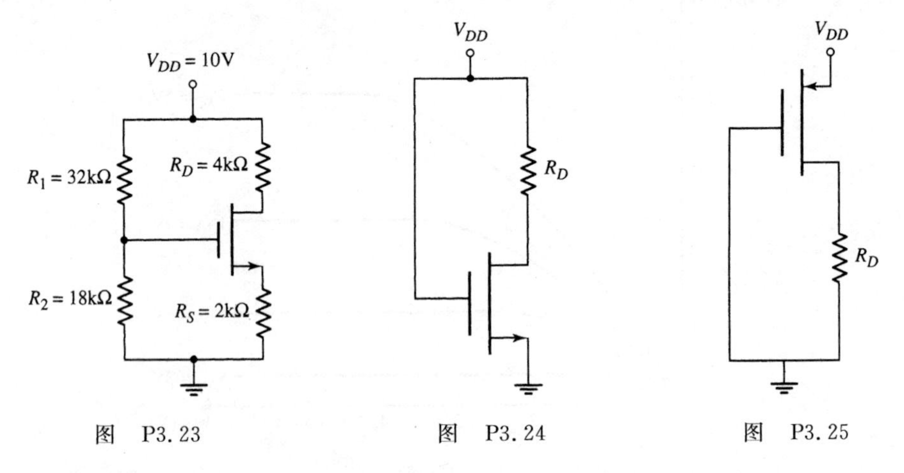

图 P3.23　　图 P3.24　　图 P3.25

3.26 观察图 P3.26 所示的电路，晶体管参数为 $V_{TP}=-2\text{V}$，$K_p=1\text{mA/V}^2$。试求 I_D、V_{SG} 和 V_{SD} 值。

3.27 对于图 P3.27 所示的电路，晶体管参数为 $V_{TP}=-0.8\text{V}$ 和 $K_p=200\mu\text{A/V}^2$，试求 V_S 和 V_{SD} 值。

*3.28 设计如图 P3.23 所示结构的 MOSFET 电路。晶体管参数 $V_{TN}=1.2\text{V}$，$k_n'=60\mu\text{A/V}^2$ 和 $\lambda=0$。电路参数为 $V_{DD}=10\text{V}$，$R_D=5\text{k}\Omega$。试设计电路使 $V_{DSQ}\approx 5\text{V}$，R_S 两端的电压大约和 V_{SG} 相等，通过偏置电阻的电流大约为漏极电流的 5%。

3.29 图 P3.29 所示电路中的晶体管参数为 $V_{TN}=1\text{V}$，$k_n'=75\mu\text{A/V}^2$，$W/L=25$。试求 V_{GS}、I_D 和 V_{DS} 值。试画出负载线并标出 Q 点。

*3.30 设计如图 P3.26 所示结构的 MOSFET 电路。晶体管参数为 $V_{TP}=-2\text{V}$，$k_p'=40\mu\text{A/V}^2$ 和 $\lambda=0$。电路偏置电压为 $\pm 10\text{V}$，漏极电流为 0.8mA，漏-源电压约为 10V，R_S 两端的电压大约和 V_{SG} 相等。此外，通过偏置电阻的电流不超过漏极电流的 10%。

3.31 图 P3.31(a)和(b)所示电路中的晶体管参数为 $K_n=0.5\text{mA/V}^2$，$V_{TN}=1.2\text{V}$ 和 $\lambda=0$。当(i)$I_Q=50\mu\text{A}$ 和(ii)$I_Q=1\text{mA}$ 时，试求每个晶体管的 v_{GS} 和 v_{DS} 值。

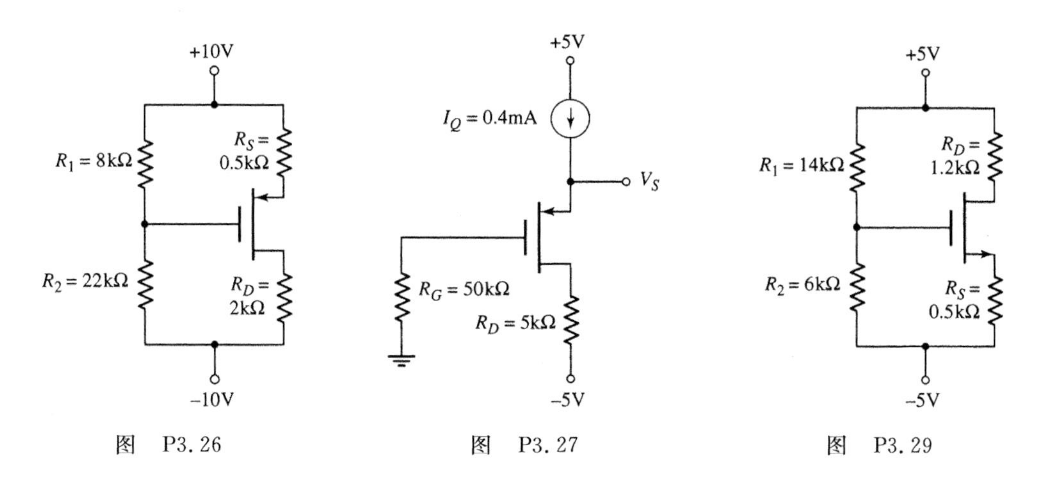

图　P3.26　　　图　P3.27　　　图　P3.29

3.32　对于图 P3.32 所示的电路，其晶体管参数为 $V_{TN}=0.6\text{V}$ 和 $K_n=200\mu\text{A/V}^2$，试求 V_S 和 V_D 值。

*3.33　(a)设计如图 P3.33 所示的电路并使 $I_{DQ}=0.50\text{mA}$ 和 $V_D=1\text{V}$。晶体管参数为 $K_n=0.25\text{mA/V}^2$ 和 $V_{TN}=1.4\text{V}$，试画出负载线并标出 Q 点。(b)选择接近理想设计值的标准电阻值，得出的 Q 点值是多少？(c)如果(b)中电阻有±10%的容差，试求 I_{DQ} 的最大值和最小值。

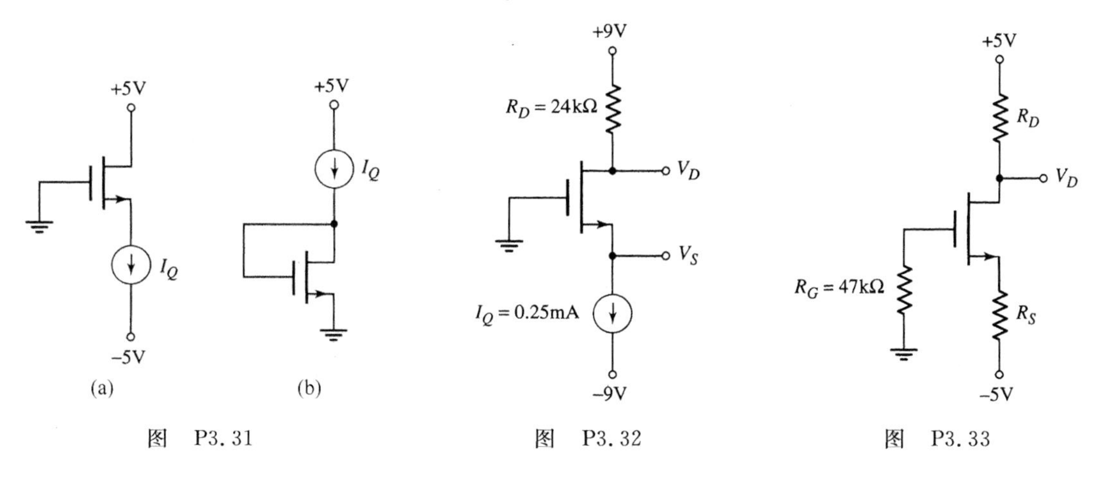

图　P3.31　　　图　P3.32　　　图　P3.33

3.34　图 P3.34 所示电路中的 PMOS 晶体管参数为 $V_{TP}=-1.5\text{V}$，$k'_p=25\mu\text{A/V}^2$，$L=4\mu\text{m}$ 和 $\lambda=0$。试求使 $I_D=0.1\text{mA}$ 和 $V_{SD}=2.5\text{V}$ 的 W 和 R 值。

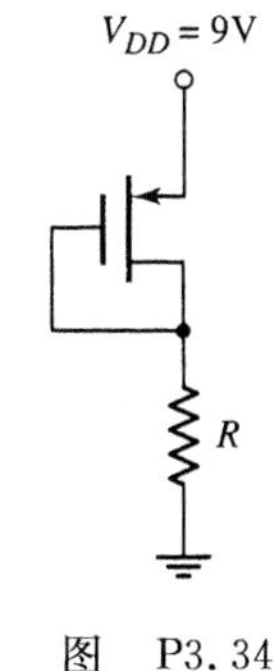

图　P3.34

3.35　设计如图 P3.35 所示的电路并使 $V_{SD}=2.5\text{V}$。偏置电阻中的电流不应超过漏极电流的 10%。晶体管参数为 $V_{TP}=+1.5\text{V}$ 和 $K_p=0.5\text{mA/V}^2$。

*3.36　(a)设计图 P3.36 所示的电路并使 $I_{DQ}=0.25\text{mA}$ 和 $V_D=-2\text{V}$。晶体管标称参数为 $V_{TP}=-1.2\text{V}$ 和 $k'_p=35\mu\text{A/V}^2$ 并且 $W/L=15$。试画出负载线并标出 Q 点。(b)如果 k'_p 的参数容差为±5%，试求 Q 点的最大值和最小值。

3.37　图 P3.37 所示电路中的晶体管参数为 $V_{TP}=-1.75\text{V}$ 和 $K_p=3\text{mA/V}^2$。试设计电路使 $I_D=5\text{mA}$，$V_{SD}=6\text{V}$ 和 $R_{in}=80\text{k}\Omega$。

*3.38　对于图 P3.38 所示电路中的每个晶体管有 $k'_n=60\mu\text{A/V}^2$，且对于 M_1 有 $W/L=4$，$V_{TN}=+0.8\text{V}$，对于 M_2 有 $W/L=1$ 和 $V_{TN}=-1.8\text{V}$。对于(a) $v_I=1\text{V}$，(b) $v_I=3\text{V}$，(c) $v_I=5\text{V}$，试求每个晶体管的工作区和输出电压 v_O。

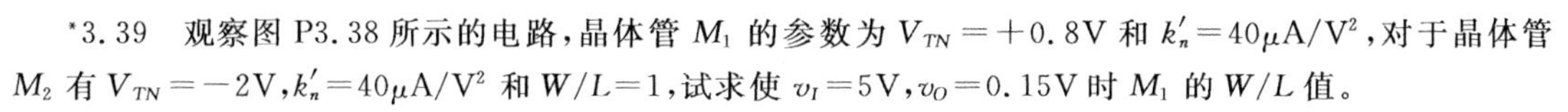

*3.39　观察图 P3.38 所示的电路，晶体管 M_1 的参数为 $V_{TN}=+0.8\text{V}$ 和 $k'_n=40\mu\text{A/V}^2$，对于晶体管 M_2 有 $V_{TN}=-2\text{V}$，$k'_n=40\mu\text{A/V}^2$ 和 $W/L=1$，试求使 $v_I=5\text{V}$，$v_O=0.15\text{V}$ 时 M_1 的 W/L 值。

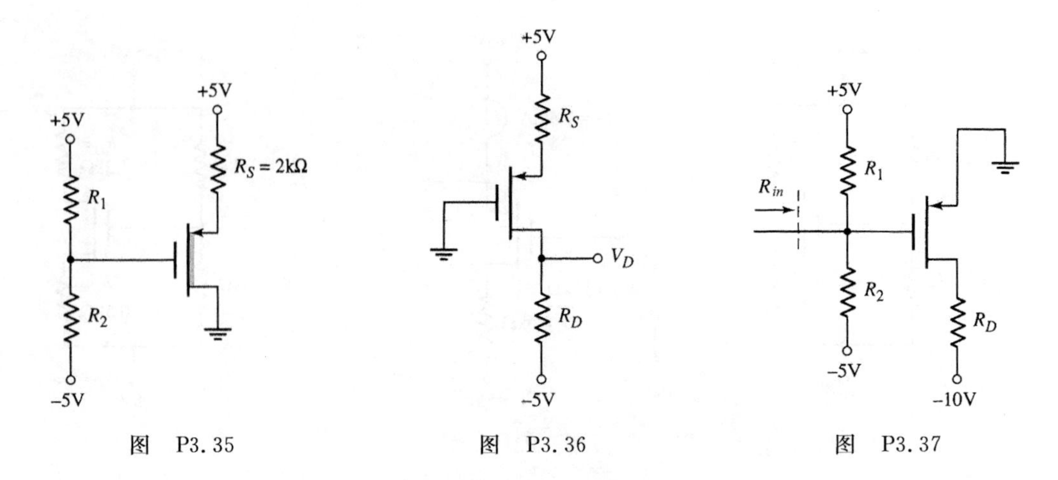

图 P3.35　　图 P3.36　　图 P3.37

*3.40 图 P3.40 所示电路中的晶体管具有相同参数 $V_{TN}=0.8\text{V}$ 和 $k_n'=30\mu\text{A/V}^2$。(a)如果 M_1 和 M_2 的宽、长之比为 $(W/L)_1=(W/L)_2=40$，试求 V_{GS1}、V_{GS2}、V_O 和 I_D 值。(b)如果宽、长之比变为 $(W/L)_1=40$，$(W/L)_2=15$，重复(a)。

*3.41 观察图 P3.41 所示的电路，(a)晶体管标称参数为 $V_{TN}=1.2\text{V}$ 和 $k_n'=60\mu\text{A/V}^2$，要使 $I_{DQ}=0.5\text{mA}$，$V_1=2.5\text{V}$ 和 $V_2=6\text{V}$，试设计每个晶体管所需要的宽、长之比。(b)如果每个晶体管的 k_n' 参数变化(ⅰ)+5%，(ⅱ)−5%，试求 V_1 和 V_2 值的变化。(c)如果 M_1 的 k_n' 增加 5%，而 M_2 和 M_3 的 k_n' 值减小 5%，试求 V_1 和 V_2 的值。

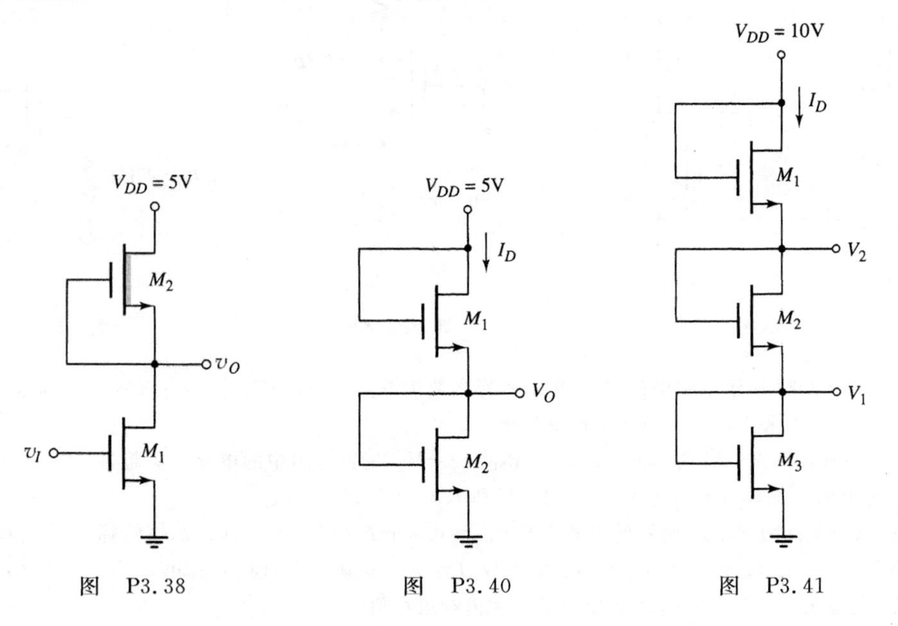

图 P3.38　　图 P3.40　　图 P3.41

3.42 如图 3.41 所示电路中的晶体管参数为 $V_{TN}=0.8\text{V}$，$k_n'=40\mu\text{A/V}^2$ 和 $\lambda=0$。M_L 的宽、长之比为 $(W/L)_L=1$。试设计驱动晶体管的宽、长之比使 $V_I=5\text{V}$ 时的 $V_O=0.10\text{V}$。

3.43 图 3.45 所示电路中的晶体管参数为 $V_{TND}=0.8\text{V}$，$V_{TNL}=0.8\text{V}$，$k_n'=40\mu\text{A/V}^2$ 和 $\lambda=0$。令 $V_{DD}=5\text{V}$。M_L 的宽、长之比为 $(W/L)_L=1$。试设计驱动晶体管的宽、长之比使 $V_I=5\text{V}$ 时的 $V_O=0.05\text{V}$。

3.3 节 MOSFET 开关和放大器

3.44 观察图 P3.44 所示的电路，其晶体管参数为 $V_{TN}=0.8\text{V}$，$k_n'=30\mu\text{A/V}^2$，电阻 $R_D=10\text{k}\Omega$。试求使 $V_I=4.2\text{V}$ 时 $V_O=0.1\text{V}$ 的晶体管宽、长比值 W/L。

3.45　图 P3.45 所示电路中的晶体管用来开关 LED 导通和截止。晶体管参数为 $V_{TN}=0.8\text{V}$，$k'_n=40\mu\text{A/V}^2$ 和 $\lambda=0$。二极管开启电压 $V_\gamma=1.6\text{V}$，试设计 R_D 值和晶体管 W/L 比值以使 $V_I=5\text{V}$ 和 $V_{DS}=0.2\text{V}$ 时 $I_D=12\text{mA}$。

3.46　图 P3.46 所示为开关 LED 导通和截止的另一种电路结构。晶体管参数为 $V_{TP}=-0.8\text{V}$，$k'_p=20\mu\text{A/V}^2$ 和 $\lambda=0$，二极管开启电压 $V_\gamma=1.6\text{V}$。试设计 R_D 值和晶体管 W/L 比值以使 $V_I=0\text{V}$ 和 $V_{SD}=0.15\text{V}$ 时 $I_D=15\text{mA}$。

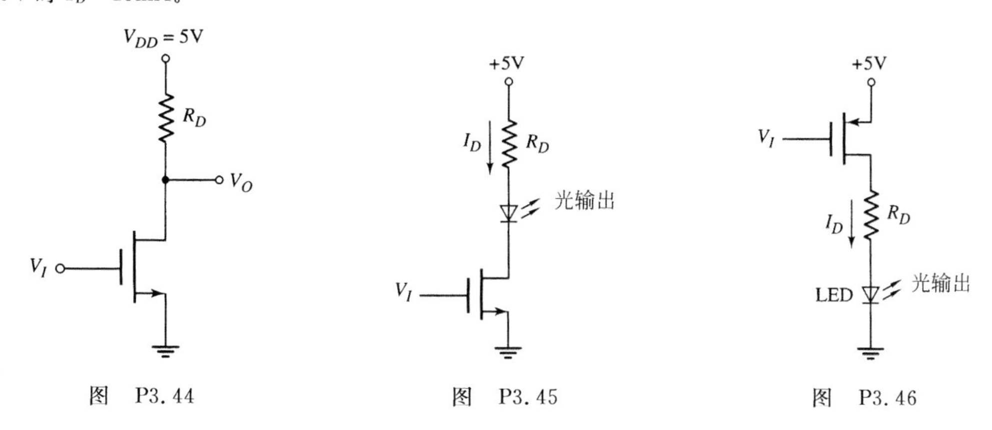

图　P3.44　　图　P3.45　　图　P3.46

3.47　图 3.50 所示的 NMOS 2 输入端或非逻辑门电路，晶体管参数为 $V_{TN1}=V_{TN2}=0.8\text{V}$，$\lambda_1=\lambda_2=0$，且 $k'_{n1}=k'_{n2}=60\mu\text{A/V}^2$。漏极电阻 $R_D=20\text{k}\Omega$。(a)令 $(W/L)_1=(W/L)_2$，试求使 $V_I=5\text{V}$ 时 $V_O=0.20\text{V}$ 的晶体管宽、长之比 W/L。(b)应用(a)的结果，试求 $V_1=5\text{V}$ 和 $V_2=0$ 时的 V_O 值。

3.4 节　恒流源偏置

3.48　图 3.53(a)所示电流源电路中所有晶体管的参数为 $V_{TN}=0.25\text{V}$，$k'_n=80\mu\text{A/V}^2$ 和 $\lambda=0$。晶体管 M_1 和 M_2 匹配。偏置电源为 $V^+=+2.5\text{V}$ 和 $V^-=-2.5\text{V}$。电流为 $I_{Q1}=100\mu\text{A}$ 和 $I_{REF1}=200\mu\text{A}$。对于 M_2，要求 $V_{D2}(\text{sat})=0.5\text{V}$；对于 M_1，要求 $V_{D1}(\text{sat})=2\text{V}$，(a)试求晶体管的 W/L 值，(b)试求 R_D 值。

3.49　图 3.53(b)所示电流源电路中所有晶体管的参数为 $V_{TP}=-0.5\text{V}$，$k'_p=40\mu\text{A/V}^2$ 和 $\lambda=0$。偏置电源为 $V^+=+5\text{V}$ 和 $V^-=-5\text{V}$。电流为 $I_{Q2}=250\mu\text{A}$ 和 $I_{REF2}=100\mu\text{A}$。对于 M_B，要求 $V_{SDB}(\text{sat})=0.8\text{V}$；对于 M_A，要求 $V_{SDA}=4\text{V}$，晶体管 M_A 和 M_B 匹配。(a)试求晶体管的 W/L 值，(b)试求 R_D 值。

3.50　观察图 3.54 所示的电路，每个晶体管的阈值电压和工艺传导参数都是 $V_{TN}=0.75\text{V}$，$k'_n=60\mu\text{A/V}^2$，令所有晶体管的 $\lambda=0$。假设 M_1 和 M_2 匹配。试设计宽、长之比以使 $I_Q=0.4\text{mA}$，$I_{REF}=0.2\text{mA}$ 和 $V_{DS2}(\text{sat})=0.5\text{V}$，并求使 $V_{DS1}=4\text{V}$ 的 R_D 值。

3.6 节　结型场效应晶体管

3.51　N 沟道耗尽型 JFET 的源极和栅极连接在一起。试问能保证此两端口器件偏置在饱和区的 V_{DS} 值是多少？在此偏置状态下的漏极电流又是多少？

3.52　N 沟道 JFET 的参数为 $I_{DSS}=6\text{mA}$ 和 $V_P=-3\text{V}$，试计算 $V_{DS}(\text{sat})$。如果 $V_{DS}>V_{DS}(\text{sat})$，对于(a)$V_{GS}=0$，(b)$V_{GS}=-1\text{V}$，(c)$V_{GS}=-2\text{V}$ 和(d)$V_{GS}=-3\text{V}$，试求 I_D 值。

3.53　P 沟道 JFET 偏置在饱和区，当 $V_{SD}=5\text{V}$，$V_{GS}=1\text{V}$ 时 $I_D=2.8\text{mA}$；$V_{GS}=3\text{V}$ 时 $I_D=0.30\text{mA}$，试求 I_{DSS} 和 V_P 值。

3.54　观察图 P3.54 所示的 P 沟道 JFET 电路。试确定使晶体管偏置在饱和区的 V_{DD} 的范围。如果 $I_{DSS}=6\text{mA}$ 和 $V_P=2.5\text{V}$，试求 V_S 值。

3.55　分析 GaAs MESFET 电路。当器件偏置在饱和区时，可以求得 $V_{GS}=0.35\text{V}$ 时 $I_D=18.5\mu\text{A}$；而 $V_{GS}=0.50\text{V}$ 时 $I_D=86.2\mu\text{A}$。试求传导参数 K 和阈值电压 V_{TN} 值。

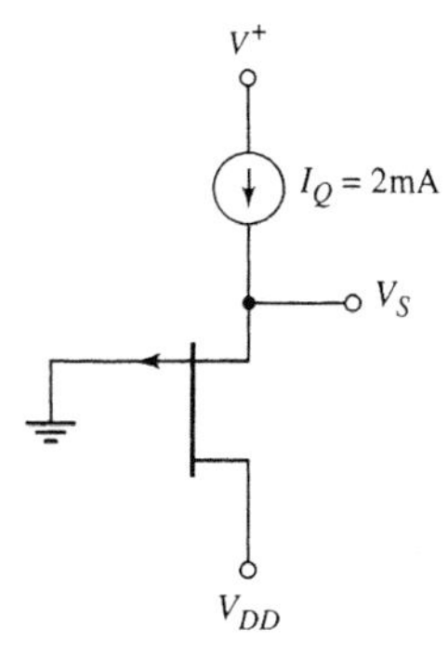

图　P3.54

3.56 GaAs MESFET 的阈值电压 $V_{TN}=0.24\text{V}$。允许的最大栅-源电压 $V_{GS}=0.75\text{V}$。当晶体管偏置在饱和区时，最大漏极电流为 $I_D=250\mu\text{A}$。试问传导参数 K 的值是多少？

*3.57 对于图 P3.57 所示电路中的晶体管参数为 $I_{DSS}=10\text{mA}$ 和 $V_P=-5\text{V}$。试求 I_{DQ}、V_{GSQ} 和 V_{DSQ} 值。

3.58 观察图 P3.58 所示的 N 沟道 JFET 源极跟随器电路。输入电阻 $R_{in}=500\text{k}\Omega$，要求 $I_{DQ}=5\text{mA}$，$V_{DSQ}=8\text{V}$，$V_{GSQ}=-1\text{V}$，试求 R_S、R_1 和 R_2 值以及所需晶体管的 I_{DSS} 和 V_P 值。

3.59 图 P3.59 所示电路中的晶体管参数为 $I_{DSS}=8\text{mA}$ 和 $V_P=4\text{V}$，试设计电路使 $I_D=5\text{mA}$。假设 $R_{in}=100\text{k}\Omega$，试求 V_{SG} 和 V_{SD} 值。

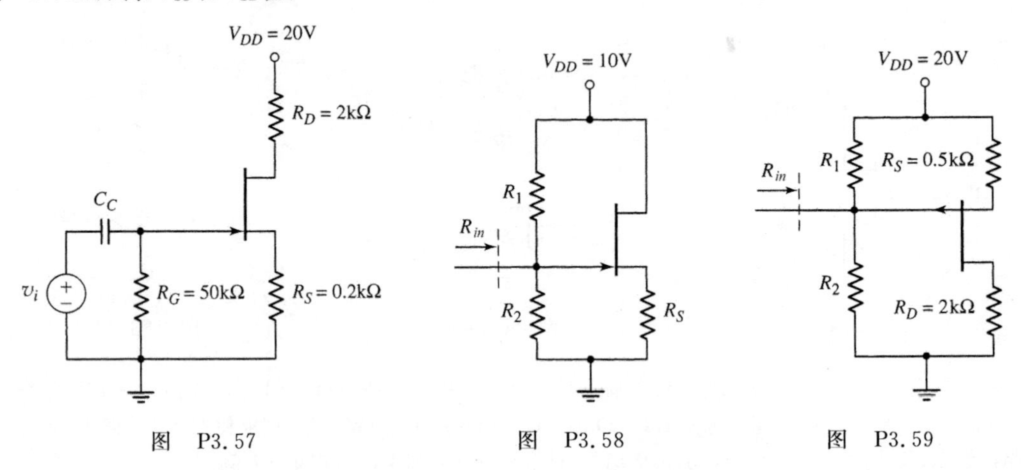

图 P3.57　　图 P3.58　　图 P3.59

3.60 对于图 P3.60 所示的电路，其晶体管参数为 $I_{DSS}=7\text{mA}$ 和 $V_P=3\text{V}$，令 $R_1+R_2=100\text{k}\Omega$，试设计电路使 $I_{DQ}=5.0\text{mA}$ 和 $V_{SDQ}=6\text{V}$。

3.61 图 P3.61 所示电路中的晶体管参数为 $I_{DSS}=8\text{mA}$ 和 $V_P=-4\text{V}$。试求 V_G、I_{DQ}、V_{GSQ} 和 V_{DSQ} 值。

3.62 观察图 P3.62 所示的电路，求得 V_{DS} 的静态值为 $V_{DSQ}=5\text{V}$。如果 $I_{DSS}=10\text{mA}$，试求 I_{DQ}、V_{GSQ} 和 V_P 值。

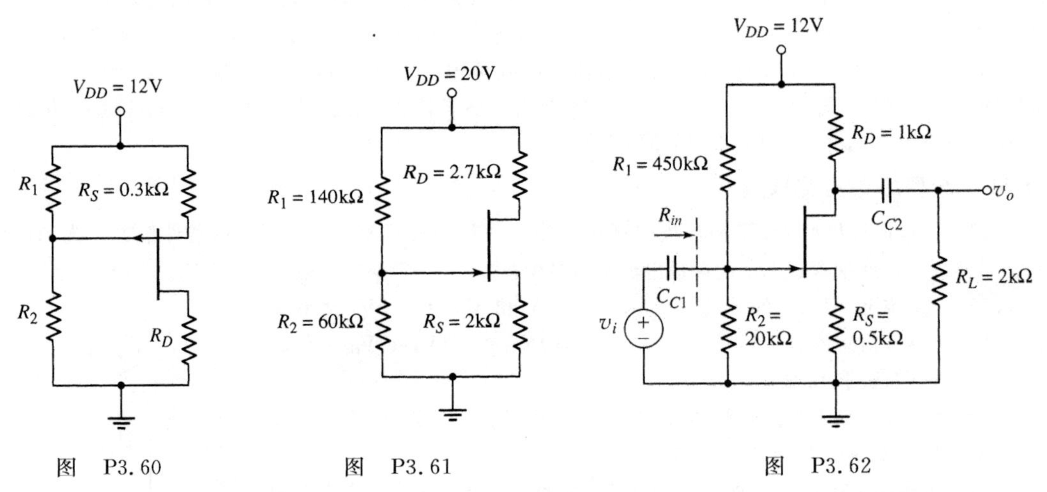

图 P3.60　　图 P3.61　　图 P3.62

3.63 图 P3.63 所示的电路，其晶体管参数为 $I_{DSS}=4\text{mA}$ 和 $V_P=-3\text{V}$。试设计 R_D 值使 $V_{SD}=|V_P|$，并求 I_D 的值。

3.64 观察图 P3.64 所示的源极跟随器电路，晶体管参数为 $I_{DSS}=2\text{mA}$ 和 $V_P=2\text{V}$。试设计电路使 $I_{DQ}=1\text{mA}$，$V_{SDQ}=10\text{V}$，通过 R_1 和 R_2 的电流为 0.1mA。

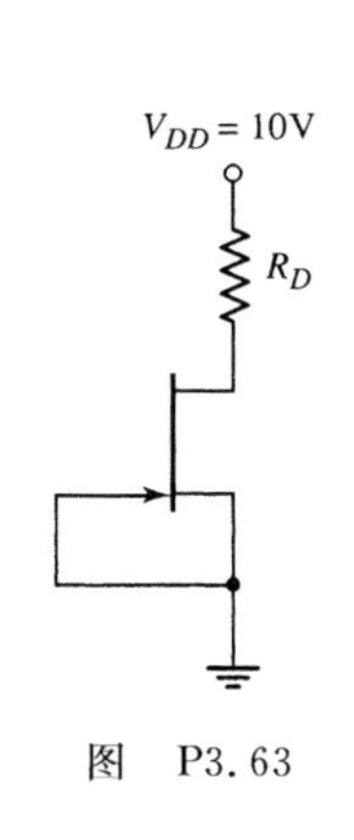

图　P3.63

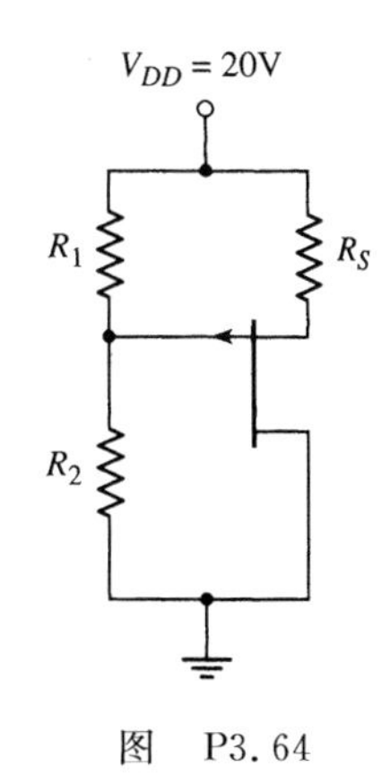

图　P3.64

3.65　图 P3.65 所示电路中的 GaAs MESFET 参数为 $k=250\mu A/V^2$ 和 $V_{TN}=0.20V$。令 $R_1+R_2=150k\Omega$。试设计电路使 $I_D=40\mu A$ 和 $V_{DS}=2V$。

3.66　图 P3.66 所示的电路，GaAs MESFET 的阈值电压 $V_{TN}=0.15V$。令 $R_D=50k\Omega$。要求 $V_I=0.75V$ 时 $V_O=0.70V$，试求需要的传导参数值。

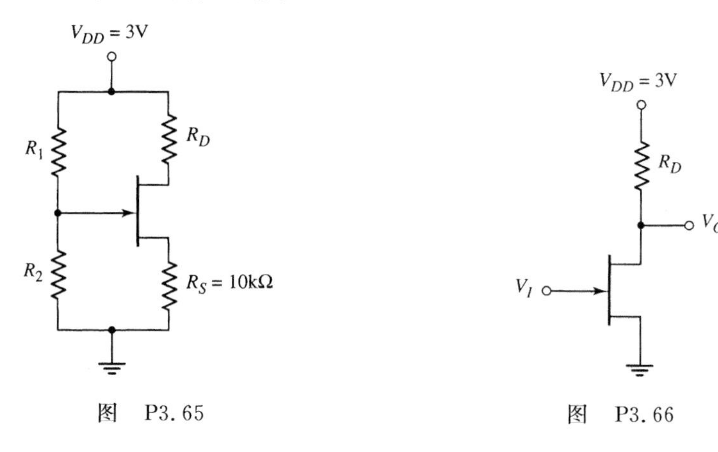

图　P3.65　　　图　P3.66

计算机仿真题

3.67　生成 $T=300K$ 时 N 沟道增强型硅 MOSFET 的 i_D 相对于 v_{DS} 的特性曲线，限定 $v_{DS}(\max)=10V$ 和 $v_{GS}(\max)=10V$。对于(a) $W/L=4,\lambda=0$；(b) $W/L=40,\lambda=0$；(c) $W/L=4,\lambda=0.02V^{-1}$，试画出其特性曲线。

3.68　观察图 3.41 所示的带增强型负载的 NMOS 电路。假设 M_L 的宽、长之比 $W/L=1$。当 M_D 的宽、长之比为(a) $W/L=12$，(b) $W/L=9$，(c) $W/L=16$ 时，用计算机仿真画出 V_O 相对于 V_I 的电压传输特性。考虑忽略衬底的基体效应时的情况和包含基体效应时的情况。

3.69　观察图 3.45 所示的带耗尽型负载的 NMOS 电路，当晶体管参数和习题 3.68 所列相同时，用计算机仿真画出 V_O 相对于 V_I 的电压传输特性。考虑忽略基体效应时的情况和包含基体效应时的情况。

3.70　(a)联系例题 3.8 的结果，用计算机进行仿真分析。(b)如果 M_3 的宽、长之比加倍，重复分析过程。

3.71　联系例题 3.24 的 JFET 电路设计，用计算机进行仿真分析。

设计题

(注：所有的设计都应该和计算机仿真联系起来。)

*3.72　观察图 3.34 所示结构的分立元件共源电路。电路参数和晶体管的参数为：$V_{DD}=10V$，$R_S=$

0.5kΩ，$R_D=4\text{k}\Omega$，$V_{TN}=2\text{V}$。试设计电路使Q点的标称值在临界点和截止点之间，并求传导参数。流过R_1和R_2的电流应该约为静态漏极电流的十分之几。

*3.73 对于图3.54所示的电路，每个晶体管的阈值电压均为$V_{TN}=1\text{V}$，每个器件的参数$k_n'=40\mu\text{A/V}^2$。如果$R_D=4\text{k}\Omega$，试设计电路使M_1的静态漏-源电压为4V和$I_Q=\left(\frac{1}{2}\right)I_{REF}$。

*3.74 图3.45所示的带耗尽型负载的NMOS电路偏置在$V_{DD}=5\text{V}$。M_D的阈值电压$V_{TND}=0.8\text{V}$，M_L的$V_{TNL}=-2\text{V}$。对于每个器件均有$k_n'=40\mu\text{A/V}^2$。试设计晶体管使$V_I=5\text{V}$时$V_O=0.1\text{V}$，电路的最大损耗功率为1.0mW。

*3.75 图3.41所示电路中负载晶体管M_L的阈值电压为$V_{TNL}=0.8\text{V}$，其他的所有参数均与习题3.74所给的相同。试设计晶体管以满足习题3.74给出的指标要求。

*3.76 观察图3.68(a)所示的JFET共源电路，晶体管夹断电压$V_P=-4\text{V}$，饱和电流的范围为$1\text{mA}\leqslant I_{DSS}\leqslant 2\text{mA}$。试设计电路使Q点的标称值在负载线的中央，并且Q点的值偏离标称值不超过10%。电阻R_S的值可能发生变化，流过R_1和R_2的电流应该约为静态漏极电流的十分之几。可以利用标准容差为5%的电阻。

第4章

基本 FET 放大器

第 3 章阐述了 FET,尤其是 MOSFET 的组成结构和工作原理,并分析和设计了由这些器件组成的电路。本章将着重讲述 FET 在线性放大器中的应用。线性放大器意味着所处理的信号绝大部分为模拟信号。模拟信号是相对于时间连续变化并有一定幅度的量。虽然 MOSFET 器件主要应用在数字电路中,但在线性放大器电路中也会用到它们。

本章内容

- 研究用单级晶体管电路放大时变小信号的过程。并引出在线性放大器电路分析中采用的小信号晶体管模型。
- 讨论三种基本的晶体管放大器的电路结构。
- 分析共源放大器,并熟悉此类电路的一般特性。
- 分析源极跟随器,并熟悉此类电路的一般特性。
- 分析共栅放大器,并熟悉此类电路的一般特性。
- 比较三种组态的放大器电路的一般特性。
- 分析作为集成电路基础的全 MOS 晶体管电路。
- 分析多晶体管或多级放大器电路,并了解这些电路与单级晶体管电路相比的优势。
- 介绍 JFET 器件的小信号模型并分析 JFET 基本放大电路。
- 组合 MOS 晶体管进行两级放大器电路的设计。

4.1 MOSFET 放大器

本节内容:研究单级晶体管电路放大时变小信号的过程,并引出在线性放大器电路分析中采用的晶体管小信号模型。

本章主要讨论**信号**、**模拟电路**和**放大器**。所谓信号,则包含着某种信息。例如,声波是从说话者发出,它包含着一个人传达给另一个人的信息,这里的声波就是一个模拟信号。本章的讨论只考虑模拟电子信号,此类电子信号则以时变电流和时变电压的信号形式出现。

模拟信号的量可以是任意一个随时间连续变化的一定幅度的值。产生模拟信号的电路称为模拟电路。线性放大器就是模拟电路的一个例子。**线性放大器**放大输入信号并产生输出信号，产生的输出信号大于输入信号并和输入信号直接成比例。

本章将采用场效应晶体管作为放大器件来分析和设计线性放大器电路。**小信号**这个词意味着可以把交流等效电路线性化。本章将定义 MOSFET 电路中小信号的意义。线性放大器则意味着可以应用叠加原理，把电路的直流分析和交流分析分开来进行，电路总的响应就是两部分响应之和。

有关 MOSFET 电路放大时变小信号的原理，在第 3 章已经作了介绍。本节将利用图解法、直流负载线以及交流负载线来展开讨论。在此过程中，将引出线性电路和相应的等效电路中的各种小信号参数。

4.1.1 图解分析法、负载线和小信号参数

图 4.1 所示为 NMOS 共源放大电路，电路中时变电压源和直流电压源相串联，并假设时变输入信号为正弦信号。图 4.2 所示则为 NMOS 晶体管的特性曲线、直流负载线和 Q 点。这里的直流负载线和 Q 点都是 v_{GS}、V_{DD}、R_D 以及 NMOS 晶体管参数的函数。为了使输出电压成为输入电压的函数，必须使 NMOS 晶体管偏置在饱和区。（注意，虽然在讨论过程中，主要针对的是 N 沟道增强型 MOSFET，但类似的结果也同样适用于其他的 MOSFET。）

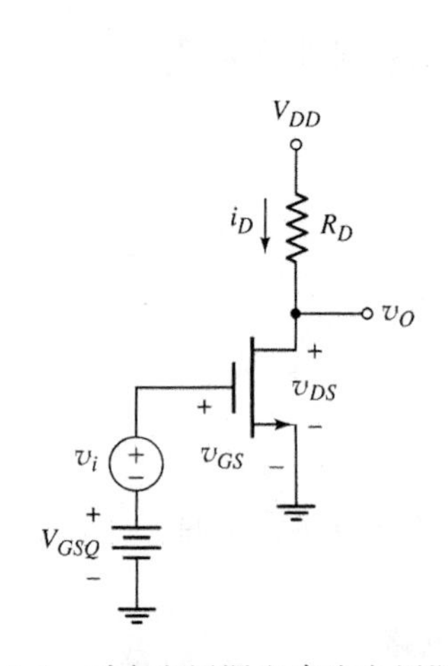

图 4.1 时变电压源和直流电压源相串联的 NMOS 共源放大电路

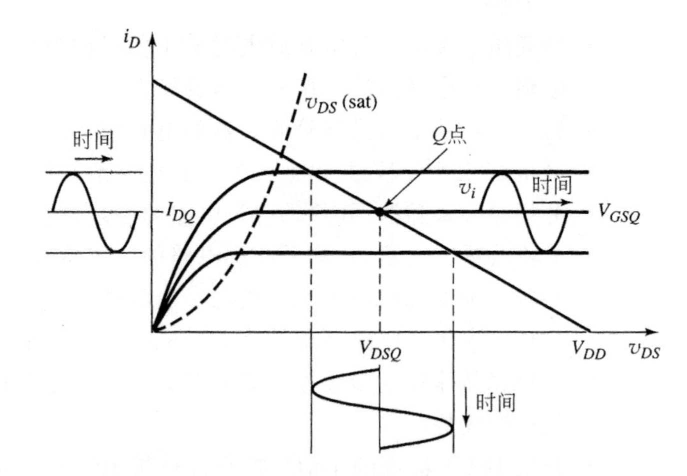

图 4.2 共源电路 NMOS 晶体管特性曲线、直流负载线和栅-源电压、漏-源电压以及漏极电流的正弦变化

在图 4.2 中还显示了由正弦电压源 v_i 所产生的栅-源电压、漏极电流以及漏-源电压的正弦变化。总的栅-源电压是 V_{GSQ} 和 v_i 之和。随着 v_i 增加，v_{GS} 的瞬时值也增加，且偏置点沿着负载线上移。v_{GS} 值大则意味着漏极电流值大和 v_{DS} 值小。对于负的 v_i（正弦波的负半部分），v_{GS} 的瞬时值下降到静态值以下，且偏置点沿着负载线下移。v_{GS} 值变小则意味着产生变小的漏极电流和变大的 v_{DS} 值。一旦确定了 Q 点，就可以对正弦信号（小信号）和栅-源电压、漏-源电压以及漏极电流的变化，建立一个数学模型。

图 4.1 中所示的时变信号源 v_i 构成栅-源电压的时变成分。在此情况下，$v_{gs}=v_i$，这里的 v_{gs} 即为栅-源电压的时变成分。为了使 FET 作为线性放大器工作，晶体管必须偏置在饱

和区，瞬时的漏极电流和漏-源电压也必须都处于饱和区。

只要放大器工作在线性状态，当放大器的输入端施加对称的正弦信号时，在输出端也将产生对称的正弦输出信号。可以利用负载线来确定输出对称振幅正弦信号的最大值。如果输出正弦信号超过了这个最大值，则超过的部分将被截掉，于是就产生了信号的失真。

在 FET 放大器电路中，输出信号必须避免被截断($i_D=0$)，因而必须要保证 FET 器件工作在饱和区($v_{DS}>v_{DS}(\text{sat})$)。这时输出信号的最大值范围可由图 4.2 中的负载线来确定。

晶体管参数

本章以下的内容将涉及到时变信号以及直流电流和直流电压。表 4.1 则对将要用到的符号作了总结，这些符号在序言中已经作了介绍，但为了方便起见在这里将它们再次一一列出。小写字母带大写的下标如 i_D 或 v_{GS}，表示总的瞬时值；大写字母带大写下标如 I_D 或 V_{GS}，表示直流值；小写字母带小写的下标如 i_d 或 v_{gs}，表示交流信号瞬时值；最后，大写字母带小写的下标如 I_d 或 V_{gs}，则表示相量值。相量符号也在序言里作了交代，它在第 7 章讨论频率响应时将变得尤其重要。然而，为了适应全面的交流分析，在本章中也将要使用到相量符号。

表 4.1 符号意义汇总

变　量	含　义
i_D，v_{GS}	总的瞬时值
I_D，V_{GS}	直流值
i_d，v_{gs}	瞬时交流值
I_d，V_{gs}	相量值

由图 4.1 可以看出栅-源瞬时电压为

$$v_{GS}=V_{GSQ}+v_i=V_{GSQ}+v_{gs} \tag{4.1}$$

式中 V_{GSQ} 为直流分量，v_{gs} 为交流分量。漏极瞬时电流为

$$i_D=K_n(v_{GS}-V_{TN})^2 \tag{4.2}$$

将式(4.1)代入式(4.2)可得

$$i_D=K_n[V_{GSQ}+v_{gs}-V_{TN}]^2=K_n[(V_{GSQ}-V_{TN})+v_{gs}]^2 \tag{4.3(a)}$$

即

$$i_D=K_n(V_{GSQ}-V_{TN})^2+2K_n(V_{GSQ}-V_{TN})v_{gs}+K_nv_{gs}^2 \tag{4.3(b)}$$

式(4.3(b))中的第一项为直流或静态漏极电流 I_{DQ}，第二项为时变漏极电流分量且相对于 v_{gs} 是线性的，第三项与信号交流分量电压的平方成比例。对于正弦输入信号，平方项会产生不希望有的谐波，或导致输出电压产生非线性失真。为了将这种谐波减到最小，则需要

$$v_{gs}\ll 2(V_{GSQ}-V_{TN}) \tag{4.4}$$

这样式(4.3(b))中的第三项将远远小于第二项。式(4.4)表示了必须满足**线性放大器的小信号条件**。

忽略 v_{gs}^2 项，式(4.3(b))可以写为

$$i_D=I_{DQ}+i_d \tag{4.5}$$

同样，小信号也意味着是线性的，所以总电流可以分解为直流分量和交流分量之和。漏极电流的交流分量由下式给出，即

$$i_d=2K_n(V_{GSQ}-V_{TN})v_{gs} \tag{4.6}$$

小信号漏极电流通过跨导 g_m 和小信号栅-源电压发生联系，三者之间的关系为

$$g_m=\frac{i_d}{v_{gs}}=2K_n(V_{GSQ}-V_{TN}) \tag{4.7}$$

跨导是把输出电流和输入电压联系起来的一个传输系数，也可以认为它代表着晶体管的增益。

跨导也可以通过导数求得，即

$$g_m = \left.\frac{\partial i_D}{\partial v_{GS}}\right|_{v_{GS}=V_{GSQ}=\text{恒值}} = 2K_n(V_{GSQ} - V_{TN}) \tag{4.8(a)}$$

还可以写为

$$g_m = 2\sqrt{K_n I_{DQ}} \tag{4.8(b)}$$

偏置在饱和区的晶体管的漏极电流相对于栅-源电压变化的关系式和关系曲线分别由式(4.2)和图4.3给出。在图4.3中，跨导 g_m 为曲线的斜率。如果时变信号 v_{gs} 足够小，则跨导 g_m 为常数。Q点在饱和区时，晶体管可看作一个受 v_{gs} 控制的线性电流源。如果Q点进入非饱和区，则晶体管不可看作线性受控电流源。

如式(4.8(a))所示，跨导和传导参数 K_n 直接成比例，而 K_n 又是宽、长比值的函数。因而可以通过增加晶体管的宽度来增大晶体管跨导即晶体管增益。

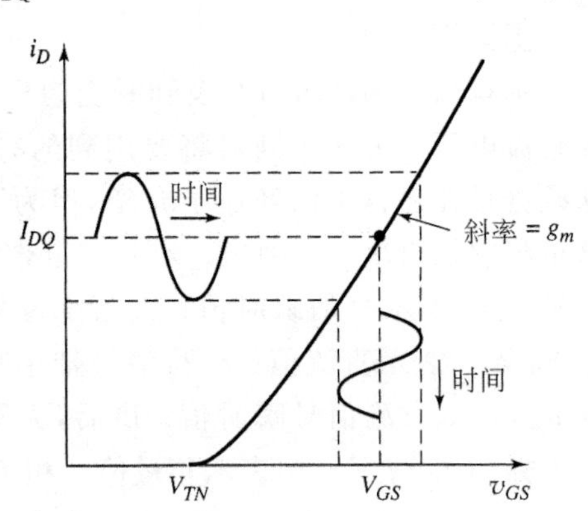

图 4.3 漏极电流相对于栅-源电压的关系曲线和叠加的正弦信号

【例题 4.1】

目的：计算N沟道MOSFET的跨导。

已知参数为 $V_{TN}=1\text{V}$，$\left(\frac{1}{2}\right)\mu_n C_{ox}=20\mu\text{A/V}^2$，$W/L=40$ 的MOSFET，并假设其漏极电流 $I_D=1\text{mA}$。

解：传导参数为

$$K_n = \left(\frac{1}{2}\mu_n C_{ox}\right)\left(\frac{W}{L}\right) = (20)(40)\mu\text{A/V}^2 \Rightarrow 0.80\text{mA/V}^2$$

假设晶体管偏置在饱和区，跨导可由式(4.8(b))给出，即

$$g_m = 2\sqrt{K_n I_{DQ}} = 2\sqrt{(0.8)(1)} = 1.79\text{mA/V}$$

点评：双极型晶体管(BJT)的跨导为 $g_m = I_{CQ}/V_T$，例如相对于1mA的集电极电流，g_m 的值为38.5mA/V。由此可见MOSFET的跨导值与BJT相比是较小的。然而，MOSFET的优势在于具有较高的输入阻抗、较小的尺寸以及较低的功耗。

练习题

【练习题 4.1】 对于偏置在饱和区的N沟道MOSFET，其参数为 $K_n=0.5\text{mA/V}^2$，$V_{TN}=0.8\text{V}$，$\lambda=0.01\text{V}^{-1}$，$I_{DQ}=0.75\text{mA}$。试求 g_m 和 r_o。（答案：$g_m=1.22\text{mA/V}$，$r_o=133\text{k}\Omega$）

交流(AC)等效电路

由图4.1可以看出，输出电压为

$$v_{DS} = v_O = V_{DD} - i_D R_D \tag{4.9}$$

应用式(4.5)可得

$$v_O = V_{DD} - (I_{DQ} + i_d)R_D = (V_{DD} - I_{DQ}R_D) - i_dR_D \tag{4.10}$$

输出电压也是直流值和交流值的组合。时变输出信号则为时变漏-源电压，即

$$v_o = v_{ds} = -i_dR_D \tag{4.11}$$

同样，由式(4.6)和式(4.7)可得

$$i_d = g_m v_{gs} \tag{4.12}$$

总的来说，在图 4.1 所示的电路中，时变信号之间的相等关系，可以由交流瞬时值和交流相量来表示，即

$$v_{gs} = v_i \tag{4.13(a)}$$

即

$$V_{gs} = V_i \tag{4.13(b)}$$

和

$$i_d = g_m v_{gs} \tag{4.14(a)}$$

即

$$I_d = g_m V_{gs} \tag{4.14(b)}$$

同样

$$v_{ds} = -i_dR_D \tag{4.15(a)}$$

即

$$V_{ds} = -I_dR_D \tag{4.15(b)}$$

通过将图 4.1 所示电路中的直流电源置零，可以得到图 4.4 所示的交流等效电路。小信号之间的关系由式(4.13)、式(4.14)和式(4.15)给出。正如图 4.1 所示，流过电压源 V_{DD} 的漏极电流为静态值上叠加一个交流信号。因为假设电压源两端的电压为恒定值，所以正弦电流并没有在这个元件两端产生正弦的电压成分，因而其等效的交流阻抗为零，或者说短路。因此，在交流等效电路中直流电压源为零，所以把连接 R_D 和 V_{DD} 的节点称为信号地端。

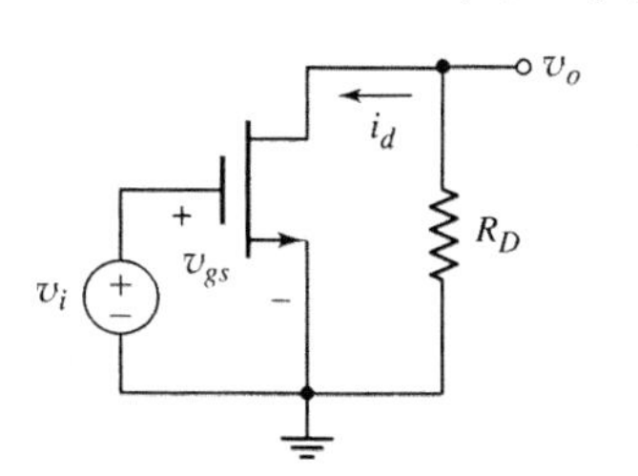

图 4.4　NMOS 晶体管共源放大器的交流等效电路

4.1.2　小信号等效电路

既然得出了如图 4.4 所示的 NMOS 放大器电路的交流等效电路，就必须研究晶体管的小信号等效电路。

首先假设信号频率足够低以至栅极的任何电容都可以忽略，这样栅极输入端近似为开路，即近似为一个无穷大的电阻。式(4.14)给出了漏极电流和小信号输入电压之间的关系，而式(4.7)则表明跨导 g_m 为 Q 点参数值的函数。因而，NMOS 器件简化的小信号等效电路如图 4.5 所示。(圆括号中为相量形式。)

这种小信号等效电路也可以扩展为 MOSFET 偏置在饱和区时有限的输出电阻的情况。这种效应是由 i_D 相对于 v_{DS} 的关系曲线的非零斜率所引起的，具体内容将在下一章进行讨论。

已知

$$i_D = K_n[(v_{GS} - V_{TN})^2(1 + \lambda v_{DS})] \tag{4.16}$$

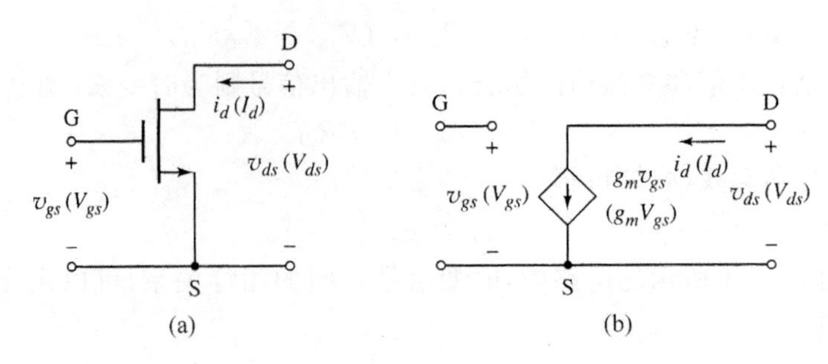

图 4.5

(a) 共源 NMOS 晶体管及其小信号参数；(b) NMOS 晶体管简化的小信号等效电路

式中 λ 为沟道长度调制参数且为正值。如前面所定义的，小信号输出电阻为

$$r_o = \left(\frac{\partial i_D}{\partial v_{DS}}\right)^{-1}\Bigg|_{v_{GS}=V_{GSQ}=\text{常数}} \tag{4.17}$$

即

$$r_o = [\lambda K_n(V_{GSQ} - V_{TN})^2]^{-1} \approx (\lambda I_{DQ})^{-1} \tag{4.18}$$

由此可见，这种小信号输出电阻也是 Q 点参数的函数。

N 沟道 MOSFET 用相量符号表示的、扩展的小信号等效电路如图 4.6 所示。注意这种等效电路为一个跨导式放大器，其输入信号为电压，输出信号为电流。把这种等效电路带入到图 4.4 所示的交流等效电路中，可以得到如图 4.7 所示的等效电路。

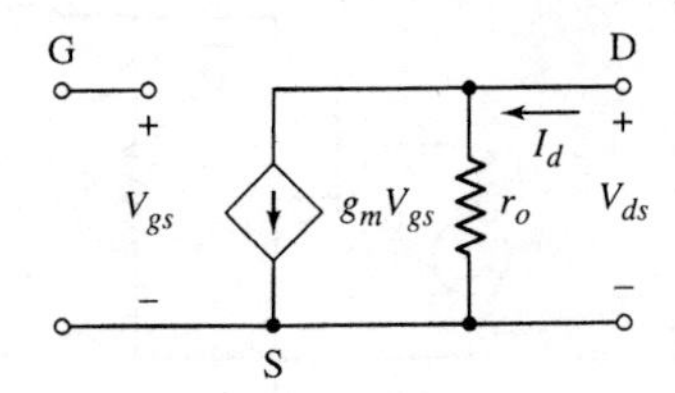

图 4.6 含有输出电阻的 NMOS 晶体管扩展小信号等效电路

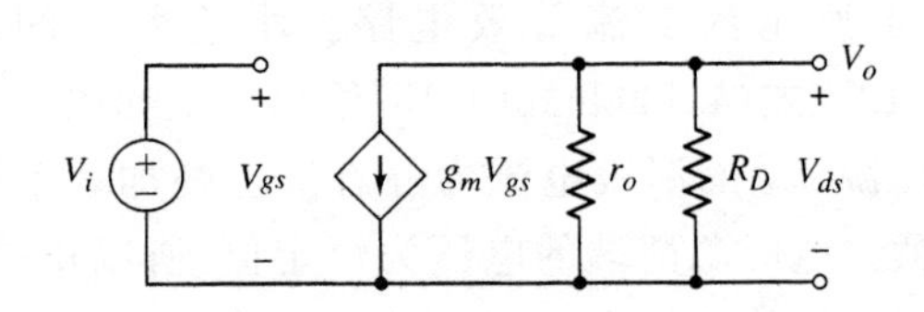

图 4.7 带 NMOS 晶体管模型的共源电路的小信号等效电路

【例题 4.2】

目的：求解 MOSFET 电路的小信号电压增益。

已知如图 4.1 所示的电路，假设其参数为 $V_{GSQ}=2.12\text{V}$，$V_{DD}=5\text{V}$，$R_D=2.5\text{k}\Omega$；晶体管的参数为 $V_{TN}=1\text{V}$，$K_n=0.80\text{mA/V}^2$ 和 $\lambda=0.02\text{V}^{-1}$。并且假设晶体管偏置在饱和区。

解：静态值为

$$I_{DQ} \approx K_n(V_{GSQ} - V_{TN})^2 = (0.8)(2.12-1)^2 = 1.0\text{mA}$$

和

$$V_{DSQ} = V_{DD} - I_{DQ}R_D = 5 - (1)(2.5) = 2.5\text{V}$$

因而

$$V_{DSQ} = 2.5\text{V} > V_{DS}(\text{sat}) = V_{GS} - V_{TN} = 1.82 - 1 = 0.82\text{V}$$

这意味着正如前面所假设的，晶体管偏置在饱和区，这也正是线性放大器所需要的。跨导为

$$g_m = 2K_n(V_{GSQ} - V_{TN}) = 2(0.8)(2.12-1) = 1.79\text{mA/V}$$

输出电阻为

$$r_o = (\lambda I_{DQ})^{-1} = [(0.02)(1)]^{-1} = 50\text{k}\Omega$$

由图 4.7 得出输出电压为

$$V_o = -g_m V_{gs}(r_o \parallel R_D)$$

因为 $V_{gs} = V_i$，所以小信号电压增益为

$$A_v = \frac{V_o}{V_i} = -g_m(r_o \parallel R_d) = -(1.79)(50 \parallel 2.5) = -4.26$$

点评：由于跨导值相对较小，所以 MOSFET 电路的小信号电压增益也相对较小。注意到小信号电压增益包含了一个负号，这说明正弦输出电压与输入信号相比相位相差 180°。

练习题

【练习题 4.2】 对于图 4.1 所示的电路，$V_{DD}=10\text{V}$，$R_D=10\text{k}\Omega$。晶体管参数为 $V_{TN}=2\text{V}$，$K_n=0.5\text{mA/V}^2$ 和 $\lambda=0$。假设晶体管偏置在 $I_{DQ}=0.4\text{mA}$。试求小信号电压增益。(答案：$A_v=-8.94$)

解题技巧：MOSFET 交流(AC)分析

由于此类电路的分析涉及到线性放大器及叠加定理的应用，这说明可以分别进行直流分析和交流分析。所以 MOSFET 放大器的分析过程如下：

1. 分析电路中只存在直流电压源的情形。这种方法为直流分析法或静态分析法。此时晶体管必须偏置在饱和区才能成为线性放大器。

2. 把电路中每个电路元件都用其小信号模型代替，这就意味着要用晶体管小信号等效电路来代替晶体管。

3. 分析小信号等效电路，把直流电压源分量置零，产生只有时变输入信号的电路响应。

前面的讨论是针对 N 沟道 MOSFET 放大器进行的。类似的基本分析和等效电路也适用于 P 沟道晶体管。图 4.8(a)所示为包含 P 沟道 MOSFET 的电路。注意电源电压 V_{DD} 和晶体管源极相连。(角标 DD 表明电源是与漏极相连的。但是，在这里 V_{DD} 只是 MOSFET 电路中的一个常规的电源电压符号。)也要注意电流方向和电压极性与 NMOS 晶体管电路的区别。图 4.8(b)所示为交流等效电路，其中直流电压源被交流短路所代替，并且图示的所有的电流和电压都是时变成分。

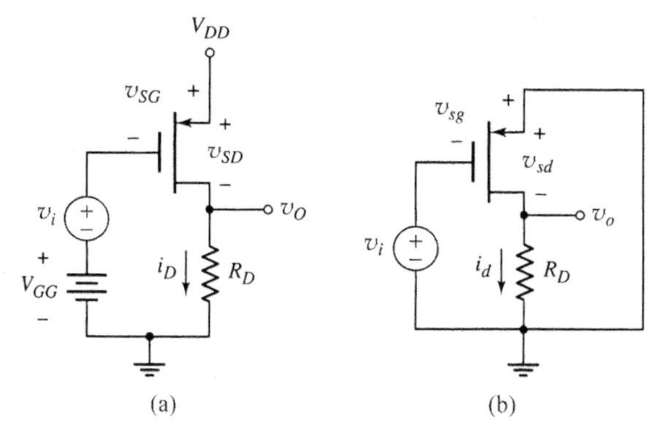

图 4.8

(a) PMOS 晶体管共源电路；(b) 相应的交流等效电路

在图4.8(b)所示的电路中，晶体管可以用图4.9所示的等效电路代替。除了所有的电流方向和电压极性相反外，P沟道MOSFET的等效电路和N沟道器件的情况相同。

最终的P沟道MOSFET放大器小信号等效电路如图4.10所示。输出电压为

$$V_o = g_m V_{sg}(r_o \parallel R_D) \tag{4.19}$$

用输入信号电压的形式给出控制电压 V_{sg} 为

$$V_{sg} = -V_i \tag{4.20}$$

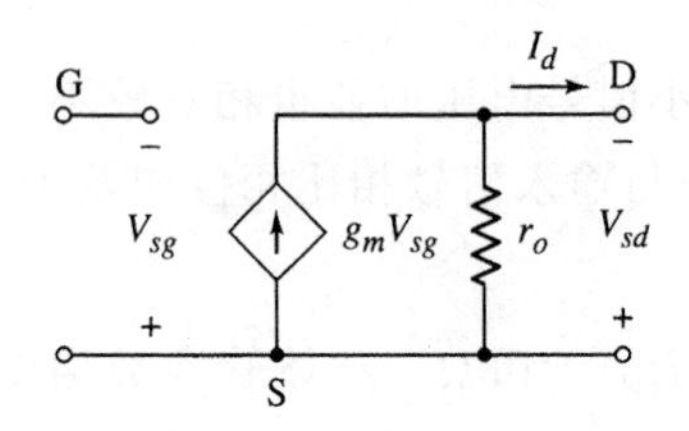

图4.9 PMOS晶体管的小信号等效电路

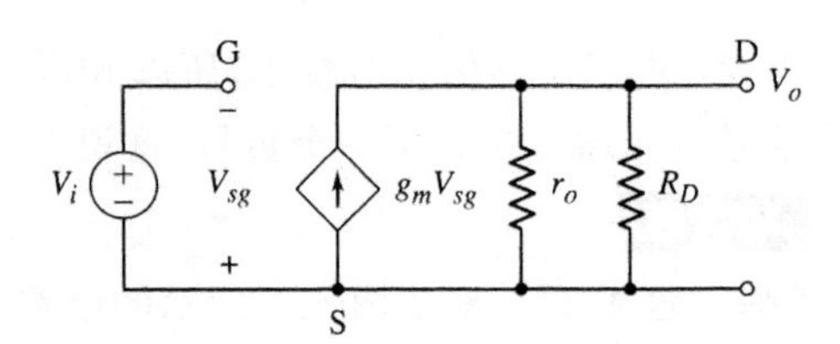

图4.10 PMOS共源放大器的小信号等效电路

小信号电压增益为

$$A_v = \frac{V_o}{V_i} = -g_m(r_o \parallel R_D) \tag{4.21}$$

P沟道MOSFET放大器的小信号电压增益的这种表示形式与N沟道MOSFET放大器的情况完全相同。负号表明在输出信号和输入信号之间存在180°相位差，这对PMOS电路和NMOS电路都一样。

可能会注意到，如果小信号栅-源电压的极性相反，则小信号漏极电流的方向也相反，并且PMOS器件的小信号等效电路和NMOS器件的情况完全一样。图4.11给出了这种极性变化的情况。图4.11(a)所示为PMOS晶体管常规的电压极性和电流方向。如果控制电压极性相反，如图4.11(b)所示，则受控制的电流方向也相反。图4.11(b)所示的等效电路和NMOS晶体管的情况相同。然而，设计者更喜欢用图4.9所示的小信号等效电路来使PMOS晶体管的电压极性和电流方向一致。

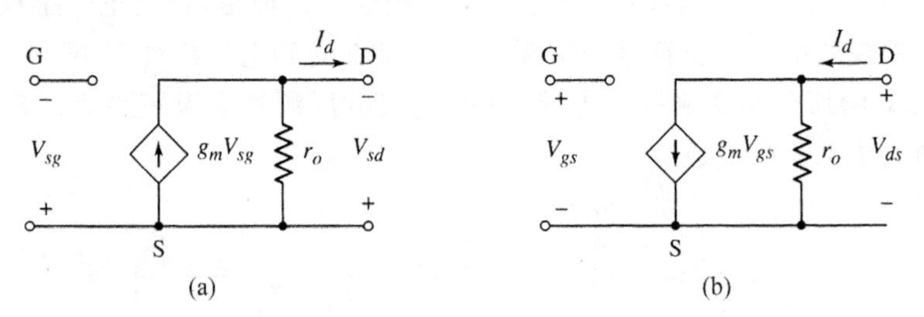

图4.11 P沟道MOSFET的小信号等效电路

(a) 常规的电压极性和电流方向；(b) 电压极性和电流方向相反的情况

4.1.3 考虑基体效应的模型

正如第3章3.1.9小节中所分析的，衬底的基体效应发生在MOSFET的衬底或称基体不和源极相连的情况。对于NMOS器件，衬底和电路中最负的电位相连以使其处于信号地端。图4.12(a)所示为带直流电压的四端MOSFET，而图4.12(b)所示为该器件施加交

流电压的情况。牢记 v_{SB} 必须大于或等于零。简化的电流-电压关系为

$$i_D = K_n(v_{GS} - V_{TN})^2 \tag{4.22}$$

阈值电压为

$$V_{TN} = V_{TNO} + \gamma(\sqrt{2\phi_f + v_{SB}} - \sqrt{2\phi_f}) \tag{4.23}$$

如果在源极到衬底之间的电压 v_{SB} 上存在交流分量，那么阈值电压也将会包含交流分量，于是将导致在漏极电流上产生交流分量。因而，可以定义一个背栅极跨导为

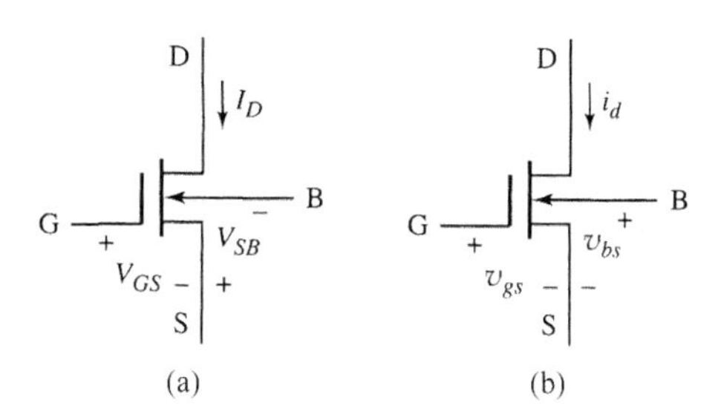

图 4.12 四端 NMOS 器件

(a) 直流电压的情况；(b) 交流电压的情况

$$g_{mb} = \left.\frac{\partial i_D}{\partial v_{BS}}\right|_{Q-pt} = \left.\frac{-\partial i_D}{\partial v_{SB}}\right|_{Q-pt} = -\left.\left(\frac{\partial i_D}{\partial V_{TN}}\right)\left(\frac{\partial V_{TN}}{\partial v_{SB}}\right)\right|_{Q-pt} \tag{4.24}$$

应用式(4.22)可得

$$\frac{\partial i_D}{\partial V_{TN}} = -2K_n(v_{GS} - V_{TN}) = -g_m \tag{4.25(a)}$$

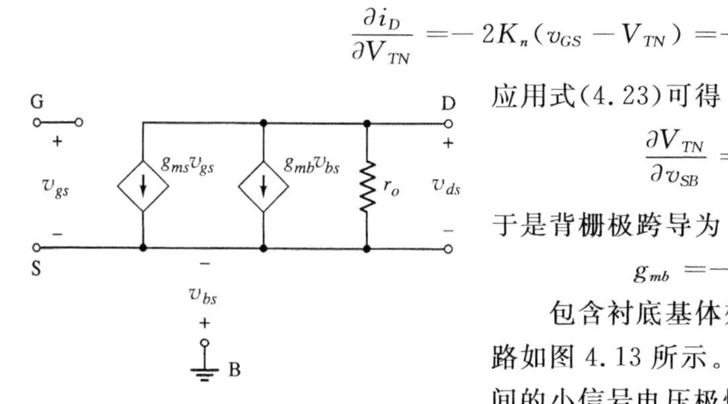

图 4.13 考虑基体效应的 NMOS 器件的小信号等效电路

应用式(4.23)可得

$$\frac{\partial V_{TN}}{\partial v_{SB}} = \frac{\gamma}{2\sqrt{2\phi_f + v_{SB}}} \stackrel{\text{def}}{=} \eta \tag{4.25(b)}$$

于是背栅极跨导为

$$g_{mb} = -(-g_m)\cdot(\eta) = g_m\eta \tag{4.26}$$

包含衬底基体效应的 MOSFET 小信号等效电路如图 4.13 所示。注意电流方向和源极和衬底之间的小信号电压极性。如果 $v_{bs}>0$，则 v_{SB} 减小，V_{TN} 减小和 i_D 增加。从而电流方向和电压极性是一致的。

对于 $\phi_f=0.35\text{V}$ 和 $\gamma=0.35\text{V}^{1/2}$，由式(4.25(b))得 η 的值为 $\eta\approx0.23$。因而 η 将在 $0\leqslant\eta\leqslant0.23$ 范围之内。v_{bs} 的值取决于具体的电路。

通常，在人工分析和设计中忽略 g_{mb} 项，但是在 PSpice 分析中将考虑衬底的基体效应。

理解测试题

【测试题 4.1】 N 沟道 MOSFET 的参数为 $V_{TN}=1\text{V}$，$\frac{1}{2}\mu_n C_{ox}=18\mu\text{A/V}^2$，且 $\lambda=0.015\text{V}^{-1}$。晶体管偏置在饱和区，$I_{DQ}=2\text{mA}$。试设计晶体管宽、长之比使跨导为 $g_m=3.4\text{mA/V}$。并计算在此条件下的 r_o。(答案：$W/L=80.6$，$r_o=33.3\text{k}\Omega$)

【测试题 4.2】 对于图 4.1 所示的电路，$V_{DD}=10\text{V}$，$R_D=10\text{k}\Omega$。晶体管参数为 $V_{TN}=2\text{V}$，$K_n=0.5\text{mA/V}^2$ 和 $\lambda=0$。(a)试求使 $I_{DQ}=0.4\text{mA}$ 的 V_{GSQ}，并求 V_{DSQ}。(b)试计算 g_m 和 r_o，并求小信号电压增益。(c)如果 $v_i=0.4\sin\omega t$，试求 v_{ds}，试问晶体管是否保持在饱和区？(答案：(a) $V_{GSQ}=2.89\text{V}$，$V_{DSQ}=6\text{V}$；(b) $g_m=0.89\text{mA/V}$，$r_o=\infty$，$A_v=-8.9$；(c) $v_{ds}=-3.56\sin\omega t$，是)

【测试题 4.3】 图 4.1 所示电路的参数为 $V_{DD}=5\text{V}$，$R_D=5\text{k}\Omega$，$V_{GSQ}=2\text{V}$。晶体管参数为

$K_n=0.25\text{mA/V}^2$，$V_{TN}=0.8\text{V}$ 和 $\lambda=0$。(a)试计算静态值 I_{DQ} 和 V_{DSQ}。(b)试计算跨导 g_m。(c)试求小信号电压增益 $A_v=v_o/v_i$。(答案：(a) $I_{DQ}=0.36\text{mA}$，$V_{DSQ}=3.2\text{V}$；(b) $g_m=0.6\text{mA/V}$，$r_o=\infty$；(c) $A_v=-3.0$)

【测试题 4.4】 对于图 4.1 所示的电路，电路参数和晶体管参数和测试题 4.3 所给的相同。如果 $v_i=0.1\sin\omega t\text{V}$，试求 i_D 和 v_{DS}。(答案：$i_D=(0.36+0.06\sin\omega t)\text{mA}$，$v_{DS}=(3.2-0.3\sin\omega t)\text{V}$)

【测试题 4.5】 图 4.8 所示电路的参数为 $V_{DD}=12\text{V}$，$R_D=6\text{k}\Omega$，晶体管参数为 $V_{TP}=-1\text{V}$，$K_p=2\text{mA/V}^2$ 和 $\lambda=0$。(a)试求使 $V_{SDQ}=7\text{V}$ 的 V_{SG}。(b)试求 g_m 和 r_o 并计算小信号电压增益。(答案：(a)$V_{SG}=1.65\text{V}$；(b)$g_m=2.6\text{mA/V}$，$r_o=\infty$，$A_v=-15.6$)

【测试题 4.6】 试证明，对于偏置在饱和区的 NMOS 晶体管，漏极电流为 I_{DQ}，那么其跨导可以表示为式(4.8(b))，即

$$g_m=2\sqrt{K_n I_{DQ}}$$

【测试题 4.7】 晶体管具有和练习题 4.1 相同的参数，另外，衬底的基体效应参数为 $\gamma=0.40\text{V}^{1/2}$ 和 $\phi_f=0.35\text{V}$。对于(a)$v_{SB}=1\text{V}$ 和(b)$v_{SB}=3\text{V}$，试求 η 和背栅极跨导 g_{mb} 的值。

4.2 MOSFET 放大器的基本组态

本节内容：讨论 MOSFET 放大器的三种基本组态。

正如前面所述，MOSFET 为三端口器件，用其构成单级晶体管放大器电路可以有三种基本的组态，具体是什么组态将取决于晶体管的哪一个端口用作信号地端。放大器的这三种基本组态分别称为**共源**、**共漏**(**源极跟随器**)和**共栅**电路。

放大器的输入、输出电阻特性在求解负载效应时十分重要。这些参数以及 MOSFET 电路三种基本组态的电压增益将在随后的章节中进行讨论。三种类型放大器的特性将告诉设计者每种放大器适合在什么样的条件下使用。

首先，将着重讨论分立元件 MOSFET 放大器电路的设计，在这种电路中采用电阻偏置。这样做的目的是逐步熟悉基本的 MOSFET 放大器电路的设计方法和它们的特性。在 4.7 节将开始讨论全 MOSFET 电路和电流源偏置的集成电路放大器的设计。这些初期的设计为学习本书第 2 部分更先进的 MOS 放大器电路的设计提供了入门知识。

4.3 共源放大器电路

本节内容：分析共源放大器电路并逐步熟悉这种电路的一般特性。

在这一节将讨论三种基本电路中的第一种——共源放大器电路。将分析一系列共源电路并求解它们的小信号电压增益以及输入、输出阻抗。

4.3.1 基本的共源电路结构

图 4.14 所示电路是用分压器偏置的基本共源电路。可以看出源极处于地电位，因此称为共源。来自信号源的输入信号通过耦合电容 C_C 耦合到晶体管的栅极，耦合电容 C_C 在晶体管和信号源之间提供直流隔离。晶体管由电阻 R_1 和 R_2 建立直流偏置，并且在信号源经电容耦合到放大器时，这种偏置状态不受影响。

如果信号源是频率为 f 的正弦电压信号，则容抗为 $|Z_C|=1/2\pi fC_C$。例如，假设 $C_C=10\mu F$ 和 $f=2kHz$，则容抗的值为

$$|Z_C|=\frac{1}{2\pi fC_C}=\frac{1}{2\pi(2\times10^3)(10\times10^{-6})}\approx8\Omega$$

这样大小的阻抗值通常远小于电容两端的戴维南等效电阻值，因此可以假设此电容对于频率大于2kHz的信号来说基本上相当于短路。在本章也将忽略晶体管中的任何电容效应。

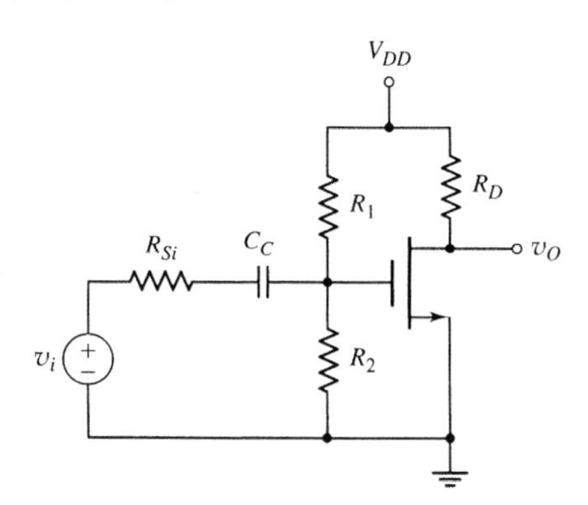

图 4.14 带分压器偏置和耦合电容的共源电路

对于图 4.14 所示的电路，假设晶体管通过电阻 R_1 和 R_2 分压而偏置在饱和区，信号频率足够大，使耦合电容的作用基本为短路。信号源用戴维南等效电路代替，其中电压信号源 v_i 与一个等效的信号源电阻 R_{Si} 相串联。可以看到，为了将负载效应减到最小，R_{Si} 应该远小于放大器的输入电阻 $R_i=R_1\parallel R_2$。

图 4.15 所示为最终的小信号等效电路。小信号变量，譬如输入电压信号 V_i，都是用相量的形式给出。由于源极处于地电位，所以不存在衬底的基体效应。输出电压为

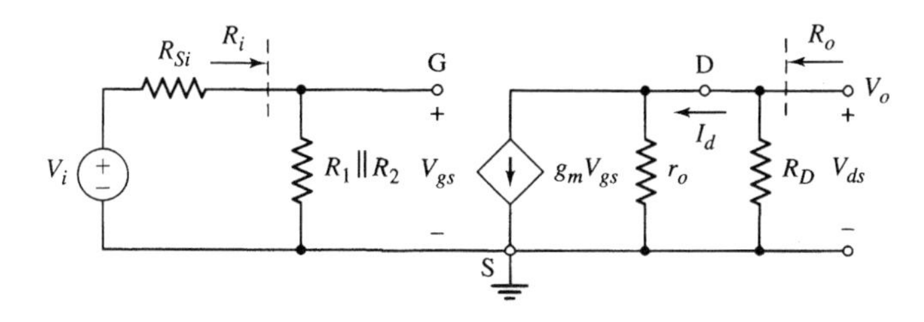

图 4.15 假设耦合电容作用为短路时的小信号等效电路

$$V_o=-g_mV_{gs}(r_o\parallel R_D) \tag{4.27}$$

输入的栅-源电压为

$$V_{gs}=\left(\frac{R_i}{R_i+R_{Si}}\right)V_i \tag{4.28}$$

因此，小信号电压增益为

$$A_v=\frac{V_o}{V_i}=-g_m(r_o\parallel R_D)\cdot\left(\frac{R_i}{R_i+R_{Si}}\right) \tag{4.29}$$

也可以将漏极交流电流和漏-源交流电压联系起来，即 $V_{ds}=-I_dR_D$。

图 4.16 所示为直流负载线、临界点(将饱和区和非饱和区分开)以及 Q 点，其中 Q 点在饱和区。如前所述，为了提供对称的输出电压最大振幅并保持晶体管偏置在饱和区，Q 点必须靠近饱和区的中心。同时，输入信号要足够小以保证放大器工作在线性状态。

由图 4.15 可以确定放大器的输入电阻和输出电阻。放大器的输入电阻为 $R_i=R_1\parallel R_2$。由于从 MOSFET 栅极看进去的低频输入电阻是无穷大的，所以输入电阻只与偏置电阻有关。通过把单独的输入信号源 V_i 置零即令 $V_{gs}=0$，可以求得从输出端看过来的输出电阻。因此输出电阻为 $R_o=R_D\parallel r_o$。

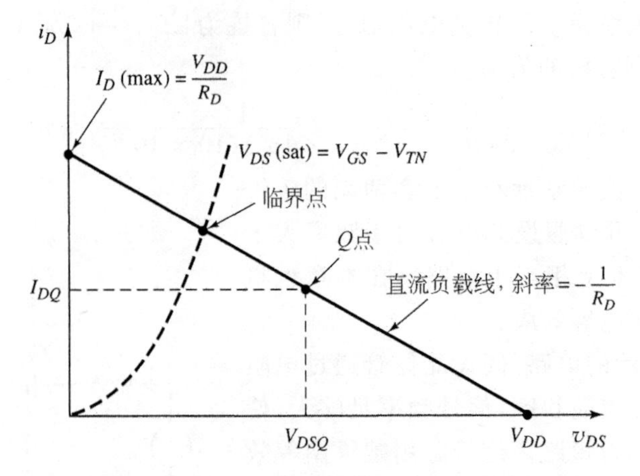

图 4.16 直流负载线和把饱和区和非饱和区隔离开的临界点

【例题 4.3】

目的：求解共源放大器电路的小信号电压增益和输入、输出电阻。

已知如图 4.14 所示的电路，其参数为 $V_{DD}=10\text{V}$，$R_1=70.9\text{k}\Omega$，$R_2=29.1\text{k}\Omega$ 和 $R_D=5\text{k}\Omega$。晶体管参数为 $V_{TN}=1.5\text{V}$，$K_n=0.5\text{mA/V}^2$ 和 $\lambda=0.01\text{V}^{-1}$，假设 $R_{Si}=4\text{k}\Omega$。

解：直流计算 直流即静态栅-源电压为

$$V_{GSQ}=\left(\frac{R_2}{R_1+R_2}\right)(V_{DD})=\left(\frac{29.1}{70.9+29.1}\right)(10)=2.91\text{V}$$

静态漏极电流为

$$I_{DQ}=K_n(V_{GSQ}-V_{TN})^2=(0.5)(2.91-1.5)^2=1\text{mA}$$

静态漏-源电压为

$$V_{DSQ}=V_{DD}-I_{DQ}R_D=10-(1)(5)=5\text{V}$$

因为 $V_{DSQ}>V_{GSQ}-V_{TN}$，所以晶体管偏置在饱和区。

小信号电压增益 小信号跨导 g_m 为

$$g_m=2K_n(V_{GSQ}-V_{TN})=2(0.5)(2.91-1.5)=1.41\text{mA/V}$$

小信号输出电阻 r_o 为

$$r_o\approx(\lambda I_{DQ})^{-1}=[(0.01)(1)]^{-1}=100\text{k}\Omega$$

放大器输入电阻为

$$R_i=R_1\parallel R_2=70.9\parallel 29.1=20.6\text{k}\Omega$$

由图 4.15 和式(4.29)可得小信号电压增益为

$$A_v=-g_m(r_o\parallel R_D)\cdot\left(\frac{R_i}{R_i+R_{Si}}\right)=-(1.41)(100\parallel 5)\left(\frac{20.6}{20.6+4}\right)$$

则

$$A_v=-5.62$$

输入电阻和输出电阻 前面已经计算过，放大器的输入电阻为

$$R_i=R_1\parallel R_2=70.9\parallel 29.1=20.6\text{k}\Omega$$

放大器的输出电阻为

$$R_o=R_D\parallel r_o=5\parallel 100=4.76\text{k}\Omega$$

点评：求得的 Q 点位于负载线的中点但不在饱和区的中心。因而该电路在这种情况下不能获得最大的对称输出电压振幅。

讨论：小信号输入栅-源电压为

$$V_{gs}=\left(\frac{R_i}{R_i+R_{Si}}\right)\cdot V_i=\left(\frac{20.6}{20.6+4}\right)\cdot V_i=0.837V_i$$

因为 R_{Si} 不为零，所以放大器的输入信号 V_{gs} 约为信号源输入电压的84%，这也称为负载效应。尽管晶体管栅极的输入电阻基本为无穷大，但偏置电阻仍然对放大器输入电阻和负载效应产生强烈的影响。当采用电流源偏置时，负载效应将被消除或减到最小。

练习题

【练习题4.3】 图4.14所示电路的参数为 $V_{DD}=5\text{V}$，$R_1=520\text{k}\Omega$，$R_2=320\text{k}\Omega$，$R_D=10\text{k}\Omega$ 和 $R_{Si}=0$。假设晶体管参数为 $V_{TN}=0.8\text{V}$，$K_n=0.20\text{mA/V}^2$ 和 $\lambda=0$。(a)试求小信号晶体管参数 g_m 和 r_o。(b)试求小信号电压增益。(c)试求输入电阻 R_i 和输出电阻 R_o(见图4.15)。(答案：(a)$g_m=0.442\text{mA/V}$，$r_o=\infty$；(b)$A_v=-4.42$；(c)$R_i=198\text{k}\Omega$，$R_o=R_D=10\text{k}\Omega$)

【设计例题4.4】

设计目的：设计MOSFET电路的直流偏置以使 Q 点位于饱和区的中心。并求相应的小信号电压增益。

设计指标：将要设计的电路具有如图4.17所示的结构。令 $R_1\parallel R_2=100\text{k}\Omega$。设计电路使 Q 点的值 $I_{DQ}=2\text{mA}$ 且 Q 点位于饱和区的中心。

器件选择：最终的设计将要用到标准电阻值，可以使用常规参数为 $V_{TN}=1\text{V}$，$k_n'=80\mu\text{A/V}^2$，$W/L=25$ 且 $\lambda=0.015\text{V}^{-1}$ 的晶体管。

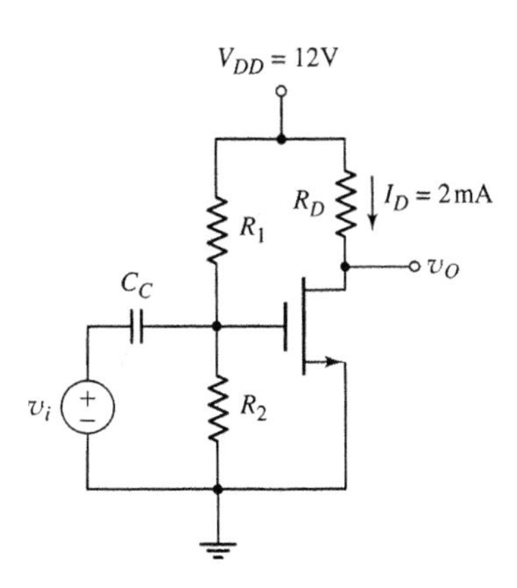

图4.17　共源NMOS晶体管电路

解(直流设计)：负载线和所要求的 Q 点如图4.18所示。如果要使 Q 点在饱和区的中心，则临界点的电流必须为4mA。

传导参数为

$$K_n=\frac{k_n'}{2}\cdot\frac{W}{L}=\left(\frac{0.080}{2}\right)(25)=1\text{mA/V}^2$$

现在可以计算临界点的 $V_{DS}(\text{sat})$。下标 t 表示临界点的值。为了求解 V_{GSt}，可以利用式

$$I_{Dt}=4=K_n(V_{GSt}-V_{TN})^2=1(V_{GSt}-1)^2$$

求得

$$V_{GSt}=3\text{V}$$

因此

$$V_{DS}(\text{sat})=V_{GSt}-V_{TN}=3-1=2\text{V}$$

如果 Q 点在饱和区的中心，则 $V_{DSQ}=7\text{V}$，将得到对称的输出电压峰-峰值为10V。由图4.17可以写出

$$V_{DSQ}=V_{DD}-I_{DQ}R_D$$

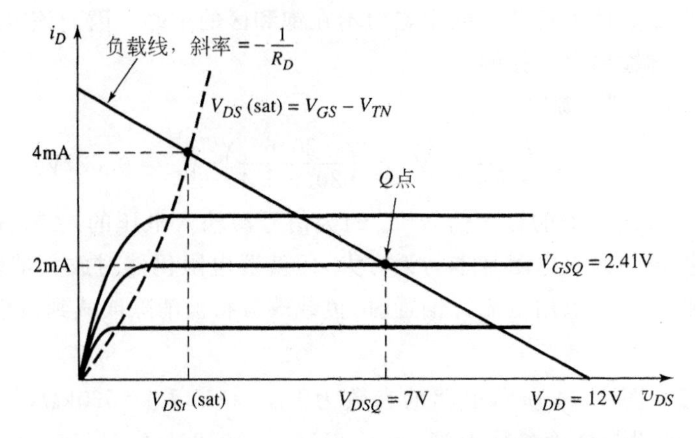

图 4.18　图 4.17 所示 NMOS 电路的直流负载线和临界点

则

$$R_D = \frac{V_{DD} - V_{DSQ}}{I_{DQ}} = \frac{12 - 7}{2} = 2.5\text{k}\Omega$$

可以从电流方程得出所要求的静态栅-源电压为

$$I_{DQ} = 2 = K_n(V_{GSQ} - V_{TN})^2 = (1)(V_{GSQ} - 1)^2$$

即

$$V_{GSQ} = 2.41\text{V}$$

于是

$$V_{GSQ} = 2.41 = \left(\frac{R_2}{R_1 + R_2}\right)(V_{DD}) = \left(\frac{1}{R_1}\right)\left(\frac{R_1 R_2}{R_1 + R_2}\right)(V_{DD})$$

$$= \frac{R_i}{R_1} \cdot V_{DD} = \frac{(100)(12)}{R_1}$$

可得

$$R_1 = 498\text{k}\Omega \quad 和 \quad R_2 = 125\text{k}\Omega$$

解(交流分析)：小信号晶体管参数为

$$g_m = 2\sqrt{K_n I_{DQ}} = 2\sqrt{(1)(2)} = 2.83\text{mA/V}$$

$$r_o = \frac{1}{\lambda I_{DQ}} = \frac{1}{(0.015)(2)} = 33.3\text{k}\Omega$$

小信号等效电路和图 4.7 所示的相同。则小信号电压增益为

$$A_v = \frac{V_o}{V_i} = -g_m(r_o \parallel R_D) = -(2.83)(33.3 \parallel 2.5)$$

则

$$A_v = -6.58$$

综合考虑：与以上计算结果最接近的标准电阻值为 $R_1 = 510\text{k}\Omega$，$R_2 = 130\text{k}\Omega$ 以及 $R_D = 2.4\text{k}\Omega$。选用了这些电阻值后的 Q 点将由下面的分析求得，即

$$V_{GS} = \left(\frac{R_2}{R_1 + R_2}\right) \cdot V_{DD} = \left(\frac{130}{510 + 130}\right)(12) = 2.44\text{V}$$

$$I_{DQ} = K_n(V_{GS} - V_{TN})^2 = (1)(2.44 - 1)^2 = 2.07\text{mA}$$

和

$$V_{DSQ} = V_{DD} - I_{DQ}R_D = 12 - (2.07)(2.4) = 7.03\text{V}$$

临界点则由下式求得为

$$V_{DSt} = V_{GSt} - V_{TN} = V_{DD} - I_{Dt}R_D = V_{DD} - K_n R_D (V_{GSt} - V_{TN})^2$$

即

$$V_{GSt} - 1 = 12 - (1)(2.4)(V_{GSt} - 1)^2$$

可得 $V_{GSt}=3.04\text{V}$。临界点的电流为

$$I_{Dt} = K_n(V_{GSt} - V_{TN})^2 = (1)(3.04 - 1)^2 = 4.16\text{mA}$$

Q 点电流和临界点电流之比为

$$\frac{I_{DQ}}{I_{Dt}} = \frac{2.07}{4.16} = 0.498$$

所以 Q 点在饱和区中心的 0.2%以内，和设计值非常接近。

相应的小信号电压增益为

$$g_m = 2\sqrt{K_n I_{DQ}} = 2\sqrt{(1)(2.07)} = 2.88\text{mA/V}$$

$$r_o = \frac{1}{\lambda I_{DQ}} = \frac{1}{(0.015)(2.07)} = 32.2\text{k}\Omega$$

可得

$$A_v = -g_m(r_o \| R_D) = -(2.88)(32.2 \| 2.4) = -6.43$$

因为电压增益和 R_D 直接相关，所以增益值发生了轻微的变化。

点评： 把 Q 点设置在饱和区的中心可以获得最大对称振幅的输出电压，同时使晶体管保持偏置在饱和区。（见 4.1.1 节的讨论）

电阻的容许误差值和晶体管参数对最终的 Q 点值和电压增益来说也是很重要的。

练习题

【练习题 4.4】 对于图 4.14 所示的电路。假设晶体管参数为 $V_{TN}=0.8\text{V}$，$K_n=0.20\text{mA/V}^2$ 和 $\lambda=0$。令 $V_{DD}=5\text{V}$，$R_i=R_1 \| R_2=200\text{k}\Omega$ 且 $R_{Si}=0$。试设计电路使 $I_{DQ}=0.5\text{mA}$ 且 Q 点位于饱和区的中心。并求小信号电压增益。（答案：$R_D=2.76\text{k}\Omega$，$R_1=420\text{k}\Omega$，$R_2=382\text{k}\Omega$，$A_v=-1.75$）

4.3.2 带源极电阻的共源放大器

相对于晶体管参数的变化，源极电阻 R_S 可以稳定 Q 点（图 4.9）。例如，一个晶体管与另一个晶体管的传导参数值发生变化，如果电路中采用了源极电阻，则 Q 点的变化将不会那么大。然而，在下面的例题中将会看到，源极电阻也会使信号增益减小。

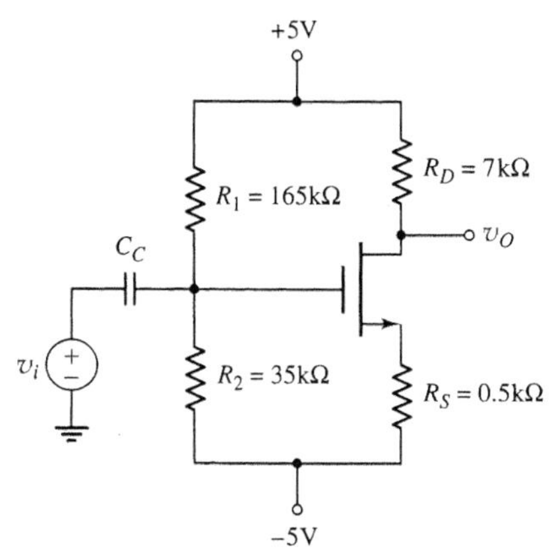

图 4.19 带源极电阻和正负电压源的共源电路

如图 4.19 所示的电路，在这个例题中应考虑衬底的基体效应情况。因为衬底（未画出）通常连接到 −5V 的电源上，使源极和衬底电极处于不同的电位。然而在下面的例题中将忽略这种效应。

【例题 4.5】

目的：求解带源极电阻的共源电路的小信号电压增益。

已知如图 4.19 所示的电路，晶体管参数为 $V_{TN}=0.8\text{V}$，$K_n=1\text{mA/V}^2$ 且 $\lambda=0$。

解：通过对电路的直流分析可以求得 $V_{GSQ}=1.50\text{V}$，$I_{DQ}=0.50\text{mA}$ 和 $V_{DSQ}=6.25\text{V}$。小信号跨导为

$$g_m = 2K_n(V_{GS}-V_{TN}) = 2(1)(1.50-0.8) = 1.4\text{mA/V}$$

小信号输出电阻为

$$r_o \approx (\lambda I_{DQ})^{-1} = \infty$$

图 4.20 所示为相应的小信号等效电路。画小信号等效电路应先画出晶体管的三个电极，在三个电极间画出晶体管等效电路，然后再画出晶体管周围的其他元件。

输出电压为

$$V_o = -g_m V_{gs} R_D$$

写出栅-源回路输入端的 KVL 方程，可得

$$V_i = V_{gs} + (g_m V_{gs})R_S = V_{gs}(1+g_m R_S)$$

即

$$V_{gs} - \frac{V_i}{1+g_m R_S}$$

则小信号电压增益为

$$A_v = \frac{V_o}{V_i} = \frac{-g_m R_D}{1+g_m R_S}$$

图 4.20 带源极电阻的 NMOS 共源放大器小信号等效电路

如果 g_m 较大，则小信号电压增益将约为

$$A_v \approx \frac{-R_D}{R_S}$$

代入适当的参数值可以得到实际的电压增益表达式为

$$A_v = \frac{-(1.4)(7)}{1+(1.4)(0.5)} = -5.76$$

点评：源极电阻会减少小信号电压增益。可是，正如第 3 章所讨论的，在晶体管参数变化时它又可以使 Q 点非常稳定。可能会注意到近似的电压增益为 $A_v \approx -R_D/R_S = -14$。因为 MOS 晶体管的跨导通常较低，所以这种近似的电压增益表达式通常是很不严格的。

讨论：前面提到，使用源极电阻可以使电路特性相对于晶体管参数的任何变化趋于稳定。例如，如果传导参数 K_n 变化±20%，会得到下表所示的结果：

K_n(mA/V^2)	g_m(mA/V)	A_v
0.8	1.17	−5.17
1.0	1.40	−5.76
1.2	1.62	−6.27

可见，K_n 的变化将导致 g_m 发生较大的变化，相应地电压增益的变化约为±9.5%。这种变化可能比期望的值要大，但主要是因为 g_m 的值相对较小。

练习题

【练习题 4.5】 图 4.19 所示电路的晶体管参数为 $V_{TN}=0.6\text{V}$，$K_n=0.5\text{mA/V}^2$ 和 $\lambda=0$。

电路参数变为 $R_1=1\text{M}\Omega$，$R_2=250\text{k}\Omega$，$R_S=2\text{k}\Omega$ 和 $R_D=10\text{k}\Omega$。假设晶体管偏置电压仍为 $\pm5\text{V}$。(a)试求静态值 I_{DQ} 和 V_{DSQ}。(b)试求小信号电压增益。(答案：(a) $I_{DQ}=0.308\text{mA}$，$V_{DSQ}=6.30\text{V}$；(b) $A_v=-3.05$)

【例题 4.6】

目的：求解 PMOS 晶体管电路的小信号电压增益。

已知如图 4.21(a)所示的电路，晶体管参数为 $K_p=0.25\text{mA/V}^2$，$V_{TP}=-0.5\text{V}$ 和 $\lambda=0$。求得静态漏极电流为 $I_{DQ}=0.20\text{mA}$。相应的小信号等效电路如图 4.21(b)所示。

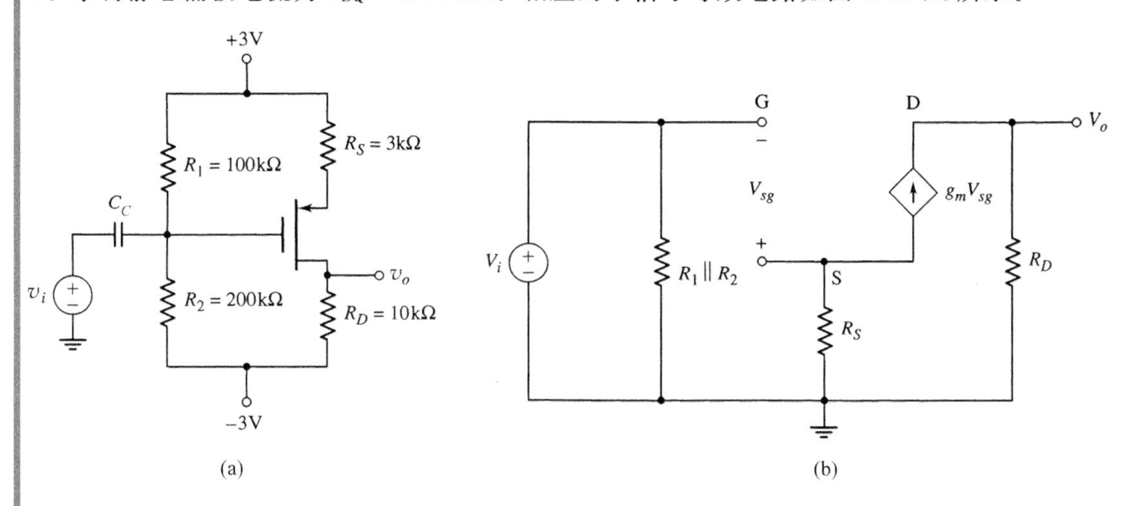

图　4.21

(a) 例题 4.6 的 PMOS 电路；(b) 小信号等效电路

解：小信号输出电压为

$$V_o=+g_mV_{sg}R_D$$

写出栅-源输入回路的 KVL 方程，可得

$$V_i=-V_{sg}-g_mV_{sg}R_S$$

即

$$V_{sg}=\frac{-V_i}{1+g_mR_S}$$

将 V_{sg} 的表达式代入输出电压方程，得小信号电压增益为

$$A_v=\frac{V_o}{V_i}=\frac{-g_mR_D}{1+g_mR_S}$$

小信号跨导为

$$g_m=2\sqrt{K_pI_{DQ}}=2\sqrt{(0.25)(0.20)}=0.447\text{mA/V}$$

于是求得

$$A_v=\frac{-(0.447)(10)}{1+(0.447)(3)}$$

即

$$A_v=-1.91$$

点评：PMOS 晶体管电路的分析和 NMOS 晶体管电路的分析基本相同。和 NMOS 电

路一样，带源极电阻的 PMOS 晶体管电路的电压增益要小于不带源极电阻时的情况。但是，源极电阻使电路的 Q 点趋向于稳定。

练习题

【练习题 4.6】 对于图 4.22 所示的电路，晶体管参数为 $K_p = 1\text{mA/V}^2$，$V_{TP} = -1\text{V}$ 和 $\lambda = 0$。源-漏电压为 $v_{SD} = 3 + 0.46\sin\omega t\,\text{V}$，静态漏极电流为 $I_{DQ} = 0.5\text{mA}$。试求 R_D、V_{GG}、v_i 以及小信号电压增益。（答案：$R_D = 4\text{k}\Omega$，$V_{GG} = 3.29\text{V}$，$A_v = -5.66$，$v_i = 0.0816\sin(\omega t)\text{V}$）

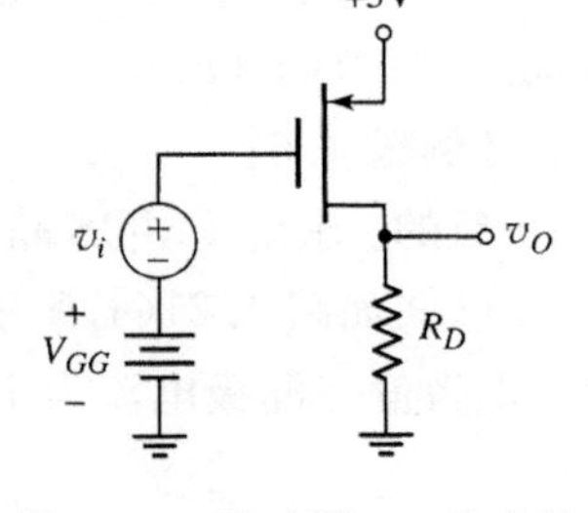

图 4.22　练习题 4.6 的电路

4.3.3　带源极旁路电容的共源电路

如果在带源极电阻的共源电路中加上一个源极旁路电容，就可以在保持 Q 点稳定的同时使小信号电压增益的损失最小。通过用恒流源代替源极电阻，可以进一步提高 Q 点的稳定性。相应的电路如图 4.23 所示。假设信号源为理想信号源。如果信号频率足够大，则旁路电容的作用为交流短路，于是源极将保持为信号地端。

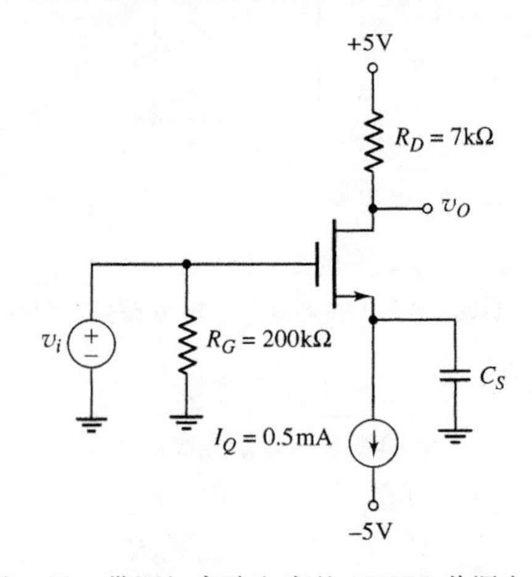

图 4.23　带源极旁路电容的 NMOS 共源电路

【例题 4.7】

目的：求解用恒流源偏置并带源极旁路电容电路的小信号电压增益。

已知如图 4.23 所示的电路，晶体管参数为 $V_{TN} = 0.8\text{V}$，$K_n = 1\text{mA/V}^2$ 和 $\lambda = 0$。

解：因为栅极直流电流为零，所以源极的直流电压为 $V_S = -V_{GSQ}$，且栅-源电压可以由下式求得为

$$I_{DQ} = I_Q = K_n(V_{GSQ} - V_{TN})^2$$

则

$$0.5 = (1)(V_{GSQ} - 0.8)^2$$

可得

$$V_{GSQ} = -V_S = 1.51\text{V}$$

静态漏-源电压为

$$V_{DSQ} = V_{DD} - I_{DQ}R_D - V_S = 5 - (0.5)(7) - (-1.51) = 3.01\text{V}$$

因而晶体管偏置在饱和区。

小信号等效电路如图 4.24 所示。输出电压为

$$V_o = -g_m V_{gs} R_D$$

因为 $V_{gs}=V_i$，所以小信号电压增益为

$$A_v = \frac{V_o}{V_i} = -g_m R_D = -(1.414)(7) = -9.9$$

点评：将本例题中得出的小信号电压增益 9.9 和例题 4.5 求得的 5.76 相比较，就会发现增加了源极旁路电容后的增益值变大了。

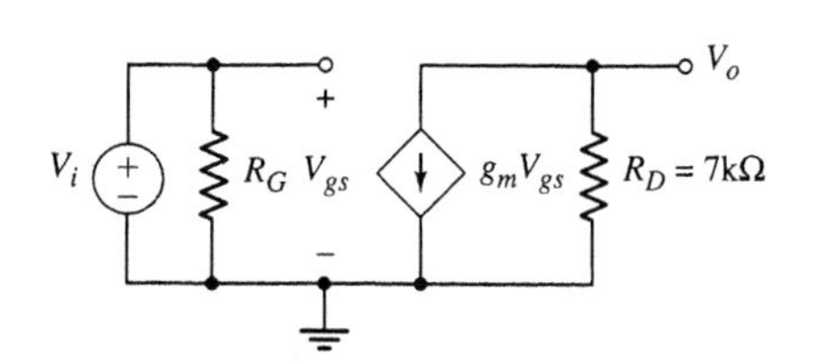

图 4.24　假设源极旁路电容作用为短路的小信号等效电路

练习题

【练习题 4.7】　图 4.25 所示共源放大器的晶体管参数为 $K_p=2\text{mA/V}^2$，$V_{TP}=-2\text{V}$ 和 $\lambda=0.01\text{V}^{-1}$。(a)试求 I_{DQ} 和 V_{SDQ}。(b)试计算小信号电压增益。(答案：$I_{DQ}=4.56\text{mA}$，$V_{SDQ}=7.97\text{V}$；$A_v=-6.04$)

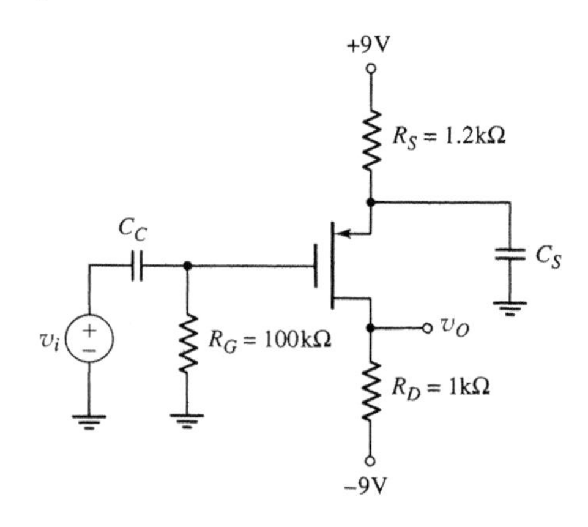

图 4.25　练习题 4.7 的电路

理解测试题

【测试题 4.8】　图 4.26 所示共源放大器的晶体管参数为 $V_{TN}=1.5\text{V}$，$\frac{1}{2}\mu_n C_{ox}=20\mu\text{A/V}^2$，$W/L=25$ 和 $\lambda=0$。试设计电路使 $I_{DQ}=0.5\text{mA}$，且小信号电压增益为 $A_v=-4.0$。(答案：$R_D=4.0\text{k}\Omega$)

【测试题 4.9】　图 4.27 所示共源放大器的晶体管参数为 $V_{TN}=1.8\text{V}$，$K_n=0.15\text{mA/V}^2$ 和 $\lambda=0$。(a)试求 I_{DQ} 和 V_{DSQ}。(b)试计算小信号电压增益。(c)论述应用 R_G 的目的及其在放大器小信号放大中的作用。(答案：(a)$I_{DQ}=1.05\text{mA}$，$V_{DSQ}=4.45\text{V}$；(b)$A_v=-2.65$)

【测试题 4.10】　在图 4.28 所示的电路中，N 沟道耗尽型晶体管的参数为 $K_n=0.8\text{mA/V}^2$，$V_{TN}=-2\text{V}$ 和 $\lambda=0$。(a)试求 I_{DQ}。(b)试求使 $V_{DSQ}=6\text{V}$ 的 R_D。(c)试计算小信号电压增益。(答案：(a)$I_{DQ}=0.338\text{mA}$；(b)$R_D=7.83\text{k}\Omega$；(c)$A_v=-1.58$)

【测试题 4.11】　图 4.29 所示电路的晶体管参数为 $V_{TP}=0.8\text{V}$，$K_p=0.5\text{mA/V}^2$ 和 $\lambda=0.02\text{V}^{-1}$。(a)试求使 $I_{DQ}=0.8\text{mA}$ 和 $V_{SDQ}=3\text{V}$ 的 R_D 和 R_S。(b)试计算小信号电压增益。(答案：(a)$R_S=5.67\text{k}\Omega$，$R_D=3.08\text{k}\Omega$；(b)$A_v=-3.73$)

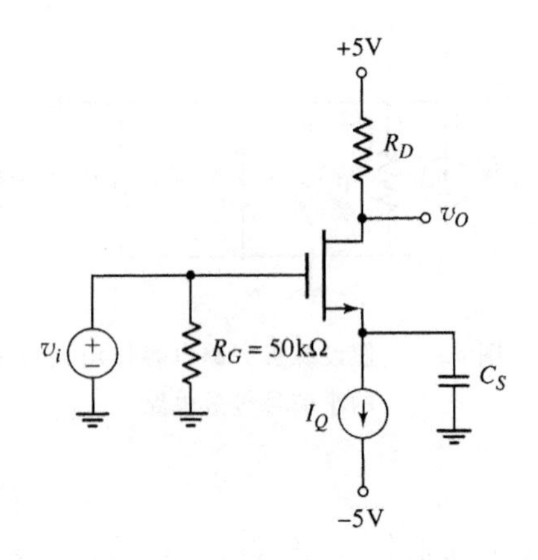

图 4.26　测试题 4.8 的电路

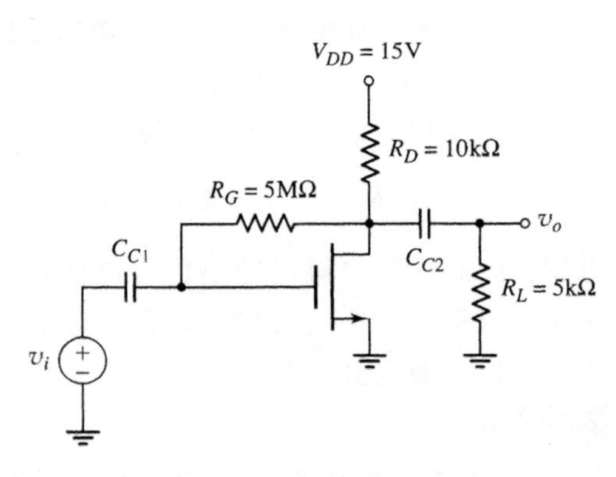

图 4.27　测试题 4.9 的电路

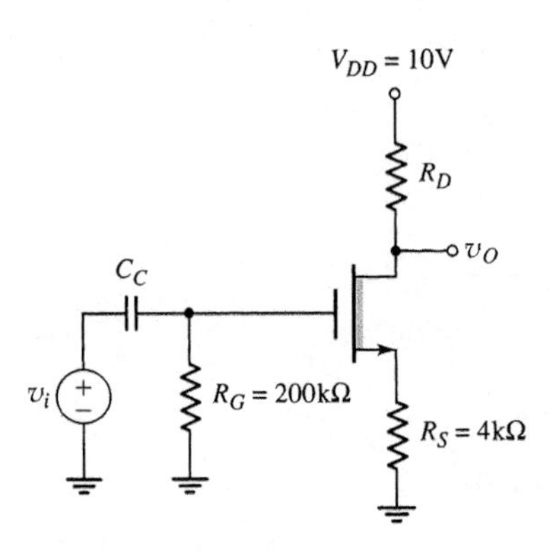

图 4.28　测试题 4.10 的电路

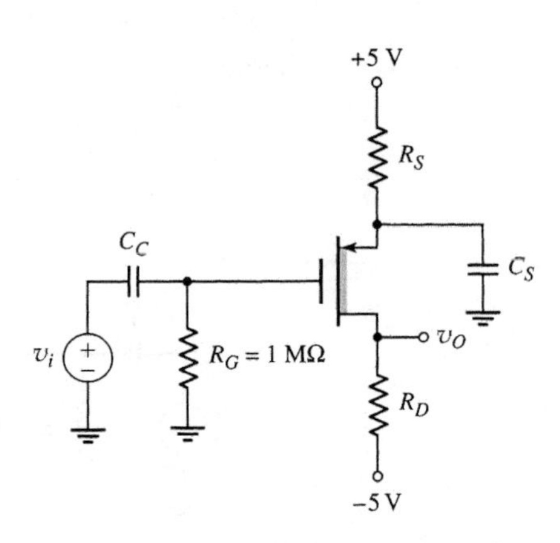

图 4.29　测试题 4.11 的电路

4.4　共漏(源极跟随器)放大器

本节内容：分析源极跟随器放大电路，并熟悉这种电路的一般特性。

MOSFET 放大器电路的第二种类型为**共漏电路**。图 4.30 所示电路则是这种电路结构的一个例子。如图所示，从源极相对于地端输出信号，且漏极直接和 V_{DD} 相连。因为在交流等效电路中 V_{DD} 为信号地端，所以称之为共漏电路。它还有一个更为通用的名字为**源极跟随器**。在随后的分析过程中将会看到称为这个名字的原因。

4.4.1　小信号电压增益

对于这种电路的直流分析和前面所讨论过的分析过程非常相似，所以这里将集中讲解小信号分析。假设耦合电容作用为短路，那么小信号等效电路如图 4.31(a)所示。漏极处于信号地端，且晶体管的小信号电阻 r_o 和受控电流源并

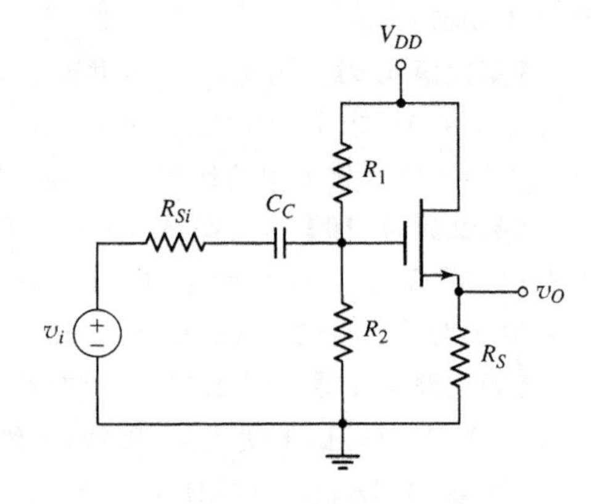

图 4.30　NMOS 源极跟随器(或称共漏电路)

联。图 4.31(b)所示则为同一个等效电路，只是所有的信号地端连接在了同一个公共点上。仍然忽略衬底的基体效应，可得输出电压为

$$V_o = (g_m V_{gs})(R_S \parallel r_o) \tag{4.30}$$

写出从输入端到输出端的 KVL 方程为

$$V_{in} = V_{gs} + V_o = V_{gs} + g_m V_{gs}(R_S \parallel r_o) \tag{4.31(a)}$$

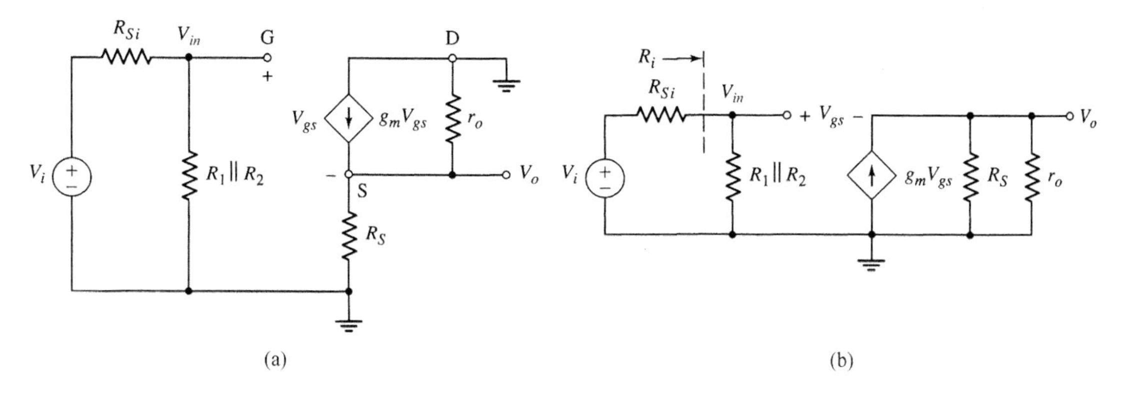

图 4.31

(a) NMOS 源极跟随器的小信号等效电路；(b) 所有的信号地端连接在一个公共点上的 NMOS 源极跟随器小信号等效电路

因而，栅-源电压为

$$V_{gs} = \frac{V_{in}}{1 + g_m(R_S \parallel r_o)} = \frac{\dfrac{1}{g_m}}{\dfrac{1}{g_m} + (R_S \parallel r_o)} \cdot V_{in} \tag{4.31(b)}$$

式(4.31(b))写成了电压分压器方程的形式。其中，NMOS 器件的栅极到源极类似于一个阻值为 $1/g_m$ 的电阻。更为准确地讲，向源极看进去的有效电阻(忽略 r_o)为 $1/g_m$。电压 V_{in} 和信号源输入电压 V_i 之间的关系为

$$V_{in} = \frac{R_i}{R_i + R_{Si}} \cdot V_i \tag{4.32}$$

式中，$R_i = R_1 \parallel R_2$ 为放大器的输入电阻。

将式(4.31(b))和式(4.32)代入到式(4.30)中，可得小信号电压增益为

$$A_v = \frac{V_o}{V_i} = \frac{g_m(R_S \parallel r_o)}{1 + g_m(R_S \parallel r_o)} \cdot \frac{R_i}{R_i + R_{Si}} \tag{4.33(a)}$$

即

$$A_v = \frac{R_S \parallel r_o}{\dfrac{1}{g_m} + R_S \parallel r_o} \cdot \frac{R_i}{R_i + R_{Si}} \tag{4.33(b)}$$

可见式(4.33(b))也为电压分压器形式的方程。通过分析式(4.33(b))可以看出电压增益的值总是小于 1。

【例题 4.8】

目的：计算图 4.30 所示源极跟随器电路的小信号电压增益。

假设电路参数为 $V_{DD} = 12\text{V}$，$R_1 = 162\text{k}\Omega$，$R_2 = 463\text{k}\Omega$ 和 $R_S = 0.75\text{k}\Omega$。晶体管参数为 $V_{TN} = 1.5\text{V}$，$K_n = 4\text{mA/V}^2$ 且 $\lambda = 0.01\text{V}^{-1}$。假设 $R_{Si} = 4\text{k}\Omega$。

解：直流分析的结果是 $I_{DQ}=7.97\text{mA}$ 和 $V_{GSQ}=2.91\text{V}$。因而小信号跨导为

$$g_m = 2K_n(V_{GSQ}-V_{TN}) = 2(4)(2.91-1.5) = 11.3\text{mA/V}$$

晶体管小信号电阻为

$$r_o \approx (\lambda I_{DQ})^{-1} = [(0.01)(7.97)]^{-1} = 12.5\text{k}\Omega$$

放大器输入电阻为

$$R_i = R_1 \parallel R_2 = 162 \parallel 463 = 120\text{k}\Omega$$

则小信号电压增益变为

$$A_v = \frac{g_m(R_S \parallel r_o)}{1+g_m(R_S \parallel r_o)} \cdot \frac{R_i}{R_i+R_{Si}} = \frac{(11.3)(0.75 \parallel 12.5)}{1+(11.3)(0.75 \parallel 12.5)} \cdot \frac{120}{120+4} = 0.860$$

点评：小信号电压增益的值小于1，对比式(4.33(b))可知这是正确的。而且电压增益为正值，这说明输出信号电压和输入信号电压同相。因为输出信号基本等于输入信号，所以这类电路也称为源极跟随器。

练习题

【练习题 4.8】 图4.30所示源极跟随器电路的晶体管参数为 $V_{TN}=0.8\text{V}$，$K_n=1\text{mA/V}^2$ 且 $\lambda=0.015\text{V}^{-1}$。令 $V_{DD}=10\text{V}$，$R_{Si}=200\Omega$，$R_1+R_2=400\text{k}\Omega$。试设计电路使 $I_{DQ}=1.5\text{mA}$ 和 $V_{GSQ}=5\text{V}$。并求小信号电压增益。(答案：$R_S=3.33\text{k}\Omega$，$R_1=119\text{k}\Omega$，$R_2=281\text{k}\Omega$，$A_v=0.884$)

尽管电压增益稍小于1，但源极跟随器也是一种非常有用的电路，因为其输出电阻小于共源电路的输出电阻，具体内容将在下一节进行分析。当电路用作理想电压源时要求较小的输出电阻，使其驱动负载时不产生负载效应。

【设计例题 4.9】

设计目的：用P沟道增强型MOSFET设计满足一组指标要求的源极跟随器。

设计指标：将要设计的电路结构如图4.32所示，电路参数为 $V_{DD}=20\text{V}$ 和 $R_{Si}=4\text{k}\Omega$。Q 点位于负载线的中点，$I_{DQ}=2.5\text{mA}$。输入电阻为 $R_i=200\text{k}\Omega$，设计晶体管的 W/L 使能满足小信号电压增益为 $A_v=0.90$ 的要求。

器件选择：可选用参数为 $V_{TP}=-2\text{V}$，$k'_n=40\mu\text{A/V}^2$ 且 $\lambda=0$ 的晶体管。但是 V_{TP} 和 k'_n 的容许误差为±5%。

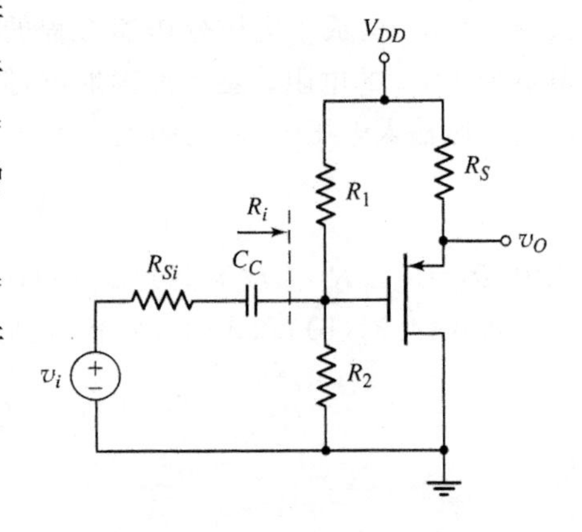

图4.32 PMOS源极跟随器

解(直流分析)：由源-漏回路的KVL方程可得

$$V_{DD} = VS_{DQ} + I_{DQ}R_S$$

即

$$20 = 10 + (2.5)R_S$$

求得所需的源极电阻为 $R_S=4\text{k}\Omega$。

解(交流分析)：该电路的小信号电压增益和NMOS器件源极跟随器的情况相同。由式(4.33(a))可得

$$A_v = \frac{V_o}{V_i} = \frac{g_mR_S}{1+g_mR_S} \cdot \frac{R_i}{R_i+R_{Si}}$$

则

$$0.90=\frac{g_m(4)}{1+g_m(4)}\cdot\frac{200}{200+4}$$

可以看出所需的跨导必定为 $g_m=2.80\text{mA/V}$。跨导可以写为

$$g_m=2\sqrt{K_pI_{DQ}}$$

则有

$$2.80\times10^{-3}=2\sqrt{K_p(2.5\times10^{-3})}$$

可得

$$K_p=0.784\times10^{-3}\text{A/V}^2$$

传导参数是宽、长之比的函数，它为

$$K_p=0.784\times10^{-3}=\frac{k'_p}{2}\cdot\frac{W}{L}=\left(\frac{40\times10^{-6}}{2}\right)\cdot\left(\frac{W}{L}\right)$$

这意味着需要的宽、长比值一定为

$$\frac{W}{L}=39.2$$

解(直流设计)：欲完成直流分析和设计，有

$$I_{DQ}=K_p(V_{GSQ}+V_{TP})^2$$

即

$$2.5=0.784(V_{GSQ}-2)^2$$

可得静态源-栅电压为 $V_{GSQ}=3.79\text{V}$。静态源-栅电压也可以写为

$$V_{GSQ}=(V_{DD}-I_{DQ}R_S)-\left(\frac{R_2}{R_1+R_2}\right)V_{DD}$$

因为

$$\left(\frac{R_2}{R_1+R_2}\right)=\left(\frac{1}{R_1}\right)\left(\frac{R_1R_2}{R_1+R_2}\right)=\left(\frac{1}{R_1}\right)R_i$$

所以

$$3.79=[20-(2.5)(4)]-\left(\frac{1}{R_1}\right)(200)(20)$$

于是求得偏置电阻 R_1 为

$$R_1=644\text{k}\Omega$$

由于 $R_i=R_1\parallel R_2=200\text{k}\Omega$，所以可得

$$R_2=290\text{k}\Omega$$

综合考虑：现在需要考虑晶体管参数变化的影响。栅极电压为

$$V_G=\left(\frac{R_2}{R_1+R_2}\right)\cdot V_{DD}=\left(\frac{290}{644+290}\right)(20)=6.21\text{V}$$

源-栅电压可由下式求得为

$$V_{DD}=I_DR_S+V_{SG}+V_G$$

即

$$V_{DD}=K_pR_S(V_{SG}+V_{TP})^2+V_{SG}+V_G$$

于是可以写为

$$13.79=K_p(4)(V_{SG}+V_{TP})^2+V_{SG}$$

由 V_{TP} 和 K_p 的±5%的容许误差带来的 V_{TP} 和 K_p 的最大值和最小值分别为

$$K_p(\max) = 0.8232\text{mA/V}^2 \qquad K_p(\min) = 0.7448\text{mA/V}^2$$

$$|V_{TP}|(\max) = 2.1\text{V} \qquad |V_{TP}|(\min) = 1.9\text{V}$$

变化的 Q 点值通过下表给出：

V_{TP}	K_p	
	0.8232mA/V²	0.7448mA/V²
−2.1V	$V_{SG}=3.83\text{V}$	$V_{SG}=3.91\text{V}$
	$I_D=2.46\text{mA}$	$I_D=2.44\text{mA}$
−1.9V	$V_{SG}=3.65\text{V}$	$V_{SG}=3.73\text{V}$
	$I_D=2.52\text{mA}$	$I_D=2.49\text{mA}$

求得的跨导 g_m 和电压增益 A_v 的值分别由下表给出：

V_{TP}	K_p	
	0.8232mA/V²	0.7448mA/V²
−2.1V	$g_m=2.85\text{mA/V}$	$g_m=2.70\text{mA/V}$
	$A_v=0.901$	$A_v=0.897$
−1.9V	$g_m=2.88\text{mA/V}$	$g_m=2.72\text{mA/V}$
	$A_v=0.902$	$A_v=0.898$

点评：为了满足所要求的设计指标，需要的跨导值相对较大，这意味着需要一个相对较大的晶体管。输入电阻 R_i 较大则可以使得由信号源的输出电阻 R_{Si} 引起的负载效应最小化。

经过分析可知电压增益的变化非常小，这是负反馈的结果。在第12章将会看到源极跟随器是一个负反馈电路，并且负反馈电路的特性不受晶体管参数变化的影响。

练习题

【练习题 4.9】 图4.33所示源极跟随器电路的晶体管参数为 $V_{TP}=-2\text{V}$，$K_p=40\text{mA/V}^2$ 且 $\lambda=0.02\text{V}^{-1}$。试设计电路使 $I_{DQ}=3\text{mA}$。并求开路（$R_L=\infty$）小信号电压增益。试问多大的 R_L 值可使增益缩小10%？（答案：$R_S=0.593\text{k}\Omega$，$A_v=0.737$，$R_L=1.35\text{k}\Omega$）

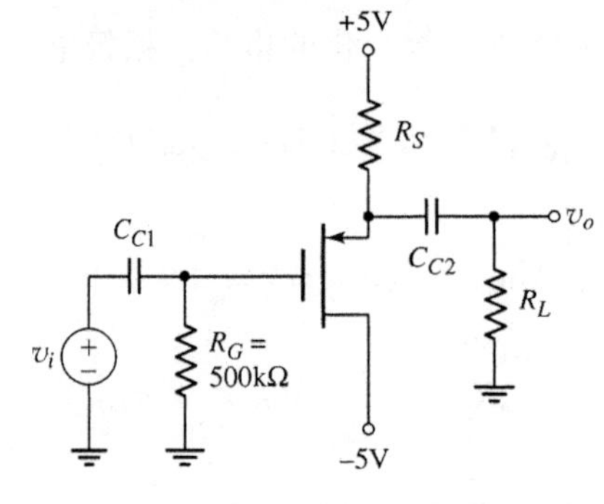

图4.33 练习题4.9的电路

4.4.2 输入电阻和输出电阻

图 4.31(b)所定义的小信号输入电阻 R_i 是偏置电阻的戴维南等效电阻。尽管 MOSFET 栅极的输入电阻为无穷大，输入偏置电阻仍然能产生负载效应。这种相同的效应在共源电路中也可以看到。

为了计算小信号输出电阻，令所有独立的小信号电压源为零，然后在输出端施加一个测试电压，并测量产生的电流。这里将采用图 4.34 所示的电路来求解图 4.30 所示的源极跟随器的输出电阻。令 $V_i=0$，施加的测试电压为 V_x。因为电路中没有电容，所以输出电阻只是简单的输出电阻，定义为

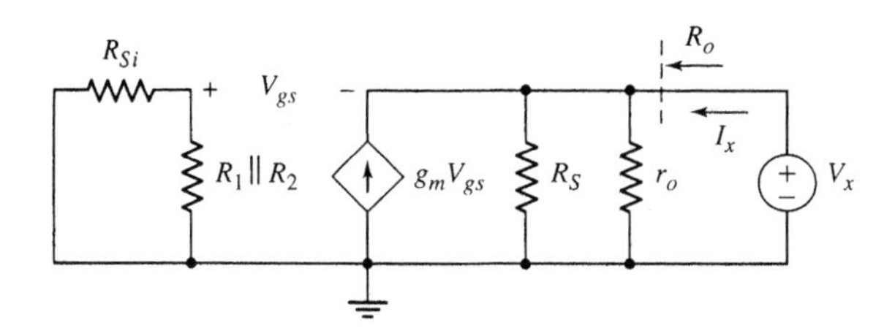

图 4.34 用来求解输出电阻的 NMOS 源极跟随器等效电路

$$R_o = \frac{V_x}{I_x} \tag{4.34}$$

写出输出端源极的 KCL 方程为

$$I_x + g_m V_{gs} = \frac{V_S}{R_S} - \frac{V_x}{r_o} \tag{4.35}$$

因为输入部分没有电流，可以得出 $V_{gs}=-V_x$。因而式(4.35)变为

$$I_x = V_x\left(g_m + \frac{1}{R_S} + \frac{1}{r_o}\right) \tag{4.36(a)}$$

即

$$\frac{I_x}{V_x} = \frac{1}{R_o} = g_m + \frac{1}{R_S} + \frac{1}{r_o} \tag{4.36(b)}$$

则输出电阻为

$$R_o = \frac{1}{g_m} \| R_S \| r_o \tag{4.37}$$

由图 4.34 可以看出电压 V_{gs} 直接加在电流源 $g_m V_{gs}$ 的两端。这说明器件的等效电阻为 $1/g_m$。因而式(4.37)给出的输出电阻可以直接写出。如前面所指出的，这个结果也说明向源极看进去的电阻为 $1/g_m$(忽略 r_o)。

【例题 4.10】

目的：计算源极跟随器电路的输出电阻。

已知如图 4.30 所示电路的参数和晶体管参数与例题 4.8 所给的相同。

解：例题 4.8 的结果为 $R_S=0.75\text{k}\Omega$，$r_o=12.5\text{k}\Omega$ 和 $g_m=11.3\text{mA/V}$。根据图 4.34 和式(4.37)，可得

$$R_o = \frac{1}{g_m} \| R_S \| r_o = \frac{1}{11.3} \| 0.75 \| 12.5$$

则

$$R_o = 0.0787\text{k}\Omega = 78.7\Omega$$

点评：源极跟随器电路的输出电阻受跨导参数的控制。同样，因为输出电阻很小，源极跟随器的工作接近于理想电压源。这说明可以用它的输出来驱动另一个电路而不会产生严重的负载效应。

练习题

【练习题 4.10】 图 4.32 所示电路的参数为 $V_{DD}=5\text{V}$，$R_S=5\text{k}\Omega$，$R_1=70.7\text{k}\Omega$，$R_2=9.3\text{k}\Omega$ 和 $R_{Si}=500\Omega$。晶体管的参数为 $V_{TP}=-0.8\text{V}$，$K_p=0.4\text{mA/V}^2$ 且 $\lambda=0$。试计算小信号电压增益 $A_v=\dfrac{v_o}{v_i}$和向电路看回来的输出电阻 R_o。（答案：$A_v=0.817$，$R_o=0.915\text{k}\Omega$）

理解测试题

【测试题 4.12】 NMOS 源极跟随器电路的参数为 $g_m=4\text{mA/V}$ 和 $r_o=50\text{k}\Omega$。(a)试求无负载($R_S=\infty$)情况下的小信号电压增益和输出电阻。(b)当输出端接有 4kΩ 的负载时试求小信号电压增益。（答案：(a)$A_v=0.995$，$R_o\approx0.25\text{k}\Omega$；(b)$A_v=0.937$）

【测试题 4.13】 图 4.35 所示源极跟随器电路的晶体管采用恒流源偏置。晶体管的参数为 $V_{TN}=2\text{V}$，$k_n'=40\mu\text{A/V}^2$ 和 $\lambda=0.01\text{V}^{-1}$。负载电阻 $R_L=4\text{k}\Omega$。(a)试设计晶体管宽、长之比使 $I=0.8\text{mA}$ 时的 $g_m=2\text{mA/V}$。并求相应的 V_{GS} 值。(b)试求小信号电压增益和输出电阻 R_o。（答案：(a)$W/L=62.5$，$V_{GS}=2.8\text{V}$；(b)$A_v=0.886$，$R_o\approx0.5\text{k}\Omega$）

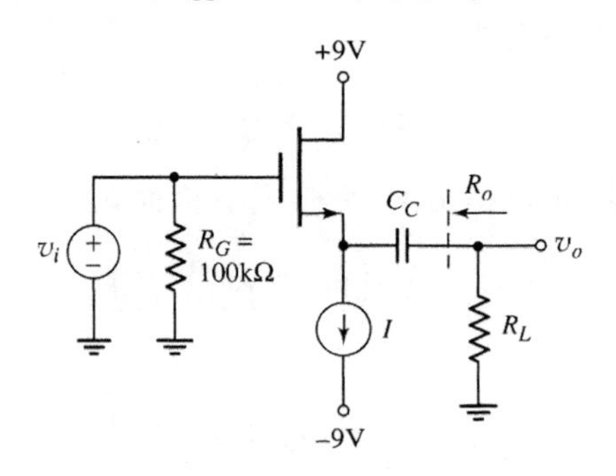

图 4.35 测试题 4.13 的电路

4.5 共栅放大器

本节内容：分析共栅放大器，并熟悉这种电路的一般特性。

共栅电路是 MOSFET 放大器的第三种组态。为了求解其小信号电压和电流增益以及输入、输出电阻，将采用和前面相同的晶体管小信号等效电路。共栅电路的直流分析和前面所述 MOSFET 电路的直流分析过程类似。

4.5.1 小信号电压和电流增益

在共栅电路组态中输入信号施加在源极，且栅极为信号地端。图 4.36 所示为采用恒流源 I_Q 偏置的共栅电路形式。栅极电阻 R_G 用于防止静电荷在栅极聚积。电容 C_G 用于确保栅极处于信号地端。耦合电容 C_{C1} 用于将信号耦合到源极，而 C_{C2} 则用来把输出电压耦合到

负载电阻 R_L。

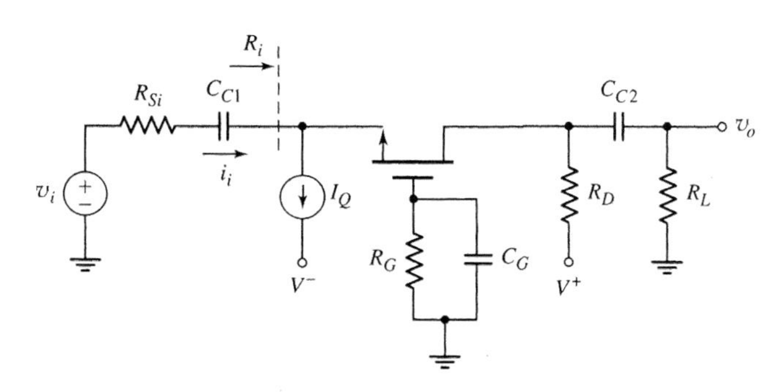

图 4.36　共栅极电路

共栅放大器的小信号等效电路如图 4.37 所示。假设晶体管的小信号电阻 r_o 为无穷大。由于源极为输入端，所以图 4.37 所示的小信号等效电路可能看起来和前面讨论过的有所不同。但是，却可以采用和前面相同的方法来画出电路的等效电路，即先画出晶体管的三个电极，这时源极为输入端，然后在三个电极之间画出晶体管等效电路，最后画出晶体管周围的其他电路元件。

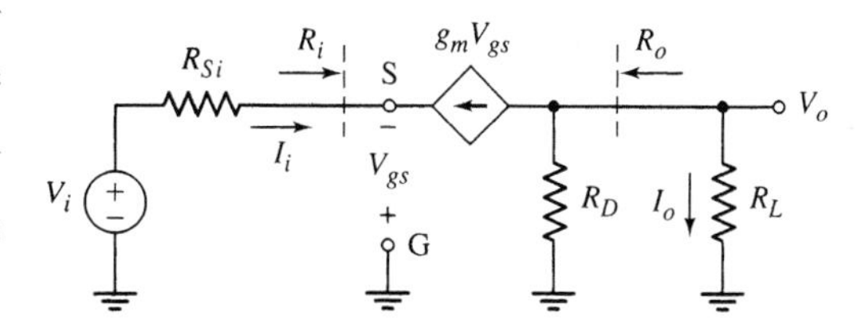

图 4.37　共栅放大器的小信号等效电路

输出电压为

$$V_o = -(g_mV_{gs})(R_D \parallel R_L) \quad (4.38)$$

写出输入回路的 KVL 方程，可得

$$V_i = I_iR_{Si} - V_{gs} \tag{4.39}$$

式中 $I_i = -g_mV_{gs}$。栅-源电压可以写为

$$V_{gs} = \frac{-V_i}{1 + g_mR_{Si}} \tag{4.40}$$

小信号电压增益为

$$A_v = \frac{V_o}{V_i} = \frac{g_m(R_D \parallel R_L)}{1 + g_mR_{Si}} \tag{4.41}$$

同样，由于电压增益为正，输出和输入信号同相。

在很多情况下输入到共栅电路的信号为电流信号。图 4.38 所示是一个用诺顿等效电路作为信号源的共栅放大器的小信号等效电路。可以对其计算电流增益。输出电流 I_o 可以写为

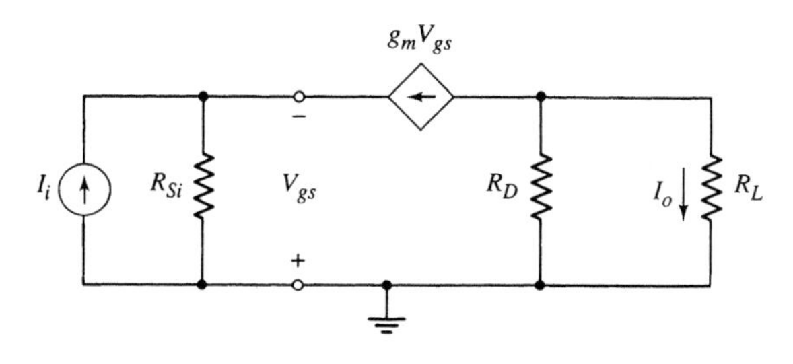

图 4.38　带诺顿等效信号源的共栅放大器小信号等效电路

$$I_o = \left(\frac{R_D}{R_D + R_L}\right)(-g_m V_{gs}) \tag{4.42}$$

在输入端有

$$I_i + g_m V_{gs} + \frac{V_{gs}}{R_{Si}} = 0 \tag{4.43}$$

即

$$V_{gs} = -I_i\left(\frac{R_{Si}}{1 + g_m R_{Si}}\right) \tag{4.44}$$

于是小信号电流增益为

$$A_i = \frac{I_o}{I_i} = \left(\frac{R_D}{R_D + R_L}\right)\cdot\left(\frac{g_m R_{Si}}{1 + g_m R_{Si}}\right) \tag{4.45}$$

将会注意到 $R_D \gg R_L$ 且 $g_m R_{Si} \gg 1$，则电流增益基本为 1。

4.5.2 输入电阻和输出电阻

由于晶体管的原因，较之共源电路及源极跟随器，共栅电路具有较低的输入电阻。然而，在输入信号为电流信号的情况下，低输入电阻就成为一种优势。输入电阻定义为

$$R_i = \frac{-V_{gs}}{I_i} \tag{4.46}$$

由于 $I_i = -g_m V_{gs}$，所以输入电阻为

$$R_i = \frac{1}{g_m} \tag{4.47}$$

这样的结果在前面已经得到了。

通过把输入信号电压置零可以求得输出电阻。从图 4.37 可以看出 $V_{gs} = -g_m V_{gs} R_{Si}$，这说明 $V_{gs} = 0$。从而 $g_m V_{gs} = 0$。因而，从负载电阻看过来的输出电阻就为

$$R_o = R_D \tag{4.48}$$

【例题 4.11】

目的：对于共栅电路，给定一个输入电流，求解其输出电压。

已知如图 4.36 和图 4.38 所示的电路参数为 $I_Q = 1\text{mA}$，$V^+ = 5\text{V}$，$V^- = -5\text{V}$，$R_G = 100\text{k}\Omega$，$R_D = 4\text{k}\Omega$ 和 $R_L = 10\text{k}\Omega$。晶体管的参数为 $V_{TN} = 1\text{V}$，$K_n = 1\text{mA/V}^2$ 且 $\lambda = 0$。假设图 4.38 所示电路的输入电流为 $\sin\omega t\,\mu\text{A}$，而 $R_{Si} = 50\text{k}\Omega$。

解：静态栅-源电压可由下式求得

$$I_Q = I_{DQ} = K_n(V_{GSQ} - V_{TN})^2$$

即

$$1 = 1(V_{GSQ} - 1)^2$$

可得

$$V_{GSQ} = 2\text{V}$$

小信号跨导为

$$g_m = 2K_n(V_{GSQ} - V_{TN})2(1)(2-1) = 2\text{mA/V}$$

由式(4.45)可以写出输出电流为

$$I_o = I_i\left(\frac{R_D}{R_D + R_L}\right)\cdot\left(\frac{g_m R_{Si}}{1 + g_m R_{Si}}\right)$$

因为输出电压为 $V_o = I_o R_L$，所以可得

$$V_o = I_i\left(\frac{R_L R_D}{R_D + R_L}\right)\cdot\left(\frac{g_m R_{Si}}{1 + g_m R_{Si}}\right)$$

$$= \left(\frac{(10)(4)}{4+10}\right)\cdot\left(\frac{(2)(50)}{1+(2)(50)}\right)\cdot(0.1)\sin\omega t$$

即

$$V_o = 0.283\sin(\omega t)\mathrm{V}$$

点评：和 BJT 共基电路一样，如果输入信号为电流信号的话，则 MOSFET 共栅放大器是很有用的。

练习题

【练习题 4.11】 观察图 4.39 所示的电路，其参数为 $V^+ = 5\mathrm{V}$，$V^- = -5\mathrm{V}$，$R_S = 4\mathrm{k}\Omega$，$R_D = 2\mathrm{k}\Omega$，$R_L = 4\mathrm{k}\Omega$ 和 $R_G = 50\mathrm{k}\Omega$。晶体管参数为 $K_p = 1\mathrm{mA/V^2}$，$V_{TP} = -0.8\mathrm{V}$ 且 $\lambda = 0$。试画出它的小信号等效电路，并求小信号电压增益 $A_v = V_o/V_i$ 和输入电阻 R_i。（答案：$A_v = 2.41$，$R_i = 0.485\mathrm{k}\Omega$）

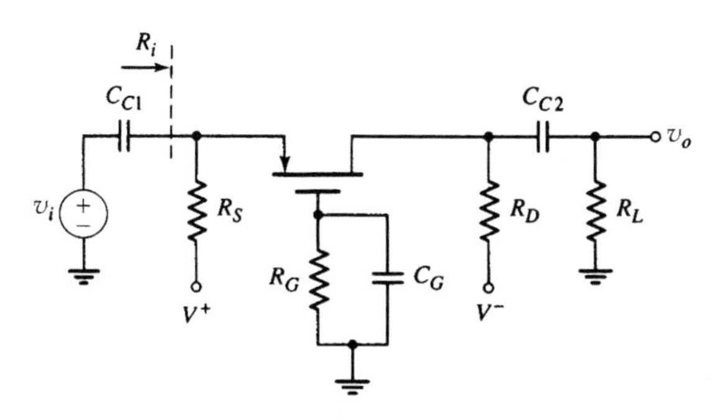

图 4.39　练习题 4.11 的电路

理解测试题

【测试题 4.14】 图 4.36 所示的电路，其参数为 $V^+ = 5\mathrm{V}$，$V^- = -5\mathrm{V}$，$R_G = 100\mathrm{k}\Omega$，$R_L = 4\mathrm{k}\Omega$ 和 $I_Q = 0.5\mathrm{mA}$。晶体管的参数为 $V_{TN} = 1\mathrm{V}$ 和 $\lambda = 0$。电路用电流源信号 I_i 驱动。重新设计 R_D 和 g_m 使传输函数 V_o/I_i 为 $2.4\mathrm{k}\Omega$ 且输入电阻为 $R_i = 350\Omega$。试求 V_{GSQ}，并证明晶体管偏置在饱和区。（答案：$g_m = 2.86\mathrm{mA/V}$，$R_D = 6\mathrm{k}\Omega$，$V_{GSQ} = 1.35\mathrm{V}$）

4.6　三种基本的放大器组态：总结和比较

本节内容：比较三种基本放大器组态的一般特性。

表 4.2 是对 MOSFET 放大器三种基本组态小信号特性的一个总结。

表 4.2　MOSFET 三种组态放大器的特性一览表

电路组态	电压增益	电流增益	输入电阻	输出电阻
共源	$A_v > 1$	—	R_{TH}	中到大
源极跟随器	$A_v \approx 1$	—	R_{TH}	较小
共栅	$A_v > 1$	$A_i \approx 1$	较小	中到大

三种电路组态的电压增益的情况是：共源放大器通常大于 1，源极跟随器稍小于 1，而共栅电路通常大于 1。

在信号频率为低频到中频范围时，共源电路和源极跟随器电路直接从栅极看进去的输入电阻基本为无穷大。但是这种分立电路的输入电阻为偏置电阻的戴维南等效电阻 R_{TH}。相反，共栅电路的输入电阻通常在几百欧姆的范围内。

源极跟随器的输出电阻通常为几百欧姆或更小。共源和共栅电路的输出电阻受电阻 R_D 制约。在第 10 章和第 11 章将会看到，在集成电路中当晶体管被用作负载器件时，这些电路组态的输出电阻将受电阻 r_o 的制约。

在多级放大器电路设计中将用到这些单级放大器的特性。

4.7 集成电路单级 MOSFET 放大器

本节内容：分析作为集成电路基础的全 MOS 晶体管电路。

在上一章中讨论了三种全 MOSFET 反相器电路，并画出了它们的电压传输特性。三种反相器都采用了 N 沟道增强型驱动晶体管。三种类型的负载器件分别为 N 沟道增强型器件、N 沟道耗尽型器件以及 P 沟道增强型器件。用作负载器件的 MOS 晶体管属于**有源负载**。前面曾提到这三种电路都可以用作放大器。

本节将再次回顾这三种电路并分析它们的放大器特性。这里将强调小信号等效电路。本节内容相当于本书第 2 部分的引论，第 2 部分主要分析更高级的 MOS 集成电路放大器的设计。

4.7.1 负载线回顾

在求解全 MOS 晶体管电路时，利用等效负载线将会带来很大的帮助。有关等效负载线，在前面讨论带电阻性负载的电路时已经分析过。在分析非线性负载线即负载曲线之前，有必要回顾一下带电阻负载的单级晶体管的负载线概念。

图 4.40 所示为带电阻负载的单个 MOSFET 电路。这种电阻负载器件的电流-电压特性可以根据欧姆定律得出，即 $V_R = I_D R_D$，如图 4.41 上半部分的曲线所示。电路的负载线由漏-源回路的 KVL 方程得到，即 $V_{DS} = V_{DD} - I_D R_D$，它叠加在图 4.41 下半部分所示的晶体管特性曲线上。注意到负载线方程的最后一项 $I_D R_D$ 为负载器件两端的电压。

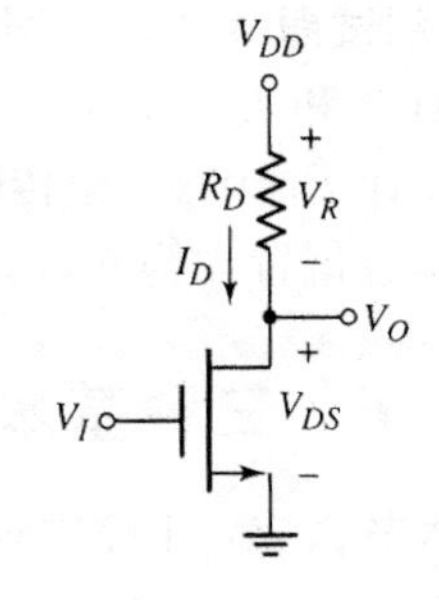

图 4.40 带电阻负载的单个 MOSFET 电路

读者可能会拿负载器件特性曲线上的两点和负载线上的两点相比较。若将负载器件特性曲线上 $I_D = 0, V_R = 0$ 的点表示为点 A，则负载线上 $I_D = 0$ 对应着 $V_{DS} = V_{DD}$，表示为点 A'。当 $V_R = V_{DD}$ 时，负载器件特性曲线上的电流达到最大值，该点表示为点 B。负载线上的最大电流点对应着 $V_{DS} = 0$，表示为点 B'。可以通过把负载器件特性曲线置于晶体管特性曲线的上方，并把负载器件特性曲线映射到晶体管特性曲线上，来画出电路的负载线。在下面的章节中将会看到类似的效果。

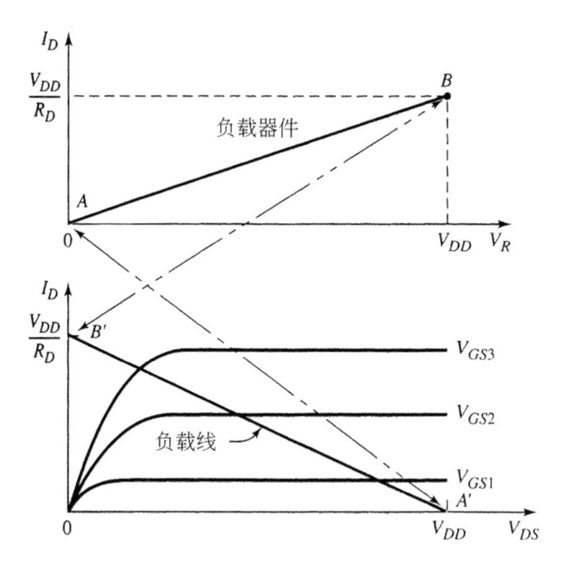

图 4.41 电阻负载器件的 I-V 特性曲线(上部)和负载线叠加在晶体管特性曲线上(下部)

4.7.2 带增强型负载的 NMOS 放大器

N 沟道增强型负载器件的相关特性在上一章中已经作了介绍。图 4.42(a)所示为 NMOS 增强型负载晶体管,其电流-电压特性如图 4.42(b)所示。其中阈值电压为 V_{TNL}。

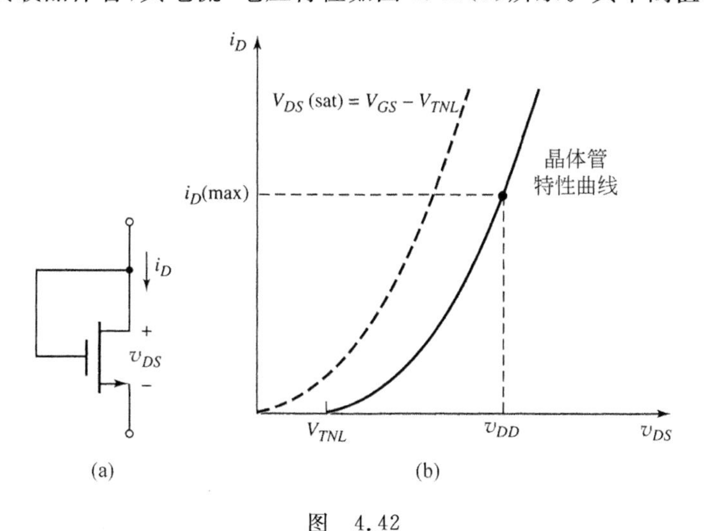

图 4.42

(a) 栅极和漏极相连的 NMOS 增强型负载器件结构;(b) NMOS 增强型负载的电流-电压特性

图 4.43(a)所示为带增强型负载的 NMOS 放大器。其中,M_D 为驱动晶体管,M_L 为负载晶体管。晶体管 M_D 的特性曲线和负载曲线如图 4.43(b)所示。正如上一节所讨论的,负载曲线是负载器件的 i-v 特性曲线的映射。因为负载器件的 i-v 特性曲线是非线性的,所以负载曲线也是非线性的。负载曲线与电压轴交于点 V_{DD}-V_{TNL},该点是增强型负载器件中电流变为零的点。此外,图中还标出了临界点。

电压传输特性也可以更直观地反映放大器的工作情况,其曲线如图 4.43(c)所示。当增强型驱动器开始导通时，它偏置在饱和区。对于用作放大器的电路来说，它的 Q 点应该处于这个区域，如图 4.43(b)和(c)所示。

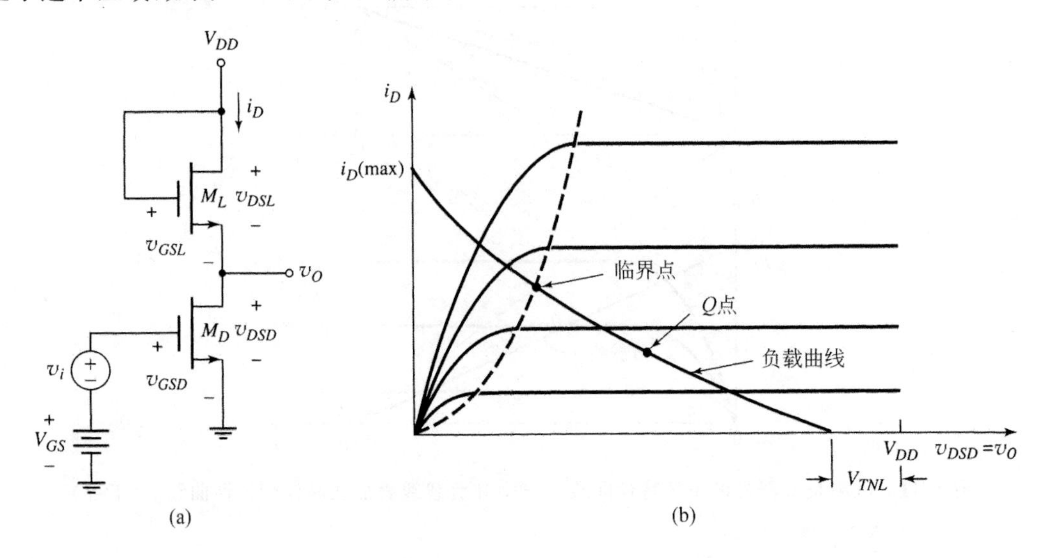

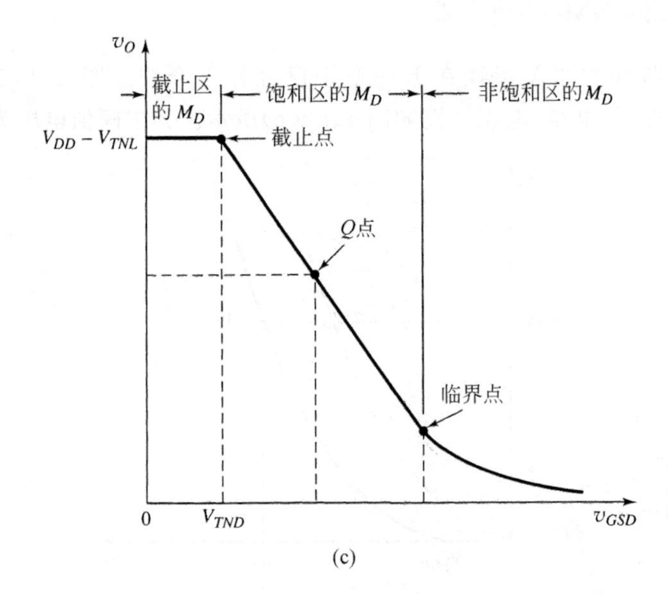

图 4.43

(a) 带增强型负载器件的 NMOS 放大器；(b) 驱动晶体管特性和带临界点的增强型负载曲线；(c) 带增强型负载的 NMOS 放大器电压传输特性

可以应用小信号等效电路来求解电压增益。在讨论源极跟随器电路时，发现从源极看进去的等效电阻($R_S=\infty$时)为 $R_o=(1/g_m)\parallel r_o$。反相器的小信号等效电路如图 4.44 所示，这里的角标 D 和 L 分别指驱动晶体管和负载晶体管。这里同样忽略了负载晶体管衬底的基体效应。

于是小信号电压增益为

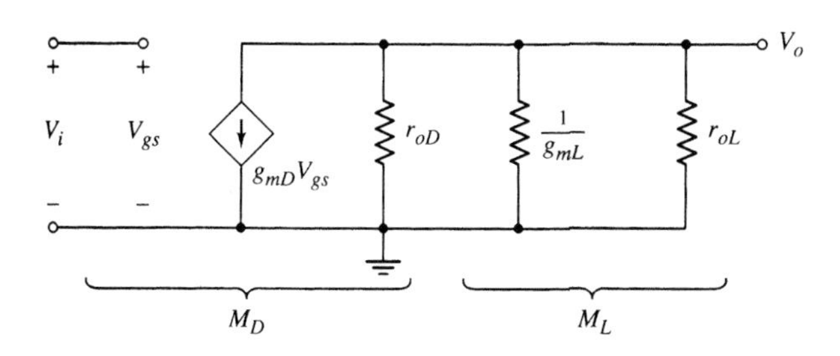

图 4.44 带增强型负载器件的NMOS反相器小信号等效电路

$$A_v=\frac{V_o}{V_i}=-g_{mD}\left(r_{oD}\parallel\frac{1}{g_{mL}}\parallel r_{oL}\right) \tag{4.49}$$

由于通常有 $1/g_{mL}\ll r_{oL}$ 和 $1/g_{mD}\ll r_{oD}$，所以电压增益的近似值为

$$A_v=\frac{-g_{mD}}{g_{mL}}=-\sqrt{\frac{K_{nD}}{K_{nL}}}=-\sqrt{\frac{(W/L)_D}{(W/L)_L}} \tag{4.50}$$

因而可以看出，电压增益和两个晶体管的尺寸有关。

【设计例题 4.12】

设计目的：设计满足一组指标要求的带增强型负载的 NMOS 放大器。

设计指标：要设计的 NMOS 放大器电路如图 4.43(a)所示。要求提供的小信号电压增益为$|A_v|=10$。要求 Q 点在饱和区的中心。电路偏置在 $V_{DD}=5\text{V}$。

器件选择：可以选用参数为 $V_{TN}=1\text{V}$，$k_n'=60\mu\text{A/V}^2$ 且 $\lambda=0$ 的晶体管。宽、长比值的最小值为$(W/L)_{\min}=1$。必须考虑参数 V_{TN} 和 k_n'具有$\pm5\%$的容许误差。

解(交流设计)：由式(4.50)可得

$$|A_v|=10=\sqrt{\frac{(W/L)_D}{(W/L)_L}}$$

还可以写为

$$\left(\frac{W}{L}\right)_D=100\left(\frac{W}{L}\right)_L$$

如果令$(W/L)_L=1$，则$(W/L)_D=100$。

解(直流设计)：令两个晶体管中流过的电流相等(两个晶体管都偏置在饱和区)，则有

$$i_{DD}=K_{nD}(v_{GSD}-V_{TND})^2=i_{DL}=K_{nL}(v_{GSL}-V_{TNL})^2$$

从图 4.43(a)可以看出 $v_{GSL}=V_{DD}-v_O$，代入上式可得

$$K_{nD}(v_{GSD}-V_{TND})^2=K_{nL}(V_{DD}-v_O-V_{TNL})^2$$

求解 v_O，可得

$$v_O=(V_{DD}-V_{TNL})-\sqrt{\frac{K_{nD}}{K_{nL}}}(v_{GSD}-V_{TND})$$

在临界点有

$$v_{Ot}=v_{DSD}(\text{sat})=v_{GSDt}-V_{TND}$$

式中 v_{GSDt}为驱动晶体管在临界点的栅-源电压。则

$$v_{GSDt}-V_{TND}=(V_{DD}-V_{TNL})-\sqrt{\frac{K_{nD}}{K_{nL}}}(v_{GSDt}-V_{TND})$$

求解 v_{GSDt}，可得

$$v_{GSDt}=\frac{(V_{DD}-V_{TNL})+V_{TND}\left(1+\sqrt{\frac{K_{nD}}{K_{nL}}}\right)}{1+\sqrt{\frac{K_{nD}}{K_{nL}}}}$$

注意到

$$\sqrt{\frac{K_{nD}}{K_{nL}}}=\sqrt{\frac{(W/L)_D}{(W/L)_L}}=10$$

可得

$$v_{GSDt}=\frac{(5-1)+(1)(1+10)}{1+10}=1.36\text{V}$$

和

$$v_{Ot}=v_{DSDt}=v_{GSDt}-V_{TND}=1.36-1=0.36\text{V}$$

观察图 4.45 所示的电压传输特性曲线，可以看出饱和区的中点在截止点($v_{GSDt}=V_{TND}=$ 1V)和临界点($v_{GSDt}=1.36$V)的中间，即

$$V_{GSQ}=\frac{1.36-1.0}{2}+1.0=1.18\text{V}$$

同样

$$V_{DSDQ}=\frac{4-0.36}{2}+0.36=2.18\text{V}$$

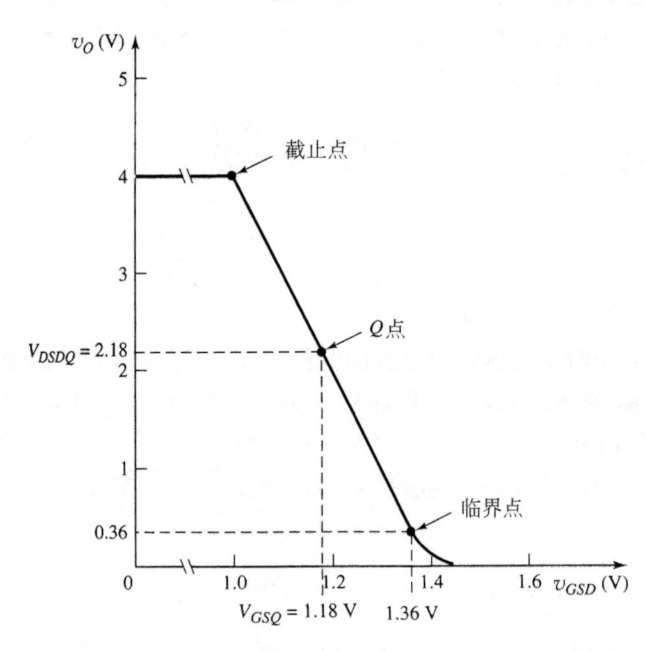

图 4.45 例题 4.12 中带增强型负载的 NMOS 放大器的电压传输特性和 Q 点

综合考虑：考虑到参数 k_n' 的容许误差，可以求得小信号电压增益的范围为

$$|A_v|_{\max}=\sqrt{\frac{k'_{nD}(W/L)_D}{k'_{nL}(W/L)_L}}=\sqrt{\frac{1.05}{0.95}\cdot(100)}=10.5$$

和

$$|A_v|_{\min}=\sqrt{\frac{k'_{nD}(W/L)_D}{k'_{nL}(W/L)_L}}=\sqrt{\frac{0.90}{1.05}\cdot(100)}=9.51$$

参数 V_{TN} 和 k'_n 的容许误差也将影响 Q 点，具体分析留作本章后面的习题。

点评：以上结果表明，当要产生的增益为 10 时，对两个晶体管尺寸的要求相差很大。事实上，10 差不多是实际应用中增强型负载器件产生的最大增益了。在下一节将会看到如果采用耗尽性 MOSFET 作为负载器件，则可以获得更大的小信号增益。

设计指南：在此分析中忽略了负载晶体管衬底的基体效应。从以上的例题可以看出，实际上衬底的基体效应会减弱小信号电压增益。

练习题

【练习题 4.12】 对于图 4.43(a)所示的增强型负载放大器，其参数为 $V_{TND}=V_{TNL}=1\text{V}$，$k'_n=30\mu\text{A/V}^2$，$(W/L)_L=2$ 且 $V_{DD}=10\text{V}$。试设计电路使小信号电压增益为 $|A_v|=6$，且 Q 点位于饱和区的中心。(答案：$(W/L)_D=72$，$V_{GS}=1.645\text{V}$)

4.7.3 带耗尽型负载的 NMOS 放大器

在图 4.46(a)所示的电路中，NMOS 耗尽型晶体管连接为负载器件，其电流-电压特性及临界点如图 4.46(b)所示。这类器件的阈值电压 V_{TNL} 为负值，意味着临界点的 v_{DS} 值为正值。又因为曲线的斜率在饱和区不为零，所以这个区域存在一个有限的负载电阻 r_o。

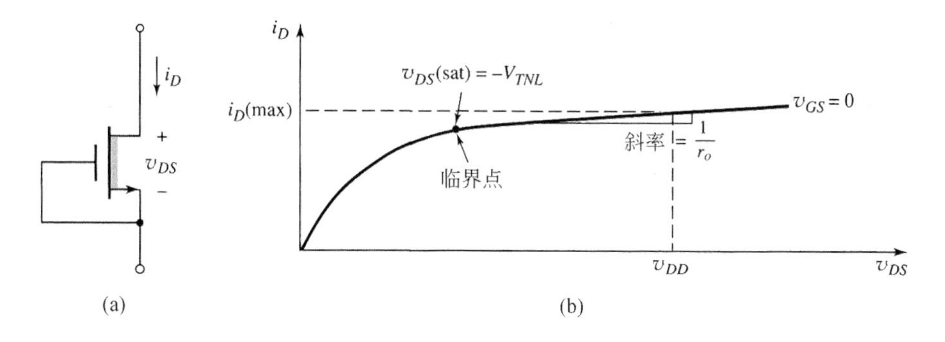

图 4.46

(a) 栅极和漏极相连的 NMOS 耗尽型负载器件结构；(b) NMOS 增强型负载晶体管的电流-电压特性

图 4.47(a)所示为 NMOS 耗尽型负载放大器电路。M_D 的晶体管特性曲线及电路的负载曲线如图 4.47(b)所示。负载曲线同样是负载器件的 i-v 特性曲线的映射。因为负载器件的 i-v 特性曲线是非线性的，所以负载曲线也是非线性的。此外，图中还标出了 M_D 和 M_L 的临界点，其中点 A 为 M_D 的临界点，点 B 为 M_L 的临界点。Q 点应该大约为这两个临界点的中间点。

直流电压 V_{GSDQ} 将晶体管 M_D 偏置在饱和区的 Q 点。信号电压 v_i 在直流值上叠加了一个时变的栅-源电压，且偏置点顺着负载曲线在 Q 点附近移动。同样，M_D 和 M_L 都必须一直偏置在它们的饱和区。

该电路的电压传输特性如图 4.47(c)所示。区域Ⅲ对应着两个晶体管都偏置在饱和区的情况，图中还标出了理想的 Q 点位置。

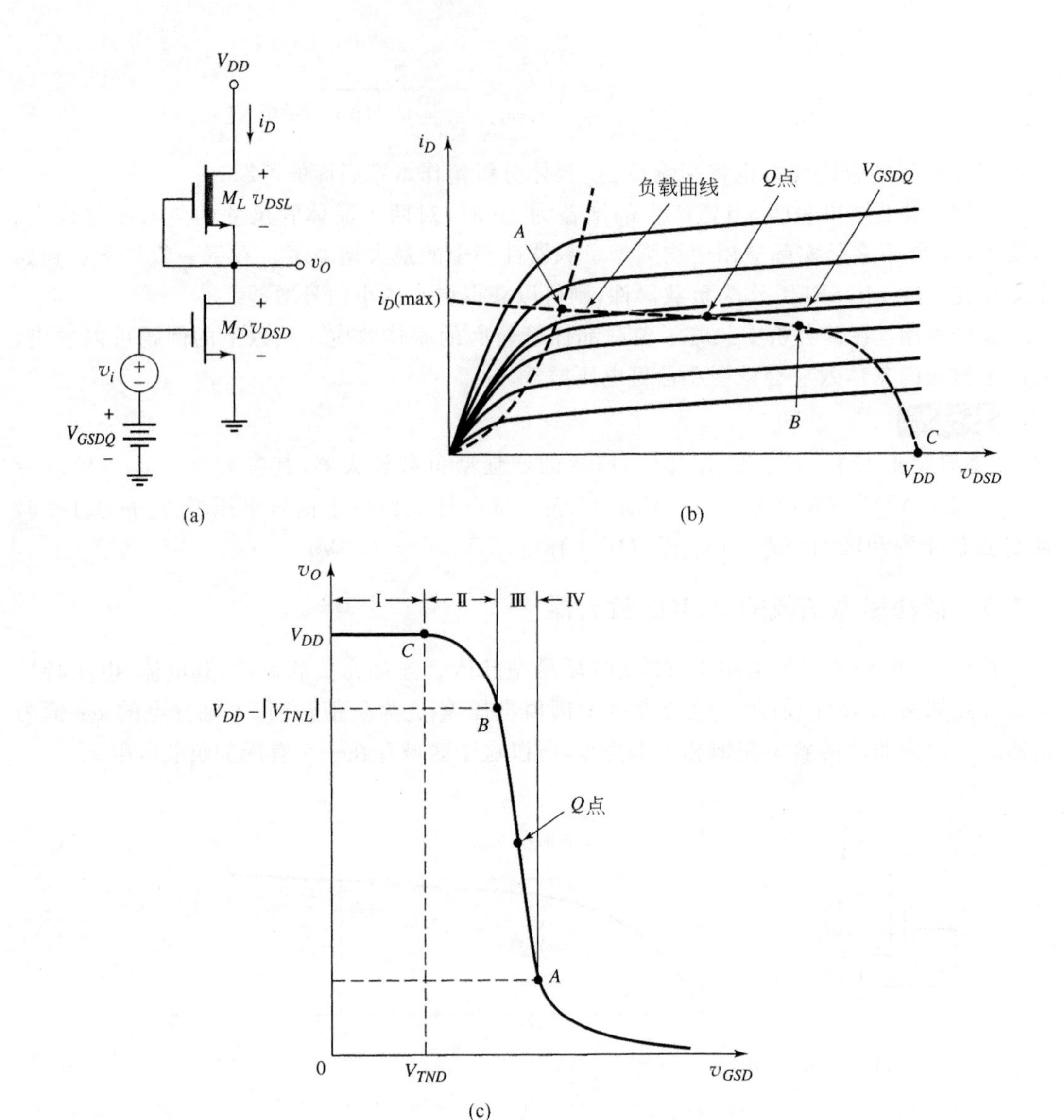

图 4.47

(a) 带耗尽型负载器件的 NMOS 放大器；(b) 驱动晶体管特性和耗尽型负载曲线以及饱和区和非饱和区之间的临界点；(c) 电压传输特性曲线

这里同样可以应用小信号等效电路来求解小信号电压增益。因为耗尽型器件的栅-源电压保持为零，所以从源极看进去的等效电阻 $R_o=r_o$。该反相器的小信号等效电路如图 4.48 所示，这里的脚标 D 和 L 分别表示驱动晶体管和负载晶体管。并且在这里再次忽略了负载晶体管衬底的基体效应。则小信号电压增益为

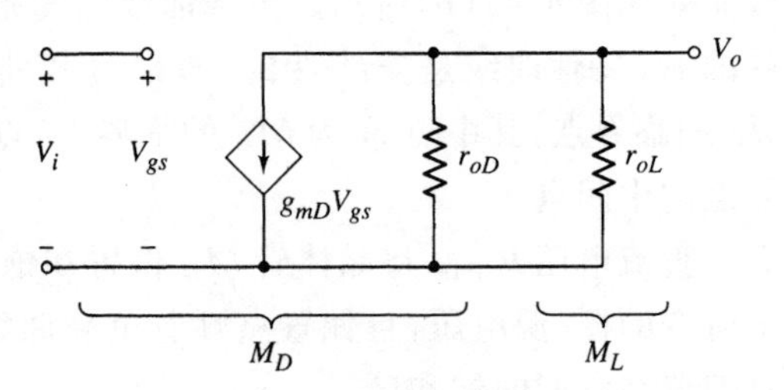

图 4.48　带耗尽型负载器件的 NMOS 反相器小信号等效电路

$$A_v = \frac{V_o}{V_i} = -g_{mD}(r_{oD} \| r_{oL}) \tag{4.51}$$

该电路中，电压增益直接和两个晶体管的输出电阻成比例。

【例题 4.13】

目的：求解带耗尽型负载器件的NMOS放大器小信号电压增益。

已知如图4.47(a)所示的电路，假设晶体管的参数为$V_{TND}=0.8\text{V}$，$V_{TNL}=-1.5\text{V}$，$K_{nD}=1\text{mA/V}^2$，$K_{nL}=0.2\text{mA/V}^2$且$\lambda_D=\lambda_L=0.01\text{V}^{-1}$。晶体管偏置在$I_{DQ}=0.2\text{mA}$。

解：驱动晶体管的跨导为

$$g_{mD} = 2\sqrt{K_{nD}I_{DQ}} = 2\sqrt{(1)(0.2)} = 0.894\text{mA/V}$$

因为$\lambda_D=\lambda_L$，所以输出电阻为

$$r_{oD} = r_{oL} = \frac{1}{\lambda I_{DQ}} = \frac{1}{(0.01)(0.2)} = 500\text{k}\Omega$$

则小信号电压增益为

$$A_v = -g_{mD}(r_{oD} \| r_{oL}) = -(0.894)(500 \| 500) = -224$$

点评：带耗尽型负载的NMOS放大器的电压增益通常比带增强型负载的要大。衬底的基体效应将减弱理想的增益系数。

讨论：在该电路的设计中，没有强调的一点是直流偏置，但提到两个晶体管都需要偏置在饱和区。由图4.47(a)可知，这种直流偏置是用直流电源V_{GSDQ}来实现的。可是，由于传输特性曲线的斜率较大(图4.47(c))，很难施加合适的电压。在下一节将会看到，直流偏置通常采用电流源来实现。

练习题

【练习题 4.13】 图4.47(a)所示的耗尽型负载放大器，其参数为$V_{TND}=0.8\text{V}$，$V_{TNL}=-1.2\text{V}$，$K_{nD}=250\mu\text{A/V}^2$，$K_{nL}=25\mu\text{A/V}^2$，$\lambda_D=\lambda_L=0.01\text{V}^{-1}$和$V_{DD}=5\text{V}$。(a)试求使$Q$点位于饱和区中点的$V_{GS}$。(b)试计算静态漏极电流。(c)试求小信号电压增益。(答案：(a)$V_{GS}=1.18\text{V}$；(b)$I_{DQ}=37\mu\text{A}$；(c)$A_v=-257$)

4.7.4 带有源负载的NMOS放大器

CMOS共源放大器

图4.49(a)所示的共源放大器，分别采用了N沟道增强型驱动晶体管和P沟道增强型有源负载。P沟道有源负载晶体管M_2由M_3和I_{Bias}来偏置。这种结构和第3章图3.53所示的MOSFET电流源相似。在同一个电路中同时采用了N沟道晶体管和P沟道晶体管，这种电路被称为CMOS放大器。现在，CMOS电路结构的应用几乎完全取代了NMOS增强型或耗尽型负载器件的应用。

图4.49(b)所示为M_2的i-v特性曲线。通过M_3建立的栅-源电压为恒值。驱动晶体管的特性曲线和负载曲线如图4.49(c)所示。此外图中还标出了M_1和M_2的临界点，其中点A为M_1的临界点，点B为M_2的临界点。应该使放大器的Q点位于点A和点B的中点，这样就能使两个晶体管都偏置在各自的饱和区。其电压传输特性如图4.49(d)所示，图中同样标出了点A和点B以及理想的Q点位置。

这里再次应用小信号等效电路来求解小信号电压增益。由于v_{SG2}保持恒定，从M_2漏

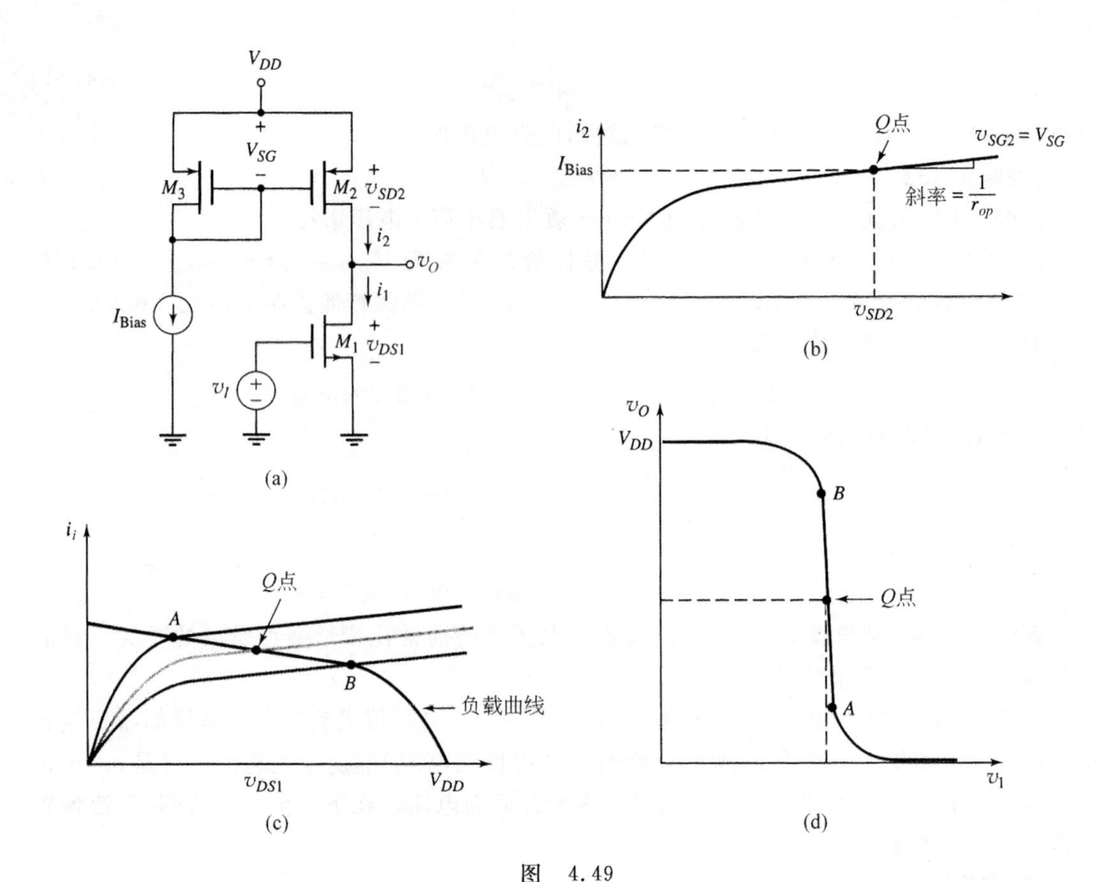

图 4.49

(a) CMOS共源放大器；(b) PMOS有源负载 i-v 特性曲线；(c) 驱动晶体管特性曲线和负载曲线；(d) 电压传输特性曲线

极看进去的等效电阻刚好为 $R_o = r_{op}$。该反相器的小信号等效电路如图 4.50 所示。脚标 n 和 p 分别指 N 沟道和 P 沟道晶体管。可能会注意到 M_1 的衬底电极连接到地电位，这和 M_1 的源极相同；并且 M_2 的衬底电极连接到 V_{DD}，这也和 M_2 的源极相同，因而电路中不存在衬底的基体效应。

图 4.50 CMOS共源放大器的小信号等效电路

小信号电压增益为

$$A_v = \frac{V_o}{V_i} = -g_{mn}(r_{on} \parallel r_{op}) \qquad (4.52)$$

该电路的小信号电压增益同样和两个晶体管的输出电阻直接成比例。

【例题 4.14】

目的：求解 CMOS 放大器的小信号电压增益。

已知如图 4.49(a)所示的电路，假设晶体管的参数为 $V_{TN}=0.8\text{V}$，$V_{TP}=-0.8\text{V}$，$k'_n=80\mu\text{A/V}^2$，$k'_p=40\mu\text{A/V}^2$，$(W/L)_n=15$，$(W/L)_p=30$ 和 $\lambda_n=\lambda_p=0.01\text{V}^{-1}$，再假设 $I_{\text{Bias}}=0.2\text{mA}$。

解：NMOS 驱动器的跨导为

$$g_{mn} = 2\sqrt{K_n I_{DQ}} = 2\sqrt{\left(\frac{k'_n}{2}\right)\left(\frac{W}{L}\right)_n I_{\text{Bias}}} = 2\sqrt{\left(\frac{0.08}{2}\right)(15)(0.2)} = 0.693\text{mA/V}$$

因为 $\lambda_n=\lambda_p$，所以输出电阻为

$$r_{on}=r_{op}=\frac{1}{\lambda I_{DQ}}=\frac{1}{(0.01)(0.2)}=500\text{k}\Omega$$

则小信号电压增益为

$$A_v=-g_m(r_{on}\parallel r_{op})=-(0.693)(500\parallel 500)=-173$$

点评：CMOS 放大器的电压增益和带耗尽型负载的 NMOS 放大器具有相同的数量级。但是在 CMOS 放大器中不存在衬底的基体效应。

讨论：在图 4.49(a)所示的电路结构中，也必须对 M_1 施加直流电压以达到合适的 Q 点。在随后的章节中，将采用更加复杂的电路来证明采用恒流源偏置更容易确立 Q 点。然而，这里所介绍的电路阐明了 CMOS 共源放大器的基本原理。

练习题

【练习题 4.14】 图 4.49(a)所示的电路。假设晶体管参数为 $V_{TN}=0.5\text{V}$，$V_{TP}=-0.5\text{V}$，$k_n'=80\mu\text{A/V}^2$，$k_p'=40\mu\text{A/V}^2$ 和 $\lambda_n=\lambda_p=0.01\text{V}^{-1}$；$I_{\text{Bias}}=0.1\text{mA}$。并假设晶体管 M_2 和 M_3 匹配。试求使小信号电压增益为 $A_v=-250$ 的晶体管 M_1 的宽、长之比。（答案：$(W/L)_1=35.2$）

CMOS 源极跟随器

CMOS 基本电路同样可以用来构成源极跟随器。图 4.51(a)所示则为源极跟随器电路。可以看出，该源极跟随器电路中的有源负载 M_2 为 N 沟道器件，而不是 P 沟道器件。输入信号施加在 M_1 的栅极而输出信号从 M_1 的源极引出。

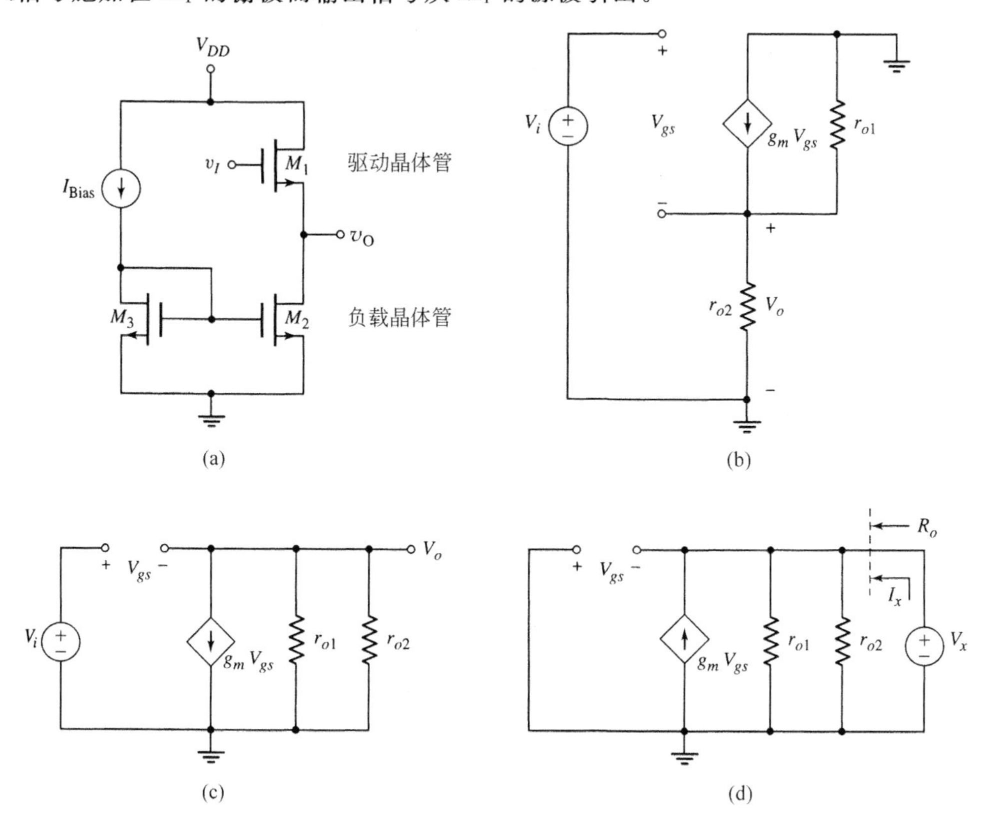

图　4.51

(a) 全 NMOS 源极跟随器电路；(b) 小信号等效电路；(c) 调整后的小信号等效电路；(d) 用来求解输出电阻的小信号等效电路

该源极跟随器的小信号等效电路如图 4.51(b)所示。电路中的两个信号地在调整后的电路中组合成一个信号地，如图 4.51(c)所示。

【例题 4.15】

目的：求解图 4.51(a)所示源极跟随器的小信号电压增益和输出电阻。

假设基准偏置电流 $I_{Bias}=0.20\text{mA}$，且偏置电压 $V_{DD}=5\text{V}$。并且假设所有的晶体管均匹配(都相同)，其参数为 $V_{TN}=0.8\text{V}$，$K_n=0.20\text{mA/V}^2$ 和 $\lambda=0.01\text{V}^{-1}$。

由于 M_3 和 M_2 为匹配晶体管并具有相同的栅-源电压，所以 M_1 中的漏极电流为 $I_{D1}=I_{Bias}=0.2\text{mA}$。

解(电压增益)：由图 4.51(c)可以求得小信号输出电压为

$$V_o = g_{m1}V_{gs}(r_{o1}\parallel r_{o2})$$

输出回路的 KVL 方程为

$$V_i = V_{gs} + V_o = V_{gs} + g_{m1}V_{gs}(r_{o1}\parallel r_{o2})$$

即

$$V_{gs} = \frac{V_i}{1+g_{m1}(r_{o1}\parallel r_{o2})}$$

将 V_{gs} 的等式代入到输出电压的表达式中。可得小信号电压增益为

$$A_v = \frac{V_o}{V_i} = \frac{g_{m1}(r_{o1}\parallel r_{o2})}{1+g_{m1}(r_{o1}\parallel r_{o2})}$$

可以求得小信号等效电路参数为

$$g_{m1} = 2\sqrt{K_nI_{D1}} = 2\sqrt{(0.20)(0.20)} = 0.40\text{mA/V}$$

和

$$r_{o1} = r_{o2} = \frac{1}{\lambda I_D} = \frac{1}{(0.01)(0.20)} = 500\text{k}\Omega$$

则小信号电压增益为

$$A_v = \frac{(0.40)(500\parallel 500)}{1+(0.40)(500\parallel 500)}$$

即

$$A_v = 0.990$$

解(输出电阻)：输出电阻可由图 4.51(d)所示的等效电路求得。将独立电压源 V_i 置为零，并且在输出端施加测试电压 V_x。

将输出节点的电流求和，可得

$$I_x + g_{m1}V_{gs} = \frac{V_x}{r_{o2}} + \frac{V_x}{r_{o1}}$$

从图中可知对于该电路有 $V_{gs}=-V_x$，于是有

$$I_x = V_x\left(g_{m1}+\frac{1}{r_{o1}}+\frac{1}{r_{o2}}\right)$$

因此输出电阻为

$$R_o = \frac{V_x}{I_x} = \frac{1}{g_{m1}}\parallel r_{o2}\parallel r_{o1}$$

可得

$$R_o = \frac{1}{0.40} \parallel 500 \parallel 500$$

即

$$R_o = 2.48\text{k}\Omega$$

点评：电压增益 $A_v = 0.99$ 是源极跟随器的典型值。输出电阻 $R_o = 2.48\text{k}\Omega$ 对于MOSFET电路来说是相对较小的，这也是源极跟随器电路的特性之一。

练习题

【练习题 4.15】 可以通过改变偏置电流来改变图4.51所示电路中的晶体管跨导 g_m，以使电路的输出电阻 $R_o = 2\text{k}\Omega$。假设其他所有的参数都和例题4.15所给的相同。(a)试求所需要的 g_m 和 I_{Bias} 值。(b)利用(a)的结果求解小信号电压增益。(答案：(a) $I_D = 0.3125\text{mA}$；(b) $A_v = 0.988$)

计算机分析题

【PS4.1】 应用PSpice分析，研究图4.51所示源极跟随器电路的小信号电压增益和输出电阻，并考虑衬底的基体效应。

CMOS 共栅放大器

图4.52(a)所示为共栅电路。可以看出此共栅电路中的有源负载为PMOS器件 M_2。输入信号施加到 M_1 的源极，而输出信号从 M_1 的漏极引出。

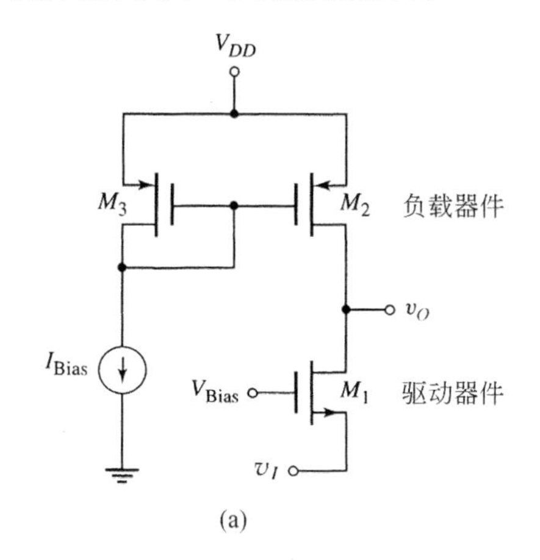

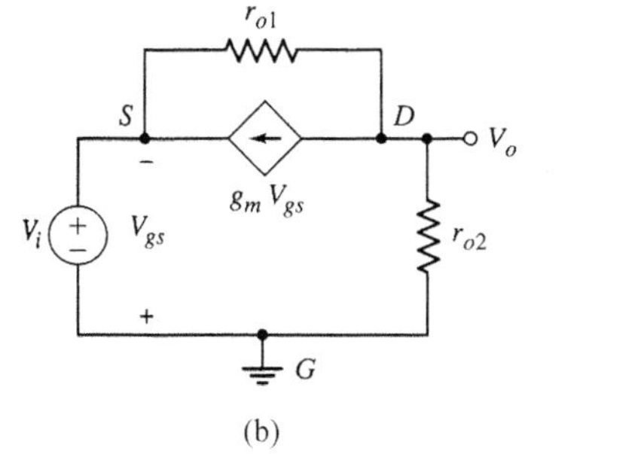

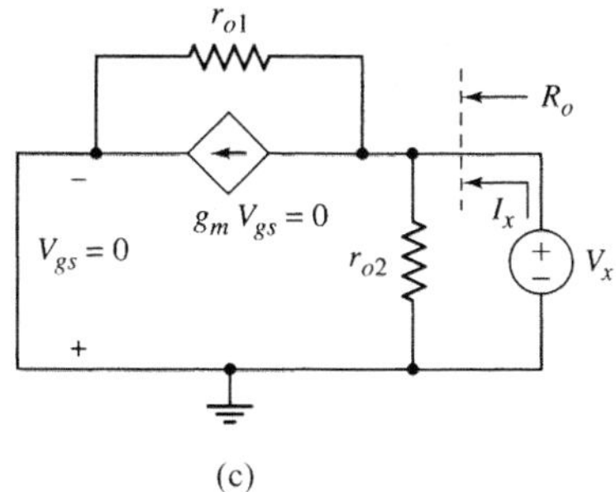

图　4.52

(a) CMOS共栅放大器；(b) 小信号等效电路；(c) 用于求解输出电阻的小信号等效电路

共栅电路的小信号等效电路如图 4.52(b)所示。

【例题 4.16】

目的：求解图 4.52(a)所示共栅电路的小信号电压增益和输出电阻。

假设基准偏置电流 $I_{Bias}=0.20mA$，偏置电压 $V_{DD}=5V$。并且假设晶体管参数为 $V_{TN}=0.80V$，$V_{TP}=-0.80V$，$K_n=0.20mA/V^2$，$K_p=0.20mA/V^2$ 和 $\lambda_n=\lambda_p=0.01V^{-1}$。

因为 M_2 和 M_3 是匹配的晶体管，具有相同的源-栅电压，所以 M_1 中的偏置电流为 $I_{D1}=I_{Bias}=0.20mA$。

解(电压增益)：由图 4.52(b)可知，将输出端的节点电流求和可得

$$\frac{V_o}{r_{o2}}+g_{m1}V_{gs}+\frac{V_o-(-V_{gs})}{r_{o1}}=0$$

即

$$V_o\left(\frac{1}{r_{o2}}+\frac{1}{r_{o1}}\right)+V_{gs}\left(g_{m1}+\frac{1}{r_{o1}}\right)=0$$

由电路可以看出 $V_{gs}=-V_i$。则可得小信号电压增益为

$$A_v=\frac{g_{m1}+\dfrac{1}{r_{o1}}}{\dfrac{1}{r_{o2}}+\dfrac{1}{r_{o1}}}$$

求得小信号等效电路的参数为

$$g_{m1}=2\sqrt{K_nI_{D1}}=2\sqrt{(0.20)(0.20)}=0.40mA/V$$

和

$$r_{o1}=r_{o2}=\frac{1}{\lambda I_{D1}}=\frac{1}{(0.01)(0.20)}=500k\Omega$$

因此可得

$$A_v=\frac{0.40+\dfrac{1}{500}}{\dfrac{1}{500}+\dfrac{1}{500}}$$

即

$$A_v=101$$

解(输出电阻)：输出电阻可由图 4.52(c)所示的等效电路求解。

将输出节点的电流求和，可得

$$I_x=\frac{V_x}{r_{o2}}+g_{m1}V_{gs}+\frac{V_x-(-V_{gs})}{r_{o1}}$$

而 $V_{gs}=0$，所以 $g_{m1}V_{gs}=0$。则可得

$$R_o=\frac{V_x}{I_x}=r_{o1}\parallel r_{o2}=500\parallel 500$$

即

$$R_o=250k\Omega$$

点评：电压增益 $A_v=+101$ 是共栅放大器的典型值。输出信号和输入信号同相且增益相对较大。同样，较大的输出电阻 $R_o=250k\Omega$ 也是共栅放大器的典型值。共栅放大器电路的作用就像是一个电流源。

练习题

【练习题 4.16】 可以通过改变偏置电流来改变图 4.52 所示电路中的晶体管跨导 g_m，以使电路的小信号电压增益为 $A_v=120$。假设晶体管所有其他的参数都和例题 4.16 所给的相同。(a)试求所需要的 g_m 和 I_{Bias} 值。(b)利用(a)的结果求解输出电阻。(答案：(a)$I_D=0.14\text{mA}$，$g_m=0.335\text{mA/V}$；(b) $R_o=357\text{k}\Omega$)

计算机分析题

【PS4.2】 应用 PSpice 分析，研究图 4.52 所示共栅放大器的小信号电压增益和输出电阻，并考虑衬底的基体效应。

理解测试题

【测试题 4.15】 图 4.43(a)所示的增强型负载放大器，其参数为 $V_{TND}=V_{TNL}=0.8\text{V}$，$k_n'=40\mu\text{A/V}^2$，$(W/L)_D=80$，$(W/L)_L=1$ 和 $V_{DD}=5\text{V}$。试求小信号电压增益。并求使 Q 点位于饱和区中心点的 V_{GS} 值。(答案：$A_v=-8.94$，$V_{GS}=1.01\text{V}$)

4.8　多级放大器

本节内容：分析多晶体管或多级放大器电路，并了解这些电路与单级晶体管电路相比的优点。

在大多数应用中，单级晶体管放大器不能满足指定的放大倍数、输入电阻以及输出电阻等综合指标的要求。例如要求的电压增益可能超过单级晶体管电路可能获得的增益值。在此，将考虑使用曾在第 3 章中讨论过的两级晶体管电路的交流分析方法。

4.8.1　多级放大器：级联电路

图 4.53 所示为共源放大器级联源极跟随器的放大电路。如前所述，共源放大器提供小信号电压增益，源极跟随器具有较低的输出阻抗并提供所需的输出电流。电路中的电阻采用在 3.5.1 节中求出的电阻值。

假设所有外部的耦合电容作用为短路，并代入晶体管的小信号等效电路，就可以求出多级放大器的中频小信号电压增益。

【例题 4.17】

目的：求解多级级联电路的小信号电压增益。

已知如图 4.53 所示的电路。晶体管参数为 $K_{n1}=0.5\text{mA/V}^2$，$K_{n2}=0.2\text{mA/V}^2$，$V_{TN1}=V_{TN2}=1.2\text{V}$ 且 $\lambda_1=\lambda_2=0$。静态漏极电流为 $I_{D1}=0.2\text{mA}$ 和 $I_{D2}=0.5\text{mA}$。

解：小信号等效电路如图 4.54 所示。小信号跨导参数为

$$g_{m1}=2\sqrt{K_{n1}I_{D1}}=2\sqrt{(0.5)(0.2)}=0.632\text{mA/V}$$

和

$$g_{m2}=2\sqrt{K_{n2}I_{D2}}=2\sqrt{(0.2)(0.5)}=0.632\text{mA/V}$$

输出电压为

$$V_o=g_{m2}V_{gs2}(R_{S2}\parallel R_L)$$

同样

$$V_{gs2}+V_o=-g_{m1}V_{gs1}R_{D1}$$

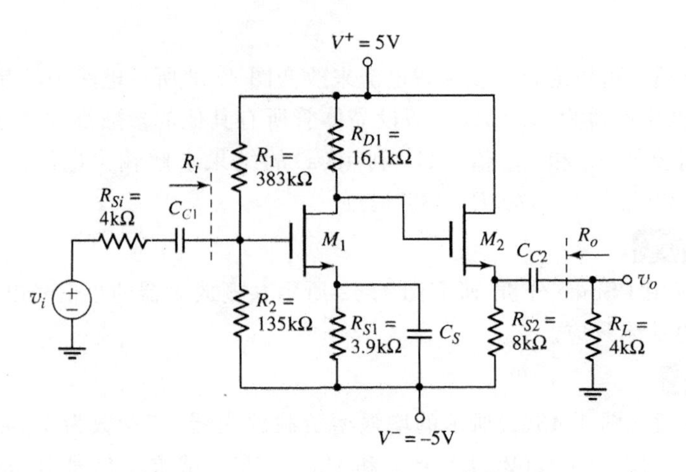

图 4.53　共源放大器和源极跟随器级联

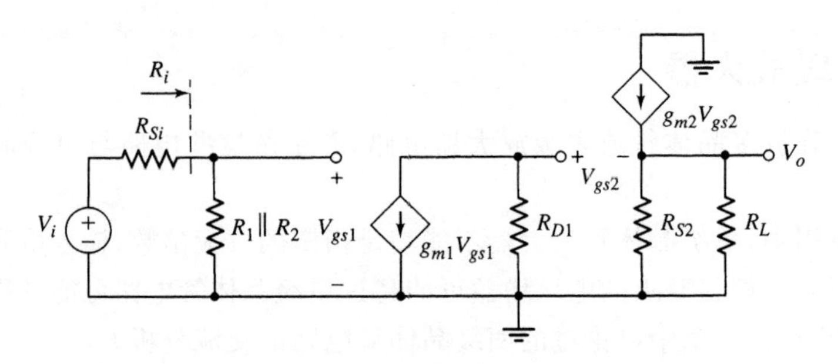

图 4.54　NMOS 级联电路的小信号等效电路

式中

$$V_{gs1} = \left(\frac{R_i}{R_i + R_{Si}}\right) \cdot V_i$$

于是

$$V_{gs2} = -g_{m1} R_{D1} \left(\frac{R_i}{R_i + R_{Si}}\right) \cdot V_i - V_o$$

因而

$$V_o = g_{m2}\left[-g_{m1} R_{D1} \left(\frac{R_i}{R_i + R_{Si}}\right) \cdot V_i - V_o\right](R_{S2} \| R_L)$$

则小信号电压增益为

$$A_v = \frac{V_o}{V_i} = \frac{-g_{m1} g_{m2} R_{D1} (R_{S2} \| R_L)}{1 + g_{m2} (R_{S2} \| R_L)} \cdot \left(\frac{R_i}{R_i + R_{Si}}\right)$$

即

$$A_v = \frac{-(0.632)(0.632)(16.1)(8 \| 4)}{1 + (0.632)(8 \| 4)} \cdot \left(\frac{100}{100 + 4}\right) = -6.14$$

点评：由于源极跟随器的小信号电压增益稍小于1，所以全部的电压增益基本都是由输入级共源放大器产生的。同样，如前所述，源极跟随器的输出电阻很小，很多应用中都需要这样的条件。

练习题

【练习题 4.17】 对于图 4.53 所示的级联电路，晶体管和电路的参数和例题 4.17 中所给的相同。试计算小信号输出电阻 R_o。(小信号等效电路如图 4.54 所示。)(答案：$R_o=1.32\text{k}\Omega$)

4.8.2　多级放大器：共源-共栅放大器

图 4.55 所示为 N 沟道 MOSFET 组成的共源-共栅放大器电路。其中晶体管 M_1 为共源组态，M_2 为共栅组态。这种电路结构的优点是具有较高的频率响应，这些将在第 7 章进行讨论。电路的电阻采用 3.5.2 节中所求得的电阻值。

将分别在第 11 章和第 13 章讨论其他的多级和多晶体管电路。

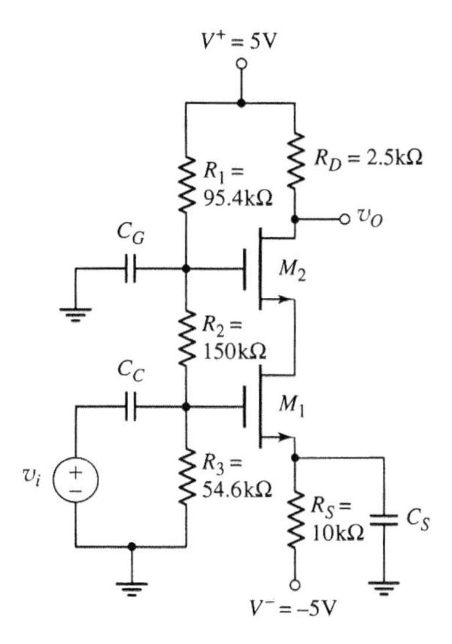

图 4.55　NMOS 共源-共栅电路

【例题 4.18】

目的：求解共源-共栅电路的小信号电压增益。

已知如图 4.55 所示的共源-共栅电路，晶体管参数为 $K_{n1}=K_{n2}=0.8\text{mA/V}^2$，$V_{TN1}=V_{TN2}=1.2\text{V}$ 和 $\lambda_1=\lambda_2=0$。每个晶体管的静态漏极电流都是 $I_D=0.4\text{mA}$。假设电路的输入信号为理想电压源。

解：因为两个晶体管相同并且它们的电流也相等，所以小信号跨导参数为

$$g_{m1}=g_{m2}=2\sqrt{K_nI_D}=2\sqrt{(0.8)(0.4)}=1.13\text{mA/V}$$

小信号等效电路如图 4.56 所示。晶体管 M_1 用信号电流($g_{m1}V_i$)给 M_2 提供源极电流。晶体管 M_2 的作用为电流跟随器，并把电流传递到它的漏极。因而输出电压为

$$V_o=-g_{m1}V_{gs1}R_D$$

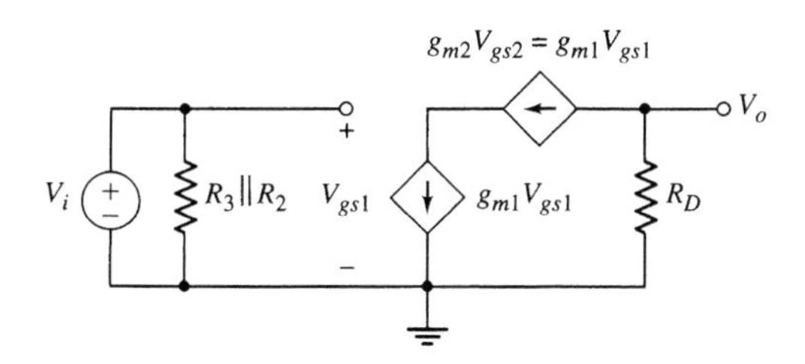

图 4.56　NMOS 共源-共栅电路的小信号等效电路

因为 $V_{gs1}=V_i$，所以小信号电压增益为

$$A_v=\frac{V_o}{V_i}=-g_{m1}R_D$$

即

$$A_v=-(1.13)(2.5)=-2.83$$

点评：小信号电压增益基本和单级共源放大器相同。附加共栅晶体管能增加频率带宽，这在以后的章节将会进行分析。

练习题

【练习题 4.18】 图 4.55 所示的共源-共栅电路，电源电压变为 $V^+=10V$ 和 $V^-=-10V$。晶体管参数为 $K_{n1}=K_{n2}=1.2mA/V^2$，$V_{TN1}=V_{TN2}=2V$ 和 $\lambda_1=\lambda_2=0$。(a)令 $R_1+R_2+R_3=500k\Omega$ 且 $R_S=10k\Omega$。试设计电路使 $I_{DQ}=1mA$ 且 $V_{DSQ1}=V_{DSQ2}=3.5V$。(b)试求小信号电压增益。(答案：(a)$R_3=145.5k\Omega$，$R_2=175k\Omega$，$R_1=179.5k\Omega$，$R_D=3k\Omega$；(b)$A_v=-6.57$)

*__理解测试题__

【测试题 4.16】 图 4.53 所示的共源-共栅电路，电源电压变为 $V^+=10V$ 和 $V^-=-10V$。晶体管参数为 $K_{n1}=K_{n2}=1mA/V^2$，$V_{TN1}=V_{TN2}=2V$，且 $\lambda_1=\lambda_2=0.01V^{-1}$。(a)令 $R_L=4k\Omega$，试设计电路使 $I_{DQ1}=I_{DQ2}=2mA$，$V_{DSQ1}=V_{DSQ2}=10V$ 且 $R_i=200k\Omega$。令 $R_{Si}=0$。(b)试计算小信号电压增益和输出电阻 R_o。(答案：(a)$R_{S2}=5k\Omega$，$R_{D1}=3.29k\Omega$，$R_{S1}=1.71k\Omega$，$R_1=586k\Omega$，$R_2=304k\Omega$；(b)$A_v=-8.06$，$R_o=0.330k\Omega$)

4.9 基本 JFET 放大器

本节内容：研究 JFET 器件的小信号模型并分析基本 JFET 放大器。

和 MOSFET 一样，JFET 也可以用来放大时变小信号。下面，首先研究 JFET 的小信号模型和等效电路，然后用这些模型来分析 JFET 放大器。

4.9.1 小信号等效电路

图 4.57 所示为栅极施加时变信号的 JFET 电路。栅-源瞬时电压为

$$v_{GS}=V_{GS}+v_i=V_{GS}+v_{gs} \tag{4.53}$$

式中 v_{gs} 为小信号栅-源电压。假设晶体管偏置在饱和区，漏极瞬时电流为

$$i_D=I_{DSS}\left(1-\frac{v_{GS}}{V_P}\right)^2 \tag{4.54}$$

式中 I_{DSS} 为饱和电流，V_P 为夹断电压。将式(4.53)代入式(4.54)，可得

$$i_D=I_{DSS}\left[\left(1-\frac{V_{GS}}{V_P}\right)-\left(\frac{v_{gs}}{V_P}\right)\right]^2 \tag{4.55}$$

将二次项展开，可得

$$i_D=I_{DSS}\left(1-\frac{V_{GS}}{V_P}\right)^2-2I_{DSS}\left(1-\frac{V_{GS}}{V_P}\right)\left(\frac{v_{gs}}{V_P}\right)+I_{DSS}\left(\frac{v_{gs}}{V_P}\right)^2 \tag{4.56}$$

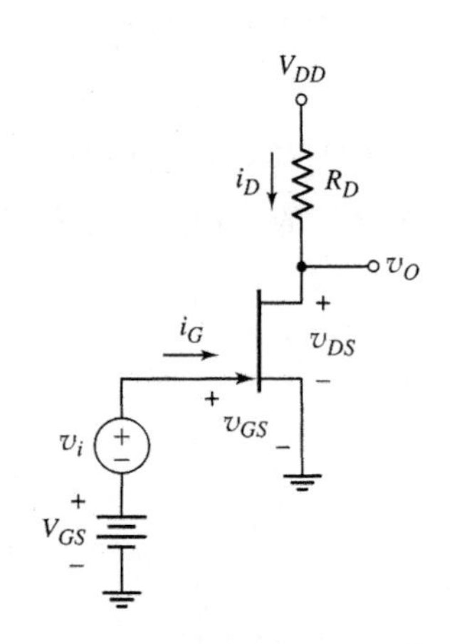

图 4.57 时变信号源与栅极直流电压源相串联的 JFET 共源电路

式(4.56)中的第一项为直流或静态漏极电流 I_{DQ}。第二项为时变漏极电流分量，该项和信号电压 v_{gs} 呈线性关系。第三项和信号电压的平方成比例。和 MOSFET 中的情况一样，第三项使输出电流产生非线性失真。为了使这种失真最小化，通常强加以下的条件

$$\left|\frac{v_{gs}}{V_P}\right|\ll 2\left(1-\frac{V_{GS}}{V_P}\right) \tag{4.57}$$

式(4.57)表示了 JFET 符合小信号线性放大器要求的必要条件。

忽略式(4.56)中的 v_{gs}^2 项,可得

$$i_D = I_{DQ} + i_d \tag{4.58}$$

式中时变信号电流为

$$i_d = +\frac{2I_{DSS}}{(-V_P)}\left(1 - \frac{V_{GS}}{V_P}\right)v_{gs} \tag{4.59}$$

将小信号漏极电流和小信号栅-源电压联系起来的常量为跨导 g_m。可以写出

$$i_d = g_m v_{gs} \tag{4.60}$$

式中

$$g_m = +\frac{2I_{DSS}}{(-V_P)}\left(1 - \frac{V_{GS}}{V_P}\right) \tag{4.61}$$

因为 N 沟道 JFET 的 V_P 为负值而跨导为正值,所以同时适合 N 沟道和 P 沟道 JFET 的关系式为

$$g_m = +\frac{2I_{DSS}}{|V_P|}\left(1 - \frac{V_{GS}}{V_P}\right) \tag{4.62}$$

还可以由下式来求跨导,即

$$g_m = \left.\frac{\partial i_D}{\partial v_{GS}}\right|_{v_{GS}=V_{GSQ}} \tag{4.63}$$

因为跨导和饱和电流 I_{DSS} 直接成比例,所以跨导也是晶体管宽、长之比的函数。

由于在分析反向偏置 PN 结时曾假设栅极输入电流 i_g 为零,也就意味着小信号输入电阻为无穷大。因而式(4.54)可以扩展为考虑偏置在饱和区的 JFET 的有限输出电阻的情况,这时等式变为

$$i_D = I_{DSS}\left(1 - \frac{v_{GS}}{V_P}\right)^2 (1 + \lambda v_{DS}) \tag{4.64}$$

小信号输出电阻为

$$r_o = \left.\left(\frac{\partial i_D}{\partial v_{DS}}\right)^{-1}\right|_{v_{GS}=\text{常数}} \tag{4.65}$$

应用式(4.64)可得

$$r_o = \left[\lambda I_{DSS}\left(1 - \frac{V_{GS}}{V_P}\right)^2\right]^{-1} \tag{4.66(a)}$$

即

$$r_o \approx (\lambda I_{DQ})^{-1} = \frac{1}{\lambda I_{DQ}} \tag{4.66(b)}$$

N 沟道 JFET 的小信号等效电路如图 4.58 所示,和 N 沟道 MOSFET 的情形完全相同。P 沟道 JFET 的小信号等效电路也和 P 沟道 MOSFET 的情形相同。但其栅-源控制电压的极性以及受控电流源的方向都和 N 沟道器件的相反。

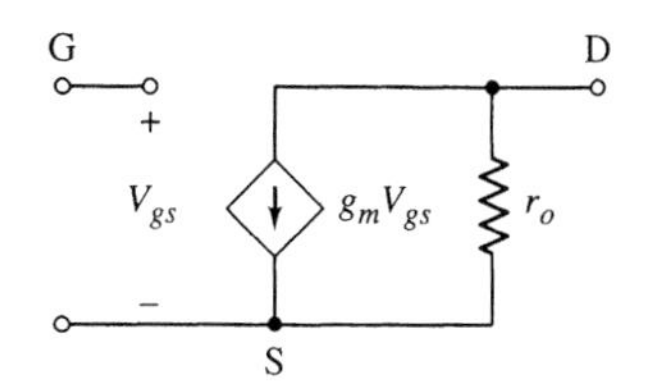

图 4.58 N 沟道 JFET 的小信号等效电路

4.9.2 小信号分析

因为 JFET 的小信号等效电路和 MOSFET 的相同,所以两种类型的电路分析方法也是一样的。为了说明这个问题,下面将分析两种 JFET 电路。

【例题 4.19】

目的：求解 JFET 放大器的小信号电压增益。

已知如图 4.59 所示电路晶体管的参数为 $I_{DSS}=12\text{mA}$，$V_P=-4\text{V}$ 和 $\lambda=0.008\text{V}^{-1}$。求解小信号电压增益 $A_v=v_o/v_i$。

解：静态直流栅-源电压可以由下式求得，即

$$V_{GSQ}=\left(\frac{R_2}{R_1+R_2}\right)V_{DD}-I_{DQ}R_S$$

式中

$$I_{DQ}=I_{DSS}\left(1-\frac{V_{GSQ}}{V_P}\right)^2$$

联立以上两个方程可以求得

$$V_{GSQ}=\left(\frac{180}{180+420}\right)(20)-(12)(2.7)\left(1-\frac{V_{GSQ}}{-4}\right)^2$$

于是可得

$$2.025V_{GSQ}^2+17.25V_{GSQ}+26.4=0$$

合理的解为

$$V_{GSQ}=-2.0\text{V}$$

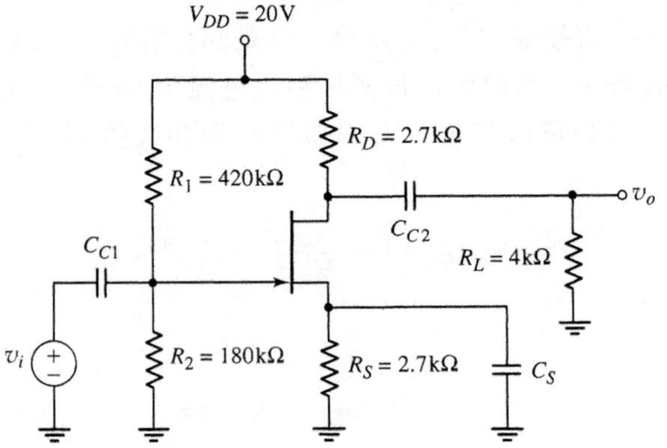

图 4.59 带源极电阻和源极旁路电容的共源 JFET 电路

静态漏极电流为

$$I_{DQ}=I_{DSS}\left(1-\frac{V_{GSQ}}{V_P}\right)^2=(12)\left(1-\frac{(-2.0)}{(-4)}\right)^2=3.00\text{mA}$$

小信号参数为

$$g_m=\frac{2I_{DSS}}{(-V_P)}\left(1-\frac{V_{GS}}{V_P}\right)=\frac{2(12)}{(4)}\left(1-\frac{(-2.0)}{(-4)}\right)=3.00\text{mA/V}$$

和

$$r_o=\frac{1}{\lambda I_{DQ}}=\frac{1}{(0.008)(3.00)}=41.7\text{k}\Omega$$

小信号等效电路如图 4.60 所示。

因为 $V_{gs}=V_i$，所以小信号电压增益为

$$A_v = \frac{V_o}{V_i} = -g_m(r_o \parallel R_D \parallel R_L)$$

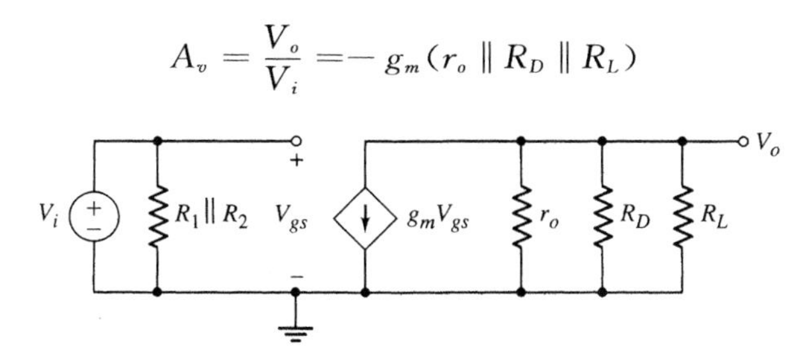

图 4.60　假设源极旁路电容作用为短路的共源 JFET 小信号等效电路

即

$$A_v = -(3.0)(41.7 \parallel 2.7 \parallel 4) = -4.66$$

点评：JFET 放大器的电压增益和 MOSFET 放大器的电压增益具有相同的数量级。

练习题

【练习题 4.19】　图 4.59 所示的 JFET 放大器，其晶体管参数为 $I_{DSS}=4\text{mA}$，$V_P=-3\text{V}$，$\lambda=0.005\text{V}^{-1}$。令 $R_L=4\text{k}\Omega$，$R_S=2.7\text{k}\Omega$，$R_1+R_2=500\text{k}\Omega$。重新设计电路使 $I_{DQ}=1.2\text{mA}$ 和 $V_{DSQ}=12\text{V}$。试求小信号电压增益。(答案：$R_D=3.97\text{k}\Omega$，$R_1=453\text{k}\Omega$，$R_2=47\text{k}\Omega$，$A_v=-2.87$)

【设计例题 4.20】

目的：设计给定小信号电压增益的 JFET 源极跟随器电路。

已知如图 4.61 所示的源极跟随器电路，晶体管参数为 $I_{DSS}=12\text{mA}$，$V_P=-4\text{V}$ 且 $\lambda=0.01\text{V}^{-1}$。欲使小信号电压增益至少为 $A_v=v_o/v_i=0.90$，试求需要的 R_S 和 I_{DQ}。

解：此电路的小信号等效电路如图 4.62 所示，输出电压为

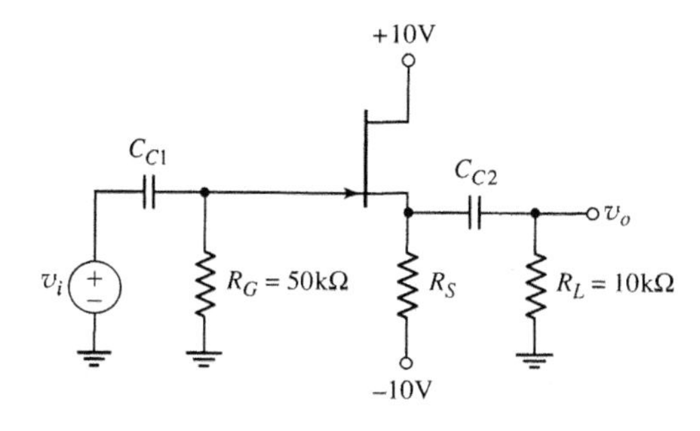

图 4.61　JFET 源极跟随器电路

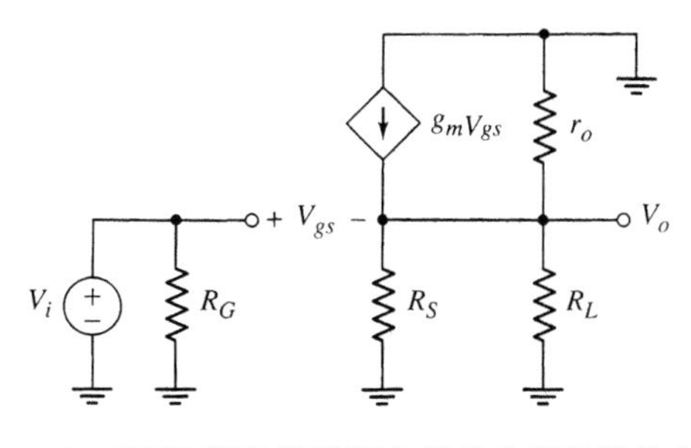

图 4.62　JFET 源极跟随器电路的小信号等效电路

$$V_o = g_m V_{gs}(R_S \parallel R_L \parallel r_o)$$

同样

$$V_i = V_{gs} + V_o$$

即

$$V_{gs} = V_i - V_o$$

于是，输出电压为

$$V_o = g_m(V_i - V_o)(R_S \parallel R_L \parallel r_o)$$

小信号电压增益变为

$$A_v = \frac{V_o}{V_i} = \frac{g_m(R_S \parallel R_L \parallel r_o)}{1 + g_m(R_S \parallel R_L \parallel r_o)}$$

作为第一次近似，假设 r_o 足够大以致 r_o 的作用可以忽略不计。

跨导为

$$g_m = \frac{2I_{DSS}}{(-V_P)}\left(1 - \frac{V_{GS}}{V_P}\right) = \frac{2(12)}{4}\left(1 - \frac{V_{GS}}{-4}\right)$$

如果取跨导的额定值为 $g_m = 2\text{mA/V}$，则 $V_{GS} = -2.67\text{V}$，静态漏极电流为

$$I_{DQ} = I_{DSS}\left(1 - \frac{V_{GS}}{V_P}\right)^2 = (12)\left(1 - \frac{(-2.67)}{(-4)}\right)^2 = 1.335\text{mA}$$

R_S 的值由下式确定，即

$$R_S = \frac{-V_{GS} - (-10)}{I_{DQ}} = \frac{2.67 + 10}{1.335} = 9.49\text{k}\Omega$$

同样，r_o 的值为

$$r_o = \frac{1}{\lambda I_{DQ}} = \frac{1}{(0.01)(1.335)} = 74.9\text{k}\Omega$$

则包含 r_o 作用的小信号电压增益为

$$A_v = \frac{g_m(R_S \parallel R_L \parallel r_o)}{1 + g_m(R_S \parallel R_L \parallel r_o)} = \frac{(2)(9.49 \parallel 10 \parallel 74.9)}{1 + (2)(9.49 \parallel 10 \parallel 74.9)} = 0.902$$

点评：这种特殊的设计满足了设计指标要求，但本例题的解不是唯一的。

练习题

【练习题 4.20】 重新观察图 4.61 所示的源极跟随器电路，晶体管参数为 $I_{DSS} = 8\text{mA}$，$V_P = -3.5\text{V}$，$\lambda = 0.01\text{V}^{-1}$。(a)试设计电路使 $I_{DQ} = 2\text{mA}$。(b)如果 R_L 趋向于无穷大，试计算小信号电压增益。(c)如果小信号电压增益减小 20%，试求此时的 R_L 值。(答案：(a)$R_S = 5.88\text{k}\Omega$；(b)$A_v = 0.923$；(c)$R_L = 1.64\text{k}\Omega$)

在例题 4.20 中预先选择了一个跨导值并贯穿整个设计过程。更为详细的分析将表明 g_m 和 R_S 的值依赖于漏极电流 I_{DQ}，这样一来乘积项 $g_m R_S$ 就近似为常数。这意味着小信号电压增益不受跨导初值的影响。

理解测试题

【测试题 4.17】 重新观察图 4.59 所示的 JFET 放大器，晶体管参数与例题 4.19 所给的相同。如果在信号源 v_i 上串联 20kΩ 的电阻，试求小信号电压增益。(答案：$A_v = -3.98$)

***【测试题 4.18】** 图 4.63 所示的电路，其晶体管参数为 $I_{DSS} = 6\text{mA}$，$|V_P| = 2\text{V}$ 和 $\lambda = 0$。(a)试计算每个晶体管的静态漏极电流和漏-源电压。(b)试求总的小信号电压增益 $A_v =$

v_o/v_i。(答案：(a)$I_{DQ1}=1\text{mA}, V_{SDQ1}=12\text{V}, I_{DQ2}=1.27\text{mA}, V_{SDQ2}=14.9\text{V}$；(b) $A_v=-2.05$)

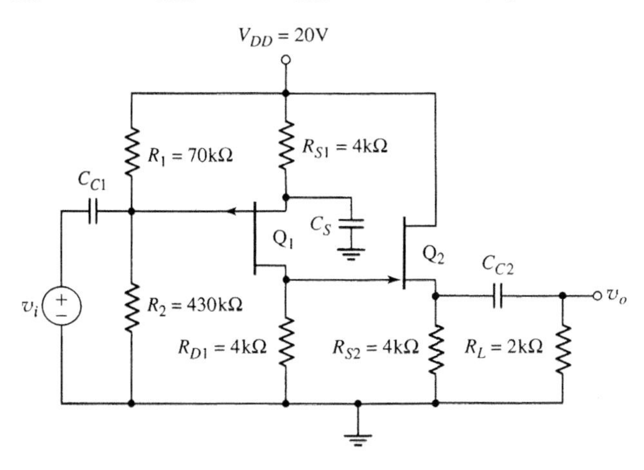

图 4.63　测试题 4.18 的电路

4.10　设计举例：两级放大器

设计目的：设计两级 MOSFET 电路来放大传感器的输出信号。

设计指标：假设图 4.64 所示电路中的分压器的电阻 R_2 是温度、压力或某个其他变量的线性函数。当 $\delta=0$ 时，放大器的输出为零。

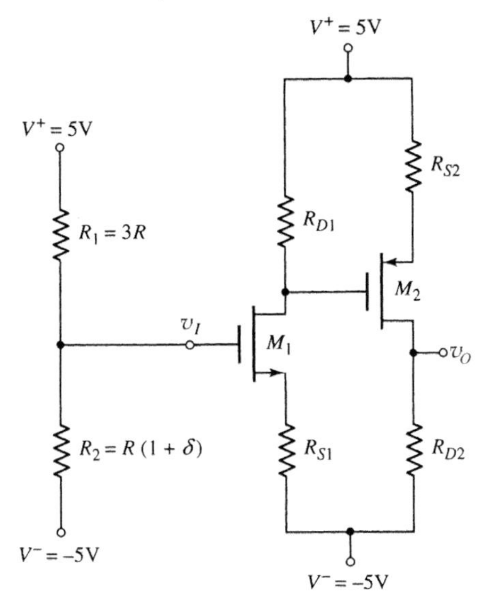

图 4.64　满足设计要求的两级 MOSFET 放大器

设计方案：将要设计的放大器结构如图 4.64 所示。通过选择电阻 R_1 使分压器在 R_1 和 R_2 之间产生一个负的直流电压 v_I。M_1 的栅极电压为负则意味着电阻 R_{S1} 不需要特别大。

器件选择：假设可以利用参数为 $V_{TN}=1\text{V}, V_{TP}=-1\text{V}, K_n=K_p=2\text{mA/V}^2$ 且 $\lambda_n=\lambda_p\approx0$ 的 NMOS 和 PMOS 晶体管。

解(电压分压器分析)：电压 v_I 可以写为

$$v_I = \left[\frac{R(1+\delta)}{R(1+\delta)+3R}\right](10)-5=\frac{(1+\delta)(10)}{4+\delta}-5$$

即

$$v_I = \frac{(1+\delta)(10)-5(4+\delta)}{4+\delta}=\frac{-10+5\delta}{4+\delta}$$

假设 $\delta \ll 4$,则可得

$$v_I = -2.5+1.25\delta$$

解(直流设计)：取 $I_{D1}=0.5\text{mA}$ 和 $I_{D2}=1\text{mA}$。栅-源电压可由下式求得,即

$$0.5=2(V_{GS1}-1)^2 \Rightarrow V_{GS1}=1.5\text{V}$$

和

$$1=2(V_{GS2}-1)^2 \Rightarrow V_{GS2}=1.707\text{V}$$

可以求得 $V_{S1}=V_I-V_{GS1}=-2.5-1.5=-4\text{V}$。于是电阻 R_{S1} 为

$$R_{S1}=\frac{V_{S1}-V^-}{I_{D1}}=\frac{-4-(-5)}{0.5}=2\text{k}\Omega$$

令 $V_{D1}=1.5\text{V}$,可以求得 R_{D1} 为

$$R_{D1}=\frac{V^+-V_{D1}}{I_{D1}}=\frac{5-1.5}{0.5}=7\text{k}\Omega$$

有 $V_{S2}=V_{D1}+V_{SG2}=1.5+1.707=3.207\text{V}$。于是

$$R_{S2}=\frac{V^+-V_{S2}}{I_{D2}}=\frac{5-3.207}{1}=1.79\text{k}\Omega$$

对于 $V_O=0$,可得

$$R_{D2}=\frac{V_O-V^-}{I_{D2}}=\frac{0-(-5)}{1}=5\text{k}\Omega$$

解(交流分析)：此电路的小信号等效电路如图 4.65 所示。可知 $V_2=-g_{m1}V_{gs1}R_{D1}$ 和 $V_{gs1}=V_i/(1+g_{m1}R_{S1})$。同样知道 $V_o=g_{m2}V_{sg2}R_{D2}$ 和 $V_{sg2}=-V_2/(1+g_{m2}R_{S2})$。联立这些方程可得

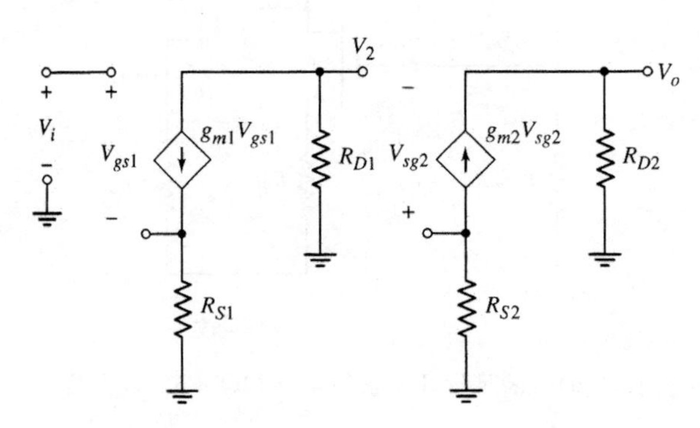

图 4.65　满足设计指标要求的两级 MOSFET 放大器的小信号等效电路

$$V_o=\frac{g_{m1}g_{m2}R_{D1}R_{D2}}{(1+g_{m1}R_{S1})(1+g_{m2}R_{S2})}V_i$$

交流输入信号为 $V_i=1.25\delta$,于是可得

$$V_o = \frac{(1.25)g_{m1}g_{m2}R_{D1}R_{D2}}{(1+g_{m1}R_{S1})(1+g_{m2}R_{S2})}\delta$$

可以求得

$$g_{m1} = 2\sqrt{K_n I_{D1}} = 2\sqrt{(2)(0.5)} = 2\text{mA/V}$$

和

$$g_{m2} = 2\sqrt{K_p I_{D2}} = 2\sqrt{(2)(1)} = 2.828\text{mA/V}$$

于是可得

$$V_o = \frac{(1.25)(2)(2.828)(7)(5)}{[1+(2)(2)][1+(2.828)(1.79)]}\delta$$

即

$$V_o = 8.16\delta$$

点评：因为 NMOS 栅极的低频输入阻抗为无穷大，所以分压器电路不存在负载效应。

设计指南：如前所述，通过选择 R_1 的值大于 R_2 就可以使得加到 M_1 栅极的直流电压为负值。负的栅极电压意味着所需要的 R_{S1} 值减小却仍旧能维持所需的电流。由于 M_1 的漏极电压为正值，所以通过在第二级采用 PMOS 晶体管，也会使源极电阻 R_{S2} 的值减小。较小的源极电阻可以产生较大的电压增益。

4.11　本章小结

- 本章强调了线性放大器电路中 MOSFET 的应用。重点强化了晶体管的小信号等效电路，晶体管的小信号等效电路可以用在线性放大器的分析和设计中。
- 研究了三种基本的电路组态：共源组态、源极跟随器和共栅组态。这三种电路组态形成了复杂的集成电路的基本结构单元。分析了这些电路的小信号电压增益和输出电阻。这三种电路的电路特性在表 4.2 中作了比较。
- 研究了带增强型负载器件、耗尽型负载器件以及互补(CMOS)器件电路的交流分析。这些电路是全 MOSFET 电路的例子，对这些电路的分析为本书后面将要讲解的更为复杂的全 MOSFET 集成电路做了一个铺垫。
- 提出了 JFET 的小信号等效电路并用来进行了几种组态的 JFET 放大器的分析。

本章要求

通过本章的学习，读者应该能够做到：

1. 用图解法阐明简单的 MOSFET 放大器电路中的放大过程。
2. 阐述 MOSFET 的小信号等效电路并求解小信号参数的值。
3. 在各种 MOSFET 放大器电路中应用小信号等效电路来求解时变电路的特性。
4. 阐述共源放大器的小信号电压增益和输出电阻的特性。
5. 阐述源极跟随器的小信号电压增益和输出电阻的特性。
6. 阐述共栅放大器的小信号电压增益和输出电阻的特性。
7. 阐述带增强型负载、耗尽型负载或 PMOS 负载的 NMOS 放大器的工作原理。
8. 将 MOSFET 小信号等效电路应用到多级放大器电路的分析中。
9. 分析基本的 JFET 放大器电路并阐述其工作原理。

复习题

1. 应用叠加在晶体管特性曲线上的负载线的概念，来论述简单的共源电路是如何放大时变信号的。

2. 晶体管的宽、长之比是如何影响共源放大器的小信号电压增益的？

3. 阐述小信号电路参数 r_o 的物理意义。

4. 衬底的基体效应是如何改变 MOSFET 小信号等效电路的？

5. 画出简单的共源放大器电路并讨论其常规的交流电路特性（电压增益和输出电阻）。

6. 论述通常在什么样的条件下应用共源放大器。

7. 一般情况共源放大器电压增益的值相对较小吗，为什么？

8. 当在共源放大器设计中加入了源极电阻和源极旁路电容时，电路的交流特性将发生哪些变化？

9. 画出简单的源极跟随器放大电路并讨论其常规的交流电路特性（电压增益和输出电阻）。

10. 论述通常在什么样的条件下应用源极跟随器放大器。

11. 画出简单的共栅放大器电路并讨论其常规的交流电路特性（电压增益和输出电阻）。

12. 论述通常在什么样的条件下应用共栅放大器。

13. 比较共源、源极跟随器以及共栅电路的交流电路特性。

14. 描述在集成电路中用晶体管代替电阻的优点。

15. 相对于单级放大器，为什么还需要设计多级放大器电路。请陈述至少两条理由。

16. 列出一个理由说明相对于 MOSFET，为什么在电路中要用 JFET 作为输入器件？

习题

4.1 节 MOSFET 放大器

4.1 NMOS 晶体管的参数为 $V_{TN}=0.8\text{V}$，$k_n'=80\mu\text{A/V}^2$ 和 $\lambda=0$。(a)晶体管偏置在饱和区，欲使 $I_D=0.5\text{mA}$ 时的 $g_m=0.5\text{mA/V}$，试求宽、长之比(W/L)。(b)试求所需的 V_{GS} 值。

4.2 PMOS 晶体管的参数为 $V_{TP}=-1.2\text{V}$，$k_p'=4\mu\text{A/V}^2$ 和 $\lambda=0$。(a)晶体管偏置在饱和区，欲使 $I_D=0.1\text{mA}$ 时的 $g_m=50\mu\text{A/V}$，试求宽、长之比(W/L)。(b)试求所需的 V_{SG} 值。

4.3 偏置在饱和区的 NMOS 晶体管具有恒定的 V_{GS}，当 $V_{DS}=5\text{V}$ 时漏极电流 $I_D=3\text{mA}$，而 $V_{DS}=10\text{V}$ 时 $I_D=3.4\text{mA}$。试求 λ 和 r_o。

4.4 PMOS 晶体管小信号电阻的最小值为 $r_o=100\text{k}\Omega$。如果 $\lambda=0.012\text{V}^{-1}$，试计算 I_D 的最大允许值。

4.5 偏置在饱和区的 N 沟道 MOSFET 具有恒定的 V_{GS}，当 $V_{DS}=2\text{V}$ 时，漏极电流 $I_D=0.20\text{mA}$，而 $V_{DS}=4\text{V}$ 时 $I_D=0.22\text{mA}$。试求 λ 和 r_o。

4.6 MOSFET 的 λ 值为 0.02V^{-1}。(a)在(i) $I_D=50\mu\text{A}$ 和(ii) $I_D=500\mu\text{A}$ 时，试求 r_o 的值。(b)如果 V_{DS} 增加 1V，在(a)部分给出的条件下，试求 I_D 增加的百分比。

4.7　MOSFET 的 $\lambda=0.01\text{V}^{-1}$，在 $I_D=0.5\text{mA}$ 时偏置在饱和区。如果 V_{GS} 和 V_{DS} 保持恒定，且沟道长度加倍，试求新的 I_D 和 r_o 的值。

4.8　试计算图 4.1 所示电路的小信号电压增益，$g_m=1\text{mA/V}$，$r_o=50\text{k}\Omega$ 且 $R_D=10\text{k}\Omega$。

*D4.9　图 4.1 所示的电路，晶体管参数为 $V_{TN}=0.8\text{V}$，$\lambda=0.015\text{V}^{-1}$，$k_n'=60\mu\text{A/V}^2$。令 $V_{DD}=10\text{V}$。(a)试设计晶体管的宽、长之比(W/L)和电阻 R_D 使 $I_{DQ}=0.5\text{mA}$，$V_{GS}=2\text{V}$ 且 $V_{DSQ}=6\text{V}$。(b)试计算 g_m 和 r_o。(c)试求小信号电压增益 $A_v=\dfrac{v_o}{v_i}$。

*4.10　在以前的分析中，曾假设小信号条件由式(4.4)给出。现在考虑式(4.3(b))且令 $v_{gs}=V_{gs}\sin\omega t$，试证明频率为 2ω 的信号和频率为 ω 的信号的比值为 $V_{gs}/[4(V_{GS}-V_{TN})]$。该比值的百分数表示，称为**二次谐波失真**。$\left(\text{提示：利用三角函数恒等式 } \sin^2\theta=\dfrac{1}{2}-\dfrac{1}{2}\cos 2\theta \text{ 来求解。}\right)$

4.11　根据题 4.10 的结果，如果 $V_{GS}=3\text{V}$ 和 $V_{TN}=1\text{V}$，试求产生的二次谐波失真为 1%的峰值振幅 V_{gs}。

4.3 节　共源放大器

4.12　共源放大器电路如图 4.14 所示，假设 $g_m=1\text{mA/V}$，$r_o=50\text{k}\Omega$ 且 $R_D=10\text{k}\Omega$。同时假设 $R_{Si}=2\text{k}\Omega$ 且 $R_1\parallel R_2=50\text{k}\Omega$。试计算其小信号电压增益。

4.13　图 4.14 所示共源放大器的参数为 $r_o=100\text{k}\Omega$ 和 $R_D=5\text{k}\Omega$，如果晶体管的小信号电压增益为 $A_v=-10$，试求晶体管跨导。假设 $R_{Si}=0$。

4.14　对于图 P4.14 所示的 NMOS 共源放大器电路，晶体管参数为 $V_{TN}=2\text{V}$，$K_n=1\text{mA/V}^2$ 和 $\lambda=0$。电路参数为 $V_{DD}=12\text{V}$，$R_S=2\text{k}\Omega$，$R_D=3\text{k}\Omega$，$R_1=300\text{k}\Omega$ 和 $R_2=200\text{k}\Omega$。假设 $R_{Si}=2\text{k}\Omega$，负载电阻 $R_L=3\text{k}\Omega$。通过电容耦合到输出端。(a)试求静态 I_D 和 V_{DS} 值。(b)试求小信号电压增益。(c)试求输出电压的最大对称振幅。

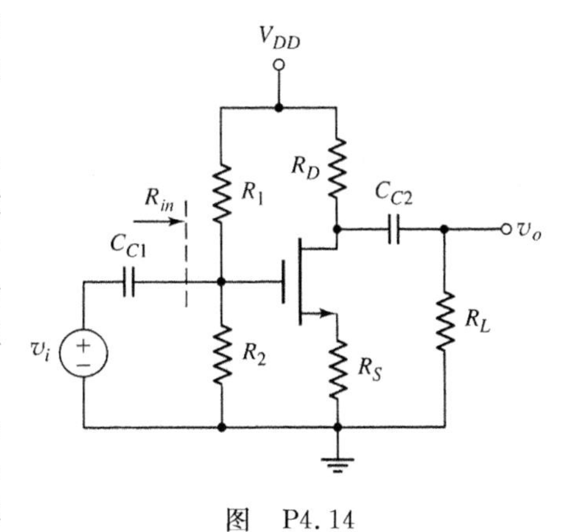

图　P4.14

4.15　图 P4.14 所示的电路，$V_{DD}=15\text{V}$，$R_D=2\text{k}\Omega$，$R_L=5\text{k}\Omega$，$R_S=0.5\text{k}\Omega$ 且 $R_{in}=200\text{k}\Omega$。(a)对于 $V_{TN}=2\text{V}$，$K_n=2\text{mA/V}^2$，$\lambda=0$，有 $I_{DQ}=3\text{mA}$。试求 R_1 和 R_2。(b)试求小信号电压增益。

4.16　如果源极电阻通过源极电容 C_S 旁路，重做题 4.14。

4.17　共源放大器的交流等效电路如图 P4.17 所示。晶体管的小信号参数为 $g_m=2\text{mA/V}$，$r_o=\infty$。(a)当 $R_S=0$ 时，得到电压增益为 $A_v=V_o/V_i=-15$，试求 R_D 的值。(b)如果在源极接入电阻 R_S，并假设晶体管参数不变，若产生的电压增益减小为 $A_v=-5$，试求电阻 R_S 的值。

4.18　观察图 P4.17 所示的交流等效电路，假设晶体管的 $r_o=\infty$。当 $R_S=1\text{k}\Omega$ 时其小信号电压增益 $A_v=-8$。(a)当 R_S 短路($R_S=0$)时，电压增益值加倍。并假设晶体管的小信号参数不变，试求 g_m 和 R_D 的值。(b)如果电路中接入一个新的 R_S，而电压增益变为 $A_v=-10$。试应用(a)部分的结果求电阻 R_S 的值。

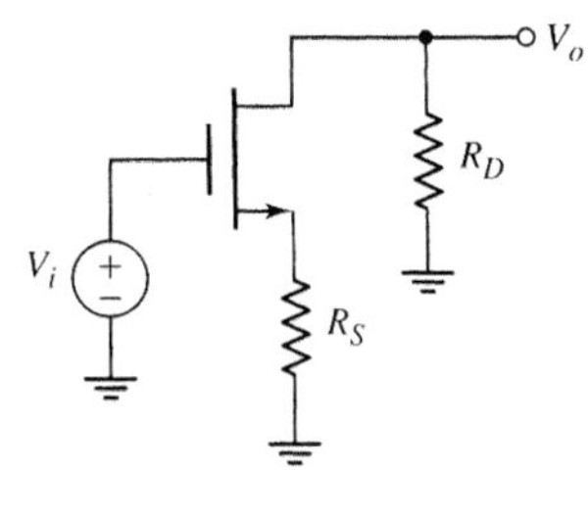

图　P4.17

*4.19　图 P4.19 所示的共源放大器电路中晶体管的参数为 $V_{TN}=1\text{V}$，$K_n=0.5\text{mA/V}^2$ 和 $\lambda=0.01\text{V}^{-1}$。电路参数为 $V^+=5\text{V}$，$V^-=-5\text{V}$ 和 $R_D=R_L=10\text{k}\Omega$。(a)试求使输出电压达到最大对称振幅的 I_{DQ} 值。(b)试求小信号电压增益。

D4.20　图 P4.20 所示电路的 MOSFET 参数为 $V_{TN}=0.8\text{V}$，$K_n=0.85\text{mA/V}^2$ 和 $\lambda=0.2\text{V}^{-1}$。(a)欲使 $I_{DQ}=0.1\text{mA}$ 且输出最大对称峰值为 1V 的正弦信号，试求 R_S 和 R_D 的值。(b)试求小信号晶体管参数。(c)试求小信号电压增益 $A_v=v_o/v_i$。

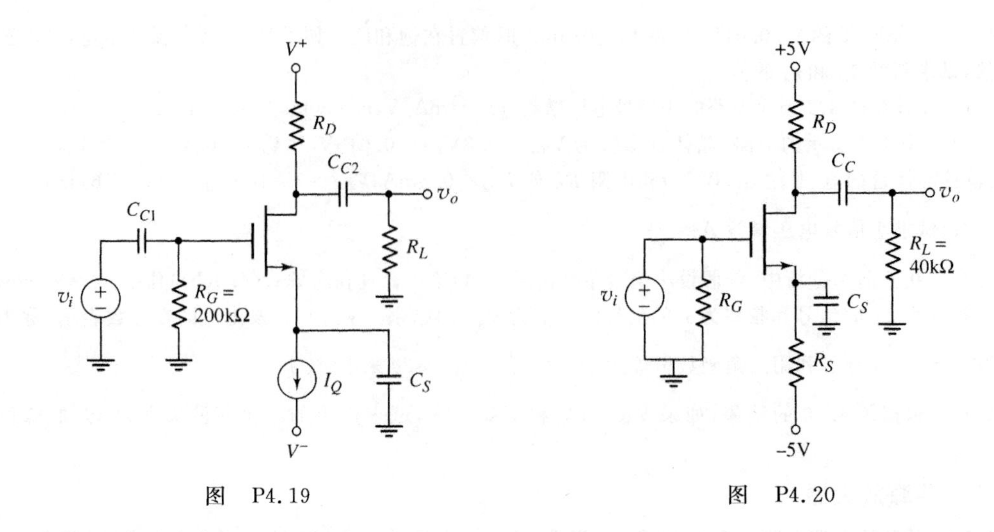

图 P4.19　　　　图 P4.20

D4.21　图 P4.21 所示的共源放大器电路，晶体管参数为 $V_{TN}=-1\text{V}$，$K_n=4\text{mA/V}^2$ 和 $\lambda=0$。电路参数为 $V_{DD}=10\text{V}$ 和 $R_L=2\text{k}\Omega$。(a)试设计电路使 $I_{DQ}=2\text{mA}$ 和 $V_{DSQ}=6\text{V}$。(b)试求小信号电压增益。(c)如果 $v_i=V_i\sin\omega t$，试求使 v_o 为不失真正弦波的最大的 V_i 值。

*4.22　图 P4.21 所示共源电路的晶体管参数和题 4.21 所给的相同。电路参数为 $V_{DD}=5\text{V}$ 和 $R_D=R_L=2\text{k}\Omega$。(a) $V_{DSQ}=2.5\text{V}$，试求 R_S。(b)试求小信号电压增益。

*4.23　观察图 P4.23 所示的 PMOS 共源电路，晶体管参数为 $V_{TP}=-2\text{V}$ 和 $\lambda=0$，而电路参数为 $R_D=R_L=10\text{k}\Omega$。(a)试求使 $V_{SDQ}=6\text{V}$ 的 K_p 和 R_S 值。(b)试求相应的 I_{DQ} 和小信号电压增益值。(c)能否改变(a)部分的 K_p 和 R_S 值以达到更大的电压增益，并依然满足(a)部分的要求？

D4.24　图 P4.23 所示的共源电路，偏置电压变为 $V^+=3\text{V}$ 和 $V^-=-3\text{V}$。PMOS 晶体管的参数为 $V_{TP}=-0.5\text{V}$，$K_p=0.8\text{mA/V}^2$ 和 $\lambda=0$。负载电路 $R_L=2\text{k}\Omega$。(a)试设计电路使 $I_{DQ}=0.25\text{mA}$ 和 $V_{SDQ}=1.5\text{V}$。(b)试求小信号电压增益 $A_v=v_o/v_i$。(c)试求输出电压的最大对称振幅。

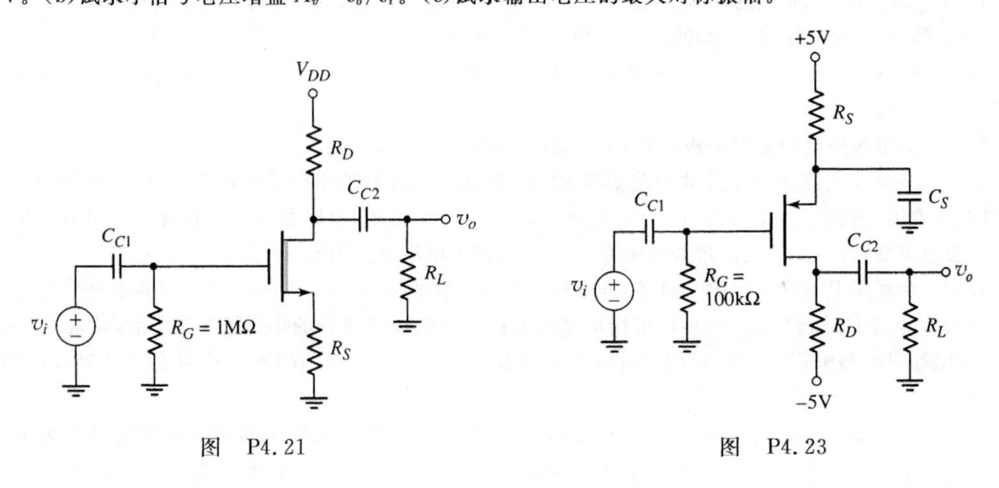

图 P4.21　　　　图 P4.23

*D4.25　用 $\lambda=0$ 的 N 沟道 MOSFET 设计图 P4.25 所示的共源电路。静态值为 $I_{DQ}=6\text{mA}$，$V_{GSQ}=2.8\text{V}$ 和 $V_{DSQ}=10\text{V}$。跨导 $g_m=2.2\text{mA/V}$。令 $R_L=1\text{k}\Omega$，$A_v=-1$，且 $R_{in}=100\text{k}\Omega$。试求 R_1、R_2、R_S、R_D、K_n 和 V_{TN}。

*4.26　图 P4.26 所示的共源放大器电路，晶体管参数为 $V_{TP}=-1.5\text{V}$，$K_p=2\text{mA/V}^2$ 和 $\lambda=0.01\text{V}^{-1}$。该电路驱动一个 $R_L=20\text{k}\Omega$ 的负载电路。为使负载效应最小化，漏极电阻应为 $R_D\leqslant 0.1R_L$。(a)试求使 Q 点位于饱和区中点的 I_Q 值。(b)试求负载开路($R_L=\infty$)的小信号电压增益。(c)试求连接上 R_L 后小信号

电压增益下降的百分比。

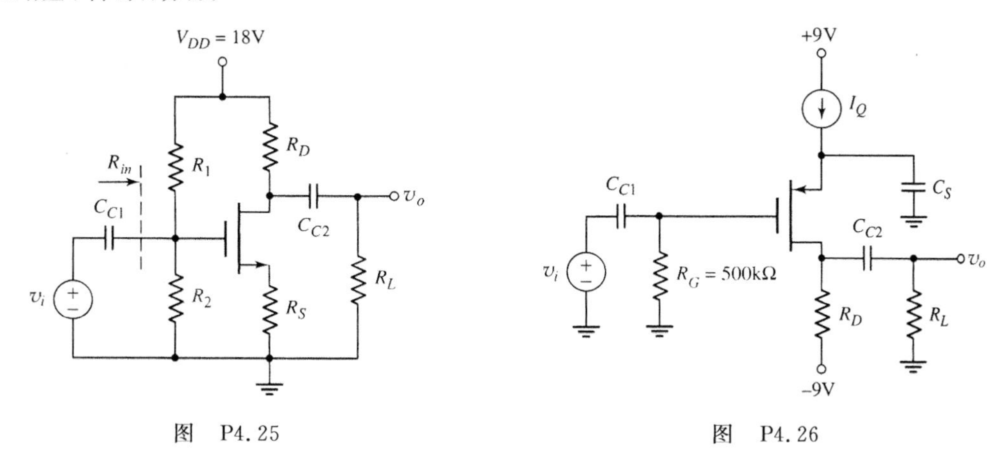

图　P4.25　　　　图　P4.26

D4.27　图 P4.27 所示的电路，晶体管参数为 $V_{TP}=0.8V$，$K_p=0.25mA/V^2$ 和 $\lambda=0$。(a)试设计电路使 $I_{DQ}=0.5mA$ 和 $V_{SDQ}=3V$。(b)试求小信号电压增益 $A_v=v_o/v_i$。

*D4.28　试设计图 P4.28 所示的共源放大器电路，要求 $R_L=20k\Omega$ 和 $R_{in}=200k\Omega$ 时小信号电压增益至少为 $A_v=v_o/v_i=-10$。假设 Q 点选择在点 $I_{DQ}=1mA$ 和 $V_{DSQ}=10V$，令 $V_{TN}=2V$ 且 $\lambda=0$。

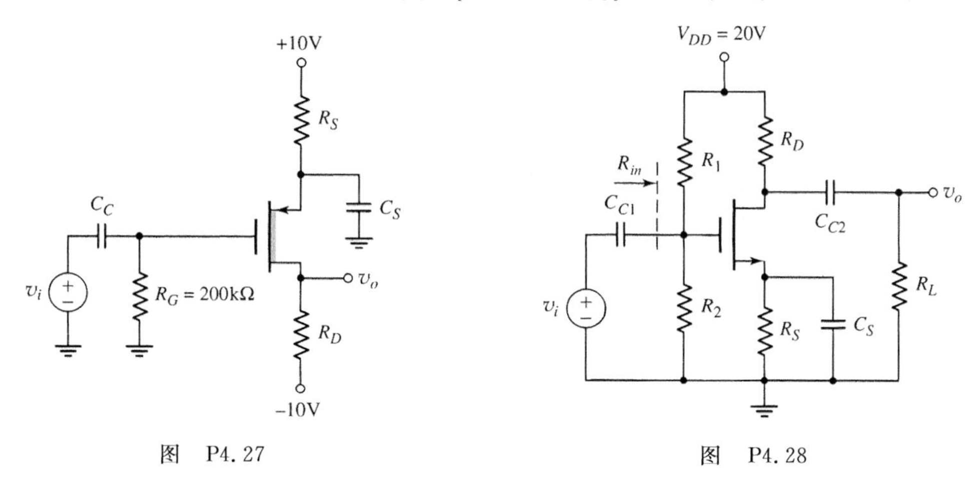

图　P4.27　　　　图　P4.28

4.4 节　源极跟随放大器

4.29　增强型 MOSFET 源极跟随器电路中，晶体管的 $g_m=4mA/V$，$r_o=50k\Omega$。试求无负载电压增益和输出电阻。当连接的负载电阻为 $R_S=2.5k\Omega$ 时，试求小信号电压增益。

4.30　图 P4.30 所示为源极跟随器的交流等效电路，开路($R_L=\infty$)电压增益为 $A_v=0.98$。当 R_L 调整为 1kΩ、电压增益减小到 $A_v=0.49$ 时，试求 g_m 和 r_o 的值。

4.31　观察图 P4.30 所示的源极跟随器电路，晶体管的小信号参数为 $g_m=2mA/V$ 和 $r_o=25k\Omega$。(a)试求开路($R_L=\infty$)电压增益和输出电阻。(b)如果 $R_L=2k\Omega$，且小信号晶体管参数保持恒定，试求电压增益。

4.32　图 P4.32 所示源极跟随器电路的 NMOS 小信号晶体管参数为 $g_m=5mA/V$ 和 $r_o=100k\Omega$。试求电压增益和输出电阻。

4.33　图 P4.33 所示源极跟随器电路中的晶体管参数为 $K_p=2mA/V^2$，$V_{TP}=-2V$ 和 $\lambda=0.02V^{-1}$。电路参数为 $R_L=4k\Omega$，$R_S=4k\Omega$，$R_1=1.24M\Omega$ 和 $R_2=396k\Omega$。(a)试计算 I_{DQ} 和 V_{SDQ}。(b)试求小信号电压增益 $A_v=v_o/v_i$ 和 $A_i=i_o/i_i$ 以及输出电阻 R_o。

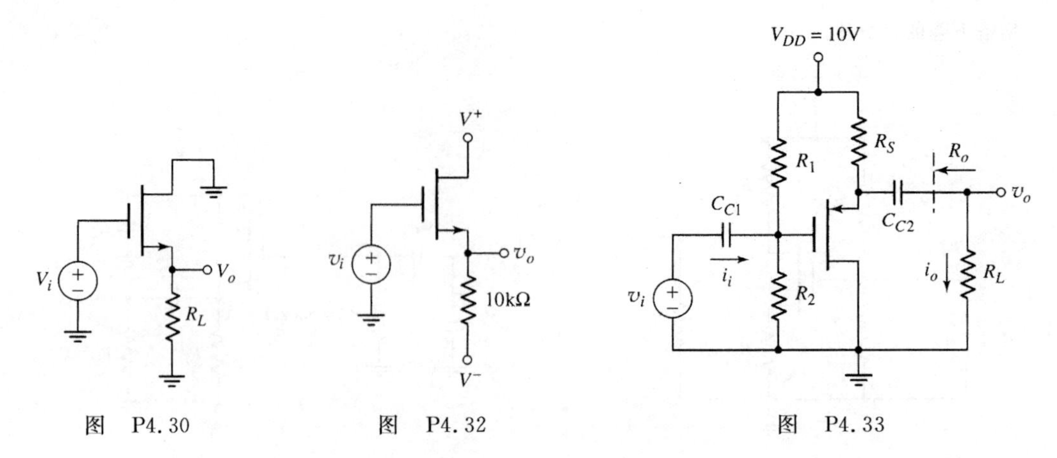

图 P4.30　　　　图 P4.32　　　　图 P4.33

4.34 观察图 P4.34 所示的源极跟随器电路，晶体管参数为 $V_{TN}=1.2\text{V}$，$K_n=1\text{mA/V}^2$ 和 $\lambda=0.01\text{V}^{-1}$。如果 $I_Q=1\text{mA}$，试求小信号电压增益 $A_v=v_o/v_i$ 以及输出电阻 R_o。

4.35 图 P4.34 所示的源极跟随器电路，晶体管参数为 $V_{TN}=1\text{V}$，$k_n'=60\mu\text{A/V}^2$ 和 $\lambda=0$。要求小信号电压增益为 $A_v=v_o/v_i=0.95$。(a)对于 $I_{DQ}=4\text{mA}$，试求所需的宽、长之比(W/L)。(b)如果$(W/L)=60$，试求所需的 I_{DQ} 值。

*D4.36 在图 P4.36 所示的源极跟随器电路中用了一个耗尽型 NMOS 晶体管，该器件的参数为$V_{TN}=-2\text{V}$，$K_n=5\text{mA/V}^2$ 和 $\lambda=0.01\text{V}^{-1}$。试设计电路使 $I_{DQ}=5\text{mA}$，并求小信号电压增益 $A_v=v_o/v_i$ 以及输出电阻 R_o。

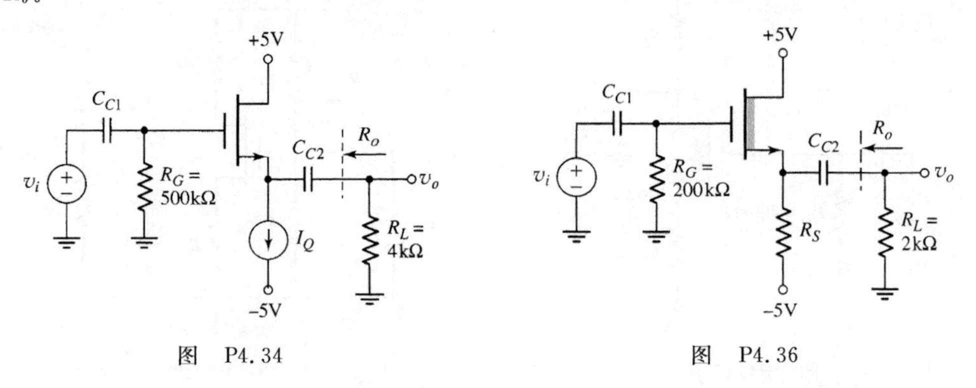

图 P4.34　　　　图 P4.36

4.37 观察图 P4.36 所示的电路。令 $R_S=10\text{k}\Omega$ 和 $\lambda=0$。负载开路($R_L=\infty$)的电压增益为 $A_v=v_o/v_i=0.90$。试求 g_m 和 R_o。如果连接的负载电阻为 $R_L=2\text{k}\Omega$，试求电压增益的值。

D4.38 对于图 P4.36 所示的源极跟随器电路，晶体管参数为 $V_{TN}=-2\text{V}$，$K_n=4\text{mA/V}^2$ 且 $\lambda=0$。试设计电路使 $R_o\leqslant200\Omega$。并求相应的小信号电压增益。

4.39 图 P4.39 所示源极跟随器电路的电流源为 $I_Q=5\text{mA}$，且晶体管参数为 $V_{TP}=-2\text{V}$，$K_p=5\text{mA/V}^2$ 和 $\lambda=0$。(a)试求输出电阻 R_o。(b)要求产生的小信号电压增益为负载开路($R_L=\infty$)值的一半，试求所需的 R_L 值。

4.40 图 P4.40 所示的源极跟随器电路，当晶体管刚好截止时产生最大的负向输出信号电压。试证明该输出电压 $v_o(\text{min})$ 由下式给出，即

$$v_o(\text{min})=\frac{-I_{DQ}R_S}{1+\dfrac{R_S}{R_L}}$$

证明相应的输入电压由下式给出，即

$$v_i(\text{min})=-\frac{I_{DQ}}{g_m}(1+g_m(R_S\parallel R_L))$$

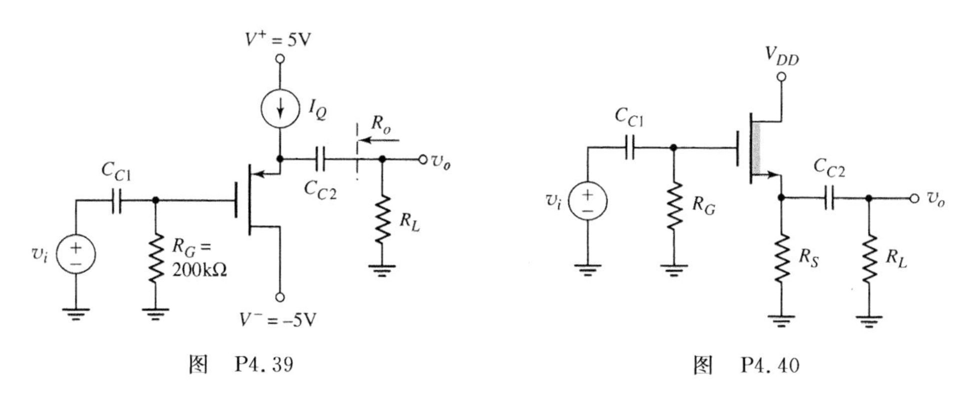

图 P4.39　　　　图 P4.40

4.41 图 P4.41 所示电路的晶体管参数为 $V_{TN}=0.4V$，$K_n=0.5mA/V^2$ 和 $\lambda=0$。电路参数为 $V_{DD}=3V$ 和 $R_i=300k\Omega$。(a)试设计电路使 $I_{DQ}=0.25mA$ 和 $V_{DSQ}=1.5V$。(b)试求小信号电压增益和输出电阻 R_o。

4.5 节 共栅电路组态

4.42 图 P4.42 所示的共栅交流等效电路中，NMOS 晶体管小信号参数为 $g_m=5mA/V$，$r_o=\infty$，试求电压增益和输出电阻。

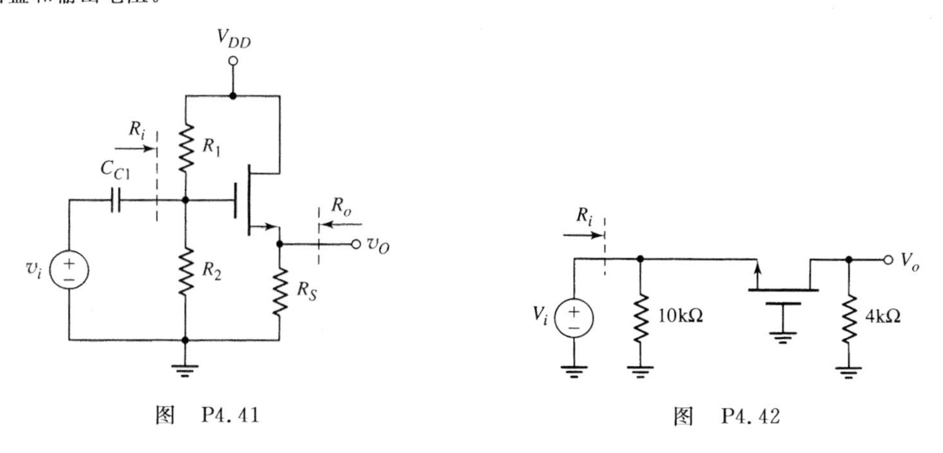

图 P4.41　　　　图 P4.42

4.43 图 P4.43 所示的共栅电路，NMOS 晶体管的参数为 $V_{TN}=1V$，$K_n=3mA/V^2$ 和 $\lambda=0$。(a)试求 I_{DQ} 和 V_{DSQ}。(b)计算 g_m 和 r_o。(c)试求小信号电压增益 $A_v=v_o/v_i$。

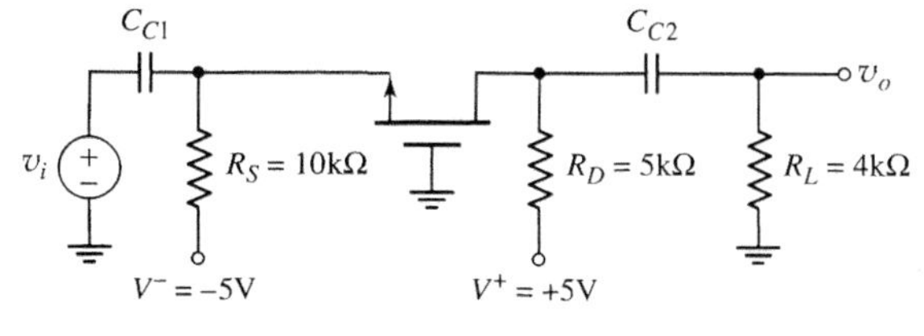

图 P4.43

4.44 观察图 P4.44 所示的 PMOS 共栅电路。晶体管参数为 $V_{TP}=-1V$，$K_p=0.5mA/V^2$ 和 $\lambda=0$。(a)试求使 $I_{DQ}=0.75mA$ 和 $V_{SDQ}=6V$ 的 R_S 和 R_D。(b)试求输入阻抗 R_i 和输出阻抗 R_o。(c)如果 $i_i=5\sin\omega t\ \mu A$，试求负载电流 i_o 和输出电压 v_o。

4.45 图 4.36 所示电路的晶体管参数为 $V_{TN}=2V$，$K_n=4mA/V^2$ 和 $\lambda=0$，电路参数为 $V^+=10V$，$V^-=-10V$，$R_G=100k\Omega$，$R_L=2k\Omega$，$R_{Si}=0$ 和 $I_Q=5mA$。(a)试求使 $V_{DSQ}=12V$ 的 R_D 值。(b)计算 g_m 和

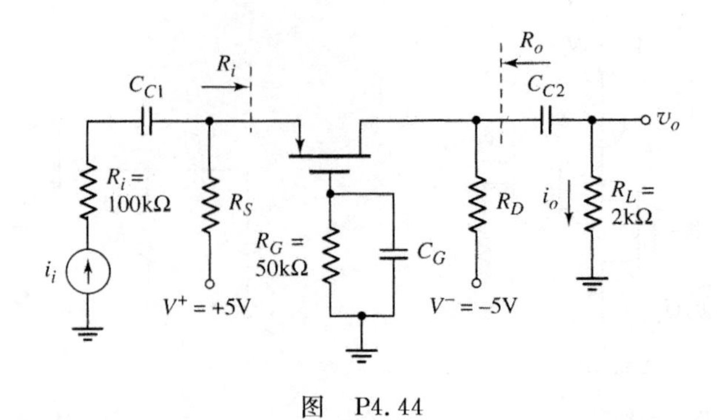

图 P4.44

R_i。(c)试求小信号电压增益 $A_v = v_o/v_i$。

4.46 图 4.39 所示共栅放大器电路中 PMOS 晶体管的参数为 $V_{TP} = -2\text{V}$，$K_p = 2\text{mA/V}^2$ 和 $\lambda = 0$。电路参数为 $V^+ = 10\text{V}$，$V^- = -10\text{V}$，$R_G = 200\text{k}\Omega$ 和 $R_L = 10\text{k}\Omega$。(a)试求使 $I_{DQ} = 3\text{mA}$ 和 $V_{SDQ} = 10\text{V}$ 的 R_D 和 R_S 的值。(b)试求小信号电压增益 $A_v = v_o/v_i$。

4.7 节 带 MOSFET 负载的放大器

D4.47 观察图 4.43(a)所示带饱和负载的 NMOS 放大器。晶体管参数为 $V_{TND} = V_{TNL} = 2\text{V}$，$k'_n = 60\mu\text{A/V}^2$，$\lambda = 0$ 和 $(W/L)_L = 0.5$。令 $V_{DD} = 10\text{V}$。(a)试设计电路使小信号电压增益为 $|A_v| = 5\text{V}$ 且 Q 点位于饱和区中心。(b)试求直流值 I_{DQ} 和 v_o。

*4.48 图 4.47(a)所示带耗尽型负载的 NMOS 放大器电路，晶体管参数为 $V_{TND} = 1.2\text{V}$，$V_{TNL} = -2\text{V}$，$K_{nD} = 0.5\text{mA/V}^2$，$K_{nL} = 0.1\text{mA/V}^2$ 和 $\lambda_D = \lambda_L - 0.02\text{V}^{-1}$，令 $V_{DD} = 10\text{V}$。(a)试求 V_{GS} 使 Q 点位于饱和区中心。(b)试求直流值 I_{DQ} 和 v_o。(c)试求小信号电压增益。

4.49 观察栅极和漏极相连的增强型 MOSFET 饱和负载器件，当 $V_{DS} = 1.5\text{V}$ 时晶体管漏极电流变为零；当 $V_{DS} = 3\text{V}$ 时漏极电流为 0.8mA。试求该工作点的小信号电阻。

4.50 图 P4.50 所示电路的晶体管参数为：对于晶体管 M_D 有 $V_{TND} = -1\text{V}$，$K_{nD} = 0.5\text{mA/V}^2$；对于晶体管 M_L 有 $V_{TNL} = +1\text{V}$，$K_{nL} = 30\mu\text{A/V}^2$。假设两个晶体管的 λ 均为零。(a)试计算静态漏极电流 I_{DQ} 和输出电压的直流值。(b)试求 Q 点处小信号电压增益 $A_v = v_o/v_i$。

4.51 图 P4.51 所示为带饱和负载的源极跟随器电路。晶体管参数为：对于晶体管 M_D 有 $V_{TND} = 1\text{V}$，$K_{nD} = 1\text{mA/V}^2$；对于晶体管 M_L 有 $V_{TNL} = 1\text{V}$，$K_{nL} = 0.1\text{mA/V}^2$。假设两个晶体管的 λ 均为零。令 $V_{DD} = 9\text{V}$。(a)试求使 v_{DSL} 的静态值为 4V 的 V_{GG}。(b)证明该 Q 点的负载开路($R_L = \infty$)小信号电压增益为 $A_v = 1/(1 + \sqrt{K_{nL}/K_{nD}})$。(c)试计算 $R_L = 4\text{k}\Omega$ 时的小信号电压增益。

4.52 图 P4.51 所示带饱和负载的源极跟随器电路，假设晶体管参数和题 4.51 所给的相同。(a)试计算 $R_L = 10\text{k}\Omega$ 时的小信号电压增益。(b)试求小信号输出电阻 R_o。

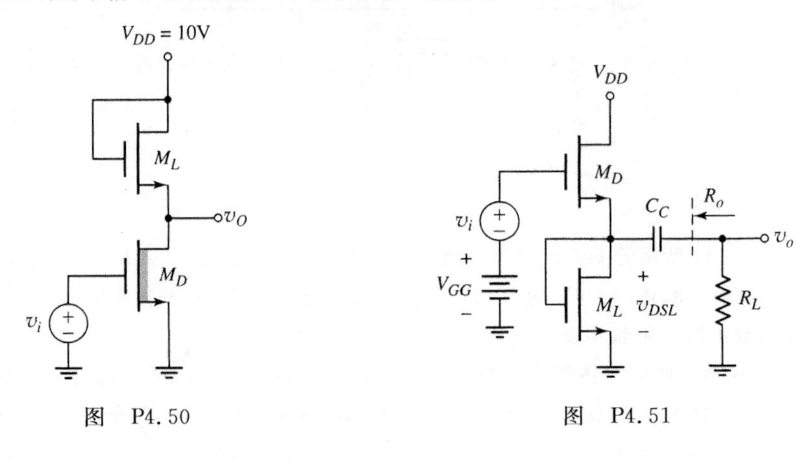

图 P4.50　　图 P4.51

4.53　CMOS共源放大器的交流等效电路如图P4.53所示。晶体管M_1的参数为$V_{TN}=0.5\text{V}$，$k_n'=85\mu\text{A/V}^2$，$(W/L)_1=50$和$\lambda=0.05\text{V}^{-1}$，晶体管$M_2$和$M_3$的参数为$V_{TP}=-0.5\text{V}$，$k_p'=40\mu\text{A/V}^2$，$(W/L)_{2,3}=50$和$\lambda=0.075\text{V}^{-1}$。试求小信号电压增益。

4.54　观察图P4.54所示CMOS共源放大器的交流等效电路。NMOS晶体管和PMOS晶体管的参数和题4.53所给的相同。试求小信号电压增益。

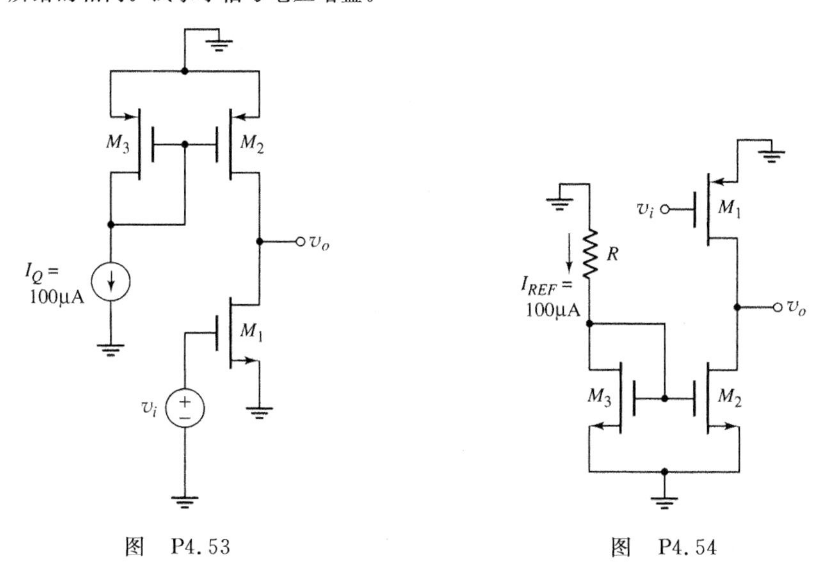

图　P4.53　　　　图　P4.54

4.55　图P4.55所示为CMOS共栅电路的交流等效电路。NMOS和PMOS晶体管的参数和题4.53所给的相同。试求(a)晶体管的小信号参数；(b)小信号电压增益$A_v=v_o/v_i$；(c)输入电阻R_i；(d)输出电阻R_o。

4.56　图P4.56所示电路为对称的共源-共栅放大器简单的交流等效电路。晶体管的参数为$|V_{TN}|=|V_{TP}|=0.5\text{V}$，$K_n=K_p=2\text{mA/V}^2$，且$\lambda_n=\lambda_p=0.1\text{V}^{-1}$，假设电流源$2I_Q=200\mu\text{A}$为理想电流源，且向电流源$I_Q=100\mu\text{A}$看进去的电阻为50kΩ。试求(a)晶体管的小信号参数；(b)小信号电压增益；(c)输出电阻R_o。

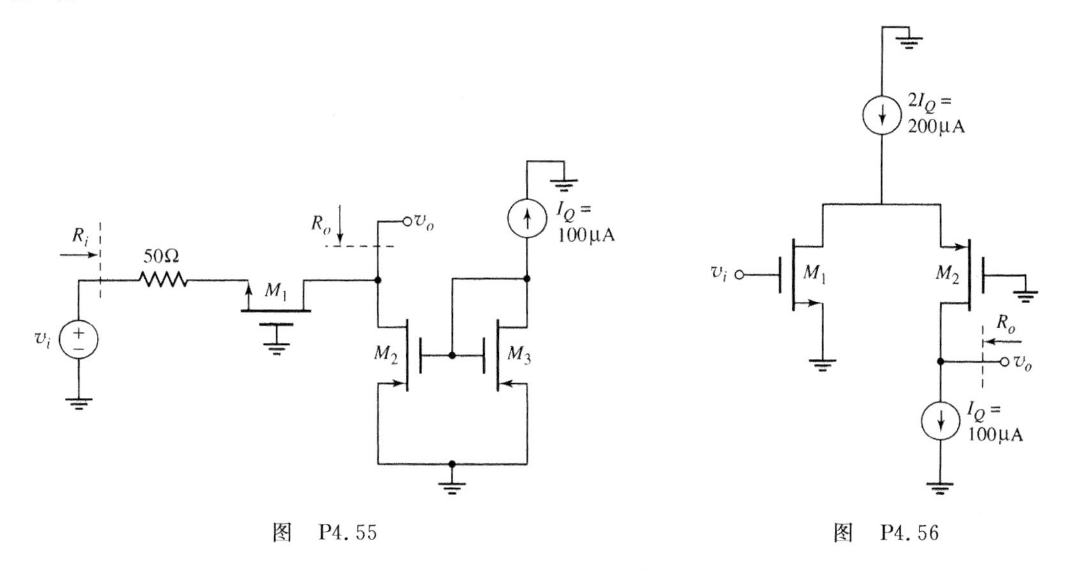

图　P4.55　　　　图　P4.56

4.8节 多级放大器

*D4.57 图 P4.57 所示电路的晶体管参数为 $K_{n1}=0.1\text{mA/V}^2$，$K_{p2}=1.0\text{mA/V}^2$，$V_{TN1}=2\text{V}$，$V_{TP2}=-2\text{V}$ 和 $\lambda_1=\lambda_2=0$。电路参数为 $V_{DD}=10\text{V}$，$R_{S1}=4\text{k}\Omega$，$R_{in}=200\text{k}\Omega$。(a)试设计电路使 $I_{DQ1}=0.4\text{mA}$，$I_{DQ2}=2\text{mA}$，$V_{DSQ1}=4\text{V}$ 和 $V_{SDQ2}=5\text{V}$。(b)试计算小信号电压增益 $A_v=v_o/v_i$。(c)试求输出电压的最大对称振幅。

D4.58 图 P4.57 所示电路的晶体管参数和题 4.57 所给的相同。电路参数为 $V_{DD}=10\text{V}$，$R_{S1}=1\text{k}\Omega$，$R_{in}=200\text{k}\Omega$，$R_{D2}=2\text{k}\Omega$ 和 $R_{S2}=0.5\text{k}\Omega$。(a)试设计电路使 M_2 的 Q 点位于饱和区的中点且 $I_{DQ1}=0.4\text{mA}$。(b)试求相应的 I_{DQ2}、V_{SDQ2} 和 V_{DSQ1}。(c)试求相应的小信号电压增益。

D4.59 观察图 P4.59 所示的电路，晶体管参数为 $K_{n1}=K_{n2}=200\mu\text{A/V}^2$，$V_{TN1}=V_{TN2}=0.8\text{V}$ 和 $\lambda_1=\lambda_2=0$。(a)试设计电路使 $V_{DSQ2}=7\text{V}$ 和 $R_{in}=400\text{k}\Omega$。(b)试求相应的 I_{DQ1}、I_{DQ2} 和 V_{DSQ1} 值。(c)试计算相应的小信号电压增益 $A_v=v_o/v_i$ 和输出电阻 R_o。

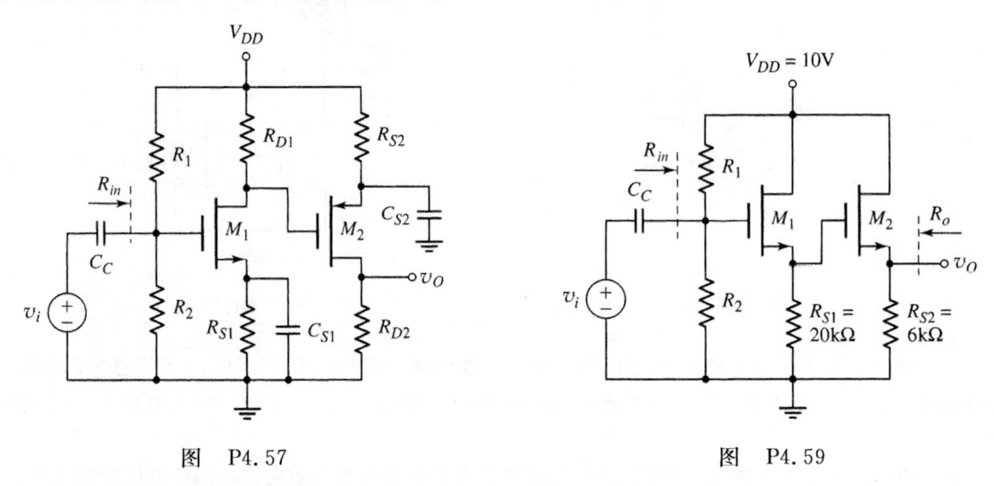

图 P4.57　　　　图 P4.59

4.60 图 P4.60 所示的电路，晶体管参数为 $K_{n1}=K_{n2}=4\text{mA/V}^2$，$V_{TN1}=V_{TN2}=2\text{V}$ 和 $\lambda_1=\lambda_2=0$。(a)试求 I_{DQ1}、I_{DQ2}、V_{DSQ1} 和 V_{SDQ2}。(b)试求 g_{m1} 和 g_{m2}。(c)试求总的小信号电压增益 $A_v=v_o/v_i$。

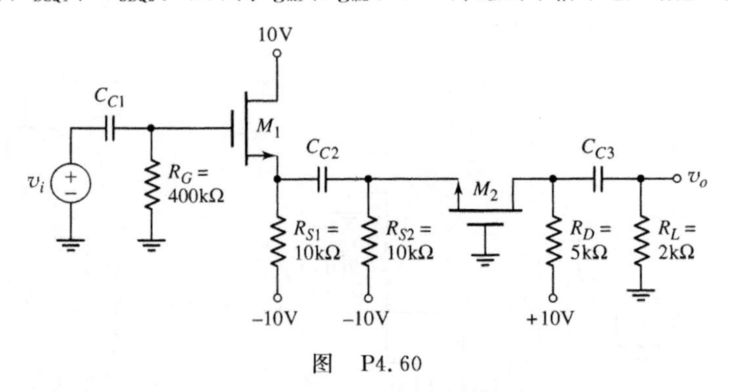

图 P4.60

D4.61 对于图 4.55 所示的共源-共栅放大器，晶体管参数为 $V_{TN1}=V_{TN2}=1\text{V}$，$K_{n1}=K_{n2}=2\text{mA/V}^2$ 和 $\lambda_1=\lambda_2=0$。(a)令 $R_S=1.2\text{k}\Omega$，且 $R_1+R_2+R_3=500\text{k}\Omega$。试设计电路使 $I_{DQ}=3\text{mA}$、$V_{DSQ1}=V_{SDQ2}=2.5\text{V}$。(b)试求小信号电压增益 $A_v=v_o/v_i$。

D4.62 在图 4.55 所示的共源-共栅放大器电路中，电源电压变为 $V^+=10\text{V}$ 和 $V^-=-10\text{V}$。晶体管参数为 $K_{n1}=K_{n2}=4\text{mA/V}^2$，$V_{TN1}=V_{TN2}=1.5\text{V}$ 和 $\lambda_1=\lambda_2=0$。(a)令 $R_S=2\text{k}\Omega$，并假设偏置电阻中流过的电流为 0.1mA。试设计电路使 $I_{DQ}=5\text{mA}$、$V_{DSQ1}=V_{DSQ2}=3.5\text{V}$。(b)试求相应的小信号电压增益。

4.9 节 基本 JFET 放大器

4.63 观察图 4.57 所示的 JFET 放大器电路，晶体管参数为 $I_{DSS}=6\text{mA}$。$V_P=-3\text{V}$ 和 $\lambda=0.01\text{V}^{-1}$。令 $V_{DD}=10\text{V}$。(a)试求使 $I_{DQ}=4\text{mA}$ 和 $V_{DSQ}=6\text{V}$ 的 R_D 和 V_{GS}。(b)试求 Q 点的 g_m 和 r_o。(c)试求小信号电压增益 $A_v=v_o/v_i$，式中 v_o 为输出电压 v_O 的时变部分。

4.64 图 P4.64 所示的 JFET 放大器，晶体管参数为 $I_{DSS}=2\text{mA}$，$V_P=-2\text{V}$ 和 $\lambda=0$。试求 g_m、$A_v=v_o/v_i$ 以及 $A_i=i_o/i_i$。

D4.65 图 P4.65 所示 JFET 共源放大器的晶体管参数为 $I_{DSS}=8\text{mA}$，$V_P=-4.2\text{V}$ 和 $\lambda=0$。令 $V_{DD}=20\text{V}$ 和 $R_L=16\text{k}\Omega$。试设计电路使 $V_S=2\text{V}$、$R_1+R_2=100\text{k}\Omega$ 且 Q 点为 $I_{DQ}=I_{DSS}/2$ 和 $V_{DSQ}=V_{DD}/2$。

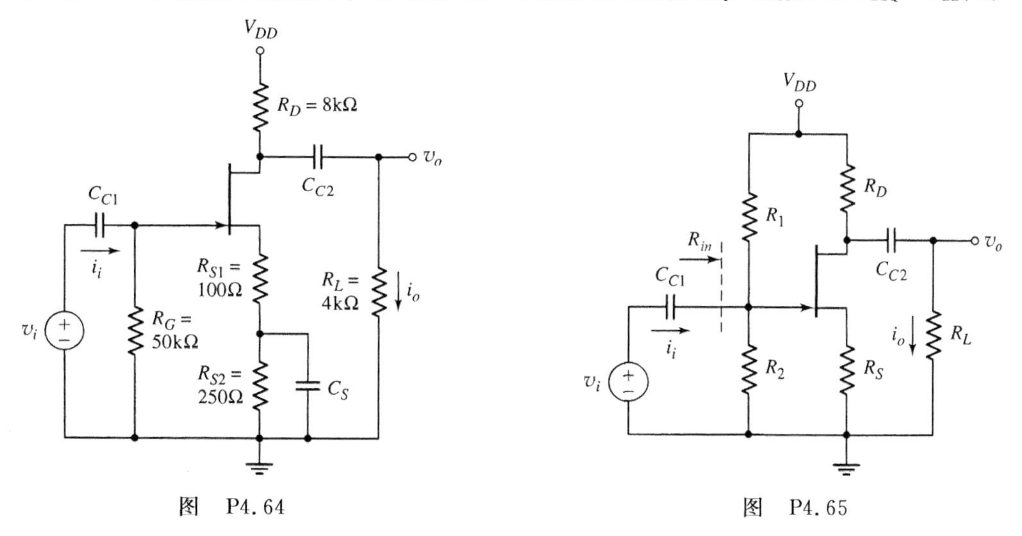

图 P4.64　　　　图 P4.65

*D4.66 图 P4.66 所示的 JFET 源极跟随放大器电路，晶体管参数为 $I_{DSS}=10\text{mA}$，$V_P=-5\text{V}$ 和 $\lambda=0.01\text{V}^{-1}$。令 $V_{DD}=12\text{V}$ 和 $R_L=0.5\text{k}\Omega$。(a)试设计电路使 $R_{in}=100\text{k}\Omega$ 且 Q 点为 $I_{DQ}=I_{DSS}/2$ 和 $V_{DSQ}=V_{DD}/2$。(b)试求相应的小信号电压增益 $A_v=v_o/v_i$ 和输出电阻 R_o。

4.67 图 P4.67 所示的 P 沟道 JFET 源极跟随器电路，晶体管参数为 $I_{DSS}=2\text{mA}$，$V_P=1.75\text{V}$ 和 $\lambda=0$。(a)试求 I_{DQ} 和 V_{SDQ}。(b)试求小信号电压增益 $A_v=v_o/v_i$ 和 $A_i=i_o/i_i$。(c)试求输出电压的最大对称振幅。

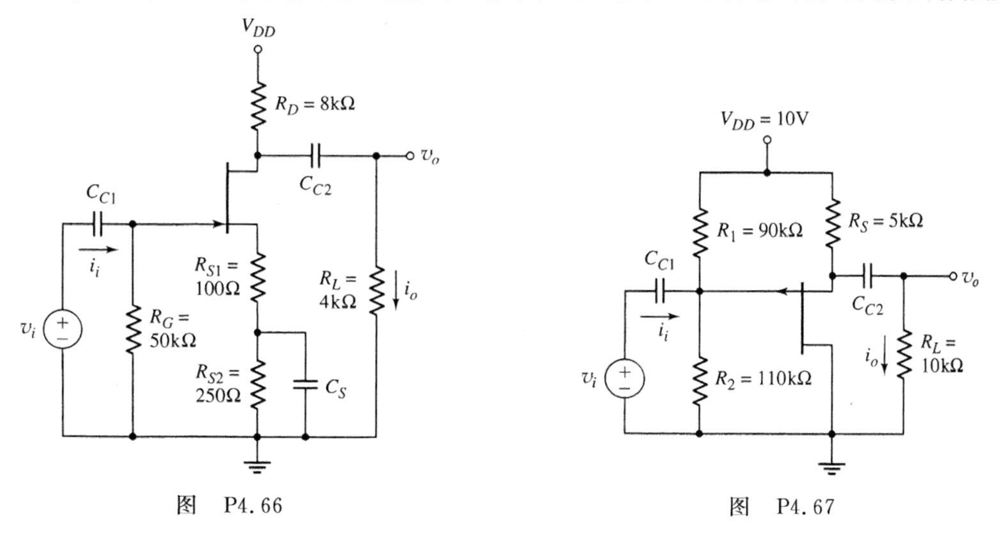

图 P4.66　　　　图 P4.67

D4.68 图 P4.68 所示的 P 沟道 JFET 共源放大器电路，晶体管参数为 $I_{DSS}=8\text{mA}$，$V_P=4\text{V}$ 和 $\lambda=0$。试设计电路使 $I_{DQ}=4\text{mA}$ 和 $V_{SDQ}=7.5\text{V}$；$A_v=v_o/v_i=-3$ 且 $R_1+R_2=400\text{k}\Omega$。

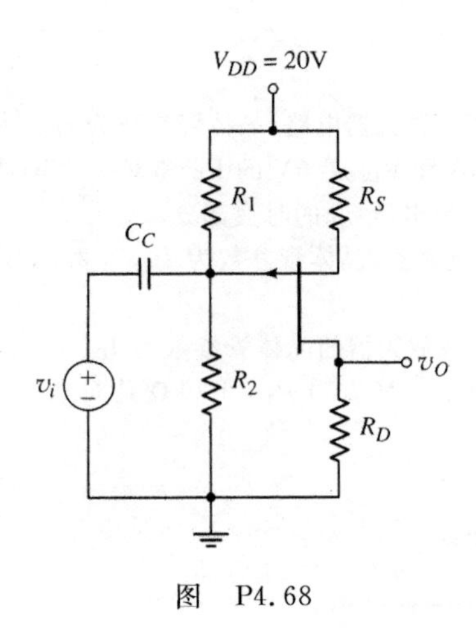

图 P4.68

计算机仿真题

4.69 观察图 4.23 所示的电路，晶体管参数已在例题 4.7 中给出。使用计算机分析，研究沟道长度调制参数 λ 和衬底的基体效应参数 γ 对小信号电压增益的影响。

4.70 使用计算机分析，研究晶体管参数 λ 和 γ 对图 4.30 所示源极跟随器电路的小信号电压增益和输出电阻的影响。有关电路和晶体管的参数已在例题 4.8 中给出。

4.71 对于图 4.36 所示的共栅电路，电路和晶体管参数已在例题 4.11 中给出。利用计算机分析求解小信号电压增益、电流增益、输入电阻和输出电阻(向晶体管漏极看进去)。晶体管参数 λ 和 γ 对电路特性的影响也要作为分析的一部分进行考虑。

4.72 对练习题 4.12 进行计算机分析，并考虑衬底的基体效应。试求衬底的基体效应对小信号电压增益产生的变化。如果直流输出电压约为 2.5V，试求考虑衬底的基体效应时，驱动晶体管直流偏置所需的变化。

4.73 对习题 4.13 重做习题 4.72。

设计题

(注：每个设计都要进行计算机仿真)

*D4.74 试设计图 4.17 所示结构的分立共源电路，用来提供 20 倍的电压增益和对称的输出电压振幅。电源电压 $V_{DD}=5V$，信号源的输出电阻为 1kΩ，而晶体管的参数为 $V_{TN}=0.8V$，$k_n'=40\mu A/V^2$ 和 $\lambda=0.01V^{-1}$，画出 W/L 和 R_D 相对于静态漏极电流的变化曲线。并求符合 $I_{DQ}=0.1mA$ 条件的 W/L 和 R_D。

*D4.75 对于图 4.39 所示的共栅放大器，使用的电源电压为 ±10V，信号源的输出电阻为 200Ω，放大器的输入电阻也为 200Ω。晶体管参数为 $k_p'=30\mu A/V^2$，$V_{TP}=-2V$ 和 $\lambda=0$。输出负载电阻为 $R_L=5k\Omega$。试设计电路使输出电压对称振幅的峰-峰值至少为 5V。

*D4.76 要设计图 4.35 所示常规结构的源极跟随放大器电路。使用的电源电压为 ±12V，晶体管参数为 $V_{TN}=1.5V$，$k_n'=40\mu A/V^2$ 和 $\lambda=0$。负载电阻 $R_L=100\Omega$。试设计电路给负载提供 200mW 的信号功率。恒流源电路也要作为设计的一部分进行考虑。

*D4.77 带耗尽型负载的 NMOS 放大器如图 4.47(a)所示，使用的电源电压为 ±5V，且晶体管参数为 $V_{TN}(M_D)=1V$，$V_{TN}(M_L)=-2V$，$k_n'=40\mu A/V^2$ 和 $\lambda=0.01V^{-1}$、$\gamma=0.35V^{1/2}$。试设计电路使输出端开路时的小信号电压增益至少为 $|A_v|=200$。采用恒流源来建立 Q 点，并将信号源 v_i 直接连接到 M_D 的栅极。

*D4.78 图 4.55 所示的共源-共栅电路，晶体管参数为 $V_{TN}=1V$，$k_n'=40\mu A/V^2$ 和 $\lambda=0$。试设计电路使负载开路电压增益的最小值为 10。试求输出电压对称振幅的最大值。

第5章

双极型晶体管

通过第 2 章的学习可以看到，二极管的电流-电压整流特性可以应用在电子开关和波形整形电路中。但是二极管本身不能放大电流和电压。在第 4 章中讲到，晶体管是一种能和别的电路元件连接在一起来放大电流和电压，或者说能使电流和电压产生增益的电子器件。晶体管是 20 世纪 40 年代后期由 Bardeen、Brattain 和 Schockley 在贝尔实验室里研制而成的，并由此引发了 20 世纪 50、60 年代的电子学革命。这项发明导致在 1958 年诞生了第一块集成电路并产生了晶体管运算放大器(op-amp)，晶体管运算放大器是电子电路中应用最为广泛的模块之一。

本章将要介绍的双极型晶体管是晶体管的两种主要类型之一，另一种类型就是在第 3 章中介绍过的场效应晶体管(FET)。这两种类型的器件是当今微电子学应用的基础。每一种类型的器件都同等重要并且在特定的应用中发挥着各自的优势。

本章内容

- 讨论双极型晶体管的物理结构和工作原理。
- 理解和熟悉双极型晶体管电路的直流分析和设计方法。
- 分析双极型晶体管电路的三种基本应用。
- 研究双极型晶体管电路的各种直流偏置电路，包括集成电路的偏置。
- 分析多级或多晶体管电路的直流偏置。
- 用双极型晶体管进行应用设计，用以优化第 1 章所讨论过的用二极管实现的简单电子温度计的设计。

5.1 基本双极型晶体管

本节内容：了解包括 NPN 和 PNP 器件的双极型晶体管(BJT)的物理结构、工作原理和特性。

双极型晶体管(BJT)具有三个独立的掺杂区，并包含两个 PN 结。单个 PN 结具有正向偏置和反向偏置两种工作模式，而双极型晶体管具有两个 PN 结，所以具有四种可能的工作模式，具体工作在哪种模式将取决于每个 PN 结的偏置状态。这也是该器件具有多种适应性的一个原因。双极型晶体管具有三个独立的掺杂区，所以它是三端口器件。它的基本工作原理是：**用两个电极之间的电压来控制流过第三个电极的电流**。

本章对双极型晶体管的讨论从描述晶体管的基本结构和定性阐述其工作原理开始。为了阐述其工作原理，将引用第1章所介绍过的PN结概念。因为两个十分接近的PN结称为相互作用的PN结，因而晶体管的工作原理完全不同于两个背靠背的二极管。

这种晶体管中的电流是由电子和空穴两种极性的载流子流动产生的，因此称为**双极型**。下面将要讨论晶体管三个电极的电流相互之间的关系。此外，还要介绍用在双极型电路中的电路元件和使用规则、双极型晶体管的电流-电压特性。最后，还将介绍一些非理想的电流-电压特性。

5.1.1 晶体管结构

图5.1所示的简化框图为NPN和PNP两种类型双极型晶体管的基本结构。在NPN双极型晶体管中有一个较薄的P区位于两个N区之间；相反，在PNP双极型晶体管中则是两个P区之间有一层薄薄的N区。这三个区域以及与它们相连接的电极依次称为发射极、基极和集电极。因为器件的工作就依赖于这两个紧密靠近的PN结，所以基极的宽度必须非常窄，通常在几十微米(10^{-6}m)范围之内。

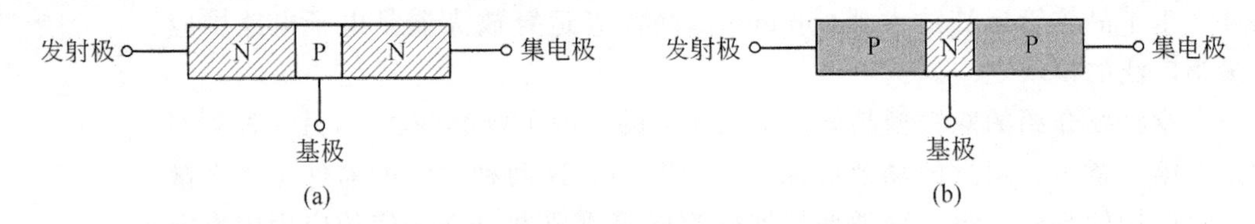

图5.1 简化的双极型晶体管几何结构

(a) NPN；(b) PNP

双极型晶体管的实际结构要比图5.1所示的简化框图复杂得多。例如，图5.2所示则是集成电路中标准的NPN双极型晶体管结构的横截面图。非常重要的一点是，该器件并不是电气对称的，产生这种不对称的原因是发射极和集电极的几何结构不同，且三个区域的杂质掺杂浓度也差别很大。例如，发射极、基极和集电极的杂质掺杂浓度可能分别在$10^{19}cm^{-3}$、$10^{17}cm^{-3}$和$10^{15}cm^{-3}$左右。因而，尽管在给定晶体管上的两个端口要么是P型要么是N型，但若交换两个端口，则将会使器件工作于完全不同的模式。

虽然图5.1给出的框图过于简化，但它们对于介绍晶体管的基本特性还是很有帮助的。

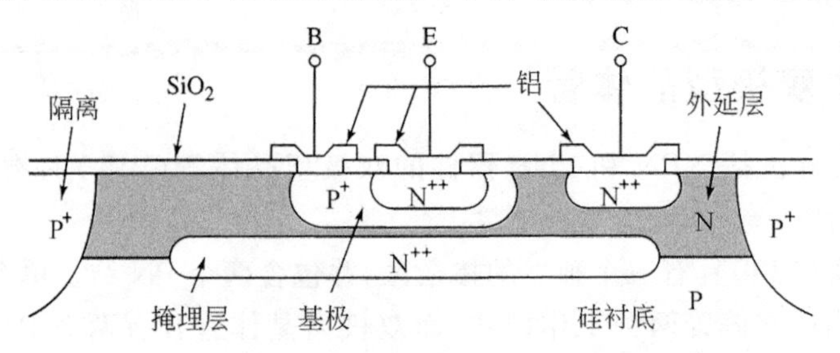

图5.2 常规集成电路的NPN双极型晶体管横截面图

5.1.2　NPN 晶体管：正向放大工作模式

由于晶体管具有两个 PN 结，可以有四种可能的偏置组合，具体是哪一种将取决于在每个结的正向偏置或反向偏置状态。例如，如果晶体管用作放大器件，则**基极-发射极（B-E）结**为正向偏置而**基极-集电极（B-C）结**为反向偏置，这种配置属于所谓的**正向放大工作模式**，或简称为**放大区**。采用这种偏置组合的原因将在分析晶体管的工作原理和应用它们的电路特性时进行阐述。

晶体管电流

图 5.3 所示为偏置在正向放大模式的理想化的 NPN 双极型晶体管。由于 B-E 结正向偏置，来自发射极的电子穿过 PN 结注入到基极，在基区产生过剩少数载流子浓度。由于 B-C 结反向偏置，位于结边缘的电子浓度近似为零。

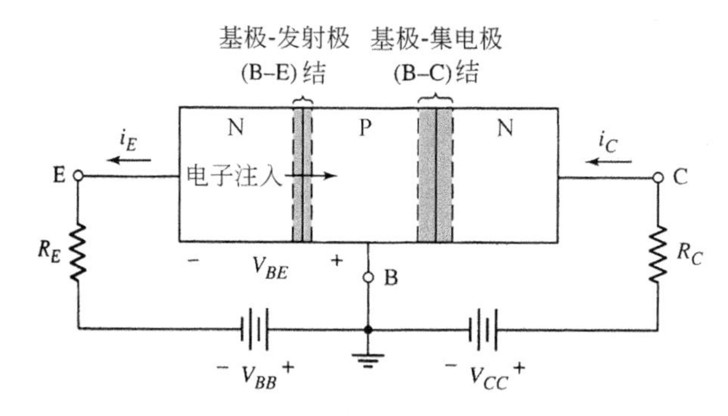

图 5.3　偏置在正向放大模式的 NPN 双极型晶体管
基极-发射极正向偏置且基极-集电极反向偏置

因为基区非常窄，所以在理想状态下，注入的电子将不会和基区中的多子空穴发生复合。在此情况下，基区中电子的分布状态随距离的变化曲线为一条直线，如图 5.4 所示。由于电子浓度的梯度较大，由发射极注入的电子通过基区扩散到基极-集电极空间电荷区，在这里电子受电场力的作用移动到集电极区域，于是就产生了集电极电流。但是，如果在基区中确实有一些载流子产生了复合，如图所示电子的浓度将偏移理想的线性曲线。为了尽量减小复合作用，中性基区的宽度必须小于少子扩散的长度。

发射极电流：由于 B-E 结为正向偏置，所以希望通过此结的电流为 B-E 之间电压的指数函数，正如以前所看到的通过 PN 结的电流是二极管正向偏置电压的指数函数。则可以写出发射极的电流为

$$i_E = I_{EO}(e^{v_{BE}/V_T} - 1) \approx I_{EO}e^{v_{BE}/V_T} \tag{5.1}$$

式中，忽略了（−1）项所得的近似值在通常情况下是正确的，因为在很多情况下都有 $v_{BE} \gg V_T$①。参数 V_T 为常温下的热电压。正如在第 1 章学习理想二极管方程时所讨论过的，假定发射系数 n 和 V_T 相乘的值为 1。带负电荷的电子流通过发射极流入到基极，和电流方向相

① 带双重下标的电压符号 v_{BE} 代表 B（基极）和 E（发射极）之间的电压。暗指符号中的第一个下角标（基极）相对于第二个下角标（发射极）为正。

这里将假设二极管方程中的理想的发射系数 n 为单位 1（见第 1 章）。

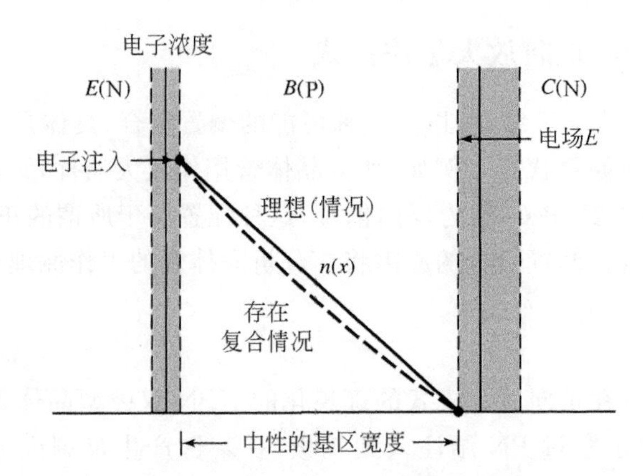

图 5.4 偏置在正向放大模式的 NPN 双极型晶体管的基区少子电子浓度

对于理想晶体管(无载流子复合),少子浓度是距离的线性函数;而对一个实际的器件(存在载流子复合),少子浓度是距离的非线性函数

反,因而发射极电流是从发射极流出的。

常数 I_{EO}包含了结的电气参数,此外还和 B-E 结的有效横截面面积成比例。因此,如果两个同样的晶体管,其中一个的面积是另一个的两倍,那么施加相同的 B E 电压时,两个晶体管的发射极电流将相差两倍。I_{EO} 的典型值在 $10^{-12} \sim 10^{-15}$ A 范围之间。但是对于某些特殊的晶体管,I_{EO}的值也可能超出这一范围。

集电极电流:由于发射区的掺杂浓度远大于基区的掺杂浓度,发射极电流的绝大部分是由注入到基极的电子引起的。到达集电极的注入电子数目构成了集电极电流的主要组成部分。

单位时间内到达集电极的电子数量和注入到基极的电子数量成比例,而注入基极的电子数又是 B-E 电压的函数。初步的近似可以得到,集电极电流和 e^{v_{BE}/V_T} 成比例,并且不依赖于 B-C 反向偏置电压。因而该器件看起来像一个**恒流源**。集电极电流受 B-E 电压的控制;换句话说,一个电极(集电极)的电流受另外两个电极之间的电压控制。这种控制就是晶体管的基本工作原理。

集电极电流可以写为

$$i_C = I_S e^{v_{BE}/V_T} \tag{5.2}$$

下面将会证明集电极电流稍小于发射极电流。发射极和集电极电流之间的关系为 $i_C = \alpha i_E$,还可以写为 $I_S = \alpha I_{EO}$。参数 α 称为**共基电流增益**,其值总是稍小于单位 1。学完本章内容后读者将会明白为什么称为这个名字。

基极电流:由于 B-E 结正向偏置,来自基极的空穴流过 B-E 结进入到发射极。然而,由于这些空穴并不参与集电极电流,所以它们不是晶体管作用的一部分。相反,空穴流构成了基极电流的一部分。由于 B-E 结是正向偏置的,因而这部分电流也是 B-E 电压的指数函数。可以写为

$$i_{B1} \propto e^{v_{BE}/V_T} \tag{5.3(a)}$$

一些电子和基极中的多子空穴复合。基极中剩下的空穴必定流动过来填补这些位置。于是这种空穴流构成基极电流的另一部分。这种"复合电流"和由发射极注入的电子数目直接成比例。这部分电流也是 B-E 电压的函数。可以写为

$$i_{B2} \propto e^{v_{BE}/V_T} \tag{5.3(b)}$$

总的基极电流是式(5.3(a))和式(5.3(b))这两部分定义的电流之和，即

$$i_B \propto e^{v_{BE}/V_T} \tag{5.4}$$

图 5.5 所示为 NPN 双极型晶体管中的电子流和空穴流以及各个电极的电流[①]。（提示：电流方向和带正电荷的空穴流的方向相同并和带负电荷的电子流的方向相反。）

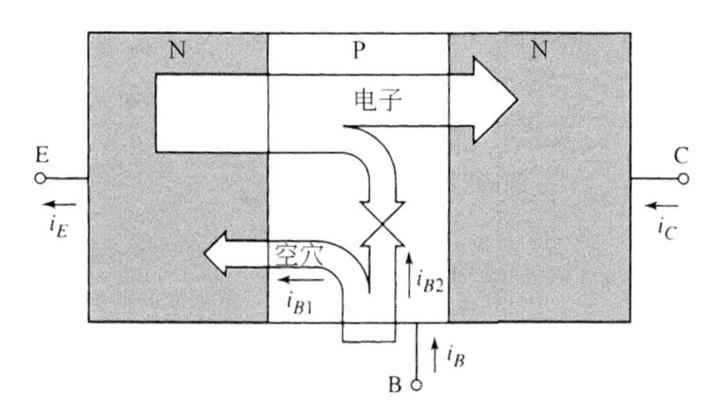

图 5.5　正向放大模式的 NPN 双极型晶体管中的电子流和空穴流

发射极、基极以及集电极电流都和 e^{v_{BE}/V_T} 成比例

如果 N 型发射极中的电子浓度远大于 P 型基极中的空穴浓度，那么注入到基极的电子数目将远大于注入到发射极的空穴的数目。这意味着基极电流的 i_{B1} 将远小于集电极电流。此外，如果基区很窄，那么在基极中产生复合的电子数目将很少，于是基极电流的 i_{B2} 也将远小于集电极电流。

共射电流增益

晶体管中电子流的比率和相应产生的集电极电流和基极电流一样，都是 B-E 电压的指数函数。这说明了集电极电流和基极电流是线性相关的。因而可以写为

$$\frac{i_C}{i_B} = \beta \tag{5.5}$$

即

$$i_B = I_{BO}e^{v_{BE}/V_T} = \frac{i_C}{\beta} = \frac{I_S}{\beta}e^{v_{BE}/V_T} \tag{5.6}$$

参数 β 为**共射电流增益**[②]，它是双极型晶体管的一个关键参数。在理想状态下，对于任何给定的晶体管 β 都将为恒定值。β 值通常在 $50<\beta<300$ 范围内，但对于特殊的器件 β 值还将会大于或小于这个范围。

β 值在很大程度上取决于晶体管制造工艺和生产过程的容许误差。因而不同种类的晶体管之间或给定的同一类型晶体管之间，比如分立元件 2N2222，β 的值都将不同。在任何一个例题和习题中，通常假设 β 为常数。但是，认识到 β 值的大小可能会并且一定会发生变化是很重要的。

---

① 对双极型晶体管的更深入的物理研究显示还有其他的电流成分存在，然而这些额外的电流并不改变晶体管的性质并且在晶体管的应用中可以忽略不计。

② 由于人们在分析偏置于正向放大模式的晶体管时，常常把共基电流增益和共射电流增益分别表示为 α_F 和 β_F，为了简化符号，通常将这些参数简单地定义为 α 和 β。

图 5.6 所示电路使用了 NPN 双极型晶体管。由于射极是输入、输出回路的公共点，所以称该电路为**共射极组态**。当晶体管偏置在正向放大模式时，B-E 结正向偏置而 B-C 结反向偏置。根据 PN 结的折线化模型，可以假设 B-E 电压为 $V_{BE}(\text{on})$，即 PN 结的开启电压。因为 $V_{CC}=v_{CE}+i_C R_C$，所以电源电压必须足够大以保持 B-C 结反向偏置。基极电流由 V_{BB} 和 R_B 确定，且相应的集电极电流为 $i_C=\beta i_B$。

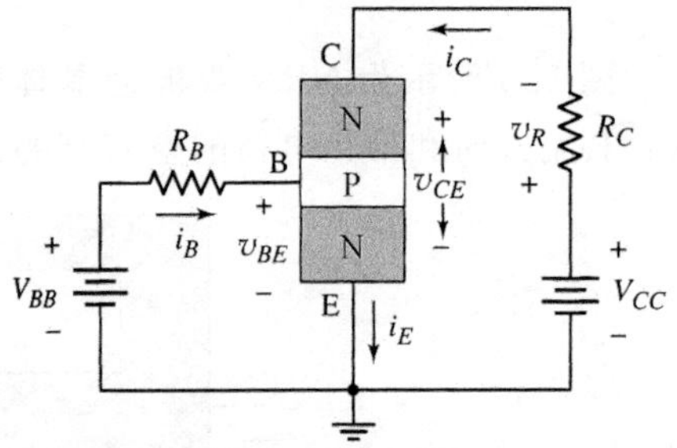

图 5.6 共射组态的 NPN 晶体管电路
所示为偏置在正向放大模式的晶体管的电流方向和电压极性

如果设 $V_{BB}=0$，则 B-E 结将为零偏置，因而 $i_B=0$，因而 $i_C=0$。这种情况称为**截止**。

各极电流之间的关系

如果将双极型晶体管看作单个的节点，那么，根据基尔霍夫电流定律可得

$$i_E = i_C + i_B \tag{5.7}$$

如果晶体管偏置在正向放大模式，则

$$i_C = \beta i_B \tag{5.8}$$

将式(5.8)代入式(5.7)，可得发射极电流和基极电流之间的关系为

$$i_E = (1+\beta) i_B \tag{5.9}$$

解出式(5.8)中的 i_B 代入式(5.9)中，可得集电极电流和发射极电流之间的关系为

$$i_C = \left(\frac{\beta}{1+\beta}\right) i_E \tag{5.10}$$

可以写成 $i_C=\alpha i_E$，于是

$$\alpha = \frac{\beta}{1+\beta} \tag{5.11}$$

参数 α 称为共基电流增益，它通常稍小于 1。读者可能会注意到，如果 $\beta=100$，则 $\alpha=0.99$，所以 α 确实很接近于 1。根据式(5.11)，可以用共基电流增益来表示共射电流增益为

$$\beta = \frac{\alpha}{1-\alpha} \tag{5.12}$$

晶体管工作原理小结

前面介绍了偏置在正向放大区的单级 NPN 双极型晶体管的工作原理。B-E 之间的正向偏置电压 v_{BE} 产生了和 v_{BE} 指数相关的由发射极流向基极的电子流，这些电子流扩散过基区并在集电区聚集，在集电结反向偏置时，集电极电流 i_C 和 B-C 电压无关，则此时集电极表现为理想的电流源。集电极电流是发射极电流的 α 倍，且基极电流是集电极电流的 $1/\beta$ 倍。如果 $\beta \gg 1$，则 $\alpha \approx 1$，且 $i_C \approx i_E$。

【例题 5.1】

目的：计算集电极和发射极电流，并给出基极电流和电流增益。

假设共射电流增益 $\beta=150$ 且基极电流 $i_B=15\mu A$。同样假设晶体管偏置在正向放大模式。

解：集电极和基极电流之间的关系为

$$i_C = \beta i_B = (150)(15\mu A) \Rightarrow 2.25mA$$

还可得发射极电流和基极电流之间的关系为

$$i_E = (1+\beta) i_B = (151)(15\mu A) \Rightarrow 2.27mA$$

由式(5.11)可知，共基电流增益为

$$\alpha = \frac{\beta}{1+\beta} = \frac{150}{151} = 0.9934$$

点评：对于适当的β值，集电极和发射极电流几乎相等，且共基电流增益几乎为1。

练习题

【练习题5.1】 某种特殊类型的晶体管其共基电流增益为$0.980 \leqslant \alpha \leqslant 0.995$。试求相应的$\beta$值范围。(答案：$49 \leqslant \beta \leqslant 199$)

5.1.3 PNP晶体管：正向放大工作模式

前面已经讨论了NPN双极型晶体管的基本工作原理，PNP双极型晶体管是与其互补的器件。图5.7所示为偏置在正向放大模式的PNP晶体管中的空穴流和电子流。因为B-E结正向偏置，和N型的情况相反，P型发射极为正。来自发射极的空穴流入基极，然后空穴扩散通过基极到达集电极，这种空穴流动就产生了集电极电流。

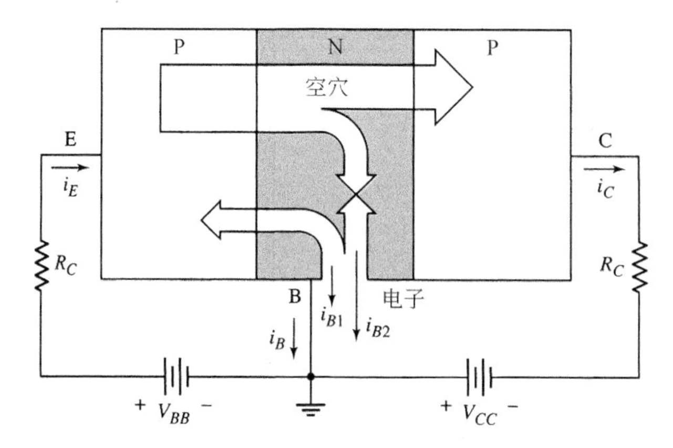

图5.7 偏置在正向放大模式的PNP双极型晶体管中的空穴流和电子流
发射极、基极以及集电极电流都和e^{v_{EB}/V_T}成比例

同样，因为B-E结正向偏置，发射极电流是B-E电压的指数函数。要注意发射极电流的方向和B-E间正向偏置电压的极性，可以写为

$$i_E = I_{EO} e^{v_{EB}/V_T} \tag{5.13}$$

式中，v_{EB}为发射极和基极之间的电压，且暗示发射极相对于基极为正。这里也假设了理想二极管方程中的−1项可以忽略。

集电极电流是E-B电压的指数函数，其方向是流出集电极，这和NPN器件中的情况相反。它可以写为

$$i_C = \alpha i_E = I_S e^{v_{EB}/V_T} \tag{5.14}$$

式中α也是共基电流增益。

PNP器件中的基极电流也是两部分之和：第一部分i_{B1}来自于由正向偏置的B-E结引起的从基极流向发射极的电子流。这样可得$i_{B1} \propto \exp(v_{BE}/V_T)$。第二部分$i_{B2}$来自于供给基极来代替那些与发射极注入到基极的少子空穴产生复合而损失掉的电子的电子流。这部分电流和注入到基极的空穴数目成比例，所以有$i_{B2} \propto \exp(v_{BE}/V_T)$。因而总的基极电流为

$i_B=i_{B1}+i_{B2}\propto\exp(v_{BE}/V_T)$。基极电流的方向是从基极流出。因为 PNP 晶体管中总的基极电流是 E-B 电压的指数函数，所以可得

$$i_B = I_{BO}e^{v_{EB}/V_T} = \frac{i_C}{\beta} = \frac{I_S}{\beta}e^{v_{EB}/V_T} \tag{5.15}$$

参数 β 也是 PNP 双极型晶体管的共射电流增益。

PNP 晶体管的各极电流之间的关系和 NPN 晶体管的情况完全相同，下一节的表 5.1 将对这些具体情况作总结。同样，β 和 α 之间的关系和式(5.11)及式(5.12)所给出的相同。

5.1.4 电路符号及规范

NPN 双极型晶体管的框图和常规的电路符号分别如图 5.8(a)和图 5.8(b)所示。电路符号中的箭头常画在发射极上来指明发射极电流的方向。对于 NPN 器件，电流方向是由发射极流出。PNP 双极型晶体管简化的框图和常规的电路符号则如图 5.9(a)和图 5.9(b)所示。这里，发射极上的箭头指明发射极电流的方向为进入发射极。

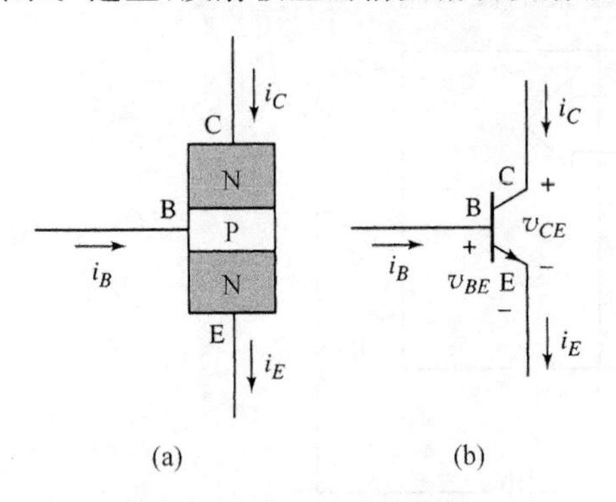

图 5.8 NPN 双极型晶体管

(a) 简单框图；(b) 电路符号。箭头画在发射极上来指明发射极电流的方向。(对于 NPN 器件电流方向是流出发射极)

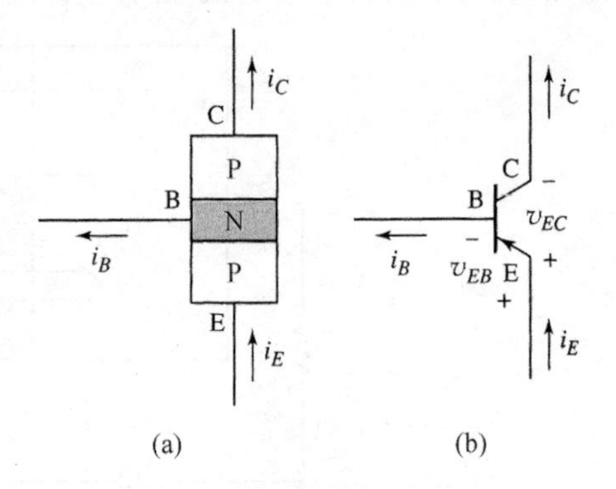

图 5.9 PNP 双极型晶体管

(a) 简单框图；(b) 电路符号。发射极上的箭头指明发射极电流的方向。(对于 PNP 器件电流方向是流入发射极)

图 5.8(b)和图 5.9(b)所给 NPN 和 PNP 晶体管的电路符号指出了电流方向和电压极性，这里总结出它们的电流-电压关系如表 5.1 所示。

表 5.1 双极型晶体管的电流-电压关系小结

NPN	PNP
$i_C=I_Se^{v_{BE}/V_T}$	$i_C=I_Se^{v_{EB}/V_T}$
$i_E=\frac{i_C}{\alpha}=\frac{I_S}{\alpha}e^{v_{BE}/V_T}$	$i_E=\frac{i_C}{\alpha}=\frac{I_S}{\alpha}e^{v_{EB}/V_T}$
$i_B=\frac{i_C}{\beta}=\frac{I_S}{\beta}e^{v_{BE}/V_T}$	$i_B=\frac{i_C}{\beta}=\frac{I_S}{\beta}e^{v_{EB}/V_T}$
对两种晶体管都适用	
$i_E=i_C+i_B$	$i_C=\beta i_B$
$i_E=(1+\beta)i_B$	$i_C=\alpha i_E=\left(\frac{\beta}{1+\beta}\right)i_E$
$\alpha=\frac{\beta}{1+\beta}$	$\beta=\frac{\alpha}{1-\alpha}$

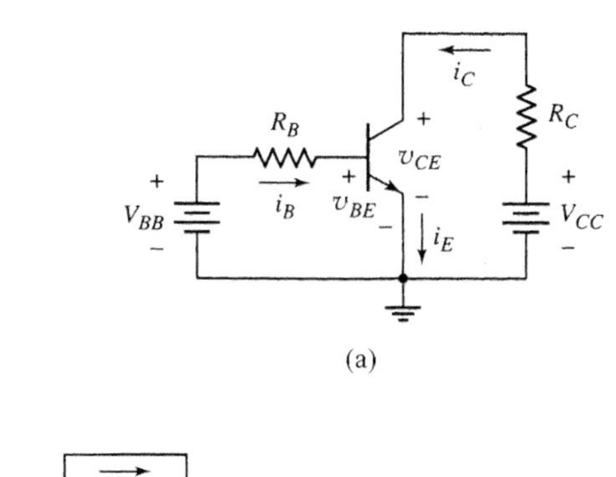

(a)

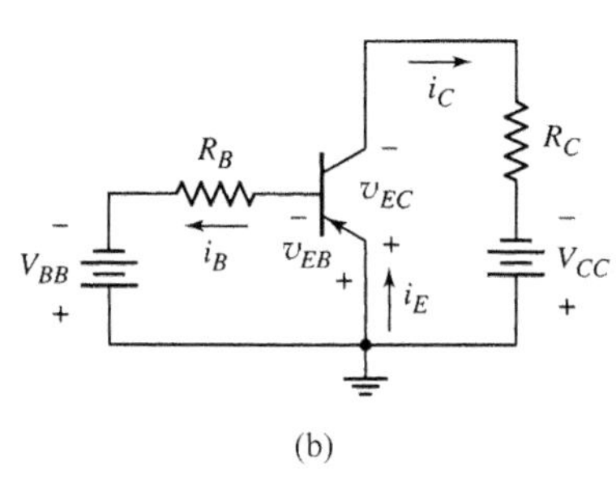

(b)

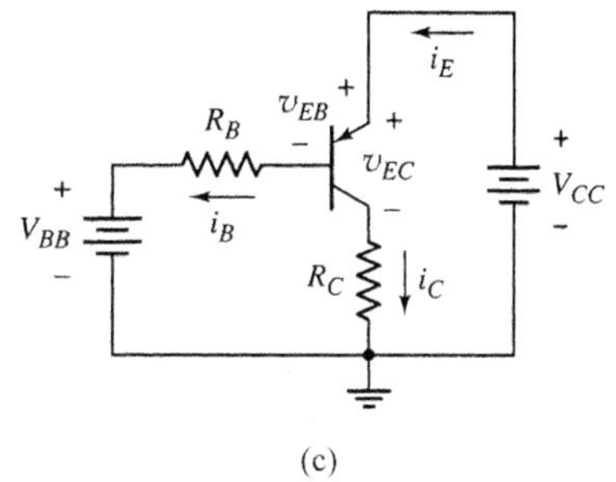

(c)

图 5.10　共射极电路

(a) 带 NPN 晶体管；(b) 带 PNP 晶体管；(c) 带正电压源偏置的 PNP 晶体管

图 5.10(a)所示为 NPN 晶体管的共射电路。图中给出了晶体管电流、基极-发射极(B-E)和集电极-发射极(C-E)电压。图 5.10(b)所示则为 PNP 双极型晶体管的共射电路。注意这两种电路中的电流方向和电压极性之间的区别。图 5.10(c)所示为一种更为普通的 PNP 晶体管的电路结构，这种电路允许使用正电压源。

理解测试题

【测试题 5.1】　两个晶体管的共射电流增益分别为 $\beta=75$ 和 $\beta=125$。试求共基电流增益。(答案：$\alpha=0.9868$，$\alpha=0.9921$)

【测试题 5.2】　偏置在正向放大模式的 NPN 晶体管其基极电流 $I_B=9.60\mu A$，发射极电流 $I_E=0.780mA$。试求 β、α 和 I_C。(答案：$\beta=80.3$，$\alpha=0.9877$，$I_C=0.771mA$)

【测试题 5.3】　偏置在正向放大模式的 PNP 晶体管其发射极电流 $I_E=2.15mA$。晶体管的共基电流增益 $\alpha=0.990$。试求 β、I_B 和 I_C。(答案：$\beta=99$，$I_B=21.5\mu A$，$I_C=2.13mA$)

5.1.5　电流-电压特性

图 5.11(a)和图 5.11(b)所示分别为 NPN 和 PNP 双极型晶体管的**共基极电路组态**。图中电流源提供发射极电流。前面已经分析过当 B-C 结反向偏置时集电极电流 i_C 几乎和 C-B 电压无关。当 B-C 结变为正向偏置时，晶体管不再处于正向放大模式，且集电极和发射极电流不再满足式 $i_C=\alpha i_E$。

图 5.12 所示为典型的共基极电流-电压关系特性曲线。当集电极-基极 PN 结反向偏置时，对于恒定的发射极电流值，集电极电流值几乎等于 i_E。这种特性表明了共基极器件近乎为一个理想的恒流源。

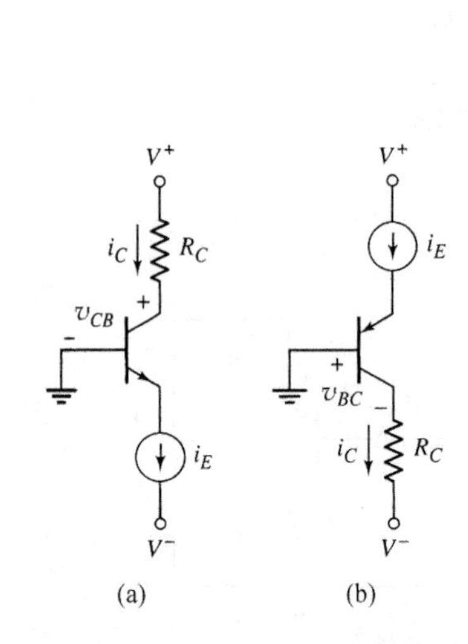

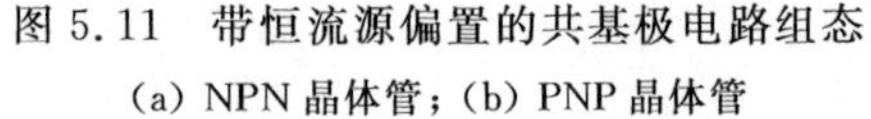
图 5.11 带恒流源偏置的共基极电路组态
(a) NPN 晶体管；(b) PNP 晶体管

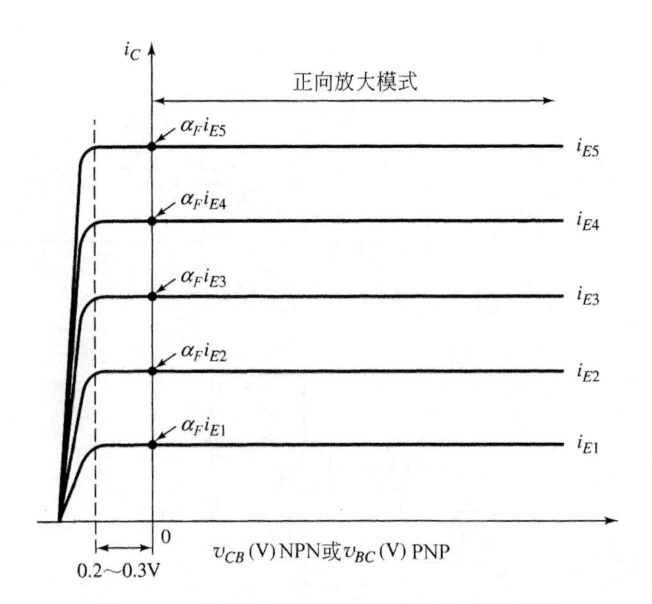

图 5.12 共基极电路晶体管的电流-电压特性

通过改变 V^+(图 5.11(a)所示)电压和 V^-(图 5.11(b)所示)电压可以改变 C-B 电压值。当集电极-基极结变为正向偏置且偏置电压在 0.2～0.3V 之间时，集电极电流 i_C 仍旧基本等于 i_E。这种情况下，晶体管仍然基本偏置在正向放大模式。然而，随着正向偏置 C-B 电压上升，集电极电流和发射极电流之间的关系不再为线性关系，且集电极电流迅速下降为零。

共射极电路组态的电流-电压特性曲线簇和前面的有些不同，如图 5.13 所示。对于这些曲线，集电极电流是相对于集电极-发射极电压画出的，并且针对基极电流各个不同的恒定值。这些曲线是由图 5.10 所示的共射极电路产生的，在该电路中，V_{BB} 电压源给 B-E 结提供正向偏置并控制偏置电流 i_B，通过改变 V_{CC} 可以改变 C-E 电压。

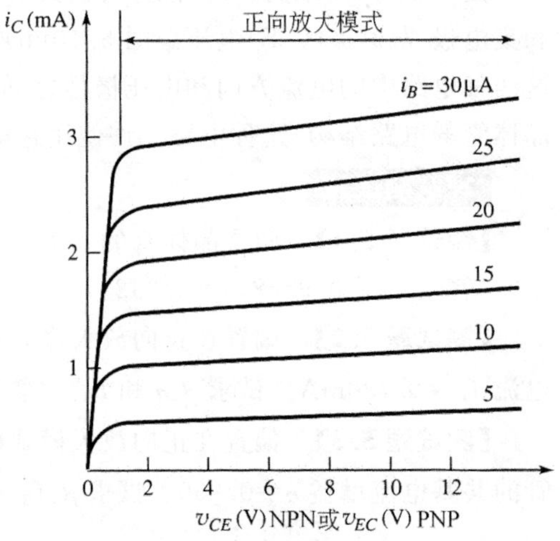

图 5.13 共射极电路晶体管的电流-电压特性曲线

在 NPN 器件中，为了使晶体管处于正向放大模式，B-C 结必须为零或反向偏置，这就意味着要求 V_{CE} 必须大于 V_{BE}(on)的近似值[①]。对于 $V_{CE} > V_{BE}$(on)，曲线有限地倾斜。而如果 $V_{CE} < V_{BE}$(on)，则 B-C 结变为正向偏置，晶体管不再处于正向放大模式，集电极电流将迅速下降为零。

图 5.14 所示为针对一组恒定 B-E 电压的电流-电压特性的放大视图。图中的曲线相对于正向放大模式的 C-E 电压理论上应该为直线，但实际上它们是斜线，其斜率取决于所

① 即使当 B-C 结稍微正向偏置，集电极电流基本上也等于发射极电流，如图 5.12 所示，当 B-C 结为零偏置或反向偏置时称晶体管偏置在正向放大模式。

谓的基区宽度调制效应。这种效应是由 J. M. Early 首先提出并进行分析的，所以通常将这种现象称为**厄利效应**。当曲线被反相延长到零电流时，它们交于负电压轴上的一点 $v_{CE}=-V_A$。电压 V_A 是一个正值，称为**厄利电压**。V_A 的典型值在 $50V<V_A<300V$ 范围之内。对于 PNP 晶体管，除了电压轴变为 v_{EC} 外，所产生的效应是相同的。

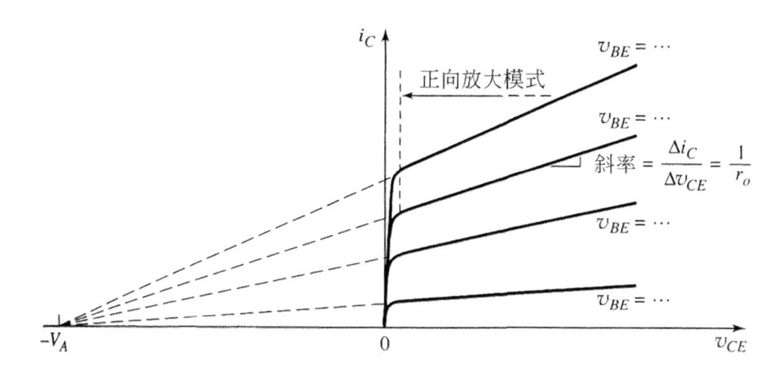

图 5.14 共射电路的电流-电压特性

图示为厄利电压和晶体管有限的输出电阻 r_o

在 NPN 晶体管中，对于给定的 v_{BE} 值，如果 v_{CE} 增加，则集电极-基极结上的反向偏置电压增加，这意味着 B-C 空间电荷区的宽度也会增加。于是基区的自然宽度 W 就会减小(见图 5.4)。基区宽度的减小会导致少子浓度梯度变大，这样就增大了通过基区的扩散电流。即集电极电流随着 C-E 电压的增加而增加。

工作在正向放大模式的 i_C 对于 v_{CE} 的线性依赖关系可以描述为

$$i_C = I_S(e^{v_{BE}/V_T})\cdot\left(1+\frac{v_{CE}}{V_A}\right) \tag{5.16}$$

假设式中的 I_S 恒定。

图 5.14 所示曲线的非零斜率表明集电极的输出电阻是有限的。该输出电阻可由下式求得，即

$$\frac{1}{r_o}=\left.\frac{\partial i_C}{\partial v_{CE}}\right|_{v_{BE}=\text{常数}} \tag{5.17}$$

应用式(5.16)，可以证明

$$r_o \approx \frac{V_A}{I_C} \tag{5.18}$$

式中 I_C 为当 v_{BE} 为常数且 v_{CE} 相对于 V_A 较小时的静态集电极电流。

大多数情况下，在晶体管电路的分析和设计中，i_C 对于 v_{CE} 的依赖性并不能起到决定作用。可是，有限的输出电阻 r_o 对此类电路的放大器特性可能产生重要的影响。这种作用将在本书的第 6 章进行更为严密的分析。

理解测试题

【测试题 5.4】 对于双极型晶体管，当集电极电流 $I_C=0.1mA$、$1.0mA$ 和 $10mA$ 时 $V_A=150V$，试求晶体管的输出电阻 r_o。(答案：$r_o=1.5M\Omega$，$150k\Omega$，$15k\Omega$)

【测试题 5.5】 假设在 $V_{CE}=1V$ 时 $I_C=1mA$，且 V_{BE} 保持恒定。如果(a)$V_A=75V$ 和(b)$V_A=150V$，试求 $V_{CE}=10V$ 时的 I_C 值。(答案：$I_C=1.12mA$，$1.06mA$)

5.1.6　非理想晶体管的泄漏电流和击穿电压

前面讨论双极型晶体管的电流-电压特性时曾忽略了两个问题：反向偏置 PN 结中的泄漏电流和击穿电压效应。

泄漏电流

在图 5.11 所示的共基极电路中，如果令电流源 $i_E=0$，则晶体管将会截止，但是 B-C 结仍然为反向偏置。这些结中就会存在反向偏置泄漏电流，且该电流对应了第 1 章中所讲的二极管反向偏置饱和电流。这些反向偏置泄漏电流的方向和集电极电流的方向相同。I_{CBO} 这一项表示共基极组态中的集电极泄漏电流，且在发射极开路时为集电极-基极泄漏电流，该泄漏电流如图 5.15(a)所示。

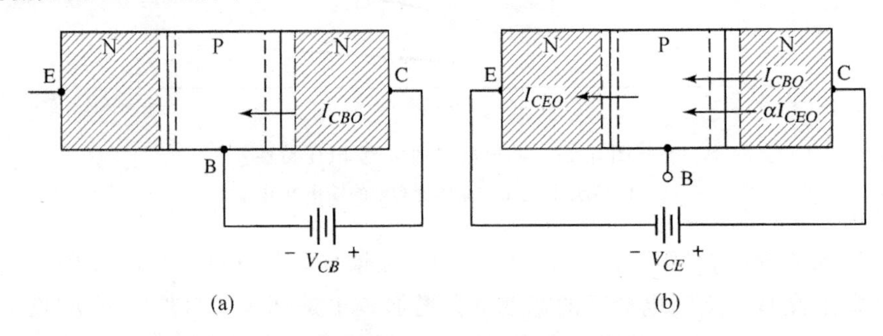

图 5.15　NPN 晶体管框图

(a) 发射极开路情况下的结泄漏电流 I_{CBO}；(b) 基极开路情况下的泄漏电流 I_{CEO}

当基极开路时，在发射极和集电极之间可能存在另一种泄漏电流。图 5.15(b)所示为基极开路($i_B=0$)NPN 晶体管的框图。电流成分 I_{CBO} 通常为反向偏置的 B-C 结的泄漏电流。这种电流成分导致基极势能的增加，进而使 B-E 结正向偏置并产生 B-E 电流 I_{CEO}。电流 αI_{CEO} 通常为由发射极电流 I_{CEO} 引起的集电极电流。这里可以写为

$$I_{CEO}=\alpha I_{CEO}+I_{CBO} \tag{5.19(a)}$$

即

$$I_{CEO}=\frac{I_{CBO}}{1-\alpha}\approx\beta I_{CBO} \tag{5.19(b)}$$

上述关系表明基极开路形式和射极开路形式将产生不同的特性。

当晶体管偏置在正向放大模式时仍然存在各种泄漏电流。共射极电路的电流-电压特性如图 5.16 所示，图中已画出了泄漏电流。比如，可以定义直流 β 即直流共射电流增益为

$$\beta_{dc}=\frac{I_{C2}}{I_{B2}} \tag{5.20}$$

式中集电极电流 I_{C2} 包含如图所示的泄漏电流。交流 β 定义为

$$\beta_{ac}=\left.\frac{\Delta I_C}{\Delta I_B}\right|_{V_{CE}=常数} \tag{5.21}$$

这种对于 β 的定义不包含如图所示的泄漏电流。

如果忽略泄漏电流，那么这两个 β 值相等。在本书后面的部分中都将假设泄漏电流可以忽略且 β 可以笼统地使用前一个等式。

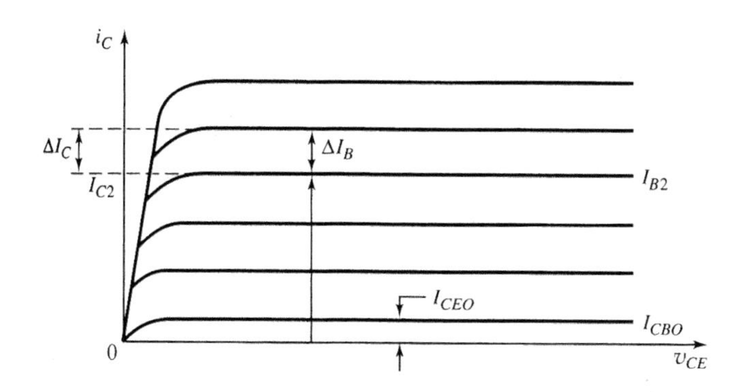

图 5.16 包含泄漏电流的共射电路的电流-电压特性

由此特性簇可以求得晶体管的直流 β 和交流 β。假设这一曲线簇的厄利电压 $V_A=\infty$

击穿电压：共基极组态特性

图 5.12 所示的共基极电流-电压特性为不涉及击穿情况的理想状态。图 5.17 所示则为考虑击穿电压的 i_C 相对于 v_{CB} 的关系特性曲线。

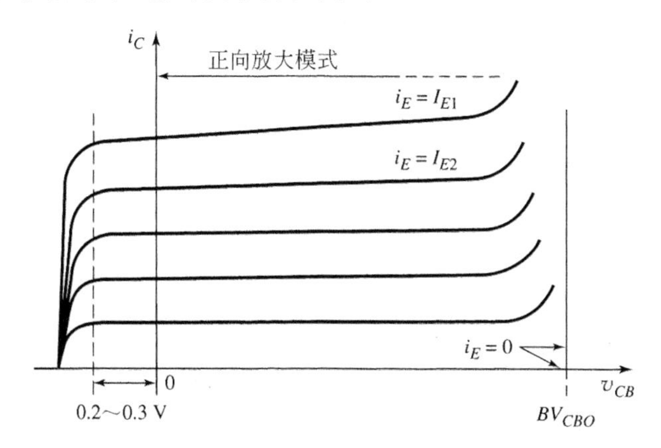

图 5.17 显示了集电极-基极结击穿情况的 i_C 相对于 v_{CB} 的共基极特性

观察 $i_E=0$(发射极作用为开路)所对应的曲线。集电极-基极结击穿电压表示为 BV_{CBO}。这是一个简化图,图中显示了在 BV_{CBO} 处突然发生击穿的情况。对于 $i_E>0$ 所对应的曲线,击穿发生的较早。载流子流过 PN 结导致在较低电压处就发生雪崩击穿过程。

击穿电压：共射特性

图 5.18 所示为 NPN 晶体管在各种恒定的基极电流情况下 i_C 相对于 v_{CE} 的变化特性曲线以及理想的击穿电压 BV_{CEO}。BV_{CEO} 的值小于 BV_{CBO},因为 BV_{CEO} 包含了晶体管效应的影响,而 BV_{CBO} 则没有。从泄漏电流 I_{CEO} 可以看出类似的影响。

两种不同电路形式的击穿电压特性也是不同的。基极开路情况下的击穿电压由下式给出,即

$$BV_{CEO}=\frac{BV_{CBO}}{\sqrt[n]{\beta}} \tag{5.22}$$

式中 n 为经验常数,通常取 3～6。

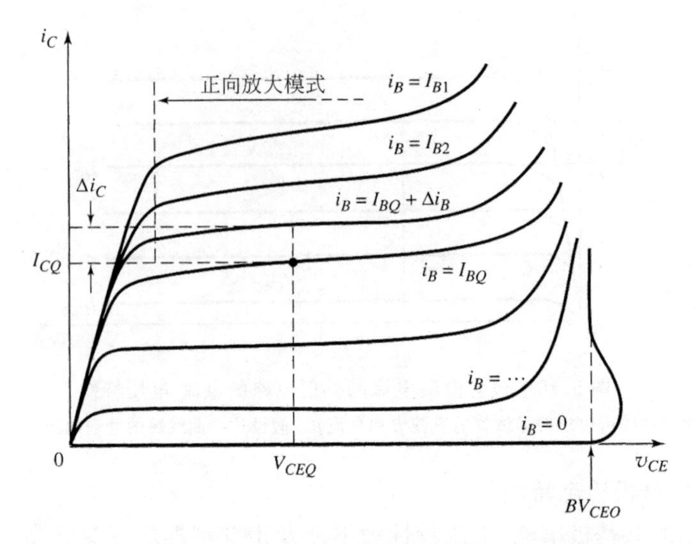

图 5.18　显示了击穿效应的共射极电路的特性

【例题 5.2】

目的：计算连接成基极开路情况下的晶体管击穿电压。

假设晶体管电流增益 $\beta=100$，而 B-C 结的击穿电压 $BV_{CBO}=120\text{V}$。

解：如果假设经验常数 $n=3$，则可得

$$BV_{CEO}=\frac{BV_{CBO}}{\sqrt[n]{\beta}}=\frac{120}{\sqrt[3]{100}}=25.9\text{V}$$

点评：基极开路电路形式的击穿电压远小于 C-B 结的击穿电压。它代表了在任何电路设计中都必须考虑的最坏条件。

设计要点：设计者必须知道电路中使用的具体晶体管的击穿电压，因为它将作为电路中能够使用多大偏置电压的限制因素。

练习题

【练习题 5.2】　发射极开路的击穿电压 $BV_{CBO}=200\text{V}$，电流增益 $\beta=120$，取经验常数 $n=3$。试求 BV_{CEO}。（答案：40.5V）

如果在 B-E 结上施加反向偏置电压，那么 B-E 结也会产生击穿。随着掺杂浓度增加结击穿电压下降。由于发射极掺杂浓度通常远大于集电极的掺杂浓度，所以 B-E 结的击穿电压通常远小于 B-C 结的击穿电压。B-E 结击穿电压的典型值为 6～8V。

理解测试题

【测试题 5.6】　已知某个典型晶体管电路所需要的最小基极开路击穿电压 $BV_{CEO}=30\text{V}$。如果 $\beta=100$ 和 $n=3$，试求所需要的最小 BV_{CBO} 值。（答案：139V）

5.2　晶体管电路的直流分析

本节内容：了解和熟悉双极型晶体管电路的直流分析和设计方法。

前面已经分析了双极型晶体管的基本特性和工作原理。本章其余部分内容的基本目标是逐步熟悉和掌握双极型晶体管和晶体管电路。现在开始分析和设计双极型晶体管电路的

直流偏置，而晶体管电路的直流偏置是本章的核心内容，这是双极型放大器设计的重要组成部分。双极型放大器电路的设计则是下一章的核心内容。

PN 结的折线化模型可以用来进行双极型晶体管电路的直流分析。这里首先分析共射电路并引出此电路的负载线，然后着眼于双极型晶体管其他电路组态的直流分析。因为线性放大器中的晶体管必须偏置在正向放大模式，所以本节主要强调晶体管偏置在这种模式下的电路分析和设计。

5.2.1 共射极电路

共射极电路是晶体管电路的基本形式之一。图 5.19(a)所示为共射极电路的一个例子。很明显，发射极处于地电位。这种电路结构也将会出现在第 6 章要讨论的很多放大器中。

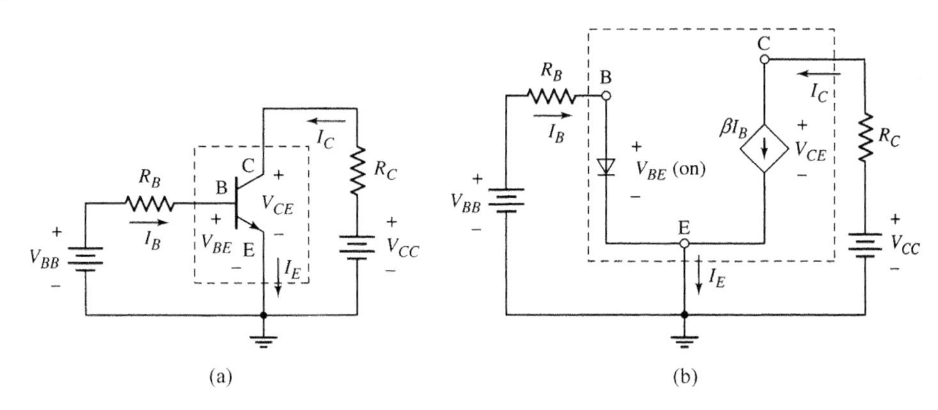

图 5.19

(a) NPN 晶体管共射极电路；(b) 直流等效电路。图中虚线框内为带折线化晶体管参数的晶体管等效电路

图 5.19(a)所示为 NPN 晶体管共射极电路，图 5.19(b)为其直流等效电路。这里假设 B-E 结正向偏置，所以结两侧的电压降为开启电压 $V_{BE}(\text{on})$。当晶体管偏置在正向放大模式时，集电极电流表现为一受控电流源，该受控电流源为基极电流的函数。这种情况下忽略了反向偏置结的泄漏电流和厄利电压效应。在下面的电路中将考虑直流电流和电压，所以将用到直流符号表示这些参数。

基极电流为

$$I_B = \frac{V_{BB} - V_{BE}(\text{on})}{R_B} \tag{5.23}$$

式(5.23)暗指了 $V_{BB} > V_{BE}(\text{on})$，这意味着 $I_B > 0$。当 $V_{BB} < V_{BE}(\text{on})$时，晶体管截止且 $I_B = 0$。

在电路的集电极-发射极部分，可得

$$I_C = \beta I_B \tag{5.24}$$

且

$$V_{CC} = I_C R_C + V_{CE} \tag{5.25(a)}$$

即

$$V_{CE} = V_{CC} - I_C R_C \tag{5.25(b)}$$

在式(5.25(b))中，也暗指了 $V_{CE} > V_{BE}(\text{on})$，这意味着 B-C 结反向偏置且晶体管偏置在正向放大模式。

观察图 5.19(b)可以看出损耗在晶体管上的功率为

$$P_T = I_B V_{BE}(\text{on}) + I_C V_{CE} \quad (5.26(a))$$

在很多情况下 $I_C \gg I_B$ 且 $V_{CE} > V_{BE}(\text{on})$，因此晶体管损耗功率初步近似为

$$P_T \approx I_C V_{CE} \quad (5.26(b))$$

如果晶体管偏置在饱和模式则此近似不再成立(稍后讨论)。

【例题 5.3】

目的：计算共射极电路的基极、集电极和发射极电流以及 C-E 电压。并计算晶体管的功率损耗。

已知如图 5.19(a)所示的电路，其参数为 $V_{BB}=4\text{V}$，$R_B=220\text{k}\Omega$，$R_C=2\text{k}\Omega$，$V_{CC}=10\text{V}$，$V_{BE}(\text{on})=0.7\text{V}$ 和 $\beta=200$。图 5.20(a)所示为没有明确标出电压源的电路。

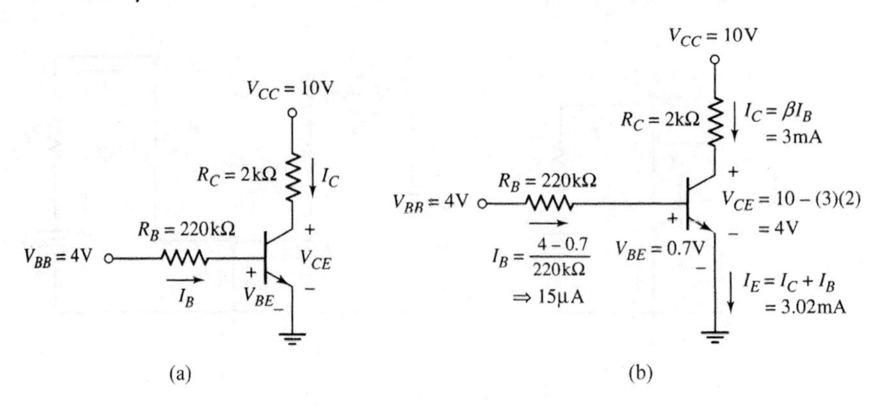

图 5.20 例题 5.3 的电路

(a) 电路；(b) 标出电流和电压值的电路

解：由图 5.20(b)可得基极电流为

$$I_B = \frac{V_{BB} - V_{BE}(\text{on})}{R_B} = \frac{4-0.7}{220} \Rightarrow 15\mu\text{A}$$

集电极电流为

$$I_C = \beta I_B = (200)(15\mu\text{A}) \Rightarrow 3\text{mA}$$

发射极电流为

$$I_E = (1+\beta)\cdot I_B = (201)(15\mu\text{A}) \Rightarrow 3.02\text{mA}$$

由式(5.25(b))可知，集电极-发射极电压为

$$V_{CE} = V_{CC} - I_C R_C = 10 - (3)(2) = 4\text{V}$$

损耗在晶体管上的功率为

$$P_T = I_B V_{BE}(\text{on}) + I_C V_{CE} = (0.015)(0.7) + (3)(4) \approx I_C V_{CE}$$

即

$$P_T \approx 12\text{mW}$$

点评：因为满足 $V_{BB} > V_{BE}(\text{on})$ 且 $V_{CE} > V_{BE}(\text{on})$ 的条件，可见晶体管确实偏置在正向放大模式。需要注意的是，题中曾假设采用折线化近似，而在实际的电路中，B-E 结上的电压可能并不是准确的 0.7V，这可能引起计算电压值和测量值之间微小的误差。还需要注意

的是，如果取基极电流为 I_E 和 I_C 之间的差值，可得 $I_B=20\mu A$ 而不是 $15\mu A$。其间的差别是由发射极电流中的舍入误差所引起的。

练习题

【练习题 5.3】 将图 5.20(a)电路参数变为 $V_{CC}=5V$，$V_{BB}=2V$，$R_C=4k\Omega$，$R_B=200k\Omega$。晶体管参数为 $\beta=120$ 和 $V_{BE}(on)=0.7V$。试计算 I_B、I_C、V_{CE} 以及损耗在晶体管上的功率。(答案：$I_B=6.5\mu A$，$I_C=0.78mA$，$V_{CE}=1.88V$，$P=1.47mW$)

图 5.21(a)所示为 PNP 双极型晶体管共射极电路，而图 5.21(b)为其直流等效电路，该电路的发射极处于信号地端，这意味着电源电压 V_{BB} 和 V_{CC} 的极性必须和 NPN 电路的相反。具体分析过程和前面的完全相同，可以写出

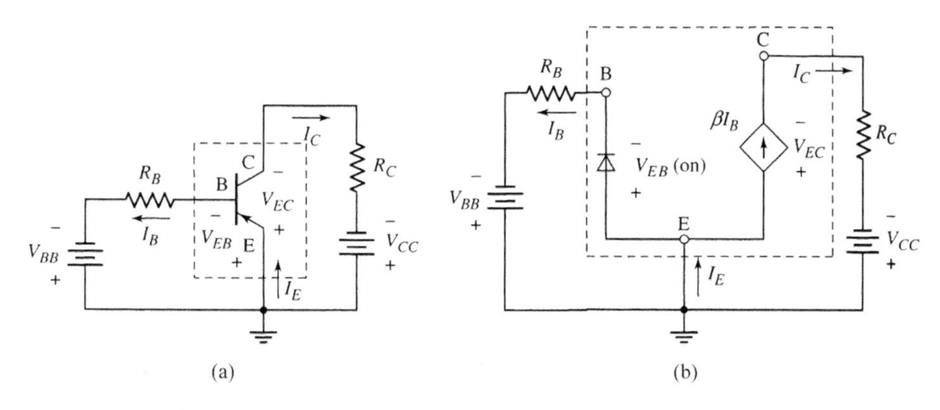

图 5.21

(a) PNP 晶体管共射极电路；(b) 直流等效电路。图中虚线框内为带折线化晶体管参数的晶体管等效电路

$$I_B=\frac{V_{BB}-V_{EB}(\text{on})}{R_B} \tag{5.27}$$

$$I_C=\beta I_B \tag{5.28}$$

和

$$V_{EC}=V_{CC}-I_C R_C \tag{5.29}$$

可以看出，如果适当地定义电流方向和电压极性，那么共射极组态中有关 PNP 双极型晶体管的式(5.27)、式(5.28)和式(5.29)可以与同样组态中有关 NPN 双极型晶体管的式(5.23)、式(5.24)以及式(5.25(b))完全相同。

在许多情况下，为了在电路中使用正电压源而不用负电压源，电路中的 PNP 双极型晶体管将被倒置。在下面的例题中将会看到这一点。

【例题 5.4】

目的：分析 PNP 晶体管共射极电路。

已知如图 5.22(a)所示的电路，其参数为 $V_{BB}=1.5V$，$R_B=580k\Omega$，$V^+=5V$，$V_{EB}(on)=0.6V$ 和 $\beta=100$。试求使 $V_{EC}=\frac{1}{2}V^+$ 成立的 I_B、I_C、I_E 和 R_C。

解：写出 E-B 回路的基尔霍夫电压方程，可以求得基极电流为

$$I_B=\frac{V^+-V_{EB}(\text{on})-V_{BB}}{R_B}=\frac{5-0.6-1.5}{580}\Rightarrow 5\mu A$$

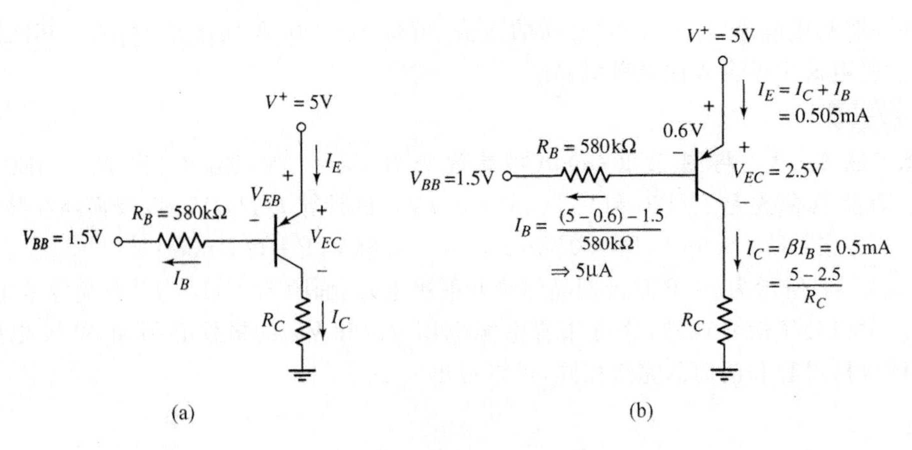

图 5.22　例题 5.4 的电路

(a) 电路；(b) 标出电流和电压值的电路

集电极电流为

$$I_C = \beta I_B = (100)(5\mu\text{A}) \Rightarrow 0.5\text{mA}$$

发射极电流为

$$I_E = (1+\beta) I_B = (101)(5\mu\text{A}) \Rightarrow 0.505\text{mA}$$

为使 C-E 电压 $V_{EC} = \frac{1}{2}V^+ = 2.5\text{V}$，$R_C$ 应该为

$$R_C = \frac{V^+ - V_{EC}}{I_C} = \frac{5-2.5}{0.5} = 5\text{k}\Omega$$

点评：在此情况下，电压 V^+ 和 V_{BB} 的差大于晶体管的开启电压值，或者说 $V^+ - V_{BB} > V_{EB}(\text{on})$。又因为 $V_{EC} > V_{EB}(\text{on})$，所以 PNP 双极型晶体管偏置在正向放大模式。

讨论：本例题中用到的发射极-基极电压取 $V_{EB}(\text{on}) = 0.6\text{V}$，而前面的例题中曾取其值为 0.7V。必须意识到，开启电压只是一个近似值，实际的基极-发射极电压将取决于所用的晶体管类型和通过电流的大小。很多情况下，选择 0.6～0.7V 之间的值将会使产生的误差较小。然而，大多数人们习惯于使用 0.7V 这个值。

练习题

【练习题 5.4】　图 5.22(a)所示电路的参数为 $R_B = 325\text{k}\Omega$，$V_{BB} = 2.8\text{V}$ 和 $V^+ = 5\text{V}$，晶体管参数为 $\beta = 80$，$V_{EB}(\text{on}) = 0.7\text{V}$。试求使 $V_{EC} = 2\text{V}$ 的 I_B、I_C、I_E 和 R_C 值。(答案：$I_B = 4.62\mu\text{A}$，$I_C = 0.369\text{mA}$，$I_E = 0.374\text{mA}$，$R_C = 8.13\text{k}\Omega$)

图 5.19(b)和图 5.21(b)所示的直流等效电路，在最初分析晶体管电路时是很有用的。然而，从今以后将不再明确地画出等效电路。可以利用图 5.20 和图 5.22 所示的晶体管电路符号简单地分析直流电路。

计算机分析题

【PS 5.1】　(a)使用标准的晶体管，用 PSpice 分析验证例题 5.3 的结果。(b)对于 $R_B = 180\text{k}\Omega$，重复以上的分析过程。(c)对于 $R_B = 260\text{k}\Omega$，重复以上的分析过程。为什么说电阻 R_B 能限制基极电流？

5.2.2 负载线和工作模式

负载线可以使晶体管电路的特性形象化。对于图 5.20(a)所示的共发射极电路,可以对电路的 B-E 和 C-E 两部分分别应用图解分析法。图 5.23(a)所示为 B-E 结的折线化特性曲线和输入负载线。输入负载线可由 B-E 回路的基尔霍夫电压方程求得,写为

$$I_B = \frac{V_{BB}}{R_B} - \frac{V_{BE}}{R_B} \tag{5.30}$$

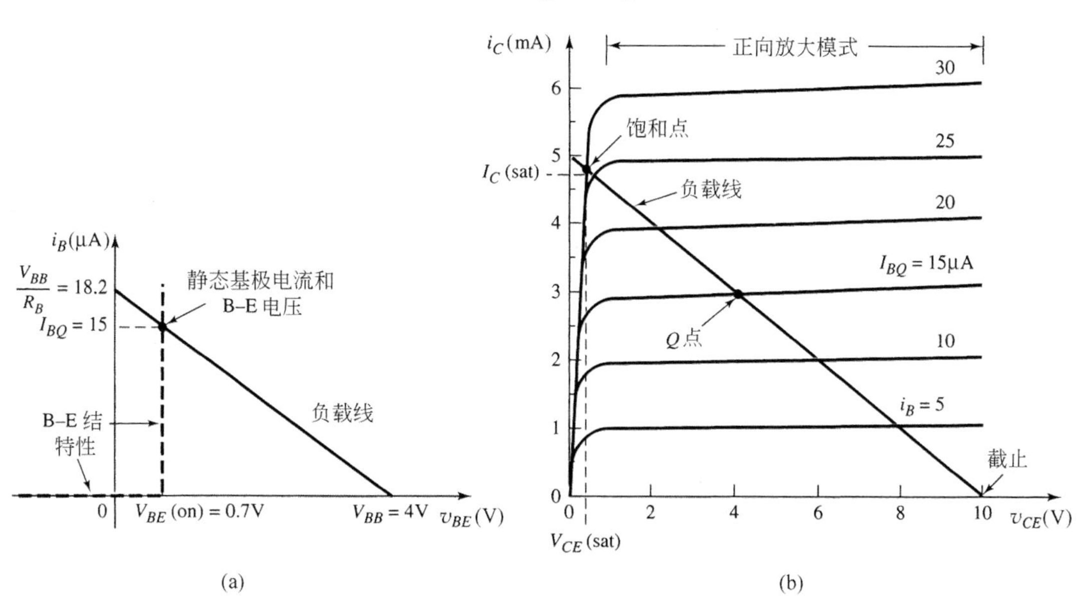

图 5.23

(a) 基极-射极结折线化 i-v 特性曲线和输入负载线;(b) 显示了例题 5.3(图 5.20)所示电路 Q 点的共射极晶体管特性和集电极-发射极负载线

随着 V_{BB} 和 R_B 中的一个或全部发生变化,负载线和静态基极电流都会发生变化。图 5.23(a)所示的负载线和第 1 章中所示的二极管负载线特性基本相同。

对于图 5.20(a)所示电路的 C-E 部分,通过写出 C-E 回路的基尔霍夫电压方程可以求得电路负载线。可得

$$V_{CE} = V_{CC} - I_C R_C \tag{5.31(a)}$$

还可以写为下面的形式,即

$$I_C = \frac{V_{CC}}{R_C} - \frac{V_{CE}}{R_C} = 5 - \frac{V_{CE}}{2}(\text{mA}) \tag{5.31(b)}$$

式(5.31(b))为负载线方程,表明集电极电流和集电极-发射极电压之间的线性关系。因为考虑的是晶体管电路的直流分析,所以这种关系表示为直流负载线。有关交流负载线将在下一章进行介绍。

图 5.23(b)所示为例题 5.3 的晶体管特性曲线,其中负载线叠加在晶体管特性曲线上。通过令 $I_C=0$,得 $V_{CE}=V_{CC}=10\text{V}$;和令 $V_{CE}=0$,得 $I_C=V_{CC}/R_C=5\text{mA}$,即得到负载线的两个端点。

晶体管的静态工作点,或称 Q 点,由集电极直流电流和集电极-发射极电压给出。Q 点

是负载线和对应某一基极电流的 I_C 相对于 V_{CE} 的关系曲线的交点。Q 点也是两个方程式共同的解。负载线可以使晶体管的偏置点更直观。图中所示的 Q 点是例题 5.3 晶体管的 Q 点。

如前所述，如果基极电路的电源电压小于开启电压，即 $V_{BB}<V_{BE}(\text{on})$，则 $I_B=I_C=0$，晶体管处于截止模式。在此模式下晶体管所有的电流均为零。忽略泄漏电流，则对于图 5.20(a)所示的电路有 $V_{CE}=V_{CC}=10\text{V}$。

随着 V_{BB} 的增加($V_{BB}>V_{BE}(\text{on})$)，基极电流 I_B 增加，且 Q 点沿着负载线上移。随着 I_B 继续增加到一定程度 I_C 不再增加，在 I_C 开始不再增加的点，晶体管偏置于**饱和模式**；也可以说晶体管处于饱和区。B-C 结变为正向偏置，且集电极和基极电流之间的关系不再为线性。饱和区的晶体管 C-E 电压 $V_{CE}(\text{sat})$ 小于 B-E 开启电压。正向偏置的 B-C 电压总是小于正向偏置的 B-E 电压，所以处于饱和区的 C-E 电压是一个较小的正值。$V_{CE}(\text{sat})$ 的典型值在 0.1～0.3V 之间。

【例题 5.5】

目的：计算晶体管饱和时电路的电流和电压。

已知如图 5.24 所示的电路，晶体管参数 $\beta=100$ 和 $V_{BE}(\text{on})=0.7\text{V}$。如果晶体管偏置在饱和区，且假设 $V_{CE}(\text{sat})=0.2\text{V}$。

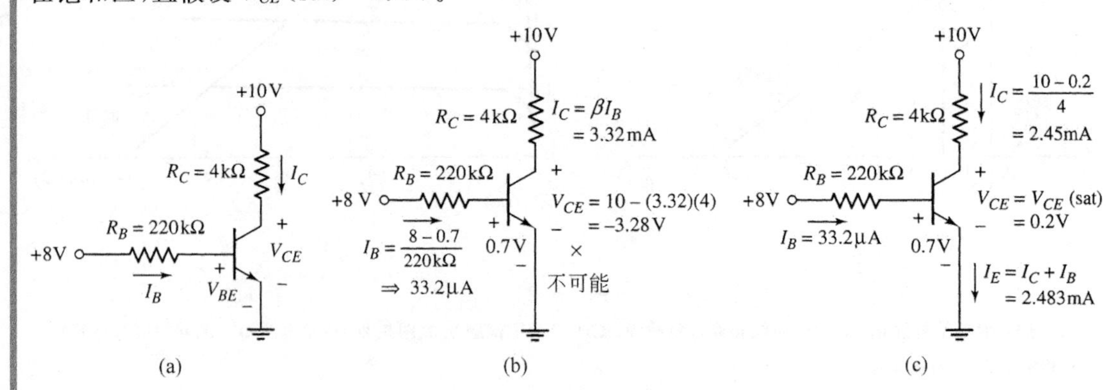

图 5.24　例题 5.5 的电路

(a) 电路；(b) 标出电流和电压值的电路，假设晶体管偏置在正向放大模式(错误的假设)；
(c) 标出电流和电压值的电路，假设晶体管偏置在饱和模式(正确的假设)

解：因为 R_B 的输入端施加了 +8V 的电压，则基极-发射极结必然正向偏置，所以晶体管开启。基极电流为

$$I_B=\frac{V_{BB}-V_{BE}(\text{on})}{R_B}=\frac{8-0.7}{220}\Rightarrow 33.2\mu\text{A}$$

如果首先假设晶体管偏置在放大区，则集电极电流为

$$I_C=\beta I_B=(100)(33.2\mu\text{A})\Rightarrow 3.32\text{mA}$$

则集电极-发射极电压为

$$V_{CE}=V_{CC}-I_CR_C=10-(3.32)(4)=-3.28\text{V}$$

然而，在图 5.24(a)所示的共射极电路组态中 NPN 晶体管的集电极-发射极电压不能为负值。因而，前面有关晶体管偏置在正向放大模式的假设是不正确的。反之，晶体管必定偏置在饱和模式。

根据“目的”中所给出的，令 $V_{CE}(\text{sat})=0.2\text{V}$。则集电极电流为

$$I_C = I_C(\text{sat}) = \frac{V_{CC} - V_{CE}(\text{sat})}{R_C} = \frac{10 - 0.2}{4} = 2.45\text{mA}$$

假设 B-E 电压仍为 $V_{BE}(\text{on})=0.7\text{V}$，如前所得的，基极电流为 $I_B=33.2\mu\text{A}$，如果取集电极电流和基极电流的比值，则有

$$\frac{I_C}{I_B} = \frac{2.45}{0.0332} = 74 < \beta$$

发射极电流为

$$I_E = I_C + I_B = 2.45 + 0.033 = 2.48\text{mA}$$

损耗在晶体管上的功率为

$$P_T = I_B V_{BE}(\text{on}) + I_C V_{CE} = (0.0332)(0.7) + (2.45)(0.2)$$

即

$$P_T = 0.513\text{mW}$$

点评：当晶体管饱和时，应该用 $V_{CE}(\text{sat})$ 作为另一个折线化参数。此外，当晶体管偏置在饱和模式时，有 $I_C<\beta I_B$。该条件常用来证明晶体管确实偏置在饱和模式。

练习题

【练习题 5.5】 对于(a)$V_{BB}=2\text{V}$ 和(b)$V_{BB}=6.5\text{V}$，重做例题 5.5。(答案：(a)$I_B=5.91\mu\text{A}$，$I_C=0.591\text{mA}$，$I_E=0.597\text{mA}$，$V_{CE}=7.64\text{V}$；(b)$I_B=26.4\mu\text{A}$，$I_C=2.45\text{mA}$，$I_E=2.48\text{mA}$，$V_{CE}=0.2\text{V}$)

解题技巧：双极型晶体管直流分析

分析双极型晶体管电路的直流响应需要知道晶体管的工作模式。有些情况下晶体管的工作模式不是很明显，这意味着需要猜测晶体管的状态，然后再分析电路确定所得的解是否符合初始的猜测。可以通过下列的方法做到这些：

1. 假设晶体管偏置在正向放大模式，在此模式下有 $V_{BE}=V_{BE}(\text{on})$，$I_B>0$ 和 $I_C=\beta I_B$。
2. 根据假设分析“线性”电路。
3. 求解相应的晶体管状态。如果开始假设的参数值和 $V_{CE}>V_{CE}(\text{sat})$ 成立，那么开始的假设是正确的；可是，如果计算值表明 $I_B<0$，则晶体管可能工作在截止状态；如果结果表明 $V_{CE}<0$，则晶体管可能偏置在饱和模式。
4. 如果初始的假设被证明不正确，那么必须再作新的假设并再次分析新的“线性”电路，然后重复第 3 步。

由于晶体管是偏置在正向放大模式还是饱和模式并不总是很直观，这就需要首先根据经验对晶体管的工作状态作一假设，然后验证初始的假设。这类似于多二极管电路的分析过程。例如，在例题 5.5 中就先假设为正向放大模式，然后进行分析，结果表明 $V_{CE}<0$。但是对于共射极组态中的 NPN 晶体管，V_{CE} 的值是不可能为负的。所以初始的假设是不成立的，因而晶体管偏置在饱和模式。根据例题 5.5 的结果，也可以看出当晶体管偏置在饱和模式时，I_C 和 I_B 的比值总是小于 β，即

$$I_C/I_B < \beta$$

这个条件对于偏置在饱和模式的 NPN 和 PNP 晶体管都成立。当双极型晶体管偏置在饱和模式时还可以定义

$$\frac{I_C}{I_B} \equiv \beta_{\text{Forced}} \tag{5.32}$$

式中 β_{Forced} 称为“受强制 β”，并有 $\beta_{\text{Forced}} < \beta$。

双极型晶体管还有另外一种工作模式称为**反向放大模式**。在这种模式下，B-E 结反向偏置，B-C 结正向偏置。实际上，此时的晶体管工作在倒置状态；也就是说发射极作用为集电极，而集电极当作为发射极。本书后面分析数字电子电路时将对这种工作模式进行具体的讨论。

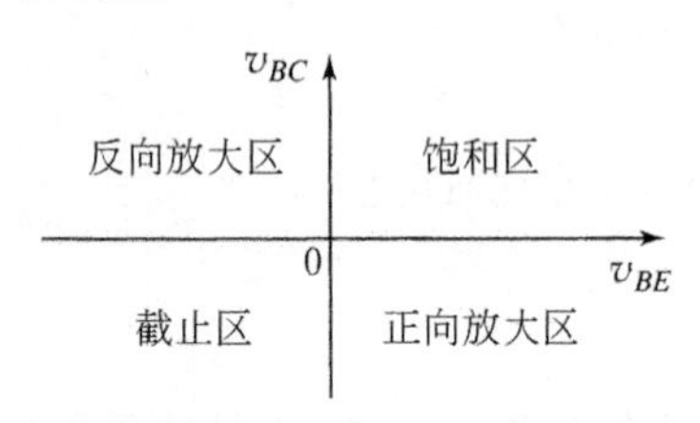

图 5.25　NPN 晶体管四种工作模式的偏置条件

总之，NPN 晶体管的四种工作模式如图 5.25 所示。B-E 和 B-C 电压的四种可能的组合确定了晶体管不同的工作模式。如果 $v_{BE}>0$(B-E 结正向偏置)且 $v_{BC}<0$(B-C 结反向偏置)，那么晶体管偏置在正向放大模式；如果两个结都为零或反向偏置，则晶体管截止；如果两个结都是正向偏置，则晶体管偏置在饱和模式；如果 B-E 结反向偏置而 B-C 结正向偏置，则晶体管偏置在反向放大模式。

在晶体管电路的直流分析中所用的晶体管折线化参数模型在各种应用中都是适用的。另外一种晶体管模型是众所周知的**埃伯斯-莫尔模型**(**Ebers-Moll model**)。这种模型可以用来描述处于各种可能工作模式的晶体管，并用于 SPICE 计算机仿真程序中。然而，本书不对埃伯斯-莫尔模型进行分析。

理解测试题

在下面的测试题中，假设 $V_{BE}(\text{on})=0.7\text{V}$ 和 $V_{CE}(\text{sat})=0.2\text{V}$。

【测试题 5.7】　图 5.26 所示的电路，假设 $\beta=50$。对于(a)$V_I=0.2\text{V}$ 和(b)$V_I=3.6\text{V}$，试求 V_O、I_B 以及 I_C。然后计算这两种情况下晶体管的功率损耗。(答案：(a)$I_B=I_C=0$，$V_O=5\text{V}$，$P=0$；(b)$I_B=4.53\text{mA}$，$I_C=10.9\text{mA}$，$P=5.35\text{mW}$)

【测试题 5.8】　对于图 5.26 所示的电路，令 $\beta=50$，试求使 $V_{BC}=0$ 的 V_I。并计算晶体管的功率损耗。(答案：$V_I=0.825\text{V}$，$P=6.98\text{mW}$)

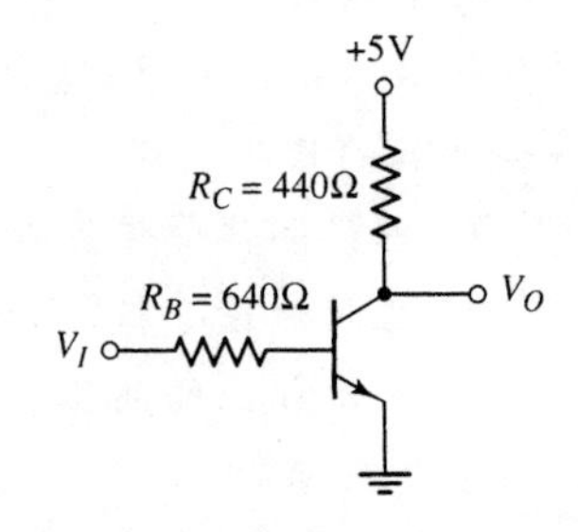

图 5.26　测试题 5.7 和测试题 5.8 的图

5.2.3　电压传输特性

电压传输特性曲线(输出电压相对于输入电压的变化关系曲线)也可以用来使电路的工作状态或晶体管的状态更直观。下面的例题将同时考虑 NPN 和 PNP 晶体管电路。

【例题 5.6】

目的：研究图 5.27(a)和图 5.27(b)所示电路的电压传输特性曲线。

假设 NPN 晶体管的参数为 $V_{BE}(\text{on})=0.7\text{V}$，$\beta=120$，$V_{CE}(\text{sat})=0.2\text{V}$ 和 $V_A=\infty$；PNP 晶体管的参数为 $V_{EB}(\text{on})=0.7\text{V}$，$\beta=80$，$V_{EC}(\text{sat})=0.2\text{V}$ 和 $V_A=\infty$。

解(NPN 晶体管电路)：对于 $V_I\leqslant 0.7\text{V}$，晶体管 Q_n 截止，所以 $I_B=I_C=0$。则输出电压 $V_O=V^+=5\text{V}$。

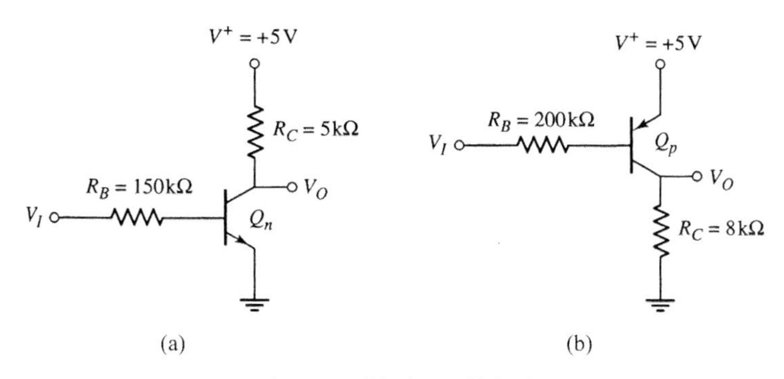

图 5.27　例题 5.6 的电路

(a) NPN 电路；(b) PNP 电路

对于 $V_I > 0.7V$，晶体管 Q_n 开启且开始工作在正向放大模式。则有

$$I_B = \frac{V_I - 0.7}{R_B}$$

且

$$I_C = \beta I_B = \frac{\beta(V_I - 0.7)}{R_B}$$

于是

$$V_O = 5 - I_C R_C = 5 - \frac{\beta(V_I - 0.7)R_C}{R_B}$$

该等式在 $0.2V \leqslant V_O \leqslant 5V$ 时成立。当 $V_O = 0.2V$ 时，晶体管 Q_n 进入饱和区。当 $V_O = 0.2V$ 时输入电压由下式求得，即

$$0.2 = 5 - \frac{(120)(V_I - 0.7)(5)}{150}$$

可得 $V_I = 1.9V$。对于 $V_I \geqslant 1.9V$，晶体管 Q_n 保持偏置在饱和区。

其电压传输特性曲线如图 5.28(a)所示。

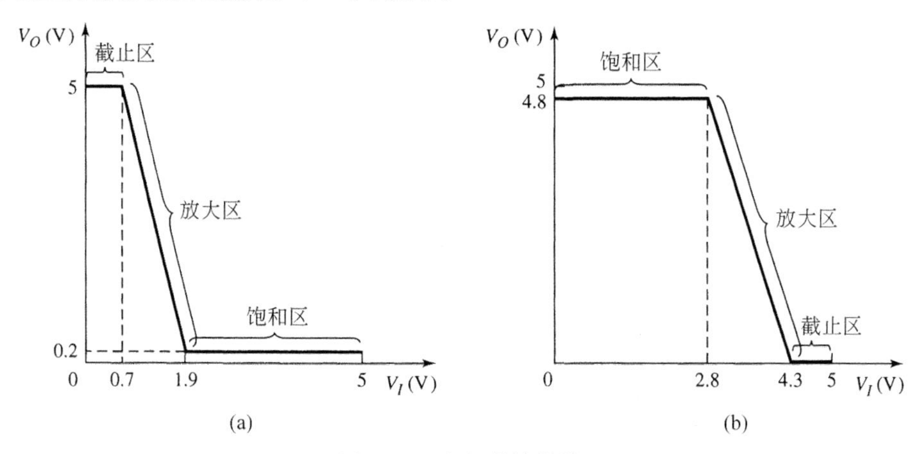

图 5.28　电压传输特性

(a) 图 5.27(a)所示 NPN 电路的电压传输特性；(b) 图 5.27(b)所示 PNP 电路的电压传输特性

解(PNP 晶体管电路)：对于 $4.3V \leqslant V_I \leqslant 5V$，晶体管 Q_p 截止，所以 $I_B = I_C = 0$。则输出电压 $V_O = 0$。

对于 $V_I<4.3\text{V}$，晶体管 Q_p 开启并偏置在正向放大模式。可得

$$I_B=\frac{(5-0.7)-V_I}{R_B}$$

且

$$I_C=\beta I_B=\beta\left[\frac{(5-0.7)-V_I}{R_B}\right]$$

则输出电压为

$$V_O=I_CR_C=\beta R_C\left[\frac{(5-0.7)-V_I}{R_B}\right]$$

该等式在 $0\leqslant V_O\leqslant 4.8\text{V}$ 时成立。当 $V_O=4.8\text{V}$ 时，晶体管 Q_p 进入饱和区。当 $V_O=4.8\text{V}$ 时，输入电压由下式求得，即

$$4.8=(80)(8)\left[\frac{(5-0.7)-V_I}{200}\right]$$

可得 $V_I=2.8\text{V}$。对于 $V_I\leqslant 2.8\text{V}$，晶体管 Q_p 保持偏置在饱和模式。

电路的电压传输特性曲线如图 5.28(b)所示。

计算机仿真：图 5.29 所示为通过 PSpice 仿真得到的标准晶体管 2N3904 的电压传输特性。从计算机仿真可以观察到的一个结果是，正向放大模式的输出电压并不完全像人工分析所得到的那样是输入电压的线性函数。此外，在计算机仿真中当 $v_I=1.3\text{V}$ 时，基极-发射极电压 $v_{BE}=0.649\text{V}$，而不是人工分析中所假设的 0.7V。但是人工分析给出了一个较好的初级近似值。

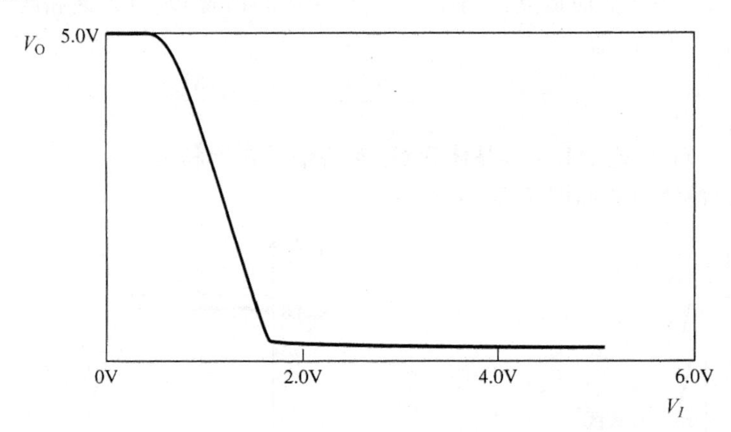

图 5.29　通过 PSpice 得出的图 5.27(a)所示电路的电压传输特性

点评：如例题中所表明的那样，通过求出偏置在截止区、正向放大模式或饱和模式晶体管的输入电压值范围就可以求得电压传输特性。

练习题

【练习题 5.6】 若图 5.27(a)所示的电路参数改为 $R_B=200\text{k}\Omega$，$R_C=4\text{k}\Omega$ 和 $V^+=9\text{V}$。晶体管参数为 $\beta=100$，$V_{BE}(\text{on})=0.7\text{V}$，$V_{CE}(\text{sat})=0.2\text{V}$。试画出 $0\leqslant V_I\leqslant 9\text{V}$ 对应的电压传输特性曲线。（答案：对于 $0\leqslant V_I\leqslant 0.7\text{V}$，$Q_n$ 截止，$V_O=9\text{V}$；对于 $V_I>5.1\text{V}$，Q_n 处于饱和区，$V_O=0.2\text{V}$）

计算机分析题

【PS5.2】 试用 PSpice 仿真，试画出如图 5.27(b)所示电路的电压传输特性。采用标准晶体管。当晶体管偏置在正向放大区时，求 v_{EB}的值。

5.2.4　其他通用的双极型电路：直流分析

除了图 5.20 和图 5.22 所示的共射极电路之外，双极型晶体管还有一些其他的电路结构形式。本节将介绍有关这些电路的一些例题。这些 BJT 电路在直流分析方面非常相似，所以不管这些电路的外观如何都可以使用相同的分析方法。本节将继续对双极型晶体管电路进行直流分析和设计以增加熟练程度并能更顺手地处理此类电路。

【例题 5.7】

目的： 求解带发射极电阻的共射电路特性。

已知如图 5.30(a)所示的电路，令 $V_{BE}(\text{on})=0.7\text{V}$ 和 $\beta=75$。

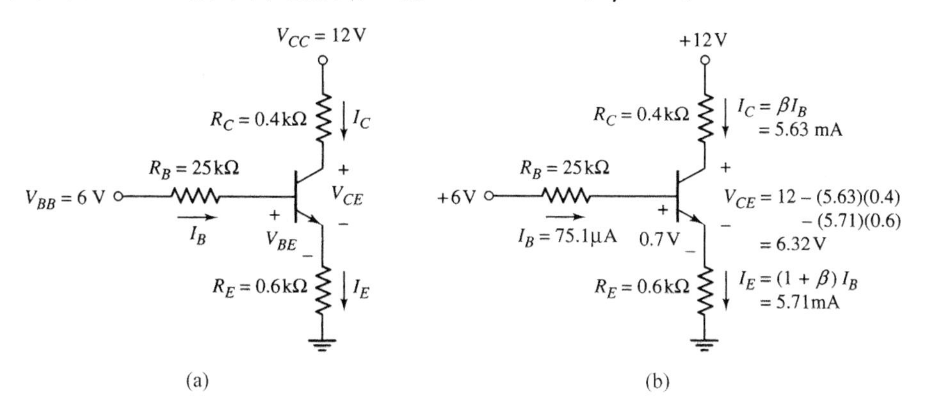

图 5.30　例题 5.7 的电路

(a) 电路；(b) 标出电流和电压值的电路

解(Q 点的值)： 写出 B-E 回路的基尔霍夫电压方程，可得

$$V_{BB}=I_BR_B+V_{BE}(\text{on})+I_ER_E \tag{5.33}$$

假设晶体管偏置在正向放大模式，则可以写出 $I_E=(1+\beta)I_B$。于是解出式(5.33)中的基极电流为

$$I_B=\frac{V_{BB}-V_{BE}(\text{on})}{R_B+(1+\beta)R_E}=\frac{6-0.7}{25+(76)(0.6)}\Rightarrow 75.1\mu\text{A}$$

集电极和发射极电流为

$$I_C=\beta I_B=(75)(75.1\mu\text{A})\Rightarrow 5.63\text{mA}$$

和

$$I_E=(1+\beta)I_B=(76)(75.1\mu\text{A})\Rightarrow 5.71\text{mA}$$

根据图 5.30(b)可知，集电极-发射极电压为

$$V_{CE}=V_{CC}-I_CR_C-I_ER_E=12-(5.63)(0.4)-(5.71)(0.6)$$

即

$$V_{CE}=6.32\text{V}$$

解(负载线)： 在 C-E 回路中也应用基尔霍夫电压定律，并由集电极和发射极电流之间

的关系可以求得

$$V_{CE}=V_{CC}-I_C\left[R_C+\left(\frac{1+\beta}{\beta}\right)R_E\right]=12-I_C\left[0.4+\left(\frac{76}{75}\right)(0.6)\right]$$

即

$$V_{CE}=12-(1.01)I_C$$

负载线和计算出的 Q 点如图 5.31 所示。图中叠加了几条 I_C 相对于 V_{CE} 的晶体管特性曲线。

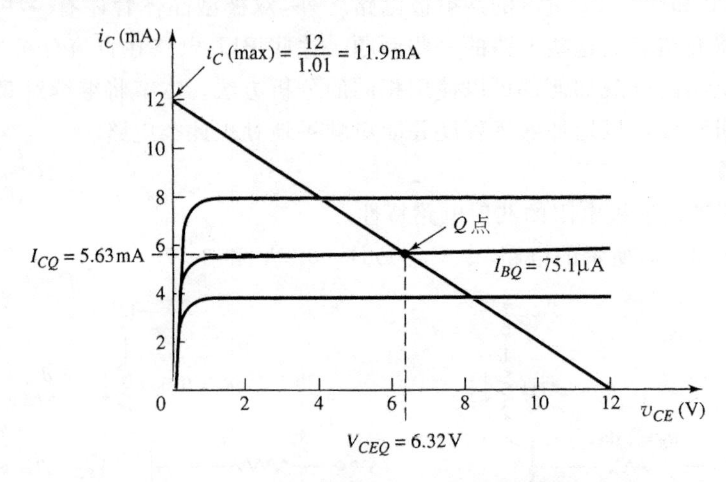

图 5.31 图 5.30 所示例题 5.7 电路的负载线和 Q 点

点评：因为 C-E 电压为 6.32V，则 $V_{CE}>V_{BE}(\text{on})$，正如前面所假设的，晶体管偏置在正向放大模式。在本章后面的内容中将会看到在电路中增加射极电阻的好处。

练习题

【练习题 5.7】 若图 5.30(a)所示电路的参数改为 $V_{BB}=8\text{V}$，$R_B=30\text{k}\Omega$，$R_E=1.2\text{k}\Omega$。所有其他的电路参数和晶体管参数都和例题 5.7 图中所给的相同，试计算晶体管的电流和 V_{CE}。（答案：$I_B=60.2\mu\text{A}$，$I_C=4.52\text{mA}$，$I_E=4.58\text{mA}$，$V_{CE}=4.70\text{V}$）

【例题 5.8】

目的：求解带正、负电源电压的共射电路的特性。

对于图 5.32 所示的电路，令 $V_{BE}(\text{on})=0.65\text{V}$ 且 $\beta=100$。虽然基极处于地电位，但 B-E 结也通过 R_E 和 V^- 正向偏置。

解(**Q 点值**)：写出 B-E 回路的基尔霍夫电压定律方程。有

$$0=V_{BE}(\text{on})+I_ER_E+V^-$$

可得

$$I_E=\frac{-V^--V_{BE}(\text{on})}{R_E}=\frac{-(-5)-0.65}{1}=4.35\text{mA}$$

基极电流为

$$I_B=\frac{I_E}{1+\beta}=\frac{4.35}{101}\Rightarrow 43.1\mu\text{A}$$

集电极电流为

$$I_C=\left(\frac{\beta}{1+\beta}\right)I_E=\left(\frac{100}{101}\right)\cdot(4.35)=4.31\text{mA}$$

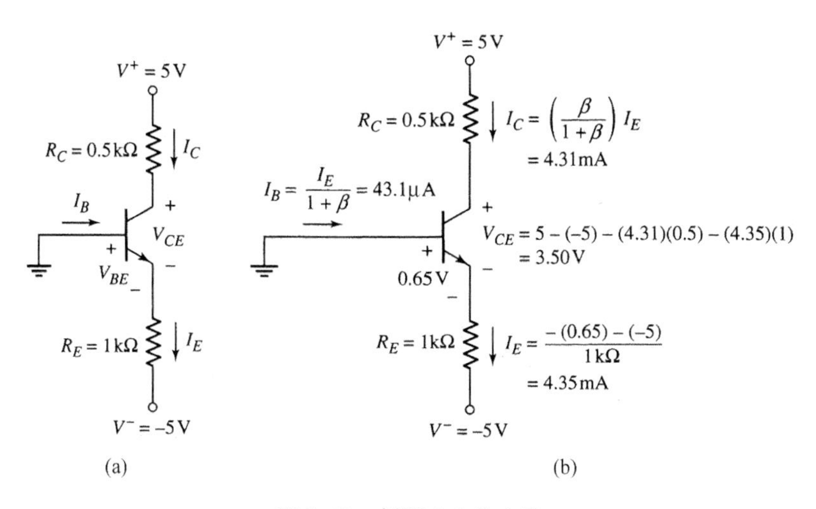

图 5.32　例题 5.8 的电路

(a) 电路；(b) 标有电流和电压值的电路

由式(5.32(b))可得 C-E 电压为

$$V_{CE} = V^+ - I_C R_C - I_E R_E - V^-$$

即

$$V_{CE} = 5 - (4.31)(0.5) - (4.35)(1) - (-5) = 3.50V$$

解(负载线)：负载线方程为

$$V_{CE} = (V^+ - V^-) - I_C\left[R_C + \left(\frac{1+\beta}{\beta}\right)R_E\right]$$

$$= (5-(-5)) = I_C\left[0.5 + \left(\frac{101}{100}\right)(1)\right]$$

即

$$V_{CE} = 10 - (1.51)I_C$$

负载线和求得的 Q 点如图 5.33 所示。

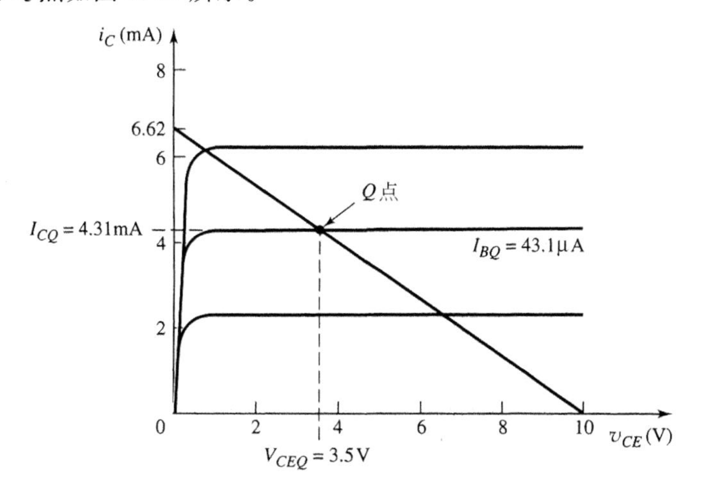

图 5.33　图 5.32 所示例题 5.8 的电路所对应的负载线和 Q 点

点评：尽管 V_{BB} 处于地电位，但 B-E 结也是正向偏置，正向偏置电压是由施加在射极电阻 R_E 下面的负电压 V^- 提供的。所以此晶体管偏置在正向放大模式。

练习题

【练习题 5.8】 试设计图 5.34 所示的电路使 $I_{CQ}=1.5\text{mA}$ 和 $V_C=4\text{V}$。假设 $\beta=100$。(答案：$R_C=4\text{k}\Omega, R_E=6.14\text{k}\Omega$)

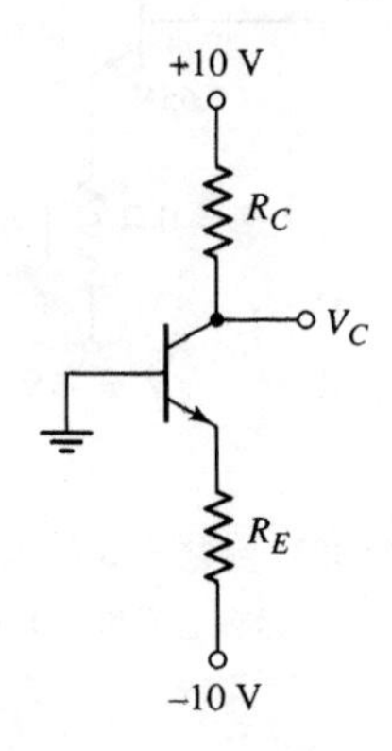

图 5.34 练习题 5.8 的电路

【设计例题 5.9】

设计目的：设计图 5.35 所示的共基极电路，使 $I_{EQ}=0.50\text{mA}$ 和 $V_{ECQ}=4.0\text{V}$。

假设晶体管参数为 $\beta=120$ 和 $V_{EB}(\text{on})=0.7\text{V}$。

解：写出 B-E 回路的基尔霍夫电压定律方程(假设晶体管偏置在正向放大模式)，可得

$$V^+ = I_{EQ}R_E + V_{EB}(\text{on}) + \left(\frac{I_{EQ}}{1+\beta}\right)R_B$$

图 5.35 设计例题 5.9 的电路

即

$$5 = (0.5)R_E + 0.7 + \left(\frac{0.5}{121}\right)(10)$$

可得

$$R_E = 8.52\text{k}\Omega$$

可以求得

$$I_{CQ} = \left(\frac{\beta}{1+\beta}\right)I_{EQ} = \left(\frac{120}{121}\right)(0.5) = 0.496\text{mA}$$

现在写出 E-C 回路的基尔霍夫电压定律方程，可得

$$V^+ = I_{EQ}R_E + V_{CEQ} + I_{CQ}R_C + V^-$$

则

$$5 = (0.5)(8.52) + 4 + (0.496)R_C + (-5)$$

可得

$$R_C = 3.51\text{k}\Omega$$

点评：共基极电路的分析方法和前面介绍过的电路分析方法相同。

练习题

【练习题 5.9】 试设计图 5.36 所示的电路，使 $I_{EQ}=0.25\text{mA}$ 和 $V_{ECQ}=2.0\text{V}$。晶体管参数为 $\beta=75$ 和 $V_{BE}(\text{on})=0.7\text{V}$。(答案：$R_E=9.2\text{k}\Omega$，$R_C=6.89\text{k}\Omega$)

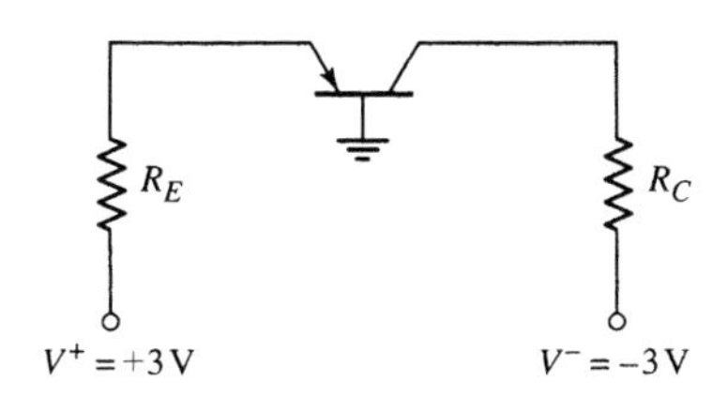

图 5.36 练习题 5.9 的共基极电路

理解测试题

【测试题 5.9】 图 5.37 所示的电路，测得 V_C 的值为 $V_C=6.34\text{V}$。试求 I_B、I_E、I_C、V_{CE}、β 以及 α 的值。(答案：$I_C=0.915\text{mA}$，$I_E=0.930\text{mA}$，$\alpha=0.9839$，$I_B=15.0\mu\text{A}$，$\beta=61$，$V_{CE}=7.04\text{V}$)

【测试题 5.10】 对于图 5.38 所示的电路，假设 $\beta=50$。试求 I_B、I_C、I_E 和 V_{CE} 的值。(答案：$I_E=1.16\text{mA}$，$I_B=22.7\mu\text{A}$，$I_C=1.14\text{mA}$，$V_{CE}=6.14\text{V}$)

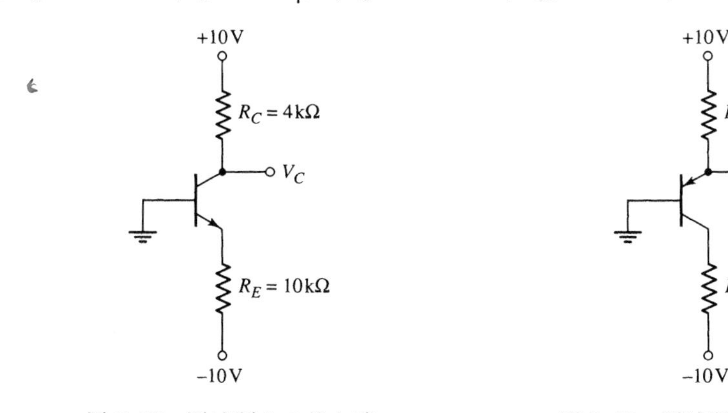

图 5.37 测试题 5.9 的电路　　图 5.38 测试题 5.10 的电路

【设计例题 5.10】

设计目的：设计满足一组指标要求的 PNP 双极型晶体管电路。

设计指标：将要设计的电路结构如图 5.39(a)所示。静态发射极-集电极电压为 $V_{ECQ}=2.5\text{V}$。

器件选择：使用容许误差为±10%的分立电阻，射极电阻的标称值为 $R_E=2\text{k}\Omega$。并可选用参数为 $\beta=60$ 和 $V_{EB}(\text{on})=0.7\text{V}$ 的晶体管。

解(理想的 Q 点值)：写出 C-E 回路的基尔霍夫电压定律方程，可得

$$V^+=I_{EQ}R_E+V_{ECQ}$$

即

$$5=(2)I_{EQ}+2.5$$

可得 $I_{EQ}=1.25\text{mA}$，则集电极电流为

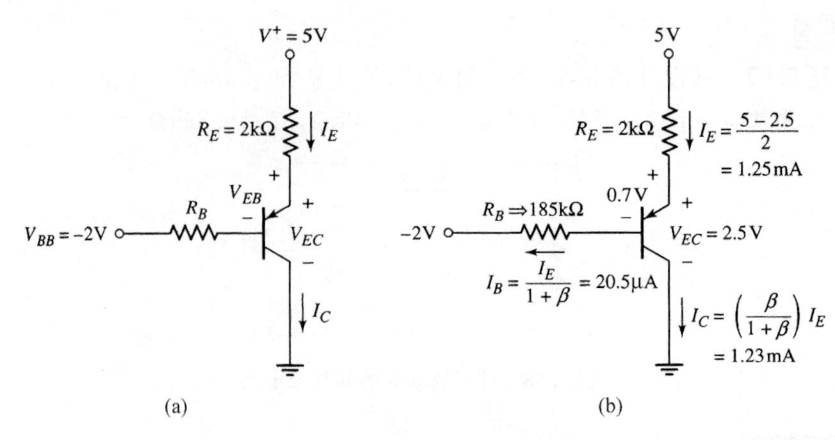

图 5.39 设计例题 5.10 的电路

(a) 电路；(b) 标出电流和电压值的电路

$$I_{CQ} = \left(\frac{\beta}{1+\beta}\right)\cdot I_{EQ} = \left(\frac{60}{61}\right)(1.25) = 1.23\text{mA}$$

基极电流为

$$I_{BQ} = \frac{I_{EQ}}{1+\beta} = \frac{1.25}{61} = 0.0205\text{mA}$$

写出 E-B 回路的基尔霍夫电压定律方程，可得

$$V^+ = I_{EQ}R_E + V_{EB}(\text{on}) + I_{BQ}R_B + V_{BB}$$

则

$$5 = (1.25)(2) + 0.7 + (0.0205)R_B + (-2)$$

可得 $R_B = 185\text{k}\Omega$。

解(理想负载线)：负载线方程为

$$V_{EC} = V^+ - I_E R_E = V^+ - I_C\left(\frac{1+\beta}{\beta}\right)R_E$$

即

$$V_{EC} = 5 - I_C\left(\frac{61}{60}\right)(2) = 5 - I_C(2.03)$$

R_E 使用标称值时的负载线和求得的 Q 点如图 5.40(a)所示。

综合考虑：如附录 D 所示，阻值为 185kΩ 的标准电阻实际上是没有的。这里将取阻值为 180kΩ 的标准电阻。并将考虑电阻 R_B 和 R_E 有±10%的容许误差。

静态集电极电流由下式给出，即

$$I_{CQ} = \beta\left[\frac{V^+ - V_{EB}(\text{on}) - V_{BB}}{R_B + (1+\beta)R_E}\right] = (60)\left[\frac{6.3}{R_B + (61)R_E}\right]$$

且负载线由下式给出，即

$$V_{EC} = V^+ - I_C\left(\frac{1+\beta}{\beta}\right)R_E = 5 - \left(\frac{61}{60}\right)I_C R_E$$

R_E 的极限值为

$$2(1-10\%)\text{k}\Omega = 1.8\text{k}\Omega \quad 2(1+10\%)\text{k}\Omega = 2.2\text{k}\Omega$$

R_B 的极限值为

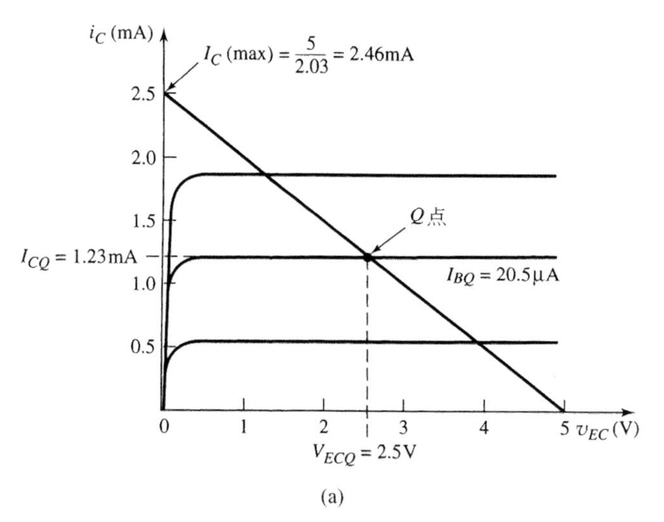

(a)

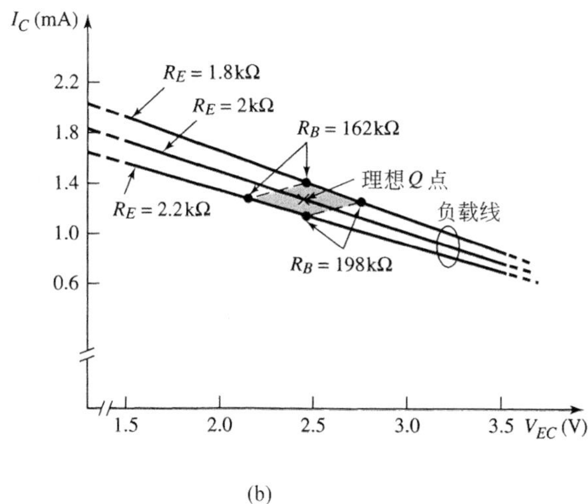

(b)

图　5.40

(a) 图5.39所示例题5.10电路的理想设计所对应的负载线和Q点值；

(b) 电阻的极限容许误差值所对应的负载线和Q点值

$$180(1-10\%)\text{k}\Omega = 162\text{k}\Omega \quad 180(1+10\%)\text{k}\Omega = 198\text{k}\Omega$$

下表给出了不同的 R_B 和 R_E 极限值所对应的 Q 点的值。

R_B	R_E	
	1.8kΩ	2.2kΩ
162kΩ	$I_{CQ}=1.39\text{mA}$	$I_{CQ}=1.28\text{mA}$
	$V_{ECQ}=2.46\text{V}$	$V_{ECQ}=2.14\text{V}$
198kΩ	$I_{CQ}=1.23\text{mA}$	$I_{CQ}=1.14\text{mA}$
	$V_{ECQ}=2.75\text{V}$	$V_{ECQ}=2.45\text{V}$

图5.40(b)所示为射极电阻和基极电阻取各种可能的极限值所对应的 Q 点。图中阴影部分表示阻值为题目中给定范围所对应的 Q 点区域。

点评：以上的例题表明，可以求得基于一组标称值的理想的 Q 点。但是，由于电阻值存在容许误差，所以实际的 Q 点将在一个取值范围上变化。其他的例题都将要考虑晶体管参数的容许误差。

计算机仿真：已经完成了对图 5.39(b)所示电路设计的 PSpice 分析。图 5.41 所示为 PSpice 原理电路。图中应用了电路库中的标准晶体管 2N3906。生成包含晶体管部分参数和相应 Q 值的原理图的网表如下：

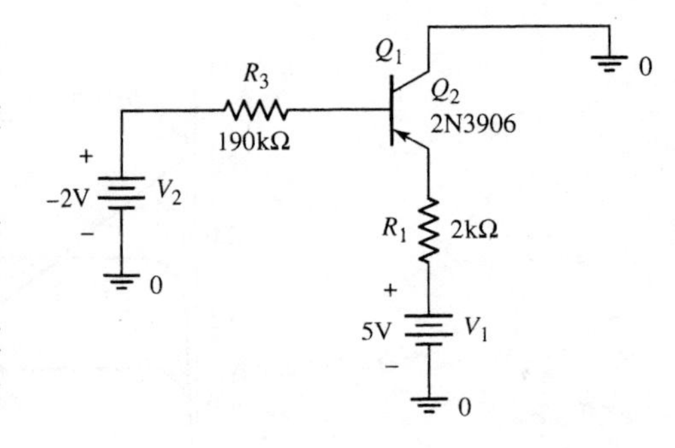

图 5.41　例题 5.10 的 PSpice 原理电路

```
*Schematics Netlist*
  Q_Q1   0 $N_0001 $N_0002 Q2N3906
  V_V2   $N_0003 0 -2V
  V_V1   $N_0004 0 5V
  R_R3   $N_0003 $N_0001 190K
  R_R1   $N_0004 $N_0002 2K

      Q2N3906          **** BIPOLAR JUNCTION TRANSISTORS
      PNP
 IS    1.410000E-15
 BF  180.7             NAME           Q_Q1
 NF    1               MODEL          Q2N3906
VAF   18.7             IB            -1.15E-05
IKF     .08            IC            -2.04E-03
 BR    4.977           VBE           -7.25E-01
 NR    1               VBC            1.77E-01
 RB   10               VCE           -9.01E-01
RBM   10               BETADC         1.78E+02
 RC    2.5
```

可以看出，2N3906 的电流增益 β 值约为 180，与设计计算中假设的 60 相比有较大差别，这个重要的差别使得产生的射极-集电极电压为 $V_{EC}=0.901\text{V}$，而要求值为 2.5V。若使用 $\beta=180$ 的晶体管，就需要确定一个新的 R_B 值以产生所需要的 V_{EC} 值。

讨论：本例题在讨论折衷方案的过程中，研究了电阻值的容许误差的影响。计算机仿真表明，β 值的变化也是影响电路设计的一个很重要的因素。（见练习题 5.10。）

练习题

【练习题 5.10】　图 5.39(a)所示电路的参数为 $V^+=5\text{V}$，$V_{BB}=-2\text{V}$，$R_E=2\text{k}\Omega$ 和 $R_B=180\text{k}\Omega$。假设 $V_{EB}(\text{on})=0.7\text{V}$，对于(a)$\beta=40$，(b)$\beta=60$，(c)$\beta=100$ 和(d)$\beta=150$。试画出负载线上的 Q 点。（答案：(a)$I_{CQ}=0.962\text{mA}$；(b)$I_{CQ}=1.25\text{mA}$；(c)$I_{CQ}=1.65\text{mA}$；(d)$I_{CQ}=1.96\text{mA}$）

【例题 5.11】

目的：计算带负载电阻的 NPN 双极型晶体管电路的特性，负载电阻可以等效为在电路的输出端连接一个次级晶体管。

已知如图 5.42(a)所示的电路，晶体管参数为 $V_{BE}(\text{on})=0.7\text{V}$ 和 $\beta=100$。

解(Q 点值)：根据基尔霍夫电压定律得 B-E 回路的电压方程为

$$I_BR_B+V_{BE}(\text{on})+I_ER_E+V^-=0$$

再次假设 $I_E=(1+\beta)I_B$，可得

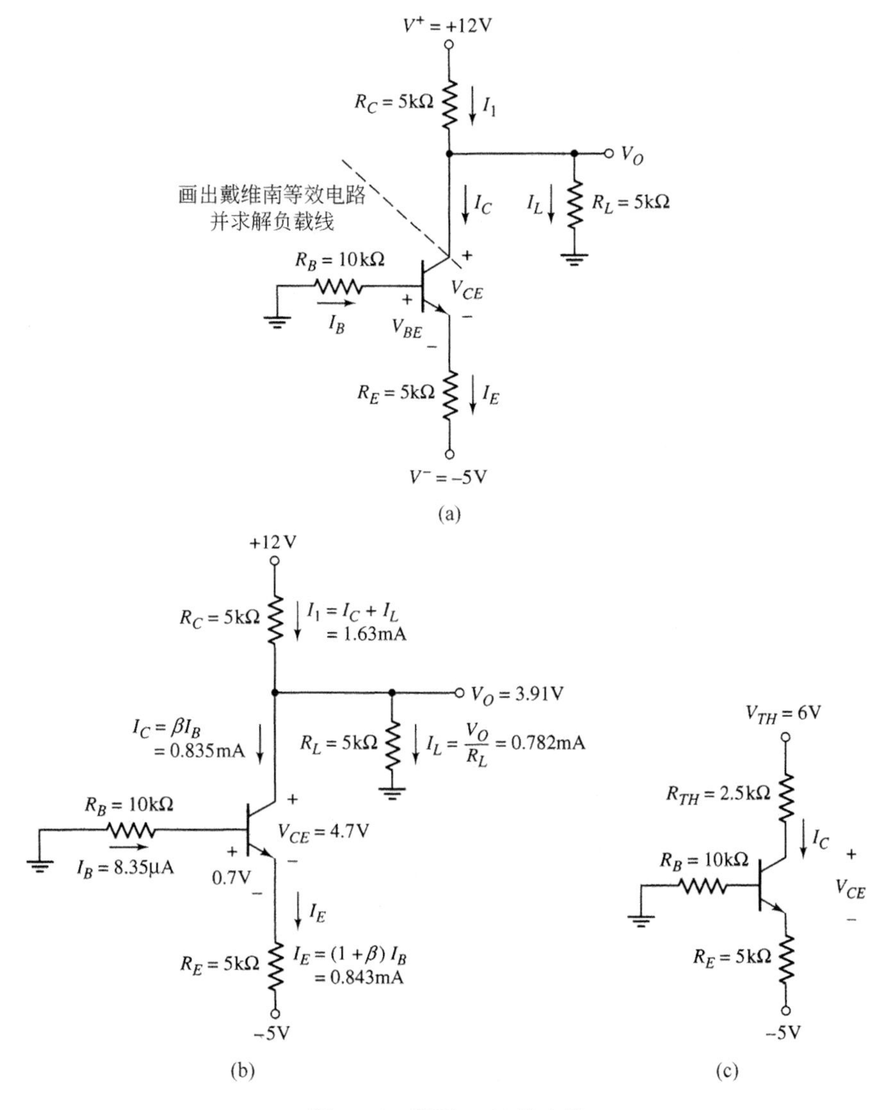

图 5.42 例题 5.11 的电路

(a) 电路；(b) 标注电流和电压值的电路；(c) 戴维南等效电路

$$I_B = \frac{-(V^- + V_{BE}(\text{on}))}{R_B + (1+\beta)R_E} = \frac{-(-5+0.7)}{10+(101)(5)} \Rightarrow 8.35\mu\text{A}$$

集电极电流和发射极电流为

$$I_C = \beta I_B = (100)(8.35\mu\text{A}) \Rightarrow 0.835\text{mA}$$

和

$$I_E = (1+\beta)I_B = (101)(8.35\mu\text{A}) \Rightarrow 0.843\text{mA}$$

在集电极节点可以写出

$$I_C = I_1 - I_L = \frac{V^+ - V_O}{R_C} - \frac{V_O}{R_L}$$

即

$$0.835 = \frac{12 - V_O}{5} - \frac{V_O}{5}$$

求解 V_O，可得 $V_O=3.91\text{V}$。那么电流为 $I_1=1.62\text{mA}$ 和 $I_L=0.782\text{mA}$。根据图 5.42(b)可得集电极-发射极电压为

$$V_{CE}=V_O-I_ER_E-(-5)=3.91-(0.843)(5)-(-5)=4.70\text{V}$$

解(负载线)：该电路的负载线方程不像前述电路那么简单。求解负载线的最简单的方法是画出关于 R_L、R_C 以及 V^+ 的戴维南等效电路，如图 5.42(b)所示。(有关戴维南电路的内容将在本章后面讲到，详见 5.4 节)戴维南等效电阻为

$$R_{TH}=R_L\parallel R_C=5\parallel 5=2.5\text{k}\Omega$$

戴维南等效电压为

$$V_{TH}=\left(\frac{R_L}{R_L+R_C}\right)\cdot V^+=\left(\frac{5}{5+5}\right)\cdot(12)=6\text{V}$$

等效电路如图 5.42(c)所示。C-E 回路的基尔霍夫电压定律方程为

$$V_{CE}=(6-(-5))-I_CR_{TH}-I_ER_E=11-I_C(2.5)-I_C\left(\frac{101}{100}\right)\cdot(5)$$

即

$$V_{CE}=11-(7.55)I_C$$

负载线和求得的 Q 点值如图 5.43 所示。

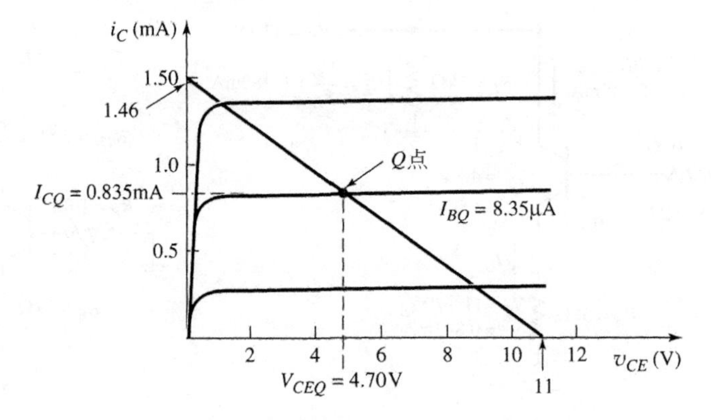

图 5.43　图 5.42(a)所示例题 5.11 电路的负载线和 Q 点

点评：要记住的是由 $I_C=\beta I_B$ 求得的集电极电流为流进晶体管集电极的电流；它未必等于流过集电极电阻 R_C 中的电流。

练习题

【练习题 5.11】 对于如图 5.44 所示电路的晶体管，共基极电流增益 $\alpha=0.9920$。试求使发射极电流限定为 $I_E=1.0\text{mA}$ 的 R_E 的值。同时求解 I_B、I_C 以及 V_{BC}。(答案：$R_E=3.3\text{k}\Omega$，$I_C=0.992\text{mA}$，$I_B=8.0\mu\text{A}$，$V_{BC}=4.01\text{V}$)

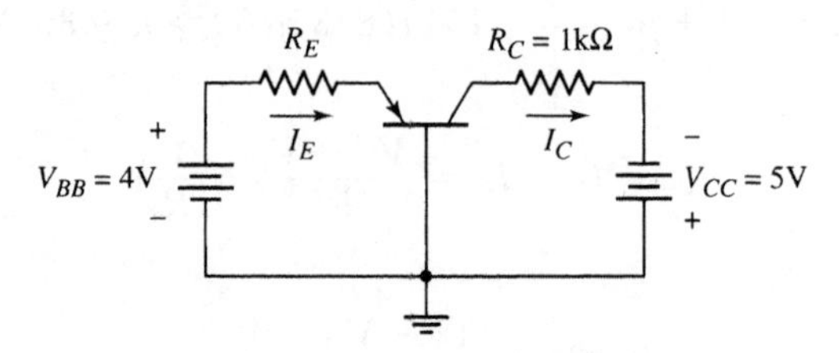

图 5.44　练习题 5.11 的电路

理解测试题

【测试题 5.11】 对于图 5.45 所示的电路，如果 $\beta=75$，试求 I_E、I_B、I_C 以及 V_{CE}。（答案：$I_B=15.1\mu A$，$I_C=1.13mA$，$I_E=1.15mA$，$V_{CE}=6.03V$）

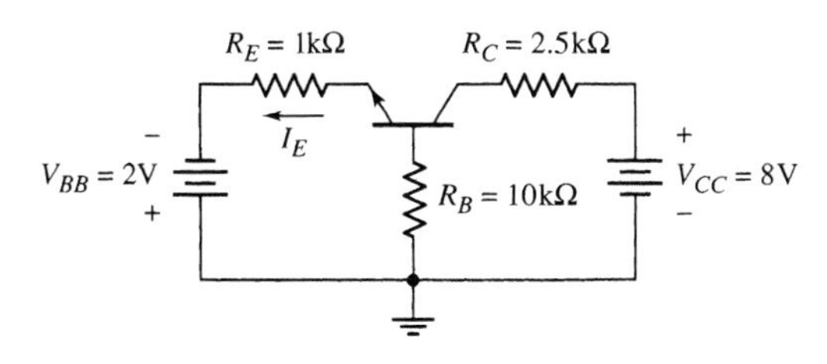

图 5.45 测试题 5.11 的电路

【测试题 5.12】 令图 5.46 所示电路的 $\beta=100$。试求使 $V_{CE}=2.5V$ 的 R_E 值。（答案：$R_E=138\Omega$）

【测试题 5.13】 对于图 5.47 所示的电路，假设 $\beta=50$，试求使 $I_E=2.2mA$ 的 V_{BB}。然后求解 I_C 和 V_{EC}。（答案：$I_C=2.16mA$，$V_{BB}=5.06V$，$V_{EC}=2.8V$）

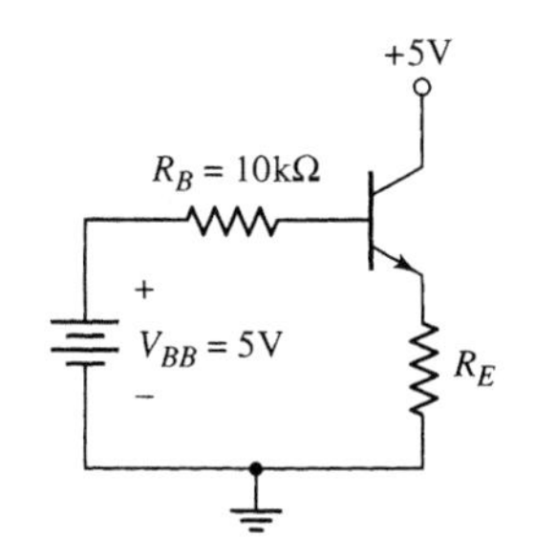

图 5.46 测试题 5.12 的电路

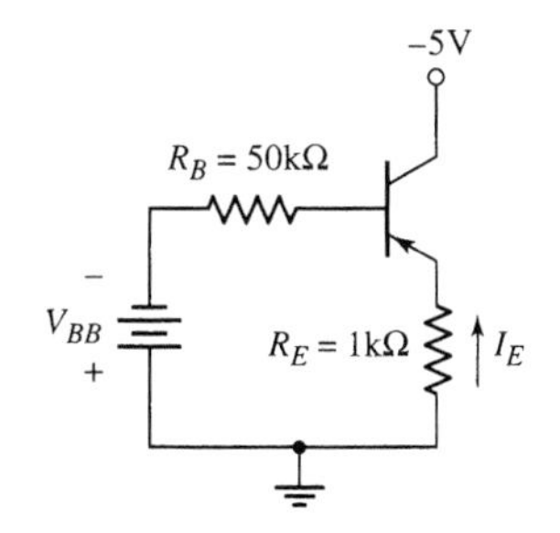

图 5.47 测试题 5.13 的电路

计算机分析题

【PS5.3】 用 PSpice 仿真验证理解测试题 5.12 的共基极电路分析。要求采用标准晶体管。

5.3 晶体管的基本应用

本节内容：分析双极型晶体管电路的三种基本应用：开关电路、数字逻辑电路和放大器电路。

晶体管可用来开关电流、电压和功率；表达数字逻辑函数；放大时变信号。本节将研究双极型晶体管的开关特性，分析简单的晶体管数字逻辑电路，然后讨论双极型晶体管是如何用来放大时变信号的。

5.3.1 开关

图 5.48 所示的双极型晶体管电路称为反相器，图中晶体管在截止和饱和之间切换。电路负载可能为一个电机、一个发光二极管或者其他的电子元件。如果 $v_I<V_{BE}(on)$，则 $i_B=i_C=0$ 而晶体管截止。由于 $i_C=0$，负载两端的电压降为零，所以输出电压为 $v_O=V_{CC}$。同样，

由于晶体管中的电流为零，晶体管上的功率损耗也为零。如果负载为一个电机，那么电机将因电流为零而停止转动。同样地，如果负载为一发光二极管，那么电流为零时发出的光也为零。

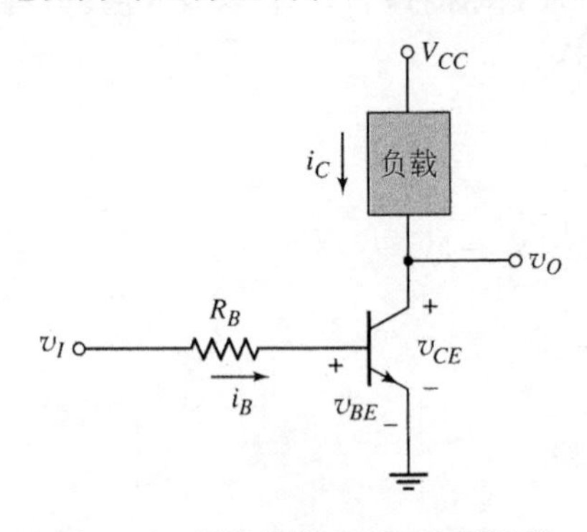

图 5.48 用作开关的 NPN 双极型反相器电路

如果令 $v_I=V_{CC}$，且 R_B 和 R_C 的比值小于 β，其中 R_C 为负载的有效电阻，那么晶体管通常被驱动在饱和区。这意味着

$$i_B \approx \frac{v_I - V_{BE}(\text{on})}{R_B} \tag{5.34}$$

$$i_C = I_C(\text{sat}) = \frac{V_{CC} - V_{CE}(\text{sat})}{R_C} \tag{5.35}$$

以及

$$v_O = V_{CE}(\text{sat}) \tag{5.36}$$

在此情况下将产生一个集电极电流，使电机或 LED 开启。具体情况将取决于负载的类型。

式(5.34)假设 B-E 电压可以近似为开启电压。在第 17 章讨论双极型数字逻辑电路时这种近似值将会发生微小的变化。

【例题 5.12】

目的：对如图 5.49 所示的双极型反相器开关电路，计算电阻 R 和 R_B 以及晶体管上的功率损耗。晶体管被用来控制发光二极管的开和关。要产生特定的输出光强所需的 LED 电流为 $I_C=12\text{mA}$。

假设晶体管的参数为 $\beta=50$，$V_{BE}(\text{on})=0.7\text{V}$ 和 $V_{CE}(\text{sat})=0.2\text{V}$，并假设发光二极管的开启电压为 $V_\gamma=1.5\text{V}$。（注：LED 是用化合物半导体材料制造而成的，与硅二极管相比具有较大的开启电压。）

图 5.49 例题 5.12 的电路，晶体管用来开关 LED

解：对于 $v_I=0$，晶体管截止，所以 $I_B=I_C=0$，且 LED 也关闭。

对于 $v_I=5\text{V}$，需要有 $I_C=12\text{mA}$ 并且需要晶体管进入饱和区。则

$$R = \frac{V^+ - (V_\gamma + V_{CE}(\text{sat}))}{I_C} = \frac{5-(1.5+0.2)}{12}$$

即

$$R = 0.275\text{k}\Omega = 275\Omega$$

如果令 $I_C/I_B=20$，那么 $I_B=12/20=0.6\text{mA}$。则

$$R_B = \frac{v_I - V_{BE}(\text{on})}{I_B} = \frac{5-0.7}{0.6}$$

即

$$R_B = 7.17\text{k}\Omega$$

晶体管上的功率损耗为

$$P = I_B V_{BE}(\text{on}) + I_C V_{CE} = (0.6)(0.7)+(12)(0.2)$$

即

$$P = 2.82\text{mW}$$

点评：在大多数电子电路设计中都需要适当地做一些假设。关于 $I_C/I_B=20$ 的假设确保了在 $v_I=5V$ 时晶体管开启并且工作于饱和区，同时限制其基极电流增大到一个不合理的值。

练习题

【练习题 5.12】 在需要 LED 电流为 15mA，且 $I_C/I_B=15$ 的情况下重做例题 5.12。(答案：$R=220\Omega, R_B=4.3k\Omega, P=3.7mW$)

当晶体管偏置在饱和区时，集电极电流和基极电流之间不再为线性关系。因而，这种工作模式不能用作线性放大器。另一方面，在截止区和饱和区之间开关晶体管的输出电压将产生最大的变化。在下一节将会看到，这在数字逻辑电路中非常有用。

5.3.2 数字逻辑

在如图 5.50(a)所示的简单的晶体管反相器电路中，如果输入电压近似为 0V，则晶体管截止且输出为高电平并等于 V_{CC}。另一方面，如果输入为高电平并等于 V_{CC}，则晶体管进入饱和区，且输出为低电平并等于 $V_{CE}(\text{sat})$。

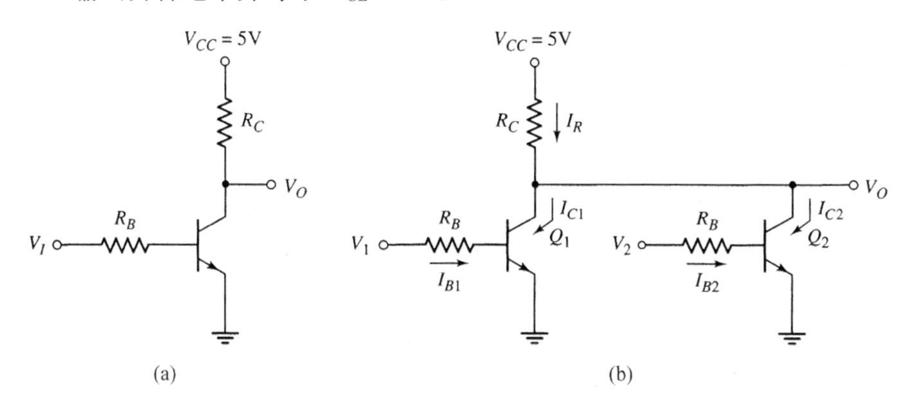

图 5.50 双极型电路

(a) 反相器电路；(b) 或非逻辑门电路

现在考虑并联一个次级晶体管的情况，如图 5.50(b)所示。当两个输入端均为零，则晶体管 Q_1 和 Q_2 都处于截止状态，$V_O=5V$。当 $V_1=5V$ 和 $V_2=0$，晶体管 Q_1 进入饱和区，而 Q_2 保持截止。因为 Q_1 处于饱和区，输出电压为 $V_O=V_{CE}(\text{sat})\approx0.2V$。如果交换一下输入电压，变为 $V_1=0$ 和 $V_2=5V$，则 Q_1 处于截止状态，Q_2 进入饱和区，则 $V_O=V_{CE}(\text{sat})\approx0.2V$。如果两个输入端均为高电平，即 $V_1=V_2=5V$，那么两个晶体管都进入饱和区，则 $V_O=V_{CE}(\text{sat})\approx0.2V$。

表 5.2 给出如图 5.50(b)所示电路的各种状态。在**正逻辑系统**中，高电压为逻辑 **1**，低电压为逻辑 **0**，这个电路实现了**或非逻辑功能**。所以，图 5.50(b)所示电路就是一个两输入端的双极型或非逻辑电路。

表 5.2 双极型或非逻辑电路响应

V_1(V)	V_2(V)	V_O(V)	V_1(V)	V_2(V)	V_O(V)
0	0	5	0	5	0.2
5	0	0.2	5	5	0.2

【例题 5.13】

目的：求解如图 5.50(b)所示电路的电流和电压。

假设晶体管参数为 $\beta=50$，$V_{BE}(\mathrm{on})=0.7\mathrm{V}$ 和 $V_{CE}(\mathrm{sat})=0.2\mathrm{V}$。令 $R_C=1\mathrm{k}\Omega$，$R_B=20\mathrm{k}\Omega$，试求解各种输入情况下的电流和输出电压。

解：下表列出了此例题中相应的方程和求得的结果：

条件	V_O	I_R	Q_1	Q_2
$V_1=0$ $V_2=0$	5V	0	$I_{B1}=I_{C1}=0$	$I_{B2}=I_{C2}=0$
$V_1=5\mathrm{V}$ $V_2=0$	0.2V	$\frac{5-0.2}{1}=4.8\mathrm{mA}$	$I_{B1}=\frac{5-0.7}{20}$ $=0.215\mathrm{mA}$	$I_{B2}=I_{C2}=0$
$V_1=0$ $V_2=5\mathrm{V}$	0.2V	4.8mA	$I_{C1}=I_R=4.8\mathrm{mA}$ $I_{B1}=I_{C1}=0$	$I_{B2}=0.215\mathrm{mA}$ $I_{C2}=I_R=4.8\mathrm{mA}$
$V_1=5\mathrm{V}$ $V_2=5\mathrm{V}$	0.2V	4.8mA	$I_{B1}=0.215\mathrm{mA}$ $I_{C1}=\frac{I_R}{2}=2.4\mathrm{mA}$	$I_{B2}=0.215\mathrm{mA}$ $I_{C2}=\frac{I_R}{2}=2.4\mathrm{mA}$

点评：在本例题中，可以看到当晶体管导通时，集电极电流和基极电流的比值总是小于 β，这表明晶体管处于饱和状态，晶体管处于饱和区的条件为 V_1 或 V_2 或二者同时为 5V。

练习题

【练习题 5.13】 图 5.50(b)所示电路的晶体管参数为 $\beta=40$，$V_{BE}(\mathrm{on})=0.7\mathrm{V}$，$V_{CE}(\mathrm{sat})=0.2\mathrm{V}$。令 $R_C=600\Omega$，$R_B=950\Omega$。对于(a)$V_1=V_2=0$；(b)$V_1=5\mathrm{V}$，$V_2=0$；(c)$V_1=V_2=5\mathrm{V}$，试求电流和输出电压。(答案：(a)电流为 0，$V_O=5\mathrm{V}$；(b)$I_{B2}=I_{C2}=0$，$I_{B1}=4.53\mathrm{mA}$，$I_{C1}=I_R=8\mathrm{mA}$，$V_O=0.2\mathrm{V}$；(c)$I_{B1}=I_{B2}=4.53\mathrm{mA}$，$I_{C1}=I_{C2}=4\mathrm{mA}=I_R/2$，$V_O=0.2\mathrm{V}$)

上述例题和相应的讨论阐明了双极型晶体管可以通过一定的设计来实现逻辑功能。在第 17 章还将看到，当电路输出端连接有负载或其他的数字逻辑电路时，这种电路会产生负载效应。因而在设计逻辑电路时必须考虑减弱或消除这种负载效应。

5.3.3 放大器

双极型反相器电路也可以用来放大时变信号。图 5.51(a)所示反相器电路的基极电路部分连接了一个时变信号源 Δv_I。相应的电压传输特性如图 5.51(b)所示。图中直流电压源 V_{BB} 用来把晶体管偏置在正向放大区。传输特性曲线上标出了 Q 点。

电压源 Δv_I 在输入端引入了一个时变信号。输入电压的变化导致输出电压发生变化。这些时变的输入和输出信号如图 5.51(b)所示。如果传输特性曲线斜率大于 1，那么时变输出信号将大于时变输入信号——因而它是放大器。

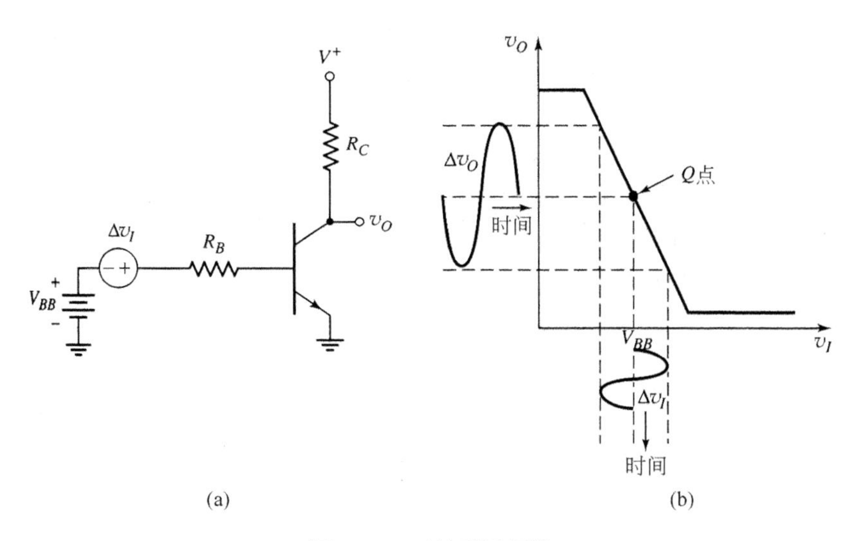

图 5.51 双极型反相器

(a) 用作时变放大器的双极型反相器电路；(b) 电压传输特性曲线

【例题 5.14】

目的：求解如图 5.27(a)所示电路的放大倍数。

已知晶体管参数为 $\beta=120$，$V_{BE}(\text{on})=0.7\text{V}$ 和 $V_A=\infty$。

直流解：该例题电路的电压传输特性曲线曾在例题 5.6 中进行过讨论，为了分析方便起见，现在再次画出相应的电路及其电压传输特性曲线，如图 5.52 所示。

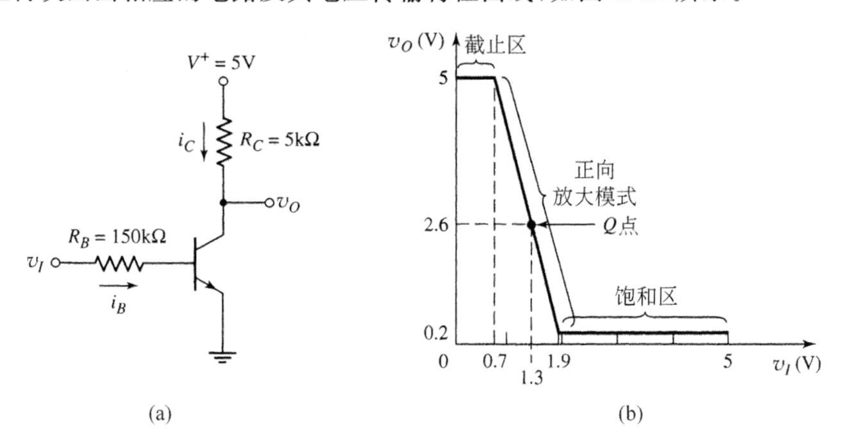

图 5.52 例题 5.14 电路图

(a) 用作时变放大器的双极型反相器电路；(b) 电压传输特性曲线

对于 $0.7\leqslant v_I\leqslant 1.9\text{V}$，晶体管偏置在正向放大模式，且输出电压为

$$v_O = 7.8 - 4v_I$$

现在用一个 $v_I=V_{BB}=1.3\text{V}$ 的输入电压将晶体管偏置在正向放大区的中点。输出电压为 $v_O=2.6\text{V}$。Q 点标在了电压传输特性曲线上。

交流解：由 $v_O=7.8-4v_I$ 可以求得输出电压相对于输入电压变化而发生的变化。可得

$$\Delta v_O = -4\Delta v_I$$

于是,电压增益为

$$A_v = \frac{\Delta v_O}{\Delta v_I} = -4$$

计算机仿真:在图 5.52 所示电路的基极施加一个 2kHz 的正弦电压源。时变输入信号的振幅为 0.2V。图 5.53 所示为电路的输出。预期的结果应该是在直流值上叠加一个正弦信号。输出信号的峰-峰值为 1.75V。那么时变放大倍数为 $|A_v| = 1.75/(2)(0.2) = 4.37$,该值和人工计算的结果非常接近。

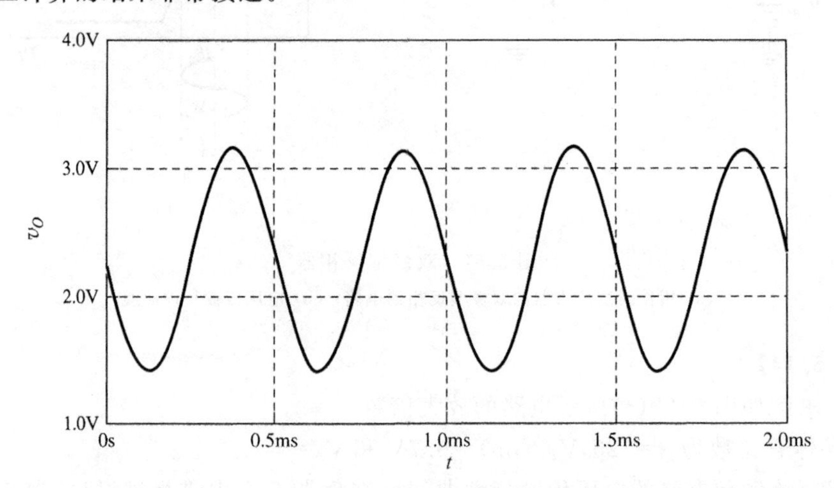

图 5.53 当输入信号为 $V_{BB}=1.3$V 和 $\Delta v_I = 0.2\sin\omega t$(V)时图 5.51 所示电路的输出信号

点评:随着输入电压的变化,电路状态将沿电压传输特性曲线移动,如图 5.54(b)所示。由于电路的反相特性,放大倍数的符号为负。

讨论:本例题中,已经把晶体管偏置在正向放大区的中心。如果输入信号 Δv_I 为图 5.54(b)所示的正弦函数,那么输出信号 Δv_O 也将为一正弦函数,这是模拟电路希望的响

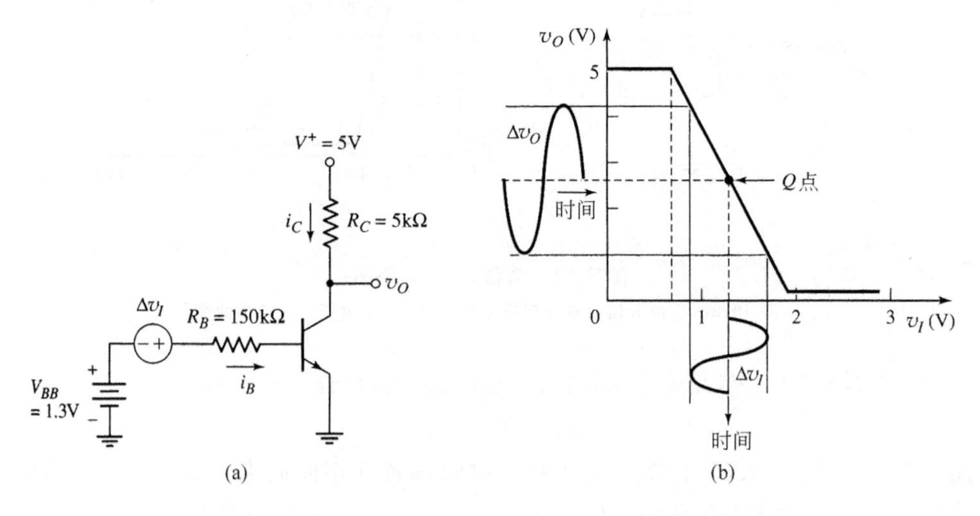

图 5.54 反相器电压特性曲线随着输入电压变化而移动

(a) 带直流电压和交流输入信号的反相器电路;(b) 直流电压传输特性、Q 点以及正弦输入和输出信号;(c) 表示了不适当直流偏置的电压传输特性曲线

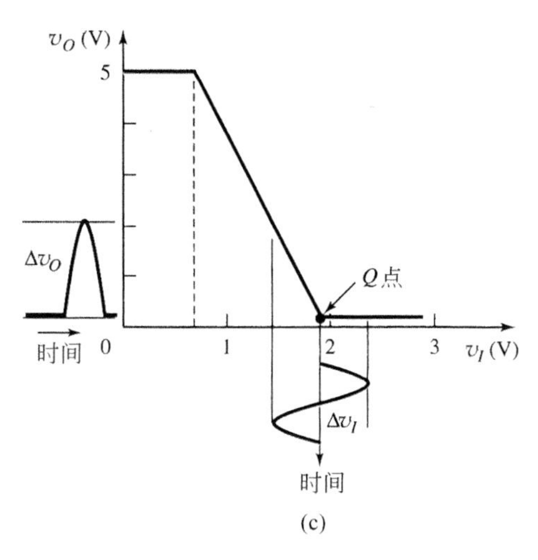

图 5.54 (续)

应(这里假设了正弦输入信号的幅值不是特别大)。如果晶体管的 Q 点,即晶体管的直流偏置点在 $v_I=1.9\text{V}$ 和 $v_O=0.2\text{V}$ 这一点,如图 5.54(c)所示,则输出响应将发生变化。图中所示为一对称的正弦输入信号。当输入信号处于其正半周期,晶体管保持偏置在饱和区且输出电压不变时;在输入信号的负半周期,晶体管变为偏置在正向放大区,所以产生了半个正弦波的输出响应。输出信号明显地和输入信号不相同。

上述讨论强调了晶体管合适的偏置在模拟放大器应用中的重要性。如前所述,本章的基本目的是帮助读者熟悉晶体管电路,但是也要使他们能够设计应用在模拟电路中的晶体管的直流偏置。

练习题

【练习题 5.14】 观察图 5.54(a)所示的反相器放大电路。重新设计电路使电压增益为 $\Delta v_O/v_I=-5$。试求使晶体管偏置在正向放大区中心的 Q 点的值。令 $\beta=100$。(答案:例如,令 $R_B=100\text{k}\Omega$,$R_C=5\text{k}\Omega$。那么 $I_{BQ}=5\mu\text{A}$,$I_{CQ}=0.5\text{mA}$,$V_{BB}=1.2\text{V}$)

小信号线性放大器的分析和设计将是第 6 章学习的主要目标。

理解测试题

【测试题 5.14】 对于图 5.48 所示的电路,假设电路参数和晶体管参数为 $R_B=240\Omega$,$V_{CC}=12\text{V}$,$V_{BE}(\text{on})=0.7\text{V}$,$V_{CE}(\text{sat})=0.1\text{V}$ 和 $\beta=75$。假设负载是有效电阻为 $R_C=5\Omega$ 的电机,对于(a)$v_I=0$ 和(b)$v_I=12\text{V}$,试计算电路中的电流和电压以及晶体管的功率损耗。(答案:(a)$i_B=i_C=0$,$v_O=V_{CC}=12\text{V}$,$P=0$;(b)$i_B=47.1\text{mA}$,$i_C=2.38\text{A}$,$v_O=0.1\text{V}$,$P=0.271\text{W}$)

5.4 双极型晶体管的偏置

本节内容:研究双极型晶体管电路的各种偏置方法,包括工作点稳定偏置和集成电路偏置。

如前面几节中所提到的,为了构建线性放大器,必须使晶体管保持偏置在正向放大模式,使 Q 点接近负载线的中点,并把时变输入信号耦合到晶体管的基极。图 5.51(a)所示的电路可能是不切实际的,因为:(1)信号源没有连接到地端。(2)直流偏置电流流过时变信号源，这在某些情况下是不允许的。本节将分析几种可供选择的偏置电路。通过这些基本的偏置电路说明了某些期望的和不期望的偏置特性。而在集成电路中将使用附加晶体管构成更为复杂的偏置电路，其具体内容将在第10章进行讨论。

5.4.1 单个基极电阻偏置

图5.55(a)所示电路是最简单的晶体管电路之一。图中采用单一的直流电源供电，并通过电阻 R_B 建立静态偏置电流。**耦合电容** C_C 对直流作用为开路，它将信号源和直流偏置电流隔开。如果输入信号的频率足够高且 C_C 也足够大，那么信号可以通过 C_C 耦合到基极并且只有较小的衰减。尽管 C_C 的实际值取决于不同用途所需要的频率范围(见第7章)，但它的典型取值通常在1～10μF之间。图5.55(b)所示为直流等效电路；附加的下脚注 Q 表示这是 Q 点的值。

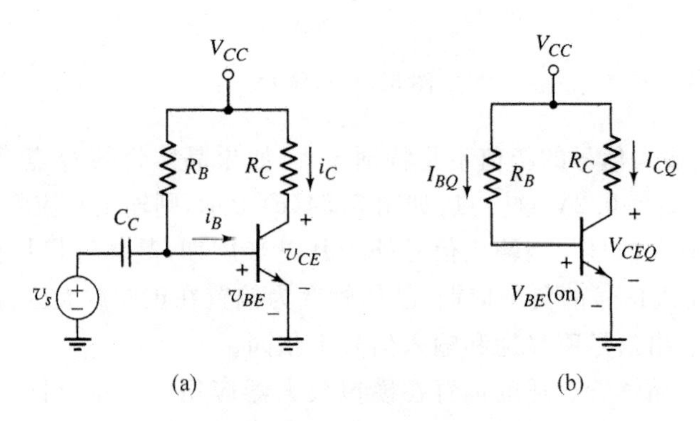

图5.55 单基极电阻偏置电路

(a) 基极带单个偏置电阻的共射极电路；(b) 直流等效电路

【设计例题5.15】

设计目的：设计单个基极电阻的电路使其满足一组指标要求。

设计指标：将要设计的电路结构如图5.55(b)所示。电路使用 $V_{CC}=12\text{V}$ 来偏置。晶体管的静态值为 $I_{CQ}=1\text{mA}$ 和 $V_{CEQ}=6\text{V}$。

器件选择：设计所用的晶体管其标称值为 $\beta=100$ 和 $V_{BE}(\text{on})=0.7\text{V}$，但由于相当宽的容许误差，假设这类晶体管的电流增益在 $50\leqslant\beta\leqslant150$ 范围之内。在本例题中假设设计好的电阻值是可以得到的。

解：由下式可得集电极电阻为

$$R_C=\frac{V_{CC}-V_{CEO}}{I_{CQ}}=\frac{12-6}{1}=6\text{k}\Omega$$

基极电流为

$$I_{BQ}=\frac{I_{CQ}}{\beta}=\frac{1\text{mA}}{100}\Rightarrow 10\mu\text{A}$$

因而求得基极电阻为

$$R_B=\frac{V_{CC}-V_{BE}(\text{on})}{I_{BQ}}=\frac{12-0.7}{10}\Rightarrow 1.13\text{M}\Omega$$

这一组条件下的晶体管特性、负载线以及 Q 点如图5.56(a)所示。

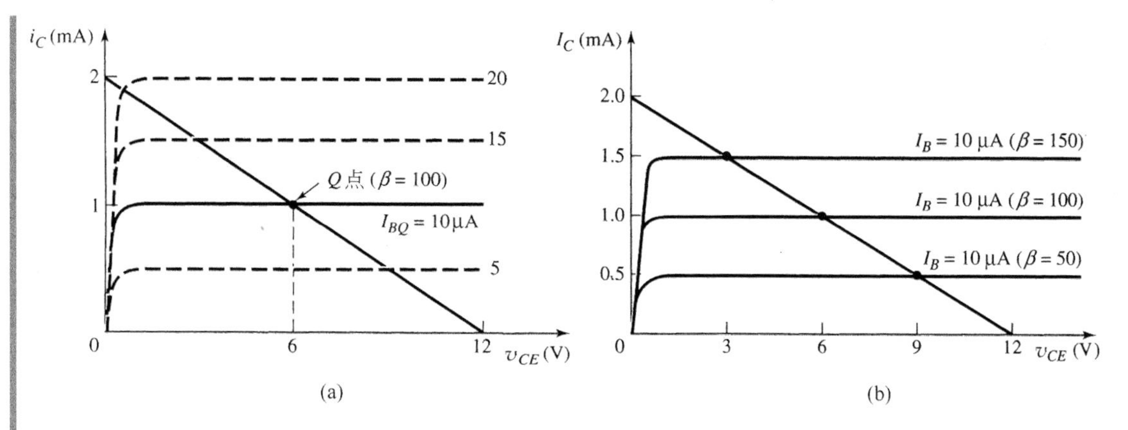

图 5.56 设计例题 5.15 的晶体管特性曲线和负载线

(a) 设计例题 5.15 的图 5.55 所示电路的晶体管特性曲线和负载线；(b) 负载线和 $\beta=50$、100 和 150 时 Q 点的变化（需要指出的是，基极电流的量级和集电极电流的量级相比发生了变化。）

综合考虑：假设本例题中电阻值是固定的，现在研究晶体管电流增益 β 值变化所产生的影响。

基极电流由下式给出，即

$$I_{BQ}=\frac{V_{CC}-V_{BE}(\text{on})}{R_B}=\frac{12-0.7}{1.13}\Rightarrow 10\mu\text{A}\quad(\text{未改变的})$$

这种电路结构的基极电流与晶体管的电流增益无关。

集电极电流为

$$I_{CQ}=\beta I_{BQ}$$

且负载线由下式求得，即

$$V_{CE}=V_{CC}-I_C R_C=12-6I_C$$

该负载线是固定的。然而对应于三个不同的 β 值 Q 点将发生变化，其值如下表所示。

β	50	100	150
Q 点值	$I_{CQ}=0.50\text{mA}$	$I_{CQ}=1\text{mA}$	$I_{CQ}=1.5\text{mA}$
	$V_{CEQ}=9\text{V}$	$V_{CEQ}=6\text{V}$	$V_{CEQ}=3\text{V}$

图 5.56(b)所示画出了 Q 点的变化情况。图中，集电极电流量级和负载线是固定的，而基极电流的量级则随着 β 的变化而发生变化。

点评：这种电路结构采用了单个基极电阻，相对于变化的 β，其 Q 点是不稳定的；随着 β 的变化，Q 点发生了较大的变化。在例题 5.14 对放大器的讨论中（见图 5.54），就曾指出了 Q 点设置的重要性。在下面的两个例题中，将分析和设计工作点稳定的偏置电路。

尽管 1.13MΩ 的 R_B 可以产生所需的基极电流，但是该电阻值太大而不能应用在集成电路中。随后的两个例题也将设计另一种电路来缓解这个问题。

练习题

【练习题 5.15】 观察图 5.55(b)所示的电路。假设 $V_{CC}=5\text{V}$，$\beta=120$ 和 $V_{BE}(\text{on})=0.7\text{V}$。试设计电路使 $I_{CQ}=0.25\text{mA}$ 和 $V_{CEQ}=2.5\text{V}$。（答案：$R_C=10\text{k}\Omega$，$R_B=2.06\text{M}\Omega$）

理解测试题

（注：在下面的测试题中，假设 B-E 开启电压为 0.7V，同样假设 C-E 饱和电压为 0.2V。）

【测试题 5.15】 观察图 5.57 所示的电路。(a)如果 $\beta=100$，试求使 $V_{CEQ}=2.5\text{V}$ 的 R_B。(b)如果静态集电极-发射极电压限制在 $1\text{V}\leqslant V_{CEQ}\leqslant 4\text{V}$ 范围内，试求 β 的最小和最大允许值。(答案：(a)$R_B=344\text{k}\Omega$；(b)$40\leqslant\beta\leqslant160$)

【测试题 5.16】 图 5.57 所示的电路，令 $R_B=800\text{k}\Omega$，如果 β 的范围为 75～150，试求使 Q 点总是在 $1\text{V}\leqslant V_{CEQ}\leqslant 4\text{V}$ 范围内的新的 R_C 值。并问对于新的 R_C 值，实际的 V_{CEQ} 范围是多少？(答案：(a)$V_{CEQ}=2.5\text{V}$ 时，$R_C=4.14\text{k}\Omega$；(b)$1.66\text{V}\leqslant V_{CEQ}\leqslant 3.33\text{V}$)

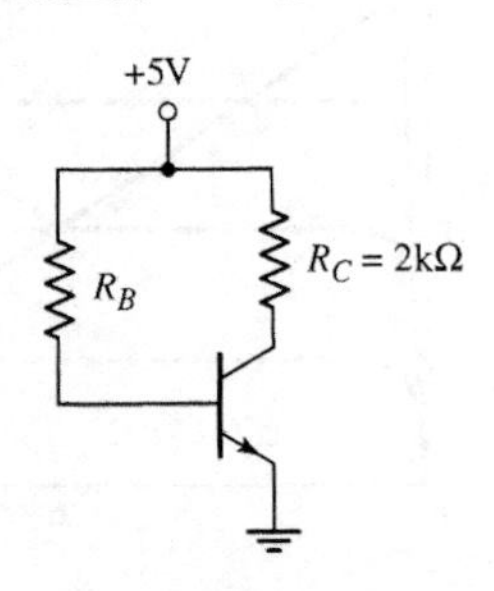

图 5.57 测试题 5.15 和测试题 5.16 的电路

5.4.2 电压分压器偏置和偏置的稳定

图 5.58(a)所示电路是分立晶体管偏置的典型例子。(集成电路的偏置是不同的，具体内容将在第 10 章讲解。)上节所述电路中的单一偏置电阻被一对电阻 R_1 和 R_2 取代，并增加了一个发射极电阻 R_E。交流电阻仍然通过耦合电容 C_C 耦合到晶体管的基极。

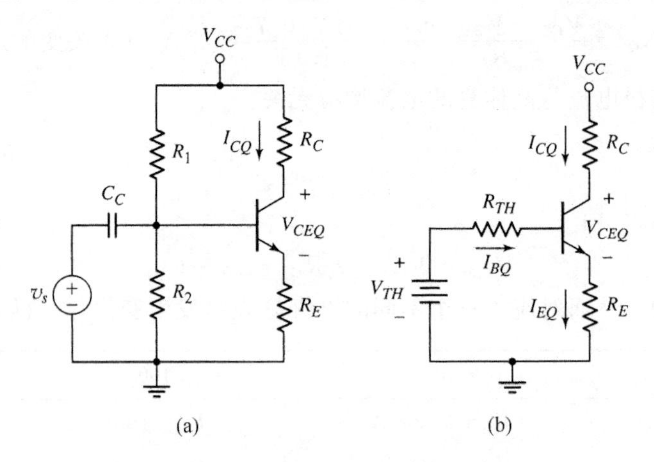

图 5.58 分立晶体管偏置电路

(a) 基极由电压分压器偏置并带发射极电阻的共射电路；(b) 基极回路戴维南等效直流电路

通过画出基极回路的戴维南等效电路使电路非常容易分析。耦合电容对于直流作用为开路。戴维南等效电压为

$$V_{TH}=[R_2/(R_1+R_2)]V_{CC}$$

戴维南等效电阻为

$$R_{TH}=R_1\parallel R_2$$

式中符号 ‖ 表明为电阻的并联。图 5.58(b)所示给出了等效的直流电路。正如先前所看到的，这里的电路和前面讲过的电路很相似。

应用基尔霍夫电压定律分析 B-E 回路，可得

$$V_{TH}=I_{BQ}R_{TH}+V_{BE}(\text{on})+I_{EQ}R_E \tag{5.37}$$

如果晶体管偏置在正向放大模式，则

$$I_{EQ} = (1+\beta)I_{BQ}$$

由式(5.37)可得基极电流为

$$I_{BQ} = \frac{V_{TH} - V_{BE}(\text{on})}{R_{TH} + (1+\beta)R_E} \tag{5.38}$$

于是集电极电流为

$$I_{CQ} = \beta I_{BQ} = \frac{\beta(V_{TH} - V_{BE}(\text{on}))}{R_{TH} + (1+\beta)R_E} \tag{5.39}$$

【例题 5.16】

目的：分析用电压分压器偏置的电路，并求当电路含有发射极电阻时 β 的变化对 Q 点的影响。

已知如图 5.58(a)所示的电路，令 $R_1 = 56\text{k}\Omega$，$R_2 = 12.2\text{k}\Omega$，$R_C = 2\text{k}\Omega$，$R_E = 0.4\text{k}\Omega$，$V_{CC} = 10\text{V}$，$V_{BE}(\text{on}) = 0.7\text{V}$ 和 $\beta = 100$。

解：应用图 5.58(b)所示的戴维南等效电路，可得

$$R_{TH} = R_1 \| R_2 = 56 \| 12.2 = 10.0\text{k}\Omega$$

和

$$V_{TH} = \left(\frac{R_2}{R_1 + R_2}\right) \cdot V_{CC} = \left(\frac{12.2}{56 + 12.2}\right)(10) = 1.79\text{V}$$

写出 B-E 回路的基尔霍夫电压方程，可得

$$I_{BQ} = \frac{V_{TH} - V_{BE}(\text{on})}{R_{TH} + (1+\beta)R_E} = \frac{1.79 - 0.7}{10 + (101)(0.4)} \Rightarrow 21.6\mu\text{A}$$

集电极电流为

$$I_{CQ} = \beta I_{BQ} = (100)(21.6) \Rightarrow 2.16\text{mA}$$

发射极电流为

$$I_{EQ} = (1+\beta)I_{BQ} = (101)(21.6) \Rightarrow 2.18\text{mA}$$

于是静态 C-E 电压为

$$V_{CEQ} = V_{CC} - I_{CQ}R_C - I_{EQ}R_E = 10 - (2.16)(2) - (2.18)(0.4) = 4.81\text{V}$$

这些结果表明晶体管偏置在正向放大区。

如果晶体管的电流增益减小为 $\beta = 50$ 或增加到 $\beta = 150$，那么可以得到如下表所示的结果。

β	50	100	150
Q 点值	$I_{BQ} = 35.9\mu\text{A}$	$I_{BQ} = 21.6\mu\text{A}$	$I_{BQ} = 15.5\mu\text{A}$
	$I_{CQ} = 1.80\text{mA}$	$I_{CQ} = 2.16\text{mA}$	$I_{CQ} = 2.32\text{mA}$
	$V_{CEQ} = 5.67\text{V}$	$V_{CEQ} = 4.81\text{V}$	$V_{CEQ} = 4.40\text{V}$

电路的负载线和 Q 点如图 5.59 所示。可以将该电路 Q 点的变化和前面图 5.56(b)所示电路的 Q 点变化情况进行比较。

当 β 变化的比值为 3∶1 时，集电极电流和集电极-发射极电压的变化仅为 1.29∶1。

点评：应用低于千欧的电阻，由 R_1 和 R_2 组成的电压分压器电路就可以把晶体管偏置

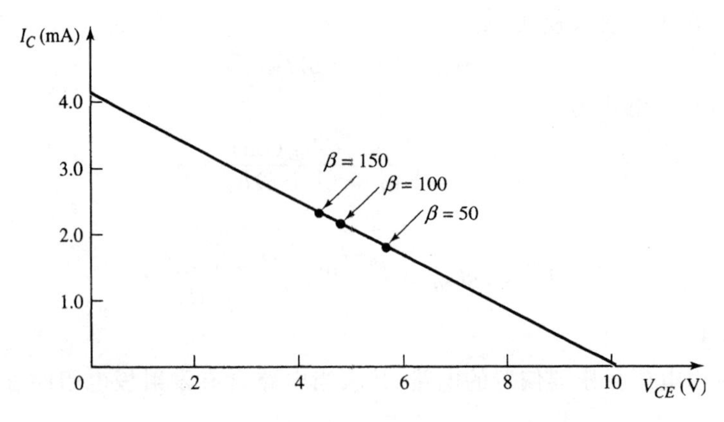

图 5.59 例题 5.16 的负载线和 Q 点值

在放大区。相反，单个电阻偏置时则需要阻值在兆欧范围。此外，与图 5.53 所示的变化相比，β 值的变化所引起的 I_{CQ} 和 V_{CEQ} 的变化已经减小了很多。增加了射极电阻 R_E 有助于**稳定 Q 点**。这意味着相对于 β 值的变化，增加射极电阻可以帮助稳定 Q 点。正如以后在第 12 章将会看到的，增加射极电阻 R_E 同样引入了负反馈。负反馈使电路趋于稳定。

练习题

【练习题 5.16】 对于图 5.58(a)所示的电路，令 $V_{CC}=5\text{V}$，$R_1=9\text{k}\Omega$，$R_2=2.25\text{k}\Omega$，$R_E=200\Omega$，$R_C=1\text{k}\Omega$ 和 $\beta=150$。(a)试求 R_{TH} 和 V_{TH}。(b)试求 I_{BQ}、I_{CQ} 和 V_{CEQ}。(c)如果 β 值变为 $\beta=75$，重复(b)。(答案：(a)$R_{TH}=1.8\text{k}\Omega$，$V_{TH}=1.0\text{V}$；(b)$I_{BQ}=9.38\mu\text{A}$，$I_{CQ}=1.41\text{mA}$，$V_{CEQ}=3.31\text{V}$；(c)$I_{BQ}=1.76\mu\text{A}$，$I_{CQ}=1.32\text{mA}$，$V_{CEQ}=3.41\text{V}$)

根据偏置稳定性的设计要求应该有 $R_{TH}\ll(1+\beta)R_E$。相应地由式(5.39)所给出的集电极电流可以近似为

$$I_{CQ}\approx\frac{\beta(V_{TH}-V_{BE}(\text{on}))}{(1+\beta)R_E}\tag{5.40}$$

通常，$\beta\gg1$，因而，$\beta/(1+\beta)\approx1$，且

$$I_{CQ}\approx\frac{V_{TH}-V_{BE}(\text{on})}{R_E}\tag{5.41}$$

可知静态集电极电流基本上只是直流电压和射极电阻的函数，和 β 值无关，则 Q 点相对于 β 的变化得以稳定。然而，如果 R_{TH} 太小，则 R_1 和 R_2 都很小，并且在这些电阻上所消耗的功率比较大。一般的规则是当

$$R_{TH}\approx0.1(1+\beta)R_E\tag{5.42}$$

时该电路就被认为是偏置稳定电路。

【设计例题 5.17】

设计目的：设计满足一组指标要求的偏置稳定电路。

设计指标：将要设计的电路形式如图 5.58(a)所示，令 $V_{CC}=5\text{V}$ 和 $R_C=1\text{k}\Omega$。选择 R_E 并求解偏置电阻 R_1 和 R_2，使电路确实为偏置稳定电路并有 $V_{CEQ}=3\text{V}$。

器件选择：假设晶体管的标称值为 $\beta=120$ 和 $V_{BE}(\text{on})=0.7\text{V}$。这里将选择标准电阻值并假设晶体管电流增益在 $60\leqslant\beta\leqslant180$ 范围内变化。

设计指南：电阻 R_E 两端的典型电压值应和电压 $V_{BE}(\text{on})$ 具有相同的数量级。电压降

较大则意味着为了获得所需的集电极-射极电压和 R_C 两端的电压，将不得不增加电源电压。

解：因为 $\beta=120$，$I_{CQ}\approx I_{EQ}$，如果将 R_E 选为标准值 0.51kΩ，则可得

$$I_{CQ}\approx\frac{V_{CC}-V_{CEQ}}{R_C+R_E}=\frac{5-3}{1+0.51}=1.32\text{mA}$$

于是 R_E 两端的电压降为(1.32)(0.51)=0.673V，这接近于所要求的值。求得基极电流为

$$I_{BQ}=\frac{I_{CQ}}{\beta}=\frac{1.32}{120}\Rightarrow 11.0\mu\text{A}$$

应用图 5.58(b)所示的戴维南等效电路，可得

$$I_{BQ}=\frac{V_{TH}-V_{BE}(\text{on})}{R_{TH}+(1+\beta)R_E}$$

对于偏置稳定电路，$R_{TH}=0.1(1+\beta)R_E$，即

$$R_{TH}=(0.1)(121)(0.51)=6.17\text{k}\Omega$$

于是

$$\frac{V_{TH}-0.7}{6.17+(121)(0.51)}=I_{BQ}=11.0\mu\text{A}$$

可得

$$V_{TH}=0.747+0.70=1.447\text{V}$$

现在

$$V_{TH}=\left(\frac{R_2}{R_1+R_2}\right)V_{CC}=\left(\frac{R_2}{R_1+R_2}\right)5=1.45\text{V}$$

则

$$\left(\frac{R_2}{R_1+R_2}\right)=\frac{1.45}{5}=0.2893$$

同样

$$R_{TH}=\frac{R_1R_2}{R_1+R_2}=6.05\text{k}\Omega=R_1\left(\frac{R_1R_2}{R_1+R_2}\right)=(0.288)R_1$$

可得

$$R_1=21\text{k}\Omega$$

和

$$R_2=8.5\text{k}\Omega$$

根据附录 D，可以选择标准电阻值为 $R_1=20\text{k}\Omega$ 和 $R_2=8.2\text{k}\Omega$。

综合考虑：本例题中，忽略了电阻容许误差的影响(课后习题 5.16 和习题 5.35 则包含了容许误差的影响)。下面将讨论共射极电流增益的变化对 Q 点的影响。应用标准电阻值，可得

$$R_{TH}=R_1\parallel R_2=20\parallel 8.2=5.82\text{k}\Omega$$

和

$$V_{TH}=\left(\frac{R_2}{R_1+R_2}\right)(V_{CC})=\left(\frac{8.2}{20+8.2}\right)(5)=1.454\text{V}$$

基极电流为

$$I_{BQ}=\frac{V_{TH}-V_{BE}(\text{on})}{R_{TH}+(1+\beta)R_E}$$

集电极电流为 $I_{CQ}=\beta I_{BQ}$，且集电极-发射极电压由下式给出，即

$$V_{CEQ}=V_{CC}-I_{CQ}\left[R_C+\left(\frac{1+\beta}{\beta}\right)R_E\right]$$

三个 β 值所对应的 Q 点值如下表所示。

β	60	120	180
Q 点值	$I_{BQ}=20.4\mu A$	$I_{BQ}=11.2\mu A$	$I_{BQ}=7.68\mu A$
	$I_{CQ}=1.23mA$	$I_{CQ}=1.34mA$	$I_{CQ}=1.38mA$
	$V_{CEQ}=3.13V$	$V_{CEQ}=2.97V$	$V_{CEQ}=2.91V$

点评：本例题中的 Q 点相对于 β 值的变化可以认为是稳定的，且电压分压器电阻具有在千欧范围内的合理取值。可以看出当 β 变化 2 倍(从 120 到 60)时，集电极电流仅变化 -8.2%；而当 β 值变化 50%(从 120 到 180)时，集电极电流仅变化 3%。可以将这些变化与例题 5.15 中单个偏置电阻的设计情况作比较。

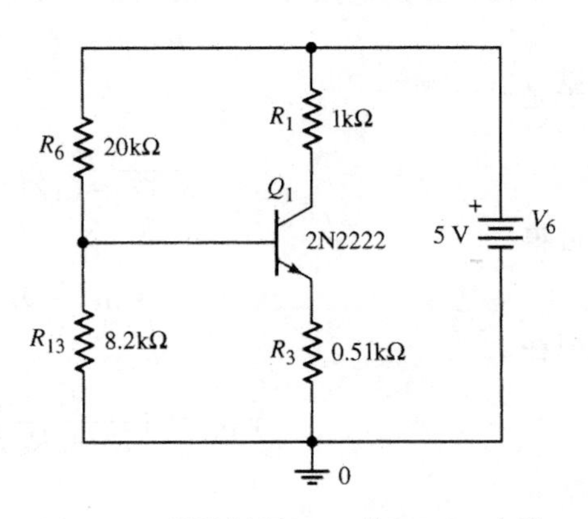

图 5.60　设计例题 5.17 的 PSpice 电路

计算机仿真：图 5.60 所示为采用标准电阻值和 PSpice 库中的标准晶体管 2N2222 构成的本例题的 PSpice 原理电路。下列表中给出了所进行的直流分析所得结果和相应的 Q 点值。集电极-发射极电压为 $V_{CE}=2.80V$，接近设计值 3V。两者之间存在差别的一个原因是标准电阻值并不完全和设计值相等，另一个原因是 2N2222 的有效 β 值为 157 而不是假设的 120。

```
**** BIPOLAR JUNCTION TRANSISTORS
NAME       Q_Q1
MODEL      Q2N2222
IB          9.25E-06
IC          1.45E-03
VBE         6.55E-01
VBC        -2.15E+00
VCE         2.80E+00
BETADC      1.57E+02
```

练习题

【练习题 5.17】 在图 5.58(a)所示的电路中，令 $V_{CC}=5V$，$R_E=0.2k\Omega$，$R_C=1k\Omega$，$\beta=150$ 和 $V_{BE}(\text{on})=0.7V$。试设计偏置稳定电路使 Q 点位于负载线的中点。(答案：$R_1=13k\Omega$，$R_2=3.93k\Omega$)

计算机分析题

【PS5.4】 (a)用 PSpice 仿真验证练习题 5.17 的电路设计，要求采用标准晶体管。(b)采用标准电阻值，重复(a)部分。

带发射极电阻电路的另外一个优点是在温度变化时能使 Q 点趋于稳定。为了阐明这个问题，曾在图 1.18 中指出，对于恒定的结电压，PN 结中的电流将随着温度的增加而增加。于是可以设想晶体管的电流也会随着温度的增加而增加。如果结上的电流增加，结的温度就会增加(由于 I^2R 加热)，这又依次导致电流增加，因而更增加了结的温度，这种现象将会导致热击穿和器件烧毁。然而，由图 5.55(b)可以看出，电流上升，R_E 两端的电压降也上升。假设戴维南等效电压和电阻基本都和温度无关，所以温度变化引起的 R_{TH} 两端的电压降变化很小。最终的结果是，R_E 两端增加的电压减小了 B-E 结电压，这将使晶体管的电流下降，从而使得晶体管电流在温度变化时趋于稳定。

5.4.3 正、负电压偏置

在有些应用电路中需要同时施加正、负直流电压偏置。在第 11 章讨论差分放大器时将会看到这种情况。在某些应用中，采用双电源偏置可以去掉耦合电容并允许直流输入电压作为输入信号。下面的例题将论述这种偏置的原理。

【例题 5.18】

目的：分析采用正、负直流电压偏置的 NPN 晶体管电路。观察如图 5.61 所示的电路，图中的信号源直接和晶体管的基极相连接。

解：为了进行直流分析，令 $v_s=0$ 使基极处于地电位。假设晶体管的参数为 $\beta=100$ 和 $V_{BE}(\text{on})=0.7\text{V}$。

B-E 回路的 KVL 方程为

$$0 = V_{BE}(\text{on}) + I_{EQ}R_E + V^-$$

即

$$I_{EQ} = \frac{-(V^- + V_{BE}(\text{on}))}{R_E} = \frac{-(-5+0.7)}{2} = 2.15\text{mA}$$

有

$$I_{CQ} = \left(\frac{\beta}{1+\beta}\right)\cdot I_{EQ} = \left(\frac{100}{101}\right)(2.15) = 2.13\text{mA}$$

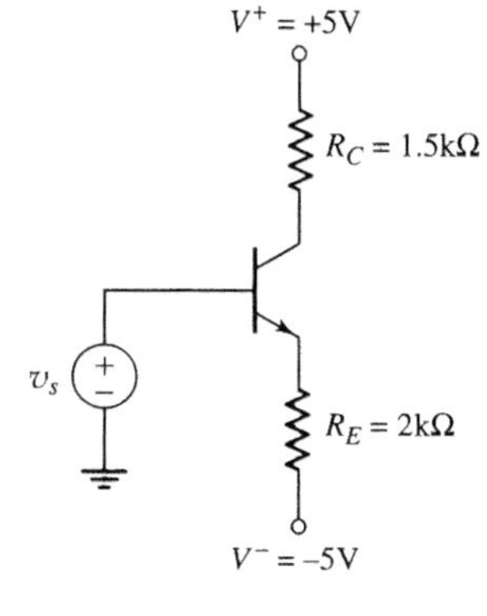

图 5.61 使用正、负直流电压偏置的简单晶体管电路

C-E 回路的 KVL 方程为

$$V^+ = I_{CQ}R_C + V_{CEQ} + I_{EQ}R_E + V^-$$

即

$$V_{CEQ} = (V^+ - V^-) - I_{CQ}R_C - I_{EQ}R_E$$
$$= (5+5) - (2.13)(1.5) - (2.15)(2)$$

即

$$V_{CEQ} = 2.51\text{V}$$

点评：以上的结果表明，如前面所假设的那样晶体管偏置在正向放大模式。基极处于地电位，但发射极通过电阻 R_E 与 -5V 的直流电压相连。

练习题

【练习题 5.18】 观察图 5.62 所示的电路，图中含有偏置电阻 R_1 和 R_2，尽管同时采用了正、负偏置电压源，设计中仍然允许有一定的弹性。令 $\beta=150$，$R_E=0.2\text{k}\Omega$ 和 $R_C=1\text{k}\Omega$。试设计偏置稳定电路使静态输出电压为零。(答案：$R_1=16.7\text{k}\Omega$，$R_2=3.69\text{k}\Omega$)

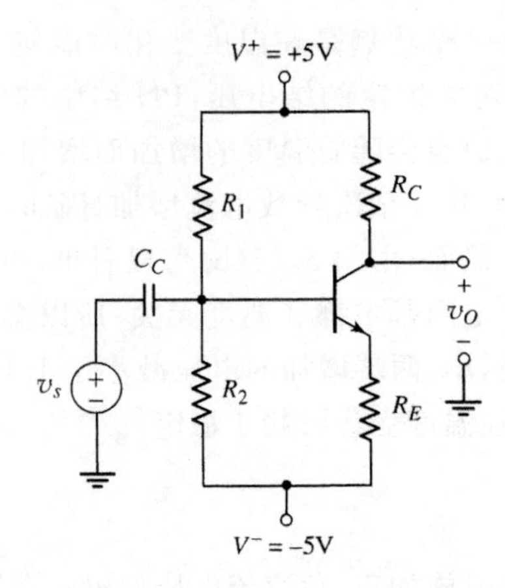

图 5.62　练习题 5.18 的电路

【例题 5.19】

设计目的：设计满足一组指标要求的偏置稳定的 PNP 晶体管电路。

设计指标：将要设计的电路形式如图 5.63(a)所示。晶体管 Q 点的值为 $V_{ECQ}=7\text{V}$，$I_{CQ}\approx0.5\text{mA}$ 和 $V_{RE}\approx1\text{V}$。假设晶体管的参数为 $\beta=80$ 和 $V_{BE}(\text{on})=0.7\text{V}$。

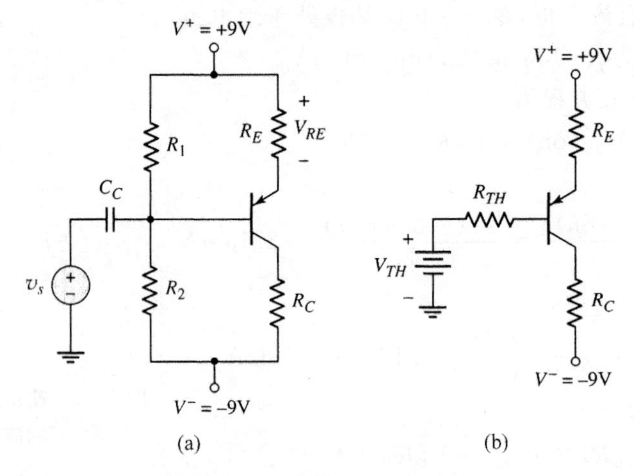

图 5.63　例题 5.19 的电路图

(a) 例题 5.19 的电路；(b) 戴维南等效电路

器件选择：假设晶体管的参数为 $\beta=80$ 和 $V_{EB}(\text{on})=0.7\text{V}$。最终的设计将采用标准电阻值。

解：戴维南等效电路如图 5.63(b)所示，戴维南等效电阻为 $R_{TH}=R_1\parallel R_2$，测得戴维南等效对地电压由下式给出，即

$$V_{TH}=\left(\frac{R_2}{R_1+R_2}\right)(V^+-V^-)+V^-=\frac{1}{R_1}\left(\frac{R_1R_2}{R_1+R_2}\right)(V^+-V^-)+V^-$$

对于 $V_{RE}\approx1\text{V}$ 和 $I_{CQ}\approx0.5\text{mA}$，则可设置

$$R_E=\frac{1}{0.5}=2\text{k}\Omega$$

对于偏置稳定电路，需要

$$R_{TH}=\frac{R_1R_2}{R_1+R_2}=(0.1)(1+\beta)R_E$$
$$=(0.1)(81)(2)=16.2\text{k}\Omega$$

则戴维南电压可以写为

$$V_{TH}=\frac{1}{R_1}(16.2)[9-(-9)]+(-9)=\frac{1}{R_1}(291.6)-9$$

E-B 回路的 KVL 方程由下式给出，即

$$V^+=I_{EQ}R_E+V_{EB}(\text{on})+I_{BQ}R_{TH}+V_{TH}$$

晶体管偏置在正向放大模式，所以有 $I_{EQ}=(1+\beta)I_{BQ}$。于是有

$$V^+=(1+\beta)I_{BQ}R_E+V_{EB}(\text{on})+I_{BQ}R_{TH}+V_{TH}$$

对于 $I_{CQ}=0.5\text{mA}$，则有 $I_{BQ}=0.00625\text{mA}$，所以可以写出

$$9=(81)(0.00625)(2)+0.7+(0.00625)(16.2)+\frac{1}{R_1}(291.6)-9$$

求得 $R_1=18.0\text{k}\Omega$。于是由 $R_{TH}=R_1\parallel R_2=16.2\text{k}\Omega$，可以求得 $R_2=162\text{k}\Omega$。

对于 $I_{CQ}=0.5\text{mA}$，则有 $I_{EQ}=0.506\text{mA}$。E-C 回路的 KVL 方程为

$$V^+=I_{EQ}R_E+V_{ECQ}+I_{CQ}R_C+V^-$$

即

$$9=(0.506)(2)+7+(0.50)R_C+(-9)$$

可得

$$R_C\approx 20\text{k}\Omega$$

综合考虑：除了 $R_2=162\text{k}\Omega$ 之外，所有的电阻值都是标准值。可以利用 160kΩ 分立标准电阻。然而，由于设计的是偏置稳定电路，即使电阻值有变化，Q 点也不会发生较大的变化。晶体管电流增益 β 的变化所引起的 Q 点值的变化将在本章课后习题 5.26 和习题 5.29 中进行分析。

点评：在很多情况下，有些指标比如集电极电流值或发射极-集电极电压值都不是绝对的，而是用近似值给出。由于这个原因，例如求得发射极电阻为 2kΩ，它是标准的分立电阻值。最终的偏置电阻值也选为标准电阻值。然而，这些电阻值和计算值之间的差别将不会使 Q 值发生较大的变化。

练习题

【练习题 5.19】 图 5.63(a)所示电路的参数为 $V^+=5\text{V}$，$V^-=-5\text{V}$，$R_E=0.5\text{k}\Omega$ 和 $R_C=4.5\text{k}\Omega$。晶体管参数为 $\beta=120$ 和 $V_{BE}(\text{on})=0.7\text{V}$。试设计偏置稳定电路使 Q 点位于负载线的中点。(答案：$R_1=6.91\text{k}\Omega$，$R_2=48.6\text{k}\Omega$)

5.4.4 集成电路的偏置

晶体管电路的电阻偏置对于分立电路是很重要的。但是对于集成电路，要尽可能减少电阻的数量，因为与晶体管相比，电阻通常需要较大的芯片表面积。

双极型晶体管可以采用恒流源 I_Q 来偏置，如图 5.64 所示。这种电路的优点是发射极电流独立于 β 和 R_B，并且对于合理的 β 值，集电极电流和 C-E 电压也基本上独立于晶体管

的电流增益。可以增加电阻 R_B 的值，因而也就增加了基极的输入电阻值，却不会影响偏置的稳定性。

图 5.65 所示的恒流源可以由晶体管来实现。晶体管 Q_1 为二极管接法的晶体管，但仍然工作在正向放大模式。晶体管 Q_2 也必须工作在正向放大模式($V_{CE} \geqslant V_{BE}(\text{on})$)。

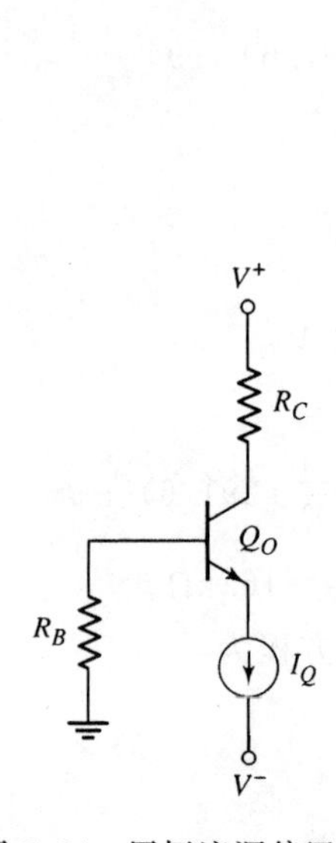

图 5.64　用恒流源偏置的双极型晶体管

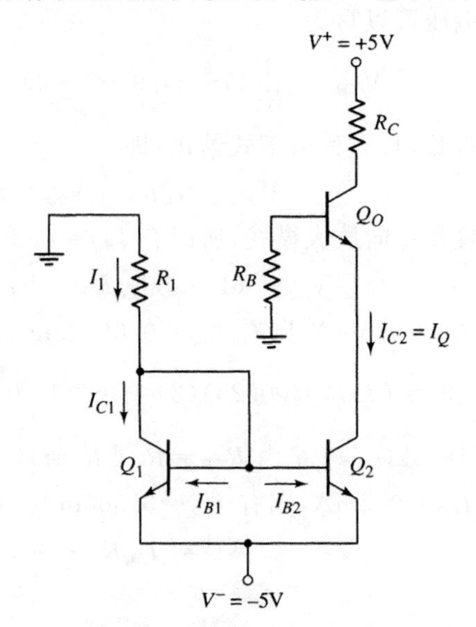

图 5.65　晶体管 Q_O 用恒流源偏置，晶体管 Q_1 和 Q_2 构成镜像电流源

电流 I_1 称为基准电流，其值可以通过 R_1-Q_1 回路的基尔霍夫电压方程来求得。有

$$0 = I_1R_1 + V_{BE}(\text{on}) + V^- \tag{5.43(a)}$$

可得

$$I_1 = \frac{-(V^- + V_{BE}(\text{on}))}{R_1} \tag{5.43(b)}$$

因为 $V_{BE1}=V_{BE2}$，电路把左边支路的基准电流映像到右边支路，则 R_1、Q_1 和 Q_2 组成的电路成为一个镜像电流源。

将 Q_1 集电极处的电流求和可得

$$I_1 = I_{C1} + I_{B1} + I_{B2} \tag{5.44}$$

因为 Q_1 和 Q_2 的 B-E 电压相等，如果 Q_1 和 Q_2 是相等的晶体管，并且处在同一个温度下，则 $I_{B1}=I_{B2}$ 并且 $I_{C1}=I_{C2}$。则式(5.44)可以写为

$$I_1 = I_{C1} + 2I_{B2} = I_{C2} + \frac{2I_{C2}}{\beta} = I_{C2}\left(1+\frac{2}{\beta}\right) \tag{5.45}$$

解出 I_{C2} 可得

$$I_{C2} = I_Q = \frac{I_1}{\left(1+\frac{2}{\beta}\right)} \tag{5.46}$$

此电流将晶体管 Q_O 偏置在放大区。

【例题 5.20】

目的：求解双晶体管电流源的电流。

已知如图 5.65 所示的电路，电路参数和晶体管的参数为 $R_1=10\text{k}\Omega$，$\beta=50$ 和 $V_{BE}(\text{on})=0.7\text{V}$。

解：基准电流为

$$I_1=\frac{-(V^-+V_{BE}(\text{on}))}{R_1}=\frac{-((-5)+0.7)}{10}=0.43\text{mA}$$

由式(5.46)可得偏置电流 I_Q 为

$$I_{C2}=I_Q=\frac{I_1}{1+\dfrac{2}{\beta}}=\frac{0.43}{1+\dfrac{2}{50}}=0.413\text{mA}$$

则基极电流为

$$I_{B1}=I_{B2}=\frac{I_{C2}}{\beta}=\frac{0.413}{50}\Rightarrow 8.27\mu\text{A}$$

点评：对于相对较大的电流增益 β 值，偏置电流 I_Q 和基准电流 I_1 基本相同。

练习题

【练习题 5.20】 在图 5.65 所示的电路中，假设晶体管参数为 $V_{BE}(\text{on})=0.7\text{V}$ 和 $\beta=40$。令 $R_B=0$。试设计电路使 $I_Q=0.25\text{mA}$ 和 $V_{CEQ}=3\text{V}$。(答案：$R_1=16.38\text{k}\Omega$，$R_C=11.07\text{k}\Omega$)

前面曾经提到，恒流源偏置几乎垄断了集成电路中的所有偏置电路。在本书的第 2 部分将会看到，集成电路中应用最少数量的电阻，而通常用晶体管来取代这些电阻。在 IC 芯片上，晶体管占据的面积远小于电阻，所以有利于将电阻的数量减到最小。

理解测试题

【测试题 5.17】 (a)图 5.64 所示的电路，其参数为 $I_Q=1\text{mA}$，$V^+=10\text{V}$，$V^-=-10\text{V}$，$R_B=50\text{k}\Omega$ 和 $R_C=5\text{k}\Omega$。对于晶体管，有 $\beta=100$ 和 $I_S=3\times10^{-14}\text{A}$。试求基极的直流电压和 V_{CEQ}。(b)如果 $\beta=50$，重复(a)部分。(答案：(a)$V_B=-0.495\text{V}$，$V_{CEQ}=6.18\text{V}$；(b)$V_B=-0.98\text{V}$，$V_{CEQ}=6.71\text{V}$)

【测试题 5.18】 图 5.66 所示的电路采用恒流源 I_Q 偏置。对于晶体管有 $\beta=120$ 且 E-B 开启电压为 $V_{EB}(\text{on})=0.7\text{V}$。试求使 $V_{ECQ}=3\text{V}$ 的 I_Q 值。(答案：$I_Q=0.710\text{mA}$)

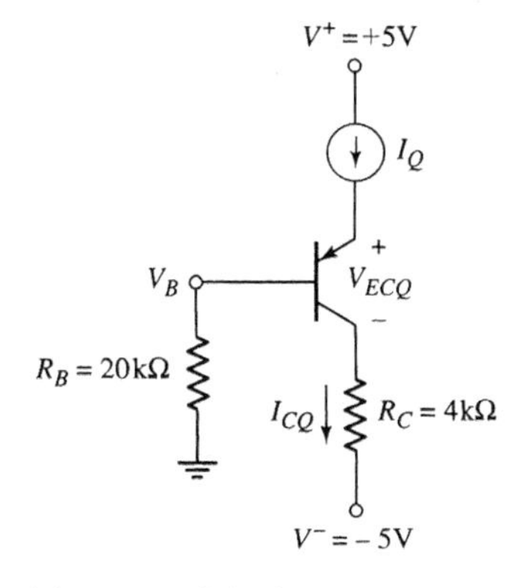

图 5.66 测试题 5.18 的电路图

5.5 多级电路

本节内容：研究多级或多晶体管电路的直流偏置。

大多数晶体管电路都含有多个晶体管。可以用与研究单个晶体管电路相同的方法来分析和设计这些多级电路。举例如图 5.67 所示，在同一个电路中用了 NPN 晶体管 Q_1 和 PNP 晶体管 Q_2。

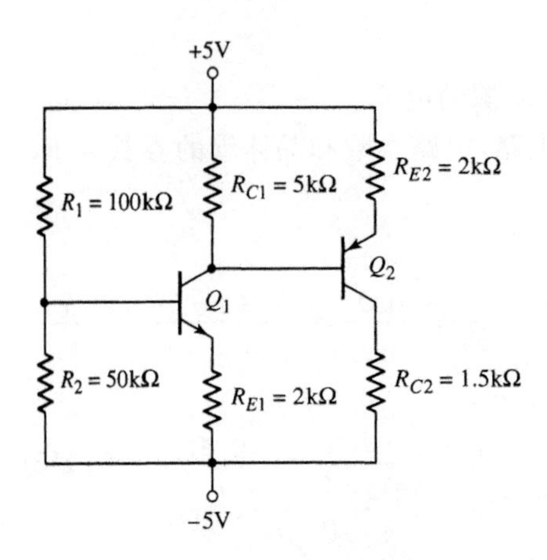

图 5.67 多晶体管电路

【例题 5.21】

目的：计算多级电路中每个节点的直流电压和通过元件的直流电流。

已知在图 5.67 所示的电路中，假设所有晶体管的 B-E 开启电压为 0.7V，$\beta=100$。

解：晶体管 Q_1 基极的戴维南等效电路如图 5.68 所示。图中定义了各电流和各节点的电压。戴维南等效电阻和等效电压为

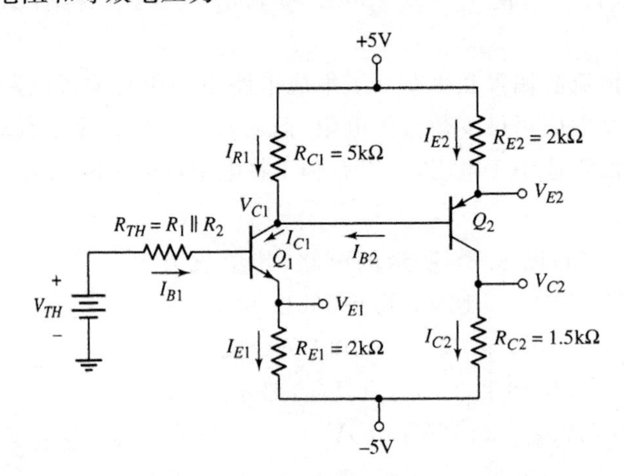

图 5.68 Q_1 基极处为戴维南等效电路的多级晶体管电路

$$R_{TH} = R_1 \| R_2 = 100 \| 50 = 33.3\text{k}\Omega$$

和

$$V_{TH} = \left(\frac{R_2}{R_1 + R_2}\right)(10) - 5 = \left(\frac{50}{150}\right)(10) - 5 = -1.67\text{V}$$

Q_1 的 B-E 回路的基尔霍夫电压方程为

$$V_{TH} = I_{B1}R_{TH} + V_{BE}(\text{on}) + I_{E1}R_{E1} - 5$$

注意到 $I_{E1} = (1+\beta)I_{B1}$，可得

$$I_{B1} = \frac{-1.67 + 5 - 0.7}{33.3 + (101)(2)} \Rightarrow 11.2\mu\text{A}$$

因而

$$I_{C1} = 1.12\text{mA}$$

和

$$I_{E1} = 1.13\text{mA}$$

将 Q_1 集电极处的电流求和，可得

$$I_{R1} + I_{B2} = I_{C1}$$

还可以写为

$$\frac{5 - V_{C1}}{R_{C1}} + I_{B2} = I_{C1} \tag{5.47}$$

于是，基极电流 I_{B2} 可以用射极电流 I_{E2} 表示为

$$I_{B2} = \frac{I_{E2}}{1+\beta} = \frac{5 - V_{E2}}{(1+\beta)R_{E2}} = \frac{5 - (V_{C1} + 0.7)}{(1+\beta)R_{E2}} \tag{5.48}$$

将式(5.48)代入式(5.47)可得

$$\frac{5 - V_{C1}}{R_{C1}} + \frac{5 - (V_{C1} + 0.7)}{(1+\beta)R_{E2}} = I_{C1} = 1.12\text{mA}$$

可以解得 V_{C1} 为

$$V_{C1} = -0.482\text{V}$$

于是

$$I_{R1} = \frac{5 - (-0.482)}{5} = 1.10\text{mA}$$

为了求 V_{E2}，有

$$V_{E2} = V_{C1} + V_{EB}(\text{on}) = -0.482 + 0.7 = 0.218\text{V}$$

射极电流 I_{E2} 为

$$I_{E2} = \frac{5 - 0.218}{2} = 2.39\text{mA}$$

于是

$$I_{C2} = \left(\frac{\beta}{1+\beta}\right) I_{E2} = \left(\frac{100}{101}\right)(2.39) = 2.37\text{mA}$$

和

$$I_{B2} = \frac{I_{E2}}{1+\beta} = \frac{2.39}{101} \Rightarrow 23.7\mu\text{A}$$

其他的节点电压为

$$V_{E1} = I_{E1}R_{E1} - 5 = (1.13)(2) - 5 \Rightarrow V_{E1} = -2.74\text{V}$$

和

$$V_{C2} = I_{C2}R_{C2} - 5 = (2.37)(1.5) - 5 \Rightarrow V_{C2} = -1.45\text{V}$$

于是，可以求得

$$V_{CE1} = -0.482 - (-2.74) = 2.26\text{V}$$

并且

$$V_{EC2} = 0.218 - (-1.45) = 1.67\text{V}$$

点评：以上的结果表明，正如开始时所假设的那样，Q_1 和 Q_2 都偏置在正向放大模式。然而，在第 6 章中考虑用该电路作为交流放大器工作时，将会看到一个更好的设计将能增加 V_{EC2} 的值。

练习题

【练习题 5.21】 在图 5.67 所示的电路中，试求 R_{C1} 和 R_{C2} 新的值，以使 $V_{CEQ1}=3.25\text{V}$ 和 $V_{CEQ2}=2.5\text{V}$。（答案：$R_{C1}=4.08\text{k}\Omega$，$R_{C2}=1.97\text{k}\Omega$）

【例题 5.22】

目的：设计如图 5.69 所示的电路，该电路称为共射-共基放大器。要求符合如下的参数指标：$V_{CE1}=V_{CE2}=2.5\text{V}$，$V_{RE}=0.7\text{V}$，$I_{C1}\approx I_{C2}\approx 1\text{mA}$ 和 $I_{R1}\approx I_{R2}\approx I_{R3}\approx 0.10\text{mA}$。

解：在初始设计时忽略基极电流。则可求得 $I_{\text{Bias}}=I_{R1}=I_{R2}=I_{R3}=0.10\text{mA}$。于是

$$R_1+R_2+R_3=\frac{V^+}{I_{\text{Bias}}}=\frac{9}{0.10}=90\text{k}\Omega$$

Q_1 的基极电压为

$$V_{B1}=V_{RE}+V_{BE}(\text{on})=0.7+0.7=1.4\text{V}$$

于是

$$R_3=\frac{V_{B1}}{I_{\text{Bias}}}=\frac{1.4}{0.10}=14\text{k}\Omega$$

Q_2 的基极电压为

$$V_{B2}=V_{RE}+V_{CE1}+V_{BE}(\text{on})=0.7+2.5+0.7=3.9\text{V}$$

于是

$$R_2=\frac{V_{B2}-V_{B1}}{I_{\text{Bias}}}=\frac{3.9-1.4}{0.10}=25\text{k}\Omega$$

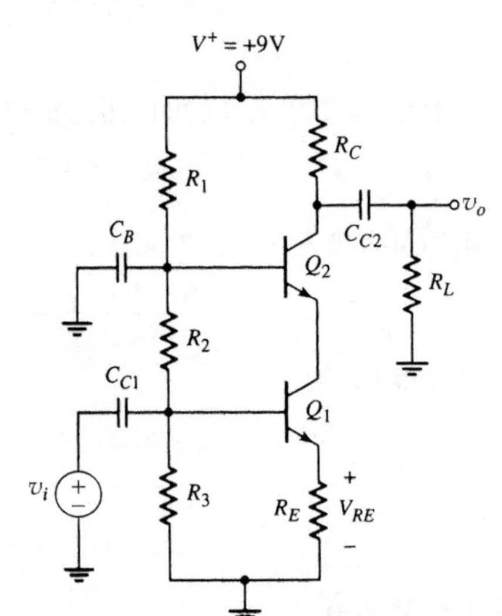

图 5.69 例题 5.22 的双极型共射-共基电路

因而可得

$$R_1=90-25-14=51\text{k}\Omega$$

可以求得发射极电阻 R_E 为

$$R_E=\frac{V_{RE}}{I_{C1}}=\frac{0.7}{1}=0.7\text{k}\Omega$$

Q_2 的集电极电压为

$$V_{C2}=V_{RE}+V_{CE1}+V_{CE2}=0.7+2.5+2.5=5.7\text{V}$$

于是

$$R_C=\frac{V^+-V_{C2}}{I_{C2}}=\frac{9-5.7}{1}=3.3\text{k}\Omega$$

点评：通过忽略基极电流，使该电路的设计变得很简单。用 PSpice 在计算机上分析可以验证该设计，并且可以显示为了满足设计要求而所做的一些小改动。

在第 6 章的 6.9.3 节将再次见到共射-共基电路。共射-共基电路的优点将在第 7 章进行分析。这种共射-共基电路的带宽比单级共射放大电路要大。

练习题

【练习题 5.22】 对于图 5.69 所示的电路，电路参数为 $V^+=12\text{V}$，$R_E=2\text{k}\Omega$，晶体管参数为 $\beta=120$ 和 $V_{BE}(\text{on})=0.7\text{V}$。试重新设计电路使 $I_{C1}\approx I_{C2}\approx 0.5\text{mA}$，$I_{R1}\approx I_{R2}\approx I_{R3}\approx 0.05\text{mA}$ 以及 $V_{CE1}=V_{CE2}=4\text{V}$。（答案：$R_1=126\text{k}\Omega$，$R_2=80\text{k}\Omega$，$R_3=34\text{k}\Omega$，且 $R_C=6\text{k}\Omega$）

计算机分析题

【PS5.5】 (a)试用 PSpice 仿真验证例题 5.22 中的共射-共基电路。要求采用标准晶体管。(b)应用标准电阻值重复(a)部分。

5.6 设计举例：采用双极型晶体管的二极管温度计

设计目的：用双极型晶体管进行应用设计，用以改善第 1 章所讨论的用二极管进行的简单电子温度计的设计。

设计指标：电子温度计测量温度的范围为 0～100℉。

设计方案：将图 1.44 所示二极管温度计的输出电压施加到 NPN 双极型晶体管的基极-发射极结上以增强测量温度范围内的电压。同时假设双极型晶体管处在恒温状态。

器件选择：假设可以选用的双极型晶体管的 $I_S=10^{-12}$ A。

解：由第 1 章的设计可得二极管的电压为

$$V_D = 1.12 - 0.522\left(\frac{T}{300}\right)$$

式中 T 为开尔文温度。

观察图 5.70 所示的电路，假设二极管处于变化的温度环境中，而其余的电路则被控制在室温下。忽略双极型晶体管的基极电流，可得

$$V_D = V_{BE} + I_C R_E \tag{5.49}$$

可以写出

$$I_C = I_S e^{V_{BE}/V_T} \tag{5.50}$$

所以式(5.49)变为

$$\frac{V_D - V_{BE}}{R_E} = I_S e^{V_{BE}/V_T} \tag{5.51}$$

且

$$V_O = 15 - I_C R_C \tag{5.52}$$

图 5.70 用来测量二极管的输出电压相对于温度变化的应用设计电路

由第 1 章得出下表所示的数据。

T(℉)	V_D(V)	T(℉)	V_D(V)
0	0.6760	80	0.5976
40	0.6372	100	0.5790

如果假设晶体管的 $I_S=10^{-12}$ A，则由式(5.50)、式(5.51)和式(5.52)可得

T(℉)	V_{BE}(V)	I_C(mA)	V_D(V)
0	0.5151	0.402	4.95
40	0.5092	0.320	7.00
80	0.5017	0.240	9.00
100	0.4974	0.204	9.90

点评：图 5.71(a)所示为二极管电压相对于温度的变化曲线，图 5.71(b)所示则为双极型晶体管电路的输出电压相对于温度的变化曲线。可以看出，晶体管电路产生了电压增益，该电压增益正是设计所希望的晶体管电路的特性。

讨论：由等式可以看出集电极电流不是基极-发射极电压或二极管电压的线性函数。这种效应暗示了晶体管输出电压也不是温度的线性函数。图 5.71(b)中的直线是一种较好的线性近似。在第 9 章中采用运算放大器将能够得到更好的电路设计。

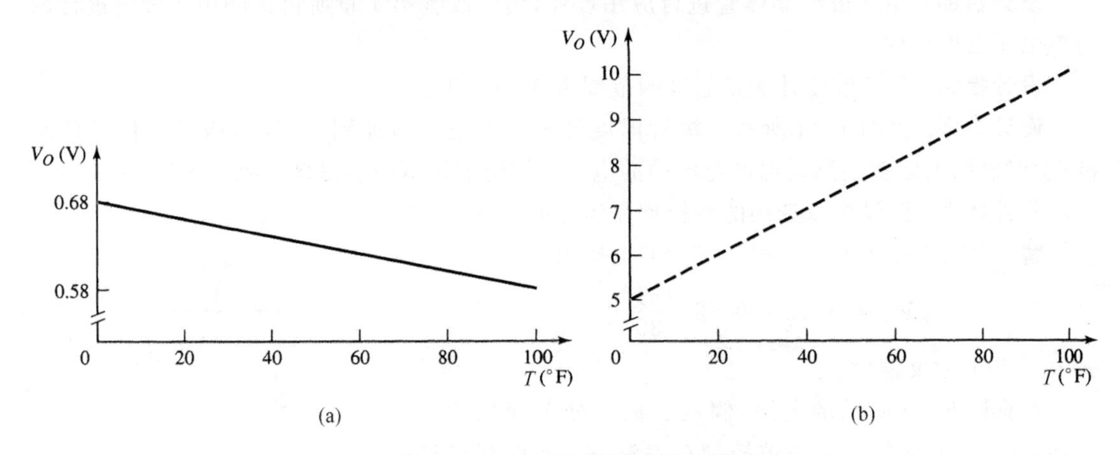

图 5.71 二极管温度计特性曲线

(a) 二极管电压随温度的变化；(b) 电路输出电压随温度的变化

5.7 本章小结

- 分析了双极型晶体管的基本性质和特性。双极型晶体管为三电极器件，具有三个独立掺杂的半导体区域和两个 PN 结。三个电极分别称为基极(B)，发射极(E)和集电极(C)。可以形成 NPN 和 PNP 互补的双极型晶体管。定义晶体管作用为两电极之间的电压(基极和射极)控制第三电极的电流(集电极)。
- 通过在两个结上施加不同的偏置可以确定双极型晶体管的各个不同的工作模式。它的四种工作模式分别为：正向放大模式、截止模式、饱和模式以及反向放大模式。晶体管工作在正向放大模式时，B-E 结正向偏置，而 B-C 结反向偏置，这时的集电极电流和基极电流通过共射极电流增益 β 联系起来。只要保持规定的电流方向，这种关系对于 NPN 和 PNP 晶体管就都是相同的。当晶体管截止时，所有的电流都为零。而在饱和模式，集电极电流不再是基极电流的函数。
- 双极型晶体管直流偏置的分析和设计是本章的重要内容。在这些分析和设计中继续采用了 PN 结的折线化模型。讨论了稳定晶体管电路 Q 点的设计方法。
- 介绍了集成电路中采用恒流源进行直流偏置的初步知识。有关电流源偏置的更为详细的讨论将在第 10 章进行。
- 讨论了晶体管的基本应用。这些应用包括开关电流和电压、实现数字逻辑功能以及放大时变信号。在下一章中将详细地分析晶体管的放大特性。
- 还介绍了多级或多晶体管电路的直流偏置。

本章要求

通过本章的学习，读者应该能够做到：

1. 了解和阐述 NPN 和 PNP 双极型晶体管的一般电流-电压特性。

2. 用折线化模型进行各种双极型晶体管电路的直流分析和设计，包括对负载线的了解。

3. 定义双极型晶体管的四种工作模式。

4. 定性地分析晶体管电路如何用来开关电流和电压，实现数字逻辑功能或放大时变信号。

5. 设计晶体管电路的直流偏置，使其满足特定的直流电流和电压要求，并相对于晶体管参数的变化建立稳定的 Q 点。

6. 把直流分析和设计技巧应用到多级晶体管电路的应用中。

复习题

1. 要将 NPN 双极型晶体管偏置在正向放大模式，需要在晶体管上施加怎样的偏置电压？

2. 定义 PNP 双极型晶体管的截止模式、正向放大模式和饱和模式。

3. 定义共基极电流增益和共射极电流增益。

4. 讨论交流和直流共射极电流增益之间的区别。

5. 阐述偏置在正向放大模式的双极型晶体管的集电极、发射极以及基极电流之间的关系。

6. 定义厄利电压和集电极输出电阻。

7. 描述 NPN 双极型晶体管的简单的共射极电路，并讨论集电极-发射极电压和输入的基极电流之间的关系。

8. 描述负载线定义的参数，并定义 Q 点。

9. 分析双极型晶体管电路直流响应的一般步骤是什么？

10. 阐述 NPN 晶体管是如何用来控制 LED 二极管的开和关的？

11. 描述双极型晶体管的或逻辑电路。

12. 阐述 NPN 晶体管是如何用来放大时变电压信号的？

13. 讨论使用电阻电压分压器偏置与使用单个电阻偏置相比的优势。

14. 相对于晶体管参数的变化怎样稳定 Q 点？

15. 分立晶体管电路和集成电路所用的偏置方法之间主要的区别是什么？

习题

（注：除非另作说明，在下列习题中都假定 NPN 晶体管的 $V_{BE}(\text{on})=0.7\text{V}$，$V_{CE}(\text{sat})=0.2\text{V}$；PNP 晶体管的 $V_{EB}(\text{on})=0.7\text{V}$，$V_{EC}(\text{sat})=0.2\text{V}$。）

5.1 节　基本双极型晶体管

5.1　(a)偏置在正向放大模式的双极型晶体管，基极电流 $i_B=6.0\mu\text{A}$，集电极电流 $i_C=510\mu\text{A}$。试求

β、α 以及 i_E。(b)如果 $i_B=50\mu A$，$i_C=2.65mA$，重做(a)部分。

5.2 (a)对于特殊类型的晶体管，β 的范围为 $110\leqslant\beta\leqslant180$。试求相应的 α 范围。(b)如果基极电流为 $50\mu A$，试求集电极电流的范围。

5.3 (a)某双极型晶体管偏置在正向放大模式，测得的参数值为 $i_C=1.12mA$ 和 $\beta=120$，试求 i_B、i_E 和 α。(b)如果 $i_C=50mA$ 和 $\beta=20$，重做(a)部分。

5.4 (a)对于下列共基电流增益 α 值，试求相应的共射电流增益 β 的值。

α	0.90	0.950	0.980	0.990	0.995	0.9990
β						

(b)对于下列共射电流增益 β 值，试求相应的共基电流增益 α 的值。

β	20	50	100	150	220	400
α						

5.5 图 P5.5 所示为共基形式的 NPN 晶体管，其 $\beta=80$。(a)发射极由恒流源 $I_E=1.2mA$ 驱动。试求 I_B、I_C、α 和 V_C。(b)对于 $I_E=0.80mA$，重做(a)部分。(c)试问(a)和(b)两部分中晶体管是否偏置在正向放大模式，为什么？

5.6 图 P5.5 所示的 NPN 晶体管，其共基电流增益 $\alpha=0.982$。试求使 $V_C=0$ 的发射极电流。

5.7 图 P5.7 所示为共基形式的 PNP 晶体管，其 $\beta=60$。(a)发射极由恒流源 $I_E=0.75mA$ 驱动。试求 I_B、I_C、α 和 V_C。(b)对于 $I_E=1.5mA$，重做(a)部分。(c)试问(a)和(b)两部分中晶体管是否偏置在正向放大模式，为什么？

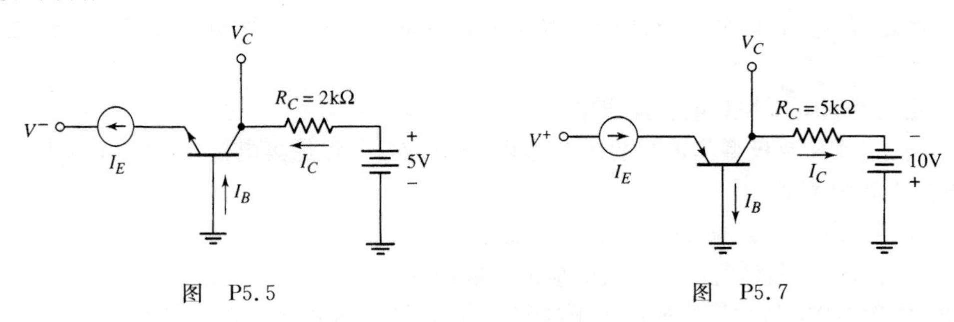

图 P5.5　　图 P5.7

5.8 图 P5.7 所示的 PNP 晶体管共基电流增益 $\alpha=0.992$，试求使 $V_C=-1.2V$ 的发射极电流。

5.9 NPN 晶体管的反向饱和电流 $I_S=10^{-13}A$ 且电流增益 $\beta=90$。晶体管偏置在 $v_{BE}=0.685V$，试求 I_E、I_C 和 I_B。

5.10 两个 PNP 晶体管具有相同的制造工艺，但具有不同的结面积。两晶体管都采用 $v_{BE}=0.650V$ 的射极-基极电压偏置，且射极电流分别为 0.50mA 和 12.2mA。试求每个晶体管的 I_{EQ}。并问相关的结面积是多少？

5.11 某 BJT 的厄利电压为 250V。对于(a)$I_C=1mA$ 和(b)$I_C=0.10mA$，试求输出电阻。

5.12 发射极开路 B-C 结的击穿电压 $BV_{CBO}=60V$。如果 $\beta=100$，且经验常数 $n=3$，试求基极开路形式的 C-E 击穿电压。

5.13 在一个特定的应用电路中，所需的最小击穿电压为 $BV_{CBO}=220V$ 和 $BV_{CBO}=56V$。如果 $n=3$，试求 β 的最大允许值。

5.14 某种特定的晶体管电路设计所需的最小基极开路电压为 $BV_{CBO}=50V$。如果 $\beta=50$ 且 $n=3$，试求所需的 BV_{CBO} 的最小值。

5.2 节 晶体管电路的直流分析

5.15 对于图 P5.15 中的所有晶体管，均有 $\beta=75$。图中给出了一些测量值，试求其余标出的电流、电压和/或电阻值。

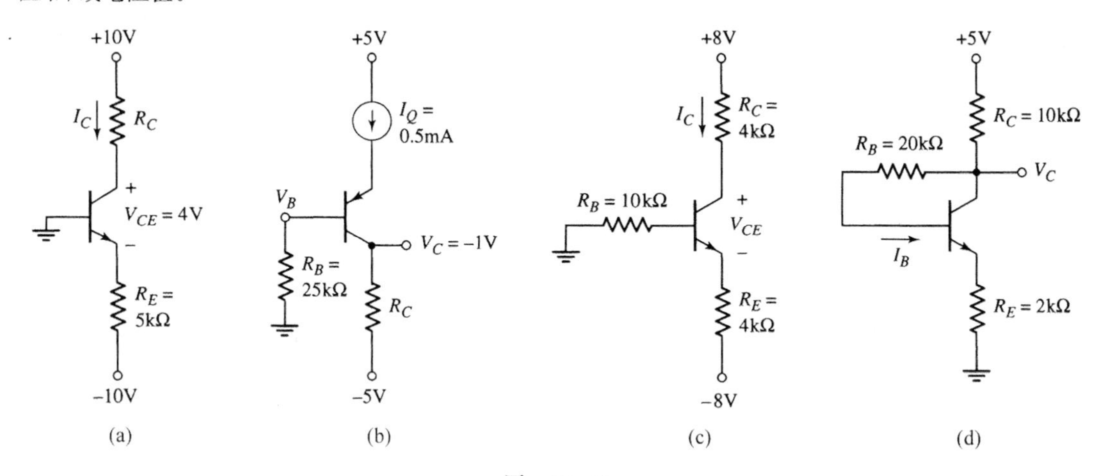

图 P5.15

5.16 图 P5.15(a)和(c)所示电路中的射极电阻值可能发生±5%的变化。试求计算出的参数范围。

5.17 对于图 5.20(a)所示的电路，$V_{BB}=2.5V$，$V_{CC}=5V$ 且 $\beta=70$。试重新设计电路使 $I_{BQ}=15\mu A$ 和 $V_{CEQ}=2.5V$。

5.18 图 P5.18 所示的电路，测得的参数值如图所示。试求 β、α 以及图中标出的其他电流和电压。画出直流负载线并标出 Q 点。

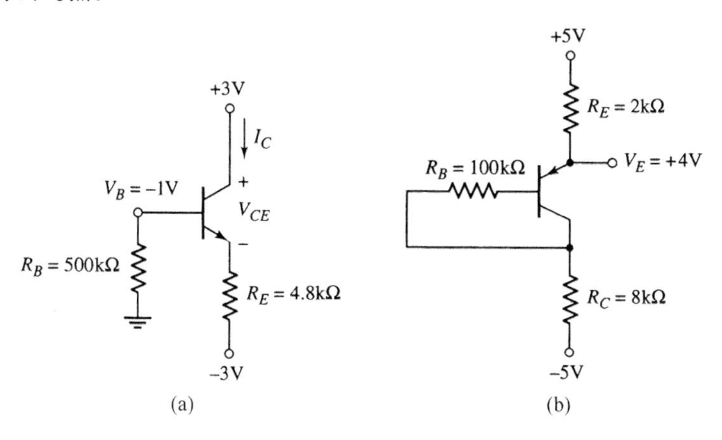

图 P5.18

5.19 对于图 P5.19 所示的电路，试求使 $V_B=V_C$ 的 V_B 和 I_E。假设 $\beta=50$。

5.20 观察图 P5.20 所示的电路，射极电压的测量值 $V_E=2V$。试求 I_E、I_C、β、α 以及 V_{EC}。画出直流负载线并标出 Q 点。

5.21 图 P5.21 所示电路中晶体管的 $\beta=120$。试求 I_C 和 V_{EC}，画出负载线并标出 Q 点。

5.22 图 P5.22 所示电路的晶体管由发射极的恒流源进行偏置。如果 $I_Q=1mA$，试求 V_C 和 V_E，假设 $\beta=50$。

5.23 在图 P5.22 所示的电路中，恒流源为 $I_Q=0.5mA$。如果 $\beta=50$，试求消耗在晶体管上的功率。试问恒流源补充消耗的功率吗，其值是多少？

5.24 图 P5.24 所示的电路，如果对于每个晶体管均有 $\beta=200$，试求(a)I_{E1}，(b)I_{E2}，(c)V_{C1}以及(d)V_{C2}。

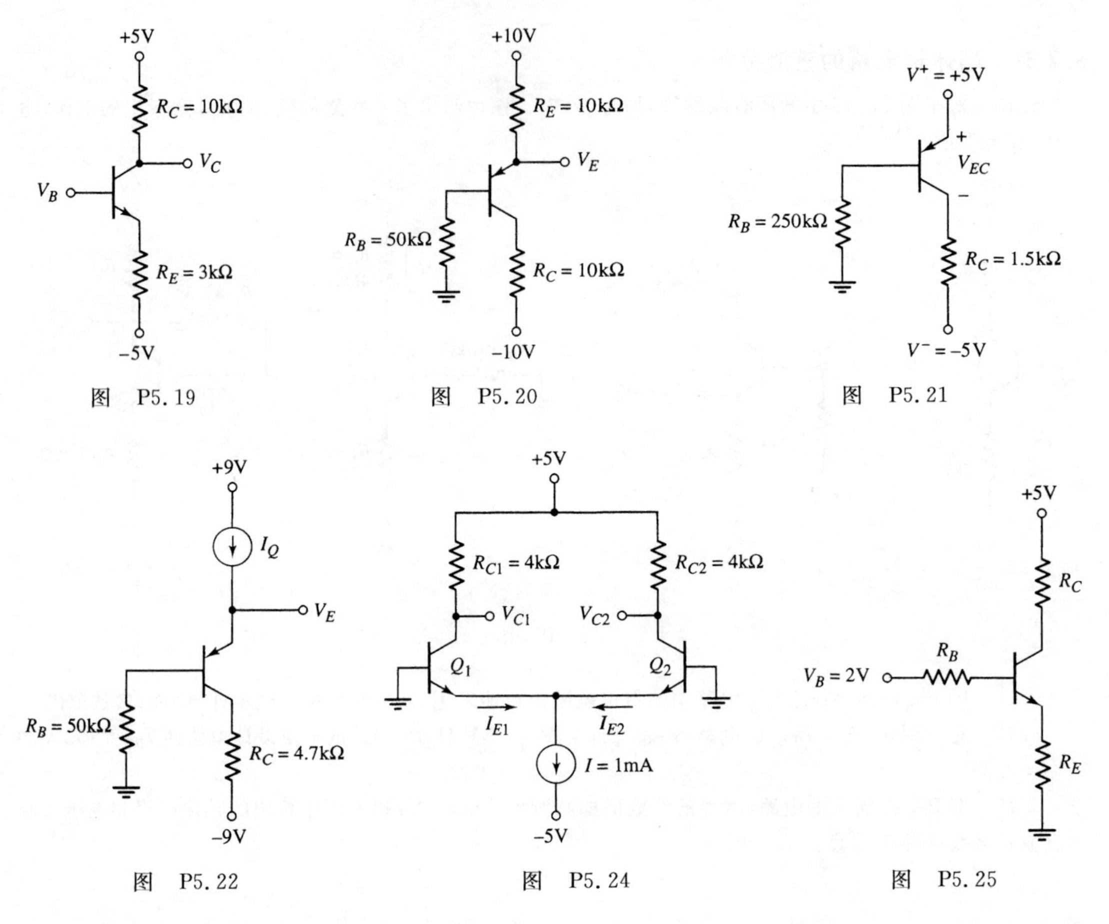

图 P5.19　　图 P5.20　　图 P5.21

图 P5.22　　图 P5.24　　图 P5.25

5.25　图 P5.25 所示的电路，对于(a)$R_E=0$ 和(b)$R_E=1k\Omega$，试设计电路使 $I_{CQ}=0.8mA$ 和 $V_{CEQ}=2V$，假设 $\beta=80$。(c)将图 P5.25 中的晶体管用 $\beta=120$ 的另一个晶体管代替，应用(a)和(b)的结果，求解 Q 点的值 I_{CQ} 和 V_{CEQ}。哪种设计使 Q 点变化最小？

D5.26　(a)图 P5.26 所示的电路，当 $\beta=60$ 时，Q 点为 $I_{CQ}=2mA$ 和 $V_{CEQ}=12V$，试求 R_C 和 R_B 的值。(b)如果图中的晶体管用 $\beta=100$ 的另一个新的晶体管代替，试求新的 I_{CQ} 和 V_{CEQ} 的值。(c)画出(a)部分和(b)部分的负载线和 Q 点。

5.27　对于图 P5.27 所示电路的晶体管有 $\beta=200$。对于(a)$V_B=0$，(b)$V_B=1V$ 和(c)$V_B=2V$，试求 I_E 和 V_C。

5.28　(a)图 P5.28 所示电路中晶体管的电流增益 $\beta=75$。对于(ⅰ)$V_{BB}=0$，(ⅱ)$V_{BB}=1V$ 以及(ⅲ)$V_{BB}=2V$，试求 V_O。(b)用计算机仿真验证(a)部分的结果。

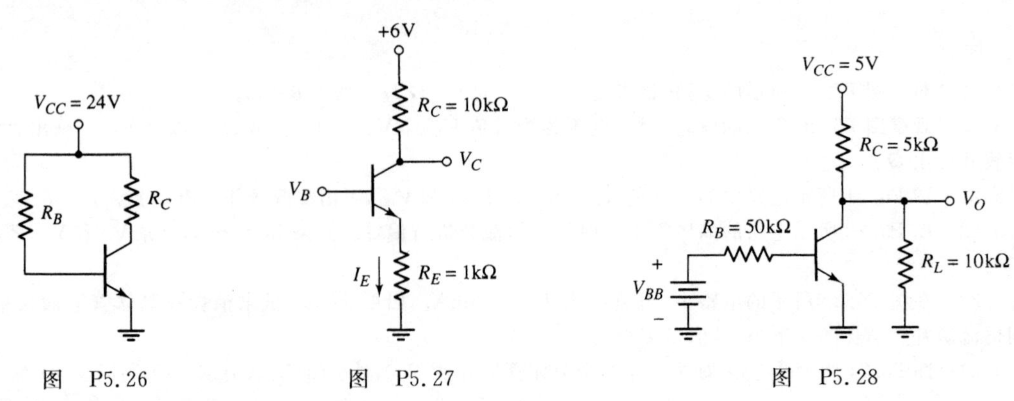

图 P5.26　　图 P5.27　　图 P5.28

5.29 (a)图 P5.29 所示电路晶体管的 $\beta=100$。(ⅰ)$I_Q=0.1\text{mA}$,(ⅱ)$I_Q=0.5\text{mA}$ 以及(ⅲ)$I_Q=2\text{mA}$,试求 V_O。(b)如果电流增益增加到 $\beta=150$,对于(a)部分给出的条件,试求 V_O 的百分比变化。

5.30 对于图 P5.29 所示的电路,试求使 $V_{CB}=0.5\text{V}$ 的 I_Q 值。假设 $\beta=100$。

5.31 (a)图 P5.22 所示的电路,对于 $I_Q=0\text{mA}$、0.5mA、1.0mA、1.5mA、2.0mA、2.5mA 和 3.0mA,试计算并画出晶体管的功率消耗。假设 $\beta=50$。(b)用计算机仿真验证(a)部分的结果。

5.32 观察图 P5.32 所示的共基极电路。假设晶体管的 $\alpha=0.9920$。试求 I_E、I_C 和 V_{BC}。

5.33 图 P5.33 所示电路中的晶体管,其 $\beta=30$。试求使 $V_{CEQ}=6\text{V}$ 的 V_I。

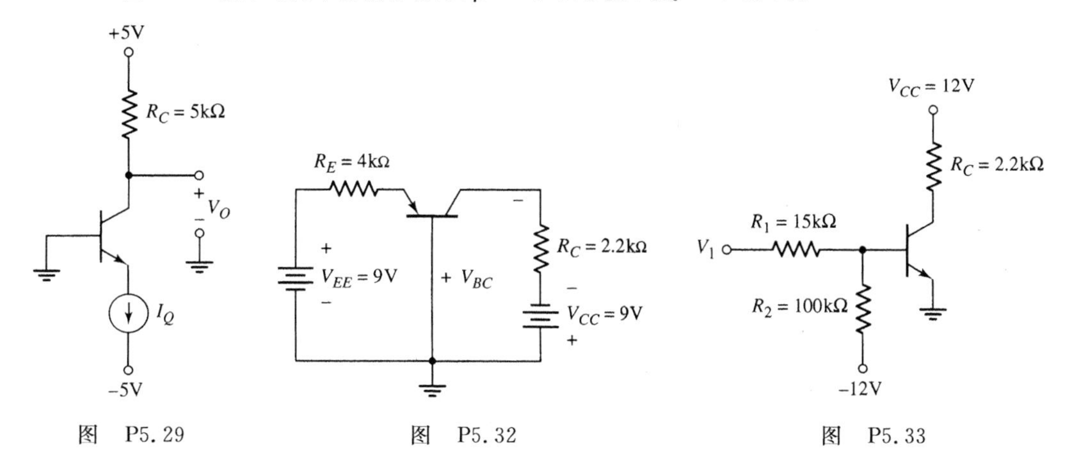

图 P5.29　　图 P5.32　　图 P5.33

5.34 图 P5.34 所示电路中的晶体管,令其 $\beta=25$。试求使 $1.0\text{V}\leqslant V_{CE}\leqslant4.5\text{V}$ 的 V_I 的范围。画出负载线并标出 Q 点值的范围。

5.35 (a)设计图 P5.35 所示的电路,使 $I_{CQ}=0.5\text{mA}$ 和 $V_{CEQ}=2.5\text{V}$。假设 $\beta=120$。画出负载线并标出 Q 点。(b)选取接近于设计值的标准电阻值,假设标准电阻值变化±10%。对于 R_B 和 R_C 的最大值和最小值画出负载线和 Q 点的值(Q 点有四个值)。

5.36 图 P5.36 所示的电路有时用作温度计。假设电路中的晶体管 Q_1 和 Q_2 是同样的。要求将发射极电流写为 $I_E=I_{EQ}\exp(V_{BE}/V_T)$ 的形式,并推导输出电压 V_O 作为 T 的函数的表达式。

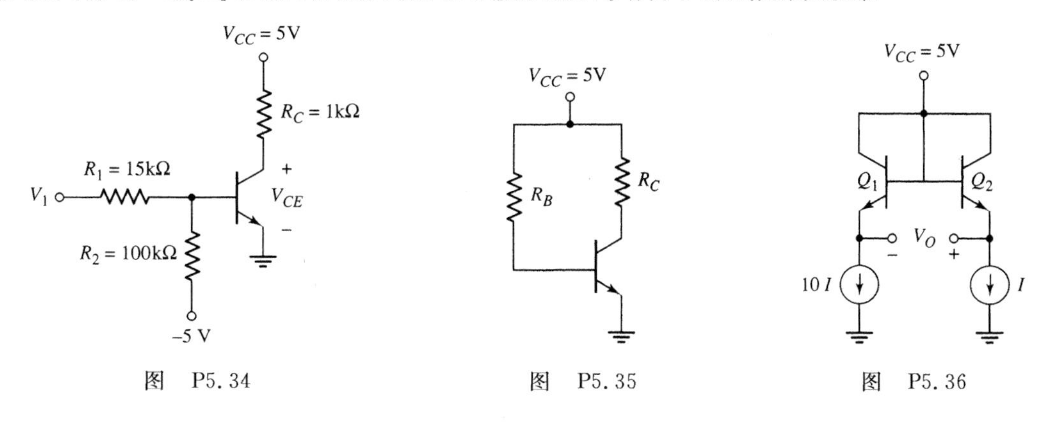

图 P5.34　　图 P5.35　　图 P5.36

5.37 图 P5.37 所示晶体管的 $\beta=120$。对于(a)$R_E=0$ 和(b)$R_E=1\text{k}\Omega$,试画出 $0\leqslant V_I\leqslant5\text{V}$ 范围内的电压传输特性曲线(V_O 相对于 V_I)。

5.38 图 P5.38 所示电路中晶体管的共射电流增益 $\beta=80$。试画出 $0\leqslant V_I\leqslant5\text{V}$ 范围内的电压传输特性曲线。

5.39 (a)对于图 P5.39 所示的电路,画出 $0\leqslant V_I\leqslant5\text{V}$ 范围内的电压传输特性曲线。假设 $\beta=100$。(b)用 PSpice 仿真(a)部分,要求使用标准晶体管。

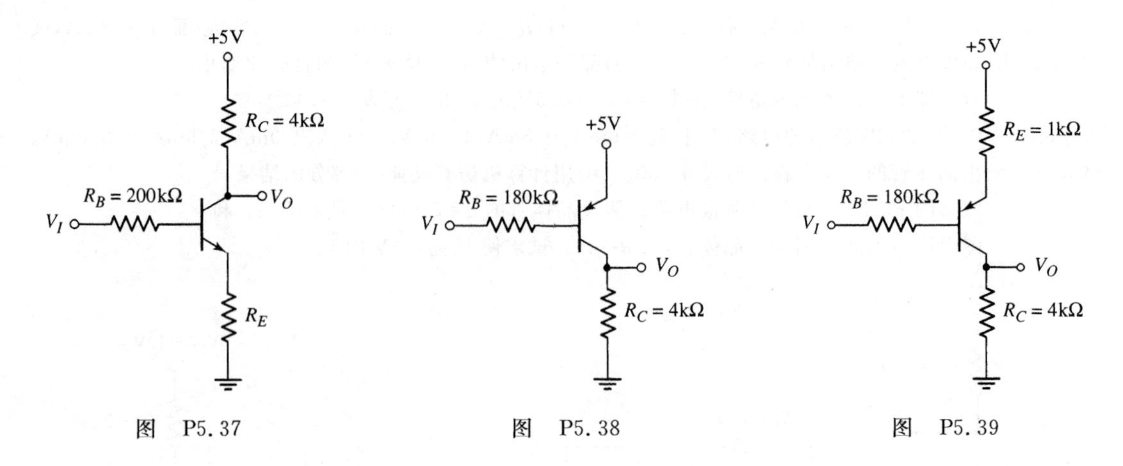

图 P5.37　　　图 P5.38　　　图 P5.39

5.4 节　双极型晶体管的偏置

5.40　图 P5.40 所示电路中的晶体管，其 $\beta=50$。试求 I_{CQ} 和 V_{CEQ}。试画出负载线并标出 Q 点。

5.41　图 P5.40 所示的电路，令 $V_{CC}=18\text{V}$，$R_E=1\text{k}\Omega$ 和 $\beta=80$。试重新设计电路使 $I_{CQ}=1.2\text{mA}$ 和 $V_{CEQ}=9\text{V}$。令 $R_{TH}=50\text{k}\Omega$。用计算机仿真验证设计。

5.42　图 P5.42 所示电路的晶体管电流增益为 $\beta=100$。试求 V_B 和 I_{EQ}。

5.43　图 P5.43 所示的电路，令 $\beta=125$。(a)试求 I_{CQ} 和 V_{CEQ}。画出负载线并标出 Q 点。(b)如果电阻 R_1 和 R_2 变化 $\pm5\%$，试求 I_{CQ} 和 V_{CEQ} 的范围并画出 Q 点在负载线上的变化。

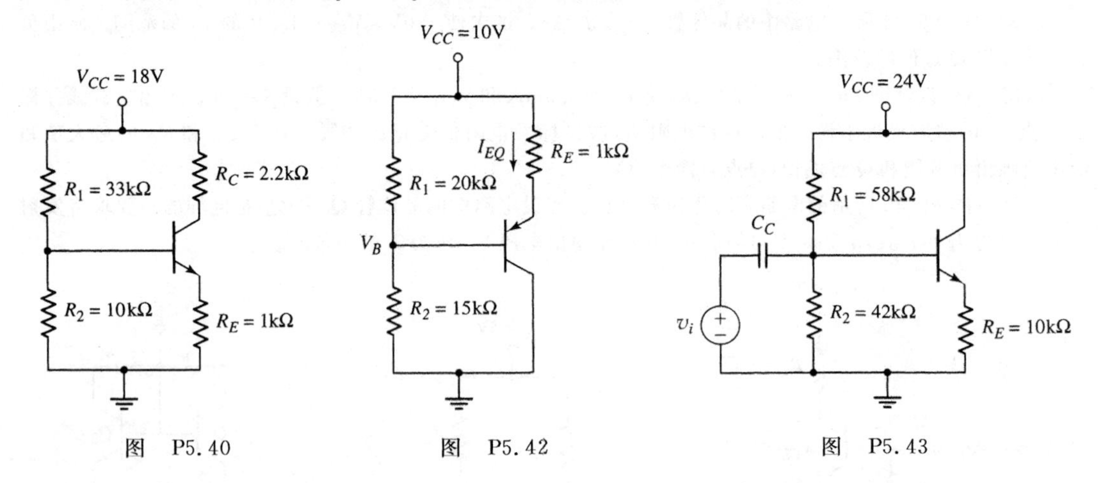

图 P5.40　　　图 P5.42　　　图 P5.43

5.44　观察图 P5.44 所示的电路。对于(a)$\beta=75$ 和(b)$\beta=150$，试求 I_{BQ}、I_{CQ} 和 V_{CEQ}。

5.45　(a)用 $V_{CC}=9\text{V}$ 重新设计图 P5.40 所示的电路，使 R_C 上的电压降为 $\frac{1}{3}V_{CC}$，并且 R_E 上的电压降也为 $\frac{1}{3}V_{CC}$。假设 $\beta=100$。静态集电极电流为 $I_{CQ}=0.4\text{mA}$，并且流过 R_1 和 R_2 的电流应该近似为 $0.2I_{CQ}$。(b)用最接近的标准值取代(a)部分中的电阻(附录 D)。试问 I_{CQ} 的值以及 R_C 和 R_E 上的电压降分别为多少？(c)用计算机仿真验证设计。

5.46　图 P5.46 所示的电路，令 $\beta=100$。(a)对于基极电路，试求 R_{TH} 和 V_{TH}。(b)试求 I_{CQ} 和 V_{CEQ}。(c)试画出负载线并标出 Q 点。(d)如果电阻 R_C 和 R_E 变化 $\pm5\%$，试求 I_{CQ} 和 V_{CEQ} 的范围。画出电阻为最大值和最小值所对应的负载线和 Q 点。

5.47　在图 P5.47 所示的电路中，试求使 Q 点位于负载线中点的 R_C 值。令 $\beta=75$。试求 I_{CQ} 和 V_{CEQ} 的值。

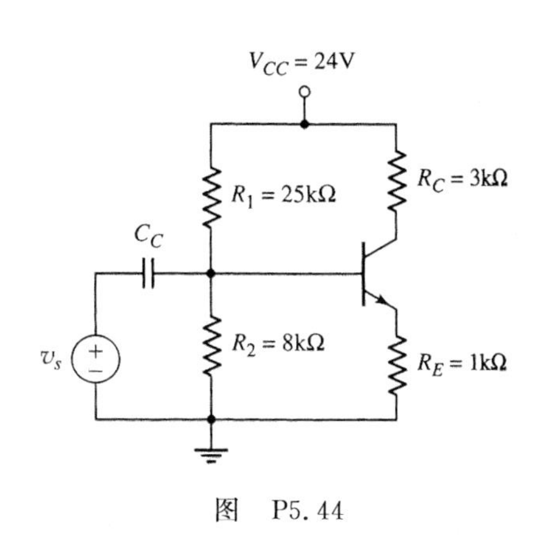

图　P5.44

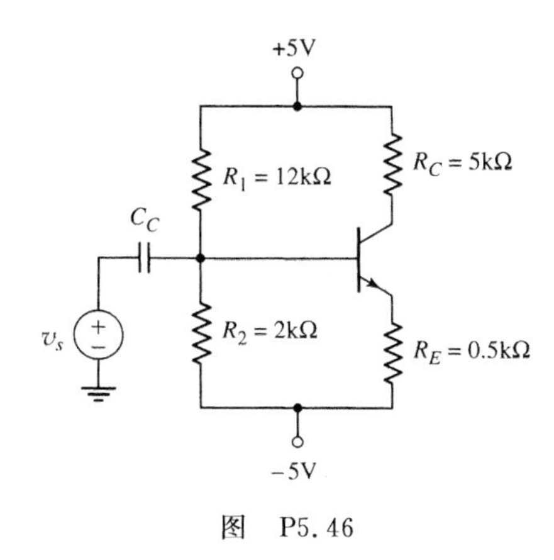

图　P5.46

5.48　(a)试求图 P5.48 所示电路 Q 点的值。假设 $\beta=50$。(b)如果所有的电阻值都减小到原来的三分之一，重做(a)部分。(c)画出(a)和(b)部分的负载线并标出 Q 点。

5.49　(a)试求图 P5.49 所示电路 Q 点的值。假设 $\beta=50$。(b)如果所有的电阻值都减小到原来的三分之一，重做(a)部分。(c)画出(a)和(b)部分的负载线并标出 Q 点。

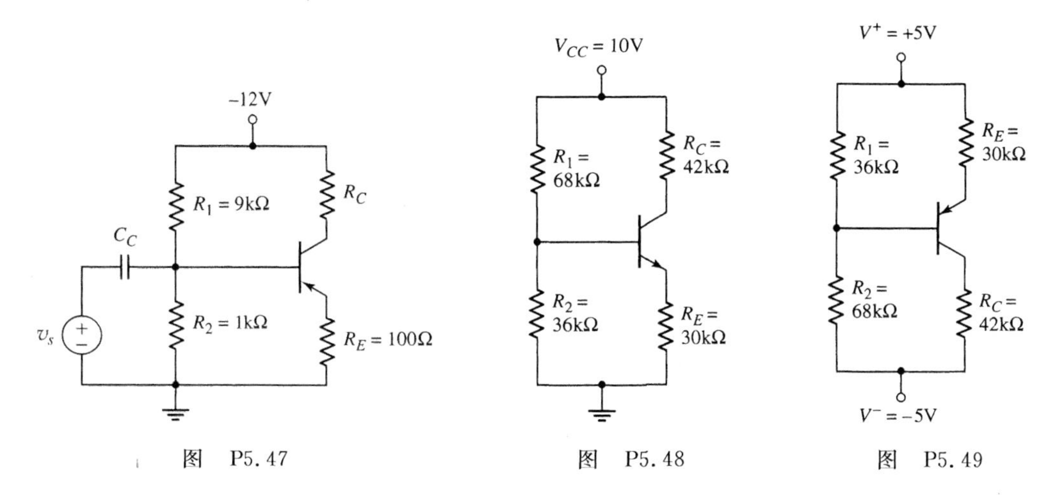

图　P5.47　　　　图　P5.48　　　　图　P5.49

5.50　(a)对于图 P5.50 所示的电路，设计偏置稳定电路使得 $I_{CQ}=0.8\text{mA}$ 和 $V_{CEQ}=5\text{V}$。令 $\beta=100$。(b)如果 β 在 $75\leqslant\beta\leqslant150$ 范围之内，用(a)的结果求 I_{CQ} 的百分比变化。(c)如果 $R_E=1\text{k}\Omega$，重做(a)和(b)部分。

5.51　利用图 P5.50 所示的电路形式设计偏置稳定电路，晶体管的 $\beta=120$。应有 $I_{CQ}=0.8\text{mA}$ 和 $V_{CEQ}=5\text{V}$ 且 R_E 两端的电压近似为 0.7V。

5.52　利用图 P5.52 所示的电路形式设计偏置稳定的放大器，使得 Q 点位于负载线的中点。令 $\beta=125$。试求 I_{CQ}、V_{CEQ}、R_1 和 R_2。

5.53　对于图 P5.52 所示的电路，集电极静态电流为 $I_{CQ}=1\text{mA}$。(a)对于 $\beta=80$，试设计偏置稳定电路。试求 V_{CEQ}、R_1 和 R_2。画出负载线并标出 Q 点。(b)如果电阻 R_1 和 R_2 变化 $\pm5\%$，试求 I_{CQ} 和 V_{CEQ} 的范围并标出 Q 点在负载线上的变化。

5.54　(a)设计图 P5.52 所示形式的偏置稳定电路，使

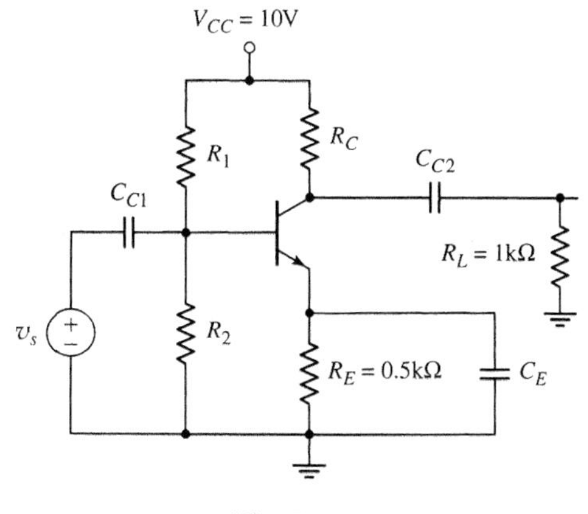

图　P5.50

得 $I_{CQ}=(3\pm0.1)$mA 和 $V_{CEQ}\approx5$V，所用晶体管的 β 值为 $75\leqslant\beta\leqslant150$。(b)试画出(a)部分的负载线并标出 Q 点的范围。(c)用计算机仿真验证设计。

5.55 (a)对于图 P5.55 所示的电路，假设 $\beta=75$。试求 I_{BQ}、I_{CQ} 和 V_{CEQ} 的值。(b)如果 $\beta=100$，试求 I_{BQ}、I_{CQ} 和 V_{CEQ} 的值。(c)画出(a)和(b)部分的负载线和 Q 点。

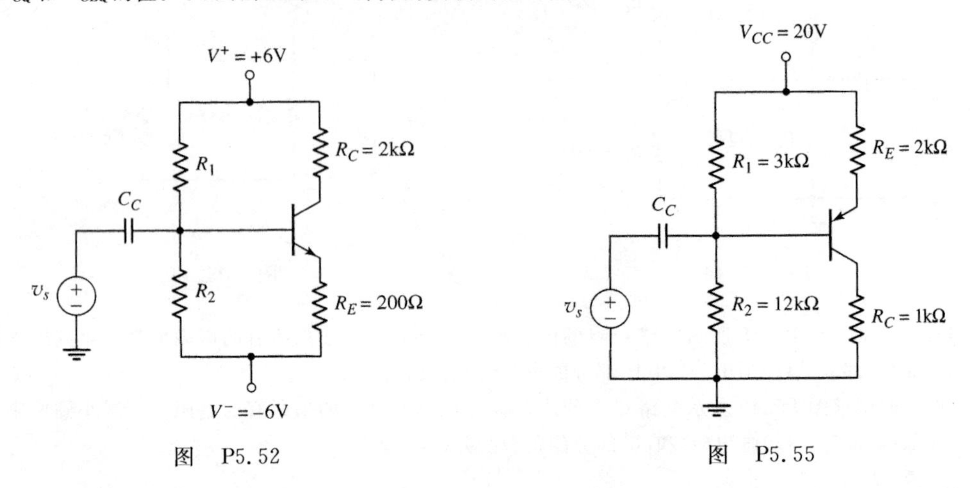

图 P5.52　　　　图 P5.55

5.56 图 P5.56(a)所示电路的负载线和 Q 点如图 P5.56(b)所示。如果晶体管的 $\beta=120$，试求使电路偏置稳定的 R_E、R_1 和 R_2 值。

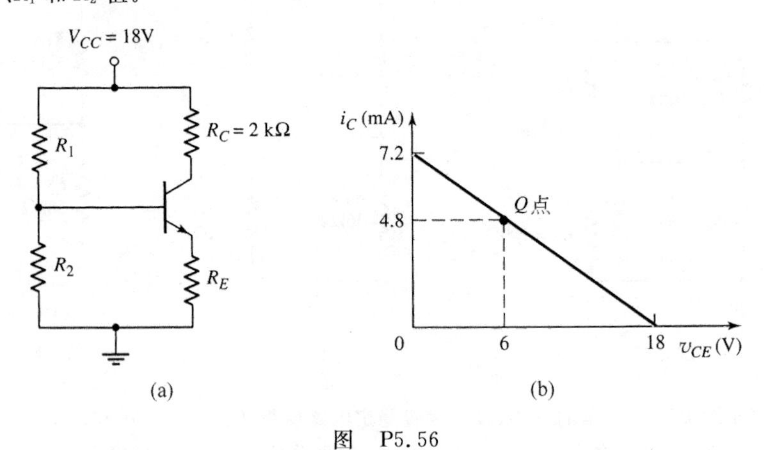

图 P5.56

5.57 图 P5.57 所示的电路，晶体管 β 值的范围为 $50\leqslant\beta\leqslant90$。试设计偏置稳定电路使得 Q 点的标称值为 $I_{CQ}=2$mA 和 $V_{CEQ}=10$V，I_C 的值必须在 $1.75\text{mA}\leqslant I_C\leqslant 2.25\text{mA}$ 范围之内。

5.58 图 P5.58 所示的电路，在 $\beta=60$ 时 Q 点的标称值为 $I_{CQ}=1$mA 和 $V_{CEQ}=5$V。试设计偏置稳定电路使得 I_{CQ} 的变化不超过其标称值的 5%。

5.59 (a)图 P5.58 所示的电路，V_{CC} 的值变为 3V。令 $R_C=5R_E$ 且 $\beta=120$。重新设计偏置稳定电路使得 $I_{CQ}=100\mu$A 和 $V_{CEQ}=1.4$V。(b)根据(a)的结果求解电路中的直流功率消耗。(c)用计算机仿真验证设计结果。

5.60 图 P5.60 所示的电路，令 $\beta=100$ 和 $R_E=3$kΩ，试设计偏置稳定电路使得 $V_E=0$。

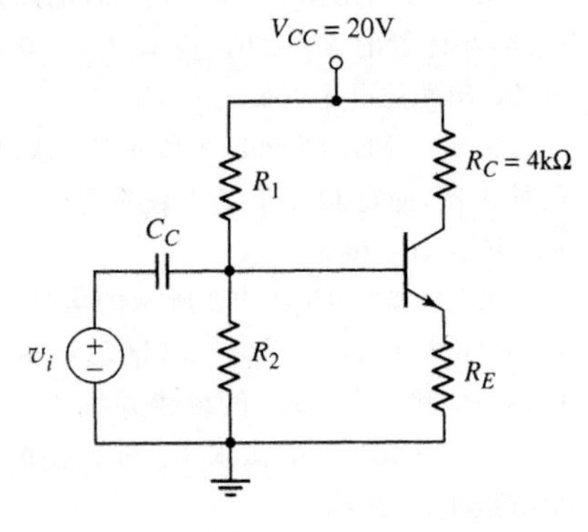

图 P5.57

5.61 图 P5.61 所示的电路，令 $R_C=2.2\text{k}\Omega$，$R_E=2\text{k}\Omega$，$R_1=10\text{k}\Omega$，$R_2=20\text{k}\Omega$ 和 $\beta=60$。(a)试求基极电路的 R_{TH} 和 V_{TH}。(b)试求 I_{BQ}、I_{CQ}、V_E 和 V_C。

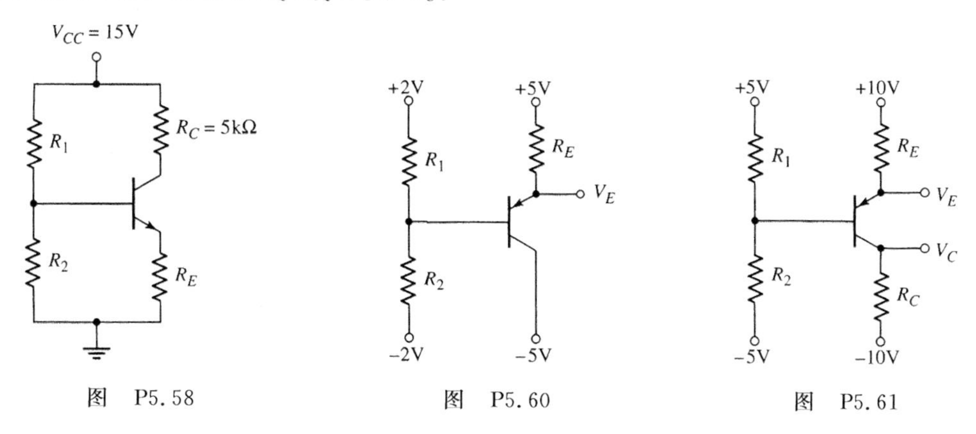

图 P5.58　　图 P5.60　　图 P5.61

5.62 设计图 P5.61 所示的电路并使其偏置稳定，提供标称值为 $I_{CQ}=0.5\text{mA}$ 和 $V_{CEQ}=8\text{V}$ 的 Q 点值。令 $\beta=60$。R_1 和 R_2 中的最大电流限制为 $40\mu\text{A}$。

5.63 在图 P5.63 所示的电路中，$\beta=75$。(a)试求基极电路的 R_{TH} 和 V_{TH}。(b)试求 I_{CQ} 和 V_{CEQ}。(c)如果每个电阻都变化±5%，试求 I_{CQ} 和 V_{CEQ} 的范围。

5.64 对于图 P5.64 所示的电路，令 $\beta=100$。(a)试求基极电路的 R_{TH} 和 V_{TH}。(b)试求 I_{CQ} 和 V_{CEQ}。

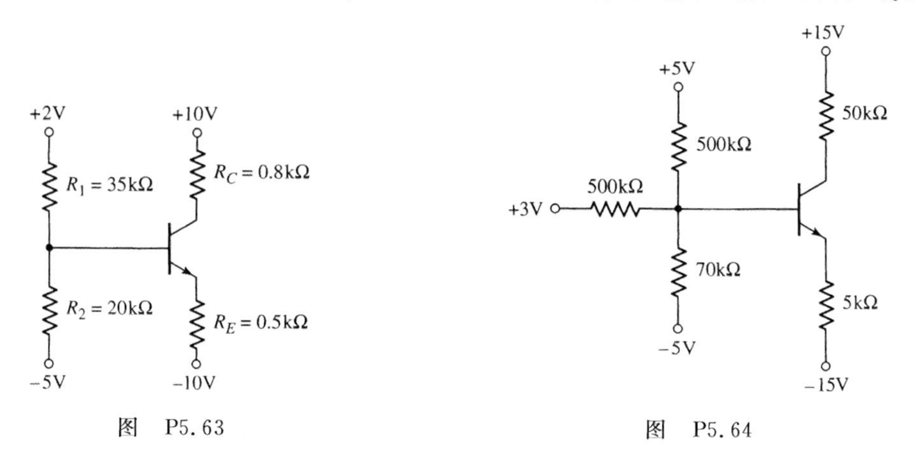

图 P5.63　　图 P5.64

5.65 图 P5.65 所示的电路，如果 $\beta=100$，试求 I_{CQ} 和 V_{CEQ}。

D5.66 (a)设计图 P5.52 所示形式的四电阻网状偏置电路，使 Q 点的值为 $I_{CQ}=50\mu\text{A}$ 和 $V_{CEQ}=5\text{V}$。偏置电压为 $V^+=+5\text{V}$ 和 $V^-=-5\text{V}$。假设可用 $\beta=80$ 的晶体管。发射极电阻两端的电压应近似为 1V。(b)如果(a)中的晶体管用 $\beta=120$ 的晶体管代替，试求相应的 Q 点值。

5.67 (a)设计图 P5.52 所示形式的四电阻网状偏置电路，使 Q 点的值为 $I_{CQ}=0.80\text{mA}$ 和 $V_{CEQ}=7\text{V}$。偏置电压为 $V^+=+12\text{V}$ 和 $V^-=0$。假设可用 $\beta=120$ 的晶体管。发射极电阻两端的电压应近似为 2V。(b)如果(a)中设计的电阻用最接近设计值的标准值取代，试求相应的 Q 点值。

5.68 (a)设计图 P5.68 所示形式的四电阻网状偏置电路，使 Q 点的值为 $I_{CQ}=100\mu\text{A}$ 和 $V_{CEQ}=6\text{V}$。偏置电压为 $V^+=+9\text{V}$ 和 $V^-=-9\text{V}$。假设可以选用 $\beta=85$ 的晶体管。发射极电阻两端的电压应近似为 2V。(b)如果(a)中的晶体管用 $\beta=125$ 的晶体管代替，试求相应的 Q 点值。

5.69 (a)设计图 P5.68 所示形式的四电阻网状偏置电路，使 Q 点的值为 $I_{CQ}=20\text{mA}$ 和 $V_{CEQ}=9\text{V}$。偏置电压为 $V^+=+18\text{V}$ 和 $V^-=0$。假设可用 $\beta=50$ 的晶体管。发射极电阻两端的电压应近似为 3V。(b)如果(a)中设计的电阻用最接近设计值的标准值取代，试求相应的 Q 点值。

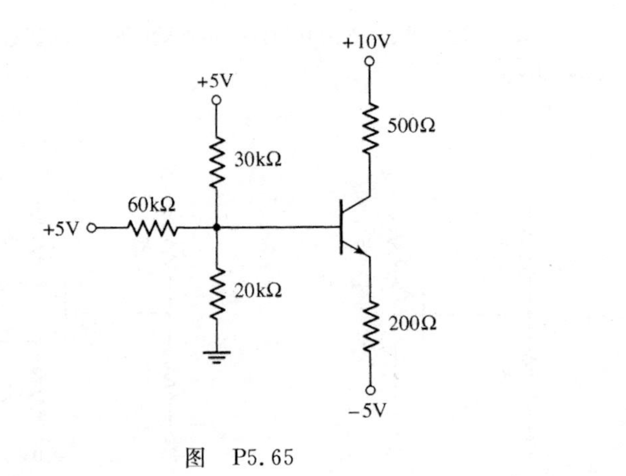

图 P5.65

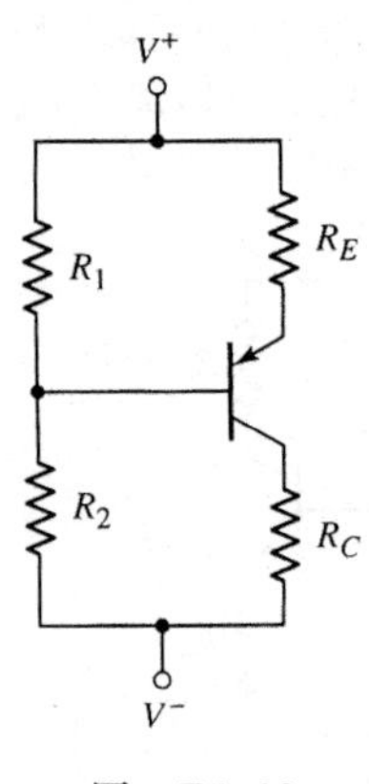

图 P5.68

5.5 节 多级电路

5.70 对于图 P5.70 所示电路中的每个晶体管都有 $\beta=120$ 和 B-E 开启电压为 0.7V，试求 Q_1 和 Q_2 的静态基极、集电极以及发射极电流。并求 V_{CEQ1} 和 V_{CEQ2}。

5.71 图 P5.71 所示电路中每个晶体管的参数均为 $\beta=80$ 和 $V_{BE}(\text{on})=0.7\text{V}$。试求 Q_1 和 Q_2 的静态基极、集电极以及发射极电流。

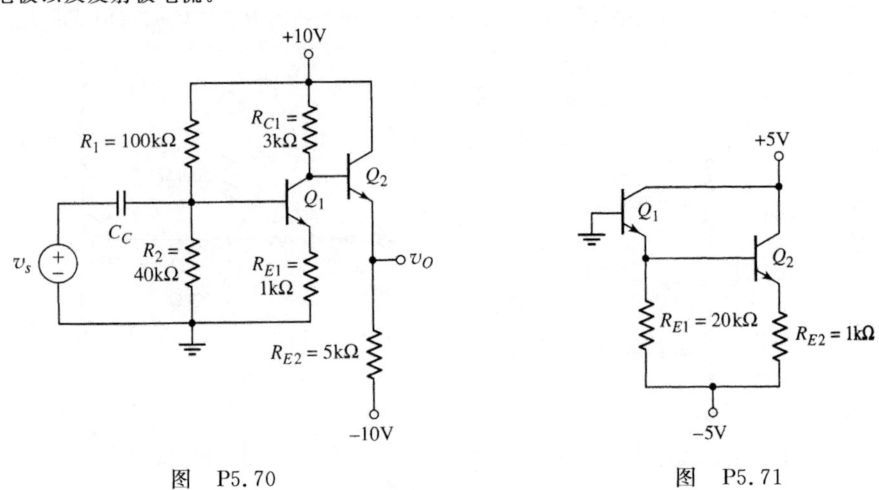

图 P5.70　　　　图 P5.71

5.72 观察例题 5.21 所用的电路，试求 +5V 电源和 −5V 电源提供的功率。

5.73 (a)图 P5.73 所示电路的晶体管参数为 $\beta=100$ 和 $V_{BE}(\text{on})=V_{EB}(\text{on})=0.7\text{V}$，试求使 $I_{C1}=I_{C2}=0.8\text{mA}$，$V_{CEQ1}=3.5\text{V}$ 且 $V_{CEQ2}=4.0\text{V}$ 的 R_{C1}、R_{E1}、R_{C2} 和 R_{E2} 值。(b)用计算机仿真修正(a)的结果。

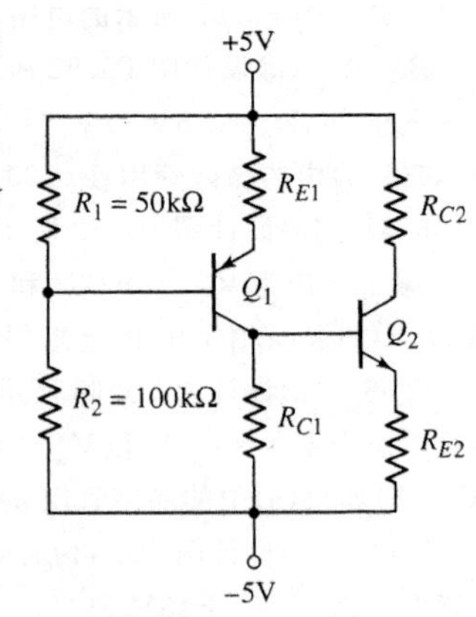

图 P5.73

计算机分析题

5.74 生成 NPN 硅双极型晶体管的 i_C 相对于 v_{CE} 的特性曲线，在 $T=300\text{K}$ 并且采用饱和电流值 $I_S=10^{-14}\text{A}$。将特性曲线限制在 $v_{CE}(\max)=10\text{V}$ 和 $i_C(\max)=10\text{mA}$。试画出下列情况下的曲线：(a)$\beta=100$，$V_A=\infty$(默认值)；(b)$\beta=100$，$V_A=\infty$；(c)$\beta=100$，$V_A=50\text{V}$。

5.75 用计算机仿真验证例题 5.4 的结果。

5.76 图 P5.29 所示电路采用了恒流源驱动。当晶体管进入饱和区时，用计算机仿真研究 B-E 和 C-E 电压。

5.77 对于例题 5.16，用计算机仿真得出 Q 点的值相对于温度在 $0℃ \leqslant T \leqslant 125℃$ 范围内的关系曲线。

5.78 对于例题 5.16，用计算机仿真得出 Q 点的值相对于 β 在 $50 \leqslant \beta \leqslant 200$ 范围内的关系曲线。

设计题

（注：每个设计都要经过计算机仿真。）

5.79 观察图 5.58(a)所示形式的共射电路。电路参数为 $V_{CC}=10\text{V}$，$R_E=0.5\text{k}\Omega$ 和 $R_C=4\text{k}\Omega$。晶体管的 B-E 开启电压为 0.7V，电流增益在 $80 \leqslant \beta \leqslant 120$ 范围内。试设计电路使 Q 点的标称值在负载线中点，且 Q 点参数变化不偏离标称值的 ±10%。此外，R_1 和 R_2 中的直流电流应至少大于静态基极电流的 10 倍。

5.80 (a)图 5.65 所示电路中的晶体管参数为 $V_{BE}(\text{on})=0.7\text{V}$ 和 $\beta=80$。如果 $R_B=10\text{k}\Omega$ 和 $R_C=2\text{k}\Omega$，试设计电路使 Q_O 的静态集电极-发射极电压为 $V_{CE}(Q_O)=3\text{V}$。(b)如果三个晶体管具有相同的 β 值，但该 β 值在 $60 \leqslant \beta \leqslant 100$ 范围内，试求使 Q_O 的 C-E 电压保持在 $2.7\text{V} \leqslant V_{CEQ} \leqslant 3.3\text{V}$ 范围内的 R_1 的最大容许误差。

5.81 试设计图 P5.81 所示形式的分立电路，所给 $V^+=+15\text{V}$ 和 $V^-=-15\text{V}$，$V_{CEQ} \approx 8\text{V}$ 且 $I_{CQ} \approx 5\text{mA}$。晶体管参数为 $V_{BE}(\text{on})=0.7\text{V}$ 和 $100 \leqslant \beta \leqslant 400$。选用标准的 5% 容许误差的电阻值。

5.82 试设计图 P5.82 所示形式的分立电路，所给 $V^+=+10\text{V}$ 和 $V^-=-10\text{V}$，$V_{CEQ} \approx \frac{1}{2}(V^+-V^-)$ 且 $I_{CQ} \approx 100\text{mA}$。晶体管参数为 $V_{BE}(\text{on})=0.7\text{V}$ 和 $80 \leqslant \beta \leqslant 160$。选用标准的 5% 容许误差的电阻值。

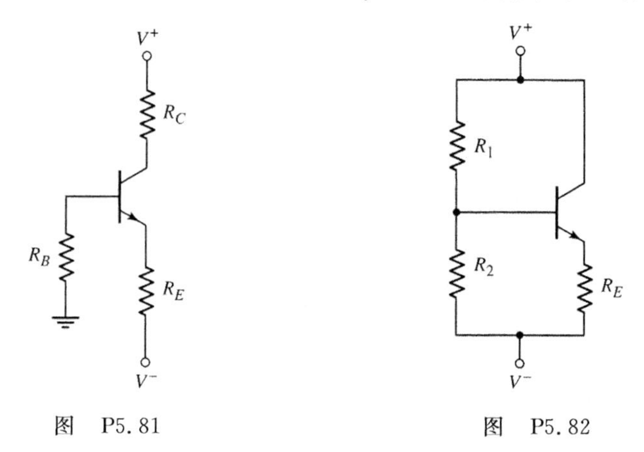

图 P5.81　　　　图 P5.82

5.83 重新设计图 5.67 所示的多级电路以使 $V_{CE1}>3\text{V}$ 和 $V_{EC2} \approx 5\text{V}$。假设晶体管开启电压为 0.7V 且晶体管标称增益值为 $\beta=100$。

第6章

基本的 BJT 放大器

在上一章中讲述了双极型晶体管的结构和工作原理，并分析和设计了由这些器件构成的电路的直流响应。在本章，将着重分析双极型晶体管在线性放大器方面的应用。线性放大器说明放大器所处理的信号很大一部分都是模拟信号。模拟信号的值可以取一定范围内的任意值，且这些值相对于时间是连续变化的。线性放大器还意味着输出信号为输入信号乘上一个常数，且这个常数值通常大于1。

本章内容

- 了解模拟信号的概念和线性放大器的原理。
- 研究用晶体管电路放大输入时变小信号的过程。
- 讨论三种基本的晶体管放大器结构。
- 分析共射极放大器电路。
- 理解交流负载线的概念并求解输出信号的最大对称振幅。
- 分析射极跟随放大器电路。
- 分析共基极放大器电路。
- 比较三种形式的放大器电路的一般特性。
- 分析多晶体管或多级放大器电路。
- 理解放大器电路中信号功率增益的概念。
- 在多晶体管放大器电路结构中应用双极型晶体管来产生指定的输出信号功率。

6.1 模拟信号和线性放大器

本节内容：了解模拟信号的概念和线性放大器的原理。

本章将分析**信号**、**模拟电路**和**放大器**。信号通常携带着某种类型的信息。例如，声波由说话者发出，它携带着一个人传达给另一个人的信息。人类身体的感觉，比如听觉、视觉以及触觉等都是自然模拟的。可以用模拟信号来表示如温度、压力和风速等参量。本文只研究电子信号，比如光盘的输出信号、麦克风发出的信号或心脏监护仪的输出信号。这些电子信号都以时变电流和电压的形式出现。

模拟信号可以取特定范围内的任何值,且相对于时间连续变化。产生模拟信号的电子电路称为**模拟电路**。线性放大器就是处理模拟信号的一个例子。**线性放大器**放大输入信号并产生输出信号,输出信号的值较大,且直接和输入信号成比例。

在许多现代电子电路系统中,信号都是以数字的形式进行处理、传输和接收的。为了产生模拟信号,数字信号需要经过数字-模拟(D/A)转换器进行处理。有关 D/A 和 A/D(模拟-数字)转换器的内容将在第 16 章进行讨论。本章假设已经存在现成的模拟信号需要进行放大。

来自信号源的时变信号常常需要经过放大以后才可以使用。例如,图 6.1 所示的信号源是一个光盘系统的输出端。假设信号源为 D/A 转换器的输出,且信号由时变小信号电压和电流组成,这就意味着信号功率也相对较小。而扬声器需要较大的信号功率来驱动以产生大于光盘信号的输出。这样,光盘输出的信号就必须要经过放大才能驱动扬声器使其发出可以听得到的声音。还有很多例子说明信号必须经过放大才能驱动负载,比如麦克风输出、地面接收到的在轨载人飞船的声音信号、轨道气象卫星的广播信号以及 EKG 的输出信号等。

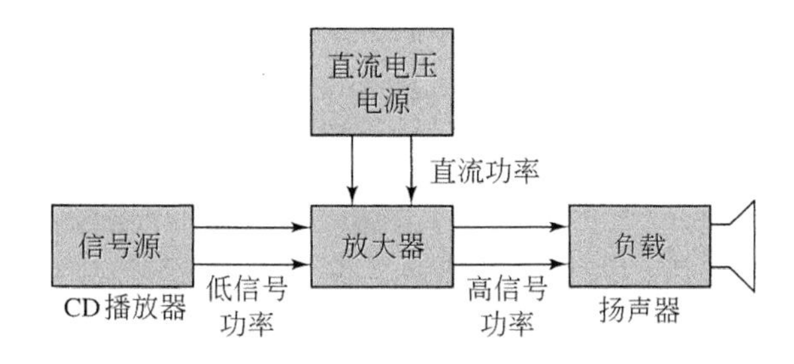

图 6.1 光盘播放器系统框图

图 6.1 所示框图还画出了一个与放大器相连的直流电压源。放大器中包含了晶体管,这些晶体管必须偏置在正向放大区以起到放大器件的作用。为了使扬声器的输出尽可能地再现光盘输出,就需要输出信号和输入信号呈线性比例。因而,也就要求这里的放大器为**线性**放大器。

图 6.1 表明必须对放大器进行两种不同类型的分析。其一是直流分析,因为施加了直流电压源。其二为时变分析,或者交流分析,因为图中包含了时变信号源。线性放大器意味着要应用叠加原理。**叠加原理表述为:线性电路的响应是多个独立的输入信号共同产生的,是每个输入信号各自的电路响应之和。**

于是,对于线性放大器来说,可以通过把交流信号源置零来进行直流分析。这种分析称为大信号分析,用于建立放大器中晶体管的 Q 点。这类分析和设计是上一章学习的基本内容。交流分析称为小信号分析,可以通过把直流电压源置零来进行。放大器电路总的响应是这两个单独的响应之和。

6.2 双极型线性放大器

本节内容:研究用单个晶体管电路放大时变小信号的过程。并引出在线性放大器分析中所采用的晶体管小信号模型。

晶体管是放大器的核心。本章将分析双极型晶体管放大器。由于双极型晶体管具有相对较高的增益，所以常常应用于线性放大器电路中。

首先通过观察上一章中所讨论过的相同的双极型电路来开始本章的讨论。在图 6.2(a)所示的电路中，输入信号 v_I 包含了直流信号和交流信号。图 6.2(b)所示则为同样的电路，其中 V_{BB} 为直流电压，用来将晶体管偏置在特定的 Q 点，v_s 为将要进行放大的交流信号。图 6.2(c)所示则为在第 5 章中得出的电压传输特性曲线。为了使电路工作在放大器状态，晶体管需要用一个直流电压将其偏置在如图所示的静态工作点(Q 点)，这样晶体管就被偏置在正向放大区。在第 5 章，曾重点讲解了这种电路的直流分析和设计。如果一个时变(例如正弦变化)的信号叠加在直流输入电压 V_{BB} 上，则输出电压将随着传输特性曲线的变化而产生时变的输出电压。如果时变输出电压和输入电压直接成比例并大于时变输入电压，那么电路就是一个线性放大器。由此图可以看出，如果晶体管不偏置在正向放大区(而是偏置在截止区或饱和区)，那么输出电压将不再随输入电压的变化而变化，因而就不再工作在放大器状态。

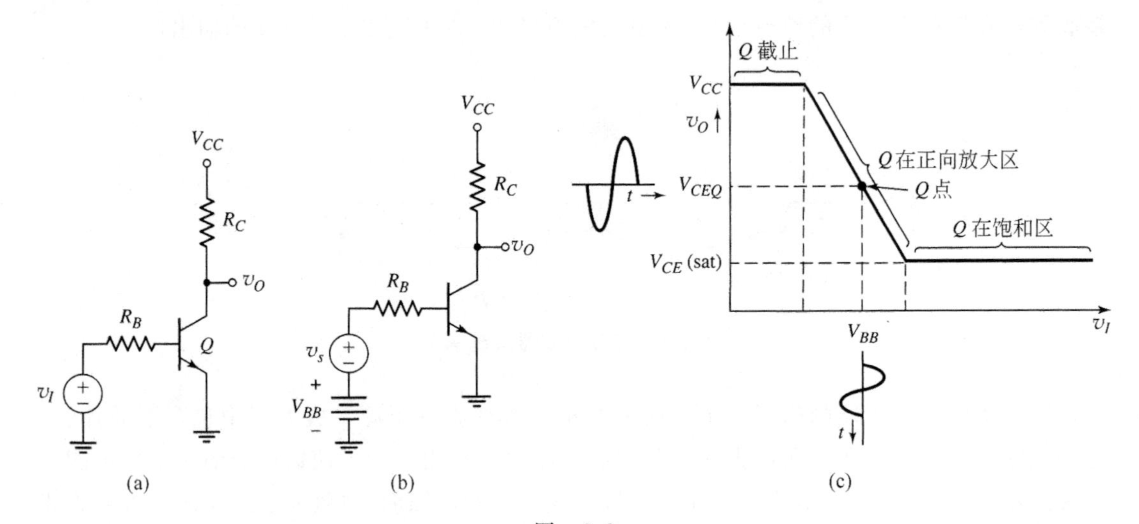

图 6.2

(a) 双极型晶体管反相器电路；(b) 基极电路含有直流偏置和交流信号源的反相器电路；
(c) 晶体管反相器的电压传输特性及理想的 Q 点位置

本章将侧重于双极型晶体管放大器的交流分析和设计，这说明必须求解时变输出信号和输入信号之间的关系。下面将首先考虑用图解法对电路的基本工作原理进行直观的分析，然后研究在精确分析交流信号的过程中非常有用的小信号等效电路。一般而言，主要考虑的是稳态电路的正弦分析。因而假设任何时变信号都可以写成不同频率和振幅的正弦信号之和的形式(傅里叶级数)，所以都可以对其进行正弦分析。

在本章中将要处理的时变信号包含时变的电流和电压信号。表 6.1 给出了将要用到的符号汇总。这些符号已经在序言里讨论过了，但为了方便起见在这里又重写出来。小写字母带大写字母的下标，如 i_B 或 v_{BE}，表示**总的瞬时值**。大写字母带大写的下标，如 I_B 或 V_{BE}，则代表**直流静态值**。小写字母带小写的下标，如 i_b 或 v_{be}，指**交流信号的瞬时值**。最后，大写字母带小写的下标，如 I_b 或 V_{be}，指的是**相量值**。相量符号也在序言里作了回顾，它在第7章讨论频率响应时将变得尤其重要。然而，相量符号也将应用在本章中以满足全面交流分析的需要。

表 6.1 符号汇总

变量	含义	变量	含义
i_B，v_{BE}	总的瞬时值	i_b，v_{be}	瞬时交流值
I_B，V_{BE}	直流值	I_b，V_{be}	相量值

6.2.1 图解分析和交流等效电路

图6.3所示电路为基本的双极型反相器电路，和曾经讨论过的反相器电路相同，但这里多了一个和图6.2(b)所示相同的与直流电压源相串联的交流正弦信号源。

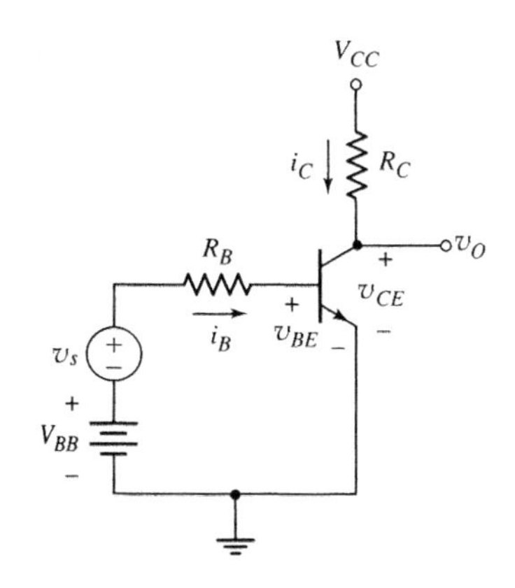

图 6.3 时变信号源和基极直流电压源相串联的共射极电路

图6.4所示为晶体管特性曲线、直流负载线以及Q点。正弦信号源 v_s 将产生如图所示的时变或交流基极电流叠加在静态基极电流值上。时变基极电流将导致交流集电极电流叠加在静态集电极电流上，然后集电极的交流电流在 R_C 两端产生时变电压，这就产生了如图所示的集电极-发射极电压。产生的集电极-发射极交流电压，或输出电压通常大于正弦输入信号，于是电路就产生了信号增益——因而此电路为放大器电路。

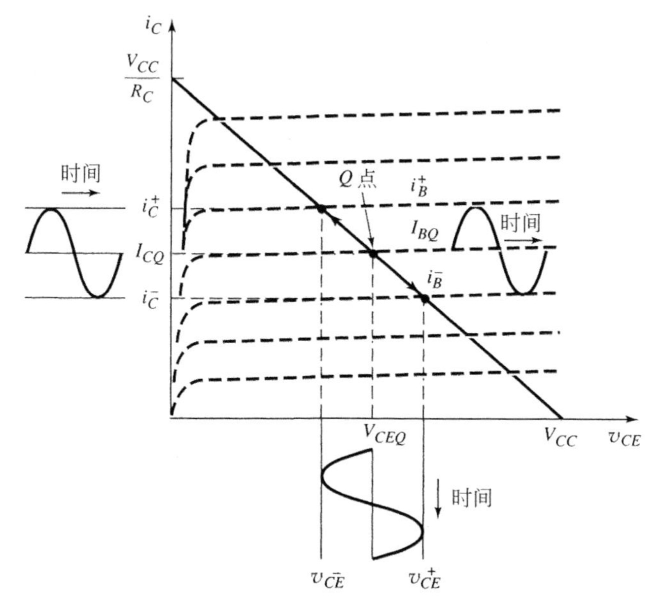

图 6.4 共射电路的晶体管特性曲线、直流负载线以及基极电流、集电极电流和集电极-发射极电压的正弦变化

为了能进一步地分析此电路，需要建立一种数学方法或模型来求解电路中电流和电压的正弦变化之间的关系。如曾经提到过的，分析线性放大器可以运用叠加原理，所以直流分析和交流分析可以分开独立进行。为了能得到线性放大器，时变或交流电流和电压必须足够小以保证交流信号之间的线性关系。为了满足这个要求，假设时变信号均为**小信号**。这意味着交流信号的振幅足够小以产生线性关系。“足够小”或小信号的概念将在下面讨论小信号模型时再进行深入的讨论。

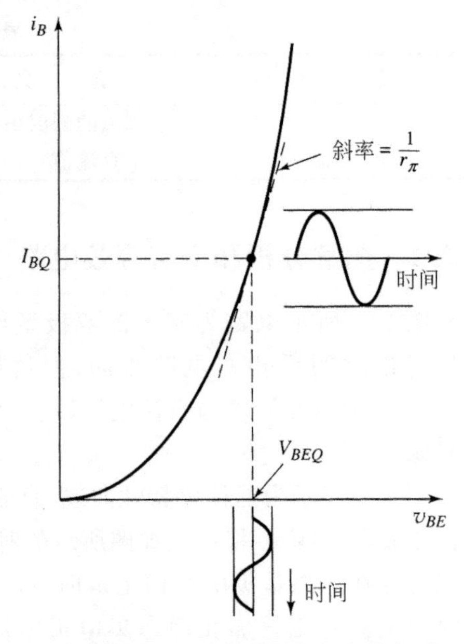

图 6.5 叠加了正弦信号的基极电流相对于基极-发射极电压的变化特性曲线 Q 点处的斜率和小信号参数 r_π 成反比

位于图 6.3 所示电路基极的时变信号源 v_s 产生基极电流的时变响应，这也表明基极-发射极电压也包含一个时变成分。图 6.5 所示为基极电流和基极-发射极电压之间的指数函数关系。如果叠加在直流静态工作点上的时变信号的值很小，则可以得到交流基极-发射极电压和交流基极电流之间的线性关系。这种比例关系对应了 Q 点处的曲线斜率。

利用图 6.5，可以得到小信号的量化定义。从第 5 章的讨论可知，式(5.6)表示的基极-发射极电压和基极电流之间的关系可以写为

$$i_B = \frac{I_S}{\beta} \cdot \exp\left(\frac{v_{BE}}{V_T}\right) \tag{6.1}$$

如果 v_{BE} 由一个直流分量和叠加在其上的正弦分量组成，也就是，$v_{BE}=V_{BEQ}+v_{be}$，则

$$i_B = \frac{I_S}{\beta} \cdot \exp\left(\frac{V_{BEQ}+v_{be}}{V_T}\right) = \frac{I_S}{\beta} \cdot \exp\left(\frac{V_{BEQ}}{V_T}\right) \cdot \exp\left(\frac{v_{be}}{V_T}\right) \tag{6.2}$$

式中，V_{BEQ} 通常指基极-发射极开启电压 $V_{BE}(\text{on})$。$(I_S/\beta)\cdot\exp(V_{BEQ}/V_T)$ 为静态基极电流，所以可以写出

$$i_B = I_{BQ} \cdot \exp\left(\frac{v_{be}}{V_T}\right) \tag{6.3}$$

用这种形式给出的基极电流不再是线性的，且不能写为交流电流叠加在直流静态值上。然而，如果 $v_{be} \ll V_T$，那么就可以把指数展开为泰勒级数形式，只保留**线性项**。这种近似值就是**小信号**所代表的意义。那么可以写为

$$i_B \approx I_{BQ}\left(1+\frac{v_{be}}{V_T}\right) = I_{BQ} + \frac{I_{BQ}}{V_T} \cdot v_{be} = I_{BQ} + i_b \tag{6.4(a)}$$

式中 i_b 为时变(正弦)基极电流，由下式给出，即

$$i_b = \left(\frac{I_{BQ}}{V_T}\right) v_{be} \tag{6.4(b)}$$

正弦基极电流 i_b 和正弦基极-发射极电压 v_{be} 线性相关。在这种情况下，小信号是指 v_{be} 非常小，以使式(6.4(b))给出的 i_b 和 v_{be} 之间的线性关系是正确的。通常的标准是，如果 v_{be} 小于 10mV，那么式(6.3)给出的指数关系及其线性展开式(6.4(a))在约 10％的误差范围内是一

致的。确保 $v_{be}<10\text{mV}$ 是线性双极型晶体管放大器设计中的另一个有用的经验法则。

如果假设 v_{be} 信号为正弦信号，而其值太大，那么其输出信号将不再为纯净的正弦电压，而发生变形并包含各次谐波(详见“谐波失真”)。

谐波失真

如果输入的正弦信号过大，由于非线性作用，输出信号将不再是纯净的正弦信号。非正弦的输出信号可以展开为下列形式的傅里叶级数

$$v_O(t)=V_O+V_1\sin(\omega t+\phi_1)+V_2\sin(2\omega t+\phi_2)+V_3\sin(3\omega t+\phi_3)+\cdots \tag{6.5}$$

直流项　所求的线性输出　　二次谐波　　　　　　三次谐波

频率为 ω 的信号是对于同样频率的输入信号所希望的线性输出信号。

时变输入的基极-发射极电压包含在式(6.3)所给的指数形式中。将此指数函数扩展为泰勒级数为

$$e^x=1+x+\frac{x^2}{2}+\frac{x^3}{6}+\cdots \tag{6.6}$$

这里，对于式(6.3)有 $x=v_{be}/V_T$。如果假设输入信号为正弦函数，那么可以写出

$$x=\frac{v_{be}}{V_T}=\frac{V_\pi}{V_T}\sin\omega t \tag{6.7}$$

则指数函数可以写为

$$e^x=1+\frac{V_\pi}{V_T}\sin\omega t+\frac{1}{2}\cdot\left(\frac{V_\pi}{V_T}\right)^2\sin^2\omega t+\frac{1}{6}\cdot\left(\frac{V_\pi}{V_T}\right)^3\sin^3\omega t+\cdots \tag{6.8}$$

由三角恒等式可以写出

$$\sin^2\omega t=\frac{1}{2}[1-\cos(2\omega t)]=\frac{1}{2}\left[1-\sin\left(2\omega t+\frac{\pi}{2}\right)\right] \tag{6.9(a)}$$

和

$$\sin^3\omega t=\frac{1}{4}[3\sin\omega t-\sin(3\omega t)] \tag{6.9(b)}$$

将式(6.9(a))和式(6.9(b))代入式(6.8)可得

$$\begin{aligned}e^x=&\left[1+\frac{1}{4}\left(\frac{V_\pi}{V_T}\right)^2\right]+\frac{V_\pi}{V_T}\left[1+\frac{1}{8}\left(\frac{V_\pi}{V_T}\right)^2\right]\sin\omega t\\&-\frac{1}{4}\left(\frac{V_\pi}{V_T}\right)^2\sin\left(2\omega t+\frac{\pi}{2}\right)-\frac{1}{24}\left(\frac{V_\pi}{V_T}\right)^3\sin(3\omega t)+\cdots\end{aligned} \tag{6.10}$$

比较式(6.10)和式(6.8)，可得系数为

$$\begin{aligned}&V_O=\left[1+\frac{1}{4}\left(\frac{V_\pi}{V_T}\right)^2\right]\quad V_1=\frac{V_\pi}{V_T}\left[1+\frac{1}{8}\left(\frac{V_\pi}{V_T}\right)^2\right]\\&V_2=-\frac{1}{4}\left(\frac{V_\pi}{V_T}\right)^2\quad V_3=-\frac{1}{24}\left(\frac{V_\pi}{V_T}\right)^3\end{aligned} \tag{6.11}$$

可以看出，随着 (V_π/V_T) 增加，二次和三次谐波项变为非零。此外，直流和一次谐波项的系数也变为非线性的。可以定义一个称为总谐波失真(THD)的百分比指标描述为

$$\text{THD}(\%)=\frac{\sqrt{\sum_{2}^{\infty}V_n^2}}{V_1}\times 100\% \tag{6.12}$$

仅考虑二次和三次谐波项的 THD 如图 6.6 所示。可以看出，对于 $V_\pi \leqslant 10\text{mV}$ 的值，THD 小于 10%。这样的总谐波失真值似乎是过大了，但是在后面的第 12 章将会看到，通过采用负反馈电路可以减小谐波失真。

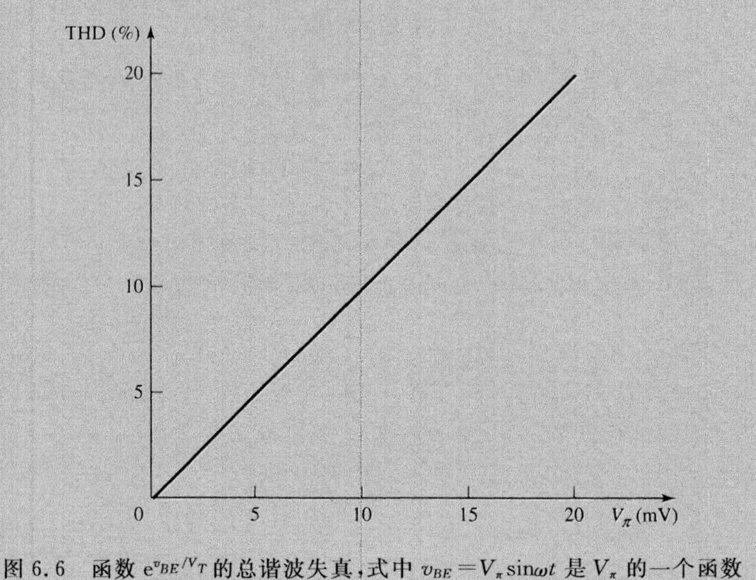

图 6.6　函数 e^{v_{BE}/V_T} 的总谐波失真，式中 $v_{BE}=V_\pi \sin\omega t$ 是 V_π 的一个函数

由小信号的概念可得，图 6.4 所示的所有时变信号都线性相关并叠加在直流值上。可以写出（采用表 6.1 给出的符号）

$$i_B = I_{BQ} + i_b \tag{6.13(a)}$$

$$i_C = I_{CQ} + i_c \tag{6.13(b)}$$

$$v_{CE} = V_{CEQ} + v_{ce} \tag{6.13(c)}$$

和

$$v_{BE} = V_{BEQ} + v_{be} \tag{6.13(d)}$$

如果信号源 v_s 为零，那么基极-发射极和集电极-发射极回路方程为

$$V_{BB} = I_{BQ}R_B + V_{BEQ} \tag{6.14(a)}$$

和

$$V_{CC} = I_{CQ}R_C + V_{CEQ} \tag{6.14(b)}$$

把时变信号考虑进去，得到基极-发射极回路方程为

$$V_{BB} + v_s = i_B R_B + v_{BE} \tag{6.15(a)}$$

即

$$V_{BB} + v_s = (I_{BQ} + i_b)R_B + (V_{BEQ} + v_{be}) \tag{6.15(b)}$$

重新整理各项可得

$$V_{BB} - I_{BQ}R_B - V_{BEQ} = i_b R_B + v_{be} - v_s \tag{6.15(c)}$$

由式(6.14(a))可知，式(6.15(c))的左边为零，则式(6.15(c))可以写为

$$v_s = i_b R_B + v_{be} \tag{6.16}$$

这就是将全部的直流项置为零时的基极-发射极回路方程。

把时变信号考虑进去，得到集电极-发射极回路方程为

$$V_{CC}=i_C R_C+v_{CE}=(I_{CQ}+i_c)R_C+(V_{CEQ}+v_{ce}) \tag{6.17(a)}$$

重新整理可得

$$V_{CC}-I_{CQ}R_C-V_{CEQ}=i_C R_C+v_{ce} \tag{6.17(b)}$$

由式(6.14(b))可知，式(6.17(b))的左边为零，于是式(6.17(b))可以写为

$$i_c R_C+v_{ce}=0 \tag{6.18}$$

这就是将全部的直流项置为零时的集电极-发射极回路方程。

式(6.16)和式(6.18)将电路的交流参数联系在一起了。这些方程可以通过将电路中的直流电流和电压全部置为零而直接得到，即令电路的直流电压源全部变为短路且所有的直流电流源变为开路。**这是在线性电路中应用叠加原理的直接结果**。相应的BJT电路如图6.7所示，称为**交流等效电路**，其中所有的电流和电压都用时变信号的形式给出。应该强调的是，该电路为等效电路。隐含假设晶体管仍然被适当的直流电压和直流电流偏置在正向放大区。

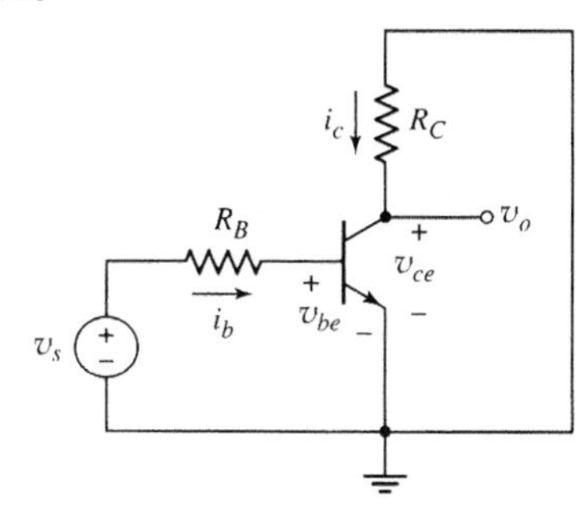

图6.7　直流电压源已经置零的图6.3所示共射极电路的交流等效电路

另外一种求解交流等效电路的方法如下：在图6.3所示的电路中，基极和集电极电流由交流信号叠加在直流信号上构成。这些电流分别流过电压源V_{BB}和V_{CC}。因为这些电压源两端的电压被认为保持恒定，所以正弦电流不会在这些元件两端产生任何正弦电压。即直流电压源两端的正弦电压为零，所以等效的交流阻抗为零，或者说是短路。换句话说，在交流等效电路中，直流电压源为交流短路。则连接R_C和V_{CC}的节点等于信号地端。

6.2.2　双极型晶体管的小信号混合π等效电路

前面已经求得了交流等效电路如图6.7所示。现在需要研究晶体管的**小信号等效电路**。混合π型等效电路即为此类交流等效电路中的一种，它和晶体管的物理结构密切相关。在第7章较为详细地分析混合π型等效电路用来研究晶体管的频率响应时，将会产生更加明显的效应。

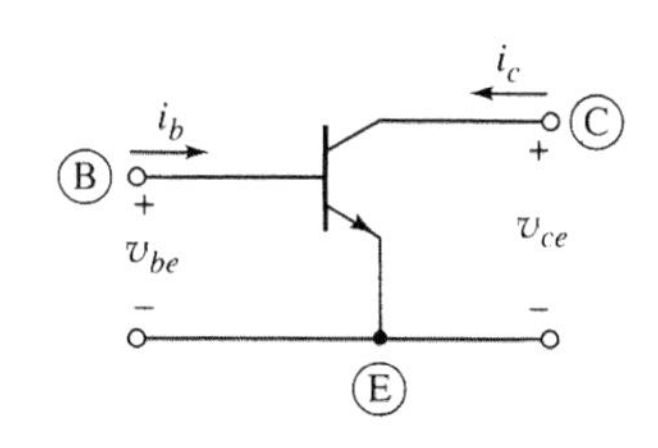

图6.8　看作二端口网络的小信号BJT

如图6.8所示，可以将双极型晶体管看作为一个二端口网络。混合π型的组成部分已经描述过了。图6.5所示曲线为在Q点上叠加了时变小信号时的基极电流相对于基极-发射极电压的变化曲线。由于正弦信号很小，可以认为Q点处的斜率为一常数，并具有和电导相同的单位。该电导的倒数就是小信号电阻，定义为r_π。可以通过下面的式子将基极的小信号输入电流和小信号输入电压联系起来，即

$$v_{be}=i_b r_\pi \tag{6.19}$$

式中$1/r_\pi$等于图6.5所示的i_B-v_{BE}曲线的斜率。由式(6.2)可以求得r_π为

$$\frac{1}{r_\pi}=\left.\frac{\partial i_B}{\partial v_{BE}}\right|_{Q点}=\left.\frac{\partial}{\partial v_{BE}}\left[\frac{I_S}{\beta}\cdot\exp\left(\frac{\partial v_{BE}}{V_T}\right)\right]\right|_{Q点} \tag{6.20(a)}$$

即

$$\frac{1}{r_\pi} = \frac{1}{V_T} \cdot \left[\frac{I_S}{\beta} \cdot \exp\left(\frac{\partial v_{BE}}{V_T}\right)\right]\Bigg|_{Q点} = \frac{I_{BQ}}{V_T} \tag{6.20(b)}$$

于是

$$\frac{v_{be}}{i_b} = r_\pi = \frac{V_T}{I_{BQ}} = \frac{\beta V_T}{I_{CQ}} \tag{6.21}$$

电阻 r_π 称为**扩散电阻**或基极-发射极输入电阻，注意 r_π 是 Q 点参数的函数。

下面分析双极型晶体管的输出特性。如果首先考虑集电极输出电流独立于集电极-发射极电压的情况，像在第 5 章所讨论过的，这时集电极电流仅仅是基极-发射极电压的函数。那么可以写出

$$\Delta i_C = \frac{\partial i_C}{\partial v_{BE}}\bigg|_{Q点} \cdot \Delta v_{BE} \tag{6.22(a)}$$

即

$$i_C = \frac{\partial i_C}{\partial v_{BE}}\bigg|_{Q点} \cdot v_{be} \tag{6.22(b)}$$

由第 5 章的式(5.2)可以写出

$$i_C = I_S \exp\left(\frac{v_{BE}}{V_T}\right) \tag{6.23}$$

于是

$$\frac{\partial i_C}{\partial v_{BE}}\bigg|_{Q点} = \frac{1}{V_T} \cdot I_S \exp\left(\frac{v_{BE}}{V_T}\right)\bigg|_{Q点} = \frac{I_{CQ}}{V_T} \tag{6.24}$$

在 Q 点处求得的 $I_S\exp(v_{BE}/V_T)$ 正好是静态集电极电流。I_{CQ}/V_T 项为一电导，由于此电导把集电极电流和 B-E 回路中的一个电压相连，所以该参数称为**跨导**，写为

$$g_m = \frac{I_{CQ}}{V_T} \tag{6.25}$$

小信号跨导也是 Q 点参数的函数，并和直流偏置电流直接成比例。跨导随集电极电流的变化而变化对放大器的设计是非常有用的，这点在后面将会证明。

采用这些新参数，就可以得到图 6.9 所示的 NPN 双极型晶体管的简单小信号混合 π 等效电路。其中，圆括号中标明的为相量表示。可以将此电路代入到前面图 6.7 所示的交流等效电路中。

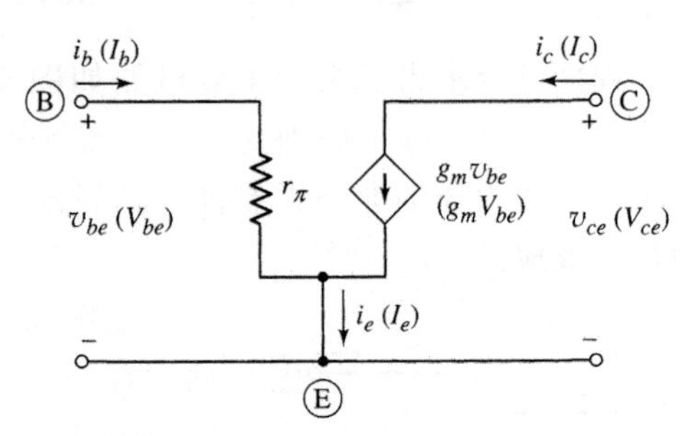

图 6.9 NPN 晶体管的简单小信号混合 π 等效电路

图示为交流信号的电流和电压，圆括号中标明了信号的相量表示

可以将等效电路的输出端稍微改变一下形式，即将小信号集电极电流和小信号基极电流联系起来，表达为

$$\Delta i_C = \frac{\partial i_C}{\partial i_B}\bigg|_{Q点} \cdot \Delta i_B \tag{6.26(a)}$$

即

$$i_c = \frac{\partial i_C}{\partial i_B}\bigg|_{Q点} \cdot i_b \tag{6.26(b)}$$

式中

$$\left.\frac{\partial i_C}{\partial i_B}\right|_{Q点} \equiv \beta \tag{6.26(c)}$$

式(6.26(c))称为增量或交流共射极电流增益。于是可以写出

$$i_c = \beta i_b \tag{6.27}$$

图 6.10 所示双极型晶体管的小信号等效电路就应用了该参数,图中也给出了参数的相量形式。该电路也可以代入图 6.7 所示的交流等效电路中。在本章后面的例题中将应用到图 6.9 和图 6.10 所示的这两种电路。

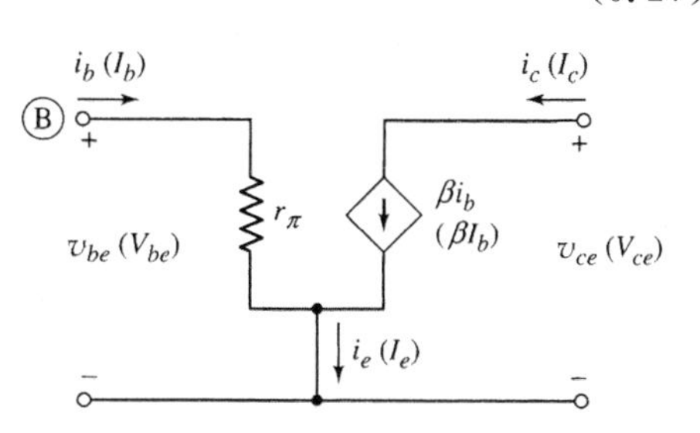

图 6.10　应用共射极电流增益的 BJT 小信号等效电路

图示为交流信号的电流和电压,圆括号中标明了相量信号

共射极电流增益

式(6.26(c))所定义的共射极电流增益实际上为交流 β,而不包括直流泄漏电流。在第 5 章曾讨论过共射极电路的电流增益,并定义了直流 β 为直流集电极电流和相应的直流基极电流的比值,这种情况下是包含泄漏电流的。而在本文中将忽略泄漏电流以使 β 的两种定义等价。

小信号混合 π 参数 r_π 和 g_m 分别在式(6.21)和式(6.25)中作了定义。如果将 r_π 和 g_m 相乘,可得

$$r_\pi g_m = \left(\frac{\beta_{VT}}{I_{CQ}}\right)\cdot\left(\frac{I_{CQ}}{V_T}\right) = \beta \tag{6.28}$$

对于给定的晶体管,通常假设其共射极电流增益是恒定的。可是必须意识到一个器件和另一个器件的 β 可能是不同的,而且 β 会随着集电极电流的变化而发生变化。对于指定的分立晶体管,β 随 I_C 的变化情况将在数据图表中详细列出。

小信号电压增益

现在继续讨论等效电路,例如将图 6.9 所示的双极型晶体管等效电路代入到图 6.7 所示的交流等效电路中,所得的结果如图 6.11 所示,注意图中应用了相量符号。当将图 6.9 所示的双极型晶体管等效电路合并到图 6.7 所示的交流等效电路中时,通常比较简便的方法是,先画出图 6.11 所示的晶体管的三个电极,然后再画出三个电极之间的混合 π 等效电路,最后将剩下的电路元件,如 R_B 和 R_C,连接到晶体管的各电极上。随着电路变得更加复杂,这种方法能使小信号等效电路设计中的错误率降到最低。

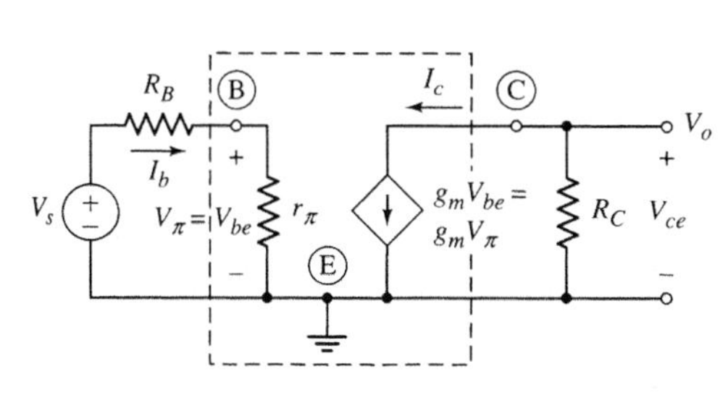

图 6.11　图 6.3 所示共射极电路的小信号等效电路

虚线框中为 NPN 双极型晶体管的小信号混合 π 模型

该电路的**小信号电压增益** $A_v = V_o/V_s$,定义为输出信号电压和输入信号电压的比值。可能会注意到在图 6.11 中有一个新的变量,即规定的小信号基极-发射极电压相量 V_π,称为控制电压。于是受控电流源就写作 $g_m V_\pi$。受控电流 $g_m V_\pi$ 流过 R_C,产生负的集电极-发

射极电压，即

$$V_o = V_{ce} = -(g_m V_\pi) R_C \tag{6.29}$$

由电路的输入部分可以求得

$$V_\pi = \left(\frac{r_\pi}{r_\pi + R_B}\right) \cdot V_s \tag{6.30}$$

于是小信号电压增益为

$$A_v = \frac{V_o}{V_s} = -(g_m R_C) \cdot \left(\frac{r_\pi}{r_\pi + R_B}\right) \tag{6.31}$$

【例题 6.1】

目的：计算图 6.3 所示电路中双极型晶体管的小信号电压增益。

假设晶体管参数和电路参数为 $\beta = 100$，$V_{CC} = 12\text{V}$，$V_{BE} = 0.7\text{V}$，$R_C = 6\text{k}\Omega$，$R_B = 50\text{k}\Omega$ 和 $V_{BB} = 1.2\text{V}$。

直流解：首先进行直流分析来求 Q 点的值。可得

$$I_{BQ} = \frac{V_{BB} - V_{BE}(\text{on})}{R_B} = \frac{1.2 - 0.7}{50} \Rightarrow 10\mu\text{A}$$

所以

$$I_{CQ} = \beta I_{BQ} = (100)(10\mu\text{A}) \Rightarrow 1\text{mA}$$

于是

$$V_{CEQ} = V_{CC} - I_{CQ} R_C = 12 - (1)(6) = 6\text{V}$$

因而，如第 5 章图 5.25 所示，晶体管偏置在正向放大模式。特别对 NPN 晶体管来说，当 $V_{BE} > 0$ 和 $V_{BC} < 0$ 时工作在正向放大模式。

交流解：小信号混合 π 模型参数为

$$r_\pi = \frac{\beta V_T}{I_{CQ}} = \frac{(100)(0.026)}{1} = 2.6\text{k}\Omega$$

且

$$g_m = \frac{I_{CQ}}{V_T} = \frac{1}{0.026} = 38.5\text{mA/V}$$

小信号电压增益可以通过图 6.11 所示的小信号等效电路求得。由式(6.31)可得

$$A_v = \frac{V_o}{V_s} = -(g_m R_C) \cdot \left(\frac{r_\pi}{r_\pi + R_B}\right)$$

即

$$A_v = -(38.5)(6)\left(\frac{2.6}{2.6 + 50}\right) = -11.4$$

点评：可以看出，正弦输出电压的值为正向输入电压值的 11.4 倍。后面还将看到具有更大小信号电压增益的电路形式。

讨论：现在来考虑输入电压为一个特定正弦信号的例子。令

$$v_s = 0.25\sin\omega t\ \text{V}$$

正弦基极电流由下式给出，即

$$i_b = \frac{v_s}{R_B + r_\pi} = \frac{0.25\sin\omega t}{50 + 2.6} \Rightarrow 4.75\sin\omega t\ \mu\text{A}$$

正弦集电极电流为

$$i_c = \beta i_b = (100)(4.75\sin\omega t) \Rightarrow 0.475\sin\omega t \text{ mA}$$

正弦集电极-发射极电压为

$$v_{ce} = -i_c R_C = -(0.475)(6)\sin\omega t = -2.85\sin\omega t \text{ V}$$

图 6.12 所示为电路中各个不同的电流和电压，包括叠加在直流值上的正弦信号。图 6.12(a)所示为正弦波输入电压，图 6.12(b)则为正弦基极电流叠加在直流值上。正弦集电极电流叠加在直流静态值上的情况则如图 6.12(c)所示。注意，随着基极电流的增加，集电极电流也会增加。

图 6.12(d)所示则为叠加在静态值上的 C-E 电压的正弦分量。随着集电极电流的增加，R_C 两端的电压降增加，所以 C-E 电压下降。从而输出电压的正弦分量与输入电压相比相移 180°，其中电压增益上的负号就代表了 180°的**相移**。总之，该放大器可以放大信号并将信号反相。

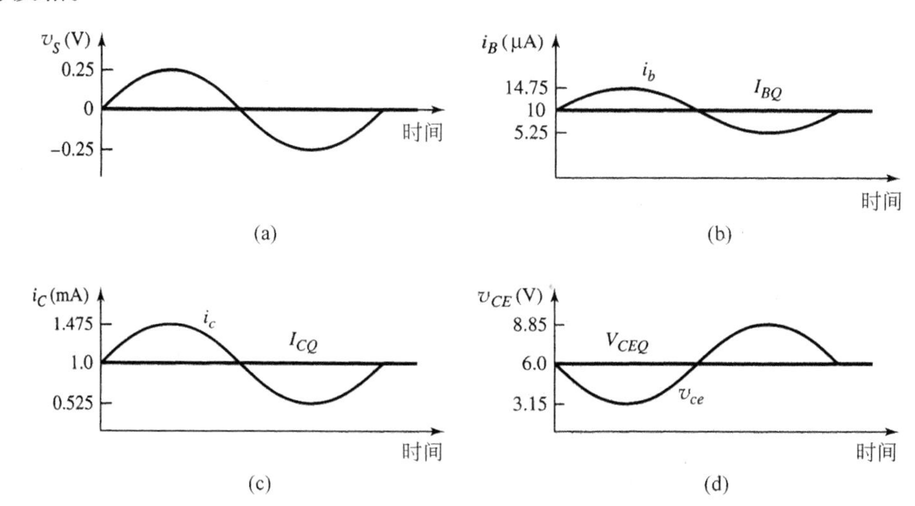

图 6.12　共射极电路中的直流信号和交流信号

(a) 输入电压信号；(b) 输入基极电流；(c) 输出集电极电流；(d) 集电极-发射极输出电压。交流输出电压相对于输入信号发生了 180°相移

分析方法：有关 BJT 放大器的分析过程，在下面的"解决问题的技巧：双极型交流分析"中将进行详细的描述。

练习题

【练习题 6.1】　图 6.3 所示电路的参数为 $V_{CC}=5$V，$V_{BB}=2$V，$R_B=650$kΩ 和 $R_C=15$kΩ。晶体管参数为 $\beta=100$，V_{BE}(on)$=0.7$V。(a)试求 Q 点的值 I_{CQ} 和 V_{CEQ}。(b)试求小信号混合 π 参数 g_m 和 r_π。(c)试计算小信号电压增益。(答案：(a)$I_{CQ}=0.2$mA，$V_{CEQ}=2$V；(b)$g_m=7.69$mA/V，$r_\pi=13$kΩ；(c)$A_v=-2.26$)

解题技巧：双极型交流分析

由于所处理的问题是线性放大器电路和叠加原理的应用，这就可以把直流分析和交流分析分开来进行。BJT 放大器的具体分析过程如下：

1. 分析电路中只存在直流电压源时的情况。这种方法称为直流方法或静态方法。这里将采用表 6.2 所列元件的直流信号模型。为了使电路能成为线性放大器,则晶体管必须偏置在正向放大区。

2. 分别用表 6.2 所示的小信号模型取代电路中的元件。虽然在表中没有特别列出晶体管的混合 π 模型,但也要用它来取代电路中的晶体管。

3. 分析小信号等效电路,将电路中的直流源置零,产生只有时变输入信号的电路响应。

表 6.2 各种元件在直流和小信号分析中的变换

元器件	I-V 关系	直流模型	交流模型
电阻	$I_R=\dfrac{V}{R}$	R	R
电容	$I_C=sCV$	开路 —○ ○—	C
电感	$I_L=\dfrac{V}{sL}$	短路 —○—○—	L
二极管	$I_D=I_S(e^{v_D/V_T}-1)$	$+V_\gamma - r_f$	$r_d=V_T/I_D$ —/\/\/—
独立电压源	$V_S=$常量	$+V_S$ —|||—	短路—○—○—
独立电流源	$I_S=$常量	I_S —(→)—	开路—○ ○—

* 此表由依阿华州立大学理查德·赫斯特提出。

在表 6.2 中,电阻的直流模型还是一个电阻,电容的直流模型为开路,而电感的直流模型为短路。正向偏置二极管的直流模型包括开启电压 V_γ 和正向电阻 r_f。

R,L 和 C 的小信号模型保持不变。可是,如果信号频率相当高,电容的阻抗可近似为短路。二极管的小信号低频模型变为二极管扩散电阻 r_d。同样,对于小信号模型,独立直流电压源变为短路,独立直流电流源变为开路。

6.2.3 考虑厄利效应的混合 π 等效电路

迄今为止,在小信号等效电路中都假设集电极电流不受集电极-发射极电压的影响。但在上一章中讨论了厄利效应,了解到集电极电流确实随着集电极-发射极电压变化而发生变化。上一章中的式(5.16)给出了这种关系,即

$$i_C = I_S\left[\exp\left(\frac{v_{BE}}{V_T}\right)\right]\cdot\left(1+\frac{v_{CE}}{V_A}\right)$$

式中 V_A 为厄利电压,且为正值。图 6.9 和图 6.10 所示的等效电路可以扩展成为考虑厄利电压的形式。

输出电阻定义为

$$r_o = \left.\frac{\partial v_{CE}}{\partial i_C}\right|_{Q点} \tag{6.32}$$

应用式(5.16)和式(6.32),可以写出

$$\frac{1}{r_o} = \left.\frac{\partial i_C}{\partial v_{CE}}\right|_{Q点} = \left.\frac{\partial}{\partial v_{CE}}\left\{I_S\left[\exp\left(\frac{v_{BE}}{V_T}\right)\right]\left(1+\frac{v_{CE}}{V_A}\right)\right\}\right|_{Q点} \tag{6.33(a)}$$

即

$$\frac{1}{r_o}=I_S\left[\exp\left(\frac{v_{BE}}{V_T}\right)\right]\cdot\frac{1}{V_A}\bigg|_{Q点}\approx\frac{I_{CQ}}{V_A}\tag{6.33(b)}$$

于是

$$r_o=\frac{V_A}{I_{CQ}}\tag{6.34}$$

电阻 r_o 称为**晶体管小信号输出电阻**。

该电阻可以认为是一个等效的诺顿电阻，这意味着 r_o 与受控电流源并联。图 6.13(a)和(b)所示为修改后的包含有输出电阻 r_o 的双极型晶体管的等效电路。

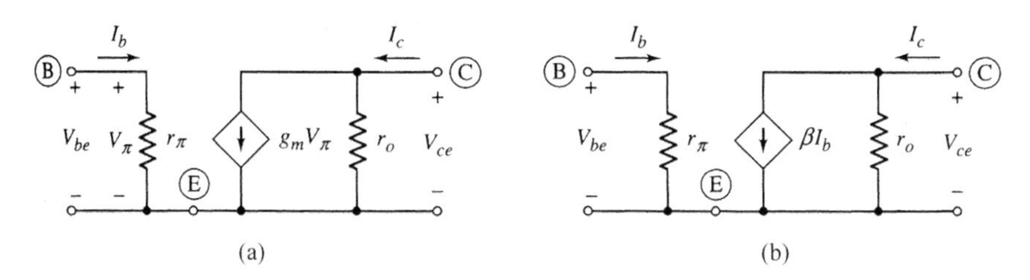

图 6.13　考虑了由厄利效应引起的输出电阻而扩展的 BJT 小信号模型
(a) 使用跨导参数的情况；(b) 使用电流增益参数的情况

【例题 6.2】

目的：求解小信号电压增益，要求考虑晶体管输出电阻的影响。

再次观察图 6.3 所示的电路，参数和例题 6.1 所给的相同。此外，假设厄利电压 $V_A=50\text{V}$。

解：小信号输出电阻为

$$r_o=\frac{V_A}{I_{CQ}}=\frac{50}{1\text{mA}}=50\text{k}\Omega$$

将图 6.13 所示的小信号等效电路应用到图 6.7 所示的交流等效电路中，可以看出输出电阻 r_o 和 R_C 并联。因而，小信号电压增益为

$$A_v=\frac{V_o}{V_s}=-g_m(R_C\parallel r_o)\left(\frac{r_\pi}{r_\pi+R_B}\right)=-(38.5)(6\parallel 50)\left(\frac{2.6}{2.6+50}\right)=-10.2$$

点评：将此结果和例题 6.1 相比较，可以发现 r_o 减小了小信号电压增益的值。多数情况下，r_o 的值要远大于 R_C，这说明 r_o 的影响是可以忽略的。

练习题

【练习题 6.2】　对于图 6.3 所示的电路，令 $\beta=150$，$V_A=200\text{V}$，$V_{CC}=7.5\text{V}$，$V_{BE}(\text{on})=0.7\text{V}$，$R_C=15\text{k}\Omega$，$R_B=100\text{k}\Omega$，$V_{BB}=0.92\text{V}$。(a)试求小信号混合 π 参数 g_m、r_π 和 r_o。(b)试计算小信号电压增益 $A_v=V_o/V_s$。(答案：(a) $g_m=12.7\text{mA/V}$，$r_\pi=11.8\text{k}\Omega$，$r_o=606\text{k}\Omega$；(b) $A_v=-19.6$)

混合 π 模型这个名字部分源自于其参数单位的混合特性。等效电路的四个参数如图 6.13(a)和(b)所示，分别为：输入电阻 r_π(欧姆)、电流增益 β(无量纲)、输出电阻 r_o(欧姆)和跨导 g_m(西门子)。

以上只是考虑了 NPN 晶体管电路的情况。但同样的分析方法和等效电路也适用于 PNP 晶体管。图 6.14(a)所示则为由 PNP 晶体管组成的电路。同样，也可以看出这里的电

流方向和电压极性和 NPN 晶体管的区别。图 6.14(b)所示为其交流等效电路，其中直流电压源被交流短路所代替，且图示的所有电流和电压都为正弦分量。

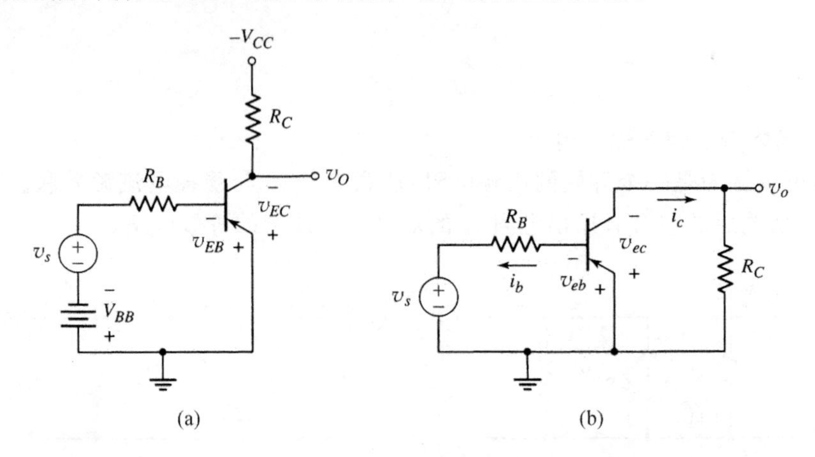

图 6.14

(a) PNP 晶体管共射极电路；(b) 相应的交流等效电路

图 6.14(b)中的晶体管可以用图 6.15 所示的任何一个混合 π 等效电路代替。除了所有的电流方向和电压极性相反外，PNP 晶体管的混合 π 等效电路和 NPN 晶体管的相同。其混合 π 参数可以用和 NPN 器件完全相同的方程求得；也就是说，用式(6.21)求 r_π，用式(6.25)求 g_m 以及用式(6.34)求 r_o。

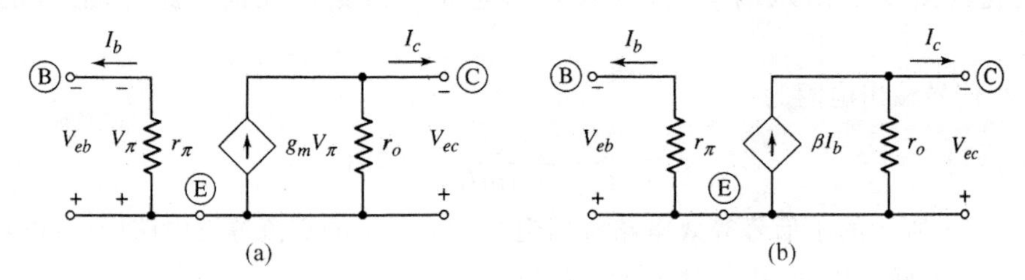

图 6.15

(a) 跨导；(b) 电流增益参数

PNP 晶体管的小信号混合 π 模型交流电压极性和电流方向和直流参数相同

读者将会注意到，在图 6.15 所示的小信号等效电路中，如果将电流方向定义成反向，把电压极性也定义为相反的极性，则等效电路模型和 NPN 双极型晶体管的完全相同。图 6.16(a)所示为重画的图 6.15(a)，它给出了 PNP 双极型晶体管混合 π 等效电路中规定的电压极性和电流方向。需要牢记的是，这些电压和电流都是小信号参数。如果输入控制电压 V_π 的

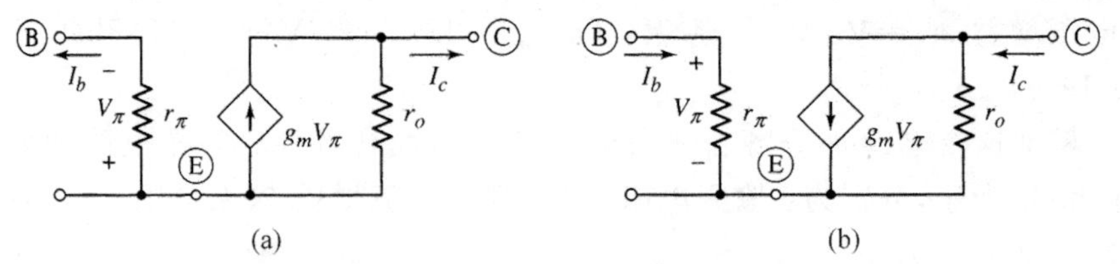

图 6.16　PNP 晶体管的小信号混合 π 模型

(a) 图 6.15 所示的原始电路；(b) 电压极性和电流方向均相反的等效电路

极性反向，则受控电流源的电流方向也反向，这种变化如图 6.16(b)所示。可能会注意到这种小信号等效电路和 NPN 晶体管的混合 π 等效电路相同。

然而人们更喜欢采用图 6.15 所示的模型，因为其电流方向和电压极性与 PNP 器件的情况一致。

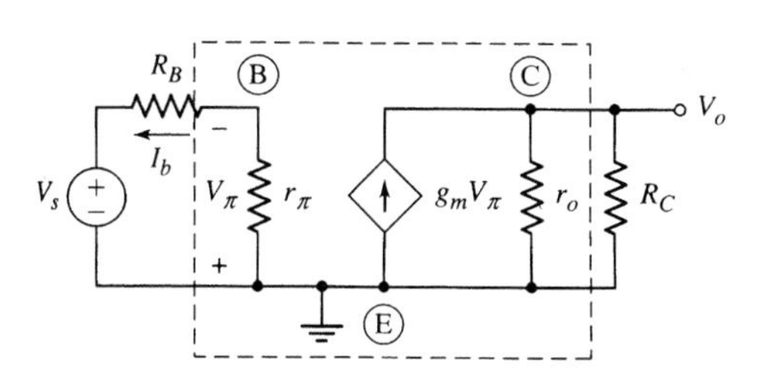

图 6.17 PNP 晶体管共射电路的小信号等效电路

虚线框中所示为 PNP 晶体管的小信号混合 π 等效电路模型

将 PNP 晶体管的混合 π 模型(图 6.15(a))和交流等效电路(图 6.14(b))组合在一起，可以得到图 6.17 所示的小信号等效电路。输出电压为

$$V_o = (g_m V_\pi)(r_o \parallel R_C) \tag{6.35}$$

控制电压 V_π 可以用输入电压 V_s 和电压分配器方程的形式来表示。考虑其极性可得

$$V_\pi = -\frac{V_s r_\pi}{R_B + r_\pi} \tag{6.36}$$

联立式(6.35)和式(6.36)可得小信号电压增益为

$$A_v = \frac{V_o}{V_s} = \frac{-g_m r_\pi}{R_B + r_\pi}(r_o \parallel R_C) = \frac{-\beta}{R_B + r_\pi}(r_o \parallel R_C) \tag{6.37}$$

由 PNP 晶体管组成的电路其小信号电压增益表达式和 NPN 晶体管电路的情况完全相同。考虑电流方向和电压极性均反向，但是电压增益仍然带有负号，表明输入和输出信号之间具有 180°的相移。

【例题 6.3】

目的：分析 PNP 放大器电路。

已知如图 6.18 所示的电路，假设晶体管参数为 $\beta = 80$，$V_{EB}(\text{on}) = 0.7\text{V}$ 和 $V_A = \infty$。

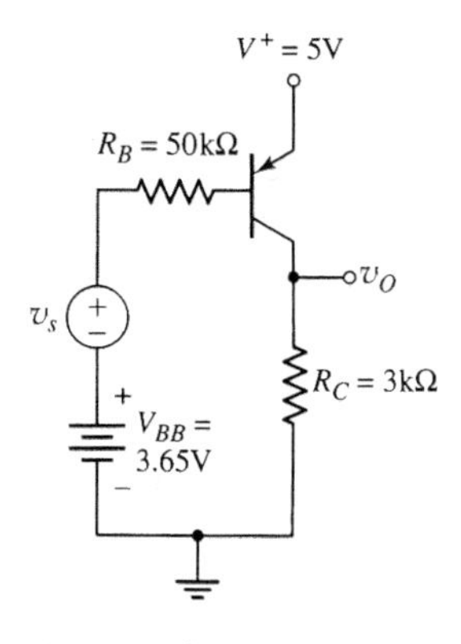

图 6.18 例题 6.3 的 PNP 共射极电路

解(直流分析)：E-B 回路的直流 KVL 方程为

$$V^+ = V_{EB}(\text{on}) + I_{BQ}R_B + V_{BB}$$

则

$$5 = 0.7 + I_{BQ}(50) + 3.65$$

可得

$$I_{BQ} = 13\mu\text{A}$$

于是

$$I_{CQ} = 1.04\text{mA} \quad I_{EQ} = 1.05\text{mA}$$

E-C 回路的直流 KVL 方程为

$$V^+ = V_{ECQ} + I_{CQ}R_C$$

则

$$5 = V_{ECQ} + (1.04)(3)$$

可得

$$V_{ECQ} = 1.88\text{V}$$

因而，晶体管偏置在正向放大模式。

解(交流分析)：求得小信号混合 π 参数为

$$g_m = \frac{I_{CQ}}{V_T} = \frac{1.04}{0.026} = 40\text{mA/V}$$

$$r_\pi = \frac{\beta V_T}{I_{CQ}} = \frac{(80)(0.026)}{1.04} = 2\text{k}\Omega$$

和

$$r_o = \frac{V_A}{I_{CQ}} = \frac{\infty}{1.04} = \infty$$

小信号等效电路和图 6.17 所示的电路相同。因为 $r_o=\infty$,所以小信号输出电压为

$$V_o = (g_m V_\pi) R_C$$

可得

$$V_\pi = -\left(\frac{r_\pi}{r_\pi + R_B}\right) \cdot V_s$$

注意到 $\beta = g_m r_\pi$,可得小信号电压增益为

$$A_v = \frac{V_o}{V_s} = \frac{-\beta R_C}{r_\pi + R_B} = \frac{-(80)(3)}{2+50}$$

即

$$A_v = -4.62$$

点评:在此再次看到输出信号和输入信号之间有 $-180°$ 的相移。分母中的 R_B 明显减小了小信号电压增益的值,在这种电路结构中采用 PNP 晶体管允许使用正电源。

练习题

【练习题 6.3】 对于图 6.14(a)所示的电路,令 $\beta=90$,$V_A=120\text{V}$,$V_{CC}=5\text{V}$,$V_{EB}(\text{on})=0.7\text{V}$,$R_C=2.5\text{k}\Omega$,$R_B=50\text{k}\Omega$ 和 $V_{BB}=1.145\text{V}$。(a)试求小信号混合 π 参数 g_m、r_π 和 r_o。(b)试计算小信号电压增益 $A_v=V_o/V_s$。(答案:(a)$g_m=30.8\text{mA/V}$,$r_\pi=2.92\text{k}\Omega$,$r_o=150\text{k}\Omega$;(b)$A_v=-4.18$)

理解测试题

【测试题 6.1】 BJT 管的 $\beta=120$ 和 $V_A=150\text{V}$,偏置在 $I_{CQ}=0.25\text{mA}$。试求 g_m、r_π 和 r_o。(答案:$g_m=9.62\text{mA/V}$,$r_\pi=12.5\text{k}\Omega$,$r_o=600\text{k}\Omega$)

【测试题 6.2】 BJT 的厄利电压 $V_A=75\text{V}$。试求使输出电阻至少为 $r_o=200\text{k}\Omega$ 所需集电极电流的最小值。(答案:$I_{CQ}=0.375\text{mA}$)

*6.2.4 扩展的混合 π 等效电路[①]

图 6.19 所示为扩展的混合 π 等效电路,图中包含了两个附加的电阻 r_b 和 r_μ。

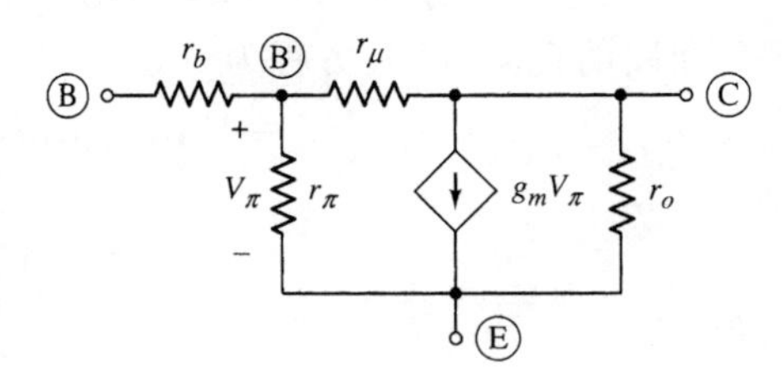

图 6.19 扩展的混合 π 等效电路

参数 r_b 为外部基极 B 和内部理想基区 B′之间半导体材料的**串联电阻**。r_b 的典型值为几十欧,且通常远小于 r_π;因而,在较低频率时 r_b 通常被忽略(视为短路)。然而,在高频时却不能忽略 r_b,因为此时的输入阻抗为容性,这一点将会在第 7 章详细

① 带 * 号的章节可以跳过去但不会影响知识的连贯性。

讨论。

参数 r_μ 为基极-集电极结的**反向偏置扩散电阻**。此电阻的典型值为兆欧数量级，通常忽略(视为开路)。然而，该电阻却能在输出和输入之间提供反馈，说明基极电流是集电极-发射极电压的弱依赖函数。

本书中，除非特别要求，在应用混合 π 等效电路模型时都将忽略 r_b 和 r_μ。

*6.2.5 其他小信号参数和等效电路

在为双极型晶体管和随后章节中讲述的其他类型的晶体管建模时可能用到其他的小信号参数。

双极型晶体管一个通用的等效电路模型应用了 h 参数，h 参数将小信号电极电流和一个二端口网络的电压联系在了一起。这些参数通常在双极型晶体管的数据表中能查到，并且在频率较低时也可以非常方便地采用试验方法来求解它们。

图 6.20(a)所示为共射极晶体管的小信号电极电流和电压相量。如果假设晶体管的 Q 点偏置于正向放大区，那么小信号电极电流和电压之间的线性关系可以写为

$$V_{be} = h_{ie}I_b + h_{re}V_{ce} \tag{6.38(a)}$$

$$I_c = h_{fe}I_b + h_{oe}V_{ce} \tag{6.38(b)}$$

这是对共射极 h 参数所定义的方程，式中下标的含义为：i 代表输入，r 代表反向的，f 代表正向，o 代表输出，而 e 则代表共射极。

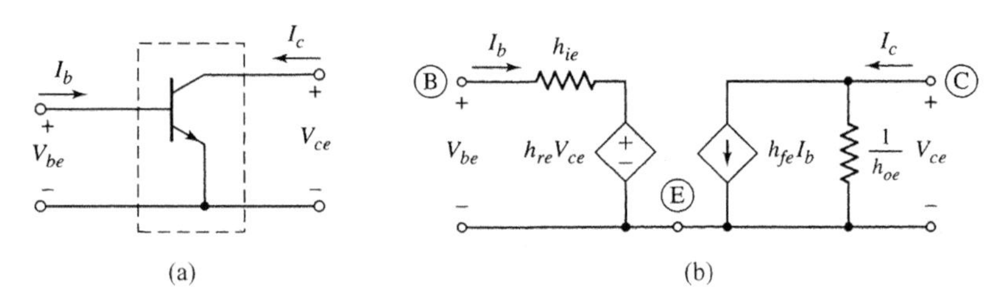

图 6.20

(a) 共射极 NPN 晶体管；(b) 共射极双极型晶体管的 h 参数模型

这些方程可以用来求解图 6.20(b)所示的小信号 h 参数等效电路。式(6.38(a))表示输入端的基尔霍夫电压方程，阻抗 h_{ie} 和一个数值为 $h_{re}V_{ce}$ 的受控电压源串联。式(6.38(b))表示输出端的基尔霍夫电流方程，电导 h_{oe} 和数值为 $h_{fe}I_b$ 的受控电流源并联。

由于混合 π 参数和 h 参数都可以用来模拟同样的晶体管特性，所以这些参数之间是存在一定联系的。可以用图 6.19 所示的等效电路将混合 π 和 h 参数联系在一起。由式(6.38(a))，可以写出**小信号输入阻抗** h_{ie} 为

$$h_{ie} = \left.\frac{V_{be}}{I_b}\right|_{V_{ce}=0} \tag{6.39}$$

在此，小信号 C-E 电压保持为零。由于 C-E 电压保持为零，所以图 6.19 所示电路就变为图 6.21 所示的电路。从图中可以看出

$$h_{ie} = r_b + r_\pi \parallel r_\mu \tag{6.40}$$

当 r_b 非常小且 r_μ 非常大时，$h_{ie} \approx r_\pi$。

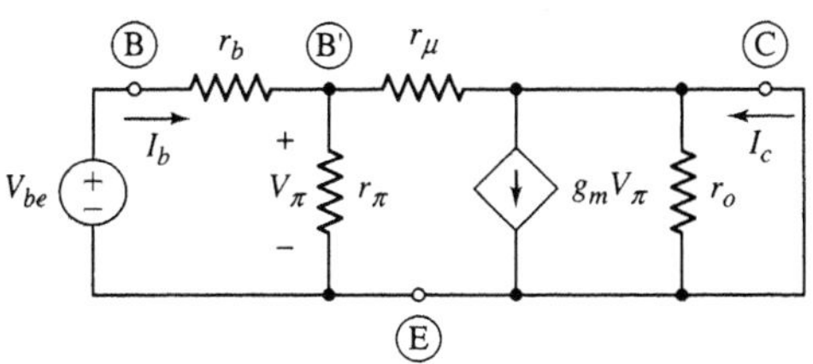

图 6.21 输出端短路的扩展混合 π 等效电路

参数 h_{fe} 为**小信号电流增益**。由式(6.38(b))可知,该参数可以写为

$$h_{fe}=\frac{I_c}{I_b}\bigg|_{V_{ce}=0} \tag{6.41}$$

由于集电极-发射极电压为零,可以根据图 6.21 得出集电极短路电流为

$$I_c=g_m V_\pi \tag{6.42}$$

如果再次考虑 r_b 非常小且 r_μ 非常大的情况,那么

$$V_\pi=I_b r_\pi$$

即

$$h_{fe}=\frac{I_c}{I_b}\bigg|_{V_{ce}=0}=g_m r_\pi=\beta \tag{6.43}$$

通常,在低频时,大多情况下小信号电流增益 h_{fe} 和 β 基本相等。

参数 h_{re} 称为**电压反馈系数**,由式(6.38(a))可知,电压反馈系数可以写为

$$h_{re}=\frac{V_{be}}{V_{ce}}\bigg|_{I_b=0} \tag{6.44}$$

因为输入信号的基极电流为零,所以图 6.19 所示电路变为图 6.22 所示的电路,从图中可以看出

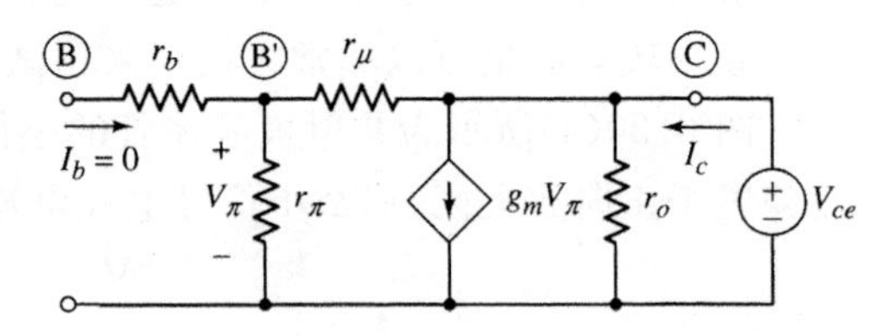

图 6.22 输入端开路的混合 π 等效电路

$$V_{be}=V_\pi=\left(\frac{r_\pi}{r_\pi+r_\mu}\right)\cdot V_{ce} \tag{6.45(a)}$$

而

$$h_{re}=\frac{V_{be}}{V_{ce}}\bigg|_{I_b=0}=\frac{r_\pi}{r_\pi+r_\mu} \tag{6.45(b)}$$

因为 $r_\pi \ll r_\mu$,则上式可以近似为

$$h_{re}\approx\frac{r_\pi}{r_\mu} \tag{6.46}$$

因为通常 r_π 在千欧范围内,且 r_μ 通常在兆欧范围内,所以 h_{re} 的值很小,常常可以忽略不计。

第四个 h 参数为**小信号输出导纳** h_{oe}。由式(6.38(b))可得小信号输出阻抗为

$$h_{oe}=\frac{I_c}{V_{ce}}\bigg|_{I_b=0} \tag{6.47}$$

由于输入信号基极电流也置为零,所以图 6.22 也是适用的,并且可得输出节点的基尔霍夫电流方程为

$$I_c=g_m V_\pi+\frac{V_{ce}}{r_o}+\frac{V_{ce}}{r_\pi+r_\mu} \tag{6.48}$$

式中,V_π 由式(6.45(a))给出。对于 $r_\pi \ll r_\mu$,式(6.48)变为

$$h_{oe}=\frac{I_c}{V_{ce}}\bigg|_{I_b=0}=\frac{1+\beta}{r_\mu}+\frac{1}{r_o} \tag{6.49}$$

理想情况下,r_μ 是无穷大的,这意味着 $h_{oe}=1/r_o$。

PNP 晶体管的 h 参数定义和 NPN 晶体管的 h 参数定义相同。同样,除了电流方向和电压极性相反外,PNP 晶体管的 h 参数小信号等效电路和 NPN 晶体管的相同。

【例题 6.4】

目的：求解特定晶体管的 h 参数。

2N2222A 型晶体管是常用的分立 NPN 晶体管。该晶体管的数据如图 6.23 所示。假设晶体管偏置在 $I_C=1\text{mA}$，并令 $T=300\text{K}$。

解：从图 6.23 可以看出，对于 $I_C=1\text{mA}$，小信号电流增益 h_{fe} 通常在 $100<h_{fe}<170$ 范围之内，且相应的 h_{ie} 通常在 2.5kΩ 和 5kΩ 之间。电压反馈系数 h_{re} 在 1.5×10^{-4} 和 5×10^{-4} 之间变化，且输出导纳 h_{oe} 在 $8<h_{oe}<18\mu℧$ 范围之内。

点评：本例题的目的是说明对于一个给定类型的晶体管，其参数会在一个很宽的范围内变化。尤其是电流增益参数很容易受一两个因素的影响而发生变化。这些变化是由最初的半导体材料特性以及生产过程中存在不确定因素所产生的容许误差引起的。

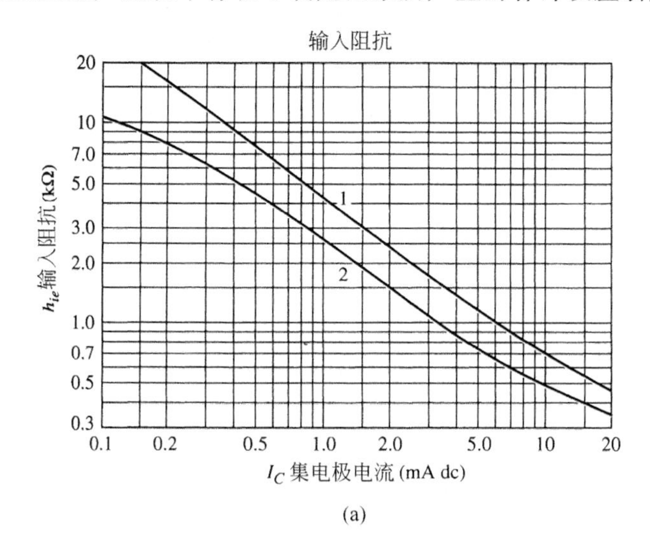

(a)

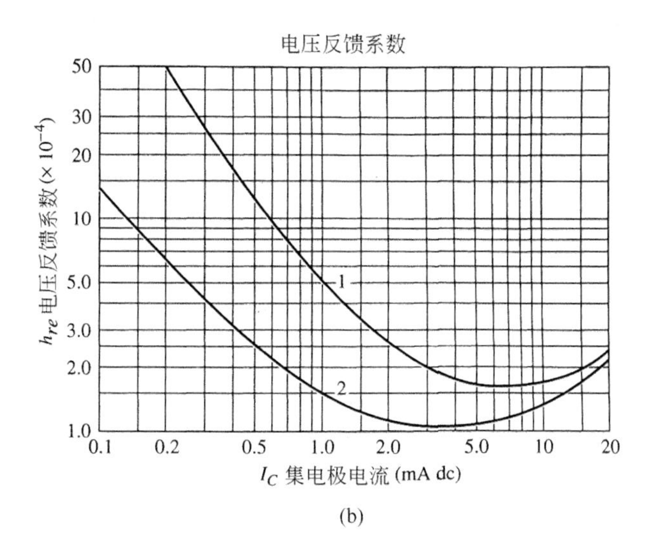

(b)

图 6.23　2N2222A 型晶体管的 h 参数数据

曲线 1 和曲线 2 分别代表高增益和低增益的晶体管

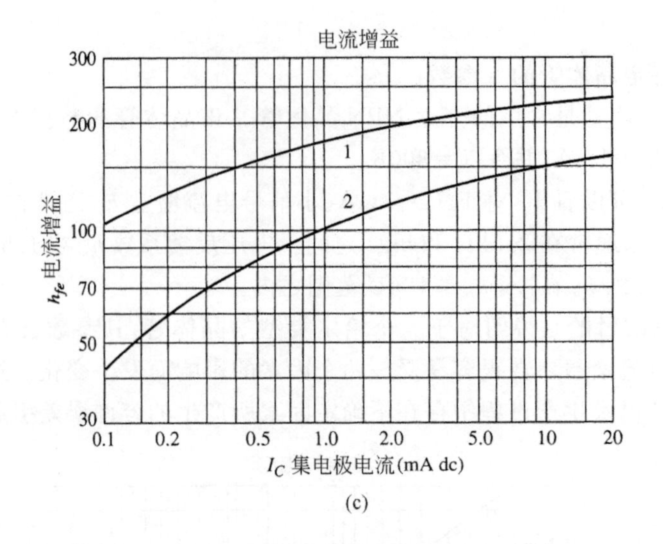

(c)

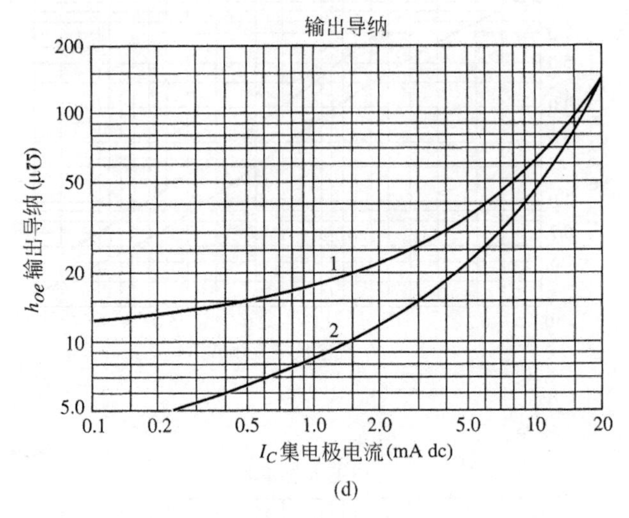

(d)

图 6.23 (续)

设计指南：以上例题明确地指出了晶体管的参数会在较宽范围内变化。通常，电路采用标称值进行设计，但是必须把允许的误差考虑进去。在第 5 章中曾分析了 β 值的变化对 Q 点产生的影响。本章将研究晶体管小信号参数的变化对线性放大器小信号电压增益和其他电路特性的影响。

练习题

【练习题 6.4】 如果静态集电极电流为(a) $I_{CQ}=0.2\text{mA}$ 和(b) $I_{CQ}=5\text{mA}$，重做例题 6.4。(答案：(a) $7.8\text{k}\Omega<h_{ie}<15\text{k}\Omega$，$6.2\times10^{-4}<h_{re}<50\times10^{-4}$，$60<h_{fe}<125$，$5\mu℧<h_{oe}<13\mu℧$；(b) $0.7\text{k}\Omega<h_{ie}<1.1\text{k}\Omega$，$1.05\times10^{-4}<h_{re}<1.6\times10^{-4}$，$140<h_{fe}<210$，$22\mu℧<h_{oe}<35\mu℧$)

在上述讨论中，指出 h 参数 h_{ie} 和 $1/h_{oe}$ 分别和混合 π 参数 r_π 和 r_o 基本相等，且 h_{fe} 基本等于 β，晶体管电路的响应则独立于所使用的晶体管模型。这强化了混合 π 参数和 h 参数之间关联的概念。事实上，这对于任何类型小信号参数都是适用的；也就是说，任何给定的小信号参数都和其他类型的参数之间存在一定的联系。

数据图表

在上述例题中，给出了 2N2222 型分立晶体管的一些数据。图 6.24 所示则为有关该晶体管的另外一些数据。数据图表包含了大量的信息，但是在此只能介绍其中的一部分数据。

2N2222/PN2222/MMBT2222/MPQ2222/2N2222A/PN2222A/MMBT2222A NPN General Purpose Amplifier

2N2222
2N2222A

PN2222
PN2222A

MMBT2222
MMBT2222A

MPQ2222

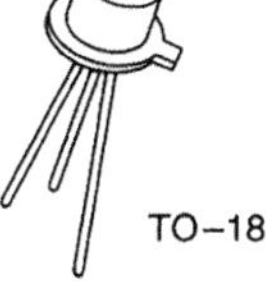

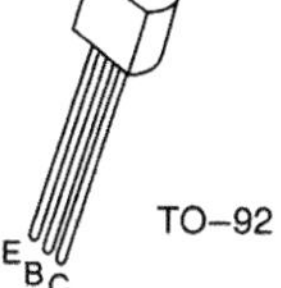

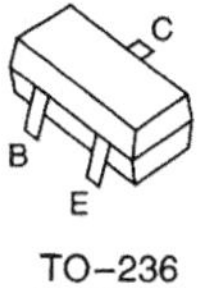

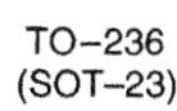

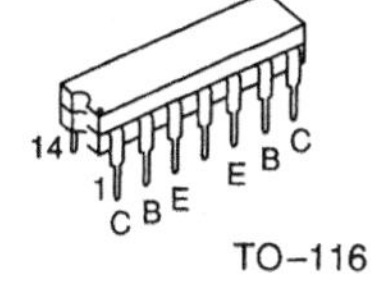

NPN General Purpose Amplifier

Electrical Characteristics $T_A = 25$ °C unless otherwise noted

Symbol	Parameter		Min	Max	Units
OFF CHARACTERISTICS					
$V_{(BR)CEO}$	Collector-Emitter Breakdown Voltage (Note 1) ($I_C = 10$ mA, $I_B = 0$)	2222 2222A	30 40		V
$V_{(BR)CBO}$	Collector-Base Breakdown Voltage ($I_C = 10$ μA, $I_E = 0$)	2222 2222A	60 75		V
$V_{(BR)EBO}$	Emitter Base Breakdown Voltage ($I_E = 10$ μA, $I_C = 0$)	2222 2222A	5.0 6.0		V
I_{CEX}	Collector Cutoff Current ($V_{CE} = 60$ V, V_{EB}(off) = 3.0 V)	2222A		10	nA
I_{CBO}	Collector Cutoff Current ($V_{CB} = 50$ V, $I_E = 0$) ($V_{CB} = 60$ V, $I_E = 0$) ($V_{CB} = 50$ V, $I_E = 0$, $T_A = 150$ °C) ($V_{CB} = 60$ V, $I_E = 0$, $T_A = 150$ °C)	2222 2222A 2222 2222A		0.01 0.01 10 10	μA
I_{EBO}	Emitter Cutoff Current ($V_{EB} = 3.0$ V, $I_C = 0$)	2222A		10	nA
I_{BL}	Base Cutoff Current ($V_{CE} = 60$ V, V_{EB}(off) = 3.0)	2222A		20	nA
ON CHARACTERISTICS					
h_{FE}	DC Current Gain ($I_C = 0.1$ mA, $V_{CE} = 10$ V) ($I_C = 1.0$ mA, $V_{CE} = 10$ V) ($I_C = 10$ mA, $V_{CE} = 10$ V) ($I_C = 10$ mA, $V_{CE} = 10$ V, $T_A = -55$ °C) ($I_C = 150$ mA, $V_{CE} = 10$ V) (Note 1) ($I_C = 150$ mA, $V_{CE} = 1.0$ V) (Note 1) ($I_C = 500$ mA, $V_{CE} = 10$ V) (Note 1)	2222 2222A	35 50 75 35 100 50 30 40	300	

Note 1: Pulse Test: Pulse Width ≤ 300 μs, Duty Cycle ≤ 2.0%.

图 6.24　2N2222 双极型晶体管的基本数据图表

2222/PN2222/MMBT2222/MPQ2222/2N2222A/PN2222A/MMBT2222A NPN General Purpose Amplifier

NPN General Purpose Amplifier (Continued)

Electrical Characteristics $T_A = 25\ ^\circ C$ unless otherwise noted (Continued)

Symbol	Parameter			Min	Max	Units
ON CHARACTERISTICS (Continued)						
V_{CE}(sat)	Collector-Emitter Saturation Voltage (Note 1) ($I_C = 150$ mA, $I_B = 15$ mA) ($I_C = 500$ mA, $I_B = 50$ mA)		2222 2222A 2222 2222A		0.4 0.3 1.6 1.0	V
V_{BE}(sat)	Base-Emitter Saturation Voltage (Note 1) ($I_C = 150$ mA, $I_B = 15$ mA) ($I_C = 500$ mA, $I_B = 50$ mA)		2222 2222A 2222 2222A	0.6 0.6	1.3 1.2 2.6 2.0	V
SMALL-SIGNAL CHARACTERISTICS						
f_T	Current Gain—Bandwidth Product (Note 3) ($I_C = 20$ mA, $V_{CE} = 20$ V, $f = 100$ MHz)		2222 2222A	250 300		MHz
C_{obo}	Output Capacitance (Note 3) ($V_{CB} = 10$ V, $I_E = 0$, $f = 100$ kHz)				8.0	pF
C_{ibo}	Input Capacitance (Note 3) ($V_{EB} = 0.5$ V, $I_C = 0$, $f = 100$ kHz)		2222 2222A		30 25	pF
$rb'C_C$	Collector Base Time Constant ($I_E = 20$ mA, $V_{CB} = 20$ V, $f = 31.8$ MHz)		2222A		150	ps
NF	Noise Figure ($I_C = 100\ \mu$A, $V_{CE} = 10$ V, $R_S = 1.0$ kΩ, $f = 1.0$ kHz)		2222A		4.0	dB
$Re(h_{ie})$	Real Part of Common-Emitter High Frequency Input Impedance ($I_C = 20$ mA, $V_{CE} = 20$ V, $f = 300$ MHz)				60	Ω
SWITCHING CHARACTERISTICS						
t_D	Delay Time	($V_{CC} = 30$ V, V_{BE}(off) = 0.5 V, $I_C = 150$ mA, $I_{B1} = 15$ mA)	except MPQ2222		10	ns
t_R	Rise Time				25	ns
t_S	Storage Time	($V_{CC} = 30$ V, $I_C = 150$ mA, $I_{B1} = I_{B2} = 15$ mA)	except MPQ2222		225	ns
t_F	Fall Time				60	ns

Note 1: Pulse Test: Pulse Width < 300 μs, Duty Cycle ≤ 2.0%.
Note 2: For characteristics curves, see Process 19.
Note 3: f_T is defined as the frequency at which h_{fe} extrapolates to unity.

图 6.24 （续）

第一组参数适用于处于截止状态的晶体管。首要的两个参数 $V_{(BR)CEO}$ 和 $V_{(BR)CBO}$，分别表示基极开路时的集电极-射极击穿电压和射极开路时的集电极-基极击穿电压。这些参数已经在上一章中的 5.1.6 节中作了介绍。本节曾主张 $V_{(BR)CBO}$ 要大于 $V_{(BR)CEO}$，现在从数据表可以看出这个观点是正确的。这两个电压值都是在击穿区的特定电流条件下测得的。第三个参数 $V_{(BR)EBO}$ 是射极-基极击穿电压，并远小于集电极-基极击穿电压和集电极-发射极击穿电压。

电流 I_{CBO} 为发射极开路($I_E=0$)时的集电极-基极反向偏置结电流。该参数也在 5.1.6 节作了讨论。数据图表中，该电流是在两种温度条件下的两个不同的集电极-基极电压下测得的。正如所预料的，反向偏置电流随着温度的增加而增加。电流 I_{EBO} 为集电极开路($I_C=0$)时的反向偏置发射极-基极结电流。另外两种电流参数 I_{CEX} 和 I_{BL} 则分别为在给定的特殊截止电压条件下测得的集电极电流和基极电流。

下面一组参数适用于处于开启状态的晶体管。如例题 6.4 中所示，数据图表给出了晶体管的 h 参数。第一个参数 h_{FE} 为直流共射极电流增益，它是在较宽范围集电极电流的条件下测得的。在 5.4.2 节中，曾讲过对于电流增益的变化如何稳定 Q 点。数据表中的数据表明给定的晶体管电流增益会发生明显的变化，所以稳定 Q 点确实是一个很重要的问题。

前面曾用 V_{CE}(sat)作为晶体管进入饱和区时的一个折线化等效参数，且在以前的分析和设计中总是假设 V_{CE}(sat)为一个特定的值。而该参数在数据表中并不是一个恒定的值，且随集电极电流变化而发生改变。如果集电极电流变得相当大，那么集电极-射极饱和电压也将变得相当大。在大电流情况下将需要考虑较大的 V_{CE}(sat)值。表中还给出了晶体管进入饱和区时的基极-发射极电压 V_{BE}(sat)。到目前为止，还没有在本书中用到这个参数。然而，数据图表中显示，当晶体管进入饱和区且电流值较大时，V_{BE}(sat)的值将会明显地增加。

数据图表中的其他参数在本书稍后讨论晶体管频率响应时将会用到。这里作简单介绍的目的是为了说明尽管数据图表中列出了很多数据，但现在已经可以阅读它们了。

T 模型：混合 π 模型可以用来分析所有晶体管电路的时变特性。前面已经简要地讨论了晶体管的 h 参数模型，这种模型的 h 参数常常在分立晶体管的数据表中提供。图 6.25 所示为晶体管的另外一种小信号模型，即 T 模型。该模型可能给特定的应用带来很大的方便。但是为了避免介绍太多而导致概念混乱，所以本书将集中讨论混合 π 模型的应用，而将 T 模型留在更高级的课程中进行讲解。

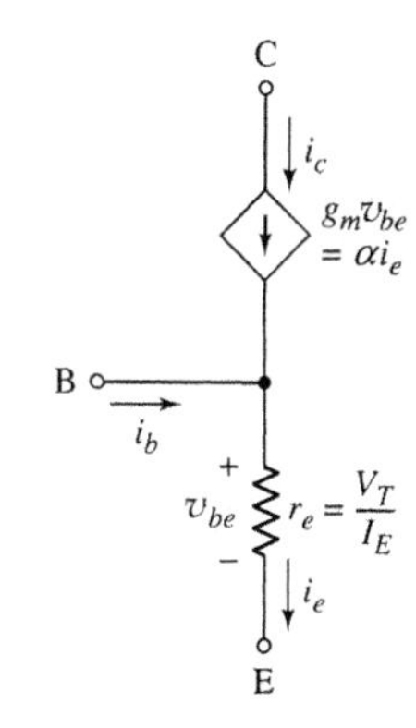

图 6.25 NPN 双极型晶体管的 T 模型

6.3 晶体管放大器的基本结构

本节内容：讨论晶体管放大器的三种基本结构和四种等效的二端口网络。

如前面所看到的，双极型晶体管为三端口器件，用它可以组成三种基本的单级放大器电路，具体属于哪一种电路形式则取决于三个电极中哪一个被用作为信号接地端。这三种电路结构分别称为**共射极放大器**、**共集电极放大器**(**射极跟随器**)及**共基极放大器**。在特定的应用中具体采用何种电路形式或放大器形式则取决于输入信号是电压还是电流以及要求的输出信号是电压还是电流。这里将研究三种类型放大器的特性，来确定每种放大器最适用于什么样的应用条件。

输入信号源可以用戴维南或诺顿等效电路来模拟。图 6.26(a)所示为提供电压信号的戴维南等效源，如麦克风的输出。电阻 R_S 称为信号源的输出电阻，用它来反映信号源供给电流时输出电压的变化。图 6.26(b)所示为提供电流信号的诺顿等效源，如光电二极管的输出。电流源 i_s 表示光电二极管产生的电流，电阻 R_S 代表信号源的输出电阻。

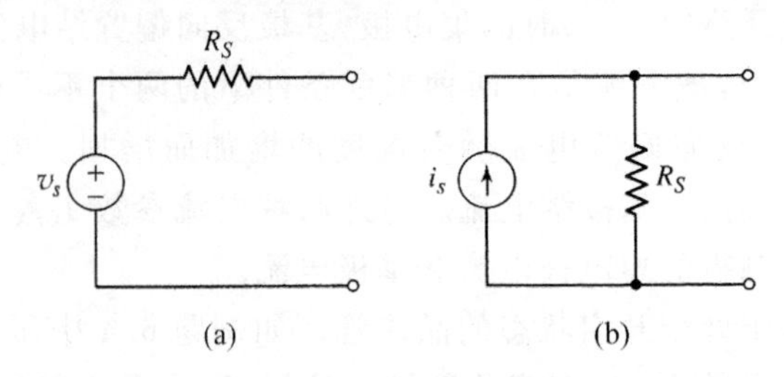

图 6.26　用等效电路模拟的输入信号源

(a) 戴维南等效；(b) 诺顿等效

三种基本放大器中的每一种都可以模拟为表 6.3 所示的四种二端口网络结构中的一种形式。为每一种晶体管放大器确定其增益参数，如 A_{vo}、A_{io}、G_{mo} 和 R_{mo}。因为这些参数确定了放大器的增益，所以是非常重要的。然而，输入电阻 R_i 和输出电阻 Ro 在这些放大器电路的设计中也是非常重要的。虽然表 6.3 所示的每种结构可能适用于某种特定的应用，但

表 6.3　四种等效二端口网络

类　型	等效电路	增益特性
电压放大器	v_{in}, R_i, $A_{vo}v_{in}$, R_o, i_o, v_o	输出电压与输入电压成比例
电流放大器	i_{in}, R_i, $A_{is}i_{in}$, R_o, i_o, v_o	输出电流与输入电流成比例
跨导放大器	v_{in}, R_i, $G_{ms}v_{in}$, R_o, i_o, v_o	输出电流与输入电压成比例
跨阻放大器	i_{in}, R_i, $R_{mo}i_{in}$, R_o, i_o, v_o	输出电压与输入电流成比例

四种结构中的任一种都可以用来模拟给定的放大器。对于给定的放大器来说，每一种结构都必须产生相同的终端特性，所以不同的增益参数之间并不是孤立的，而是相互联系的。

如果希望设计一个电压放大器（前置放大器），例如放大麦克风的输出信号，那么总的等效电路将如图 6.27 所示。放大器的输入电压由下式给出，即

$$v_{in} = \frac{R_i}{R_i + R_S} v_s \tag{6.50}$$

图 6.27 前置放大器等效电路

通常，总希望放大器的输入电压 v_{in} 尽可能地接近信号源电压 v_s。由式(6.50)可知，需要设计放大器使其输入电阻 R_i 远大于信号源的输出电阻 R_S。（理想电压源的输出电阻为零，但对于实际的电压源来说绝大多数都不为零。）为了获得特定的电压增益，放大器的增益参数 A_{vo} 必须为特定值。供应给负载的输出电压（这里的负载可能为下一级的功率放大器）由下式给出

$$v_o = \frac{R_L}{R_L + R_o} \cdot A_{vo} v_{in} \tag{6.51}$$

通常希望输出到负载上的输出电压和由放大器得出的戴维南等效电压相等。对于电压放大器来说，这就意味着需要有 $R_o \ll R_L$。即要求电压放大器的输出电阻应该非常小。再强调一遍：输入和输出电阻在放大器的设计中是非常重要的。

对于电流放大器来说，则希望有 $R_i \ll R_S$ 和 $R_o \gg R_L$。通过本章的学习将会看到，晶体管放大器三种基本结构中的每一种都将展示出适用于某种特殊应用的特性。

这里需要指出的是，本章将主要应用表 6.3 所示的二端口等效电路来模拟单级晶体管放大器。然而，这些等效电路也同样可以用来模拟多级晶体管放大电路。在讲解本书第 2 部分时将会涉及到这些内容。

6.4 共射极放大器

本节内容：分析共射极放大器电路并熟悉这种电路的一般特性。

本节将分析三种基本放大器中的第一种——**共射极电路**。将应用到前面讨论过的双极型晶体管等效电路。一般而言，在本书中将采用混合 π 模型。

6.4.1 基本的共射极放大器电路

图 6.28 所示为采用分压器偏置的基本共射极放大电路。可以看出发射极置于地电位——因而称为共射极电路。来自信号源的信号通过耦合电容 C_C 耦合到晶体管的基极，

耦合电容 C_C 在放大器和信号源之间提供了直流隔离。晶体管的直流偏置通过 R_1 和 R_2 建立，且当信号源通过电容耦合到放大器时这种偏置不会被扰乱。

如果信号源是频率为 f 的正弦电压，那么容抗的值就是 $|Z_C|=1/(2\pi fC_C)$。例如，假设 $C_C=10\mu F$ 和 $f=2kHz$。于是，电容的容抗为

$$|Z_C|=\frac{1}{2\pi fC_C}=\frac{1}{2\pi(2\times10^3)(10\times10^{-6})}\approx8\Omega \tag{6.52}$$

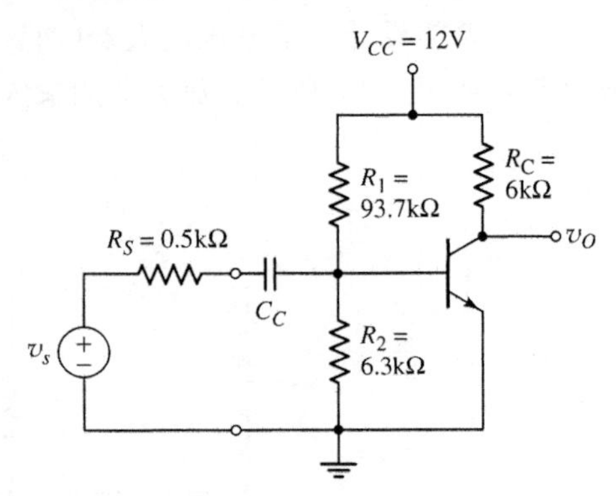

图 6.28 采用分压器偏置和电容耦合的共射极电路

这种阻抗的值远小于电容两端的戴维南电阻，在此情况下电容两端的戴维南电阻为 $R_1\parallel R_2\parallel r_\pi$。因而可以假设当频率大于 2kHz 时电容对于信号来说基本为短路。同样可以忽略晶体管的电容效应。应用这些结果，在本章的分析过程中均假设信号频率足够高以至任何耦合电容都完全视为短路，而对晶体管内部的电容来说信号频率又足够低以使晶体管电容可以忽略。此频率在中频范围内，或简单地认为是位于放大器频带的中心频率处。

图 6.29 所示为将耦合电容视为短路时的小信号等效电路。小信号变量，如输入信号电压和输入基极电流，都用相量的形式给出。控制电压 V_π 也作为相量形式给出。

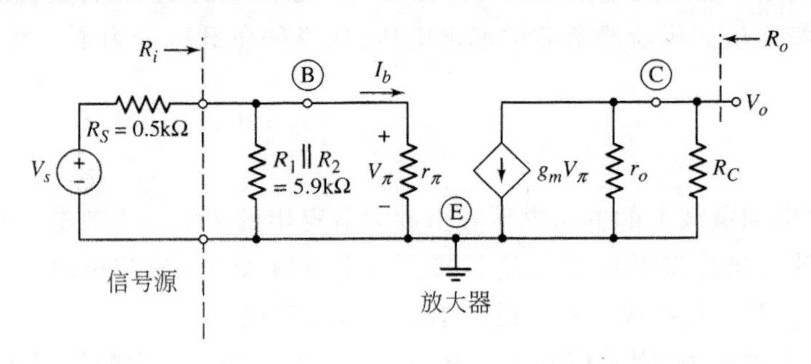

图 6.29 假设耦合电容作用为短路时的小信号等效电路

【例题 6.5】

目的：计算图 6.28 所示电路的小信号电压增益、输入电阻和输出电阻。

假设晶体管参数为 $\beta=100$，$V_{BE}(on)=0.7V$ 和 $V_A=100V$。

直流解：首先进行直流分析来求解 Q 点的值。可得 $I_{CQ}=0.95mA$ 和 $V_{CEQ}=6.31V$，这表明晶体管偏置在正向放大模式。

交流解：等效电路的小信号混合 π 参数为

$$r_\pi=\frac{V_T\beta}{I_{CQ}}=\frac{(0.026)(100)}{(0.95)}=2.74k\Omega$$

$$g_m=\frac{I_{CQ}}{V_T}=\frac{0.95}{0.026}=36.5mA/V$$

和

$$r_o=\frac{V_A}{I_{CQ}}=\frac{100}{0.95}=105k\Omega$$

假设电容 C_C 作用为短路，图 6.29 所示为其小信号等效电路。小信号输出电压为

$$V_o = -(g_m V_\pi)(r_o \parallel R_C)$$

受控电流 $g_m V_\pi$ 流过 r_o 和 R_C 的并联组合，但电流方向使得产生的输出电压为负。可以通过电压分压器将控制电压 V_π 和输入电压 V_s 联系起来。可得

$$V_\pi = \left(\frac{R_1 \parallel R_2 \parallel r_\pi}{R_1 \parallel R_2 \parallel r_\pi + R_S}\right) \cdot V_s$$

于是可得小信号电压增益为

$$A_v = \frac{V_o}{V_s} = -g_m \left(\frac{R_1 \parallel R_2 \parallel r_\pi}{R_1 \parallel R_2 \parallel r_\pi + R_S}\right)(r_o \parallel R_C)$$

即

$$A_v = -(36.5)\left(\frac{5.9 \parallel 2.74}{5.9 \parallel 2.74 + 0.5}\right)(105 \parallel 6) = -163$$

还可以计算放大器的输入电阻 R_i，由图 6.29 可以看出

$$R_i = R_1 \parallel R_2 \parallel r_\pi = 5.9 \parallel 2.74 = 1.87\text{k}\Omega$$

通过将独立源 V_s 置零可以求得输出电阻 R_o。在此情况下，电路的输入部分不存在激励，所以 $V_\pi=0$，这说明 $g_m V_\pi=0$（开路）。于是向输出端看进去的输出电阻为

$$R_o = r_o \parallel R_C = 105 \parallel 6 = 5.68\text{k}\Omega$$

点评：在该电路中，电压源 V_s 和晶体管基极之间的有效串联电阻远小于例题 6.1 中所给出的值。由于这个原因，所以图 6.28 所示电路的电压增益值远大于例题 6.1 得出的值。

讨论：本例题中分析的共射极放大器二端口等效电路以及输入信号源如图 6.30 所示。可以得到和放大器输入电阻 R_i 相连的信号源电阻 R_S 产生的影响。应用分压方程，可以得到放大器的输入电压为

$$V_{in} = \left(\frac{R_i}{R_i + R_S}\right)V_s = \left(\frac{1.87}{1.87 + 0.5}\right)V_s = 0.789V_s$$

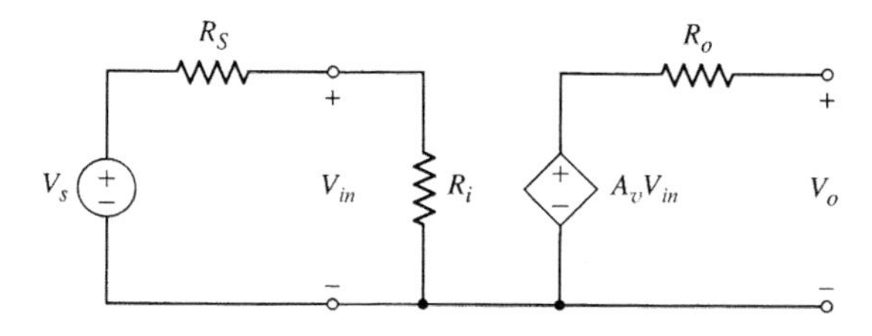

图 6.30 例题 6.5 放大器的二端口等效电路

由于放大器的输入电阻并不比信号源内阻大多少，所以放大器的实际输入电压被减小到约为输入信号的 80%，称此现象为**负载效应**。电压 V_{in} 是连接到信号源的放大器的函数。在其他放大器的设计中，将尽量使负载效应最小化，或者使 $R_i \gg R_S$，因为这意味着 $V_{in} \approx V_s$。

练习题

【练习题 6.5】 图 6.28 所示电路的参数变为 $V_{CC}=5\text{V}$，$R_1=35.2\text{k}\Omega$，$R_2=5.83\text{k}\Omega$，$R_C=10\text{k}\Omega$ 和 $R_S=0$。假设晶体管参数和例题 6.5 所给相同。试求静态集电极电流和集电极-发射极电压，并求小信号电压增益。（答案：$I_{CQ}=0.21\text{mA}$，$V_{CEQ}=2.9\text{V}$，$A_v=-7.91$）

6.4.2 带射极电阻的共射极电路

对于图 6.28 所示的电路，当假设 B-E 开启电压为 0.7V 时，偏置电阻 R_1 和 R_2 与 V_{CC} 相连产生 9.5μA 的基极电流和 0.95mA 的集电极电流。如果将电路中的晶体管用一个参数稍有差别的新的晶体管代替，使晶体管的 B-E 开启电压从 0.7V 变为 0.6V，那么相应的基极电流变为 26μA，这将完全能够把晶体管驱动到饱和区。因而图 6.28 所示的电路是不实用的。一种改进的直流偏置电路设计则包含有一个发射极电阻。

正如上一章所述，如果电路中包含了发射极电阻，那么相对于 β 的变化电路的 Q 点将趋向于稳定，如图 6.31 所示。当输入交流信号时也能发现具有类似的性质。对于交流信号，加入射极电阻 R_E 将减小电路的电压增益对晶体管电流增益 β 的依赖。尽管该电路的射极并不是信号地端，但仍将它归为共射极电路。

图 6.32 所示为假设 C_C 作用为短路时上图电路的小信号混合 π 等效电路。如前面所提到的，画小信号等效电路可以从晶体管的三个电极开始，画出三个电极间的晶体管混合 π 等效电路，然后再画出三个电极周围的电路元件。在此等效电路中所采用的电流增益为 β，并且假设厄利电压为无穷大以致输出电阻 r_o 可以忽略(开路)。则输出交流电压为

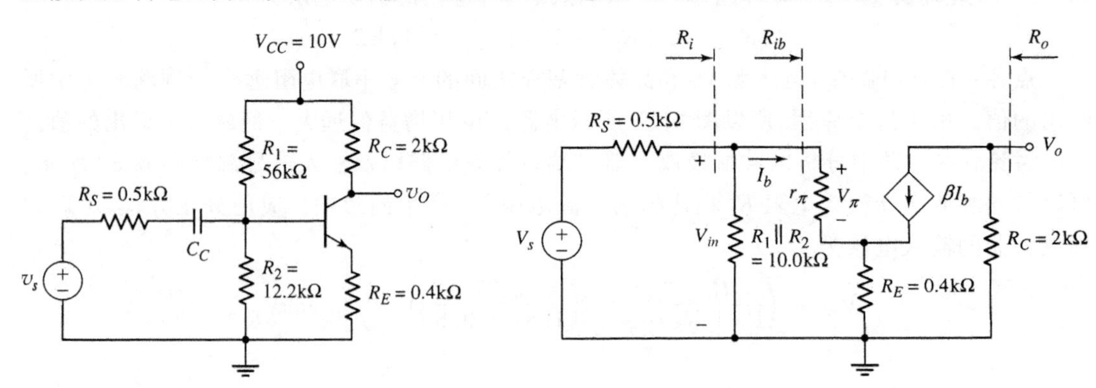

图 6.31 带射极电阻、电压分压器偏置和耦合电容的 NPN 共射极电路

图 6.32 图 6.31 所示电路的小信号等效电路

$$V_o = -(\beta I_b) R_C \tag{6.53}$$

为求得小信号电压增益，可以首先求出输入电阻。电阻 R_{ib} 为向晶体管基极看进去的输入电阻。可以写出回路方程为

$$V_{in} = I_b r_\pi + (I_b + \beta I_b) R_E \tag{6.54}$$

则输入电阻可以定义为

$$R_{ib} = \frac{V_{in}}{I_b} = r_\pi + (1+\beta) R_E \tag{6.55}$$

在带有射极电阻的共射极电路结构中，向晶体管基极看进去的小信号输入电阻为 r_π 加上射极电阻和系数 $(1+\beta)$ 的乘积。这种效应称为**电阻折算规则**。在本书中将直接应用这个结果而不作进一步的推导。

于是放大器的输入电阻为

$$R_i = R_1 \| R_2 \| R_{ib} \tag{6.56}$$

这里同样可以利用一个分压等式将 V_{in} 和 V_s 联系起来，即

$$V_{in}=\left(\frac{R_i}{R_i+R_S}\right)\cdot V_s \tag{6.57}$$

联立式(6.53)、式(6.55)和式(6.57)，可得小信号电压增益为

$$A_v=\frac{V_o}{V_s}=\frac{-(\beta I_b)R_C}{V_s}=-\beta R_C\left(\frac{V_{in}}{R_{ib}}\right)\cdot\left(\frac{1}{V_s}\right) \tag{6.58(a)}$$

即

$$A_v=\frac{-\beta R_C}{r_\pi+(1+\beta)R_E}\left(\frac{R_i}{R_i+R_S}\right) \tag{6.58(b)}$$

由该式可以看出，如果 $R_i \gg R_S$ 且 $(1+\beta)R_E \gg r_\pi$，那么小信号电压增益约为

$$A_v\approx\frac{-\beta R_C}{(1+\beta)R_E}\approx\frac{-R_C}{R_L} \tag{6.59}$$

式(6.58(b))和式(6.59)表明，和前面的例题相比，电流增益 β 对电压增益的影响较小，这意味着当晶体管电流增益发生变化时电路的电压增益变化较小。这样，电路设计者就对电压增益的设计拥有较多的控制权，但是只有当增益较小时这种优点才有价值。

在第 5 章曾经讨论了 Q 点随电阻值变化或电阻值具有容许误差时而发生的变化。由于电压增益为电阻值的函数，因而也是那些值的容许误差的函数。这些在电路设计中是必须要考虑的。

【例题 6.6】

目的：求解带射极电阻的共射极电路的小信号电压增益和输入电阻。

已知如图 6.31 所示的电路，晶体管参数为 $\beta=100$，$V_{BE}(\text{on})=0.7\text{V}$ 和 $V_A=\infty$。

直流解：由电路的直流分析可以求得 $I_{CQ}=2.16\text{mA}$ 和 $V_{CEQ}=4.81\text{V}$，此结果表明晶体管偏置在正向放大模式。

交流解：求得小信号混合 π 参数为

$$r_\pi=\frac{V_T\beta}{I_{CQ}}=\frac{(0.026)(100)}{(2.16)}=1.20\text{k}\Omega$$

$$g_m=\frac{I_{CQ}}{V_T}=\frac{2.16}{0.026}=83.1\text{mA/V}$$

和

$$r_o=\frac{V_A}{I_{CQ}}=\infty$$

求得对基极的输入电阻为

$$R_{ib}=r_\pi+(1+\beta)R_E=1.20+(101)(0.4)=41.6\text{k}\Omega$$

于是可以求得放大器的输入电阻为

$$R_i=R_1\parallel R_2\parallel R_{ib}=10\parallel 41.6=8.06\text{k}\Omega$$

应用电压增益的精确表达式，可以求得

$$A_v=\frac{-(100)(2)}{1.20+(101)(0.4)}\left(\frac{8.06}{8.06+0.5}\right)=-4.53$$

如果应用式(6.59)给出的近似式，可得

$$A_v=\frac{-R_C}{R_E}=\frac{-2}{0.4}=-5.0$$

点评：当电路中增加了射极电阻时，其小信号电压增益值明显地减小了。同样，式(6.59)给出了求解电压增益的一个较好的初步近似，这意味着它可以用于带射极电阻的共射极电路的原始设计中。

讨论：放大器电压增益几乎与电流增益 β 的变化无关。下面的计算就表明了这种现象。

β	A_v
50	−4.41
100	−4.53
150	−4.57

通过增加发射极电阻除了可以提高电路的稳定性之外，也获得了负载效应方面的改进。可以看到，对于 $\beta=100$，放大器的输入电压为

$$V_{in}=\left(\frac{R_i}{R_i+R_S}\right)\cdot V_s=(0.942)V_s$$

可以看出 V_{in} 比前面的例题更接近于 V_s 的值。负载效应较小的原因是由于加入了射极电阻后，晶体管基极的输入电阻增大了。

图 6.30 所示的等效电路同样适用于本例题，两个例题的区别是输入电阻和增益参数的值不同。

练习题

【练习题 6.6】 在图 6.33 所示的电路中，令 $R_E=0.6\text{k}\Omega$，$R_C=5.6\text{k}\Omega$，$\beta=120$，$V_{BE}(\text{on})=0.7\text{V}$，$R_1=250\text{k}\Omega$ 和 $R_2=75\text{k}\Omega$。(a)对于 $V_A=\infty$，试求小信号电压增益 A_v。(b)试求向晶体管基极看进去的输入电阻。(答案：(a)$A_v=-8.27$；(b)$R_{ib}=80.1\text{k}\Omega$)

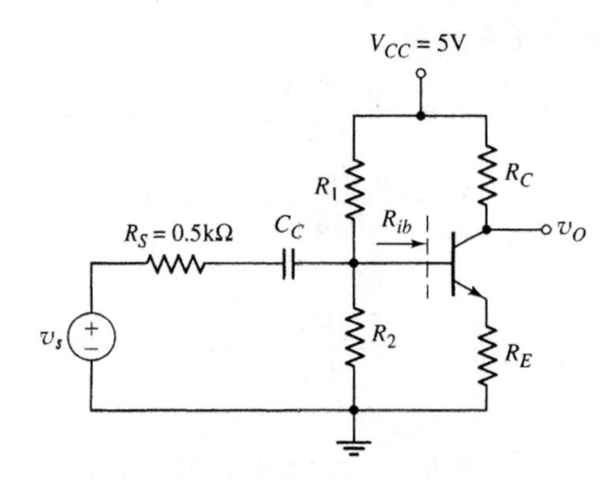

图 6.33 练习题 6.6 的电路

计算机分析题

【PS6.1】 (a)用 PSpice 分析验证例题 6.6 的结果。要求采用标准晶体管 2N2222。(b)对于 $R_E=0.3\text{k}\Omega$，重复(a)部分。

【例题 6.7】

目的：分析 PNP 晶体管电路。

观察图 6.34(a)所示的电路，试求静态参数值和小信号电压增益。已知晶体管的参数

为 $V_{BE}(\text{on})=0.7\text{V}$，$\beta=80$ 和 $V_A=\infty$。

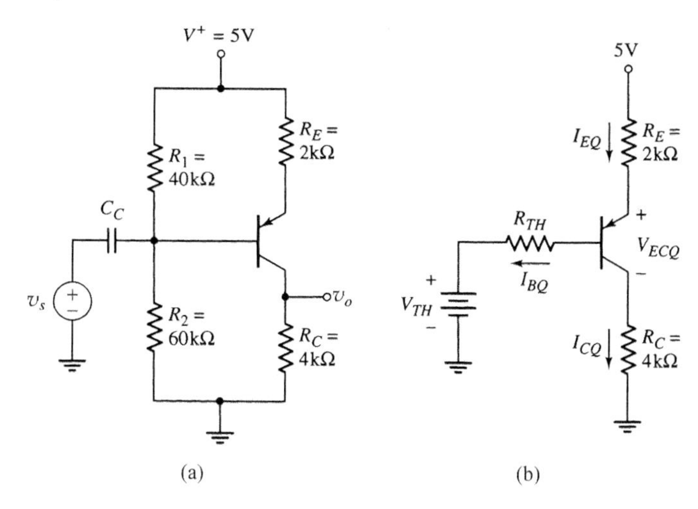

图　6.34

(a) 例题 6.7 的 PNP 晶体管电路；(b) 例题 6.7 的戴维南等效电路

解(直流分析)：基极偏置应用戴维南等效的直流等效电路如图 6.34(b)所示。求得

$$R_{TH}=R_1\parallel R_2=40\parallel 60=24\text{k}\Omega$$

和

$$V_{TH}=\left(\frac{R_2}{R_1+R_2}\right)\cdot V^+=\left(\frac{60}{60+40}\right)(5)=3\text{V}$$

写出 E-B 回路的 KVL 方程，假设晶体管偏置在正向放大模式，可得

$$V^+=(1+\beta)I_{BQ}R_E+V_{EB}(\text{on})+I_{BQ}R_{TH}+V_{TH}$$

解出基极电流可得

$$I_{BQ}=\frac{V^+-V_{EB}(\text{on})-V_{TH}}{R_{TH}+(1+\beta)R_E}=\frac{5-0.7-3}{24+(81)(2)}$$

即

$$I_{BQ}=0.00699\text{mA}$$

于是

$$I_{CQ}=\beta I_{BQ}=0.559\text{mA}$$

和

$$I_{EQ}=(1+\beta)I_{BQ}=0.566\text{mA}$$

静态发射极-集电极电压为

$$V_{ECQ}=V^+-I_{EQ}R_E-I_{CQ}R_C=5-(0.566)(2)-(0.559)(4)$$

即

$$V_{ECQ}=1.63\text{V}$$

解(交流分析)：求得小信号混合 π 参数为

$$r_\pi=\frac{\beta V_T}{I_{CQ}}=\frac{(80)(0.026)}{0.559}=3.72\text{k}\Omega$$

$$g_m=\frac{I_{CQ}}{V_T}=\frac{0.559}{0.026}=21.5\text{mA/V}$$

和

$$r_o = \frac{V_A}{I_Q} = \infty$$

小信号等效电路如图 6.35 所示。如前面所提到的，从晶体管的三个电极开始，先画出三个电极间的混合 π 等效电路，然后再画上晶体管周围的其他电路元件。

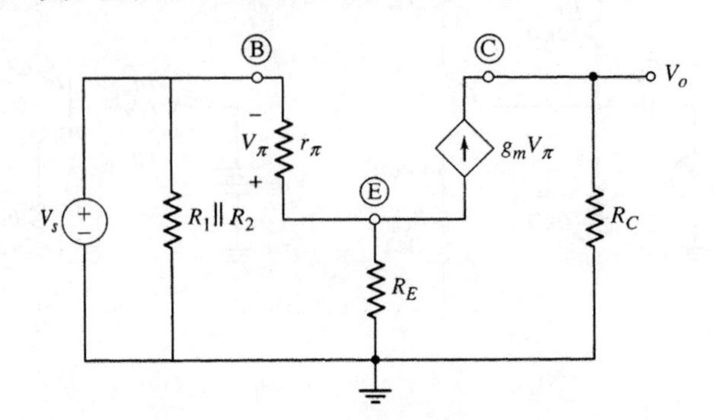

图 6.35 例题 6.7 中图 6.34(a)所示电路的小信号等效电路

输出电压为

$$V_o = g_m V_\pi R_C$$

从 B-E 回路的输入端写出 KVL 方程，可得

$$V_s = -V_\pi - \left(\frac{V_\pi}{r_\pi} + g_m V_\pi\right) R_E$$

其中，圆括号中的部分为流过电阻 R_E 的总电流。解出 V_π 并代入 $g_m r_\pi = \beta$，可得

$$V_\pi = \frac{-V_s}{1 + \left(\frac{1+\beta}{r_\pi}\right) R_E}$$

代入输出电压的表达式，可以求得小信号电压增益为

$$A_v = \frac{V_o}{V_s} = \frac{-\beta R_C}{r_\pi + (1+\beta) R_E}$$

于是

$$A_v = \frac{-(80)(4)}{3.72 + (81)(2)} = -1.93$$

负号表明输出电压相对于输入电压移相 180°。在应用 NPN 晶体管的共射极电路中也可以得出相同的结果。

应用式(6.59)给出的近似值，可得

$$A_v \approx -\frac{R_C}{R_E} = -\frac{4}{2} = -2$$

这种近似值和实际计算的值非常接近。

点评：在上一章的分析中已经知道电路中包含有射极电阻可以增强 Q 点的稳定性。然而，在这里可能会注意到，在小信号分析中，电阻 R_E 明显减小了小信号电压增益。因而在电子设计中为兼顾稳定性和增益这两方面的需求，常常采用折衷方案。

练习题

【练习题 6.7】 图 6.36 所示电路的晶体管参数为 $\beta=100$，$V_{BE}(\text{on})=0.7\text{V}$ 和 $V_A=\infty$。试求静态集电极电流和发射极-集电极电压，并求小信号电压增益。（答案：$I_{CQ}=1.74\text{mA}$，$V_{ECQ}=4.16\text{V}$，$A_v=-2.56$）

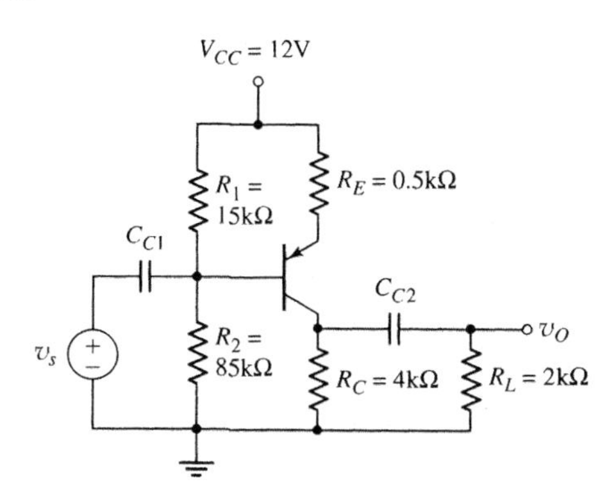

图 6.36 练习题 6.7 的电路

理解测试题

【测试题 6.3】 图 6.33 所示的电路。令 $\beta=100$，$V_{BE}(\text{on})=0.7\text{V}$ 和 $V_A=\infty$。试设计偏置稳定电路使得 $I_{CQ}=0.5\text{mA}$，$V_{ECQ}=2.5\text{V}$ 以及 $A_v=-8$。（答案：为了得到较好的近似值取：$R_C=4.54\text{k}\Omega$，$R_E=0.454\text{k}\Omega$，$R_1=24.1\text{k}\Omega$ 和 $R_2=5.67\text{k}\Omega$）

【测试题 6.4】 假设图 6.36 所示电路中所用的晶体管为 2N2907A 型，此晶体管标称直流参数为 $\beta=100$，$V_{BE}(\text{on})=0.7\text{V}$，试用晶体管 h 参数模型求解小信号电压增益。并求 h 参数的最小值和最大值（见附录 C）所对应的增益最小值和最大值。为简单起见，假设 $h_{re}=h_{oe}=0$。（答案：$A_v(\max)=-2.59$，$A_v(\min)=-2.49$）

【测试题 6.5】 试设计图 6.37 所示的电路使其偏置稳定，且小信号电压增益为 $A_v=-8$。令 $I_{CQ}=0.6\text{mA}$，$V_{ECQ}=3.75\text{V}$，$\beta=100$，$V_{BE}(\text{on})=0.7\text{V}$ 和 $V_A=\infty$。（答案：为了得到较好的近似值取：$R_C=5.62\text{k}\Omega$，$R_E=0.625\text{k}\Omega$，$R_1=7.41\text{k}\Omega$ 和 $R_2=42.5\text{k}\Omega$）

【测试题 6.6】 图 6.31 所示的电路，小信号电压增益近似由 $-R_C/R_E$ 给出。对于 $R_C=2\text{k}\Omega$，$R_E=0.4\text{k}\Omega$ 和 $R_S=0$。若要求近似值与实际值相差 5%以内，试问 β 值必须为多大？（答案：$\beta=76$）

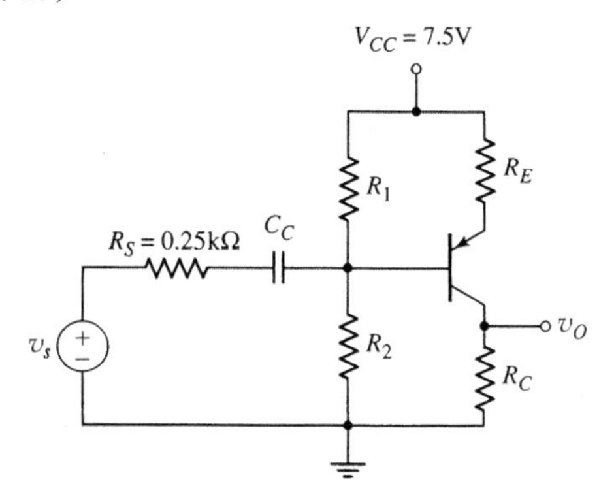

图 6.37 测试题 6.5 的电路

计算机分析题

【PS6.2】 用 PSpice 分析，验证例题 6.7 的结果。要求采用标准晶体管。

6.4.3 带射极旁路电容的电路

或许在很多时候都会面临一个问题，即在直流设计中需要较大的射极电阻，可是增大射极电阻又会使小信号电压增益迅速下降。这时，就可以采用一个射极旁路电容，对于交流信号，能有效地旁路掉部分或全部射极电阻。观察图 6.38 所示的电路，在电路中采用了正、负电源电压作偏置电压。射极电阻 R_{E1} 和 R_{E2} 都是直流电路设计需要的元件，但是只有 R_{E1} 是交流等效电路的一部分，因为电容 C_E 使交流信号对地短路。最后，交流增益的稳定性仅取决于 R_{E1}，而直流静态工作点的稳定性将主要取决于 R_{E2}①。

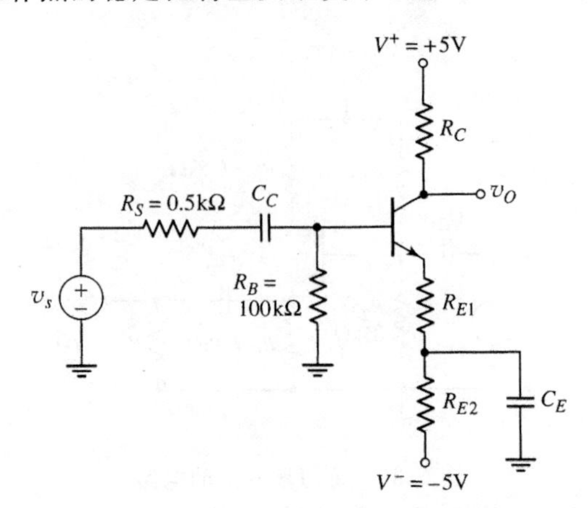

图 6.38　带射极电阻和射极旁路电容的双极型电路

【设计例题 6.8】

设计目的：设计满足一组指标要求的双极型放大器电路。

设计指标：将要设计的电路结构如图 6.38 所示，需要将一个来自麦克风的 12mV 的正弦信号放大为 0.4V 的正弦输出信号。如图所示，假设麦克风的输出电阻为 0.5kΩ。

器件选择：设计中所用晶体管的标称参数为 $\beta=100$ 和 $V_{BE}(\text{on})=0.7\text{V}$，但是由于容许误差的影响，假设这类晶体管的电流增益在 $75\leqslant\beta\leqslant125$ 范围之内。这里假设 $V_A=\infty$。要求在最终的设计中采用标准电阻值，但是在该例题中将假设可以利用实际的电阻值（没有容许误差的影响）。

解（初步的设计方法）：放大器所需要的电压增益值为

$$|A_v|=\frac{0.4\text{V}}{12\text{mV}}=33.3$$

由式(6.59)得放大器的近似电压增益为

$$|A_v|\approx\frac{R_C}{R_{E1}}$$

从上一个例题可以看出这种增益的值能产生更好的较高增益，可令 $R_C/R_{E1}=40$ 或 $R_C=40R_{E1}$。

基极-发射极直流回路方程为

$$5=I_BR_B+V_{BE}(\text{on})I_E(R_{E1}+R_{E2})$$

假设 $\beta=100$ 和 $V_{BE}(\text{on})=0.7\text{V}$，可以设计电路来产生静态射极电流，比如 0.20mA。于是可得

$$5=\frac{(0.20)}{(101)}(100)+0.70+(0.20)(R_{E1}+R_{E2})$$

① 一般应该有 $R_{E2}>R_{E1}$。——译者注。

即

$$R_{E1}+R_{E2}=20.5\text{k}\Omega$$

假设 $I_E \approx I_C$，并设计电路使得 $V_{CEQ}=4\text{V}$，由集电极-发射极回路方程可得

$$5+5=I_C R_C+V_{CEQ}+I_E(R_{E1}+R_{E2})=(0.2)R_C+4+(0.2)(20.5)$$

则

$$R_C=9.5\text{k}\Omega$$

于是

$$R_{E1}=\frac{R_C}{40}=\frac{9.5}{40}=0.238\text{k}\Omega$$

且 $R_{E2}=20.3\text{k}\Omega$。

综合考虑：由附录D可知，所取的标准电阻值为 $R_{E1}=240\Omega$，$R_{E2}=20\text{k}\Omega$ 且 $R_C=10\text{k}\Omega$。假设这些电阻值是可以得到的。下面将研究晶体管电流增益 β 值变化对电路性能的影响。

三种 β 值对应的电路参数变化情况如下表所示。输出电压 V_o 是 12mV 输入电压所对应的输出值。

β	I_{CQ}(mA)	r_π(kΩ)	$\lvert A_v \rvert$	V_o(V)
75	0.197	9.90	26.1	0.313
100	0.201	12.9	26.4	0.317
125	0.203	16.0	26.6	0.319

需要注意的很重要的一点是，对于 12mV 的输入电压，输出电压小于设计目标 0.4V。这种影响将在下一节中采用计算机仿真进行进一步探讨。

第二点需要注意的是，静态集电极电流、小信号电压增益以及输出电压都很少受到电流增益 β 的影响。这种稳定性是因为加入了射极电阻 R_{E1} 的最直接的结果。

计算机仿真：由于在设计中采用了近似方法，所以可以应用 PSpice 和选择的标准电阻值来为电路求得更为精确的值。图 6.39 所示则为 PSpice 电路原理图。

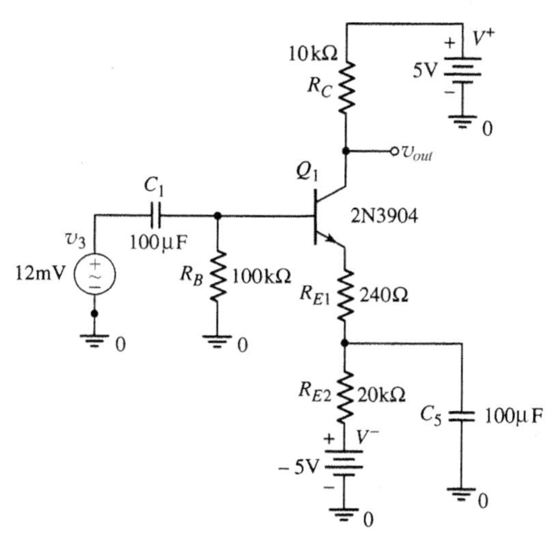

图 6.39　例题 6.8 的 PSpice 原理电路

采用标准电阻值和 2N3904 型晶体管，12mV 的输入信号产生的输出信号为 323mV。仿真中使用的频率为 2kHz，电容值为 100μF。输出信号的值稍小于所要求的值 400mV。产生这种差别的主要原因是由于设计中忽略了晶体管的参数 r_π，对于 I_C 约为 0.2mA 的集电极电流来说，r_π 的影响将是值得注意的。

为了提高小信号电压增益，选取较小的 R_{E1} 值是必要的。假如选取 $R_{E1}=160\Omega$，则输出信号电压为 410mV，这就非常接近所要求的值。

设计指南：近似法在电子电路的初步设计中是非常有用的。应用计算机仿真软件比如 PSpice，则可以用来检验设计。为了满足要求的设计指标，设计过程中可能需要做些轻微的改动。

练习题

【练习题 6.8】 图 6.40 所示的电路，令 $\beta=100$，$V_{BE}(\text{on})=0.7\text{V}$ 和 $V_A=100\text{V}$。(a)试求小信号电压增益。(b)试求由信号源看进来的输入电阻和由输出端看进来的输出电阻。(答案：(a)$A_v=-148$；(b)$R_{in}=6.09\text{k}\Omega$，$R_o=9.58\text{k}\Omega$)

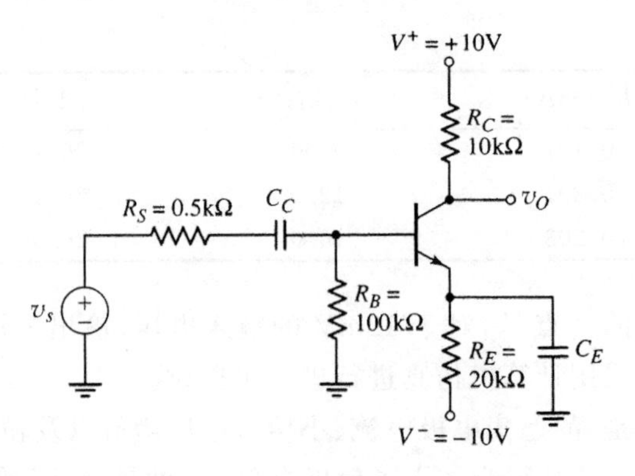

图 6.40 练习题 6.8 的电路

理解测试题

【测试题 6.7】 图 6.41 所示的电路，令 $\beta=125$，$V_{BE}(\text{on})=0.7\text{V}$ 和 $V_A=200\text{V}$。(a)试求小信号电压增益 A_v。(b)试求输出电阻 R_o。(答案：(a)$A_v=-50.5$；(b)$R_o=2.28\text{k}\Omega$)

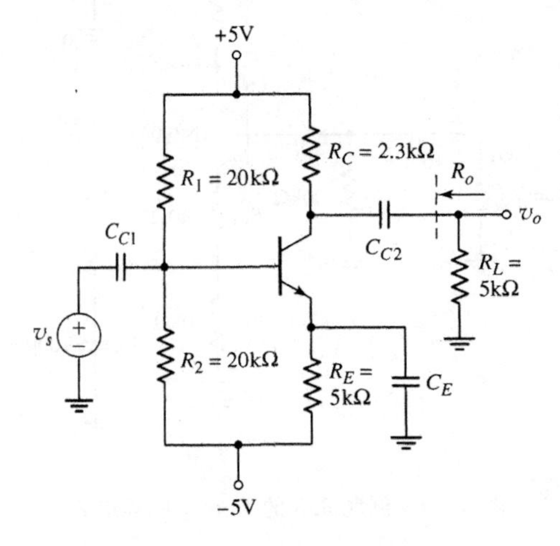

图 6.41 测试题 6.7 的电路

计算机分析题

【PS6.3】 (a)应用 PSpice 仿真,试求图 6.41 所示电路的电压增益。(b)如果 $R_L=50k\Omega$,重复(a)部分。分析电路的负载效应。

6.4.4 高级共射极放大器的概念

前面关于共射极电路的分析假设了负载或集电极电阻是恒定的。图 6.42(a)所示的共射极电路采用了恒流源偏置,并包含了一个非线性的而不是恒定的集电极电阻。假设非线性电阻的电流-电压特性由图 6.42(b)所示的曲线描述。图 6.42(b)所示的曲线可以用图 6.42(c)所示的 PNP 晶体管来产生。晶体管由恒定电压 V_{EB} 偏置,该晶体管在此为**负载器件**。因为晶体管是有源器件,所以此负载也就属于**有源负载**。在本书的第 2 部分将更为详细地讲解有源负载。

忽略图 6.42(a)中的基极电流,可以假设负载器件的静态电流和电压值为 $I_Q=I_{CQ}$ 和 V_{RQ},如图 6.42(b)所示。在负载器件的 Q 点处,假设增量电阻 $\Delta v_R/\Delta i_C$ 为 r_c。

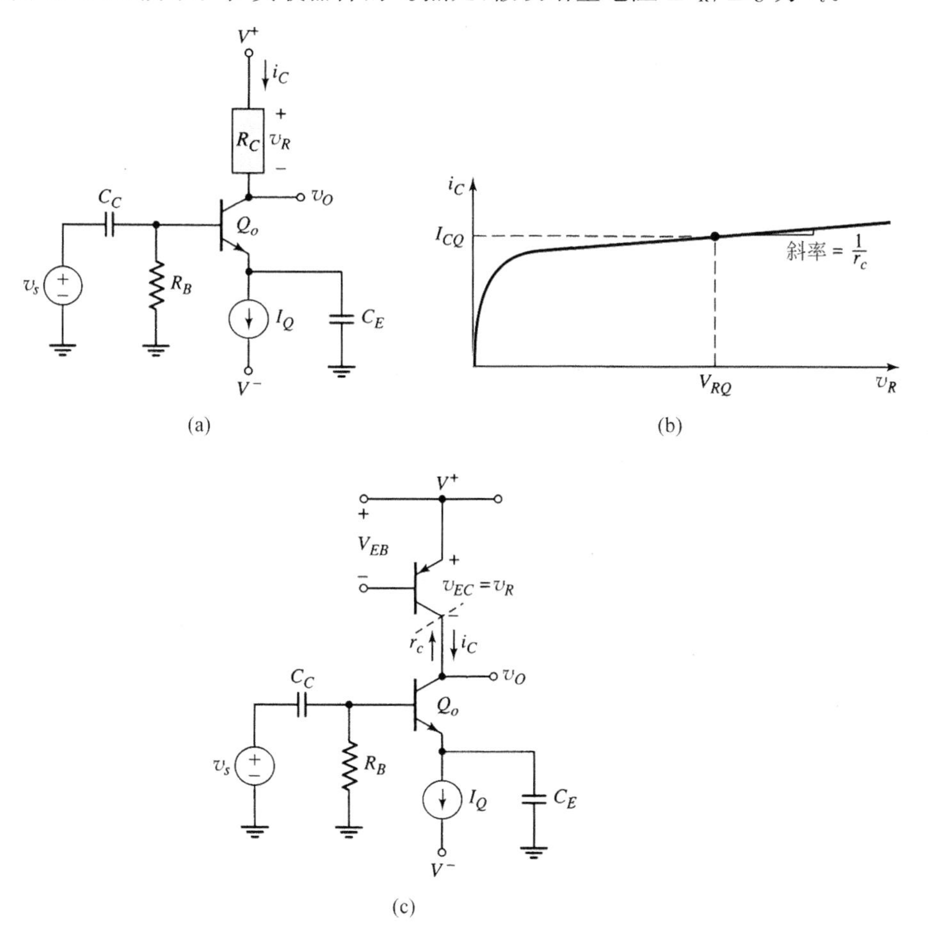

图 6.42

(a) 带电流源偏置和非线性负载电阻的共射极电路;(b) 非线性负载电阻的电流-电压特性;(c) 用来产生非线性负载特性的 PNP 晶体管

图 6.43 所示则为图 6.42(a)所示共射极放大器电路的小信号等效电路。集电极电阻 R_C 被 Q 点处的小信号等效电阻 r_c 代替。假设信号源为理想电压信号源，则小信号电压增益为

$$A_v = \frac{V_o}{V_s} = -g_m(r_o \parallel r_c) \tag{6.60}$$

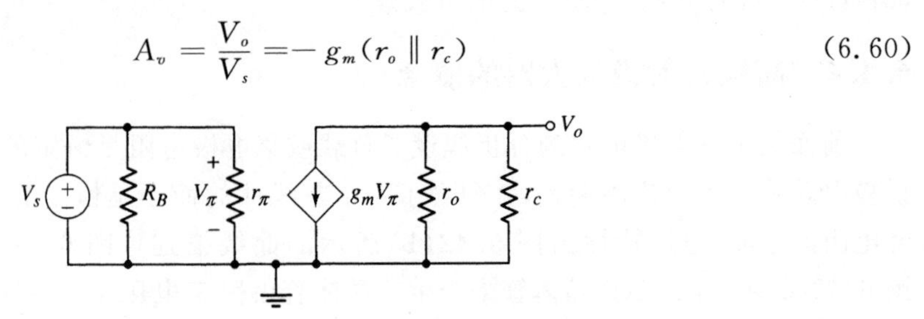

图 6.43　图 6.42(a)所示电路的小信号等效电路

【例题 6.9】

目的：求解带非线性负载电阻的共射极电路的小信号电压增益。

假设图 6.42(a)所示的电路偏置在 $I_Q=0.5\text{mA}$，且晶体管参数为 $\beta=120$ 和 $V_A=80\text{V}$。并假设非线性小信号集电极电阻为 $r_c=120\text{k}\Omega$。

解：对于电流增益 $\beta=120$，$I_{CQ}\approx I_{EQ}=I_Q$，小信号混合 π 参数为

$$g_m = \frac{I_{CQ}}{V_T} = \frac{0.5}{0.026} = 19.2\text{mA/V}$$

和

$$r_o = \frac{V_A}{I_{CQ}} = \frac{80}{0.5} = 160\text{k}\Omega$$

因而小信号电压增益为

$$A_v = -g_m(r_o \parallel r_c) = -(19.2)(160 \parallel 120) = -1317$$

点评：在本书的第 2 部分将会看到，非线性电阻 r_c 是由另一个双极型晶体管的 I-V 特性所产生的。由于相应的有效负载电阻很大，所以产生非常大的小信号电压增益。较大的有效负载电阻意味着不能忽略放大器晶体管的输出电阻 r_o；因而必须考虑负载效应。

练习题

【练习题 6.9】　(a)假设图 6.42(a)所示的电路偏置在 $I_Q=0.25\text{mA}$，并假设晶体管的参数为 $\beta=100$ 和 $V_A=100\text{V}$。再假设小信号非线性集电极电阻 $r_c=100\text{k}\Omega$。试求小信号电压增益。(b)若在输出端和地之间连接小信号负载电阻 $r_L=100\text{k}\Omega$，重做(a)部分。(答案：(a)$A_v=-769$；(b)$A_v=-427$)

6.5　交流负载线分析

本节内容：理解交流负载线的概念并计算输出信号的最大对称振幅。

直流负载线提供了表达 Q 点和晶体管特性曲线的直观化方法。当晶体管电路中包含电容时，则可能存在另一种新的有效负载线，称为**交流负载线**。交流负载线有助于使放大电路的小信号响应和晶体管特性曲线之间的关系更为直观，电路的交流工作区就位于交流负载线上。

6.5.1 交流负载线

图 6.38 所示的电路,它包含了两个射极电阻和一个射极旁路电容。直流负载线可以通过写出 C-E 回路的 KVL 方程而求得,即

$$V^{+}=I_{C}R_{C}+V_{CE}+I_{E}(R_{E1}+R_{E2})+V^{-} \tag{6.61}$$

注意到 $I_E=[(1+\beta)\beta]I_C$,则式(6. 61)可以写为

$$V_{CE}=(V^{+}-V^{-})-I_{C}\left[R_{C}+\left(\frac{1+\beta}{\beta}\right)(R_{E1}+R_{E2})\right] \tag{6.62}$$

这就是直流负载线方程,对于例题 6.8 中得出的参数和标准电阻值,对应的直流负载线和 Q 点如图 6.44 所示。如果 $\beta\gg 1$,那么就可以近似认为$(1+\beta)/\beta\approx 1$。

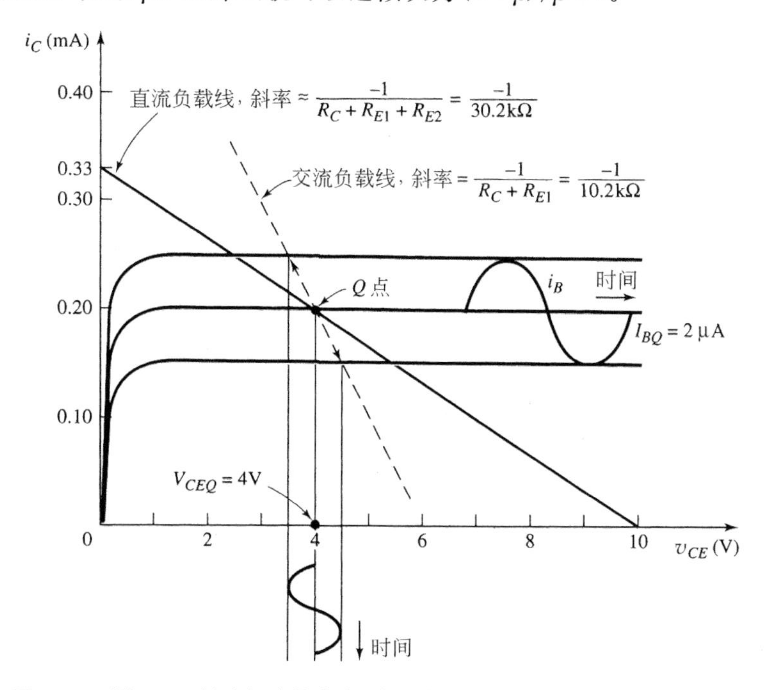

图 6.44 图 6.38 所示电路的直流、交流负载线以及输入信号对应的响应

由例题 6.8 中的小信号分析可知,集电极-发射极回路的 KVL 方程为

$$i_{c}R_{C}+v_{ce}+i_{e}R_{E1}=0 \tag{6.63(a)}$$

假设 $i_c\approx i_e$,于是

$$v_{ce}=-i_{c}(R_{C}+R_{E1}) \tag{6.63(b)}$$

此式即为交流负载线方程。其斜率为

$$\text{斜率}=\frac{-1}{R_{C}+R_{E1}}$$

交流负载线则如图 6.44 所示。当 $v_{ce}=i_c=0$ 时所对应的点就是 Q 点,而当交流信号出现时,这一点就偏离了 Q 点而处于交流负载线上。

交流负载线的斜率和直流负载线的不同,这是由于小信号等效电路中并不包含射极电阻 R_{E2}。小信号 C-E 电压和集电极电流响应仅仅是电阻 R_C 和 R_{E1} 的函数。

【例题 6.10】

目的：求解图 6.45 所示电路的直流负载线和交流负载线。

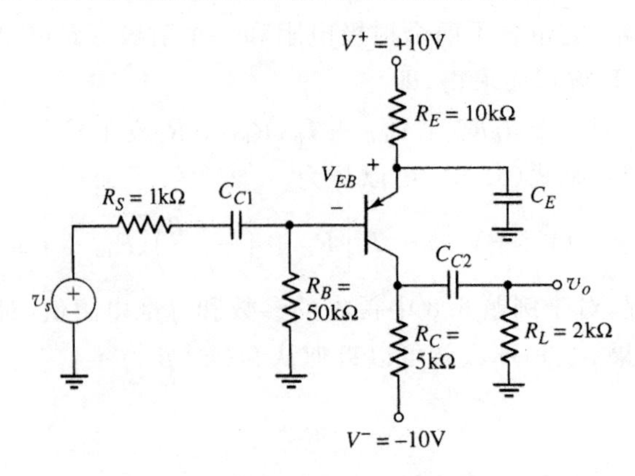

图 6.45　例题 6.10 的电路

假设晶体管参数为 $V_{BE}(\text{on})=0.7\text{V}$，$\beta=150$ 和 $V_A=\infty$。

直流解：通过写出 C-E 回路的 KVL 方程可以求得直流负载线为

$$V^+ = I_E R_E + V_{EC} + I_C R_C + V^-$$

于是直流负载线方程为

$$V_{EC} = (V^+ - V^-) - I_C\left[R_C + \left(\frac{1+\beta}{\beta}\right)R_E\right]$$

假设$(1+\beta)/\beta\approx1$，那么直流负载线将如图 6.46 所示。

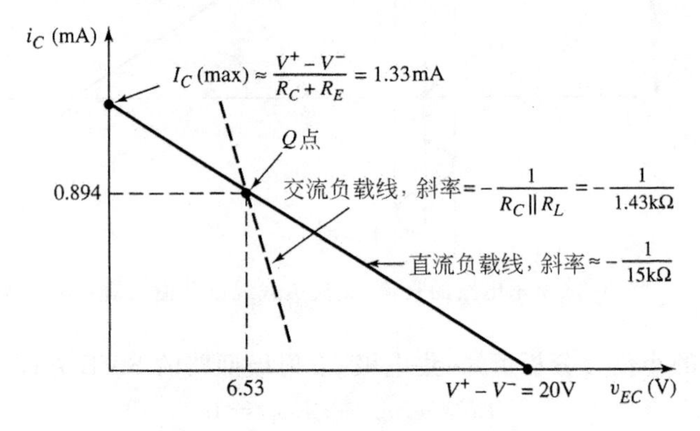

图 6.46　例题 6.10 的直流和交流负载线

为了求解 Q 点的参数，写出 B-E 回路的 KVL 方程为

$$V^+ = (1+\beta)I_{BQ}R_E + V_{EB}(\text{on}) + I_{BQ}R_B$$

即

$$I_{BQ} = \frac{V^+ - V_{EB}(\text{on})}{R_B + (1+\beta)R_E} = \frac{10-0.7}{50+(151)(10)} \Rightarrow 5.96\mu\text{A}$$

于是

$$I_{CQ} = \beta I_{BQ} = (150)(5.96) \Rightarrow 0.894\text{mA}$$

$$I_{EQ} = (1+\beta)I_{BQ} = (151)(5.96) \Rightarrow 0.90\text{mA}$$

且

$$V_{ECQ}=(V^{+}-V^{-})-I_{CQ}R_C-I_{EQ}R_E$$
$$=[10-(-10)]-(0.894)(5)-(0.90)(10)=6.53\text{V}$$

在图 6.46 中也画出了 Q 点。

交流解：假设所有的电容都视作短路，于是小信号等效电路如图 6.47 所示。注意 PNP 晶体管的混合 π 等效电路的电流方向及电压极性与 NPN 晶体管的情况相反。小信号混合 π 参数为

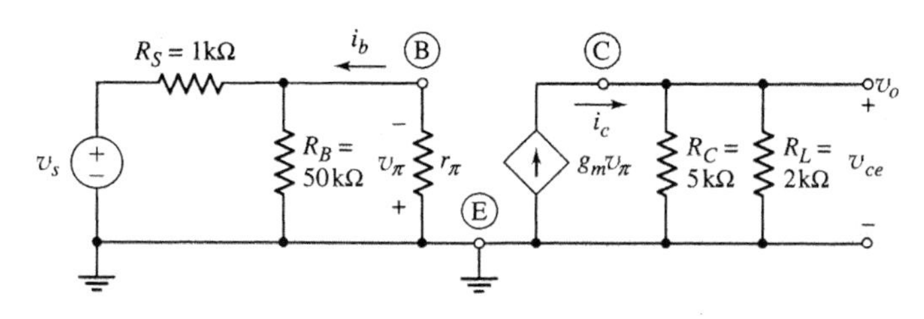

图 6.47　例题 6.10 电路的小信号等效电路

$$r_\pi=\frac{V_T\beta}{I_{CQ}}=\frac{(0.026)(150)}{0.894}=4.36\text{k}\Omega$$

$$g_m=\frac{I_{CQ}}{V_T}=\frac{0.894}{0.026}=34.4\text{mA/V}$$

和

$$r_o=\frac{V_A}{I_{CQ}}=\frac{\infty}{I_{CQ}}=\infty$$

小信号输出电压，即 C-E 电压为

$$v_o=v_{ce}=+(g_m v_\pi)(R_C\parallel R_L)$$

式中

$$g_m v_\pi=i_c$$

用 E-C 电压的形式写出的交流负载线为

$$v_{ec}=-i_c(R_C\parallel R_L)$$

在图 6.46 中也画出了交流负载线。

点评：在小信号等效电路中，较大的 10kΩ 电阻被旁路电容 C_E 有效地短路了，又由于耦合电容 C_{C2} 作用为短路，使负载电阻 R_L 和 R_C 并联，所以交流负载线的斜率和直流负载线的明显不同。

练习题

【练习题 6.10】　图 6.41 所示的电路，令 $\beta=125$，$V_{BE}(\text{on})=0.7\text{V}$ 和 $V_A=200\text{V}$。试在同一个图中画出直流和交流负载线。(答案：$I_{CQ}=0.840\text{mA}$，直流负载线：$V_{CE}=10-(7.3)I_C$；交流负载线：$V_{ce}=-(1.58)I_c$)

6.5.2　最大对称振幅

当在放大器的输入端施加对称的正弦信号时，如果放大器保持线性工作，那么输出端也会产生对称的正弦信号。可以利用交流负载线来求解**输出的最大对称振幅**。如果输出超出

这个最大值，那么输出信号的一部分将会被截掉而发生信号失真。

【例题 6.11】

目的：求解图 6.45 所示电路输出电压的最大对称振幅。

解：图 6.46 给出了交流负载线，集电极电流负的最大振幅从 0.894mA 到 0mA；因而集电极交流电流可能的最大对称峰-峰值为

$$\Delta i_c = 2(0.894) = 1.79\text{mA}$$

则输出电压的最大对称峰-峰值为

$$|\Delta v_{ec}| = |\Delta i_c|(R_C \| R_L) = (1.79)(5 \| 2) = 2.56\text{V}$$

因而，最大的瞬时集电极电流为

$$i_C = I_{CQ} + \frac{1}{2}|\Delta i_c| = 0.894 + 0.894 = 1.79\text{mA}$$

点评：将晶体管保持偏置在正向放大模式，观察 Q 点和 C-E 电压的最大振幅。注意集电极瞬时电流的最大值为 1.79mA，它大于由直流负载线求得的直流集电极电流的最大值 1.33mA。这种明显的反常是由于对于直流信号和交流信号来说 C-E 电路中的电阻不同所造成的。

练习题

【练习题 6.11】 再次观察图 6.36 所示的电路，令 $r_o=\infty$，$\beta=120$ 和 $V_{BE}(\text{on})=0.7\text{V}$。(a)请在同一个图中画出直流负载线和交流负载线。(b)对于 $i_c>0$ 和 $0.5\text{V}\leqslant v_{EC}\leqslant 12\text{V}$，试求输出电压的最大对称振幅。(答案：(b)峰-峰值 6.58V)

注：在观察图 6.44 所示电路时，似乎交流负载线的交流输出信号小于直流负载线的交流输出信号，这对于一个给定的基极正弦输入电流来说是正确的。然而，所需实际输入信号电压 v_s 对交流负载线来说要充分小才能产生给定的基极交流电流。这意味着交流负载线的电压增益大于直流负载线的电压增益。

解题技巧：最大对称振幅

同样，由于现在所处理的是线性放大器电路，所以应用叠加原理可以将交流分析和直流分析的结果相加。为了设计一个最大对称振幅的 BJT 放大器，可以采取以下步骤：

1. 写出将静态值 I_{CQ} 和 V_{CEQ} 联系起来的直流负载线方程。
2. 写出将交流值 i_c 和 v_{ce} 联系起来的交流负载线方程：$v_{ce}=-i_cR_{eq}$，式中 R_{eq} 为集电极-发射极电路的有效交流电阻。
3. 通常，可以写出 $i_c=I_{CQ}-I_C(\text{min})$，式中 $I_C(\text{min})$ 为零或规定的集电极电流。
4. 通常，还可以写出 $v_{ce}=V_{CEQ}-V_{CE}(\text{min})$，其中 $V_{CE}(\text{min})$ 为规定的集电极-发射极最小电压。
5. 可以把以上四个方程组合起来产生最合适的 I_{CQ} 和 V_{CEQ} 值，进而得出输出信号的最大对称振幅。

【设计例题 6.12】

设计目的：设计电路使输出电压达到最大对称振幅。

设计指标：即将设计的电路结构如图 6.48(a)所示，要求电路偏置稳定，集电极电流最小值为 $I_C(\text{min})=0.1\text{mA}$，且集电极-射极电压的最小值为 $V_{CE}(\text{min})=1\text{V}$。

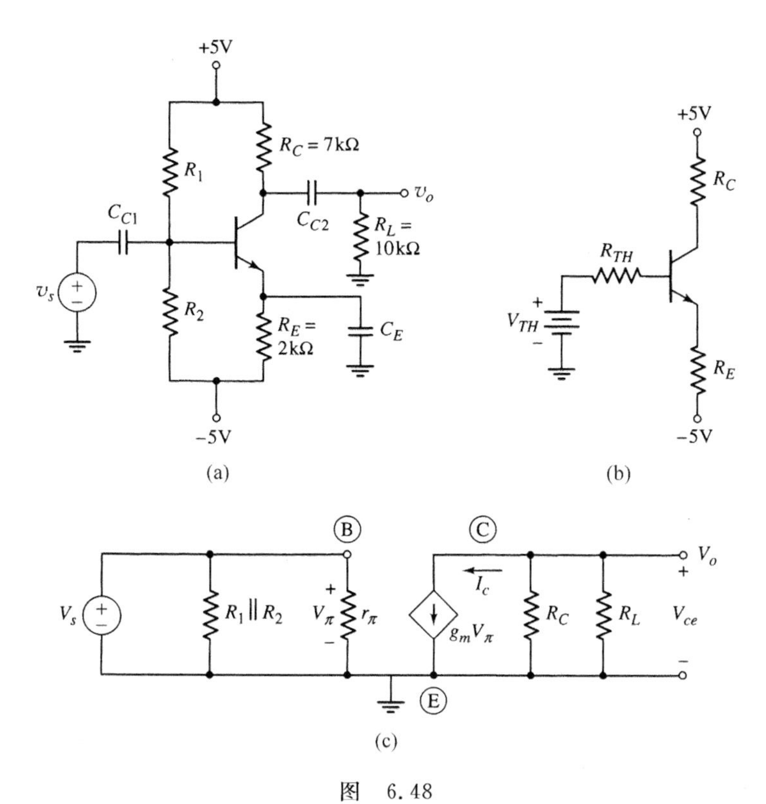

图　6.48

(a) 例题 6.12 的电路；(b) 戴维南等效电路；(c) 小信号等效电路

器件选择：假设标称电阻值为 $R_E=2\text{k}\Omega$ 和 $R_C=7\text{k}\Omega$。

令 $R_{TH}=R_1 \| R_2=(0.1)(1+\beta)R_E=24.2\text{k}\Omega$。假设晶体管参数为 $\beta=120$，$V_{BE}(\text{on})=0.7\text{V}$ 且 $V_A=\infty$。

解（**Q 点**）：直流等效电路如图 6.48(b) 所示，且中频小信号等效电路如图 6.48(c) 所示。

由图 6.48(b) 可得直流负载线为（假设 $I_C \approx I_E$）

$$V_{CE} = 10 - I_C(R_C + R_E) = 10 - (9)I_C$$

由图 6.48(c) 可得交流负载线为

$$V_{ce} = -I_c(R_C \| R_L) = -(4.12)I_c$$

这两条负载线如图 6.49 所示。此时 Q 点未知。图中所示为 $I_C(\min)$ 和 $V_{CE}(\min)$ 的值。集电极电流的交流峰值为 ΔI_C，集电极-发射极电压的交流峰值为 ΔV_{CE}。

可以写出

$$\Delta I_C = I_{CQ} - I_C(\min) = I_{CQ} - 0.1$$

和

$$\Delta V_{CE} = V_{CEQ} - V_{CE}(\min) = V_{CEQ} - 1$$

式中的 $I_C(\min)$ 和 $V_{CE}(\min)$ 都已经在设计指标中给出了。

于是

$$\Delta V_{CE} = \Delta I_C(R_C \| R_L)$$

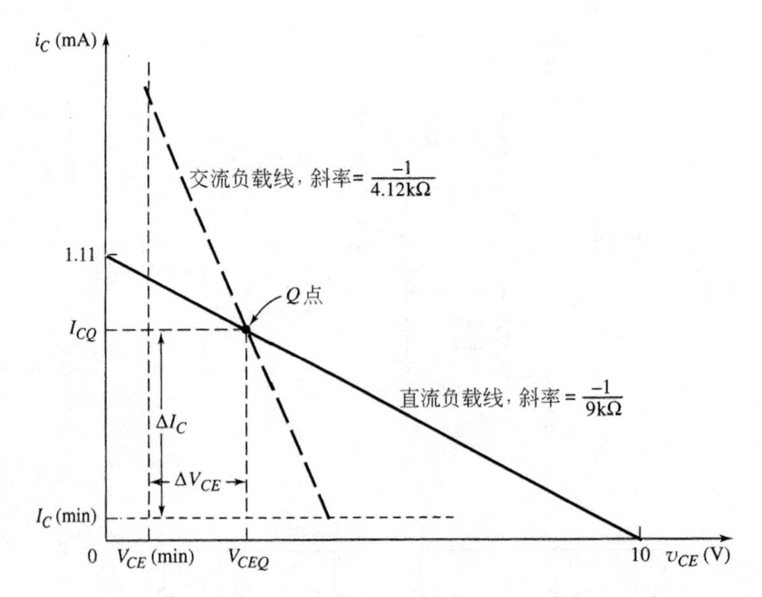

图 6.49　图 6.48(a)所示例题 6.12 电路的用于求解最大对称振幅的交流和直流负载线

即

$$V_{CEQ}-1=(I_{CQ}-0.1)(4.12)$$

代入直流负载线的表达式，可得

$$10-I_{CQ}(9)-1=(I_{CQ}-0.1)(4.12)$$

可得

$$I_{CQ}=0.717\text{mA}$$

于是

$$V_{CEQ}=3.54\text{V}$$

解(偏置电阻)：现在可以求解 R_1 和 R_2 来产生所需要的 Q 点。

由直流等效电路可得

$$V_{TH}=\left(\frac{R_2}{R_1+R_2}\right)[5-(-5)]-5$$

$$=\frac{1}{R_1}(R_{TH})(10)-5=\frac{1}{R_1}(24.2)(10)-5$$

于是，从 B-E 回路的 KVL 方程可得

$$V_{TH}=\left(\frac{I_{CQ}}{\beta}\right)R_{TH}+V_{BE}(\text{on})+\left(\frac{1+\beta}{\beta}\right)I_{CQ}R_E-5$$

即

$$\frac{1}{R_1}(24.2)(10)-5=\left(\frac{0.717}{120}\right)(24.2)+0.7+\left(\frac{121}{120}\right)(0.717)(2)-5$$

可得

$$R_1=106\text{k}\Omega$$

于是

$$R_2=31.4\text{k}\Omega$$

对称振幅计算结果：然后可以求得集电极电流的交流峰值为 $\Delta I_C = 0.617\text{mA}$，或者集电极电流的交流峰-峰值为 1.234mA。集电极-发射极电压的峰值为 2.54V，即集电极-发射极电压的峰-峰值为 5.08V。

综合考虑：下面来研究电阻 R_E 和 R_C 阻值变化的影响。本例题中将假设偏置电阻 R_1 和 R_2 是固定的，并假设晶体管参数是固定的。

戴维南等效电阻为 $R_{TH} = R_1 \parallel R_2 = 24.2\text{k}\Omega$，且戴维南等效电压为 $V_{TH} = -2.715\text{V}$。B-E 回路的 KVL 方程为

$$I_{BQ} = \frac{-2.715 - 0.7 - (-5)}{24.2 + (121)R_E} = \frac{1.585}{24.2 + (121)R_E}$$

可得

$$I_{CQ} = 120 I_{BQ}$$

且

$$V_{CEQ} = 10 - I_{CQ}(R_C + R_E)$$

对于 R_C 来说 7kΩ 的标准电阻值是得不到的，所以取值为 6.8kΩ。对于±10%的电阻容许误差，电阻 R_E 值的范围为 1.8kΩ 到 2.2kΩ，且电阻 R_C 的范围为 6.12kΩ 到 7.48kΩ。限定的电阻值所对应的 Q 点的值如下表中所示，并标在了图 6.50 所示的各条负载线上。

R_C	R_E	
	1.8kΩ	2.2kΩ
6.12kΩ	$I_{CQ}=0.786\text{mA}$	$I_{CQ}=0.655\text{mA}$
	$V_{CEQ}=3.77\text{V}$	$V_{CEQ}=4.55\text{V}$
7.48kΩ	$I_{CQ}=0.786\text{mA}$	$I_{CQ}=0.655\text{mA}$
	$V_{CEQ}=2.71\text{V}$	$V_{CEQ}=3.66\text{V}$

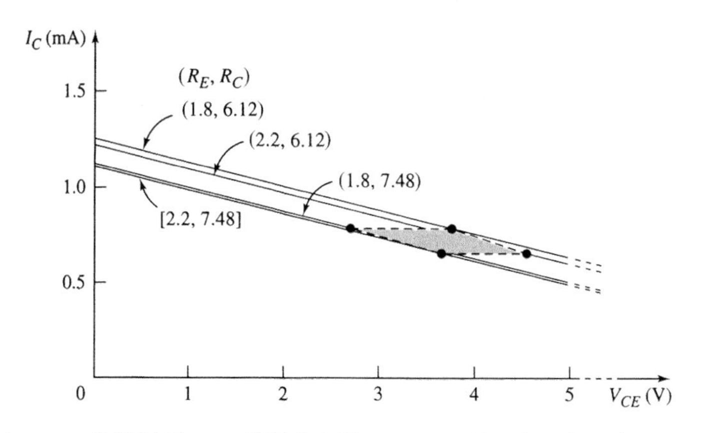

图 6.50　设计例题 6.12 的限定电阻 R_E 和 R_C 所对应的负载线及 Q 点

注意到交流负载线由 $V_{ce} = -I_c(R_C \parallel R_L)$ 给出，对于各种限定的电阻值，可以求出一个对称的输出信号的峰-峰值的最大值。这里的限定值可通过 $I_{CQ} - I_C(\text{min})$ 或者 $V_{CEQ} - V_{CE}(\text{min})$ 求出。峰-峰值的最大值在下表中给出。

R_C	R_E	
	1.8kΩ	2.2kΩ
6.12kΩ	$\Delta I_{CQ}=1.37\text{mA}$ $\Delta V_{CEQ}=5.22\text{V}$	$\Delta I_{CQ}=1.11\text{mA}$ $\Delta V_{CEQ}=4.22\text{V}$
7.48kΩ	$\Delta I_{CQ}=0.80\text{mA}$ $\Delta V_{CEQ}=3.42\text{V}$	$\Delta I_{CQ}=1.11\text{mA}$ $\Delta V_{CEQ}=4.76\text{V}$

对于 $R_E=1.8\text{k}\Omega$ 和 $R_C=7.48\text{k}\Omega$ 情况下的限制因素可以通过输出电压的最大振幅 $V_{CEQ}-V_{CE}(\min)$ 来求得，而其他情况下的限制因素则可以通过输出集电极电流的最大振幅 $I_{CQ}-I_C(\min)$ 来求得。

设计指南：对于本次设计，在最坏的情况下，输出电压的最大峰-峰值将被限制为 $\Delta V_{CE}=3.42\text{V}$，而不是理想的设计值 $\Delta V_{CE}=5.08\text{V}$。选择 R_C 为一个较小的电阻值，这样 V_{CEQ} 的最小可能值约为 3.5V，将允许较大的输出电压振幅。

点评：为了便于理解具体设计的折衷方案，本设计中考虑了电阻 R_E 和 R_C 的容许误差。电路中的其他电阻值也都具有一定的容许误差，而且晶体管的电流增益值也有一个取值范围。这些影响也都是最终设计时所必须考虑的。

练习题

【练习题 6.12】 图 6.51 所示的电路，令 $\beta=120$，$V_{EB}(\text{on})=0.7\text{V}$ 且 $r_o=\infty$。(a)试设计偏置稳定电路使 $I_{CQ}=1.6\text{mA}$，试求 V_{ECQ}。(b)对于 $i_C\geqslant 0.1\text{mA}$ 和 $0.5\text{V}\leqslant v_{EC}\leqslant 11.5\text{V}$，试求使输出电压和集电极电流产生最大对称振幅的 R_L 的值。(答案：(a) $R_1=15.24\text{k}\Omega$，$R_2=58.7\text{k}\Omega$，$V_{ECQ}=3.99\text{V}$；(b) $R_L=5.56\text{k}\Omega$)

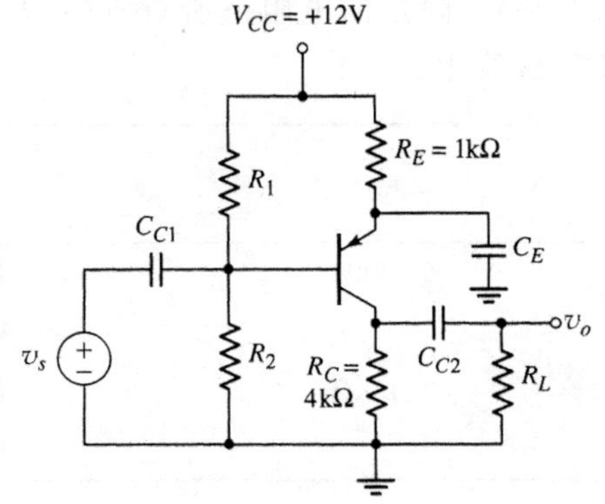

图 6.51 练习题 6.12 的电路

理解测试题

【测试题 6.8】 图 6.33 所示的电路，应用练习题 6.6 所给的参数。如果总的瞬时电流必须总是大于 0.1mA，且总的瞬时 C-E 电压必须在 $0.5\text{V}\leqslant v_{CE}\leqslant 5\text{V}$ 范围之内，试求输出电压的最大对称振幅。(答案：峰-峰值为 3.82V)

【测试题 6.9】 图 6.40 所示的电路，假设晶体管参数为 $\beta=100$，$V_{EB}(\text{on})=0.7\text{V}$ 和 $V_A=\infty$。对于 $i_C>0$ 和 $0.7\text{V}\leqslant v_{CE}\leqslant 19.5\text{V}$，试求使输出电压达到最大对称振幅的 R_E 值。试问达到的最大对称振幅是多少？(答案：$R_E=16.4\text{k}\Omega$，峰-峰值为 10.6V)

6.6 共集电极放大器(射极跟随器)

本节内容：分析射极跟随器放大器并熟悉这类电路的一般特性。

本章将要分析的第二种类型的晶体管放大器为**共集电极电路**。图 6.52 所示即为这种电路结构的一个例子。如图所示，从发射极相对于地取出输出信号，且集电极直接和电压 V_{CC} 相连。由于 V_{CC} 在交流等效电路中处于信号地端，因此称其为共集电极电路。这类电路的一个更为通用的名字为**射极跟随器**。在随后的分析过程中将会看到之所以这么称谓的原因。

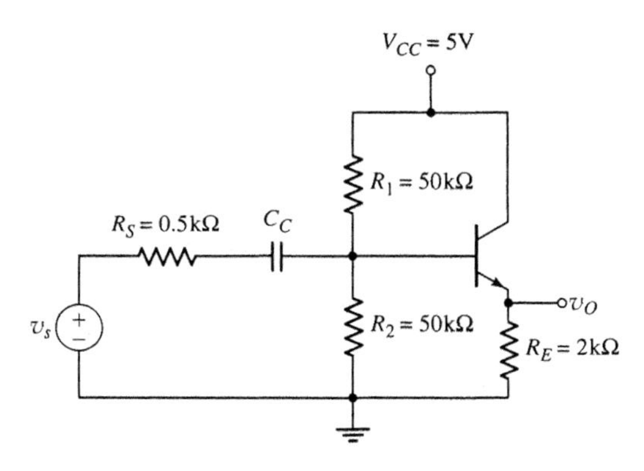

图 6.52　输出信号由发射极对地取出的射极跟随器电路

6.6.1　小信号电压增益

电路的直流分析和前面所讨论过的完全相同，所以在此将集中进行小信号分析。必须说明，双极型晶体管的混合 π 模型也可以用在此电路的小信号分析中。图 6.53 所示则为图 6.52 所示电路的小信号等效电路，图中假设耦合电容 C_C 的作用为短路。集电极处于信号地端，且晶体管输出电阻 r_o 和受控电流源并联。

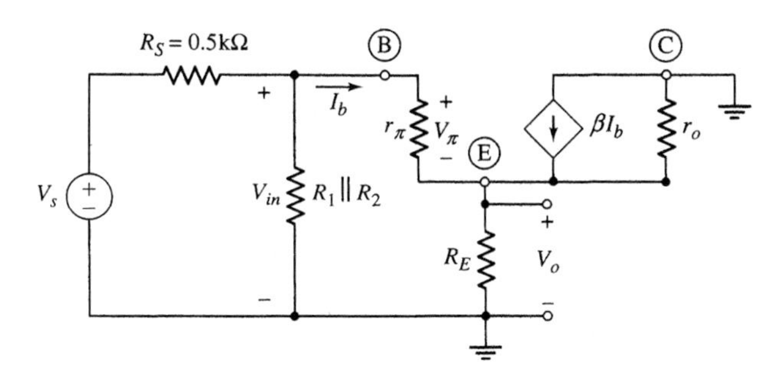

图 6.53　射极跟随电路的小信号等效电路

图 6.54 所示为整理后的等效电路，图中所有的信号地端连接于同一点。

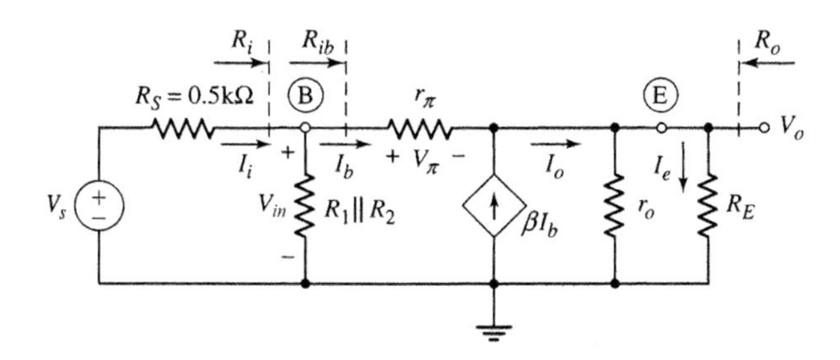

图 6.54　所有信号地端连接在一起的射极跟随器的小信号等效电路

可以看出

$$I_o=(1+\beta)I_b \tag{6.64}$$

所以输出电压可以写为

$$V_o = I_b(1+\beta)(r_o \parallel R_E) \tag{6.65}$$

写出 B-E 回路的 KVL 方程可得

$$V_{in} = I_b[r_\pi + (1+\beta)(r_o \parallel R_E)] \tag{6.66(a)}$$

即

$$R_{ib} = \frac{V_{in}}{I_b} = r_\pi + (1+\beta)(r_o \parallel R_E) \tag{6.66(b)}$$

还可以写为

$$V_{in} = \left(\frac{R_i}{R_i + R_S}\right) \cdot V_s \tag{6.67}$$

式中 $R_i = R_1 \parallel R_2 \parallel R_{ib}$。

联解式(6.65)、式(6.66(b))和式(6.67)可得小信号电压增益为

$$A_v = \frac{V_o}{V_s} = \frac{(1+\beta)(r_o \parallel R_E)}{r_\pi + (1+\beta)(r_o \parallel R_E)} \cdot \left(\frac{R_i}{R_i + R_S}\right) \tag{6.68}$$

【例题 6.13】

目的：计算射极跟随器电路的小信号电压增益。

已知如图 6.52 所示的电路，假设晶体管参数为 $\beta=100$，$V_{BE}(\text{on})=0.7\text{V}$ 和 $V_A=80\text{V}$。

解：直流分析表明 $I_{CQ}=0.793\text{mA}$ 和 $V_{CEQ}=3.4\text{V}$。求得小信号混合 π 参数为

$$r_\pi = \frac{V_T\beta}{I_{CQ}} = \frac{(0.026)(100)}{0.793} = 3.28\text{k}\Omega$$

$$g_m = \frac{I_{CQ}}{V_T} = \frac{0.793}{0.026} = 30.5\text{mA/V}$$

且

$$r_o = \frac{V_A}{I_{CQ}} = \frac{80}{0.793} \approx 100\text{k}\Omega$$

可能会注意到

$$R_{ib} = 3.28 + (101)(100 \parallel 2) = 201\text{k}\Omega$$

且

$$R_i = 50 \parallel 50 \parallel 201 = 22.2\text{k}\Omega$$

于是小信号电压增益为

$$A_v = \frac{(101)(100 \parallel 2)}{3.28 + (101)(100 \parallel 2)} \cdot \left(\frac{22.2}{22.2 + 0.5}\right)$$

即

$$A_v = +0.962$$

点评：电压增益的值稍小于 1，式(6.68)验证了这一点是正确的。同样，电压增益为正，表明发射极的输出信号电压和输入信号电压同相。至此，为何称为射极跟随器这一术语的原因已经很清晰了，即发射极的输出电压基本等于输入电压。

乍一看电压增益基本为 1 的晶体管放大器似乎没有多大价值。然而，在下一节将会看到，其输入电阻和输出电阻特性使这种电路在很多应用场合非常有用。

练习题

【练习题 6.13】 图 6.52 所示的电路，令 $V_{CC}=5\text{V}$，$\beta=120$，$V_A=100\text{V}$，$R_E=1\text{k}\Omega$，$V_{BE}(\text{on})=0.7\text{V}$，$R_1=25\text{k}\Omega$ 和 $R_2=50\text{k}\Omega$。(a)试求小信号电压增益 $A_v=V_o/V_s$。(b)试求从晶体管基极看进去的输入电阻。(答案：(a)$A_v=0.956$；(b)$R_{ib}=120\text{k}\Omega$)

计算机分析题

【PS6.4】 对于图 6.52 所示的电路进行 PSpice 仿真。(a)试求小信号电压增益。(b)试求由信号源 v_s 看进去的有效电阻。

6.6.2 输入电阻和输出电阻

输入电阻

射极跟随器的输入阻抗，或对于低频小信号的输入电阻可以用和共射极电路相同的方式求得。图 6.52 所示的电路，从基极看进去的输入电阻表示为 R_{ib} 并标在了图 6.54 所示的小信号等效电路中。

输入电阻 R_{ib} 由式(6.66(b))给出为

$$R_{ib}=r_\pi+(1+\beta)(r_o\parallel R_E)$$

由于射极电流为基极电流的$(1+\beta)$倍，所以射极的有效阻抗需要乘上系数$(1+\beta)$。当共射极电路中包含射极电阻时会看到类似的效应。这种乘以$(1+\beta)$的倍增同样称为**电阻折算规则**。基极的输入电阻为 r_π 加上射极有效电阻乘以系数$(1+\beta)$。在本书的其他部分将广泛地用到这种电阻折算规则。

输出电阻

首先，为了求解图 6.52 所示射极跟随器电路的输出电阻，将假设输入信号源为理想信号源且 $R_S=0$。图 6.55 所示电路可以用来求解从输出端看进来的输出阻抗。该电路是通过将图 6.54 所示的小信号等效电路中独立电压源 V_s 置零得来的，也就是说图 6.54 中的 V_s 视作短路。在电路输出端施加测试电压 V_x，得到相应的测试电流 I_x。于是输出电阻 R_o 为

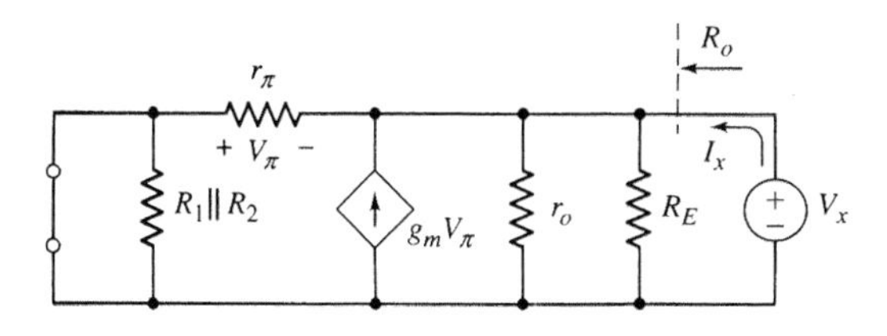

图 6.55　用来求解输出电阻的射极跟随器小信号等效电路
假设信号源电阻 R_S 为零(理想信号源)

$$R_o=\frac{V_x}{I_x}\tag{6.69}$$

在此情况下控制电压 V_π 虽然不为零，但它是所施加的测试电压的函数。从图 6.55 可以看出 $V_\pi=-V_x$。将输出端的电流求和，可得

$$I_x+g_mV_\pi=\frac{V_x}{R_E}+\frac{V_x}{r_o}+\frac{V_x}{r_\pi}\tag{6.70}$$

由于 $V_\pi = -V_x$，所以式(6.70)可以写为

$$\frac{I_x}{V_x} = \frac{1}{R_o} = g_m + \frac{1}{R_E} + \frac{1}{r_o} + \frac{1}{r_\pi} \tag{6.71}$$

或者输出电阻由下式给出

$$R_o = \frac{1}{g_m} \parallel R_E \parallel r_o \parallel r_\pi \tag{6.72}$$

输出电阻也可以用一种稍微不同的形式写出。式(6.71)可以写作

$$\frac{1}{R_o} = \left(g_m + \frac{1}{r_\pi}\right) + \frac{1}{R_E} + \frac{1}{r_o} = \left(\frac{1+\beta}{r_\pi}\right) + \frac{1}{R_E} + \frac{1}{r_o} \tag{6.73}$$

即输出电阻可以写成下面的形式，即

$$R_o = \frac{r_\pi}{1+\beta} \parallel R_E \parallel r_o \tag{6.74}$$

式(6.74)说明从输出端看进来的输出电阻为发射极的有效电阻即 $R_E \parallel r_o$ 和从发射极看进去的电阻并联，而从发射极看进去的电阻为基极电路的总电阻除以$(1+\beta)$。这是一个很重要的结果，称为**反向电阻折算规则**，即从基极看进去电阻折算规则的反向运用。

【例题 6.14】

目的：计算图 6.52 所示射极跟随器电路的输入和输出电阻。假设 $R_S=0$。

已知例题 6.13 求出的小信号参数为 $r_\pi=3.28\text{k}\Omega$，$\beta=100$ 和 $r_o=100\text{k}\Omega$。

解(输入电阻)：在例题 6.13 中求得的从基极看进去的输入电阻为

$$R_{ib} = r_\pi + (1+\beta)(r_o \parallel R_E) = 3.28 + (101)(100 \parallel 2) = 201\text{k}\Omega$$

从信号源看进去的输入电阻 R_i 为

$$R_i = R_1 \parallel R_2 \parallel R_{ib} = 50 \parallel 50 \parallel 201 = 22.2\text{k}\Omega$$

点评：射极跟随器从基极看进去的输入电阻显然大于基本共射极电路的情况，这是由于存在系数$(1+\beta)$的缘故。这也正是射极跟随器电路的一大优点。然而，即使这样，从信号源看进去的输入电阻还要受到偏置电阻 R_1 和 R_2 的影响。为了利用射极跟随器电路有较大输入电阻的特点，电路的偏置电阻必须设计得非常大。

解(输出电阻)：由式(6.74)可以求得输出电阻为

$$R_o = \left(\frac{r_\pi}{1+\beta}\right) \parallel R_E \parallel r_o = \left(\frac{3.28}{101}\right) \parallel 2 \parallel 100$$

即

$$R_o = 0.0325 \parallel 2 \parallel 100 = 0.0320\text{k}\Omega \Rightarrow 32.0\Omega$$

输出电阻受到含有$(1+\beta)$的第一项控制。

点评：由于射极跟随器电路的输入阻抗很大而输出阻抗很小，因而这种电路时常被用作**阻抗变换器**。较低的输出电阻使**射极跟随器更像一个理想电压源**。所以当用来驱动另一个负载时输出端的载荷并没有降低。因此，射极跟随器常用作多级放大器的输出级。

练习题

【练习题 6.14】 观察练习题 6.13 所描述的图 6.52 所示电路的电路参数和晶体管参数。对于 $R_S=0$ 的情况，试求从输出端看进去的输出电阻。(答案：11.1Ω)

可以考虑在信号源电阻不为零的情况下求解射极跟随器电路的输出电阻。图 6.56 所示的电路来源于图 6.54 所示的小信号等效电路，可以用来求解 R_o。将独立信号源 V_s 置

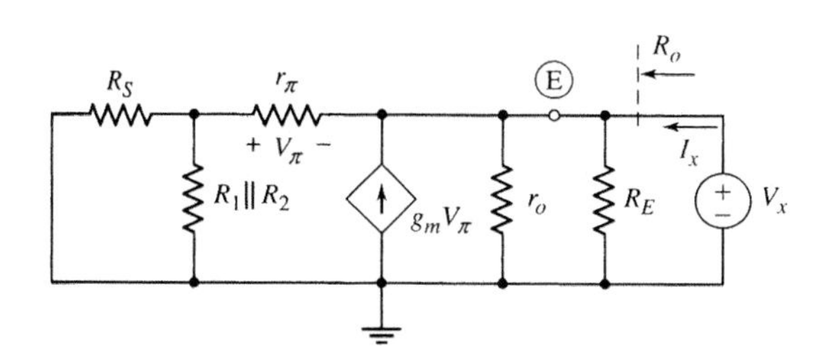

图 6.56　用于求解考虑信号源电阻影响时射极跟随器输出电阻的小信号等效电路

零，并在输出端施加测试电压 V_x。同样，控制电压 V_π 虽然不为零，但它是测试电压的函数。将输出端的电流求和，可得

$$I_x + g_m V_\pi = \frac{V_x}{R_E} + \frac{V_x}{r_o} + \frac{V_x}{r_\pi + R_1 \| R_2 \| R_S} \tag{6.75}$$

控制电压可以用测试电压乘以分压器方程的形式写出，即

$$V_\pi = -\left(\frac{r_\pi}{r_\pi + R_1 \| R_2 \| R_S}\right) \cdot V_x \tag{6.76}$$

于是式(6.75)可以写为

$$I_x = \left(\frac{g_m r_\pi}{r_\pi + R_1 \| R_2 \| R_S}\right) \cdot V_x + \frac{V_x}{R_E} + \frac{V_x}{r_o} + \frac{V_x}{r_\pi + R_1 \| R_2 \| R_S} \tag{6.77}$$

注意到 $g_m r_\pi = \beta$，可以求得

$$\frac{I_x}{V_x} = \frac{1}{R_o} = \frac{1+\beta}{r_\pi + R_1 \| R_2 \| R_S} + \frac{1}{R_E} + \frac{1}{r_o} \tag{6.78}$$

即

$$R_o = \left(\frac{r_\pi + R_1 \| R_2 \| R_S}{1+\beta}\right) \| R_E \| r_o \tag{6.79}$$

在此情况下，信号源电阻和偏置电阻成为输出电阻的一部分。

6.6.3　小信号电流增益

应用输入电阻和分流器的概念，可以求出射极跟随器的小信号电流增益。对于图 6.54 所示射极跟随器的小信号等效电路，小信号电流增益定义为

$$A_i = \frac{I_e}{I_i} \tag{6.80}$$

式中 I_e 和 I_i 分别为输出电流和输入电流的相量。

应用分流器方程可以写出用输入电流表示的基极电流为

$$I_b = \left(\frac{R_1 \| R_2}{R_1 \| R_2 + R_{ib}}\right) I_i \tag{6.81}$$

因为 $g_m V_\pi = \beta I_b$，于是

$$I_o = (1+\beta) I_b = (1+\beta)\left(\frac{R_1 \| R_2}{R_1 \| R_2 + R_{ib}}\right) I_i \tag{6.82}$$

写出用 I_o 表示的负载电流方程为

$$I_e = \left(\frac{r_o}{r_o + R_E}\right) I_o \tag{6.83}$$

联解式(6.82)和式(6.83),可得小信号电流增益为

$$A_i = \frac{I_e}{I_i} = (1+\beta)\left(\frac{R_i \parallel R_2}{R_1 \parallel R_2 + R_{ib}}\right)\left(\frac{r_o}{r_o + R_E}\right) \tag{6.84}$$

如果假设 $R_1 \parallel R_2 \gg R_{ib}$,且 $r_o \gg R_E$,则

$$A_i \approx (1+\beta) \tag{6.85}$$

这也就是晶体管的电流增益。

虽然射极跟随器的小信号电压增益稍小于1,但是小信号电流增益通常大于1。因而射极跟随器电路能产生小信号功率增益。

虽然前面并没有明确计算共射极电路的电流增益,但其分析方法和对射极跟随器电路的分析方法相同,一般而言其电流增益也大于1。

【设计例题 6.15】

设计目的:设计满足一组输出电阻指标要求的射极跟随器放大电路。

设计指标:观察例题6.8设计的放大器的输出信号,现在需要设计一个如图6.57所示结构的射极跟随器电路,要求当连接在输出端的负载电阻 R_L 在4kΩ和20kΩ范围之间变化时电路的输出信号变化不大于5%。

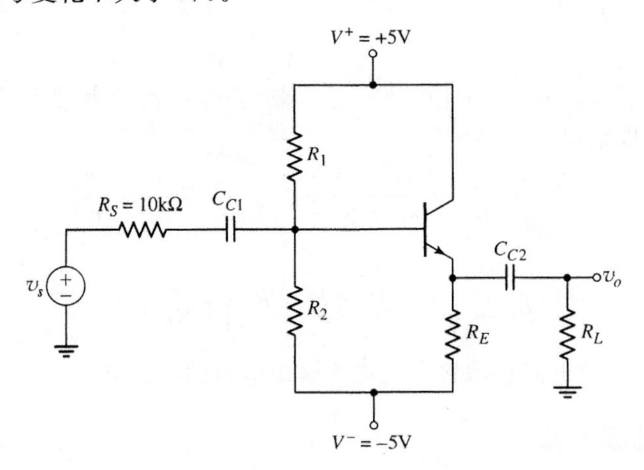

图6.57 设计例题6.15的电路

器件选择:假设可以选用的晶体管参数标称值为 $\beta=100$,$V_{BE}(\text{on})=0.7\text{V}$ 和 $V_A=80\text{V}$。

讨论:在例题6.8中所设计的共射极电路的输出电阻为 $R_o=R_C=10\text{k}\Omega$。连接一个4kΩ到20kΩ的负载电阻将使电路的载荷下降,所以输出电压将发生明显的变化。由于这个原因,必须使所设计的射极跟随器电路的输出电阻较小以使负载效应最小化。图6.58所示为戴维南等效电路。输出电压可以写为

$$v_o = \left(\frac{R_L}{R_L + R_o}\right) \cdot v_{TH}$$

式中 v_{TH} 为放大器产生的理想电压。为了使施加负载 R_L 时 v_o 变化小于5%,必须使 R_o 小于或等于 R_L 最小值的约5%。于是,在此情况下所需要的 R_o 值约为200Ω。

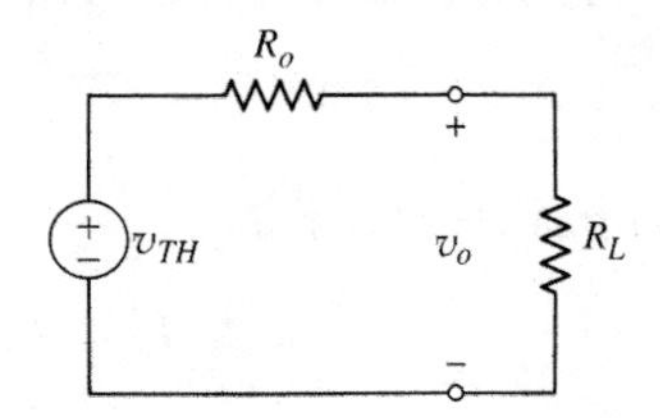

图6.58 放大器输出端的戴维南等效电路

初步设计方法：观察图6.57所示的射极跟随器电路。注意信号源电阻为$R_S=10\text{k}\Omega$，对应了例题6.8所设计电路的输出电阻。假设$\beta=100$，$V_{BE}(\text{on})=0.7\text{V}$和$V_A=80\text{V}$。

式(6.79)所给的输出电阻为

$$R_o=\left(\frac{r_\pi+R_1\parallel R_2\parallel R_S}{1+\beta}\right)\parallel R_E\parallel r_o$$

式中，分母中含有$(1+\beta)$的第一项起着决定的作用，且如果$R_1\parallel R_2\parallel R_S\approx R_S$，则有

$$R_o\approx\frac{r_\pi+R_S}{1+\beta}$$

对于$R_o=200\Omega$，可得

$$0.2=\frac{r_\pi+10}{101}$$

即$r_\pi=10.2\text{k}\Omega$。由于$r_\pi=(\beta V_T)/I_{CQ}$，所以静态集电极电流必须为

$$I_{CQ}=\frac{\beta V_T}{r_\pi}=\frac{(100)(0.026)}{10.2}=0.255\text{mA}$$

假设$I_{CQ}\approx I_{EQ}$，且令$V_{CEQ}=5\text{V}$，可以求得

$$R_E=\frac{V^+-V_{CEQ}-V^-}{I_{EQ}}=\frac{5-5-(-5)}{0.255}=19.6\text{k}\Omega$$

式中，$(1+\beta)R_E$项为

$$(1+\beta)R_E=(101)(19.6)\Rightarrow 1.98\text{M}\Omega$$

用这样的大电阻，可以设计一个在第3章中定义过的偏置稳定电路并且仍然保持偏置电阻具有较大的值。令

$$R_{TH}=(0.1)(1+\beta)R_E=(0.1)(101)(19.6)=198\text{k}\Omega$$

基极电流为

$$I_B=\frac{V_{TH}-V_{BE}(\text{on})-V^-}{R_{TH}+(1+\beta)R_E}$$

式中

$$V_{TH}=\left(\frac{R_2}{R_1+R_2}\right)(10)-5=\frac{1}{R_1}(R_{TH})(10)-5$$

于是可以写出

$$\frac{0.255}{100}=\frac{\frac{1}{R_1}(198)(10)-5-0.7-(-5)}{198+(101)(19.6)}$$

求得$R_1=317\text{k}\Omega$和$R_2=527\text{k}\Omega$。

点评：静态集电极电流$I_{CQ}=0.255\text{mA}$确定需要的r_π值，r_π的值又确定了所需的输出电阻R_o。

综合考虑：下面将研究晶体管电流增益变化的影响。假设本例题中设计的电阻值是可以得到的。

戴维南等效电阻为$R_{TH}=R_1\parallel R_2=198\text{k}\Omega$，且戴维南等效电压为$V_{TH}=1.244\text{V}$。由B-E回路的KVL方程可以求得基极电流为

$$I_{BQ}=\frac{1.244-0.7-(-5)}{198+(1+\beta)(19.6)}$$

集电极电流为 $I_{CQ}=\beta I_{BQ}$，且求得 $r_\pi=(\beta V_T)/I_{CQ}$。最后，输出电阻约为

$$R_o \approx \frac{r_\pi R_{TH} \parallel R_S}{1+\beta} = \frac{r_\pi + 198 \parallel 10}{1+\beta}$$

如下表所示为几个不同的 β 值所对应的以上参数的值。

β	I_{CQ}(mA)	r_π(kΩ)	R_o(Ω)
50	0.232	5.62	297
75	0.246	7.91	229
100	0.255	10.2	195
125	0.260	12.5	175

从上述结果可以看出，当且仅当晶体管电流增益至少为 $\beta=100$ 时才能满足特定的最大输出电阻值 $R_o\approx200\Omega$ 的要求。那么，本次设计中就必须指定晶体管电流增益的最小值为 100。

计算机仿真：在前述设计中仍然采用近似法，因为这样有利于用 PSpice 分析来验证所做的设计，计算机仿真比人工设计考虑的更为详细。

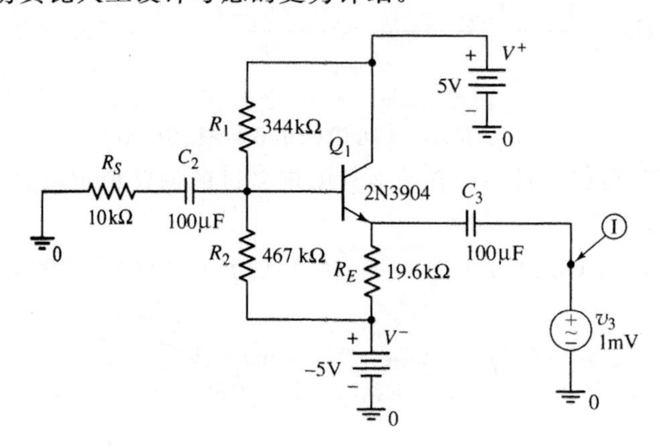

图 6.59 设计例题 6.15 的 PSpice 原理电路

图 6.59 所示为 PSpice 原理电路图。1mV 的正弦信号源通过电容耦合到射极跟随器的输出端。输入信号源已被置零。求得来自输出信号源的电流为 5.667μA。则射极跟随器的输出电阻为 $R_o=176\Omega$，这说明已经满足了输出电阻应小于 200Ω 的设计规格。

```
BJT MODEL PARAMETERS     **** BIPOLAR JUNCTION TRANSISTORS
     Q2N3904             NAME       Q_Q1
     NPN                 MODEL      Q2N3904
 IS    6.734000E-15      IB         2.08E-06
 BF 416.4                IC         2.39E-04
 NF    1                 VBE        6.27E-01
VAF  74.03               VBC       -4.65E+00
IKF     .06678           VCE        5.28E+00
ISE    6.734000E-15      BETADC     1.15E+02
 NE    1.259             GM         9.19E-03
 BR     .7371            RPI        1.47E+04
 NR    1                 RX         1.00E+01
 RB  10                  RO         3.30E+05
```

```
RBM  10                 CBE      9.08E-12
 RC   1                 CBC      1.98E-12
CJE   4.493000E-12      CJS      0.00E+00
MJE    .2593            BETAAC   1.35E+02
CJC   3.638000E-12      CBX      0.00E+00
MJC    .3085            FT       1.32E+08
 TF 301.200000E-12
XTF   2
VTF   4
ITF    .4
 TR 239.500000E-09
XTB   1.5
```

讨论：上面列出了 PSpice 分析所得出的晶体管 Q 点的值。从计算机仿真可知，与设计值 $I_{CQ}=0.255\text{mA}$ 相比，集电极静态电流为 $I_{CQ}=0.239\text{mA}$。导致二者差别的主要原因是人工分析和计算机仿真之间 B-E 电压及电流增益值的差别。

计算机仿真结果满足了输出电阻的指标要求。在 PSpice 分析中，交流 β 为 135，输出电阻为 $R_o=176\Omega$。该值和人工分析的结果非常接近，人工分析的结果为 $\beta=125$，$R_o=175\Omega$。

练习题

【练习题 6.15】 图 6.57 所示的电路，晶体管的参数为 $\beta=100$，$V_{BE}(\text{on})=0.7\text{V}$ 和 $V_A=125\text{V}$，假设 $R_S=0$ 和 $R_L=1\text{k}\Omega$。(a)试设计偏置稳定电路使得 $I_{CQ}=125\text{mA}$ 和 $V_{CEQ}=4\text{V}$。(b)试求小信号电流增益 $A_i=i_o/i_i$。(c)试问从输出端看进去的输出电阻是多大？(答案：(a)$R_E=4.76\text{k}\Omega$，$R_1=65.8\text{k}\Omega$，$R_2=178.8\text{k}\Omega$；(b)$A_i=29.9$；(c)$R_o=20.5\Omega$)

理解测试题

【测试题 6.10】 假设图 6.60 所示电路采用了 2N2222 晶体管。并假设标称直流电流增益 $\beta=130$。采用数据表中给出的 h 参数的平均值(假设 $h_{re}=0$)，对于 $R_S=R_L=10\text{k}\Omega$，试求 $A_v=v_o/v_s$，$A_i=i_o/i_s$，R_{ib} 以及 R_o。(答案：$A_v=0.891$，$A_i=8.59$，$R_{ib}=641\text{k}\Omega$，$R_o=96\Omega$)

【测试题 6.11】 图 6.61 所示的电路，$R_E=2\text{k}\Omega$，$R_1=R_2=50\text{k}\Omega$，晶体管参数为 $\beta=100$，$V_{EB}(\text{on})=0.7\text{V}$ 和 $V_A=125\text{V}$。(a)试求小信号电压增益 $A_v=v_o/v_s$。(b)试求电阻 R_{ib} 和 R_o。(答案：(a)$A_v=0.925$；(b)$R_{ib}=4.37\text{k}\Omega$，$R_o=32.0\Omega$)

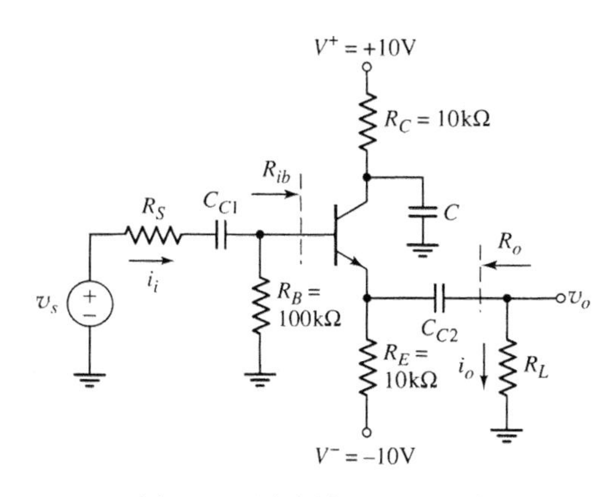

图 6.60 测试题 6.10 的电路

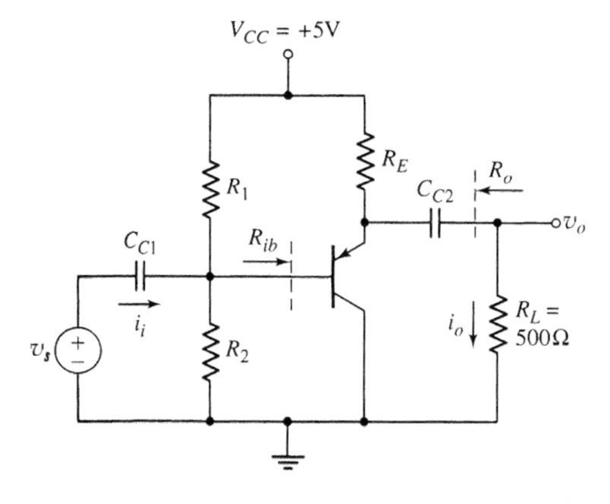

图 6.61 测试题 6.11 和测试题 6.12 的电路

【测试题 6.12】 图 6.61 所示的电路，晶体管参数为 $\beta=75$，$V_{EB}(\text{on})=0.7\text{V}$ 和 $V_A=75\text{V}$。要求小信号电流增益为 $A_i=i_o/i_i=10$。假设 $V_{ECQ}=2.5\text{V}$。如果 $R_E=R_L$，试求所需元件的值。（答案：$R_1=26.0\text{k}\Omega$，$R_2=9.53\text{k}\Omega$）

计算机分析题

【PS6.5】 图 6.61 所示的电路。$R_E=2\text{k}\Omega$，$R_1=R_2=50\text{k}\Omega$。对于(a) $R_L=50\Omega$，(b) $R_L=200\Omega$，(c) $R_L=500\Omega$，(d) $R_L=2\text{k}\Omega$，应用 PSpice 仿真求解小信号电压增益，并讨论负载效应。

6.7 共基极放大器

本节内容：分析共基极放大器并熟悉这类电路的一般特性。

第三种放大器结构为**共基极电路**。为了求解共基极电路的小信号电压、电流增益以及输入、输出电阻，将使用和前面相同的晶体管混合 π 等效电路。共基极电路的直流分析和共射极电路的直流分析基本相同。

6.7.1 小信号电压和电流增益

图 6.62 所示为基本的共基极电路，其中，基极位于信号地端，而输入信号施加在发射极。假设负载通过耦合电容 C_{C2} 连接到输出端。

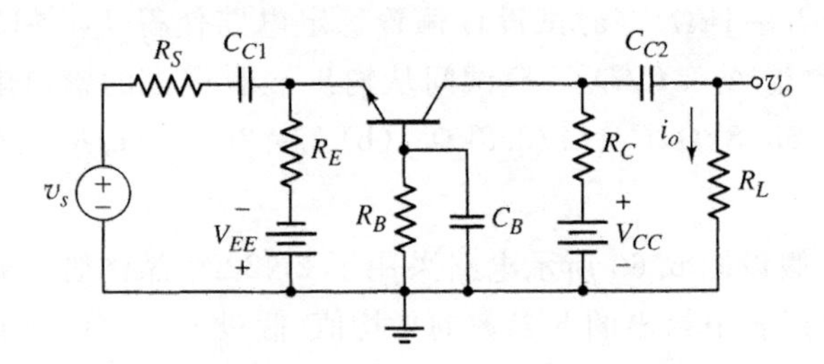

图 6.62 基本的共基极电路
输入信号施加到发射极，输出信号从集电极取出

图 6.63(a)则再次给出了 NPN 晶体管的混合 π 模型，假设输出电阻 r_o 为无穷大。图 6.63(b)所示电路则为包含了晶体管混合 π 模型的共基极电路的小信号等效电路。由于是共基极结构，小信号等效电路中的混合 π 模型看起来可能有些陌生。

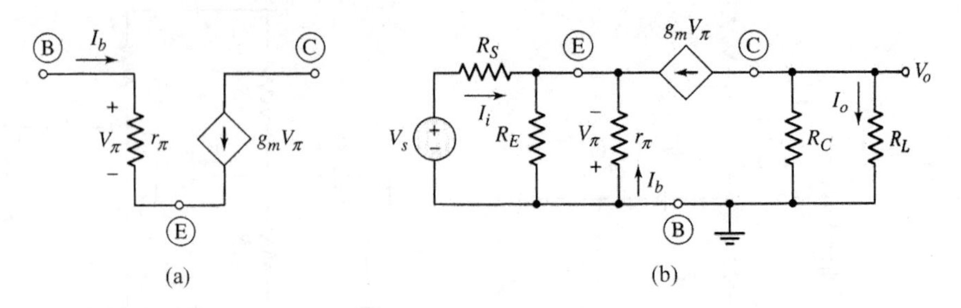

图 6.63
(a) 简化的 NPN 晶体管的混合 π 模型；(b) 共基极电路的小信号等效电路

小信号输出电压为

$$V_o = -(g_m V_\pi)(R_C \| R_L) \tag{6.86}$$

写出发射极节点的 KCL 方程，可得

$$g_m V_\pi + \frac{V_\pi}{r_\pi} + \frac{V_\pi}{R_E} + \frac{V_s - (-V_\pi)}{R_S} = 0 \tag{6.87}$$

由于 $\beta = g_m r_\pi$，所以式(6.87)可以写为

$$V_\pi \left(\frac{1+\beta}{r_\pi} + \frac{1}{R_E} + \frac{1}{R_S} \right) = -\frac{V_s}{R_S} \tag{6.88}$$

于是

$$V_\pi = -\frac{V_s}{R_S} \left[\left(\frac{r_\pi}{1+\beta} \right) \| R_E \| R_S \right] \tag{6.89}$$

将式(6.89)代入式(6.86)，可以得到小信号电压增益为

$$A_v = \frac{V_o}{V_s} = +g_m \left(\frac{R_C \| R_L}{R_S} \right) \left[\left(\frac{r_\pi}{1+\beta} \right) \| R_E \| R_S \right] \tag{6.90}$$

当 R_S 趋于零时，小信号电压增益变为

$$A_v = g_m (R_C \| R_L) \tag{6.91}$$

图 6.63(b)也可以用来求解小信号电流增益。电流增益定义为 $A_i = I_o / I_i$。写出发射极节点的 KCL 方程可得

$$I_i + \frac{V_\pi}{r_\pi} + g_m V_\pi + \frac{V_\pi}{R_E} = 0 \tag{6.92}$$

求解 V_π，可得

$$V_\pi = -I_i \left[\left(\frac{r_\pi}{1+\beta} \right) \| R_E \right] \tag{6.93}$$

负载电流为

$$I_o = -(g_m V_\pi) \left(\frac{R_C}{R_C + R_L} \right) \tag{6.94}$$

联解式(6.93)和式(6.94)，得到小信号电流增益的表达式为

$$A_i = \frac{I_o}{I_i} = g_m \left(\frac{R_C}{R_C + R_L} \right) \left[\left(\frac{r_\pi}{1+\beta} \right) \| R_E \right] \tag{6.95}$$

如果取 R_E 趋近于无穷大且 R_L 趋近于零，则电流增益变为短路电流增益，由下式给出，即

$$A_{io} = \frac{g_m r_\pi}{1+\beta} = \frac{\beta}{1+\beta} = \alpha \tag{6.96}$$

式中 α 为晶体管的共基极电流增益。

式(6.90)和式(6.96)表明，对于共基极电路，小信号电压增益通常大于 1，而小信号电流增益稍小于 1。但该电路仍然具有功率增益。共基极电路的应用主要是利用其输入和输出电阻特性。

6.7.2　输入电阻和输出电阻

图 6.64 所示为从发射极看进去的共基极电路结构的小信号等效电路。在此电路中，仅仅是为了方便起见，将控制电压的极性反向，于是受控电流源的方向也反向。

从发射极看进去的输入电阻定义为

$$R_{ie}=\frac{V_\pi}{I_i} \tag{6.97}$$

写出输入端的KCL方程可得

$$I_i=I_b+g_mV_\pi=\frac{V_\pi}{r_\pi}+g_mV_\pi$$
$$=V_\pi\left(\frac{1+\beta}{r_\pi}\right) \tag{6.98}$$

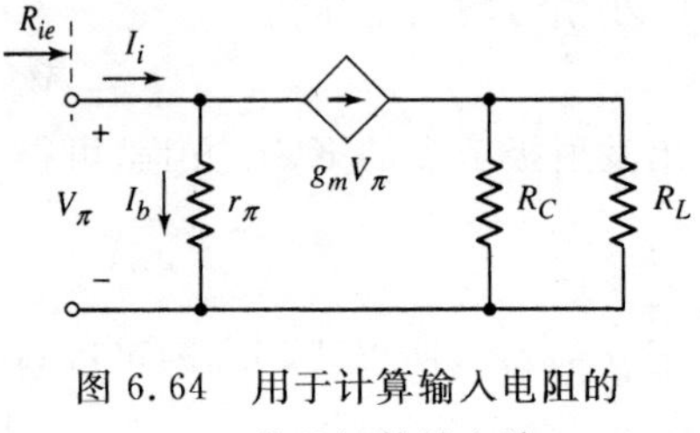

图6.64 用于计算输入电阻的共基极等效电路

因而

$$R_{ie}=\frac{V_\pi}{I_i}=\frac{r_\pi}{1+\beta}\stackrel{\text{def}}{=}r_e \tag{6.99}$$

在基极接地的情况下，从发射极看进去的电阻通常定义为r_e，如分析射极跟随器电路时所看到的，r_e非常小。当输入信号来自于电流源，则需要较小的输入电阻。

图6.65所示为用于计算输出电阻的电路。独立电压源v_s已被置为零。写出发射极的KCL方程，可得

$$g_mV_\pi+\frac{V_\pi}{r_\pi}+\frac{V_\pi}{R_E}+\frac{V_\pi}{R_S}=0 \tag{6.100}$$

这说明$V_\pi=0$，也就意味着独立电流源g_mV_π也为零，从而输出电阻也为

$$R_o=R_C \tag{6.101}$$

由于已经假设了r_o为无穷大，所以从集电极看进去的输出电阻基本为无穷大，这就意味着共基极电路看起来似乎为一个理想的电流源。这种电路也被认为是一个**电流缓冲器**。

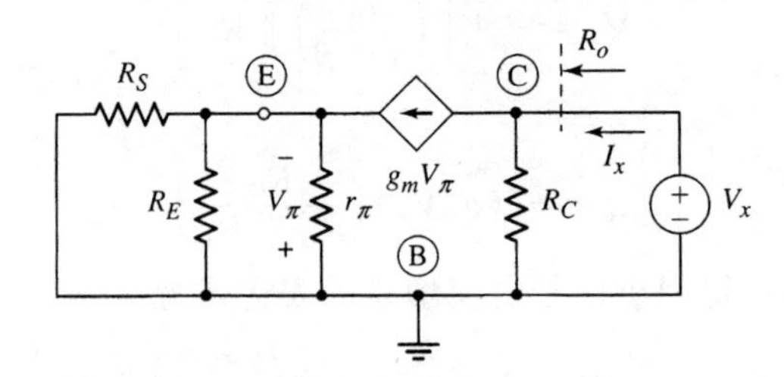

图6.65 用于计算输出电阻的共基极等效电路

讨论：当输入信号为电流信号时，共基极电路非常有用。当在6.9节讲解共射-共基放大器时将会看到这类电路的实际应用。

理解测试题

【测试题6.13】 图6.66所示的电路，晶体管参数为$\beta=100$，$V_{EB}(\text{on})=0.7\text{V}$和$r_o=\infty$。(a)试计算静态值$I_{CQ}$和$V_{CEQ}$。(b)试求小信号电流增益$A_i=i_o/i_i$。(c)试求小信号电压增益$A_v=v_o/v_i$。(答案：(a)$I_{CQ}=0.921\text{mA}$，$V_{CEQ}=6.1\text{V}$；(b)$A_i=0.987$；(c)$A_v=177$)

【测试题6.14】 图6.67所示的电路，其参数为$R_B=100\text{k}\Omega$，$R_E=10\text{k}\Omega$，$R_C=10\text{k}\Omega$，$V_{CC}=V_{EE}=10\text{V}$，$R_L=1\text{k}\Omega$，$R_S=1\text{k}\Omega$，$V_{BE}(\text{on})=0.7\text{V}$，$\beta=100$和$V_A=\infty$。(a)试求晶体管小信号参数$g_m$、$r_\pi$和$r_o$。(b)试求小信号电流增益$A_i=i_o/i_i$和小信号电压增益$A_v=v_o/v_i$。(c)试求输入电阻$R_i$和输出电阻$R_o$。(答案：(a)$r_\pi=3.1\text{k}\Omega$，$g_m=32.23\text{mA/V}$，$r_o=\infty$；

(b)$A_v=0.870, A_i=0.90$；(c)$R_i=30.6\Omega, R_o=10k\Omega$)

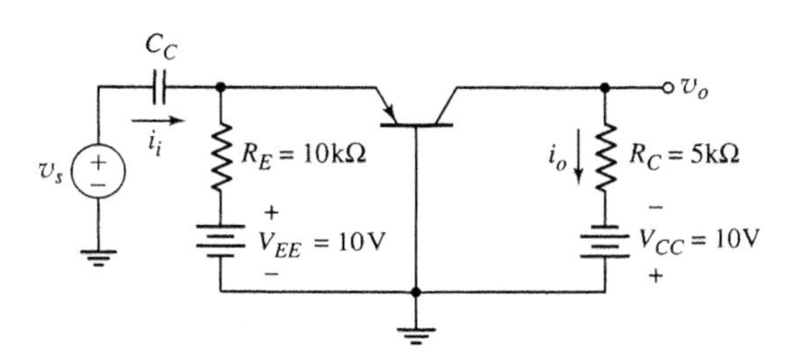

图 6.66 测试题 6.13 的电路

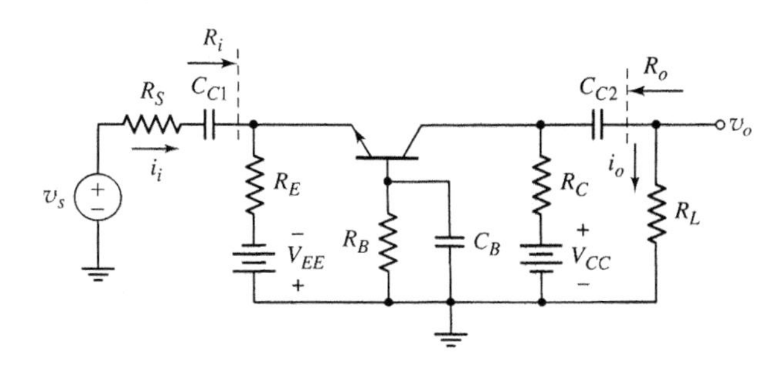

图 6.67 测试题 6.14 和测试题 6.15 的电路

【测试题 6.15】 图 6.67 所示的电路，令 $R_S=0, C_B=0, R_C=R_L=2k\Omega, V_{EE}=V_{CC}=5V, \beta=100, V_{EB}(on)=0.7V$ 和 $V_A=\infty$。当集电极静态电流为 1mA 且小信号电压增益为 20 时，试求 R_E 和 R_B。(答案：$R_B=2.4k\Omega, R_E=4.23k\Omega$)

计算机分析题

【PS6.6】 应用 PSpice 仿真，验证理解测试题中测试题 6.15 所设计的共基极电路，要求采用标准电阻值。

6.8 三种基本放大器的小结和比较

本节内容：比较三种基本放大器电路结构的一般特性。

如表 6.4 所示对三种单级放大器电路结构的基本小信号特性作了总结。

共射极电路的电压和电流增益通常都大于 1；射极跟随器电路的电压增益通常稍小于 1，而电流增益大于 1；共基极电路的电压增益大于 1，而电流增益小于 1。

从共射极电路基极看进去的输入电阻可能处于较低的千欧范围内；在射极跟随器中，通常在 50kΩ 到 100kΩ 范围内；从共基极电路射极看进去的输入电阻通常在几十欧左右。

共射极电路和射极跟随器电路总的输入电阻受基极电路的影响非常大。

表 6.4 三种 BJT 放大器的特性

电路结构	电压增益	电流增益	输入电阻	输出电阻
共射极	$A_v>1$	$A_i>1$	中等	中到高
射极跟随器	$A_v\approx1$	$A_i>1$	高	低
共基极	$A_v>1$	$A_i\approx1$	低	中到高

射极跟随器的输出电阻通常在几欧到几十欧范围内。相反，从共射极和共基极电路集电极看进去的输出电阻非常高。此外，从共射极和共基极电路输出端看进去的输出电阻为集电极电阻的强依赖函数。对于这些电路，输出电阻可以很容易地降到几千欧。

在后面讲到的多级放大器电路设计中将会用到这些单级放大器电路的特性。

6.9 多级放大器

本节内容：分析多晶体管或多级放大器电路并了解与单级放大器相比这些多级放大器电路的优点。

在大多数应用中，单级晶体管放大器不能满足要求的放大倍数、输入电阻以及输出电阻的综合指标要求。例如，要求的电压增益可能超过单级晶体管电路可以获得的增益值。在设计例题 6.15 中已对这个问题进行了分析，题中的特定设计要求较低的输出电阻。

晶体管放大电路可以串联或**级联**，如图 6.68 所示。当需要提高总的小信号电压增益，或提供大于 1 的小信号电压总增益的同时获得较低的输出电阻时，可以考虑将放大器级联。通常，总的电压和电流增益并不是简单地将各个放大器的放大倍数相乘，因为第一级的增益是第二级输入电阻的函数。换句话说，在计算总增益的时候必须要考虑负载效应。

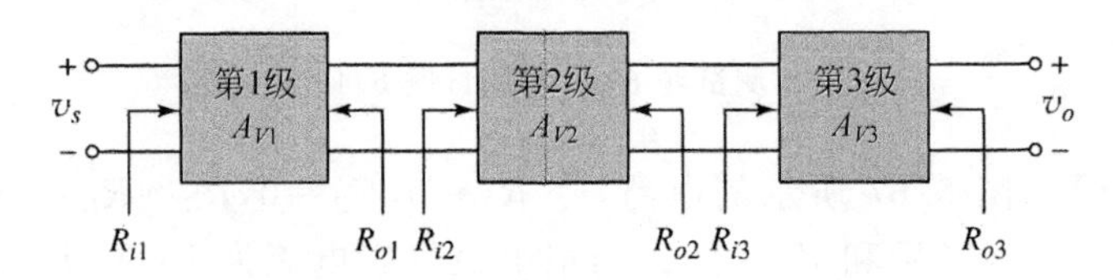

图 6.68　三级放大器的一般形式

多级放大电路结构的种类很多，为了使读者掌握相应的分析方法，在此将分析几种电路结构。

6.9.1 多级放大器分析：级联放大器

图 6.69 所示电路为两个共射极电路的级联形式。在第 5 章的例题 5.21 中已经对该电路进行了直流分析，分析表明两个晶体管都偏置在正向放大模式。图 6.70 所示为其小信号

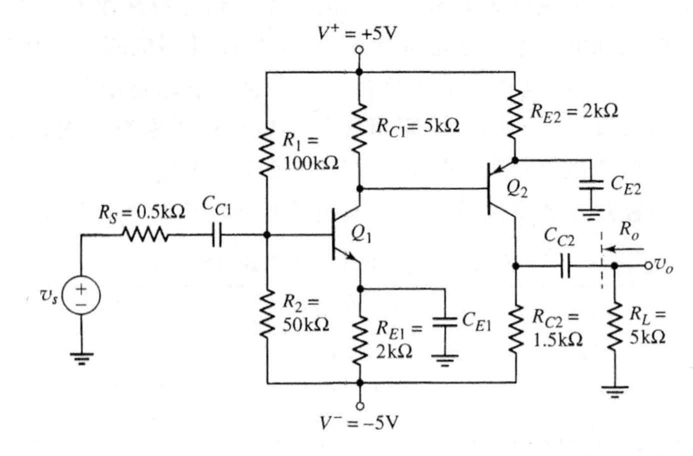

图 6.69　由 NPN 和 PNP 晶体管组成的两级共射极放大器的级联结构

等效电路，假设所有的电容都视为短路且每个晶体管的输出电阻 r_o 均为无穷大。

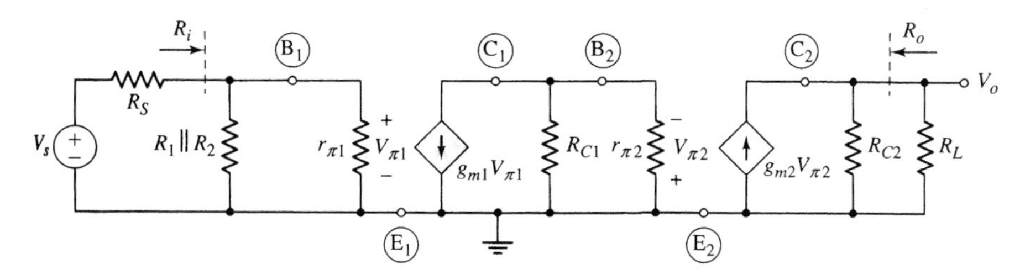

图 6.70　图 6.69 所示级联电路的小信号等效电路

对此电路可以从输出端到输入端进行分析，也可以从输入端到输出端进行分析。

小信号电压增益为

$$A_v = \frac{V_o}{V_s} = g_{m1}g_{m2}(R_{C1} \| r_{\pi2})(R_{C2} \| R_L)\left(\frac{R_i}{R_i + R_S}\right) \tag{6.102}$$

放大器的输入电阻为

$$R_i = R_1 \| R_2 \| r_{\pi1}$$

这和单级共射极放大器的结果是相同的。同样，从输出端看进去的输出电阻为 $R_o = R_{C2}$。为了求解输出电阻，将独立电压源 V_s 置零，这意味着 $V_{\pi1}=0$。那么 $g_{m1}V_{\pi1}=0$，于是 $V_{\pi2}=0$ 且 $g_{m2}V_{\pi2}=0$，因而输出电阻为 R_{C2}。这也和单级共射极放大器电路的输出电阻相同。

【计算机仿真例题 6.16】

目的：用 PSpice 分析并求解图 6.69 所示多晶体管电路的小信号电压增益。

与单级晶体管电路的分析相比，多晶体管电路的直流分析和交流分析显得较为复杂。在此情况下，电路的计算机仿真，就变得非常有用了。

图 6.71 所示为 PSpice 的原理电路。下面还要给出晶体管的 Q 点值。NPN 晶体管集电极的交流电压为 51μV，而 PNP 晶体管集电极的交流电压为 4.79mV。由于假设输入电

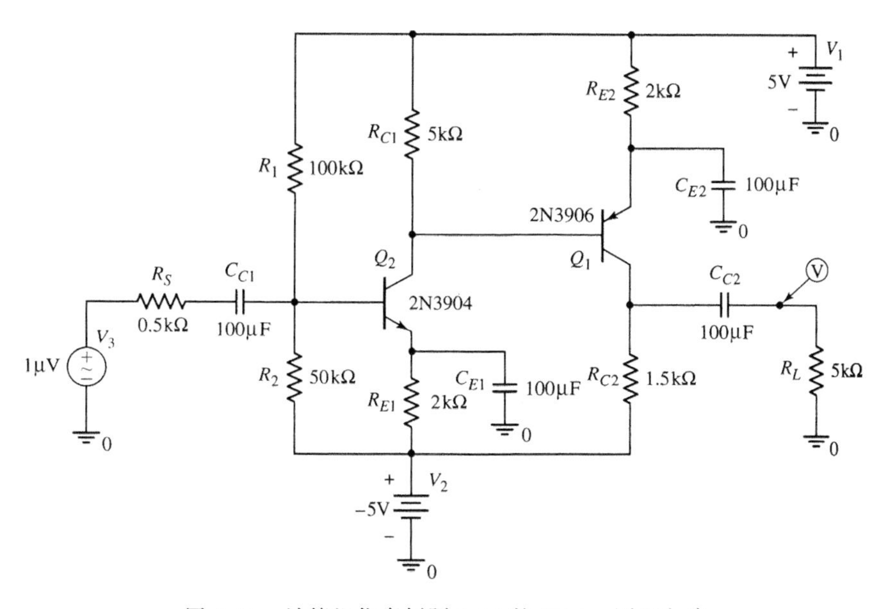

图 6.71　计算机仿真例题 6.16 的 PSpice 原理电路

压为 $1\mu V$，结果显示该两级放大器具有较大的电压增益。

```
**** BIPOLAR JUNCTION TRANSISTORS
NAME        Q_Q1          Q_Q2
MODEL       Q2N3906       Q2N3904
IB         -1.42E-05      8.59E-06
IC         -2.54E-03      1.18E-03
VBE        -7.30E-01      6.70E-01
VBC         3.68E-01     -1.12E+00
VCE        -1.10E+00      1.79E+00
BETADC      1.79E+02      1.37E+02
GM          9.50E-02      4.48E-02
RPI         1.82E+03      3.49E+03
RX          1.00E+01      1.00E+01
RO          7.52E+03      6.37E+04
CBE         3.11E-11      2.00E-11
CBC         7.75E-12      2.74E-12
CJS         0.00E+00      0.00E+00
BETAAC      1.73E+02      1.57E+02
CBX         0.00E+00      0.00E+00
FT          3.89E+08      3.14E+08
```

点评：由 Q 点的值可以看出，每个晶体管的发射极-集电极电压都非常小。这表明输出电压的对称振幅被限制为一个相当小的值。通过对电路设计稍加改动可以使这些 Q 点的值增大。

讨论：电路的 PSpice 分析中所用的晶体管为来自 PSpice 库中的标准双极型晶体管。必须牢记的是，为了得到正确的计算机仿真结果，仿真中所用的器件必须和电路中实际应用的器件相一致。如果实际的晶体管特性和计算机仿真中应用的有很大的不同，那么计算机分析的结果将是不正确的。

练习题

【练习题 6.16】 图 6.72 所示的电路，每个晶体管的参数为 $\beta=125$，$V_{EB}(\text{on})=0.7\text{V}$ 和 $r_o=\infty$。(a)试求每个晶体管的 Q 点。(b)试求总的小信号电压增益 $A_v=V_o/V_s$。(c)试求输入电阻 R_i 和输出电阻 R_o。（答案：(a) $I_{CQ1}=0.364\text{mA}$，$V_{CEQ1}=7.92\text{V}$，$I_{CQ2}=4.82\text{mA}$，$V_{CEQ2}=2.71\text{V}$；(b) $A_v=-17.7$；(c) $R_i=4.76\text{k}\Omega$，$R_o=43.7\Omega$）

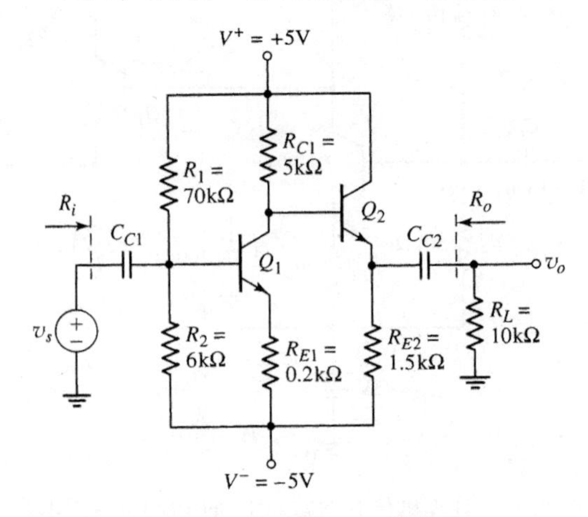

图 6.72 练习题 6.16 的电路

6.9.2　多级电路：复合晶体管对结构

在有些应用中，可能要求双极型晶体管具有比通常值大很多的电流增益。图6.73(a)所示为一种多晶体管结构，称为**复合晶体管对**，或称**达林顿结构**，这种电路能提供增大的电流增益。

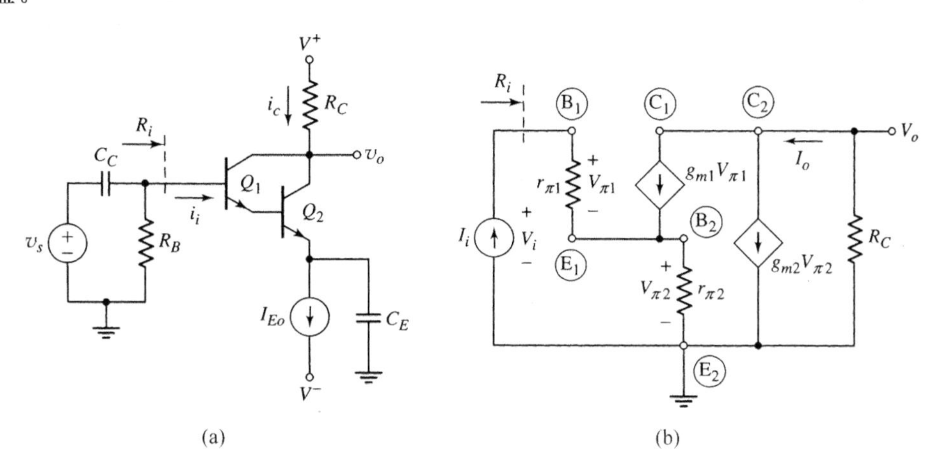

图　6.73

(a) 复合晶体管对结构；(b) 小信号等效电路

图6.73(b)所示为其小信号电流等效电路，假设输入信号来自于电流源。可以利用输入电流源来求解电路的电流增益。为了求解小信号电流增益 $A_i=I_o/I_i$，可以有

$$V_{\pi1} = I_i r_{\pi1} \tag{6.103}$$

于是

$$g_{m1}V_{\pi1} = g_{m1}r_{\pi1}I_i = \beta_1 I_i \tag{6.104}$$

因而

$$V_{\pi2} = (I_i + \beta_1 I_i)r_{\pi2} \tag{6.105}$$

输出电流为

$$I_o = g_{m1}V_{\pi1} + g_{m2}V_{\pi2} = \beta_1 I_i + \beta_2(1+\beta_1)I_i \tag{6.106}$$

式中，$g_{m2}r_{\pi2}=\beta_2$，于是总的电流增益为

$$A_i = \frac{I_o}{I_i} = \beta_1 + \beta_2(1+\beta_1) \approx \beta_1\beta_2 \tag{6.107}$$

由式(6.107)，可以看出复合晶体管对的小信号电流增益基本为各个电流增益的乘积。

输入电阻为 $R_i=V_i/I_i$，可以写成

$$V_i = V_{\pi1} + V_{\pi2} = I_i r_{\pi1} + I_i(1+\beta_1)r_{\pi2} \tag{6.108}$$

所以

$$R_i = r_{\pi1} + (1+\beta_1)r_{\pi2} \tag{6.109}$$

晶体管 Q_2 的基极与晶体管 Q_1 的发射极相连，这表明要将 Q_2 的输入电阻乘以系数 $(1+\beta_1)$，与带射极电阻电路的情况一样。可以写为

$$r_{\pi1} = \frac{\beta_1 V_T}{I_{CQ1}} \tag{6.110}$$

和

$$I_{CQ1} \approx \frac{I_{CQ2}}{\beta_2} \tag{6.111}$$

于是

$$r_{\pi 1} = \beta_1 \left(\frac{\beta_2 V_T}{I_{CQ2}}\right) = \beta_1 r_{\pi 2} \tag{6.112}$$

由式(6.109)可知，输入电阻近似为

$$R_i \approx 2\beta_1 r_{\pi 2} \tag{6.113}$$

由以上式子可以看出复合晶体管对的总增益是较大的。同时，由于 β 的相乘，输入电阻也较大。

6.9.3 多级电路：共射-共基放大器

图 6.74(a)所示的共射-共基放大器组态是一种稍微不同的多级放大器结构。输入信号输入到共射极放大器(Q_1)，共射极放大器(Q_1)驱动共基极放大器(Q_2)。交流等效电路如图 6.74(b)所示。可以看出 Q_1 的输出信号电流是 Q_2 的输入信号。在前面曾指出，共基极组态的输入信号通常为电流。这种电路的一个优点是从 Q_2 集电极看进去的输出电阻远大于基本共射极电路的输出电阻。这种电路的另一个重要的优点体现在频率响应中，这一点将会在第 7 章进行分析。

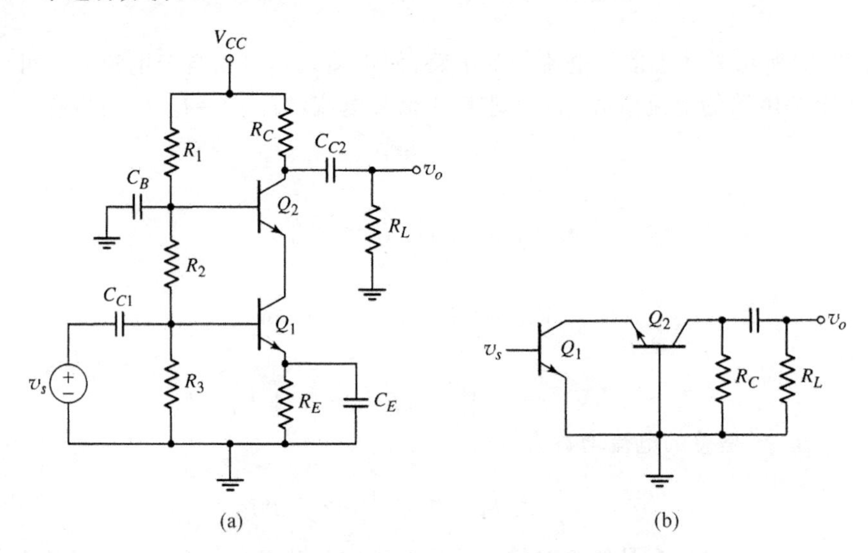

图 6.74

(a) 共射-共基放大器；(b) 交流等效电路

当电容视作短路时的小信号等效电路如图 6.75 所示。可以看出因为假设了一个理想信号电压源，有 $V_{\pi 1}=V_s$。写出 E_2 处的 KCL 方程，可得

$$g_{m1} V_{\pi 1} = \frac{V_{\pi 2}}{r_{\pi 2}} + g_{m2} V_{\pi 2} \tag{6.114}$$

解出控制电压 $V_{\pi 2}$(注意 $V_{\pi 1}=V_s$)，可得

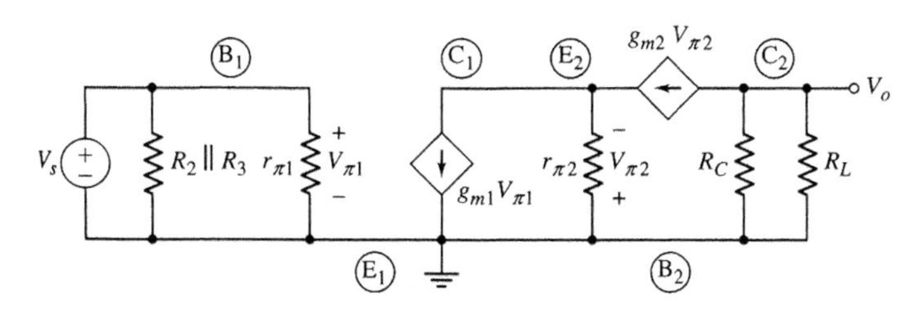

图 6.75 共射-共基组态的小信号等效电路

$$V_{\pi2} = \left(\frac{r_{\pi2}}{1+\beta_2}\right)(g_{m1}V_s) \tag{6.115}$$

式中 $\beta_2 = g_{m2}r_{\pi2}$。输出电压为

$$V_o = -(g_{m2}V_{\pi2})(R_C \| R_L) \tag{6.16(a)}$$

即

$$V_o = -g_{m1}g_{m2}\left(\frac{r_{\pi2}}{1+\beta_2}\right)(R_C \| R_L)V_s \tag{6.16(b)}$$

因而小信号电压增益为

$$A_v = \frac{V_o}{V_s} = -g_{m1}g_{m2}\left(\frac{r_{\pi2}}{1+\beta_2}\right)(R_C \| R_L) \tag{6.117}$$

通过查验式(6.117)可得

$$g_{m2}\left(\frac{r_{\pi2}}{1+\beta_2}\right) = \frac{\beta_2}{1+\beta_2} \approx 1 \tag{6.118}$$

于是共射-共基放大器的电压增益约为

$$A_v \approx -g_{m1}(R_C \| R_L) \tag{6.119}$$

以上结果和单级共射极放大器的电压增益是相同的。这正是预料中的结果,因为共基极电路的电压增益基本为1。

理解测试题

【测试题 6.16】 观察图 6.73(a)所示的电路。令每个晶体管的 $\beta=100$,$V_{BE}(\text{on})=0.7\text{V}$ 和 $V_A=\infty$。假设 $R_B=10\text{k}\Omega$,$R_C=4\text{k}\Omega$,$I_{Eo}=1\text{mA}$,$V^+=5\text{V}$ 和 $V^-=-5\text{V}$。(a)试求每个晶体管 Q 点的值。(b)试计算每个晶体管的小信号混合 π 参数。(c)试求总的小信号电压增益 $A_v=V_o/V_s$。(d)试求输入电阻 R_i。(答案:(a)$I_{CQ1}=0.0098\text{mA}$,$V_{CEQ1}=1.7\text{V}$,$I_{CQ2}=0.990\text{mA}$,$V_{CEQ2}=2.4\text{V}$;(b)$r_{\pi1}=265\text{k}\Omega$,$g_{m1}=0.377\text{mA/V}$,$r_{\pi2}=2.63\text{k}\Omega$,$g_{m2}=38.1\text{mA/V}$;(c)$A_v=-77.0$;(d)$R_i=531\text{k}\Omega$)

【测试题 6.17】 观察图 6.74(a)所示的共射-共基极电路。令每个晶体管的 $\beta=100$,$V_{BE}(\text{on})=0.7\text{V}$ 和 $V_A=\infty$。假设 $V_{CC}=12\text{V}$,$R_L=2\text{k}\Omega$ 和 $R_E=0.5\text{k}\Omega$。(a)试求使得 $I_{CQ2}=0.5\text{mA}$ 和 $V_{CE1}=V_{CE2}=4\text{V}$ 的 R_C、R_1、R_2 和 R_3 值。令 $R_1+R_2+R_3=100\text{k}\Omega$。(提示:忽略直流基极电流并假设晶体管 Q_1 和 Q_2 中都有 $I_C=I_E$。)(b)试计算每个晶体管的小信号混合 π 参数。(c)试求总的小信号电压增益 $A_v=V_o/V_s$。(答案:(a)$R_C=7.5\text{k}\Omega$,$R_3=7.92\text{k}\Omega$,$R_2=33.3\text{k}\Omega$,$R_1=58.8\text{k}\Omega$;(b)$r_{\pi1}=r_{\pi2}=5.2\text{k}\Omega$,$g_{m1}=g_{m2}=19.23\text{A/V}$,$r_{o1}=r_{o2}=\infty$;(c)$A_v=-30.1$)

计算机分析题

【**PS6.7**】 用PSpice分析验证理解测试题6.17的共射-共基电路设计。采用标准晶体管。并求晶体管Q点的值和小信号电压增益。

6.10 功率分析

本节内容：分析晶体管放大器的交流和直流功率损耗并了解信号功率增益的概念。

如前面所提到的，放大器能产生**小信号功率增益**。随着"额外"信号功率源的产生就自然产生了能量必须守恒这一问题。下面将会看出传送到负载上的"额外"信号功率是负载和晶体管的功率重新分配的结果。

观察图6.76所示的简单的共射极电路，输入端连接到理想信号电压源，电压源V_{CC}提供的直流功率P_{CC}，提供给集电极电阻上的直流功率损耗P_{RC}以及在晶体管上的直流功率损耗P_Q分别为

$$P_{CC} = I_{CQ}V_{CC} + P_{\text{Bias}} \tag{6.120(a)}$$

$$P_{RC} = I_{CQ}^2 R_C \tag{6.120(b)}$$

和

$$P_Q = I_{CQ}V_{CEQ} + I_{BQ}V_{BEQ} \approx I_{CQ}V_{CEQ} \tag{6.120(c)}$$

式中P_{Bias}为消耗在基极电阻R_1和R_2上的功率。通常，在晶体管中有$I_{CQ} \gg I_{BQ}$，所以损耗功率基本是集电极电流和集电极-发射极电压的函数。

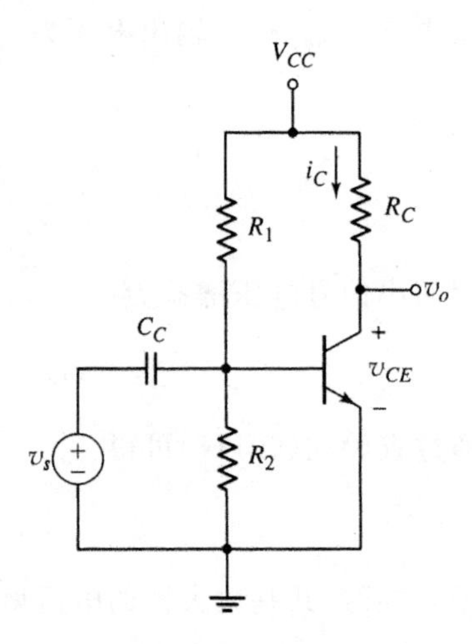

图6.76 用于功率计算的简单的共射极放大器

如果信号电压为

$$v_s = V_P \cos\omega t \tag{6.121}$$

则总的基极电流为

$$i_B = I_{BQ} + \frac{V_P}{r_\pi}\cos\omega t = I_{BQ} + I_b \cos\omega t \tag{6.122}$$

总的集电极电流为

$$i_C = I_{CQ} + \beta I_b \cos\omega t = I_{CQ} + I_c \cos\omega t \tag{6.123}$$

总的瞬时集电极-发射极电压为

$$v_{CE} = V_{CC} - i_C R_C = V_{CC} - (I_{CQ} + I_c \cos\omega t)R_C = V_{CEO} - I_c R_C \cos\omega t \tag{6.124}$$

由电压源V_{CC}提供的考虑了交流信号的平均功率为

$$\begin{aligned}\bar{p}_{CC} &= \frac{1}{T}\int_0^T V_{CC} \cdot i_C \mathrm{d}t + P_{\text{Bias}} \\ &= \frac{1}{T}\int_0^T V_{CC} \cdot (I_{CQ} + I_c \cos\omega t)\mathrm{d}t + P_{\text{Bias}} \\ &= V_{CC}I_{CQ} + \frac{V_{CC}I_c}{T}\int_0^T \cos\omega t \,\mathrm{d}t + P_{\text{Bias}}\end{aligned} \tag{6.125}$$

因为余弦函数在一个周期上的积分为零，所以电压源提供的平均功率和直流电源提供的直流功率相同。即直流电压源并不提供额外的功率。

求得传送到负载R_C上的平均功率为

$$\bar{p}_{RC}=\frac{1}{T}\int_0^T i_C^2 R_C \mathrm{d}t=\frac{R_C}{T}\int_0^T (I_{CQ}+I_c\cos\omega t)^2\mathrm{d}t$$

$$=\frac{I_{CQ}^2R_C}{T}\int_0^T \mathrm{d}t+\frac{2I_{CQ}I_c}{T}\int_0^T\cos\omega t\,\mathrm{d}t+\frac{I_c^2R_C}{T}\int_0^T\cos^2\omega t\,\mathrm{d}t \tag{6.126}$$

上一表达式的中间项也为零，所以有

$$\bar{p}_{RC}=I_{CQ}^2R_C+\frac{1}{2}I_c^2R_C \tag{6.127}$$

即传送到负载的平均功率因为有交流信号输入而增加了。这正是放大器所希望的。

此外，损耗在晶体管上的平均功率为

$$\bar{p}_Q=\frac{1}{T}\int_0^T i_C\cdot v_{CE}\mathrm{d}t=\frac{1}{T}\int_0^T(I_{CQ}+I_c\cos\omega t)\cdot(V_{CEQ}-I_cR_C\cos\omega t)\mathrm{d}t \tag{6.128}$$

可得

$$\bar{p}_Q=I_{CQ}V_{CEQ}-\frac{I_c^2R_C}{T}\int_0^T\cos^2\omega t\,\mathrm{d}t \tag{6.129(a)}$$

即

$$\bar{p}_Q=I_{CQ}V_{CEQ}-\frac{1}{2}I_c^2R_C \tag{6.129(b)}$$

由式(6.129(b))的结果可以看出，当施加了交流信号后，损耗在晶体管上的平均功率下降了。虽然电源 V_{CC} 仍然提供全部功率，但是输入信号会改变晶体管和负载之间相关的功率分配。

理解测试题

【测试题 6.18】 图 6.77 所示的电路，晶体管参数为 $\beta=80$，$V_{BE}(\text{on})=0.7\text{V}$ 和 $V_A=\infty$。对于(a)$v_s=0$，和(b)$v_s=18\cos\omega t$ mW，试求损耗在 R_C、R_L 和 Q 上的平均功率。(答案：(a)$\bar{p}_{RC}=8\text{mW}$，$\bar{p}_{RL}=0$，$\bar{p}_Q=14\text{mW}$；(b)$\bar{p}_Q=13.0\text{mW}$，$\bar{p}_{RL}=0.479\text{mW}$，$\bar{p}_{RC}=8.48\text{mW}$)

【测试题 6.19】 图 6.78 所示的电路，晶体管参数为 $\beta=100$，$V_{BE}(\text{on})=0.7\text{V}$ 和 $V_A=\infty$。(a)试求使得 Q 点位于负载线中点的 R_C。(b)对于 $v_s=0$，试求损耗在 R_C 和 Q 上的平均功率。(c)考虑输出电压达到最大对称振幅，试求传送到 R_C 上的最大信号功率和消耗在 R_C 和晶体管上总功率的比值。(答案：(a)$R_C=2.52\text{k}\Omega$；(b)$\bar{p}_{RC}=\bar{p}_Q=2.48\text{mW}$；(c)0.25)

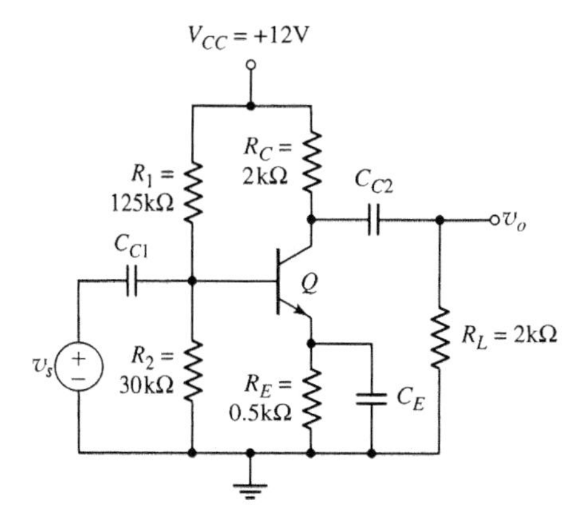

图 6.77　测试题 6.18 的电路

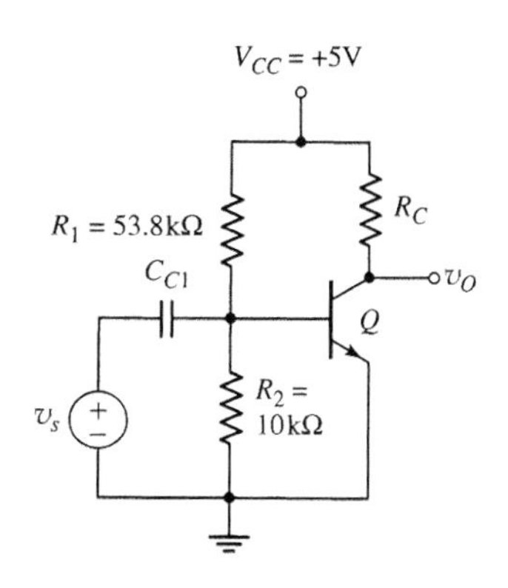

图 6.78　测试题 6.19 的电路

6.11 设计举例：音频放大器

设计目的：设计满足一组指标要求的双极型晶体管音频放大器电路。

设计指标：要求设计的音频放大器将来自麦克风的信号进行放大并传送到 8Ω 扬声器提供 0.1W 的平均功率，麦克风产生的正弦信号峰值为 10mV，并具有 10kΩ 的信号源电阻。

设计方案：本设计中将采用一种直接的可能又是很有效的方法。将要设计的一般多级放大器电路结构如图 6.79 所示。首先是一个缓冲级，它可能是一个射极跟随器电路，用来减小 10kΩ 信号源电阻的负载效应。输出级也可以为射极跟随器电路，用来提供必需的输出电流和输出信号功率。增益级实际上可以由一个二级共射极放大器电路组成，用来提供所需要的电压增益。假设整个放大器系统都采用 12V 的直流电源进行偏置。

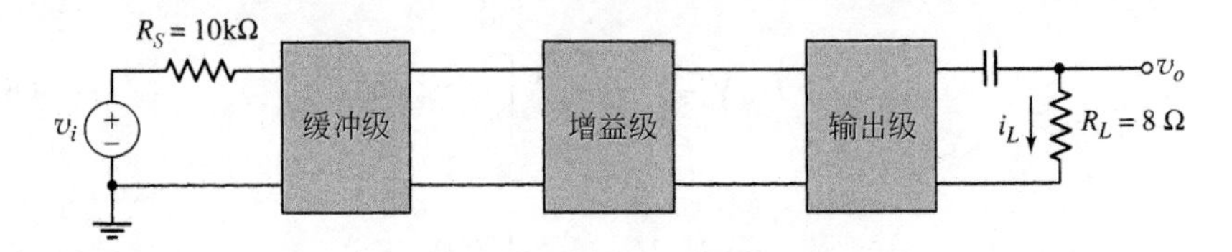

图 6.79 满足设计要求的一般的多级放大器

解(输入缓冲级)：如图 6.80 所示，输入缓冲级为射极跟随放大器电路。假设晶体管电流增益 $\beta_1 = 100$。将设计电路使得静态集电极电流为 $I_{CQ1} = 1\text{mA}$，静态集电极-发射极电压为 $V_{CEQ1} = 6\text{V}$，且 $R_1 \parallel R_2 = 100\text{k}\Omega$。

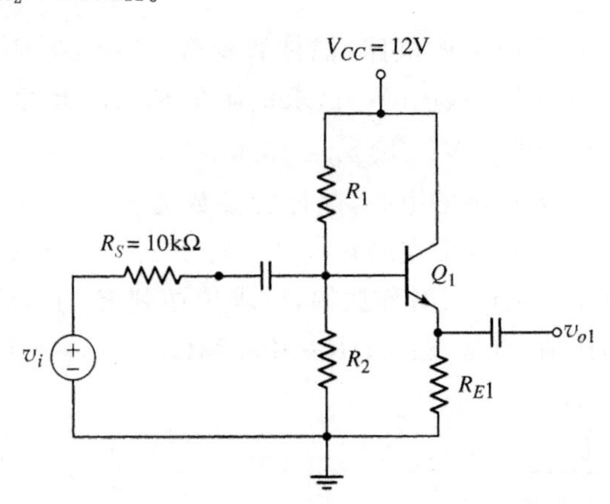

图 6.80 满足设计要求的输入信号源和输入缓冲级(射极跟随器)

于是求得

$$R_{E1} \approx \frac{V_{CC} - V_{CEQ1}}{I_{CQ1}} = \frac{12 - 6}{1} = 6\text{k}\Omega$$

可得

$$r_{\pi 1} = \frac{\beta_1 V_T}{I_{CQ1}} = \frac{(100)(0.026)}{1} = 2.6\text{k}\Omega$$

忽略下一级的负载效应，同样有

$$R_{i1} = R_1 \parallel R_2 \parallel [r_{\pi 1} + (1 + \beta_1) R_{E1}] = 100 \parallel [2.6 + (101)(6)] = 8.95\text{k}\Omega$$

假设 $r_o=\infty$，由式(6.68)可得小信号电压增益(同样忽略来自下一级的负载效应)为

$$A_{v1}=\frac{v_{o1}}{v_i}=\frac{(1+\beta_1)R_{E1}}{r_{\pi1}+(1+\beta_1)R_{E1}}\cdot\left(\frac{R_{i1}}{R_{i1}+R_S}\right)=\frac{(101)(6)}{2.6+(101)(6)}\cdot\left(\frac{85.9}{85.9+10}\right)$$

即

$$A_{v1}=0.892$$

对于峰值为 10mV 的输入信号电压，缓冲级输出端的输出电压峰值为 $v_{o1}=8.92\text{mV}$。

求得偏置电阻为 $R_1=155\text{k}\Omega$ 和 $R_2=282\text{k}\Omega$。

解(输出级)：如图 6.81 所示，输出级为另一个射极跟随放大器电路。放大器的输出端经电容耦合到 8Ω 扬声器。耦合电容用来确保没有直流电流流过扬声器。

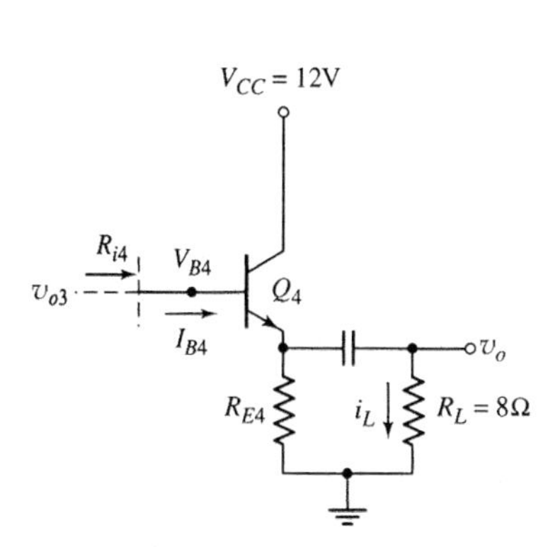

图 6.81　满足设计要求的输出级(射极跟随器)

对于提供负载 0.1W 平均功率，负载电流的有效值为 $P_L=i_L^2$(有效值)·R_L 即 $0.1=i_L^2$(有效值)·8，可得 i_L(有效值)=0.112A。对于正弦信号来说，输出电流的峰值为

$$i_L(\text{峰值})=0.158\text{A}$$

输出电压的峰值为

$$v_o(\text{峰值})=(0.158)(8)=1.26\text{V}$$

现假设输出功率晶体管的电流增益为 $\beta_4=50$。并假设晶体管的静态参数为

$$I_{EQ4}=0.3\text{A}\quad 和\quad V_{CEQ4}=6\text{V}$$

于是

$$R_{E4}=\frac{V_{CC}-V_{CEQ4}}{I_{EQ4}}=\frac{12-6}{0.3}=20\Omega$$

求得

$$I_{CQ4}=\left(\frac{\beta_4}{1+\beta_4}\right)\cdot I_{CEQ4}=\left(\frac{50}{51}\right)(0.3)=0.294\text{A}$$

则

$$r_{\pi4}=\frac{\beta_4 V_T}{I_{CQ4}}=\frac{(50)(0.026)}{0.294}=4.42\Omega$$

输出级的小信号电压增益为

$$A_{v4}=\frac{v_o}{v_{o3}}=\frac{(1+\beta_4)(R_{E4}\parallel R_L)}{r_{\pi4}+(1+\beta_4)(R_{E4}\parallel R_L)}=\frac{(51)(20\parallel 8)}{4.42+(51)(20\parallel 8)}=0.985$$

正如设计所希望的，这个结果非常接近于 1。如果要求的输出电压峰值为 $v_o=1.26\text{V}$，则需要中间增益级的输出电压峰值为 $v_{o3}=1.28\text{V}$。

解(增益级)：如图 6.82 所示，增益级实际上是一个两级共射极放大器。假设缓冲级通过电容耦合到这两级放大器的输入端，放大器的两级之间也通过电容耦合在一起，且放大器的输出端直接耦合到输出级。

这里的发射极电阻能够稳定放大器的电压增益。假设每个晶体管的电流增益为 $\beta=100$。

则放大器总的增益值必须为

$$\frac{|v_{o3}|}{|v_{o1}|}=\frac{1.28}{0.00892}=144$$

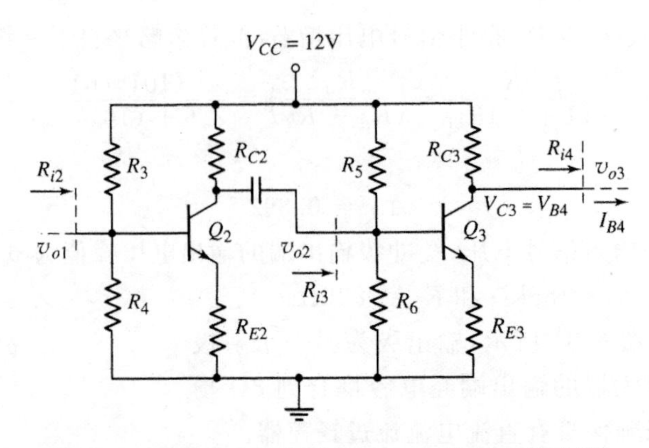

图 6.82 满足设计要求的增益级(两级共射放大器)

设计两级放大器使各级的电压增益值分别为

$$|A_{v3}|=\frac{|v_{o3}|}{|v_{o2}|}=5 \quad 和 \quad |A_{v2}|=\frac{|v_{o2}|}{|v_{o1}|}=28.8$$

Q_3 集电极的直流电压为 $V_{C3}=V_{B4}=6+0.7=6.7V(V_{BE4}(on)=0.7V)$。输出晶体管的静态基极电流为 $I_{B4}=0.294/50$ 即 $I_{B4}=5.88mA$。如果令 Q_3 的集电极电流为 $I_{CQ3}=15mA$,那么 $I_{RC3}=15+5.88=20.88mA$。于是

$$R_{C3}=\frac{V_{CC}-V_{C3}}{I_{RC3}}=\frac{12-6.7}{20.88}\Rightarrow 254\Omega$$

同样

$$r_{\pi3}=\frac{\beta_3 V_T}{I_{CQ3}}=\frac{(100)(0.026)}{15}\Rightarrow 173\Omega$$

还可以求得

$$R_{i4}=r_{\pi4}+(1+\beta_4)(R_{E4}\parallel R_L)=4.42+(51)(20\parallel 8)=296\Omega$$

对于带射极电阻的共射极放大器来说,小信号电压增益可以写为

$$|A_{v3}|=\frac{|v_{o3}|}{|v_{o2}|}=\frac{\beta_3(R_{C3}\parallel R_{i4})}{r_{\pi3}+(1+\beta_3)R_{E3}}$$

令 $|A_{v3}|=5$,则有

$$5=\frac{(100)(254\parallel 296)}{173+(101)R_{E3}}$$

可得 $R_{E3}=25.4\Omega$。

如果令 $R_5\parallel R_6=50k\Omega$,则有 $R_5=69.9k\Omega$,$R_6=176k\Omega$。

最后,如果令 $V_{C2}=6V$ 和 $I_{CQ2}=5mA$,则有

$$R_{C2}=\frac{V_{CC}-V_{C2}}{I_{CQ2}}=\frac{12-6}{5}=1.2k\Omega$$

同样

$$r_{\pi2}=\frac{\beta_2 V_T}{I_{CQ2}}=\frac{(100)(0.026)}{5}=0.52k\Omega$$

和

$$R_{i3}=R_5\parallel R_6\parallel[r_{\pi3}+(1+\beta_3)R_{E3}]=50\parallel[0.173+(101)(0.0254)]=2.60k\Omega$$

电压增益的表达式可以写为

$$|A_{v2}| = \frac{|v_{o2}|}{|v_{o1}|} = \frac{\beta_2(R_{C2} \parallel R_{i3})}{r_{\pi 2} + (1+\beta_2)R_{E2}}$$

令$|A_{v2}|=28.8$，可以求得

$$28.8 = \frac{(100)(1.2 \parallel 2.6)}{0.52 + (101)R_{E2}}$$

可得 $R_{E2}=23.1\Omega$。

如果假设 $R_3 \parallel R_4 = 50\text{k}\Omega$，则有 $R_3=181\text{k}\Omega$，$R_4=69.1\text{k}\Omega$。

点评：从以上的设计过程可能会注意到，不管怎样的设计都不会存在唯一的解。此外，对于实际应用中用分立元件构造的这种电路，将需要采用标准电阻，这意味着静态电流和电压值将发生变化，且总的电压增益可能偏离设计值。同样，实际所用晶体管的电流增益可能不完全等于假设的值。因而，在最终的设计中将需要做一些微小的改动。

讨论：无疑前面所设计的是一个音频放大器，但是并没有讨论它的频率响应。所以，设计中的耦合电容必须足够大才能使音频信号顺利通过。放大器的频率响应将在第 7 章进行详细的讨论。

在以后章节中，尤其在第 8 章中，将会设计一个更高效的输出级电路。而在本次设计中输出级的效率相对较低；也就是说输送到负载上的平均信号功率与损耗在输出级上的信号功率相比是较小的。然而，本次设计是整个设计过程中的初步近似。

6.12　本章小结

- 本章重点讲述了双极型晶体管在线性放大器电路中的应用。讨论了晶体管电路放大时变输入小信号的基本过程。
- 建立了双极型晶体管的交流等效电路和混合 π 等效电路。这些等效电路可以应用在晶体管放大器电路的分析和设计中。
- 分析了三种基本的电路结构：共射极、射极跟随器和共基极电路。这三种电路结构是构成更为复杂的集成电路的基本单元。
- 共射极电路同时放大时变电压和电流。
- 射极跟随器电路放大时变电流，并具有较大的输入电阻和较小的输出电阻。
- 共基极电路放大时变电压，并具有较小的输入电阻和较大的输出电阻。
- 讨论了三种多晶体管电路：两个共射极电路的级联放大器组态、一个复合晶体管对以及由共射极和共基极电路组成的共射-共基组态。每种组态具有各自的特性，比如较大的总电压增益或较大的总电流增益。
- 讨论了放大器电路中信号功率增益的概念。在放大器电路中会发生功率的重新分配。

本章要求

通过本章的学习，应该能够做到：

1. 用图解法阐明简单的双极型放大器电路的放大过程。
2. 描述双极型晶体管的小信号混合 π 等效电路并求解小信号混合 π 参数的值。

3. 在各种双极型放大器电路中应用小信号混合 π 等效电路来求解时变电路的特性。

4. 阐述共射极放大器的小信号电压和电流增益以及输入和输出电阻的特性。

5. 阐述射极跟随器放大电路的小信号电压和电流增益以及输入和输出电阻的特性。

6. 阐述共基极放大器的小信号电压和电流增益以及输入和输出电阻的特性。

7. 将双极型小信号等效电路应用到多级放大器电路的分析中。

复习题

1. 应用叠加在晶体管特性曲线上的负载线的概念，来阐述简单的共射极电路是如何放大时变信号的。

2. 说明为什么晶体管电路的分析可以分为将交流源置为零的直流分析和将直流源置为零的交流分析。

3. 画出 NPN 和 PNP 双极型晶体管的混合 π 等效电路。

4. 简述小信号混合 π 参数 g_m、r_π 和 r_o 与晶体管直流静态值之间的关系。

5. 混合 π 参数 r_π 和 r_o 的物理意义是什么？

6. “小信号”这个词指的是什么？

7. 画出一个简单的共射极放大器电路并讨论其常规的交流特性(电压增益、电流增益以及输入和输出电阻)。

8. 当在共射极放大器中加入了射极电阻和射极旁路电容时，试问电路的交流特性将发生什么样的变化？

9. 讨论直流负载线和交流负载线的概念。

10. 画出一个简单的射极跟随放大器电路并讨论其常规的交流特性(电压增益、电流增益以及输入和输出电阻)。

11. 画出一个简单的共基极放大器电路并讨论其常规的交流特性(电压增益、电流增益以及输入和输出电阻)。

12. 比较共射极电路、射极跟随器电路以及共基极电路的交流电路特性。

13. 讨论在电子电路中应用共射极放大器、射极跟随放大器和共基极放大器的一般条件。

14. 陈述为什么在电路设计中多级放大器比单级放大器应用的多，至少给出两个原因。

15. 如果晶体管电路提供信号功率增益，试讨论这种额外的信号功率的来源。

习题

(注：在下面的习题中，除非另作说明，均假设 NPN 和 PNP 晶体管的 B-E 开启电压为 0.7V，$V_A=\infty$。并假设所有的电容对于信号作用为短路。)

6.2 节 双极型线性放大器

6.1 (a)如果晶体管的参数为 $\beta=180$ 和 $V_A=150$V，且晶体管偏置在 $I_{CQ}=2$mA，试求 g_m、r_π 和 r_o。(b)如果 $I_{CQ}=0.5$mA，重复(a)部分。

6.2 (a)晶体管的参数为 $\beta=120$ 和 $V_A=120$V，且晶体管集电极偏置电流 $I_{CQ}=0.80$mA，试求 g_m、r_π

和 r_o。(b)对于 $I_{CQ}=80\mu A$，重复(a)部分。

6.3　晶体管的参数为 $\beta=125$ 和 $V_A=200V$。要求 $g_m=200mA/V$，试求所需的集电极电流，然后求 r_π 和 r_o。

6.4　一个特定放大器的应用设计需要 $g_m=80mA/V$ 和 $r_\pi=1.20k\Omega$。试问必需的集电极直流电流和晶体管电流增益 β 是多少？

6.5　图 6.3 所示电路的晶体管参数为 $\beta=120$ 和 $V_A=\infty$，电路参数为 $V_{CC}=5V$，$R_C=4k\Omega$，$R_B=250k\Omega$ 和 $V_{BB}=2.0V$。(a)试求 g_m、r_π 和 r_o 等混合 π 参数值。(b)试求小信号电压增益 $A_v=v_o/v_s$。(c)如果时变输出信号为 $v_o=0.8\sin(100t)V$，试求 v_s。

6.6　晶体管集电极的标称静态电流为 1.2mA，如果晶体管的 β 范围为 $80\leqslant\beta\leqslant120$，且集电极静态电流变化±10%，试求 g_m 和 r_π 的变化范围。

6.7　在图 6.3 所示电路中，$\beta=120$，$V_{CC}=5V$，$V_A=100V$ 和 $R_B=25k\Omega$。(a)试求使得 $r_\pi=5.4k\Omega$ 且 Q 点位于负载线中点的 V_{BB} 和 R_C。(b)试求相应的小信号电压增益 $A_v=v_o/v_s$。

6.8　在图 6.14 所示电路中，$\beta=100$，$V_A=\infty$，$V_{CC}=10V$ 和 $R_B=50k\Omega$。(a)试求使得 $I_{CQ}=0.5mA$ 且 Q 点位于负载线中点的 V_{BB} 和 R_C。(b)试求相应的小信号电压增益 $A_v=v_o/v_s$。

6.9　图 6.3 所示电路偏置在 $V_{CC}=10V$，且集电极电阻为 $R_C=4k\Omega$。调整电压 V_{BB} 使得 $V_{CC}=4V$。晶体管的 $\beta=100$，基极和发射极之间的信号电压为 $v_{be}=5\sin\omega t(mV)$。试求 $i_B(t)$、$i_C(t)$ 和 $v_C(t)$ 的总瞬时值以及小信号电压增益 $A_v=v_C(t)/v_{be}(t)$。

6.10　在图 6.7 所示的交流等效电路中，$R_C=2k\Omega$。晶体管参数为 $g_m=50mA/V$ 和 $\beta=100$。时变输出电压为 $v_o=1.2\sin\omega t(V)$，试求 $v_{be}(t)$ 和 $i_b(t)$。

6.4 节　共射极放大器

6.11　图 P6.11 所示电路的晶体管参数为 $\beta=150$ 和 $V_A=\infty$。(a)为了获得使 Q 点位于负载线中点的偏置电路，试求所需的 R_1 和 R_2 值。(b)试求小信号电压增益 $A_v=v_o/v_s$。

6.12　对于图 P6.12 所示的电路，假设 $\beta=100$，$V_A=\infty$，$R_1=10k\Omega$ 和 $R_2=50k\Omega$。(a)试画出直流负载线上的 Q 点。(b)试求小信号电压增益。(c)如果每个电阻值变化±5%，试求电压增益的范围。

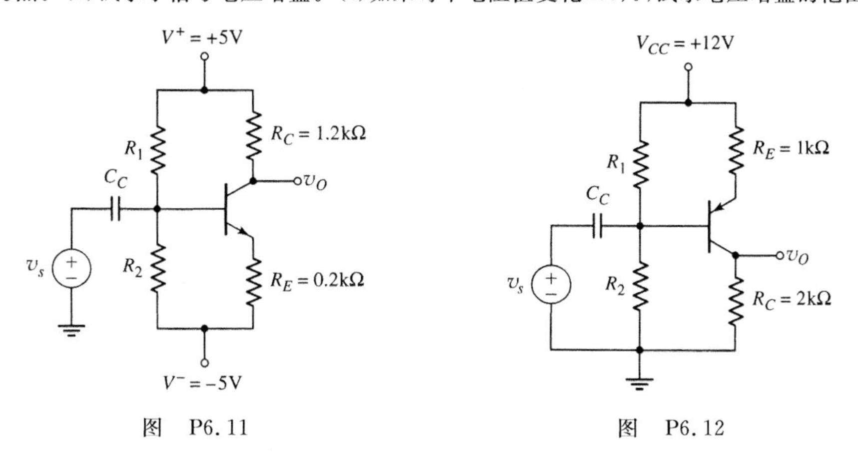

图　P6.11　　　图　P6.12

D6.13　图 P6.12 所示电路的晶体管参数为 $\beta=100$ 和 $V_A=\infty$。(a)试设计电路使偏置稳定，且 Q 点位于负载线的中点。(b)试求所设计电路的小信号电压增益。

D6.14　图 P6.14 所示电路的晶体管参数为 $\beta=100$ 和 $V_A=\infty$。试设计电路使 $I_{CQ}=0.25mA$ 和 $V_{CEQ}=3V$。试求小信号电压增益 $A_v=v_o/v_s$，并求由信号源 v_s 看进去的输入电阻。

D6.15　假设图 P6.15 所示电路的晶体管参数为 $\beta=120$ 和 $V_A=100V$。(a)试设计电路使 $V_{CEQ}=3.75V$。(b)试求小信号跨阻 $R_m=v_o/i_s$。

D6.16　对于晶体管参数 $\beta=65$ 和 $V_A=75V$。(a)试设计图 P6.16 所示的电路并使基极和集电极的直流电压分别为 0.30V 和 −3V。(b)试求小信号跨导 $G_f=i_o/v_s$。

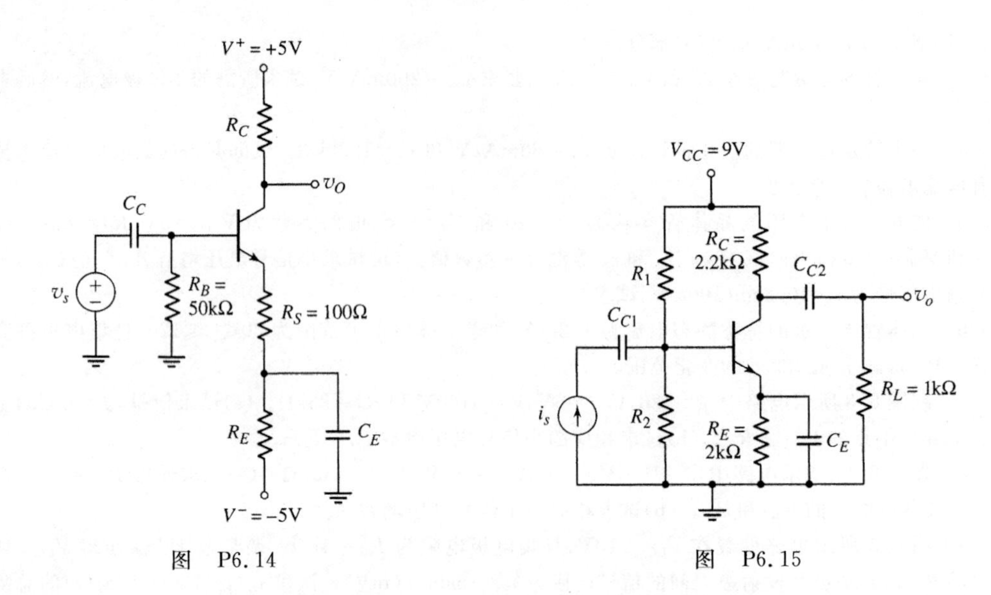

图 P6.14　　　　图 P6.15

6.17 图 P6.17 所示电路的信号源为 $v_s=5\sin\omega t$(mV)。晶体管电流增益为 $\beta=120$。(a)试设计电路使 $I_{CQ}=0.8$mA 和 $V_{CEQ}=7$V,并求小信号电压增益 $A_v=v_o/v_s$。(b)对于 $R_S=0$ 重复(a)部分。

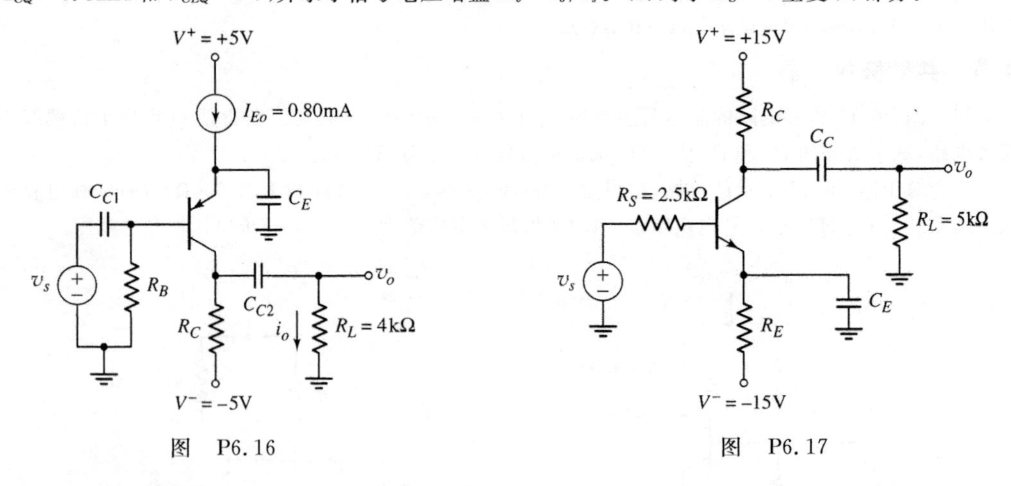

图 P6.16　　　　图 P6.17

6.18 观察图 P6.18 所示的电路,其中 $v_s=4\sin\omega t$(mV),假设 $\beta=80$。(a)试求 $v_o(t)$ 和 $i_o(t)$,并求小信号电压和电流增益。(b)对于 $R_S=0$ 重复(a)部分。

6.19 观察图 P6.19 所示的电路,晶体管参数为 $\beta=100$ 和 $V_A=100$V。试求 R_i、$A_v=v_o/v_s$ 和 $A_i=i_o/i_s$。

6.20 图 P6.20 所示电路的晶体管参数为 $\beta=100$ 和 $V_A=100$V。(a)试求基极和发射极的直流电压。(b)试求使 $V_{CEQ}=3.5$V 的 R_C 值。(c)假设 C_C 和 C_E 作用为短路,试求小信号电压增益 $A_v=v_o/v_s$。(d)如果信号源 v_s 串联一个 500Ω 的信号源电阻,重复(c)部分。

6.21 图 P6.21 所示电路的晶体管参数为 $\beta=180$ 和 $r_o=\infty$。(a)试求 Q 点的值。(b)试求小信号混合 π 参数。(c)试求小信号电压增益 $A_v=v_o/v_s$。

6.22 图 P6.22 所示电路的晶体管参数为 $\beta=80$ 和 $V_A=80$V。(a)试求使 $I_{EQ}=0.75$mA 的 R_E 值。(b)试求使 $V_{ECQ}=7$V 的 R_C 值。(c)对于 $R_L=10$kΩ,试求小信号电压增益 $A_v=v_o/v_s$。(d)试求由信号源 v_s 看进去的阻抗。

6.23 图 P6.23 所示电路中的晶体管为 2N2907A,其直流电流增益的标称值为 $\beta=100$。假设 h_{fe} 的范围为 $80\leqslant h_{fe}\leqslant 120$,$h_{oe}$ 的范围为 $10\mu S\leqslant h_{oe}\leqslant 20\mu S$。对于 $h_{re}=0$,试求(a)小信号电压增益 $A_v=v_o/v_s$ 的范围和(b)输入电阻 R_i 和输出电阻 R_o 的范围。

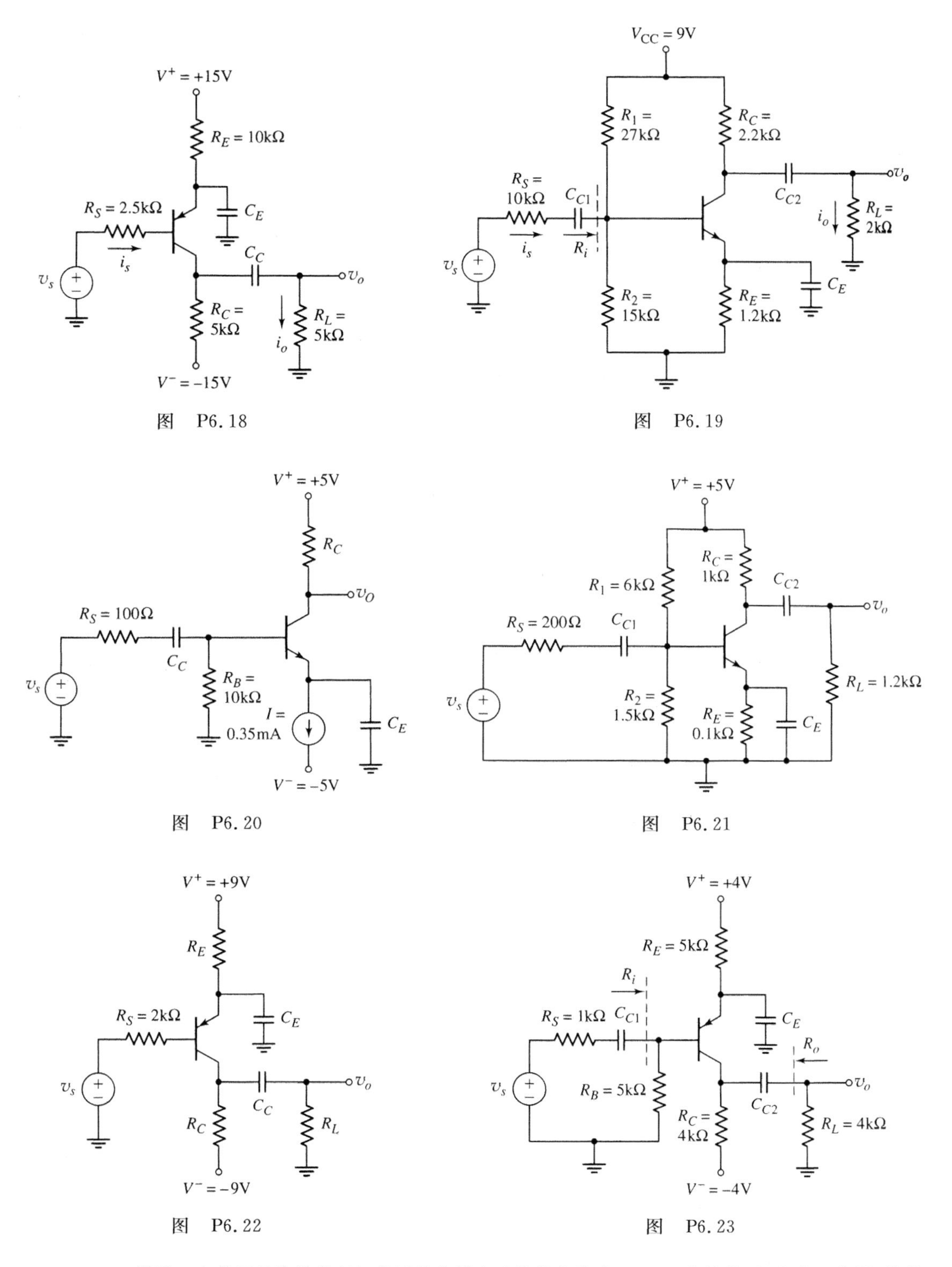

图 P6.18

图 P6.19

图 P6.20

图 P6.21

图 P6.22

图 P6.23

D6.24 设计一个单级晶体管共射极前置放大器电路使其能放大 10mV(有效值)的麦克风信号，并能产生 0.5V(有效值)的输出信号。麦克风的信号源电阻为 1kΩ。设计中采用标准电阻值并指定所需的 β 值。

6.25 图 P6.25 所示电路的晶体管参数为 $\beta=100$ 和 $V_A=\infty$。(a)试求 Q 点。(b)试求小信号参数

g_m、r_π 和 r_o。(c)试求小信号电压增益 $A_v=v_o/v_s$ 以及小信号电流增益 $A_i=i_o/i_s$。(d)试求输入电阻 R_{ib} 和 R_{is}。(e)如果 $R_S=0$，重复(c)部分。

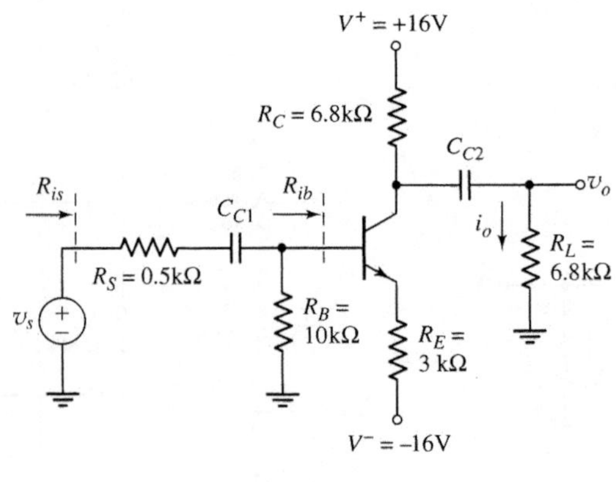

图 P6.25

6.26 如果将晶体管的集电极和基极相连，晶体管仍然工作在正向放大区，因为B-C结并不反偏。试求该两端器件用 g_m、r_π 和 r_o 表示的小信号电阻 $r_e=v_{ce}/i_e$。

D6.27 设计一个与图6.31所示结构类似的放大器电路。信号源电阻为 $R_S=100\Omega$，要求电压增益约为-10，电路损耗的总功率不得大于约0.12mW。试确定所需的 β 值。

D6.28 某理想信号源为 $v_s=5\sin(5000t)$(mV)。该信号源能够提供的峰值电流为 0.2μA。10kΩ负载电阻两端所需的电压为 $v_o=100\sin(5000t)$(mV)。试设计满足以上指标要求的单级晶体管放大器，要求采用标准电阻值，并确定所需的 β 值。

D6.29 设计偏置稳定的共射极电路使其开路小信号电压增益的最小值为 $|A_v|=10$。电路采用单电源 $V_{CC}=10$V进行偏置，可以提供的最大电流为1mA。可以选用的晶体管为PNP型，其参数为 $\beta=80$ 和 $V_A=\infty$。要使电路中所需电容的数量最少。

D6.30 设计共射极电路，使其输出端通过电容耦合到 $R_L=10$kΩ的负载电阻上。小信号电压增益的最小值为 $|A_v|=50$。电路采用±5V的电源偏置，且每个电压源能够提供的最大电流为0.5mA。可以选用的晶体管参数为 $\beta=120$ 和 $V_A=\infty$。

6.5节 交流负载线分析

6.31 图P6.12所示的电路，其电路参数和晶体管参数与习题6.12所给的相同，如果E-C间总的瞬时电压保持在 $1\text{V}\leqslant v_{EC}\leqslant 11\text{V}$ 范围之内，试求输出电压的最大不失真振幅。

6.32 对于图P6.14所示的电路，令 $\beta=100$，$V_A=\infty$，$R_E=12.9$kΩ和 $R_C=6$kΩ。如果C-E间总的瞬时电压保持在 $1\text{V}\leqslant v_{CE}\leqslant 9\text{V}$ 范围之内，且集电极电流的瞬时值保持在大于或等于 50μA，试求输出电压的最大不失真振幅。

6.33 观察图P6.18所示的电路。(a)如果C-E间总的瞬时电压保持在 $2\text{V}\leqslant v_{EC}\leqslant 12\text{V}$ 范围之内，试求输出电压的最大不失真振幅。(b)利用(a)的结果求解集电极电流的范围。

6.34 观察图P6.16所示的电路，令 $\beta=100$，$V_A=\infty$，$R_B=10$kΩ和 $R_C=4$kΩ。如果集电极电流总瞬时值 $i_C\geqslant 0.08$mA，且C-E间总的瞬时电压保持在 $1\text{V}\leqslant v_{EC}\leqslant 9\text{V}$ 范围之内，试求输出电流 i_o 的最大不失真振幅。

6.35 观察图P6.25所示的电路，晶体管参数和习题6.25中所给的相同，如果集电极电流总瞬时值 $i_C\geqslant 0.1$mA，且C-E间总的瞬时电压保持在 $1\text{V}\leqslant v_{CE}\leqslant 21\text{V}$ 范围之内，试求输出电流 i_C 的最大不失真振幅。

6.36 图P6.19所示电路的晶体管参数为 $\beta=100$ 和 $V_A=100$V。R_C、R_E 和 R_L 的值如图所示，如果C-E间总的瞬时电压保持在 $1\text{V}\leqslant v_{CE}\leqslant 8\text{V}$ 范围之内，且集电极电流的最小值为 $i_C(\min)=0.1$mA，试设计偏置稳定的电路使输出电压达到最大不失真振幅。

6.37　图 P6.21 所示电路的晶体管参数为 $\beta=180$ 和 $V_A=\infty$，重新设计偏置电阻 R_1 和 R_2 使输出电压达到最大对称振幅并保持电路偏置稳定。C-E 间总的瞬时电压保持在 $0.5\text{V}\leqslant v_{CE}\leqslant 4.5\text{V}$ 范围之内，且集电极总的瞬时电流 $i_C\geqslant 0.25\text{mA}$。

6.38　图 P6.23 所示电路的晶体管参数为 $\beta=100$ 和 $V_A=\infty$。(a)如果 C-E 间总的瞬时电压保持在 $1\text{V}\leqslant v_{EC}\leqslant 9\text{V}$ 范围之内，试求输出电压的最大不失真振幅。(b)利用(a)的结果求解集电极电流的范围。

6.6 节　共集电极放大器(射极跟随器)

6.39　图 P6.39 所示电路中的晶体管参数为 $\beta=180$ 和 $V_A=\infty$。(a)试求 I_{CQ} 和 V_{CEQ}。(b)画出直流负载线和交流负载线。(c)计算小信号电压增益。(d)试求输入电阻和输出电阻 R_{ib} 和 R_o。

6.40　观察图 P6.40 所示的电路，晶体管参数为 $\beta=120$ 和 $V_A=\infty$。重做 6.39 题(a)～(d)部分。

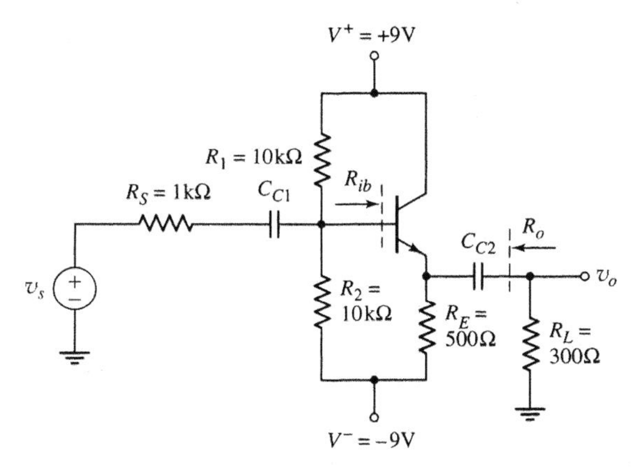

图　P6.39

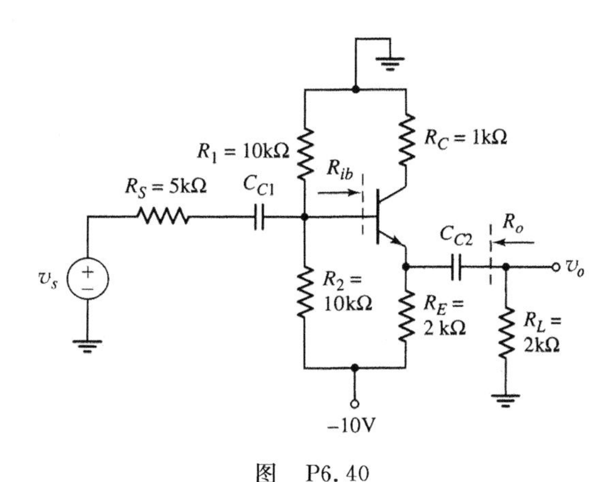

图　P6.40

6.41　对于图 P6.41 所示的电路，令 $V_{CC}=5\text{V}$，$R_L=4\text{k}\Omega$，$R_E=3\text{k}\Omega$，$R_1=60\text{k}\Omega$ 和 $R_2=40\text{k}\Omega$。晶体管参数为 $\beta=50$ 和 $V_A=80\text{V}$。(a)试求 I_{CQ} 和 V_{ECQ}。(b)试画出直流负载线和交流负载线。(c)试计算 $A_v=v_o/v_s$ 和 $A_i=i_o/i_s$。(d)试求输入和输出电阻 R_{ib} 和 R_o。(e)如果每个电阻值变化±5%，试求电流增益的范围。

6.42　图 P6.42 所示电路的晶体管参数为 $\beta=80$ 和 $V_A=150\text{V}$。(a)试求基极和发射极的直流电压。(b)计算小信号参数 g_m、r_π 和 r_o。(c)试求小信号电压增益和电流增益。(d)如果信号源 v_s 串联一个 $2\text{k}\Omega$ 的信号源电阻，重复(c)部分。

6.43　观察图 P6.43 所示的射极跟随放大器，晶体管参数为 $\beta=100$ 和 $V_A=100\text{V}$。(a)试求输出电阻 R_o。(b)对于(i) $R_L=500\Omega$ 和(ii) $R_L=5\text{k}\Omega$，试计算小信号电压增益。

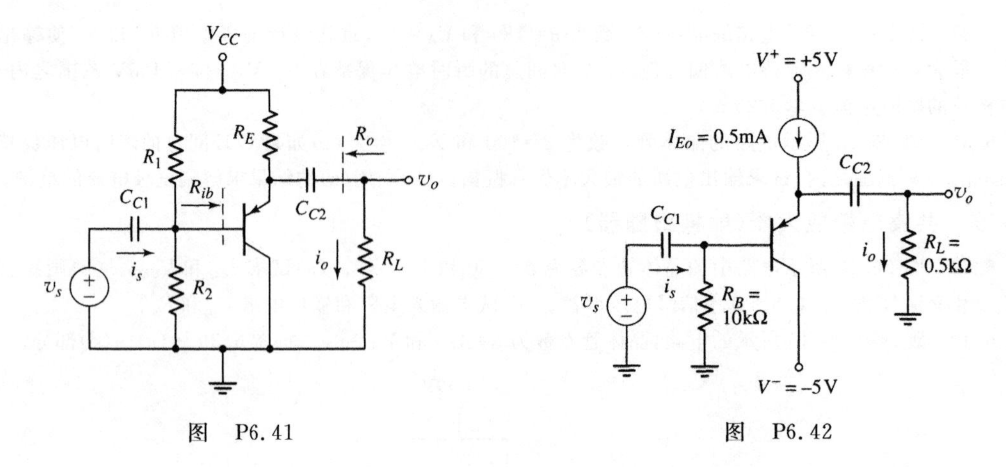

图 P6.41　　　　图 P6.42

6.44 图 P6.44 所示电路中的信号源为 $v_s = 2\sin\omega t$(V)。晶体管参数为 $\beta = 125$。(a)试求 R_{ib} 和 R_o。(b)试求 $i_s(t)$、$i_o(t)$、$v_o(t)$ 和 $v_{eb}(t)$。

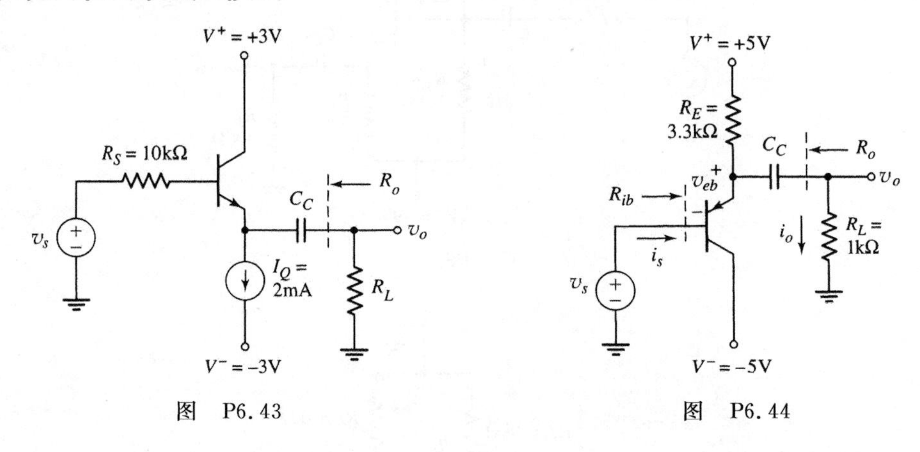

图 P6.43　　　　图 P6.44

D6.45 图 P6.45 所示电路中的晶体管参数为 $\beta = 100$ 和 $V_A = \infty$。(a)试设计电路使 $I_{EQ} = 1$mA 且 Q 点位于直流负载线的中点。(b)如果正弦输出电压的峰-峰值为 4V,试求晶体管基极正弦信号的峰-峰值和 v_s 的峰-峰值。(c)如果在输出端通过耦合电容连接一个负载电阻 $R_L = 1k\Omega$,试求输出电压的峰-峰值,假设 v_s 和(b)部分中求得的值相等。

6.46 在图 P6.46 所示电路中,如果 β 在 $75 \leqslant \beta \leqslant 150$ 范围之内,试求小信号电压增益 $A_v = v_o / v_s$ 和电流增益 $A_i = i_o / i_s$ 的范围。

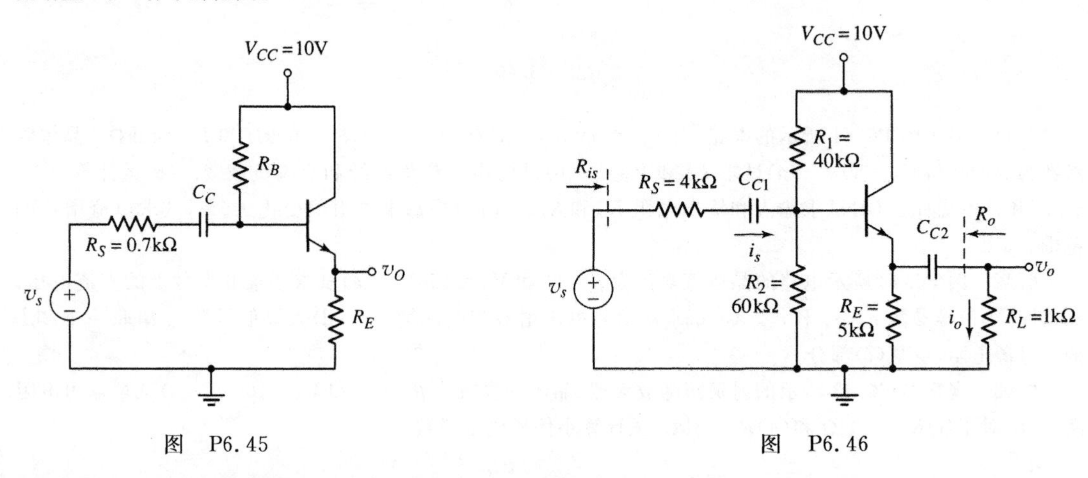

图 P6.45　　　　图 P6.46

6.47 在图 P6.47 所示电路中，晶体管电流增益 β 在 $50 \leqslant \beta \leqslant 200$ 范围之内。(a)试求直流值 I_E 和 V_E。(b)试求输入电阻 R_i 和电压增益 $A_v = v_o/v_s$ 的范围。

6.48 观察图 P6.42 所示的电路，晶体管电流增益在 $100 \leqslant \beta \leqslant 180$ 范围之内且厄利电压 $V_A = 150\text{V}$。如果负载电阻从 $R_L = 0.5\text{k}\Omega$ 变化到 $R_L = 500\text{k}\Omega$，试求小信号电压增益的范围。

*D6.49 图 P6.49 所示的电路，晶体管电流增益为 $\beta = 80$ 且 $R_L = 500\Omega$。试设计电路使小信号电流增益为 $A_i = i_o/i_s = 8$。令 $V_{CC} = 10\text{V}$。如果 $R_E = 500\Omega$，试求 R_1、R_2 以及输出电阻 R_o。如果 $R_L = 2000\Omega$，试问电流增益为多大？

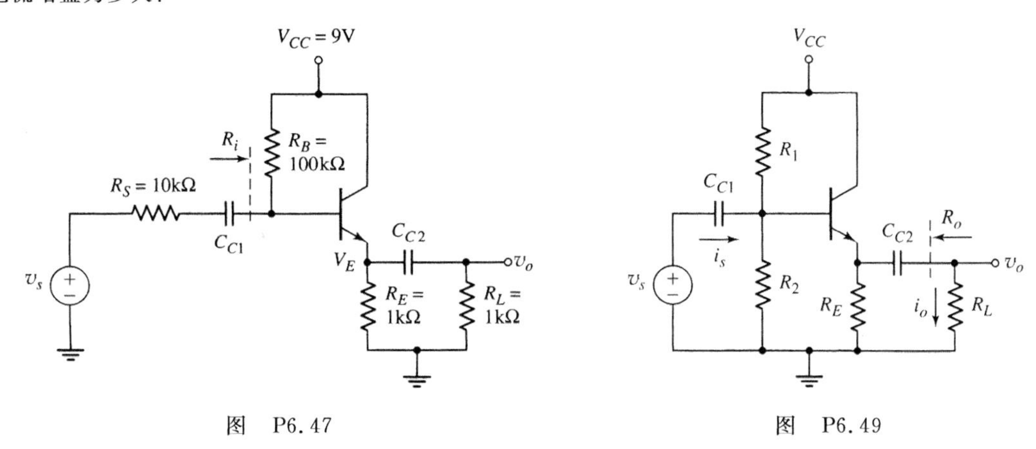

图 P6.47　　　　图 P6.49

D6.50 设计图 6.52 所示结构的射极跟随器电路，使得输入电阻 R_i 为图 6.54 中所定义的 120kΩ。假设晶体管参数为 $\beta = 120$ 和 $V_A = \infty$。令 $V_{CC} = 5\text{V}$ 和 $R_E = 2\text{k}\Omega$。试求 R_1 和 R_2 的新值。Q 点应该大约位于负载线的中点。

D6.51 (a)对于图 P6.49 所示的射极跟随器电路，假设 $V_{CC} = 24\text{V}$，$\beta = 75$ 且 $A_i = i_o/i_s = 8$。试设计电路使之驱动一个 8Ω 的负载。(b)试求输出电压的最大不失真振幅。(c)试求输出电阻 R_o。

*D6.52 某放大器的输入信号为 $v_s = 4\sin\omega t\,(\text{V})$ 和 $R_S = 4\text{k}\Omega$，当输出端连接的负载电阻 R_L 从 4kΩ 变化到 10kΩ 时，设计图 6.57 所示结构的射极跟随器电路使得输出信号的变化不超过 5%。晶体管电流增益在 $90 \leqslant \beta \leqslant 130$ 范围之内，且厄利电压为 $V_A = \infty$。对于此电路设计试求其输出电压可能的最小值和最大值。

*D6.53 设计图 6.57 所示结构的射极跟随放大器电路，用来放大信号源电阻为 $R_S = 10\text{k}\Omega$ 的音频信号 $v_s = 5\sin(3000t)$，驱动一个小的扬声器。假设直流电源为 $V^+ = +12\text{V}$ 和 $V^- = -12\text{V}$。扬声器的负载表示为 $R_L = 12\Omega$。放大器输送到负载上的平均功率应该约为 1W。试问放大器的信号功率增益是多大？

6.7 节 共基极放大器

6.54 在图 P6.54 所示电路中，$\beta = 125$，$V_A = \infty$，$V_{CC} = 18\text{V}$ 和 $R_L = 4\text{k}\Omega$，并且 $R_E = 3\text{k}\Omega$，$R_C = 4\text{k}\Omega$，$R_1 = 25.6\text{k}\Omega$ 和 $R_2 = 10.4\text{k}\Omega$。输入信号为电流信号。(a)试求 Q 点的值。(b)试求跨阻 $R_m = v_o/i_s$ 的值。(c)试求小信号电压增益 $A_v = v_o/v_s$。

*D6.55 图 P6.54 所示的共基极电路，令 $\beta = 100$，$V_A = \infty$，$V_{CC} = 12\text{V}$，$R_L = 12\text{k}\Omega$ 和 $R_E = 500\Omega$。(a)重新设计电路使得小信号电压增益为 $A_v = v_o/v_s = 10$。(b)试问 Q 点的值是多少？(c)图所示 R_2 被一大电容旁路掉，试求小信号电压增益。

6.56 图 P6.56 所示的电路，晶体管参数为 $\beta = 100$ 和 $V_A = \infty$。(a)试求集电极、基极和发射极的直流电压。(b)试求小信号电压增益 $A_v = v_o/v_s$。(c)试求输入电阻 R_i。

6.57 观察图 P6.57 所示的电路，晶体管参数为 $\beta = 120$，$V_A = \infty$。(a)试求静态值 V_{CEQ}。(b)试求小信号电压增益 $A_v = v_o/v_s$。

6.58 在图 P6.58 所示电路中，晶体管参数为 $\beta = 100$ 和 $V_A = \infty$。(a)试求静态值 I_{CQ} 和 V_{ECQ}。(b)试求小信号电压增益 $A_v = v_o/v_s$。

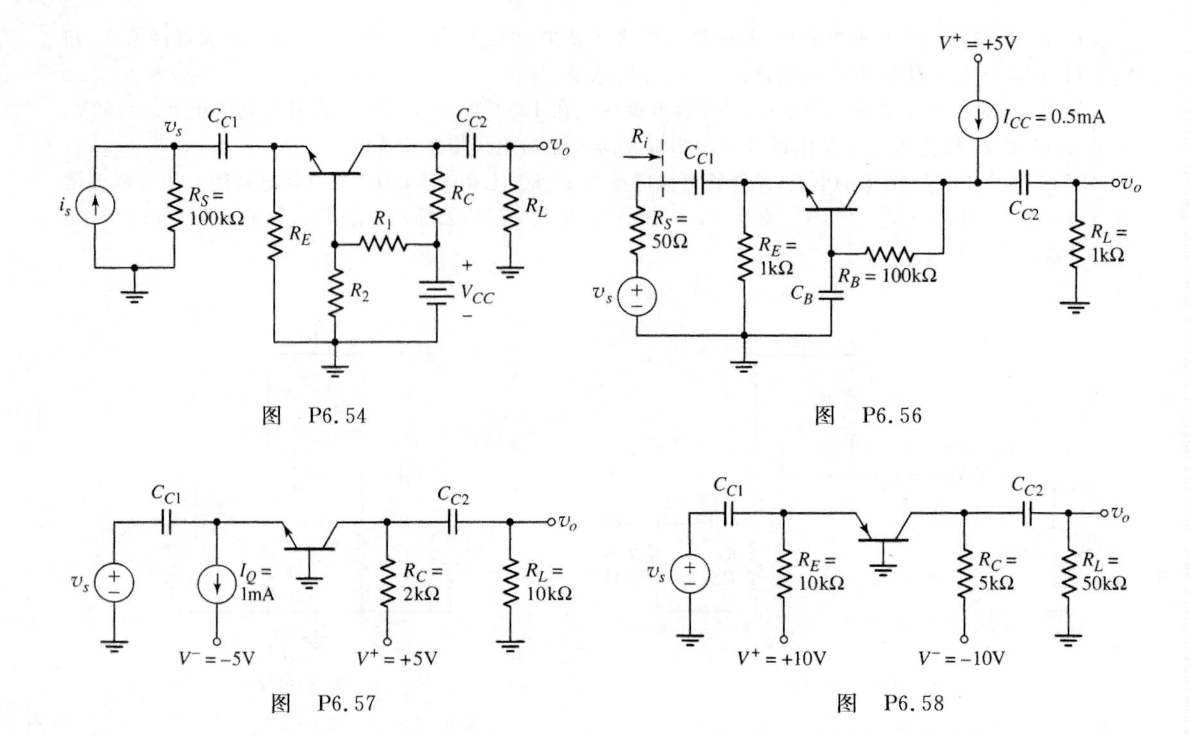

图 P6.54

图 P6.56

图 P6.57

图 P6.58

6.59 信号源 v_s 串联 100Ω 的电阻,重做习题 6.58。

6.60 观察图 P6.60 所示的电路,晶体管参数为 $\beta=60$ 和 $V_A=\infty$。(a)试求静态值 I_{CQ} 和 V_{CEQ}。(b)试求小信号电压增益 $A_v=v_o/v_s$。

*D6.61 图 1.35 所示的光电二极管用在一个光传输系统中,可以模拟为图 P6.54 所示的 i_s 和 R_S 并联的诺顿等效电路。假设电流源为 $i_s=2.5\sin\omega t(\mu A)$,且 $R_S=50\text{k}\Omega$。试设计图 P6.54 所示的共基极电路使得输出电压为 $v_o=5\sin\omega t(\text{mV})$。假设晶体管参数为 $\beta=120$ 和 $V_A=\infty$,令 $V_{CC}=5\text{V}$。

6.62 在图 P6.62 所示的共基极电路中,晶体管为 2N2907A,直流电流增益的标称值为 $\beta=80$。(a)试求 I_{CQ} 和 V_{ECQ}。(b)应用 h 参数(假设 $h_{re}=0$),试求小信号电压增益 $A_v=v_o/v_s$ 的范围。(c)试求输入电阻 R_i 和输出电阻 R_o 的范围。

*D6.63 在图 P6.62 所示的电路中,令 $V_{EE}=V_{CC}=5\text{V}$,$\beta=100$,$V_A=\infty$,$R_L=1\text{k}\Omega$ 和 $R_S=0$。(a)试设计电路使小信号电压增益 $A_v=v_o/v_s=25$ 和 $V_{ECQ}=3\text{V}$。(b)试求小信号参数 g_m、r_π 和 r_o 值。

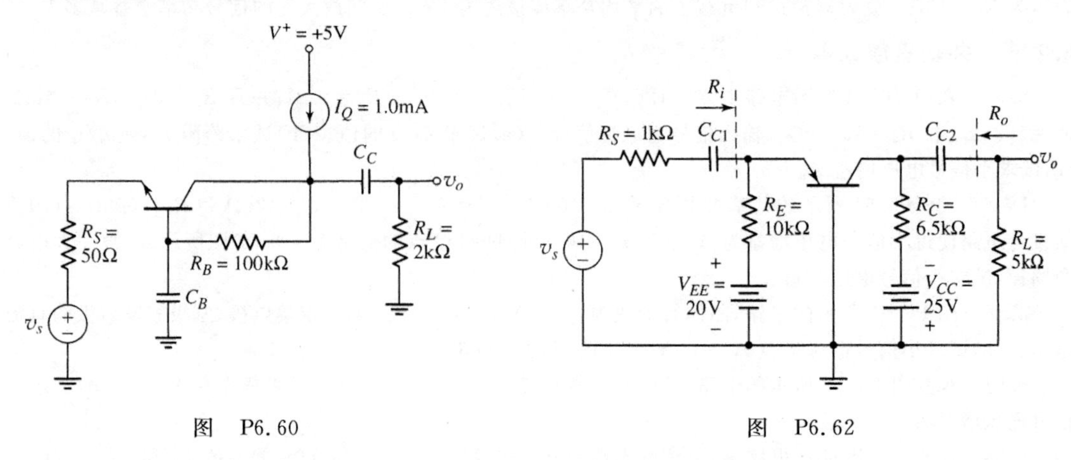

图 P6.60

图 P6.62

6.9节 多级放大器

*6.64 图 P6.64 所示电路中每个晶体管的参数均为 $\beta=100$ 和 $V_A=\infty$。(a)试求两个晶体管的小信号参数 g_m、r_π 和 r_o 值。(b)试求小信号电压增益 $A_{v1}=v_{o1}/v_s$，假设 v_{o1} 和开路端相连，求解增益 $A_{v2}=v_o/v_{o1}$。(c)试求总的小信号电压增益 $A_v=v_o/v_s$。应用(b)部分求得的值，将总的电压增益和 $A_{v1}\cdot A_{v2}$ 的结果进行比较。

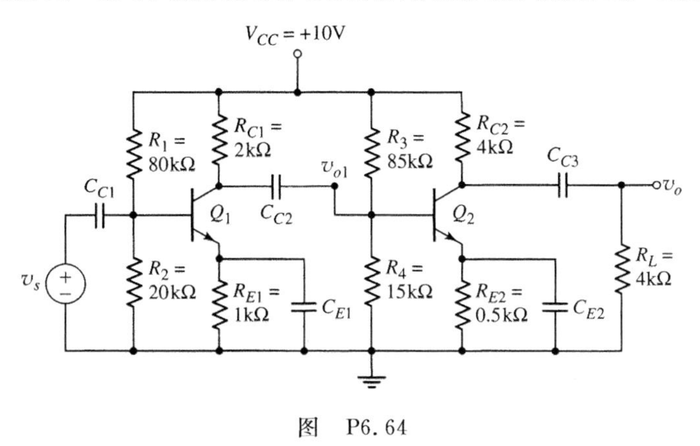

图 P6.64

*6.65 观察图 P6.65 所示的电路，晶体管参数为 $\beta=120$ 和 $V_A=\infty$。(a)试求两个晶体管的小信号参数 g_m、r_π 和 r_o 的值。(b)画出两晶体管的直流和交流负载线。(c)试求总的小信号电压增益 $A_v=v_o/v_s$。(d)试求输入电阻 R_{is} 和输出电阻 R_o。(e)试求输出电压的最大不失真振幅。

6.66 图 P6.66 所示的电路，假设晶体管参数为 $\beta=100$ 和 $V_A=\infty$。(a)试求每个晶体管的集电极直流电流。(b)试求小信号电压增益 $A_v=v_o/v_s$。(c)试求输入电阻 R_{ib} 和输出电阻 R_o。

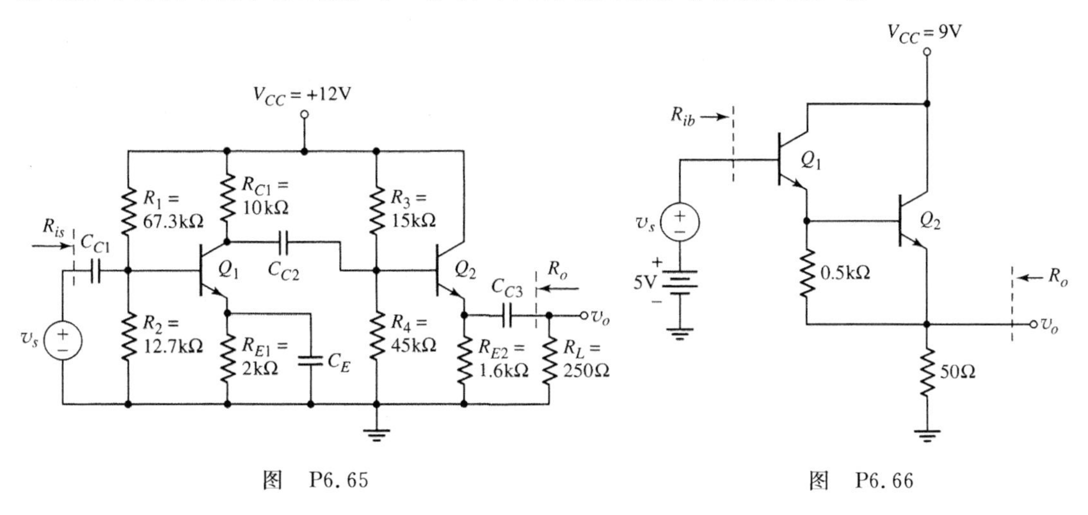

图 P6.65 图 P6.66

*6.67 图 P6.67 所示电路中每个晶体管参数均为 $\beta=100$ 和 $V_A=\infty$。(a)试求 Q_1 和 Q_2 的 Q 值。(b)试求总的小信号电压增益 $A_v=v_o/v_s$。(c)试求输入电阻 R_{is} 和输出电阻 R_o。

6.68 图 P6.68 所示电路为复合晶体管对电路的交流等效电路。(a)推导出输出电阻 R_o 的表达式为 I_{Bias} 和 I_{C2} 的函数。考虑晶体管的输出电阻 r_{o1} 和 r_{o2}。(b)假设晶体管参数为 $\beta=100$ 和 $V_A=100V$，对于(i) $I_{Bias}=I_{C2}=1mA$ 和(ii) $I_{C2}=0$，$I_{Bias}=0$，试求 R_o。

6.10节 功率分析

6.69 图 6.28 所示电路的晶体管参数为 $\beta=100$ 和 $V_A=100V$。(a)对于 $v_s=0$，试求消耗在晶体管和 R_C 上的平均功率。(b)试求能传送给 R_C 的最大不失真信号功率。

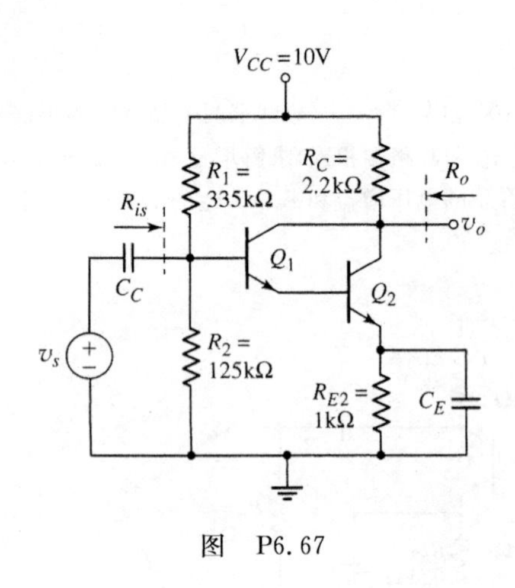

图 P6.67

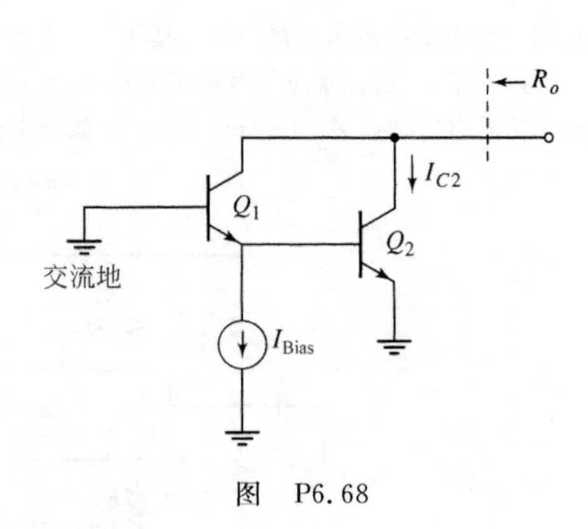

图 P6.68

6.70 观察图 6.40 所示的电路，晶体管参数为 $\beta=120$ 和 $V_A=\infty$。(a)对于 $v_s=0$，试求消耗在晶体管、R_E 和 R_C 上的平均功率。(b)试求能传送给 R_C 的最大不失真信号功率。

6.71 图 6.45 所示的电路，采用例题 6.10 所描述的晶体管参数。(a)对于 $v_s=0$，试求消耗在晶体管、R_E 和 R_C 上的平均功率。(b)试求能传送给 R_L 的最大不失真信号功率。R_E 和 R_C 上消耗的信号功率是多少？这种情况下消耗在晶体管上的平均功率是多少？

6.72 图 6.60 所示的电路，晶体管参数为 $\beta=100$ 和 $V_A=100\text{V}$，且信号源电阻 $R_S=0$。如果(a)$R_L=1\text{k}\Omega$，(b)$R_L=10\text{k}\Omega$，试求能传送给 R_L 的最大不失真信号功率。

6.73 观察图 6.67 所示的电路，晶体管参数和测试题 6.14 所给的相同。(a)对于 $v_s=0$，试求消耗在晶体管和 R_C 上的平均功率。(b)试求能传送给 R_L 的最大不失真信号功率和消耗在晶体管和 R_C 上相应的平均功率。

计算机仿真题

6.74 参看例题 6.2，应用计算机仿真分析研究厄利电压对电路小信号特性的影响。

6.75 可用图 P6.75 所示的电路来仿真图 6.42(c)所示的电路。假设厄利电压为 $V_A=60\text{V}$。(a)试画出 v_O 相对于 V_{BB} 在 $0\leqslant V_{BB}\leqslant 1\text{V}$ 范围内的电压传输特性曲线。(b)设置 V_{BB} 使输出电压的直流值为 $v_O\approx 2.5\text{V}$。试求此时 Q 点处的小信号电压增益。将所得结果和例题 6.9 作比较。

6.76 采用计算机仿真分析验证例题 6.10 的结果。

6.77 验证例题 6.14 中描述的射极跟随器电路的输入电阻和输出电阻。

6.78 对于测试题 6.14 中的共基极电路进行计算机仿真分析。此外，假设 $V_A=80\text{V}$，试求看进晶体管集电极的输出电阻。将此值和 $r_o=V_A/I_{CQ}$ 相比较会怎样？

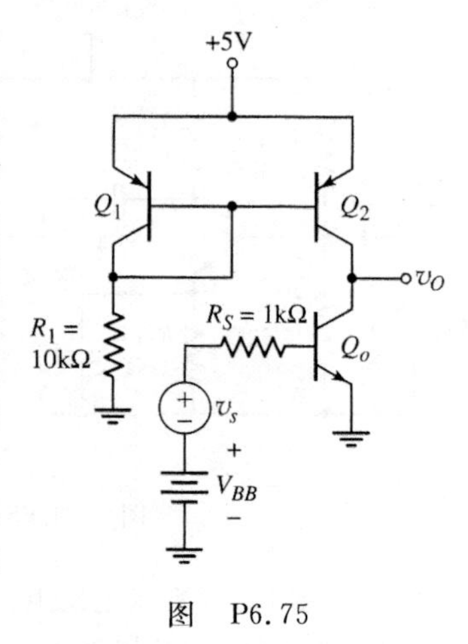

图 P6.75

设计题

(注：每一个设计都要用计算机仿真进行验证。)

*D6.79 设计一个共射极电路，当驱动 $R_L=5\text{k}\Omega$ 负载时，小信号电压增益为 $|A_v|=50$。电压源信号为 $v_s=0.02\cos\omega t\,\text{V}$，且信号源电阻为 $R_S=1\text{k}\Omega$。使用 ±5V 偏置电路，集电极电流额定最大值为 10mA 且电流增益在 $80\leqslant\beta\leqslant 150$ 范围内的晶体管。

*D6.80 图 P6.41 所示的电路，令 $V_{CC}=10\text{V}$ 且 $R_L=1\text{k}\Omega$。晶体管参数为 $\beta=120$ 和 $V_A=\infty$。(a)试设计电路使得电流增益为 $A_i=18$。(b)试求 R_{ib} 和 R_o。(c)试求输出电压最大不失真振幅。

*D6.81　设计一个如图 6.67 所示常规结构的共基极放大器电路。可用的电源为±10V。信号源的输出电阻为 50Ω，且放大器的输入电阻必须和此值相匹配。输出端的电阻为 $R_L=2\text{k}\Omega$，且要求输出电压具有最大可能的对称振幅。为了保持线性，B-E 间信号电压的峰值要限制在 15mV。假设可用晶体管的 $\beta=150$。试求晶体管的额定电流和功率。

*D6.82　麦克风的输出电压峰值为 1mV，且具有 10kΩ 的输出电阻。设计放大器系统来驱动 8Ω 的扬声器产生 2W 的信号功率。应用一个 24V 的电源偏置电路。假设可用晶体管的电流增益为 $\beta=50$。试求晶体管的额定电流和功率。

*D6.83　重新设计图 6.69 所示的两级放大器电路，使输出端可以得到峰值为±3V 的对称波形。负载电阻仍为 $R_L=5\text{k}\Omega$。为了避免失真，C-E 电压的最小值至少为 1V，最大值应不大于 9V。假设晶体管电流增益为 $\beta=100$。如果每个晶体管的厄利电压为 $V_A=\infty$，试计算相应的总的小信号电压增益。标明每个电阻的值和每个晶体管的静态值。

第7章

频 率 响 应

迄今为止，在线性放大器的分析中，均假设了耦合电容和旁路电容对于信号电压来说作用为短路而对直流电压来说作用为开路。然而，随着信号频率趋近于零，电容并不能立即从短路变为开路。前面也曾假设晶体管为理想晶体管，以至输出信号能对输入信号瞬间作出响应。但是，在实际的双极型晶体管和场效应晶体管中都存在内部电容，这些内部电容都会对频率响应产生影响。本章的主要目的就是求解放大器电路中由电路电容和晶体管电容所引起的频率响应。

本章内容

- 讨论放大器频率响应的一般特性。
- 推导出两种电路的系统传递函数，引出幅值和相位的伯德图，并熟悉伯德图的画法。
- 分析带有电容的晶体管电路的频率响应。
- 求解双极型晶体管的频率响应，并求解密勒效应和密勒电容。
- 求解 MOS 晶体管的频率响应，并求解密勒效应和密勒电容。
- 求解包括共射-共基级联放大器的基本晶体管电路的高频响应。
- 设计带耦合电容的两级 BJT 放大器，并使每一级的 −3dB 频率相等。

7.1 放大器的频率响应

本节内容：讨论放大器频率响应的一般特性。

所有放大器的增益系数都是信号频率的函数。这些增益系数包括电压、电流、跨导以及跨阻。迄今为止，都假设了信号频率足够高以至耦合电容和旁路电容可以视作短路；同时也假设信号频率足够低，使得寄生电容、负载电容以及晶体管的电容都可以视作开路。本章将考虑整个频率范围内放大器的响应。

通常，放大器的增益系数随频率的变化情况类似于图 7.1[①] 所示的曲线。

① 在很多参考文献中，增益被绘制成角频率 ω 的函数。但是出于一致性的考虑，本章中的所有曲线都将绘制成周期频率 f(Hz)的函数，而 $\omega=2\pi f$。放大器增益也被绘制成分贝(dB)的形式，其中 $|A|_{dB}=20\log_{10}|A|$。

图中将增益系数和频率绘制在对数坐标系中(增益系数用分贝表示)。图中标出了三种频率段,即低频、中频和高频。在**低频段**内当 $f<f_L$ 时,由于耦合电容和旁路电容的影响,增益随频率的下降而下降。在**高频段**内当 $f>f_H$ 时,由于寄生电容和晶体管电容的影响导致增益随着频率的增加而减小。剩下的**中频段**就是耦合电容和旁路电容视作短路而寄生电容和晶体管电容视作开路的区域。在该区域中增益几乎为恒定值。下面将会证明,在频率 $f=f_L$ 和 $f=f_H$ 处的增益比最大的中频增益小 3dB。放大器的通频带(单位为 Hz)定义为 $f_{BW}=f_H-f_L$。

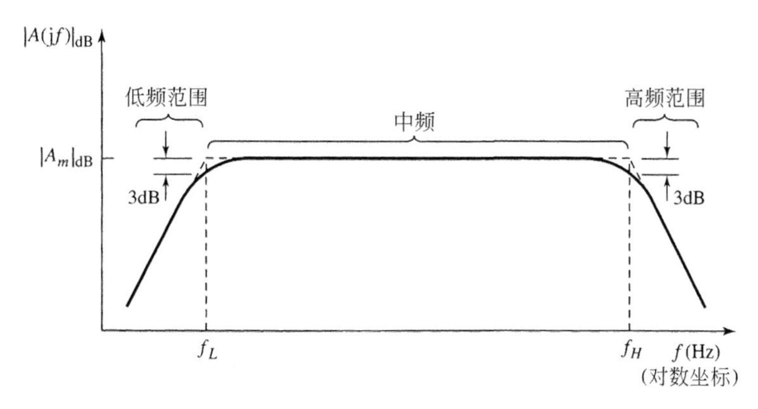

图 7.1 放大器增益随频率变化的曲线

例如,对于音频放大器,信号频率在 20Hz<f<20kHz 范围内,必须在这整个频段进行相等的放大才能产生尽可能精确的声音。所以,在设计一个良好的音频放大器时,必须把频率 f_L 设计成小于 20Hz 且把频率 f_H 设计成大于 20kHz。

7.1.1 等效电路

因为电路中的每一个电容都只对频谱的一端产生重要影响。所以,可以分别研究适用于低频、中频以及高频段的特定的等效电路。

中频段

适用于中频段计算的等效电路和本书中迄今为止所讨论过的等效电路相同。如前所述,在此电路的分析中,耦合电容和旁路电容视为短路,寄生电容和晶体管电容视作开路。所以中频段的等效电路中不包含电容。这个电路称为中频等效电路。

低频段

在此频段则采用低频等效电路。低频段等效电路和放大系数的方程中都必然包含耦合电容和旁路电容。而寄生电容和晶体管电容则被视作开路。当 f 趋向于中频时,所求放大系数的数学表达式必定接近于中频的结果,因为在此情况下的电容接近于短路状态。

高频段

在高频段则采用高频等效电路。在分析此电路时,耦合电容和旁路电容视为短路。等效电路中必须要考虑到晶体管的电容和任何的寄生电容或负载电容。当 f 趋向于中频时,所求得的放大系数的数学表达式必定是接近于中频的结果,因为在此情况下上述几种电容接近于开路状态。

7.1.2 频率响应分析

应用以上三种等效电路分别对放大电路进行分析，而不是对放大电路进行整体的分析，这是用来产生很有用的人工分析结果的一种近似方法，这种方法可以避免涉及复杂的传递函数。如果 f_L 和 f_H 相差很大，也即 $f_H \gg f_L$，那么这种方法是正确的。下面将要分析的很多电子电路都能满足这样的条件。

计算机仿真，比如 PSpice 仿真，可以将所有的电容考虑进去，并产生比人工分析结果精确得多的频率响应曲线。然而，计算机得出的结果并不对特定的结果提供任何物理的分析，因此也不提供任何用于改善特定频率响应的可行性建议。而人工分析可以对特定的响应提供相应的"原因分析和结果处理"。这种基本的认知可以产生出更好的电路设计。

在下一节将介绍两种简单的电路来开始分析和研究频率响应。首先要推出将输出电压和输入电压联系在一起的数学表达式(传递函数)，它是信号频率的函数。根据该函数，可以得出频率响应曲线。得出的两条频率响应曲线分别反映了传递函数的幅值相对于频率的变化(幅频特性曲线)和传递函数的相位相对于频率的变化(相频特性曲线)。相位响应曲线则将输出信号的相位和输入信号的相位联系在了一起。

然后将提出一种画频率响应曲线的方法，通过这种方法可以很容易地画出频率响应曲线而不用借助于对传递函数的完整分析。这种简单的方法将加深对于电子电路频率响应的一般理解。如果需要，还将利用计算机仿真来提供更为详细的计算。

7.2 系统传递函数

本节内容：推导出两种电路的系统传递函数，引出传递函数的幅值和相位伯德图，并熟悉伯德图的画法。

电路的频率响应通常利用**复频率 s** 来求解。每个电容都由其复数阻抗 $1/(sC)$ 来表示，而每个电感都由其复数阻抗 sL 来表示，然后用通常的形式表示出电路的方程。应用复频率求得的电压增益、电流增益、输入阻抗以及输出阻抗的数学表达式都是 s 多项式的比值。

很多情况下都会用到系统传递函数。系统传递函数可能是比值的形式，比如输出电压比输入电压(电压传递函数)或输出电流比输入电压(跨导函数)。表 7.1 列出了四种常用的传递函数。

表 7.1 复频率 s 的传递函数

函数名称	表达式	函数名称	表达式
电压传递函数	$T(s)=V_o(s)/V_i(s)$	跨阻函数	$V_o(s)/I_i(s)$
电流传递函数	$I_o(s)/I_i(s)$	跨导函数	$I_o(s)/V_i(s)$

一旦求出了传递函数，就可以通过令 $s=\mathrm{j}\omega=\mathrm{j}2\pi f$ 来求得正弦激励的稳态响应。于是 s 多项式的比值简化为与每个频率 f 有关的一个复数。该复数又可以简化为一个幅值和一个相位。

7.2.1 s 域分析

通常，传递函数在 s 域中可以表示为以下的形式

$$T(s) = K\frac{(s-z_1)(s-z_2)\cdots(s-z_m)}{(s-p_1)(s-p_2)\cdots(s-p_n)} \tag{7.1}$$

式中，K 为一常数，$z_1, z_2, \cdots, z_m$ 为传递函数的“零点”，$p_1, p_2, \cdots, p_n$ 为传递函数的“极点”。当复频率等于某个零点，即 $s=z_i$ 时，传递函数为零；当复频率等于某个极点，即 $s=p_i$ 时，传递函数无意义，函数值变成无穷大。通过用 $j\omega$ 代替 s，就能用传递函数来求解物理频率值。通常，相应的传递函数 $T(j\omega)$ 为复函数，也就是说它的幅值和相位都是频率的函数。这些问题通常在基本的电路分析课程中进行过讨论。

对于一个简单的具有如下形式的传递函数

$$T(s) = \frac{K}{s+\omega_o} \tag{7.2(a)}$$

可以重整各项并写出函数为

$$T(s) = K_1\left(\frac{1}{1+s\tau_1}\right) \tag{7.2(b)}$$

式中，τ_1 为**时间常数**。其他的传递函数可能写为

$$T(s) = K_2\left(\frac{s\tau_2}{1+s\tau_2}\right) \tag{7.2(c)}$$

式中，τ_2 也是时间常数。大多数情况下人们习惯于把传递函数写成时间常数的形式。

为了介绍晶体管电路的频率响应，先来分析一下图 7.2 和图 7.3 所示的电路。图 7.2 所示电路的电压传递函数可以用电压分压器的形式写出，即

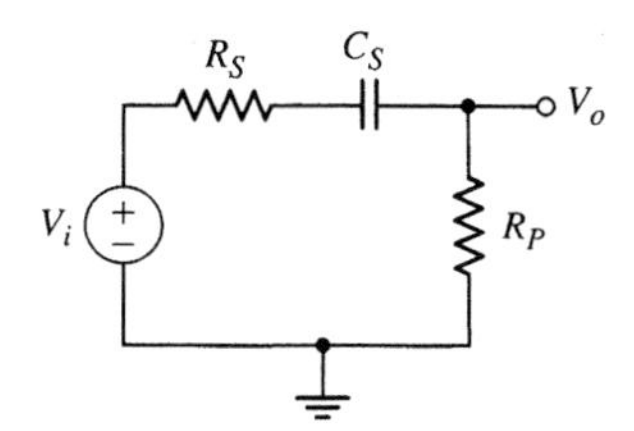

图 7.2　串联耦合电容电路

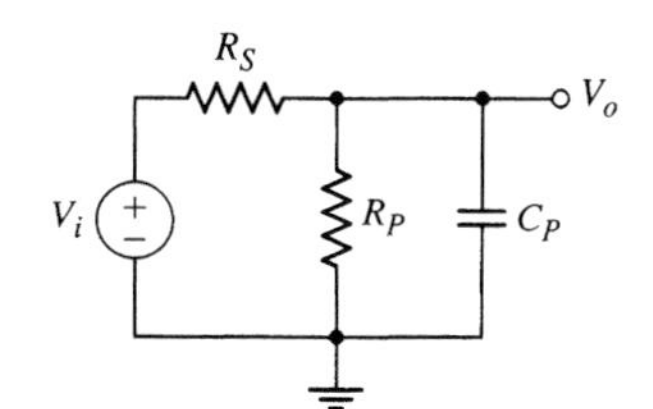

图 7.3　并联负载电容电路

$$\frac{V_o(s)}{V_i(s)} = \frac{R_P}{R_S+R_P+\dfrac{1}{sC_S}} \tag{7.3}$$

元件 R_S 和 C_S 串联在输入和输出信号之间，且元件 R_P 和输出信号并联。式(7.3)可以写成如下的形式，即

$$\frac{V_o(s)}{V_i(s)} = \frac{sR_PC_S}{1+s(R_S+R_P)C_S} \tag{7.4}$$

整理后可得

$$\frac{V_o(s)}{V_i(s)} = \left(\frac{R_P}{R_S+R_P}\right)\frac{s(R_S+R_P)C_S}{1+s(R_S+R_P)C_S} = K_2\left(\frac{s\tau}{1+s\tau}\right) \tag{7.5}$$

此式中，时间常数为

$$\tau = (R_S+R_P)C_S$$

写出输出节点的基尔霍夫电流定律(KCL)方程，可以求得图 7.3 所示电路的电压传递函数为

$$\frac{V_o - V_i}{R_S} + \frac{V_o}{R_P} + \frac{V_o}{1/(sC_P)} = 0 \tag{7.6}$$

在此情况下元件 R_S 串联在输入信号和输出信号之间，而元件 R_P 和 C_P 和输出信号并联。重整式(7.6)中的各项可得

$$\frac{V_o(s)}{V_i(s)} = \left(\frac{R_P}{R_S + R_P}\right) \frac{1}{1 + s\left(\frac{R_S R_P}{R_S + R_P}\right) C_P} \tag{7.7(a)}$$

即

$$\frac{V_o(s)}{V_i(s)} = \left(\frac{R_P}{R_S + R_P}\right) \frac{1}{1 + s(R_S \parallel R_P) C_P} \tag{7.7(b)}$$

式(7.7(b))中，时间常数为

$$\tau = (R_S \parallel R_P) C_P$$

7.2.2 一阶函数

本章对晶体管电路进行人工分析时，每一次只考虑一个电容。因而，将要处理的函数为**一阶传递函数**，大多数情况下，这些函数具有像式(7.5)或式(7.7(b))所示的一般形式。可以通过这种简单的分析来表示特定的电容以及晶体管本身的频率响应。还可以通过计算机仿真将人工分析的结果和更为精确的解来进行比较。

7.2.3 伯德图

伯德图是由 H. Bode 发明用来求解传递函数的幅值和相位的一种简单的方法。只要给出等效时间常数的零点和极点即可以求得传递函数的幅值和相位，相应的图表就称为**伯德图**。

定性讨论：首先考虑电压传递函数的幅值相对于频率的变化。在进行数学推导之前，可以定性地求解这种图表的一般特性。图 7.2 所示的电容 C_S 串联在输入和输出端之间。该电容的作用是耦合电容，在低频极限端零频率(输入信号为一恒定的直流电压)时，电容的容抗为无穷大(开路)。于是在此情况下，输入信号并不耦合到输出端，所以输出电压为零，此时电压传递函数的幅值为零。

在低频段相对较高的频率时，电容的容抗变得非常小(趋向于短路)。在此情况下输出电压的幅值达到电压分压器所给的恒定值，即 $V_o = [R_P/(R_P + R_S)]V_i$。

因此，所期望的传递函数的幅值从零频率时的零开始，然后随频率的增加而增加，并在较高频率时达到一个恒定值。

图 7.2 的伯德图

数学推导：式(7.5)给出的传递函数对应着图 7.2 所示的电路，如果用 $\mathrm{j}\omega$ 代替 s 并定义时间常数为 τ_S，则 $\tau_S = (R_S + R_P) C_S$，于是可得

$$T(\mathrm{j}\omega) = \frac{V_o(\mathrm{j}\omega)}{V_i(\mathrm{j}\omega)} = \left(\frac{R_P}{R_S + R_P}\right) \frac{\mathrm{j}\omega\tau_S}{1 + \mathrm{j}\omega\tau_S} \tag{7.8}$$

式(7.8)的幅值为

$$|T(j\omega)|=\left(\frac{R_P}{R_S+R_P}\right)\frac{\omega\tau_S}{\sqrt{1+\omega^2\tau_S^2}} \tag{7.9(a)}$$

即

$$|T(jf)|=\left(\frac{R_P}{R_S+R_P}\right)\frac{2\pi f\tau_S}{\sqrt{1+(2\pi f\tau_S)^2}} \tag{7.9(b)}$$

可以画出增益幅值相对于频率的伯德图。注意到$|T(jf)|_{dB}=20\log_{10}|T(jf)|$。由式(7.9(b))可以写出

$$|T(jf)|_{dB}=20\log_{10}\left[\left(\frac{R_P}{R_S+R_P}\right)\frac{2\pi f\tau_S}{\sqrt{1+(2\pi f\tau_S)^2}}\right] \tag{7.10(a)}$$

即

$$|T(jf)|_{dB}=20\log_{10}\left(\frac{R_P}{R_S+R_P}\right)+20\log_{10}(2\pi f\tau_S)-20\log_{10}\sqrt{1+(2\pi f\tau_S)^2} \tag{7.10(b)}$$

可以分别画出式(7.10(b))的每一项,然后将三项进行合并来形成最终的增益幅值的伯德图。

图7.4(a)画出了式(7.10(b))第一项的曲线,这是一条和频率无关的直线。可能会注意到,由于$[R_P/(R_S+R_P)]$小于1,所以dB的值小于零。

图7.4(b)画出了式(7.10(b))第二项的曲线。当$f=1/(2\pi\tau_S)$时,有$2\pi f\tau_S=1$,于是$20\log_{10}(1)=0$。前面已经讲过伯德图上各量的斜率的单位为"dB/倍频"或"dB/十倍频"。**"倍频"**指频率加倍,**"十倍频"**指频率增加到原来的10倍。当频率每次加倍时,函数$20\log_{10}(2\pi f\tau_S)$的增益幅值增加$6.02\approx6$dB;而频率每增加10倍时,函数的增益幅值增加20dB。因此,可以认为曲线的斜率为6dB/倍频或20dB/十倍频。

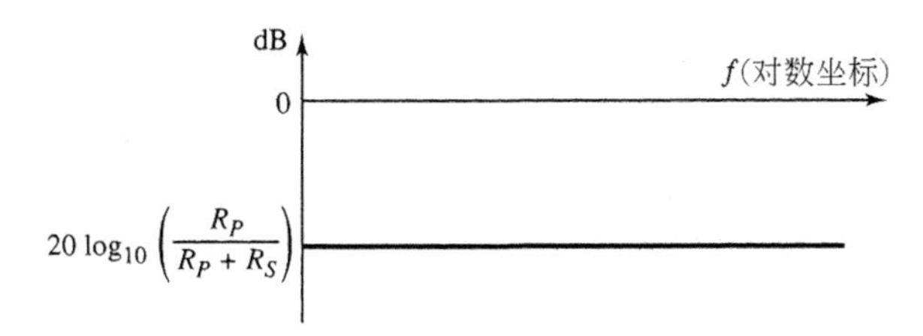

(a)

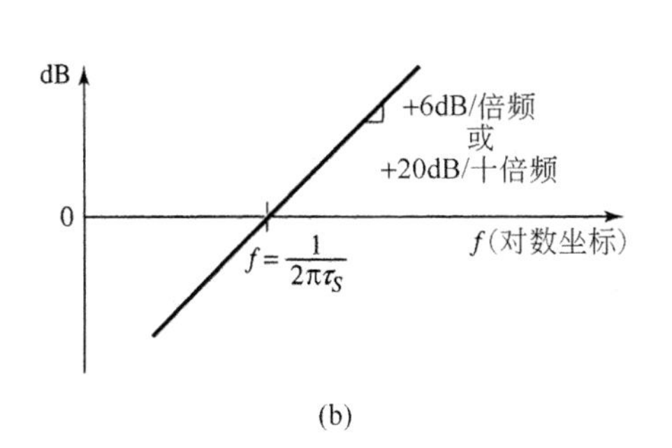

(b)

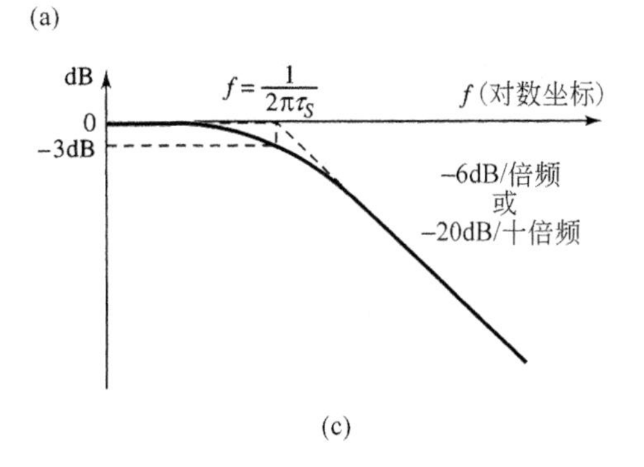

(c)

图7.4 式(7.10(b))的伯德图

(a) 第一项;(b) 第二项;(c) 第三项

图 7.4(c)则画出了式(7.10(b))的第三项。对于 $f \ll 1/(2\pi\tau_S)$，函数的增益幅值基本为 0dB。当 $f=1/(2\pi\tau_S)$时，函数的增益幅值为 -3dB。对于 $f \gg 1/(2\pi\tau_S)$，函数的增益幅值变为 $-20\log_{10}(2\pi f\tau_S)$，所以斜率变为 -6dB/倍频或 -20dB/十倍频。该斜率的直线投影在 $f=1/(2\pi\tau_S)$处穿过 0dB 线。于是就可以用两条相交于点 0dB 和 $f=1/(2\pi\tau_S)$的渐近直线近似得出此项的伯德图。这个特殊的频率则称为**截止频率**、**转折频率**或**$-$3dB 频率**。

图 7.5 所示为式(7.10(b))完整的伯德图。对于 $f \gg 1/(2\pi\tau_S)$，式(7.10(b))的第二项和第三项被取消了，而对于 $f \ll 1/(2\pi\tau_S)$，来自图 7.4(b)的较大的负值占主导地位。

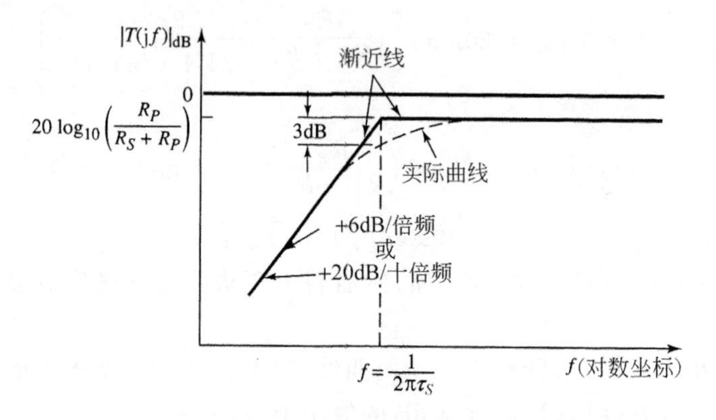

图 7.5 图 7.2 所示电路电压传递函数的幅值伯德图

式(7.9)给出的传递函数对应着图 7.2 所示的电路。串联电容 C_S 为输入信号和输出信号之间的耦合电容。频率较高时，电容 C_S 视作短路，来自电压分压器的输出电压为

$$V_o=[R_P/(R_S+R_P)]V_i$$

对于较低的频率，C_S 的容抗趋近于开路时的情况，且输出电压趋近于零。这种电路称为**高通网络**，因为高频信号能被传送到输出端。现在可以理解图 7.5 所示的伯德图了。

通过回顾直角坐标系和由复数形成的极坐标系之间的关系可以很容易地画出相位函数的伯德图。可以写出 $A+jB=Ke^{j\theta}$，其中 $K=\sqrt{A^2+B^2}$ 而 $\theta=\tan^{-1}(B/A)$。这种关系如图 7.6 所示。

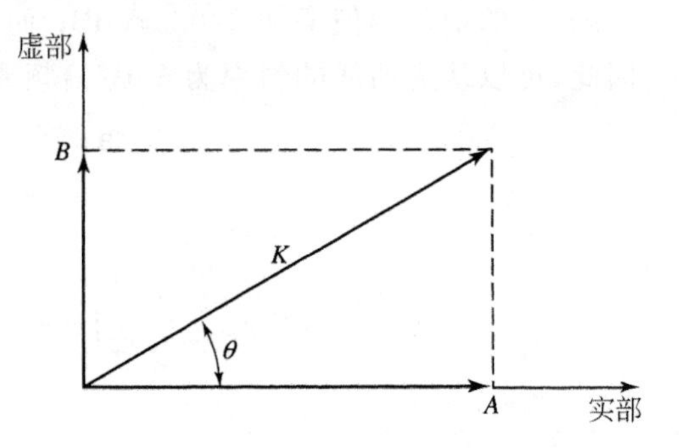

图 7.6 直角坐标系和复数形式的极坐标系之间的关系

可以将式(7.8)给出的函数写成下面的形式，即

$$T(jf)=\left(\frac{R_P}{R_S+R_P}\right)\left[\frac{j2\pi f\tau_S}{1+j2\pi f\tau_S}\right]$$

$$=\left[\left|\frac{R_P}{R_S+R_P}\right|e^{j\theta_1}\right]\frac{[|j2\pi f\tau_S|e^{j\theta_2}]}{[|1+j2\pi f\tau_S|e^{j\theta_3}]} \tag{7.11(a)}$$

即

$$T(jf)=(K_1e^{j\theta_1})\frac{(K_2e^{j\theta_2})}{(K_3e^{j\theta_3})}=\frac{K_1K_2}{K_3}e^{j(\theta_1+\theta_2-\theta_3)} \tag{7.11(b)}$$

于是函数 $T(jf)$的净相位为 $\theta=\theta_1+\theta_2-\theta_3$。

因为第一项$[R_P(R_S+R_P)]$为正实数，其相位为$\theta_1=0$。第二项$(\mathrm{j}2\pi f\tau_S)$为纯虚数，所以其相位为$\theta_2=90°$。第三项为复数所以其相位为$\theta_3=\tan^{-1}(2\pi f\tau_S)$。则函数的净相位为

$$\theta = 90° - \tan^{-1}(2\pi f\tau_S) \tag{7.12}$$

对于$f\to 0$的极限情况，有$\tan^{-1}(0)=0$，而对于$f\to\infty$的情况，有$\tan^{-1}(\infty)=90°$。在转折频率$f=1/(2\pi\tau_S)$处的相位为$\tan^{-1}(1)=45°$。式(7.11(a))所给函数的伯德图如图7.7所示。图中画出了实际的伯德图以及渐近线近似图。由于相位可以影响电路的稳定性，所以它在负反馈电路中显得尤其重要，这些内容将会在第12章进行分析。

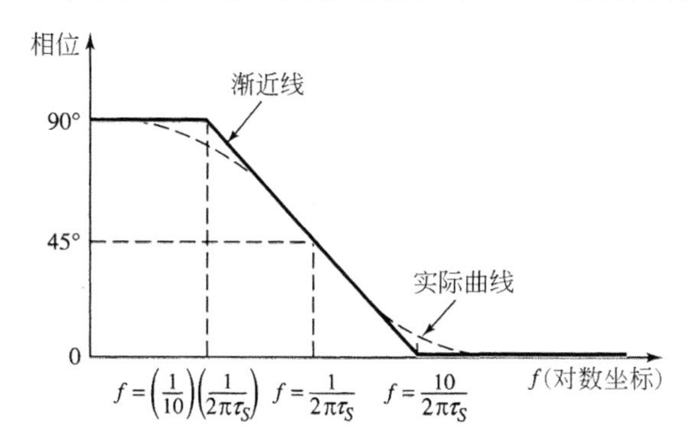

图7.7　图7.2所示电路电压传递函数的相位伯德图

图7.3的伯德图

定性讨论：同样，首先来分析电压传递函数的幅值相对频率的变化。图7.3中和输出端并联的电容C_P在电路输出端的作用为负载电容，或是后级放大器的输入电容。

在极限频率为零(输入信号为恒定的直流电压)时，电容的阻抗为无穷大(开路)。这种情况下输出电压的值为电压分压器给出的恒定值，即$V_o=[R_P/(R_P+R_S)]V_i$。

在较高的极限频率时，电容的容抗变得非常小(趋向于短路)。所以输出电压将为零，即电压传递函数的幅值为零。

因此，预计传递函数的幅值在零频率或者低频时从一个恒定值开始，然后在较高频率时递减到零。

数学推导：式(7.7(b))给出的传递函数对应着图7.3所示的电路。如果用$s=\mathrm{j}\omega=\mathrm{j}2\pi f$取代$s$并定义一个时间常数$\tau_P$为$\tau_P=(R_S\parallel R_P)C_P$，则传递函数为

$$T(\mathrm{j}f) = \left(\frac{R_P}{R_S+R_P}\right)\frac{1}{1+\mathrm{j}2\pi f\tau_P} \tag{7.13}$$

式(7.13)的幅值为

$$|T(\mathrm{j}f)| = \left(\frac{R_P}{R_S+R_P}\right)\frac{1}{\sqrt{1+(2\pi f\tau_P)^2}} \tag{7.14}$$

该幅值表达式的伯德图如图7.8所示。低频时的渐近线为水平线，而高频时的渐近线为斜率为-20dB/十倍频或-6dB/倍频的直线。这两条渐近线相交于频率为$f=1/(2\pi\tau_P)$的点，该点为转折点，即电路的3dB频率。同样，传递函数在转折频率处的实际值和最大的3dB渐近线值不同。

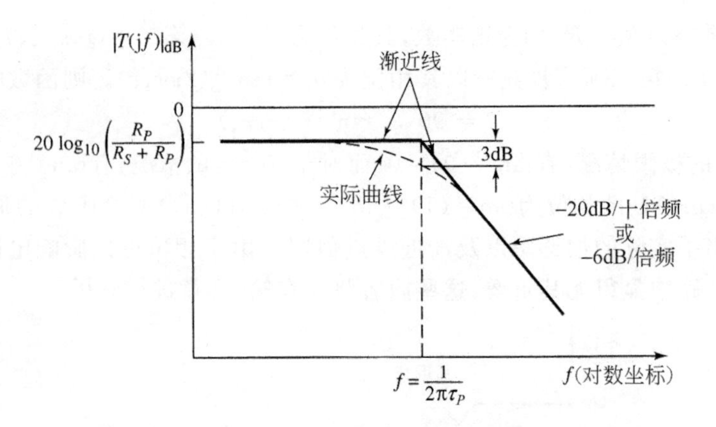

图 7.8　图 7.3 所示电路电压传递函数的幅值伯德图

同样，式(7.13)给出的传递函数的幅值对应着图 7.3 所示的电路。并联电容 C_P 是负载电容或寄生电容。在低频时 C_P 作用为开路，而来自电压分压器的输出电压为

$$V_o=[R_P/(R_S+R_P)]V_i$$

随着频率的增加，C_P 的容抗值下降且趋向于短路的情况，使输出电压趋向于零。这种电路称为**低通网络**，因为低频信号被输送到了输出端。

式(7.13)给出的传递函数的相位为

$$\text{相位}=-\tan^{-1}(2\pi f\tau_P) \qquad (7.15)$$

相位的伯德图如图 7.9 所示。转折频率处的相位为$-45°$，低频渐近线处的相位为 0°，这时 C_P 为电路的有效输出。

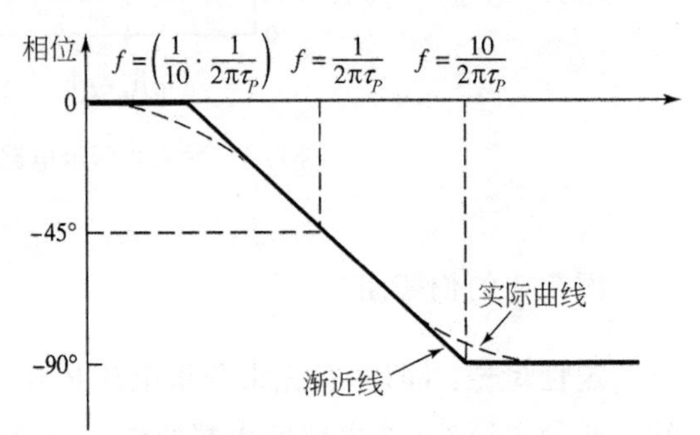

图 7.9　图 7.3 所示电路电压传递函数的相位伯德图

【例题 7.1】

目的：求解特定电路伯德图的转折频率和渐近线的最大值。

已知待求电路为图 7.2 和图 7.3 所示的电路，其参数为 $R_S=1\text{k}\Omega$，$R_P=10\text{k}\Omega$，$C_S=1\mu\text{F}$ 和 $C_P=3\text{pF}$。

解：(图 7.2)时间常数为

$$\tau_S=(R_S+R_P)C_S=(10^3+10\times10^3)(10^{-6})=1.1\times10^{-2}\text{s}$$

即

$$\tau_S=11\text{ms}$$

于是图 7.5 所示伯德图的转折频率为

$$f=\frac{1}{2\pi\tau_S}=\frac{1}{2\pi(11\times10^{-3})}=14.5\text{Hz}$$

最大值为

$$\frac{R_P}{R_S+R_P}=\frac{10}{1+10}=0.909$$

即

$$20\log_{10}\left(\frac{R_P}{R_S+R_P}\right)=-0.828\text{dB}$$

解：(图 7.3)时间常数为

$$\tau_P=(R_S \parallel R_P)C_P=(10^3 \parallel 10\times10^3)(3\times10^{-12})=2.73\times10^{-9}\text{s}$$

即

$$\tau_P=2.73\text{ns}$$

于是图 7.8 所示伯德图的转折频率为

$$f=\frac{1}{2\pi\tau_P}=\frac{1}{2\pi(2.73\times10^{-9})}\Rightarrow58.3\text{MHz}$$

这里的最大值和上面计算的值相同：0.909 或-0.828dB。

点评：由于两个电容值明显不同，所以两个时间常数的数量级也不同，这意味着两个转折频率值的数量级也不同。在本书的后面部分，将利用这些差别来对晶体管电路进行分析。

练习题

【练习题 7.1】 (a)图 7.2 所示的电路，其参数为 $R_S=R_P=4\text{k}\Omega$。(i)如果转折频率为 $f=20$Hz，试求 C_S 的值。(ii)试求在 $f=40$Hz、80Hz 和 200Hz 时传递函数的幅值。(答案：(i)$C_S=0.995\mu\text{F}$，(ii)$|T(j\omega)|=0.447$、0.485 和 0.498)(b)观察图 7.3 所示的电路，其参数为 $R_S=R_P=10\text{k}\Omega$。如果转折频率为 $f=500$kHz，试求 C_P 的值。(答案：$C_P=63.7$pF)

7.2.4　短路和开路时间常数

图 7.2 和图 7.3 所示电路只包含一个电容。而图 7.10 所示的电路具有相同的基本结构却包含了两个电容。电容 C_S 为耦合电容，与输入及输出端串联；电容 C_P 为负载电容，与输出端及地端并联。

通过写出输出节点的 KCL 方程可以求得电路的电压传递函数，结果为

$$\frac{V_o(s)}{V_i(s)}=\left(\frac{R_P}{R_S+R_P}\right)\frac{1}{1+\left(\frac{R_P}{R_S+R_P}\right)\left(\frac{C_P}{C_S}\right)+\frac{1}{s\tau_S}+s\tau_P} \tag{7.16}$$

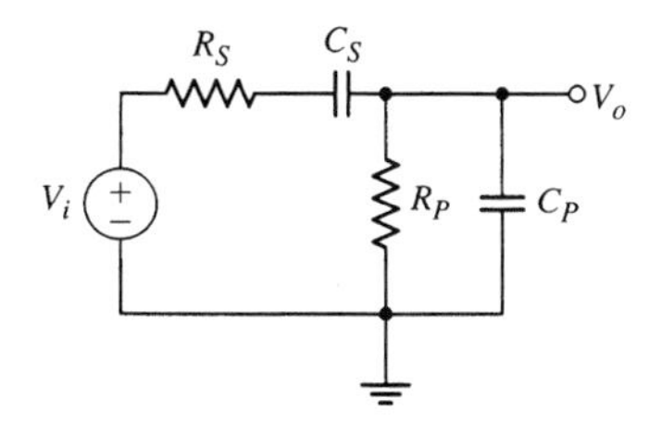

图 7.10　同时带串联耦合电容和并联负载电容的电路

式中，τ_S 和 τ_P 为时间常数，和前面定义的相同。

尽管式(7.16)是精确的传递函数，但是这种形式的函数却非常难于求解。

然而，在前面的分析中已经看到 C_S 影响低频响应，而 C_P 影响高频响应。进一步说，如果 $C_P \ll C_S$ 并且 R_S 和 R_P 具有相同的数量级，那么由 C_S 和 C_P 引起的伯德图的转折频率将具有不同的数量级(在实际电路中常遇到这种情况。)因而，当一个电路包含耦合电容和负载电容，且电容值的数量级不同时，就可以分别求解每个电容的作用。

在低频时，负载电容 C_P 可以视作开路。为了求解从电容看过去的等效电阻，可以将所有的独立源置零，所以从 C_S 看进去的等效电阻为 R_S 和 R_P 的串联组合。和 C_S 相关联的时间常数为

$$\tau_S=(R_S+R_P)C_S \tag{7.17}$$

由于 C_P 视作开路，所以 τ_S 称为**开路时间常数**。下标 S 指耦合电容，即与输入及输出信号之间串联的电容相关。

在高频时，耦合电容 C_S 可以视作短路。从 C_P 看进去的等效电阻为 R_S 和 R_P 的并联。相关的时间常数为

$$\tau_P = (R_S \parallel R_P)C_P \tag{7.18}$$

τ_P 称为**短路时间常数**。下标 P 指负载电容，即与输出端到地并联的电容相关。

现在来定义伯德图的转折频率。**下限转折点**，或－3dB 频率，位于频率区间的低端，为开路时间常数的函数，定义为

$$f_L = \frac{1}{2\pi\tau_S} \tag{7.19(a)}$$

上限转折点，或－3dB 频率，位于频率区间的高端，为短路时间常数的函数，定义为

$$f_H = \frac{1}{2\pi\tau_P} \tag{7.19(b)}$$

图 7.10 所示电路对应的电压传递函数的幅值伯德图如图 7.11 所示。

该伯德图适用于无源电路；晶体管放大器的伯德图与此类似。放大器增益在一个较宽的频率范围内为恒定值，称为**中频**。在这种频率范围内所有的电容效应都可以忽视并在增益计算中可以忽略不计。在频谱的高端，由于负载电容和在后面将要看到的晶体管电容效应的影响，增益会发生下降。在频谱的低端，由于耦合电容和旁路电容不能视作理想的短路，所以增益也会减小。

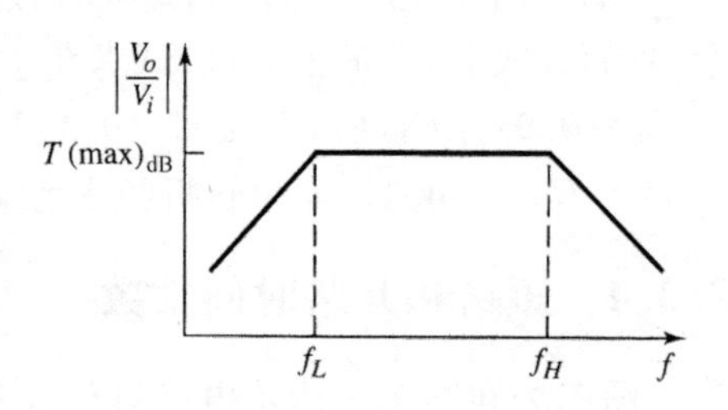

图 7.11　图 7.10 所示电路电压传递函数的幅值伯德图

中频范围，即**通频带**，通过转折频率 f_L 和 f_H 定义为

$$f_{BW} = f_H - f_L \tag{7.20}$$

正如上述例题所分析的，由于 $f_H \gg f_L$，所以通频带可以近似为

$$f_{BW} \approx f_H \tag{7.21}$$

【例题 7.2】

目的：求解包含两个电容无源电路的转折频率和通频带。

已知如图 7.10 所示的电路，其参数为 $R_S = 1\text{k}\Omega$，$R_P = 10\text{k}\Omega$，$C_S = 1\mu\text{F}$ 和 $C_P = 3\text{pF}$。

解：因为 C_P 比 C_S 小了约六个数量级，所以在此可以独立求解每个电容的作用。开路时间常数为

$$\tau_S = (R_S + R_P)C_S = (10^3 + 10 \times 10^3)(10^{-6}) = 1.1 \times 10^{-2}\,\text{s}$$

短路时间常数为

$$\tau_P = (R_S \parallel R_P)C_P = [10^3 \parallel (10 \times 10^3)](3 \times 10^{-12}) = 2.73 \times 10^{-9}\,\text{s}$$

于是转折频率为

$$f_L = \frac{1}{2\pi\tau_S} = \frac{1}{2\pi(1.1 \times 10^{-2})} = 14.5\text{Hz}$$

和

$$f_H = \frac{1}{2\pi\tau_P} = \frac{1}{2\pi(2.73 \times 10^{-9})} \Rightarrow 58.3\text{MHz}$$

最后可得通频带为

$$f_{BW}=f_H-f_L=58.3\text{MHz}-14.5\text{Hz}\approx 58.3\text{MHz}$$

点评：本例中的转折频率和例题 7.1 得出的结果完全相同。这是由于两个转折频率离得很远。电压传递函数的最大值同样为

$$\frac{R_P}{R_S+R_P}=\frac{10}{1+10}=0.909\Rightarrow -0.828\text{dB}$$

电压传递函数的幅值伯德图如图 7.12 所示。

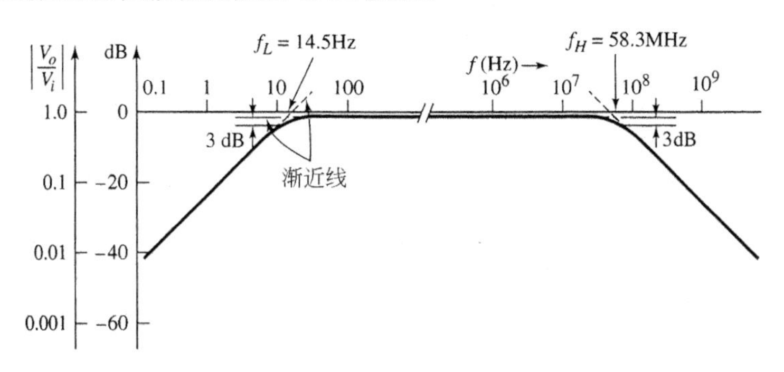

图 7.12　图 7.10 所示电路电压传递函数的幅值伯德图

练习题

【练习题 7.2】 图 7.10 所示电路的 R_S 值为 $R_S=1\text{k}\Omega$。中频增益为-1dB，转折频率为 $f_L=100$Hz 和 $f_H=1$MHz。(a)试求 R_P、C_S 和 C_P。(b)试求开路和短路时间常数。(答案：(a)$R_P=8.20\text{k}\Omega$，$C_S=0.173\mu$F，$C_P=179$pF；(b)$\tau_S=1.59$ms，$\tau_P=0.160\mu$s)

在本章后面各节中，将继续利用开路和短路时间常数的概念来求解晶体管电路伯德图的转折频率。这种方法隐含的假设是耦合电容和负载电容的值相差很多个数量级。

理解测试题

【测试题 7.1】 图 7.13 所示的等效电路，其参数为 $R_S=1\text{k}\Omega$，$r_\pi=2\text{k}\Omega$，$R_L=4\text{k}\Omega$，$g_m=50$mA/V 和 $C_C=1\mu$F。(a)试求电路时间常数的表达式。(b)试计算 3dB 频率和最大增益渐近线。(c)画出传递函数的幅值伯德图。(答案：(a)$\tau=(r_\pi+R_S)C_C$；(b)$f_{3\text{dB}}=5.31$Hz，$|T(j\omega)|_{\max}=133$)

【测试题 7.2】 图 7.14 所示的等效电路，其参数为 $R_S=0.5\text{k}\Omega$，$r_\pi=1.5\text{k}\Omega$，$g_m=75$mA/V，$R_L=5\text{k}\Omega$ 和 $C_L=1$pF。(a)试求电路时间常数的表达式。(b)计算 3dB 频率和最大增益渐近线。(c)画出传递函数的幅值伯德图。(答案：(a)$\tau=R_LC_L$；(b)$f_{3\text{dB}}=3.18$MHz，$|T(j\omega)|_{\max}=281$)

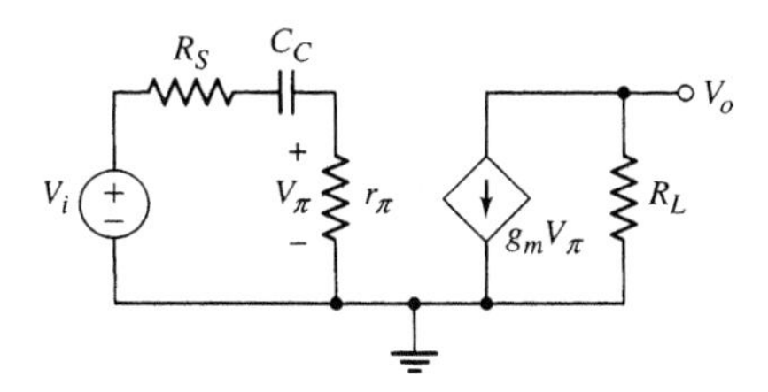

图 7.13　测试题 7.1 的电路

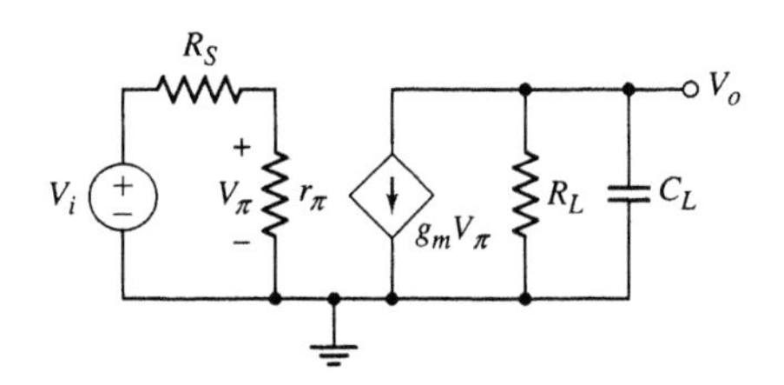

图 7.14　测试题 7.2 的电路

【测试题 7.3】 图 7.15 所示电路的参数为 $R_S=0.25\text{k}\Omega, r_\pi=2\text{k}\Omega, R_L=4\text{k}\Omega, g_m=65\text{mA/V}$，$C_C=2\mu\text{F}$ 和 $C_L=50\text{pF}$。(a)试求开路和短路时间常数。(b)计算其中频电压增益。(c)试求上、下限 3dB 频率。(d)用 PSpice 分析验证所得的结果。(答案：(a)$\tau_S=4.5\text{ms}, \tau_P=0.2\mu\text{s}$；(b)$A_v=-231$；(c)$f_L=35.4\text{Hz}, f_H=0.796\text{MHz}$)

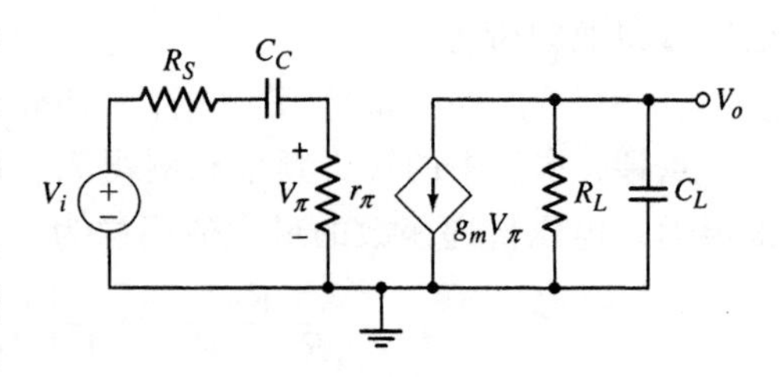

图 7.15 测试题 7.3 的电路

7.2.5 时间响应

迄今为止，都是分析电路的正弦稳态频率响应。可是在某些情况下，需要放大非正弦信号，比如方波。当需要放大数字信号时就会出现这种情况。这时就需要考虑输出信号的时间响应。此外，诸如脉冲信号或方波信号可能被用来测试电路的频率响应。

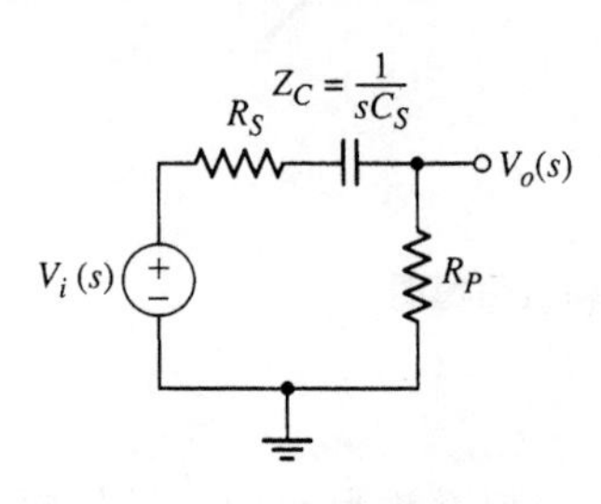

图 7.16 用复参数 s 重新表示的图 7.2 电路(耦合电容电路)

为了进一步加深理解，观察如图 7.16 所示的电路，该电路是图 7.2 的重复。如前面所提到的，图中的电容为耦合电容。式(7.5)给出的传递函数为

$$\frac{V_o(s)}{V_i(s)}=\left(\frac{R_P}{R_S+R_P}\right)\frac{s(R_S+R_P)C_S}{1+s(R_S+R_P)C_S} \tag{7.22}$$

即

$$\frac{V_o(s)}{V_i(s)}=K_2\left(\frac{s\tau_2}{1+s\tau_2}\right) \tag{7.23}$$

式中，时间常数为 $\tau_2=(R_S+R_P)C_S$。

如果输入电压为阶跃函数，即 $V_i(s)=1/s$。于是输出电压可以写为

$$V_o(s)=K_2\left(\frac{\tau_2}{1+s\tau_2}\right)=K_2\left(\frac{1}{s+1/\tau_2}\right) \tag{7.24}$$

进行拉普拉斯反变换，可以求得输出时间响应为

$$v_O(t)=K_2\mathrm{e}^{-t/\tau_2} \tag{7.25}$$

如果试图通过耦合电容放大输入的脉冲电压，那么施加到放大器(负载)的电压将下降。这时将需要确保时间常数 τ_2 与输入脉冲的宽度 T 相比较大。对于方波输入信号，输出电压相对于时间的变化如图 7.17 所示。较大的时间常数暗示了较大的耦合电容。

如果传递函数的截止频率为 $f_{3\text{dB}}=1/(2\pi\tau_2)=5\text{kHz}$，那么时间常数为 $\tau_2=3.18\mu\text{s}$。对于 $T=0.1\mu\text{s}$ 的脉宽，输出电压将仅仅在脉冲的末端下垂 0.134%。

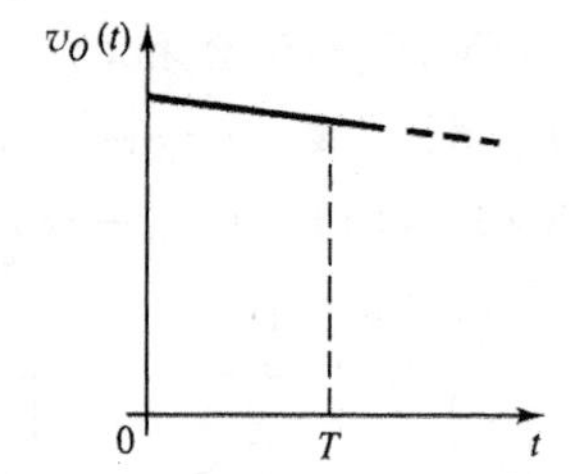

图 7.17 输入为方波信号且时间常数较大时，图 7.16 所示电路的输出响应

现在来观察图 7.18 所示的电路，该电路为图 7.3 所示电路的重复。在此情况下，电容 C_P 可能是某放大器的输入电容。式(7.7(b))给出的传递函数为

$$\frac{V_o(s)}{V_i(s)}=\left(\frac{R_P}{R_S+R_P}\right)\frac{1}{1+s(R_S\parallel R_P)C_P} \tag{7.26}$$

即

$$\frac{V_o(s)}{V_i(s)}=K_1\left(\frac{1}{1+s\tau_1}\right) \tag{7.27}$$

式中时间常数为 $\tau_1=(R_S \parallel R_P)C_P$。

同样，如果输入信号为阶跃信号，即 $V_i(s)=1/s$。于是输出电压可以写为

$$V_o(s)=\frac{K_1}{s}\left(\frac{1}{1+s\tau_1}\right)=\frac{K_1}{s}\left(\frac{1/\tau_1}{s+1/\tau_1}\right) \tag{7.28}$$

进行拉普拉斯反变换，可以求得输出电压时间响应为

$$v_O(t)=K_i(1-\mathrm{e}^{-t/\tau_1}) \tag{7.29}$$

如果试图放大输入的脉冲电压，则需要确保时间常数 τ_1 与输入脉冲的宽度 T 相比较小，以使输出信号 $v_O(t)$ 达到稳态值。对于方波输入信号来说，输出电压如图 7.19 所示。较小的时间常数说明放大器输入电容 C_P 较小。

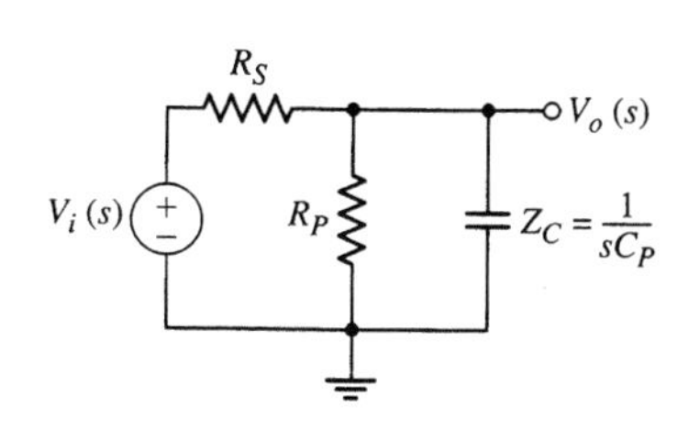

图 7.18 用复参数 s 重新表示的图 7.3 电路(负载电容电路)

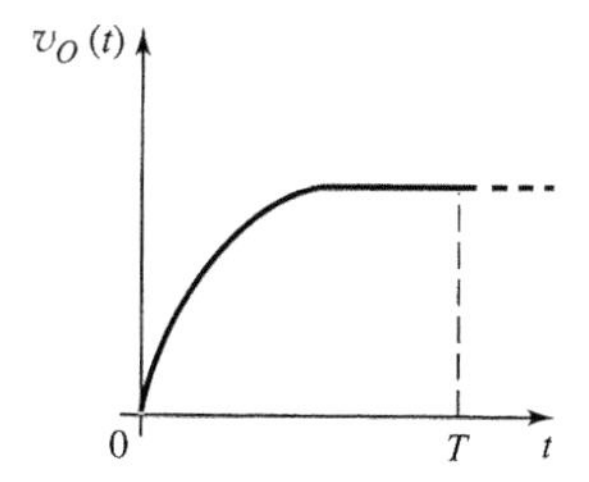

图 7.19 输入为方波信号且时间常数较小时，图 7.18 所示电路的输出响应

在此情况下，如果传递函数的截止频率为 $f_{3\mathrm{dB}}=1/2\pi\tau_1=10\mathrm{MHz}$，那么时间常数 $\tau_1=15.9\mathrm{ns}$。

图 7.20 对以上分析的两种电路在输入信号为方波时的稳态输出响应做了一个总结。图 7.20(a)所示为时间常数较大时，图 7.16(耦合电容)所示电路的稳态输出响应，图 7.20(b)所示则为时间常数较小时，图 7.18 所示电路的稳态输出响应。

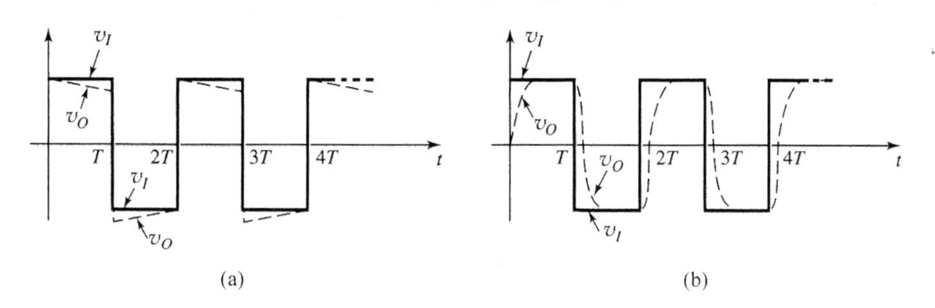

图 7.20 当输入信号为方波时，两种情况下的稳态输出响应

(a) 图 7.16 所示电路(耦合电容)与较大的时间常数；(b) 图 7.18 所示电路(负载电容)与较小的时间常数

7.3 带有电容的晶体管放大电路的频率响应

本节内容：分析带有电容的晶体管放大电路的频率响应。

本节将分析带有电容的基本单级放大器电路。将考虑三种类型的电容：耦合电容、负载电容和旁路电容。在人工分析中将对每个电容独立考虑来求解其频率响应。在本节的最后部分，将采用 PSpice 仿真来分析多个电容的响应。

多级放大电路的频率响应将在第 12 章分析放大器稳定性时进行讨论。

7.3.1 耦合电容的作用

输入耦合电容：共射极电路

图 7.21(a)所示为带耦合电容的双极型晶体管共射极放大电路。图 7.21(b)所示为其相应的小信号等效电路。假设晶体管小信号输出电阻 r_o 为无穷大。由于绝大多数情况下都有 $r_o \gg R_C$ 和 $r_o \gg R_E$，所以假设是正确的。首先采用电流-电压分析法来求解电路的频率响应，然后再采用等效时间常数法来求解。

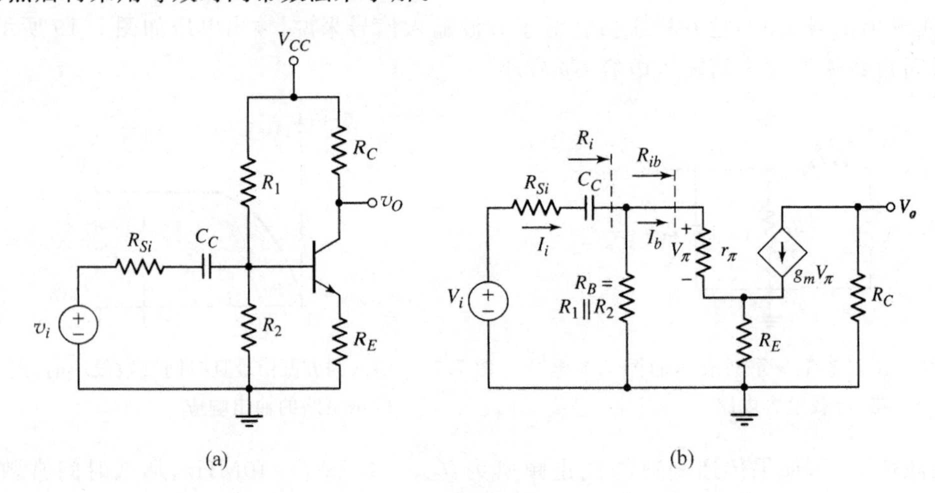

图 7.21

(a) 带耦合电容的共射极放大电路；(b) 小信号等效电路

由上一节的分析可知该电路为高通网络。高频时，电容 C_C 视作短路，且输入信号经晶体管耦合到输出端。而在低频时，C_C 的容抗变得很大且输出近似为零。

电流-电压分析：输入电流可以写为

$$I_i = \frac{V_i}{R_{Si} + \dfrac{1}{sC_C} + R_i} \tag{7.30}$$

式中输入电阻 R_i 为

$$R_i = R_B \parallel [r_\pi + (1+\beta)R_E] = R_B \parallel R_{ib} \tag{7.31}$$

在写式(7.31)时，使用了第 6 章中给出的电阻折算规则。为了求解晶体管基极的输入电阻，将射极电阻乘以系数$(1+\beta)$。

应用电流分流器的关系式，可以求得基极电流为

$$I_b = \left(\frac{R_B}{R_B + R_{ib}}\right) I_i \tag{7.32}$$

于是

$$V_\pi = I_b r_\pi \tag{7.33}$$

输出电压为

$$V_o = -g_m V_\pi R_C \tag{7.34}$$

联解式(7.30)～式(7.34)可得

$$V_o = -g_m R_C(I_b r_\pi) = -g_m r_\pi R_C\left(\frac{R_B}{R_B + R_{ib}}\right)I_i$$

$$= -g_m r_\pi R_C\left(\frac{R_B}{R_B + R_{ib}}\right)\left[\frac{V_i}{R_{Si} + \frac{1}{sC_C} + R_i}\right] \tag{7.35}$$

因而,小信号电压增益为

$$A_v(s) = \frac{V_o(s)}{V_i(s)} = -g_m r_\pi R_C\left(\frac{R_B}{R_B + R_{ib}}\right)\left(\frac{sC_C}{1 + s(R_{Si} + R_i)C_C}\right) \tag{7.36}$$

也可以写成下面的形式,即

$$A_v(s) = \frac{V_o(s)}{V_i(s)} = \frac{-g_m r_\pi R_C}{(R_{Si} + R_i)}\left(\frac{R_B}{R_B + R_{ib}}\right)\left(\frac{s\tau_S}{1 + s\tau_S}\right) \tag{7.37}$$

式中时间常数为

$$\tau_S = (R_{Si} + R_i)C_C \tag{7.38}$$

对于图7.2所示的耦合电容电路,式(7.37)给出的电压传递函数形式和式(7.5)所给出的相同。所以伯德图也和图7.5所示的类似。转折频率为

$$f_L = \frac{1}{2\pi\tau_S} = \frac{1}{2\pi(R_{Si} + R_i)C_C} \tag{7.39}$$

用分贝表示的最大值为

$$|A_v(\max)|_{dB} = 20\log_{10}\left(\frac{g_m r_\pi R_C}{R_{Si} + R_i}\right)\left(\frac{R_B}{R_B + R_{ib}}\right) \tag{7.40}$$

【例题 7.3】

目的:计算带耦合电容的双极型晶体管共射放大电路的转折频率和最大增益值。

已知如图7.21所示的电路,其参数为 $R_1 = 51.2\text{k}\Omega$,$R_2 = 9.6\text{k}\Omega$,$R_C = 2\text{k}\Omega$,$R_E = 0.4\text{k}\Omega$,$R_{Si} = 0.1\text{k}\Omega$,$C_C = 1\mu\text{F}$ 和 $V_{CC} = 10\text{V}$。晶体管参数为 $V_{BE}(\text{on}) = 0.7\text{V}$,$\beta = 100$ 和 $V_A = \infty$。

解:由直流分析可得静态集电极电流为 $I_{CQ} = 1.81\text{mA}$。因而跨导为

$$g_m = \frac{I_{CQ}}{V_T} = \frac{1.81}{0.026} = 69.9\text{mA/V}$$

而扩散电阻为

$$r_\pi = \frac{\beta V_T}{I_{CQ}} = \frac{(100)(0.026)}{1.81} = 1.44\text{k}\Omega$$

输入电阻为

$$R_i = R_1 \parallel R_2 \parallel [r_\pi + (1+\beta)R_E]$$
$$= 51.2 \parallel 9.6 \parallel [1.44 + (101)(0.4)] = 6.77\text{k}\Omega$$

时间常数为

$$\tau_S = (R_{Si} + R_i)C_C = (0.1\times10^3 + 6.77\times10^3)(1\times10^{-6}) = 6.87\times10^{-3}\text{s}$$

即

$$\tau_S = 6.87\text{ms}$$

转折频率为

$$f_L = \frac{1}{2\pi\tau_S} = \frac{1}{2\pi(6.87\times10^{-3})} = 23.2\text{Hz}$$

最后,最大电压增益值为

$$|A_v|_{\max}=\frac{g_m r_\pi R_C}{(R_{Si}+R_i)}\left(\frac{R_B}{R_B+R_{ib}}\right)$$

式中

$$R_{ib}=r_\pi+(1+\beta)R_E=1.44+(101)(0.4)=41.8\text{k}\Omega$$

于是

$$|A_v|_{\max}=\frac{(69.6)(1.44)(2)}{(0.1+6.775)}\left(\frac{8.084}{8.084+41.84}\right)=4.72$$

点评：耦合电容构成了高通网络。在此电路中，如果信号频率在转折频率以上约两倍频，则耦合电容的作用近似为短路。

练习题

【练习题 7.3】 图 7.21(a)所示的电路，参数为 $R_{Si}=0.1\text{k}\Omega$，$R_1=20\text{k}\Omega$，$R_2=2.2\text{k}\Omega$，$R_E=0.1\text{k}\Omega$，$R_C=2\text{k}\Omega$，$C_C=47\mu\text{F}$ 和 $V_{CC}=10\text{V}$。晶体管参数为 $V_{BE}(\text{on})=0.7\text{V}$，$\beta=200$ 和 $V_A=\infty$。(a)试求时间常数 τ_S 的表达式。(b)试求转折频率和中频电压增益。(答案：(a)$\tau_S=(R_i+R_{Si})C_C$；(b)$f=1.76\text{Hz}$，$A_v=-17.2$)

时间常数法：在画伯德图和求解频率响应时，通常并不需要推导出包含电容效应的完整的电路传递函数。首先，通过观察只包含一个电容的电路，就可以确定放大器为低通或高通电路。这样，如果知道了时间常数和最大的中频增益就可以准确地画出伯德图。由时间常数确定转折频率。当电路中去除电容时就可以用通常的方法来求解中频增益。

如本章中所讨论的情况，当所有的极点都为实数时，就可以利用时间常数法求得很好的结果。此外，这种方法不需要求解因系统零点所产生的转折频率。应用时间常数法最主要的好处是它表明了哪些电路元件会影响到电路的 −3dB 频率。耦合电容产生高通网络，所以伯德图的形式将和图 7.5 所示的相同。同样，如第 4 章和第 6 章所假设的，耦合电容的作用为短路时可以求得最大的增益值。

电路的时间常数是从电容看进去的等效电阻的函数。小信号等效电路如图 7.21(b)所示。如果将独立电压源置零，由耦合电容 C_C 看进去的等效电阻为$(R_{Si}+R_i)$。于是时间常数为

$$\tau_S=(R_{Si}+R_i)C_C \tag{7.41}$$

这和通过电流-电压分析法求得的式(7.38)相同。

输出耦合电容：共源电路

图 7.22(a)所示为共源 MOSFET 放大器。假设信号发生器的内电阻远小于 R_G 因而可以忽略不计。这时输出信号通过耦合电容连接到负载上。

图 7.22(b)所示为其小信号等效电路，假设 r_o 为无穷大。同时假设 C_C 的作用为短路，则输出电压的最大值为

$$|V_o|_{\max}=g_m V_{gs}(R_D\parallel R_L) \tag{7.42}$$

而输入电压可以写为

$$V_i=V_{gs}+g_m R_S V_{gs} \tag{7.43}$$

于是，小信号增益的最大值为

$$|A_v|_{\max}=\frac{g_m(R_D\parallel R_L)}{1+g_m R_S} \tag{7.44}$$

尽管耦合电容处在电路的输出部分，但是伯德图仍然属于图 7.5 所示的高通网络情况。

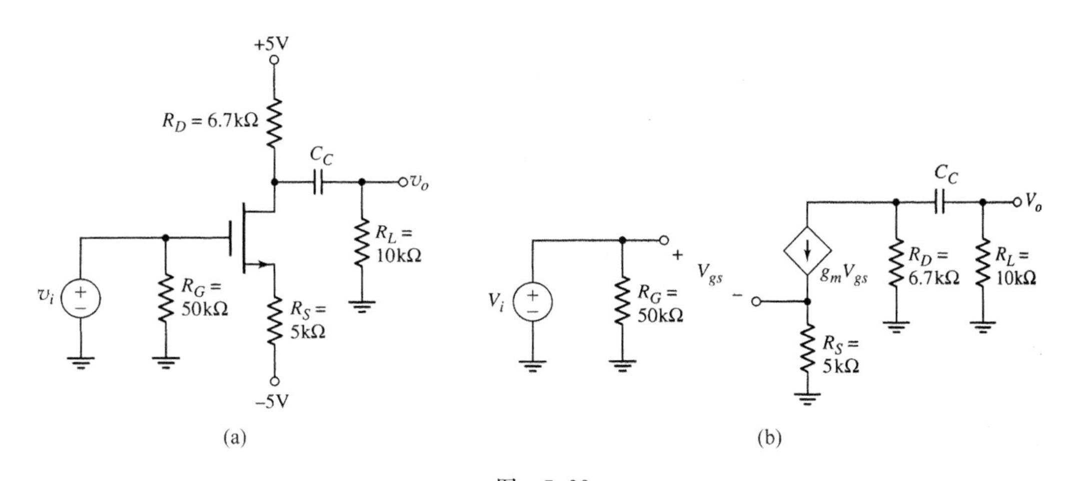

图　7.22

(a) 带输出耦合电容的共源电路；(b) 小信号等效电路

采用时间常数法来求解转折频率将大大简化电路的分析，因为这样做不需要求出传递函数。

时间常数是由电容 C_C 看进去的有效电阻的函数，该有效电阻可以通过将所有的独立源置零来求得。因为 $V_i=0$，所以 $V_{gs}=0$ 和 $g_mV_{gs}=0$，因而，由 C_C 看进去的有效电阻为 (R_D+R_L)。于是时间常数为

$$\tau_S=(R_D+R_L)C_C \tag{7.45}$$

转折频率为 $f_L=1/2\pi\tau_S$。

【例题 7.4】

目的：图 7.22(a)所示电路被用作简单的音频放大器。设计电路使下限转折频率为 $f_L=20\text{Hz}$。

解：以时间常数的形式写出转折频率为

$$f_L=\frac{1}{2\pi\tau_S}$$

于是时间常数为

$$\tau_S=\frac{1}{2\pi f}=\frac{1}{2\pi(20)}\Rightarrow 7.96\text{ms}$$

因而，由式(7.45)可知耦合电容为

$$C_C=\frac{\tau_S}{R_D+R_L}=\frac{7.96\times10^{-3}}{6.7\times10^3+10\times10^3}=4.77\times10^{-7}\text{F}$$

即

$$C_C=0.477\mu\text{F}$$

点评：采用时间常数法来求解转折频率比采用电路分析法明显要容易得多。

练习题

【练习题 7.4】　图 7.22(a)所示的电路，晶体管参数为 $V_{TN}=2\text{V}$，$K_n=0.5\text{mA/V}^2$ 和 $\lambda=0$。电路参数为 $R_G=50\text{k}\Omega$，$R_L=10\text{k}\Omega$。(a)试求使得 $I_{DQ}=0.8\text{mA}$ 和静态漏极电压 $V_{DQ}=0$ 的 R_S 和 R_D 的新值。(b)试求使转折频率 $f=20\text{Hz}$ 时所需 C_C 的值。(答案：(a)$R_S=2.17\text{k}\Omega$，$R_D=6.25\text{k}\Omega$；(b)$C_C=0.49\mu\text{F}$)

输出耦合电容：射极跟随器电路：图 7.23(a)所示为输出带耦合电容的射极跟随器电路。假设耦合电容 C_{C1} 为射极跟随器的一部分，且 C_{C1} 很大，对输入信号来说视作短路。

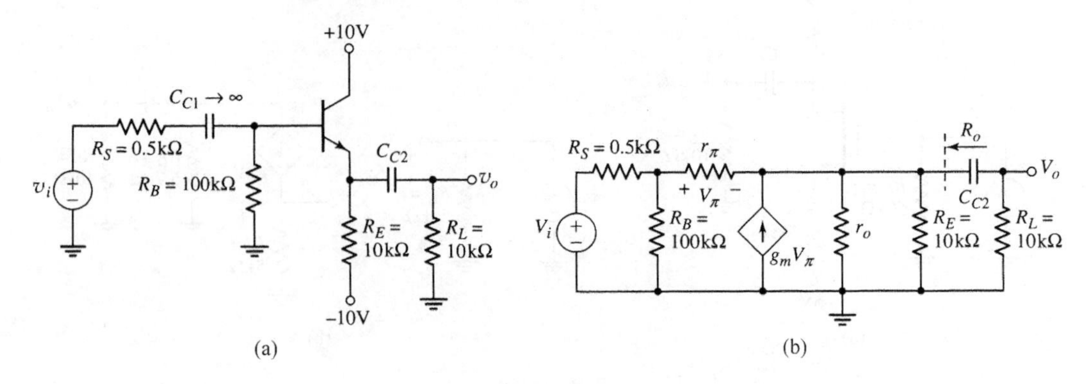

图 7.23

(a) 带输出耦合电容的射极跟随器电路；(b) 小信号等效电路

图 7.23(b)所示为包含晶体管小信号参数 r_o 的小信号等效电路。从耦合电容 C_{C2} 看进来的等效电阻为(R_o+R_L)，且时间常数为

$$\tau_S=(R_o+R_L)C_{C2} \tag{7.46}$$

式中，R_o 为式 7.23(b)定义的输出电阻。如第 6 章所示，输出电阻为

$$R_o=R_E\parallel r_o\parallel\left\{\frac{[r_\pi+(R_S\parallel R_B)]}{1+\beta}\right\} \tag{7.47}$$

如果将式(7.47)和式(7.46)联合起来，则时间常数的表达式将变得相当复杂。然而包含 C_{C2} 的该电路的电流-电压分析将更加麻烦。时间常数法再次大大简化了电路的分析。

【例题 7.5】

目的：求解包含输出耦合电容的射极跟随器放大电路的 3dB 频率。

已知如图 7.23(a)所示的电路，晶体管参数为 $\beta=100$，$V_{BE}(\text{on})=0.7\text{V}$ 和 $V_A=120\text{V}$。输出耦合电容为 $C_{C2}=1\mu\text{F}$。

解：直流分析表明 $I_{CQ}=0.838\text{mA}$。因而小信号参数为 $r_\pi=3.10\text{k}\Omega$，$g_m=32.2\text{mA/V}$ 和 $r_o=143\text{k}\Omega$。

由式(7.47)可得射极跟随器的输出电阻 R_o 为

$$R_o=R_E\parallel r_o\parallel\left\{\frac{[r_\pi+(R_S\parallel R_B)]}{1+\beta}\right\}=10\parallel 143\parallel\left\{\frac{[3.10+(0.5\parallel 100)]}{101}\right\}$$
$$=10\parallel 143\parallel 0.0356\text{k}\Omega$$

即

$$R_o\approx 35.5\Omega$$

由式(7.46)得时间常数为

$$\tau_S=(R_o+R_L)C_{C2}=(35.5+10^4)(10^{-6})\approx 1\times 10^{-2}\text{s}$$

于是 3dB 频率为

$$f_L=\frac{1}{2\pi\tau_S}=\frac{1}{2\pi(10^{-2})}=15.9\text{Hz}$$

点评：用时间常数法求解 3dB 频率或转折频率是非常简捷的。

计算机验证：图 7.24 所示为基于 PSpice 分析的图 7.23(a)所示射极跟随器电路电压增益的幅值伯德图。转折频率和通过时间常数法求得的结果基本相同。同样，小信号电压增益的渐近值为 $A_v=0.988$，这正是射极跟随器电路所希望的值。

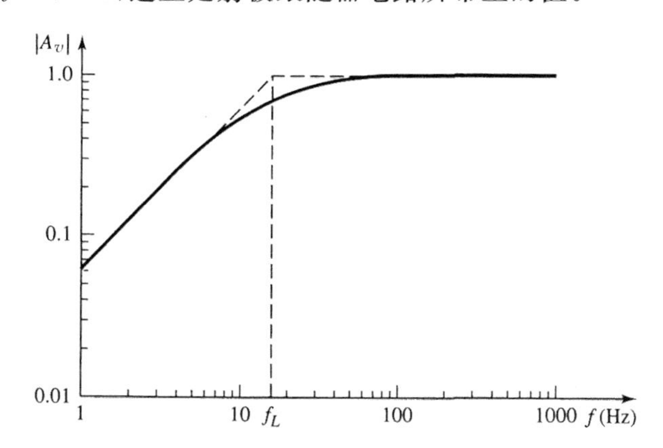

图 7.24　图 7.23(a)所示射极跟随器电路的 PSpice 分析结果

练习题

【练习题 7.5】　对于图 7.23(a)所示的电路，试求要求转折频率为 10Hz 所需要的 C_{C2} 值。(答案：$C_{C2}=1.59\mu F$)

解题技巧：增益的幅值伯德图

1. 对于电路中的特定电容，先确定该电容是低通还是高通电路，由此画出伯德图的通用形状。

2. 利用 $f=1/(2\pi\tau)$ 求出转折频率，其时间常数为 $\tau=R_{eq}C$。等效电阻 R_{eq} 为从电容看进去的等效电阻。

3. 中频增益为最大的增益值。此时耦合电容及旁路电容视作短路，而负载电容视作开路。

7.3.2　负载电容的作用

放大器的输出端可能和负载相连也可能和另一个放大器的输入端相连。负载电路输入阻抗的类型通常为电容和电阻并联。此外，放大器输出端和负载电路之间的连线与地之间还存在一个寄生电容。

图 7.25(a)所示为带负载电阻 R_L 和连接到输出端的负载电容 C_L 的 MOSFET 共源放大器电路，而图 7.25(b)所示则为其小信号等效电路。假设晶体管的小信号输出电阻 r_o 为无穷大。这种电路结构和图 7.3 所示的低通网络电路基本相同。频率较高时，C_L 的容抗下降，其作用为输出端和地之间的旁路电容，则输出电压趋于零。其伯德图类似于图 7.8 所示的情况，带一个上限转折频率和一个增益渐近线的最大值。

从负载电容 C_L 看进去的等效电阻为 $R_D \parallel R_L$。由于已令 $V_i=0$，于是 $g_m V_{sg}=0$，这说明受控电流源并不对等效电阻产生影响。

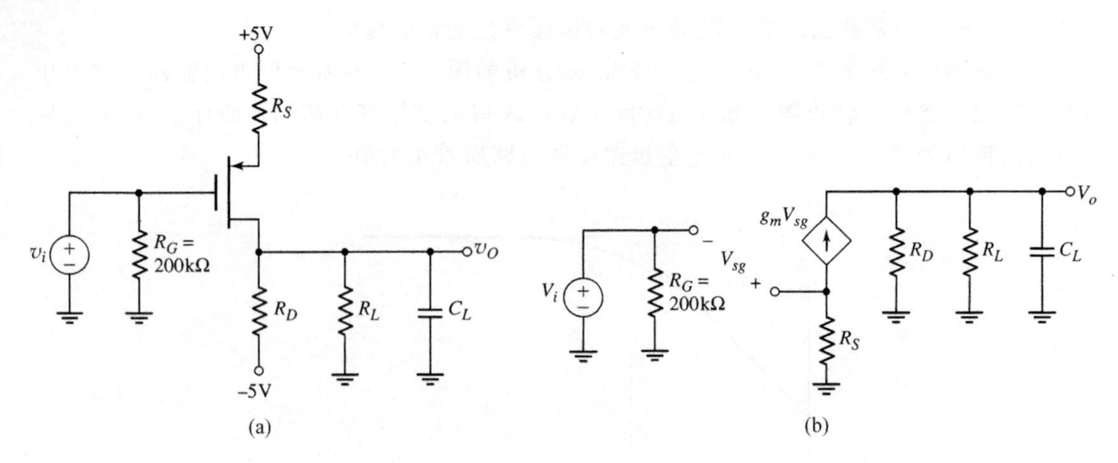

图 7.25
(a) 包含负载电容的 MOSFET 共源电路；(b) 小信号等效电路

该电路的时间常数为

$$\tau_P = (R_D \parallel R_L)C_L \tag{7.48}$$

假设 C_L 开路，求得增益渐近线最大值为

$$|A_v|_{max} = \frac{g_m(R_D \parallel R_L)}{1 + g_mR_S} \tag{7.49}$$

【例题 7.6】

目的：求解 MOSFET 放大器的转折频率和增益渐近线的最大值。

已知如图 7.25(a)所示的电路，参数为 $R_S = 3.2\text{k}\Omega$，$R_D = 10\text{k}\Omega$，$R_L = 20\text{k}\Omega$ 和 $C_L = 10\text{pF}$。晶体管参数为 $V_{TP} = -2\text{V}$，$K_p = 0.25\text{mA/V}^2$ 和 $\lambda = 0$。

解：由直流分析可以求得 $I_{DQ} = 0.5\text{mA}$，$V_{SGQ} = 3.41\text{V}$ 和 $V_{SDQ} = 3.41\text{V}$。因而，跨导为

$$g_m = 2K_p(V_{SG} + V_{TP}) = 2(0.25)(3.41 - 2) = 0.705\text{mA/V}$$

由式(7.48)可得时间常数为

$$\tau_P = (R_D \parallel R_L)C_L = ((10 \times 10^3) \parallel (20 \times 10^3))(10 \times 10^{-12}) = 6.67 \times 10^{-8}\text{s}$$

即

$$\tau_P = 66.7\text{ns}$$

因而，转折频率为

$$f_H = \frac{1}{2\pi\tau_P} = \frac{1}{2\pi(66.7 \times 10^{-9})} \Rightarrow 2.39\text{MHz}$$

最后，由式(7.49)得增益渐近线的最大值为

$$|A_v|_{max} = \frac{g_m(R_D \parallel R_L)}{1 + g_mR_S} = \frac{(0.705)(10 \parallel 20)}{1 + (0.705)(3.2)} = 1.44$$

点评：该电路的伯德图和图 7.8 所示的情况类似，它表示低通网络的特性。相对较大的 R_S 值对应着较低的电压增益。

计算机仿真：图 7.26 给出了图 7.25(a)所示电路的 PSpice 分析的结果。图 7.26(a)则为电压增益的幅值伯德图。其中，中频增益为 1.44，转折频率为 2.4MHz，这和人工分析的结果非常一致。电压增益的相位响应特性如图 7.26(b)所示。正如所预料的那样，中频相

位是－180°。同样，随着频率的增加，相位趋近于－270°。如图 7.9 所示，负载电容引起－90°的相位变化。

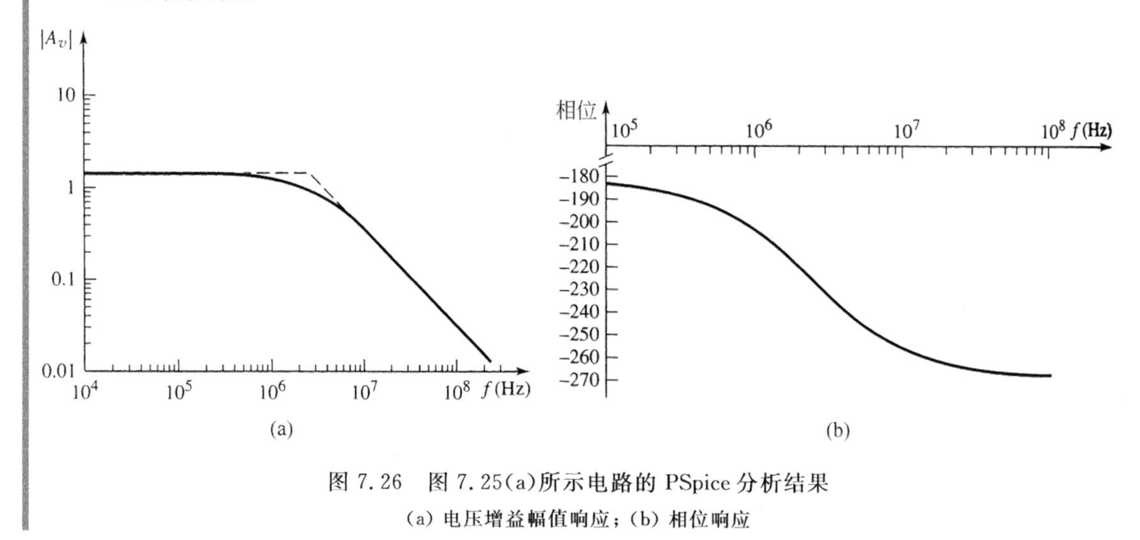

图 7.26　图 7.25(a)所示电路的 PSpice 分析结果

(a) 电压增益幅值响应；(b) 相位响应

练习题

【练习题 7.6】 图 7.25(a)所示的 PMOS 共源电路，负载电阻 $R_L=10\text{k}\Omega$。晶体管参数为 $V_{TP}=-2\text{V}$，$K_p=0.5\text{mA/V}^2$ 和 $\lambda=0$。(a)试设计电路使 $I_{DQ}=1\text{mA}$ 和 $V_{SDQ}=V_{SGQ}$。(b)试求使转折频率 $f=1\text{MHz}$ 的 C_L 值。(答案：(a)$R_S=1.59\text{k}\Omega$，$R_D=5\text{k}\Omega$；(b)$C_L=47.7\text{pF}$)

7.3.3　耦合电容和负载电容

图 7.27(a)所示为同时包含一个耦合电容和一个负载电容的电路。由于耦合电容和负载电容相差好几个数量级，所以转折频率相距很远并且如前面所讨论过的那样可以对其进行分别处理。图 7.27(b)所示为其小信号等效电路，假设晶体管的小信号电阻 r_o 为无穷大。

电压增益的幅值伯德图和图 7.11 所示情况相似，下限转折频率 f_L 由下式给出，即

$$f_L = \frac{1}{2\pi\tau_S} \tag{7.50}$$

式中，τ_S 为和耦合电容 C_C 有关的时间常数。上限转折频率 f_H 为

$$f_H = \frac{1}{2\pi\tau_P} \tag{7.51}$$

式中，τ_P 为和负载电容 C_L 有关的时间常数。需要强调的是，只有在两个转折频率相距非常远时式(7.50)和式(7.51)才是正确的。

应用图 7.27(b)所示的小信号等效电路，将信号源置零来求解与耦合电容有关的等效电阻。相应的时间常数为

$$\tau_S = [R_S + (R_1 \parallel R_2 \parallel R_i)]C_C \tag{7.52}$$

式中

$$R_i = r_\pi + (1+\beta)R_E \tag{7.53}$$

类似地，与 C_L 相关的时间常数为

$$\tau_P = (R_C \parallel R_L)C_L \tag{7.54}$$

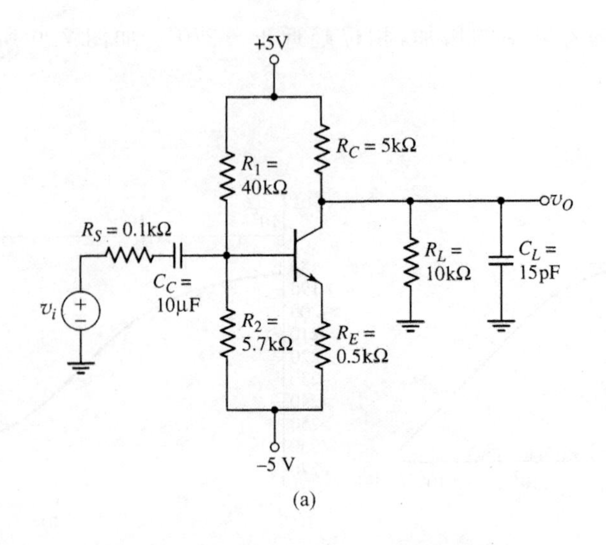

(a)

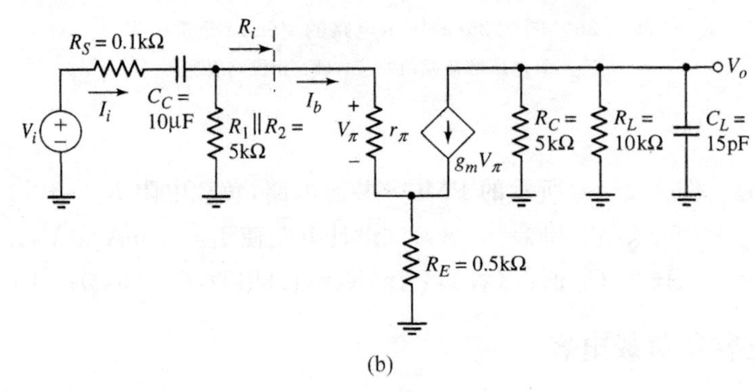

(b)

图 7.27

(a) 包含耦合电容和负载电容的电路；(b) 小信号等效电路

因为两个转折频率相距较远，所以增益将在 $f_L \sim f_H$ 频率范围内达到最大值。假设耦合电容为短路，负载电容为开路就可以求得中频增益。

从图 7.27(b)可以看出，在中频部分有

$$I_i = \frac{V_i}{R_S + R_1 \| R_2 \| R_i} \tag{7.55}$$

和

$$I_b = \left(\frac{R_1 \| R_2}{(R_1 \| R_2) + R_i}\right) I_i \tag{7.56}$$

同样

$$V_\pi = I_b r_\pi \tag{7.57}$$

输出电压为

$$V_o = - g_m V_\pi (R_C \| R_L) \tag{7.58}$$

最后，联解式(7.55)和式(7.58)，求得中频增益的值为

$$|A_v| = \left|\frac{V_o}{V_i}\right| = g_m r_\pi (R_C \| R_L) \left(\frac{R_1 \| R_2}{(R_1 \| R_2) + R_i}\right)\left(\frac{1}{[R_S + (R_1 \| R_2 \| R_i)]}\right) \tag{7.59}$$

【例题 7.7】

目的：求解同时包含耦合电容和负载电容电路的中频增益、转折频率以及通频带。

已知如图 7.27(a)所示的电路，晶体管参数为 $V_{BE}(\text{on})=0.7\text{V}$，$\beta=100$ 和 $V_A=\infty$。

解：由直流分析可得静态集电极电流为 $I_{CQ}=0.99\text{mA}$。跨导为

$$g_m=\frac{I_{CQ}}{V_T}=\frac{0.99}{0.026}=38.08\text{mA/V}$$

基极扩散电阻为

$$r_\pi=\frac{\beta V_T}{I_{CQ}}=\frac{(100)(0.026)}{0.99}=2.626\text{k}\Omega$$

因而，输入电阻为

$$R_i=r_\pi+(1+\beta)R_E=2.63+(101)(0.5)=53.1\text{k}\Omega$$

由式(7.59)可得中频增益为

$$|A_v|_{\max}=\left|\frac{V_o}{V_i}\right|_{\max}=g_m r_\pi(R_C\parallel R_L)\left(\frac{R_1\parallel R_2}{(R_1\parallel R_2)+R_i}\right)\left(\frac{1}{[R_S+(R_1\parallel R_2\parallel R_i)]}\right)$$

$$=(38.08)(2.626)(5\parallel 10)\left(\frac{40\parallel 5.7}{(40\parallel 5.7)+53.1}\right)\left(\frac{1}{[0.1+(40\parallel 5.7\parallel 53.1)]}\right)$$

即

$$|A_v|_{\max}=6.14$$

时间常数 τ_S 为

$$\tau_S=(R_S+R_1\parallel R_2\parallel R_i)C_C$$
$$=[0.1\times 10^3+(5.7\times 10)^3\parallel(40\times 10^3)\parallel(53.1\times 10^3)](10\times 10^{-6})$$
$$=4.67\times 10^{-2}\text{s}$$

即

$$\tau_S=46.6\text{ms}$$

时间常数 τ_P 为

$$\tau_P=(R_C\parallel R_L)C_L=[(5\times 10^3)\parallel(10\times 10^3)](15\times 10^{-12})=5\times 10^{-8}\text{s}$$

即

$$\tau_P=50\text{ns}$$

下限转折频率为

$$f_L=\frac{1}{2\pi\tau_S}=\frac{1}{2\pi(46.6\times 10^{-3})}=3.42\text{Hz}$$

上限转折频率为

$$f_H=\frac{1}{2\pi\tau_P}=\frac{1}{2\pi(50\times 10^{-9})}\Rightarrow 3.18\text{MHz}$$

最后求得通频带为

$$f_{BW}=f_H-f_L=3.18\text{MHz}-3.4\text{Hz}\approx 3.18\text{MHz}$$

点评：两个转折频率相差大约六个数量级，所以每次只考虑一个电容的方法是可行的。

练习题

【练习题 7.7】 图 7.27(a)所示的电路，负载电阻值变为 $R_L=5\text{k}\Omega$，且电容值变为 $C_L=5\text{pF}$ 和 $C_C=5\mu\text{F}$。其他电路参数和晶体管参数与例题 7.7 所给的相同。(a)试求新参数下

的集电极电流和小信号混合 π 参数。(b)试求中频电压增益的值。(c)试求电路的转折频率。(答案:(a)$I_{CQ}=0.986\text{mA}$;(b)$A_v=-6.23$;(c)$f_L=6.82\text{Hz}$,$f_H=12.7\text{MHz}$)

增益带宽积是用来衡量放大器性能的一个值,假设转折频率相距很远,则带宽为

$$f_{BW}=f_H-f_L\approx f_H \tag{7.60}$$

且增益的最大值为$|A_v|_{\max}$,因而,增益带宽积为

$$G_B=|A_v|_{\max}\cdot f_H \tag{7.61}$$

以后将证明对于一个给定的负载电容来说,增益带宽积基本为恒定值。也将论述放大器设计中在增益和带宽之间怎么进行综合考虑。

7.3.4 旁路电容的作用

在双极型和 FET 分立放大器电路中通常含有射极和源极旁路电容,它们可以使射极和源极电阻在不损失小信号增益的前提下来稳定 Q 点。假设旁路电容对信号频率来说作用为短路。然而,为了能选择合适的旁路电容,必须求解使这些电容既不开路也不短路的频率范围内的电路响应。

图 7.28(a)所示为包含旁路电容的共射极放大电路,小信号等效电路如图 7.28(b)所示。由此图会发现小信号电压增益是频率的函数。用阻抗折算规则求得小信号输入电流为

$$I_b=\frac{V_i}{R_S+r_\pi+(1+\beta)\left(R_E\middle\|\frac{1}{sC_E}\right)} \tag{7.62}$$

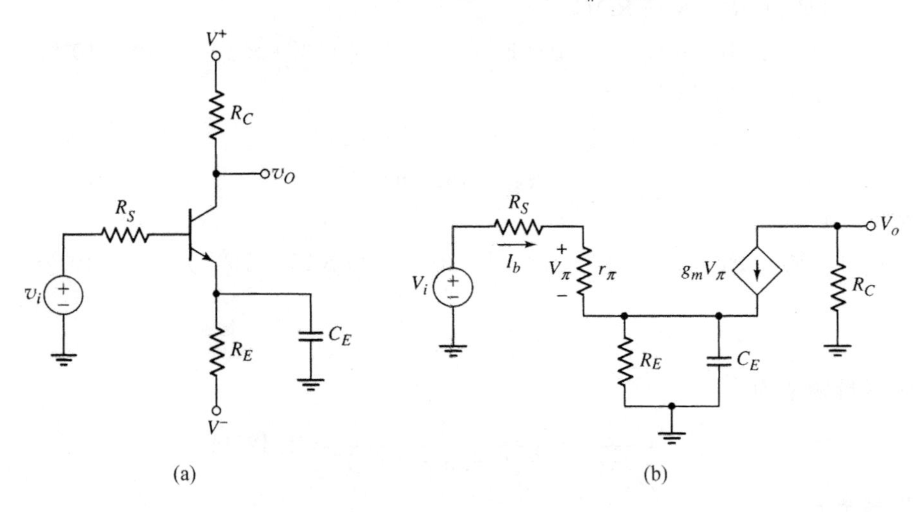

图 7.28

(a) 带射极旁路电容的共射极电路;(b) 小信号等效电路

发射极总的阻抗要乘以系数$(1+\beta)$。控制电压为

$$V_\pi=I_b r_\pi \tag{7.63}$$

而输出电压为

$$V_o=-g_m V_\pi R_C \tag{7.64}$$

联解方程求得小信号电压增益为

$$A_v(s)=\frac{V_o(s)}{V_i(s)}=\frac{-g_m r_\pi R_C}{R_S+r_\pi+(1+\beta)\left(R_E\left\|\frac{1}{sC_E}\right.\right)} \tag{7.65}$$

展开 R_E 和 $1/sC_E$ 的并联组合并重新整理各项，可得

$$A_v=\frac{-g_m r_\pi R_C}{[R_S+r_\pi+(1+\beta)R_E]}\frac{(1+sR_EC_E)}{\left\{1+\frac{sR_E(R_S+r_\pi)C_E}{[R_S+r_\pi+(1+\beta)R_E]}\right\}} \tag{7.66}$$

式(7.66)可以写成时间常数的表示形式为

$$A_v=\frac{-g_m r_\pi R_C}{[R_S+r_\pi+(1+\beta)R_E]}\frac{1+s\tau_A}{1+s\tau_B} \tag{7.67}$$

该传递函数的形式和前面曾分析过的具有一个零点和一个极点的形式稍微不同。

电压增益的幅值伯德图具有两条水平渐近线。如果令 $s=j\omega$，则可以考虑极限角频率 $\omega\to0$ 和 $\omega\to\infty$。对于 $\omega\to0$，C_E 视作开路；对于 $\omega\to\infty$，C_E 视作短路。于是由式(7.66)可得

$$|A_v|_{\omega\to0}=\frac{g_m r_\pi R_C}{R_S+r_\pi+(1+\beta)R_E} \tag{7.68(a)}$$

和

$$|A_v|_{\omega\to\infty}=\frac{g_m r_\pi R_C}{R_S+r_\pi} \tag{7.68(b)}$$

从这些结果可以看出，对于 $\omega\to0$，R_E 包含在增益表达式中；而对于 $\omega\to\infty$，R_E 不再是增益表达式的一部分，这是因为它被 C_E 有效地短路了。

如果假设式(7.67)所给的时间常数 τ_A 和 τ_B 的数量级明显不同，那么与 τ_B 相关的转折频率为

$$f_B=\frac{1}{2\pi\tau_B} \tag{7.69(a)}$$

和 τ_A 相关的转折频率为

$$f_A=\frac{1}{2\pi\tau_A} \tag{7.69(b)}$$

于是，相应的电压增益的幅值伯德图如图 7.29 所示。

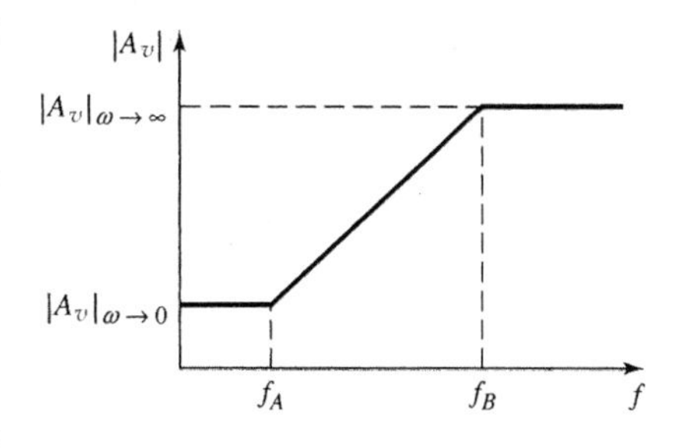

图 7.29　带射极旁路电容放大电路的电压增益的幅值伯德图

【例题 7.8】

目的：对于带射极旁路电容的共射极放大电路，求解转折频率和水平渐近线。

已知如图 7.28(a)所示的电路，参数为 $R_E=4\text{k}\Omega$，$R_C=2\text{k}\Omega$，$R_S=0.5\text{k}\Omega$，$C_E=1\mu\text{F}$，$V^+=5\text{V}$ 和 $V^-=-5\text{V}$。晶体管参数为 $\beta=100$，$V_{BE}(\text{on})=0.7\text{V}$ 和 $r_o=\infty$。

解：由直流分析可以求得静态集电极电流 $I_{CQ}=1.06\text{mA}$。跨导为

$$g_m=\frac{I_{CQ}}{V_T}=\frac{1.06}{0.026}=40.77\text{mA/V}$$

输入基极电阻为

$$r_\pi=\frac{\beta V_T}{I_{CQ}}=\frac{(100)(0.026)}{1.06}=2.45\text{k}\Omega$$

时间常数 τ_A 为

$$\tau_A = R_E C_E = (4\times10^3)(1\times10^{-6}) = 4\times10^{-3}\,\text{s}$$

时间常数 τ_B 为

$$\tau_B = \frac{R_E(R_S+r_\pi)C_E}{R_S+r_\pi+(1+\beta)R_E} = \frac{(4\times10^3)(0.5\times10^3+2.45\times10^3)(1\times10^{-6})}{0.5\times10^3+2.45\times10^3+(101)(4\times10^3)}$$

即

$$\tau_B = 2.90\times10^{-5}\,\text{s}$$

转折频率为

$$f_A = \frac{1}{2\pi\tau_A} = \frac{1}{2\pi(4\times10^{-3})} = 39.8\,\text{Hz}$$

和

$$f_B = \frac{1}{2\pi\tau_B} = \frac{1}{2\pi(2.9\times10^{-5})} \Rightarrow 5.49\,\text{kHz}$$

式(7.68(a))给出的低频水平渐近线为

$$|A_v|_{\omega\to0} = \frac{g_m r_\pi R_C}{R_S+r_\pi+(1+\beta)R_E} = \frac{(40.8)(2.45)(2)}{0.5+2.45+(101)(4)}$$

即

$$|A_v|_{\omega\to0} = 0.491$$

由式(7.68(b))给出的高频水平渐近线为

$$|A_v|_{\omega\to\infty} = \frac{g_m r_\pi R_C}{R_S+r_\pi} = \frac{(40.77)(2.45)(2)}{0.5+2.45} = 67.7$$

点评：比较电压增益的两个极限值，可以看出含有旁路电容的电路产生的高频增益较大。

计算机验证：PSpice 分析的结果如图 7.30 所示。其中图 7.30(a)所示为小信号电压增益的幅值。两个转折频率约为 39Hz 和 5600Hz，这和时间常数分析法得出的结果非常一致。0.49 和 68 这两个幅值极限值也和人工分析的结果非常接近。

图 7.30(b)所示为相位响应相对于频率的变化图。在较低和较高频率时电容分别作用为开路或短路，正如所预料的共射极电路的结果，相位为−180°。两个转折频率之间的相位变化非常明显，接近−90°。

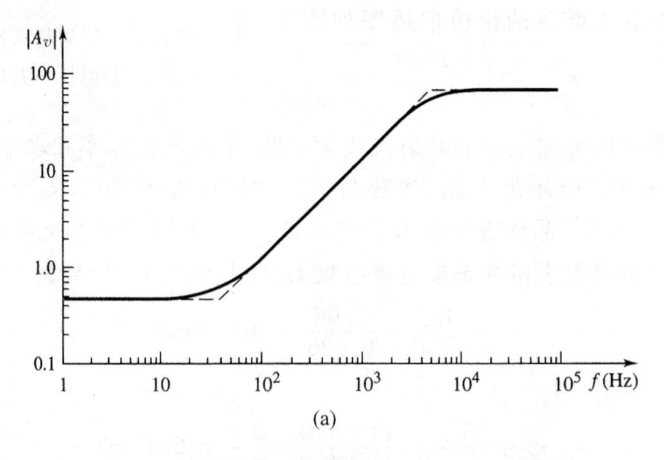

图 7.30　带射极旁路电容电路的 PSpice 分析结果

(a) 电压增益幅值响应曲线；(b) 相位响应曲线

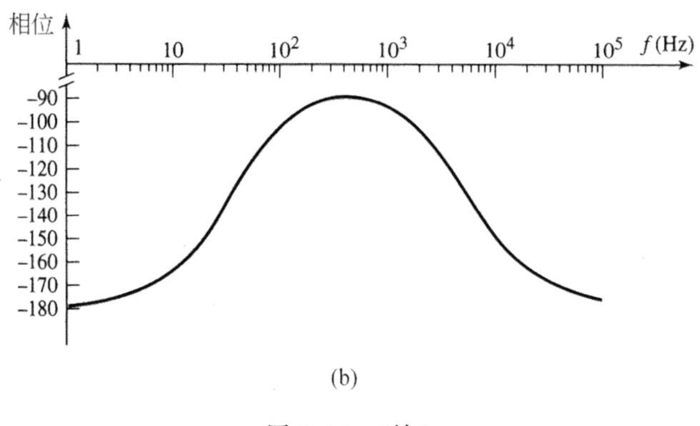

(b)

图 7.30 (续)

练习题

【练习题 7.8】 图 7.28(a)所示电路的参数为 $V^+=10\text{V}$,$V^-=-10\text{V}$,$R_S=0.5\text{k}\Omega$,$R_E=4\text{k}\Omega$ 和 $R_C=2\text{k}\Omega$。晶体管参数为 $V_{BE}(\text{on})=0.7\text{V}$,$V_A=\infty$和 $\beta=100$。(a)要求低频 3dB 频率为 $f_B=200\text{Hz}$,试求所需的 C_E 值。(b)应用(a)的结果求 f_A。(答案:(a)$C_E=49.5\mu\text{F}$;(b)$f_A=0.80\text{Hz}$)

带源极旁路电容 FET 放大器的分析和双极型电路的分析基本相同。电压增益表达式的一般形式和式(7.67)相同,且增益的伯德图和图 7.29 所示的情况也基本相同。

7.3.5 合成作用:耦合电容和旁路电容

放大电路中包含多个电容时,对电路频率响应的分析将变得非常复杂。在放大器很多的应用电路中,需要放大的输入信号频率通常被限制在中频范围内。在此情况下并不考虑超出中频范围的实际频率响应。中频范围终端点的定义为:增益值从中频最大值下降 3dB 时的频率点。这些终端点的频率是高频和低频电容的函数,而这些电容给放大器的传递函数引入了极点。

例如,如果某个电路中存在多个耦合电容,而有一个电容给电路增加一个极点,并且在此极点处使低频段增益最大值产生 3dB 的减小量,则称该极点为**主极点**。在第 12 章将会对主极点问题进行更为详细的讨论。当电路中包含多个电容时,可以用零值时间常数[①]分析来估算电路的主极点。本书将采用计算机仿真来求解包含多个电容电路的频率响应。

作为一个例子,图 7.31 所示电路包含了两个耦合电容和一个发射极旁路电容,所有这些都将对电路的低频响应产生影响。这里将推导出一个包含所有电容的传递函数,如果采用计算机对这种电路进行分析将会变得非常简单。

作为例子,图 7.32 所示为电路电压增益的幅值伯德图,图中考虑了两个耦合电容的作用。在此情况下假设旁路电容为短路。图中画出了分别考虑 C_1 和 C_2 的影响以及同时考虑 C_1 和 C_2 影响时的曲线。正如所预料的,当两个电容同时产生影响时,斜率为 40dB/十倍频或 12dB/倍频。在此实际的电路中,由于极点相距较近,所以并不能分别考虑每个电容的单独作用。

---

① 零值时间常数法是指除主极点回路以外的 RC 回路令其电容短路以确定主极点大小的分析方法。——译者注

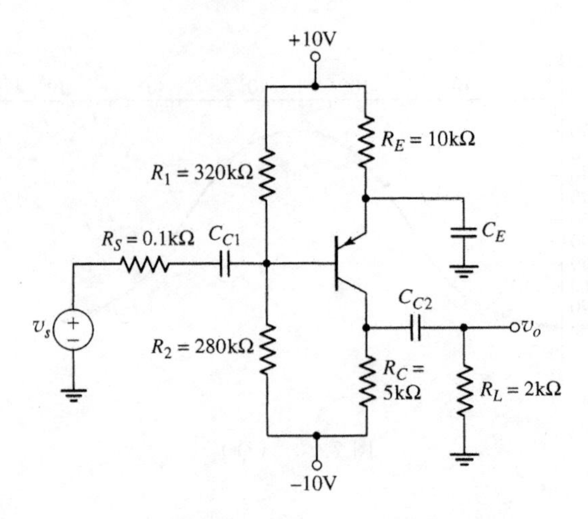

图 7.31　包含两个耦合电容和一个发射极旁路电容的电路

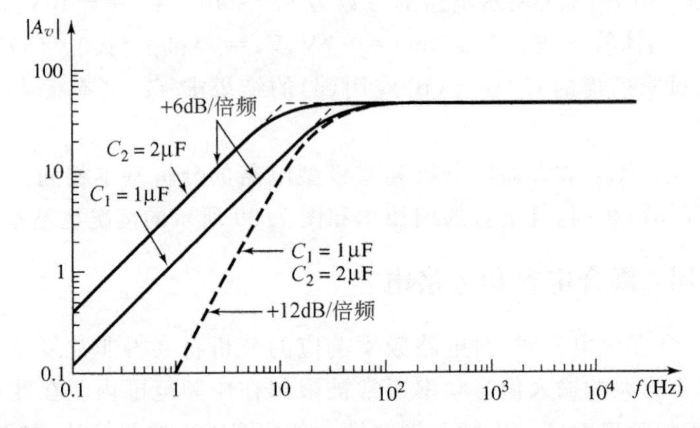

图 7.32　对图 7.31 所示电路($C_E \to \infty$)中每个耦合电容的 PSpice 分析结果以及两者共同作用的分析结果

图 7.33 所示为电压增益的幅值伯德图,图中考虑了射极旁路电容以及两个耦合电容。伯德图反映了旁路电容的作用、两个耦合电容的作用以及三个电容同时存在时的总作用。当同时考虑三个电容时曲线的斜率不断变化,并不存在确定的转折频率。然而,在大约 $f=150$Hz 处的曲线约低于最大渐近值 3dB,所以该频率定义为**下限转折频率**,或称为**下限截止频率**。

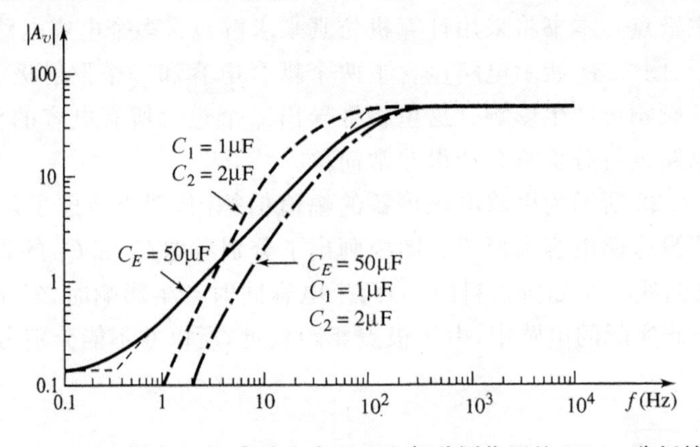

图 7.33　两个耦合电容、旁路电容以及它们共同作用的 PSpice 分析结果

理解测试题

【测试题 7.4】 观察图 7.34 所示的共基极电路，试问两个耦合电容能分别处理吗？(a)利用计算机仿真求解转折频率，假设参数值为 $\beta=100$ 和 $I_S=2\times10^{-15}$ A。(b)试求中频小信号电压增益。(答案：(a) $f_{3dB}=1.2$kHz；(b) $A_v=118$)

【测试题 7.5】 图 7.35 所示的共射极电路，图中包含一个耦合电容和一个射极旁路电容。(a)利用计算机仿真求解 3dB 频率，假设参数值为 $\beta=100$ 和 $I_S=2\times10^{-15}$ A。(b)试求中频小信号电压增益。(答案：(a) $f_{3dB}\approx575$ Hz；(b) $|A_v|_{max}=74.4$)

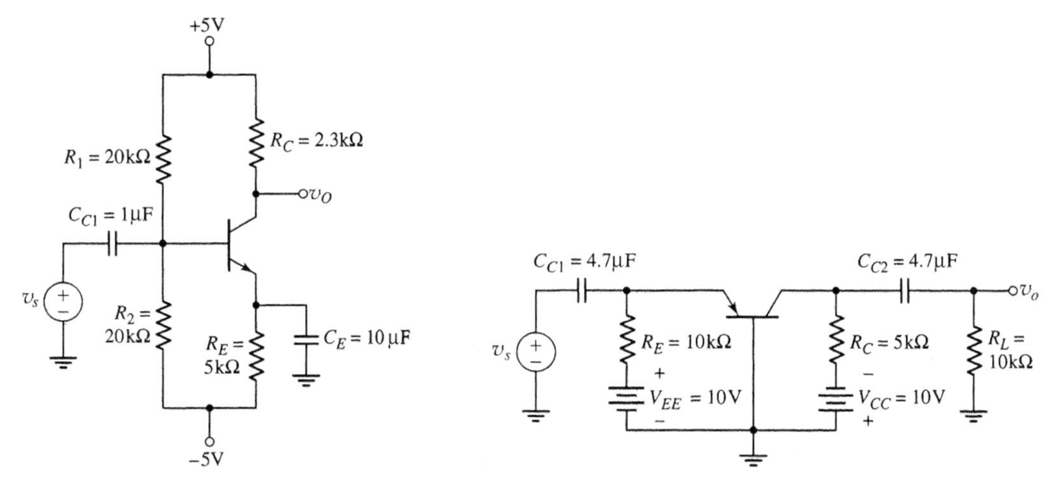

图 7.34 测试题 7.4 的电路　　　　图 7.35 测试题 7.5 的电路

7.4 双极型晶体管的频率响应

本节内容：求解双极型晶体管的频率响应，并求密勒效应和密勒电容。

迄今为止，所分析过的电路频率响应都是外部电阻和电容的函数，并假设了晶体管为理想晶体管。可是无论是双极型晶体管还是 FET 都具有内部电容，这些电容会对电路的高频响应产生影响。本节首先介绍扩展的双极型晶体管小信号混合 π 模型，该模型考虑了晶体管的内部电容。然后利用该模型来分析双极型晶体管的频率响应特性。

7.4.1 扩展的混合 π 等效电路

当双极型晶体管用在线性放大器电路中时，晶体管被偏置在正向放大区，并且有较小的正弦电压和电流叠加在直流电压和电流上。图 7.36(a)所示为共射极结构的 NPN 双极型晶体管以及小信号电压和电流。图 7.36(b)所示为典型的集成电路中 NPN 晶体管的横截面区域。C、B 和 E 端都是晶体管的外部接点，而 C′点、B′点和 E′点都是理想化的内部集电极、基极以及发射极。

为了构建晶体管的等效电路，首先考虑晶体管各对电极之间的情况。图 7.37(a)所示为连接基极外部输入端和射极外部输入端之间的等效电路。电阻 r_b 为外部基极 B 和内部基区 B′之间的基极串联电阻。因为 B′-E′结正向偏置，所以 C_π 为正向偏置的结电容，r_π 为正向偏置的 PN 结扩散电阻，这两个参数都是结电流的函数。最后，r_{ex} 为外部发射极和内部

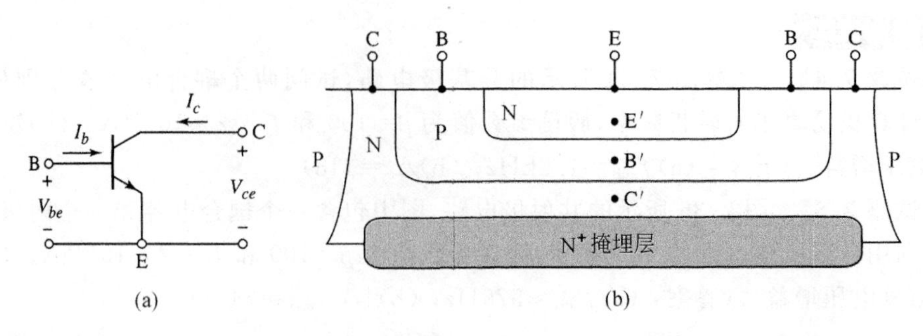

图 7.36

(a) 带小信号电流和电压的共射极 NPN 双极型晶体管；(b) 适用于混合 π 模型的 NPN 双极型晶体管横截面图

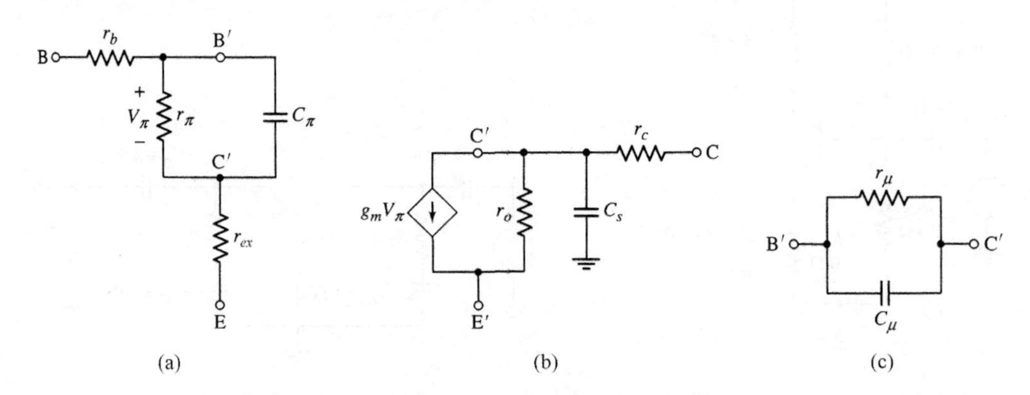

图 7.37 混合 π 等效电路的组成部分

(a) 基极到发射极；(b) 集电极到发射极；(c) 基极到集电极

发射区之间的发射极串联电阻，该电阻通常很小，在 1～2Ω。

图 7.37(b)所示为看进集电极的等效电路。电阻 r_c 为外部集电极和内部集电区之间的集电极串联电阻，电容 C_s 为反向偏置的集电极-衬底 PN 结的结电容。受控电流源 g_mV_π 为受内在基极-发射极电压控制的晶体管集电极电流。电阻 r_o 为输出电导 g_o 的倒数且主要取决于厄利电压值的大小。

最后，图 7.37(c)所示为反向偏置的 B′-C′结等效电路。电容 C_μ 为反向偏置的结电容，电阻 r_μ 为反向偏置的扩散电阻。r_μ 通常为兆欧姆数量级因而可以忽略不计。C_μ 的值通常远小于 C_π。然而，由于密勒效应的影响，C_μ 通常不能忽略(本章后面的部分将会讨论密勒效应)。

图 7.38 所示为双极型晶体管完整的混合 π 等效电路。图中的电容导致了晶体管的频率响应。所得结果是增益为输入信号频率的函数。由于此等效电路中元件的数量较多，所以采用计算机仿真对这个完整模型进行分析比人工分析要简单得多。但是，为了方便地计算双极型晶体管的一些基本的频率响应，还可以对此等效电路作一些简化处理。

7.4.2 短路电流增益

可以通过首先求解**短路电流增益**，然后简化混合 π 模型，再着手分析双极型晶体管的频率效应。图 7.39 所示为简化的晶体管等效电路，图中忽略了附加的电阻 r_b、r_c 和 r_{ex}，也忽

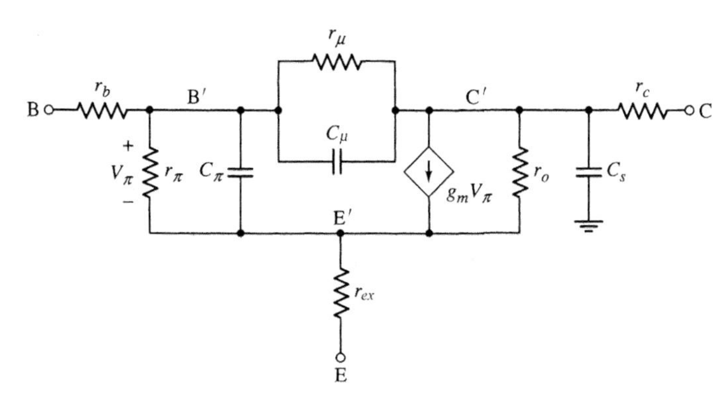

图 7.38　混合 π 等效电路

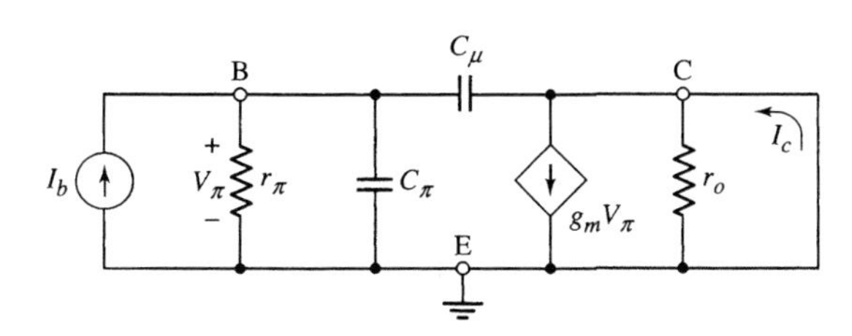

图 7.39　用于求解短路电流增益的简化的混合 π 等效电路

略了 B-C 扩散电阻 r_μ 以及衬底电容 C_s。并且将集电极与信号地端相连。注意保持晶体管偏置在正向放大区。下面来求解小信号电流增益 $A_i=I_c/I_b$。

写出输入节点的 KCL 方程，可得

$$I_b=\frac{V_\pi}{r_\pi}+\frac{V_\pi}{\frac{1}{\mathrm{j}\omega C_\pi}}+\frac{V_\pi}{\frac{1}{\mathrm{j}\omega C_\mu}}=V_\pi\left[\frac{1}{r_\pi}+\mathrm{j}\omega(C_\pi+C_\mu)\right] \tag{7.70}$$

可以看出 V_π 不再等于 $I_b r_\pi$，因为 I_b 的一部分从 C_π 和 C_μ 上流过了。

由输出节点的 KCL 方程可得

$$\frac{V_\pi}{\frac{1}{\mathrm{j}\omega C_\mu}}+I_c=g_m V_\pi \tag{7.71(a)}$$

即

$$I_c=V_\pi(g_m-\mathrm{j}\omega C_\mu) \tag{7.71(b)}$$

于是输入电压 V_π 可以写为

$$V_\pi=\frac{I_c}{(g_m-\mathrm{j}\omega C_\mu)} \tag{7.71(c)}$$

将此 V_π 的表达式代入式(7.70)可得

$$I_b=I_c\cdot\frac{\frac{1}{r_\pi}+\mathrm{j}\omega(C_\pi+C_\mu)}{(g_m-\mathrm{j}\omega C_\mu)} \tag{7.72}$$

小信号电流增益通常记为 h_{fe}，所以

$$A_i=\frac{I_c}{I_b}=h_{fe}=\frac{g_m-\mathrm{j}\omega C_\mu}{\frac{1}{r_\pi}+\mathrm{j}\omega(C_\pi+C_\mu)} \tag{7.73}$$

如果假设典型的电路参数值为 $C_\mu=0.2\text{pF}$，$g_m=50\text{mA/V}$ 且频率最大值为 $f=100\text{MHz}$，于是可以看出 $\omega C_\mu \ll g_m$。因而，为了得到更好的近似值，小信号电流增益为

$$h_{fe} \approx \frac{g_m}{\frac{1}{r_\pi}+j\omega(C_\pi+C_\mu)} = \frac{g_m r_\pi}{1+j\omega r_\pi(C_\pi+C_\mu)} \tag{7.74}$$

由于 $g_m r_\pi=\beta$，于是如前面所假设的，低频电流增益正好也是 β。式(7.74)表明，在双极型晶体管中，电流增益的幅值和相位都是频率的函数。

图 7.40(a)所示为短路电流增益的幅值伯德图。转折频率也称为β **截止频率** f_β，它由下式给出，即

$$f_\beta = \frac{1}{2\pi r_\pi(C_\pi+C_\mu)} \tag{7.75}$$

图 7.40(b)所示为电流增益的相位伯德图。随着频率的增加，小信号集电极电流不再和小信号基极电流同相。在高频时，集电极电流的相位落后于输入电流 90°。

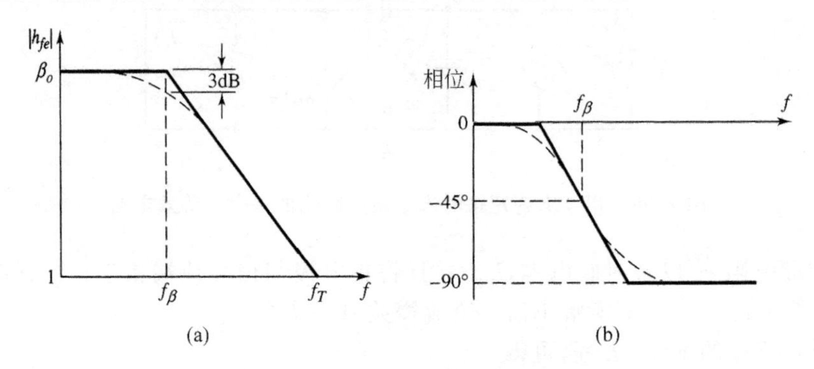

图 7.40 短路电流增益的伯德图

(a) 幅值；(b) 相位

【例题 7.9】

目的：求解双极型晶体管短路电流增益的 3dB 频率。

已知参数为 $r_\pi=2.6\text{k}\Omega$，$C_\pi=2\text{pF}$ 和 $C_\mu=0.1\text{pF}$ 的晶体管。

解：由式(7.75)可得

$$f_\beta = \frac{1}{2\pi r_\pi(C_\pi+C_\mu)} = \frac{1}{2\pi(2.6\times10^3)(2+0.1)(10^{-12})}$$

即

$$f_\beta = 29.1\text{MHz}$$

点评：高频晶体管一定具有小电容，所以必须使用较小的器件。

练习题

【练习题 7.9】 双极型晶体管的参数为 $\beta_o=150$，$C_\pi=2\text{pF}$ 和 $C_\mu=0.3\text{pF}$，偏置在 $I_{CQ}=0.5\text{mA}$。试求 β 的截止频率。(答案：$f_\beta=8.87\text{MHz}$)

7.4.3 截止频率

图 7.40(a)说明小信号电流增益的值随着频率的上升而下降。在**截止频率** f_T 处，增益降到 1。截止频率是晶体管的一个品质因数。

由式(7.74)可以写出小信号电流增益为

$$h_{fe}=\frac{\beta_o}{1+\mathrm{j}\left(\frac{f}{f_\beta}\right)} \tag{7.76}$$

式中，f_β 为式(7.75)所定义的 β 截止频率。h_{fe}的值为

$$|h_{fe}|=\frac{\beta_o}{\sqrt{1+\left(\frac{f}{f_\beta}\right)^2}} \tag{7.77}$$

在截止频率 f_T 处，$|h_{fe}|=1$，于是式(7.77)变为

$$|h_{fe}|=1=\frac{\beta_o}{\sqrt{1+\left(\frac{f_T}{f_\beta}\right)^2}} \tag{7.78}$$

通常，$\beta_o\gg1$，这表明 $f_T\gg f_\beta$。于是式(7.78)可以写为

$$1\approx\frac{\beta_o}{\sqrt{\left(\frac{f_T}{f_\beta}\right)^2}}=\frac{\beta_o f_\beta}{f_T} \tag{7.79(a)}$$

即

$$f_T=\beta_o f_\beta \tag{7.79(b)}$$

频率 f_β 也称为晶体管的带宽。因而，由式(7.79(b))可知，截止频率 f_T 为晶体管的增益带宽积，或更通用的说法为**单位增益带宽**。由式(7.75)得单位增益带宽为

$$f_T=\beta_o\frac{1}{2\pi r_\pi(C_\pi+C_\mu)}=\frac{g_m}{2\pi(C_\pi+C_\mu)} \tag{7.80}$$

由于电容是晶体管尺寸的函数，所以再次发现高频晶体管则意味着具有较小的器件尺寸。

截止频率 f_T 也是集电极直流电流 I_C 的一个函数，图7.41给出了 f_T 相对于 I_C 变化的一般特性。跨导 g_m 直接和 I_C 成比例，而 C_π 只是部分和 I_C 有关。因而，在集电极电流较小时截止频率也较低。但是，和大电流时 β 会减小的情形相同，在大电流情况下截止频率也会下降。

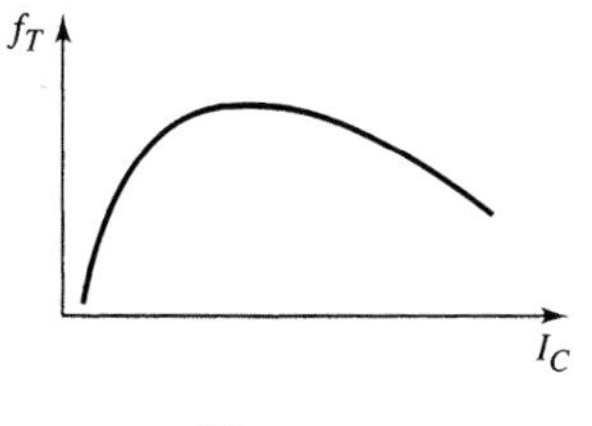

图　7.41

晶体管的截止频率或单位增益带宽通常会在器件数据表中列出，由于数据表也给出低频电流增益，所以晶体管的 β 截止频率或单位增益带宽可由下式求得，即

$$f_\beta=\frac{f_T}{\beta_o} \tag{7.81}$$

通用的2N2222A型分立双极型晶体管的截止频率 $f_T=300\text{MHz}$。对于具有特殊封装的MSC3130分立双极型晶体管，其截止频率 $f_T=1.4\text{GHz}$。这说明了在集成电路中制作非常小的晶体管，其截止频率可以达到几千兆赫范围。

【例题7.10】

目的：计算双极型晶体管的带宽 f_β 和电容 C_π。

已知晶体管的参数为 $I_C=1\text{mA}$ 时的 $f_T=500\text{MHz}$，$\beta_o=100$ 和 $C_\mu=0.3\text{pF}$。

解：由式(7.81)可得带宽为

$$f_\beta = \frac{f_T}{\beta_o} = \frac{500}{100} = 5\text{MHz}$$

跨导为

$$g_m = \frac{I_C}{V_T} = \frac{1}{0.026} = 38.46\text{mA/V}$$

根据式(7.80)可以求得电容 C_π。于是有

$$f_T = \frac{g_m}{2\pi(C_\pi + C_\mu)}$$

即

$$500 \times 10^6 = \frac{38.5 \times 10^{-3}}{2\pi(C_\pi + 0.3 \times 10^{-12})}$$

可得 $C_\pi = 11.9\text{pF}$。

点评：尽管 C_π 的值可能远大于 C_μ 的值，但是在下一章中将会看到，C_μ 在电路的应用中并不能忽略。

练习题

【练习题 7.10】 一个 BJT 偏置在 $I_C = 1\text{mA}$，其参数为 $\beta_o = 150$，$C_\pi = 4\text{pF}$ 和 $C_\mu = 0.5\text{pF}$。试求 f_β 和 f_T。(答案：$f_\beta = 9.07\text{MHz}$；$f_T = 1.36\text{GHz}$)

双极型晶体管的混合 π 等效电路采用分立或集总元件。然而，当截止频率在 $f_T \approx 1\text{GHz}$ 数量级，且晶体管工作在微波频率时，晶体管模型中就必须要考虑到其他的寄生元件和分布参数。为简单起见，本书中都将假设混合 π 模型能充分模拟晶体管工作在频率上升直到 β 截止频率时的特性。

7.4.4 密勒效应和密勒电容

如前所述，电容 C_μ 实际上是不能忽略的。**密勒效应**或者说反馈效应，则是 C_μ 在电路应用中的倍增效应。

图 7.42(a)所示为带电流源信号输入的共射极电路。下面来求解该电路的小信号电流增益 $A_i = i_o/i_s$。图 7.42(b)所示为其小信号等效电路，假设信号频率足够高，以至耦合电容和旁路电容可以视作短路。其中晶体管模型为图 7.38 所示混合 π 等效电路的简化电路(假设 $r_o = \infty$)。电容 C_μ 是将输出到输入端的反馈元件。因此，输出电压和电流将会对电路的输入特性产生影响。

电容 C_μ 的存在使电路的分析变得更加复杂。如果采用以前的分析方法，可能会写出输入和输出节点的 KCL 方程，然后再推导出电流增益的表达式。然而，在这里将采用不同的方法来解决这个问题。可以将电容 C_μ 看作一个二端口网络并画出其等效电路，其中包括基极输入端和地之间以及集电极输出端和地之间的元件。这个步骤看起来似乎很复杂，但它却能清晰地显示出 C_μ 的作用。

观察图 7.42(b)所示的两条虚线之间的电路部分，可以将这部分看作一个二端口网络，如图 7.43 所示。输入电压为 V_π，输出电压为 V_o，且定义输入和输出电流 I_1 和 I_2 如图所示。

写出输入和输出端的 KVL 方程可得

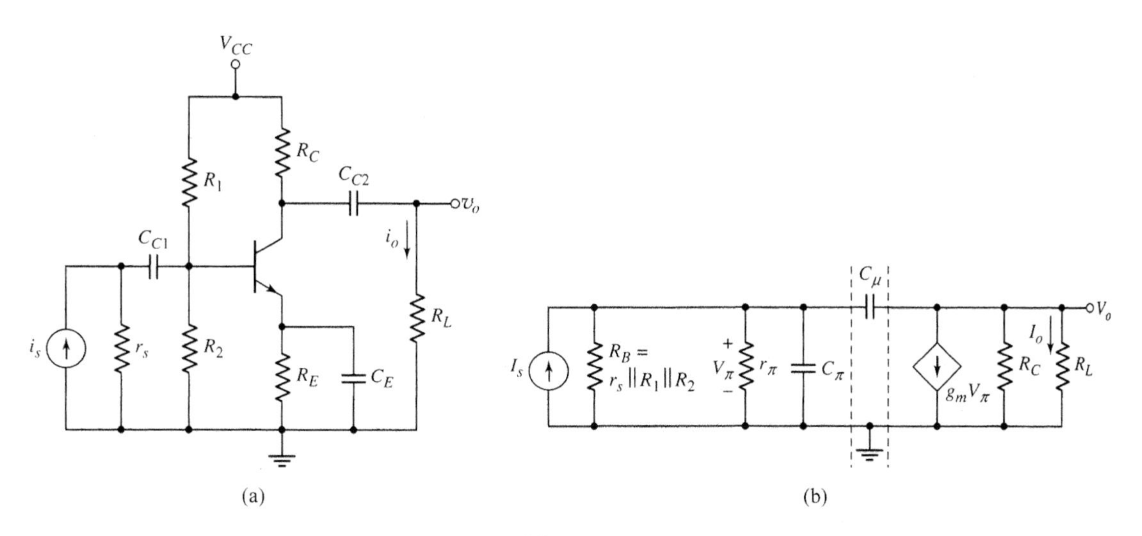

图　7.42
(a) 带电流源输入的共射极电路；(b) 带简化混合 π 模型的小信号等效电路

$$V_\pi = I_1\left(\frac{1}{\mathrm{j}\omega C_\mu}\right)+V_o \qquad (7.82(\mathrm{a}))$$

和

$$V_o = I_2\left(\frac{1}{\mathrm{j}\omega C_\mu}\right)+V_\pi \qquad (7.82(\mathrm{b}))$$

应用式(7.82(a))和式(7.82(b)),可以组成一个如图 7.44(a)所示的二端口等效电路。然后将输出端的戴维南等效电路转换为诺顿等效电路,转换后的结果如图 7.44(b)所示。

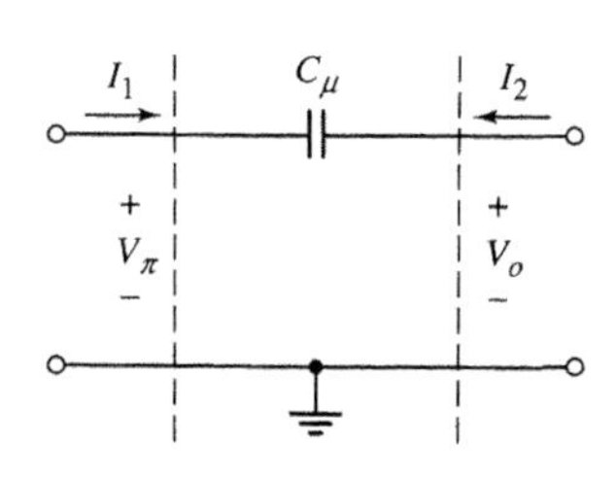

图 7.43　电容 C_μ 的二端口网络

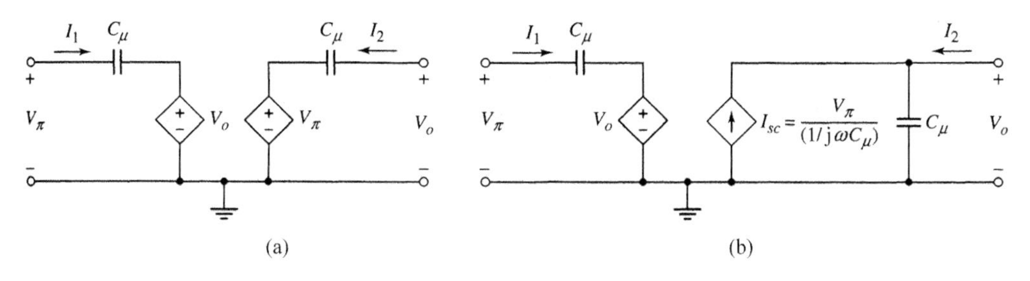

图 7.44　带等效输出电路的电容 C_μ 的二端口等效电路
(a) 戴维南等效；(b) 诺顿等效

用图 7.44(b)所示的等效电路取代图 7.42(b)所示的虚线内的电路部分,修改后的电路如图 7.45 所示。为了更好地求解该电路的值,还将要作一些简化近似处理。

g_m 和 C_μ 的典型值为 g_m=50mA/V 和 C_μ=0.2pF。由这些值可以求出使两个受控电流源相等的频率值。如果

$$\omega C_\mu V_\pi = g_m V_\pi \qquad (7.83(\mathrm{a}))$$

则

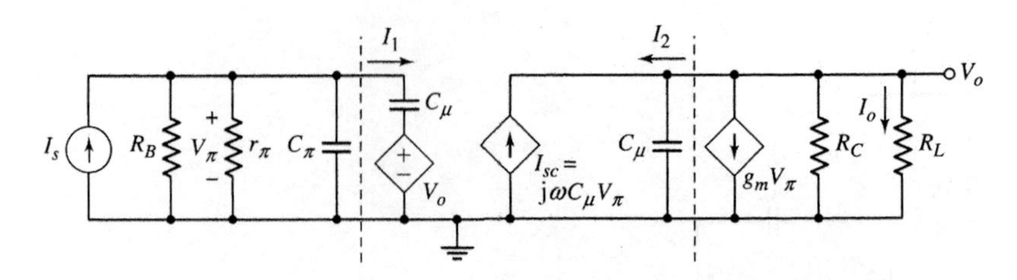

图 7.45　包含电容 C_μ 的二端口等效模型的小信号等效电路

$$f=\frac{g_m}{2\pi C_\mu}=\frac{50\times10^{-3}}{2\pi(0.2\times10^{-12})}=39.8\times10^9\,\text{Hz} \tag{7.83(b)}$$

由于双极型晶体管的工作频率远小于 40GHz,所以电流源 $I_{sc}=j\omega C_\mu V_\pi$ 与电流源 $g_m V_\pi$ 相比是可以忽略的。

于是可以求出使 C_μ 的容抗等于 $R_C \parallel R_L$ 电阻的频率值。如果

$$\frac{1}{\omega C_\mu}=R_C \parallel R_L \tag{7.84(a)}$$

则

$$f=\frac{1}{2\pi C_\mu(R_C \parallel R_L)} \tag{7.84(b)}$$

如果假设 $R_C=R_L=4\text{k}\Omega$,这是分立双极型电路的典型值,于是有

$$f=\frac{1}{2\pi(0.2\times10^{-12})[(4\times10^3)\parallel(4\times10^3)]}=398\times10^6\,\text{Hz} \tag{7.85}$$

如果双极型晶体管的工作频率远小于 400MHz,那么阻抗 C_μ 将远大于 $R_C \parallel R_L$ 且可将 C_μ 视作开路。根据这些近似,图 7.45 所示的电路就可以简化为图 7.46 所示的电路。

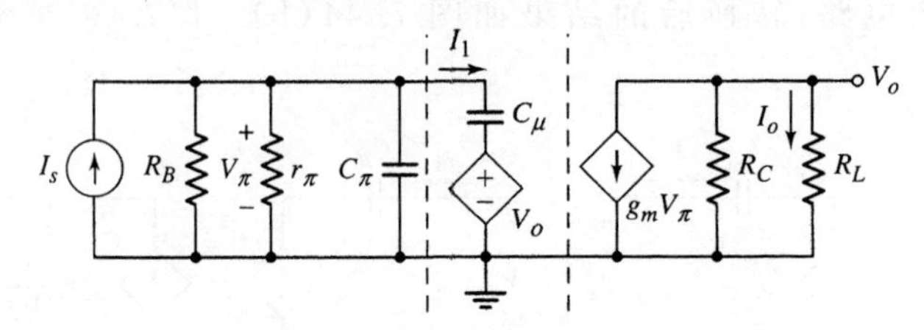

图 7.46　近似处理后的小信号等效电路

虚线之间的电路部分 I_1 相对于 V_π 的特性为

$$I_1=\frac{V_\pi-V_o}{\dfrac{1}{j\omega C_\mu}}=j\omega C_\mu(V_\pi-V_o) \tag{7.86}$$

输出电压为

$$V_o=-g_m V_\pi(R_C \parallel R_L) \tag{7.87}$$

将式(7.87)代入式(7.86),可得

$$I_1=j\omega C_\mu[1+g_m(R_C \parallel R_L)]V_\pi \tag{7.88}$$

图 7.46 中虚线之间的电路部分可以用下式所给的等效电容来代替,即

$$C_M=C_\mu[1+g_m(R_C \parallel R_L)] \tag{7.89}$$

如图 7.47 所示,电容 C_M 称为**密勒电容**,且 C_μ 的倍增效应称为密勒效应。

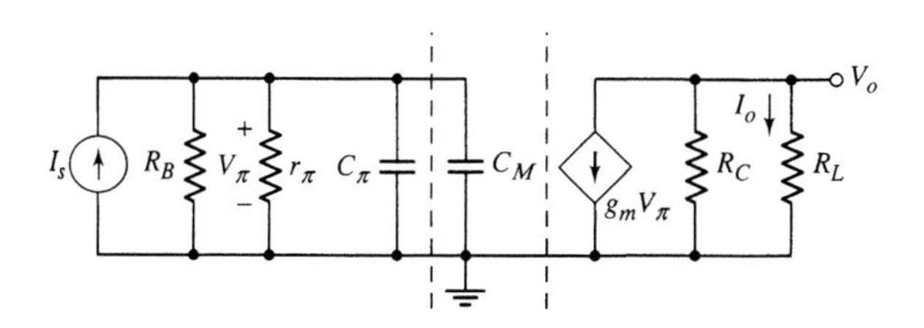

图 7.47 包含等效密勒电容的小信号等效电路

对于图 7.47 所示的等效电路，输入电容为 $C_\pi + C_M$，而不仅仅是忽略 C_μ 时的 C_π。

【例题 7.11】

目的：求解图 7.47 所示电路电流增益的 3dB 频率，区别考虑 C_M 效应和不考虑 C_M 效应这两种情况。

已知电路参数为 $R_C = R_L = 4\text{k}\Omega$，$r_\pi = 2.6\text{k}\Omega$，$R_B = 200\text{k}\Omega$，$C_\pi = 4\text{pF}$，$C_\mu = 0.2\text{pF}$ 和 $g_m = 38.5\text{mA/V}$。

解：输出电流可以写为

$$I_o = -(g_m V_\pi)\left(\frac{R_C}{R_C + R_L}\right)$$

同样，输入电压为

$$V_\pi = I_s\left(R_B \parallel r_\pi \parallel \frac{1}{\text{j}\omega C_\pi} \parallel \frac{1}{\text{j}\omega C_M}\right) = I_s\left(\frac{R_B \parallel r_\pi}{1 + \text{j}\omega(R_B \parallel r_\pi)(C_\pi + C_M)}\right)$$

因而，电流增益为

$$A_i = \frac{I_o}{I_i} = -g_m\left(\frac{R_C}{R_C + R_L}\right)\frac{R_B \parallel r_\pi}{1 + \text{j}\omega(R_B \parallel r_\pi)(C_\pi + C_M)}$$

3dB 频率为

$$f_{3\text{dB}} = \frac{1}{2\pi(R_B \parallel r_\pi)(C_\pi + C_M)}$$

忽略 C_μ 的影响（$C_M = 0$），可得

$$f_{3\text{dB}} = \frac{1}{2\pi[(200 \times 10^3) \parallel (2.6 \times 10^3)](4 \times 10^{-12})} \Rightarrow 15.5\text{MHz}$$

密勒电容为

$$C_M = C_\mu[1 + g_m(R_C \parallel R_L)] = (0.2)[1 + (38.5)(4 \parallel 4)] = 15.6\text{pF}$$

所以考虑密勒电容时，3dB 频率为

$$f_{3\text{dB}} = \frac{1}{2\pi(R_B \parallel r_\pi)(C_\pi + C_M)} = \frac{1}{2\pi[(200 \times 10^3) \parallel (2.6 \times 10^3)](4 + 15.6)(10^{-12})}$$

即

$$f_{3\text{dB}} = 3.16\text{MHz}$$

点评：密勒效应，即 C_μ 的倍增系数为 78，求出密勒电容为 $C_M = 15.6\text{pF}$。在此情况下，密勒电容约为 C_π 的 4 倍大的电容。这表明，实际的晶体管带宽约为忽略 C_μ 后预期的带宽的 1/5。

由式(7.89)可知，密勒电容也可以写成下面的形式，即

$$C_M = C_\mu(1 + |A_v|) \tag{7.90}$$

式中，A_v 为内部的基极-集电极电压增益。密勒效应的物理原因是在反馈元件 C_μ 两侧存在着电压增益。小信号输入电压 V_π 在 C_μ 的输出端产生一个反相极性的大输出电压 $V_o = -|A_v| \cdot V_\pi$。所以 C_μ 两端的电压为 $(1+|A_v|)V_\pi$，于是引起了通过 C_μ 的一个大电流。由于这个原因，C_μ 对电路输入部分的影响是非常大的。

现在来介绍放大器设计中的一种综合选择。它是在放大器增益和放大器带宽之间所做的折衷。如果增益减小，那么密勒电容将会减小，从而带宽将会增加。在下一章中考虑共射-共基放大器时还将再次考虑这种折衷方案。

讨论：在式(7.87)中假设 $|j\omega C_\mu| \ll g_m$，且仅当频率在 100MHz 范围之内时成立。如果不忽略 $j\omega C_\mu$，则可以写为

$$g_m V_\pi + V_o\left(\frac{1}{R_C \parallel R_L} + j\omega C_\mu\right) = 0 \tag{7.91}$$

式(7.91)意味着在图 7.45 所示等效电路的输入部分，电容 C_μ 应该和 R_C 及 R_L 并联。对于 $R_C = R_L = 4\text{k}\Omega$ 且 $C_\mu = 0.2\text{pF}$，曾指出该电容对于 $f \ll 400\text{MHz}$ 是可以忽略的。然而，在特定的电路中，比如包含有源负载的电路中，等效电阻 R_C 和 R_L 可能在 100kΩ 左右。这意味着即使在低于兆赫的频率范围内，电容 C_μ 在电路的输出部分都是不能忽略的。下面将讨论几种电路的输出部分不能忽略 C_μ 的特殊情况。

练习题

【练习题 7.11】 图 7.42(a)所示的电路，参数为 $R_1 = 200\text{k}\Omega$，$R_2 = 220\text{k}\Omega$，$R_C = 2.2\text{k}\Omega$，$R_L = 4.7\text{k}\Omega$，$R_E = 1\text{k}\Omega$，$r_s = 100\text{k}\Omega$ 和 $V_{CC} = 5\text{V}$。晶体管参数为 $\beta_o = 100$，$V_{BE}(\text{on}) = 0.7\text{V}$，$V_A = \infty$，$C_\pi = 10\text{pF}$ 和 $C_\mu = 2\text{pF}$。应用图 7.47 所示的简化混合 π 模型，试求(a)密勒电容，(b)3dB 频率。(答案：(a)$C_M = 109\text{pF}$；(b)$f_{3\text{dB}} = 0.506\text{MHz}$)

7.4.5 密勒效应的物理原因

图 7.48(a)所示为双极型晶体管的混合 π 等效电路，其输出端连接了负载电阻 R_C。图 7.48(b)所示为包含密勒电容的等效电路。作为初步近似，输出电压为 $v_o = -g_m v_\pi R_C$。图 7.49 所示为输入信号 v_π 和输出信号 v_o，假设信号都为正弦信号。正如前面所指出的那样，输出信号与输入信号相比发生了 180°的相移。此外，因为增益较大，输出电压的幅值大于输入电压。电压 v_π 和 v_o 之间的差值就是图 7.48(a)所示的电容 C_μ 两端的电压。

可以写出正弦信号为 $v_\pi = V_\pi e^{j\omega t}$，$v_o = V_o e^{j\omega t}$ 以及 $v_c = V_c e^{j\omega t}$。而流过电容 C_μ 的电流 i_c 可以写为

$$i_c = C_\mu \frac{dv_c}{dt} \tag{7.92(a)}$$

使用相量符号，可得

$$I_c = j\omega C_\mu V_c \tag{7.92(b)}$$

该电流会影响看进晶体管基极的输入阻抗。

由于图 7.48(a)和图 7.48(b)所示电路是等效的，所以两电路中的电流 i_c 必须是相同的。根据图 7.48(b)可以写出

$$i_C = C_M \frac{dv_\pi}{dt} \tag{7.93(a)}$$

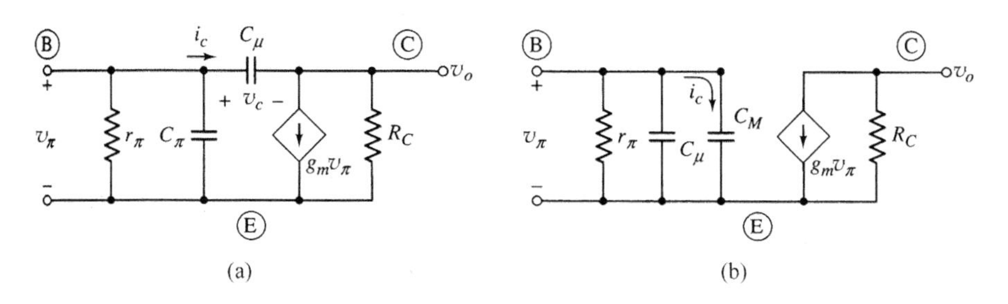

图 7.48

(a) 输出端连接了负载电阻 R_C 的双极型晶体管电路的混合 π 等效电路；(b) 带密勒电容的等效电路

使用相量符号，可得

$$I_c = \mathrm{j}\omega C_M V_\pi \tag{7.93(b)}$$

因为式(7.92(b))和式(7.93(b))给出的两个电容电流是相等的，所以必然有

$$C_\mu V_c = C_M V_\pi \tag{7.94}$$

从图 7.49 所示信号可以看出 $V_\pi < V_c$，所以必然有 $C_M > C_\mu$。由于 180°的相移和电压增益的缘故，电容 C_μ 两侧的电压非常大，致使相应的电容电流 i_c 非常大。现在，密勒电容 C_M 两侧的电压比较小，为了维持 C_M 中的电流和上面分析过的电容电流 i_c 一样大，C_M 的值就必须相当大。这就是密勒倍增效应的物理原因。

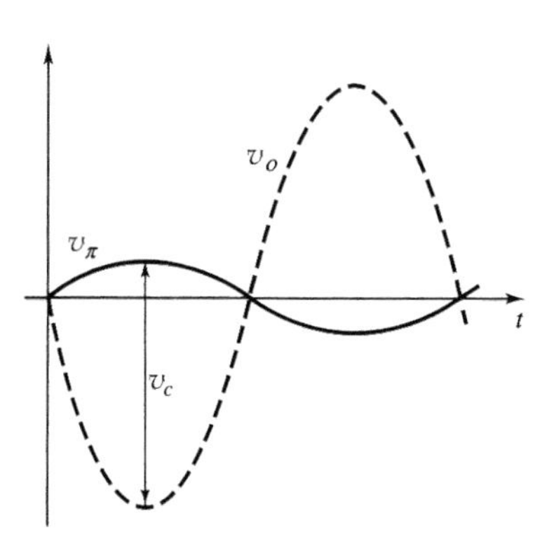

图 7.49　图 7.48 所示电路的输入信号 v_π 和输出信号 v_o

理解测试题

【测试题 7.6】 某个 BJT 偏置在 $I_{CQ}=0.25\text{mA}$，其参数为 $\beta_o=100$，$C_\mu=0.1\text{pF}$。β 截止频率为 $f_\beta=11.5\text{MHz}$。试求电容 C_π。(答案：$C_\pi=1.23\text{pF}$)

【测试题 7.7】 对于例题 7.10 中所描述的晶体管，偏置在相同的 Q 点，试求 $|h_{fe}|$ 和 $f=50\text{MHz}$ 时的相移。(答案：$|h_{fe}|=9.95$，相移$=-84.3°$)

【测试题 7.8】 晶体管的参数为 $\beta_o=120$，$f_T=500\text{MHz}$，$r_\pi=5\text{k}\Omega$ 和 $C_\mu=0.2\text{pF}$。试求 C_π 和 f_β。(答案：$f_\beta=4.17\text{MHz}$，$C_\pi=7.44\text{pF}$)

7.5 FET 的频率响应

本节内容：求解 MOS 晶体管的频率响应，并求密勒效应和密勒电容。

前面已经研究了双极型晶体管扩展的混合 π 等效电路，并用它来模拟并分析了晶体管的高频响应。本节将要构建 FET 的高频等效电路，在此过程中也要考虑器件中的各种电容。这里仅考虑 MOSFET 的等效模型，但它同时也适用于 JFET 和 MESFET。

7.5.1 高频等效电路

下面将从第 3 章所描述过的 MOSFET 基本的几何结构着手来构建 MOSFET 的小信号等效电路。图 7.50 所示为 N 沟道 MOSFET 的模型，该模型包含了器件内部的电容和电阻以及器件的基本方程中所出现的元件。现在对等效电路作一简单的假设：假设源极和衬

底都与地端相连。

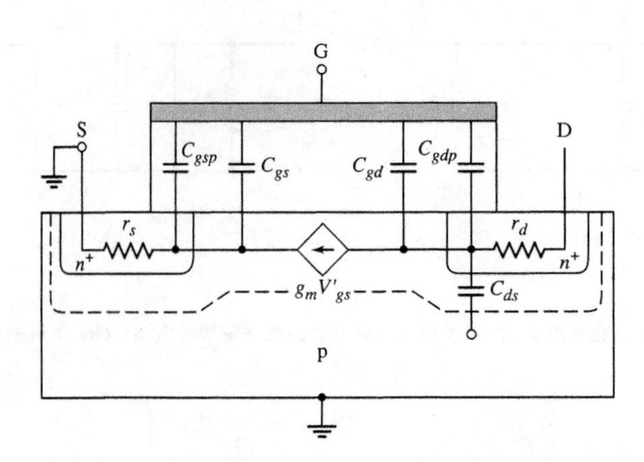

图 7.50　N 沟道 MOSFET 结构中的内部电阻和电容

和栅极相连的两个电容为晶体管内部的电容。电容 C_{gs} 和 C_{gd} 则分别代表栅极和源极以及漏极附近的沟道反型电荷之间的相互作用。如果器件偏置在非饱和区且 v_{DS} 很小，则沟道反型电荷几乎是均匀的，这表明

$$C_{gs} \approx C_{gd} \approx \frac{1}{2}WLC_{ox}$$

式中 C_{ox} (F/cm^2) $= \varepsilon_{ox}/t_{ox}$，参数 ε_{ox} 为氧化物的介电常数。对于硅 MOSFET 来说，$\varepsilon_{ox} = 3.9\varepsilon_o$，式中 $\varepsilon_o = 8.85 \times 10^{-14}$ F/cm 为自由空间的介电常数。参数 t_{ox} 为氧化物厚度，单位为 cm。

然而，当晶体管偏置在饱和区时，沟道在漏极处夹断且反型电荷不再是均匀的。C_{gd} 的值基本趋近于零，且 C_{gs} 近似等于 $(2/3)WLC_{ox}$。举个例子，如果某器件的氧化物厚度为 500Å，沟道长度为 $L=5\mu$m，沟道宽度为 $W=50\mu$m，则 C_{gs} 的值为 $C_{gs} \approx 0.12$pF。C_{gs} 的值随着器件尺寸的变化而变化，但其典型值在十分之几皮法范围内。

剩下的两个栅极电容 C_{gsp} 和 C_{gdp} 为寄生电容或**叠加电容**，如此称谓的原因是，在实际器件中，由于公差或其他工艺因素，栅极氧化物部分叠加在源极和漏极触点上。下面将会看到，漏极叠加电容 C_{gdp} 会减小 FET 的带宽。参数 C_{ds} 为漏极和衬底之间的 PN 结电容，而 r_s 和 r_d 为源极和漏极之间的串联电阻。内部的栅-源电压通过跨导控制着小信号沟道电流。

图 7.51 所示为 N 沟道共源 MOSFET 的小信号等效电路。电压 V'_{gs} 为内部的栅-源电压，它控制着沟道电流。假设栅-源电容 C_{gs} 和栅-漏电容 C_{gd} 包含寄生的叠加电容。在图 7.51 中给出了参数 r_o 而在图 7.50 中却没有给出。该电阻和 I_D 相对于 V_{DS} 关系曲线的斜率有关。在理想情况下，MOSFET 偏置在饱和区，I_D 不受 V_{DS} 的影响，这意味着 r_o 是无穷大的。然而在短沟道器件中 r_o 是有限的，这是由于存在沟道长度调制效应，因而在其等效电路中就包含 r_o。

源极电阻 r_s 会对晶体管特性产生较大的影响。为了阐明这一点，图 7.52 给出了一个简化的低频等效电路，电路中包含 r_s 而不包含 r_o。对于这个电路，漏极电流为

$$I_d = g_m V'_{gs} \tag{7.95}$$

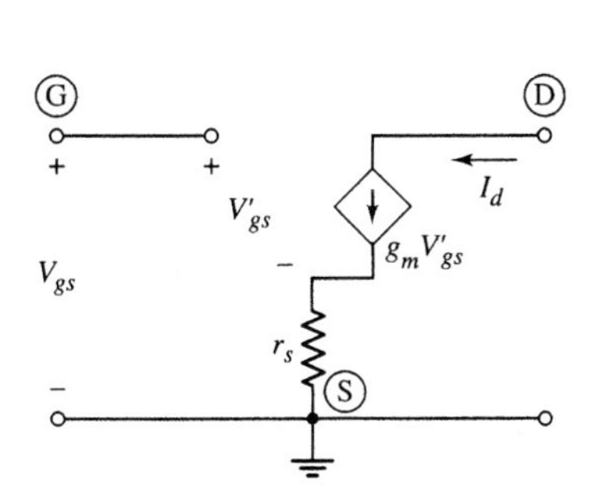

图 7.51 N 沟道共源 MOSFET 等效电路

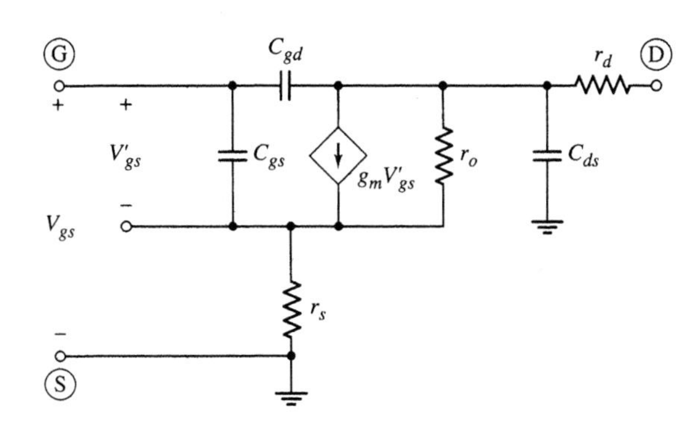

图 7.52 包含 r_s 而不包含 r_o 的简化 N 沟道共源 MOSFET 低频等效电路

V_{gs} 和 V'_{gs} 之间的关系为

$$V_{gs} = V'_{gs} + (g_m V'_{gs})r_s = (1 + g_m r_s)V'_{gs} \tag{7.96}$$

由式(7.95)可知，漏极电流可以写为

$$I_d = \left(\frac{g_m}{1 + g_m r_s}\right)V_{gs} = g'_m V_{gs} \tag{7.97}$$

式(7.97)表明源极电阻减小有效的跨导，即减小晶体管的增益。

除了所有的电压极性和电流方向相反外，P 沟道 MOSFET 的等效电路和 N 沟道器件的完全相同。两种器件的电容和电阻也都是相同的。

7.5.2 单位增益带宽

与双极型晶体管一样，单位增益频率或单位增益带宽也是 FET 的品质因数。如果忽略 r_s、r_d、r_o 和 C_{ds}，并把漏极和信号地端相连，则相应的小信号等效电路如图 7.53 所示。由于栅极输入阻抗在高频时不再是无穷大，因而可以定义短路电流增益。由此便可以定义并计算单位增益带宽。

写出输入节点的 KCL 方程，可得

$$I_i = \frac{V_{gs}}{\frac{1}{\mathrm{j}\omega C_{gs}}} + \frac{V_{gs}}{\frac{1}{\mathrm{j}\omega C_{gd}}} = V_{gs}[\mathrm{j}\omega(C_{gs} + C_{gd})] \tag{7.98}$$

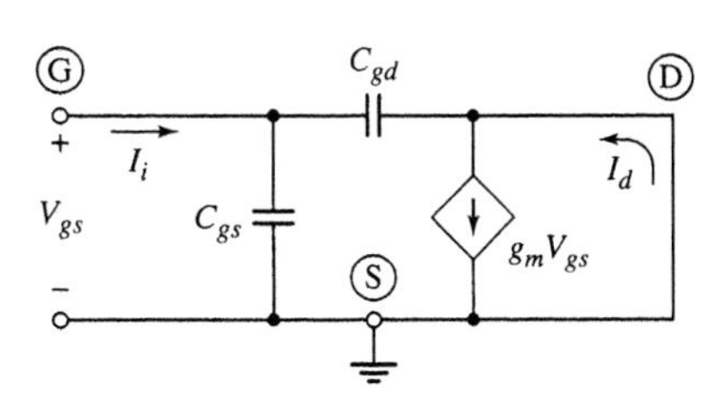

图 7.53 用于求解短路电流增益的 MOSFET 高频小信号等效电路

由输出节点的 KCL 方程可得

$$\frac{V_{gs}}{\frac{1}{\mathrm{j}\omega C_{gd}}} + I_d = g_m V_{gs} \tag{7.99(a)}$$

即

$$I_d = V_{gs}(g_m - \mathrm{j}\omega C_{gd}) \tag{7.99(b)}$$

由式(7.99(b))解得 V_{gs} 为

$$V_{gs} = \frac{I_d}{g_m - \mathrm{j}\omega C_{gd}} \tag{7.100}$$

将式(7.100)代入式(7.98)可得

$$I_i = I_d \cdot \frac{j\omega(C_{gs} + C_{gd})}{g_m - j\omega C_{gd}} \tag{7.101}$$

因而,小信号电流增益为

$$A_i = \frac{I_d}{I_i} = \frac{g_m - j\omega C_{gd}}{j\omega(C_{gs} + C_{gd})} \tag{7.102}$$

如果假设典型值 $C_{gd}=0.05\text{pF}$ 和 $g_m=1\text{mA/V}$,且最大频率 $f=100\text{MHz}$,将会发现 $\omega C_{gd} \ll g_m$。则小信号电流增益近似为

$$A_i = \frac{I_d}{I_i} \approx \frac{g_m}{j\omega(C_{gs} + C_{gd})} \tag{7.103}$$

单位增益频率 f_T 被定义为短路电流增益到达1时所对应的频率。于是由式(7.103)可得

$$f_T = \frac{g_m}{2\pi(C_{gs} + C_{gd})} \tag{7.104}$$

可见,单位增益频率或单位增益带宽取决于晶体管的参数,和电路无关。

【例题 7.12】

目的:求解 FET 的单位增益带宽。

已知 N 沟道 MOSFET 的参数为 $K_n=0.25\text{mA/V}^2$,$V_{TN}=1\text{V}$,$\lambda=0$,$C_{gd}=0.04\text{pF}$ 和 $C_{gs}=0.2\text{pF}$。假设晶体管偏置在 $V_{GS}=3\text{V}$。

解:跨导为

$$g_m = 2K_n(V_{GS} - V_{TN}) = 2(0.25)(3-1) = 1\text{mA/V}$$

由式(7.104)得单位增益带宽,或单位增益频率为

$$f_T = \frac{g_m}{2\pi(C_{gs} + C_{gd})} = \frac{10^{-3}}{2\pi(0.2 + 0.04) \times 10^{-12}} = 6.63 \times 10^8 \text{Hz}$$

即

$$f_T = 663\text{MHz}$$

点评:与双极型晶体管相同,高频 FET 同样要求具有较小的电容和较小的器件尺寸。

练习题

【练习题 7.12】 N 沟道 MOSFET 的参数为 $K_n=0.2\text{mA/V}^2$,$V_{TN}=1\text{V}$,$\lambda=0$,$C_{gd}=0.02\text{pF}$ 和 $C_{gs}=0.25\text{pF}$。晶体管偏置在 $I_{DQ}=0.4\text{mA}$。试求单位增益带宽。(答案:$f_T=333\text{MHz}$)

对于 MOSFET 来说,C_{gs} 的典型值在 0.1～0.5pF 之间,而 C_{gd} 的典型值为 0.01～0.04pF 之间。

如前所述,MOSFET、JFET 以及 MESFET 的等效电路是相同的。对于 JFET 和 MESFET 来说,电容 C_{gs} 和 C_{gd} 为耗尽层电容而不是氧化物电容。就典型值而言,JFET 的 C_{gs} 和 C_{gd} 要大于 MOSFET 的 C_{gs} 和 C_{gd},而 MESFET 的 C_{gs} 和 C_{gd} 较小。同样,对于用砷化镓制造的 MESFET,其单位增益带宽可能在几十千兆赫范围内。由于这个原因,砷化镓 MESFET 通常用在微波放大器中。

7.5.3 密勒效应和密勒电容

和双极型晶体管相同,密勒效应和密勒电容也是分析 FET 电路高频特性的要点。

图 7.54 所示为简化的高频晶体管的模型，电路输出端连接了负载电阻 R_L。下面通过求解电流增益来讨论密勒效应的产生与影响。

写出栅极输入节点处的基尔霍夫电流定律(KCL)方程，可得

$$I_i = j\omega C_{gs} V_{gs} + j\omega C_{gd}(V_{gs} - V_{ds}) \quad (7.105)$$

式中，I_i 为输入电流。同样，将漏极输出端处的电流求和可得

$$\frac{V_{ds}}{R_L} + g_m V_{gs} + j\omega C_{gd}(V_{ds} - V_{gs}) = 0 \quad (7.106)$$

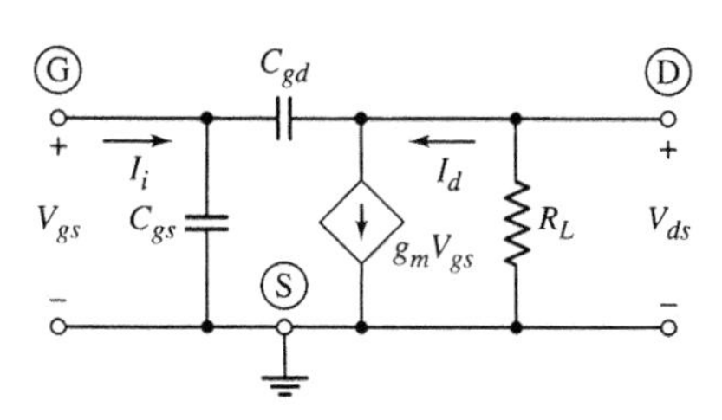

图 7.54 带负载电阻 R_L 的 MOSFET 高频小信号等效电路

联解式(7.105)和式(7.106)可消去电压 V_{ds}。于是输入电流为

$$I_i = j\omega\left[C_{gs} + C_{gd}\left(\frac{1 + g_m R_L}{1 + j\omega R_L C_{gd}}\right)\right]V_{gs} \quad (7.107)$$

通常，$(\omega R_L C_{gd})$远小于 1；因而，这里可以忽略$(j\omega R_L C_{gd})$，于是式(7.107)变为

$$I_i = j\omega[C_{gs} + C_{gd}(1 + g_m R_L)]V_{gs} \quad (7.108)$$

图 7.55 给出了式(7.108)所描述的等效电路。参数 C_M 为密勒电容，表达式为

$$C_M = C_{gd}(1 + g_m R_L) \quad (7.109)$$

式(7.109)清楚地表明了寄生的漏极叠加电容的影响。当晶体管偏置在饱和区时，和在放大器电路中一样，叠加电容是栅-漏电容 C_{gd} 的主要来源。该叠加电容由于密勒效应而倍增，并可能成为影响放大器带宽的一个很重要的因素。将叠加电容降到最小是对制造工艺极具难度的一个挑战。

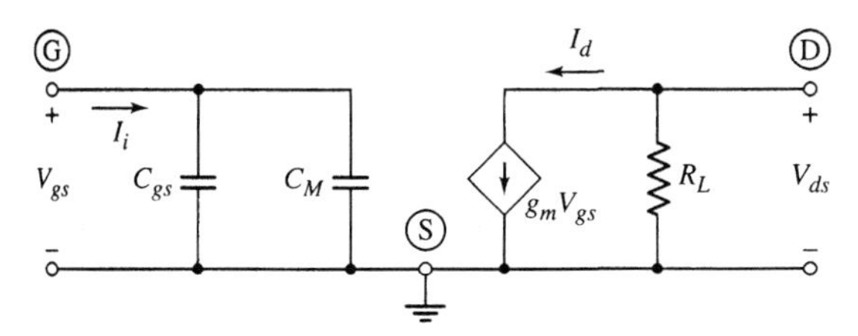

图 7.55 包含等效密勒电容的 MOSFET 高频电路

MOSFET 的截止频率 f_T 定义为短路电流增益值为 1 时，或输入电流 I_i 的值和理想的输出电流 I_d 的值相等时所对应的频率。从图 7.55 可以看出

$$I_i = j\omega(C_{gs} + C_M)V_{gs} \quad (7.110)$$

理想的输出短路电流为

$$I_d = g_m V_{gs} \quad (7.111)$$

因而，电流增益的值为

$$|A_i| = \left|\frac{I_d}{I_i}\right| = \frac{g_m}{2\pi f(C_{gs} + C_M)} \quad (7.112)$$

令式(7.112)等于 1，可以求得截止频率为

$$f_T = \frac{g_m}{2\pi(C_{gs} + C_M)} = \frac{g_m}{2\pi C_G} \quad (7.113)$$

式中 C_G 为等效的栅极输入电容。

【例题 7.13】

目的：求解 FET 电路的密勒电容和截止频率。

例题 7.12 所描述的 N 沟道 MOSFET 偏置在同样的电路中，输出端连接一个 10kΩ 的负载电阻。

解：对于例题 7.12，跨导为 $g_m=1\text{mA/V}$。因而密勒电容为

$$C_M = C_{gd}(1+g_mR_L) = (0.04)[1+(1)(10)] = 0.44\text{pF}$$

由式(7.113)可知，截止频率为

$$f_T=\frac{g_m}{2\pi(C_{gs}+C_M)}=\frac{10^{-3}}{2\pi(0.2+0.44)\times10^{-12}}=2.49\times10^8\,\text{Hz}$$
$$=249\text{MHz}$$

即

$$f_T = 249\text{MHz}$$

点评：密勒效应和密勒等效电容会降低 FET 电路的截止频率，类似于双极型晶体管电路中的情形。

练习题

【练习题 7.13】 图 7.56 所示的电路，晶体管参数为 $K_n=0.5\text{mA/V}^2$，$V_{TN}=2\text{V}$，$\lambda=0$，$C_{gd}=0.1\text{pF}$ 和 $C_{gs}=1\text{pF}$。试求(a)密勒电容；(b)小信号电压增益的 3dB 频率。(答案：(a)$C_M=0.617\text{pF}$；(b)$f_H=10.9\text{MHz}$)

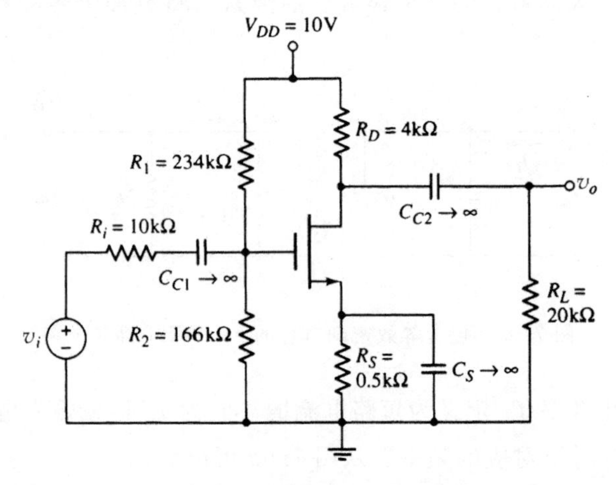

图 7.56 练习题 7.13 的电路

理解测试题

【测试题 7.9】 N 沟道 MOSFET 的参数为 $K_n=0.4\text{mA/V}^2$，$V_{TN}=1\text{V}$ 和 $\lambda=0$，(a)若使跨导在 $V_{GS}=3\text{V}$ 时只从其理想值减小 20%，试求所需源极电阻的最大值。

(b)应用(a)部分求得的 r_s 值，试求当 $V_{GS}=5\text{V}$ 时 g_m 从其理想值减小多少？(答案：(a)$r_s=156\Omega$；(b)33.3%)

【测试题 7.10】 MOSFET 的单位增益带宽 $f_T=500\text{MHz}$。假设叠加电容 $C_{gsp}=C_{gdp}=0.01\text{pF}$。如果晶体管的偏置使得 $g_m=0.5\text{mA/V}$，试求 C_{gs}。(假设 C_{gd} 等于叠加电容。)(答

案：$C_{gs}=0.139\text{pF}$）

【测试题7.11】 对于某个MOSFET，假设$g_m=1\text{mA/V}$。栅极电容为$C_{gs}=4\text{pF}$，$C_{gd}=0$且叠加电容为$C_{gsp}=C_{gdp}$。试求对于350MHz的单位增益带宽，叠加电容的最大值为多少？（答案：$C_{gsp}=C_{gdp}=0.0274\text{pF}$）

7.6 晶体管电路的高频响应

本节内容： 求解包括共射-共基级联电路的基本晶体管电路的高频响应。

在本章的上一节依次建立了双极型晶体管和场效应晶体管的高频等效电路，并讨论了晶体管在电路中工作时所产生的密勒效应。本节将展开对晶体管电路高频特性的分析。

首先，将着眼于共射极和共源极电路结构的高频响应。其次，分析共基极和共栅极电路，而共射-共基级联放大器是由共射极和共基极电路组合而成的。最后，将分析射极跟随器以及源极跟随器电路的高频特性。在例题中，将采用同样的双极型晶体管基本电路，这样就可以更好地对三种电路结构进行适当的比较。

7.6.1 共射极和共源极电路

图7.57所示的共射极放大电路，晶体管电容和负载电容对电路的高频响应产生影响。首先，采用人工分析来求解晶体管电容对高频响应的影响。在此分析中假设C_C和C_E短路，而C_L开路。然后还将采用计算机分析来求解晶体管电容和负载电容同时作用时对电路高频响应的影响。

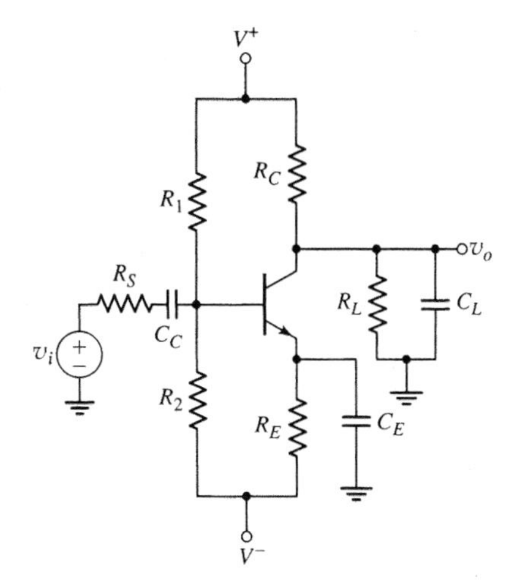

图7.57　共射极放大器

共射极放大器的高频小信号等效电路如图7.58(a)所示，其中假设C_L开路。用密勒等效电容C_M取代图中的电容C_μ，结果如图7.58(b)所示，根据前面对于密勒电容的分析，可以写出

$$C_M=C_\mu(1+g_mR'_L) \tag{7.114}$$

式中，输出电阻R'_L为$r_o\parallel R_C\parallel R_L$。

采用时间常数法可以求得上限3dB频率为

$$f_H=\frac{1}{2\pi\tau_P} \tag{7.115}$$

式中，$\tau_P=R_{eq}C_{eq}$。在此情况下等效电容为$C_{eq}=C_\pi+C_M$，而等效电阻为从电容看进去的有效电阻，即$R_{eq}=r_\pi\parallel R_B\parallel R_S$。因而，上限转折频率为

$$f_H=\frac{1}{2\pi(r_\pi\parallel R_B\parallel R_S)(C_\pi+C_M)} \tag{7.116}$$

假设C_π和C_M开路，可以求得中频电压增益值为

$$|A_v|_M=\left|\frac{V_o}{V_i}\right|_M=g_mR'_L\left(\frac{R_B\parallel r_\pi}{R_B\parallel r_\pi+R_S}\right) \tag{7.117}$$

高频电压增益的幅值伯德图如图7.59所示。

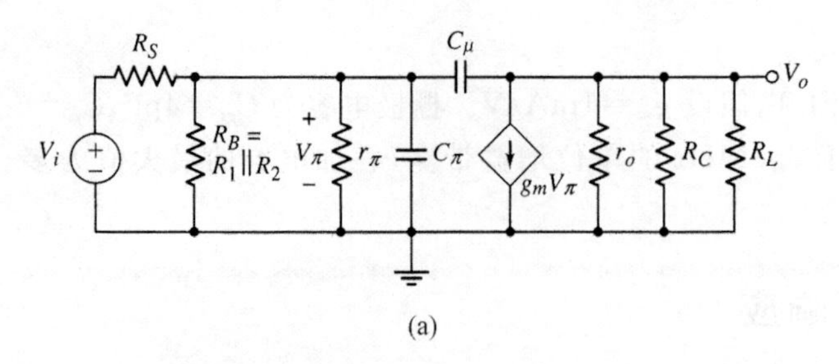

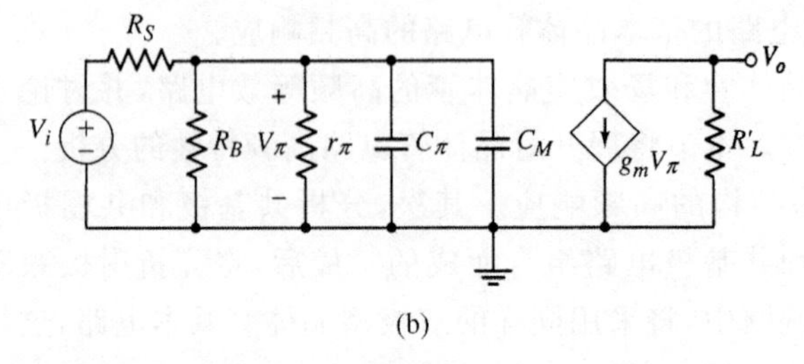

图 7.58

(a) 共射极放大器的高频等效电路；

(b) 包含密勒电容的共射极放大器的高频等效电路

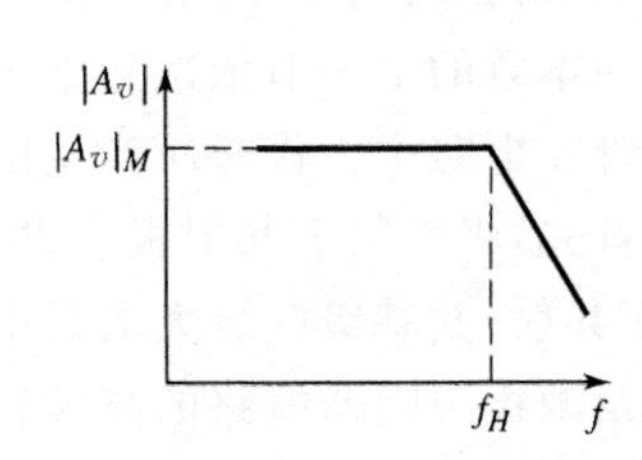

图 7.59 共射极放大器高频电压增益的幅值伯德图

【例题 7.14】

目的：求解共射极放大电路的上限转折频率和中频增益。

已知图 7.57 所示电路的参数为 $V^+=5\text{V}$，$V^-=-5\text{V}$，$R_S=0.1\text{k}\Omega$，$R_1=40\text{k}\Omega$，$R_2=5.72\text{k}\Omega$，$R_E=0.5\text{k}\Omega$，$R_C=5\text{k}\Omega$ 和 $R_L=10\text{k}\Omega$。晶体管参数为 $\beta=150$，$V_{BE}(\text{on})=0.7\text{V}$，$V_A=\infty$，$C_\pi=35\text{pF}$ 和 $C_\mu=4\text{pF}$。

解：由直流分析可得 $I_{CQ}=1.03\text{mA}$。因而小信号参数为

$$r_\pi=\frac{\beta V_T}{I_{CQ}}=\frac{(150)(0.026)}{1.03}=3.79\text{k}\Omega$$

和

$$g_m=\frac{I_{CQ}}{V_T}=\frac{1.03}{0.026}=39.6\text{mA/V}$$

于是密勒电容为

$$C_M=C_\mu(1+g_m R'_L)=C_\mu[1+g_m(R_C \| R_L)]$$

则

$$C_M=(4)[1+(39.6)(5\|10)]=532\text{pF}$$

从而上限 3dB 频率为

$$f_H=\frac{1}{2\pi(r_\pi\|R_B\|R_S)(C_\pi+C_M)}=\frac{1}{2\pi(3.79\|40\|5.72\|0.1)(10^3)(35+532)(10^{-12})}$$

即

$$f_H=2.94\text{MHz}$$

最后，中频增益为

$$|A_v|_M=g_m R'_L\left(\frac{R_B\|r_\pi}{R_B\|r_\pi+R_S}\right)=(39.6)(5\|10)\left(\frac{40\|5.72\|3.79}{40\|5.72\|3.79+0.1}\right)$$

即

$$|A_v|_M = 126$$

点评：上述例题说明了密勒效应的重要性。反馈电容 C_μ 被乘上了系数 133(从 4pF 变为 532pF)，且相应的密勒电容 C_M 约比 C_π 大了 15 倍。因而实际的转折频率约为忽略 C_μ 时的情况的 1/15。

PSpice 验证：图 7.60 所示给出了共射极电路 PSpice 分析的结果。计算值为 $C_\pi=35.5\text{pF}$ 和 $C_\mu=3.89\text{pF}$。被标记为"仅 C_π"的曲线是忽略 C_μ 时的电路频率响应；被标记为"仅 C_π 和 C_μ"的曲线是考虑 C_π、C_μ 以及密勒效应时的电路频率响应。这些曲线表明密勒效应可以使电路的带宽急剧减小。

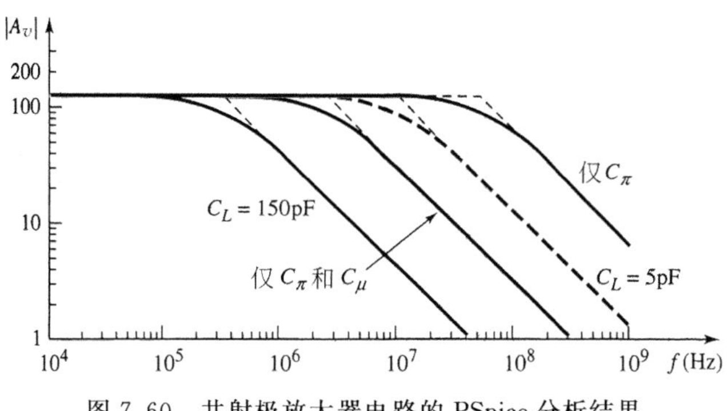

图 7.60　共射极放大器电路的 PSpice 分析结果

转折频率约为 2.5MHz，中频增益为 125，这和人工分析的结果非常一致。

标记为"$C_L=5\text{pF}$"和"$C_L=150\text{pF}$"的曲线表示如果晶体管为理想晶体管，电容 C_π 和 C_μ 为零，且输出端连接了一个负载电容时的电路响应。这些结果表明，对于 $C_L=5\text{pF}$，电路响应受晶体管电容 C_π 和 C_μ 支配。然而，如果输出端连接的负载电容较大，比如 $C_L=150\text{pF}$，那么电路响应主要受负载电容 C_L 支配。

练习题

*【**练习题 7.14**】　在图 7.61 所示的电路中，晶体管参数为 $\beta=125$，$V_{BE}(\text{on})=0.7\text{V}$，$V_A=200\text{V}$，$C_\pi=24\text{pF}$ 和 $C_\mu=3\text{pF}$。(a)试求密勒电容。(b)试求上限 3dB 频率。(c)试求小信号中频电压增益。(答案：(a)$C_M=155\text{pF}$；(b)$f_H=1.21\text{MHz}$；(c)$|A_v|=37.3$)

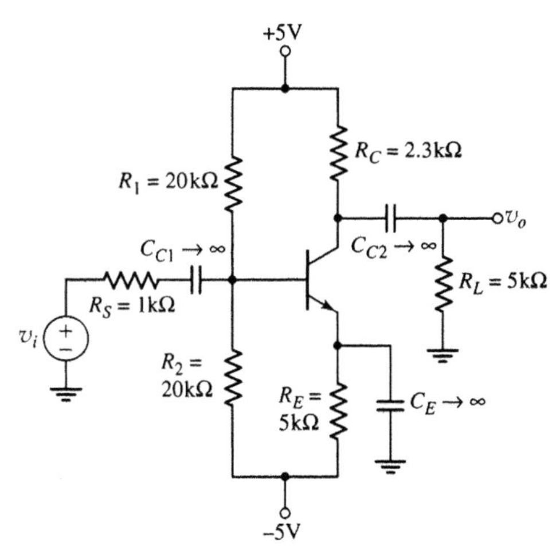

图 7.61　练习题 7.14 的电路

共源极电路的高频响应类似于共射极电路的情况，并且分析方法和结论也都是相同的。用电容 C_{gs} 取代电容 C_π，电容 C_{gd} 取代电容 C_μ 即可。FET 的高频小信号等效电路也基本类似于双极型晶体管的情况。

7.6.2　共基极、共栅极以及共射-共基电路

通过前面的分析已经看到，共源极和共射极电路的带宽都会被密勒效应减小。于是，为了增加放大电路的带宽，就必须使密勒效应，或 C_μ 的倍增系数最小甚至消除。而共基极和

共栅极放大器的电路结构就能够满足这一要求。下面就来分析共基极电路，而这里的分析和共栅极电路的分析基本相同。

共基极电路

图 7.62 所示的共基极电路，除了在基极连接了一个旁路电容，以及输入端通过电容耦合到发射极之外，电路结构和前面讨论的共射极电路基本相同。

图 7.63(a)所示为共基极放大器的高频等效电路，其中耦合电容和旁路电容被短路线所取代。这样，电阻 R_1 和 R_2 就被有效地短路掉了。同样，假设电阻 r_o 为无穷大。这样的结构导致有倍增效应的电容 C_μ 不再位于输入端和输出端之间，而是它的一端连接到信号地端。

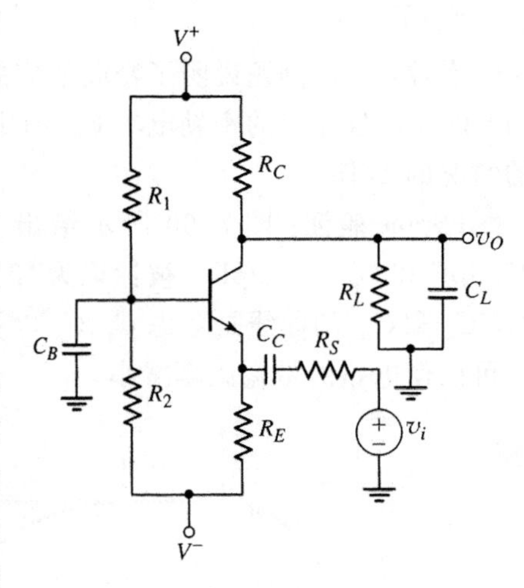

图 7.62　共基极放大器

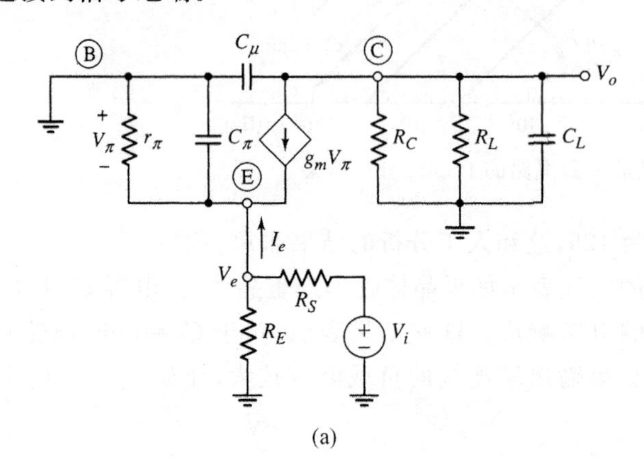

(a)

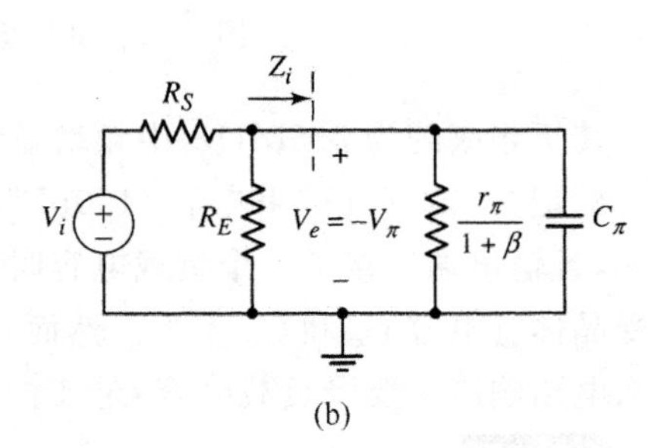

(b)

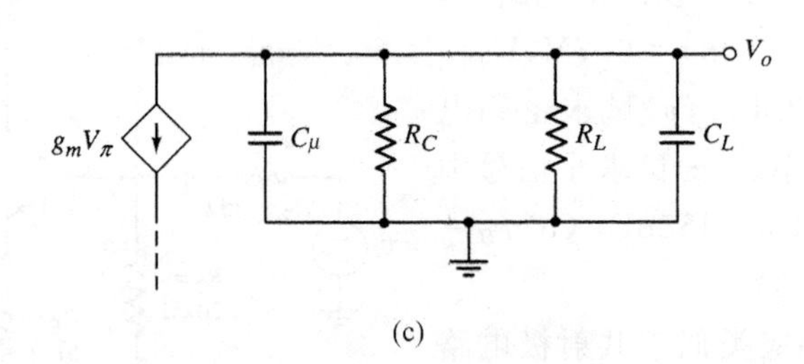

(c)

图　7.63

(a) 共基极高频等效电路；(b) 等效输入电路；(c) 等效输出电路

写出发射极处的 KCL 方程可得

$$I_e + g_m V_\pi + \frac{V_\pi}{1/(sC_\pi)} + \frac{V_\pi}{r_\pi} = 0 \tag{7.118}$$

由于 $V_\pi = -V_e$，故式(7.118)可以变为

$$\frac{I_e}{V_e} = \frac{1}{Z_i} = \frac{1}{r_\pi} + g_m + sC_\pi \tag{7.119}$$

式中，Z_i 为看进发射极的阻抗，重新整理各项，可得

$$\frac{1}{Z_i} = \frac{1 + r_\pi g_m}{r_\pi} + sC_\pi = \frac{1+\beta}{r_\pi} + sC_\pi \tag{7.120}$$

电路的等效输出部分如图 7.63(b)所示。

图 7.63(c)所示为电路的等效输出部分。同样，C_μ 的一侧与地相连，这样就消除了反馈或密勒倍增效应。于是上限 3dB 频率将有望大于在共射极电路结构中所得的结果。

对于电路的输入部分，上限 3dB 频率由下式给出，即

$$f_{H\pi} = \frac{1}{2\pi\tau_{P\pi}} \tag{7.121}$$ [①]

式中的时间常数为

$$\tau_{P\pi} = \left[\left(\frac{r_\pi}{1+\beta}\right) \parallel R_E \parallel R_S\right] \cdot C_\pi \tag{7.122}$$ [②]

在人工分析中都假设 C_L 为开路。电容 C_μ 仍将产生上限 3dB 频率，即

$$f_{H\mu} = \frac{1}{2\pi\tau_{P\mu}} \tag{7.123(a)}$$

式中时间常数为

$$\tau_{P\mu} = (R_C \parallel R_L) \cdot C_\mu \tag{7.123(b)}$$

如果 C_μ 远小于 C_π，由 C_π 引起的 3dB 频率 $f_{H\pi}$ 将主导电路的高频响应。但是时间常数 $\tau_{P\pi}$ 中的系数 $r_\pi/(1+\beta)$ 较小；因此两个时间常数可能具有相同的数量级。

【例题 7.15】

目的：求解共基极电路的上限转折频率和中频增益。

已知图 7.62 所示电路的参数为 $V^+=5\text{V}$，$V^-=-5\text{V}$，$R_S=0.1\text{k}\Omega$，$R_1=40\text{k}\Omega$，$R_2=5.72\text{k}\Omega$，$R_E=0.5\text{k}\Omega$，$R_C=5\text{k}\Omega$ 和 $R_L=10\text{k}\Omega$（这些值和例题 7.14 中共射极电路的参数相同）。晶体管参数为 $\beta=150$，$V_{BE}(\text{on})=0.7\text{V}$，$V_A=\infty$，$C_\pi=35\text{pF}$ 和 $C_\mu=4\text{pF}$。

解：该电路的直流分析和例题 7.14 相同，所以 $I_{CQ}=1.03\text{mA}$，$g_m=39.6\text{mA/V}$ 和 $r_\pi=3.79\text{k}\Omega$。与 C_π 相关的时间常数为

$$\tau_{P\pi} = \left[\left(\frac{r_\pi}{1+\beta}\right) \parallel R_E \parallel R_S\right] \cdot C_\pi$$
$$= \left[\left(\frac{3.79}{151}\right) \parallel (0.5) \parallel (0.1)\right] \times 10^3 (35 \times 10^{-12})$$

则

$$\tau_{P\pi} = 0.675\text{ns}$$

从而求得与 C_π 相关的上限 3dB 频率为

$$f_{H\pi} = \frac{1}{2\pi\tau_{P\pi}} = \frac{1}{2\pi(0.675 \times 10^{-9})} \Rightarrow 236\text{MHz}$$

电路输出部分中与 C_μ 相关的时间常数为

$$\tau_{P\mu} = (R_C \parallel R_L) \cdot C_\mu = (5 \parallel 10) \times 10^3 (4 \times 10^{-12}) \Rightarrow 13.33\text{ns}$$

从而求得与 C_μ 相关的上限 3dB 频率为

---

① 原文为(7.121(a))。—— 译者注

② 原文为(7.121(b))。—— 译者注

$$f_{H\mu} = \frac{1}{2\pi\tau_{P\mu}} = \frac{1}{2\pi(13.3\times10^{-9})} \Rightarrow 11.9\text{MHz}$$

所以在此情况下，$f_{H\mu}$为主极点频率。

中频电压增益的值为

$$|A_v|_M = g_m(R_C \| R_L)\left[\frac{R_E \| \left(\frac{r_\pi}{1+\beta}\right)}{R_E \| \left(\frac{r_\pi}{1+\beta}\right) + R_S}\right]$$

$$= (39.6)(5 \| 10)\left[\frac{0.5 \| \left(\frac{3.79}{151}\right)}{0.5 \| \left(\frac{3.79}{151}\right) + 0.1}\right] = 25.5$$

点评：上述例题的结果表明，共基极电路的带宽主要受到位于电路输出部分的电容 C_μ 的限制。该特定电路的带宽为 12MHz，约比例题 7.14 中所分析的共射极电路的带宽大了 4 倍。

计算机验证：图 7.64 所示曲线给出了共基极电路 PSpice 分析的结果。计算值为 $C_\pi=35.5$pF 和 $C_\mu=3.89$pF，这些都和例题 7.14 的结果相同。被标记为“仅 C_π”的曲线是忽略 C_μ 时的电路频率响应；被标记为“仅 C_π 和 C_μ”的曲线为 C_π 和 C_μ 共同作用下的电路频率响应。如人工分析所预测的，C_μ 主导着电路的高频响应。

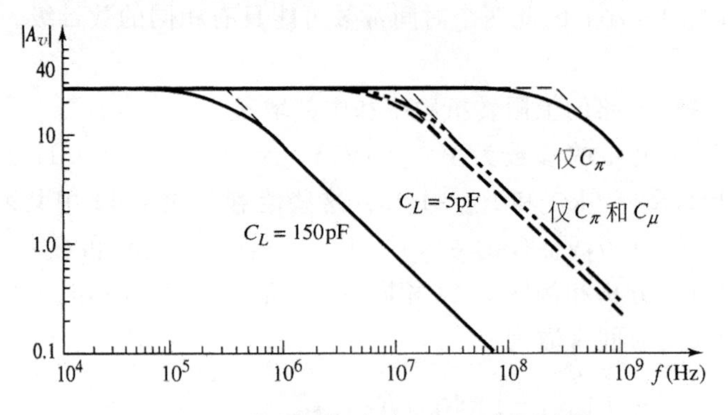

图 7.64 共基极电路的 PSpice 分析结果

转折频率约为 13.5MHz，而中频增益为 25.5，这两个值都和人工分析的结果非常一致。

标记为“$C_L=5$pF”和“$C_L=150$pF”的曲线表示如果晶体管为理想晶体管，且只包含一个负载电容时的电路响应。这些结果再次说明，如果输出端连接一个 $C_L=150$pF 的负载电容，那么电路响应将被该电容所主导。而如果在输出端连接一个 $C_L=5$pF 的负载电容，那么电路响应将同时为电容 C_L 和 C_μ 的函数，因为这两种响应特性是基本相同的。

练习题

*【**练习题 7.15**】 图 7.65 所示的共基极电路，其晶体管参数为 $\beta=100$，$V_{BE}(\text{on})=0.7$V，$V_A=\infty$，$C_\pi=24$pF 和 $C_\mu=3$pF。(a)试求电路输入和输出部分的等效电路对应的上限 3dB 频率。(b)试求小信号中频电压增益。(答案：(a) $f_{H\pi}=223$MHz，$f_{H\mu}=58.3$MHz；(b) $A_v=0.869$)

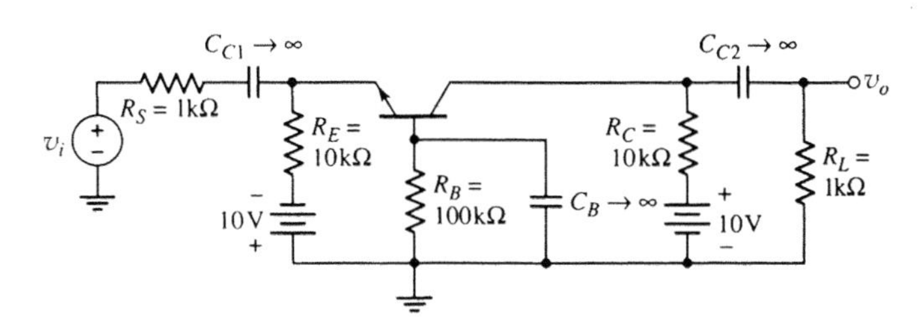

图 7.65　练习题 7.15 的电路

共射-共基级联电路

共射-共基级联电路如图 7.66 所示，该电路综合了共射极电路和共基极电路的优点。输入信号施加到共射极电路(Q_1)，且共射极电路的输出信号被输送到共基极电路(Q_2)。共射极电路(Q_1)对应的输入阻抗非常大，从 Q_1 看出去的负载电阻为 Q_2 发射极的输入阻抗，而该阻抗值非常小。从 Q_1 看进去的较低的输出电阻将会减小 $C_{\mu1}$上的密勒倍增系数，从而增加电路的带宽。

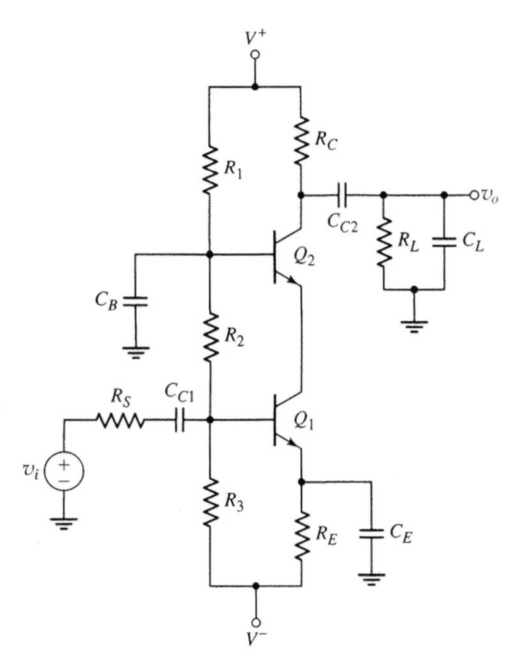

图 7.66　共射-共基级联电路

图 7.67(a)所示为共射-共基级联电路的高频小信号等效电路。耦合电容和旁路电容等效为短路，并假设电阻 r_o 对于 Q_2 来说为无穷大。

Q_2 射极的输入阻抗为 Z_{ie2}。由前面分析过的式(7.120)可得

$$Z_{ie2} = \left(\frac{r_{\pi2}}{1+\beta}\right)\left\|\left(\frac{1}{sC_{\pi2}}\right)\right. \qquad (7.124)$$

小信号等效电路的输入部分可以转换为图 7.67(b)所示的情况。图中也显示了输入阻抗 Z_{ie2}。

如果考虑到密勒电容，则图 7.67(b)所示的电路输入部分可以转化为图 7.67(c)所示的等效电路。在此图中的输入部分包含了密勒电容 C_{M1}，而电容 $C_{\mu1}$ 则包含在 Q_1 模型的输出部分。输出电路中包含电容 C_μ 的原因已在前面的 7.4.4 节讨论过了。

在等效电路的中间部分，电阻 r_{o1} 和 $r_{\pi2}/(1+\beta)$ 并联。因为 r_{o1} 通常较大，所以可以近似为开路。则密勒电容近似为

$$C_{M1} = C_{\mu1}\left[1 + g_{m1}\left(\frac{r_{\pi2}}{1+\beta}\right)\right] \qquad (7.125)$$

晶体管 Q_1 和 Q_2 的偏置电流基本相同，所以

$$r_{\pi1} \approx r_{\pi2}\text{，且 } g_{m1} \approx g_{m2}$$

于是

$$g_{m1} r_{\pi2} = \beta$$

可得

$$C_{M1} \approx 2C_{\mu1} \qquad (7.126)$$

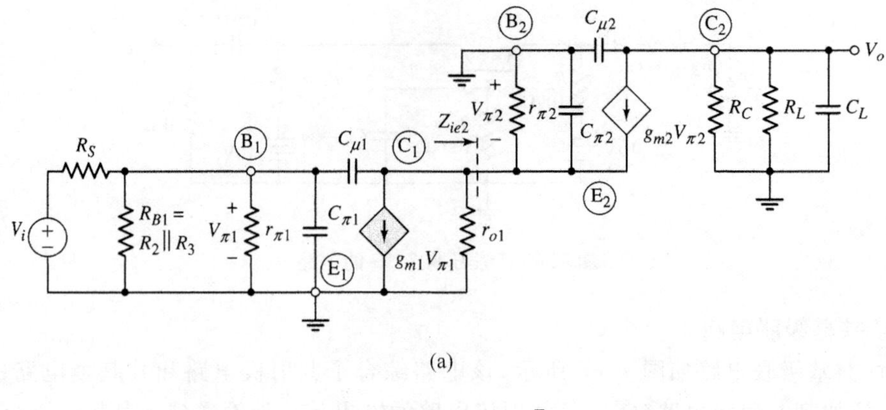

(a)

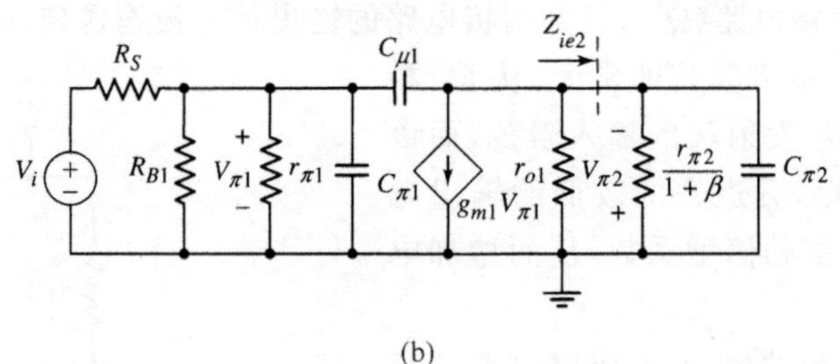

(b)

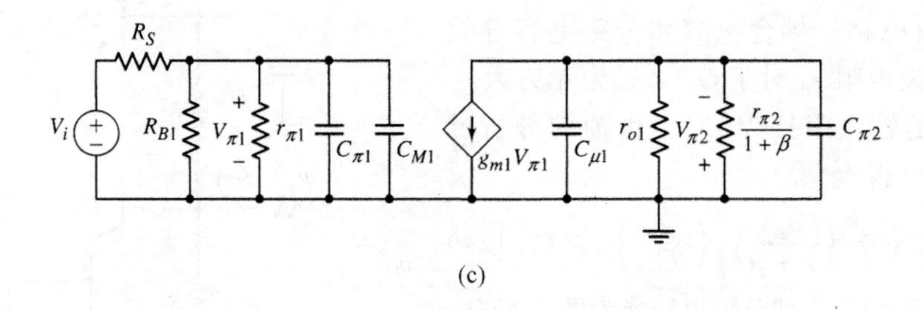

(c)

图 7.67

(a) 共射-共基级联结构的高频等效电路；(b) 重新整理的高频等效电路；(c) 包含密勒电容的高频等效电路

式(7.126)表明该共射-共基级联电路大大地减小了密勒倍增系数。

与 $C_{\pi2}$ 相关的时间常数包括电阻 $r_{\pi2}/(1+\beta)$。由于该电阻很小，所以时间常数也很小，因而与 $C_{\pi2}$ 相关的转折频率非常大。所以，可以忽略电路中间部分的电容 $C_{\mu1}$ 和 $C_{\pi2}$ 的影响。

电路输入部分的时间常数为

$$\tau_{P_\pi} = (R_S \parallel R_{B1} \parallel r_{\pi1})(C_{\pi1} + C_{M1}) \tag{7.127(a)}$$

式中 $C_{M1}=2C_{\mu1}$。相应的 3dB 频率为

$$f_{H\pi} = \frac{1}{2\pi\tau_{P_\pi}} \tag{7.127(b)}$$

假设 C_L 作用为开路，由图 7.67 得电路输出部分的时间常数为

$$\tau_{P_\mu} = (R_C \parallel R_L)C_{\mu2} \tag{7.128(a)}$$

相应的转折频率为

$$f_{H\mu} = \frac{1}{2\pi\tau_{P_\mu}} \tag{7.128(b)}$$

为了求解中频电压增益，假设图 7.67(c)所示电路中所有的电容均为开路，于是输出电

压为

$$V_o = -g_{m2}V_{\pi2}(R_C \parallel R_L) \tag{7.129}$$

而

$$V_{\pi2} = g_{m1}V_{\pi1}\left[r_{o1} \middle\| \left(\frac{r_{\pi2}}{1+\beta}\right)\right] \tag{7.130}$$

与 $r_{\pi2}/(1+\beta)$ 相比，可以忽略电阻 r_{o1} 的影响。同样，由于 $g_{m1}r_{\pi2}=\beta$，于是式(7.130)变为

$$V_{\pi2} \approx V_{\pi1} \tag{7.131}$$

且由电路的输入部分得

$$V_{\pi1} = \frac{R_{B1} \parallel r_{\pi1}}{R_{B1} \parallel r_{\pi1} + R_S}V_i \tag{7.132}$$

最后，联解方程求得中频电压增益为

$$A_{vM} = \frac{V_o}{V_i} = -g_{m2}(R_C \parallel R_L)\frac{R_{B1} \parallel r_{\pi1}}{R_{B1} \parallel r_{\pi1} + R_S} \tag{7.133}$$

如果将式(7.133)和共射极电路的式(7.117)进行比较，可以发现共射-共基级联电路中频电压增益的表达式和共射极电路是相同的。综上所述，共射-共基级联电路在扩展电路带宽的同时还达到了相对较大的电压增益。

【例题 7.16】

目的：求解共射-共基电路的 3dB 频率和中频增益。

已知图 7.66 所示电路的参数为 $V^+=10\text{V}$，$V^-=-10\text{V}$，$R_S=0.1\text{k}\Omega$，$R_1=42.5\text{k}\Omega$，$R_2=20.5\text{k}\Omega$，$R_3=28.3\text{k}\Omega$，$R_E=5.4\text{k}\Omega$，$R_C=5\text{k}\Omega$，$R_L=10\text{k}\Omega$ 和 $C_L=0$。晶体管参数为 $\beta=150$，$V_{BE}(\text{on})=0.7\text{V}$，$V_A=\infty$，$C_\pi=35\text{pF}$ 和 $C_\mu=4\text{pF}$。

解：因为每个晶体管的 β 值都很大，所以每个晶体管的静态集电极电流基本相等均为 $I_{CQ}=1.02\text{mA}$。小信号参数为 $r_{\pi1}=r_{\pi2}\equiv r_\pi=3.82\text{k}\Omega$ 和 $g_{m1}=g_{m2}\equiv g_m=39.2\text{mA/V}$。

由式(7.127(a))可以得到和电路输入部分相关的时间常数为

$$\tau_{P\pi} = (R_S \parallel R_{B1} \parallel r_{\pi1})(C_{\pi1} + C_{M1})$$

因为 $R_{B1}=R_2 \parallel R_3$ 和 $C_{M1}=2C_{\mu1}$，于是

$$\tau_{P\pi} = [(0.1) \parallel 20.5 \parallel 28.3 \parallel 3.82] \times 10^3[35+2(4)] \times 10^{-12} \Rightarrow 4.16\text{ns}$$

相应的 3dB 频率为

$$f_{H\pi} = \frac{1}{2\pi\tau_{P\pi}} = \frac{1}{2\pi(4.16 \times 10^{-9})} \Rightarrow 38.3\text{MHz}$$

由式(7.128(a))可以得到和电路输出部分相关的时间常数为

$$\tau_{P\mu} = (R_C \parallel R_L)C_{\mu2} = (5 \parallel 10) \times 10^3(4 \times 10^{-12}) \Rightarrow 13.3\text{ns}$$

相应的 3dB 频率为

$$f_{H\mu} = \frac{1}{2\pi\tau_{P\mu}} = \frac{1}{2\pi(13.3 \times 10^{-9})} \Rightarrow 12\text{MHz}$$

由式(7.133)可得中频电压增益为

$$|A_v|_M = g_{m2}(R_C \parallel R_L)\frac{R_{B1} \parallel r_{\pi1}}{R_{B1} \parallel r_{\pi1} + R_S}$$

$$= (39.2)(5 \parallel 10)\left[\frac{20.5 \parallel 28.3 \parallel 3.82}{(20.5 \parallel 28.3 \parallel 3.82) + (0.1)}\right] = 126$$

点评：与共基极电路的情况相似，共射-共基级联电路的 3dB 频率也是通过输出级的电容 C_μ 来求解的。与共射极电路约 3MHz 的带宽相比共射-共基级联电路的带宽为 12MHz。而两种电路的中频电压增益基本相同。

计算机验证：图 7.68 所示给出了共射-共基级联电路的 PSpice 分析结果。由人工分析可知两个转折频率分别为 12MHz 和 38.3MHz。由于这两个频率相距非常近，所以可以设想实际的频率响应应该是两个电容共同的作用。这个设想经计算机分析验证，并在结果中证实是成立的。被标记为"仅 C_π"和"仅 C_π 和 C_μ"的曲线离得非常近，并且它们的斜率都陡于 −6dB/倍频，这表明该响应中包含了一个以上的电容。在 12MHz 频率处，响应曲线低于增益最大渐近值 3dB，且中频增益为 120。这些值都和人工分析的结果非常接近。

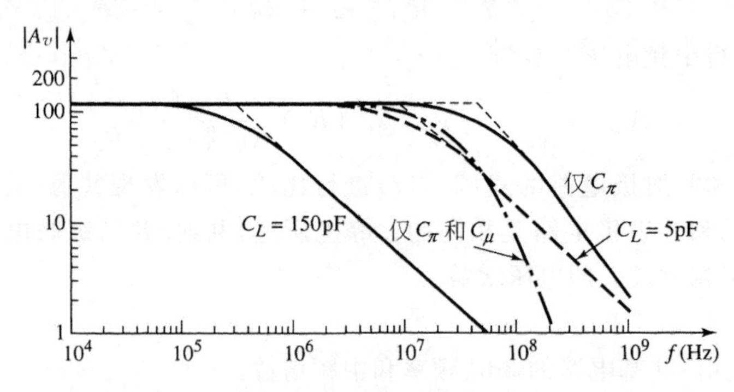

图 7.68 共射-共基级联电路的 PSpice 分析结果

标记为"$C_L=5\text{pF}$"和"$C_L=150\text{pF}$"的曲线表示假如晶体管为理想晶体管，且只包含一个负载电容时的电路响应。

练习题

【**练习题 7.16**】 图 7.66 所示的共射-共基级联电路，参数为 $V^+=12\text{V}$，$V^-=0$，$R_1=58.8\text{k}\Omega$，$R_2=33.3\text{k}\Omega$，$R_3=7.92\text{k}\Omega$，$R_C=7.5\text{k}\Omega$，$R_S=1\text{k}\Omega$，$R_E=0.5\text{k}\Omega$ 和 $R_L=2\text{k}\Omega$。晶体管的参数为 $\beta=100$，$V_{BE}(\text{on})=0.7\text{V}$，$V_A=\infty$，$C_\pi=24\text{pF}$ 和 $C_\mu=3\text{pF}$。令 C_L 为开路。(a)试求等效电路的输入和输出部分所对应的 3dB 频率。(b)试计算小信号中频电压增益。(c)对习题(a)和(b)部分的结果进行计算机分析。(答案：(a) $f_{H\pi}=7.15\text{MHz}$，$f_{H\mu}=33.6\text{MHz}$；(b) $|A_v|=22.5$)

7.6.3 射极跟随器和源极跟随器电路

本节分析射极跟随器电路的高频响应。这里所要分析的电路和前面考虑过的电路具有相同的基本结构。并且这里的讨论过程和所得的结果同样适用于源极跟随器电路。

图 7.69 所示为射极跟随器电路，图中的输出信号取自于发射极，并经电容耦合到负载上。图 7.70(a)所示为高频小信号等效电路，其中的耦合电容作用为短路。

为了更好地理解电路的特性，将对电路进行重新整理。注意到 C_μ 与地电位相连且 r_o 和 R_E 及 R_L 并联，于是可以定义

$$R'_L=R_E\parallel R_L\parallel r_o$$

这里忽略了电容 C_L 的影响。图 7.70(b)所示则为经过重新整理后的电路。

在不考虑 C_μ 的情况下可以求得看进基极的阻抗 Z'_b。流进 r_π 和 C_π 并联电路的电流

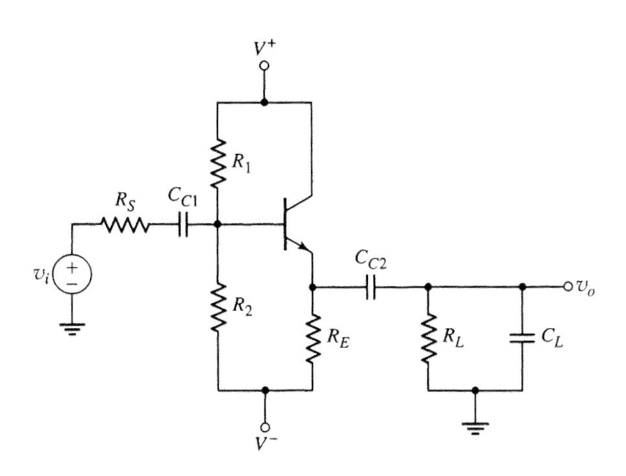

图 7.69　射极跟随器电路

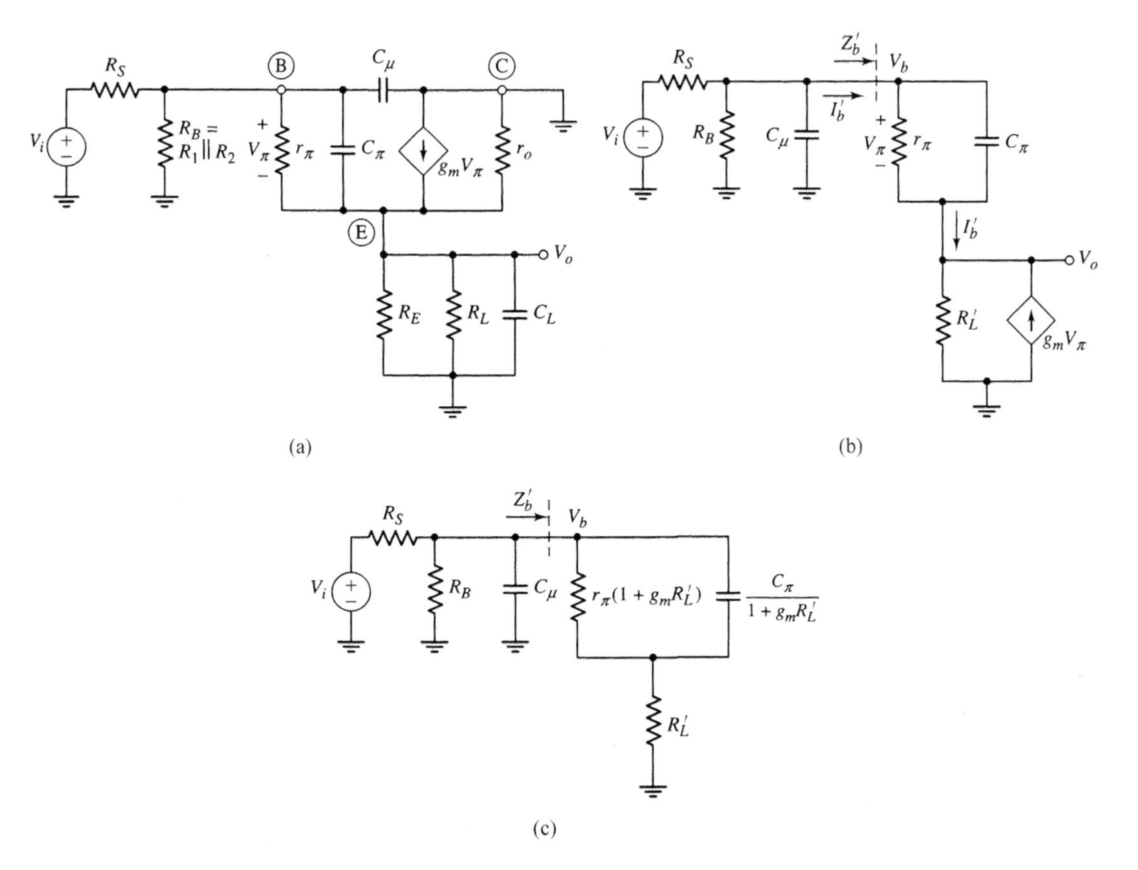

图　7.70

(a) 射极跟随器的高频等效电路；(b) 重新整理后的高频等效电路；(c) 带基极有效输入阻抗的高频等效电路

I_b'和从并联电路流出的电流是相同的。于是输出电压为

$$V_o = (I_b' + g_m V_\pi) R_L' \tag{7.134}$$

电压 V_π 由下式给出，即

$$V_\pi = \frac{I'_b}{y_\pi} \tag{7.135}$$

式中

$$y_\pi = (1/r_\pi) + sC_\pi$$

电压 V_b 为

$$V_b = V_\pi + V_o$$

因而

$$Z'_b = \frac{V_b}{I'_b} = \frac{V_\pi + V_o}{I'_b} \tag{7.136}$$

联解式(7.134)、式(7.135)和式(7.136)可得

$$Z'_b = \frac{1}{y_\pi} + R'_L + \frac{g_m R'_L}{y_\pi} \tag{7.137(a)}$$

即

$$Z'_b = \frac{1}{y_\pi}(1 + g_m R'_L) + R'_L \tag{7.137(b)}$$

代入 y_π 的表达式可得

$$Z'_b = \frac{1}{\frac{1}{r_\pi} + sC_\pi}(1 + g_m R'_L) + R'_L \tag{7.138(a)}$$

于是可以写为

$$Z'_b = \frac{1}{\frac{1}{r_\pi(1 + g_m R'_L)} + \frac{sC_\pi}{(1 + g_m R'_L)}} + R'_L \tag{7.138(b)}$$

阻抗 Z'_b 在图 7.70(c)所示的等效电路中给出。式(7.138(b))表明在射极跟随器电路结构中电容 C_π 的影响被减弱了。

由于射极跟随器电路具有一个零点和两个极点,所以对它进行详细的分析将会非常麻烦。由式(7.134)和式(7.135)可得

$$V_o = V_\pi(y_\pi + g_m)R'_L \tag{7.139}$$

当 $y_\pi + g_m = 0$ 时,上式也为零。应用 y_π 的定义可得零点在

$$f_o = \frac{1}{2\pi C_\pi\left(\frac{r_\pi}{1+\beta}\right)} \tag{7.140}$$

因为 $r_\pi/(1+\beta)$ 很小,所以通常频率 f_o 非常高。

如果作一简单的假设,就可以求出一个极点的近似值。在很多应用中,$r_\pi(1+g_m R'_L)$ 和 $C_\pi/(1+g_m R'_L)$ 并联的阻抗要大于 R'_L。如果忽略 R'_L,则时间常数为

$$\tau_P = [R_S \parallel R_B \parallel (1 + g_m R'_L)r_\pi]\left(C_\mu + \frac{C_\pi}{1 + g_m R'_L}\right) \tag{7.141(a)}$$

则 3dB 频率(即极点)为

$$f_H = \frac{1}{2\pi\tau_P} \tag{7.141(b)}$$

【例题 7.17】

目的:求解射极跟随器高频响应中的一个零点频率和一个极点频率。

已知如图7.69所示的射极跟随器电路，其参数为$V^+=5\text{V}$，$V^-=-5\text{V}$，$R_S=0.1\text{k}\Omega$，$R_1=40\text{k}\Omega$，$R_2=5.72\text{k}\Omega$，$R_E=0.5\text{k}\Omega$和$R_L=10\text{k}\Omega$。晶体管的参数为$\beta=150$，$V_{BE}(\text{on})=0.7\text{V}$，$V_A=\infty$，$C_\pi=35\text{pF}$和$C_\mu=4\text{pF}$。

解：和前面的例题相同，由直流分析可得$I_{CQ}=1.02\text{mA}$，因而$g_m=39.2\text{mA/V}$和$r_\pi=3.82\text{k}\Omega$。

由式(7.140)可得零点发生在

$$f_o=\frac{1}{2\pi C_\pi\left(\dfrac{r_\pi}{1+\beta}\right)}=\frac{1}{2\pi(35\times10^{-12})\left(\dfrac{3.82\times10^3}{151}\right)}\Rightarrow180\text{MHz}$$

为了求得计算高频极点所需要的时间常数，可知

$$1+g_mR'_L=1+g_m(R_E\parallel R_L)=1+(39.2)(0.5\parallel10)=19.7$$

和

$$R_B+R_1\parallel R_2=40\parallel5.72=5\text{k}\Omega$$

因而，时间常数为

$$\tau_P=[R_S\parallel R_B\parallel(1+g_mR'_L)r_\pi]\left(C_\mu+\frac{C_\pi}{1+g_mR'_L}\right)$$

$$=[(0.1)\parallel5\parallel(19.7)(3.82)]\times10^3\left(4+\frac{35}{19.7}\right)\times10^{-12}$$

$$\Rightarrow0.566\text{ns}$$

于是3dB频率(即极点)为

$$f_H=\frac{1}{2\pi\tau_P}=\frac{1}{2\pi(0.566\times10^{-9})}\Rightarrow281\text{MHz}$$

点评：由例题可知极点和零点频率都非常高并且相距不远，这就使得计算不太可信。但是，因为频率较高，所以射极跟随器是一种宽频带电路。

计算机验证：图7.71所示给出了射极跟随器的PSpice分析结果。由人工分析可知3dB频率在281MHz左右。而计算机分析结果显示的3dB频率约为400MHz。必须注意的是，为了更为精确地预测频率响应，在频率较高时还需要考虑分布参数的影响。

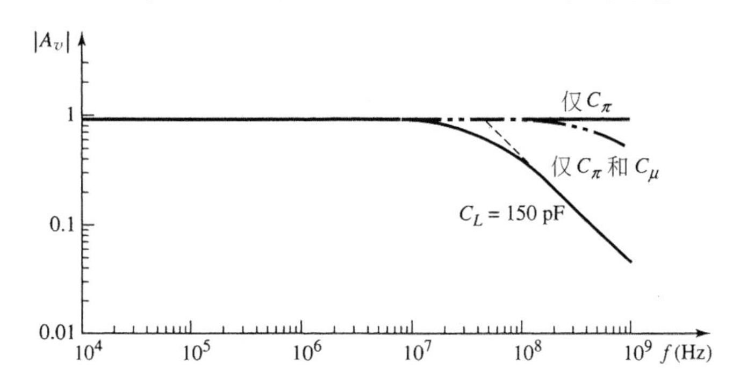

图7.71　射极跟随器电路的PSpice分析结果

图中还给出了由150pF的负载电容所引起的频率响应。比如将这里的结果和共射极电路相比较，将会发现射极跟随器电路的带宽约比共射极电路的带宽大两个数量级。

7.6.4 高频放大器的设计

上述分析结果表明,一个放大器的频率响应或高频截止频率点,取决于所用的晶体管和电路参数以及放大器电路的结构形式。

也可以看到计算机仿真要比人工分析来得简单,尤其是对于射极跟随器电路的分析。但是,如果要想正确地预测电路的频率响应,在仿真时一定要采用电路中所用晶体管的实际参数。同样,当频率较高时,必须包含附加的寄生电容,比如集电极-衬底电容。这些原则是上述的例题中所没有提到的。最后,在高频放大器中,IC 中各器件之间连线的寄生电容也是影响整体电路响应的一个重要因素。

理解测试题

*【测试题 7.12】 图 7.72 所示电路中晶体管的参数为 $K_n=1\ \text{mA/V}^2$,$V_{TN}=0.8\text{V}$,$\lambda=0$,$C_{gs}=2\text{pF}$ 和 $C_{gd}=0.2\text{pF}$。试求(a)密勒电容;(b)上限 3dB 频率;(c)中频电压增益;(d)用计算机仿真验证(b)和(c)的结果。(答案:(a)$C_M=1.62\text{pF}$;(b)$f_H=3.38\text{MHz}$;(c)$|A_v|=4.63$)

*【测试题 7.13】 图 7.73 所示电路中的晶体管参数为 $V_{TN}=1\text{V}$,$K_n=1\ \text{mA/V}^2$,$\lambda=0$,$C_{gd}=0.4\text{pF}$ 和 $C_{gs}=5\text{pF}$。利用计算机仿真来求解上限 3dB 频率和中频小信号电压增益。(答案:$f_H=64.5\text{MHz}$;$|A_v|=0.127$)

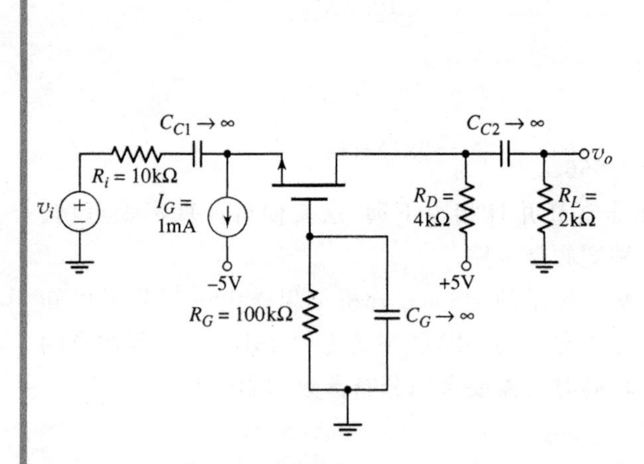

图 7.72 测试题 7.12 的电路

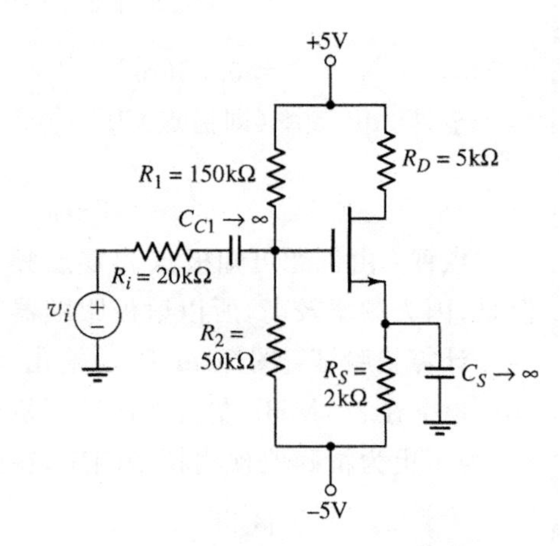

图 7.73 测试题 7.13 的电路

7.7 设计举例:带耦合电容的两级放大器

本节内容:设计带耦合电容的两级 BJT 放大器,并使每一级电路的 3dB 频率相等。

设计指标:多级 BJT 放大器的前两级要通过电容耦合,且要求每一级的 3dB 频率为 20Hz。

设计方案:将要设计的电路结构如图 7.74 所示。该电路相当于分立元件多级放大器的前两级。

器件选择:假设 BJT 的参数为 $V_{BE}(\text{on})=0.7\text{V}$,$\beta=200$ 和 $V_A=\infty$。

解(直流(DC)分析):对于每一级电路可得

$$R_{TH}=R_1\parallel R_2=55\parallel 31=19.83\text{k}\Omega$$

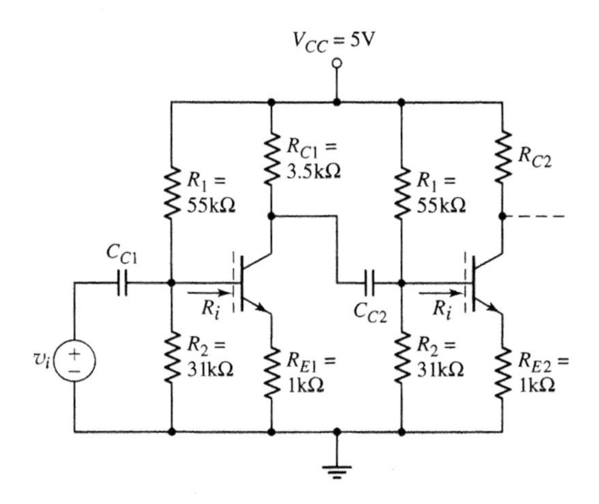

图 7.74　设计所用带耦合电容的两级 BJT 放大器

和

$$V_{TH}=\left(\frac{R_2}{R_1+R_2}\right)V_{CC}=\left(\frac{31}{31+55}\right)(5)=1.802\text{V}$$

于是

$$I_{BQ}=\frac{V_{TH}-V_{BE}(\text{on})}{R_{TH}+(1+\beta)R_E}=\frac{1.082-0.7}{19.83+(201)(1)}\Rightarrow 4.99\mu\text{A}$$

所以

$$I_{CQ}=0.998\text{mA}$$

解(交流(AC)分析)：小信号扩散电阻为

$$r_\pi=\frac{\beta V_T}{I_{CQ}}=\frac{(200)(0.026)}{0.988}=5.21\text{k}\Omega$$

看进每个基极的输入电阻为

$$R_i=r_\pi+(1+\beta)R_E=5.21+(201)(1)=206.2\text{k}\Omega$$

解(交流(AC)设计)：小信号等效电路如图 7.75 所示，第一级的时间常数为

$$\tau_A=(R_1\parallel R_2\parallel R_i)C_{C1}$$

第二级的时间常数为

$$\tau_B=(R_{C1}+R_1\parallel R_2\parallel R_i)C_{C2}$$

如果每一级的 3dB 频率为 20Hz，则

$$\tau_A=\tau_B=\frac{1}{2\pi f_{3-\text{dB}}}=\frac{1}{2\pi(20)}=7.958\times10^{-3}\text{s}$$

图 7.75　设计应用带耦合电容两级 BJT 放大器的小信号等效电路

第一级的耦合电容必然为

$$C_{C1}=\frac{\tau_A}{R_1\parallel R_2\parallel R_i}=\frac{7.958\times 10^{-3}}{(55\parallel 31\parallel 206.2)\times 10^3}$$

即

$$C_{C1}=0.44\mu\text{F}$$

而第二级的耦合电容必然为

$$C_{C2}=\frac{\tau_B}{R_{C1}+R_1\parallel R_2\parallel R_i}=\frac{7.958\times 10^{-3}}{(2.5+55\parallel 31\parallel 206.2)\times 10^3}$$

即

$$C_{C2}=0.386\mu\text{F}$$

点评：该电路设计中采用了两个耦合电容，这是对两级放大器设计的一种粗略的处理，而在 IC 设计中将不会采用这种方法。

由于每个电容的 3dB 频率为 20Hz，所以该电路被认为是一个两级高通滤波器。

7.8 本章小结

- 本章学习了晶体管电路的频率响应。确定了耦合电容、旁路电容以及负载电容等电路电容对电路的影响，分析了 BJT 和 FET 的扩展等效电路，并用它来求解晶体管的频率响应。
- 介绍了时间常数法，这样不需要推导复杂的传递函数就可以轻松地构建伯德图。根据时间常数可以直接求得上限和下限转折频率即 3dB 频率。
- 耦合电容和旁路电容会影响电路的低频特性。一般而言，电容值在微法范围之内，此电容值范围决定了截止频率在几赫和几十赫范围之内。负载电容影响电路的高频响应特性，负载电容通常在皮法范围之内，这样的电容所产生的截止频率接近兆赫或更高。
- 建立了扩展的双极型晶体管混合 π 模型和场效应晶体管的高频模型。这些模型中所包含的电容会减小晶体管的高频增益。截止频率定义为电流增益值为 1 时的频率，它是晶体管的一个性能指标。
- 密勒效应是基极-集电极或栅极-漏极电容的倍增效应，这种倍增效应是由于晶体管电路输出和输入之间的反馈所引起的。密勒效应会减小放大器的带宽。
- 通常，共射(共源)放大器受密勒倍增系数的影响最大，所以这种电路的带宽是三种基本类型的放大器中最小的。共基极(共栅极)放大器由于其具有较小的密勒倍增系数，因而具有较大的带宽。共射-共基级联结构是共射极电路和共基极电路的组合，同时兼有高增益和宽频带的优点。射极(源极)跟随器放大电路在放大器的三种基本结构中通常具有最大的带宽。

本章要求

通过本章的学习，读者应该能够做到：

1. 根据复频率 s 形式的传递函数描绘出增益的幅值和相位伯德图。
2. 应用时间常数法描绘电子放大器的幅值和相位伯德图，并考虑电路电容的影响。

3. 求解 BJT 相对于频率的短路电流增益，并应用扩展的混合 π 等效电路求解 BJT 电路的密勒电容。

4. 求解 FET 的单位增益带宽，并应用扩展的小信号等效电路求解 FET 电路的密勒电容。

5. 阐述三种基本放大器结构和共射-共基级联放大器相应的频率响应。

复习题

1. 阐述放大器的一般频率响应，并定义低频、中频和高频范围。
2. 阐述应用于低频、中频和高频范围的等效电路的一般特性。
3. 阐述 s 域的系统传递函数的意义。
4. 定义转折频率，即 3dB 频率的标准是什么？
5. 定义倍频和十倍频。
6. 阐述传递函数的相位有何意义。
7. 阐述用于求解转折频率的时间常数法。
8. 阐述耦合电容的一般频率响应。
9. 阐述旁路电容的一般频率响应。
10. 阐述负载电容的一般频率响应。
11. 画出 BJT 扩展的混合 π 模型。
12. 论述 BJT 的短路电流增益相对于频率的变化特性。
13. 定义 BJT 的截止频率。
14. 阐述密勒效应和密勒电容。
15. 密勒电容对放大器带宽有哪些影响？
16. 画出 MOSFET 的扩展的小信号等效电路。
17. 定义 MOSFET 的截止频率。
18. MOSFET 中密勒电容的主要作用是什么？
19. 为什么在共基极电路中不存在密勒效应？
20. 阐述共射-共基级联放大器的电路结构。
21. 为什么共射-共基级联放大器的带宽较大，并通常大于普通的共射极放大器？
22. 为什么射极跟随器放大电路的带宽在三种基本的 BJT 放大器电路中最大？

习题

7.2 节 系统传递函数

7.1 (a)试求图 P7.1 所示电路的电压传递函数 $T(s)=V_o(s)/V_i(s)$。(b)画出幅值伯德图并求转折频率。(c)试求电路对于幅值为 V_{Io} 的输入阶跃函数的时间响应。

7.2 对于图 P7.2 所示电路重复 7.1 题。

*7.3 (a)推导图 7.10 所示电路的电压传递函数 $T(s)=V_o(s)/V_i(s)$，要求同时考虑两个电容。(b)令 $R_S=R_P=10\text{k}\Omega$，$C_S=1\mu\text{F}$ 和 $C_P=10\text{pF}$。试计算传递函数在 $f_L=1/[(2\pi)(R_S+R_P)C_S]$ 和 $f_H=1/[(2\pi)(R_S \parallel R_P)C_P]$ 处的实际值。试问这些值在 $R_P/(R_S+R_P)$ 取最大值时会怎样？(c)对于 $R_S=R_P=10\text{k}\Omega$，

$C_S=C_P=0.1\mu F$,重复(b)部分。

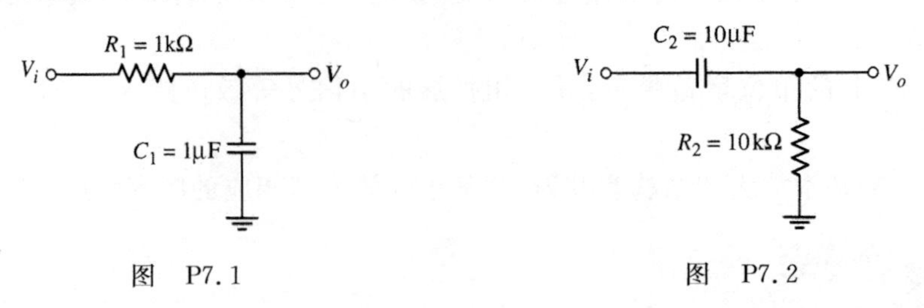

图 P7.1　　　　图 P7.2

7.4 (a)图 P7.4 所示的两个电路,画出其电压传递函数的幅值和相位伯德图。(b)用计算机仿真验证(a)部分的结果。

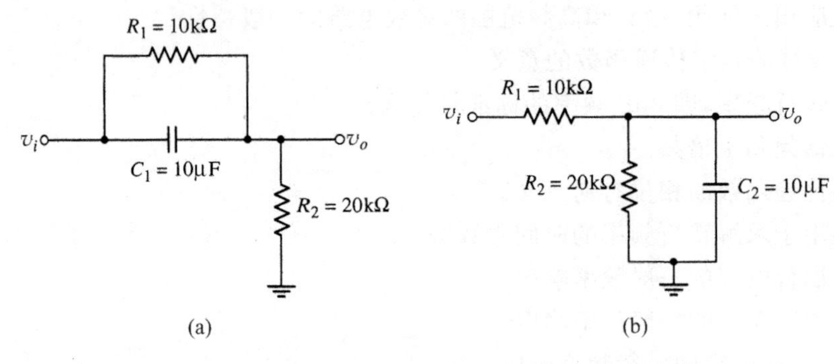

图 P7.4

7.5 图 P7.5 所示电路中包含了一个电流信号源。电路参数为 $R_i=30k\Omega$,$R_P=10k\Omega$,$C_S=10\mu F$ 和 $C_P=50pF$。(a)试求与 C_S 相关的开路时间常数和与 C_P 相关的短路时间常数。(b)试求传递函数 $T(s)=V_o(s)/V_i(s)$在中频的转折频率和幅值。(c)画出幅值的伯德图。

7.6 电压传递函数为 $T(jf)=1/(1+j2\pi f\tau)^2$。(a)试证明在 $f=1/(2\pi\tau)$处的实际响应约在最大值以下 $-6dB$。该频率处的相角是多少?(b)对于 $f\gg 1/(2\pi\tau)$,幅值伯德图的斜率是多少,该频率范围的相角是多少?

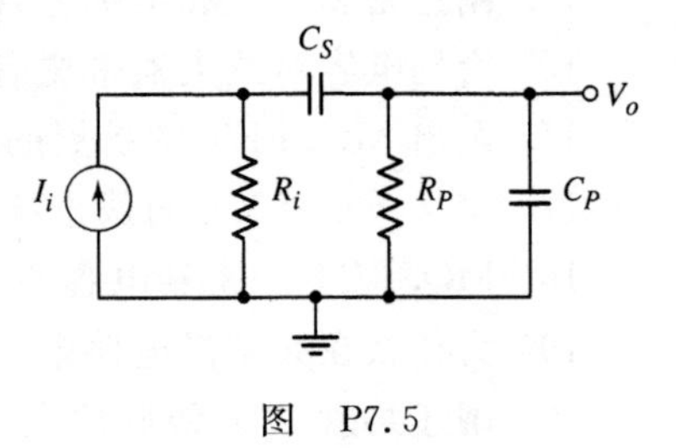

图 P7.5

7.7 对于下面给出的函数试画出它们的幅值伯德图。

(a) $T(s)=\dfrac{-10s}{(s+20)(s+2000)}$

(b) $T(s)=\dfrac{10(s+10)}{(s+1000)}$

7.8 (a) 画出下列函数的幅值伯德图。

$$T(s)=\frac{10s}{(s+10)(s+500)}$$

(b) 中频增益是多少?

(c) 存在主极点吗?如果存在,极点频率约为多少?

(d) 低频 $-3dB$ 频率是多少?

7.9 对于如下的函数重复 7.8 题。

$$T(s)=\frac{2\times 10^4}{(s+10^3)(s+10^5)}$$

7.10 图 7.15 所示电路的参数为 $R_S=0.5k\Omega$,$r_\pi=5.2k\Omega$,$g_m=29mA/V$ 和 $R_L=6k\Omega$。转折频率为 $f_L=30Hz$ 和 $f_H=480kHz$。(a)试求中频增益。(b)试求开路和短路时间常数。(c)试求 C_C 和 C_L 的值。

*7.11　图 P7.11 所示电路参数为 $R_1=10\text{k}\Omega$，$R_2=10\text{k}\Omega$，$R_3=40\text{k}\Omega$ 和 $C=10\mu\text{F}$。使用计算机仿真画出电压传递函数的幅值和相位伯德图。根据计算机仿真求解电压传递函数的幅值低于最大渐近值 3dB 的频率点。

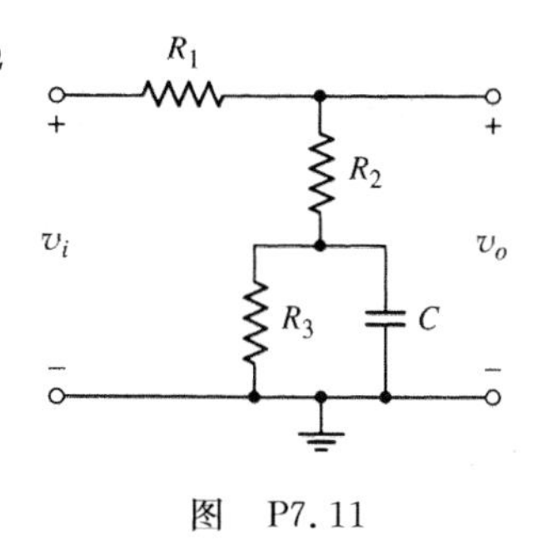

图　P7.11

7.12　图 7.10 所示电路的参数为 $R_S=1\text{k}\Omega$，$R_P=10\text{k}\Omega$ 和 $C_S=C_P=0.01\mu\text{F}$。使用 PSpice 分析画出电压传递函数的幅值和相位伯德图。试求电压传递函数的最大值。并问在多大频率时传递函数的幅值为峰值的 $1/\sqrt{2}$？

7.3节　带有电容的晶体管放大电路的频率响应

7.13　图 P7.13 所示的共射极电路，晶体管的参数为 $\beta=100$，$V_{BE}(\text{on})=0.7\text{V}$ 和 $V_A=\infty$。(a)试求下限转折频率。(b)试求中频电压增益。(c)试画出电压增益的幅值伯德图。

D7.14　设计图 P7.14 所示的电路，要求 $I_{DQ}=0.5\text{mA}$，$V_{DSQ}=4.5\text{V}$，$R_{in}=200\text{k}\Omega$ 且下限转折频率 $f_L=20\text{Hz}$。晶体管参数为 $K_n=0.2\text{mA/V}^2$，$V_{TN}=1.5\text{V}$ 和 $\lambda=0$。试画出电压幅值和相位的伯德图。

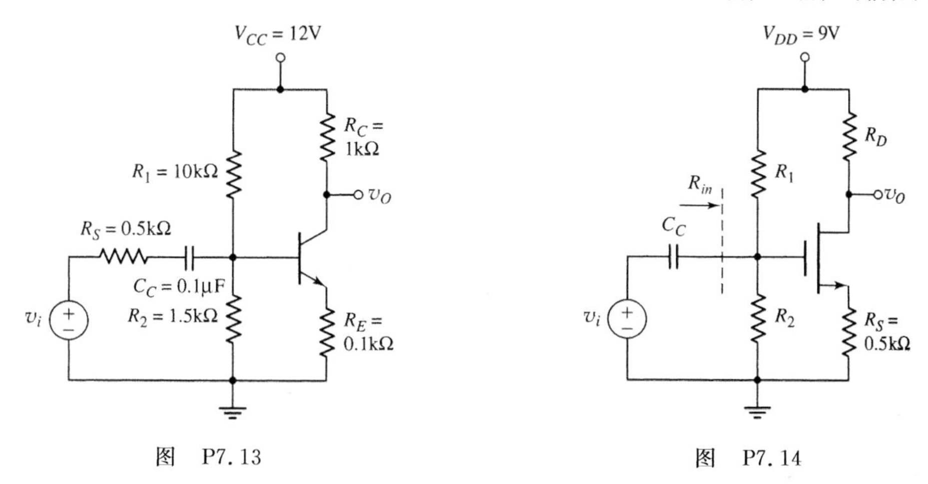

图　P7.13　　　　图　P7.14

D7.15　图 P7.15 所示电路中的晶体管参数为 $K_n=0.5\text{mA/V}^2$，$V_{TN}=1\text{V}$ 和 $\lambda=0$。(a)试设计电路使 $I_{DQ}=1\text{mA}$ 和 $V_{DSQ}=3\text{V}$。(b)推导传递函数 $T(s)=I_o(s)/V_i(s)$ 的表达式，并求电路时间常数的表达式。(c)试求使下限 3dB 频率为 10Hz 的 C_C 值。(d)用计算机仿真验证(a)和(c)的结果。

*D7.16　图 P7.16 所示电路中的晶体管参数为 $K_p=0.5\text{mA/V}^2$，$V_{TP}=-2\text{V}$ 和 $\lambda=0$。(a)试求 R_o 的值。(b)试求电路时间常数的表达式。(c)试求使下限 3dB 频率为 20Hz 的 C_C 值。

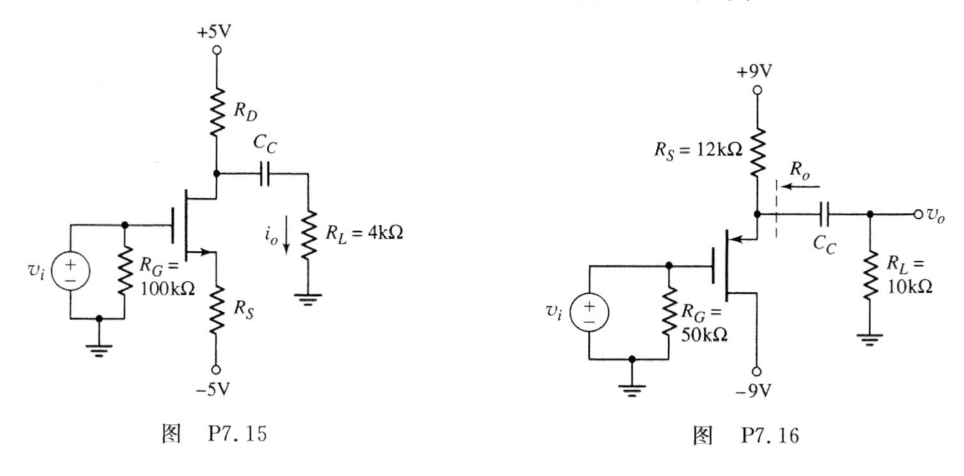

图　P7.15　　　　图　P7.16

*D7.17　图 P7.17 所示电路的晶体管参数为 $\beta=120$，$V_{BE}(\text{on})=0.7\text{V}$ 和 $V_A=80\text{V}$。(a)试设计偏置稳定电路使 $I_{CQ}=1\text{mA}$。(b)试求输出电阻 R_o。(c)试求下限 3dB 转折频率。

7.18　图 P7.18 所示电路的晶体管参数为 $V_{BE}(\text{on})=0.7\text{V}$，$\beta=100$ 和 $V_A=\infty$。(a)试求晶体管的静态参数和小信号参数。(b)试求与 C_{C1} 和 C_{C2} 相关的时间常数。(c)试问是否存在 -3dB 主频率？估算 -3dB 频率。

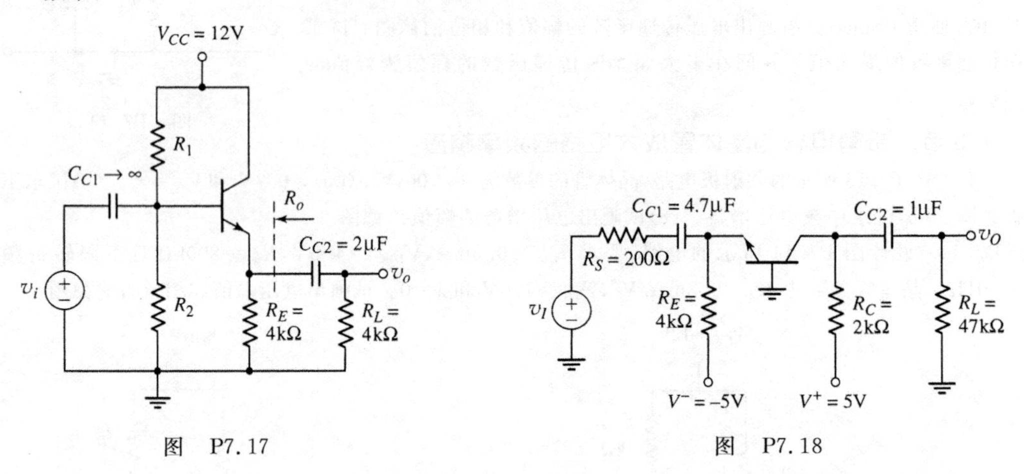

图　P7.17　　　　图　P7.18

7.19　将一个电容放置在图 P7.18 所示电路中且与 R_L 并联。该电容为 $C_L=10\text{pF}$。晶体管和 7.18 题所给的相同。(a)试求上限 -3dB 频率。(b)试求小信号电压增益值为中频值十分之一的高频率值。

7.20　图 P7.20 所示电路的晶体管参数为 $K_p=1\text{mA/V}^2$，$V_{TP}=-1.5\text{V}$ 和 $\lambda=0$。(a)试求晶体管的静态参数和小信号参数。(b)试求与 C_{C1} 和 C_{C2} 相关的时间常数。(c)试问是否存在主极点频率，估算 -3dB 频率。

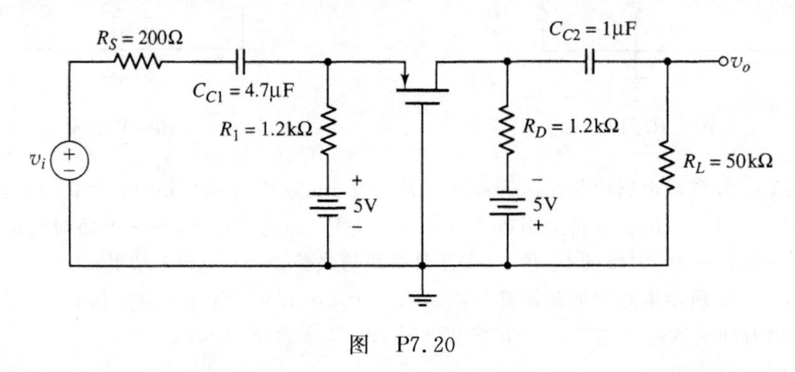

图　P7.20

*D7.21　设计图 P7.21 所示结构的 MOSFET 放大器应用在某电话电路中。中频范围内的电压增益值应为 10，且中频范围应为 200Hz 到 3kHz(注：电话的频率范围并不符合高保真系统的频率要求)。所有的电阻、电容以及 MOSFET 参数都应该是标称值。

*7.22　观察图 P7.22 所示的电路。(a)推导电压传递函数 $T(s)=V_o(s)/V_i(s)$ 的表达式。整理各项使之具有 $T(s)\propto(1+s\tau_A)/(1+s\tau_B)$ 的形式。(b)画出幅值伯德图。(c)试求时间常数和转折频率。

7.23　图 P7.23 所示为简单的音频放大器输出级电路。晶体管的参数为 $\beta=200$，$V_{BE}(\text{on})=0.7\text{V}$ 和 $V_A=\infty$。试求使下限 -3dB 频率为 15Hz 的 C_C 值。

7.24　将图 P7.23 所示电路中的电阻值改为 $R_S=100\Omega$，$R_B=300\text{k}\Omega$ 以及 $R_E=1\text{k}\Omega$。晶体管参数和题 7.23 所给相同。试求使下限 -3dB 频率为 20Hz 的 C_C 值。

D7.25　图 P7.25 所示电路的晶体管参数为 $\beta=100$，$V_{BE}(\text{on})=0.7\text{V}$ 和 $V_A=\infty$。与 C_{C1} 相关的时间常数比与 C_{C2} 相关的时间常数大 100 倍。(a)试求 C_{C2} 使得和该电容相关的下限 -3dB 频率为 25Hz。(b)试求 C_{C1} 的值。

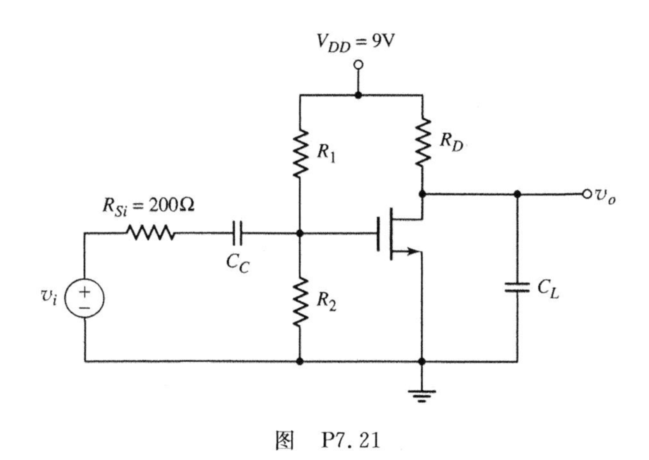

图 P7.21

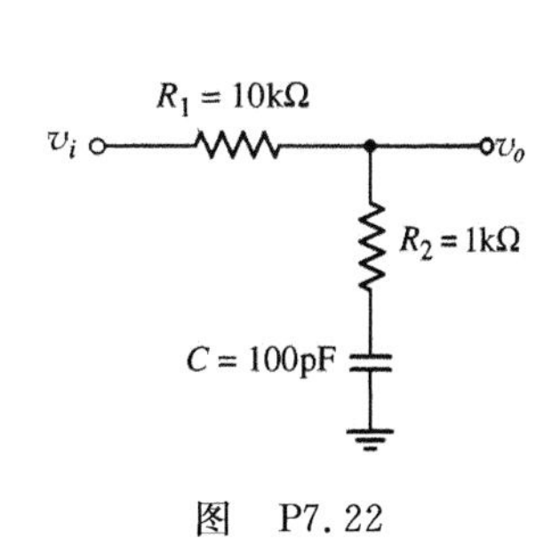

图 P7.22

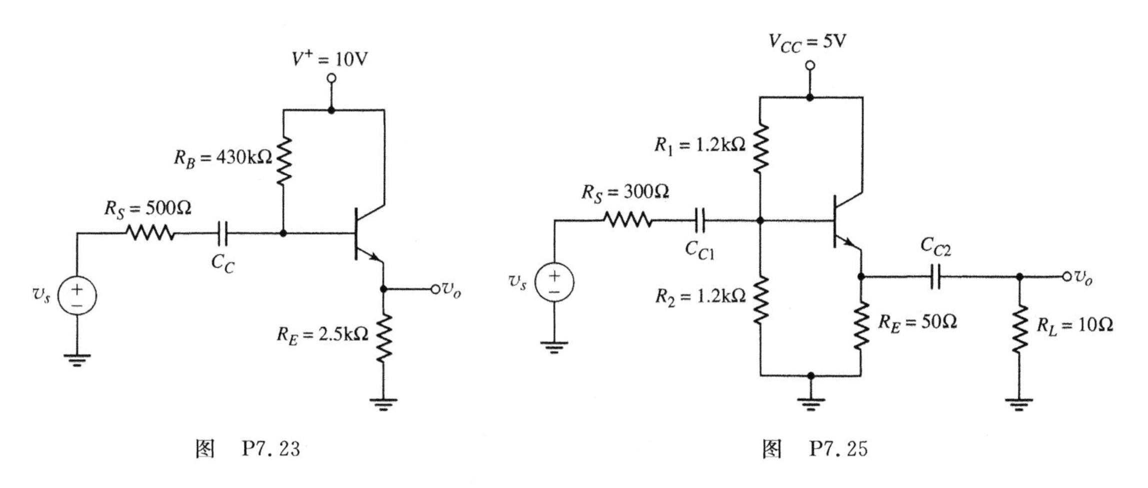

图 P7.23　　　图 P7.25

D7.26　图 P7.25 所示电路的晶体管参数为 $\beta=100$，$V_{BE}(\text{on})=0.7\text{V}$ 和 $V_A=\infty$。与 C_{C2} 相关的时间常数比与 C_{C1} 相关的时间常数大 100 倍。(a)试求 C_{C1} 使得和该电容相关的下限 -3dB 频率为 20Hz。(b)试求 C_{C2} 的值。

*D7.27　图 P7.27 所示电路的晶体管参数为 $K_n=0.5\text{mA/V}^2$，$V_{TN}=0.8\text{V}$ 和 $\lambda=0$。(a)试设计电路使 $I_{DQ}=0.5\text{mA}$ 和 $V_{DSQ}=4\text{V}$。(b)试求 3dB 频率。(c)如果电阻 R_S 被一恒流源代替而产生相同的静态电流，试求 3dB 转折频率。

*D7.28　对于图 7.28(a)所示的电路，其参数为 $V^+=10\text{V}$，$V^-=-10\text{V}$，$R_S=0$，$R_E=5\text{k}\Omega$ 和 $R_C=1.5\text{k}\Omega$。晶体管参数为 $V_{BE}(\text{on})=0.7\text{V}$，$V_A=\infty$ 且晶体管电流增益 β 在 $75\leqslant\beta\leqslant125$ 范围之内。(a)试求使低频 3dB 点为 $f_B\leqslant200\text{Hz}$ 的 C_E 值。(b)根据(a)部分的结果求频率 f_B 和 f_A 的范围。

*7.29　图 P7.29 所示共射极电路具有一个射极旁路电容。(a)推导小信号电压增益 $A_v(s)=V_o(s)/V_i(s)$ 的表达式。并将该表达式写成与式(7.67)相似的形式。(b)试求时间常数 τ_A 和 τ_B 的表达式。

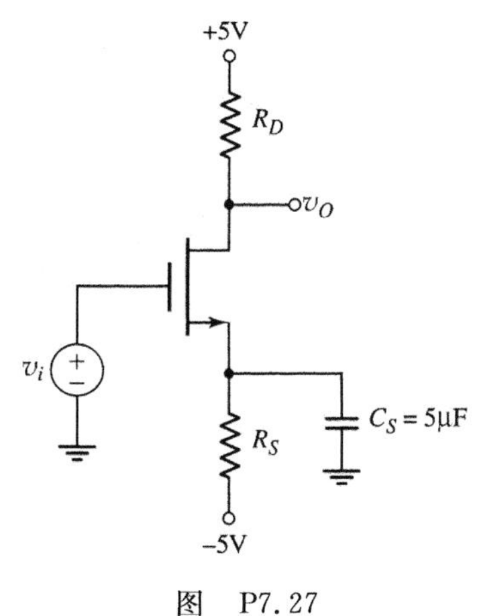

图 P7.27

7.30　图 P7.29 所示电路的电阻值为 $R_E=4.3\text{k}\Omega$ 和 $R_C=2\text{k}\Omega$，且偏置电压为 $V^+=5\text{V}$，$V^-=-5\text{V}$。晶体管的参数为 $V_{EB}(\text{on})=0.7\text{V}$，$\beta=100$ 和 $V_A=\infty$。令 $C_E=5\mu\text{F}$。试画出频率在 $0\leqslant f\leqslant50\text{kHz}$ 范围内的电压增益值，标出所有重要的频率和电压增益值。

7.31　图 7.34 所示的共基极电路，晶体管的参数为 $\beta=100$，$V_{EB}(\text{on})=0.7\text{V}$ 和 $V_A=\infty$。负载电容

C_L=15pF 且和 R_L 并联，试求上限 3dB 频率和小信号中频电压增益。

7.32 图 P7.32 所示电路的晶体管参数为 K_n=0.5mA/V^2，V_{TN}=2V 和 λ=0。试求使带宽至少为 BW=5MHz 的 C_L 的最大值。陈述所作的每个近似和假设。并求解中频小信号电压增益值。用计算机仿真验证所得的结果。

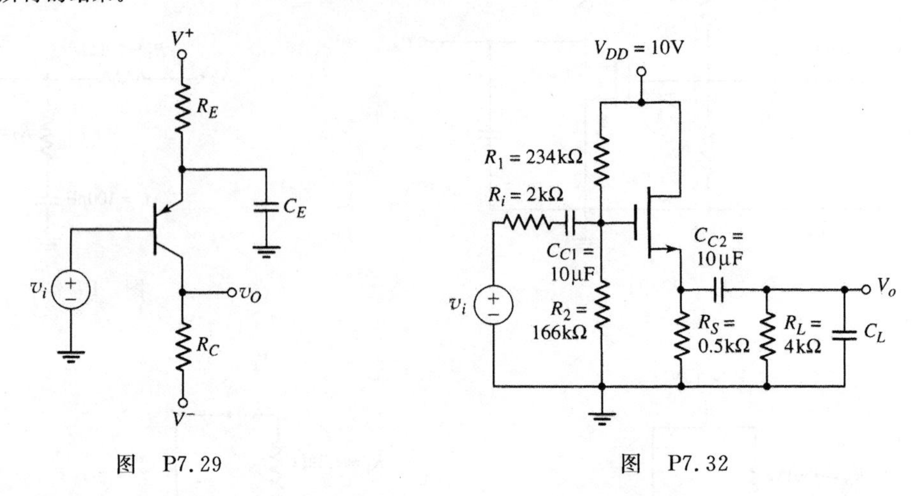

图 P7.29　　　　图 P7.32

7.33 图 P7.33 所示电路的晶体管参数为 β=100，V_{BE}(on)=0.7V 和 $V_A=\infty$。忽略晶体管的电容效应。(a)试画出表示放大器在低频范围、中频范围以及高频范围的三种等效电路。(b)试画出幅值伯德图。(c)试求 $|A_m|_{dB}$、f_L 以及 f_H 的值。

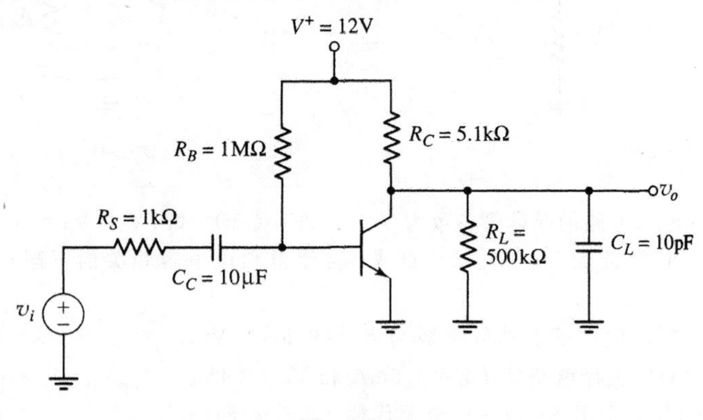

图 P7.33

7.34 图 7.25(a)所示的共源放大器电路，在源极和地电位之间连接一个源极旁路电容。电路参数和晶体管参数与例题 7.6 所给的相同。(a)推导小信号电压增益表达式，要求为 s 的函数，并用来描述电路在高频范围的工作情况。(b)问与上限 3dB 频率相关的时间常数的表达式是什么？(c)试求时间常数、上限 3dB 频率以及中频小信号电压增益。

*7.35 观察图 P7.35 所示的共基极电路。选择适当的晶体管参数。(a)应用计算机分析产生从一个非常低的频率到中频范围的电压增益的幅值伯德图。试问在什么频率时电压增益值低于最大值 3dB？在非常低的频率时曲线的斜率是多少？(b)应用 PSpice 分析求中频范围的电压增益值、输入电阻 R_i 以及输出电阻 R_o。

*7.36 图 P7.36 所示的共射极电路，选择适当的参数并进行计算机分析。产生从非常低的频率到中频范围电压增益的幅值伯德图。试问在什么频率时电压增益值低于最大值 3dB？是否存在一个电容主导该 3dB 频率？如果存在，指出是哪一个电容。

*7.37 图 P7.37 所示的多晶体管放大器，选择适当的晶体管参数。要求下限 3dB 频率小于或等于

20Hz。假设三个耦合电容相等。令 $C_B \to \infty$。应用计算机分析求解耦合电容的最大值。并求在较低频率时电压增益幅值伯德图的斜率。

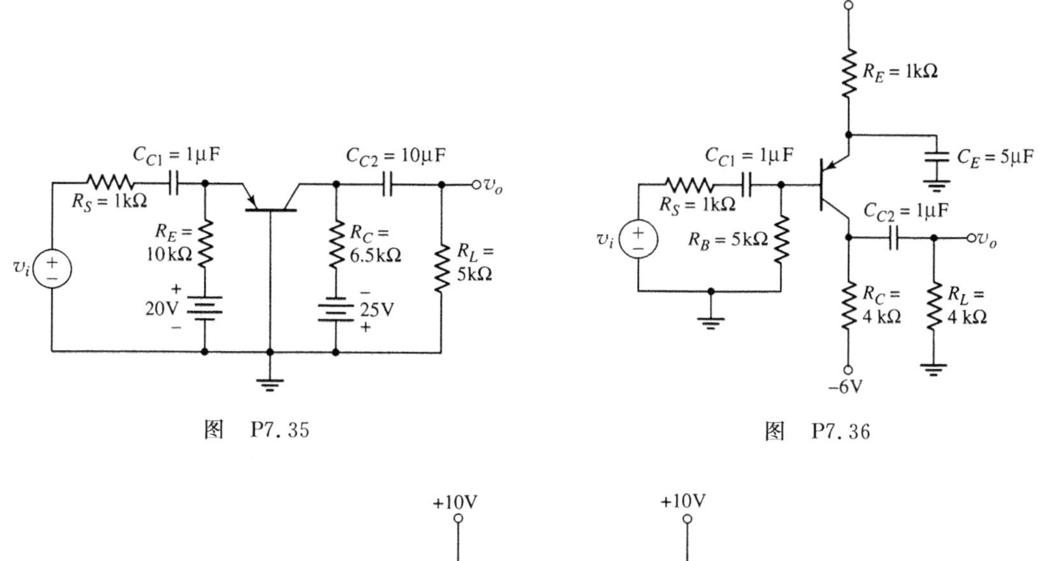

图 P7.35　　　　图 P7.36

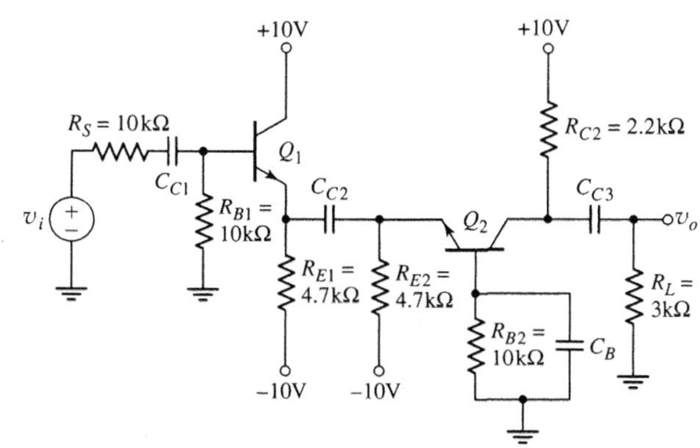

图 P7.37

7.4 节　双极型晶体管的频率响应

7.38　双极型晶体管偏置在 $I_{CQ}=1\text{mA}$，其参数为 $C_\pi=10\text{pF}$，$C_\mu=2\text{pF}$ 和 $\beta_o=120$。试求 f_β 和 f_T。

7.39　高频双极型晶体管偏置在 $I_{CQ}=0.5\text{mA}$，其参数为 $C_\mu=0.15\text{pF}$，$f_T=5\text{GHz}$ 和 $\beta_o=150$。试求 C_π 和 f_β。

7.40　双极型晶体管的单位增益带宽为 $f_T=2\text{GHz}$，低频电流增益为 $\beta_o=150$。(a)试求 f_β。(b)试求使 h_{fe} 值为 10 的频率值。

7.41　图 P7.41 所示电路为包含电阻 r_b 的混合 π 等效电路。(a)推导电压增益传递函数 $A_v(s)=V_o(s)/V_i(s)$ 的表达式。(b)如果晶体管偏置在 $I_{CQ}=1\text{mA}$，并且 $R_L=4\text{k}\Omega$ 和 $\beta_o=100$，试求对于(i) $r_b=100\Omega$，(ii) $r_b=500\Omega$ 时的中频电压增益。(c)对于 $C_1=2.2\text{pF}$，试求对于(i) $r_b=100\Omega$ 和(ii) $r_b=500\Omega$ 的 −3dB 频率。

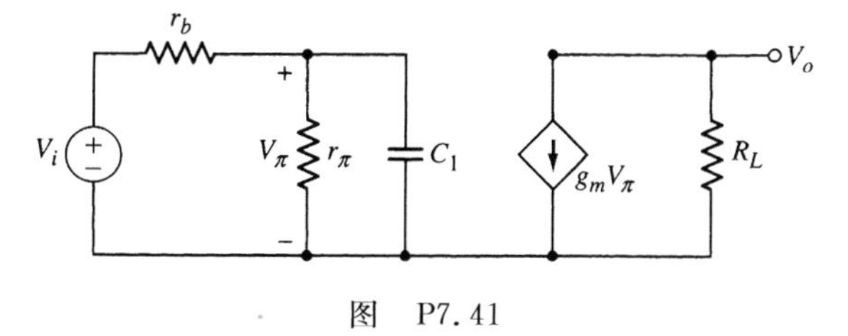

图 P7.41

7.42 图 P7.42 所示的电路，试求由信号源 V_i 看进去的在(a) $f=1\text{kHz}$，(b) $f=10\text{kHz}$，(c) $f=100\text{kHz}$，(d) $f=1\text{MHz}$ 处的阻抗。

7.43 图 P7.43 所示的共射极等效电路。(a)试求密勒电容的表达式。(b)根据密勒电容和其他的电路参数推导电压增益 $A_v(s)=V_o(s)/V_i(s)$ 的表达式。(c)上限 3dB 频率的表达式是什么？

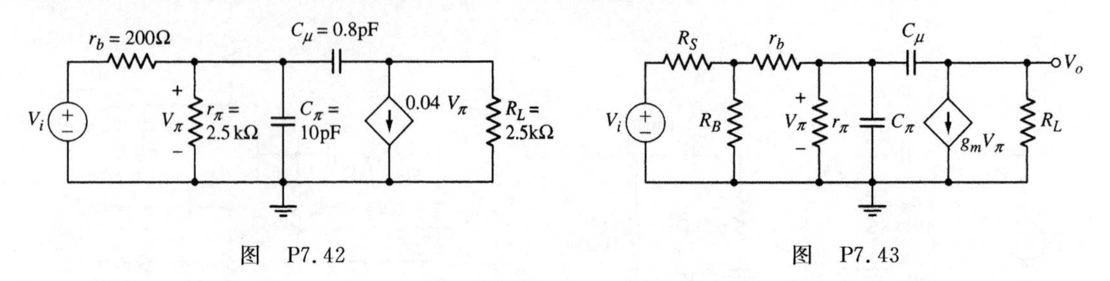

图 P7.42　　　　图 P7.43

7.44 对于图 7.42(a)所示的共射极电路，假设 $r_s=\infty$，$R_1 \| R_2=5\text{k}\Omega$ 和 $R_C=R_L=1\text{k}\Omega$。晶体管偏置在 $I_{CQ}=5\text{mA}$，其参数为 $\beta_o=200$，$V_A=\infty$，$C_\mu=5\text{pF}$ 和 $f_T=250\text{MHz}$。试求小信号电流增益的上限 3dB 频率。

*7.45 图 P7.45 所示的共射极电路，假设射极旁路电容 C_E 非常大，晶体管参数为 $\beta_o=100$，$V_{BE}(\text{on})=0.7\text{V}$，$V_A=\infty$，$C_\mu=2\text{pF}$ 和 $f_T=400\text{MHz}$。应用简化的晶体管混合 π 模型求解小信号电压增益的下限和上限 3dB 频率。

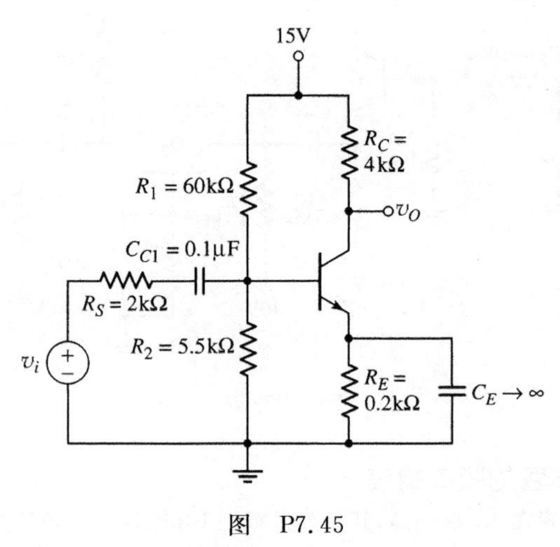

图 P7.45

7.46 图 P7.45 所示的电路，电阻 R_S 变为 500Ω 且其他所有的电阻值都扩大到原值的 10 倍。晶体管参数和 7.45 题所列相同。试求电压增益值的下限和上限−3dB 频率，并求中频增益。

7.5 节 FET 的频率响应

7.47 MOSFET 偏置在 $I_{DQ}=100\mu\text{A}$，其参数为 $\left(\frac{1}{2}\right)\mu_n C_{ox}=15\mu\text{A/V}^2$，$W=40\mu\text{m}$，$L=10\mu\text{m}$，$C_{gs}=0.5\text{pF}$ 和 $C_{gd}=0.05\text{pF}$。试求 f_T。

7.48 在下表所示的空格处填入所缺的 MOSFET 参数，令 $K_n=0.2\text{mA/V}^2$。

$I_D(\mu\text{A})$	$f_T(\text{GHz})$	$C_{gs}(\text{pF})$	$C_{gd}(\text{pF})$
20		0.5	0.1
250		0.5	0.1
	1.0	0.5	0.1

7.49 (a)N沟道 MOSFET 的电阻迁移率为 450 $cm^2/(V \cdot s)$，沟道长度为 1.2μm。令 $V_{GS}-V_{TN}=$ 0.5V。试求截止频率 f_T。(b)如果沟道长度减为 0.18μm，重复(a)部分。

7.50 共源极等效电路如图 P7.50 所示。晶体管跨导为 $g_m=3$mA/V。(a)试求等效密勒电容。(b)试求小信号电压增益的上限 3dB 频率。

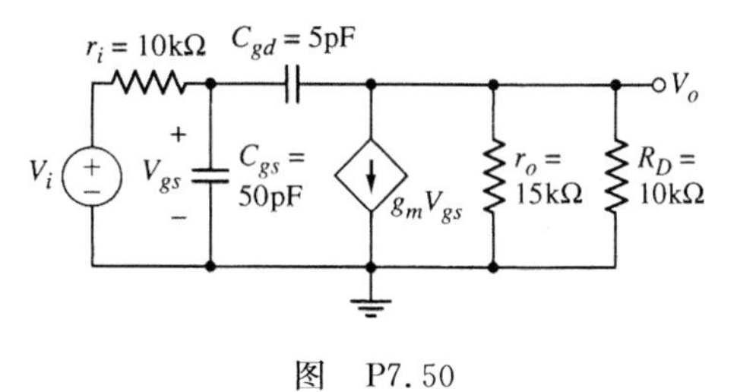

图 P7.50

7.51 由式(7.104)所定义的单位增益带宽入手，忽略叠加电容，并假设 $C_{gd}\approx 0$ 和 $C_{gs}\approx \frac{2}{3}WLC_{ox}$，试证明

$$f_T=\frac{3}{2\pi L}\sqrt{\frac{\mu_n I_D}{2C_{ox}WL}}$$

由于 I_D 与 W 成比例，这种关系说明要想增加 f_T，则沟道长度 L 必须很小。

7.52 理想的 N 沟道 MOSFET，其 $(W/L)=10$，$\mu_n=400$ $cm^2/(V \cdot s)$，$C_{ox}=7.25\times 10^{-8}$ F/cm^2 和 $V_{TN}=0.65$V。(a)在 $V_{GS}=5$V 时若使跨导从其理想值减小不超过 20%，试求所需的源极电阻的最大值。(b)应用(a)部分求得的 r_s 值，求解当 $V_{GS}=3$V 时 g_m 从其理想值减小多少？

*7.53 图 P7.53 所示的 FET 高频等效电路，包含了一个源极电阻 r_s。(a)推导低频电流增益 $A_i=I_o/I_i$ 的表达式。(b)假设 R_i 非常大，推导电流增益传递函数 $A_i(s)=I_o(s)/I_i(s)$。(c)试问随着 r_s 的增加电流增益值怎么变化？

7.54 图 P7.54 所示的 FET 电路，晶体管参数为 $K_n=1\text{mA/V}^2$，$V_{TN}=2$V，$\lambda=0$，$C_{gs}=5$pF 和 $C_{gd}=1$pF。(a)试画出简化的高频等效电路。(b)计算等效密勒电容。(c)试求小信号电压增益值的上限 3dB 频率，并求中频电压增益。

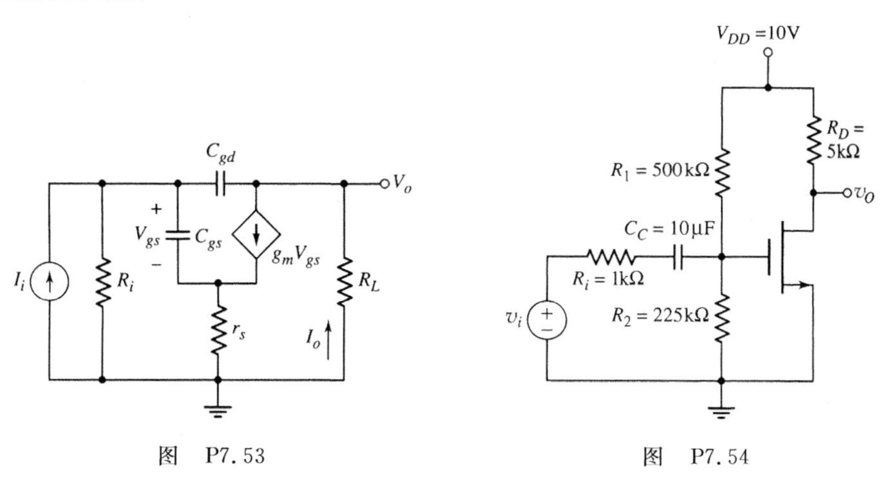

图 P7.53　　　　图 P7.54

7.6节 晶体管电路的高频响应

7.55 图 P7.55 所示的电路，晶体管参数为 $\beta=120$，$V_{BE}(\text{on})=0.7$V，$V_A=100$V，$C_\mu=1$pF 和 $f_T=$ 600MHz。(a)试求 C_π 和等效密勒电容 C_M。陈述所作的任何近似或假设。(b)试求上限 3dB 频率和中频电压增益。

*7.56 图 P7.56 所示的电路，晶体管参数为 $\beta=120$，$V_{BE}(\text{on})=0.7$V，$V_A=100$V，$C_\mu=3$pF 和 $f_T=$ 250MHz。假设射极旁路电容 C_E 和耦合电容 C_{C2} 非常大。(a)试求下限和上限 3dB 频率，要求应用简化的晶体管混合 π 模型。(b)试画出电压增益的幅值伯德图。

7.57 图 P7.57 所示的共源极电路，晶体管参数为 $K_p=2\text{mA/V}^2$，$V_{TP}=-2$V，$\lambda=0.01\text{V}^{-1}$，$C_{gs}=$ 10pF 和 $C_{gd}=1$pF。(a)试求等效密勒电容 C_M。(b)试求上限 3dB 频率和中频电压增益。

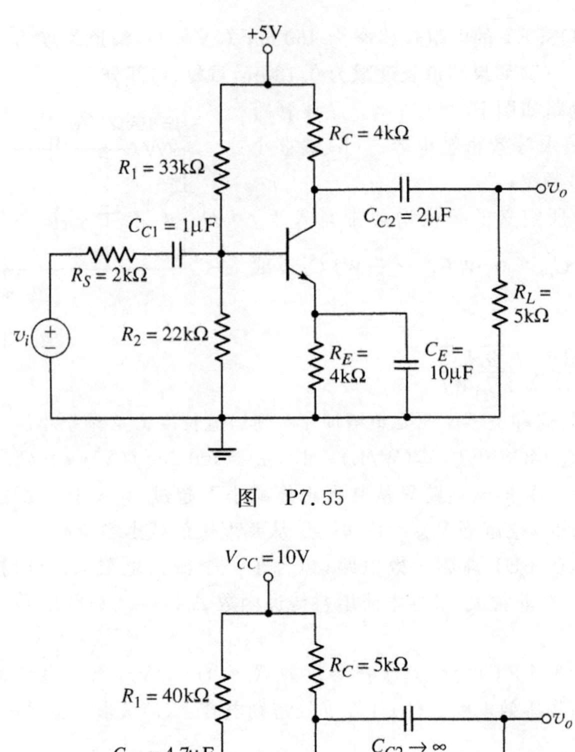

图 P7.55

图 P7.56

7.58 图 P7.58 所示的 PMOS 共源极电路，晶体管参数为 $V_{TP} = -2V$，$K_p = 1mA/V^2$，$\lambda = 0$，$C_{gs} = 15pF$ 和 $C_{gd} = 3pF$。(a)试求上限 3dB 频率。(b)试求等效密勒电容，陈述所作的任何近似或假设。(c)试求中频电压增益。

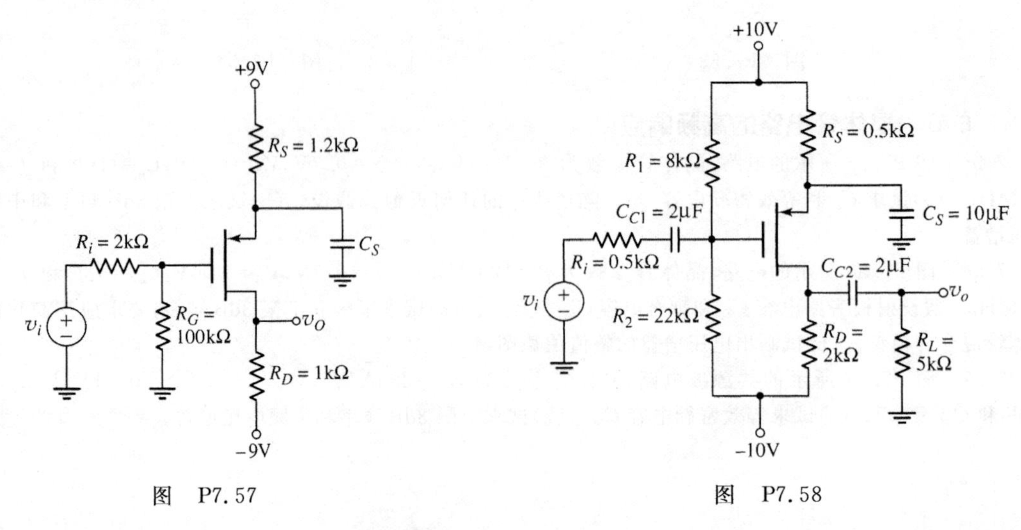

图 P7.57

图 P7.58

*7.59 图 P7.59 所示的共基极电路，晶体管参数为 $\beta=100$，$V_{BE}(\text{on})=0.7\text{V}$，$V_A=\infty$，$C_\pi=10\text{pF}$ 和 $C_\mu=1\text{pF}$。(a)试求与等效电路的输入和输出部分相应的上限 3dB 频率。(b)试求小信号中频电压增益。(c)如果在输出端和地之间连接负载电容 $C_L=15\text{pF}$，试确定该上限 3dB 频率是受负载电容 C_L 主导还是由晶体管特性主导。

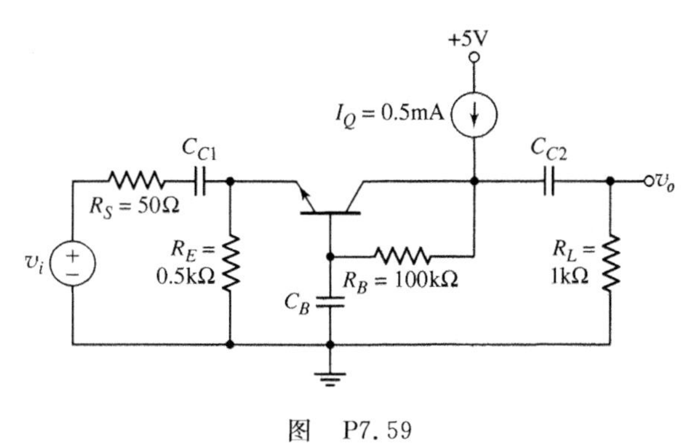

图 P7.59

*7.60 对于图 P7.60 所示的共基极电路重做 7.59 题。假设 PNP 晶体管的 $V_{EB}(\text{on})=0.7\text{V}$，其余的晶体管参数与题 7.59 所给的相同。

*7.61 图 P7.61 所示的共栅极电路，晶体管参数为 $V_{TN}=1\text{V}$，$K_n=3\text{mA/V}^2$，$\lambda=0$，$C_{gs}=15\text{pF}$ 和 $C_{gd}=4\text{pF}$。试求上限 3dB 频率和中频电压增益。

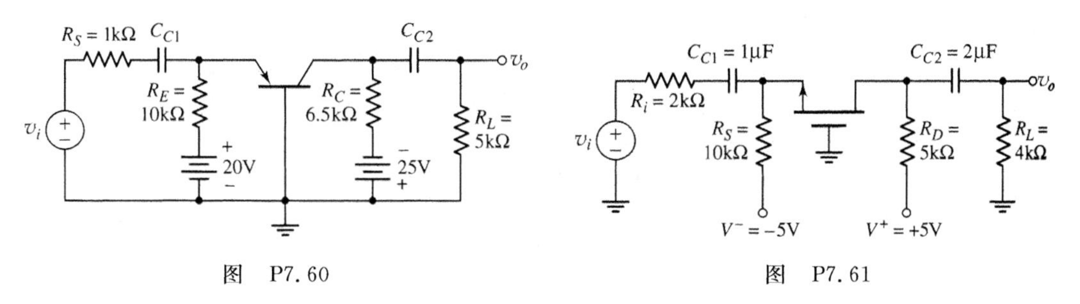

图 P7.60　　　　图 P7.61

7.62 图 P7.62 所示的共栅极电路，其参数为 $V^+=5\text{V}$，$V^-=-5\text{V}$，$R_S=4\text{k}\Omega$，$R_D=2\text{k}\Omega$，$R_L=4\text{k}\Omega$，$R_G=50\text{k}\Omega$ 和 $R_i=0.5\text{k}\Omega$。晶体管参数为 $K_p=1\text{mA/V}^2$，$V_{TP}=-0.8\text{V}$，$\lambda=0$，$C_{gs}=4\text{pF}$ 和 $C_{gd}=1\text{pF}$。试求上限 3dB 频率和中频电压增益。

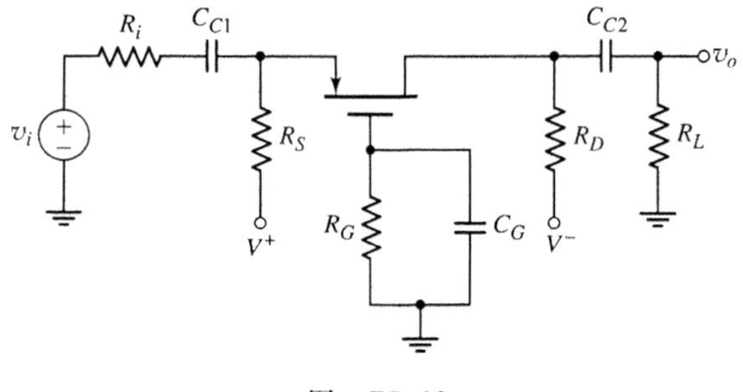

图 P7.62

*7.63 图 7.66 所示的共射-共基级联电路，其参数和例题 7.16 所给的相同。晶体管参数为 $\beta_o=120$，$V_A=\infty$，$V_{BE}(\text{on})=0.7\text{V}$，$C_\pi=12\text{pF}$ 和 $C_\mu=2\text{pF}$。(a)如果 C_L 为开路，试求与等效电路的输入和输出部分相应的上限 3dB 频率。(b)试求小信号中频电压增益。(c)如果在输出端连接负载电容 $C_L=15\text{pF}$，试确定该上限 3dB 频率是由负载电容主导还是由晶体管特性主导。

计算机仿真题

*7.64 图 P7.64 所示的射极跟随器电路，假设晶体管参数为 $\beta_o=100$，$V_A=\infty$，$C_\pi=35\text{pF}$ 和 $C_\mu=4\text{pF}$。根据 PSpice 分析，试求(a)$R_L=0.2\text{k}\Omega$，(b)$R_L=2\text{k}\Omega$ 和(c)$R_L=20\text{k}\Omega$ 时的上限 3dB 频率和中频电压增益，并解释这些结果之间的差别。

*7.65 图 P7.65 所示的源极跟随器电路，假设晶体管参数为 $V_{TP}=-2\text{V}$，$K_p=2\text{mA/V}^2$，$\lambda=0.02\text{V}^{-1}$，$C_{gs}=5\text{pF}$ 和 $C_{gd}=0.8\text{pF}$。根据 PSpice 分析，试求(a)$R_L=0.2\text{k}\Omega$，(b)$R_L=2\text{k}\Omega$ 和(c)$R_L=20\text{k}\Omega$ 时的上限 3dB 频率和中频电压增益，并解释这些结果之间的差别。

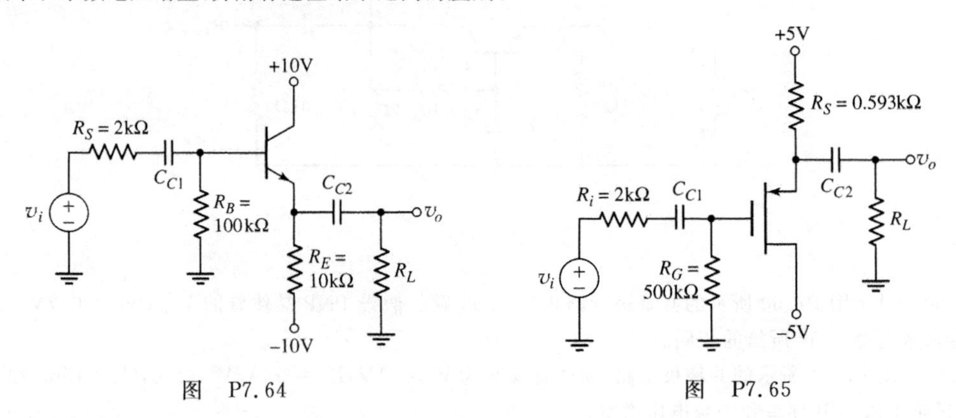

图 P7.64　　　　图 P7.65

*7.66 射极跟随器电路是一种宽频带电路，但电压增益稍小于 1。图 P7.66 所示为射极跟随器电路和共射极电路构成的级联电路结构。研究从单个电路的射极跟随器获得宽频带和共射极电路获得大电压增益的可能性。假设晶体管参数为 $\beta_o=150$，$V_A=\infty$，$C_\pi=24\text{pF}$ 和 $C_\mu=4\text{pF}$。试求上限 3dB 频率和中频增益。这些结果与共射-共基级联电路的情况相比会怎样？

*7.67 图 P7.67 所示电路的晶体管为复合晶体管对，假设每个晶体管的 $\beta_o=100$ 和 $V_A=\infty$。Q_1 和 Q_2 的电容值是相同的，均有 $C_\pi=24\text{pF}$ 和 $C_\mu=4\text{pF}$。根据 PSpice 分析，试求(a)$R_{E1}=10\text{k}\Omega$，(b)$R_{E1}=40\text{k}\Omega$ 和(c)$R_{E1}=\infty$时的上限 3dB 频率和中频电压增益。解释这些结果之间的差别。

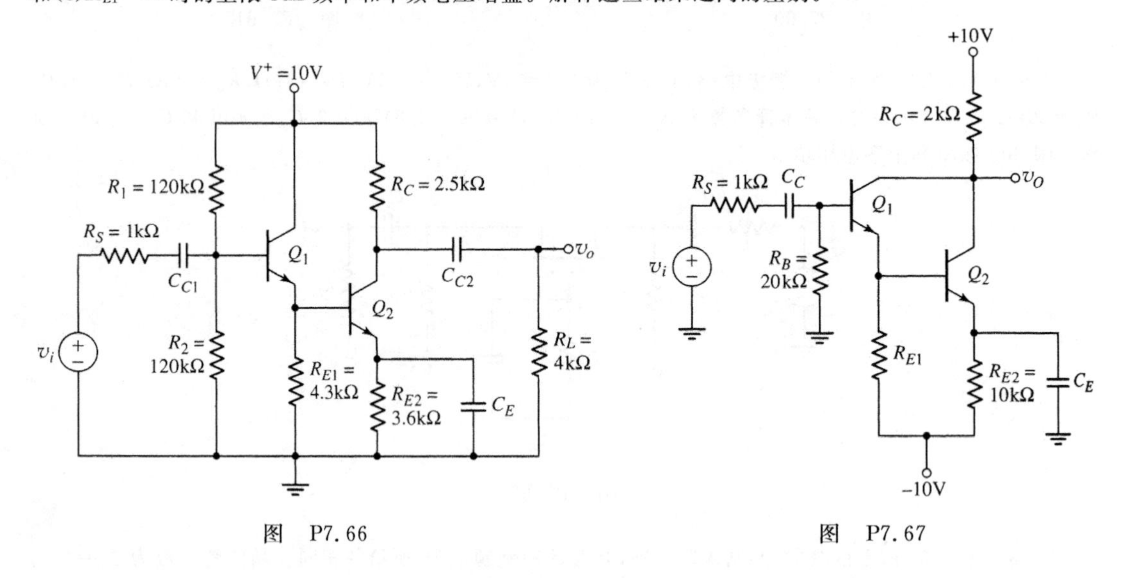

图 P7.66　　　　图 P7.67

*7.68 对于图 P7.68(a)所示的共源极电路和图 P7.68(b)所示的 NMOS 共射-共基级联电路，所有的晶体管都具有以下相同的参数，即 $K_n=1.2\text{mA/V}^2$，$V_{TN}=2\text{V}$，$\lambda=0$，$C_{gs}=5\text{pF}$ 和 $C_{gd}=0.8\text{pF}$。根据对每个电路的 PSpice 分析，试求上限 3dB 频率和中频电压增益，并比较 3dB 频率和中频电压增益。

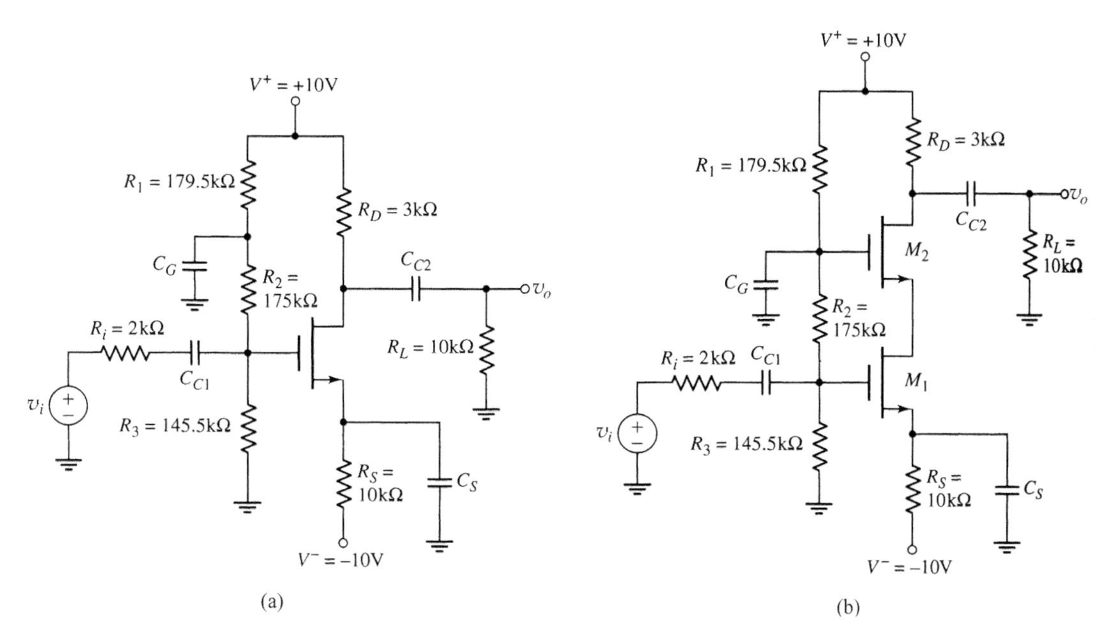

图　P7.68

*7.69　图 P7.69 所示的电路，晶体管是相同的，且参数为 $K_n = 4mA/V^2$，$V_{TN} = 2V$，$\lambda = 0$，$C_{gs} = 10pF$ 和 $C_{gd} = 2pF$。所有的耦合电容都等于 $C_C = 4.7\mu F$。应用 PSpice 分析求下限和上限 3dB 频率。带宽和中频电压增益值是多少？试问多大的负载电容能使带宽增加一倍？

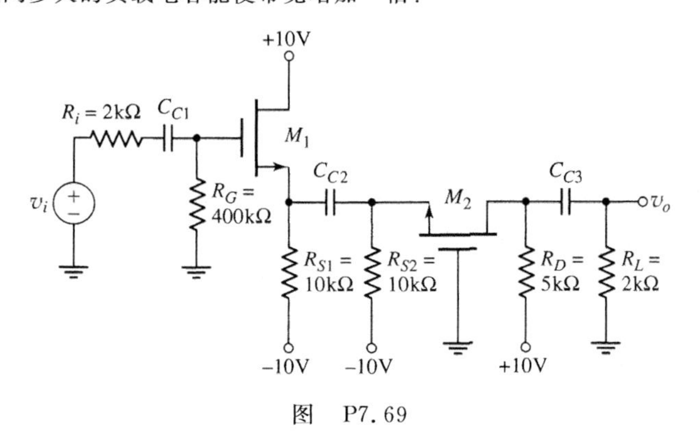

图　P7.69

设计题

（注：每种设计都要用计算机仿真进行验证）

*D7.70　图 P7.70 所示为包含源极电阻 R_S 的简化的 FET 放大器高频等效电路。包含源极电阻会减小小信号电压增益。研究作为源极电阻函数的放大器带宽，来确定放大器设计中在增益和带宽之间所需要的折衷方案。(a)对于电压增益 $A_v(s) = V_o(s)/V_i(s)$、中频增益以及上限 3dB 频率，推导它们近似的单极点表达式。(b)假设电路参数为 $R = 1k\Omega$，$R_L = 4k\Omega$，$C_{gs} = 5pF$ 和 $C_{gd} = 1pF$，且 $g_m = 2mA/V$。对于 $R_S = 0, 100\Omega, 250\Omega$ 和 500Ω，试求中频增益值和上限 3dB 频率。(c)试画出以源极电阻为变量的增益-带宽曲线。

*D7.71　(a)用 2N2222A 型晶体管设计共射极放大器，要求晶体管偏置在 $I_{CQ} = 1mA$ 和 $V_{CEQ} = 10V$。可以使用的电源为 $\pm 15V$，负载电阻为 $R_L = 20k\Omega$，源极电阻为 $R_S = 0.5k\Omega$，输入和输出部分经交流耦合到放大器，要求下限 3dB 频率小于 10Hz。试设计电路使中频增益最大，并求上限 3dB 频率。(b)对于 $I_{CQ} =$

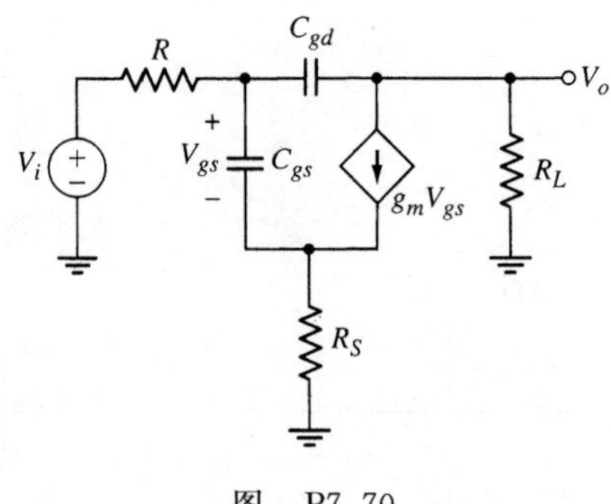

图 P7.70

50μA，重复该设计。假设 f_T 和 I_{CQ}=1mA 时的 f_T 相同。比较两种设计的中频增益和带宽。

*D7.72 设计双极型晶体管放大器，要求中频增益为$|A_v|=50$，下限 3dB 频率为 10Hz，可用的晶体管为 2N2222A，且可用的电源为±10V。电路中所有的晶体管应该偏置在约 0.5mA。负载电阻为 $R_L=5\text{k}\Omega$，信号源电阻为 $R_S=0.1\text{k}\Omega$，且输入和输出经交流耦合到放大器。比较单级设计和共射-共基设计的带宽。

*D7.73 设计共射极放大器用来提供特定的中频增益和带宽，使用表 P7.73 中所列的 A 器件。假设 I_{CQ}=1mA。研究若电路中接入器件 B 和 C 对中频增益和带宽产生的影响。试问哪种器件能提供最大的带宽？每种情况下的增益带宽积为多少？

表 P7.73

器件	f_T(MHz)	C_μ(pF)	β	r_b(Ω)
A	350	2	100	15
B	400	2	100	10
C	500	2	50	5

*D7.74 图 P7.74 所示为简化的共射极放大器的高频等效电路。输入信号通过 C_{C1} 耦合到放大器，输出信号通过 C_{C2} 耦合到负载，放大器提供中频增益$|A_m|$和上限 3dB 频率 f_H。将该单级放大器的设计与在信号和负载之间同时采用三级放大器的设计相比较。在三级放大器中，除了每一级的 g_m 为单级放大器的三分之一以外，假设所有的参数都相同。试比较各个中频增益和带宽。

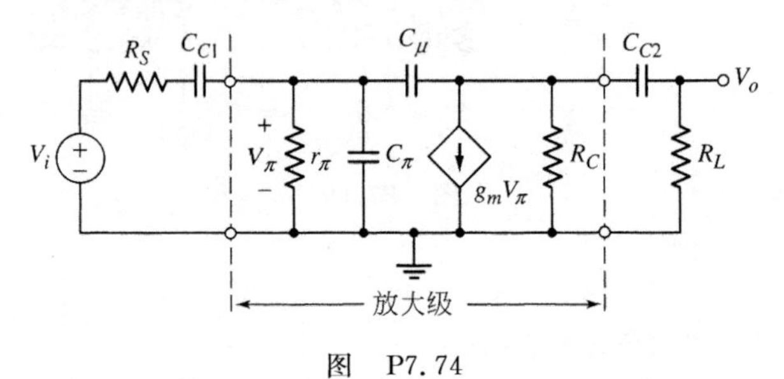

图 P7.74

第8章

输出级和功率放大器

前一章主要分析了小信号电压增益、电流增益以及阻抗特性。本章将要分析和设计能对负载提供规定信号功率的电路。这就需要关心晶体管中的消耗功率,尤其是输出级的消耗功率,因为输出级必须输出一定的信号功率。输出信号的线性度仍然是需要优先考虑的问题。而输出信号的总谐波失真是衡量输出级线性特性的一项性能指标。

本章内容

- 阐述功率放大器的概念。
- 阐述 BJT 和 MOSFET 功率晶体管的特性,并分析采用散热片器件的温度和热流特性。
- 定义各类功率放大器并求解每一种功率放大器的最高效率。
- 分析几种甲类功率放大器的电路结构。
- 分析几种甲乙类功率放大器的电路结构。
- 用功率 MOSFET 作为输出器件设计输出级电路。

8.1 功率放大器

本节内容:阐述功率放大器的概念。

多级放大器可能需要对无源负载输送较大的功率。这种功率可能是非常大的电流流过一个相对较小的负载电阻,比如音频扬声器;也可能是较大的电压施加在一个相对较大的负载电阻上,比如开关电源。功率放大器输出级的设计必须要满足负载对功率的要求。本章只考虑采用 BJT 或 MOSFET 设计的功率放大器,不会考虑其他的类型,比如采用晶闸管设计的功率电子装置。

输出级有两个比较重要的功能:一是要提供较低的输出电阻,这样可以在不损失增益的前提下向负载输送信号功率;二是要使输出信号保持线性。较低的输出电阻意味着需要采用射极跟随器或源极跟随器电路结构。衡量输出信号线性度的一个参数是**总谐波失真**(**THD**)。这个性能指标为输出信号谐波成分的有效值,不包含基波,通常表示为基波的百分数。

设计输出级特别要关心的是将所需的信号功率有效地传递给负载。这就意味着输出级晶体管本身的消耗功率应该尽量小。输出晶体管必须能够对负载提供所需的电流,并且能够承受住所需要的输出电压。

下面首先讨论功率晶体管,然后再分析几种功率放大器的输出级电路。

8.2 功率晶体管

本节内容:阐述 BJT 和 MOSFET 功率晶体管的特性,并分析采用散热片器件的温度和热流特性。

在前面的讨论中,都曾忽略了晶体管在最大电流、电压以及功率方面的任何物理极限,默认了晶体管能够承受住这些电流和电压,并能够承受晶体管内部的消耗功率而不发生任何的损伤。

然而,由于下面将要讨论的电路是功率放大器,所以必须关心晶体管的极限值。这些极限值包括:最大额定电流(安培量级)、最大额定电压(100V 量级)以及最大额定功率(几瓦或几十瓦量级)[①]。下面将分析这些极限对 BJT 和 MOSFET 的影响。

功率的最大极限和晶体管的最大允许温度有关,晶体管的最大允许温度又是散热速率的函数。因而,下面将简单地分析一下散热和热流的问题。

8.2.1 功率 BJT

功率晶体管为大面积器件,由于几何结构和掺杂浓度上的差别,它们的特性有别于小信号器件。表 8.1 对常用的小信号 BJT 和两个功率 BJT 的参数作了比较。功率晶体管的电流增益通常较小,典型值在 20～100 之间,并且集电极电流可能是温度的强依赖函数。图 8.1 所示为 2N3055 型功率 BJT 的电流增益在不同温度下相对于集电极电流变化的特性。当电流较大时电流增益明显下降,而基区和集电区之间的寄生电阻有可能变大,进而影响晶体管的电极特性。

表 8.1 小信号 BJT 和功率 BJT 的特性和最大额定值的比较

参　数	小信号 BJT (2N2222A)	功率 BJT (2N3055)	功率 BJT (2N6078)
V_{CE}(max)(V)	40	60	250
I_C(max)(A)	0.8	15	7
P_D(max)(W)($T=25℃$)	1.2	115	45
β	35～100	5～20	12～70
f_T(MHz)	300	0.8	1

集电极最大额定电流 $I_{C,\text{rated}}$可能与以下因素有关:连接半导体和外部电极的导线所能承受的最大电流;当电流增益下降到最小指定值以下时的集电极电流;或者当晶体管在饱和区时,导致最大消耗功率的电流。

BJT 的最大电压限制通常和基极-集电极 PN 结反向偏置时发生的雪崩击穿有关。在共射极电路结构中,击穿电压的机理也包括晶体管的增益和 PN 结上的击穿现象。I_C 相对

① 这里必须指出的是,最大额定电流和最大额定电压通常是不能同时出现的。

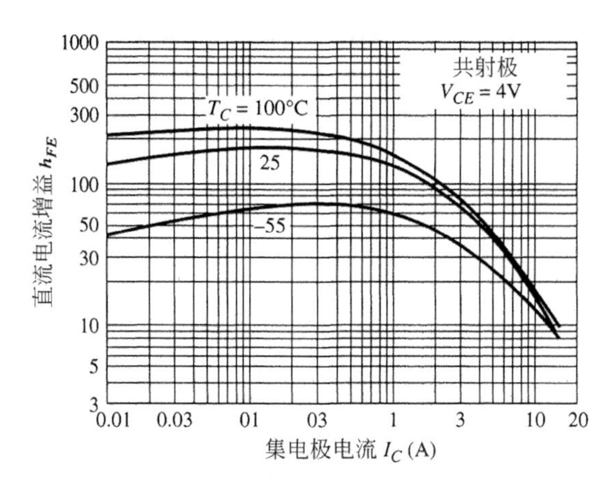

图 8.1 2N3055 典型的(h_{FE} 相对于 I_C 变化的)直流 β 特性

于 V_{CE} 变化的典型的特性曲线如图 8.2 所示。当基极开路($I_B=0$)时的击穿电压为 V_{CEO},从图 8.2 所示的数据可知该值约为 130V。

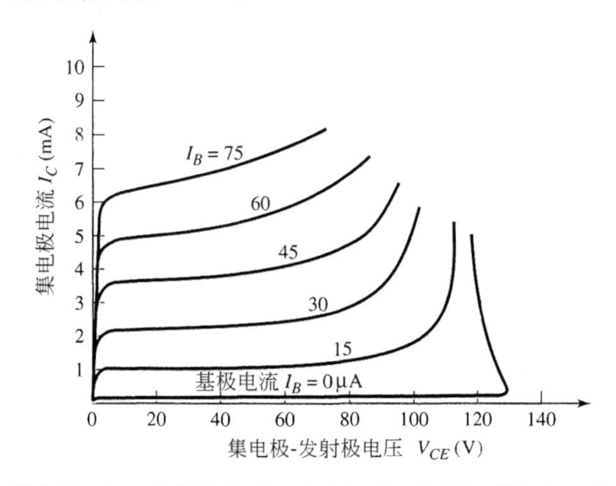

图 8.2 显示击穿效应的双极型晶体管集电极电流相对于集电极-射极电压典型的关系特性曲线

当晶体管偏置在放大区时,在到达击穿电压 V_{CEO} 之前,集电极电流开始迅速增加,而一旦发生了击穿,则所有的曲线都趋向于汇集到一个相同的集电极-发射极电压值,这个电压用 $V_{CE(sus)}$ 表示,它也是使晶体管发生击穿所必需的最小电压。从图 8.2 所示的数据可知 $V_{CE(sus)}$ 的值约为 115V。

另一种击穿效应称为**二次击穿**,它发生在 BJT 工作于高电压和较大的电流时。电流密度稍许的不均匀就会产生局部温度上升,温度上升会减小半导体材料的电阻,电阻的减小又会增加这些区域的电流。这种效应导致正反馈的发生,以使电流继续上升,从而导致了温度的大幅度上升,直至半导体材料融化掉,在集电极和发射极之间产生短路并最终导致器件彻底的毁坏。

消耗在 BJT 内的瞬时功率为

$$p_Q = v_{CE}i_C + v_{BE}i_B \tag{8.1}$$

基极电流通常远小于集电极电流。因而,近似以后的瞬时消耗功率为

$$p_Q \approx v_{CE} i_C \tag{8.2}$$

对式(8.2)在一个信号周期内积分可得平均功率为

$$\bar{p}_Q = \frac{1}{T}\int_0^T v_{CE} i_C \mathrm{d}t \tag{8.3}$$

为了使器件温度保持在最大值以下，消耗在BJT中的平均功率就必须保持低于一个特定的最大值。如果假设集电极电流和集电极-射极电压均为直流量，那么在晶体管的**最大额定功率** P_T 处，可得

$$P_T = V_{CE} I_C \tag{8.4}$$

最大电流、最大电压以及最大功率的限制都可以采用图8.3所示的 I_C 相对于 V_{CE} 的特性曲线来进行图解。平均功率限制 P_T 见式(8.4)所描述的双曲线。晶体管能够安全工作的区域称为**安全工作区(SOA)**，且该区域受 $I_{C,\max}$、$V_{CE,(\text{sus})}$、P_T 和晶体管二次击穿特性曲线的约束。图8.3(a)所示为采用线性电流和电压坐标轴绘出的安全工作区；图8.3(b)所示则为采用对数坐标轴表示的相同的特性。

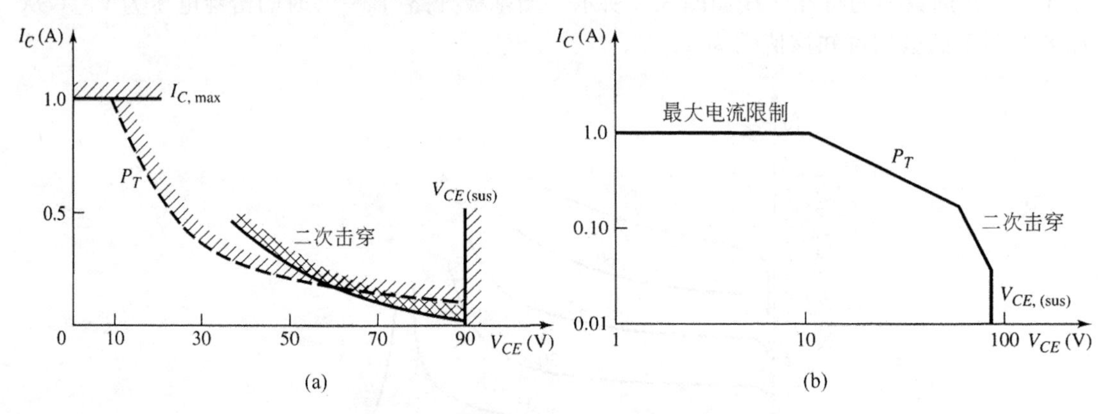

图8.3 双极型晶体管的安全工作区

(a) 直角坐标系；(b) 对数坐标系

i_C-v_{CE} 工作点可以暂时移动到安全工作区之外而不会造成晶体管的损坏，但这取决于Q点移出安全工作区的距离和时间。为了安全考虑，假设器件工作点必须一直保持在安全工作区之内。

【例题8.1】

目的：求解功率BJT所需要的额定电流、电压和功率。

已知如图8.4所示的共射极电路，其参数为 $R_L=8\Omega$ 和 $V_{CC}=24\text{V}$。

解：对于 $V_{CE}\approx 0$，集电极电流的最大值为

$$I_C(\max) = \frac{V_{CC}}{R_L} = \frac{24}{8} = 3\text{A}$$

对于 $I_C=0$，集电极-发射极电压的最大值为

$$V_{CE}(\max) = V_{CC} = 24\text{V}$$

负载线为

$$V_{CE} = V_{CC} - I_C R_L$$

而且必须保持在安全工作区，如图8.5所示。

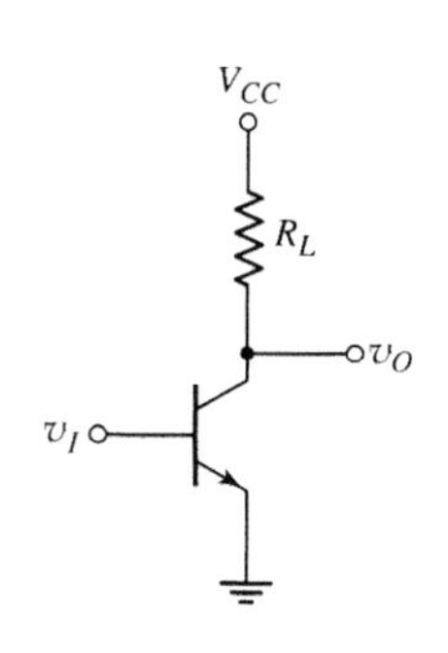

图 8.4 例题 8.1 的电路

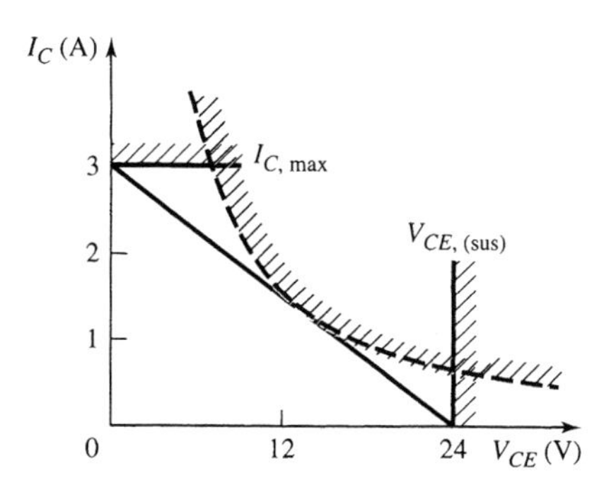

图 8.5 安全工作区内的直流负载线

因而晶体管的消耗功率为

$$P_T = V_{CE}I_C = (V_{CC} - I_CR_L)I_C = V_{CC}I_C - I_C^2R_L$$

将该等式的导数置零

$$\frac{\mathrm{d}P_T}{\mathrm{d}I_C} = 0 = V_{CC} - 2I_CR_L$$

可以求得发生在最大功率时的电流，可得

$$I_C = \frac{V_{CC}}{2R_L} = \frac{24}{2(8)} = 1.5\mathrm{A}$$

最大功率点的 C-E 电压为

$$V_{CE} = V_{CC} - I_CR_L = 24 - (1.5)(8) = 12\mathrm{V}$$

这说明晶体管的最大消耗功率发生在负载线的中间。因而晶体管的最大消耗功率为

$$P_T = V_{CE}I_C = 12(1.5) = 18\mathrm{W}$$

点评：通常采用安全系数来给一个特定的应用设计选择晶体管。对于上述例题来说，则需要选择一个额定电流大于 3A，额定电压大于 24V 且额定功率大于 18W 的晶体管。

练习题

【练习题 8.1】 图 8.4 所示的共射极电路，假设图中 BJT 的限制条件为 $I_{C,\max}=2\mathrm{A}$，$V_{CE(\mathrm{sus})}=50\mathrm{V}$ 和 $P_T=10\mathrm{W}$。忽略二次击穿效应，对于(a)$V_{CC}=30\mathrm{V}$，(b)$V_{CC}=15\mathrm{V}$，试求使晶体管 Q 点总是保持在安全工作区的 R_L 最小值。在每种情况下试求集电极电流的最大值和晶体管消耗功率的最大值。（答案：(a)$R_L=22.5\Omega$，$I_{C,\max}=1.33\mathrm{A}$，$P_{Q,\max}=10\mathrm{W}$；(b)$R_L=7.5\Omega$，$I_{C,\max}=2\mathrm{A}$，$P_{Q,\max}=7.5\mathrm{W}$）

功率晶体管要用来处理较大的电流，这就要求较大的发射极面积来维持合理的电流密度。为了使基极的寄生电阻最小，这些晶体管的发射极宽度通常被设计得较窄，也可能制作成如图 8.6 所示的**交指式结构**。同样，发射极稳流电阻，也就是每个发射极引线上的小电阻，在设计过程中通常将它们进行合并。这些电阻可以帮助在每个 B-E 结中维持相等的电流。

8.2.2 功率 MOSFET

表 8.2 列出了两个 N 沟道功率 MOSFET 的基本参数。漏极电流在安培范围之内，击穿电压在几百伏范围之内。和前面讨论的 BJT 相同，这些晶体管也必须工作在安全工作区之内。

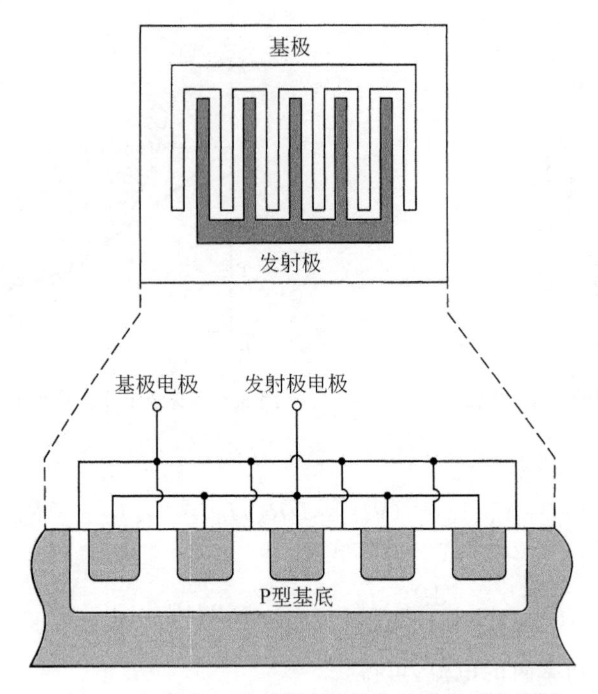

图 8.6 交指式双极型晶体管结构的横截面俯视图

表 8.2 两个功率 MOSFET 的特性

参　数	2N6757	2N6792
V_{DS}(max)(V)	150	400
I_D(max)(W)(T=25℃)	8	2
P_D(W)	75	20

功率 MOSFET 和双极型功率晶体管在工作原理和性能上都不相同。功率 MOSFET 的优越性表现为：较短的开关时间、不存在二次击穿且能在较宽的温度范围内稳定增益和响应时间。图 8.7(a)所示为 2N6757 的跨导随温度的变化特性。MOSFET 跨导随温度的变化要小于图 8.1 所示的 BJT 电流增益随温度的变化。

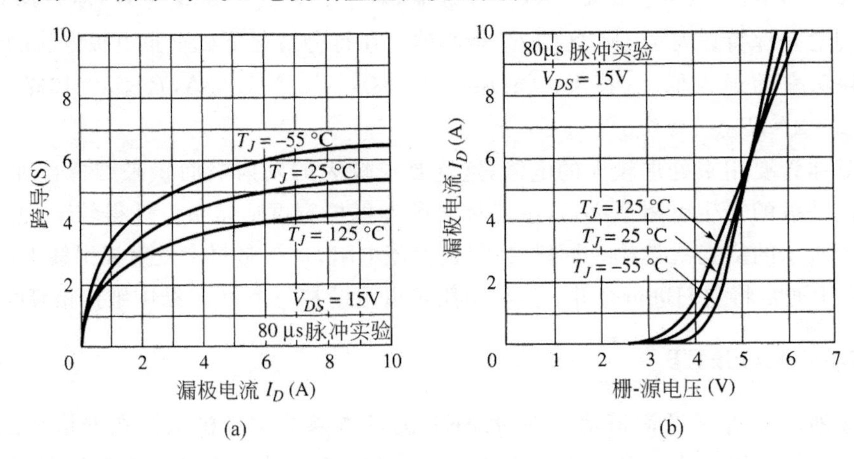

图 8.7 大功率 MOSFET 的典型特性

(a) 跨导相对于漏极电流的变化曲线；(b) 转移特性

功率 MOSFET 通常通过垂直或双扩散工艺制作而成，所制作的器件分别称为 VMOS 和 DMOS。VMOS 器件的横截面如图 8.8(a)所示，而 DMOS 器件的横截面则如图 8.8(b)所示。DMOS 工艺可用来在一块单独的硅芯片上制作大量的紧密填充的六边形单元，如图 8.8(c)所示。而且，这种 MOSFET 还可以通过并联来形成大面积的器件，而不需要等效的发射极稳流电阻来平衡电流密度。一个单独的功率 MOSFET 芯片可能包含多达 25000 个并联单元。

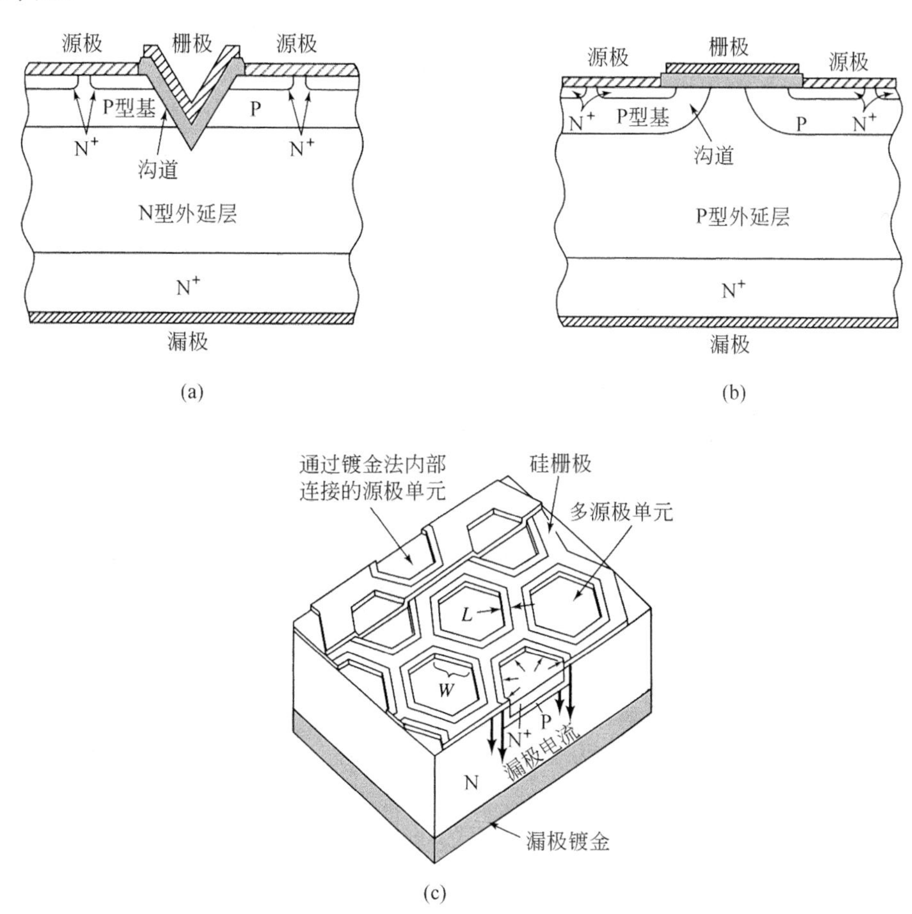

图 8.8

(a) VMOS 器件的横截面；(b) DMOS 器件的横截面；(c) 六边形 FET 结构

因为漏极和源极之间的通路实质上就是电阻，所以**导通电阻** r_{ds}(on)对 MOSFET 的功率容量来说是一个重要的参数。图 8.9 所示为 r_{ds}(on)的典型特性，图中 r_{ds}(on)为漏极电流的函数，实际得到的 r_{ds}(on)值在几十毫欧姆范围之内。

8.2.3 功率 MOSFET 和 BJT 的比较

由于 MOSFET 为高输入阻抗的电压控制器件，所以其驱动电路比较简单。一个 10A 功率 MOSFET 的栅极可能由一个标准的逻辑电路的输出来驱动。相反，如果一个 10A 的 BJT 其电流增益为 $\beta=10$，那么 10A 的集电极电流就需要 1A 的基极电流来驱动。而这样的输入电流则远远大于大部分逻辑电路的输出驱动能力，也就意味着功率 BJT 的驱动电路

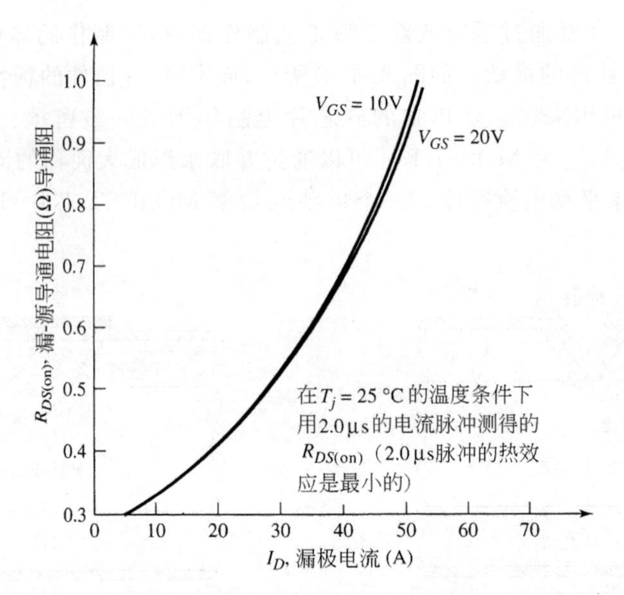

图 8.9 某 MOSFET 典型的漏-源电阻随漏极电流变化的特性

是非常复杂的。

MOSFET 是一种多数载流子(多子)器件，随温度的增加多子的迁移率下降，于是就增加了半导体的电阻性。这说明 MOSFET 比较不容易发生双极型晶体管所容易发生的热击穿和二次击穿现象。图 8.7(b)所示为几种温度下 I_D 相对于 V_{GS}变化的典型的特性曲线，图中清楚地表明了，对于给定的栅-源电压，当电流较高时，电流会随着温度的上升而下降。

8.2.4 散热片

消耗在晶体管中的功率会增加晶体管内部的温度，使其内部温度高于周围的环境温度。如果器件或结的温度上升得太高，晶体管就可能遭到永久的损坏。所以在晶体管的封装和散热片方面都必须采取专用的预防措施，以便使热量从晶体管上传导出去。图 8.10(a)和(b)所示为两种封装的示意图，而图 8.10(c)所示则为一种典型的散热片。

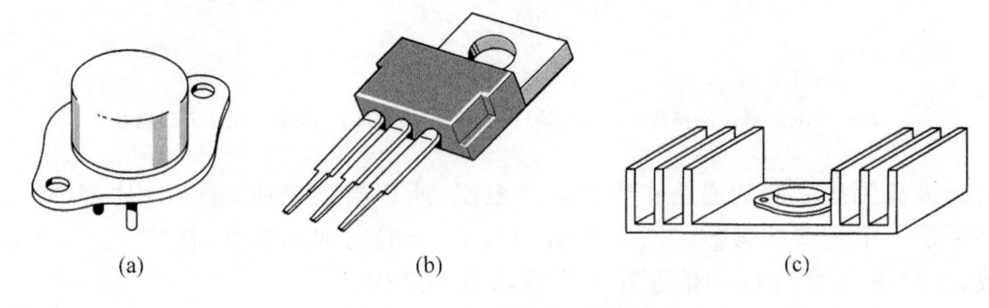

图 8.10 两种封装示意图

(a)和(b)为功率晶体管；(c) 典型的散热片

为了给功率晶体管设计散热片，首先要理解**热阻** θ，它的单位为℃/W。带热阻 θ 的元件两端的温差 T_2-T_1 为

$$T_2 - T_1 = P\theta \tag{8.5}$$

式中，P 为贯穿元件的热功率。温差是电压的电模拟，而功率或热流则是电流的电模拟。

【例题 8.2】

目的：求解某种材料的热特性。

第Ⅰ种情况：假设某材料的热阻为 $\theta=1.2$℃/W，并假设热功率流为 $P=10$W。

解：求得材料两侧相应的温差为

$$T_2 - T_1 = P\theta = (10)(1.2) = 12℃$$

第Ⅱ种情况：假设某材料的热阻为 $\theta=1.75$℃/W，并假设材料两侧的最大温差为 $T_2-T_1=125$℃。

解：贯穿材料的最大热功率流为

$$P = \frac{T_2 - T_1}{\theta} = \frac{125}{1.75} = 71.4\text{W}$$

点评：上述计算简单地阐明了热功率流和温差之间的关系。

练习题

【练习题 8.2】 (a)假设某热阻材料的参数为 $\theta=2.4$℃/W，贯穿它的热功率流为 $P=8$W。试求材料两侧相应的温差。(b)某材料的热阻为 $\theta=3.7$℃/W。如果材料两侧的温度差为 $\Delta T=85$℃，试求贯穿材料的热功率流。(答案：(a)$\Delta T=19.2$℃；(b)$P=23.0$W)

由厂商提供的功率器件的数据表通常会给出结或器件的最大工作温度 $T_{j,\max}$，以及从结到壳的热阻 $\theta_{jc}=\theta_{\text{dev-case}}$[①]。由定义可知，壳和散热片之间的热阻为 $\theta_{\text{case-snk}}$，而散热片和环境之间的热阻为 $\theta_{\text{snk-amb}}$。

当应用了散热片时，器件和环境之间的温差可以写成如下的形式，即

$$T_{\text{dev}} - T_{\text{amb}} = P_D(\theta_{\text{dev-case}} + \theta_{\text{case-snk}} + \theta_{\text{snk-amb}}) \tag{8.6}$$

式中，P_D 为消耗在器件中的功率。式(8.6)也可以用其等效的电子元件来模拟，具体如图 8.11 所示。元件两端的温差，比如壳和散热片之间的温差，为消耗功率 P_D 乘以适当的热阻，该例中为 $\theta_{\text{case-snk}}$。

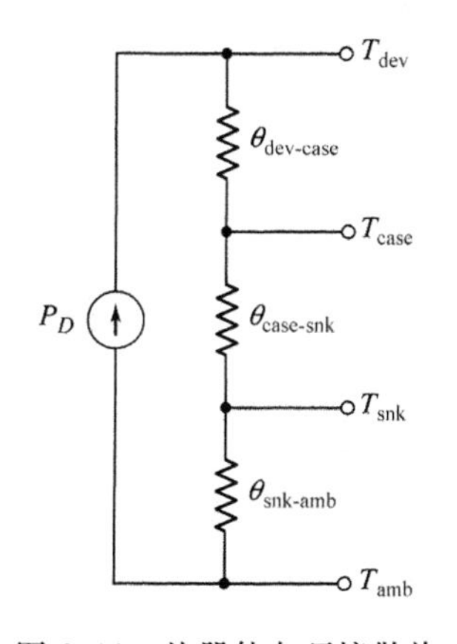

图 8.11 从器件向环境散热的电子等效电路

如果不采用散热片，则器件和环境之间的温差写为

$$T_{\text{dev}} - T_{\text{amb}} = P_D(\theta_{\text{dev-case}} + \theta_{\text{case-amb}}) \tag{8.7}$$

式中，$\theta_{\text{case-amb}}$ 为壳和环境之间的热阻。

【例题 8.3】

目的：求解晶体管的最大消耗功率，并求晶体管的管壳和散热片之间的温度。

已知具有如下热阻参数的功率 MOSFET

$$\theta_{\text{dev-case}} = 1.75℃/\text{W} \quad \theta_{\text{case-snk}} = 1℃/\text{W}$$

$$\theta_{\text{snk-amb}} = 5℃/\text{W} \quad \theta_{\text{case-amb}} = 50℃/\text{W}$$

环境温度为 $T_{\text{amb}}=30$℃，结或器件的最大温度为 $T_{j,\max}=T_{\text{dev}}=150$℃。

解(最大功率)：当不采用散热片时，由式(8.7)可得器件的最大消耗功率为

① 在此简短的讨论中，采用了一种更具描述性的下标符号来阐明。

$$P_{D,\max} = \frac{T_{j,\max} - T_{\text{amb}}}{\theta_{\text{dev-case}} + \theta_{\text{case-amb}}} = \frac{150 - 30}{1.75 + 50} = 2.32\text{W}$$

当采用散热片时，由式(8.6)可得器件的最大消耗功率为

$$P_{D,\max} = \frac{T_{j,\max} - T_{\text{amb}}}{(\theta_{\text{dev-case}} + \theta_{\text{case-snk}} + \theta_{\text{snk-amb}})} = \frac{150 - 30}{1.75 + 1 + 5} = 15.5\text{W}$$

解(温度)：器件温度为 $T=150℃$，且环境温度为 $T_{\text{amb}}=30℃$。热流为 $P_D=15.5\text{W}$。散热片温度(见图 8.11)表达式为

$$T_{\text{snk-amb}} = P_D \cdot \theta_{\text{snk-amb}}$$

即

$$T_{\text{snk}} = 30 + (15.5)(5) \Rightarrow T_{\text{snk}} = 107.5℃$$

外壳温度为

$$T_{\text{case}} - T_{\text{amb}} = P_D \cdot (\theta_{\text{case-snk}} + \theta_{\text{snk-amb}})^{①}$$

即

$$T_{\text{case}} = 30 + (15.5)(1 + 5) \Rightarrow T_{\text{case}} = 123℃$$

点评：上述结果阐明了应用散热片可以允许器件上消耗更多的功率，同时保持器件温度小于或等于其最大限定值。

练习题

【练习题 8.3】 功率 MOSFET 的 $\theta_{\text{dev-case}}=3℃/\text{W}$，工作时漏极平均电流为 $\bar{I}_D=1\text{A}$，漏-源平均电压为 $\bar{V}_{DS}=12\text{V}$。该器件被制作在参数为 $\theta_{\text{snk-amb}}=4℃/\text{W}$ 和 $\theta_{\text{case-snk}}=1℃/\text{W}$ 的散热片上。如果环境温度为 $T_{\text{amb}}=25℃$，试求：(a)器件，(b)壳，(c)散热片的温度。(答案：(a)121℃；(b)85℃；(c)73℃)

器件的最大安全功耗是(1)结和壳之间的温差以及(2)器件和壳之间的热阻 $\theta_{\text{dev-case}}$ 的函数，即

$$P_{D,\max} = \frac{T_{j,\max} - T_{\text{case}}}{\theta_{\text{dev-case}}} \tag{8.8}$$

图 8.12 所示的 $P_{D,\max}$ 相对于 T_{case} 的关系曲线称为晶体管的**减少功率额定值曲线**。此曲线穿越过横轴时所对应的温度为 $T_{j,\max}$。处于此温度时的器件不能容忍额外的温度上升；因而允许的功耗必须为零，这意味着此时的输入信号为零。

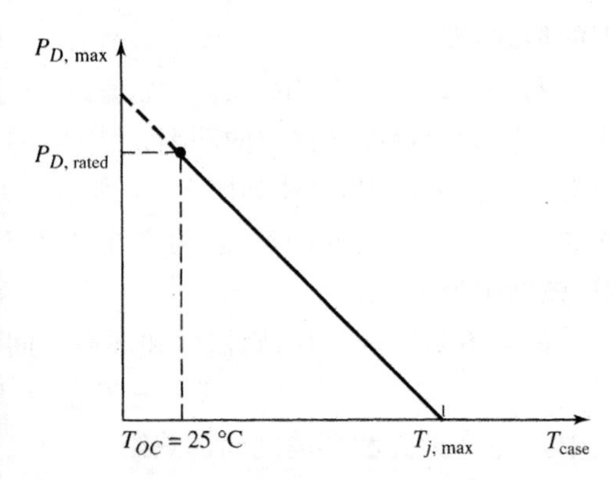

图 8.12 降低功率额定值曲线

器件的额定功率一般定义为：当器件达到其最大温度，而壳的温度保持在室温或环境温度，即 $T_{\text{case}}=25℃$ 时的功率。维持壳的温度处于环境温度则意味着壳和环境之间的热阻为零，或应用了无限大的散热片。但是让散热片无限大是不可能的。由于 $\theta_{\text{case-snk}}$ 和 $\theta_{\text{snk-amb}}$ 的值非零，壳的温度会上升到环境温度以上，于是就达不到器件的额定功率。通过分析图 8.11 所示的等效电路模型就可以看出这种效果。如果器件温度处于其最大允许值 $T_{\text{dev}}=$

① 原书式中的第二个 $\theta_{\text{case-snk}}$ 应为 $\theta_{\text{snk-amb}}$，原书有误。——译者注

$T_{j,\max}$，那么随着 T_{case} 的上升，$\theta_{dev\text{-}case}$ 两侧的温差下降，这就意味着通过元件的功率就必须减小。

【例题 8.4】

目的：求解晶体管的最大安全消耗功率。

已知额定功率为 20W 且最大结温为 $T_{j,\max}=175$℃的功率 BJT。该晶体管安装在一个参数为 $\theta_{case\text{-}snk}=1$℃/W 和 $\theta_{snk\text{-}amb}=5$℃/W 的散热片上。

解：由式(8.8)得器件和壳之间的热阻为

$$\theta_{dev\text{-}case}=\frac{T_{j,\max}-T_{OC}}{P_{D,rated}}=\frac{175-25}{20}=7.5℃/\mathrm{W}$$

由式(8.6)可得最大功耗为

$$P_{D,\max}=\frac{T_{j,\max}-T_{amb}}{\theta_{dev\text{-}case}+\theta_{case\text{-}snk}+\theta_{snk\text{-}amb}}$$

$$=\frac{175-25}{7.5+1+5}=11.1\mathrm{W}$$

点评：器件中实际的最大安全功耗可能小于额定值。当器件温度不能控制在和环境温度相同时这种情况就会发生，这是因为在壳和环境之间还有非零的热阻存在。

练习题

【练习题 8.4】 功率 BJT 的额定功率为 $P_{D,rated}=50$W，允许的最大结温为 $T_{j,\max}=200$℃，且环境温度为 $T_{amb}=25$℃。散热片和空气之间的热阻为 $\theta_{snk\text{-}amb}=2$℃/W，壳和散热片之间的热阻为 $\theta_{case\text{-}snk}=0.5$℃/W。试求壳的最大安全功耗和温度。(答案：$P_{D,\max}=29.2$W，$T_{case}=98$℃)

理解测试题

【测试题 8.1】 图 8.13 所示的共源电路，其参数为 $R_D=20\Omega$，$V_{DD}=24$V。试求所需 MOSFET 的电流、电压以及功率值。(答案：$I_D(\max)=1.2$A，$V_{DS}(\max)=24$V，$P_D(\max)=7.2$W)

【测试题 8.2】 图 8.14 所示的射极跟随器电路，其参数为 $V_{CC}=10$V 和 $R_E=200\Omega$。晶体管电流增益为 $\beta=150$，且电流和电压限制为 $I_{C,\max}=200$mA 和 $V_{CE(sus)}=50$V。试求使 Q 点总是处于安全工作区之内的最大[①]晶体管功率值。(答案：$P_{\max}=0.5$W)

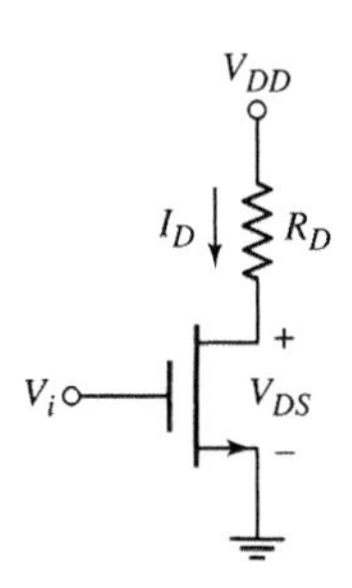

图 8.13　测试题 8.1 和例题 8.5 的电路

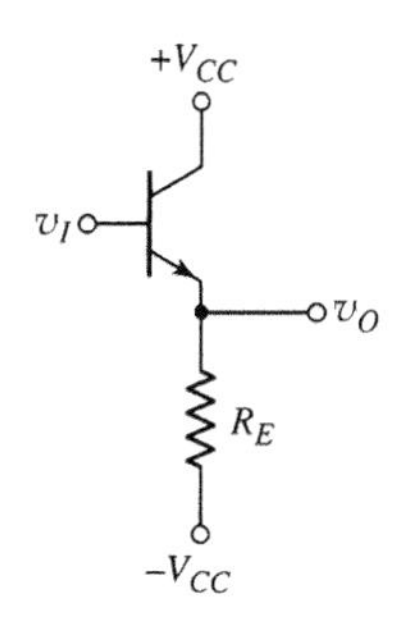

图 8.14　测试题 8.2 的电路

① 原文误为最小。——译者注

8.3 功率放大器分类

本节内容：定义各类功率放大器并求解每一种功率放大器的最高效率。

功率放大器通常根据输出晶体管导通时间的百分比来进行分类。一般有四种主要的种类：甲类、乙类、甲乙类和丙类。图 8.15 所示为输入正弦信号时对这几种类型的功率放大器所进行的图解分析。在**甲类工作方式**中，输出晶体管具有静态偏置电流 I_Q 并且在整个信号周期都处于导通状态；在**乙类工作方式**中，在正弦波输入信号的每个周期输出晶体管仅导通半个周期；在**甲乙类工作方式**中，输出晶体管偏置在一个很小的静态电流 I_Q，输出晶体管的导通时间稍大于半个周期；相反，在**丙类工作方式**中，输出晶体管的导通时间则小于半个周期。下面将分析各类功率放大器的直流偏置、负载线以及它们的效率问题。

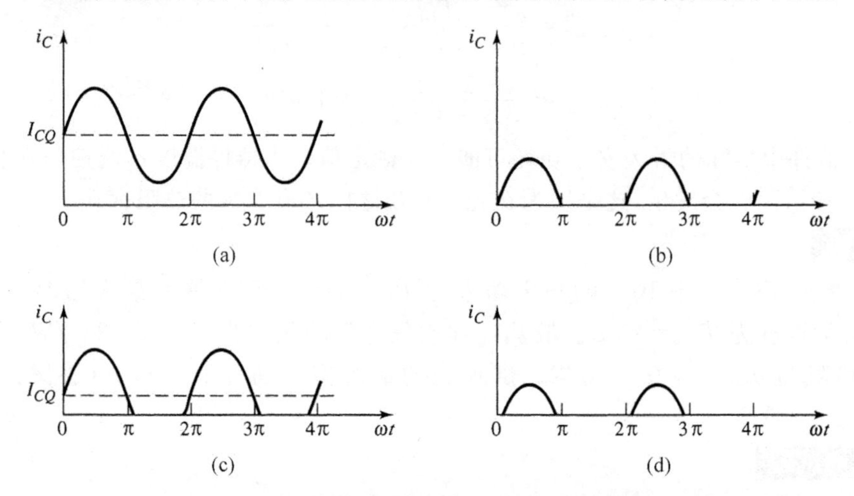

图 8.15　功率放大器集电极电流随时间变化的特性

(a) 甲类；(b) 乙类；(c) 甲乙类；(d) 丙类

学习本章的目的就是要了解功率放大器的基本原理。当然，除了本书所讲的这几种功率放大器之外还存在其他类型的功率放大器和功率电子装置。

8.3.1 甲类功率放大器的工作原理

本文第 4 章和第 6 章所分析过的小信号放大器都是偏置在甲类工作状态。图 8.16(a) 所示为基本的共射极电路结构，为了方便起见，图中忽略了偏置电路。另外，在**标准的甲类放大器**结构中没有用到电感或变压器。

图 8.16(b)所示为其直流负载线。假设 Q 点位于负载线的中央，因此有 $V_{CEQ}=V_{CC}/2$。如果施加正弦输入信号，那么集电极电流和集电极-发射极电压中都会包含正弦变化的信号。尽管实际上达不到 $v_{CE}=0$ 和 $i_C=2I_{CQ}$，但图中所显示的变化是完全可能的。

忽略基极电流，可以得到晶体管上的消耗功率为

$$P_Q = v_{CE} i_C \tag{8.9}$$

对于正弦输入信号，集电极电流和集电极-发射极电压可以写为

$$i_C = I_{CQ} + I_P \sin\omega t \tag{8.10(a)}$$

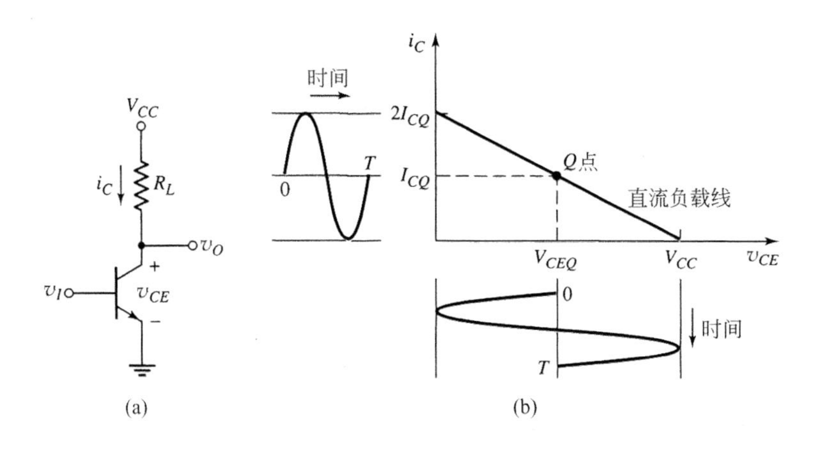

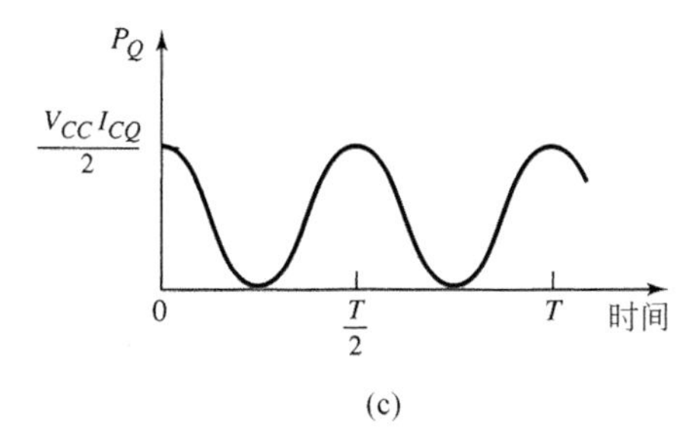

图　8.16

(a) 共射极放大器；(b) 直流负载线；(c) 晶体管瞬时消耗功率相对于时间的变化曲线

和

$$v_{CE}=\frac{V_{CC}}{2}-V_P\sin\omega t \tag{8.10(b)}$$

如果考虑到理想的变化值，则有 $I_P=I_{CQ}$ 和 $V_P=V_{CC}/2$。因而，由式(8.9)可以得到晶体管的瞬时消耗功率为

$$P_Q=\frac{V_{CC}I_{CQ}}{2}(1-\sin^2\omega t) \tag{8.11}$$

图 8.16(c)所示为晶体管的瞬时消耗功率。由于最大的消耗功率和静态值(见图 8.5)相对应，所以当输入信号为零时，晶体管必须能够承受持续的消耗功率 $V_{CC}I_{CQ}/2$。

功率转换效率定义为

$$\eta=\frac{\text{负载信号功率}(\overline{P}_L)}{\text{电源功率}(\overline{P}_S)} \tag{8.12}$$

式中，$\overline{P}_L$ 为输送给负载的平均交流功率，而 $\overline{P}_S$ 则为电源 V_{CC} 提供的平均功率。对于正弦输入信号情况下标准的甲类功率放大器，传递给负载的平均交流功率为$\frac{1}{2}V_PI_P$。应用理想的变化值可得

$$\overline{P}_L(\max)=\frac{1}{2}\left(\frac{V_{CC}}{2}\right)(I_{CQ})=\frac{V_{CC}I_{CQ}}{4} \tag{8.13}$$

电源 V_{CC} 提供的平均功率为

$$\overline{P}_S=V_{CC}I_{CQ} \tag{8.14}$$

因而可能达到的转化效率的最大值为

$$\eta(\max) = \frac{\frac{1}{4}V_{CC}I_{CQ}}{V_{CC}I_{CQ}} \Rightarrow 25\% \tag{8.15}$$

必须牢记的是，当在放大器输出端连接了负载时最大可能的转换效率可能会发生变化。这种电路的功率转换效率相对较低，因而当需要信号功率大于约 1W 时，通常不会采用标准的甲类功率放大器电路。

设计指南

这里必须强调的是，在实际的设计中最大信号电压 $V_{CC}/2$ 和最大信号电流 I_{CQ} 都是不可能实现的。为了避免晶体管的饱和或截止，以及由此产生的非线性失真，输出信号电压必须限制在一个较小的值。对于最大可能效率的计算同样忽略了偏置电路的消耗功率。因此，在实际的应用中，标准甲类功率放大器转换效率的最大值在 20%左右或更低。

【例题 8.5】

目的：计算甲类功率放大器输出级的实际效率。

已知如图 8.13 所示的共源极电路，其参数为 $V_{DD}=10\text{V}$ 和 $R_D=5\text{k}\Omega$，晶体管的参数为 $K_n=1\text{mA/V}^2$，$V_{TN}=1\text{V}$ 和 $\lambda=0$。为了使非线性失真最小，假设输出电压的振幅限制在临界点和 $v_{DS}=9\text{V}$ 之间。

解：负载线由下式给出，即

$$V_{DS} = V_{DD} - I_D R_D$$

在临界点处有

$$V_{DS}(\text{sat}) = V_{GS} - V_{TN}$$

和

$$I_D = K_n (V_{GS} - V_{TN})^2$$

联解这些表达式，并由下式求得临界点为

$$V_{DS}(\text{sat}) = V_{DD} - K_n R_D V_{DS}^2(\text{sat})$$

即

$$(1)(5)V_{DS}^2(\text{sat}) + V_{DS}(\text{sat}) - 10 = 0$$

可得

$$V_{DS}(\text{sat}) = 1.32\text{V}$$

为了得到指定条件下的最大对称振幅，则希望 Q 点位于 $V_{DS}=1.32\text{V}$ 和 $V_{DS}=9\text{V}$ 的中间。即

$$V_{DSQ} = 5.16\text{V}$$

于是，负载电阻两端电压最大的交流分量为

$$v_r = 3.84\sin\omega t$$

传送给负载的平均功率为

$$\overline{P}_L = \frac{1}{2} \cdot \frac{(3.84)^2}{5} = 1.47\text{mW}$$

求得静态漏极电流为

$$I_{DQ}=\frac{10-5.16}{5}=0.968\text{mA}$$

电源 V_{DD} 提供的平均功率为

$$\overline{P}_S=V_{DD}I_{DQ}=(10)(0.968)=9.68\text{mW}$$

由式(8.12)可得功率转换效率为

$$\eta=\frac{\overline{P}_L}{\overline{P}_S}=\frac{1.47}{9.68}\Rightarrow 15.2\%$$

点评：通过限制漏-源电压的振幅，可以避免非饱和与截止以及由此产生的非线性失真，与标准甲类功率放大器理论上的最大可能值25%相比，这里在很大程度上减小了输出级的功率转换效率。

练习题

*【练习题 8.5】 图8.17所示的共源极电路，Q 点为 $V_{DSQ}=4\text{V}$。(a)试求 I_{DQ}。(b)要求漏极瞬时电流的最小值必须不小于 $\frac{1}{10}I_{DQ}$，且漏-源瞬时电压的最小值必须不小于 $v_{DS}=1.5\text{V}$。试求对称正弦输出电压峰-峰振幅的最大值。(c)对于(b)部分的条件，计算功率转换效率，其中的信号功率为传送给 R_L 的功率。(答案：(a)$I_{DQ}=60\text{mA}$；(b)$V_{p-p}=5.0\text{V}$；(c)$\overline{P}_L=31.25\text{mW}$，$\eta=5.2\%$)

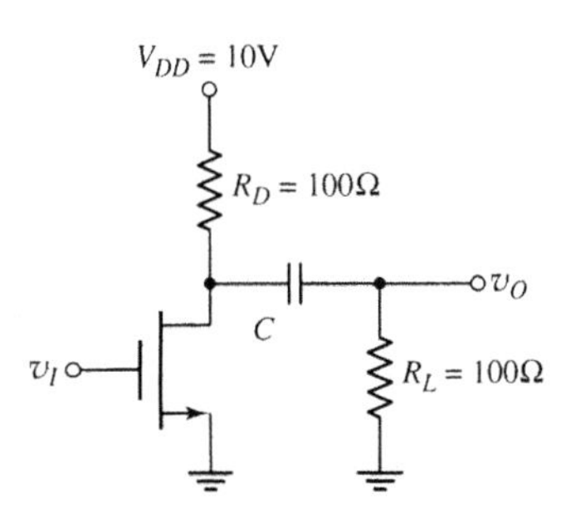

图8.17　练习题8.5的电路

甲类放大器的工作原理也适用于射极跟随器、共基极、源极跟随器以及共栅极电路。如前所述，图8.13和图8.16(a)所给的电路都是标准的甲类放大器，它们都没有采用电感和变压器。在本章后面的部分，将分析电感耦合和变压器耦合的功率放大器电路，它们同样工作在甲类工作状态。下面将会证明这些电路的最大转换效率为50%。

8.3.2　乙类功率放大器的工作原理

理想的乙类功率放大器工作原理

图8.18(a)所示是包含电子器件互补对的理想的乙类输出级电路。当 $v_I=0$ 时，两个器件都截止，偏置电流为零，且 $v_O=0$。在 $v_I>0$ 时，器件A导通并对图8.18(b)所示的负载提供电流。而在 $v_I<0$ 时，器件B导通并从图8.18(c)所示的负载吸收电流。理想的电压增益为单位1。

近似的乙类电路

图8.19所示为包含双极型晶体管互补对的输出级电路。当输入电压 $v_I=0$ 时，两个晶体管都截止，输出电压 $v_O=0$。如果假设B-E开启电压为0.6V，那么只要输入电压在 $-0.6\text{V}\leqslant v_I\leqslant +0.6\text{V}$ 范围内，输出电压 v_O 就保持为零。

如果 v_I 变为正且大于0.6V，那么 Q_n 导通并工作在射极跟随器状态。通过 Q_n 提供负载电流 i_L 为正，Q_p 的B-E结反向偏置。如果 v_I 变为负方向且大于0.6V，那么 Q_p 导通并工作为射极跟随器状态，晶体管 Q_p 从负载吸收电流，这说明此时的 i_L 为负。

这类电路称为**互补推挽**输出级电路。在输入信号的正半周期晶体管 Q_n 导通，而在输

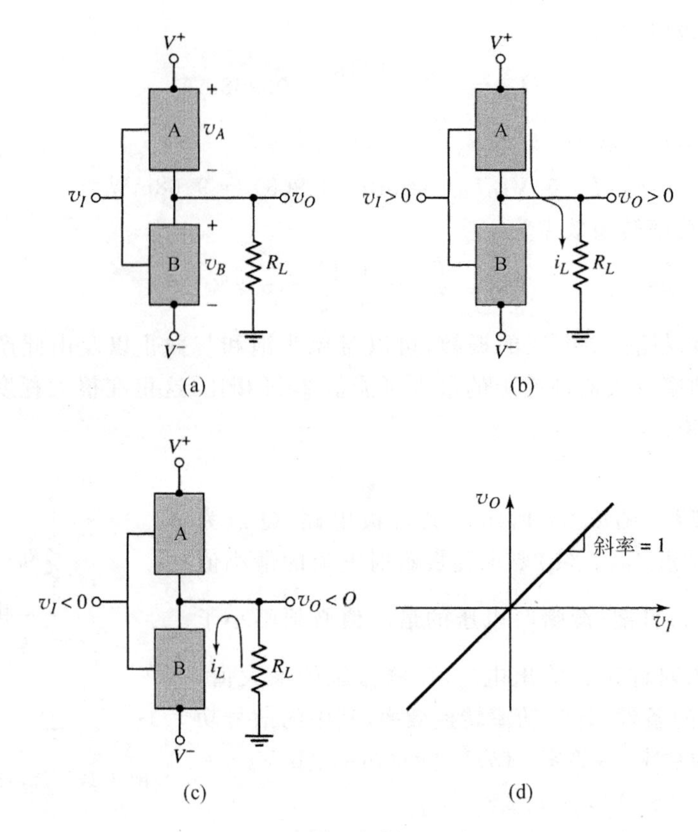

图 8.18

(a) 包含电子器件 A 和 B 互补对的理想的乙类输出级；(b) $v_I>0$ 时，器件 A 导通并向负载提供电流；(c) $v_I<0$ 时，器件 B 导通并从负载吸收电流；(d) 理想的电压传输特性

入信号的负半周期晶体管 Q_p 导通，两个晶体管不会同时导通。

图 8.20 所示为这类电路的电压传输特性曲线。当某个晶体管导通时，由于工作在射极跟随器状态，所以电压增益也就是曲线的斜率实质上为单位 1。图 8.21 所示为输入正弦信号时所对应的输出电压。当输出电压为正时，NPN 晶体管导通；而当输出电压为负时，PNP 晶体管导通。由此图可以看出，实际上每个晶体管的导通时间稍小于半周期。所以图 8.19 所示的双极型互补推挽电路并不是确切的乙类电路。

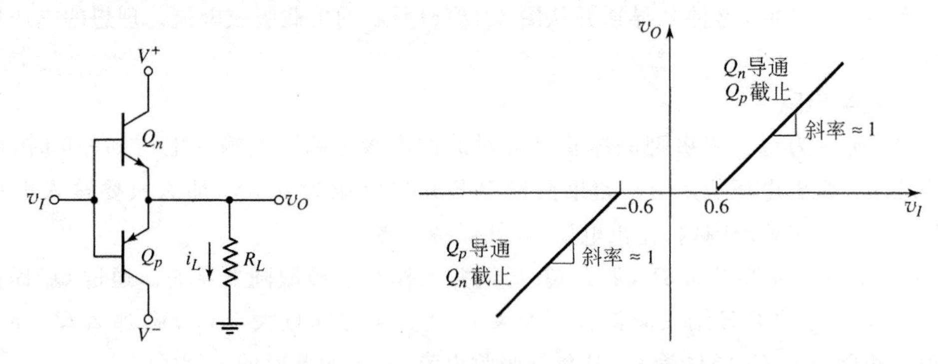

图 8.19　基本的互补推挽输出级　　　图 8.20　基本互补推挽输出级的电压传输特性

下面将会看到，采用 NMOS 和 PMOS 晶体管的输出级电路也会产生同样的电压传输特性曲线。

交越失真

从图 8.20 可以看出，当输入电压为 0V 左右时，两个晶体管都处于截止状态并且 v_O 也为 0V。曲线的这一部分称为**死区**，正如图 8.21 所示，对于正弦输入信号来说，死区的存在会产生**交越失真**。

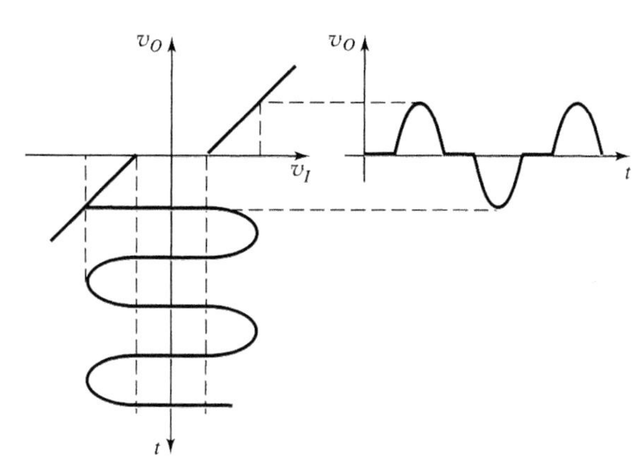

图 8.21 基本互补推挽输出级产生的交越失真

事实上，当 v_I 为零时，利用一个较小的静态集电极电流来偏置 Q_n 和 Q_p 就可以消除交越失真。这种方法将在下一节中进行具体的讨论。在反馈电路中应用运算放大器也可以使交越失真的影响降到最小。有关运算放大器的内容将在第 9 章进行讨论，反馈技术将在第 12 章进行讲解，所以在此暂不讨论这些技巧。

【例题 8.6】

目的：求解图 8.19 所示乙类互补推挽输出级的总谐波失真(THD)。

已知对该电路的 PSpice 分析得出的输出信号的谐波分量如表 8.3 所示。

解：在图 8.19 所示电路的输入端施加振幅为 2V 的 1kHz 正弦信号。电路偏置在 ±10V。电路中所用的晶体管是型号为 2N3904 的 NPN 管和型号为 2N3906 的 PNP 管。输出端连接了一个 1kΩ 的负载电阻。

表 8.3 例题 8.6 的谐波分量

频率(Hz)	傅里叶分量	规一化分量	相位(度)
1.000E+03	1.151E+00	1.000E+00	−1.626E−01
2.000E+03	6.313E−03	5.485E−03	−9.322E+01
3.000E+03	2.103E−01	1.827E−01	−1.793E+02
4.000E+03	4.984E−03	4.331E−03	−9.728E+01
5.000E+03	8.064E−02	7.006E−02	−1.792E+02
6.000E+03	3.456E−03	3.003E−03	−9.702E+01
7.000E+03	2.835E−02	2.464E−02	1.770E+02
8.000E+03	2.019E−03	1.754E−03	−8.029E+01
9.000E+03	6.679E−03	5.803E−03	1.472E+02
总谐波失真=19.75%			

表 8.3 给出了各谐波分量的前 9 种谐波。可以看出输出信号含有丰富的奇次谐波，其中 3kHz 的三次谐波达到 1kHz 基波输出信号的 18%。输出谐波失真为 19.7%，这个数字是很大的。

点评：以上的结果充分地显示了死区所带来的影响。如果输入信号的振幅增加，则总谐波失真就会下降。但是，如果振幅下降，则总的谐波失真将增加到 19%以上。

练习题

*【**练习题 8.6**】 对于例题 8.6 中图 8.19 所示的电路，如果用 NMOS 晶体管取代图中的 NPN 晶体管；用 PMOS 晶体管取代图中的 PNP 晶体管，重做该题。

理想的功率效率

如果将图 8.19 所示电路作一个理想化的变型，使其中的基极-射极开启电压为零，那么每个晶体管的导通时间将正好是输入信号的半个周期。则该电路将变为标准的乙类功率放大器输出级电路，而输出电压和负载电流将和输入信号完全一样。集电极-射极电压也将产生相同的正弦变化。

图 8.22 表明了有效的直流负载线。Q 点位于集电极电流为零的点，或两个晶体管都截止的点。于是每个晶体管中的静态消耗功率为零。

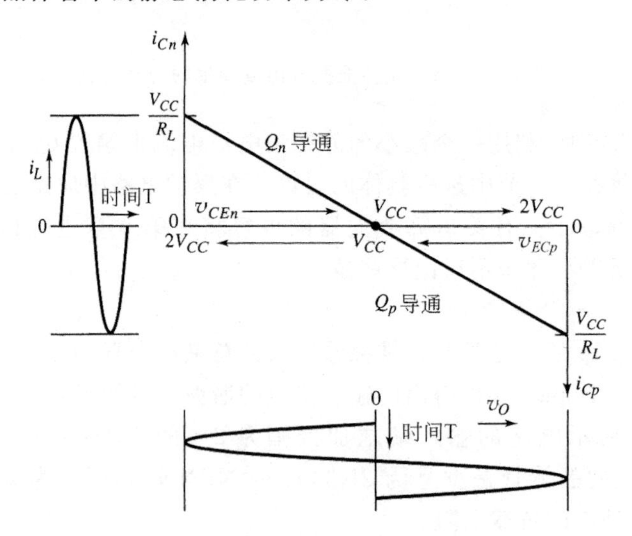

图 8.22 理想乙类输出级的有效负载线

该理想乙类输出级的输出电压可以写为

$$v_O = V_p \sin\omega t \tag{8.16}$$

式中 V_p 的最大可能值为 V_{CC}。

Q_n 中的瞬时消耗功率为

$$p_{Qn} = v_{CEn} i_{Cn} \tag{8.17}$$

集电极电流为

$$i_{Cn} = \frac{V_p}{R_L}\sin\omega t \tag{8.18(a)}$$

对于 $0\leqslant\omega t\leqslant\pi$，有

$$i_{Cn} = 0 \tag{8.18(b)}$$

当 $\pi\leqslant\omega t\leqslant 2\pi$，$V_p$ 为峰值输出电压。

由图 8.22 可以看出，集电极-射极电压可以写为

$$v_{CEn}=V_{CC}-V_p\sin\omega t \tag{8.19}$$

于是，Q_n 中总的瞬时消耗功率为

$$p_{Qn}=(V_{CC}-V_p\sin\omega t)\left(\frac{V_p}{R_L}\sin\omega t\right) \tag{8.20}$$

对于 $0\leqslant\omega t\leqslant\pi$，有

$$p_{Qn}=0$$

对于 $\pi\leqslant\omega t\leqslant 2\pi$，平均的消耗功率为

$$\bar{P}_{Qn}=\frac{V_{CC}V_p}{\pi R_L}-\frac{V_p^2}{4R_L} \tag{8.21}$$

由于对称性，晶体管 Q_p 中的平均消耗功率和晶体管 Q_n 中的情况完全相同。

如图 8.23 所示，每个晶体管上的平均消耗功率为 V_p 的函数。消耗功率先是随着输出电压的增加而增加到达一个最大值，然后又随着输出电压 V_p 的增加而减小。通过令 $\bar{P}_{Qn}$ 相对于 V_p 的导数为零就可以求得消耗功率的最大值为

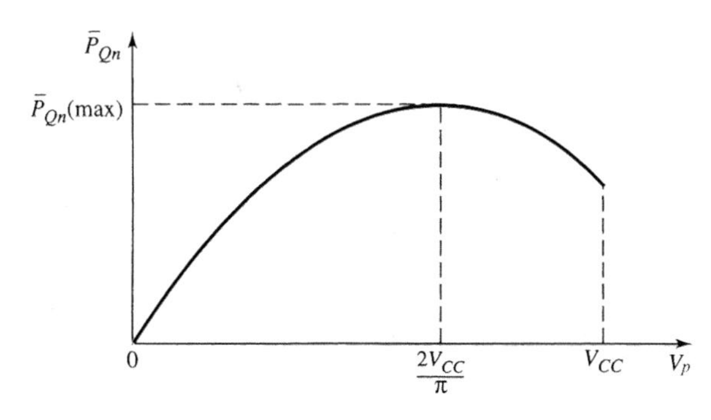

图 8.23　乙类功率放大器输出级每个晶体管的平均消耗功率相对于输出电压峰值的变化曲线

$$\bar{P}_{Qn}(\max)=\frac{V_{CC}^2}{\pi^2 R_L} \tag{8.22}$$

最大消耗功率发生在

$$V_p\Big|_{Pqn(\max)}=\frac{2V_{CC}}{\pi} \tag{8.23}$$

传送给负载的平均功率为

$$\bar{P}_L=\frac{1}{2}\cdot\frac{V_p^2}{R_L} \tag{8.24}$$

由于每个电源提供的电流为半个正弦波，平均电流为 $V_p/(\pi R_L)$。因而每个电源提供的平均功率为

$$\bar{P}_{S+}=\bar{P}_{S-}=V_{CC}\left(\frac{V_p}{\pi R_L}\right) \tag{8.25}$$

两个电源提供的总的平均功率为

$$\bar{P}_S=2V_{CC}\left(\frac{V_p}{\pi R_L}\right) \tag{8.26}$$

由式(8.12)可得转换效率为

$$\eta = \frac{\frac{1}{2}\frac{V_p^2}{R_L}}{2V_{CC}\left(\frac{V_p}{\pi R_L}\right)} = \frac{\pi}{4} \cdot \frac{V_p}{V_{CC}} \tag{8.27}$$

当 $V_p = V_{CC}$ 时,产生的最大可能效率为

$$\eta(\max) = \frac{\pi}{4} \Rightarrow 78.5\% \tag{8.28}$$

这里所得的最大效率值显然要大于标准甲类功率放大器的效率。

由式(8.24)可以得到传送给负载的平均功率的最大可能值为

$$\bar{P}_L(\max) = \frac{1}{2}\frac{V_{CC}^2}{R_L} \tag{8.29}$$

由于存在一些其他的电路消耗,也因为峰值输出电压必须保持小于 V_{CC} 以避免晶体管饱和,所以实际所得到的转换效率要小于这一最大值。随着输出电压振幅的增加,输出信号失真也会增加。为了将这种失真限制在一个可以允许的水平之内,通常限制峰值输出电压低于 V_{CC} 几伏。从图 8.23 和式(8.23)可以看出最大的晶体管消耗功率发生在 $V_p = 2V_{CC}/\pi$ 时。由式(8.27)可知,在此峰值输出电压处乙类功率放大器的转换效率为

$$\eta = \frac{\pi}{4V_{CC}} V_p = \left(\frac{\pi}{4V_{CC}}\right)\left(\frac{2V_{CC}}{\pi}\right) = \frac{1}{2} \Rightarrow 50\% \tag{8.30}$$

8.3.3 甲乙类功率放大器的工作原理

实际上可以通过在零输入信号时对每个输出晶体管施加一个较小的静态偏置电压来消除交越失真。这就是甲乙类输出级电路的结构原理,如图 8.24 所示。如果 Q_n 和 Q_p 为匹配晶体管,那么当 $v_I = 0$ 时,在 Q_n 的 B-E 结施加电压 $V_{BB}/2$,而在 Q_p 的 E-B 结施加电压 $V_{BB}/2$,且 $v_O = 0$。则每个晶体管中的静态集电极电流为

$$i_{Cn} = i_{Cp} = I_S e^{V_{BB}/(2V_T)} \tag{8.31}$$

随着 v_I 的增加,Q_n 基极的电压增加且 v_O 也增加。晶体管 Q_n 工作在射极跟随器状态,通过它为负载 R_L 提供电流。这时输出电压为

$$v_O = v_I + \frac{V_{BB}}{2} - v_{BEn} \tag{8.32}$$

Q_n 的集电极电流(忽略基极电流)为

$$i_{Cn} = i_L + i_{Cp} \tag{8.33}$$

由于必须通过增加 i_{Cn} 来为负载提供电流,所以 v_{BEn} 也必须增加。假设 V_{BB} 保持恒定,随着 v_{BEn} 的增加,v_{EBp} 将减小进而导致 i_{Cp} 减小。

随着 v_I 变为负值,Q_p 基极的电压减小且 v_O 也减小。晶体管 Q_p 工作在射极跟随器状态,从负载吸收电流。随着 i_{Cp} 的增加 v_{EBp} 也增加,进而导致 v_{BEn} 和 i_{Cn} 减小。

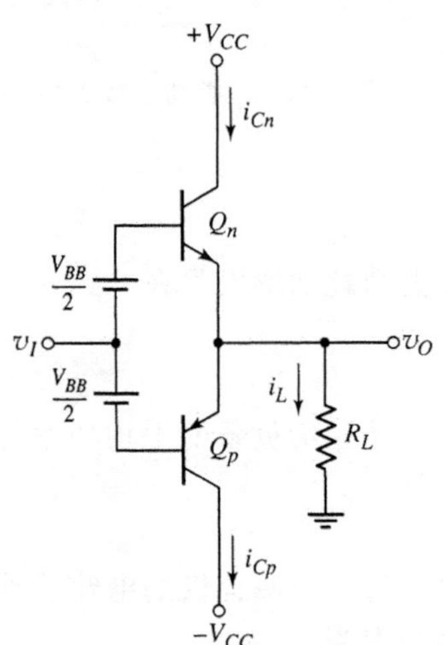

图 8.24 双极型甲乙类输出级电路

图 8.25(a)所示为甲乙类输出级的电压传输特性曲线。如果 v_{EBp} 和 v_{BEn} 不发生较大的变化,那么电压增益或传输特性曲线的斜率基本为单位 1。正弦输入电压信号和相应的集

电极电流以及负载电流分别如图 8.25(b)、(c)和(d)所示。每个晶体管的导通时间大于半个周期,这也就是对甲乙类功率放大器工作原理的定义。

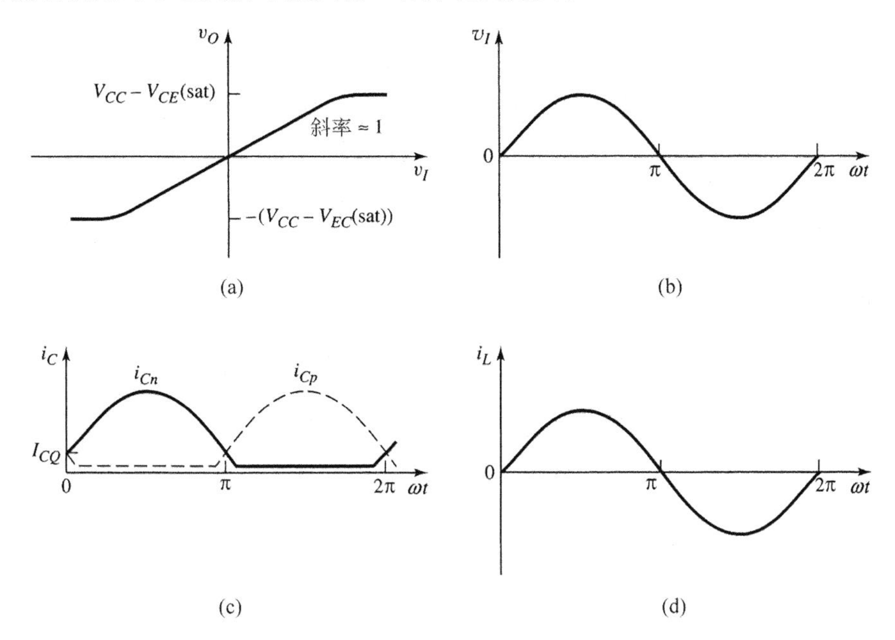

图 8.25 甲乙类输出级的特性曲线

(a) 电压传输特性曲线;(b) 正弦输入信号;(c) 集电极电流;(d) 输出电流

下面求解 i_{Cn} 和 i_{Cp} 的关系。已知

$$v_{BEn}+v_{EBp}=V_{BB} \tag{8.34(a)}$$

上式也可以写为

$$V_T\ln\left(\frac{i_{Cn}}{I_S}\right)+V_T\ln\left(\frac{i_{Cp}}{I_S}\right)=2V_T\ln\left(\frac{I_{CQ}}{I_S}\right) \tag{8.34(b)}$$

重整上式中的各项,可得

$$i_{Cn}i_{Cp}=I_{CQ}^2 \tag{8.35}$$

这说明 i_{Cn} 和 i_{Cp} 的乘积为一常数。因而,如果 i_{Cn} 增加则 i_{Cp} 就会下降,但不会降为零。

由于对于零输入信号来说,输出晶体管中仍存在静态集电极电流,所以,每个电压源提供的平均功率和消耗在每个晶体管中的平均功率都要大于乙类电路结构。这意味着甲乙类输出级的功率转换效率要小于理想的乙类电路。此外,甲乙类电路中晶体管所需要的功率承受能力要稍大于乙类电路。但是,由于静态集电极电流 I_{CQ} 与峰值电流相比通常较小,所以,消耗功率的这种增加并不很大。对甲乙类输出级来说,减小转换效率和增加消耗功率这类小缺点与消除交越失真的优点比较起来是微不足道的。

【例题 8.7】

目的:求解图 8.24 所示甲乙类互补推挽输出级的总谐波失真(THD)。已知对该电路的 PSpice 分析已经得出了输出信号的谐波分量。

解:在电路的输入端施加振幅为 2V 的 1kHz 正弦信号。偏置电压 $V_{BB}/2$ 发生了变化。电路偏置在±10V 且输出端连接 1kΩ 的负载。表 8.4 给出了偏置电压为 $V_{BB}/2$ 时的静态晶体管电流和总的谐波失真(THD)。

讨论：对于峰值为2V的输出电压和1kΩ的负载，负载的峰值电流在2mA左右。由表8.4所示的结果可以看出，THD是随着静态晶体管电流和峰值负载电流比值的增加而下降的。换句话说，对于给定的输入电压，与静态集电极电流相比，当施加了信号时集电极电流的变化越小则失真越小。然而，对此还需要有折衷的考虑。因为随着静态晶体管电流的增加，功率转换的效率也会减小。当遇到最大的总谐波失真指标时，则必须设计电路使晶体管静态电流为最小值。

表8.4 甲乙类电路的晶体管静态电流和总谐波失真

$V_{BB}/2$(V)	I_{CQ}(mA)	THD(%)
0.60	0.048	1.22
0.65	0.33	0.244
0.70	2.20	0.0068
0.75	13.3	0.0028

点评：从以上的分析可以看出甲乙类输出级电路的THD值远小于乙类电路，但是在很多电路中都没有唯一确定的偏置电压。

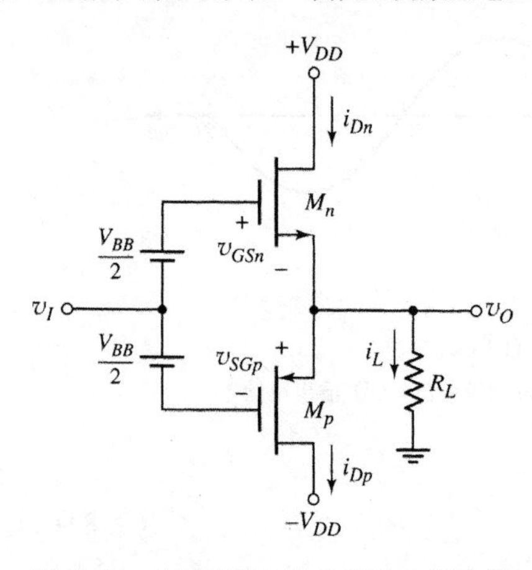

图8.26 MOSFET甲乙类输出级电路

图8.26所示为采用增强型MOSFET的甲乙类输出级电路。如果M_n和M_p为匹配晶体管，并且$v_I=0$，那么在M_n的栅-源极和M_p的源-栅极两侧施加$V_{BB}/2$电压，则每个晶体管中的静态漏极电流为

$$i_{Dn}=i_{Dp}=I_{DQ}=K\left(\frac{V_{BB}}{2}-|V_T|\right)^2 \tag{8.36}$$

随着v_I的增加，M_n栅极电压将增加且v_O也增加。晶体管M_n工作在源极跟随器状态，向负载R_L提供电流。由于必须增加i_{Dn}来为负载供应电流，所以v_{GSn}也必须增加。假设V_{BB}保持恒定，v_{GSn}的增加则意味着v_{SGp}的减小和相应的i_{Dp}的减小。随着v_I变为负值，M_p栅极电压将减小且v_O也减小。于是晶体管M_p工作在源极跟随器状态，从负载吸收电流。

【例题8.8】

目的：求解MOSFET甲乙类输出级中所需要的偏置。

已知图8.26所示电路的参数为$V_{DD}=10$V和$R_L=20\Omega$。晶体管为匹配晶体管，且参数为$K=0.20\text{A/V}^2$和$|V_T|=1$V。当$v_O=5$V时，要求静态漏极电流为负载电流的20%。

解：对于$v_O=5$V

$$i_L=5/20=0.25\text{A}$$

于是，对于$v_O=0$时$I_Q=0.05$A，可得

$$I_{DQ}=0.05=K\left(\frac{V_{BB}}{2}-|V_T|\right)^2=(0.20)\left(\frac{V_{BB}}{2}-1\right)^2$$

可得

$$V_{BB}/2=1.50\text{V}$$

对于正的v_O，输入电压为

$$v_I=v_O+v_{GSn}-\frac{V_{BB}}{2}$$

对于$v_O=5$V和$i_{Dn}\approx i_L=0.25$A，可得

$$v_{GSn} = \sqrt{\frac{i_{Dn}}{K}} + |V_T| = \sqrt{\frac{0.25}{0.20}} + 1 = 2.12\text{V}$$

M_p 的源-栅电压为

$$v_{SGp} = V_{BB} - V_{GSn} = 3 - 2.12 = 0.88\text{V}$$

这意味着 M_p 截止且 $i_{Dn}=i_L$。最终，输入电压为

$$v_I = 5 + 2.12 - 1.5 = 5.62\text{V}$$

点评：由于 $v_I > v_O$，所以该输出级的电压增益小于1，这也正如预料的一样。

练习题

【练习题 8.8】 图 8.26 所示的甲乙类 MOSFET 输出级电路，其电路参数和晶体管参数和例题 8.7 所给相同。令 $V_{BB}=3.0\text{V}$。当(a)$v_O=0$ 和(b)$v_O=5.0\text{V}$ 时，试求小信号电压增益 $A_v=dv_O/dv_I$。(答案：(a)$A_v=0.889$；(b)$A_v=0.899$)

通过使用附加的增强型 MOSFET 和恒定电流 I_{Bias}，可以在甲乙类 MOSFET 电路中建立电压 V_{BB}。这个问题留作本章的课后习题中考虑。

8.3.4 丙类功率放大器的工作原理

图 8.27 所示为晶体管的交流负载线，它包含了延伸到截止区以外的部分。对于丙类工作状态，晶体管在 Q 点处具有反向偏置的 B-E 电压。这种作用在图 8.27 中进行了图解。注意集电极电流并不为负值，但在静态工作点处为零值。晶体管仅在输入信号为正半周期且充分为正时才导通，因而晶体管的导通时间小于半个周期，这就是丙类功率放大器的工作原理。

丙类放大器能够提供较大的功率，转换效率大于 78.5%。这类放大器通常用在射频(RF)电路中，通常与可调的 RLC 负载一起用于无线电和电视发射机中。RLC 电路将驱动电流脉冲转化为正弦信号。由于这些问题属于专门的领域，所以在这里将不对这些电路进行分析。

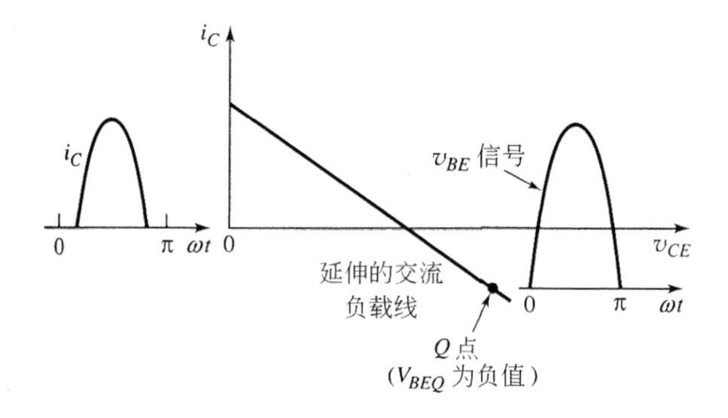

图 8.27 丙类放大器的等效交流负载线

理解测试题

【测试题 8.3】 图 8.16(a)所示的共射极输出级电路。令 $V_{CC}=15\text{V}$ 和 $R_L=1\text{k}\Omega$，并假设 Q 点位于负载线的中点。(a)试求晶体管的静态消耗功率。(b)如果正弦输入信号的峰-峰值限制为 13V，试求传送给负载的平均信号功率、功率转换效率以及晶体管的平均消耗功率。(答案：(a)$P_Q=56.3\text{mW}$；(b)$\overline{P}_L=21.1\text{mW}$，$\eta=18.7\%$，$\overline{P}_Q=35.2\text{mW}$)

【测试题 8.4】 设计如图 8.18 所示的理想乙类输出级电路，为了给 8Ω 的扬声器输送 25W 的平均功率。峰值输出电压不能超过电源电压 V_{CC} 的 80%。试求(a)所需的 V_{CC} 值；

(b)每个晶体管的峰值电流；(c)每个晶体管的平均消耗功率；(d)功率转换效率。(答案：(a)$V_{CC}=25\text{V}$；(b)$I_P=2.5\text{A}$；(c)$\overline{P}_Q=7.4\text{W}$；(d)$\eta=62.8\%$)

【测试题 8.5】 对于图 8.18 所示的理想乙类输出级电路，其参数为 $V_{CC}=5\text{V}$ 和 $R_L=100\Omega$。测得的输出信号为 $v_O=4\sin\omega t(\text{V})$。试求(a)平均的负载信号功率；(b)每个晶体管的峰值电流；(c)每个晶体管的平均消耗功率；(d)功率转换效率。(答案：(a)$\overline{P}_L=80\text{mW}$；(b)$I_P=40\text{mA}$；(c)$\overline{P}_Q=23.7\text{mW}$；(d)$\eta=62.8\%$)

8.4 甲类功率放大器

本节内容：分析几种甲类功率放大器的电路结构。

前面分析了标准的甲类放大器，求得其最大可能的功率转换效率为 25%。而通过使用电感和变压器则可以提高甲类放大器的转换效率。

8.4.1 电感耦合的放大器

给负载输送较大的功率时通常要求高电压和大电流。在共射极电路中，可以通过用电感取代集电极电阻来满足以上的要求，如图 8.28(a)所示。电感对于直流电流来说相当于短路，但对于较高频率的交流信号来说相当于开路。因而全部的交流电流被耦合到负载上。假设信号频率最低时有 $\omega L\gg R_L$。

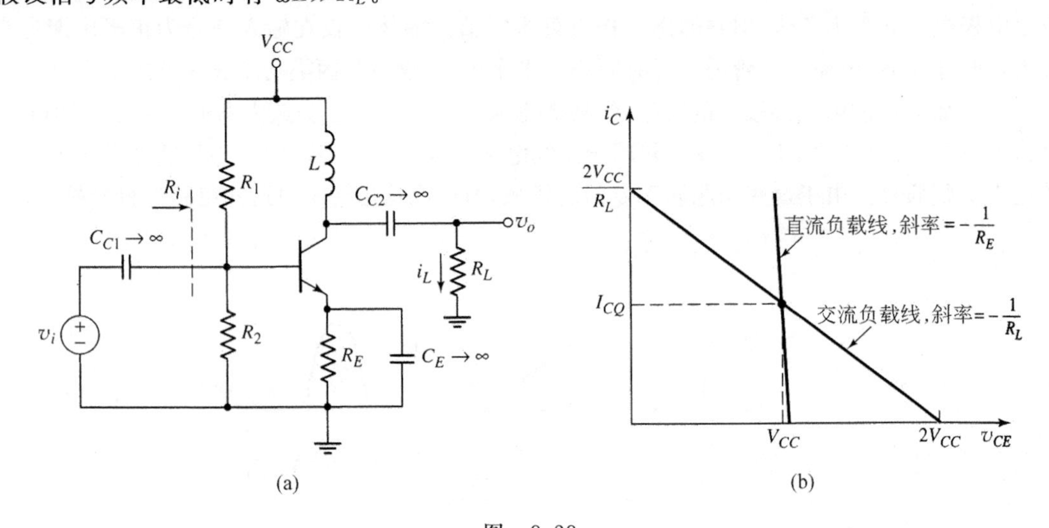

图 8.28

(a) 电感耦合的甲类放大器电路；(b) 直流负载线和交流负载线

直流负载线和交流负载线如图 8.28(b)所示。假设电感的电阻可以忽略不计，且射极电阻的值很小。那么静态集电极-射极电压约为 $V_{CEQ}\approx V_{CC}$。集电极的交流电流为

$$i_c=\frac{-v_{ce}}{R_L} \tag{8.37}$$

为了得到输出信号最大的对称振幅进而产生最大的功率，则希望

$$I_{CQ}\approx\frac{V_{CC}}{R_L} \tag{8.38}$$

在此条件下，交流负载线交于 v_{CE} 轴的 $2V_{CC}$ 处。

电感或储能器件的应用产生了大于 V_{CC} 的交流输出电压振幅。这由电感两端感应电压的极性可知，感应电压可能与 V_{CC} 相加，就产生了大于 V_{CC} 的输出电压。

负载上信号电流的绝对最大振幅值为 I_{CQ}。因而，输送给负载最大可能的平均信号功率为

$$\bar{P}_L(\max) = \frac{1}{2}I_{CQ}^2 R_L = \frac{1}{2}\frac{V_{CC}^2}{R_L} \tag{8.39}$$

如果忽略偏置电阻 R_1 和 R_2 上的消耗功率，则由电源 V_{CC} 提供的平均功率为

$$\bar{P}_S = V_{CC} I_{CQ} = \frac{V_{CC}^2}{R_L} \tag{8.40}$$

于是，最大可能的功率转换效率为

$$\eta(\max) = \frac{\bar{P}_L(\max)}{\bar{P}_S} = \frac{\frac{1}{2}\frac{V_{CC}^2}{R_L}}{\frac{V_{CC}^2}{R_L}} = \frac{1}{2} \Rightarrow 50\% \tag{8.41}$$

上式表明在标准的甲类放大器中，用电感取代集电极电阻可以使最大可能的功率转换效率加倍。

8.4.2 变压器耦合的共射极放大器

通过设计电感耦合的放大器来达到较高的功率转换效率可能是比较困难的，因为这依赖于电源电压 V_{CC} 和负载电阻 R_L 之间的关系。采用变压器和适当的匝数比则可以优化有效负载电阻。

图 8.29(a)所示为共射极放大器电路，其中集电极电路采取变压器耦合负载。

直流负载线和交流负载线如图 8.29(b)所示。如果忽略变压器中的任何电阻并假设 R_E 很小，则静态集电极-发射极电压为

$$V_{CEQ} \approx V_{CC}$$

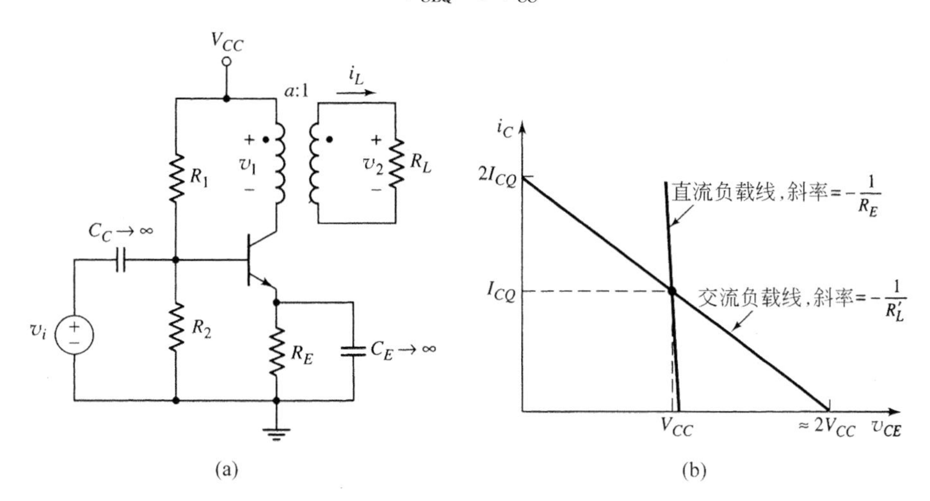

图 8.29

(a) 变压器耦合的共射极放大器电路；(b) 直流负载线和交流负载线

假设变压器为理想变压器，则图 8.29(a)中的电流和电压之间的关系分别为 $i_L = a i_C$ 和 $v_2 = v_1/a$，式中，a 为初级和次级匝数的比值，或简称为匝数比。用电压除以电流可得

$$\frac{v_2}{i_L}=\frac{v_I/a}{ai_C}=\frac{v_I}{i_C}\frac{1}{a^2} \tag{8.42}$$

负载电阻为 $R_L=v_2/i_L$。可以定义一个变换后的负载电阻为

$$R'_L=\frac{v_I}{i_C}=a^2\frac{v^2}{i_L}=a^2R_L \tag{8.43}$$

设计该匝数比以使输出电流和输出电压达到最大的对称振幅。于是

$$R'_L=\frac{2V_{CC}}{2I_{CQ}}=\frac{V_{CC}}{I_{CQ}}=a^2R_L \tag{8.44}$$

传送给负载的最大平均功率等于传送给理想变压器初级的最大平均功率，即

$$\overline{P}_L(\max)=\frac{1}{2}V_{CC}I_{CQ} \tag{8.45}$$

式中，V_{CC} 和 I_{CQ} 为正弦信号最大可能的振幅。如果忽略偏置电阻 R_1 和 R_2 上的消耗功率，则由电源 V_{CC} 提供的平均功率为

$$\overline{P}_S=V_{CC}I_{CQ}$$

于是最大可能的功率转换效率同样为

$$\eta(\max)=50\%$$

8.4.3 变压器耦合的射极跟随器放大电路

由于射极跟随器具有较低的输出阻抗，因此常用作放大器的输出级。图 8.30(a)所示为变压器耦合的射极跟随器电路。图 8.30(b)所示则为其直流负载线和交流负载线。如前所述，也假设变压器的电阻可以忽略不计。

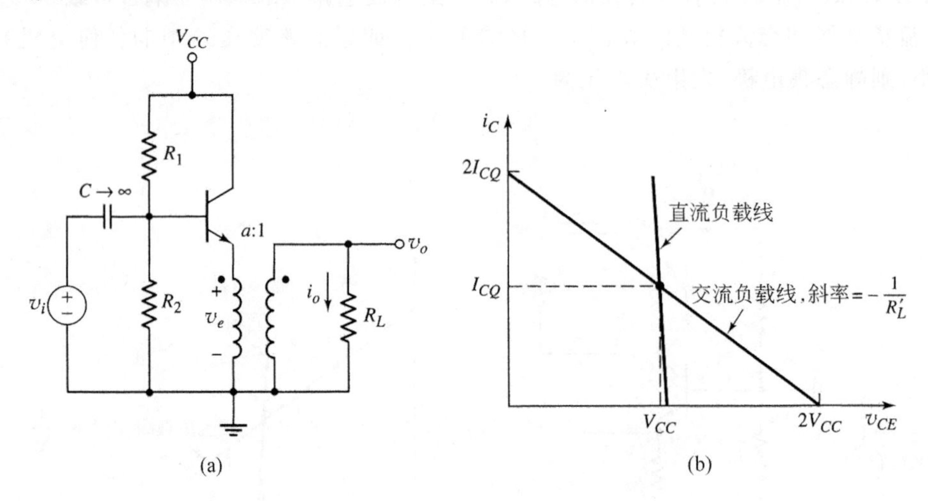

图 8.30

(a) 变压器耦合的射极跟随器放大电路；(b) 直流负载线和交流负载线

变换后的负载电阻同样为 $R'_L=a^2R_L$。通过正确地设计变压器的匝数比，可以使输出电压和电流达到最大的对称振幅。

传送给负载的平均功率为

$$\overline{P}_L=\frac{1}{2}\frac{V_p^2}{R_L} \tag{8.46}$$

式中，V_P 为正弦输出信号的峰值振幅。射极电压的最大峰值振幅为 V_{CC}，所以输出信号的最大峰值振幅为

$$V_p(\max) = V_{CC}/a$$

输出信号平均功率的最大值为

$$\overline{P}_L(\max) = \frac{1}{2}\frac{[V_P(\max)]^2}{R_L} = \frac{V_{CC}^2}{2a^2R_L} \tag{8.47}$$

于是该电路的功率转换效率最大值也为50%。

【设计例题 8.9】

设计目的：设计变压器耦合的射极跟随器放大电路来传送规定的信号功率。

已知图 8.30(a)所示电路的参数为 $V_{CC}=24\text{V}$ 和 $R_L=8\Omega$。要求传送给负载的平均功率为 5W，发射极电流信号的峰值振幅不能大于 $0.9I_{CQ}$，且发射极电压信号的峰值振幅不能大于 $0.9V_{CC}$。令 $\beta=100$。

解：传送给负载的平均功率由式(8.46)给出。因而峰值输出电压必须为

$$V_p = \sqrt{2R_L\overline{P}_L} = \sqrt{2(8)(5)} = 8.94\text{V}$$

峰值输出电流为

$$I_p = \frac{V_p}{R_L} = \frac{8.94}{8} = 1.12\text{A}$$

因为

$$V_e = 0.9V_{CC} = aV_p$$

所以

$$a = \frac{0.9V_{CC}}{V_p} = \frac{(0.9)(24)}{8.94} = 2.42$$

同样，因为

$$I_e = 0.9I_{CQ} = I_p/a$$

所以

$$I_{CQ} = \frac{1}{0.9}\frac{I_p}{a} = \frac{1.12}{(0.9)(2.42)} = 0.514\text{A}$$

根据此甲类放大器的工作原理，晶体管的消耗功率为

$$P_Q = V_{CC}I_{CQ} = (24)(0.514) = 12.3\text{W}$$

所以晶体管必须能够承受这么大的功率。

由直流分析可以求得偏置电阻 R_1 和 R_2。戴维南等效电压为

$$V_{TH} = I_{BQ}R_{TH} + V_{BE}(\text{on})$$

式中

$$R_{TH} = R_1 \parallel R_2 \quad 和 \quad V_{TH} = [R_2/(R_1+R_2)]V_{CC}$$

还可得

$$I_{BQ} = \frac{I_{CQ}}{\beta} = \frac{0.514}{100} \Rightarrow 5.14\text{mA}$$

因为 $V_{TH}<V_{CC}$ 和 $I_{BQ}\approx 5\text{mA}$，所以 R_{TH} 不能太大。可是，如果 R_{TH} 很小的话，则 R_1 和 R_2 上的消耗功率就会变得太大而无法接受。这里选择 $R_{TH}=2.5\text{k}\Omega$，所以有

$$V_{TH}=\frac{1}{R_1}(R_{TH})V_{CC}=\frac{1}{R_1}(2.5)(24)=(5.14)(2.5)+0.7$$

于是，$R_1=4.43\text{k}\Omega$ 和 $R_2=5.74\text{k}\Omega$。

点评：电源 V_{CC} 提供的平均功率(忽略偏置电阻的影响)为 $\overline{P}_S=V_{CC}I_{CQ}=12.3\text{W}$，这意味着功率转化效率为 $\eta=5/12.3\Rightarrow 40.7\%$。即使晶体管饱和且失真度最小，该效率也总是小于 50% 的最大值。

练习题

【练习题 8.9】 变压器耦合的射极跟随器放大电路如图 8.30(a)所示。其参数为 $V_{CC}=18\text{V}$，$V_{BE}(\text{on})=0.7\text{V}$，$\beta=100$，$a=10$ 和 $R_L=8\Omega$。(a)试设计 R_1 和 R_2 以给负载传送最大功率，要求由电压信号源 v_i 看进来的输入电阻为 $1.5\text{k}\Omega$。(b)如果射极电压 v_E 的峰值振幅限制为 $0.9V_{CC}$，且射极电流 i_E 的峰值振幅限制为 $0.9I_{CQ}$，试求输出信号电压的最大振幅以及传送给负载的平均功率。(答案：(a) $R_1=26.4\text{k}\Omega$，$R_2=1.62\text{k}\Omega$；(b) $V_p=1.62\text{V}$，$I_p=203\text{mA}$，$\overline{P}_L=0.164\text{W}$)

理解测试题

*__【测试题 8.6】__ 对于图 8.28(a)所示的电感耦合放大器电路，参数为 $V_{CC}=12\text{V}$，$V_{BE}(\text{on})=0.7\text{V}$，$R_E=0.1\text{k}\Omega$，$R_L=1.5\text{k}\Omega$ 和 $\beta=75$。(a)试设计 R_1 和 R_2 使输出电流和输出电压达到最大的对称振幅(令 $R_{TH}=(1+\beta)R_E$)。(b)如果峰值输出电压的振幅限制为 $0.9V_{CC}$，且峰值输出电流的振幅限制为 $0.9I_{CQ}$，试求传送给负载的平均功率、消耗在晶体管中的平均功率以及功率转换效率。(答案：(a) $R_1=39.1\text{k}\Omega$，$R_2=9.43\text{k}\Omega$；(b) $\overline{P}_L=38.9\text{mW}$，$\overline{P}_Q=57.1\text{mW}$，$\eta=40.5\%$)

8.5 甲乙类互补推挽输出级

本节内容：分析几种甲乙类功率放大器的电路结构。

甲乙类输出级消除了乙类电路所产生的交越失真现象。本节将讨论几种为输出晶体管提供较小静态偏置的电路。这几种电路不仅用作功率放大器的输出级也可以用作运算放大器的输出级电路，运算放大器的内容将在第 13 章进行讨论。

8.5.1 二极管偏置的甲乙类输出级

在甲乙类电路中，为输出晶体管提供静态偏置的电压 V_{BB} 可以通过二极管两侧的电压降来建立，如图 8.31 所示。恒定电流 I_{Bias} 用来在二极管对或二极管接法的晶体管 D_1 和 D_2 两侧建立所需要的电压降。由于 D_1 和 D_2 未必和 Q_n 和 Q_p 相匹配，所以晶体管的静态电流可能不等于 I_{Bias}。

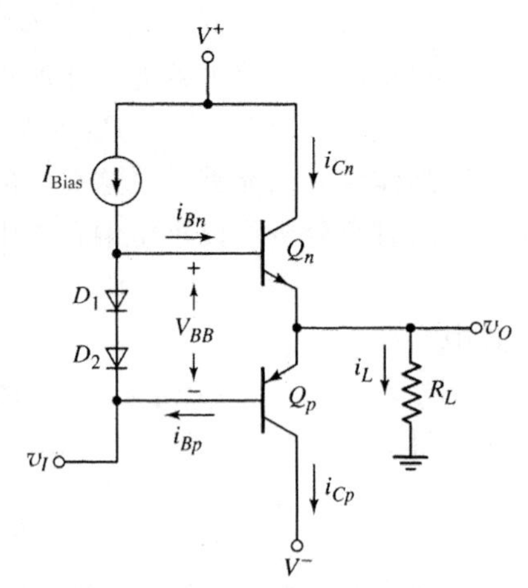

图 8.31 用二极管建立静态偏置的甲乙类输出级

输出电压随着输入电压的增加而增加，导致电流 i_{Cn} 增加。这样又会导致基极电流 i_{Bn} 增加。由于基极电流的增加是由 I_{Bias} 和通过 D_1 和 D_2 的电流提供的，因此，电压 V_{BB} 会稍微减小。由于该电路中的 V_{BB} 并不保持恒定，所以由式(8.35)所确定的 i_{Cn} 和 i_{Cp} 之间的关系在这种情况下也就不再成立，上一节中所进行的分析也就必须作适当的修正。但甲乙类电路的工作原理是相同的。

【设计例题 8.10】

设计目的：设计如图 8.31 所示的甲乙类输出级电路使之满足特定的设计指标要求。

假设对于 D_1 和 D_2 有 $I_{SD}=3\times10^{-14}$ A，对于 Q_n 和 Q_p 有 $I_{SQ}=10^{-13}$ A，且 $\beta_n=\beta_p=75$。令 $R_L=8\Omega$。要求传送给负载的平均功率为 5W，输出电压峰值不能大于 V_{CC} 的 80%，二极管电流 I_D 的最小值不能小于 5mA。

解：由式(8.24)可得传送给负载的平均功率为

$$\overline{P}_L=\frac{1}{2}\frac{V_p^2}{R_L}$$

因而

$$V_P=\sqrt{2R_L\overline{P}_L}=\sqrt{2(8)(5)}=8.94\text{V}$$

于是电源电压必须为

$$V_{CC}=\frac{V_p}{0.8}=\frac{8.94}{0.8}=11.2\text{V}$$

在该峰值输出电压处，Q_n 的射极电流约等于负载电流，即

$$i_{En}\approx i_L(\max)=\frac{V_p(\max)}{R_L}=\frac{8.94}{8}=1.12\text{A}$$

基极电流为

$$i_{Bn}=\frac{i_{En}}{1+\beta_n}=\frac{1.12}{76}\Rightarrow 14.7\text{mA}$$

对于最小值 $I_D=5$mA，可以选择 $I_{\text{Bias}}=20$mA。输入信号为零时，忽略基极电流，可得

$$V_{BB}=2V_T\ln\left(\frac{I_D}{I_{SD}}\right)=2(0.026)\ln\left(\frac{20\times10^{-3}}{3\times10^{-14}}\right)=1.416\text{V}$$

静态集电极电流为

$$I_{CQ}=I_{SQ}\text{e}^{V_{BB}(/2V_T)}=10^{-13}\text{e}^{1.416(/2\times0.026)}\Rightarrow 67.0\text{mA}$$

对于 $v_O=8.94$V 和 $i_L=1.12$A，基极电流为 $i_{Bn}=14.7$mA，且

$$I_D=I_{\text{Bias}}-i_{Bn}=5.3\text{mA}$$

于是 V_{BB} 的新值为

$$V'_{BB}=2V_T\ln\left(\frac{I_D}{I_{SD}}\right)=2(0.026)\ln\left(\frac{5.3\times10^{-3}}{3\times10^{-14}}\right)=1.347\text{V}$$

Q_n 的 B-E 电压为

$$v_{BEn}=V_T\ln\left(\frac{i_{Cn}}{I_{SQ}}\right)=(0.026)\ln\left(\frac{1.12}{10^{-13}}\right)=0.781\text{V}$$

于是 Q_p 的 E-B 电压为

$$v_{EBp}=V'_{BB}-v_{BEn}=1.347-0.781=0.566\text{V}$$

和

$$i_{Cp}=I_{SQ}\text{e}^{v_{EBp}/V_T}=(10^{-13})\text{e}^{0.566/0.026}\Rightarrow 0.285\text{mA}$$

点评：当输出变为正电压时，Q_p 中的电流如预期的那样明显下降，但不会降为零。Q_n 和 Q_p 的电流之间约相差 10^3 倍。

设计指南：如果输出的信号电流很大，那么输出晶体管中的基极电流与流过二极管 D_1 和 D_2 的偏置电流相比将变得很大。为了保持输出级的小信号电压增益接近于单位 1，应将二极管偏置电流的变化减到最小。

练习题

【练习题 8.10】 图 8.31 所示的甲乙类输出级电路用电压 $V^+=12\text{V}$ 和 $V^-=-12\text{V}$ 进行偏置，负载电阻为 $R_L=75\Omega$。器件参数为：假设对于 D_1 和 D_2 有 $I_{SD}=5\times10^{-13}\text{A}$，对于 Q_n 和 Q_p 有 $I_{SQ}=2\times10^{-13}\text{A}$。(a)忽略基极电流，试求使 Q_n 和 Q_p 的静态电流为 $I_{CQ}=5\text{mA}$ 所需要的 I_{Bias} 值；(b)假设 $\beta_n=\beta_p=60$，试求当 $v_O=2\text{V}$ 时的 i_{Cn}、i_{Cp}、v_{BEn}、v_{EBp} 以及 I_D；(c)对于 $v_O=10\text{V}$，重做(b)部分。(答案：(a) $I_{\text{Bias}}=12.5\text{mA}$；(b) $i_{Cn}=27.1\text{mA}$，$I_D=12.05\text{mA}$，$v_{BEn}=0.6664\text{V}$，$v_{EBp}=0.5766\text{V}$，$i_{Cp}=0.856\text{mA}$；(c) $i_{Cn}=131\text{mA}$，$I_D=10.3\text{mA}$，$v_{BEn}=0.7074\text{V}$，$v_{EBp}=0.5276\text{V}$，$i_{Cp}=0.130\text{mA}$)

8.5.2 用 V_{BE} 倍增器偏置的甲乙类输出级

图 8.32 所示为偏置可调的输出级电路，这样设计的输出级将更具有灵活性。用来提供偏置电压 V_{BB} 的电路由晶体管 Q_1 和电阻 R_1 和 R_2 组成，并由恒流源 I_{Bias} 偏置。

如果忽略 Q_1 中的基极电流，则

$$I_R=\frac{V_{BE1}}{R_2} \tag{8.48}$$

因而电压 V_{BB} 为

$$V_{BB}=I_R(R_1+R_2)=V_{BE1}\left(1+\frac{R_1}{R_2}\right) \tag{8.49}$$

由于电压 V_{BB} 为结电压 V_{BE1} 的倍增，所以该电路称为 V_{BE} **倍增器**。可以通过设计倍增系数来得到所需的 V_{BB} 值。

恒流源 I_{Bias} 的一部分电流流过 Q_1，所以有

$$V_{BE1}=V_T\ln\left(\frac{I_{C1}}{I_{S1}}\right) \tag{8.50}$$

同样，静态偏置电流 i_{Cn} 和 i_{Cp} 通常很小；因而可以忽略 i_{Bn} 和 i_{Bp}。电流 I_{Bias} 在 I_R 和 I_{C1} 之间分配同时满足式(8.48)和式(8.50)。

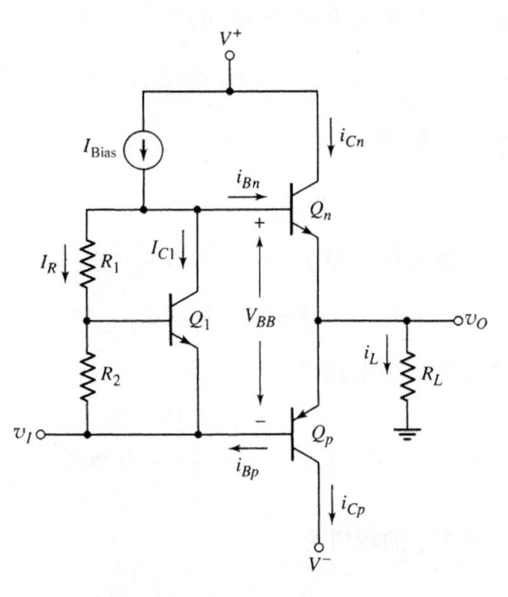

图 8.32 带 V_{BE} 倍增器偏置电路的甲乙类输出级

随着 v_I 的增加 v_O 将变为正电压，且 i_{Cn} 和 i_{Bn} 增加，这样就会减小 Q_1 的集电极电流。然而，式(8.50)所给出的 I_{C1} 的对数函数则意味着当输出电压变化时，V_{BE1} 以及 V_{BB} 将保持基本恒定。

【设计例题 8.11】

设计目的：用 V_{BE} 倍增器设计满足特定总谐波失真指标的甲乙类输出级电路。

假设图 8.32 所示的电路偏置在 $V^+=15\text{V}$ 和 $V^-=-15\text{V}$，作为音频放大器的输出级，要用它来驱动另一个输入电阻为 1kΩ 的功率放大器。要求最大的正弦峰值输出电压为 10V，总谐波失真小于 0.1%。

解：此例将采用标准的2N3904和2N3906晶体管。由例题8.7的结果可知，THD为输出晶体管静态电流的函数。对于图8.24所示的基本电路来说，当$V_{BB}=1.346\text{V}$时，求得THD为0.097%，静态集电极电流为0.88mA，且正弦峰值输出电压为10V。

图8.33所示为PSpice原理电路图。对于10V的峰值输出电压，负载峰值电流为10mA。假设$\beta\approx100$，则峰值基极电流为0.1mA。选择1mA的偏置电流给V_{BE}倍增器提供偏置，那么峰值为0.1mA的基极电流将不会影响流过倍增器电路的电流。

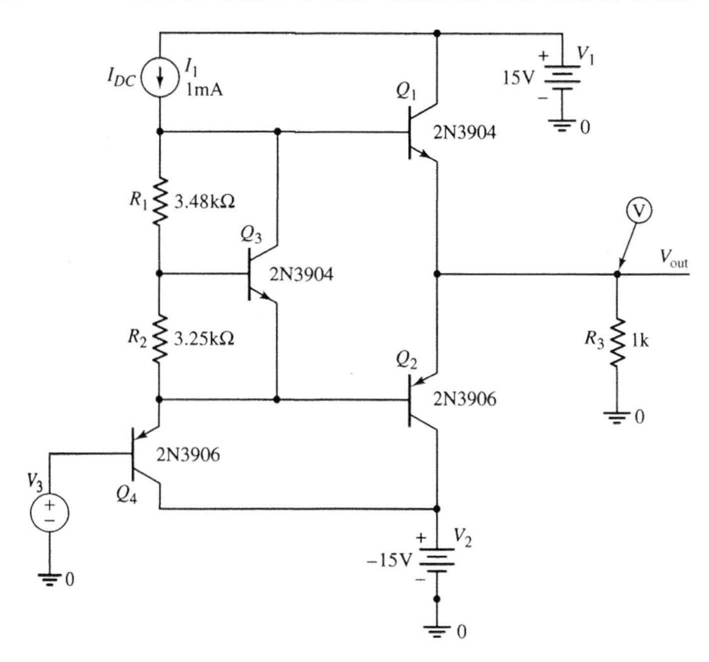

图8.33　例题8.11的PSpice原理电路

这里可能选择$I_R=0.2\text{mA}$(通过R_1和R_2的电流)和$I_{C3}=0.8\text{mA}$。这样可得

$$R_1+R_2=\frac{V_{BB}}{I_R}=\frac{1.346}{0.2}=6.73\text{k}\Omega$$

对于2N3904的约为0.8mA的静态集电极电流来说，可以求得$V_{BE}\approx0.65\text{V}$。于是

$$R_2=\frac{V_{BE3}}{I_R}=\frac{0.65}{0.2}=3.25\text{k}\Omega$$

因而$R_1=3.48\text{k}\Omega$。

由上述PSpice电路的仿真结果(见下)，可以求得Q_1的基极电压为0.6895V和Q_2的基极电压为−0.6961V，这意味着$V_{BB}=1.3856\text{V}$。该电压稍大于设计值$V_{BB}=1.346\text{V}$。下面列出了静态各晶体管的参数值。输出晶体管的静态集电极电流为1.88mA，约两倍于设计值0.88mA。总谐波失真为0.0356%，这正好在设计指标之内。

```
NAME     Q_Q1        Q_Q2        Q_Q3        Q_Q4
MODEL    Q2N3904     Q2N3906     Q2N3904     Q2N3906
IB       1.12E-05   -5.96E-06    6.01E-06   -3.20E-06
IC       1.88E-03   -1.88E-03    7.80E-04   -9.92E-04
VBE      6.78E-01   -7.08E-01    6.59E-01   -6.92E-01
```

```
VBC      -1.43E+01    1.43E+01    -7.27E-01    1.36E+01
VCE       1.50E+01   -1.50E+01     1.39E+00   -1.43E+01
BETADC    1.67E+02    3.15E+02     1.30E+02    3.10E+02
GM        7.11E-02    7.15E-02     2.98E-02    3.80E-02
RPI       2.66E+03    4.34E+03     5.01E+03    8.09E+03
```

点评：由于所求得的电压 V_{BB} 稍大于设计值，所以输出晶体管的静态电流约两倍于设计值。尽管满足了 THD 的指标要求，但集电极电流大则意味着静态消耗功率也大。所以，可能需要重新设计电路来稍微减小静态电流。

8.5.3 带输入缓冲晶体管的甲乙类输出级

图 8.34 所示的输出级是由互补晶体管对 Q_3 和 Q_4 组成的甲乙类电路结构。电阻 R_1 和 R_2 以及射极跟随器晶体管 Q_1 和 Q_2 共同构成所需要的静态偏置电路。电阻 R_3 和 R_4 用来连接图中没有画出的短路保护器件，同时也维持输出晶体管的热稳定性能。输入信号 v_I 可能是一个较小功率放大器的输出。同样，由于这是射极跟随器电路，所以输出电压近似等于输入电压。

当输入电压 v_I 从零增大时，Q_3 的基极电压增大，且输出电压 v_O 也增大。负载电流 i_O 为正，且 Q_3 的发射极电流增加来为负载提供电流，这就导致进入 Q_3 基极的电流增大。因为 Q_3 基极电压增大，R_1 两端的电压降减小，导致 R_1 中的电流较小。这就意味着 i_{E1} 和 i_{B1} 也下降。随着 v_I 的增加，R_2 两端的电压增加，且 i_{E2} 和 i_{B2} 增加。于是就产生了一个净输入电流 i_I 用来解释 i_{B1} 的减小和 i_{B2} 的增加。

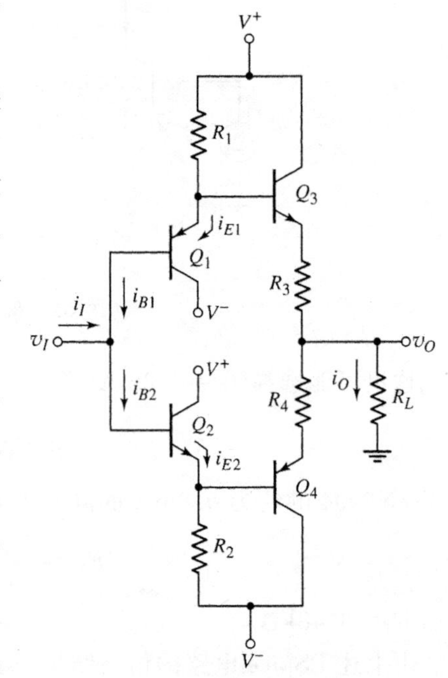

图 8.34 带输入缓冲晶体管的甲乙类输出级电路

净输入电流为

$$i_I = i_{B2} - i_{B1} \tag{8.51}$$

忽略 R_3 和 R_4 两端的电压降以及 Q_3 和 Q_4 的基极电流，可得

$$i_{B2} = \frac{(v_I - V_{BE}) - V^-}{(1+\beta_n)R_2} \tag{8.52(a)}$$

和

$$i_{B1} = \frac{V^+ - (v_I + V_{BE})}{(1+\beta_p)R_1} \tag{8.52(b)}$$

式中，β_n 和 β_p 分别为 NPN 和 PNP 晶体管的电流增益。如果有 $V^+ = -V^-$，$V_{BE} = V_{EB}$，$R_1 = R_2 = R$ 以及 $\beta_n = \beta_p = \beta$，则联解式(8.52(a))、式(8.52(b))和式(8.51)可得

$$i_I = \frac{(v_I - V_{BE} - V^-)}{(1+\beta)R} - \frac{(V^+ - v_I - V_{EB})}{(1+\beta)R} = \frac{2v_I}{(1+\beta)R} \tag{8.53}$$

由于该输出级的电压增益约为单位 1，所以输出电流为

$$i_O = \frac{v_O}{R_L} \approx \frac{v_I}{R_L} \tag{8.54}$$

应用式(8.53)和式(8.54)，可以求得该输出级的电流增益为

$$A_i = \frac{i_O}{i_I} = \frac{(1+\beta)R}{2R_L} \tag{8.55}$$

由分子中的β可知该电流增益相当大。由于功率放大器的输出级必须提供必要的电流来满足对于功率的要求，所以需要有一个较大的电流增益。

【例题 8.12】

目的：求解带输入缓冲晶体管的输出级电路的电流和电流增益。

已知图8.34所示电路的参数为$R_1=R_2=2\text{k}\Omega$，$R_L=100\Omega$，$R_3=R_4=0$和$V^+=-V^-=15\text{V}$。假设所有的晶体管都匹配，$\beta=60$和$V_{BE}(\text{NPN})=V_{EB}(\text{PNP})=0.6\text{V}$。

解：对于$v_I=0$，

$$i_{R1} = i_{R2} \approx i_{E1} = i_{E2} = \frac{15-0.6}{2} = 7.2\text{mA}$$

假设所有的晶体管都匹配，Q_3和Q_4的偏置电流约为7.2mA，因为Q_1和Q_3的基-射极电压相等，所以Q_2和Q_4的基-射极电压也相等。

解：对于$v_I=10\text{V}$，输出电流近似为

$$i_O = \frac{v_O}{R_L} \approx \frac{10}{0.1} = 100\text{mA}$$

Q_3的发射极电流基本上等于负载电流，这意味着Q_3的基极电流近似为

$$i_{B3} = 100/61 = 1.64\text{mA}$$

R_1上的电流为

$$i_{R1} = \frac{15-(10+0.6)}{2} = 2.2\text{mA}$$

这意味着

$$i_{E1} = i_{R1} - i_{B3} = 0.56\text{mA}$$

和

$$i_{B1} = i_{E1}/(1+\beta) = 0.56/61 \Rightarrow 9.18\mu\text{A}$$

由于当v_O增加时Q_4趋向于截止，因而可得

$$i_{E2} \approx i_{R2} = \frac{10-0.6-(-15)}{2} = 12.2\text{mA}$$

和

$$i_{B2} = i_{E2}/(1+\beta) = 12.2/61 \Rightarrow 200\mu\text{A}$$

于是输入电流为

$$i_I = i_{B2} - i_{B1} = 200 - 9.18 \approx 191\mu\text{A}$$

因而电流增益为

$$A_i = \frac{i_O}{i_I} = \frac{100}{0.191} = 524$$

根据式(8.55)可得预计的电流增益为

$$A_i = \frac{i_O}{i_I} = \frac{(1+\beta)R}{2R_L} = \frac{(61)(2)}{2(0.1)} = 610$$

点评：由式(8.55)求得的电流增益忽略了 Q_3 和 Q_4 的基极电流，而实际的电流增益则小于预计值。通过一个小功率放大器可以很容易地提供 191μA 的输入电流。

练习题

【练习题 8.12】 图 8.34 所示甲乙类输出级电路的参数为 $V^+=-V^-=12$V，$R_1=R_2=250\Omega$，$R_L=8\Omega$ 和 $R_3=R_4=0$。假设所有的晶体管都匹配，$\beta=40$ 和 V_{BE}(NPN)$=V_{EB}$(PNP)$=0.7$V。(a)对于 $v_I=0$，试求 i_{E1}、i_{E2}、i_{B1} 和 i_{B2}。(b)对于 $v_I=5$V，试求 i_O、i_{E1}、i_{E2}、i_{B1}、i_{B2} 和 i_I。(c)应用(b)部分的结果试求输出级的电流增益。将此值和用式(8.55)求出的值进行比较。(答案：(a)$i_{E1}=i_{E2}=44.1$mA，$i_{B1}=i_{B2}=1.08$mA；(b)$i_O=0.625$A，$i_{E1}=10.0$mA，$i_{B1}=0.244$mA，$i_{E2}=65.2$mA，$i_{B2}=1.59$mA，$i_I=1.35$mA；(c)$A_i=463$，而由式(8.55)求得的 $A_i=641$)

8.5.4 利用复合晶体管(达林顿对管)的甲乙类输出级

互补推挽输出级电路使用 NPN 和 PNP 双极型晶体管。在 IC 设计中，PNP 晶体管通常制作成具有较低 β 值的横向器件，β 的典型值在 5～10 之间；而 NPN 晶体管通常制作成纵向器件，其 β 值通常在 200 左右。这意味着 NPN 和 PNP 晶体管并非像前面分析中所假设的那样能很好地匹配。

观察图 8.35(a)所示的双晶体管结构。假设 NPN 和 PNP 晶体管的电流增益分别为 β_n 和 β_p。可以写为

$$i_{Cp}=i_{Bn}=\beta_p i_{Bp} \tag{8.56}$$

和

$$i_2=(1+\beta_n)i_{Bn}=(1+\beta_n)\beta_p i_{Bp}\approx\beta_n\beta_p i_{Bp} \tag{8.57}$$

图中，端子 1 的作用为三端子组合器件的基极，端子 2 的作用为集电极，而端子 3 的作用为发射极。组合器件的电流增益约为 $\beta_n\beta_p$。其等效电路如图 8.35(b)所示。所以，可以用图 8.35(a)所示的双晶体管结构作为单个等效的 PNP 晶体管使用，其电流增益和 NPN 晶体管具有相同的数量级。

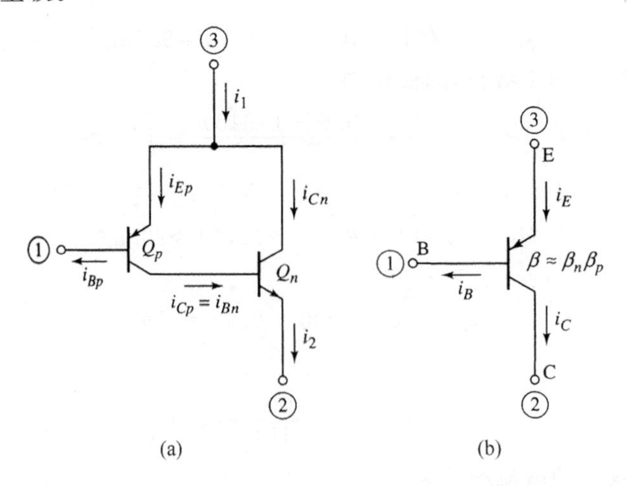

图 8.35

(a) 等效 PNP 晶体管的双晶体管构造；(b) 等效的 PNP 晶体管

在图 8.36 中,输出级采用了复合晶体管对来提供必要的电流增益。晶体管 Q_1 和 Q_2 组成了 NPN 达林顿射极跟随器,并为负载提供电流。而晶体管 Q_3、Q_4 和 Q_5 则组成了复合的 PNP 达林顿射极跟随器,并从负载吸收电流。三个二极管 D_1、D_2 和 D_3 为输出晶体管提供静态偏置。

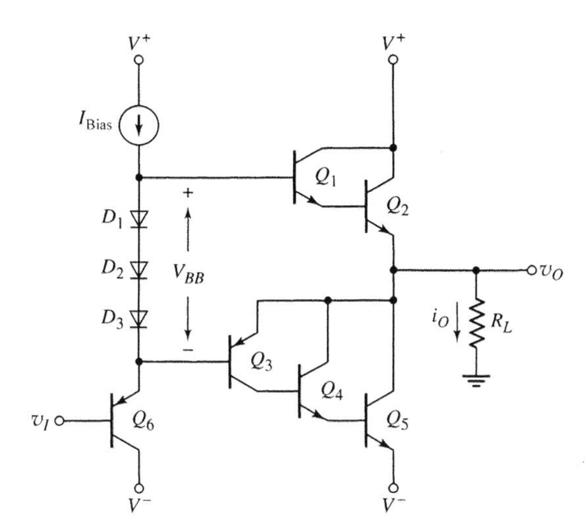

图 8.36 带复合晶体管(达林顿对管)的甲乙类输出级

三晶体管结构 Q_3-Q_4-Q_5 有效的电流增益为三个单个晶体管增益的乘积。虽然 Q_3 的电流增益较低,但 Q_3-Q_4-Q_5 结构的总电流增益相当于 Q_1-Q_2 对管。

理解测试题

【测试题 8.7】 根据图 8.36 所示的电路,证明 Q_3-Q_4-Q_5 三晶体管结构的总电流增益约为 $\beta=\beta_3\beta_4\beta_5$。

8.6 设计举例:使用 MOSFET 的输出级

设计内容:用功率 MOSFET 作为输出器件设计输出级电路。

设计指标:将要设计的输出级电路如图 8.37 所示。电流 I_{Bias} 为 5mA,M_n 和 M_p 中的零输出静态电流要求为 0.5mA。

设计指南:由于 MOSFET 器件优越的功率特性,所以采用 MOSFET 作为输出器件。射极跟随器晶体管 Q_1 和 Q_2 的低输出电阻有利于提高输出晶体管的开关速度。电阻 R_2 两端的电压为 M_n 和 M_p 提供偏置可将交越失真减到最小。

器件选择:可以选用参数为 $V_{TN}=0.8\text{V}$,$V_{TP}=-0.8\text{V}$,$K_n=K_p=5\text{mA/V}^2$ 和 $\lambda=0$ 的 MOSFET。同时可以选用参数为 $I_{S1}=I_{S2}=10^{-12}\text{A}$,$I_{S3}=I_{S4}=2\times10^{-13}\text{A}$ 和 $\beta=150$ 的 BJT。同样,可以选用参数为 $I_{SD}=5\times10^{-13}\text{A}$ 的二极管。

解:对于 $I_{NP}=0.5\text{mA}$,可以由下式求出栅-源电压为

$$I_{NP}=K_n(V_{GSn}-V_{TN})^2$$

即

$$0.5=5(V_{GSn}-0.8)^2$$

由于两个输出晶体管相互匹配,所以有

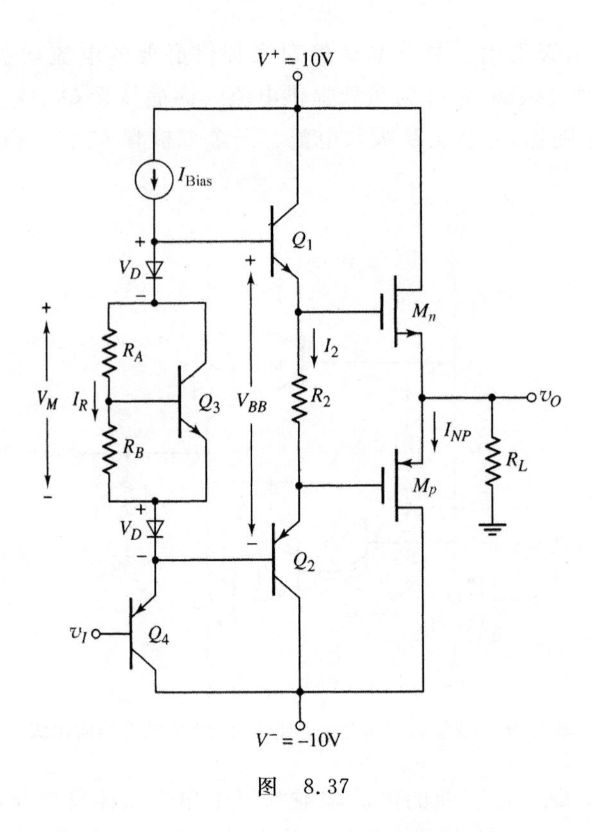

图 8.37

$$V_{GSn} = V_{SGp} = 1.116\text{V}$$

如果设计 $I_2=2\text{mA}$，于是电阻 R_2 的值为

$$R_2 = \frac{2(1.116)}{2} = 1.116\text{k}\Omega$$

观察 BJT，可以发现

$$V_{BE1} = V_{EB2} = V_T \ln\left(\frac{I_2}{I_{S1}}\right) = (0.026)\ln\left(\frac{2\times10^{-3}}{10^{-12}}\right) = 0.5568\text{V}$$

于是可得

$$V_{BB} = 2(0.5568) + 2(1.116) = 3.3456\text{V}$$

忽略基极电流，可得二极管两端的电压为

$$V_D = V_T \ln\left(\frac{I_D}{I_{SD}}\right) = (0.026)\ln\left(\frac{5\times10^{-3}}{5\times10^{-13}}\right) = 0.5987\text{V}$$

进而求得 V_{BE} 倍增器电路两端的电压为

$$V_M = V_{BB} - 2V_D = 3.3456 - 2(0.5987) = 2.1482\text{V}$$

下面将设计 V_{BE} 倍增器电路使 $I_{C3}=0.9I_{Bias}$ 和 $I_R=0.1I_{Bias}$，于是

$$V_{BE3} = V_T \ln\left(\frac{I_{C3}}{I_{S3}}\right) = (0.026)\ln\left[\frac{(0.9)(5\times10^{-3})}{2\times10^{-13}}\right]$$

即

$$V_{BE3} = 0.6198\text{V}$$

还可以求得

$$R_B = \frac{V_{BE3}}{I_R} = \frac{0.6198}{(0.1)(5 \times 10^{-3})} = 1.24\text{k}\Omega$$

由式(8.48)可得

$$V_M = V_{BE3}\left(1 + \frac{R_A}{R_B}\right)$$

即

$$2.1482 = (0.6198)\left(1 + \frac{R_A}{R_B}\right)$$

可得 $R_A/R_B = 2.466$，所以 $R_A = 2.466, R_B = 3.06\text{k}\Omega$

可以看出

$$V_{EB4} = V_T \ln\left(\frac{I_{\text{Bias}}}{I_{C4}}\right) = (0.026)\ln\left(\frac{5 \times 10^{-3}}{2 \times 10^{-13}}\right) = 0.6225\text{V}$$

于是，对于 $v_O = 0$，输入电压 v_I 必须为

$$v_I = -V_{SGp} - V_{EB2} - V_{EB4} = -1.116 - 0.5568 - 0.6225$$

即

$$v_I = -2.295\text{V}$$

点评：使 $v_O = 0$ 所需的输入电压 v_I 可以从放大器的前一级来设计。此外，电路需要建立的电流 I_{Bias} 将在第10章中考虑。可能会注意到，除 I_{Bias} 之外，所有的设计参数都独立于电压 V^+ 和 V^-。

8.7 本章小结

- 本章分析和设计了能够为负载传送较大功率的放大器和输出级电路。
- 考虑了BJT和MOSFET的额定电流、额定电压以及额定功率，并用极限参数的形式定义了晶体管的安全工作区。晶体管的最大额定功率和器件能够正常工作的最大允许温度有关。
- 在甲类放大器中，输出晶体管在100%的时间里都处于导通状态。标准甲类放大器的最大功率转换效率的理论值为25%。通过在电路中引入电感或变压器，理论上可以使该转换效率提高到50%。
- 乙类输出级由工作在推挽方式的互补晶体管对构成。在理想的乙类输出级电路工作时每个晶体管各导通50%的时间。对于理想的乙类输出级，理论上最大的功率转换效率为78.5%。然而，实际的乙类输出级电路在输出为0V左右时会受到交越失真的影响。
- 甲乙类输出级类似于乙类电路，但为每个输出晶体管提供了较小的静态偏置值从而使每个晶体管的导通时间大于50%。甲乙类输出级的功率转换效率要小于理想的乙类电路，但却显著地大于甲类电路。

本章要求

通过本章的学习，读者应该能做到：

1. 阐述与晶体管的最大电流和晶体管的最大电压相关的因素。
2. 定义晶体管的安全工作区并定义减少功率额定值曲线。

3. 定义输出级的功率转换效率。
4. 阐述甲类输出级的工作原理。
5. 阐述理想乙类输出级的工作原理并讨论交越失真的概念。
6. 阐述和设计甲乙类输出级电路，并讨论为什么能基本消除了交越失真。

复习题

1. 论述 BJT 和 MOSFET 最大额定电流的限制因素。
2. 论述 BJT 和 MOSFET 最大额定电压的限制因素。
3. 论述晶体管的安全工作区。
4. 为什么指状组合型结构一般用于大功率 BJT 的设计中？
5. 讨论大功率晶体管结构中各结之间的热阻。
6. 定义并描述晶体管的减少额定功率曲线。
7. 定义甲类、乙类以及甲乙类放大器的工作原理。
8. 定义输出级的功率转换效率。
9. 阐述甲类输出级的工作原理。
10. 阐述乙类输出级的工作原理。
11. 阐述交越失真。
12. 交越失真意味着什么？
13. 阐述甲乙类输出级的工作原理，为什么甲乙类输出级比较重要？
14. 阐述变压器耦合甲类共射级放大器的工作原理。
15. 画出采用 V_{BE} 倍增器电路的甲乙类 BJT 互补推挽输出级电路。
16. 复合晶体管(达林顿晶体管对)的优点是什么？
17. 画出等效为单个 PNP 型 BJT 的应用 NPN 和 PNP 的双晶体管电路结构。

习题

8.2 节　功率晶体管

8.1　功率晶体管的最大额定电流、额定电压以及额定功率分别为 5A、80V 和 25W。(a)试画出电流和电压的线性坐标关系，并标出晶体管的安全工作区。(b)对于图 P8.1 所示的共源电路试求 R_D 的值，并且对于(i)$V_{DD}=80$V 和(ii)$V_{DD}=50$V，画出晶体管产生最大功率的负载线。

8.2　图 P8.2 所示的共射极电路偏置在 $V_{CC}=24$V。晶体管最大功率 $P_{D,\max}=20$W，电流增益 $\beta=80$。(a)试求输送给负载 R_L 最大功率时的 R_L 和 R_B。(b)试求使输入信号输送最大功率时的 V_P 值。并描述所作的各种假设。

D8.3　图 P8.2 所示的共射极电路，晶体管参数为 $\beta=100$，$P_{D,\max}=2.5$W，$V_{CE}(\text{sus})=25$V 和 $I_{C,\max}=500$mA。令 $R_L=100\Omega$。(a)试设计 V_{CC} 和 R_B 以向负载提供最大的功率。(b)利用(a)的结果，计算能够输送给 R_L 的最大不失真输出功率。

8.4　试画出 MOSFET 的安全工作区。在最大值双曲线上任意标出三个点。假设标出的每个点都为一个 Q 点，并通过每个点画出相切的负载线。讨论相对于最大可能的信号振幅来说每个点的优点和缺点。

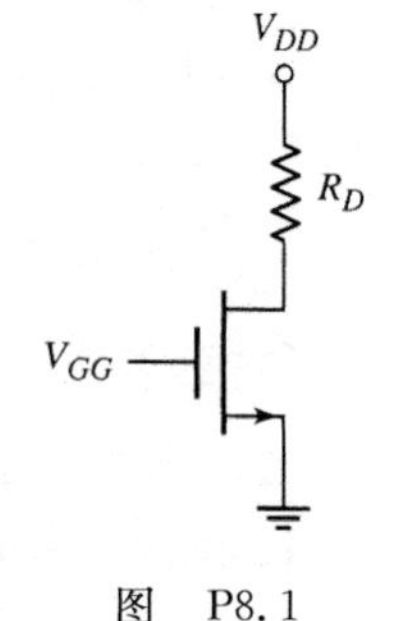

图　P8.1

8.5 功率 MOSFET 连接到图 P8.1 所示的共源电路中。其参数为 $I_{D,\max}=4\text{A}$，$V_{DS,\max}=50\text{V}$，$P_{D,\max}=35\text{W}$，$V_{TN}=4\text{V}$ 和 $K_n=0.25\text{A/V}^2$。电路参数为 $V_{DD}=40\text{V}$ 和 $R_L=10\Omega$。(a)试画出电流和电压的线性坐标关系，标出晶体管的安全工作区，并在同一个图中画出负载线。(b)对于 $V_{GG}=5\text{V}$、6V、7V、8V 和 9V，试计算晶体管中的消耗功率。(c)试问有无可能损坏晶体管？请举例说明。

D8.6 观察图 P8.6 所示的共源极电路，晶体管参数为 $V_{TN}=4\text{V}$ 和 $K_n=0.2\text{A/V}^2$。(a)试设计偏置电流使 Q 点位于负载线中央。(b)试求在 Q 点处晶体管的消耗功率。(c)试求 $I_{D,\max}$、$V_{DS,\max}$ 和 $P_{D,\max}$ 的最小额定值。(d)如果 $v_i=0.5\sin\omega t\,\text{V}$，试计算输送给 R_L 的交流功率，并求晶体管上的平均消耗功率。

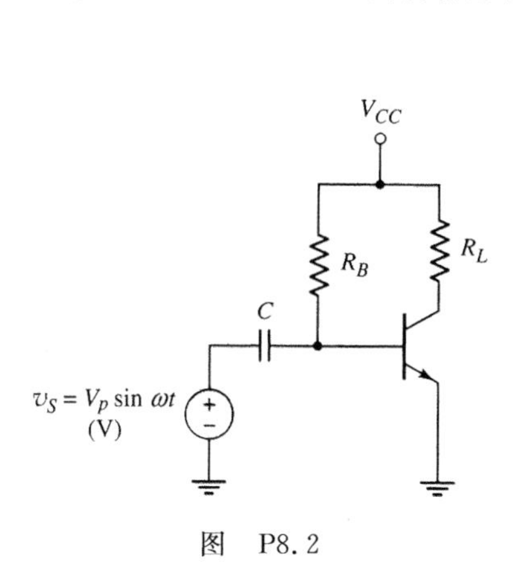

图 P8.2

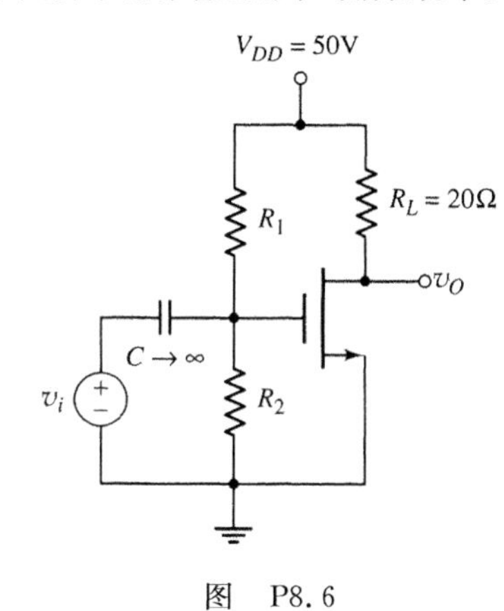

图 P8.6

8.7 晶体管在环境温度为 25℃时的最大消耗功率额定值为 60W。温度高于 25℃时允许的功耗减小率为 0.5W/℃。(a)试画出减少功率额定值曲线。(b)允许的最大结温度为多少？(c)$\theta_{\text{dev-case}}$为多少？

8.8 MOSFET 的额定功率为 50W，且指定的最大结温度为 150℃。环境温度为 $T_{\text{amb}}=25$℃。试求实际工作的功率和 $\theta_{\text{case-amb}}$之间的关系。

8.9 MOSFET 的 $\theta_{\text{dev-case}}=1.75$℃/W，漏极电流为 $I_D=4\text{A}$，漏-源电压平均为 5V。该器件安装在一个参数为 $\theta_{\text{snk-amb}}=3$℃/W 和 $\theta_{\text{case-snk}}=0.8$℃/W 的散热片上。如果环境温度为 $T_{\text{amb}}=25$℃，试求(a)器件，(b)壳，(c)散热片的温度。

8.10 BJT 必须消耗 25W 的功率。最大结温度为 $T_{j,\max}=200$℃，环境温度为 25℃，器件和壳之间的热阻为 3℃/W。试求壳和环境之间可允许的最大热阻。

8.11 BJT 的额定功率为 15W，结温度的最大值为 175℃，环境温度为 25℃，热阻参数为 $\theta_{\text{snk-amb}}=4$℃/W 和 $\theta_{\text{case-snk}}=1$℃/W。试求晶体管中可以安全消耗的实际功率。

8.3 节 功率放大器分类

8.12 对于图 8.16(a)所示的甲类放大器，试证明对于对称的方波输入信号而言，理论上最大的转换效率为 50%。

8.13 观察图 P8.13 所示的甲类射极跟随器电路，假设所有的晶体管均匹配，且 $V_{BE}(\text{on})=0.7\text{V}$，$V_{CE}(\text{sat})=0.2\text{V}$ 和 $V_A=\infty$。忽略基极电流。试求输出电压的最大值和最小值以及使电路工作在线性区所需要的输入电压值。

8.14 图 P8.14 所示的甲类源极跟随器电路，晶体管为匹配晶体管，$V_{TN}=0.5\text{V}$，$K_n=12\text{mA/V}^2$ 且 $\lambda=0$。试求输出电压的最大值、最小值以及使电路工作在线性区所需要的输入电压。

*D8.15 图 P8.13 所示为恒流源偏置的甲类射极跟随器。假设电路参数为 $V^+=10\text{V}$，$V^-=-10\text{V}$ 和 $R_L=1\text{k}\Omega$。晶体管参数为 $\beta=200$，$V_{BE}=0.7\text{V}$ 和 $V_{CE}(\text{sat})=0.2\text{V}$。(a)试求可能

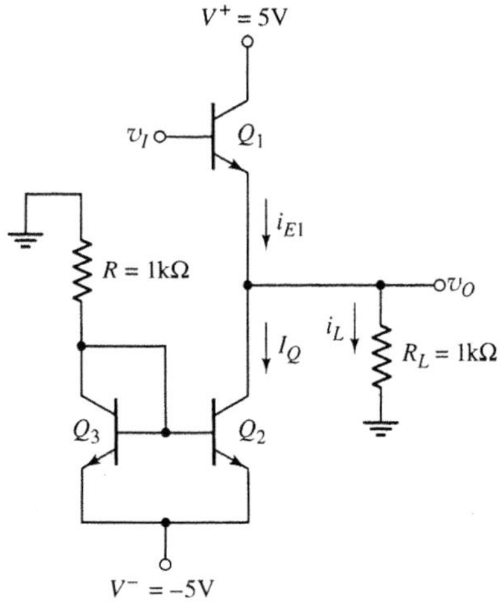

图 P8.13

产生的输出信号振幅最大所需要的 R 值。并问 I_Q 的值是多少以及 i_{E1} 和 i_L 的最大值、最小值各是多少？(b)应用(a)部分的结果求功率转换效率。

8.16 图 P8.13 所示的甲类射极跟随器，电路参数为 $V^+=12\text{V}$，$V^-=-12\text{V}$ 和 $R_L=100\Omega$。晶体管参数为 $\beta=200$，$V_{BE}=0.7\text{V}$ 和 $V_{CE}(\text{sat})=0.2\text{V}$。要求输出电压在 10V 和 −10V 之间变化。(a)试求 I_Q 的最小值和 R 值。(b)对于 $v_O=0$，试求晶体管 Q_1 以及电流源(Q_2、Q_3 和 R)的功率消耗。(c)试求峰值为 10V 的对称正弦输出电压的转换效率。

8.17 图 P8.17 所示的双极型 BiCMOS 跟随器电路。BJT 晶体管的参数为 $V_{BE}(\text{on})=0.7\text{V}$，$V_{CE}(\text{sat})=0.2\text{V}$ 和 $V_A=\infty$，MOSFET 的参数为 $V_{TN}=-1.8\text{V}$，$K_n=120\text{mA/V}^2$ 和 $\lambda=0$。对于(a)$R_L=\infty$ 和(b)$R_L=500\Omega$，要使电路工作在线性区，试求输出电压的最大值和最小值以及相应的输入电压值。(c)如果在输出端产生峰值为 2V 的正弦波，试问 R_L 的最小可能值为多少？相应的转换效率又是多少？

8.18 对于图 8.18 所示的理想乙类输出级电路，试证明对于对称的方波输入信号而言，理论上最大的转换效率为 100%。

8.19 图 P8.19 所示的理想乙类输出级电路(器件 A 和 B 的有效开启电压为零，v_A 和 v_B 有效“饱和”电压也为零)。假设 $V^+=5\text{V}$，$V^-=-5\text{V}$。并假设输出端产生对称的正弦波。试问(a)功率转换效率最大时峰值输出电压为多少？(b)当每个器件消耗的功率最大时峰值输出电压为多少？(c)当每个器件所允许的最大消耗功率为 2W 且输出电压处于最大值时，输出负载电阻较小的允许值为多少？

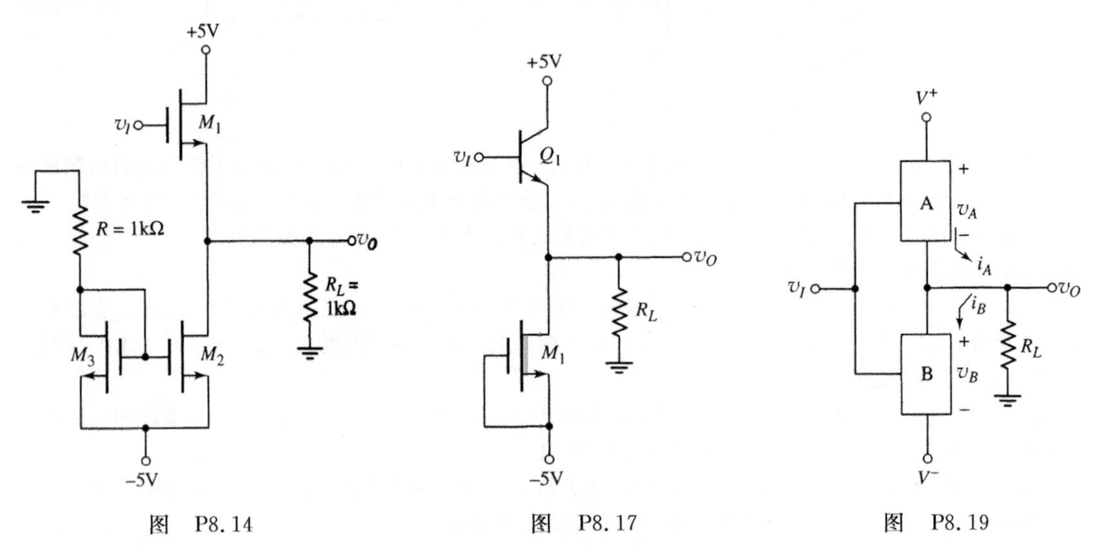

图 P8.14　　图 P8.17　　图 P8.19

8.20 观察图 P8.19 所示的理想乙类输出级电路(对于“理想”的定义见 8.19 题)。输入信号为对称的正弦信号时输出级向 24Ω 的负载输送 50W 的平均功率。假设电源电压为 $\pm n$V，其中 n 为整数。(a)电源电压至少比最大的输出电压大 3V。试问电源电压必须为多少？(b)每个器件中的峰值电流为多少？(c)功率转换效率为多少？

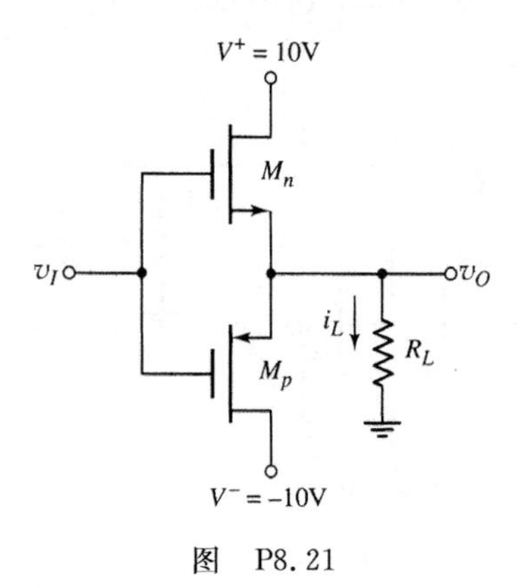

图 P8.21

8.21 观察图 P8.21 所示带互补 MOSFET 的乙类输出级电路。晶体管参数为 $V_{TN}=V_{TP}=0$，$K_n=K_p=0.4\text{mA/V}^2$。令 $R_L=5\text{k}\Omega$。(a)试求使 M_n 保持偏置在饱和区的最大输出电压。此种情况下的 i_L 和 v_I 值为多少？(b)若输出信号为对称正弦波，其峰值如(a)中所求的结果，试求相应的转换效率。

8.22 图 P8.21 所示的电路，用与题 8.21 所列相同的参数画出 v_O 相对于 v_I 在 $-10\text{V}\leqslant v_I\leqslant 10\text{V}$ 范围内的关系曲线。试问在 $v_I=0$ 和 $v_I=10\text{V}$ 处的电压增益(曲线的斜率)是多少？

*8.23 对于图 8.24 所示简化的带 BJT 的甲乙类输出级电路，其参数为 $V_{CC}=10\text{V}$ 和 $R_L=100\Omega$。每个晶体管的 I_S 为 $I_S=5\times10^{-13}$

A。(a)当 $v_I=0$ 时，试求使 $i_{Cn}=i_{Cp}=5\text{mA}$ 的 V_{BB} 值。并求每个晶体管的消耗功率。(b)对于 $v_O=-8\text{V}$，试求 i_L、i_{Cn}、i_{Cp} 和 v_I，并求 Q_n、Q_p 和 R_L 的消耗功率。

*8.24　带增强型 MOSFET 的甲乙类输出级电路如图 8.26 所示，其参数为 $V_{DD}=10\text{V}$ 和 $R_L=1\text{k}\Omega$。晶体管参数为 $V_{TN}=-V_{TP}=2\text{V}$，$K_n=K_p=2\text{mA/V}^2$。(a)当 $v_I=0$ 时，试求使 $i_{Dn}=i_{Dp}=0.5\text{mA}$ 的 V_{BB} 值。并求每个晶体管的消耗功率。(b)试求使 M_n 保持偏置在饱和区的最大输出电压。此种情况下的 i_{Dn}、i_{Dp}、i_L 和 v_I 的值为多少，并求 M_n、M_p 和 R_L 的消耗功率。

8.25　观察图 P8.25 所示的甲乙类输出级电路。二极管和晶体管相匹配，参数为 $I_S=6\times10^{-12}\text{A}$ 和 $\beta=40$。(a)试求当 $v_O=24\text{V}$ 时，使二极管中最小电流为 25mA 的 R_1 值。并求此情况下的 i_N 和 i_P。(b)应用(a)的结果求 $v_O=0$ 时的二极管和晶体管的电流。

*8.26　增强型 MOSFET 甲乙类输出级电路如图 P8.26 所示。每个晶体管的理论电压值为 $V_{TN}=-V_{TP}=1\text{V}$，输出晶体管的传导参数为 $K_{n1}=K_{p2}=5\text{mA/V}^2$。令 $I_{Bias}=200\mu\text{A}$。(a)试求使 M_1 和 M_2 中的静态漏极电流为 5mA 的 $K_{n3}=K_{p4}$。(b)应用(a)的结果求：(ⅰ)$v_O=0$，(ⅱ)$v_O=5\text{V}$ 时的小信号电压增益 $A_v=\text{d}v_O/\text{d}v_I$。

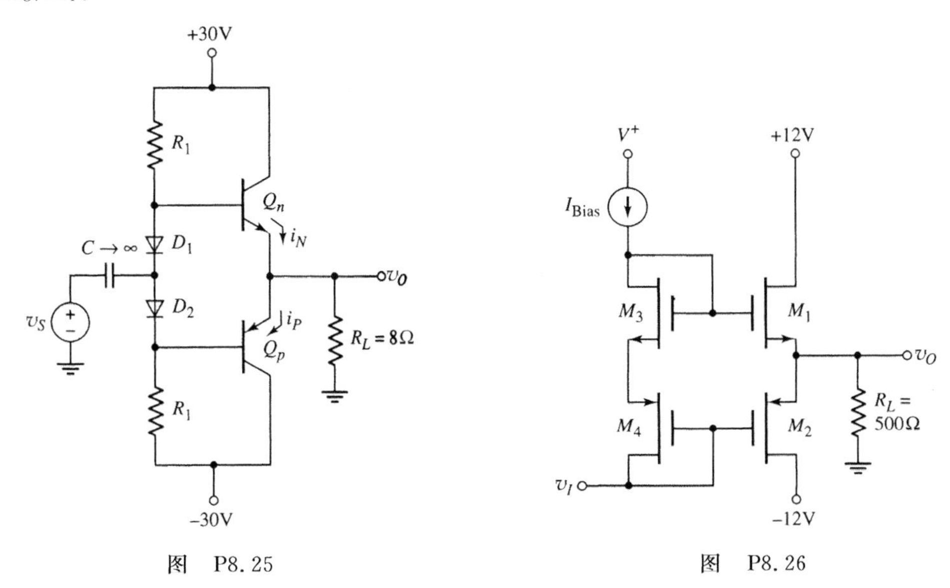

图　P8.25　　　　图　P8.26

D8.27　观察图 8.26 所示的 MOSFET 甲乙类输出级电路。其参数为 $V_{DD}=10\text{V}$ 和 $R_L=100\Omega$。对于晶体管 M_n 和 M_p 有 $V_{TN}=-V_{TP}=1\text{V}$。输出电压的峰值振幅限制为 5V。试设计电路使 $v_O=0$ 时小信号电压增益 $A_v=\text{d}v_O/\text{d}v_I=0.95$。

8.4 节　甲类功率放大器

D8.28　设计如图 8.28 所示的电感耦合共射极放大器电路，用来产生 $A_v=-12$ 的小信号电压增益。电路参数和晶体管的参数为 $R_i=6\text{k}\Omega$，$R_L=2\text{k}\Omega$，$V_{CC}=10\text{V}$，$\beta=180$ 和 $V_{BE}=0.7\text{V}$。试求能够输送给负载的最大功率和转换效率。

D8.29　对于图 8.28 所示的电感耦合共射极放大器电路，其参数为 $V_{CC}=15\text{V}$，$R_E=0.1\text{k}\Omega$ 和 $R_L=1\text{k}\Omega$。晶体管参数为 $\beta=100$ 和 $V_{BE}=0.7\text{V}$。试设计 R_1 和 R_2 以使电路能给负载输送最大的功率。试问能够输送给负载的最大功率是多少？

8.30　观察图 P8.30 所示的变压器耦合共射极放大电路。其参数为 $V_{CC}=10\text{V}$，$R_L=8\Omega$，$n_1:n_2=3:1$，$R_1=0.73\text{k}\Omega$，$R_2=1.55\text{k}\Omega$ 和 $R_E=20\Omega$。晶体管参数为 $\beta=25$ 和 $V_{BE}(\text{on})=0.7\text{V}$。正弦输入信号的振幅为 17mV。试求输送给负载的交流功率，并求转换效率。

8.31　图 P8.30 所给变压器耦合共射极放大电路的参数为 $V_{CC}=36\text{V}$ 和 $n_1:n_2=4:1$。输送给负载的信号功率为 2W。试求(a)负载两端的有效电压；(b)变压器初级两端的有效电压；(c)初级和次级电流；

(d)如果 $I_{CQ}=150\text{mA}$,试问转换效率是多少?

8.32 BJT 射极跟随器通过理想变压器耦合到负载,如图 P8.32 所示。图中没有画出偏置电路。晶体管电流增益 $\beta=49$,且晶体管偏置在 $I_{CQ}=100\text{mA}$。(a)推导电压传递函数 v_e/v_i 和 v_o/v_i 的表达式。(b)试求输送给 R_L 最大交流功率所需的 $n_1:n_2$。(c)试求看进发射极的小信号输出电阻。

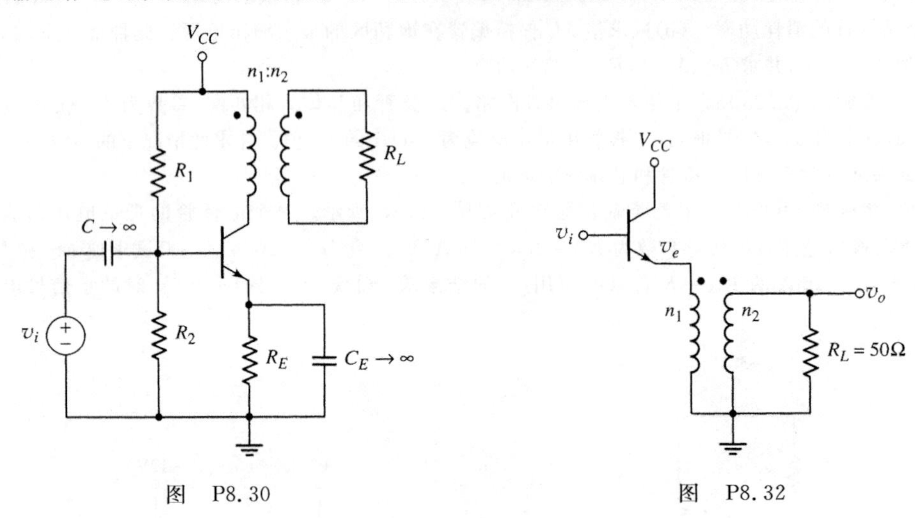

图 P8.30　　　　图 P8.32

D8.33 观察图 P8.33 所示变压器耦合的射极跟随器电路。假设变压器为理想变压器。晶体管参数为 $\beta=100$ 和 $V_{BE}=0.7\text{V}$。(a)试设计电路能提供电流增益为 $A_i=i_o/i_i=80$。(b)如果为了防止失真而将射极信号电流的大小限制为 $0.9I_{CQ}$,试求输送给负载的功率和转换效率。

D8.34 变压器耦合的甲类射极跟随器放大电路必须给 8Ω 扬声器输送 2W 的功率。令 $V_{CC}=18\text{V}$,$\beta=100$ 和 $V_{BE}=0.7\text{V}$。(a)试求所需的匝数比 $n_1:n_2$。(b)试求晶体管的最小额定功率。

D8.35 如果变压器的初级具有 100Ω 电阻,试重做 8.33 题。

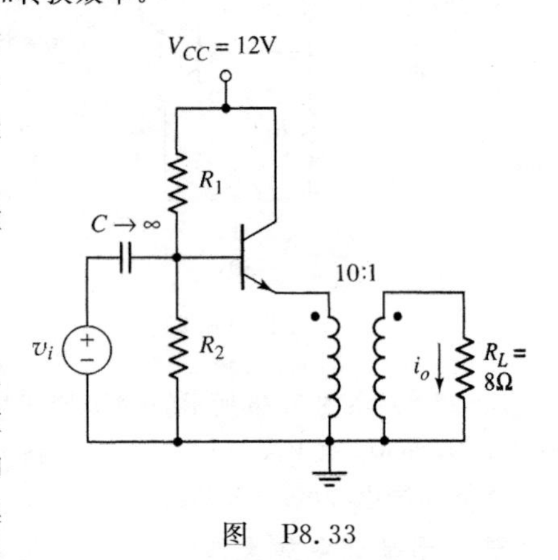

图 P8.33

8.5 节 甲乙类互补推挽输出级

8.36 在图 8.34 所示的输出级电路中所有晶体管均匹配,且参数为 $\beta=60$ 和 $I_S=6\times10^{-12}\text{A}$。电阻 R_1 和 R_2 被 3mA 的理想电流源代替,有 $R_3=R_4=0$。令 $V^+=10\text{V}$ 和 $V^-=-10\text{V}$。(a)对于 $v_I=v_O=0$,试求四个晶体管的静态集电极电流。(b)对于 $R_L=200\Omega$ 的负载电阻和 6V 的峰值输出电压,试求电路的电流增益和电压增益。

*8.37 观察图 8.34 所示的电路,电源电压为 $V^+=10\text{V}$ 和 $V^-=-10\text{V}$,且电阻 R_3 和 R_4 的值为零。晶体管参数为 $\beta_1=\beta_2=120$,$\beta_3=\beta_4=50$,$I_{S1}=I_{S2}=2\times10^{-13}\text{A}$ 和 $I_{S3}=I_{S4}=2\times10^{-12}\text{A}$。(a)输出电流的范围为 $-1\text{A}\leqslant i_O\leqslant1\text{A}$,试求使晶体管 Q_1 和 Q_2 的电流变化不超过 2∶1 的 R_1 和 R_2 值。(b)对于 $v_I=v_O=0$,应用(a)的结果试求四个晶体管中的静态集电极电流。(c)对于静态输出电压为零,试计算不包括 R_L 的输出电阻。假设 v_I 的信号源电阻为零。

8.38 对于图 8.34 所示的电路,应用例题 8.12 所给的参数,试求静态输出电压为零时的输入电阻。

D8.39 (a)应用增强型 MOSFET 重新设计图 8.34 所示的甲乙类输出级电路。令 $R_3=R_4=0$。(a)假设所有的 MOSFET 均匹配,且参数为 $K=10\text{mA/V}^2$ 和 $V_{TN}=-V_{TP}=2\text{V}$,令 $V^+=10\text{V}$ 和 $V^-=-10\text{V}$。试求使每个晶体管的静态电流为 5mA 的 R_1 和 R_2 值。(c)如果 $R_L=100\Omega$,试求每个晶体管的电

流；如果 $v_O=5\text{V}$，试求输送给负载的功率。

8.40 图 P8.40 所示为复合 PNP 达林顿射极跟随器电路，该电路从负载吸收电流。参数 I_Q 为等效的偏置电流，且 Z 为 Q_1 基极的等效阻抗。假设晶体管参数为 $\beta(\text{PNP})=10$，$\beta(\text{NPN})=50$，$V_{AP}=50\text{V}$ 和 $V_{AN}=100\text{V}$，其中 V_{AP} 和 V_{AN} 分别为 PNP 和 NPN 晶体管的厄利电压，试计算输出电阻 R_o。

*8.41 观察图 P8.41 所示的甲乙类输出级电路。其参数为 $V^+=12\text{V}$ 和 $V^-=-12\text{V}$，$R_L=100\Omega$ 且 $I_{\text{Bias}}=5\text{mA}$。晶体管和二极管的参数为 $I_S=10^{-13}\text{A}$。NPN 和 PNP 晶体管的电流增益分别为 $\beta_n=20$ 和 $\beta_p=5$。(a)对于 $v_O=0$，试求 V_{BB} 以及每个晶体管的静态集电极电流和基极-发射极电压。(b)对于 $v_O=10\text{V}$，重做(a)部分。试问输送给负载的功率是多少？每个晶体管消耗的功率为多大？

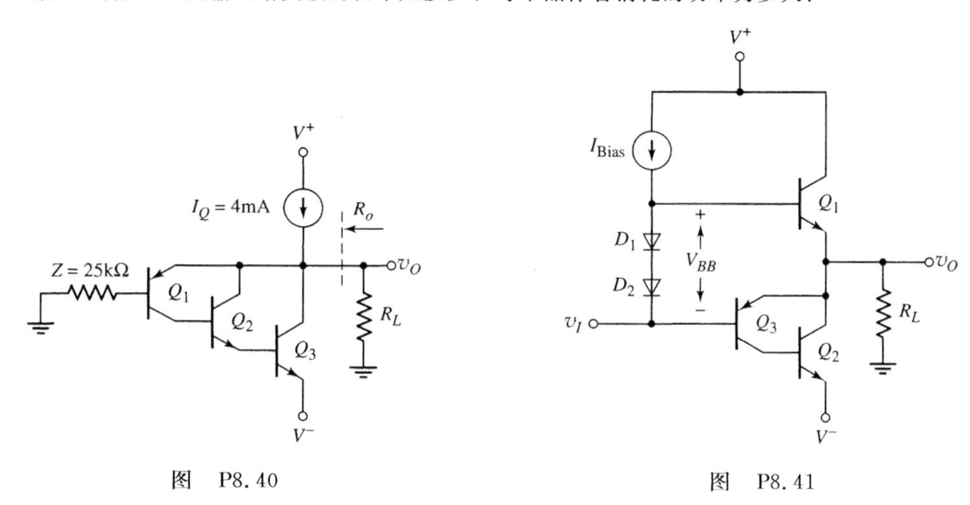

图 P8.40　　　　图 P8.41

*8.42 对于图 8.36 所示的甲乙类输出级电路，其参数为 $V^+=24\text{V}$，$V^-=-24\text{V}$，$R_L=20\Omega$ 和 $I_{\text{Bias}}=10\text{mA}$。二极管和晶体管的参数为 $I_S=2\times10^{-12}\text{A}$。NPN 和 PNP 晶体管的电流增益分别为 $\beta_n=20$ 和 $\beta_p=5$。(a)对于 $v_O=0$，试求 V_{BB} 以及每个晶体管的静态集电极电流和基极-发射极电压。(b)要求传送给负载的平均功率为 10W，试求每个晶体管的静态集电极电流。当输出电压处于其负的峰值振幅时，试求 Q_2、Q_5 及 R_L 中的瞬时消耗功率。

计算机仿真题

8.43 (a)仿真图 8.19 所示的乙类输出级电路并画出电压传递函数以论证发生交越失真的区域。(b)对于图 8.31 所示的甲乙类输出级重做(a)部分。使用晶体管按二极管接法连接成 D_1 和 D_2 并假设所有的器件均匹配，试问能否消除交越失真？

8.44 用计算机仿真验证例题 8.10 甲乙类输出级电路的设计。

8.45 (a)仿真图 8.34 所示的甲乙类输出级电路，使用参数 $V^+=-V^-=15\text{V}$，$R_1=R_2=2\text{k}\Omega$，$R_L=100\Omega$ 和 $R_3=R_4=0$。假设所有的晶体管均匹配，其参数为 $I_S=10^{-13}\text{A}$ 和 $\beta=60$。试画出 v_O 相对于 v_I，i_O 相对于 i_i 在 $-10\text{V}\leqslant v_I\leqslant 10\text{V}$ 范围内的关系曲线。试求电压和电流增益。(b)对于 $R_3=R_4=20\Omega$，重复(a)部分。

8.46 观察图 8.34 所示的甲乙类输出级电路，其参数为 $V^+=-V^-=15\text{V}$，$R_1=R_2=2\text{k}\Omega$，$R_L=8\Omega$ 且 $R_3=R_4=0$。假设所有的晶体管均匹配，且参数为 $I_S=10^{-13}\text{A}$ 和 $\beta=60$。假设输入电压为 $v_I=V_P\sin\omega t$。对于 $0\leqslant V_P\leqslant 13\text{V}$，试求输送给负载的平均功率以及 Q_3 和 Q_4 消耗的平均功率。

设计题

（注：对于每个设计都应经过计算机验证）

*D8.47 设计音频放大器给 8Ω 扬声器输送 60W 平均功率。要求带宽为 10Hz 到 15kHz。试确定所有晶体管的电流增益、电流、电压和功率的最小额定值。

*D8.48 设计变压器耦合的甲类射极跟随器放大电路给 8Ω 扬声器输送 20W 平均功率。环境温度为

25℃，且最大的结温度为 $T_{j,max}=125℃$。假设热阻值为 $\theta_{dev\text{-}case}=3.6℃/W$，$\theta_{case\text{-}snk}=0.5℃/W$ 以及 $\theta_{snk\text{-}amb}=4.5℃/W$。试确定电源电压、变压器匝数比、偏置电阻值以及晶体管额定电流、额定电压和额定功率。

*D8.49 设计图 8.32 所示带 V_{BE} 倍增器的甲乙类输出级电路给 8Ω 负载输送 5W 平均功率。峰值输出电压必须不超过 V^+ 的 80%，令 $V^-=-V^+$。试确定电路参数和晶体管的参数。

部分习题答案

第 1 章

1.1 (a) 硅

(ⅰ) $n_i = 1.61 \times 10^8 \text{cm}^{-3}$

(ⅱ) $n_i = 3.97 \times 10^{11} \text{cm}^{-3}$

(b) 砷化镓

(ⅰ) $n_i = 6.02 \times 10^3 \text{cm}^{-3}$

(ⅱ) $n_i = 1.09 \times 10^8 \text{cm}^{-3}$

1.3 硅

(a) $n_i = 8.79 \times 10^{-10} \text{cm}^{-3}$

(b) $n_i = 1.5 \times 10^{10} \text{cm}^{-3}$

(c) $n_i = 1.63 \times 10^{14} \text{cm}^{-3}$

锗

(a) $n_i = 35.9 \text{cm}^{-3}$

(b) $n_i = 2.40 \times 10^{13} \text{cm}^{-3}$

(c) $n_i = 8.62 \times 10^{15} \text{cm}^{-3}$

1.5 (a) N 型

(b) $n_o = 5 \times 10^{16} \text{cm}^{-3}$

$p_o = 4.5 \times 10^3 \text{cm}^{-3}$

(c) $n_o = 5 \times 10^{16} \text{cm}^{-3}$

$p_o = 3.15 \times 10^6 \text{cm}^{-3}$

1.7 (a) P 型

(b) $p_o = 2 \times 10^{17} \text{cm}^{-3}$

$n_o = 1.125 \times 10^3 \text{cm}^{-3}$

(c) $p_o = 2 \times 10^{17} \text{cm}^{-3}$

$n_o = 0.130 \text{cm}^{-3}$

1.9 (a) 掺杂，$N_d = 7 \times 10^{15} \text{cm}^{-3}$

(b) $T \approx 324\text{K}$

1.11 $\sigma = 7.08 (\Omega \cdot \text{cm})^{-1}$

1.13 $N_d = 2.31 \times 10^{15} \text{cm}^{-3}$

1.15 $J_n = 576 \text{A/cm}^2$

1.17 (a) $p_o = 10^{17} \text{cm}^{-3}$

$n_o = 3.24 \times 10^{-5} \text{cm}^{-3}$

(b) $n = 10^{15} \text{cm}^{-3}$

$p = 1.01 \times 10^{17} \text{cm}^{-3}$

1.19 (a) $V_{bi} = 1.17\text{V}$

(b) $V_{bi} = 1.29\text{V}$

(c) $V_{bi} = 1.41\text{V}$

1.21

T(K)	V_{bi}(V)
200	1.405
300	1.370
400	1.327
500	1.277

1.23 (a) $t = 5.44 \times 10^{-10} \text{s}$

(b) $t = 8.09 \times 10^{-10} \text{s}$

1.25 (a) $V_D = -0.0599\text{V}$

(b) $I_F / I_R = 2190$

1.27 (a) $V_D = 0.430\text{V}$

(b) $V_D = 0.549\text{V}$

1.29 (a)

V_D(V)	$\log_{10} I_D$
0.10	−10.3
0.30	−6.99
0.50	−3.65
0.70	−0.307

(b)

V_D(V)	$\log_{10} I_D$
0.10	−12.3
0.30	−8.99
0.50	−5.65
0.70	−2.31

1.31 (a) (ⅰ) $V_D = 0.669\text{V}$

(ⅱ) $V_D = 0.622\text{V}$

(b) (ⅰ) $I_D = 2.19 \times 10^{-12} \text{A}$

(ⅱ) $I_D = 0$

(ⅲ) $I_D = -10^{-15} \text{A}$

(ⅳ) $I_D = -10^{-15} \text{A}$

1.33 (a) $I_S = 5.07 \times 10^{-21} \text{A}$

(b) $I_D = 0.256\text{mA}$

1.35 $259\text{K} \leqslant T \leqslant 328.2\text{K}$

1.37 (a) $V_D \approx 0.2285\text{V}$

$I_D = 3.27 \times 10^{-5} \text{A}$

(b) $I_D = -5 \times 10^{-9} \text{A}$

$V_D \approx -3.5\text{V}$

1.39 (a) $I_D=2.56\mu A$
$V_D=0.402V$
1.41 (a) $V_D=0.7V$
$I_D=26.7\mu A$
(b) $V_D=0.45V$
$I_D=0$
1.43 $R_1=410\Omega, R_2=82.5\Omega$
1.45 (a) $I=0.226mA$
$V_O=0.482V$
(b) $I=0.238mA$
$V_O=-0.24V$
(c) $I=0.380mA$
$V_O=0.10V$
(d) $I=2\times10^{-12}A$
$V_O\approx-5V$
1.47 (a) $I_{D1}=0.65mA$
$I_{D2}=1.30mA$
$R_1=2.35k\Omega$
(b) $I_{D1}=2.375mA$
$I_{D2}=3.025mA$
1.49 (b) 当 $I=1mA$ 时，$v_o/v_s=0.0909$
当 $I=0.1mA$ 时，$v_o/v_s=0.50$
当 $I=0.01mA$ 时，$v_o/v_s=0.909$
1.51 $I_S=4.87\times10^{-12}A$
1.53 (a) $V_O=5.685V$
(b) $\Delta V_O=0.0392V$
(c) $V_O=5.658V$
1.55 (a) $V_O=6.921V$
(b) $\Delta V_O=-0.13V$

第 2 章

2.3 (a) $i_d(\max)=13.33/R$
(b) $PIV=|v_S(\max)|=13.33V$
(c) $v_O(\text{avg})=4.24V$
(d) 50%
2.5 (a) $v_S(\text{rms})=9.48V$
(b) $C=2222\mu F$
(c) $i_{d,\text{peak}}=2.33A$
2.7 (a) $V_O(\max)=11.3V$
(b) $C=0.03767F$
(c) $PIV=23.3V$
2.11 (a) $N_1/N_2=10.8$
(b) $C=2083\mu F$
(c) $PIV=30.7V$
2.13 (b) $v_O(\text{rms})=3.04V$
2.15 (a) $I_Z=0.233A, P=2.8W$
(b) $R_L=57.1\Omega$
(c) $P=0.28W$
2.17 (a) $I_I=45.0mA$
$I_L=26.3mA$
$I_Z=18.7mA$
(b) $R_L=2k\Omega$
(c) $R_L=585\Omega$
2.19 (a) $\Delta V_O=2.1375V$
(b) 21.4%
2.21 (a) $R_i=200\Omega$
(b) $\Delta V_O=0.35V$
(c) 3.5%
2.23 5.0%，$C=0.0357F$
2.25 (a) 当 $v_I\leqslant5.7V$ 时，$v_O=v_I$
当 $5.7V\leqslant v_I\leqslant15V$ 时，
$v_O=\frac{v_I}{2.5}+3.42$
(b) 当 $v_I\leqslant5.7V$ 时，$i_D=0$
当 $5.7V\leqslant v_I\leqslant15V$ 时，
$i_D=\frac{0.6v_I-3.42}{1}$
2.37 (a) $I_{D1}=0.94mA, I_{D2}=0$，
$V_O=8.93V$
(b) $I_{D1}=0.44mA, I_{D2}=0$，
$V_O=4.18V$
(c) 同答案(a)
(d) $I=0.964mA$，
$I_{D1}=I_{D2}=0.482mA$，
$V_O=9.16V$
2.39 (a) $V_O=4.4V, I=0.589mA$，
$I_{D1}=I_{D2}=7.6mA$，
$I_{D3}=14.6mA$
(b) $I=0.451mA$，
$I_{D1}=I_{D2}=0.2255mA$，
$V_O=5.72V, I_{D3}=0$
(c) $V_O=4.4V, I=0.589mA$，
$I_{D2}=7.6mA, I_{D1}=0$，
$I_{D3}=7.01mA$
(d) $V_O=4.4V, I=0.589mA$，
$I_{D2}=3.6mA, I_{D1}=0$，
$I_{D3}=3.01mA$
2.41 当 $0\leqslant v_I\leqslant0.66V$ 时，$v_O=0.0909v_I$
当 $0.66V\leqslant v_I\leqslant3.9V$ 时，$v_O=\frac{2v_I-0.6}{12}$
当 $3.9V\leqslant v_I\leqslant10V$ 时，$v_O=\frac{2v_I+5.4}{22}$

2.43 (a) $V_O=0, I_{D1}=0.86\text{mA}$
(b) $I_{D1}=0, V_O=-3.57\text{V}$

2.45 (a) $I_{D1}=0.93\text{mA}, V_O=-15\text{V}$
(b) $I_{D1}=1.86\text{mA}, V_O=-15\text{V}$

2.47 (a) $V_D=-2.5\text{V}, I_D=0$
(b) $V_D=0.6\text{V}, I_D=0.19\text{mA}$

2.49 (a) $V_{O1}=V_{O2}=0$
(b) $V_{O1}=4.4\text{V}, V_{O2}=3.8\text{V}$
(c) $V_{O1}=4.4\text{V}, V_{O2}=3.8\text{V}$
逻辑 1 电平下降

2.51 (V_1 与 V_2)或(V_3 与 V_4)

2.53 $V_I=2.3\text{V}$

2.55 $A=3.75\times10^{-2}\text{cm}^2$

第 3 章

3.1 (a) $I_D=0$, (b) $I_D=0.01\text{mA}$,
(c) $I_D=0.0767\text{mA}$,
(d) $I_D=0.143\text{mA}$

3.3 (a) 增强型
(b) $V_{TN}=1.5\text{V}, K_n\approx0.064\text{mA/V}^2$
(c) 当 $v_{GS}=3.5\text{V}$ 时, $i_D(\text{sat})=0.256\text{mA}$
当 $v_{GS}=4.5\text{V}$ 时, $i_D(\text{sat})=0.576\text{mA}$

3.5 $W/L=9.375$

3.7 (a) $K_n=0.399\text{mA/V}^2$
(b) $I_D=1.93\text{mA}$

3.9 $W=7.24\mu\text{m}$

3.11 (a) $I_D=40.5\text{mA}$
(b) $I_D=36\text{mA}$
(c) $I_D=16\text{mA}$
(d) $I_D=0$

3.13 (a) $V_{SD}(\text{sat})=1\text{V}, I_D=0.12\text{mA}$
(b) $V_{SD}(\text{sat})=2\text{V}, I_D=0.48\text{mA}$
(c) $V_{SD}(\text{sat})=3\text{V}, I_D=1.08\text{mA}$

3.15 (a) $k'_p=17.3\mu\text{A/V}^2$
(b) $k'_p=34.5\mu\text{A/V}^2$
(c) $k'_p=86.3\mu\text{A/V}^2$
(d) $k'_p=173\mu\text{A/V}^2$
(e) $k'_p=345\mu\text{A/V}^2$

3.17 当 $V_{GS}=2\text{V}$ 时, $r_o=781\text{k}\Omega$
当 $V_{GS}=4\text{V}$ 时, $r_o=63.7\text{k}\Omega$
$V_A=100\text{V}$

3.19 $V_{SB}=10.4\text{V}$

3.21 (a) $V_G=16.5\text{V}$
(b) $V_G=5.5\text{V}$

3.23 $V_{GS}=2.046\text{V}, I_D=0.777\text{mA}$,
$V_{DS}=5.34\text{V}$

3.25 (a) $V_{SD}=1.90\text{V}, I_D=1.33\text{mA}$
(b) $V_{SD}=0.698\text{V}, I_D=1.08\text{mA}$

3.27 $V_S=2.21\text{V}, V_{SD}=5.21\text{V}$

3.29 $V_{GS}=2.26\text{V}, I_D=1.49\text{mA}, V_{DS}=7.47\text{V}$

3.31 (a) (ⅰ) $V_{GS}=1.516\text{V}, V_{DS}=6.516\text{V}$
(ⅱ) $V_{GS}=2.61\text{V}, V_{DS}=7.61\text{V}$
(b) (ⅰ) $V_{GS}=V_{DS}=1.516\text{V}$
(ⅱ) $V_{GS}=V_{DS}=2.61\text{V}$

3.33 (a) $R_D=8\text{k}\Omega, R_S=4.38\text{k}\Omega$
(b) 令 $R_D=8.2\text{k}\Omega, R_S=4.3\text{k}\Omega$, 则 $V_{GS}=2.82\text{V}, I_D=0.504\text{mA}, V_{DS}=3.70\text{V}$
(c) 当 $R_S=4.73\text{k}\Omega$ 时, $I_D=0.476\text{mA}$
当 $R_S=3.87\text{k}\Omega$ 时, $I_D=0.548\text{mA}$

3.35 $I_{DQ}=1.25\text{mA}, R_2=59.4\text{k}\Omega, R_1=20.6\text{k}\Omega$

3.37 $R_D=0.8\text{k}\Omega, R_1=408\text{k}\Omega, R_2=99.5\text{k}\Omega$

3.39 $(W/L)_1=3.23$

3.41 (a) $(W/L)_3=9.86, (W/L)_2=3.15, (W/L)_1=2.13$
(b) $V_1=2.53\text{V}, V_2=6.08\text{V}$

3.43 $(W/L)_D=7.76$

3.45 $R_D=267\Omega, (W/L)=34$

3.47 (a) $\left(\frac{W}{L}\right)_1=\left(\frac{W}{L}\right)_2=2.44$
(b) $V_O=0.393\text{V}$

3.49 (a) $\left(\frac{W}{L}\right)_A=\left(\frac{W}{L}\right)_B=19.5, \left(\frac{W}{L}\right)_C=7.81$
(b) $R_D=9.2\text{k}\Omega$

3.51 $I_D=I_{DSS}$

3.53 $V_P=3.97\text{V}, I_{DSS}=5.0\text{mA}$

3.55 $V_{TN}=0.221\text{V}, K_n=1.11\text{mA/V}^2$

3.57 $V_{GS}=-1.17\text{V}, I_D=5.85\text{mA}, V_{DS}=7.13\text{V}$

3.59 $V_{GS}=0.838\text{V}, V_{SD}=7.5\text{V}, R_1=109\text{k}\Omega$,
$R_2=1.21\text{M}\Omega$

3.61 $V_G=6\text{V}, V_{GS}=-1.30\text{V}, I_D=3.65\text{mA}$,
$V_{DS}=2.85\text{V}$

3.63 $I_D=I_{DSS}=4\text{mA}, R_D=1.75\text{k}\Omega$

3.65 $R_D=15\text{k}\Omega, R_1=100\text{k}\Omega, R_2=50\text{k}\Omega$

第 4 章

4.1 (a) $(W/L)=3.125$
(b) $V_{GS}=2.80\text{V}$

4.3 $\lambda=0.0308\text{V}^{-1}, r_o=12.5\text{k}\Omega$

4.5 $\lambda=0.0556\text{V}^{-1}, r_o=100\text{k}\Omega$

4.7 $I_D=1.0\text{mA}, r_o=100\text{k}\Omega$

4.9 (a) $R_D=8\text{k}\Omega$，$(W/L)=11.6$
(b) $g_m=0.835\text{mA/V}$，$r_o=133\text{k}\Omega$
(c) $A_v=-6.30$

4.11 $V_{gs}=0.08\text{V}$

4.13 $g_m=2.1\text{mA/V}$

4.15 (a) $R_1=635\text{k}\Omega$，$R_2=292\text{k}\Omega$
(b) $A_v=-2.03$

4.17 (a) $R_D=7.5\text{k}\Omega$
(b) $R_S=1\text{k}\Omega$

4.19 (a) $I_{DQ}=0.4\text{mA}$
(b) $A_v=-4.38$

4.21 (a) $R_S=146\Omega$，$R_D=1.85\text{k}\Omega$
(b) $A_v=-2.98$
(c) $V_i=0.645\text{V}$

4.23 (a) 当 $R_S=10\text{k}\Omega$ 时，$K_p=0.20\text{mA/V}^2$
(b) $I_{DQ}=0.20\text{mA}$，$A_v=-2.0$
(c) 令 $R_S=20\text{k}\Omega$，$I_{DQ}=0.133\text{mA}$，则 $A_v=-4.03$

4.25 $K_n=0.202\text{mA/V}^2$，$V_{TN}=-2.65\text{V}$
$R_D=1.23\text{k}\Omega$，$R_S=100\Omega$
$R_1=529\text{k}\Omega$，$R_2=123\text{k}\Omega$

4.27 (a) $R_S=18.8\text{k}\Omega$，$R_D=15.2\text{k}\Omega$
(b) $A_v=-10.7$

4.29 空载时：$A_v=0.995$，$R_o=249\Omega$
带负载时：$A_v=0.905$，$R_o=226\Omega$

4.31 (a) $A_v=0.98$，$R_o=490\Omega$
(b) $A_v=0.787$

4.33 (a) $I_{DQ}=1.21\text{mA}$，$V_{SDQ}=5.16\text{V}$
(b) $A_v=0.856$，$A_i=64.2$
$R_o=295\Omega$

4.35 (a) $(W/L)=47$
(b) $I_{DQ}=3.13\text{mA}$

4.37 空载时：$g_m=0.90\text{mA/V}$
$R_o=1\text{k}\Omega$
带负载时：$A_v=0.60$

4.39 (a) $R_o=100\Omega$
(b) $R_L=100\Omega$

4.41 (a) $R_S=6\text{k}\Omega$，$R_1=345.2\text{k}\Omega$，
$R_2=2291\text{k}\Omega$
(b) $A_v=0.809$，$R_o=1.14\text{k}\Omega$

4.43 (a) $I_{DQ}=0.365\text{mA}$，$V_{DSQ}=4.53\text{V}$
(b) $g_m=2.093\text{mA/V}$，$r_o=\infty$
(c) $A_v=4.65$

4.45 (a) $R_D=224\Omega$
(b) $g_m=8.944\text{mA/V}$，$R_i=112\Omega$
(c) $A_v=1.80$

4.47 (a) $(W/L)_D=12.5$，$V_{GSQ}=2.67\text{V}$
(b) $I_{DQ}=0.166\text{mA}$，$V_{DSQ}=4.67\text{V}$

4.49 $R_o=936\Omega$

4.51 (a) $V_{GG}=5.95\text{V}$
(c) $A_v=0.691$

4.53 $A_v=-73.7$

4.55 (a) $g_{m1}=0.922\text{mA/V}$，
$r_{o1}=200\text{k}\Omega$，
$r_{o2}=133.3\text{k}\Omega$
(b) $A_v=70.5$
(c) $R_i=1.135\text{k}\Omega$
(d) $R_o\approx 80\text{k}\Omega$

4.57 (a) $R_1=357\text{k}\Omega$，$R_2=455\text{k}\Omega$
$R_{D1}=11\text{k}\Omega$，$R_{S2}=495\Omega$
$R_{D2}=2.01\text{k}\Omega$
(b) $A_v=25.0$
(c) $\Delta V_o=6.38\text{V}$，峰-峰值

4.59 (a) $R_1=545\text{k}\Omega$，$R_2=1.50\text{M}\Omega$
(b) $I_{DQ1}=0.269\text{mA}$，$I_{DQ2}=0.5\text{mA}$
$V_{DSQ1}=4.62\text{V}$
(c) $A_v=0.714$，$R_o=1.25\text{k}\Omega$

4.61 (a) $R_1=167.5\text{k}\Omega$，$R_2=250\text{k}\Omega$，
$R_3=82.5\text{k}\Omega$，$R_D=467\Omega$
(b) $A_v=-2.29$

4.63 (a) $V_{GS}=-0.551\text{V}$，$R_D=1\text{k}\Omega$
(b) $g_m=3.265\text{mA/V}$，$r_o=25\text{k}\Omega$
(c) $A_v=-3.14$

4.65 $R_S=0.5\text{k}\Omega$，$R_D=2.0\text{k}\Omega$
$R_1=96.2\text{k}\Omega$，$R_2=3.85\text{k}\Omega$

4.67 (a) $I_{DQ}=1.0\text{mA}$，$V_{SDQ}=5.0\text{V}$
(b) $A_v=0.844$，$A_i=4.18$
(c) $\Delta v_o=6.66\text{V}$，峰-峰值

第 5 章

5.1 (a) $\beta=85$，$\alpha=0.9884$，$i_E=516\mu\text{A}$
(b) $\beta=53$，$\alpha=0.9815$，$i_E=2.70\text{mA}$

5.3 (a) $i_B=9.33\mu\text{A}$，$i_E=1.13\text{mA}$，$\alpha=0.9917$
(b) $i_B=2.5\text{mA}$，$i_E=52.5\text{mA}$，$\alpha=0.9524$

5.5 (a) $I_B=14.8\mu\text{A}$，$I_C=1.185\text{mA}$，$\alpha=0.9877$，
$V_C=2.63\text{V}$
(b) $I_B=9.88\mu\text{A}$，$I_C=0.790\text{mA}$，$\alpha=0.9877$，
$V_C=3.42\text{V}$

(c) 是,$V_C>V_B$

5.7 (a) $I_B=12.3\mu A, I_C=0.738mA, \alpha=0.9836$,
$V_C=-6.31V$

(b) $I_B=24.6\mu A, I_C=1.475mA, \alpha=0.9836$,
$V_C=-2.625V$

(c) 是,$V_C<0$

5.9 $I_C=27.67mA, I_E=27.98mA$,
$I_B=0.307mA$

5.11 (a) $r_o=250k\Omega$

(b) $r_o=2.50M\Omega$

5.13 $\beta=60.6$

5.15 (a) $I_C=1.836mA, R_C=3.65k\Omega$

(b) $V_B=0.164V, R_C=8.11k\Omega$

(c) $I_C=1.744mA, V_{CE}=1.96V$

(d) $I_B=4.61\mu A, V_C=1.49V$

5.17 $R_B=120k\Omega, R_C=2.38k\Omega$

5.19 $V_B=-2.12V, I_E=0.727mA$

5.21 $I_C=2.064mA, V_{EC}=6.90V$

5.23 $P_Q=3.87mW$,
$P_S=3.91mW$,消耗

5.25 (a) $R_C=3.75k\Omega, R_B=130k\Omega$

(b) $R_C=2.74k\Omega, R_B=49k\Omega$

(c) 对(a),有 $I_{CQ}=1.20mA, V_{CEQ}=0.5V$
对(b),有 $I_{CQ}=0.918mA, V_{CEQ}=1.56V$

5.27 (a) $I_E=0, V_C=6V$

(b) $I_E=0.3mA, V_C=3V$

(c) $I_E=1.3mA, V_C=1.5V$

5.29 (a) (i) $V_O=4.505V$

(ii) $V_O=2.525V$

(iii) $V_O=-0.5V$

(b) (i) -0.044%

(ii) -0.32%

(iii) 不变

5.31

I_Q(mA)	P_Q(mW)
0	0
0.5	3.87
1.0	5.95
1.5	6.26
2.0	4.80
2.5	1.57
3.0	0.642

5.33 $V_1=3.97V$

5.35 (a) $R_C=5k\Omega, R_B=1.032M\Omega$

(b) 令 $R_C=5.1k\Omega$,则 $R_B=1M\Omega$
若 $R_C+10\%, R_B+10\%$,则
$I_{CQ}=0.469mA, V_{CEQ}=2.37V$
若 $R_C-10\%, R_B+10\%$,则
$I_{CQ}=0.469mA, V_{CEQ}=2.85V$
若 $R_C+10\%, R_B-10\%$,则
$I_{CQ}=0.573mA, V_{CEQ}=1.78V$
若 $R_C-10\%, R_B-10\%$,则
$I_{CQ}=0.573mA, V_{CEQ}=2.37V$

5.37 (a) 当 $0\leqslant V_I\leqslant 0.7V$ 时,$V_O=5V$
当 $2.7V\leqslant V_I\leqslant 5V$ 时,$V_O=0.2V$

(b) 当 $0\leqslant V_I\leqslant 0.7V$ 时,$V_O=5V$
当 $3.91V\leqslant V_I\leqslant 5V$ 时,$V_O=0.2V$

5.39 当 $V_I=0$ 时,$V_O=3.825V$
当 $V_I=1.61V$ 时,$V_O=3.832V$
当 $4.3V\leqslant V_I\leqslant 5V$ 时,$V_O=0$

5.41 $R_1=338k\Omega, R_2=58.7k\Omega$
$R_C=6.49k\Omega$

5.43 (a) $I_{CQ}=0.913mA, V_{CEQ}=14.8V$

(b) $0.857mA\leqslant I_{CQ}\leqslant 0.970mA$,
$14.22V\leqslant V_{CEQ}\leqslant 15.37V$

5.45 (a) $R_C=7.5k\Omega, R_E=7.5k\Omega$
$R_1=64.5k\Omega, R_2=48k\Omega$

(b) 令 $R_C=7.5k\Omega, R_E=7.5k\Omega$
$R_1=62k\Omega, R_2=47k\Omega$
于是 $I_{CQ}=0.406mA$,
$V_{RC}=V_{RE}=3.05V$

5.47 $R_C=1.26k\Omega$,
$I_{CQ}=4.41mA$,
$V_{ECQ}=6V$

5.49 (a) $I_{CQ}=0.0888mA, V_{ECQ}=3.55V$

(b) $I_{CQ}=0.266mA, V_{ECQ}=3.56V$

5.51 令 $R_E=0.875k\Omega$,则
$R_1=71.8k\Omega, R_2=12.4k\Omega$

5.53 (a) $V_{CEQ}=9.80V, R_1=21.1k\Omega$,
$R_2=1.75k\Omega$

(b) $0.609mA\leqslant I_C\leqslant 1.39mA$
$8.94V\leqslant V_{CEQ}\leqslant 10.7V$

5.55 (a) $I_{BQ}=0.0214mA, I_{CQ}=1.60mA$
$V_{ECQ}=15.16V$

(b) $I_{BQ}=0.0161mA, I_{CQ}=1.61mA$
$V_{ECQ}=15.13V$

5.57 $R_E=0.985k\Omega, R_1=48.2k\Omega$,

$R_2=8.18\text{k}\Omega$

5.59 (a) $R_E=2.67\text{k}\Omega, R_C=13.3\text{k}\Omega$

$R_1=97.3\text{k}\Omega, R_2=48.4\text{k}\Omega$

(b) $P=362\mu\text{W}$

5.61 (a) $R_{TH}=6.67\text{k}\Omega, V_{TH}=1.67\text{V}$

(b) $I_{BQ}=0.0593\text{mA}, I_{CQ}=3.56\text{mA}$

$V_E=2.76\text{V}, V_C=-2.17\text{V}$

5.63 (a) $R_{TH}=12.7\text{k}\Omega, V_{TH}=-2.45\text{V}$

(b) $I_{CQ}=10.2\text{mA}, V_{CEQ}=6.64\text{V}$

(c) $9.58\text{mA}\leqslant I_{CQ}\leqslant 10.7\text{mA}$

$5.83\text{V}\leqslant V_{CEQ}\leqslant 7.63\text{V}$

5.65 $I_{CQ}=21.1\text{mA}, V_{CEQ}=0.2\text{V}$

5.67 (a) $R_E=2.5\text{k}\Omega, R_C=3.75\text{k}\Omega$

$R_1=125\text{k}\Omega, R_2=39.9\text{k}\Omega$

(b) 令 $R_E=2.4\text{k}\Omega, R_C=3.9\text{k}\Omega$,

$R_1=120\text{k}\Omega, R_2=39\text{k}\Omega$,

则 $I_{CQ}=0.848\text{mA}$,

$V_{CEQ}=6.68\text{V}$

5.69 (a) $R_E=147\Omega, R_C=300\Omega$,

$R_1=964\Omega, R_2=3.38\text{k}\Omega$

(b) 令 $R_E=150\Omega, R_C=300\Omega$,

$R_1=1\text{k}\Omega, R_2=3.3\text{k}\Omega$

则 $I_{CQ}=20.8\text{mA}$,

$V_{ECQ}=8.58\text{V}$

5.71 $I_{B2}=0.0444\text{mA}, I_{C2}=3.56\text{mA}$,

$I_{E2}=3.6\text{mA}, I_{B1}=3.20\mu\text{A}$,

$I_{C1}=0.256\text{mA}, I_{E1}=0.259\text{mA}$

5.73 $R_{E1}=2.93\text{k}\Omega, R_{E2}=4.25\text{k}\Omega$,

$R_{C1}=5.21\text{k}\Omega, R_{C2}=3.21\text{k}\Omega$

第 6 章

6.1 (a) $g_m=76.9\text{mA/V}, r_\pi=2.34\text{k}\Omega, r_o=75\text{k}\Omega$

(b) $g_m=19.2\text{mA/V}, r_\pi=9.36\text{k}\Omega$,

$r_o=300\text{k}\Omega$

6.3 $I_{CQ}=5.2\text{mA}, r_\pi=0.625\text{k}\Omega$,

$r_o=38.5\text{k}\Omega$

6.5 (a) $g_m=24\text{mA/V}, r_\pi=5\text{k}\Omega, r_o=\infty$

(b) $A_v=-1.88$

(c) $v_s=-0.426\sin 100t(\text{V})$

6.7 (a) $R_C=4.33\text{k}\Omega, V_{BB}=0.820\text{V}$

(b) $A_v=-16.7$

6.9 $i_B(t)=15+2.89\sin\omega t(\mu\text{A})$

$i_C(t)=1.5+0.289\sin\omega t(\text{mA})$

$v_C(t)=4-1.156\sin\omega t(\text{V})$

$A_v=-231$

6.11 (a) $R_1=20.1\text{k}\Omega, R_2=3.55\text{k}\Omega$

(b) $A_v=-5.75$

6.13 (a) $R_1=13.3\text{k}\Omega, R_2=41.6\text{k}\Omega$

(b) $A_v=-1.95$

6.15 (a) 设计偏置稳定电路

$R_1=62.7\text{k}\Omega, R_2=39.4\text{k}\Omega$

(b) $R_m=v_o/i_s=-74.3\text{V/mA}$

6.17 (a) $R_E=17.7\text{k}\Omega, R_C=10.9\text{k}\Omega$

$A_v=-64.3$

(b) $R_E=17.7\text{k}\Omega, R_C=10.9\text{k}\Omega$

$A_v=-105$

6.19 $A_v=-8.04, A_i=-44.9$,

$R_i=1.184\text{k}\Omega$

6.21 (a) $I_{CQ}=2.80\text{mA}, V_{CEQ}=1.92\text{V}$

(b) $g_m=108\text{mA/V}, r_\pi=1.67\text{k}\Omega, r_o=\infty$

(c) $A_v=-45.8$

6.23 (a) $39.0\leqslant|A_v|\leqslant 43.2$

(b) $1.64\text{k}\Omega\leqslant R_i\leqslant 2.13\text{k}\Omega$

$3.70\text{k}\Omega\leqslant R_o\leqslant 3.85\text{k}\Omega$

6.25 (a) $I_{CQ}=1.69\text{mA}, V_{CEQ}=5.38\text{V}$

(b) $g_m=65\text{mA/V}, r_\pi=1.54\text{k}\Omega, r_o=\infty$

(c) $A_v=-1.06, A_i=-1.59$

(d) $R_{is}=10.2\text{k}\Omega$

(e) $A_v=-1.12, A_i=-1.59$

6.31 $\Delta v_o=5.16\text{V}$,峰-峰值

6.33 (a) $\Delta v_{EC}=6.6\text{V}$,峰-峰值

(b) $\Delta i_C=2.64\text{mA}$,峰-峰值

6.35 $\Delta i_o=0.684\text{mA}$,峰-峰值

6.37 $R_1=8.93\text{k}\Omega, R_2=2.27\text{k}\Omega$

6.39 (a) $I_{CQ}=15.6\text{mA}, V_{CEQ}=10.1\text{V}$

(c) $A_v=0.806$

(d) $R_{ib}=34.3\text{k}\Omega, R_o=6.18\Omega$

6.41 (a) $I_{CQ}=0.650\text{mA}, V_{ECQ}=3.01\text{V}$

(c) $A_v=0.977, A_i=4.61$

(d) $R_{ib}=88.2\text{k}\Omega, R_o=38.7\Omega$

6.43 (a) $R_o=112\Omega$

(b) (i) $A_v=0.974$

(ii) $A_v=0.997$

6.45 (a) $R_E=5\text{k}\Omega, R_B=434\text{k}\Omega$

(b) $v_b=4.02\text{V}, v_s=4.03\text{V}$

(c) $v_o=3.87\text{V}$

6.47 (a) $2.80\text{mA}\leqslant I_E\leqslant 5.54\text{mA}$,

$2.80\text{V}\leqslant V_E\leqslant 5.54\text{V}$

(b) $20.6\text{k}\Omega \leqslant R_i \leqslant 50.3\text{k}\Omega$,
$0.661 \leqslant A_v \leqslant 0.826$

6.49 $R_1 = 7.97\text{k}\Omega, R_2 = 13.7\text{k}\Omega$,
$R_o = 2.59\Omega, A_i = 2.17$

6.51 (a) 令 $R_E = 24\Omega, V_{CEQ} = 12\text{V}, R_1 = 136\Omega$,
$R_2 = 167\Omega$
(b) $\Delta v_o = 5.92\text{V}$,峰-峰值
(c) $R_o = 52\text{m}\Omega$

6.55 (a) 令 $R_1 \parallel R_2 = 50\text{k}\Omega$,
$I_{CQ} = 0.5\text{mA}$,则
$R_1 = 500\text{k}\Omega, R_2 = 55.6\text{k}\Omega$
(b) $I_{CQ} = 0.5\text{mA}, V_{CEQ} = 5.75\text{V}$
(c) $A_v = 115$

6.57 (a) $V_{CEQ} = 3.72\text{V}$
(b) $A_v = 63.6$

6.59 (a) $I_{CQ} = 0.921\text{mA}, V_{ECQ} = 6.10\text{V}$
(b) $A_v = 35.1$

6.65 (a) $g_{m1} = 22\text{mA/V}, r_{\pi 1} = 5.45\text{k}\Omega$,
$g_{m2} = 187\text{mA/V}, r_{\pi 2} = 0.642\text{k}\Omega$,
$r_{o1} = r_{o2} = \infty$
(c) $A_v = -94.9$
(d) $R_{is} = 3.61\text{k}\Omega, R_o = 47.6\Omega$
(e) $\Delta v_o = 2.10\text{V}$,峰-峰值

6.67 (a) $I_{CQ1} = 12.8\mu\text{A}, I_{CQ2} = 1.29\text{mA}$,
$V_{CEQ1} = 5.14\text{V}, V_{CEQ2} = 5.84\text{V}$
(b) $A_v = -55.2$
(c) $R_{is} = 74.3\text{k}\Omega, R_o = 2.2\text{k}\Omega$

6.69 (a) $P_Q = 5.98\text{mW}, P_R = 5.40\text{mW}$
(b) $P_R = 2.42\text{mW}$

6.71 (a) $P_Q = 5.84\text{mW}, P_{RC} = 4.0\text{mW}, P_{RE} = 8.1\text{mW}$
(b) $\bar{P}_{RL} = 0.408\text{mW}, \bar{P}_{RC} = 0.163\text{mW}, \bar{P}_{RE} = 0, \bar{P}_Q = 5.27\text{mW}$

6.73 (a) $P_Q = 2.65\text{mW}, P_{RC} = 7.02\text{mW}$
(b) $\bar{P}_{RL} = 0.290\text{mW}$,
$\bar{P}_{RC} = 0.0289\text{mW}$,
$\bar{P}_Q = 2.33\text{mW}$

第 7 章

7.1 (a) $T(s) = \dfrac{1}{1 + sR_1C_1}$
(b) $f_H = 159\text{Hz}$
(c) $v_O(t) = 1 - \exp\left(\dfrac{-t}{R_1C_1}\right)$

7.3 (a) $$T(s) = \left(\frac{R_P}{R_P + R_S}\right) \times \left[1 \Big/ \left(1 + \frac{R_P}{R_P + R_S} \cdot \frac{C_P}{C_S} + \frac{1}{s(R_S + R_P)C_S} + \frac{sR_PR_SC_P}{R_S + R_P}\right)\right]$$
(b) 两种情况下都有 $|T(\text{j}\omega)| = \dfrac{1}{2\sqrt{2}}$
(c) 两种情况下都有 $|T(\text{j}\omega)| = 0.298$

7.5 (a) $\tau_S = 0.40\text{s}, \tau_P = 0.375\mu\text{s}$
(b) $f_L = 0.398\text{Hz}, f_H = 424\text{kHz}$,
$|T(\text{j}\omega)| = |V_o/I_i| = 7.5\text{k}\Omega$

7.9 (b) $|T| = 2 \times 10^{-4}$
(c) $\omega = 10^3\ \text{rad/s}$

7.13 (a) $f_L = 959\text{Hz}$
(b) $|A_v| = 6.69$

7.15 (a) $R_S = 2.59\text{k}\Omega, R_D = 4.41\text{k}\Omega$
(b) $$T(s) = \frac{I_o(s)}{V_i(s)} = \frac{-g_mR_D}{(1 + g_mR_S)(R_D + R_L)} \times \frac{s(R_D + R_L)C_C}{1 + s(R_D + R_L)C_C}$$
$\tau = (R_D + R_L)C_C$
(c) $C_C = 1.89\mu\text{F}$

7.17 (a) $R_1 = 113\text{k}\Omega, R_2 = 84.7\text{k}\Omega$
(b) $R_o = 25.6\Omega$
(c) $f = 19.8\text{Hz}$

7.19 (a) $f_H = 8.30\text{MHz}$
(b) $f = 82.6\text{MHz}$

7.23 $C_C = 45.5\text{nF}$

7.25 (a) $C_{C2} = 504\mu\text{F}$
(b) $C_{C1} = 760\mu\text{F}$

7.27 (a) $R_S = 6.4\text{k}\Omega, R_D = 5.6\text{k}\Omega$
(b) $f_A = 4.97\text{Hz}, f_B = 36.8\text{Hz}$
(c) $f_A \to 0, f_B = 31.8\text{Hz}$

7.29 (a) 同正文中式(7.66)
其中,$R_S = 0$
(b) $\tau_A = R_EC_E$
$$\tau_B = \frac{r_\pi R_EC_E}{r_\pi + (1 + \beta)R_E}$$

7.31 $f_H = 3.18\text{MHz}, |A_v| = 118$

7.33 (c) $|A_v|_{\text{dB}} = 43.7\text{dB}, f_L = 4.83\text{Hz}, f_H = 3.15\text{MHz}$

7.39 $C_\pi = 0.462\text{pF}, f_\beta = 33.3\text{MHz}$

7.41 (a) $A_v(s) = -g_mR_L\left(\dfrac{r_\pi}{r_\pi + r_b}\right)$

$\times\left(\frac{1}{1+s(r_b \parallel r_\pi)C_1}\right)$

(b) (ⅰ) $A_v=-148.1$

(ⅱ) $A_v=-129.0$

(c) (ⅰ) $f=751\text{MHz}$

(ⅱ) $f=173\text{MHz}$

7.43 (a) $C_M=C_\mu(1+g_mR_L)$

(b) $A_v(s)=\frac{-\beta R_L}{r_\pi+R_{eq}}\left(\frac{R_B}{R_B+R_S}\right)$

$\times\frac{1}{1+s(r_\pi \parallel R_{eq})C_1}$

式中，$R_{eq}=R_B \parallel R_S+r_b$

(c) $f_H=\frac{1}{2\pi(r_\pi \parallel R_{eq})C_1}$

7.45 $f_L=540\text{Hz}, f_H=344\text{kHz}$

7.47 $f_T=44.8\text{MHz}$

7.49 (a) $f_T=2.49\text{GHz}$

(b) $f_T=111\text{GHz}$

7.53 (a) $A_i=\frac{g_mR_i}{1+g_mr_s}$

(b) $A_i(s)=g'_mR_i\left[\frac{1}{1+sR_i(C_{gsT}+C_M)}\right]$

式中，$C_M=C_{gdT}(1+g'_mR_L)$

以及 $g'_m=\frac{g_m}{1+g_mr_s}$

7.55 (a) $C_\pi=2.20\text{pF}, C_M=27.6\text{pF}$

(b) $f_H=3.61\text{MHz}, A_v=-19.7$

7.57 (a) $C_M=6.785\text{pF}$

(b) $f_H=4.84\text{MHz}, A_v=-5.67$

7.59 (a) 输入：$f_H=656\text{MHz}$

输出：$f_H=161\text{MHz}$

(b) $A_v=9.14$

(c) 由 C_L 决定

7.61 $f=17.9\text{MHz}, A_v=0.864$

7.63 (a) 输入：$f_H=103.6\text{MHz}$

输出：$f_H=23.9\text{MHz}$

(b) $A_v=125.6$

(c) 由 C_L 决定

第 8 章

8.1 (b) (ⅰ) $R_D=64\Omega$

(ⅱ) $R_D=25\Omega$

8.3 (a) $V_{CC}=25\text{V}, R_B=19.4\text{k}\Omega$

(b) $P_L(\text{rms})=0.781\text{W}$

8.5 (b) $V_{GG}=5\text{V}, P=9.375\text{W}$；

$V_{GG}=6\text{V}, P=30\text{W}$；

$V_{GG}=7\text{V}, P=39.375\text{W}$；

$V_{GG}=8\text{V}, P=10.8\text{W}$；

$V_{GG}=9\text{V}, P=7.16\text{W}$

8.7 (b) $T_{j,\max}=145℃$

(c) $\theta_{\text{dev-amb}}=2℃/\text{W}$

8.9 $T_{\text{dev}}=136℃, T_{\text{case}}=101℃, T_{\text{snk}}=85℃$

8.11 $P=10\text{W}$

8.13 $v_O(\max)=4.8\text{V}$，

$v_O(\min)=-4.3\text{V}$，

$-3.6\text{V}\leqslant v_I\leqslant 5.5\text{V}$

8.15 (a) $R=949\Omega, I_Q=9.8\text{mA}$，

$i_{E1}(\min)=0, i_{E1}(\max)=19.6\text{mA}$

$i_L(\max)=9.8\text{mA}$，

$i_L(\min)=-9.8\text{mA}$

(b) $\eta=16.3\%$

8.17 (a) $v_O(\max)=4.8\text{V}$，

$v_O(\min)=-3.2\text{V}$，

$-2.5\text{V}\leqslant v_I\leqslant 5.5\text{V}$

(b) 同(a)

(c) $R_L(\min)=51.4\Omega, \eta=10\%$

8.19 (a) $V_P(\max)=5\text{V}$

(b) $V_P=3.183\text{V}$

(c) $R_L=1.27\Omega$

8.21 (a) $V_O(\max)=8\text{V}, i_L=1.6\text{mA}, v_I=10\text{V}$

(b) $\eta=62.7\%$

8.23 (a) $V_{BB}=1.1973\text{V}, P_Q=50\text{mW}$

(b) $i_L=-80\text{mA}, i_{CP}\approx 80\text{mA}$，

$i_{Cn}=0.311\text{mA}, v_I=-8.072\text{V}$，

$P_L=640\text{mW}, P_{Qn}=5.60\text{mW}$，

$P_{Qp}=160\text{mW}$

8.25 (a) $i_N\approx i_L=3\text{A}, R_1=53.97\Omega$，

$i_P=0.208\text{mA}$

(b) $i_D\approx 545\text{mA}$，

$i_N=i_P=545\text{mA}$

8.27 $g_m=190\text{mA/V}$

8.29 $R_1=40.4\text{k}\Omega, R_2=13.3\text{k}\Omega$，

$\overline{P}_L(\max)=112.5\text{mW}$

8.31 (a) $V_{\text{rms}}=6.36\text{V}$

(b) $V_o=25.5\text{V}$

(c) 次级电流：$I_{\text{rms}}=0.314\text{A}$

初级电流：$I_{\text{rms}}=78.6\text{mA}$

(d) $\eta=37\%$

8.33 (a) 当 $I_{CQ}=15\text{mA}$ 时，

$R_1=47.9\text{k}\Omega, R_2=8.13\text{k}\Omega$

(b) $\overline{P}_L = 72.9\text{mW}, \eta = 40.5\%$

8.35 (a) 当 $I_{CQ} = 13.3\text{mA}$ 时，

$R_1 = 53.9\text{k}\Omega, R_2 = 9.15\text{k}\Omega$

(b) $\overline{P}_L = 57.6\text{mW}, \eta = 36.1\%$

8.37 (a) 当 $v_O(\max) = 4\text{V}$ 时，

$R_1 = R_2 = 32.5\Omega$

(b) $I_{E1} = I_{E2} = 0.286\text{A}$，

$I_{E3} = I_{E4} = 2.86\text{A}$

(c) $R_o = 5.34\text{m}\Omega$

8.39 (b) $R_1 = R_2 = 1.46\text{k}\Omega$

(c) $\overline{P}_L = 125\text{mW}, I_{D3} = 50\text{mA}$，

$I_{D1} = 0.523\text{mA}, I_{D2} = 9.60\text{mA}$，

$I_{D4} = 0$

8.41 (a) $V_{BB} = 1.281\text{V}$，

$I_{C3} = 0.4995\text{mA}$，

$I_{C1} = 49.97\text{mA}$，

$I_{C2} = 49.95\text{mA}$

(b) $I_{C1} = 0.10\text{A}$

$I_{C3} = 0.1598\text{mA}$

$I_{C2} = 15.98\text{mA}$

教师反馈卡

感谢您购买本书！本书系我社获美国 McGraw-Hill 公司授权翻译出版。我社与 McGraw-Hill 公司为了使中国的学生和教师更快地了解国外高校教材，特别联合出版系列翻译教材，力求为中国高等教育的发展尽一份力量。

同时，我们十分重视教材手册等教学课件以及网上资源的使用，如果您确认将本书作为指定教材，请填好下面的表格并经系主任签字盖章后寄回我们的联系地址，我们将免费提供英文原版的教师手册或其他教学课件。

我们的联系地址：

清华大学出版社　学研大厦 A604 室

邮编：100084

Tel：010-62770175-3208，62776969

Fax：010-62770278

E-mail：hanbh@tup.tsinghua.edu.cn

<table>
<tr><td>姓名</td><td colspan="3"></td></tr>
<tr><td>系</td><td colspan="3"></td></tr>
<tr><td>院校</td><td colspan="3"></td></tr>
<tr><td>专业</td><td colspan="3"></td></tr>
<tr><td>您所教的课程的名称</td><td colspan="3"></td></tr>
<tr><td>学生人数/学期</td><td>______人/______年级</td><td>学时</td><td></td></tr>
<tr><td rowspan="3">您目前采用的教材</td><td colspan="3">作者</td></tr>
<tr><td colspan="3">书名</td></tr>
<tr><td colspan="3">出版社</td></tr>
<tr><td>联系地址</td><td colspan="3"></td></tr>
<tr><td>邮政编码</td><td colspan="3"></td></tr>
<tr><td>E-mail</td><td></td><td>联系电话</td><td></td></tr>
<tr><td colspan="2">您的建议(或意见)</td><td colspan="2">系主任签字

盖章</td></tr>
</table>